专家面对面

数码设备和网络是我们每天都离不开的，在互联网的大潮之中，无论是专业人士还是普通大众都需要有网络安全意识。在这里，我们特别邀请了来自《黑客防线》的作者以及百度、腾讯、360、趋势科技等公司的资深人士，为读者解答一系列大家最关心的问题。

问 作为一名普通的计算机用户，我可以抵御来自网络的攻击吗？如果可以，那么应该怎样做？

答 普通的计算机用户，一般可能遭受的网络攻击有钓鱼网站欺骗、网站挂马、邮件发马等形式，此外还可能会遭受弱口令扫描、密码嗅探等方式的攻击。因此要抵御来自网络的攻击时，可从以下 3 个方面来防范。

（1）针对钓鱼网站欺骗、网站挂马等方式的攻击，尽量做到只登录信任的网站，不要随便打开来路不明的网站地址；开启杀毒软件、防火墙，通过监控软件帮助防范这类网络攻击。

（2）针对邮件发马的攻击方式，一是要注意保护个人邮件地址的信息不要泄漏，二是不要打开陌生邮件中的链接、文件、应用程序等。

（3）自身相关账号密码要做好保护工作，防止泄露，各类账号不要使用同一密码或简单的弱口令密码，以防弱口令暴力扫描破解。

——360 公司冰河洗剑

问 计算机有哪些后门，如何发现和防范不法分子留下的后门？

答 系统后门是控制系统后，为了方便下一次进入采用的一种技术，一般是通过修改系统文件或者安装第三方工具来实现，有很大的隐蔽性和危害性。较常见的后门有以下2种。

（1）Rhosts+ + 后门：在联网的UNIX机器中,像Rsh和Rlogin这样的服务是基于rhosts文件里的主机名使用简单的认证方法。用户可以轻易地改变设置而不需口令就能进入。入侵者只要向可以访问的某用户的rhosts文件中输入“+ +”，就可以允许任何人、从任何地方无须口令便能进入这个账号。

（2）Login后门：在UNIX里,login程序通常用来对telnet来的用户进行口令验证。入侵者获取login.c的原代码并修改,使它在比较输入口令与存储口令时先检查后门口令。如果用户输入后门口令,它将忽视管理员设置的口令让你长驱直入。

防范和发现后门可以从以下3点入手。

（1）以自己的经验，结合特定的工具，手动做一些检测。

（2）使用Tripwire或md5校验来检查系统。

（3）借助IDS系统，检测目标的可疑网络连接。

——蒋勇

问 怎样防范电脑被远程控制？

答 如需防范电脑被远程控制，那么有以下几种方法。

（1）关闭远程桌面服务，即不允许连接到这台计算机。

（2）只允许指定用户连接到此台计算机。

（3）在远程连接时更改 3389 端口，防止随意接入。

（4）将远程连接账户权限降低，保障电脑权限安全。

（5）注意网络使用安全，不浏览不安全的网站，不下载来路不明的文档文件，不安装不正规的安装程序，防止计算机中病毒和木马。

——风清扬

问 我是一名企业网管，我们公司的网站经常被攻击而无法登录，有什么解决办法吗？

答 首先找到网站每次遭受攻击的原因，对漏洞进行封堵。常见的攻击方式是 DDOS 攻击，这种攻击方式使网站瘫痪而导致无法登录，这时可通过运营商让合法服务请求及流量通过的方式来解决。另外，网站本身应做好安全防御，下面分享 4 个基本的安全防御方法。

（1）开启 IP 禁 PING，可以防止被扫描。

（2）关闭不需要的端口。

（3）开启防火墙。

（4）通过 360 等网络安全服务公司推出的网站卫士进行正常的日常维护等。

——趋势科技 xysky

问 **我是一名网店店主，我要怎样做好工作用电脑的安全防护？**

答 网店店主最重要的是要做好网店登录的账号、密码保护及支付环境的信息保护。具体的防护操作如下。

（1）要保证上网环境的安全，在虚拟机内进行操作，本机开设影子系统，进行重启还原到初始状态。

（2）不打开来路不明的陌生应用程序或文件。

（3）日常操作开启杀毒软件、打开防火墙并时时更新。

（4）要保证账号、密码的安全，不要以任何方式泄露账号、密码，利用强口令密码、经常更换密码等方式来保障电脑安全。

——叶猛

问 **我是一名网游玩家，从来没有登录过乱七八糟的网站，为什么账号还会被盗？**

答 导致游戏账号被盗的原因主要有以下两种情况。

（1）由于自身原因，多类账号使用同一密码，其他账号泄露，导致游戏账号密码泄露被盗。

（2）账号被盗除自身原因以外，还可能来自网络游戏本身的数据库遭受攻击导致的泄密，以及一些不法分子利用漏洞扫描工具进行扫描，通过游戏漏洞获得账号、密码等。这一因素玩家自身较难控制，可通过经常更改密码、增设密码难度等降低被盗号的风险。

——腾讯公司花非花

问 **我是一名网游玩家，偶尔会使用网络代理工具登录国外游戏服务器，这会有什么安全隐患吗？**

答 代理服务器的工作模式正是典型的“中间人攻击”模型，代理服务器在其中充当了一个“中间人”的角色，通信双方计算机的数据都要通过它。代理工具中存在的恶意代码可能在执行代理程序时就悄悄收集了你的计算机信息进行服务器回传，这种方法最让人不设防，因为它利用的是人们对代理的无条件信任和贪便宜的想法，因此是存在一定的未知安全隐患。

——百度公司孤烟逐云

问 **我是一名公司职员，网管能够监控我的 QQ 聊天记录吗？如果能，应怎样防范？**

答 公司职员的 QQ 聊天记录是能被网管监控的。无论使用的是截屏监控，还是插件记录，或其他监控方式，都是网管合法的监控手段，一般很难避免。一般来说，可以通过拨加密 VPN 的方式使通信信息加密，即使通信信息被截到，也无法查看具体内容。但是，如果是截屏监控，那么就无法避免被监控了。

——楚茗

问 **注册和登录一些网站，用假身份证号会通不过验证，用真实资料却面临着信息泄露，那么该怎么办？**

答 首先，在注册网站时使用强密码，防止密码被破解，并且使用和其他账号不同的密码，防止其他账号、密码泄露后，影响该账号的正常使用，从而有效防范不法分子通过账号的方式获取个人信息。其次，尽量少留个人真实信息，但如必须使用真实信息，尽量做到使用完进行信息删除。另外，在公开渠道也应避免留下真实信息。

——百度公司 TTFCT

问 **遇到真实网站一模一样的钓鱼网站时，如何识别？**

答 识别钓鱼网站有以下几个途径。

（1）看域名。钓鱼网站的域名虽然有很大的欺骗性，但是和真实的网站域名还是有差别的，如果网页内容相同，但是域名不同，就可以断定访问了钓鱼网站。

（2）看协议。现在很多网站都采用 https 协议来增加安全性，但是一些钓鱼网站却采用的是 http 协议。如果发现协议发生了变化，也可以断定访问了钓鱼网站。

（3）使用 scamscanner 网站分析查询。

（4）若是简单的钓鱼网站欺骗，可通过输入错误的账号、密码来验证，若成功跳转就是钓鱼网站。

——刘寅

问 **除了系统自带、360 卫士等常用安防软件以外，我需要下载一些木马及病毒专杀工具吗？**

答 如果确定系统已经中毒，用现有的安防软件不能够彻底清除病毒，那么很可能是安防软件的病毒库缺少类似病毒的样本，可以到网上查找是否有关于该病毒的权威通告以及相应的清除办法和防御措施，然后按照给出的方法清理病毒。必要时可以使用该病毒专杀工具。如果不确定系统是否中毒，那么就没有必要使用病毒专杀工具。

——依然魔力邓欢

黑客攻防精彩视频展示

一、社会工程学

1. 防范用户浏览过的文件泄密
2. 缩略图泄密与防范
3. 查看软件的备份文件
4. 防范 Windows 生成的缩略图泄密
5. 防范网站 Cookies 泄密
6. Cookies 欺骗的防范措施与技术之一：删除 Cookies 记录
7. Cookies 欺骗的防范措施与技术之二：更改 Cookies 文件的保存位置
8. 利用 IECookiesView 获得目标计算机中的 Cookies 信息
9. 简单的人肉搜索玩法

二、黑客攻防入门

1. 查看计算机端口
2. 开启和关闭服务
3. 限制端口
4. 利用服务工具关闭端口
5. 安装 VMware 虚拟机
6. 配置 VMware 虚拟机
7. 在 Windows 系统中启动 Dos 命令的多种方式
8. 测试物理网络的 ping 命令

三、信息的扫描与嗅探

1. 用 SSS 扫描器扫描系统漏洞
2. 使用影音神探工具搜索图片或视频地址
3. 使用经典嗅探器 Iris 捕获数据
4. 使用“艾菲网页侦探”捕获网页内容
5. 流光软件的配置与使用

四、木马与病毒的防范

1. 在“Windows 进程管理器”中管理进程，清除木马
2. Windows Defender 的使用方法
3. 用木马清除专家清除木马
4. 使用“木马清道夫”清除木马
5. 使用 NOD32 查杀病毒
6. 使用瑞星杀毒软件查杀病毒
7. 使用 360 查杀病毒
7. 使用 IEscan 屏蔽恶意网站
9. 用 SpySweeper 清除间谍软件
10. 清除电脑中的恶意代码和恶意软件

五、系统漏洞防范

1. 使用 MBSA 检测单台计算机漏洞
2. 使用 MBSA 检测多台计算机漏洞
3. 关闭 Netbios 漏洞
4. 使用 Windows Update 修复系统漏洞
5. 如何使用 360 安全卫士修复漏洞
6. 内存补丁程序的制作
7. 文件补丁程序的制作

六、远程控制技术

1. Windows 系统的远程桌面连接
2. 利用任我行软件进行远程控制
3. 使用 QuickIP 进行多点控制

七、入侵检测与入侵痕迹清理技术

1. 学会使用萨客嘶入侵检测系统
2. 日志分析工具 WebTrends 的使用方法 1
3. 日志分析工具 WebTrends 的使用方法 2
4. 用 SocksCap32 设置动态代理
5. “代理猎手”代理工具的设置与使用

八、局域网的监控与安全

1. 路由器无线功能的安全设置
2. 解除 WiFi 安全权限
3. 使用 LanSee 查看局域网信息
4. 使用网络特工进行数据监控

九、浏览器安全与性能优化

1. 设置浏览器的安全级别
2. 修改默认主页
3. 清理浏览器插件
4. 强行修改 IE 标题栏
5. IE 的 ActiveX 控件设置

十、Web 安全技术实战

1. 在本地主机配置网站环境与数据库
2. 熟悉高效代码审查工具 bitbucket
3. Code Blocks 的安装
4. 网站重置密码
5. 啊 D 注入工具原理揭秘

十一、加密与解密

1. 对 Excel 表格进行加密
2. 对 Word 文档进行加密
3. 使用 WinZip 加密文件
4. 使用 WinRAR 加密文件
5. 为 EXE 文件添加运行密码
6. 文件夹加密精灵的使用方法
7. 光盘加密软件 (GiliSoft Secure Disc Creator) 的使用
8. 对文件夹进行加密设定
9. 分割文件进行加密
10. Hiew 的简要使用技巧
11. RAR 压缩包密码破解工具 (RAR Password Recovery) 的使用方法
12. Zip 解密软件 (ARCHPR) 的使用方法
13. Windows 开机加密狗的制作方法

十二、系统安全设置

1. 计算机安全的系统设定
2. 本地安全策略的设定
3. IP 安全策略的自动优化
4. 设置系统组策略
5. 注册表的安全设定
6. 开启和关闭防火墙
7. Windows 防火墙入站规则的设置
8. 限制他人访问不良站点
9. 系统优化工具 CCleaner 的使用方法

十三、数据备份与还原

1. 系统还原点的创建与使用
2. 使用驱动精灵备份与还原驱动程序
3. Windows PE 启动盘的制作
4. 使用 Windows PE 修复注册表故障
5. 使用 Recuva 向导恢复数据

十四、网络应用及理财安全

1. 增强 QQ 安全性的方法
2. 备份和还原 QQ 聊天记录
3. 加密 QQ 聊天记录
4. 加强支付宝账户的安全防护
5. 加强支付宝手机端安全
6. 加强财付通账户的安全防护
7. 360 安全卫士防范网络钓鱼

十五、移动网络安全

1. 使用 360 手机卫士清理手机
2. 使用 360 手机助手备份 Android 手机数据
3. 使用 91 助手备份和还原用户数据
4. 使用腾讯手机管家优化手机性能
5. Android 手机刷机（仅供参考，慎用）
6. 获取 Android Root 权限
7. 更新平板操作系统
8. 使用 iTunes 备份和还原用户数据
9. 将手机游戏移动到内存卡
10. 蓝牙设备的配对
11. 利用蓝牙在两台设备传递文件
12. 手机短信与照片加密
13. 手机开机密码设置
14. 屏幕锁定
15. PIN 锁屏设置

ATTACK

黑客攻防

从入门到精通

全新升级版

明月工作室◎编著

DEFENSE

北京大学出版社
PEKING UNIVERSITY PRESS

内容提要

本书由浅入深、图文并茂地再现了计算机与手机安全相关的多方面知识。

全书共22章，分别为社会工程学、计算机与网络反黑基础、Windows 10系统防火墙与Windows Defender、Windows 10高级安全管理、系统和数据的备份与恢复、计算机与网络控制命令、扫描与嗅探：确定目标与探索网络资源、木马防范技术、病毒防范技术、Windows系统漏洞攻防技术、计算机后门技术、程序的加密与解密技术、局域网安全防范技术、计算机远程控制技术、Web站点安全防范技术、清理恶意插件和软件、网游与网吧安全防范技术、网络账号防黑实战、网络支付工具的安全、无线网络安全防范技术基础、Wi-Fi安全防范技术、蓝牙安全防范技术。

本书语言简洁、流畅，内容丰富全面，适用于计算机初、中级用户、计算机维护人员、IT从业人员及对黑客攻防与网络安全维护感兴趣的计算机中级用户，各大计算机培训班也可以将其作为辅导用书。

图书在版编目(CIP)数据

黑客攻防从入门到精通：全新升级版 / 明月工作室编著. — 北京：北京大学出版社，2017.4
ISBN 978-7-301-28031-7

Ⅰ.①黑… Ⅱ.①明… Ⅲ.①黑客—网络防御 Ⅳ.①TP393.081

中国版本图书馆CIP数据核字(2017)第024334号

书　　名：黑客攻防从入门到精通（全新升级版）
HEIKE GONGFANG CONG RUMEN DAO JINGTONG

著作责任者：明月工作室　编著
责任编辑：尹　毅
标准书号：ISBN 978-7-301-28031-7
出版发行：北京大学出版社
地　　址：北京市海淀区成府路205号　100871
网　　址：http://www.pup.cn　　新浪微博：@北京大学出版社
电子信箱：pup7@pup.cn
电　　话：邮购部62752015　发行部62750672　编辑部62580653
印 刷 者：北京溢漾印刷有限公司
经 销 者：新华书店
787毫米×1092毫米　16开本　32.75印张　712千字
2017年4月第1版　2020年3月第4次印刷
印　　数：9001–11000册
定　　价：69.00元

从 2003 年起，我国互联网逐渐找到了适合国情的商业模式和发展道路，互联网应用呈现多元化局面，电子商务、网络游戏、视频网站、社交娱乐等百花齐放。计算机技术及通信技术的进一步发展，持续推动我国互联网新一轮的高速增长，到 2008 年，我国当前网民数量已经达到 2.53 亿人，首次大幅度超过美国，跃居世界首位。

2009 年左右开始，移动互联网兴起；互联网与移动互联网共同营造了当前双网互联的盛世。网络已经成为个人生活与工作中获取信息的重要手段，网络购物也已经成为了民众重要的消费渠道。当前，“互联网 +”的战略布局与工业 4.0 的深度发展，使得国家经济发展、民众工作生活都与网络安全休戚相关，一个安全的网络环境是必不可少的。

当前最大的一个问题是广大用户对网络相关软硬件技术的掌握程度远远不够，这就为不法分子提供了大量的机会，借助于计算机网络滋生的各种网络病毒、木马、流氓软件、间谍软件，给广大网络用户的个人信息及财产带来了非常大的威胁。

为提升广大民众对于计算机网络安全知识的掌握程度，做好个人信息财产安全的防护，我们做了这套“黑客攻防从入门到精通”丛书，本书为其中的《黑客攻防从入门到精通（全新升级版）》分册。

丛书书目

黑客攻防从入门到精通（全新升级版）

黑客攻防从入门到精通（Web 技术实战篇）

黑客攻防从入门到精通（Web 脚本编程篇·全新升级版）

黑客攻防从入门到精通（黑客与反黑工具篇·全新升级版）

黑客攻防从入门到精通（加密与解密篇）

黑客攻防从入门到精通（手机安全篇·全新升级版）

黑客攻防从入门到精通（应用大全篇·全新升级版）

黑客攻防从入门到精通（命令实战篇·全新升级版）

黑客攻防从入门到精通（社会工程学篇）

本书特点

- 内容全面：涵盖了从计算机安全攻防的社会工程学，到计算机安全攻防入门，再到专业级的 Web 技术安全知识，适合各个层面、不同基础的读者阅读。此外，本书对当前移动端应用较多的 Wi-Fi、移动支付等新知识进行了重点介绍和剖析。
- 与时俱进：本书主要适用于 Windows 7、Windows 10 的操作系统用户阅读。尽管本书中的许多工具、案例等可以在 Windows XP 等系统下运行或使用，但为了能够顺利学习本书全部的内容，强烈建议广大读者安装 Windows 7 及更高版本的操作系统。
- 任务驱动：本书理论和实例相结合，在介绍完相关知识点以后，即以案例的形式对该知识点进行介绍，加深读者对该知识点的理解和认知能力，力争彻底掌握该知识点。
- 适合阅读：本书摈弃了大量枯燥文字叙述的编写方式，采用图文并茂的方式进行编排，以大量的插图进行讲解，可以让读者的学习过程更加轻松。
- 深入浅出：本书内容从零起步，步步深入，通俗易懂，由浅入深地讲解，使初学者和具有一定基础的用户都能逐步提高。
- 赠送超值光盘：针对本书的重点章节，我们录制了视频教学光盘，帮助读者更好地理解和学习本书内容。此外，本书还赠送 140 个 Windows 系统常用快捷键大全、157 个 Linux 基础命令手册、136 个 Linux 系统管理与维护命令手册、58 个 Linux 网络与服务器命令手册、Windows 系统安全与维护手册、计算机硬件管理超级手册、Windows 文件管理高级手册和黑客攻防命令手册等资源。
- 技巧与问答：本书在每章的最后整理了本章相关的练习题，以巩固读者所学知识与技能。相关习题答案请在光盘文件中查阅。

读者对象

- 计算机初、中级用户。
- 网店店主、网店管理及开发人员。
- 计算机爱好者、提高者。
- 各行各业需要网络防护的人员、中小企业的网络管理员。
- Web 前、后端的开发及管理人员。
- 无线网络相关行业的从业人员。
- 计算机及网络相关的培训机构。
- 大中专院校相关学生。

本书结构及内容

全书共 22 章，内容由浅入深，循序渐进，前后衔接紧密，逻辑性较强。

第 1 章　社会工程学

第 2 章　计算机与网络反黑基础

第 3 章　Windows 10 系统防火墙与 Windows Defender

第 4 章　Windows 10 高级安全管理

第 5 章　系统和数据的备份与恢复

第 6 章　计算机与网络控制命令

第 7 章　扫描与嗅探：确定目标与探索网络资源

第 8 章　木马防范技术

第 9 章　病毒防范技术

第 10 章　Windows 系统漏洞攻防技术

第 11 章　计算机后门技术

第 12 章　程序的加密与解密技术

第 13 章　局域网安全防范技术

第 14 章　计算机远程控制技术

第 15 章　Web 站点安全防范技术

第 16 章　清理恶意插件和软件

第 17 章　网游与网吧安全防范技术

第 18 章　网络账号反黑实战

第 19 章　网络支付工具的安全

第 20 章　无线网络安全防范技术基础

第 21 章　Wi-Fi 安全防范技术

第 22 章　蓝牙安全防范技术

后续服务

本书由明月工作室编著，高翔、胡华、闫珊珊、王栋、宗立波、马琳、赵玉萍、栾铭斌等老师也参加了本书部分内容的编写和统稿工作，在此一并表示感谢！在本书的编写过程中，我们竭尽所能地为您呈现最好、最全的实用功能，但仍难免有疏漏和不妥之处，敬请广大读者不吝指正。若您在学习过程中产生疑问或有任何建议，可以通过 E-mail 或 QQ 群与我们联系。

投稿信箱：pup7@pup.cn

读者信箱：2751801073@qq.com

读者交流群：218192911（办公之家）、99839857

郑重声明

本书对大量计算机及移动端的攻击行为进行了曝光，为广大读者做好了安全防范工作。

请本书广大读者注意：据国家有关法律规定，任何利用黑客技术攻击他人的行为都是违法的！

CONTENTS

目录

第 8 章 木马防范技术 182

第 9 章 病毒防范技术 204

第10章 Windows系统漏洞攻防技术 227

第11章 计算机后门技术 243

第12章 程序的加密与解密技术 258

第 20 章 无线网络安全防范技术基础 458

第 21 章 Wi-Fi 安全防范技术 468

第 22 章 蓝牙安全防范技术 489

第1章 社会工程学

在计算机与网络安全领域，对于用户来说，最大的危险其实并不是木马、病毒及黑客的入侵，而是遭受攻击之前发生的信息泄露。举一个简单的例子来说，拥有网银的用户可能数以亿计，但黑客为什么盯上了你呢？主要就是因为你的个人信息包括姓名、身份证号、手机号等信息已经泄露，不法分子利用这些信息对你展开攻击，会更容易实现。

重要信息可能是经由计算机网络泄露，也可能是你在现实中填写一份调查问卷时泄露的。这属于社会工程学的范畴，是本章将要重点讲解的内容。

1.1 黑客与社会工程学

社会工程学是一种攻击行为，攻击者利用人际关系的互动性发出攻击：通常攻击者如果没有办法通过物理入侵的办法直接取得所需要的资料时，就会通过电子邮件或者电话对所需要的资料进行骗取，再利用这些资料获取主机的权限以达到其本身的目的。

1.1.1 社会工程学攻击概述

现实社会中骗子的欺骗伎俩形形色色，随着网络和通信技术的进步，其骗术花样也不断翻新，令人防不胜防。例如，有的人因试图获得手机中奖短信中的奖品、奖金而上当受骗，有的人轻信骗子打来的亲人发生车祸、急病住院等电话后被骗取钱财等。这些现实社会中的欺骗手段一旦被黑客延伸应用到攻击网络系统，就发展成为社会工程学攻击。

由于安全产品的技术越来越完善，使用这些技术的人，就成为整个环节上最脆弱的部分。而且人们都具有贪婪、自私、好奇、信任等心理弱点，因此，通过恰当的方法和方式，入侵者完全可以从相关人员那里获取入侵所需信息。这便是网络安全领域社会工程学的应用。社会工程学攻击可以分为两种：狭义社会工程学和广义社会工程学。它们之间的区别可以参考下表。

狭义社会工程学和广义社会工程学的区别

社会工程学	是否有计划、针对性获取信息	是否单纯通过网络搜索信息	是否需要知道相关术语信息
狭义	否	是	否
广义	是	否	是

其实，狭义社会工程学攻击与广义社会工程学攻击最明显的区域是会与受害者进行交互式行为，例如，你会设置一个陷阱使对方跳入，或是伪造一封来自内部的虚假电子邮件，或是利用相关通信工具与他们交流获取敏感信息。真正的社会工程学精通者是不会靠碰运气而乱去下载网站与论坛的数据库的，他们清楚地知道自己需要什么样的信息，并且应该怎样去做，从收集的信息中分析出有用的信息，并与受害者进行互动行为，这样才称为社会工程学。

1.1.2 无法忽视的非传统信息安全

社会工程学是非传统的信息安全，它是一种通过对受害者本能反应、好奇心、信任、贪婪等心理陷阱进行诸如欺骗、伤害等危害手段取得自身利益的手法，而不是利用系统漏洞入侵的。普通用户经常会安装硬件防火墙、入侵监测系统（IDS）、虚拟专用网络，或是安全软件产品，但这并不能保障安全。

社会工程学精通者只需拨打一个电话，使用专业的术语，报出内部人员使用的ID，让一个系统管理员登录系统，并将其传真过来即可窃取信息。事实上，很多安全行为就是出现在骗取内部人员（信息系统管理、使用、维护人员等）的信任上，从而轻松绕过所有技术上的保护。

信任是一切安全的基础，对于保护与审核的信任，通常被认为是整个安全链条中最薄弱的一环。为规避安全风险，技术专家精心设计的安全解决方案却很少重视和解决最大的安全漏洞——人为因素。无论是在现实世界还是在虚拟的网络空间，任何一个可以访问系统的人，都有可能构成潜在的安全风险与威胁。

社会工程学较之其他黑客攻击复杂，即使自认为最警惕、最小心的人，一样会受到高明的社会工程学手段的损害。因为“社会工程学”主导着非传统信息安全，所以通过对它的研究可以提高应对非传统信息安全事件的能力。非传统信息安全是传统信息安全的延伸，主张信息安全防护采取“先发制人”的战略，突破传统信息安全在观念上的指导性被动，主动地分析人的心理弱点，提高人们对欺骗的警觉，同时改进技术体系和管理体制存在的不足，从而改变信息安全“头痛医头，脚痛医脚”的现状。

社会工程学无处不在，在商业交易谈判和司法等领域都存在。其实在生活中，我们也常常在无意中使用，只是浑然不觉而已。例如，当遇到问题时，知道应该寻找有决定权的人来解决，并让周遭的人帮助解决。这其实也是社会工程学。社会工程学是一把双刃剑，既有好的一面，也有坏的一面。

1.1.3 攻击信息拥有者

信息安全的本质是信息拥有者与攻击者间的战斗。信息拥有者是无价的信息宝藏，攻击者大可不必因为一个口令而把大量精力花费在系统入侵与破解上，直接针对拥有者的脆弱性开始进行攻击，可以避免一些不该发生的事，如口令变、系统补丁升级等。

一般来说，经验丰富的黑客攻击者往往缺乏人际交往的知识经验与技巧，但社会工程学攻击会打破这种格局。大多数情况下，成功的社会工程学精通者都有着很强的人际交往能力。他们有魅力、讲礼貌、讨人喜欢，并具有快速建立起可亲、可信任的特点。

一个经验丰富的社会工程学精通者，使用他自己的战略、战术，几乎能够接近任何他感兴趣的信息。他们会开始用大量的时间研究非传统信息安全，庞大的商业价格是吸引他们的条件，这种有效的信息入侵对他们非常有诱惑性。

社会工程学攻击还有一个受黑客们欢迎的原因，那就是中国企业盲目追求商业利润最大化，他们不注重建立企业品牌，忽略对员工进行安全培训投资。例如，一个社会工程学使用者想从一间信用卡公司获取一些情报，但又没有相关的证明他可以合法地从这间公司拿到这些情报。那么，他就可以利用社会工程学，从和这间信用卡公司相关的银行收集相关的信息，从而达到他的目的。例如，这间银行从信用卡公司取得信息需要什么文件或者 ID 号码证明，又或者是经常与信用卡公司进行业务联系的职员的姓名等，攻击者只要通过某些途径从这些毫无任何价值观念的企业内部员工的口中得到这些信息，即可成功窃取信息。而没有安全威胁意识的企业常常会在这个问题上栽跟头。

因此，现阶段来说，信息拥有者是社会工程学攻击的主要目标，也是无法忽视的脆弱点；要防止攻击者从信息拥有者身上窃取信息，就必须加强对他们进行安全培训投资。

1.2 揭秘常见的社会工程学攻击

现代网络纷繁复杂，病毒、木马、垃圾邮件接踵而至，给网络安全带来了很大的冲击。同时，利用社会工程学进行攻击的手段日趋成熟，其技术含量也越来越高。社会工程学攻击在实施之前必须掌握心理学、人际关系、行为学等知识与技能，以便收集和掌握实施入侵行为所需要的资料和信息。下面介绍几种常见的社会工程学攻击手段。

1. 环境渗透

对特定的环境进行渗透，是社会工程学为了获得所需的情报或敏感信息经常采用的手段之一。社会工程学攻击者通过观察目标对电子邮件的响应速度、重视程度及可能提供的相关资料，比如一个人的姓名、生日、ID 电话号码、管理员的 IP 地址、邮箱等，通过这些收集信息来判断目标的网络构架或系统密码的大致内容，从而获取情报。

2. 引诱

网上冲浪经常碰到中奖、免费赠送等内容的邮件或网页，诱惑用户进入该页面运行下载程序，或要求填写账户和口令以便“验证”身份，利用人们疏于防范的心理引诱用户，这通常是黑客早已设好的圈套。

3. 伪装

目前流行的网络钓鱼事件及更早以前的求职信病毒、圣诞节贺卡，都是利用电子邮件和伪造的 Web 站点来进行诈骗活动的。有调查显示，在所有接触诈骗信息的用户中，有高达 5% 的人都会对这些骗局做出响应。

4. 说服

说服是对信息安全危害较大的一种社会工程学攻击方法，它要求目标内部人员与攻击者达成某种一致，为攻击提供各种便利条件。个人的说服力是一种使某人配合或顺从攻击者意图的有力手段，特别地，当目标的利益与攻击者的利益没有冲突，甚至与攻击者的利益一致时，这种手段就会非常有效。如果目标内部人员已经心存不满甚至有了报复的念头，那么配合就很容易达成，他甚至会成为攻击者的助手，帮助攻击者获得意想不到的情报或数据。

攻击者在施行攻击时，经常会采用维修人员、技术支持人员、经理、可信的第三方人员，或者是企业同事等角色，这点在一个大公司是不难实现的。

因为每人不可能都认识公司中的每个人员而身份标识是可以伪造的，这些角色中的大多数都具有一定的权力，让别人会不由自主地去巴结。大多数的雇员都想讨好老板，所以他们会为那些有权力的人提供他们所需要的信息。

5. 恐吓

社会工程学精通者常常利用人们对安全、漏洞、病毒、木马、黑客等内容的敏感性，以权威机构的身份出现，散布安全警告、系统风险之类的信息，使用危言耸听的伎俩恐吓欺骗计算机用户，并声称如果不按照他们的要求去做，会造成非常严重的危害或损失。

6. 恭维

高明的黑客精通心理学、人际关系学、行为学等社会工程学方面的知识与技能，善于利用人类的本能反应、好奇心、盲目信任、贪婪等人性弱点设置陷阱，实施欺骗，控制他人意志为自己服务。他们通常十分友善，很讲究说话的艺术，知道如何借助机会均等去迎合人，投其所好，使多数人会友善地做出回应，乐意与他们继续合作。

7. 反向社会工程学

反向社会工程学是指攻击者通过技术或者非技术的手段给网络或者计算机应用制造“问题”，使其公司员工深信，诱使工作人员或网络管理人员透露或者泄露攻击者需要获取的信息。这种方法比较隐蔽，很难发现，危害特别大，不容易防范。

1.3 社会工程学攻击时刻在发生

社会工程学作为信息时代发展出来的一门“欺骗的艺术”，在现今不论是虚拟的网络空间还是现实的日常生活场景，凡是涉及信息安全的方面，无不有社会工程学的应用。

本节将介绍生活中几种常见的有关社会工程学攻击的安全，希望大家能够进一步了解社会工程学，并提高警惕。

1.3.1 非法获取用户的手机号码

社会工程学就是一种与计算机技术相结合的行骗过程，而社会工程学的实施者，则可以看作是一个精通计算机的超级骗子。

下面通过一个虚拟的例子，揭露不法分子是如何通过社会工程学非法获取用户手机号码的。

假设攻击者试图入侵某个公司的内部办公系统，但无法破解管理员的登录密码。可先利用一些手段获得管理员的手机号，再想办法得到管理员的登录密码即可。

首先，打开公司的网站，在网站首页的左上角有一个“内部办公系统登录”链接，在该链接下有一个快速登录口，在“登录名”和“密码”文本框中输入相应的内容，即可进入该公司的内部办公系统，如左下图所示。

或者直接单击“内部办公系统登录”链接，在打开的“内部办公系统”页面中可直接登录进入公司的内部办公系统，如右下图所示。现在要做的就是获得管理员的登录密码，可以先从管理员的手机号码上入手，得到他的手机号码后，再想办法获取登录密码。

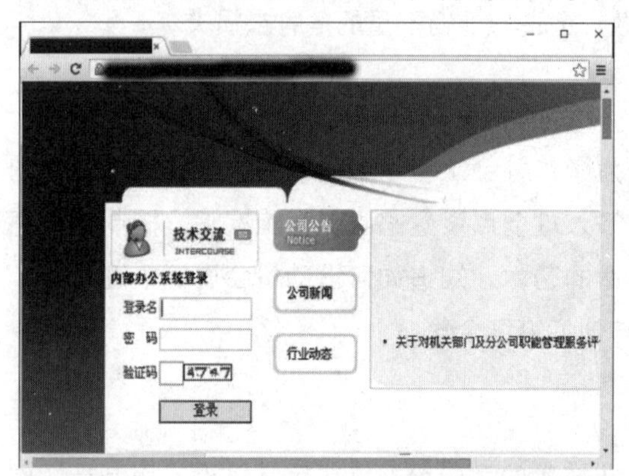

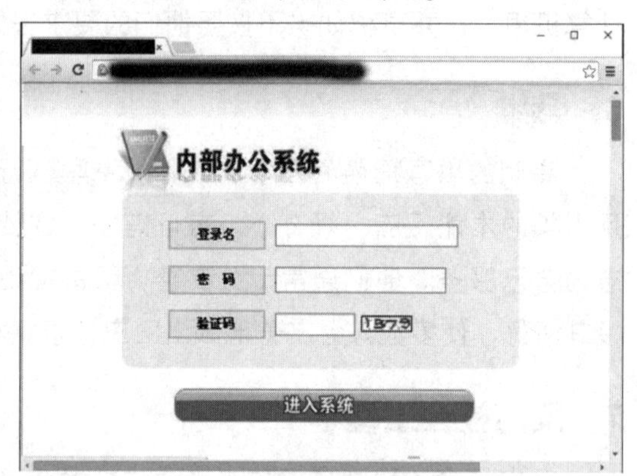

攻击者可能会通过下面的途径获得管理员的手机号，管理员需要注意。

1. 查询用户网络信息

攻击者可以使用社会工程学详细地收集管理员在网上的各种信息。比如，管理员常用的邮箱，通常来说，经常在网络上活动的管理员，当它们注册一些论坛或博客站点服务等，都会用到邮箱。因此，攻击者可以将这些邮箱地址作为关键字，在百度或 Google 等搜索引擎中搜索相关信息。

从搜索结果中可以看到许多有用的信息，如管理员注册了哪些论坛。同样，可以用管理员的其他邮箱、QQ 号和 MSN 地址等信息为关键字在网上进行搜索，也可以搜索到不少信息。

另外，还可以在当下流行的“校内网”和“校友网”等社交类型的网络上搜索更详细的信息，以获得用户的真实资料等信息。这两个网站上注册的用户通常都会在注册信息中填写真实的家庭住址、出生日期、手机号码和 QQ 号码等信息，通过这种方式可以了解到管理员的手机号码或其他重要的信息。

2. 获得手机号码

如果从网络中的搜索信息中可以直接得到目标的手机号码，就可以利用这个手机号码进行欺骗。如果只得到了目标者的出生日期、家庭住址或QQ号码，则可以先将管理员的QQ号加为好友，再通过其他方法骗到他的手机号码即可。

1.3.2 揭秘网络钓鱼

网络钓鱼是指入侵者通过处心积虑的技术手段伪造出一些以假乱真的网站和诱惑受害者根据指定方法操作的Email等方法，使得受害者“自愿”交出重要信息或被窃取重要信息（例如银行账户密码）的手段。它并不是一种新的入侵方法，但其危害范围却在逐渐扩大，并成为近期威胁网络安全的最大危害之一。

无论IE还是Firefox浏览器，都在不断出现各种各样的漏洞，例如，有的浏览器漏洞可以让黑客在网页中插入恶意代码，有的可以让浏览器显示错误的网址。黑客可以向用户发送邮件或者QQ消息，让用户单击某个网址。这个网址的URL看上去是个著名网站，打开之后显示的页面也像该网站，但其实是黑客自己建立的钓鱼网站。

此时，可能会有这样的疑问——网络钓鱼与社会工程学类似，都是利用人们的弱点欺骗的？其实，网络钓鱼属于社会工程学攻击的一种，简单地说，就是通过伪造信息获得受害者的信任并且响应，由于网络信息是呈爆炸性增长的，人们面对各种各样的信息往往难以辨认真伪，依托网络环境进行钓鱼攻击是一种非常可行的攻击手段。

网络钓鱼从攻击角度上分为两种形式，一种是通过伪造具有“概率可信度”的信息来欺骗受害者。这里所说的“概率可信度”，从逻辑上说就是有一定的概率使人信任并且响应，从原理上说，攻击者使用“概率可信度”的信息进行攻击，这类信息在概率内正好吻合了受害者的信任度，受害者就可能直接信任这类信息并且响应。

另一种则是通过“身份欺骗”信息来攻击受害者。这与社会工程学攻击一样，攻击者需要事先掌握对方的相关信息，利用人与人之间的信任关系，通过伪造身份来捏造信息，使受害者对攻击者所说的话确信无疑并做出响应。

我们在实际生活中常常会遇到钓鱼事件，并且如此拙劣的手段仍能频频得手，主要是因为网络钓鱼充分利用了人们的心理漏洞。首先，人们收到黑客发送的影响力很大的邮件时，很多人都不会怀疑信件的真实性，只会下意识地根据要求打开邮件里面指定的URL进行操作。其次，页面打开后，我们通常不会注意浏览器地址栏中显示的地址，而只是留意页面内容，这正是让钓鱼者有机可乘的原因。

1.3.3 揭秘如何伪造身份骗取系统口令

得到管理员的手机号码后，可以利用身份伪造这种方法骗取系统口令。身份伪造是指攻击者利用各种手段隐藏真实身份，以一种目标信任的身份出现来达到获取情报的目的。

攻击者大多以能够自由出入目标内部的身份出现，获取情报和信息；或者采取更高明的手段，例如伪造身份证、ID 卡等，在没有专业人士或系统检测的情况下，要识别其真伪是有一定难度的。

在“校内网”和“校友网”等社交类型的网络上搜索用户的信息时，得到管理员的手机号码后，攻击者可以假装是管理员所在公司的一个新员工，然后利用得到的手机号给目标发信息，告诉他“我是你的新同事 XXX，是新的销售经理助理，这是我的手机号码”。再寻找话题与管理员聊天，使其对自己说的话深信不疑。

最后，告诉管理员，销售部经理让他在公司内部办公系统上下载一份文档，但他不知道公司的内部办公系统设有的密码，忘了问销售部经理了，希望管理员可以把口令告诉他，他急需这份文档。当管理员听到这些话后，可能就会相信攻击者所说的，并将口令告诉攻击者。这样，即可顺利地从管理员口中获得系统口令了。当然，这种做法可能有一定的运行成分，但像这种疏忽大意且防备心理不强的人非常多，社会工程学正是利用这一特点对目标进行攻击的。

1.4 无所不在的信息搜索

1.4.1 利用搜索引擎搜索

搜索引擎（Search Engine）是指根据一定的策略、运用特定的计算机程序从互联网上搜集信息，在对信息进行组织和处理后，为用户提供检索服务，将用户检索之后的相关信息展示给用户的系统。专业的搜索引擎拥有作为信息发现及深度挖掘工具的巨大潜力。

在普通用户的眼中，提到搜索引擎，首先想到的就是能用来搜索自己不懂的问题和查找各种资料。但同时由于搜索引擎使用的网页爬虫性能十分强劲，能够完整地记录网站的结构和页面，黑客们通过构造特殊的关键字，使用互联网上的相关隐私信息，甚至可以在几秒钟内黑掉一个网站。

百度是全球最大的中文搜索引擎，每天处理数以亿计的搜索请求，更贴合我们中国人的使用习惯，为我们的生活、工作、学习提供了极大的便利。

灵活运用百度搜索技巧可以帮助我们更快速、更准确地找到需要的信息。

1. 介绍搜索功能

在 IE 浏览器的地址栏中输入网址 www.baidu.com，进入百度的主页中，如下图所示。可以清楚地看到主体部分主要包括搜索框、LOGO、百度搜索按钮及百度旗下的相关产品，这一设计极大地方便了我们的使用。

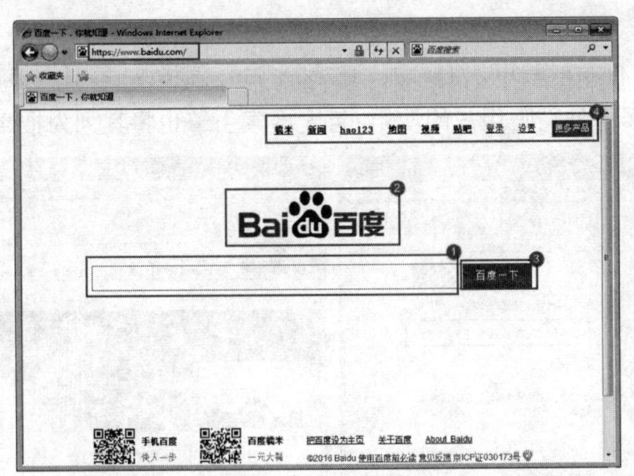

百度搜索引擎可用来搜索网页、图片、相关视频或者用来搜索地图、新闻及音乐等。下面详细介绍一下这些经常用到的搜索功能。

（1）默认搜索

百度的默认搜索选项为网页搜索，用户只需要在搜索框中输入想要查询的关键字信息，单击“百度一下”按钮，即可获得想要查询的资料，如下图所示。利用百度搜索到的信息是根据用户的使用频率进行排序的，因此比较方便查找。

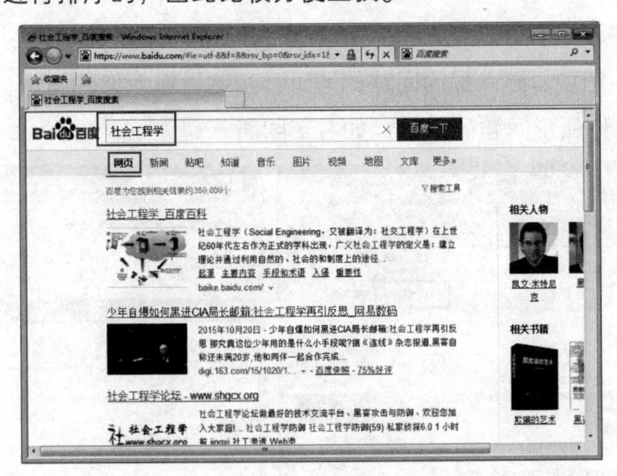

（2）其他搜索

在使用百度搜索时，除了默认的网页搜索选项，百度还设计了其他的搜索选项，方便用户根据自己的需要选择合适的搜索选项。

①新闻。

单击百度搜索框下的“新闻”标签，再输入要查询的关键字即可进行新闻的搜索。还提供了“新闻全文”“新闻标题”（默认是选择“新闻全文”选项）及排序方法（默认是选择“按焦点排序”选项）选项方便用户使用，如左下图所示。

②贴吧。

“贴吧”作为一种新兴的供人们交流的社交平台，凭借其强大的功能和人性化的设计，拥有了广泛的粉丝。为了方便贴吧用户的使用，百度搜索引擎也将其列为搜索选项，如右下图所示。

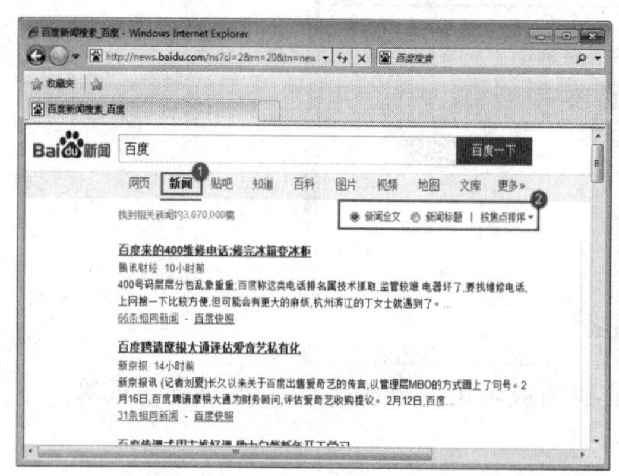

③知道。

我们在生活中会遇到各种各样的问题，这些问题有时不能通过百度的“网页搜索”查找到具体的答案，由此设置了“知道”这一搜索项。在搜索框中输入你想查找的问题，单击“搜索答案”按钮便会出现其他百度用户提问过的跟你相似的问题，此外为了保证答案的时效性，还可以对找到的答案进行时间上的筛选，如左下图所示。若还是找不到你想要的答案，还可以单击“我要提问”选项，进入提问问题的网页，在这里输入你的问题，单击“提交问题”，便会收到热心网友对你所提问题的解答，如右下图所示。

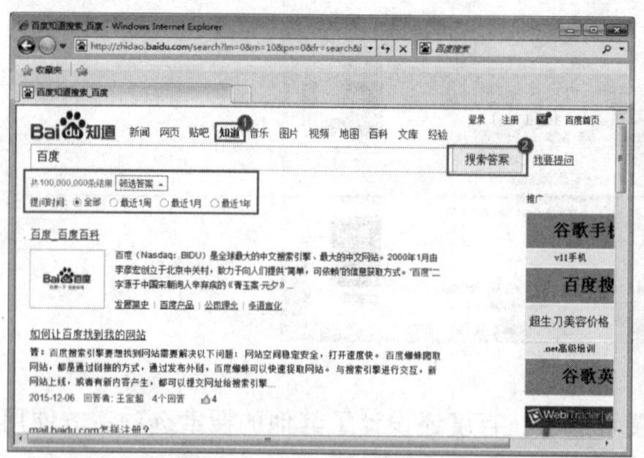

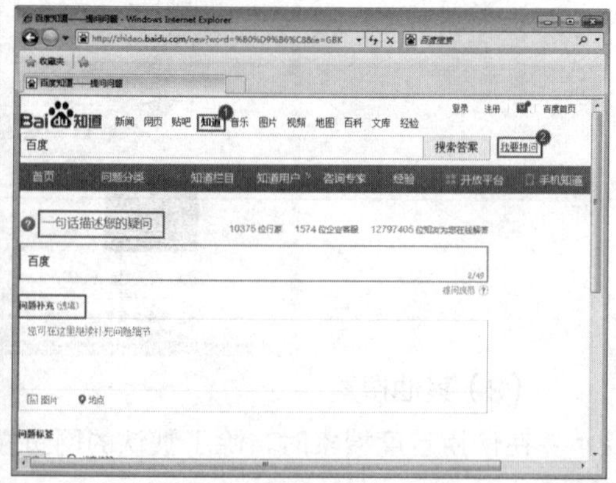

除了上述提到的网页搜索、新闻搜索及百度的“贴吧”“知道”功能，百度搜索还提供了其他的搜索功能，如搜索音乐、图片、视频等。

2. 介绍搜索语法

大多数用户在使用搜索引擎的过程中，只是将问题的关键字输入搜索引擎，然后就开始了漫长的信息提取过程。这时你会发现，如果只是简单地输入几个关键字，百度搜索只会根据你提供的关键字展示结果，这时候要想查找到自己需要的信息就会困难得多。

在生活和工作中，我们经常需要通过搜索引擎的一些高级搜索语法来提高搜索结果的准确性。百度对于搜索的关键字提供了多种语法，合理使用这些语法，会使搜索结果更加精确。下面举例说明百度的一些常用高级搜索语法。

（1）site——把搜索范围限定在特定的站点内

当你需要找一些特殊文档，并且已经知道你要找的东西在某个站点（特别是专业性较强的网站）中时，合理使用 site 语法可使你事半功倍。使用的方式是，在查询内容的后面加上“site：站点域名”。举例说明：社会工程学 site:zhixing123.cn。搜索引擎会显示出在知行网上查找到的关于社会工程学的文章，如左下图所示。

“site:”后面跟的站点域名，不要带“http://”和“/”符号；另外，site: 和站点名之间，不要带空格，否则会出现错误。

（2）intitle——把搜索范围限定在网页标题中

一般情况下，网页标题是整个网页的纲要，使用 intitle 语法可以把查询内容范围限定在网页标题中，有利于快速地找到你所需要的网页。使用的方式是，把查询内容中特别关键的部分，用“intitle:”打头，如“intitle: 社会工程学”。百度搜索引擎会查找出关于以“社会工程学”为网页标题的网页，如右下图所示。

intitle: 和后面的关键词之间，不要有空格。

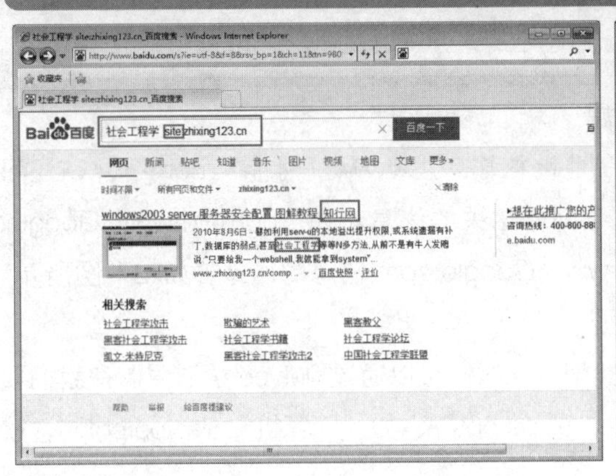

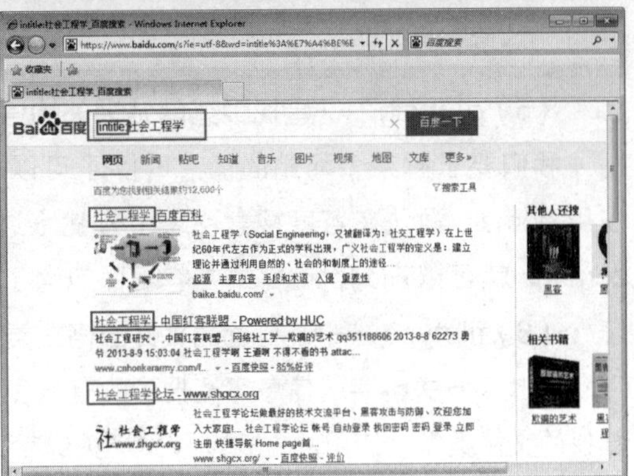

（3）inurl——把搜索范围限定在 URL 链接中

用 inurl 语法找到网页 URL（中文名称：统一资源定位符，是对可以从互联网上得到的资源的位置和访问方法的一种简洁的表示）相关资源链接，然后用另一个关键词确定是否有某项具体资源，使我们找到更精确的专题信息。使用的方式是，“inurl:”后跟需要在 URL 中出现的关键词，如“计算机 inurl：lunwen”，百度搜索引擎会显示出关于计算机的论文，如左下图所示。这个查询串中的“计算机”可以出现在网页的任何位置，但是“论文”必须出现在网页 URL 中。

inurl 语法可用于查询网站具体某个页面的百度收录情况。但是“inurl:”和后面所跟的关键词之间不要有空格。

（4）减号——要求搜索结果中不含特定查询词

用减号语法，可以去除你不希望看到的网页，如“[笑傲江湖] intitle: 小说 - 电视剧”。这时候搜到的便都是关于笑傲江湖的小说，不会出现电视剧了，如右下图所示。

前一个关键词和减号之间必须有空格，否则，减号会被当成连字符处理，而失去减号语法功能。减号和后一个关键词之间，有无空格均可。

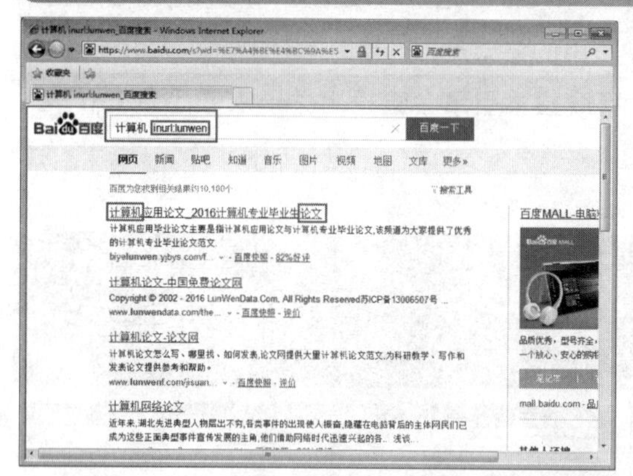

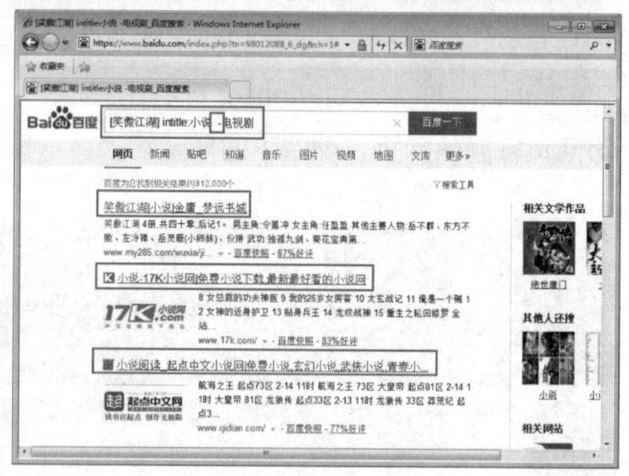

（5）domain——查找跟某网站相关的信息

我们要了解某个网站的信息时除了可以在地址栏输入“www.”网址“.com”外，还可以用 domain 语法在百度搜索引擎上查找跟这个网站相关的信息，如“domain:www.Google.com”，就可以查询到在网站内容里面包含了 www.Google.com 信息的网站，如左下图所示。

（6）filetype——限制查找文件的格式类型

查找某一关键字的信息可能搜到的有很多类型，这时候可以通过 filetype 语法限制在我们要查找的文件类型。使用的方式是搜索“关键字 + filetype:ppt”，如“计算机 + filetype:ppt”，就可以只搜索到关于计算机的 PPT，如右下图所示。

目前可以查找的文件类型有 .pdf/.doc/.xls/.ppt/.rtf。

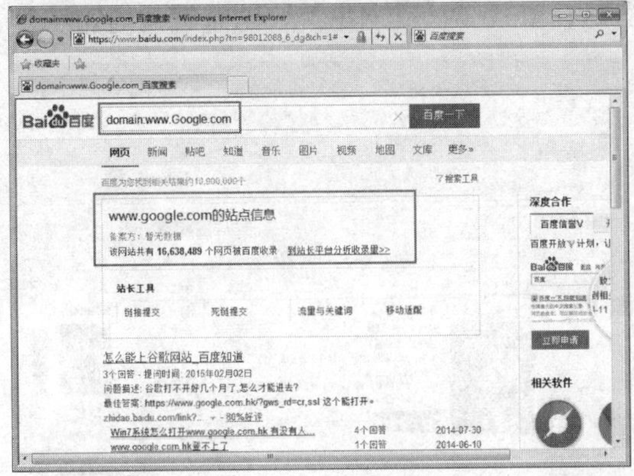

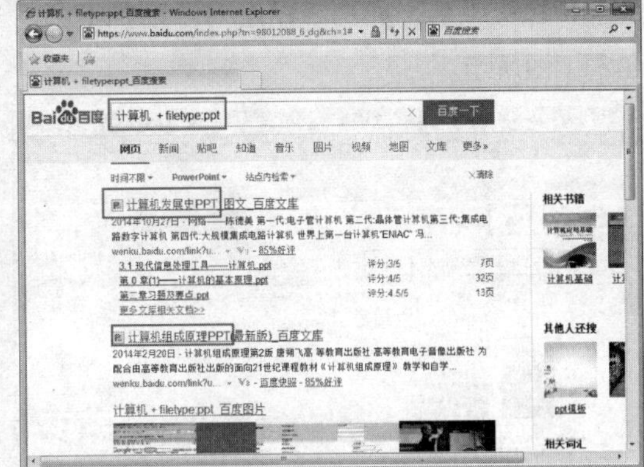

（7）双引号、书名号和中括号——精确匹配，缩小搜索范围

① 双引号。

如果输入的关键字很长，百度在经过分析后，给出的搜索结果中的关键字，可能是拆分的。如果你对这种情况不满意，可以尝试让百度不拆分关键字。我们只需要给关键字加上双引号，就可以达到这种效果，如“中国计算机行业协会”。如果不加双引号，搜索结果被拆分，效果不是很好，如左下图所示。但加上双引号后的“中国计算机行业协会”，获得的结果就全是符合要求的了，如右下图所示。

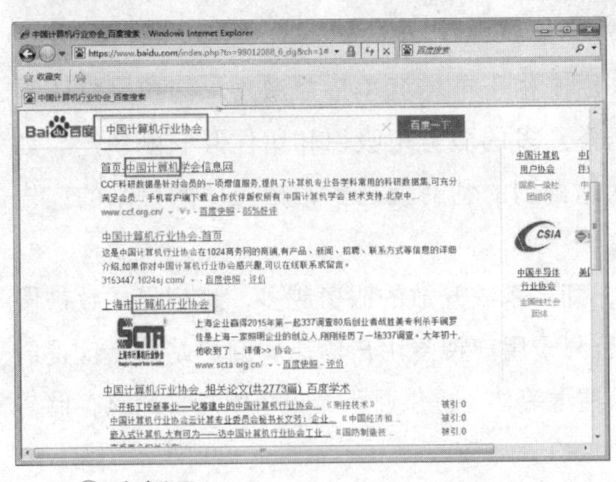

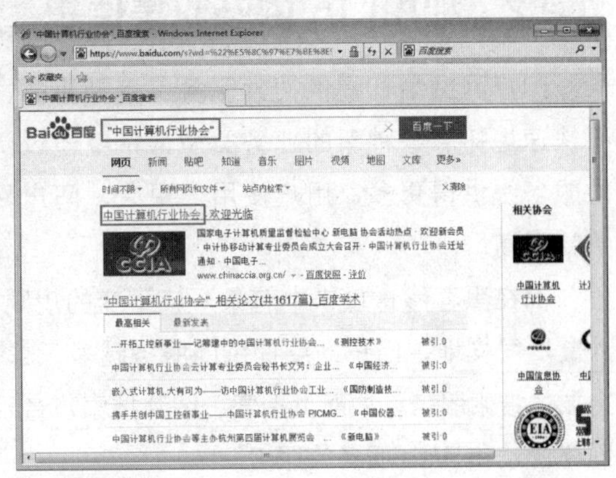

② 中括号。

同样的道理，使用中括号，也可以让百度不拆分关键字，缩小搜索的范围，如“[说故事]”。加上“[]”后关键字就会在一起，不被拆分。

③ 书名号。

书名号是百度独有的一个特殊查询语法。在其他搜索引擎中，书名号会被忽略，而在百度中，中文书名号是可被查询的。加上书名号的查询词有两层特殊功能，一是书名号会出现在搜索结果中；二是被书名号括起来的内容，不会被拆分。书名号在某些情况（如查找常用的电影或小说）下特别有效果，如“《社交网络》”。如果不加书名号，很多情况下出来的是各种社交平台，如左下图所示。而加上书名号后，查找《社交网络》，结果就是电影了，如右下图所示。

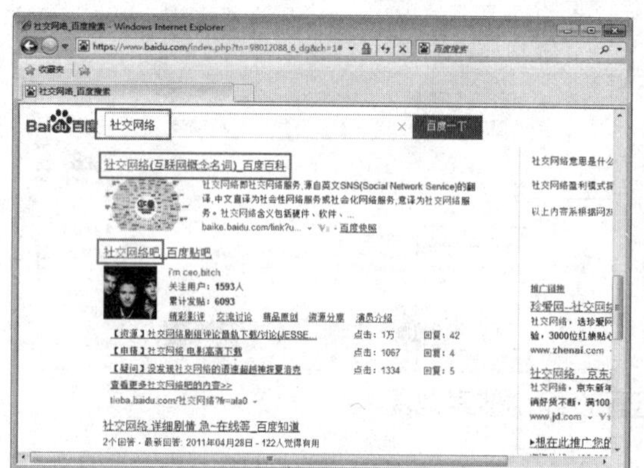

使用这些语法的目的是获得更加精确的结果，但黑客却可以利用这些语法构造出特殊的关键字，使搜索的结果中出现绝大部分存在漏洞的网站，一旦一个正在使用的网站被搜索出漏洞，那便有可能面临被攻破的危机，造成巨大的损失。

1.4.2 利用门户网站收集信息

门户网站最初提供搜索服务、目录服务，后来由于市场竞争日益激烈，门户网站不得不快速地拓展各种新的业务类型，希望通过门类众多的服务来吸引和留住互联网用户。如果服务提供得更多，用户使用得更久，门户网站得到的利益就越多，相应地所带来的广告费就更高。

而在黑客渗透攻击中有条一成不变的规则，即“系统开放的服务越多，越容易导致被侵入”。同样地，门户站点提供的服务越多，越有利于用户搜索用户信息。门户站点不仅提供主要的搜索服务，如网页搜索、图片搜索、音乐搜索等，还提供聊天、电子邮箱、网络存储、网络游戏和 Web 服务等服务。

由于搜索引擎的日益发展，很多信息不必通过专业的门户网站就能查找到。因此在目前的网络环境中，门户运营商为了抓住用户，会让用户注册一个 ID，利用这个用户名登录，才能使用他们的服务。

1.4.3 利用其他特定渠道进行信息收集

现在网络上出现了越来越多的在线服务，利用这些服务可以快速查找到需要的信息，这种搜索技术与网页式的搜索引擎不同，它是一种更加细分的搜索引擎，可以满足不同的需要。而网页式的搜索引擎只能满足普通用户的需要，针对性较弱，搜索结果非常笼统。

1．利用找人网收集信息

伴随失踪人口数目的增加，以及人们想要找到自己失联的好友，越来越多的找人网站应运而生。如全球最大的中文搜人引擎——Ucloo 优库网（http://www.ucloo.com）、中国最大的寻人网站——人肉搜索找人网（http://www.rrzrw.com）、公益性质的人肉搜索引擎——找人网（http://www.zhaoren.net）等。

当一种东西“诞生”的时候，出发点都是好的，往往是为了解决我们的问题，为我们带来便利。同样的，找人网站“诞生”的目的是寻找失踪人口、找寻失散的朋友伙伴。但是由于找人网站针对的是所有用户群，一般来说，网站提供的信息都比较真实，因此，一些居心不良的人就利用找人网站来搜索用户的个人资料，再通过得到的信息对目标进行攻击，谋取个人私利。

例如，我们要在找人网站上寻找一个名字为“郑元杰”的人，首先可打开网站http://www.rrzrw.com，进入“人肉搜索找人网”的主页中，如左下图所示。

在搜索框中输入“郑元杰”并单击“搜索”按钮，即可在网页中显示出所有名字为“郑元杰”的人，如右下图所示。

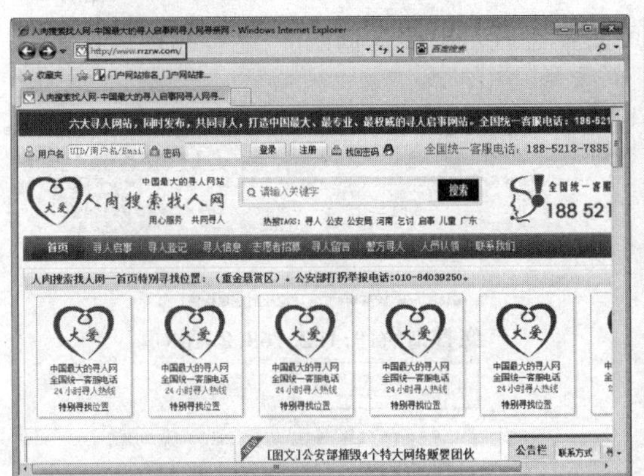

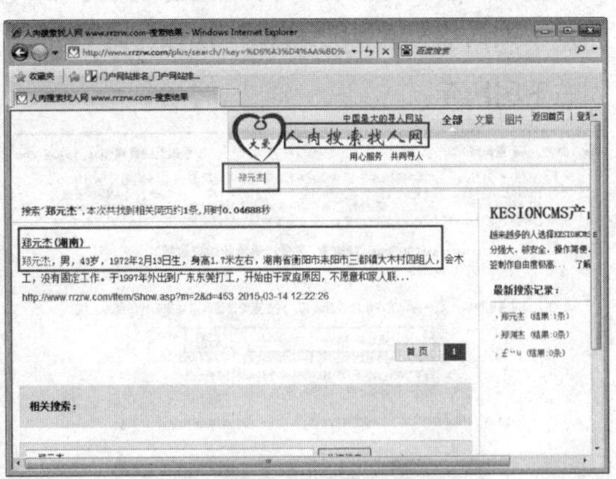

网络是把双刃剑，这上面到处都存在着危险和陷阱，我们必须时刻提高警惕，以免给不法分子以可乘之机。

2．利用查询网收集信息

查询网（www.ip138.com）里提供了大量实用工具，包括天气预报 - 预报五天、国内列车时刻表查询、手机号码所在地区查询、邮编查询区号查询、身份证号码查询验证等，如下图所示。

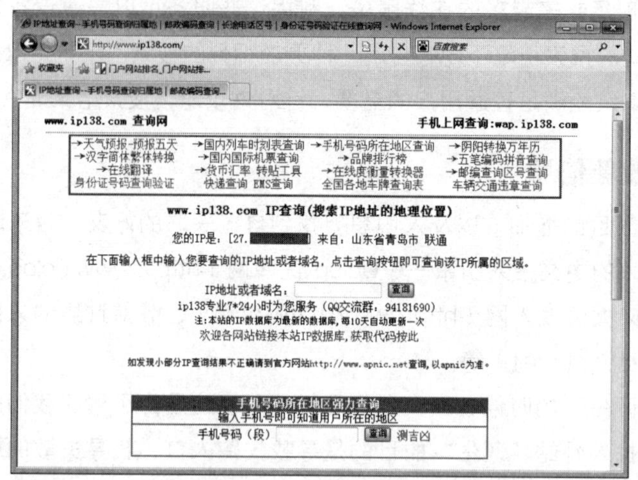

我们可以看出“ip138 查询网”的网站界面非常简单，拥有的网页数非常少，但每天却能积聚上百万的访问流量。现在很多网站注册的时候都需要输入你的手机号甚至是身份证号，这些信息若是放在“ip138 查询网”上查询，就会显示出关于你身份的信息：性别、出生日期、你的身份证发证日期、你的手机卡号归属地等。

下面介绍如何根据 IP 地址、手机号码、身份证号码在“ip138 查询网”查找出你的相关信息。

（1）IP 地址查询

打开“ip138 查询网”网站，在网页的“IP 地址或者域名”文本框中输入要查询的 IP 或域名，如左下图所示。单击“查询”按钮，在弹出的页面中可显示出要查询的 IP 地址的地理位置，如右下图所示。

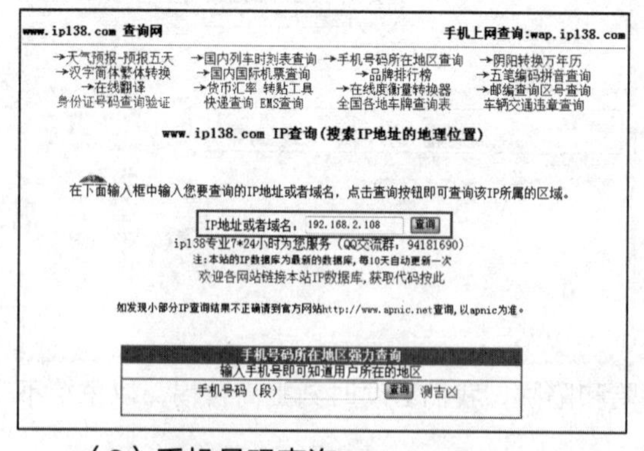

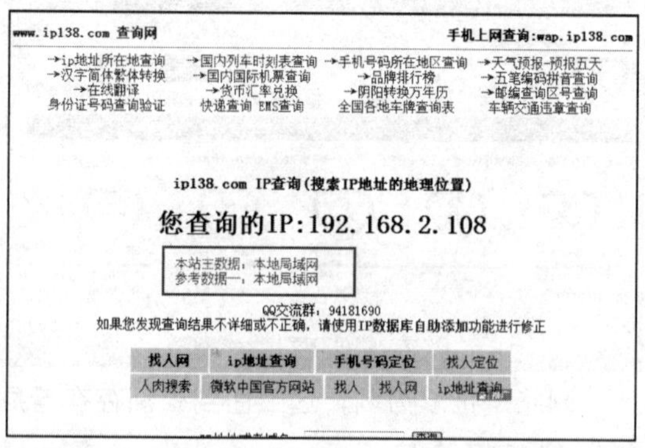

（2）手机号码查询

将“ip138 查询网”滚动栏向下拉，即可看到手机号码查询，在“手机号码（段）”文本框中输入要查询的手机号码，如左下图所示。单击“查询”按钮，即可在弹出页面中显示要查询手机号码的详细信息，包括卡号归属地、卡类型、区号和邮编，如右下图所示。

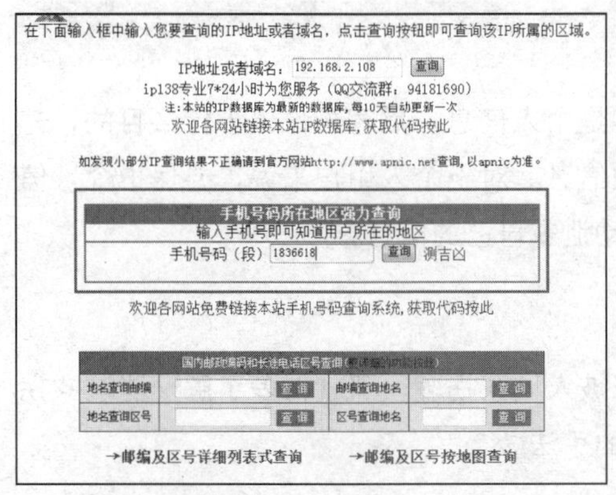

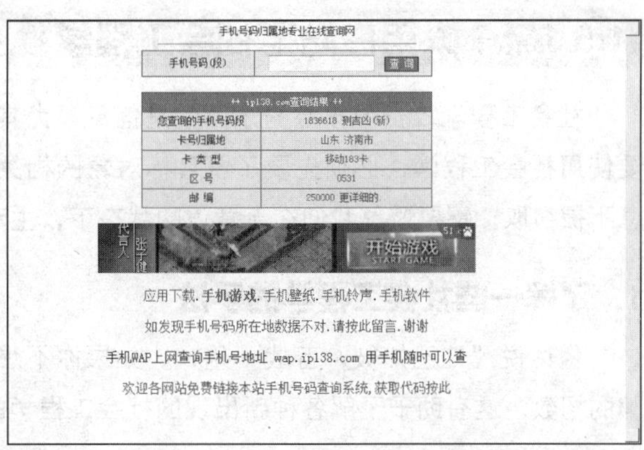

（3）身份证号码查询

身份证号码查询也很简单，在网页下面的“国内身份证号码验证查询”栏中输入要查询的身份证号码，如左下图所示。单击“查询”按钮，即可查到该身份证号码的详细信息，包括性别、出生日期和发证地等，如右下图所示。

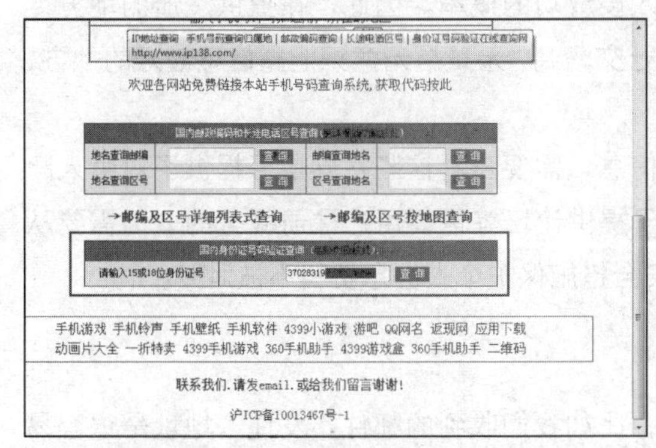

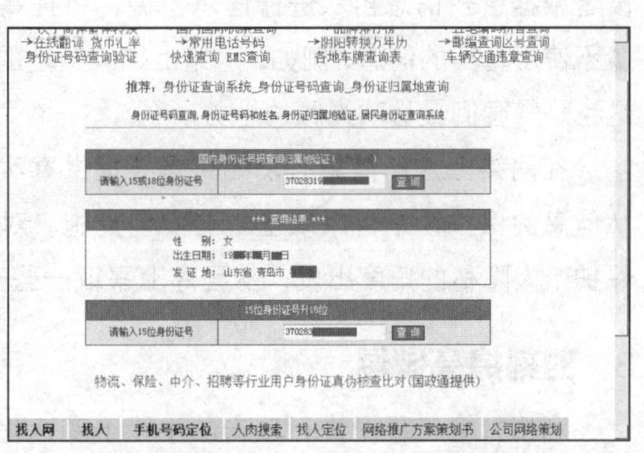

这样看来，黑客在攻击目标之前，就可以通过“ip138查询网”掌握对方的隐私信息，例如手机号码、IP地址或身份证号码等内容。这些信息若是被不法分子利用，就相当于变成了“第二个你”，掌握着你所有的信息，到时候就可以从事违法犯罪的活动，给你带来巨大的损失，这是很危险的。

1.5 从源头防范黑客攻击

通过前面的学习，我们知道社会工程学攻击是一种非常危险的黑客攻击技术，它就像一双隐形的眼睛一样，时刻盯着我们并找准时机进行攻击。因此，为了避免个人用户或企业遭受社会工程学攻击，掌握一些防范社会工程学攻击的方法是非常必要的。

1.5.1 个人用户防范社会工程学

社会工程学攻击中核心的东西就是信息，尤其是个人信息。黑客无论出于什么目的，若要使用社会工程学，必须先要了解目标对象的相关信息。对于个人用户来说，要保护个人信息不被窃取，需要避免我们在无意识的状态下，主动泄露自己的信息。

1. 了解一些社会工程学的手法

俗话说“知己知彼，百战不殆”。如果你不想被人坑蒙拐骗，那就得多了解一些坑蒙拐骗的招数，这有助于了解各种新出现的社会工程学的手法。

2. 保护个人信息资料

在网络普及的今天，很多论坛、博客、电子信箱等都包含了个人大量私人信息，这些信息对社会工程学攻击有用的主要有生日、年龄、Email 地址、手机号码、家庭电话号码等，入侵者根据这些信息再次进行信息挖掘，将提高入侵成功的概率。因此，在提供注册的地方尽量不使用真实的信息，例如，网络上铺天盖地的社交网站，无疑是无意识泄露信息最好的地方，这也是黑客们最喜欢光顾的地方。

在网络上注册信息时，如果需要提供真实信息，需要查看这些网站是否提供了对个人隐私信息的保护，是否采取了一些安全措施。对于提供论坛等需要用户注册服务的公司需要从保护个人隐私的角度出发，从程序上采取一些安全措施保护个人信息资料不被泄露。

3. 时刻提高警惕

利用社会工程学进行攻击的手段千变万化，比如我们收到的邮件，发件人地址是很容易伪造的；公司座机上看到的来电显示，也可以被伪造；收到的手机短信，发短信的号码也可以伪造。所以，要时刻提高警惕，保持一颗怀疑的心，不要轻易相信所看到的。

4. 保持理性

很多黑客在利用社会工程学进行攻击时，采用的手法不外乎都是利用人感性的弱点，然后施加影响。所以，我们应尽量保持理性的思维，特别是在和陌生人沟通时，这样有助于减少上当受骗的概率。

5. 不要随手丢弃生活垃圾

看来毫无用处的生活垃圾可能会被随意丢掉，但这些生活垃圾一样有可能被有心的黑客利用。因为这些垃圾中可能包含有账单、发票、取款机凭条等内容，如果被一些人捡到，就有可能造成个人信息的泄露。

1.5.2 企业或单位防范社会工程学

俗话说“道高一尺，魔高一丈”，面对社会工程学带来的安全挑战，企业必须适应新的防御方法。下表列出了一些常见的入侵伎俩和防范策略。

常见的入侵伎俩和防范策略

危险区	黑客的伎俩	防治策略
电话（咨询台）	模仿和说服	培训员工、咨询台永远不要在电话上泄露密码或任何机密信息
大楼入口	未经授权进入	严格的胸牌检查，员工培训，安全人员坐镇
办公室	偷看	不要在有其他人在的情况下输入密码（如果不可避免，那就快速输入）
电话（咨询台）	模仿打到咨询台的电话	所有员工都应该分配有个人身份的号码
办公室	在大厅里徘徊寻找打开的办公室	所有的访客都应该有公司职员陪同
收发室	插入伪造的备忘录	监视，锁上收发室
机房/电话柜	尝试进入，偷走设备，附加协议分析器来夺取机密信息	保证电话柜、存放服务器的房间等地方是锁上的，并随时更新设备清单
电话和专用电话交换机	窃取电话费	控制海外和长途电话，跟踪电话，拒绝转接
垃圾箱	垃圾搜寻	保证所有垃圾都放在有监视的安全区域，对此记录媒体消磁
企业内部网和互联网	在企业内部网和互联网上创造、安插间谍软件偷取密码	持续关注系统和网络的变化，对密码使用进行培训
办公室	偷取机密文档	在文档上标记机密的符号，而且应该对这些文档上锁
心理	模仿和说服	持续不断地提高员工的防范意识和加强培训

总的来说，针对社会工程学攻击，企业或单位还应主动采取一些积极的措施进行防范。这里将防范措施归纳为两大类，即网络安全培训和安全审核。

1. 网络安全培训

社会工程学主要是利用人的弱点来进行各种攻击的。所以说，“人”是整个网络安全体系中最薄弱的一个环节。对于国内企业来讲，多数是注重技术技能的培训，而轻视网络安全方面的培训，只有在受到严重的损失以后，才会意识到网络安全的重要性。

因此，为了保护企业免遭损失，企业应对员工进行一些网络安全培训，让他们知道这些方法是如何运用和得逞的；学会辨认社会工程学攻击，在这方面要注意培养和训练企业和员工的几种能力，包括辨别判断能力、防欺诈能力、信息隐藏能力、自我保护能力、应急处理能力等。

（1）网络安全意识的培训

在进行安全培训时，要注重社会工程学攻击及反社会工程学攻击防范的培训，无论是老员工还是新员工都要进行网络安全意识的培训，培养员工的保密意识，增强其责任感。在进行培训时，结合一些身边的案例进行培训，例如，QQ 账号的盗取等，让普通员工意识到一些简单社会工程学攻击不但会给自己造成损失，而且还会影响到公司利益。

（2）网络安全技术的培训

虽然目前的网络入侵者很多，但对于有安全防范意识的个人或者公司网络来说，入侵成功的概率很小。因此，对员工要进行一些简单有效的网络安全技术培训，降低网络安全风险。网络安全技术培训主要从系统漏洞补丁、应用程序漏洞补丁、杀毒软件、防火墙、运行可执行应用程序等方面入手，让员工主动进行网络安全的防御。

2. 安全审核

加强企业内部安全管理，尽可能把系统管理工作职责进行分离，合理分配每个系统管理员所拥有的权力，避免权限过分集中。为防止外部人员混入内部，员工应佩戴胸卡标示，设置门禁和视频监控系统；严格办公垃圾和设备维修报废处理程序；杜绝为贪图方便，将密码粘贴或通过 QQ 等方式进行系统维护工作的日常联系等。

（1）身份审核（认证）

认证是一个信息安全的常用术语。通俗地说，认证就是解决某人到底是谁。由于大部分的攻击者都会用到“身份冒充”这个步骤，所以认证就显得非常必要。只要进行一些简单的身份确认，就能够识破大多数假冒者。例如，碰到公司内不认识的人找你索要敏感资料，你可以把电话打回去进行确认（最好是打回公司内部的座机）。而对于在公司进出口的身份审核，一定要认真仔细，层层把关，只有在真正地核实身份并进行相关登记后才能给予放行。在某些重要安全部门，还应根据实际情况需要，采取指纹识别、视网膜识别等方式进行身份核定，以确保网络的安全运行。

（2）操作流程审核

操作流程审核要求在操作流程的各个环节进行认真的审查，杜绝违反操作规程的行为。一般情况下，遵守操作流程规范，进行安全操作，能够确保信息安全；但是如果个别人员违规操作，就有可能泄露敏感信息，危害网络安全。

（3）安全列表审核

定期对公司个人计算机进行安全检查，这些安全检查主要包括计算机的物理安全检查和计算机操作系统安全检查。计算机物理安全是指计算机所处的周围环境或计算机设备能够确保计算机信息不被窃取或泄露。

计算机操作系统安全是指从操作系统层面着手，维护计算机信息安全。计算机操作系统安全的内容比较多，主要从杀毒软件定期升级、操作系统漏洞补丁及时升级、安装防火墙、U盘杀毒、不运行不明程序和禁止打开来历不明的附件等方面进行考虑。

（4）建立完善的安全响应应对措施

应当建立完善的安全响应措施，当员工受到了社会工程学的攻击或其他攻击，或者怀疑受到了社会工程学和反社会工程学的攻击时，应当及时报告，相关人员按照安全响应应对措施进行相应的处理，降低安全风险。

1. 如果某用户认为自己已受到社会工程学攻击，并泄露了公司的相关信息，应如何做呢？

2. 社会工程学攻击者常利用身份窃取这种手段对目标进行攻击，用户应如何避免这种情况发生？

3. 目前黑客的社会工程学攻击达到了什么程度？作为一个企业应如何应对社会工程学攻击？

第2章 计算机与网络反黑基础

系统进程、计算机端口、网络协议等是计算机与网络应用领域最基本的概念。针对网络应用安全的学习，也要从这几方面开始。另外，为了方便读者的学习，本章还介绍了虚拟机的安装、配置及其他应用。

2.1 系统进程

2.1.1 认识系统进程

进程是程序在计算机上的一次执行活动。当运行一个程序时，就启动了一个进程。显然，程序是静态的，进程是动态的。进程可以分为系统进程和用户进程两种。凡是用于完成操作系统的各种功能的进程就是系统进程，它们就是处于运行状态下的操作系统本身；用户进程就是所有由用户启动的进程。进程是操作系统进行资源分配的单位。

在 Windows 系统中按〈Ctrl+Shift+Esc〉组合键，即可打开“Windows 任务管理器”窗口。切换到“进程”选项卡，即可看到本机中开启的所有进程，如左下图所示，用户名为 SYSTEM 所对应的进程便是系统进程。如果想设置进程显示的内容，则选择“查看”→“选择列”命令，在“选择进程页列”对话框中选中相应的复选框，如右下图所示。

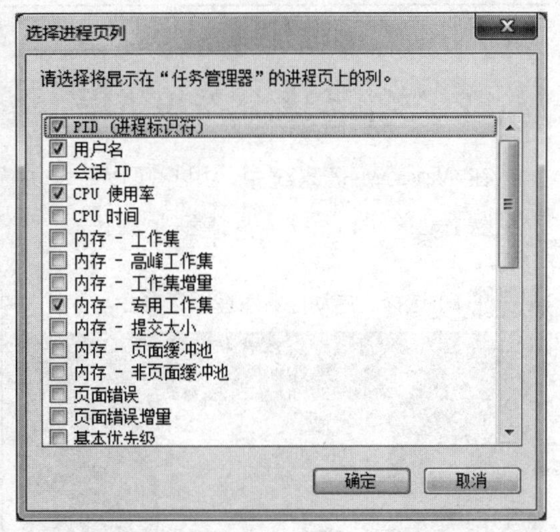

这些进程的名称及含义如下表所示。

系统进程的名称和基本含义

名　称	基本含义
conime.exe	该进程与输入法编辑器相关，能够确保正常调整和编辑系统中的输入法
csrss.exe	该进程是微软客户端 / 服务端运行时的子系统。该进程管理 Windows 图形相关任务
ctfmon.exe	该进程与输入法有关，该进程的正常运行能够确保语言栏能正常显示在任务栏中

续表

名　称	基本含义
explorer.exe	该进程是 Windows 资源管理器，可以说是 Windows 图形界面外壳程序，该进程的正常运行能够确保桌面显示桌面图标和任务栏
lsass.exe	该进程用于 Windows 操作系统的安全机制、本地安全和登录策略
services.exe	该进程用于启动和停止系统中的服务，如果用户手动终止该进程，系统也会重新启动该进程
smss.exe	该进程用于调用对话管理子系统和负责用户与操作系统的对话
svchost.exe	该进程是从动态链接库（DLL）中运行的服务的通用主机进程名称，如果用户手动终止该进程，系统也会重新启动该进程
system	该进程是 Windows 页面内存管理进程，它能够确保系统的正常启动
system idle process	该进程的功能是在 CPU 空闲时发出一个命令，使 CPU 挂起（暂时停止工作），从而有效降低 CPU 内核的温度
winlogon.exe	该程序是 Windows NT 用户登录程序，主要用于管理用户登录和退出

2.1.2 关闭和新建系统进程

在 Windows 7 系统中，用户可以手动关闭和新建部分系统进程，例如 explorer.exe 进程就可以手动关闭和新建。具体步骤如下。

步骤 1 选择“启动任务管理器”命令

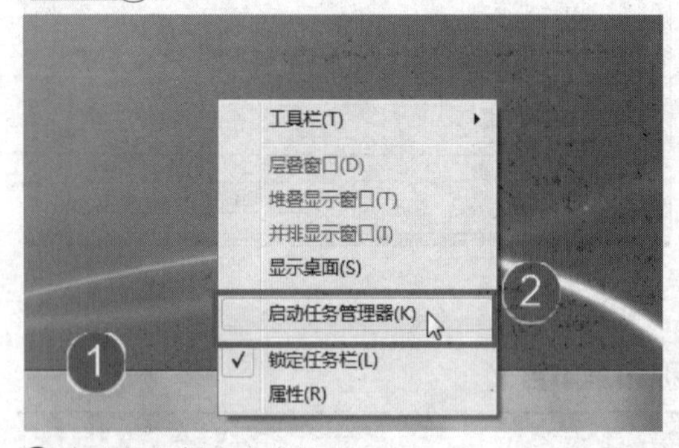

❶ 右击任务栏中空白处。

❷ 在弹出的快捷菜单中选择“启动任务管理器”命令。

步骤 2 结束 explorer.exe 进程

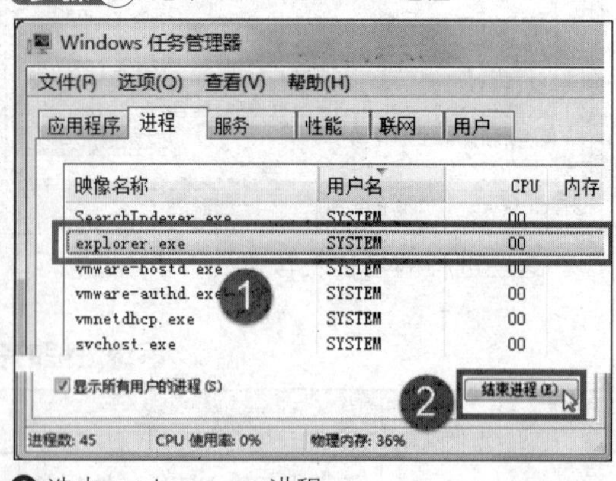

❶ 选中 explorer.exe 进程。

❷ 单击“结束进程”按钮。

步骤 3 确认结束该进程

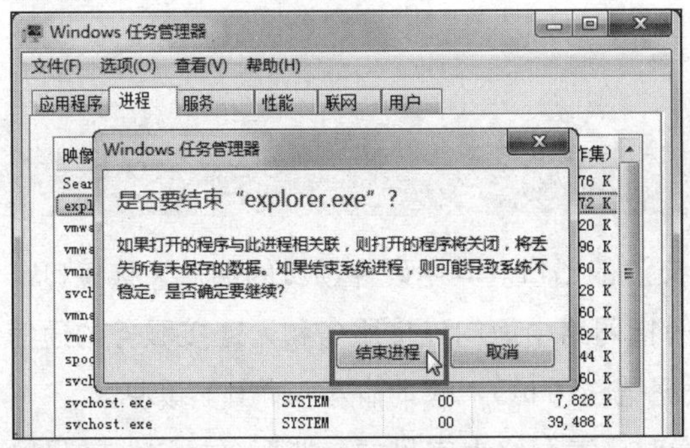

弹出对话框，单击“结束进程”按钮，确认结束该进程。

步骤 4 查看桌面显示信息

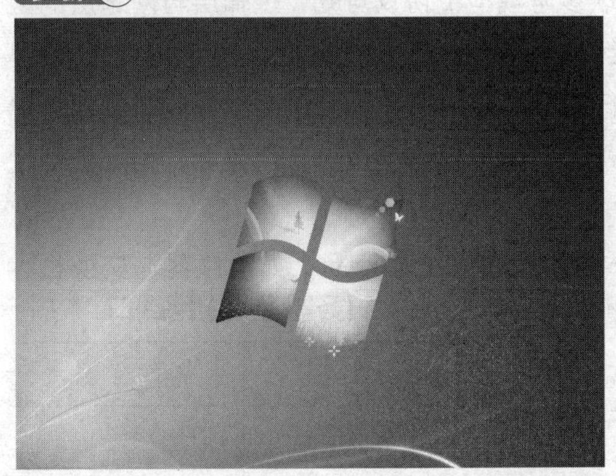

此时可看见桌面上只显示了桌面背景，桌面图标和任务栏消失了。

步骤 5 选择“新建任务（运行）”命令

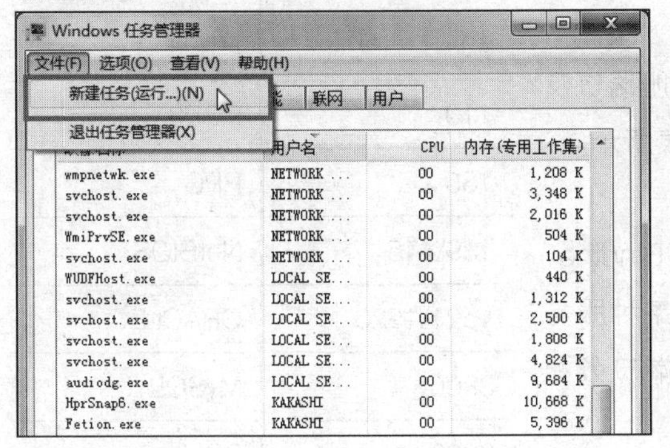

在“Windows 任务管理器”窗口中选择“文件→新建任务（运行）”命令。

步骤 6 新建 explorer.exe 进程

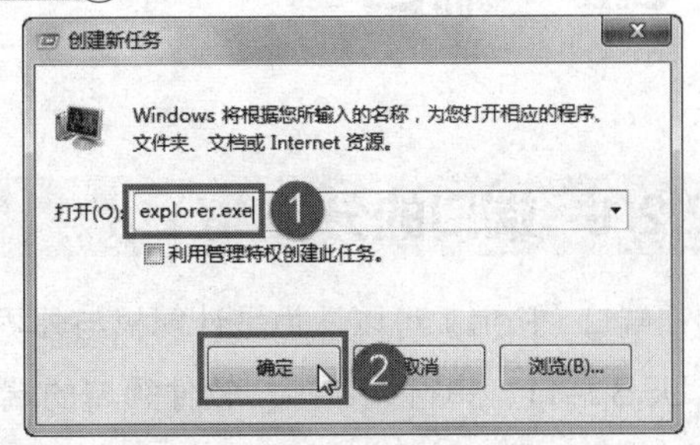

❶ 在文本框中输入“explorer.exe”命令。

❷ 单击“确定”按钮。

步骤 7 查看创建进程后的桌面

桌面上重新显示了桌面图标和任务栏，即系统已成功运行 explorer.exe 进程。

2.2 端口

2.2.1 端口的分类

端口（Port）可以认为是计算机与外界通信交流的出口。其中硬件领域的端口又称接口，如 USB 端口、串行端口等。软件领域的端口一般指网络中面向连接服务和无连接服务的通信协议端口，是一种抽象的软件结构，包括一些数据结构和 I/O（基本输入 / 输出）缓冲区。

端口是传输层的内容，是面向连接的，它们对应着网络上常见的一些服务。这些常见的服务可划分为使用 TCP 端口（面向连接，如打电话）和使用 UDP 端口（无连接，如写信）两种。

在网络中可以被命名和寻址的通信端口是一种可分配资源，由网络 OSI（Open System Interconnection Reference Model，开放系统互联参考模型）协议可知，传输层与网络层的区别是传输层提供进程通信能力，网络通信的最终地址不仅包括主机地址，还包括可描述进程的某种标识。因此，当应用程序（调入内存运行后一般称为进程）通过系统调用与某端口建立连接（Binding，绑定）之后，传输层传给该端口的数据都被相应进程所接收，相应进程发给传输层的数据都从该端口输出。

在网络技术中，端口大致有两种意思：一是物理意义上的商品，如集线器、交换机、路由器等用于连接其他网络设备的接口；二是逻辑意义上的端口，一般指 TCP/IP 协议中的端口，范围为 0 ~ 65535，如浏览网页服务的 80 端口，用于 FTP 服务的 21 端口等。

逻辑意义上的端口有多种分类标准，常见的分类标准有以下两种。

1. 按端口号分布划分

按端口号分布划分可以分为公认端口、注册端口及动态和 / 或端口等，服务器常见应用端口如右表所示。

服务器常见应用端口

端　口	服　务
21	FTP
23	Telnet
25	SMTP
53	DNS
80	HTTP
110	POP3
135	RPC
139\445	NetBIOS
1521\1526	ORACLE
3306	MySQL
3389	SQL
8080	Tomcat

（1）公认端口

公认端口包括端口号0~1023。它们紧密绑定（Binding）于一些服务。通常这些端口的通信明确表明了某种服务的协议，比如 80 端口分配给 HTTP 服务，21 端口分配给 FTP 服务等。

（2）注册端口

注册端口包括端口号 1024~49151。它们松散地绑定于一些服务。也就是说有许多服务绑定于这些端口，这些端口同样用于许多其他目的，比如许多系统处理动态端口从 1024 左右开始。

（3）动态和 / 或私有端口

动态和 / 或私有端口包括端口号 49152~65535。理论上，不应为服务分配这些端口。但是一些木马和病毒就比较喜欢这样的端口，因为这些端口不易引起人们的注意，从而很容易屏蔽。

2. 按协议类型划分

根据所提供的服务方式，端口又可分为 TCP 端口和 UDP 端口两种。一般直接与接收方进行的连接方式，大多采用 TCP 协议。只是把信息放在网上发布出去而不去关心信息是否到达（也即“无连接方式”），则大多采用 UDP 协议。

使用 TCP 协议的常见端口主要有以下几种。

（1）FTP 协议端口

FTP 服务定义了文件传输协议，使用 21 端口。某计算机开了 FTP 服务便启动了文件传输服务，下载文件和上传主页都要用到 FTP 服务。

（2）Telnet 协议端口

一种用于远程登录的端口，用户可以自己的身份远程连接到计算机上，通过这种端口可提供一种基于 DOS 模式的通信服务。如支持纯字符界面 BBS 的服务器会将 23 端口打开，以对外提供服务。

（3）SMTP 协议端口

现在很多邮件服务器都是使用 SMTP 协议（简单邮件传送协议）来发送邮件。如常见免费邮件服务中使用的就是此邮件服务端口，所以在电子邮件设置中经常会看到有 SMTP 端口设置栏，服务器开放的是 25 号端口。

（4）POP3 协议端口

POP3 协议用于接收邮件，通常使用 110 端口。只要有相应使用 POP3 协议的程序（如 Outlook 等），就可以直接使用邮件程序收到邮件（如使用 126 邮箱的用户就没有必要先进入 126 网站，再进入自己的邮箱来收信了）。

使用 UDP 协议的常见端口主要有以下几种。

（1）HTTP 协议端口

HTTP 协议是用户使用得最多的协议，也即“超文本传输协议”。当上网浏览网页时，就要在提供网页资源的计算机上打开 80 号端口以提供服务。通常，WWW 服务和 Web 服务器等使用的就是这个端口。

（2）DNS 协议端口

DNS 用于域名解析服务，这种服务在 Windows NT 系统中用得最多。Internet 上的每一台计算机都有一个网络地址与之对应，这个地址就是 IP 地址，它以纯数字形式表示。但由于这种表示方法不便于记忆，于是就出现了域名，访问计算机时只需要知道域名即可，域名和 IP 地址之间的变换由 DNS 服务器来完成（DNS 用的是 53 号端口）。

（3）SNMP 协议端口

SNMP 协议（简单网络管理协议）用来管理网络设备，使用 161 号端口。

（4）QQ 协议端口

QQ 程序既提供服务又接收服务，使用无连接协议，即 UDP 协议。QQ 服务器使用 8000 号端口侦听是否有信息到来，客户端使用 4000 号端口向外发送信息。

2.2.2 查看端口

为了查找目标主机上都开放了哪些端口，可以使用某些扫描工具对目标主机一定范围内的端口进行扫描。只有掌握目标主机上的端口开放情况，才能进一步对目标主机进行攻击。

在 Windows 系统中，可以使用 netstat 命令查看端口。在“命令提示符”窗口中运行“netstat -a -n”命令，即可看到以数字形式显示的 TCP 和 UDP 连接的端口号及其状态，具体步骤如下。

步骤 1 单击“开始”按钮

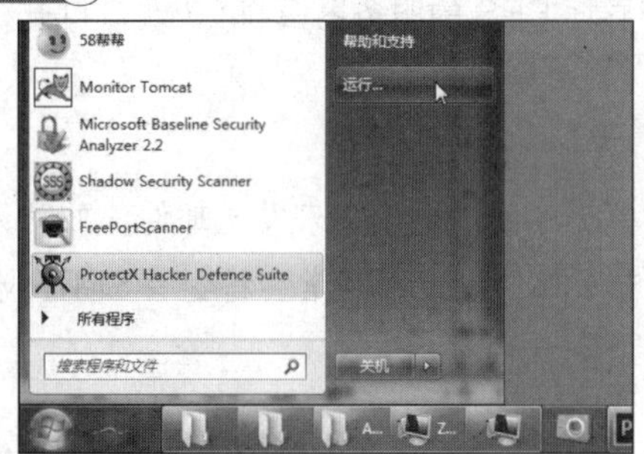

在弹出的“开始”菜单中单击“运行”按钮。

步骤 2 输入“cmd”命令

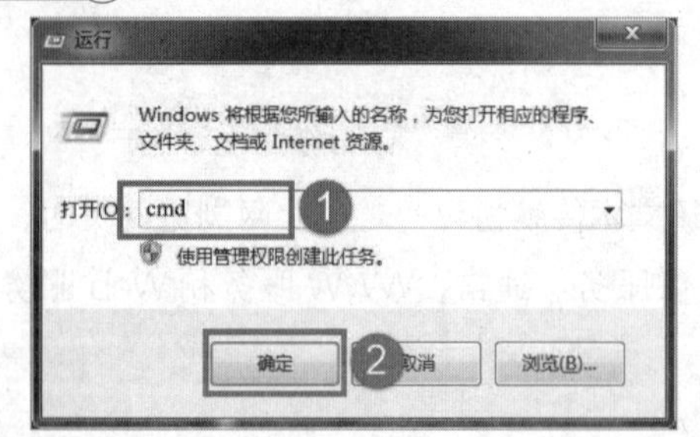

❶ 在文本框中输入“cmd”命令。

❷ 单击“确定”按钮。

步骤 3 输入“netstat -a -n”命令

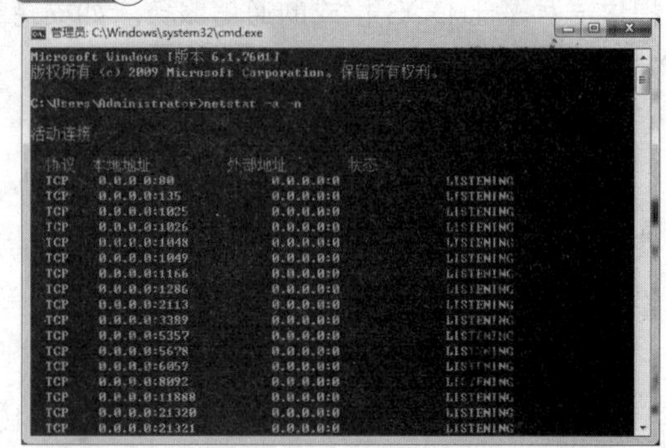

打开命令提示符窗口后输入“netstat -a -n”命令查看 TCP 和 UDP 连接的端口号及其状态。

如果攻击者使用扫描工具对目标主机进行扫描，即可获取目标计算机打开的端口情况，并了解目标计算机提供了哪些服务。根据这些信息，攻击者即可对目标主机有一个初步了解。

如果在管理员不知情的情况下打开了太多端口，则可能出现两种情况：一种是提供了服务管理员没有注意到，例如安装 IIS 服务时，软件就会自动地增加很多服务；另一种是服务器被攻击者植入了木马程序，通过特殊的端口进行通信。这两种情况都比较危险，管理员不了解服务器提供的服务，就会降低系统的安全系数。

2.2.3 开启和关闭端口

默认情况下，Windows 有很多端口是开放的，在用户上网时，网络病毒和黑客可以通过这些端口连上用户的计算机。为了让计算机的系统变得更加安全，应该封闭这些端口，主要有 TCP 135、139、445、593、1025 端口和 UDP 135、137、138、445 端口，一些流行病毒的后门端口（如 TCP 2745、3127、6129 端口）及远程服务访问端口 3389。

1. 开启端口

在 Windows 系统中开启端口的具体操作步骤如下。

步骤 1 单击“开始”按钮

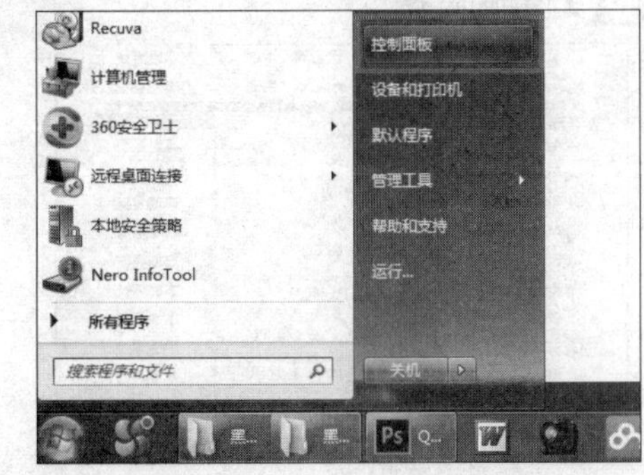

在“开始”菜单中单击“控制面板”按钮。

步骤 2 打开“控制面板”窗口

❶ 将查看方式切换为“大图标”。

❷ 然后双击“管理工具”选项。

步骤 3 打开“管理工具”窗口

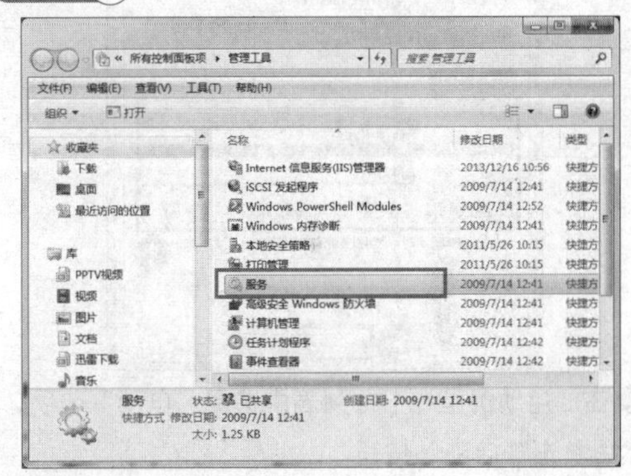

双击“服务”选项。

步骤 4 打开“服务”窗口

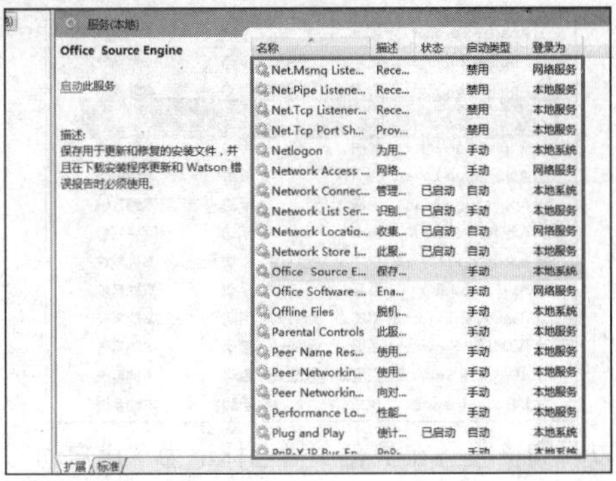

服务(本地)

Office Source Engine

启动此服务

描述:
保存用于更新和修复的安装文件，并且在下载安装程序更新和 Watson 错误报告时必须使用。

名称	描述	状态	启动类型	登录为
Net.Msmq Liste...	Rece...		禁用	网络服务
Net.Pipe Listene...	Rece...		禁用	本地服务
Net.Tcp Listener...	Rece...		禁用	本地服务
Net.Tcp Port Sh...	Prov...		禁用	本地服务
Netlogon	为用...		手动	本地系统
Network Access ...	网络...		手动	网络服务
Network Connec...	管理...	已启动	自动	本地系统
Network List Ser...	识别...	已启动	手动	本地服务
Network Locatio...	收集...	已启动	自动	网络服务
Network Store I...	此服...	已启动	自动	本地服务
Office Source E...	保存...		手动	本地系统
Office Software ...	Ena...		手动	网络服务
Offline Files	脱机...		手动	本地系统
Parental Controls	此服...		手动	本地服务
Peer Name Res...	使用...		手动	本地服务
Peer Networkin...	使用...		手动	本地服务
Peer Networkin...	向对...		手动	本地服务
Performance Lo...	性能...		手动	本地服务
Plug and Play	使计...	已启动	自动	本地系统

扩展 / 标准

查看多种服务项目。

步骤 5 启动服务

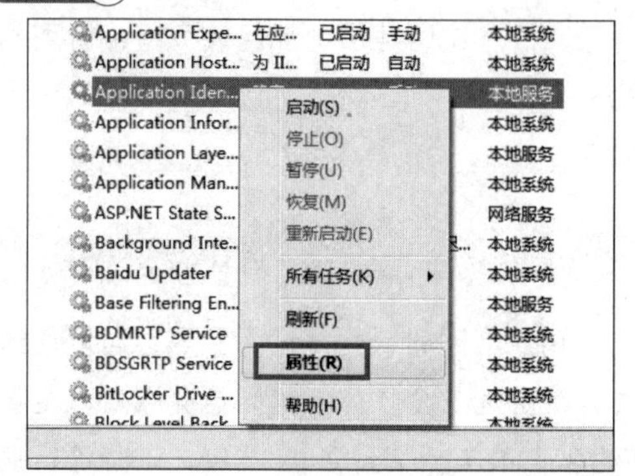

选定要启动的服务后，右击该服务，在弹出的快捷菜单中单击“属性”选项。

步骤 6 启动类型设置

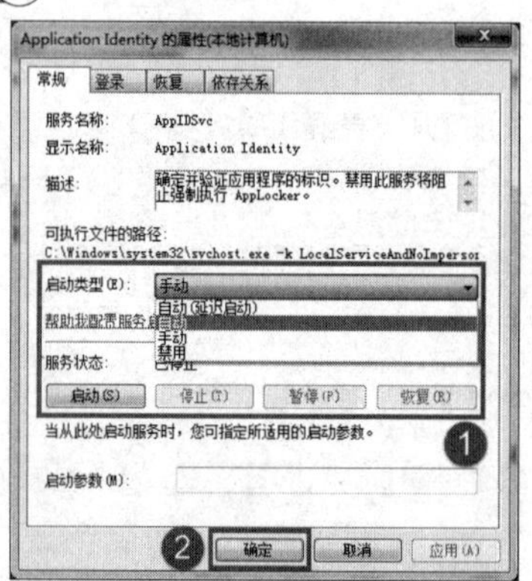

❶ 在“启动类型”下拉列表中选择“自动”选项，然后单击“启动”按钮。

❷ 启动成功后单击“确定”按钮。

步骤 7 查看已启动的服务

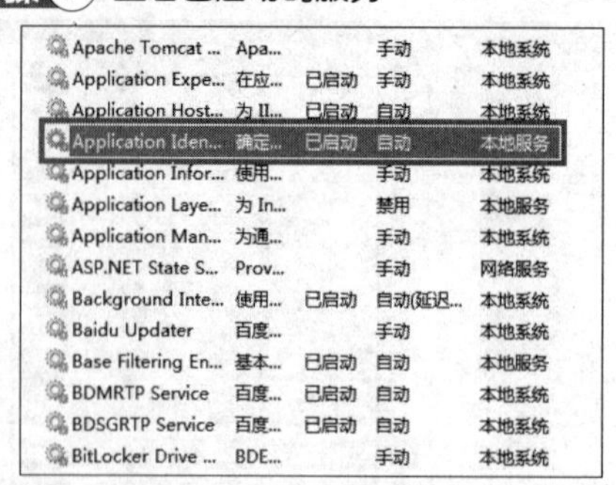

可以看到该服务在状态一栏已标记为“已启动”，启动类型为“自动”。

2. 关闭端口

在 Windows 系统中关闭端口的具体操作步骤如下。

步骤 1 打开“服务”窗口

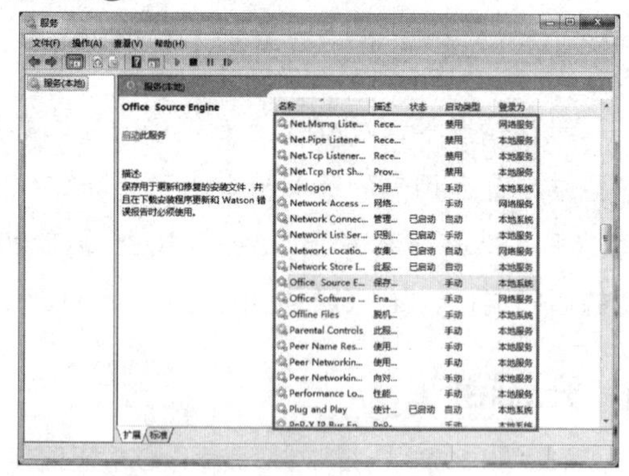

查看多种服务项目。

步骤 2 关闭服务

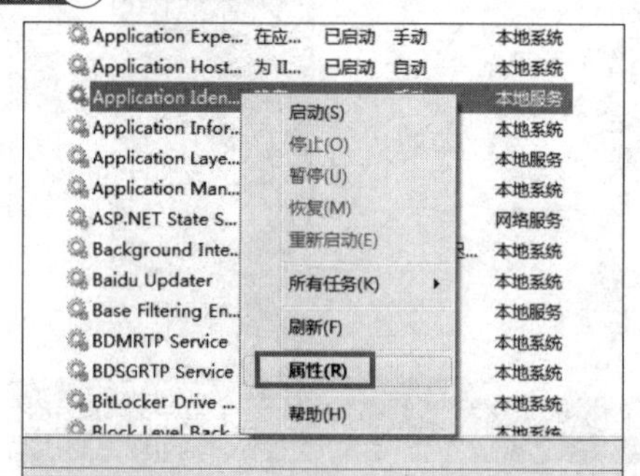

选定要关闭的服务，右击该服务，在弹出的快捷菜单中选择“属性”选项。

步骤 3 启动类型设置

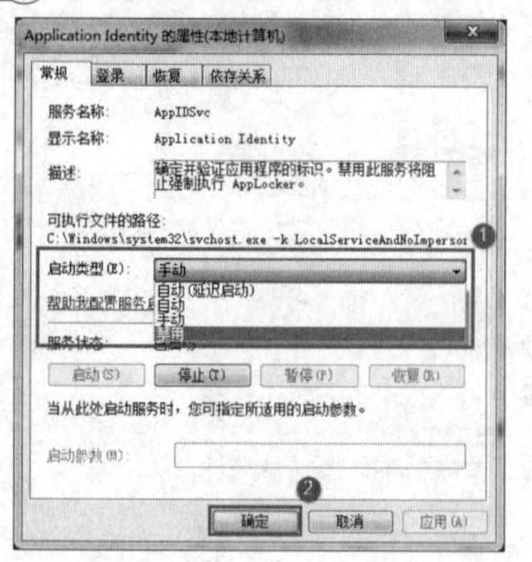

❶ 在“启动类型”下拉列表中选择“禁用”选项，然后单击“停止”按钮。

❷ 服务停止后单击“确定”按钮。

步骤 4 查看已停止的服务

Apache Tomcat ...	Apa...		手动	本地系统
Application Expe...	在应...		手动	本地系统
Application Host...	为 II...	已启动	自动	本地系统
Application Iden...	确定...		禁用	本地服务
Application Infor...	使用...		手动	本地系统
Application Laye...	为 In...		禁用	本地服务
Application Man...	为通...		手动	本地系统
ASP.NET State S...	Prov...		手动	网络服务
Background Inte...	使用...	已启动	自动(延迟...	本地系统
Baidu Updater	百度...		手动	本地系统
Base Filtering En...	基本...	已启动	自动	本地服务
BDMRTP Service	百度...	已启动	自动	本地系统
BDSGRTP Service	百度...	已启动	自动	本地系统
BitLocker Drive ...	BDE...		手动	本地系统

可以看到该服务启动类型已标记为“禁用”，状态栏也不再标记“已启动”。

2.2.4 端口的限制

Windows 用户可以随意选择对服务器端口的限制。系统默认情况下，许多没用或者有危险的端口默认为开启的，可以选择将这些端口关闭。例如，3389 端口是一个危险的端口，但是系统默认该端口为开启，用户可通过使用 IP 策略阻止访问该端口。

具体设置的操作步骤如下。

步骤 1 打开“管理工具”窗口

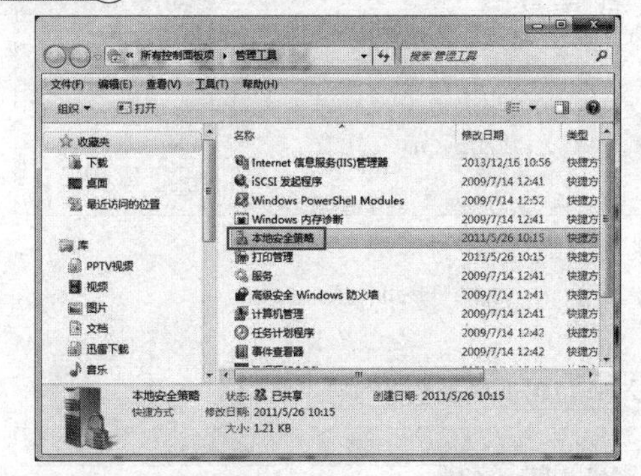

双击“本地安全策略”选项。

步骤 2 创建 IP 安全策略

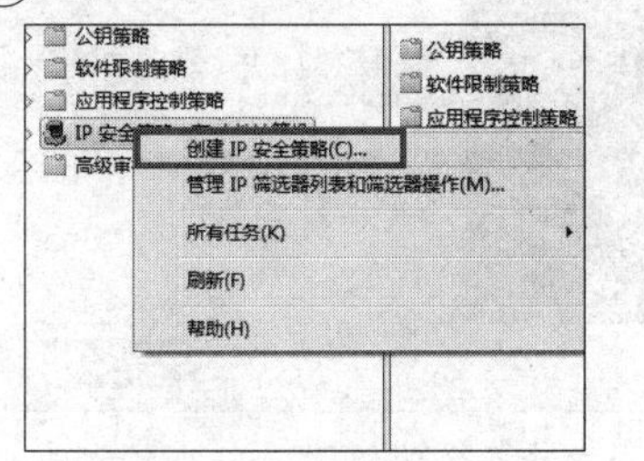

右击“IP 安全策略 在本地计算机”选项，在弹出的快捷菜单中选择“创建 IP 安全策略”选项。

步骤 3 IP 安全策略向导

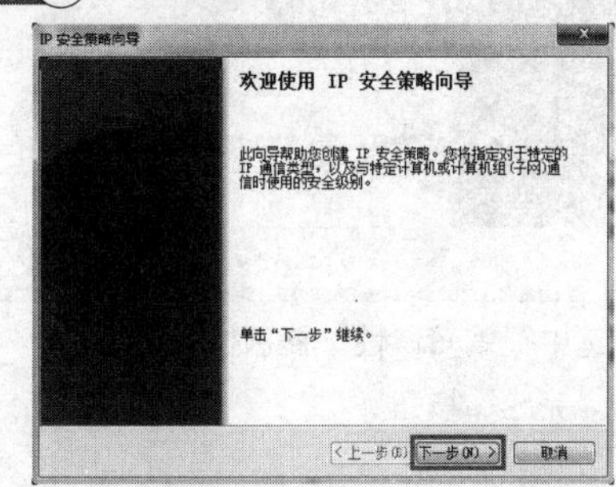

单击“下一步”按钮。

步骤 4 输入安全策略名称

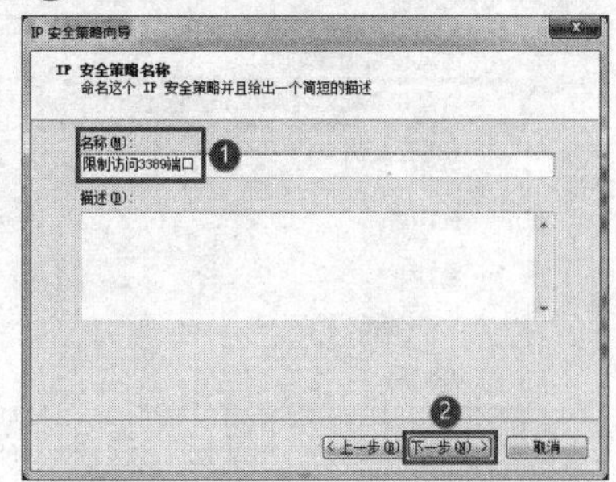

❶ 输入名称及描述信息。

❷ 单击“下一步”按钮。

步骤 5 安全通讯请求

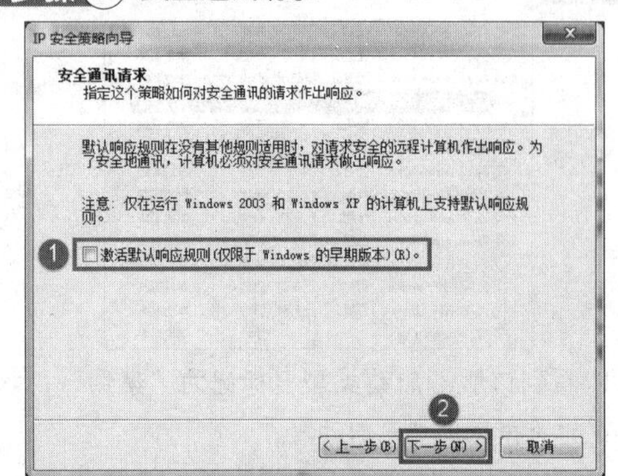

❶ 取消选中“激活默认响应规则”复选框。

❷ 单击“下一步”按钮。

步骤 6 完成 IP 安全策略的创建

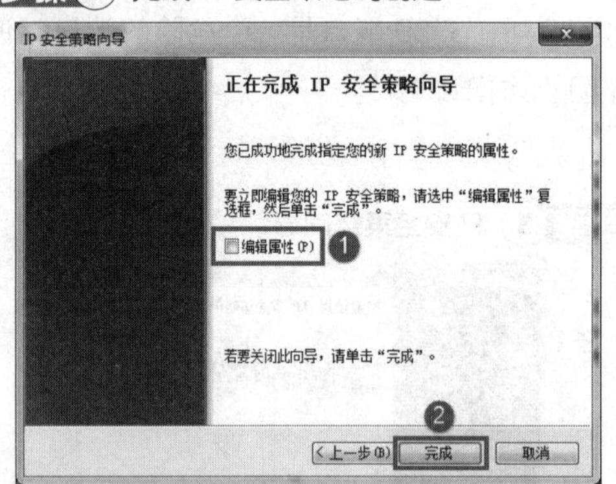

❶ 取消选中“编辑属性”复选框。

❷ 单击“完成”按钮。

步骤 7 管理 IP 筛选器列表和筛选器操作

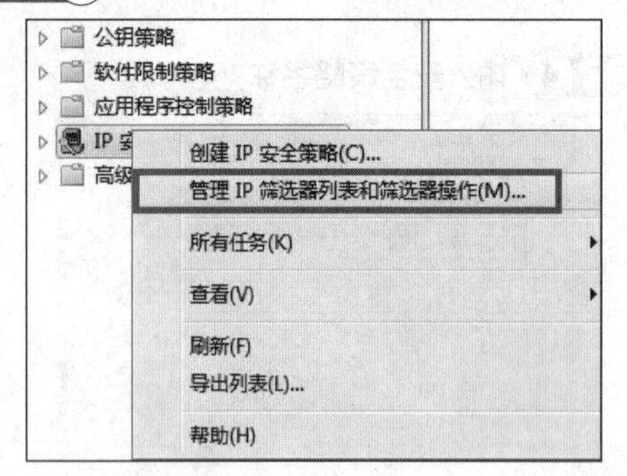

右击“IP 安全策略在本地计算机”选项，在弹出的快捷菜单中选择“管理 IP 筛选器列表和筛选器操作”选项。

步骤 8 进入“管理 IP 筛选器列表”选项卡

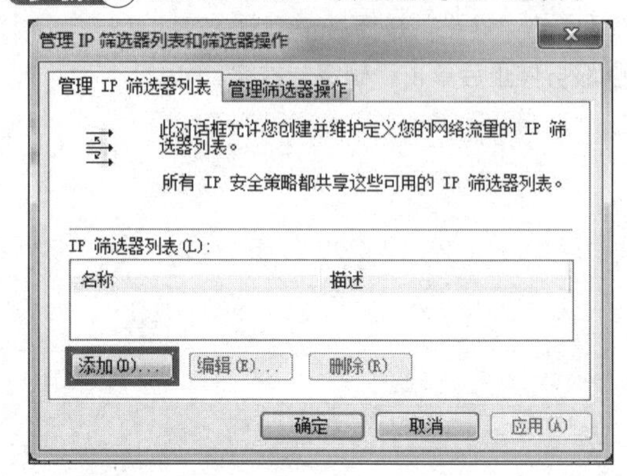

单击“添加”按钮。

步骤 9 添加指定名称的筛选器

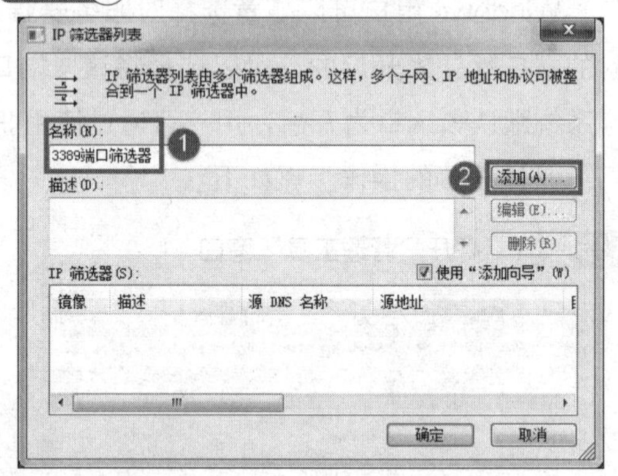

❶ 输入筛选器名称。

❷ 单击“添加”按钮。

步骤 10 IP 筛选器向导

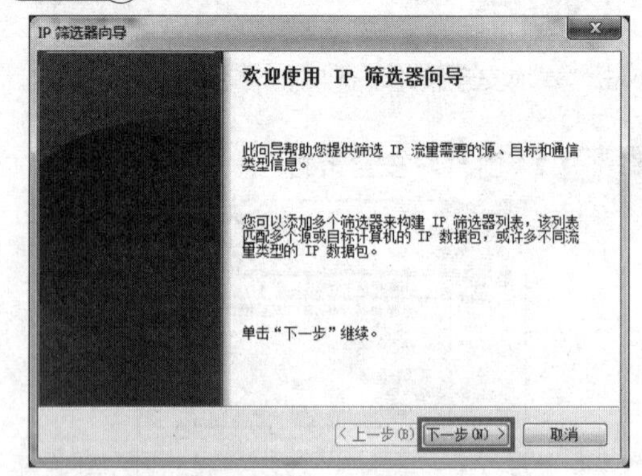

单击“下一步”按钮。

步骤 11 IP 筛选器描述和镜像属性

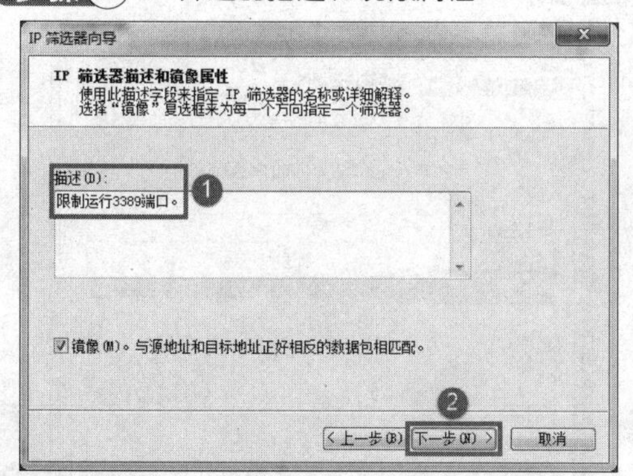

❶ 在文本框中输入描述信息。

❷ 单击"下一步"按钮。

步骤 12 选择源地址

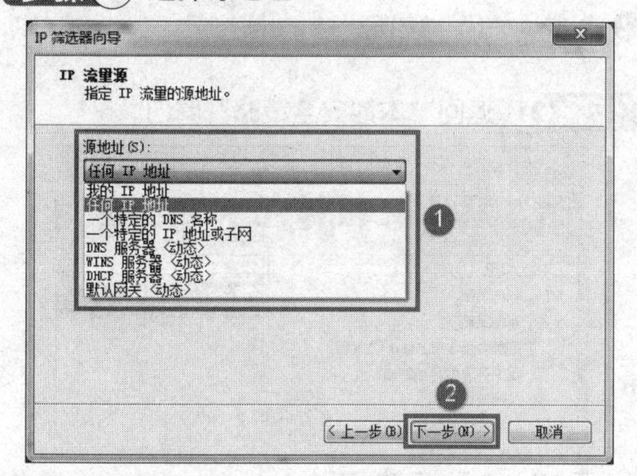

❶ 在下拉列表中选择 IP 流量的源地址。

❷ 单击"下一步"按钮。

步骤 13 选择目标地址

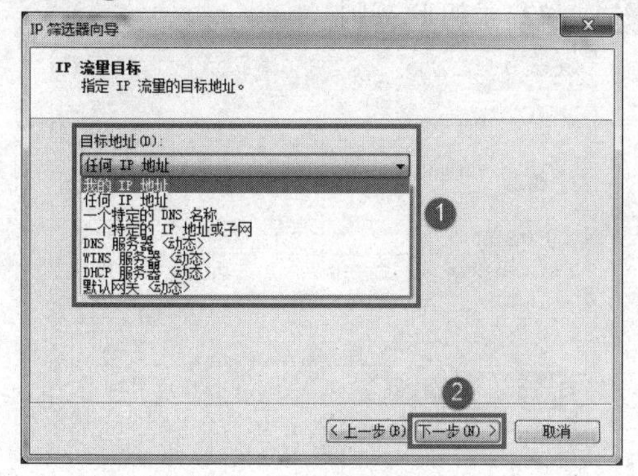

❶ 在下拉列表中选择 IP 流量的目标地址。

❷ 单击"下一步"按钮。

步骤 14 选择 IP 协议类型

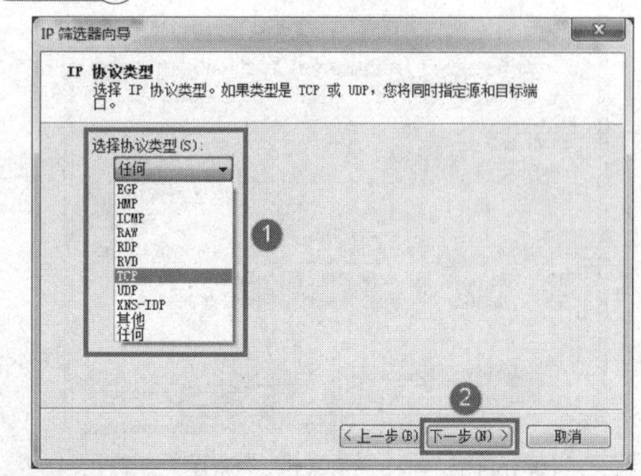

❶ 在下拉列表中选择 IP 协议类型为"TCP"。

❷ 单击"下一步"按钮。

步骤 15 选择 IP 协议端口

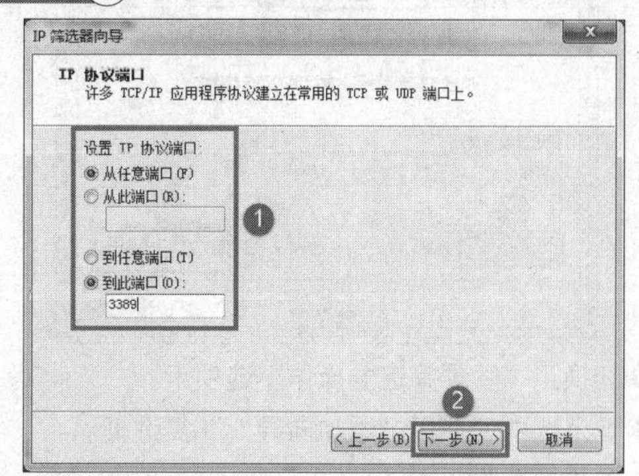

❶ 选中"从任意端口""到此端口"单选按钮，此端口号设置为 3389。

❷ 单击"下一步"按钮。

步骤 16 完成 IP 筛选器的创建

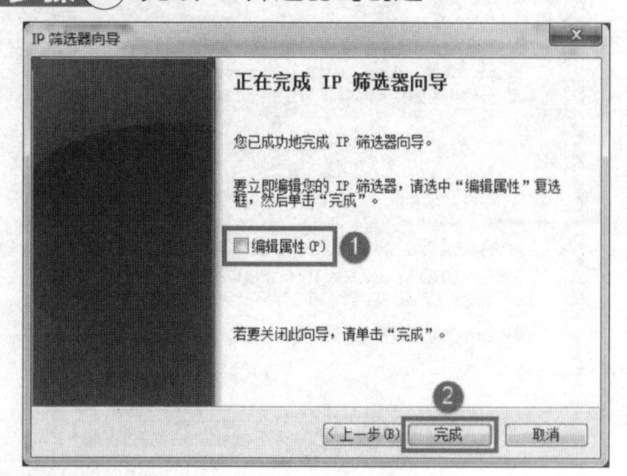

❶ 取消选中"编辑属性"复选框。

❷ 单击"完成"按钮。

步骤 17 返回“IP 筛选器列表”对话框

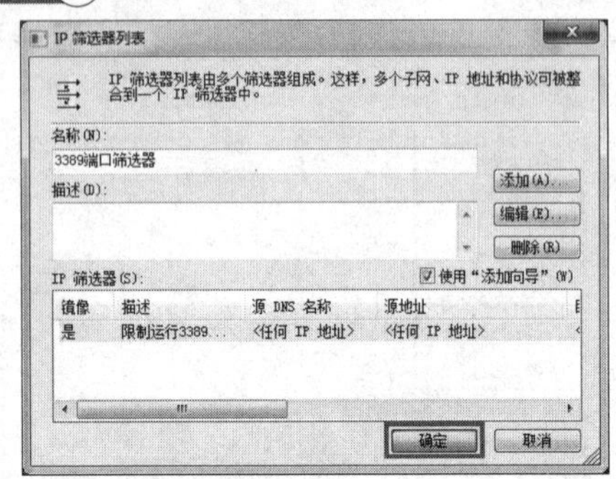

查看已创建的筛选器，并单击“确定”按钮。

步骤 18 管理筛选器操作

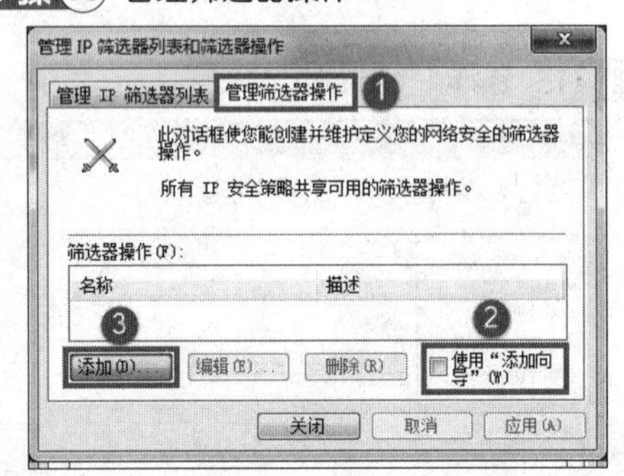

❶ 切换至“管理筛选器操作”选项卡。
❷ 取消选中“使用‘添加向导’”复选框。
❸ 单击“添加”按钮。

步骤 19 设置筛选器操作为“阻止”

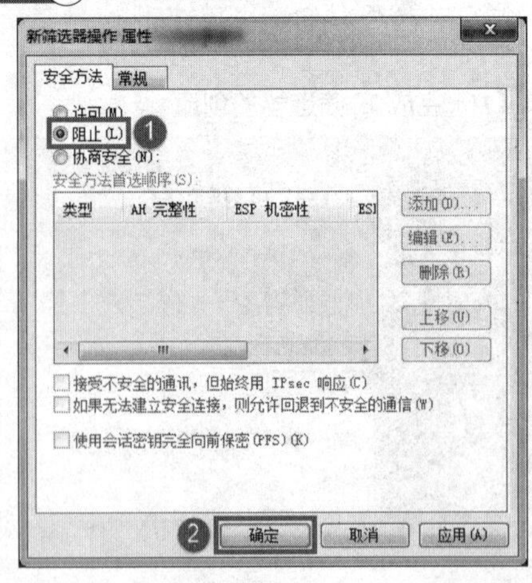

❶ 选择“阻止”单选按钮。
❷ 单击“确定”按钮。

步骤 20 成功添加筛选器操作

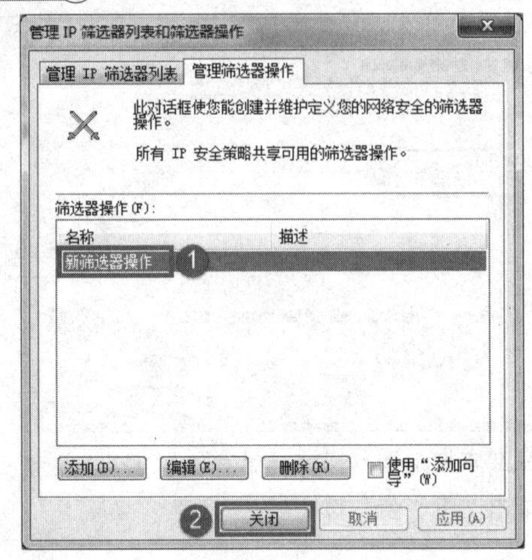

❶ 查看已添加的筛选器操作。
❷ 单击“关闭”按钮。

步骤 21 返回“本地安全策略”窗口

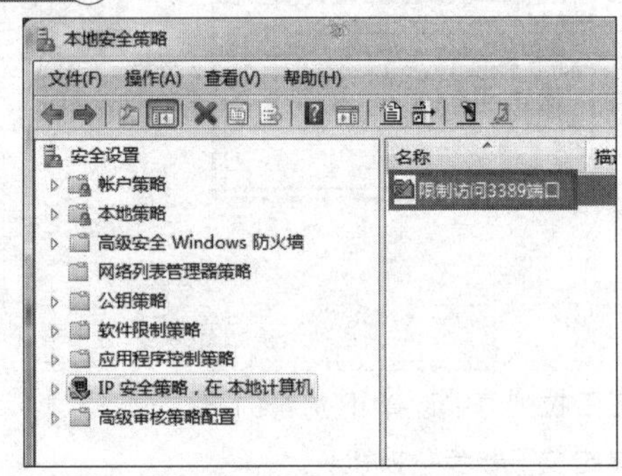

双击创建的 IP 安全策略。

步骤 22 添加 IP 规则

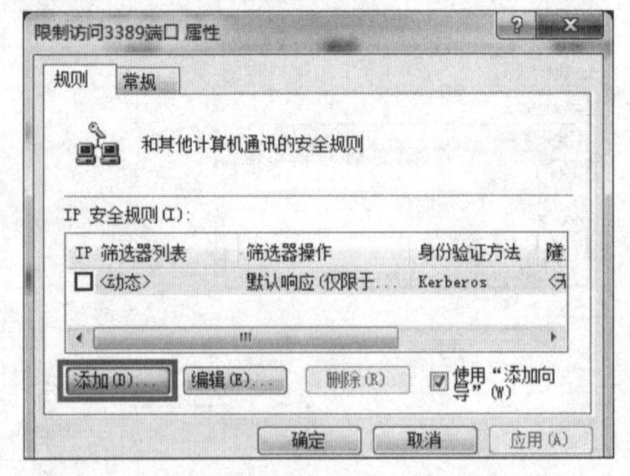

在“规则”选项卡下单击“添加”按钮。

步骤 23 创建 IP 安全规则

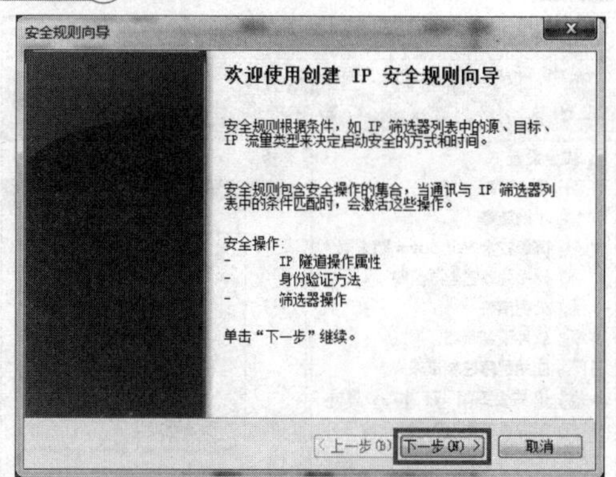

单击“下一步”按钮。

步骤 24 指定 IP 安全规则的隧道终结点

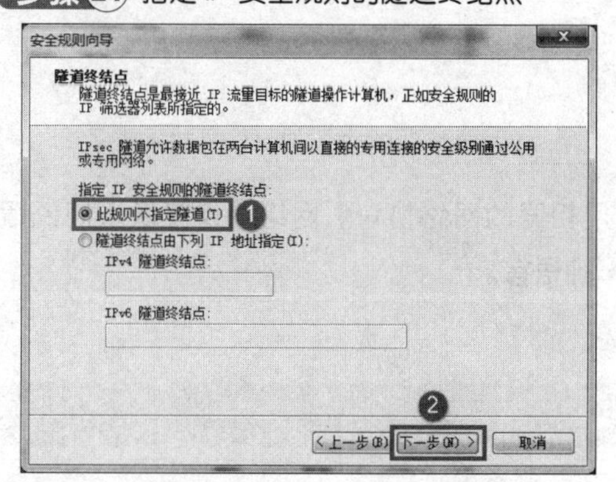

❶ 选中“此规则不指定隧道”单选按钮。

❷ 单击“下一步”按钮。

步骤 25 选择网络类型

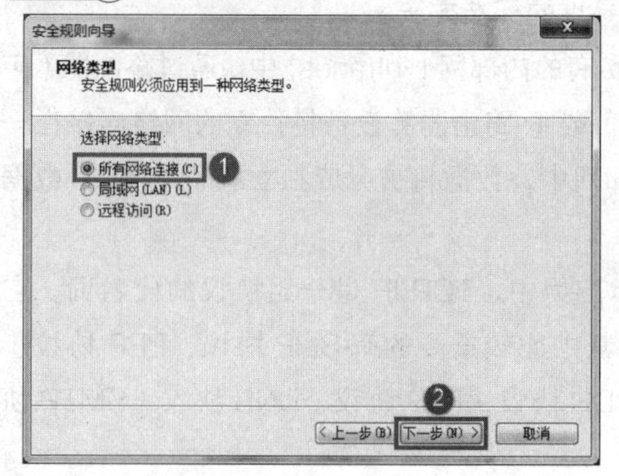

❶ 选中“所有网络连接”单选按钮。

❷ 单击“下一步”按钮。

步骤 26 选择 IP 筛选器

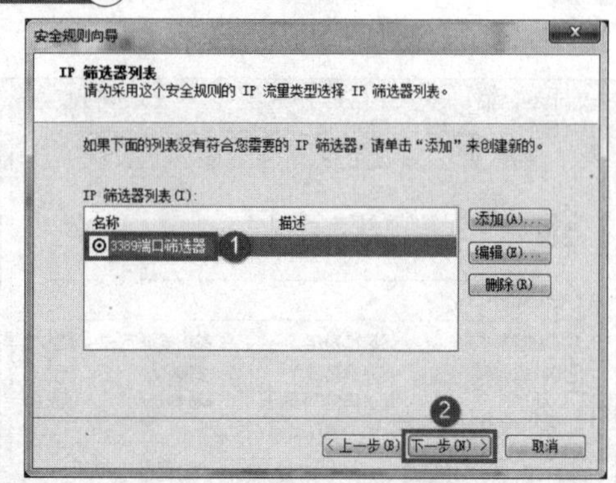

❶ 选中“3389 端口筛选器”单选按钮。

❷ 单击“下一步”按钮。

步骤 27 选择筛选器操作

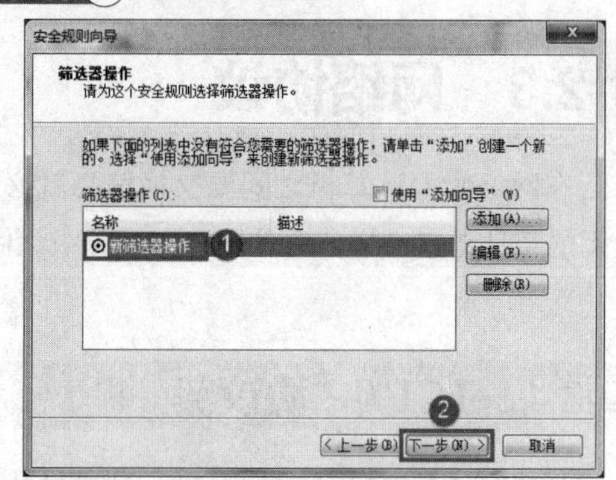

❶ 选中“新筛选器操作”单选按钮。

❷ 单击“下一步”按钮。

步骤 28 完成安全规则创建

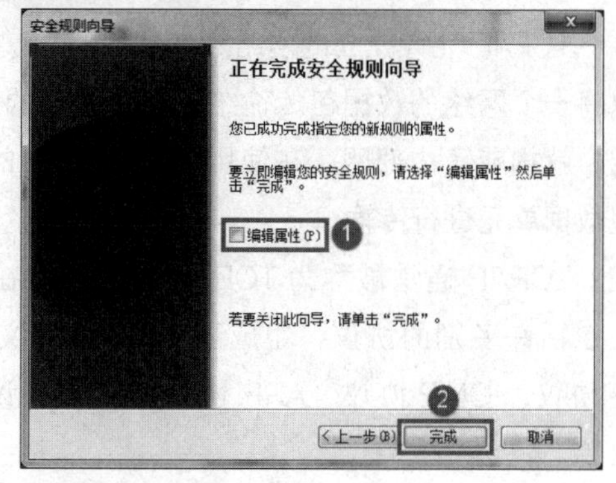

❶ 取消选中“编辑属性”复选框。

❷ 单击“完成”按钮。

步骤 29 返回“限制访问 3389 端口 属性”对话框

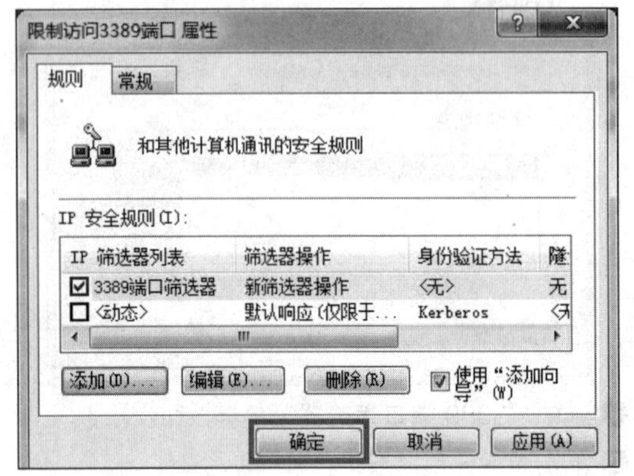

单击“确定”按钮。

步骤 30 返回“本地安全策略”对话框

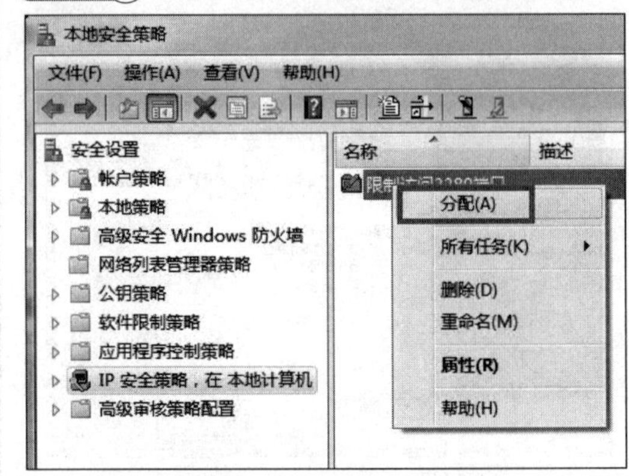

右击新建的“IP 安全策略 在本地计算机”选项在弹出的快捷菜单中单击“分配”选项完成设置。

2.3 网络协议

在网络中，计算机之间要交换信息就必须使用相同的网络协议。网络协议就像人们说话使用的某种语言一样，它是网络上计算机之间的一种语言。

2.3.1 TCP/IP 协议簇

TCP/IP（Transmission Control Protocol/Internet Protocol，传输控制协议 / 互联网络协议）是 Internet 最基本的协议，是由网络层的 IP 协议和传输层的 TCP 协议组成的。主要用于规范网络上所使用的通信设备，也是一个主机与另一个主机之间数据的传送方式。在 Internet 中，TCP/IP 协议是最基本的协议，是传输数据打包和寻址的标准方法。

TCP/IP 允许独立的网络添加到 Internet 中或私有的内部网（Intranet）中。通过路由器（可以将一个网络的数据包传输给另一个网络的设备）或 IP 路由器等设备将独立的网络连接在一起，就构成了内部网。在使用 TCP/IP 协议的内部网中，数据将被分成独立的 IP 包或 IP 数据报数据单元进行传输。

TCP/IP 通常被称为 TCP/IP 协议族。在实际应用中，TCP/IP 是一组协议的代名词，它还包括许多别的协议，组成了 TCP/IP 协议簇。其中比较重要的有 SLIP 协议、PPP 协议、IP 协议、ICMP 协议、ARP 协议、TCP 协议、UDP 协议、FTP 协议、DNS 协议、SMTP 协议等。

2.3.2 IP 协议

IP 协议是为计算机网络相互连接进行通信而设计的协议。在互联网中，可以使连接到网上的所有计算机网络实现相互通信，同时还规定了计算机在互联网上进行通信时应当遵守的规则。任何厂家生产的计算机系统，只有遵守 IP 协议才可以与互联网互连互通。

IP 地址就是给每个连接在 Internet 上的主机分配的一个 32bit 地址。每台联网计算机都依靠 IP 地址来标识自己。由于有这种唯一的地址，才保证了用户在联网的计算机上操作时，能够高效而且方便地从千千万万台计算机中选出自己所需的对象。

（1）IP 地址的基本格式

按照 TCP/IP 协议规定，IP 地址用二进制来表示，每个 IP 地址长 32bit，比特换算成字节，就是 4 个字节。例如一个采用二进制形式的 IP 地址是“00001010000000000000000000000001”，这么长的地址，人们处理起来非常麻烦。为了方便人们的使用，IP 地址经常被写成 4 个十进制的数，中间使用符号“.”分开不同的字节。于是，上面的 IP 地址可以表示为“10.0.0.1”。IP 地址的这种表示法称为“点分十进制表示法”，这显然比 1 和 0 容易记忆得多。IP 地址格式：网络地址 + 主机地址或网络地址 + 子网地址 + 主机地址。

（2）IP 地址分配

互联网中的每个接口有一个唯一的 IP 地址与其对应，该地址并不是采用平面形式的地址空间，而是具有一定的结构，一般情况下，IP 地址可分为五大类，具体结构如下图所示。

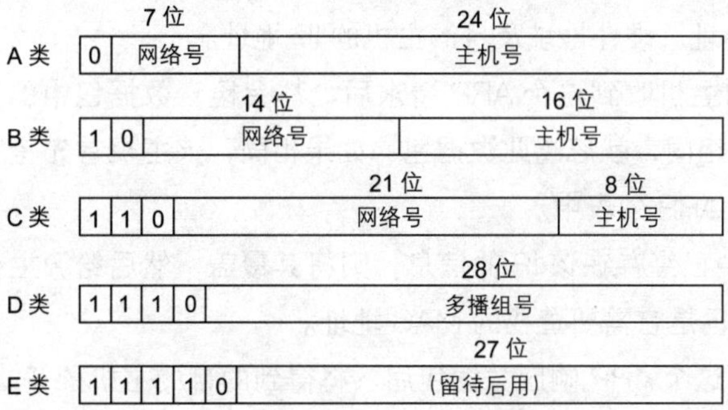

类别	前缀	字段	字段
A类	0	网络号（7位）	主机号（24位）
B类	1 0	网络号（14位）	主机号（16位）
C类	1 1 0	网络号（21位）	主机号（8位）
D类	1 1 1 0	多播组号（28位）	
E类	1 1 1 1 0	（留待后用）（27位）	

从中不难得出如下结论。

在 A 类中，第一个段为网络位，后 3 段为主机位，其范围为 1 ~ 127，如 127.252.355.255。

在 B 类中，前两段是网络位，后两段为主机位，其范围为 128 ~ 191，如 191.255.255.255。

在 C 类中，前 3 段为网络位，后 1 段为主机位，其范围为 192 ~ 223，如 223.255.255.25。

D 类地址用于多播，也叫组播地址，在互联网上不能作为接点地址使用，其范围为 224 ~ 239，如 239.255.255.255。

E 类地址用于科学研究，也不能在互联网上使用，其范围为 240 ~ 254。

2.3.3 ARP 协议

ARP 协议（Address Resolution Protocol，地址解析协议）的主要作用是通过目标设备的 IP 地址，查询目标设备的 MAC 地址，以保证通信的顺利进行。ARP 协议将局域网中的 32 位 IP 地址转换为对应的 48 位物理地址，即网卡的 MAC 地址，如 IP 地址是 192.168.0.10，而网卡 MAC 地址为 00-1B-7C-17-B0-79，整个转换过程是一台主机先向目标主机发送包含有 IP 地址和 MAC 地址的数据包，再通过 MAC 地址两个主机，就可以实现数据传输了。

1. ARP 工作原理

计算机在相互通信时，实际上是互相解析对方的 MAC 地址。其具体的操作步骤如下。

①每台主机都会在自己的 ARP 缓冲区中建立一个 ARP 列表，来表示 IP 地址和 MAC 地址的对应关系。

②当源主机需要将一个数据包发送到目的主机时，会检查自己 ARP 列表中是否存在该 IP 地址对应的 MAC 地址。如果存在，则将数据包发送到这个 MAC 地址；如果没有，就向本地网段发起一个 ARP 请求的广播包，来查询此目标主机对应的 MAC 地址。此 ARP 请求数据包里包括源主机的 IP 地址、硬件地址及目的主机的 IP 地址。

③网络中所有的主机收到这个 ARP 请求后，都会检查数据包中的目的 IP 是否和自己的 IP 地址相同。如果不相同，就忽略此数据包；如果相同，该主机首先将发送端的 MAC 地址和 IP 地址添加到自己的 ARP 列表中。

④如果 ARP 表中已经存在该 IP 的信息，则将其覆盖，然后给源主机发送一个 ARP 响应数据包，告诉对方自己是它需要查找的 MAC 地址。

⑤当源主机收到这个 ARP 响应数据包后，将得到的目的主机的 IP 地址和 MAC 地址添加到自己的 ARP 列表中，并利用此信息开始数据的传输。

2. 查看 ARP 缓存表

在每台计算机中都保存着一个 ARP 缓存表，其中记录了局域网中其他 IP 地址对应的 MAC 地址，以便访问到正确的 IP 地址。ARP 缓存表是可以查看的，也可以对其进行删除。在命令提示符窗口中输入“arp -a”命令可以查看 ARP 缓存表中的内容，如左下图所示；而用“arp -d”命令可以删除 ARP 表中所有的内容，如右下图所示。

```
管理员: C:\Windows\system32\cmd.exe
Microsoft Windows [版本 6.1.7601]
版权所有 (c) 2009 Microsoft Corporation。保留所有权利。

C:\Users\Administrator>arp -a

接口: 192.168.1.10 --- 0xb
  Internet 地址         物理地址              类型
  192.168.1.1           8c-21-0a-89-ae-b6     动态
  192.168.1.2           90-2b-34-09-70-49     动态
  192.168.1.15          90-2b-34-09-76-f7     动态
  192.168.1.55          90-2b-34-09-76-f4     动态
  192.168.1.88          c8-60-00-78-50-ae     动态
  192.168.1.100         68-df-dd-92-22-6b     动态
  192.168.1.103         88-e3-ab-df-c8-bc     动态
  192.168.1.107         e8-99-c4-41-28-d6     动态
  192.168.1.109         90-2b-34-09-7c-28     动态
  192.168.1.255         ff-ff-ff-ff-ff-ff     静态
  224.0.0.22            01-00-5e-00-00-16     静态
  224.0.0.252           01-00-5e-00-00-fc     静态
  224.0.239.42          01-00-5e-00-ef-2a     静态
  225.47.232.42         01-00-5e-2f-e8-2a     静态
  225.96.161.111        01-00-5e-60-a1-6f     静态
  225.253.196.111       01-00-5e-7d-c4-6f     静态
  226.13.98.202         01-00-5e-0d-62-ca     静态
  226.53.174.61         01-00-5e-35-ae-3d     静态
```

2.3.4 ICMP 协议

ICMP（Internet Control Message Protocol，Internet 控制消息协议）是 TCP/IP 协议簇中的子协议，主要用于查询报文和差错报文。ICMP 报文通常被 IP 层或更高层协议（TCP 或 UDP）使用；一些 ICMP 报文把差错报文返回给用户进程。通过 IP 包传送的 ICMP 信息主要用于涉及网络操作或错误操作的不可达信息。ICMP 包发送是不可靠的，所以主机不能依靠接收 ICMP 包解决任何网络问题。

ICMP 协议的主要功能如下。

1. 发现网络错误

ICMP 协议可以发现某台主机或整个网络由于某些故障不可达。

2. 通告网络拥塞

当路由器缓存太多数据包，由于传输速度无法达到它们的接收速度，将会生成 ICMP 源结束信息。对于发送者，这些信息将会导致传输速度降低。当然，更多 ICMP 信息生成也将引起更多的网络拥塞。

3. 协助解决故障

ICMP 协议支持 echo 功能，即在两个主机间一个往返路径上发送一个数据包。Ping 是一种基于这种特性的通用网络管理工具，它将传输一系列的包，测量平均往返次数并计算丢失百分比。

4. 通告超时

如果一个 IP 包的 TTL 降到零，路由器就会丢弃此包，这时会生成一个 ICMP 包通告这一事实。TraceRoute 是一个工具，它通过发送小 TTL 值的包及监视 ICMP 超时通告可以显示网络路由。

其实在网络中经常会使用到 ICMP 协议，只不过大家觉察不到而已。比如经常使用的用于检查网络通不通的 Ping 命令，这个“Ping”的过程实际上就是 ICMP 协议工作的过程。还有其他的网络命令，如跟踪路由的 tracert 命令也是基于 ICMP 协议的。

ICMP 协议对于网络安全具有极其重要的意义。ICMP 协议本身的特点决定了它非常容易被用于攻击网络上的路由器和主机。可以利用操作系统规定的 ICMP 数据包最大尺寸不超过 64KB 这一规定，向主机发起“Ping of Death”（死亡之 Ping）攻击。

2.4 虚拟机

黑客无论在测试和学习黑客工具操作方法还是在攻击时，都不会拿实体计算机来尝试，而是在计算机中搭建虚拟环境，即在自己已存在的系统中，利用虚拟机创建一个内在的系统，该系统可以与外界独立，但与已经存在的系统建立网络关系，从而方便使用某些黑客工具进行模拟攻击，并且一旦黑客工具对虚拟机造成了破坏，也可以很快恢复，且不会影响自己本来的计算机系统，使操作更加安全。

2.4.1 安装 VMware 虚拟机

目前，虚拟化技术已经非常成熟，伴随着产品如雨后春笋般的出现：VMware、Virtual PC、Xen、Parallels、Virtuozzo 等，其中比较流行、常用的是 VMware。VMware Workstation 是 VMware 公司的专业虚拟机软件，可以虚拟现有任何操作系统，而且使用简单、容易上手。

安装 VMware Workstation 的具体操作步骤如下。

步骤 1 启动 VMware Workstation

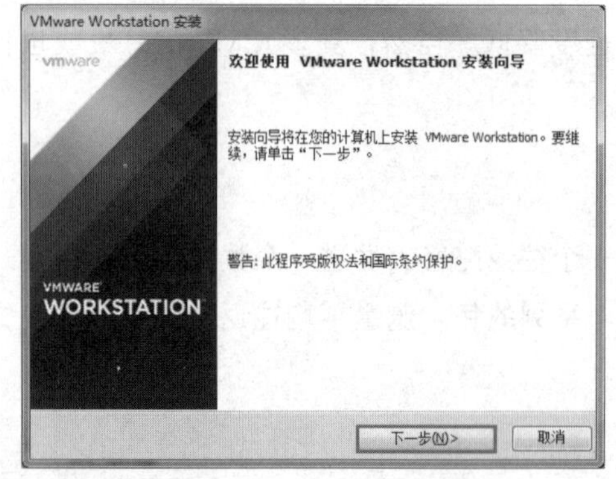

在安装向导界面单击“下一步”按钮。

步骤 2 设置安装类型

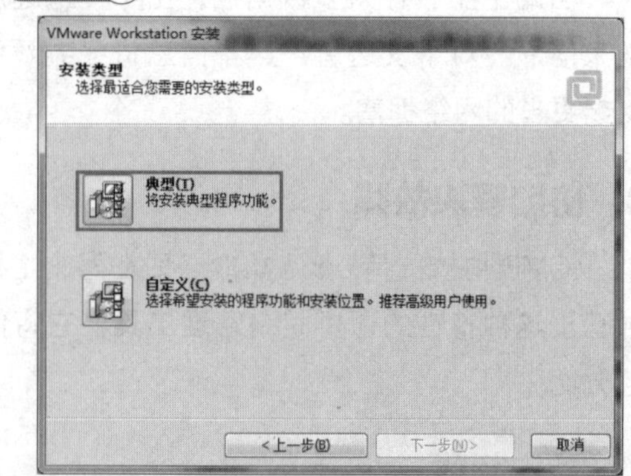

根据需要选择“典型”或“自定义”模式，这里选择典型模式，然后单击“下一步”按钮。

步骤 3 设置安装路径

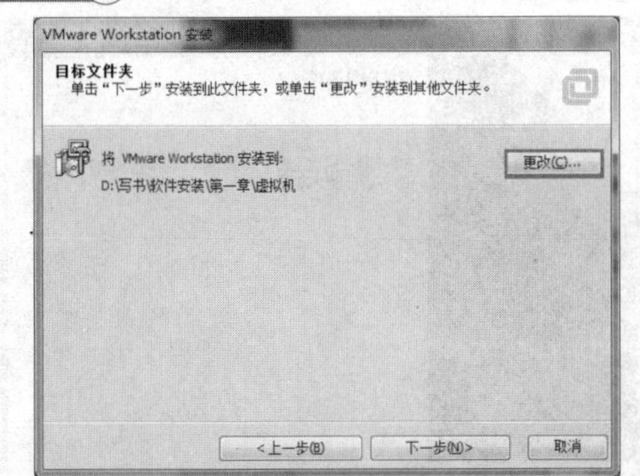

单击“更改”按钮。

步骤 4 选择要安装的文件夹

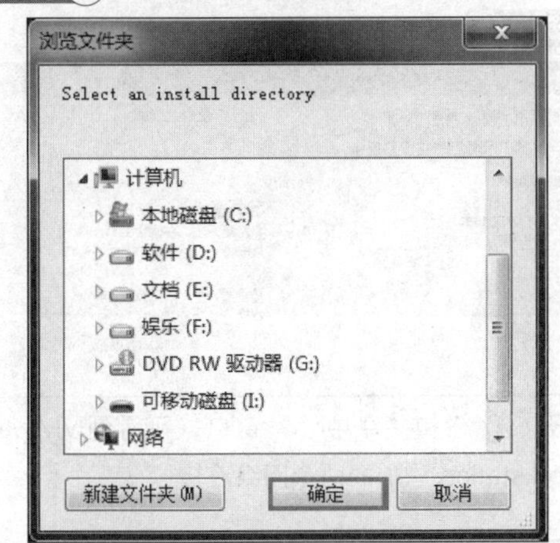

选中安装位置后单击“确定”按钮。

步骤 5 返回“安装路径”对话框

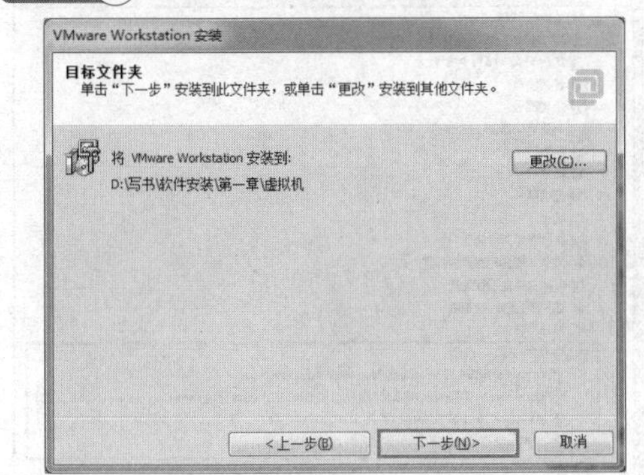

单击“下一步”按钮。

步骤 6 设置更新提示

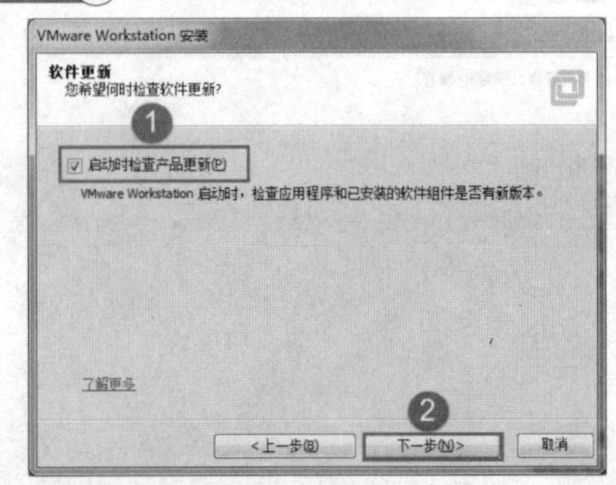

❶ 选中“启动时检查产品更新”复选框。

❷ 单击“下一步”按钮。

步骤 7 设置反馈信息

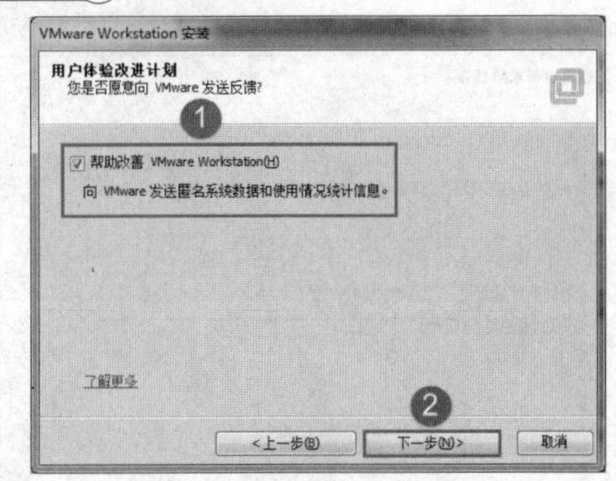

❶ 选中“帮助改善 VMware Workstation”复选框。

❷ 单击“下一步”按钮。

步骤 8 设置快捷方式

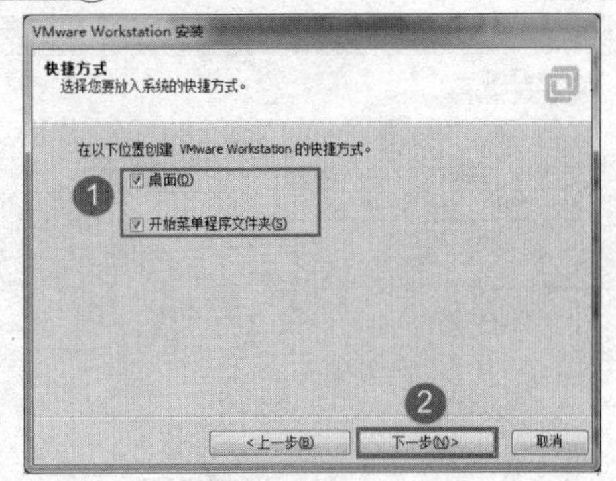

❶ 根据需要选中“桌面”和“开始菜单程序文件夹”复选框。

❷ 单击“下一步”按钮。

步骤 9 准备安装

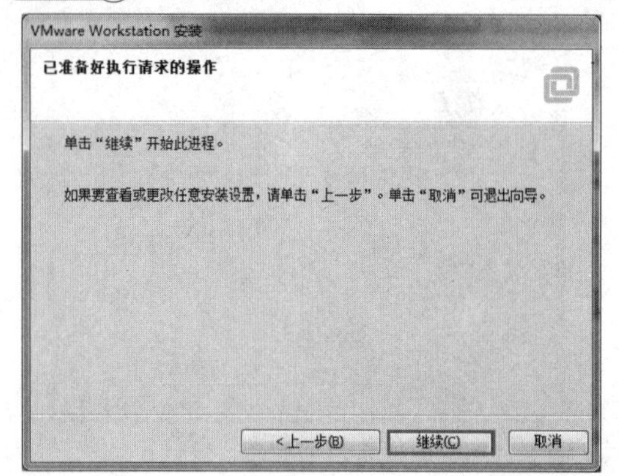

单击“继续”按钮。

步骤 10 正在安装

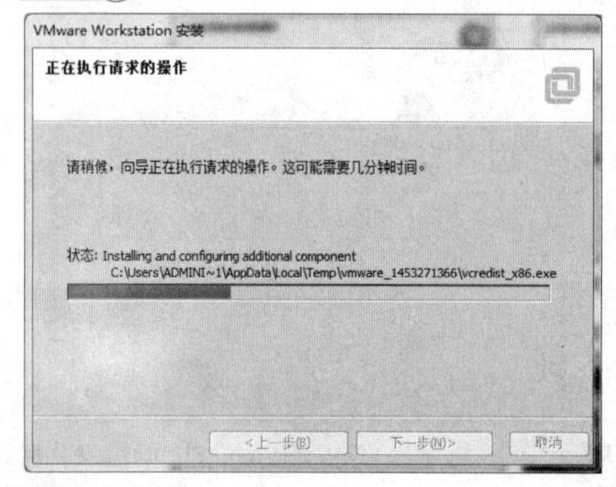

查看安装进度条。

步骤 11 输入许可证密钥

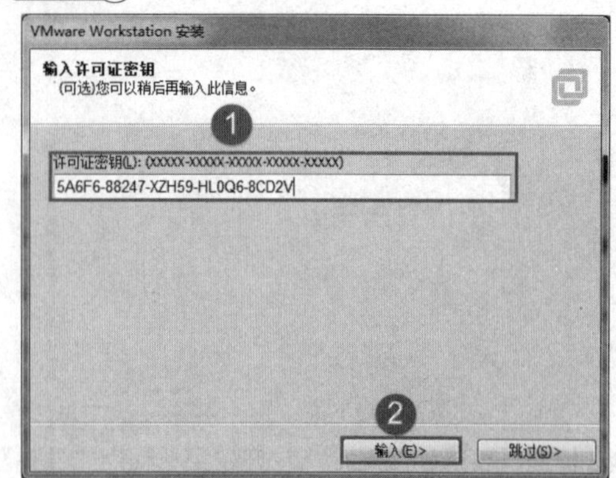

❶ 在文本框中输入许可证密钥。

❷ 单击“输入”按钮。

步骤 12 成功安装

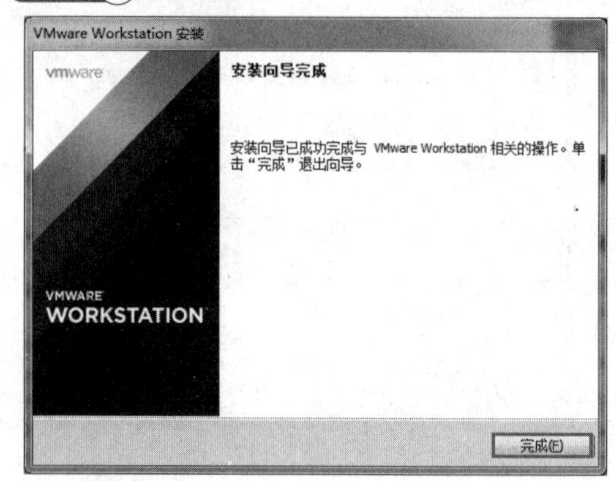

单击“完成”按钮。

步骤 13 重新启动计算机

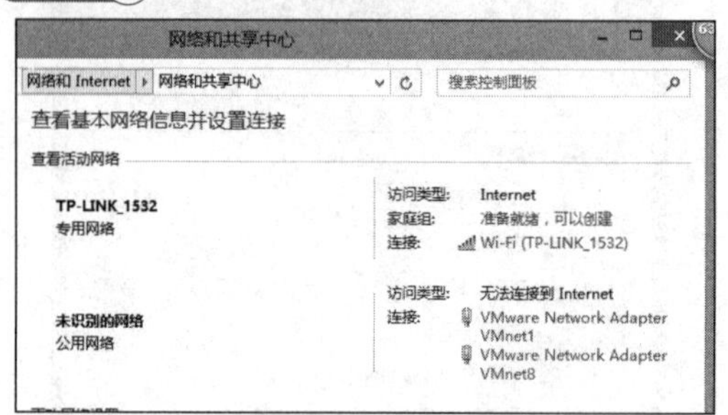

打开“网络和共享中心”窗口，可看到 VMware Workstation 添加的两个网络连接。

步骤 14 打开“设备管理器”窗口

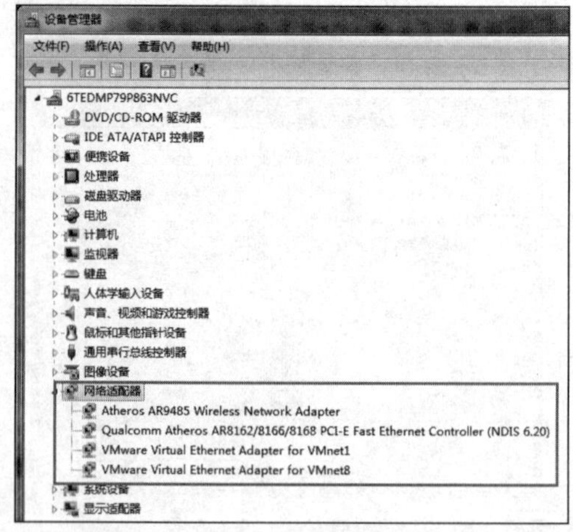

展开“网络适配器”节点，可以看到其中添加的两块虚拟网卡。

2.4.2 配置安装好的 VMware 虚拟机

在安装虚拟操作系统前，一定要先配置好 VMware；下面介绍 VMware 的配置过程。

步骤 1 运行 VMware Workstation

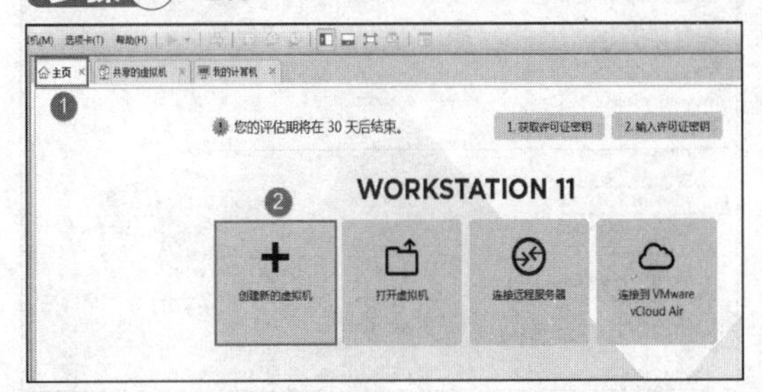

❶ 单击“主页”选项卡。

❷ 单击“创建新的虚拟机”选项。

步骤 2 新建虚拟机

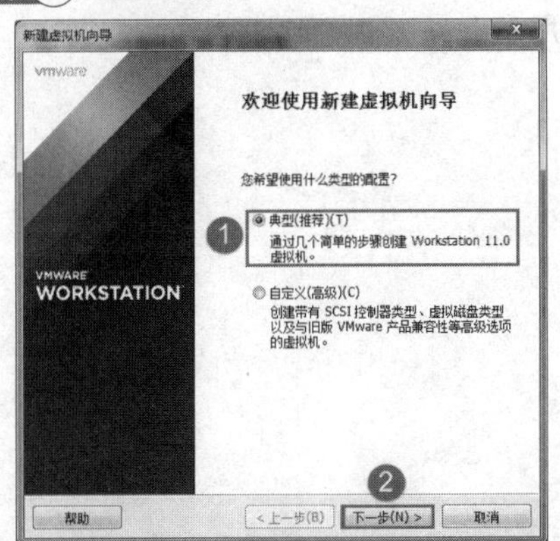

❶ 选择配置类型，这里选取“典型”模式创建一个新的虚拟机。

❷ 单击“下一步”按钮。

步骤 3 安装客户机操作系统

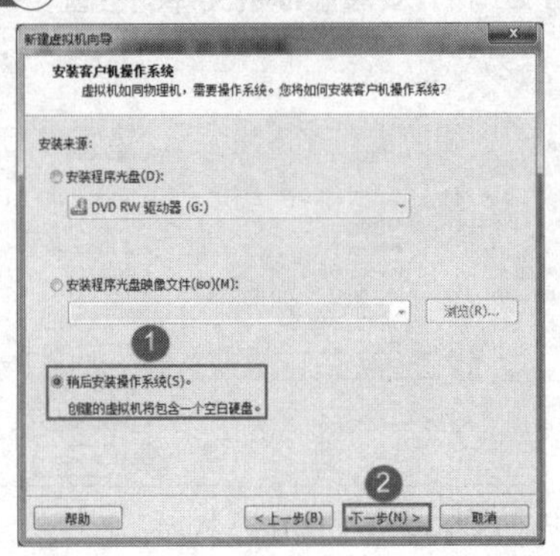

❶ 选择“稍后安装操作系统”单选按钮。

❷ 单击“下一步”按钮。

步骤 4 选择客户机操作系统

❶ 选中一个客户机操作系统类型。

❷ 单击“下一步”按钮。

步骤 5 命名虚拟机

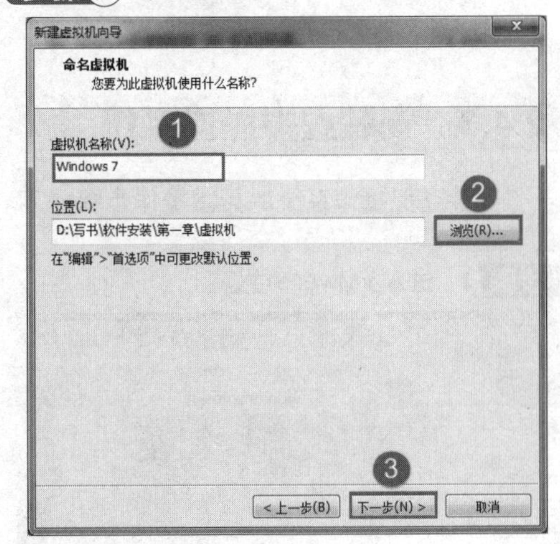

❶ 输入该虚拟机的名字。

❷ 单击“浏览”按钮选择存放位置。

❸ 单击“下一步”按钮。

步骤 6 指定磁盘容量

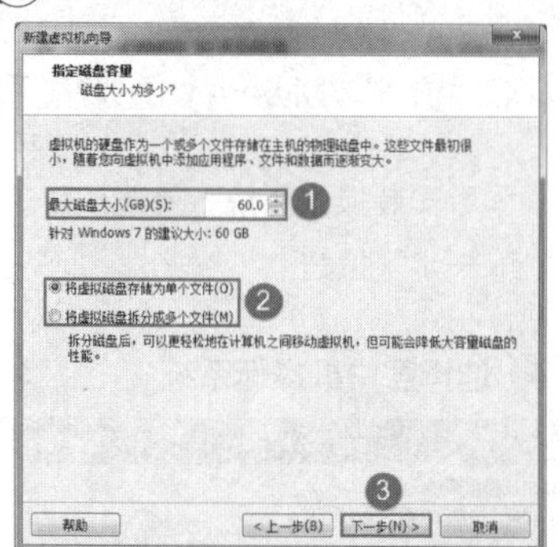

❶ 指定最大磁盘大小。

❷ 选择将虚拟磁盘存储为单个文件或拆分成多个文件。

❸ 单击“下一步”按钮。

步骤 7 准备创建

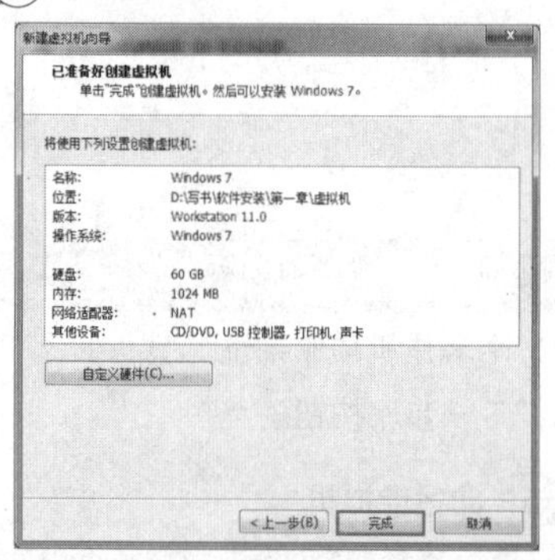

单击“完成”按钮，即可完成虚拟机的创建。

步骤 8 查看已创建的虚拟机

名称	修改日期	类型	大小
vnetinst.dll	2015/5/31 7:58	应用程序扩展	49 KB
vnetlib.dll	2015/5/31 7:59	应用程序扩展	759 KB
vnetlib.exe	2015/5/31 7:58	应用程序	738 KB
vnetlib64.dll	2015/5/31 7:59	应用程序扩展	910 KB
vnetlib64.exe	2015/5/31 7:58	应用程序	885 KB
vnetsniffer.exe	2015/5/31 7:58	应用程序	345 KB
vnetstats.exe	2015/5/31 7:59	应用程序	331 KB
vprintproxy.exe	2015/5/31 7:08	应用程序	19 KB
Windows 7.vmdk	2016/1/20 16:15	VMware 虚拟磁...	7,744 KB
Windows 7.vmsd	2016/1/20 16:15	VMware 快照元...	0 KB
Windows 7.vmx	2016/1/20 16:15	VMware 虚拟机...	2 KB
Windows 7.vmxf	2016/1/20 16:15	VMware 组成员	1 KB
windows.iso	2015/5/31 7:51	好压 ISO 压缩文件	85,472 KB
windows.iso.sig	2015/5/31 7:51	SIG 文件	1 KB
winPre2k.iso	2015/5/31 7:51	好压 ISO 压缩文件	13,760 KB
winPre2k.iso.sig	2015/5/31 7:51	SIG 文件	1 KB
zip.exe	2015/5/31 7:58	应用程序	292 KB
zlib1.dll	2015/5/31 7:59	应用程序扩展	69 KB

进入虚拟机存放的路径，将会看到已生成名为“Windows 7.vmx”的虚拟机文件。

将创建的虚拟机文件夹复制到其他计算机上，可再次用 VMware 导入虚拟机文件。

2.4.3 安装虚拟操作系统

安装虚拟操作系统的具体操作步骤如下。

步骤 1 进入 VMware 主窗口

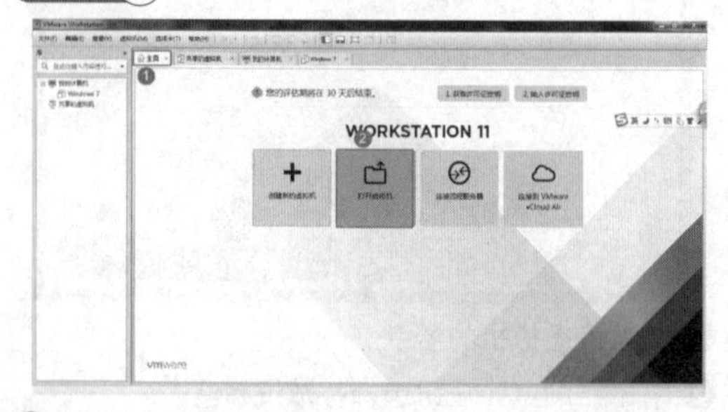

❶ 单击“主页”选项卡。

❷ 单击“打开虚拟机”选项。

步骤 2 打开安装虚拟机文件的位置

❶ 选中“Windows 7.vmx”图标。

❷ 单击“打开”按钮。

步骤3 返回VMware主界面

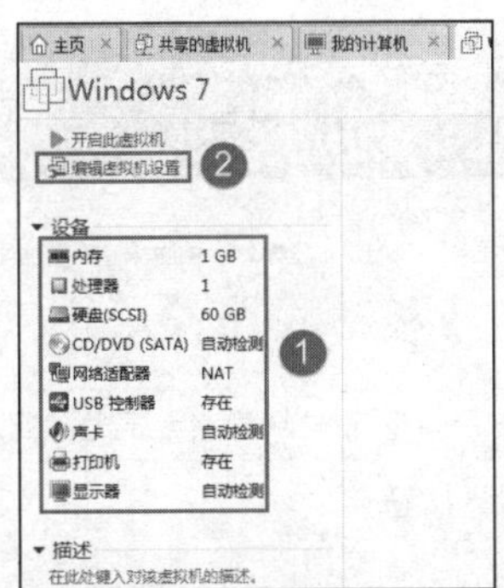

❶ 单击窗口左侧的"我的计算机→Windows 7"栏，在导入的虚拟机右侧窗口中，可看到该主机硬件和软件系统信息。

❷ 单击"编辑虚拟机设置"选项。

步骤4 虚拟机设置

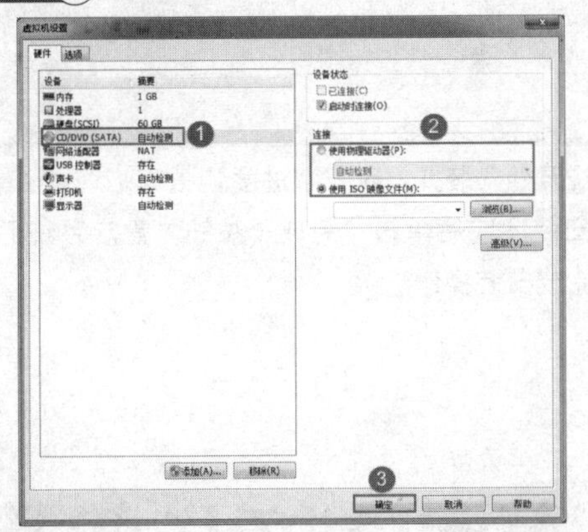

❶ 选择"CD/DVD（SATA）"选项。

❷ 在右侧"连接"栏中可选择"使用物理驱动器"或"使用ISO映像文件"单选按钮。

❸ 单击"确定"按钮。

步骤5 返回VMware主界面

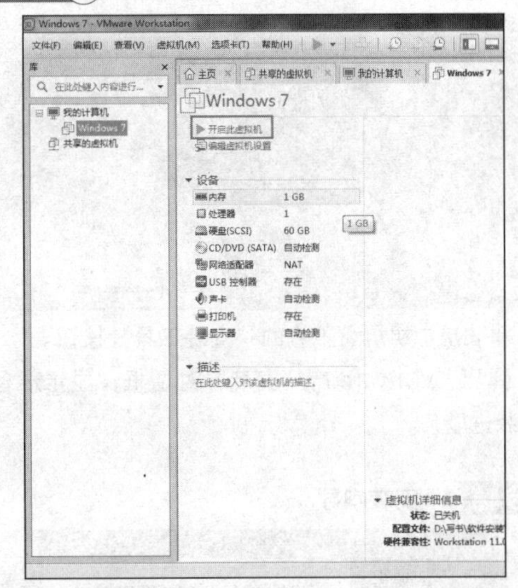

单击"开启此虚拟机"选项。

步骤6 出现Windows 7操作系统语言选择界面

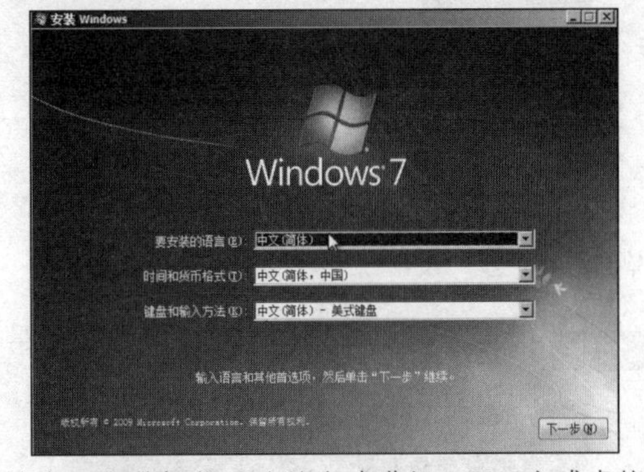

按实际安装操作系统的方式进行，即可完成虚拟机系统的安装。

2.4.4 VMware Tools安装

VMware Tools是VMware提供的一套工具，用于提高虚拟显卡、虚拟硬盘的性能，改善鼠标的性能，以及同步虚拟机与主机时钟的驱动程序。安装VMware Tools不仅能够提升虚拟机的性能，还可以使鼠标指针在虚拟机内外自由移动，再也不需要使用切换键了。

安装VMware Tools的具体操作方法如下。

步骤 1 启动已经安装好操作系统的虚拟机

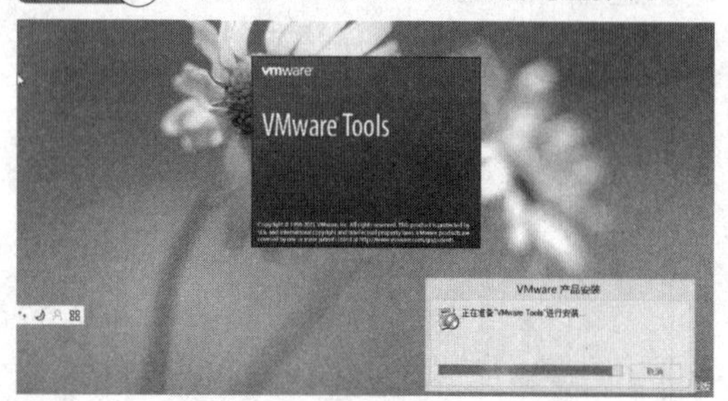

❶ 单击虚拟机屏幕下方的“安装工具”按钮。

❷ 弹出“VMware 产品安装”对话框，显示准备安装进度条。

步骤 2 安装向导

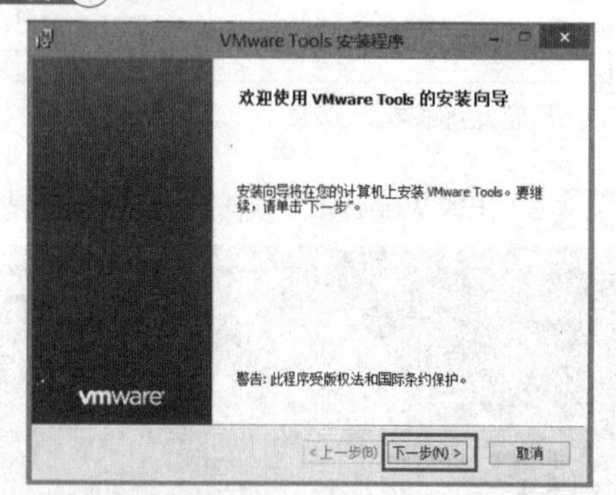

单击“下一步”按钮。

步骤 3 选择安装类型

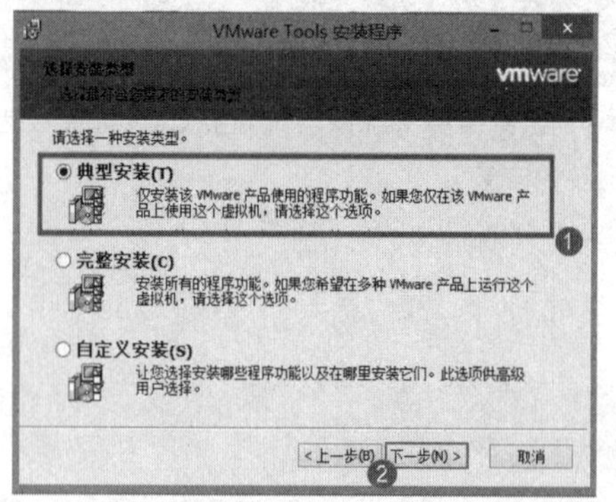

❶ 选中“典型安装”“完整安装”或“自定义安装”单选按钮。

❷ 单击“下一步”按钮。

步骤 4 准备安装

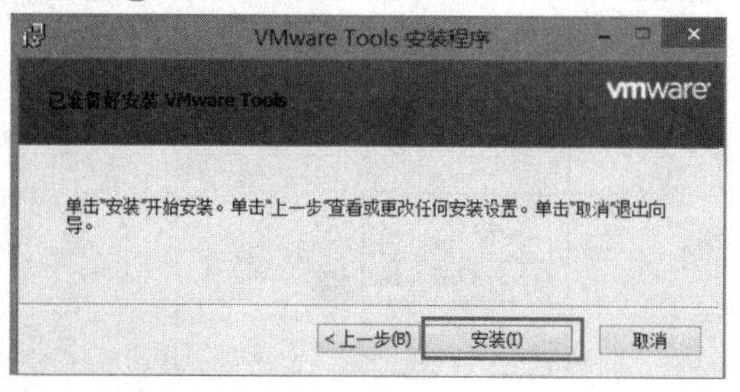

单击“安装”按钮。

步骤 5 正在安装

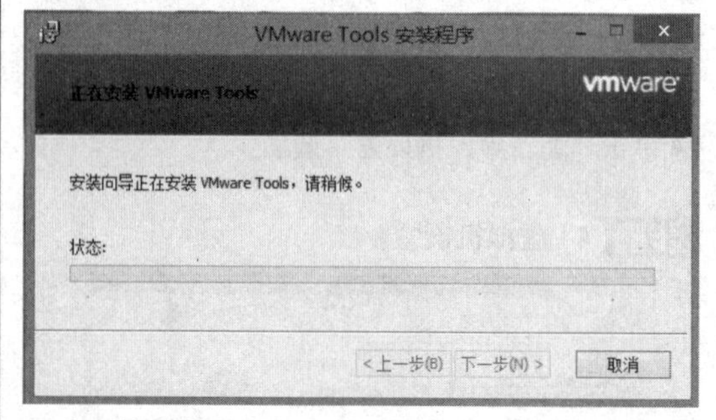

系统开始安装并显示安装进度。

当安装完成后单击“完成”按钮，重启系统后即可完成安装操作。

1. 我国著名的黑客有哪些?
2. TCP/IP 协议在网络中起什么作用?
3. 线程和进程有什么区别?

第3章 Windows 10 系统防火墙与 Windows Defender

防火墙和杀毒软件用于保护计算机免受恶意软件和病毒的伤害。尤其是在当前网络威胁泛滥的环境下，通过专业可靠的计算机安防工具来帮助自己保护计算机信息安全十分重要。Windows 10 自带的防火墙和 Windows Defender 就是不错的选择。

3.1 设置 Windows 10 防火墙

防火墙是一项协助确保信息安全的设备，会依照特定的规则，允许或是限制传输的数据通过。防火墙可以是一台专属的硬件，也可以是架设在一般硬件上的一套软件。Windows 防火墙，顾名思义就是在 Windows 操作系统中系统自带的软件防火墙。防火墙对于每一个计算机用户的重要性不言而喻，本节主要为大家介绍下 Windows 10 自带的防火墙设置。

3.1.1 启用或关闭 Windows 防火墙

打开控制面板，然后在“控制面板”窗口中单击“查看网络状态和任务”，如左下图所示。

在打开的“网络和共享中心”窗口中，单击左侧的“Windows 防火墙”打开 Windows 防火墙设置，如右下图所示。

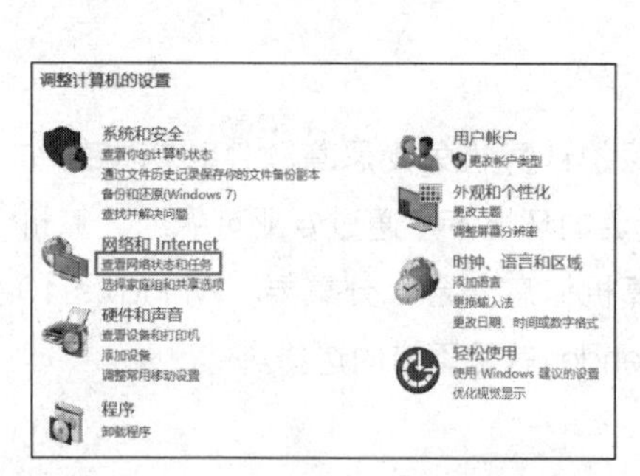

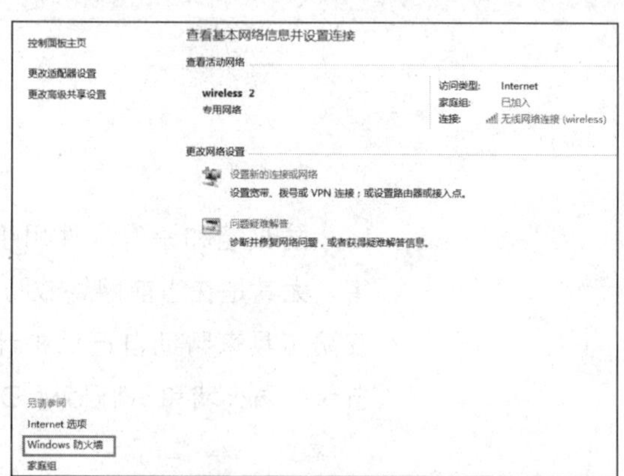

在打开的“Windows 防火墙”窗口中，单击左侧的“启用或关闭 Windows 防火墙”，如左下图所示。

Window 防火墙默认状态下是开启的。如果没有安装其他的防火墙软件，不建议关闭 Windows 防火墙。如果安装了其他防火墙软件，则可以在这个窗口内关闭 Windows 防火墙。我们可以分别修改专用网络和公用网络的防火墙设置，这两个网络的防火墙设置互不影响，如右下图所示。

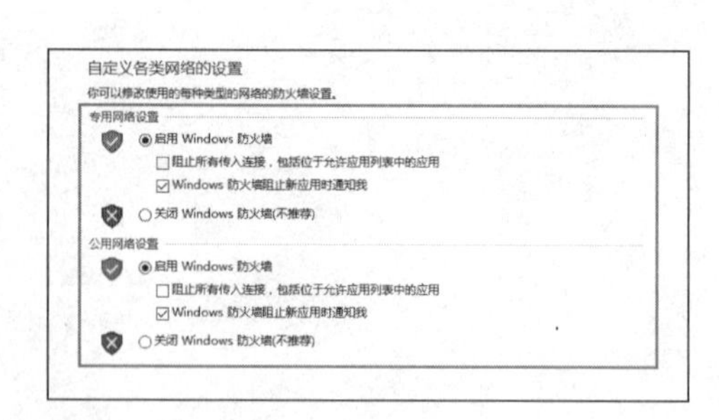

3.1.2 管理计算机的连接

计算机里面有许多程序需要连接互联网服务，系统里面有对程序进行的默认规则设置。有时候我们需要更改计算机的默认设置，下面介绍下具体方法。

打开控制面板，然后单击“控制面板”窗口内的“查看网络状态和任务”，如左下图所示。

在打开的“网络和共享中心”窗口内，单击左侧下方的“Windows 防火墙”，如右下图所示。

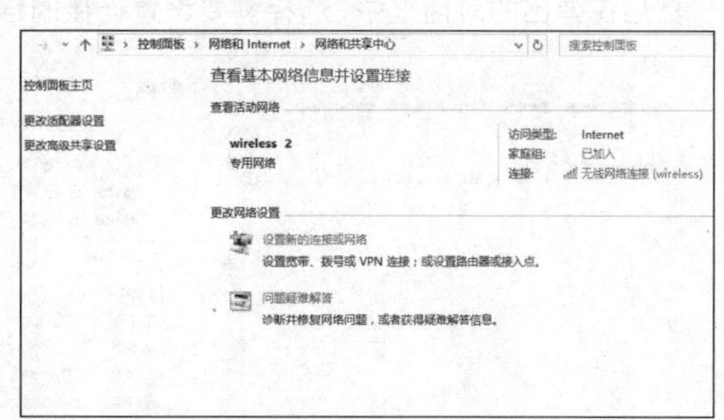

在打开的“Windows 防火墙”窗口，单击“允许应用或功能通过 Windows 防火墙”，如左下图所示。

在打开的窗口中，可以看到程序在专业网络和公用网络下的允许设置。如果要修改设置，需要单击“更改设置”按钮，如右下图所示。

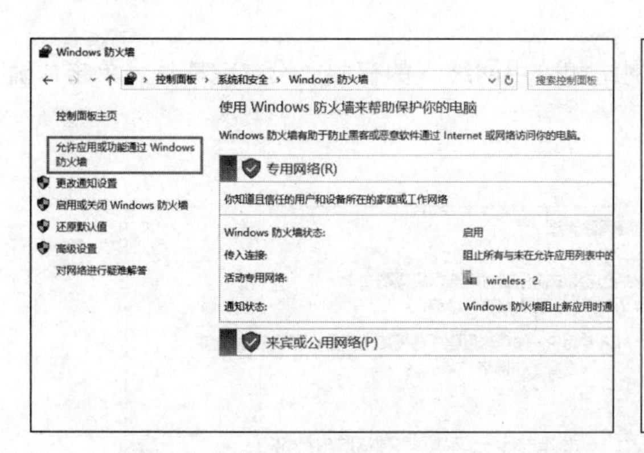

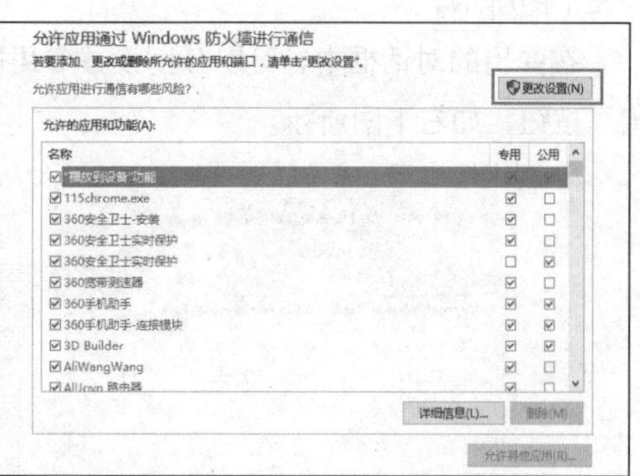

如果要允许程序进行网络连接，则选中对应的方框；如果不允许程序进行网络连接，则取消对应方框的选中，如左下图所示。

如果程序没有出现在列表中，我们还可以手动添加，单击窗口下方的“允许其他应用”按钮，如右下图所示。

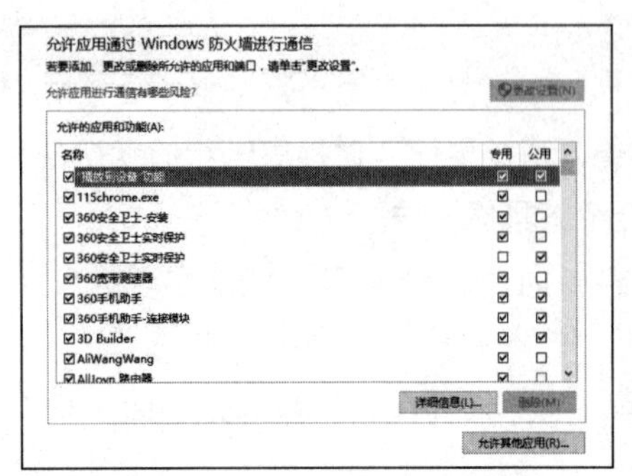

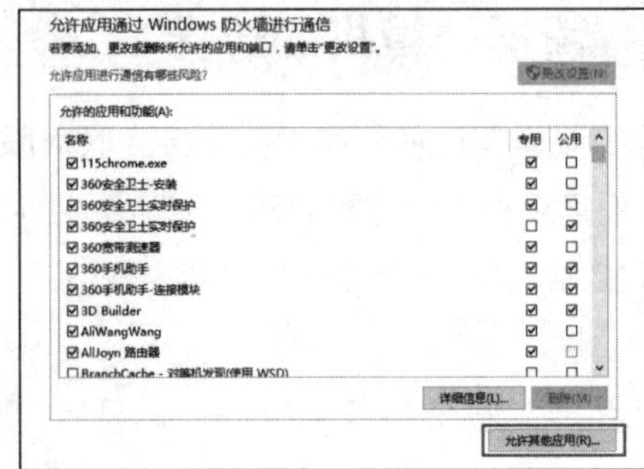

在弹出的窗口中，单击下方的“浏览”按钮，如左下图所示。

然后在弹出的对话框中，选择需要设置连接的程序，然后单击“打开”按钮，如右下图所示。

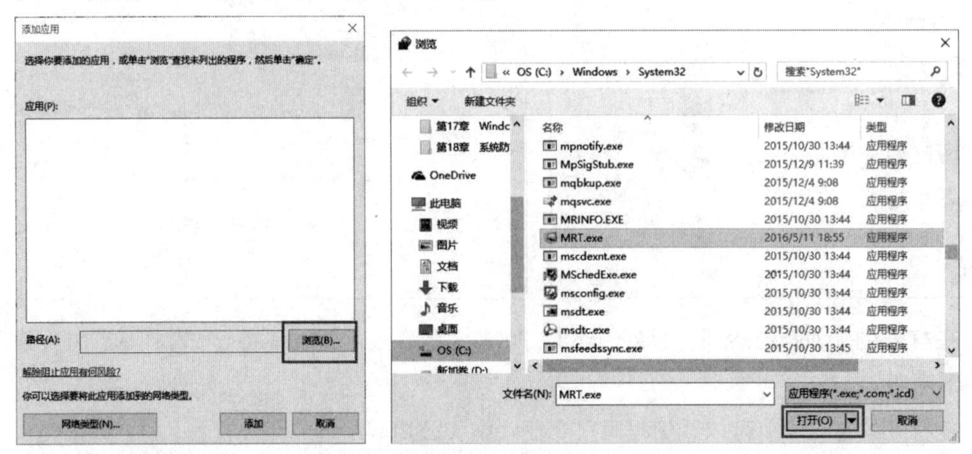

在返回的对话框中，单击左下角的“网络类型”按钮，可以设置不同网络类型下的连接权限，如左下图所示。

在弹出的对话框中，可以分别设置专用网络和公用网络下的权限。设置完成后，单击“确定”按钮，如右下图所示。

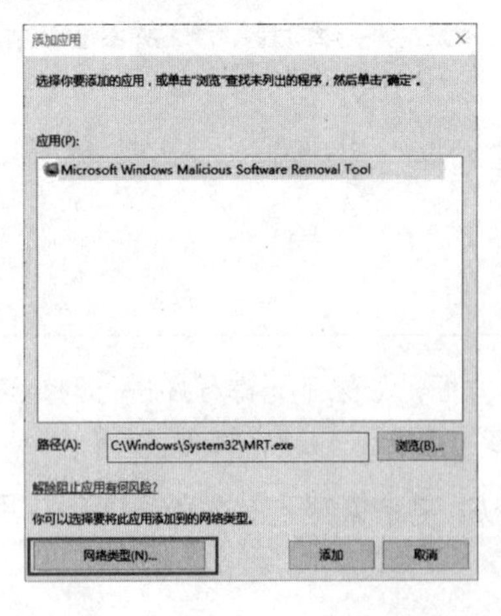

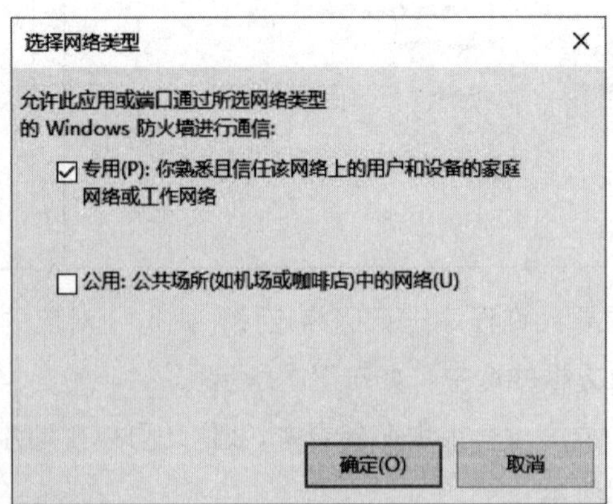

3.1.3 Windows 防火墙的高级设置

上面两节讲的是 Windows 防火墙在日常使用中经常遇到的设置。日常应用的话一般没有什么问题了。Windows 防火墙还提供了更加强大的管理功能，如果我们要对程序的外部连接进行更加细致或详细的管理，可以使用 Windows 防火墙的高级设置选项。下面向大家详细介绍下 Windows 防火墙的高级设置。

首先打开控制面板，然后单击“查看网络状态和任务”进入“网络和共享中心”窗口，然后单击“Windows 防火墙”，进入“Windows 防火墙”窗口，在窗口内单击左侧的“高级设置”，如左下图所示。

单击“高级设置”后，会打开“高级安全 Windows 防火墙”窗口。窗口如右下图所示。

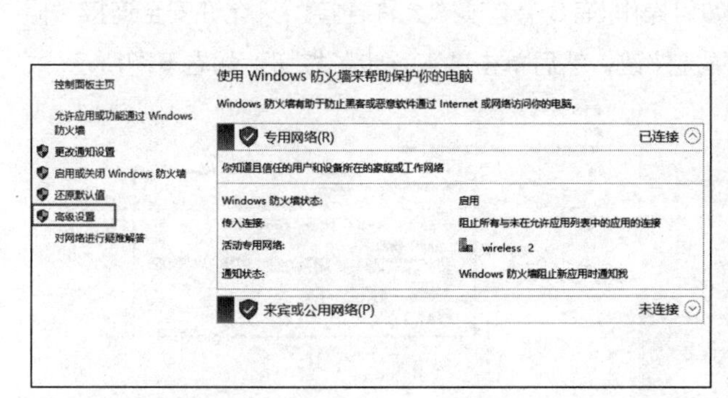

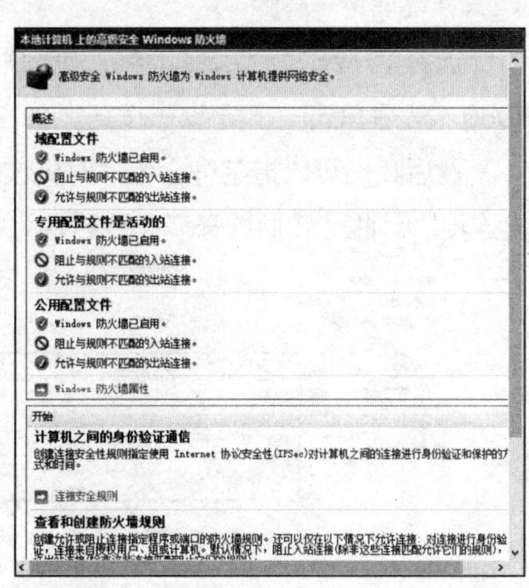

窗口的左侧部分为快捷管理菜单，单击相应的菜单会进入相关的设置。常用的功能就是入站规则和出站规则两个功能。可以使用出站和入站规则来进行设置以满足用户某些特殊的需求。

Windows 防火墙虽然能够很好地保护我们的系统，但同时也会因限制了某些端口，而给我们的操作带来一些不便。对于既想使用某些端口，又不愿关闭防火墙的用户而言，我们可以利用入站规则来进行设置，步骤如下。

单击“高级安全 Windows 防火墙”窗口左侧的“入站规则”，然后单击右侧的“新建规则”，如左下图所示。

在弹出的“新建入站规则向导”窗口右侧要创建的规则类型中选择“端口”单选按钮，然后单击“下一步”按钮，如右下图所示。

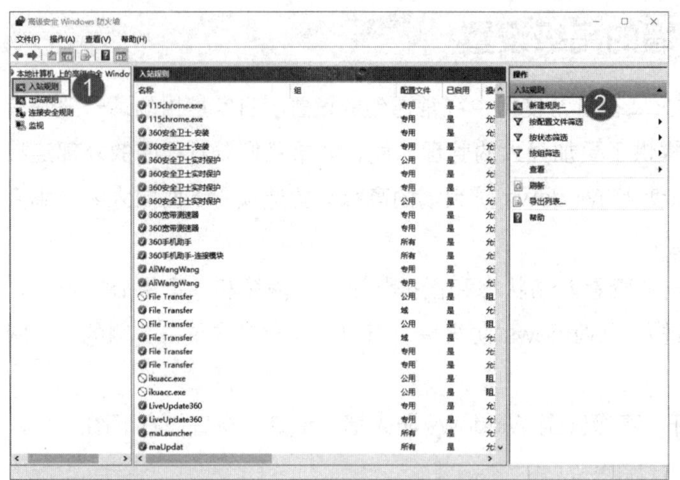

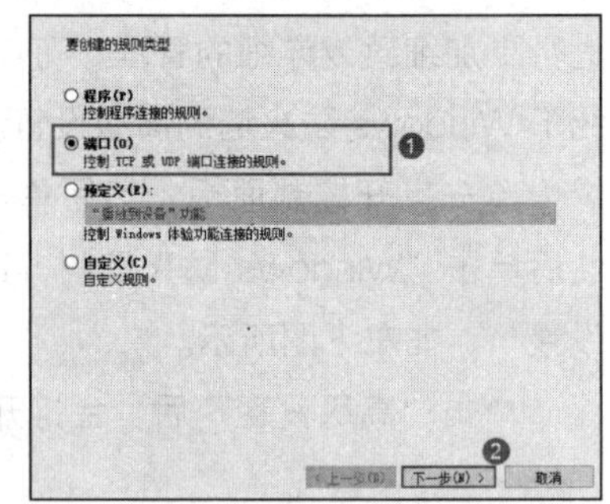

选择相应的协议，如添加8080端口，我们选择TCP，在“特定本地端口”处输入8080；然后单击“下一步”按钮，如左下图所示。

然后我们可以指定符合条件时应该如何操作。有3个选项:“允许连接”“只允许安全连接”“阻止连接”。此处我们选择“允许连接”单选按钮，然后单击“下一步”按钮，如右下图所示。

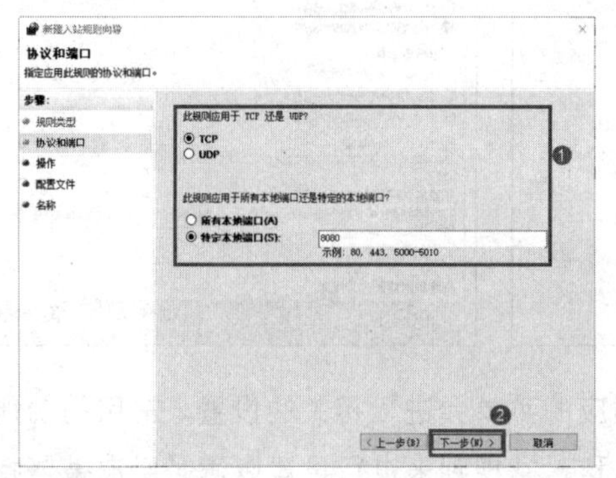

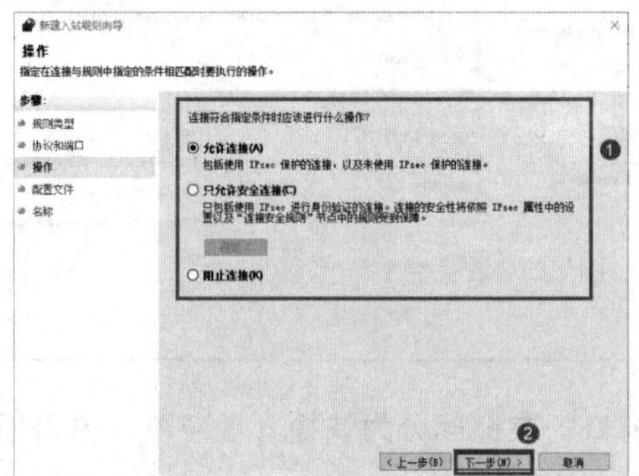

在弹出的界面中，可以选择在哪几种网络中运用刚才设置的规则，根据自己的需求进行勾选。然后单击“下一步”按钮，如左下图所示。

最后，我们需要为新创建的规则输入一个名称和相关的描述。完成后单击“完成”按钮，如右下图所示。

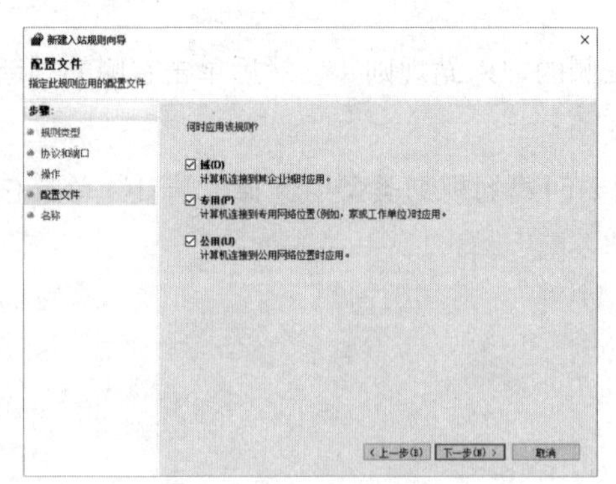

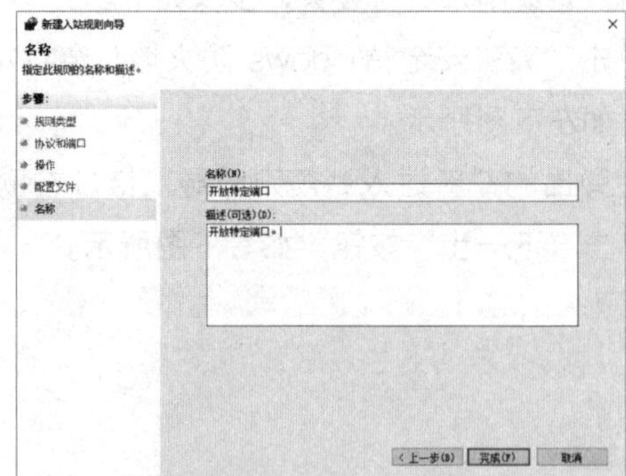

我们可以看到刚才创建的规则已经出现在规则列表里面了，如下图所示。

关于入站规则和出站规则的设置非常多，我们只是通过一个示例来简单介绍了一下，算是抛砖引玉吧。大家可以进行更多的尝试。

在 Windows 防火墙高级设置界面的右侧，有关于防火墙规则的快捷操作菜单，如下图所示。

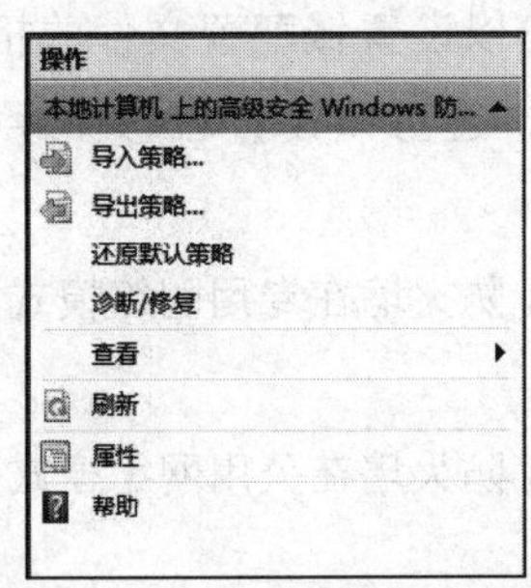

- 导入策略：导入策略可以导入之前已经设置好的防火墙安全策略，由于防火墙高级设置比较复杂，如果我们有之前已经保存好的策略文件，已通过“导入策略”菜单将之前的文件导入，免去了复杂的设置，则可以大大节约我们的时间。
- 导出策略：导出策略可以将当前的防火墙设置导入为一个文件，可以用于备份，也可以用于对其他计算机进行快捷设置。
- 还原默认策略：如果策略设置过程中出现了一些错误，但是查找又比较困难，我们可以通过还原默认策略的方法，来将所有的策略重置为系统默认的策略。
- 诊断 / 修复：如果网络出现了问题，我们可以使用这个菜单来对网络进行诊断和修复。
- 查看：可以选择要查看的内容。

- 刷新：刷新当前的防火墙设置。
- 属性：可以查看和更改当前的 Windows 防火墙的属性设置。当单击“属性”链接时，可以打开 Windows 防火墙属性窗口，如下图所示。

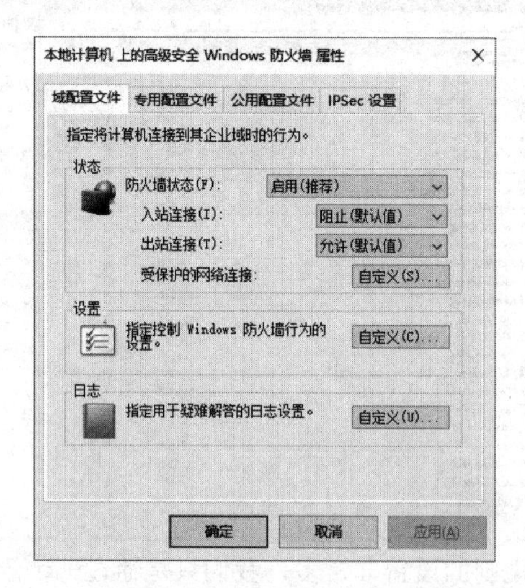

属性窗口共 4 个选项卡，分别如下。

- 域配置文件：设置 Windows 防火墙在域模式下的状态和行为设置。在“状态”栏内我们可以选择此模式下是否开启防火墙、入站连接和出站连接的默认值和受保护的网络连接的名称。“设置”栏可以设置域配置文件的相关选项。在“日志”栏可以设置日志文件的名称及保存位置，还可以设置日志文件的大小限制，以及需要记录的数据等。
- 专用配置文件：设置 Windows 防火墙在专用网络模式下的状态和行为。选项和“域配置文件”选项卡一致。
- 公用配置文件：设置 Windows 防火墙在公用网络模式下的状态和行为。选项和“域配置文件”选项卡一致。
- IPSec 设置：用于设置 IPSec 连接的相关内容。

3.2 使用 Windows Defender

我们使用计算机时，在打开防火墙的同时，也需要安装杀毒软件。现在网络上的免费杀毒软件很多，效果也可以。其实 Windows 10 还继承了一款微软自己的杀毒软件 Windows Defender。由于有微软作为后盾，Windows Defender 的效果还是很不错的。本节向大家介绍下 Windows Defender。

3.2.1 认识 Windows Defender

Windows Defender，起源于最初的 Microsoft AntiSpyware，是一个用来移除、隔离和预防间谍软件的程序，运行在 Windows XP 和 Windows Server 2003 操作系统上，在 Windows Vista，Windows 7 和 Windows 8 中都集成了 Windows Defender 软件。Windows Defender 的测试版于 2005 年 1 月 6 日发布，在 2005 年 6 月 23 日、2006 年 2 月 17 日微软又发布了更新的测试版本。Windows Defender 不仅可以扫描系统，还可以对系统进行实时监控，移除已安装的 ActiveX 插件，清除大多数微软的程序和其他常用程序的历史记录。

3.2.2 认识 Windows Defender 的功能

作为 Windows 10 系统自带的杀毒软件，微软对 Windows Defender 的功能进行了强化。Windows Defender 主要有以下功能。

- 实时保护计算机：Windows Defender 可以监视计算机，并在检测到间谍软件或有害程序时建议用户采取相关的措施。
- 自动更新病毒和间谍软件定义：这些更新由 Microsoft 分析师及自发的全球 Windows Defender 用户网络提供，使用户能够获得最新的定义库，识别归类为间谍软件的可疑程序。通过自动更新，Windows Defender 可以更好地检测新威胁并在识别威胁后将其消除。
- 自动扫描和删除间谍软件及恶意软件：Windows Defender 可以将自动扫描和删除间谍软件及恶意软件。用户可以安排 Windows Defender 在方便的时间运行。简化的界面最大限度地减少中断并且不影响用户的正常工作。
- 间谍软件信息共享：使用 Windows Defender 的任何人都可以加入帮助发现和报告新威胁的全球用户网络。Microsoft 分析师查看这些报告并开发新软件定义以防止新威胁，使每个用户都更好地受到保护。

3.2.3 使用 Windows Defender 进行手动扫描

Windows Defender 会定期扫描计算机来保护系统安全。当我们觉得系统出现异常时，也可以手动进行扫描。下面介绍下具体步骤。

依次单击“开始”→“所有应用”→“Windows 系统”→“Windows Defender”选项，来打开 Windows Defender，如左下图所示。

Windows Defender 提供了 3 种扫描方式，分别是快速扫描、完全扫描、自定义扫描。快速扫描仅扫描重要的系统文件，完全扫描会扫描计算机上所有的文件，自定义扫描可以自定义扫描的对象。我们可以根据需要进行选择。选择完成后，单击“立即扫描”按钮，就可以开始扫描计算机了，如右下图所示。

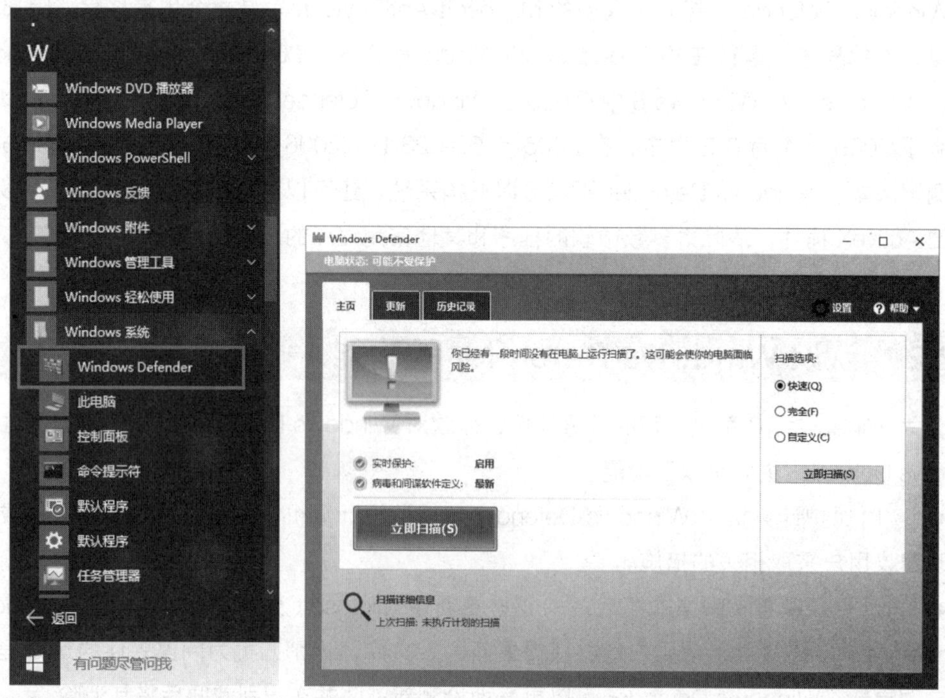

根据我们选择的扫描类型，Windows Defender 所需要的时间也不一样。扫描界面如下图所示。

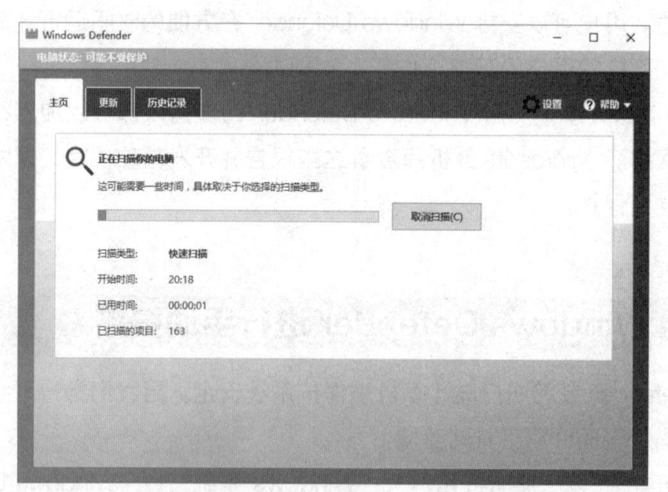

3.2.4 自定义配置 Windows Defender

打开 Windows Defender 主界面，然后单击窗口右上方的“设置”，如左下图所示；

然后会弹出 Windows Defender 的配置窗口，如右下图所示。在这里我们可以对 Windows Defender 进行配置。

下面向大家介绍各选项。

- 实时保护：实时保护功能可以实时保护我们的计算机，可以监视恶意软件并阻止恶意软件的运行。我们可以暂时关闭它，但是经过一段时间后，这个功能会自动开启。
- 基于云的保护：可以设置是否向微软发送计算机中的 Windows Defender 发现的潜在的安全问题的相关信息。
- 自动提交示例：可以设置是否自动向微软提交计算机中的恶意软件或者其他病毒样本文件。如果关闭此选项，Windows Defender 在提交样本时会提示用户。

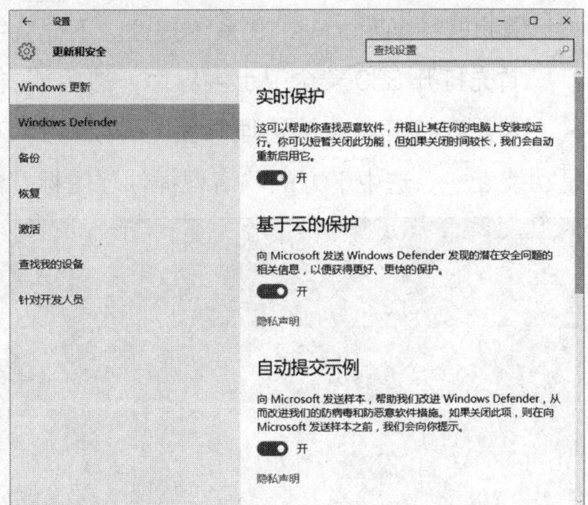

- 排除：我们可以在此设置不需要 Windows Defender 扫描的文件或文件夹。我们可以单击下方的“添加排除项”来添加文件或文件夹，如左下图所示。

打开的添加排除项的窗口如右下图所示。我们可以根据需要来设定要排除的类型。Windows Defender 提供了 3 种排除方式：文件和文件夹排除、文件类型排除、进程排除。

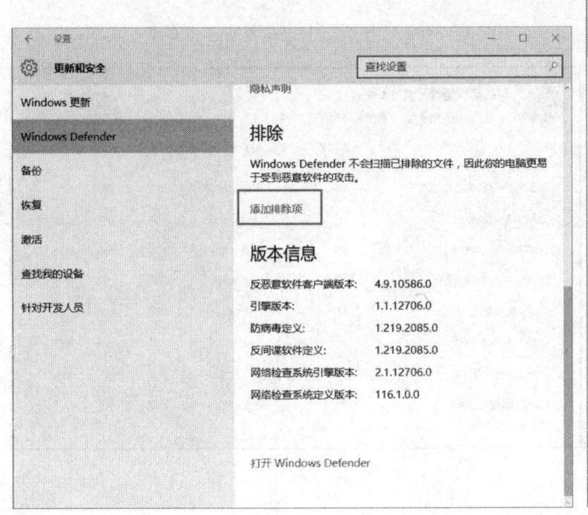

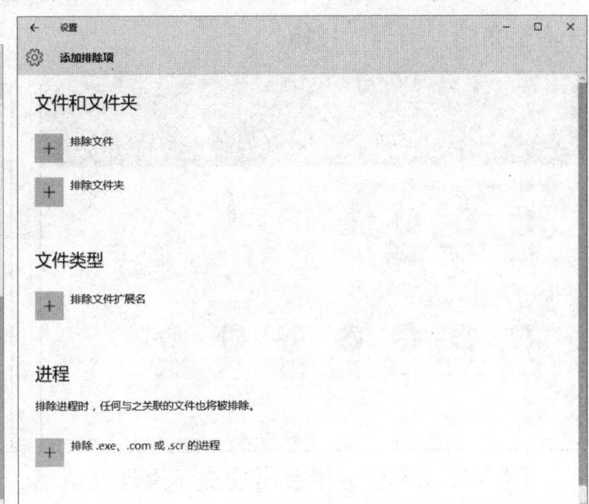

3.3 让第三方软件做好辅助

尽管 Windows 防火墙和 Windows Defender 可以很好地保护我们的计算机。但是我们的需求总是多种多样的，Windows 10 自带的防火墙和 Windows Defender 有时候无法满足我们的需求，这时候就需要第三方软件来做好辅助工作了。

3.3.1 清理恶意插件让 Windows 10 提速

360 安全卫士是一款比较好的第三方软件。我们可以使用它的清理恶意插件的功能来保护计算机并给 Windows 10 系统提速。下面介绍下具体步骤。

首先打开 360 安全卫士主界面，然后单击下方的“电脑清理”按钮，如左下图所示。

然后在打开的电脑清理界面，可以看到 360 安全卫士提供了 6 种清理类型，清理插件便是功能之一。选中下方的“清理插件”图标，然后单击“一键扫描”按钮，如右下图所示。

等待一段时间后，就会出现扫描结果界面，如左下图所示。

单击可选清理插件，弹出如右下图所示的窗口，我们可以勾选需要清理的插件，然后单击右上角的“清理”按钮。

可选清理插件：共 14 个
(清理可能导致部分软件不可用或功能异常)
清理

插件名称	清理率	评分	操作
迅雷7用户代理功能控件	4%	8.0 投票	信任 清理
QQ照片在线显示控件	3%	8.1 投票	信任 清理
QQ邮箱登录安全控件	4%	8.1 投票	信任 清理
QQ音乐在线播放控件	4%	8.3 投票	信任 清理
Qzone音乐播放控件	4%	8.4 投票	信任 清理
QQ帐号保护辅助组件	3%	8.7 投票	信任 清理
QQ在线快速登录控件	4%	8.9 投票	信任 清理
阿里旺旺在线功能控件	3%	9.0 投票	信任 清理

稍后 360 安全卫士会出现提示清理完成。

3.3.2 使用第三方软件解决疑难问题

如果计算机出现了上网异常、看不了网络视频等问题，第三方软件也可以帮我们解决这些问题。以 360 安全卫士为例，向大家介绍下方法。

首先打开 360 安全卫士主界面，然后单击左下角的“查杀修复”按钮，如左下图所示。

然后在打开的界面中单击“常规修复”按钮，如右下图所示。

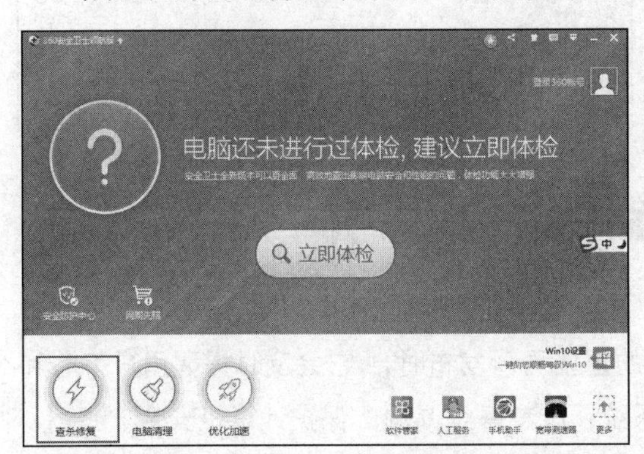

扫描完成后，我们可以看到扫描的结果。这时候我们可以单击窗口右上方的“立即修复”按钮来进行修复，如左下图所示。

修复完成后，360 安全卫士会弹出提示框，提示部分文件需要重启计算机才能彻底删除。我们可以选择立即重启计算机和暂不重启计算机，如右下图所示。

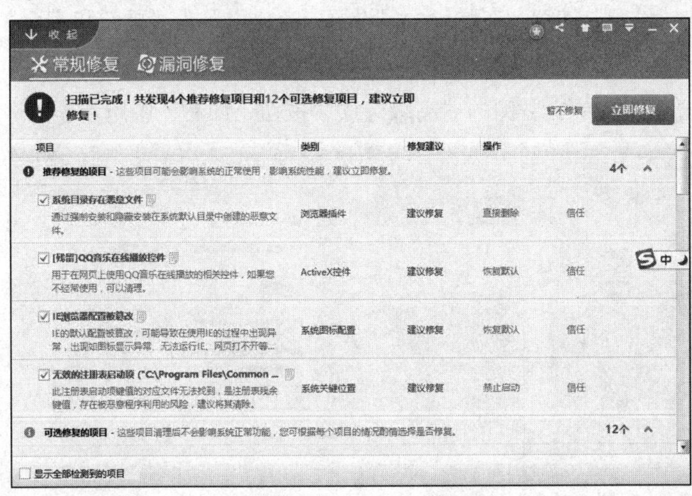

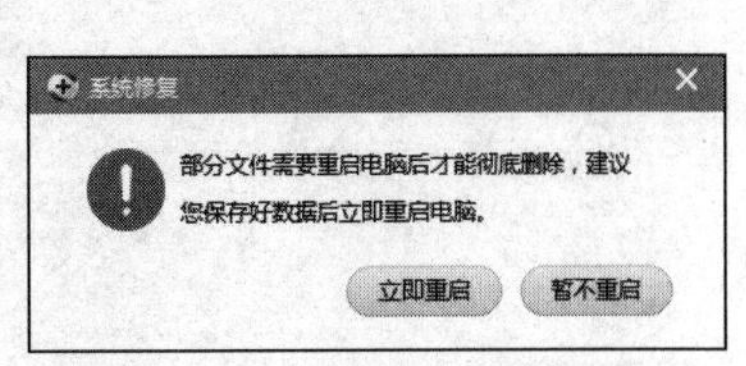

如果修复仍然不起作用，我们可以使用 360 安全卫士提供的人工服务按钮来尝试。打开 360 安全卫士主界面，单击下方的“人工服务”按钮，如左下图所示。

在打开的窗口中，我们在右侧可以看到常见问题的列表，单击相应的列表，会找到相应的工具来进行处理，如右下图所示。

3.4 使用 Windows 更新保护计算机

现在新的恶意软件和病毒的出现越来越快，操作系统的漏洞也不断爆出。Windows 自动更新是 Windows 的一项功能，当适用于计算机的重要更新发布时，它会及时提醒用户下载和安装。使用自动更新可以在第一时间更新操作系统，修复系统漏洞，保护计算机安全。

3.4.1 设置更新

我们可以根据自己的需要来设置 Windows 更新，具体步骤如下。

单击“开始”按钮，然后单击“设置”按钮，在弹出的“设置”窗口中单击“更新和安全”按钮，如左下图所示。

在弹出的“更新和安全”设置界面，单击右侧的“高级选项”按钮，如右下图所示。

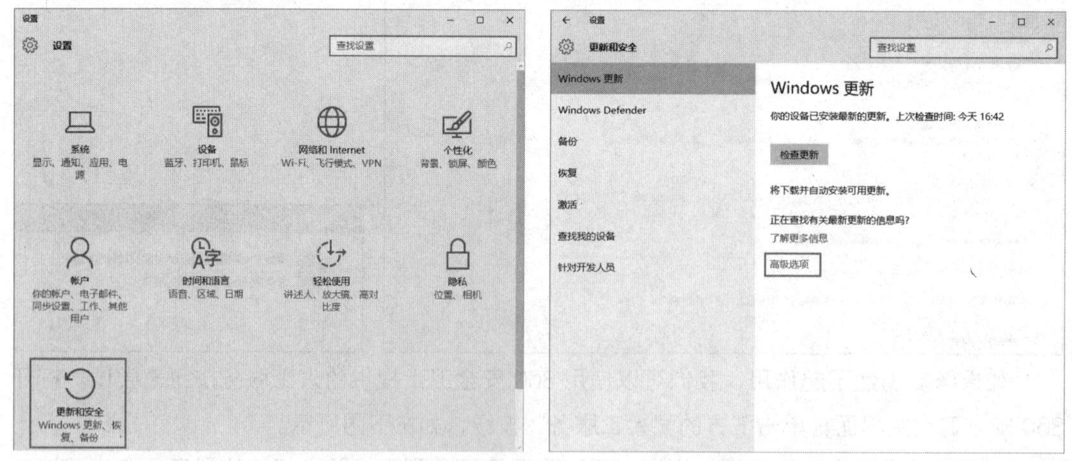

左下图所示为 Windows 更新高级设置的窗口。这个窗口提供了对 Windows 更新的许多设置选项，下面介绍一下。

- 安装更新的方式：Windows 更新提供了两种安装更新的方式，分别是“自动”和“通知以安排重新启动”，我们可以单击下拉框进行选择。建议选择推荐的“自动”方式。这样可以更好地保护我们的计算机。
- 更新 Windows 时提供其他 Microsoft 产品的更新：如果我们计算机上安装了 Microsoft 提供的其他产品，比如Office软件。选中此选项，更新Windows时，也会提供Office软件的更新。
- 推迟升级：可以推迟部分功能性的更新时间，不会第一时间安装收到的Windows 更新。
- 查看更新历史记录：单击可以查看 Windows 更新的历史记录。查看更新历史记录如右下图所示。在此界面内，我们可以单击“卸载更新”来卸载更新。也可以单击“卸载最新的预览版本”来卸载 Windows 的预览版本。还可以查看更新的内容及安装成功及失败的时间。

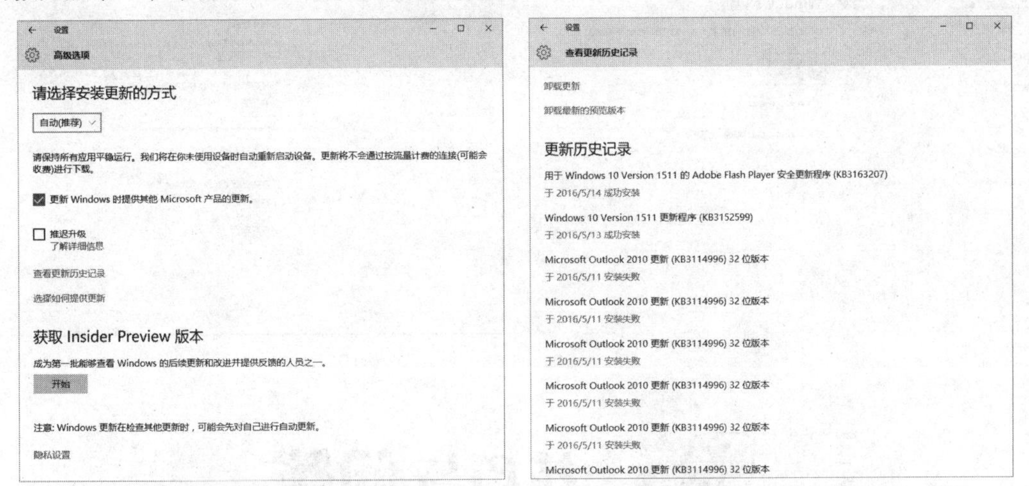

- 选择如何提供更新：单击此链接可以打开“选择如何提供更新”窗口。在此窗口内，我们可以选择仅从 Microsoft 获取更新，还是可以从 Microsoft 和其他计算机下载更新。并且可以设置是否发送已下载的更新到本地网络上的计算机和 Internet 上的计算机。
- 获取 Insider Preview 版本：单击“开始”按钮，会提示加入 Windows 预览体验计划。如下图所示。加入计划后，可以第一时间得到 Windows 的预览版更新，提前体验 Windows 的新内容。
- 隐私设置：设置和个人隐私相关的选项。

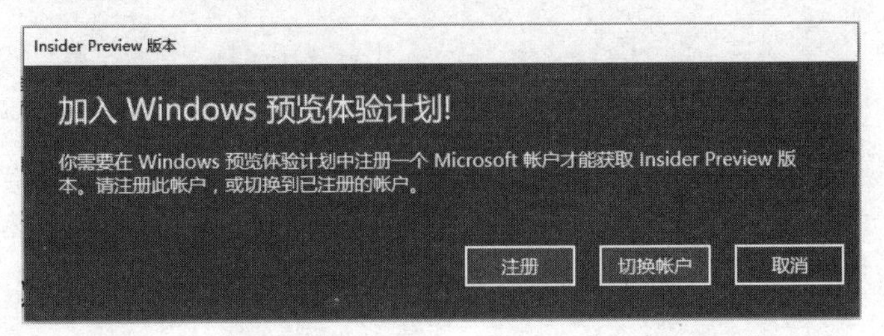

3.4.2 检查并安装更新

Windows 更新默认是自动安装的，如果安装失败，或者自动更新的时间计算机没有打开，我们可以手动检查和安装更新。

单击“开始”按钮，然后单击“设置”按钮，在弹出的“设置”窗口中，单击“更新和安全”按钮，打开“更新和安全”窗口，然后单击窗口右侧的“检查更新”按钮，如左下图所示。

如果有可用的更新，Window 更新程序会自动下载和安装这些更新，如右下图所示。

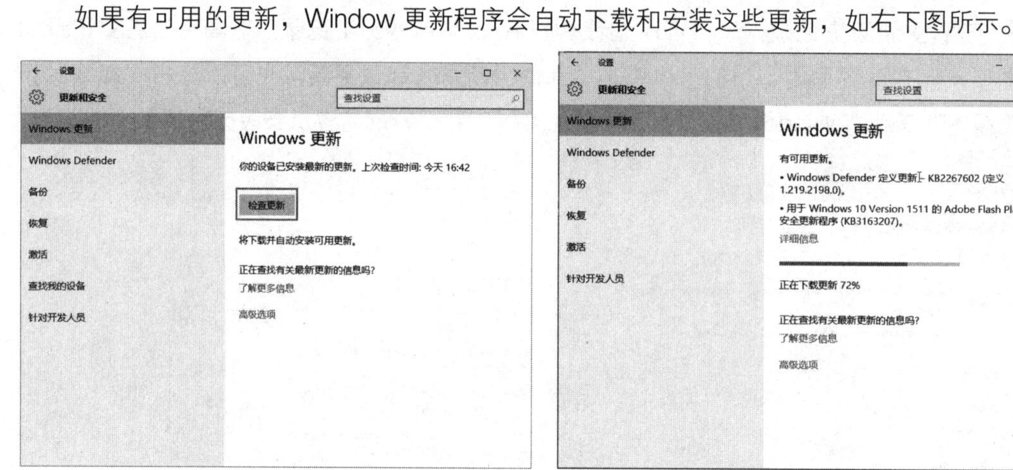

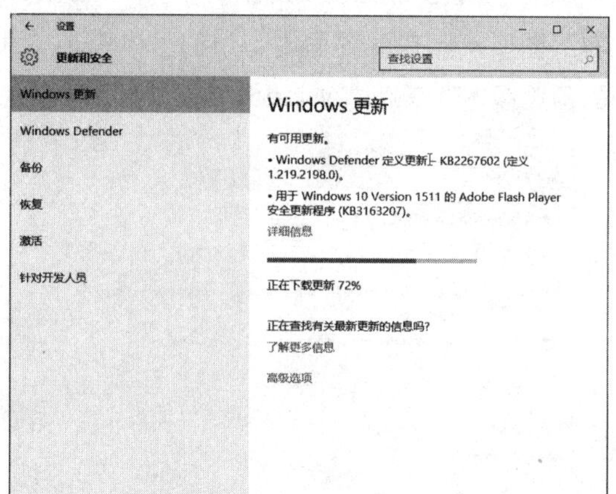

1. Windows 10 中常用的、快速打开控制面板的方法有哪几种?
2. 系统自带防火墙必须开启吗?
3. 防火墙和杀毒软件的功能可以互相替代吗?

第4章 Windows 10 高级安全管理

计算机系统的安全包含两部分内容，一是保证系统正常运行，避免各种非故意的错误与损坏；二是防止系统及数据被非法利用或破坏。两者虽有很大不同，但又相互联系，无论从管理上还是从技术上都难以截然分开。

因此，计算机系统安全管理是一个综合性的系统工程。Windows 10 提供了一系列的高级安全管理工具来协助我们保护计算机。

4.1 设置文件的审核策略

使用审核策略跟踪用于访问文件或其他对象的用户账户、登录尝试、系统关闭或重新启动及类似的事件，而审核文件和 NTFS 分区下的文件夹可以保证文件和文件夹的安全。为文件和文件夹设置审核的步骤如下。

按键盘上的〈WIN+R〉组合键，然后在弹出的“运行”对话框内输入“gpedit.msc”，然后按〈Enter〉键，如左下图所示。

在“本地组策略编辑器”窗口中，逐级展开左侧窗口中的“计算机配置”→“Windows 设置”→“安全设置”→“本地策略”分支，然后在该分支下选择“审核策略”选项。在右侧窗口中用鼠标双击“审核对象访问”选项，在弹出的“本地安全设置”选项卡中将“审核这些操作”框内的“成功”和“失败”复选框都勾选上，然后单击“确定”按钮，如右下图所示。

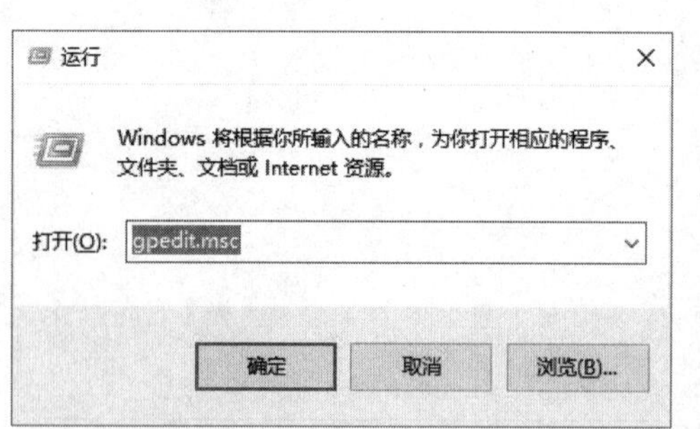

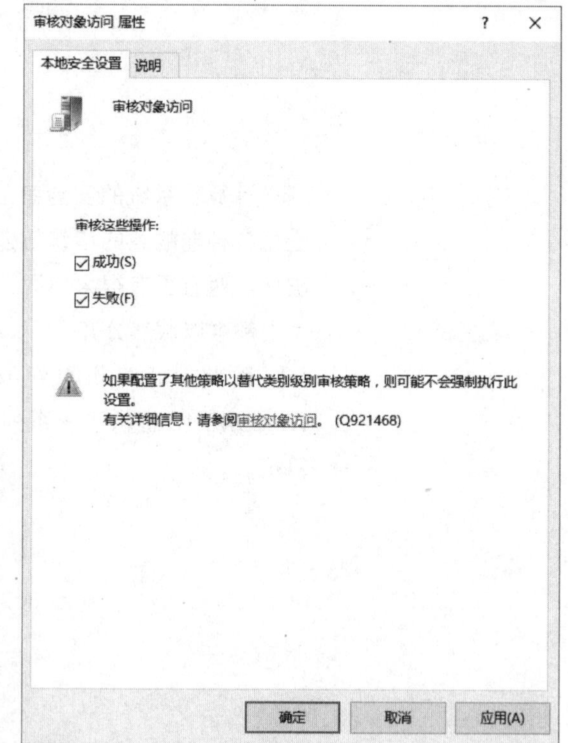

右击想要审核的文件或文件夹，在弹出的快捷菜单中单击“属性”，接着在弹出的窗口中选择“安全”选项卡。然后单击窗口下方的“高级”按钮，如左下图所示。

在弹出的窗口中单击“审核”选项卡。此时窗口内会提示“若要查看此对象的审核属性，则你必须是管理员，或者拥有适当的特权”，单击下方的“继续”按钮，如右下图所示。

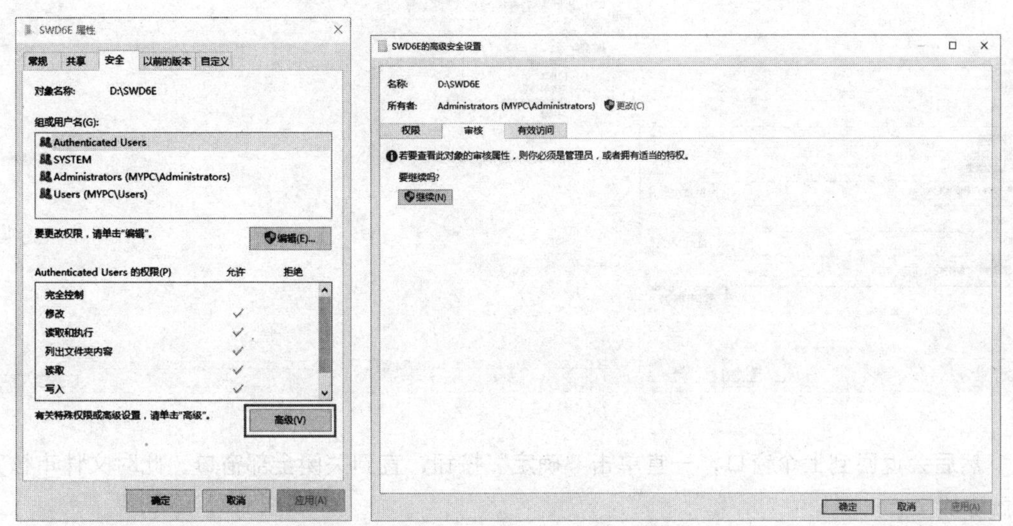

此时窗口会刷新，我们单击左下方的“添加”按钮，来添加需要进行审核的用户，如左下图所示。

在弹出的窗口中单击上方的“选择主体”，如右下图所示。

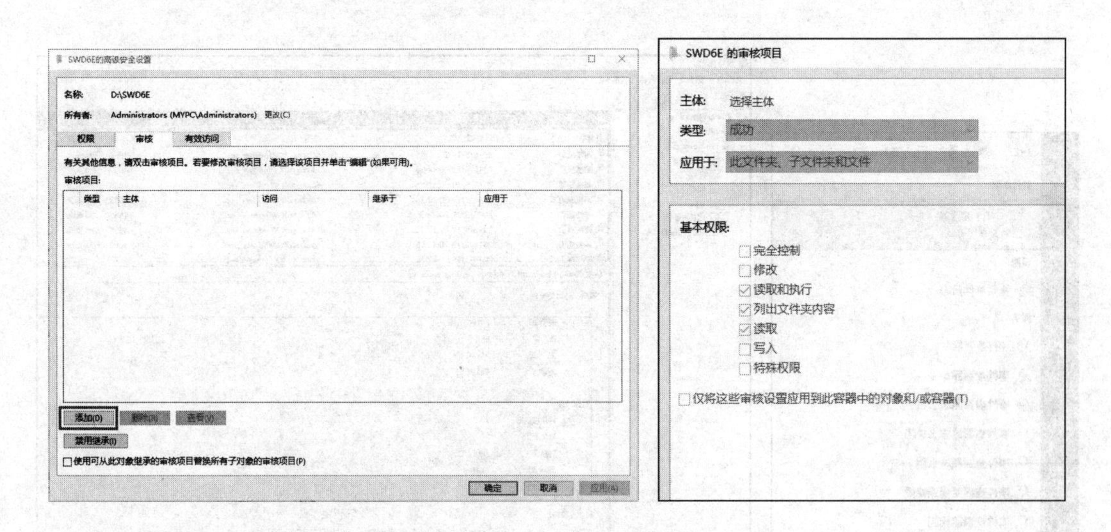

在弹出的窗口中，输入要审核的用户名，然后单击下方的“确定”按钮，如左下图所示。

此时会返回上一个窗口，我们可以选择审核的类型：成功、全部或者失败。然后选择应用的位置。最后设置用户的权限，都设置完成后，单击“确定”按钮，如右下图所示。

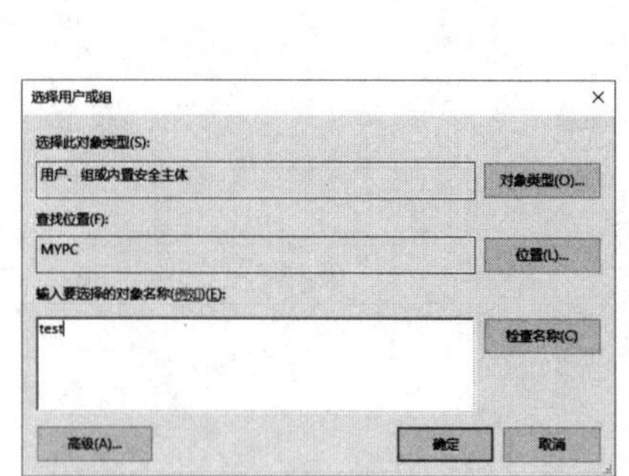
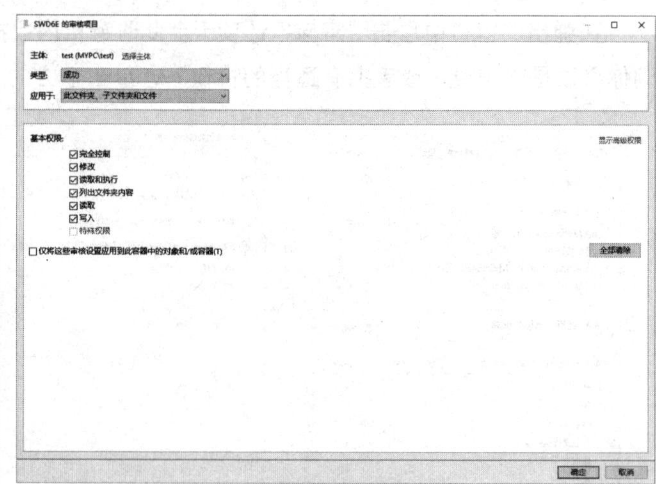

然后会返回到上个窗口，一直单击“确定”按钮，直到关闭全部窗口，此时文件审核策略就完成了。

如果想查看文件的访问日志，我们可以在任务栏左侧的搜索框内输入“事件查看器”，然后在搜索结果中单击“事件查看器”，如左下图所示。

在弹出的“事件查看器”窗口中，展开 Windows 日志，然后单击“安全”，查看安全事件。我们可以发现刚才设置的用户对文件夹的访问日志，如右下图所示。

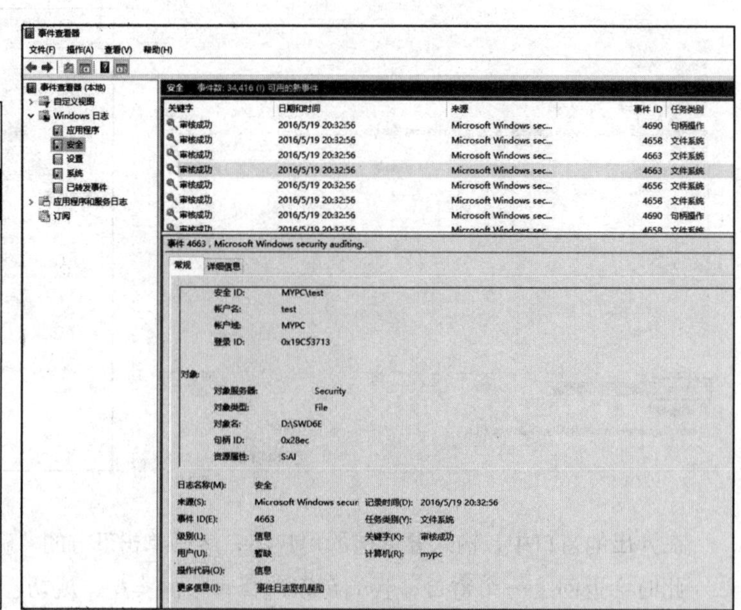

4.2 Windows BitLocker 驱动器加密

BitLocker 是 Windows 自带的一个加密软件，对计算机中的数据提供加密保护功能。微软从 Windows Vista 系统时代开始推出，直到 Windows10 系统，BitLocker 的功能不断完善与强大。

4.2.1 了解 BitLocker

BitLocker 驱动器加密主要是为了保护计算机中的数据，在计算机丢失、被盗或其他情况下数据不会被非法访问，是一种全卷加密技术。

如果计算机没有使用 BitLocker 驱动器加密，那么用户可以直接访问计算机。然后就可以通过其他手段获得对计算机数据的完全访问权限，从而获取计算机中的数据。BitLocker 加密通过把整个驱动器“封装到”一个无法更改的加密区域中，从而防止未经授权的人员对计算机驱动器的访问。

如果我们在安装 Windows 的分区上使用 BitLocker，需要满足下列要求。

- 计算机必须设置为从硬盘启动。
- 计算机在启动过程中必须可以读取 U 盘上的数据。
- 硬盘上必须具备系统分区和 Windows 分区。

如果我们在其他分区上使用 BitLocker，则需要满足下列要求。

- 要加密的分区系统为 FAT16、FAT32、exFAT 或 NTFS 分区中的一种。
- 可用空间不得小于 64MB。

4.2.2 启用 BitLocker

由于 BitLocker 对驱动器进行加密会降低磁盘驱动器的数据读取和写入速度。因此，只建议在保存重要的数据在计算机上时启用 BitLocker，不建议在家庭或娱乐用计算机上使用 BitLocker。需要注意的是，家庭版的 Windows 10 系统没有 BitLocker 功能。

下面介绍下如何使用 BitLocker 功能加密 Windows 分区。如果计算机上没有安装 TPM 模块，我们需要修改组策略才可以加密 Windows 分区。下面介绍下具体步骤。

按键盘上的〈WIN+R〉组合键，然后在弹出的“运行”对话框中输入“gpedit.msc”，然后再按下〈Enter〉键，如左下图所示。

在“本地组策略编辑器”窗口，依次展开左侧的“计算机配置”→“管理模板”→“Windows 组件”→“BitLocker 驱动器加密”→“操作系统驱动器”目录，然后双击右侧的“启动时需要附加身份验证”，如右下图所示。

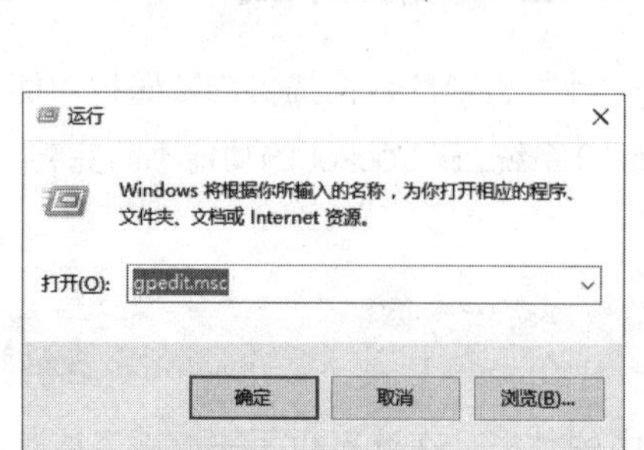

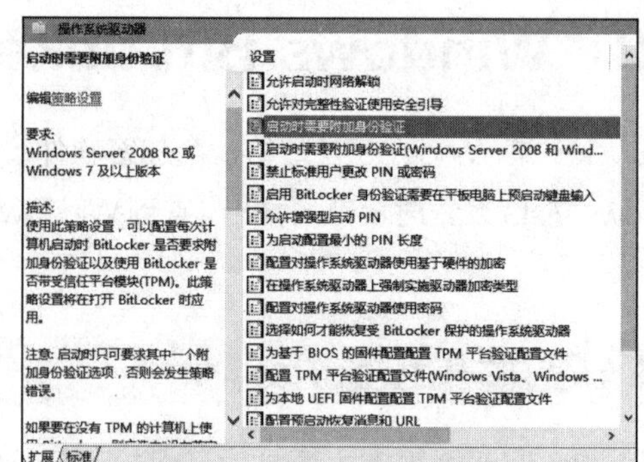

在弹出的对话框中，选择“已启用”单选按钮，然后单击“确定”按钮，如下图所示。

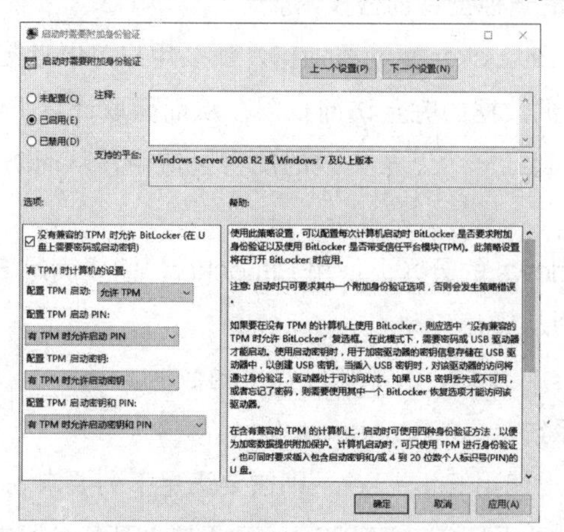

在加密 Windows 所在分区时，计算机必须具备 1 个 350MB 大小的系统分区。如果没有此系统分区，则在加密过程中可能会损坏部分文件。

下面介绍下加密 Windows 所在分区的具体步骤：打开“控制面板”窗口，然后单击“系统和安全”，如左下图所示；然后在“系统和安全”窗口中，单击右侧的“BitLocker 驱动器加密”，如右下图所示。

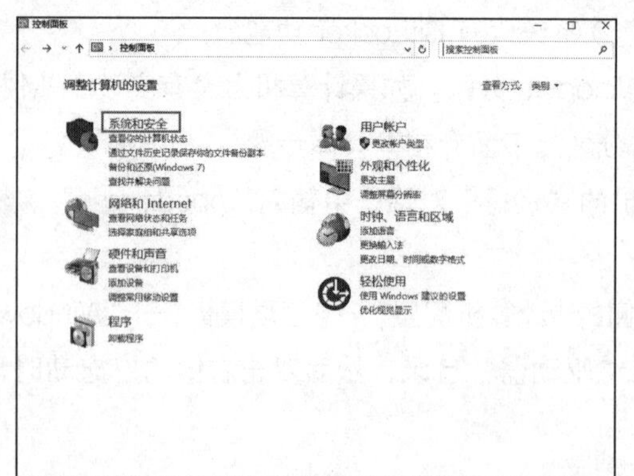

在“BitLocker 驱动器加密”窗口中，我们在右侧可以看到操作系统驱动器的 BitLocker 已关闭。单击右侧的“启用 BitLocker”，如左下图所示。

系统会开始检查是否符合启用 BitLocker 的条件，如果符合条件，则会出现选择解锁驱动器方式的窗口，我们选择其中一种方式。例如，“输入密码”，如右下图所示。

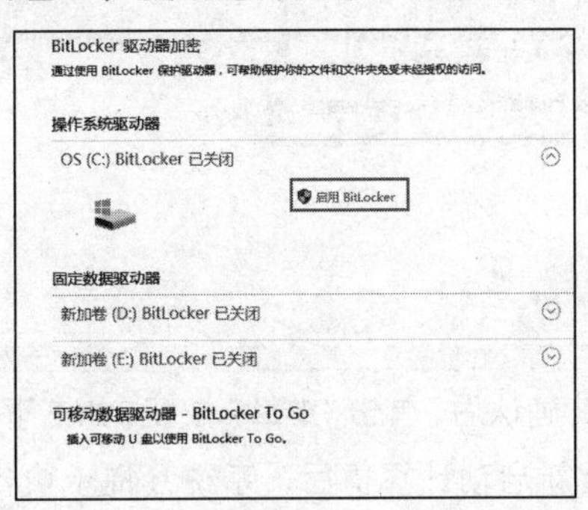

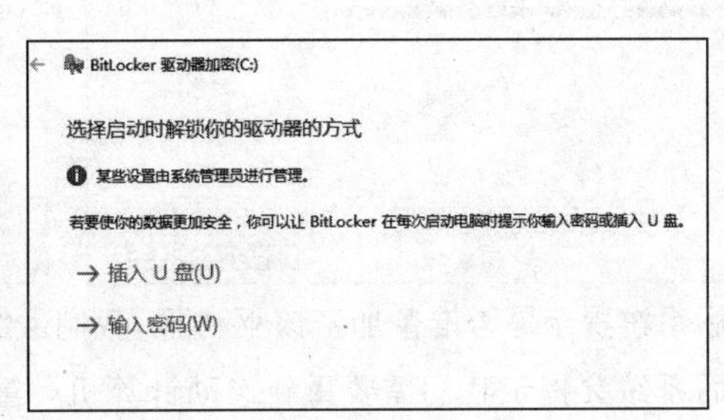

然后 BitLocker 会要求输入解密密码，我们在输入框内输入两次密码后，单击“下一步”按钮，如左下图所示。

然后 Windows 会要求用户备份恢复密钥。系统提供了 4 种方式备份密钥：保存到 Microsoft 账户、保存到 U 盘、保存到文件、打印恢复密钥。建议大家一定要妥善保管好加密密钥，因为密钥如果丢失，我们就无法进入操作系统。我们选择一种方式后，单击“下一步”按钮，如右下图所示。

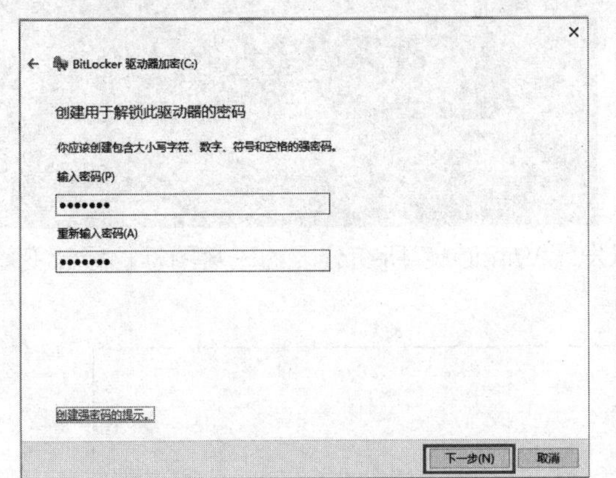

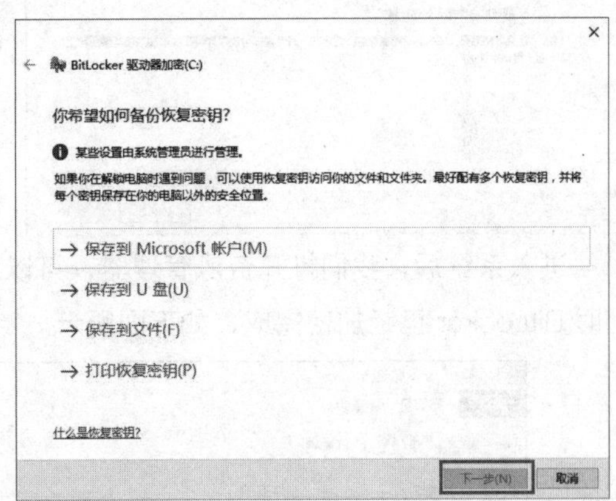

然后 Windows 会要求我们选择加密方式，我们根据自己的需要来进行选择即可。如果对速度要求较高，且是新的计算机，建议选择第一种。如果是已经使用了一段时间的计算机请选择第二种。然后我们单击“下一步”按钮，如左下图所示。

然后系统会要求我们选择加密模式。Windows 10 的 1511 版本引入了一种新的加密模式。如果我们的磁盘要在早期的 Windows 版本上使用，建议选择兼容模式。如果是固定在此计算机上使用，则建议使用新加密模式。单击“下一步”按钮继续，如右下图所示。

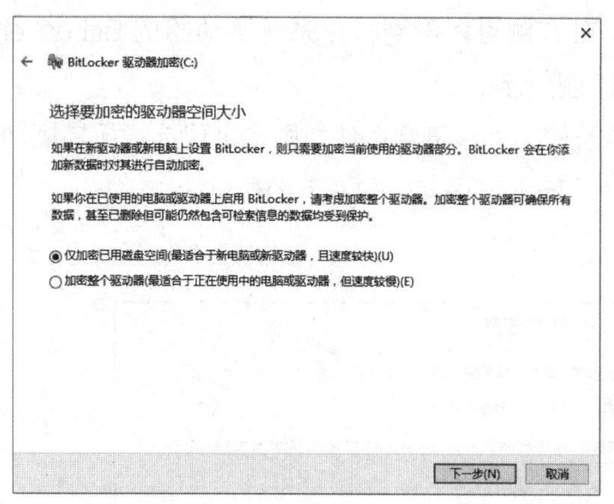

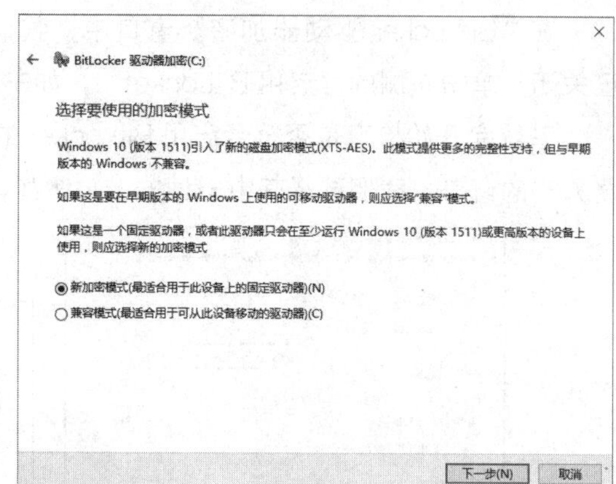

最后系统提示是否准备加密该驱动器，我们最终确认后，单击“继续”按钮，如左下图所示。

然后系统会提示我们需要重新启动计算机。重新启动计算机后，系统会提示输入密码解锁驱动器，如右下图所示。我们输入刚才设置的 BitLocker 密码，然后按〈Enter〉键继续。

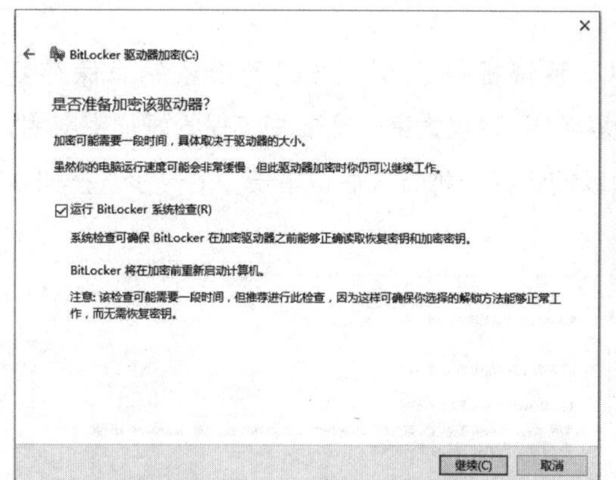

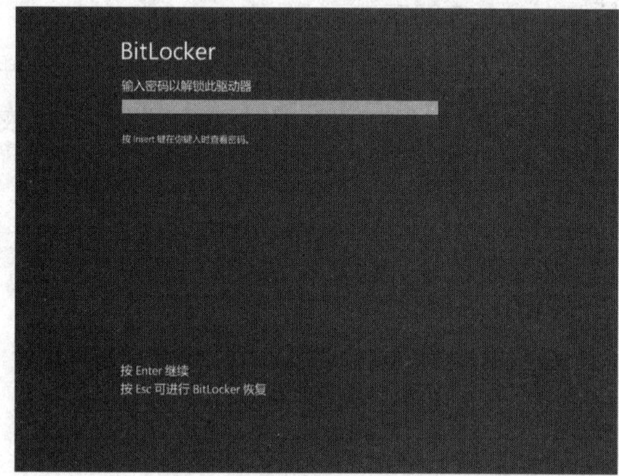

进入系统后，我们打开资源管理器，可以发现 Windows 所在分区的磁盘图标已经改变。此时 BitLocker 已经加密完成，如下图所示。

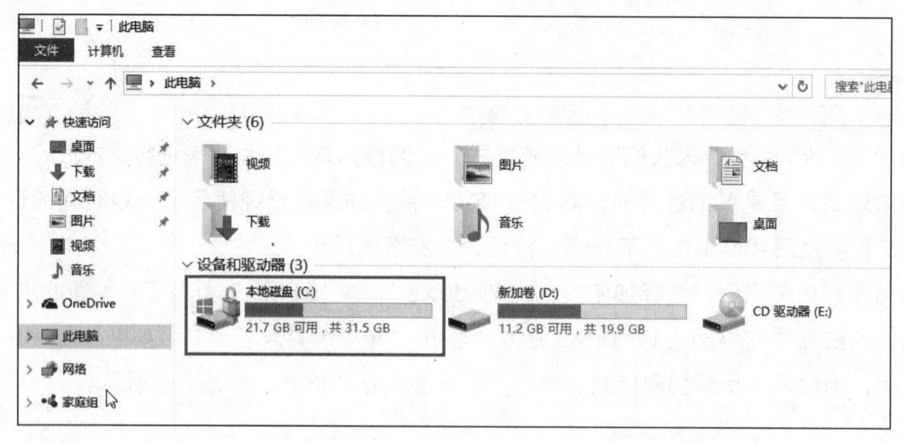

4.2.3 管理 BitLocker 加密的驱动器

如果因为某些原因，需要对 BitLocker 加密的驱动器进行解密或者其他操作。我们可以使用系统自带的 BitLocker 管理选项来进行操作。

1. 更改 BitLocker 密码

更改 BitLocker 解锁密码，我们只需要在需要更改密码的驱动器上右击，然后在弹出的快捷菜单中单击“更改 BitLocker 密码”，如左下图所示。

在弹出的“更改密码”对话框中，我们输入旧密码，然后输入两遍新密码；输入完成后单击“更改密码”按钮，如右下图所示。

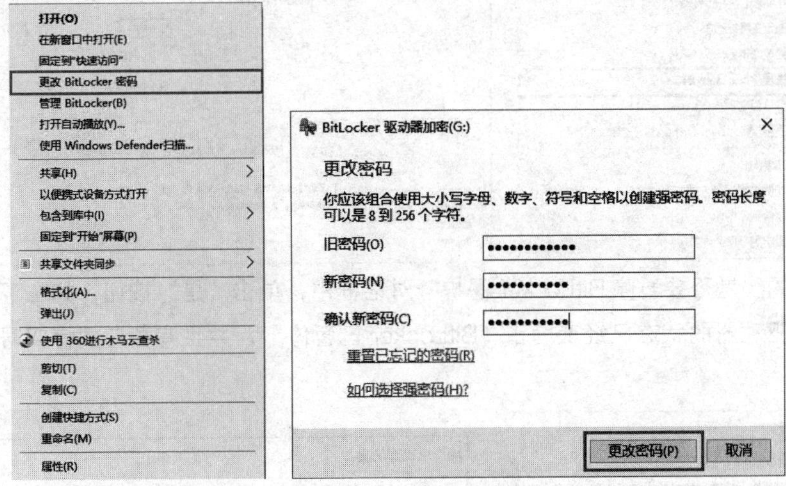

等待片刻后，系统会提示密码更改成功，如左下图所示。

如果忘记了旧密码，那么可以单击对话框上的“重置已忘记的密码”链接。单击此链接后，系统会弹出对话框，要求输入新的密码。输入两遍新密码后单击“完成”按钮，如右下图所示。等待一段时间后，系统会提示密码更改已完成。

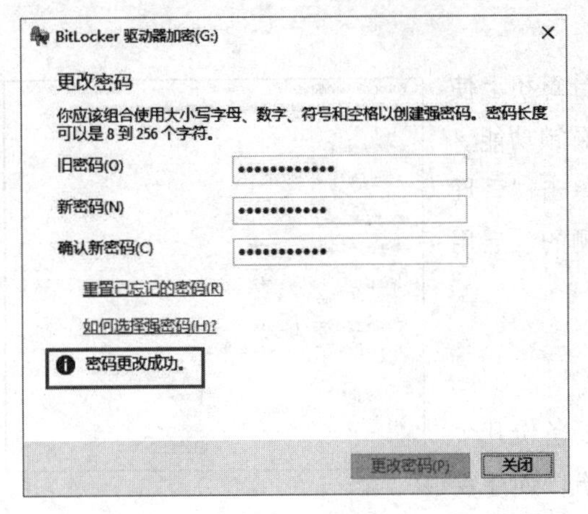

2. 暂停保护 Windows 分区驱动器

如果我们要对 BIOS 进行固件更新或者修改系统启动项等，需要暂停 BitLocker 对 Windows 分区所在驱动器的保护，以免因为 BitLocker 的关系而无法启动计算机。

在Windows 分区上右击，然后在弹出的快捷菜单中选择“管理BitLocker”选项，如左下图所示。

在弹出的“BitLocker 驱动器加密”窗口，我们单击窗口右侧的“暂停保护”按钮，如右下图所示。

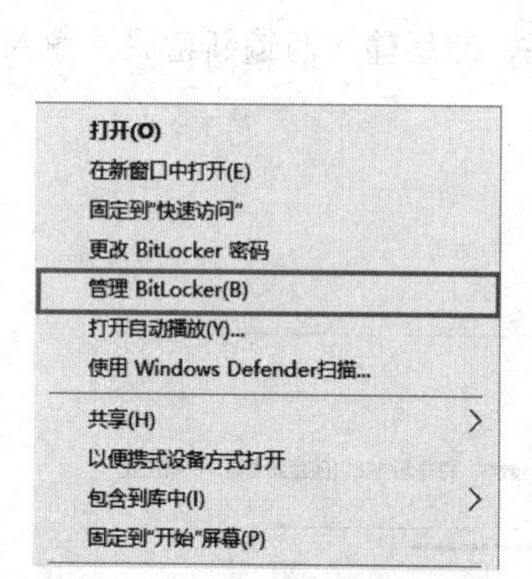

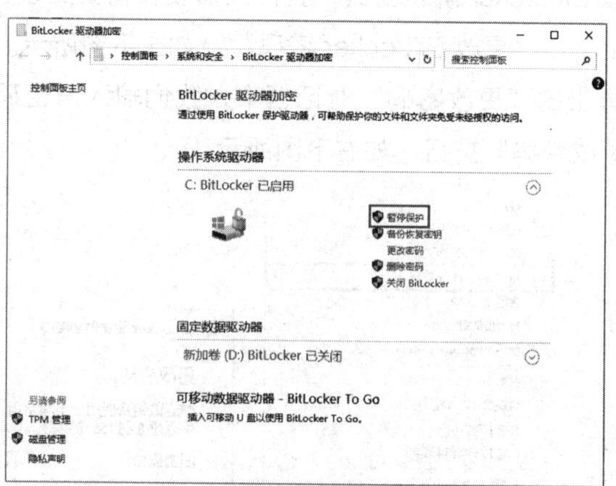

在弹出的“是否要暂停 BitLocker 保护”对话框中，单击“是”按钮，如左下图所示。

这时候驱动器的状态已经变为了“BitLocker 已暂停”，并且有黄色的惊叹号指示，如右下图所示。

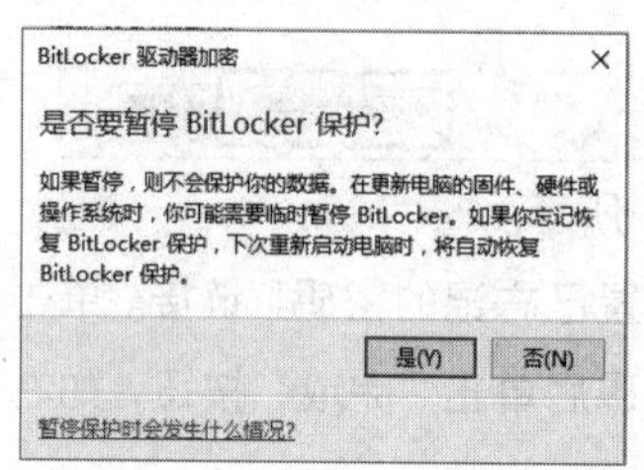

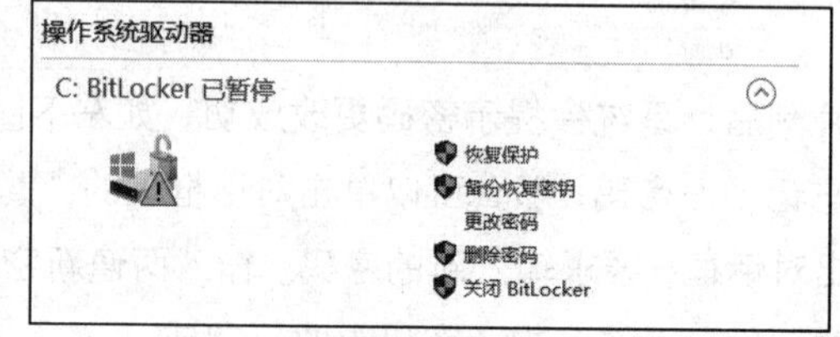

3. 启用自动解锁

如果被 BitLocker 加密的移动设备经常在此计算机上使用，我们可以设置此设备在这台计算机上的自动解锁功能。

右击移动设备，然后在弹出的快捷菜单中单击“管理 BitLocker”，在打开的窗口中单击移动设备右侧的“启用自动解锁”，如右图所示。

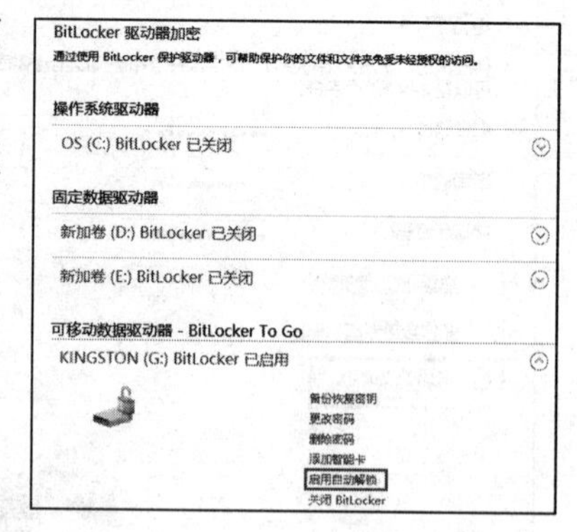

4. 备份恢复密钥

如果驱动器内的数据比较重要，我们需要多备份几个恢复密钥。如果在创建加密的时候没有进行备份，创建完成后我们仍然可以进行备份操作。

右击要备份密钥的驱动器，然后在弹出的快捷菜单中单击“管理 BitLocker”，在打开的窗口中，单击设备右侧的“备份恢复密钥”，然后选择备份的方式即可，如下图所示。

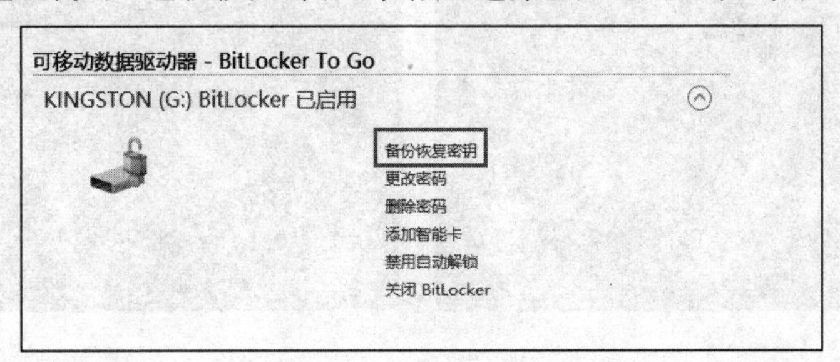

5. 关闭驱动器上的 BitLocker

如果驱动器不再需要加密功能，我们可以关闭驱动器上的 BitLocker 加密。

右击要关闭加密的驱动器，然后在弹出的快捷菜单中单击“管理 BitLocker”，在打开的窗口中单击设备右侧的“关闭 BitLocker”，如左下图所示。

系统会提示 BitLocker 将解密驱动器，需要很长的时间。单击“关闭 BitLocker”按钮，如右下图所示。

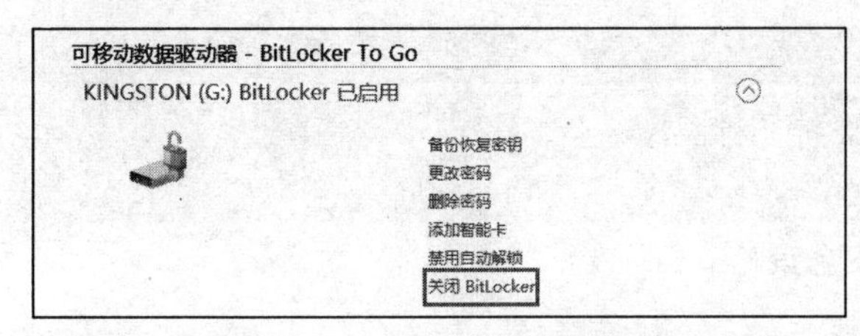

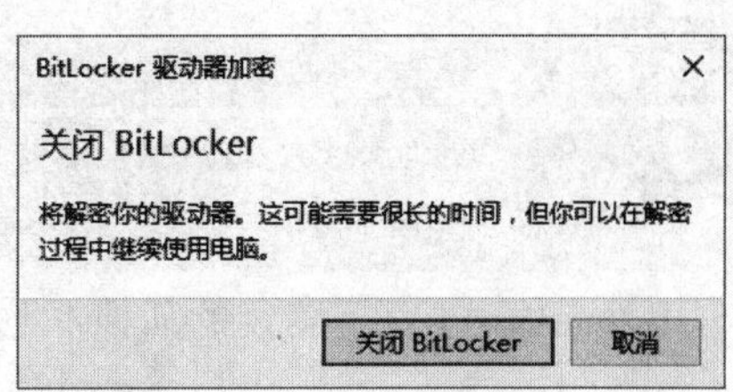

等待一段时间后，系统弹出提示解密已完成，如下图所示。

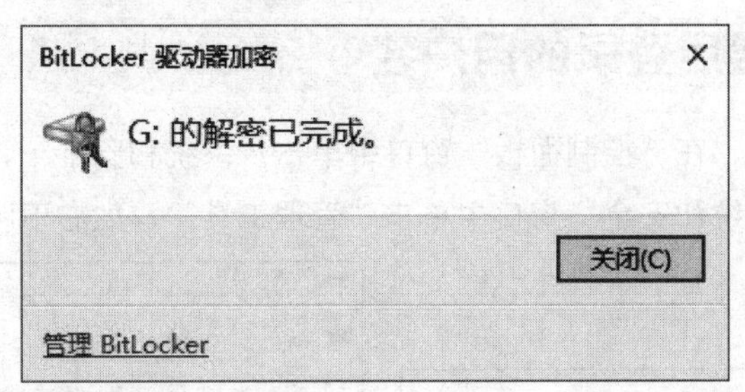

6. 使用恢复密钥解锁 Windows 分区

在使用了 BitLocker 加密系统分区后，我们启动计算机时需要输入当时设置的密码才可以进入系统，如左下图所示。如果密码忘记了，则可以在此界面按下键盘上的〈Esc〉键。

然后在此界面输入我们当时备份的恢复密钥，输入完成后按下〈Enter〉键，然后就可以进入系统了，如右下图所示。进入系统后，我们要尽快重置密码。

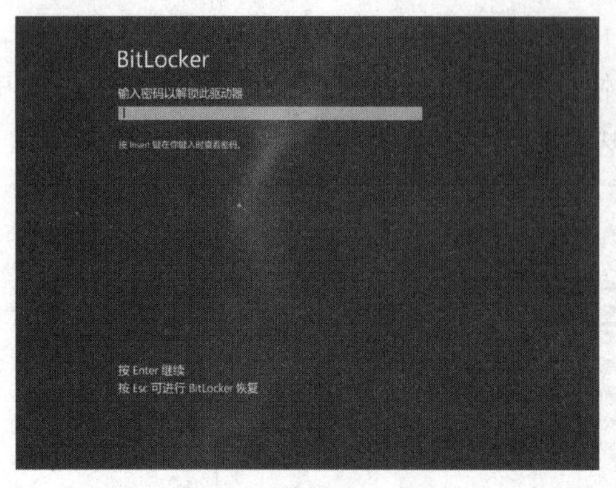

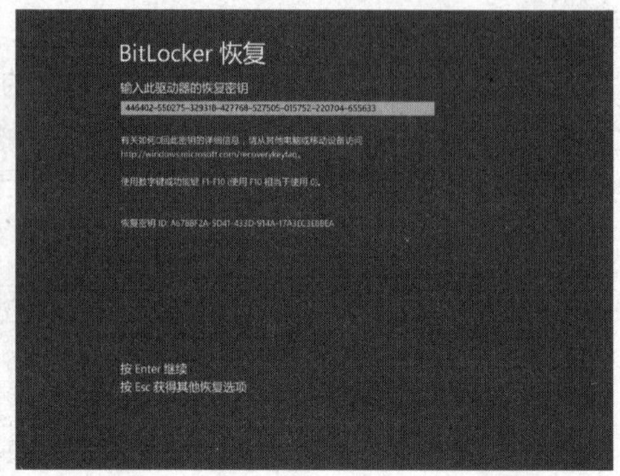

4.3 本地安全策略

对登录到计算机上的账号定义一些安全设置，在没有活动目录集中管理的情况下，本地管理员必须为计算机进行设置以确保其安全。例如，限制用户如何设置密码、通过账户策略设置账户安全性、通过锁定账户策略避免他人登录计算机、指派用户权限等。这些安全设置分组管理，就组成了本地安全策略。

Windows 10 家庭版没有本地安全策略工具。

下面向大家介绍下常用的几种本地安全策略

4.3.1 不显示最后登录的用户名

首先打开控制面板，在“控制面板”窗口中单击“系统和安全”，如左下图所示。

然后在打开的“系统和安全”窗口中单击“管理工具”，如右下图所示。

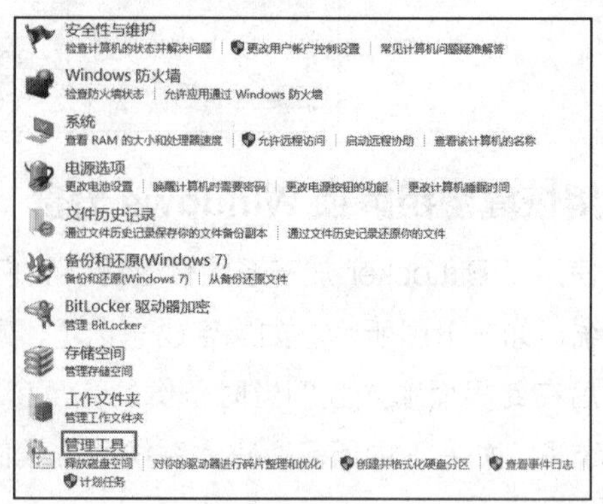

在“管理工具”窗口中双击“本地安全策略”快捷方式，如左下图所示。

在“本地安全策略”窗口内，依次展开左侧的“本地策略”→“安全选项”，然后双击右侧的“交互式登录：不显示最后的用户名”，如右下图所示。

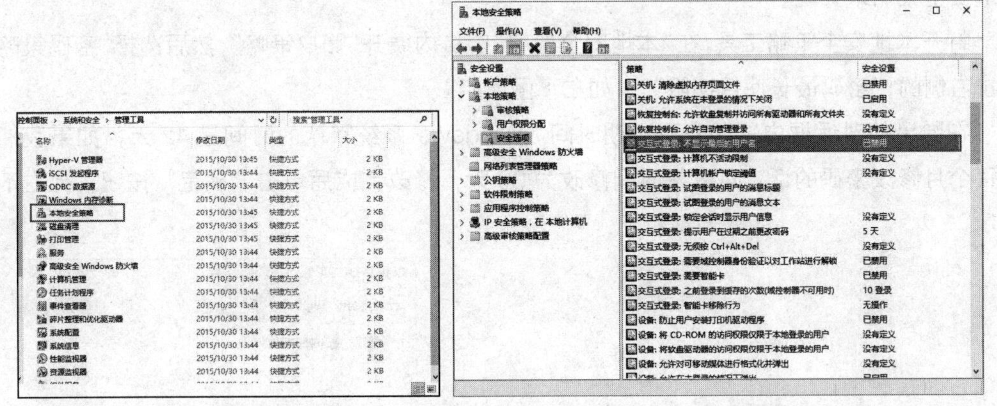

然后在打开的“交互式登录：不显示最后的用户名属性”对话框内，选择“已启用”单选按钮，然后单击“确定”按钮返回，如下图所示。下次我们登录计算机时就不会显示最后登录的用户名了。

4.3.2 调整账户密码的最长使用期限

许多对安全要求比较严格的场合，我们需要定期要求用户更改密码。我们可以通过设置本地安全策略来实现。

打开本地安全策略工具，在“本地安全策略”窗口内展开“账户策略”，然后选择“密码策略”，双击右侧的“密码最长使用期限”，如左下图所示。

在弹出的对话框内输入密码过期时间。Windows 系统默认的时间是 42 天，如果我们要求每个月修改密码的话，可以将时间修改为 30 天，修改完成后单击“确定”按钮，如右下图所示。

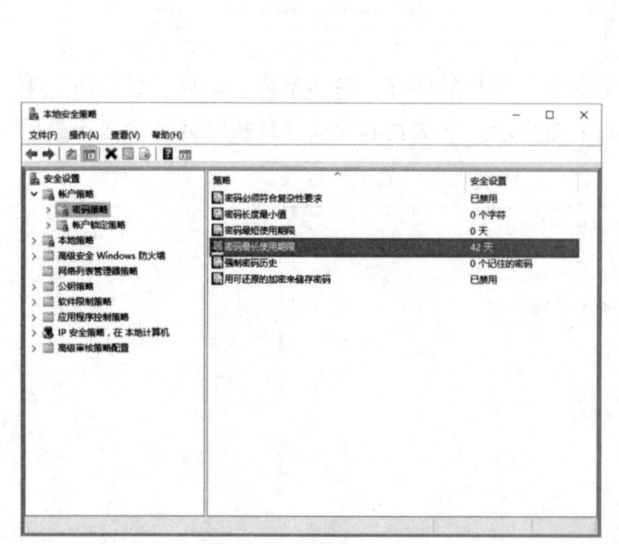

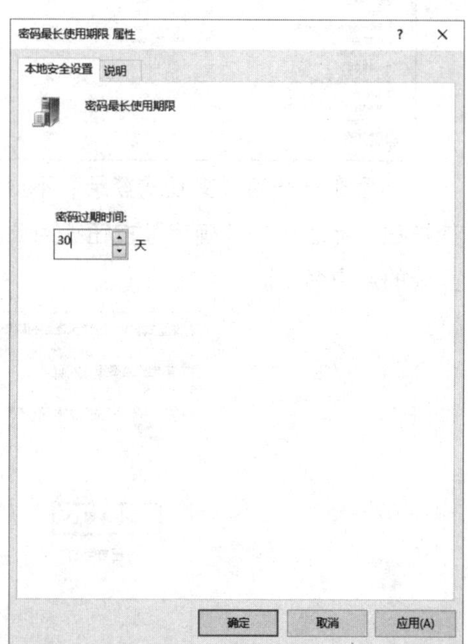

4.3.3 调整提示用户更改密码时间

打开本地安全策略，在“本地安全策略”窗口内展开“本地策略”，然后选择“安全选项”，双击右侧的“交互式登录：提示用户在过期之前更改密码”，如左下图所示。

在弹出的窗口中输入要提前提示的天数，然后单击“确定”按钮，如右下图所示。此处我们设定了提前提示的天数为 8，那么在密码即将过期之前的 8 天就要提醒用户重新设定密码，以免到时产生密码过期的问题。

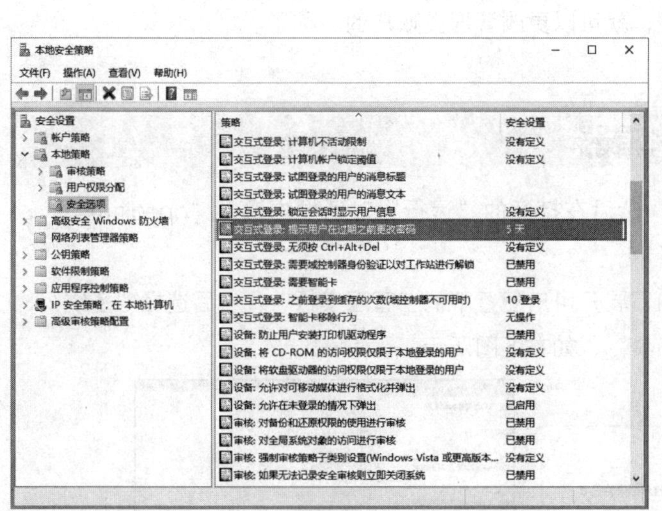
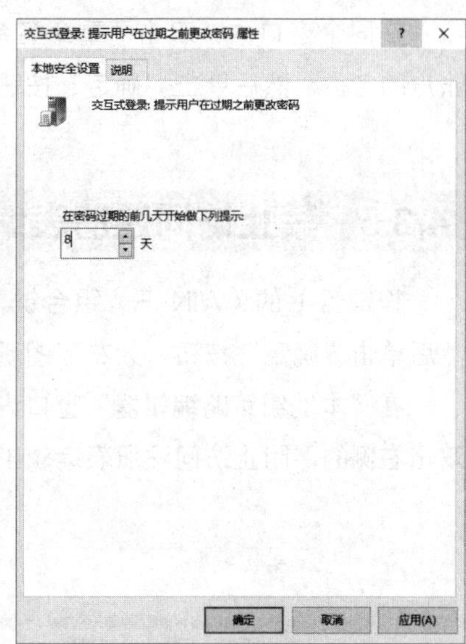

4.3.4 重命名系统管理员账户和来宾账户

在通常情况下，Windows 中内置的两个用户是 Administrator 和 Guest，一个是管理员账户，一个是来宾账户。黑客通常会通过密码猜测或暴力破解的方法获得 Administrator（管理员）账户。我们可以通过重命名系统管理员账户和来宾账户来保护计算机。

打开本地安全策略，在“本地安全策略”窗口内展开“本地策略”，然后选择“安全选项”，双击右侧的“账户：重命名来宾账户”，如左下图所示。

然后在打开的窗口中，输入新的来宾账户的账户名，然后单击“确定”按钮，如右下图所示。

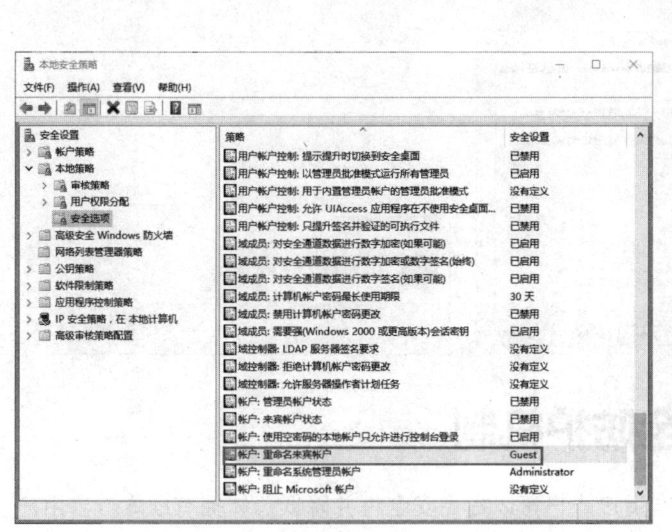

在同个窗口内，双击“重命名系统管理员账户”，然后在弹出的窗口中输入新的管理员账户的名称，然后单击“确定”按钮，就可以更改管理员账户的名称了。

4.3.5 禁止访问注册表编辑器

按键盘上的〈WIN+R〉组合键，然后在打开的“运行”对话框内输入“gpedit.msc”，然后单击“确定”按钮，如左下图所示。

在“本地组策略编辑器”窗口内，展开用户配置下的“管理模板”，然后选择“系统”，双击右侧的“阻止访问注册表编辑工具”，如右下图所示。

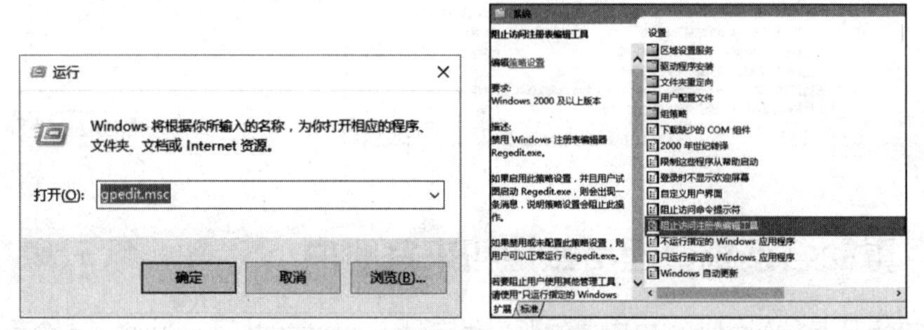

在打开的窗口中，选择“已启用”单选按钮，然后单击“确定”按钮，如左下图所示。这时候策略已经生效了。我们允许注册表编辑器时，系统会弹出提示拒绝运行，如右下图所示。

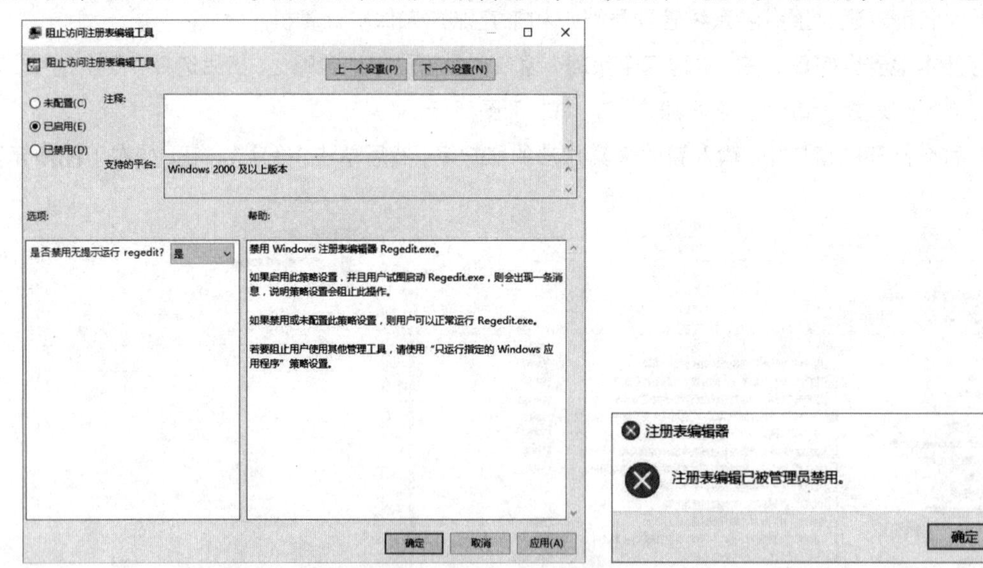

4.4 用户操作安全防护机制

在家庭和公司环境中，使用标准用户账户可以提高安全性并降低总体拥有成本。当用户使用标准用户权限（而不是管理权限）运行时，系统的安全配置（包括防病毒和防火墙配置）将得到保护。这样，用户将能拥有一个安全的区域，可以保护他们的账户及系统的其余部分。对于企业部署，桌面 IT 经理设置的策略将无法被覆盖，而在共享家庭计算机上，不同的用户账户将受到保护，避免其他账户对其进行更改。

4.4.1 认识用户账户控制

用户账户控制（User Account Control，UAC），是 Windows Vista 及之后操作系统中一组新的基础结构技术，在用户或程序修改计算机设置时，会提示用户进行许可或者拒绝。用户账户控制可以帮助阻止恶意程序（有时也称为“恶意软件”）损坏系统，同时也可以帮助组织部署更易于管理的平台。

4.4.2 更改用户账户控制的级别

打开控制面板，在“控制面板”窗口内单击“系统和安全”，在打开的“系统和安全”窗口内单击“更改用户账户控制设置”，如左下图所示。

打开的“用户账户控制设置”窗口如右下图所示，通知共分为 4 个级别。

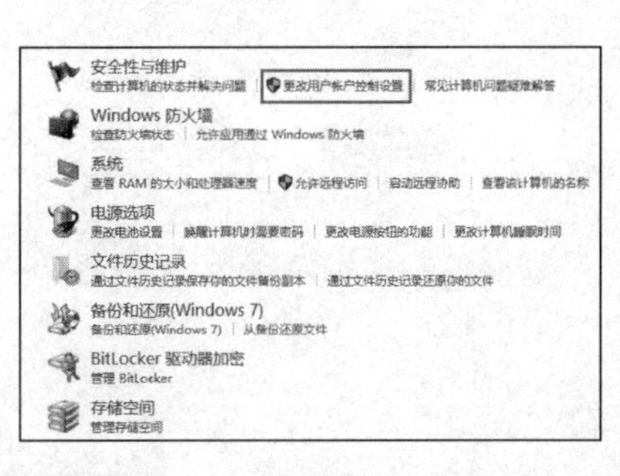

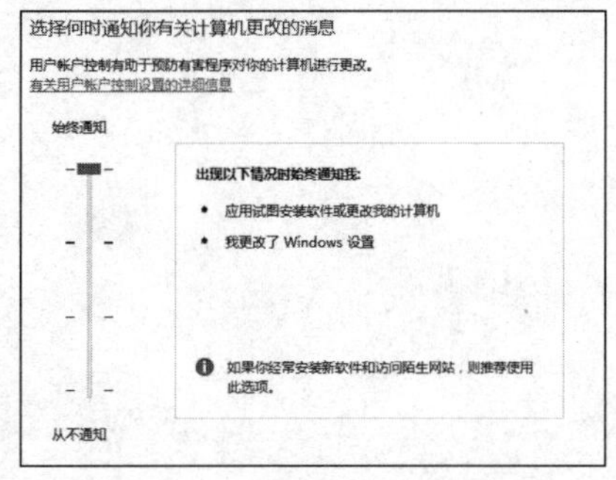

- 将滑块调至最上方时：如果应用试图安装软件或者更改计算机时及我们更改了 Windows 的设置时，系统都会给我们通知。并且通知的时候桌面亮度会降低以提醒我们注意。我们可以选择允许或者拒绝。如果我们经常访问陌生网站或者经常安装新的软件，建议使用这个选项。
- 当滑块在第二个位置时：只有当应用尝试修改计算机时系统才会通知我们，而我们对 Windows 设置进行更改时就不通知我们。系统发出通知的时候会降低桌面的亮度以提醒注意。如果使用的是常见的应用，访问的网站也是常见的网站，建议选择这个选项。

- 当滑块在第三个位置时：系统发出通知的条件和第二个位置相同，但是通知的时候桌面亮度不会降低。
- 当滑块在最下面的位置时：无论是应用尝试修改计算机设置还是我们自己修改了计算机设置，系统都不会发出通知。
- 以上是 4 个通知的选项。我们建议选择第二个选项。这样既可以保证我们的计算机使用体验，也不会使计算机面临比较大的安全风险。将滑块拖动到需要的位置后，单击“确定”按钮，就可以完成用户账户控制的设置。

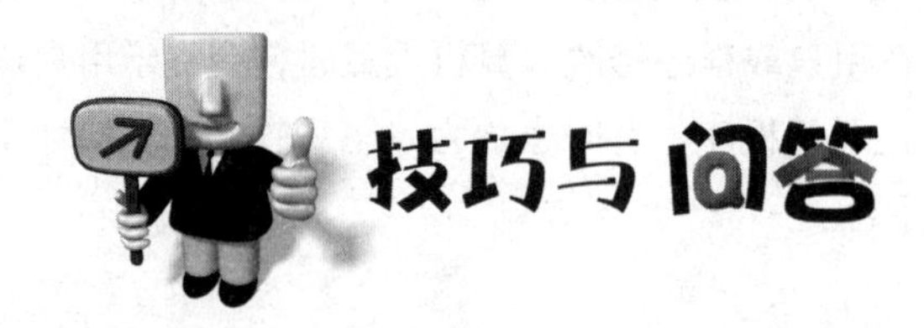

1. 怎样使用 BitLocker 加密 U 盘或移动硬盘?
2. 设置不显示最后登录的用户名有什么作用?

第5章 系统和数据的备份与恢复

大部分情况下，用户的计算机系统都是相对健康的。但也有一些时候，计算机操作系统可能会因为软件冲突、感染病毒或木马、丢失系统文件等而发生崩溃现象。另外，我们也可能会因为计算机程序错误而丢失重要文件或数据。

在面临系统崩溃、重要数据丢失等情况时，如果用户提前对系统和数据做好了备份，就可以及时地进行恢复操作，从而避免不必要的损失。

5.1 备份与还原操作系统

5.1.1 使用还原点备份与还原系统

Windows 系统内置了一个系统备份和还原模块，这个模块就叫作还原点。当系统出现问题时，可先通过还原点尝试修复系统。

1. 创建还原点

还原点在 Windows 系统中是为保护系统而存在的。由于每个被创建的还原点中都包含了该系统的系统设置和文件数据，所以用户完全可以使用还原点来进行备份和还原操作系统的操作。现在就为用户详细介绍一下创建还原点的具体操作步骤与方法。

步骤 1 右击桌面上的“计算机”图标

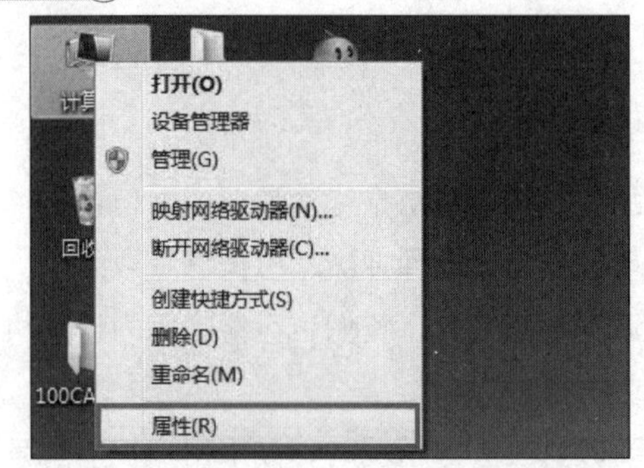

在弹出的快捷菜单中选择“属性”命令。

步骤 2 打开“系统”窗口

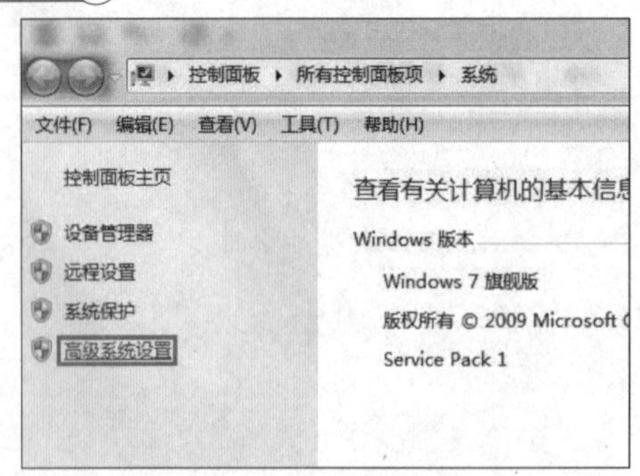

单击左侧的“高级系统设置”链接。

步骤 3 打开“系统属性”对话框

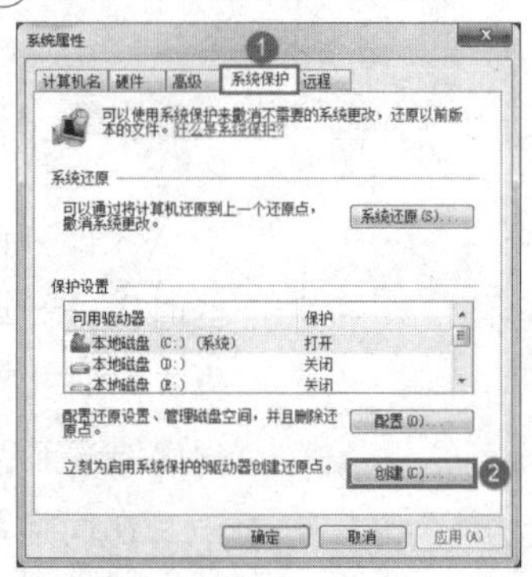

❶ 切换至“系统保护”选项卡。

❷ 单击“创建”按钮。

步骤 4 创建还原点

❶ 弹出“系统保护”对话框，输入还原点描述。

❷ 单击“创建”按钮。

步骤 5 正在创建还原点

查看创建进度条。

步骤 6 成功创建还原点

查看提示信息并单击“关闭”按钮。

在 Windows 系统中，还原点虽然默认只备份系统安装盘的数据，但用户也可通过设置来备份非系统盘中的数据。只是由于非系统盘中的数据太过繁多，使用还原点备份时要保证计算机有足够的磁盘空间。

2. 使用还原点

成功创建还原点后，系统遇到问题时就可通过还原点来还原系统，从而对系统进行修复。现在就为用户详细介绍一下还原点的具体使用方法和步骤。

步骤 1 打开“系统属性”对话框

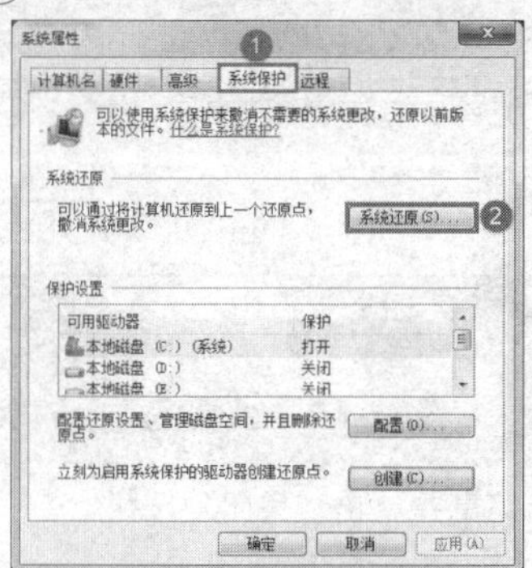

❶ 切换至“系统保护”选项卡。

❷ 单击“系统还原”按钮。

步骤 2 还原系统文件和设置

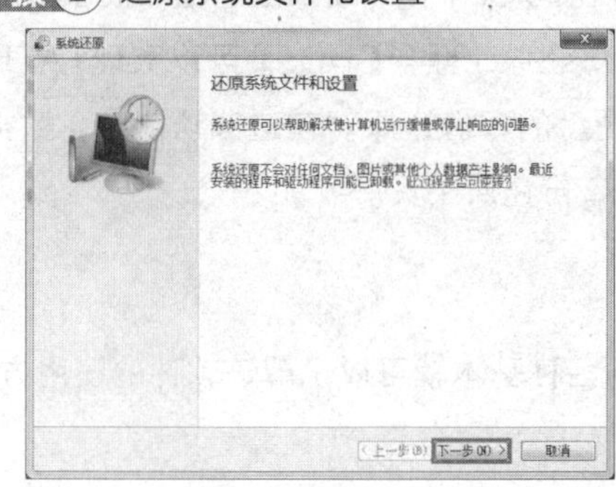

单击“下一步”按钮。

步骤 3 根据日期、时间选取还原点

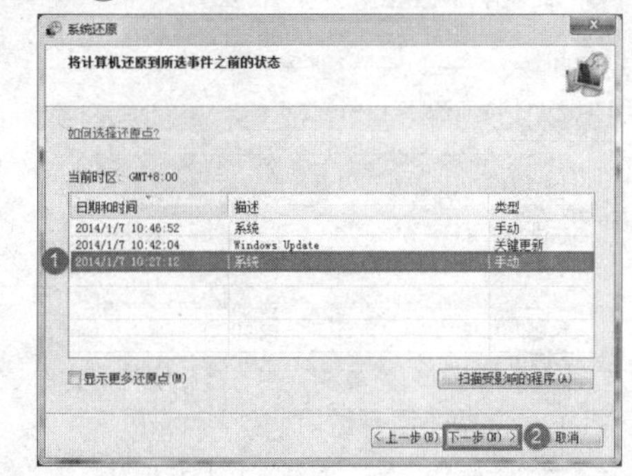

❶ 选中一个还原点。

❷ 单击“下一步”按钮。

步骤 4 确认还原点信息

单击“完成”按钮。

步骤 5 查看提示信息

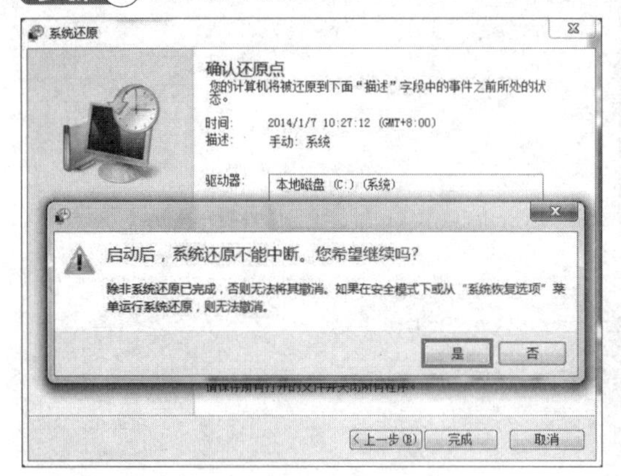

单击“是”按钮。

步骤 6 准备还原系统

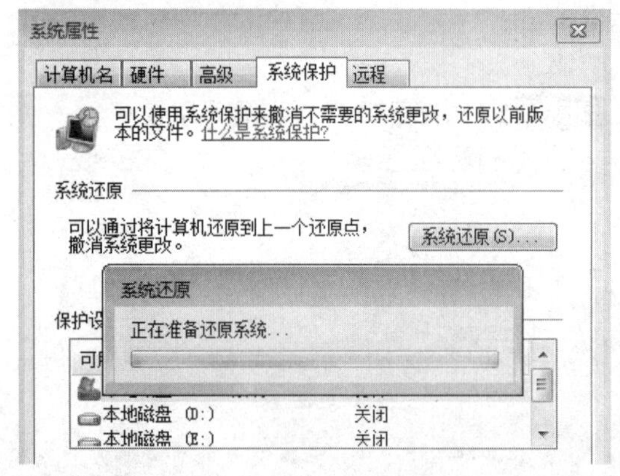

计算机正在准备还原系统。

步骤 7 还原 Windows 文件和设置

重新启动计算机。

步骤 8 系统还原完成

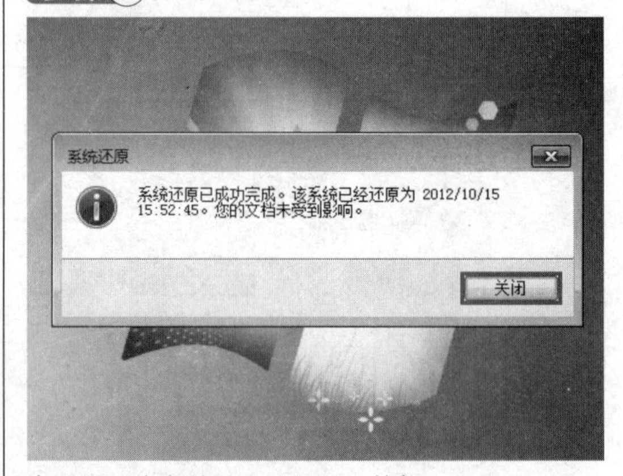

查看提示信息并单击“关闭”按钮。

5.1.2 使用 GHOST 备份与还原系统

GHOST 全名 Norton Ghost（诺顿克隆精灵 Symantec General Hardware Oriented System Transfer），是美国赛门铁克公司开发的一款硬盘备份还原工具。GHOST 可以实现 FAT16、FAT32、NTFS、OS2 等多种硬盘分区格式的分区及硬盘的备份还原。在这些功能中，数据备份和备份恢复的使用频率最高，也是用户非常热衷的备份还原工具。

1. 认识 GHOST 操作界面

GHOST 的操作界面非常简洁实用，用户从菜单的名称基本就可以了解该软件的使用方法，如下图所示。

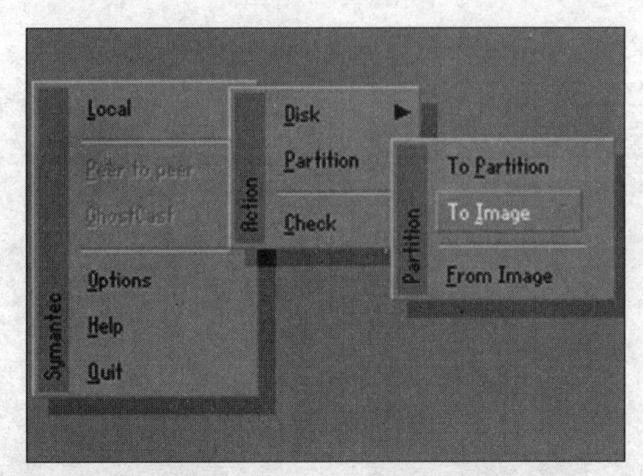

GHOST 操作界面常用英文菜单命令代表的含义如下表所示。

GHOST 步骤界面常用英文菜单命令代表的含义

名　称	作　用
Local	本地操作，对本地计算机的硬盘进行操作
Peer to Peer	通过点对点模式对网络上计算机的硬盘进行操作
Options	使用 GHOST 的一些选项，使用默认设置即可
Help	使用帮助
Quit	退出 GHOST
Disk	磁盘
Partition	磁盘分区
To Partition	将一个分区直接复制到另一个分区
To Image	将一个分区备份为镜像文件
From Image	从镜像文件恢复分区，即将备份的分区还原

2. 使用 GHOST 备份系统

使用 GHOST 备份系统是指将操作系统所在的分区制作成一个 GHO 镜像文件。备份时必须在 DOS 环境下进行，一般来说，目前的 GHOST 都会自动安装启动菜单，因此就不需要再在启动时插入光盘来引导了。现在就为用户详细介绍一下使用 GHOST 备份系统的具体使用方法和步骤。

步骤 1 安装 GHOST 后重启计算机

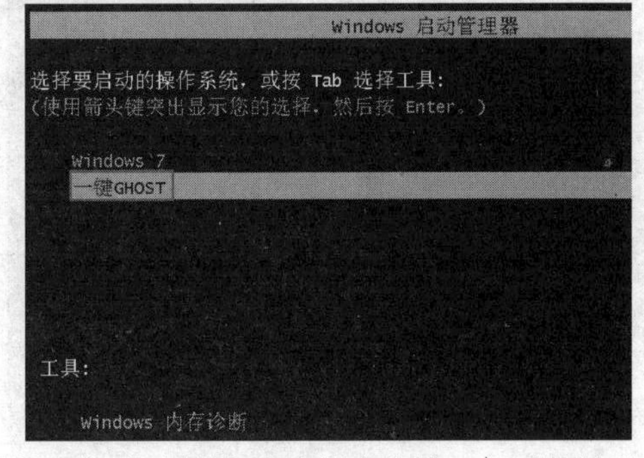

进入开机启动菜单后，在键盘上按< ↓ >键选择“一键 GHOST”，然后按 <Enter> 键。

步骤 2 进入“一键 GHOST 主菜单”

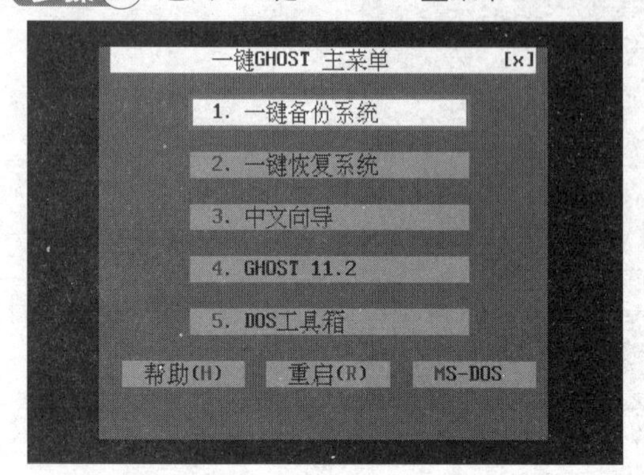

通过键盘上的 <↑>、<↓>、<←>、<→> 方向键选择“一键备份系统”选项，然后按 <Enter> 键。

步骤 3 成功运行 GHOST

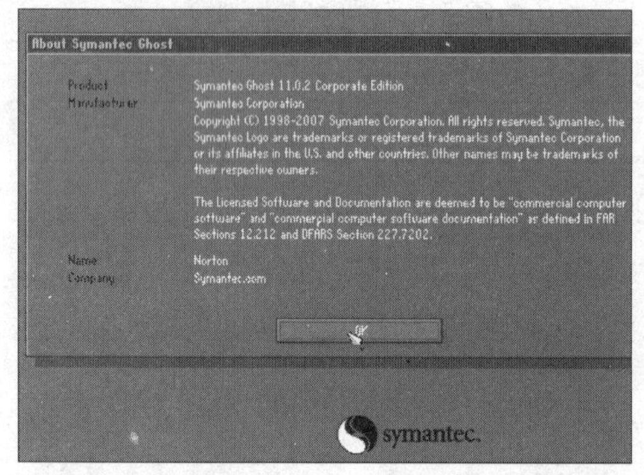

弹出一个启动画面，单击“OK”按钮即可继续操作。

步骤 4 进入 GHOST 主界面

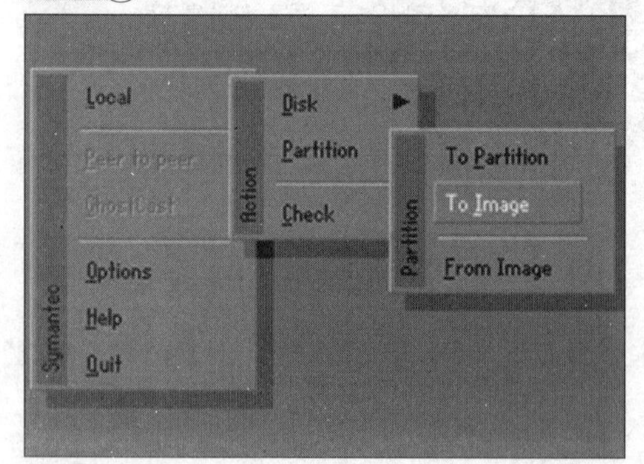

选择“Local”→“Partition”→“To Image”命令。

步骤 5 选择硬盘

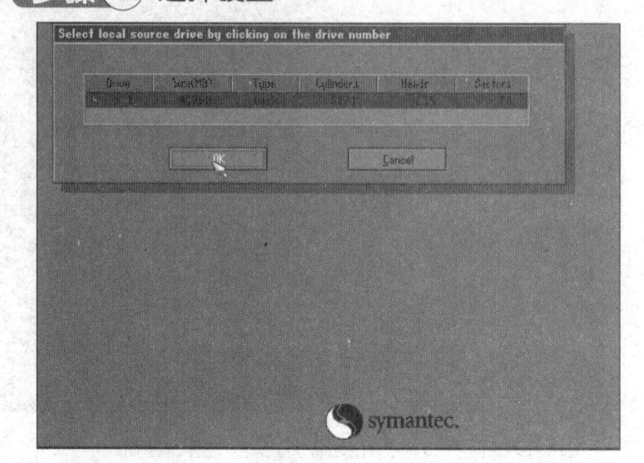

保持默认的硬盘，然后单击“OK”按钮。

步骤 6 选择分区

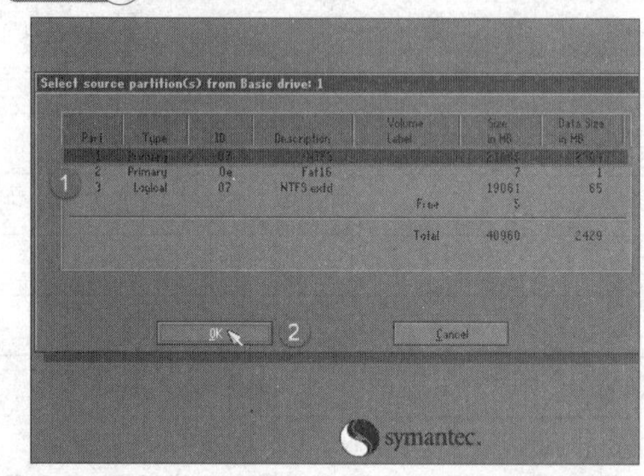

❶利用键盘上的方向键选择操作系统所在的分区，此处选择分区 1。

❷ 单击“OK”按钮。

步骤 7 保存备份文件

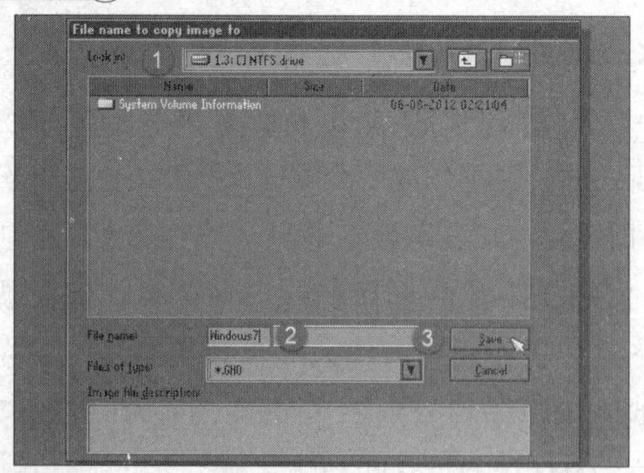

❶ 选择备份文件的存放路径。

❷ 输入文件名称。

❸ 单击“Save”按钮。

步骤 8 选择备份方式

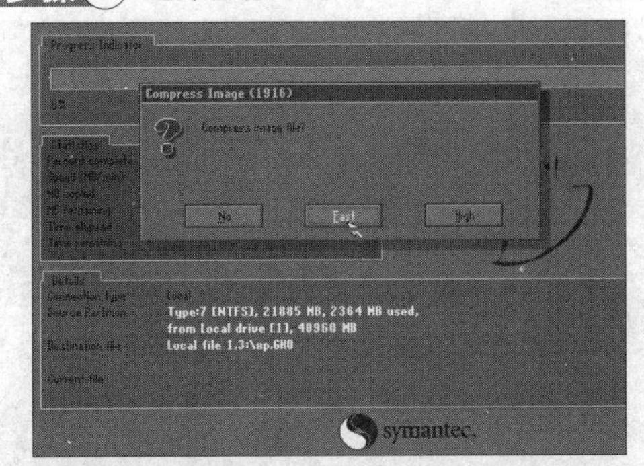

如果需要快速备份，则单击“Fast”按钮。

步骤 9 确定是否备份

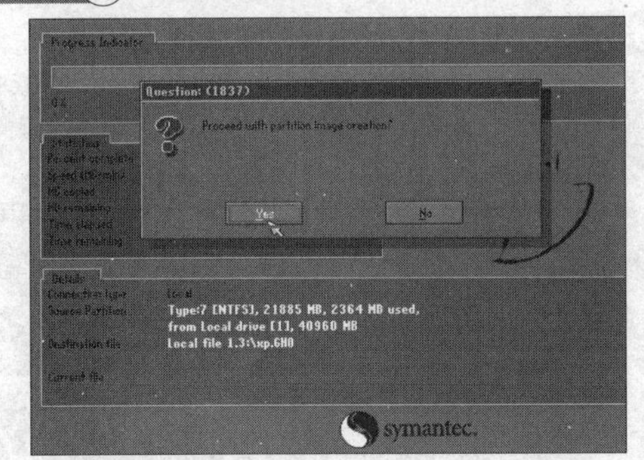

单击“Yes”按钮。

步骤 10 系统开始备份

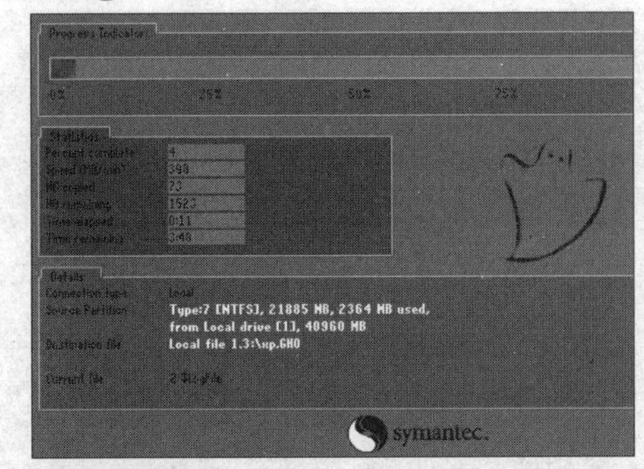

可查看到备份进度条，耐心等待即可。

步骤 11 备份完成

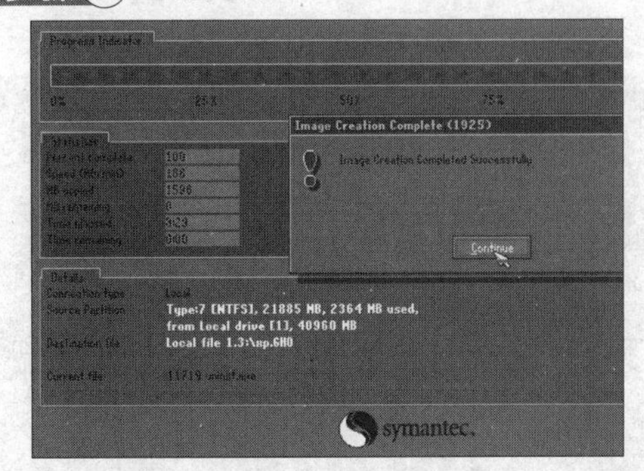

查看提示信息,单击“Continue”按钮后重新启动计算机。

3. 使用 GHOST 还原系统

使用 GHOST 备份操作系统以后，当遇到分区数据被破坏或数据丢失等情况时，就可以通过 GHOST 和镜像文件快速地将分区还原。现在就为用户详细介绍一下使用 GHOST 还原系统的具体使用方法和步骤。

步骤 1 进入 GHOST 主界面

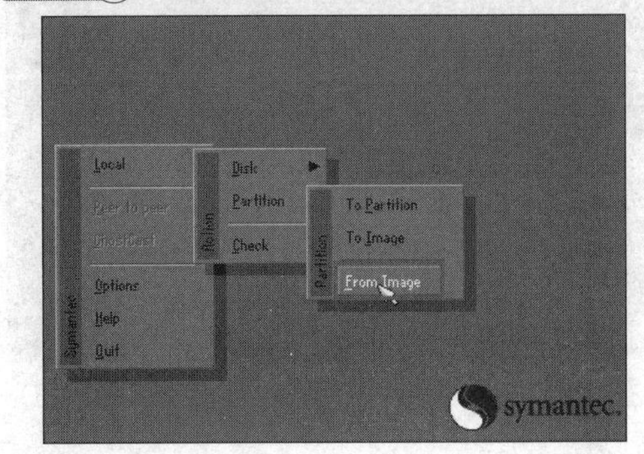

选择“Local”→“Partition”→“From Image”命令。

步骤 2 选择镜像文件

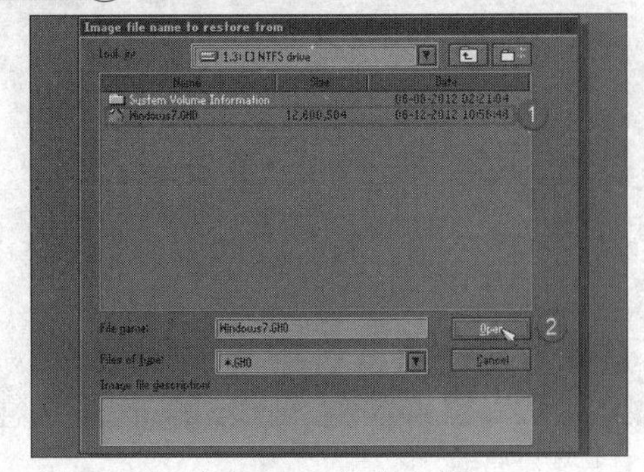

❶ 选择要还原的 GHOST 镜像文件。

❷ 单击“Open”按钮。

步骤 3 确认备份文件中的分区信息

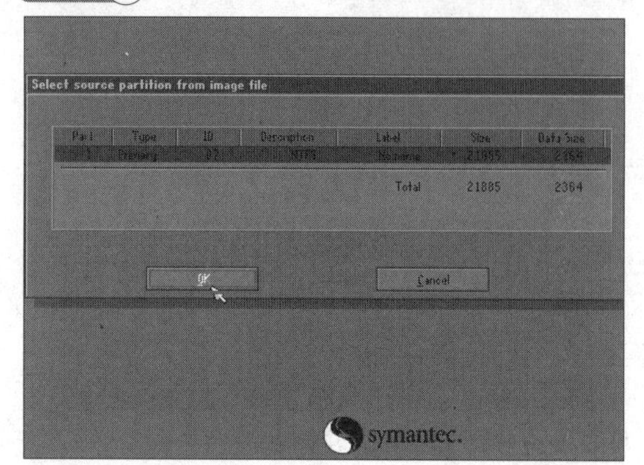

单击“OK”按钮。

步骤 4 选择接入硬盘

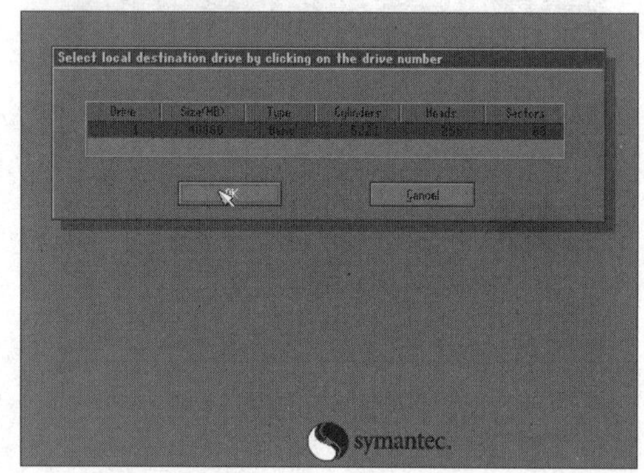

由于计算机只接入了一个硬盘，保存默认设置即可，然后单击“OK”按钮。

步骤 5 选择要还原的分区

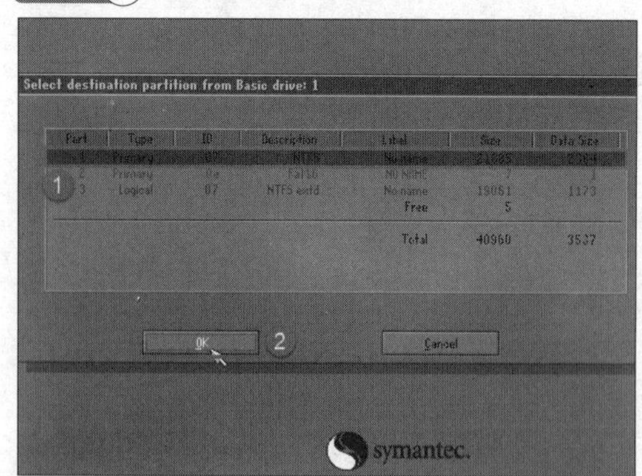

❶ 选择要还原的分区。

❷ 单击“OK”按钮。

步骤 6 确认选择的硬盘及分区

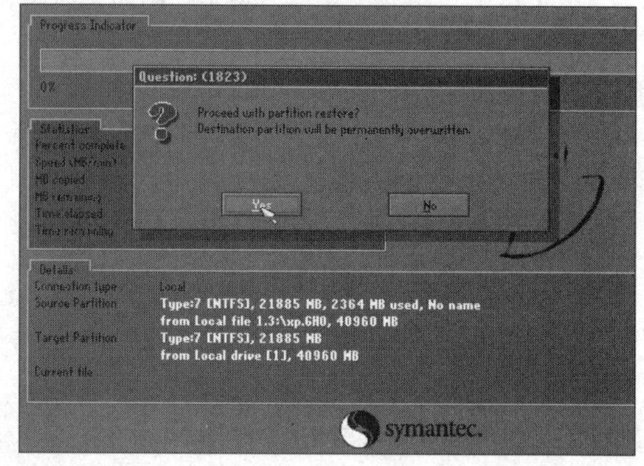

单击“Yes”按钮。

步骤 7 GHOST 开始还原磁盘分区

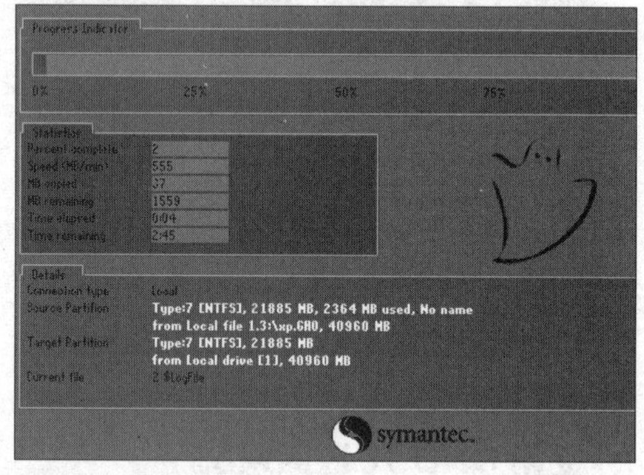

查看还原进度条，耐心等待即可。

步骤 8 还原成功

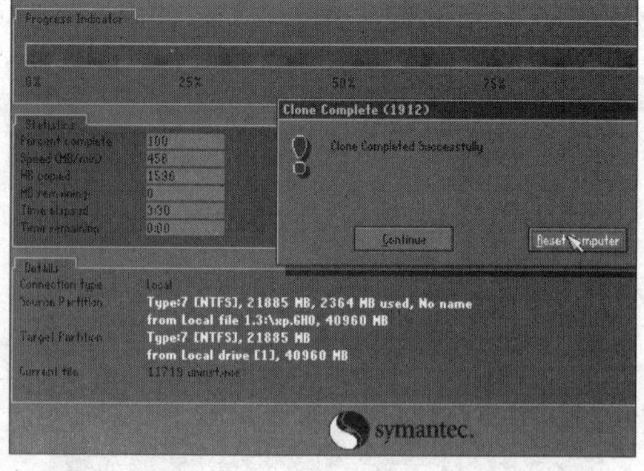

查看提示信息，单击“Reset Computer”按钮重启计算机。

5.2 备份与还原用户数据

5.2.1 使用驱动精灵备份与还原驱动程序

驱动精灵是一款集驱动管理和硬件检测于一体的专业级的驱动管理和维护工具。驱动精灵为用户提供驱动备份、恢复、安装、删除、在线更新等实用功能，一旦出现异常情况，驱动精灵就能在最短时间内让硬件恢复正常运行。

在计算机重装前，将你目前计算机中的最新版本驱动程序全部备份下来，待重装完成时，再使用驱动程序的还原功能安装，这样便可以节省许多驱动程序安装的时间，并且再也不怕找不到驱动程序了。

1. 使用驱动精灵备份驱动程序

现在就为用户详细介绍一下使用驱动精灵备份驱动程序的具体使用方法和步骤。

步骤 1 运行驱动精灵

❶ 单击“驱动程序”图标。

❷ 切换到“备份还原”选项卡。

❸ 在页面下方单击“路径设置”链接。

步骤 2 设置驱动备份路径

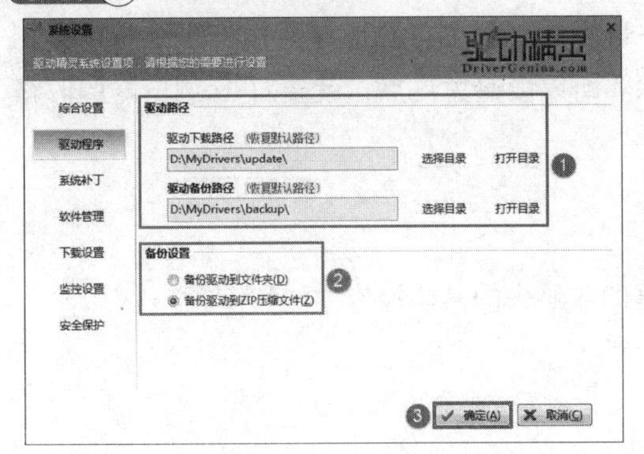

❶ 设置驱动备份路径。

❷ 选择备份到文件夹还是 ZIP 压缩文件。

❸ 单击“确定”按钮。

步骤 3 选择要备份的驱动程序

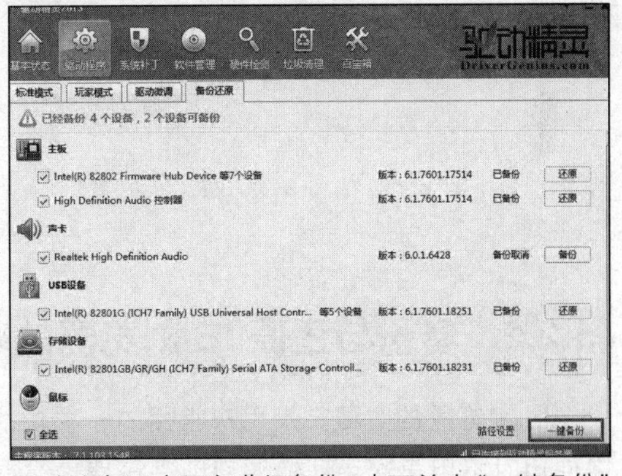

可对单个驱动程序进行备份，也可单击“一键备份”按钮一次性全部备份。

步骤 4 选择是否覆盖原来的备份

单击“是”按钮，会覆盖原来的备份文件重新进行备份。

步骤 5 备份完成

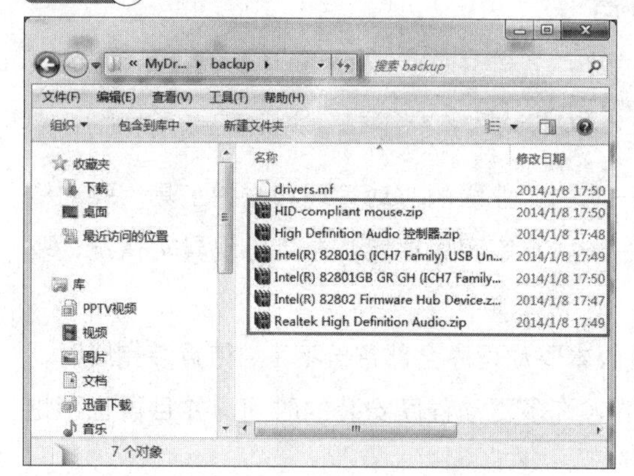

在设定的备份路径中查看已经备份的压缩文件。

2. 使用驱动精灵还原驱动程序

驱动程序备份后，在其丢失、损坏时，就可以通过驱动精灵来还原所有驱动程序，从而恢复正常使用。

接下来就为用户详细介绍一下使用驱动精灵还原驱动程序的具体操作方法和步骤。

步骤 1 打开“驱动程序”界面

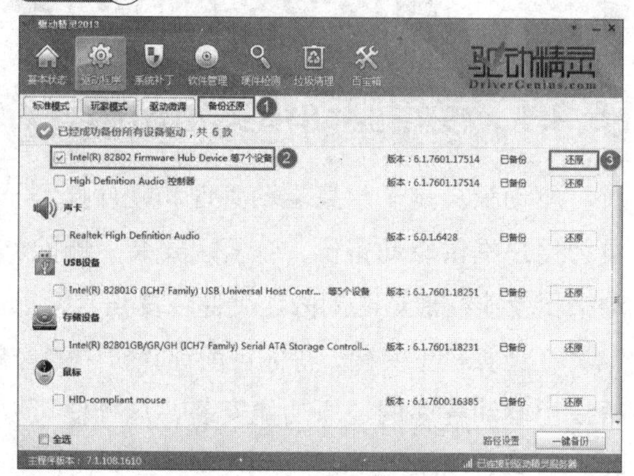

❶ 切换至“备份还原”选项卡。

❷ 选中需要还原的驱动程序。

❸ 单击“还原”按钮。

步骤 2 驱动程序完成更新

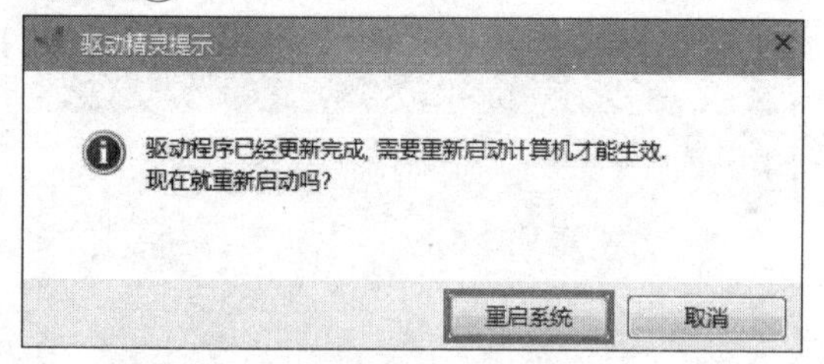

单击“重启系统”按钮，计算机将重新启动并使还原的驱动程序生效。

5.2.2 备份与还原 IE 浏览器的收藏夹

IE 浏览器的收藏夹是用户常用的一项功能，将自己喜欢或者常用的网站加入收藏夹中，在使用时不用再次手动输入网址进行搜索，直接在收藏夹中单击相应网址选项即可打开该网站。但是由于 IE 浏览器是 Windows 操作系统中自带的一款浏览器，重装操作系统后，IE 浏览器也会重装，从而之前收藏的网址都会被清除。所以要避免这点，就要对 IE 浏览器的收藏夹进行备份，以便在需要时将其还原到系统中。

1. 备份 IE 浏览器的收藏夹

接下来就为用户详细介绍一下备份 IE 浏览器的收藏夹的具体操作方法和步骤。

步骤 1 打开 IE 浏览器

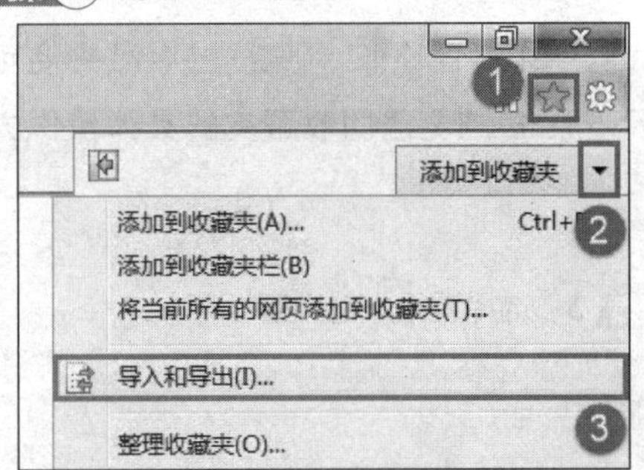

❶ 在页面右上角单击“查看收藏夹、源和历史记录”图标。

❷ 单击“添加到收藏夹”右侧的下三角按钮。

❸ 选择“导入和导出”命令。

步骤 2 导出浏览器设置

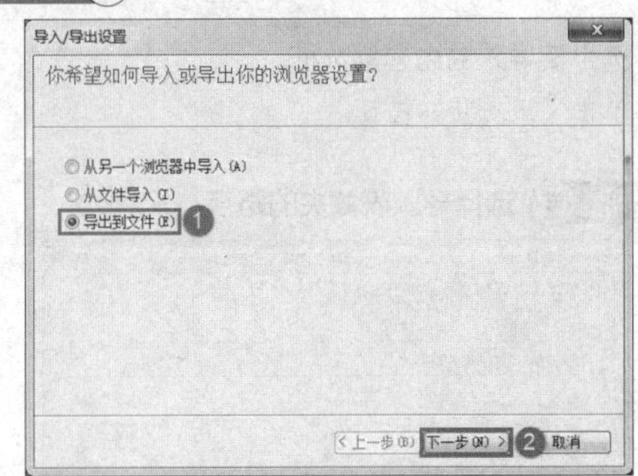

❶ 选中“导出到文件”单选按钮。

❷ 单击“下一步”按钮。

步骤 3 选择导出内容

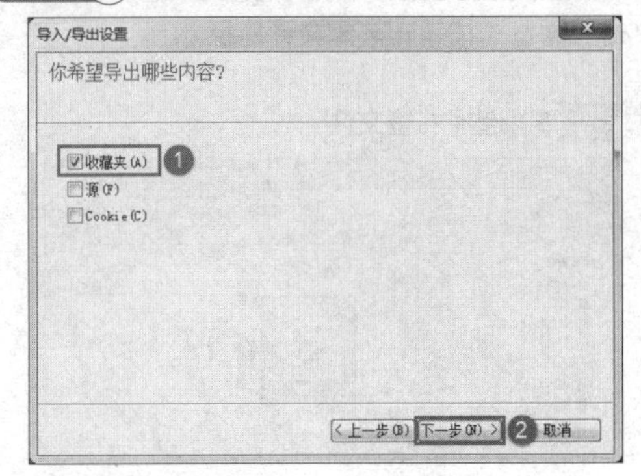

❶ 选中要导出的内容。

❷ 单击“下一步”按钮。

步骤 4 选择要导出收藏夹的文件夹

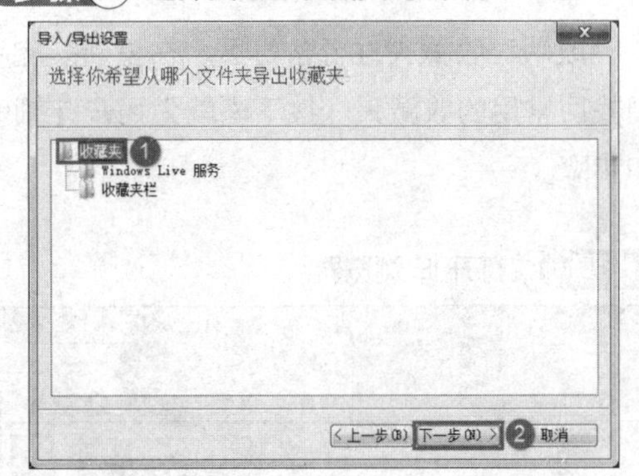

❶ 选中要导出收藏夹的文件夹。

❷ 单击“下一步”按钮。

步骤 5 选择收藏夹导出路径

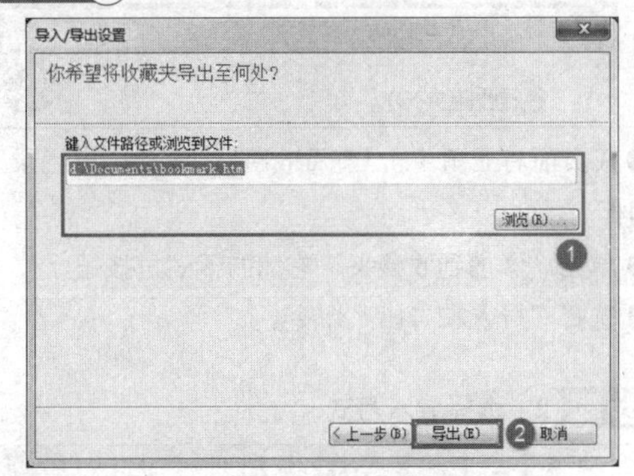

❶ 单击“浏览”按钮，选择文件路径。

❷ 单击“导出”按钮。

步骤 6 成功导出收藏夹

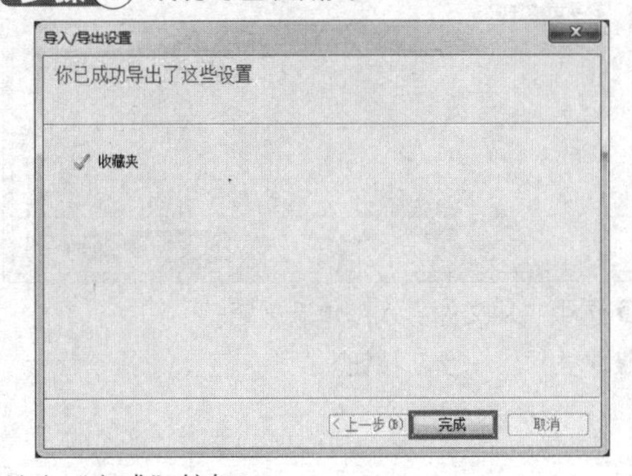

单击“完成”按钮。

2. 还原 IE 浏览器的收藏夹

成功对收藏夹进行备份后，在重新装完系统后，用户只需还原 IE 浏览器的收藏夹便可瞬间找回常用的收藏夹。接下来就为用户详细介绍一下还原 IE 浏览器的收藏夹的具体操作方法和步骤。

步骤 1 打开 IE 浏览器

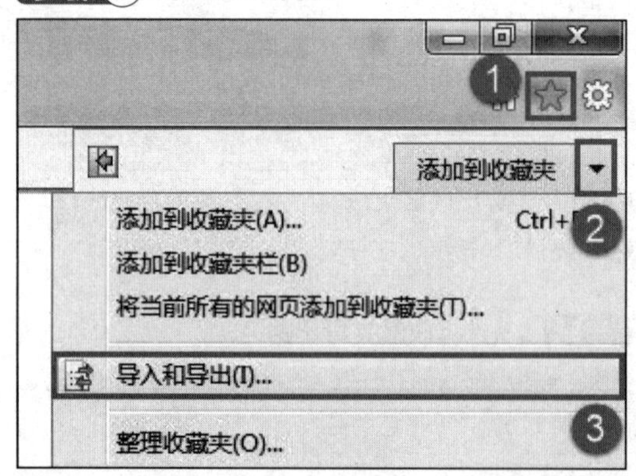

❶ 在页面右上角单击“查看收藏夹、源和历史记录”图标。
❷ 单击“添加到收藏夹”右侧的下三角按钮。
❸ 选择“导入和导出”命令。

步骤 2 选择导入方式

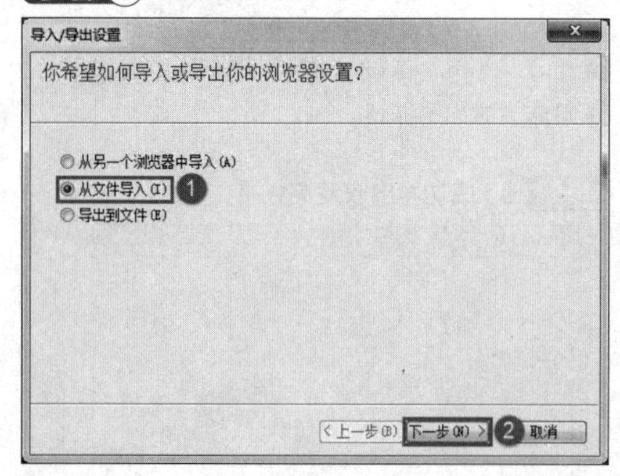

❶ 选中“从文件导入”单选按钮。
❷ 单击“下一步”按钮。

步骤 3 选择要导入的内容

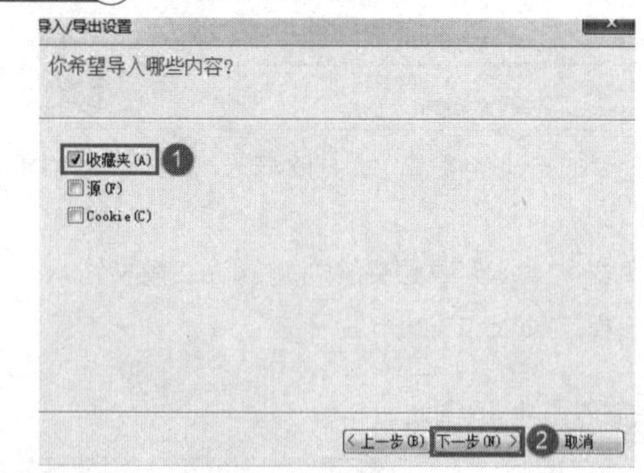

❶ 选中要导入的内容复选框。
❷ 单击“下一步”按钮。

步骤 4 选择导入收藏夹的路径

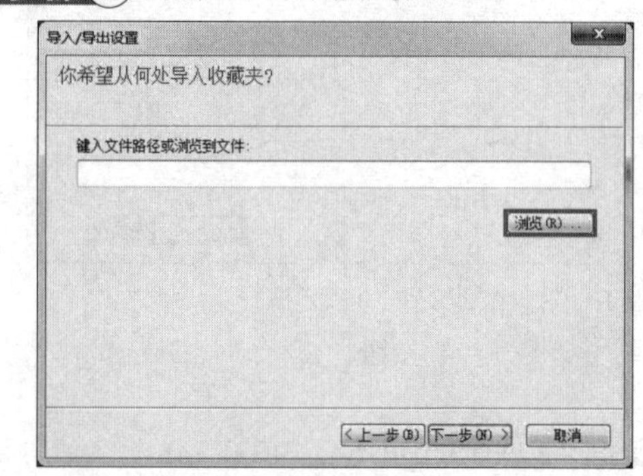

单击“浏览”按钮，选择文件路径。

步骤 5 选择书签文件

❶ 选中之前备份的 .htm 文件。

❷ 单击“打开”按钮。

步骤 6 完成文件路径选择

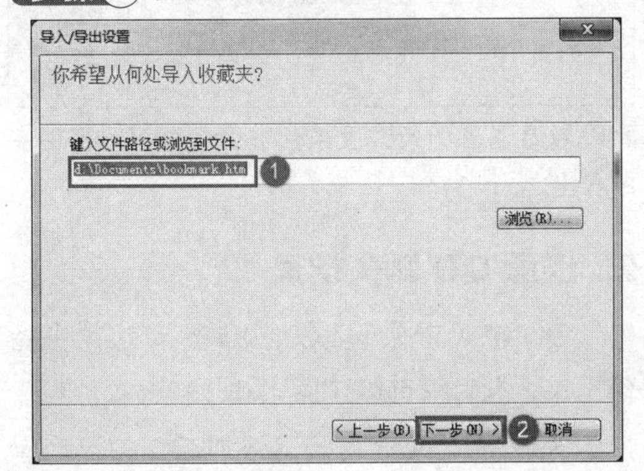

❶ 查看已选择的文件路径。

❷ 单击“下一步”按钮。

步骤 7 选择要导入的文件夹

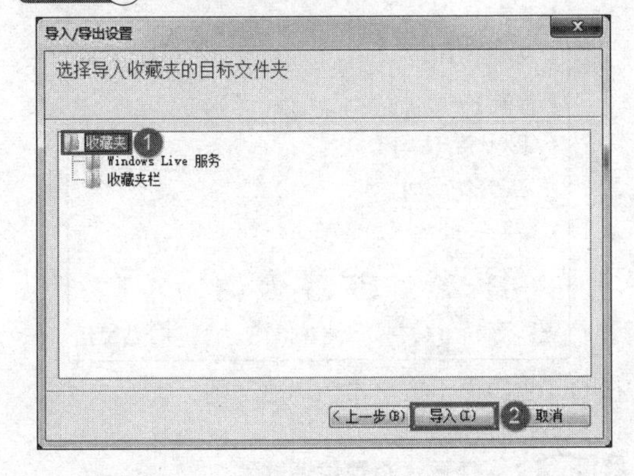

❶ 选中要导入的文件夹。

❷ 单击“导入”按钮。

步骤 8 成功导入收藏夹

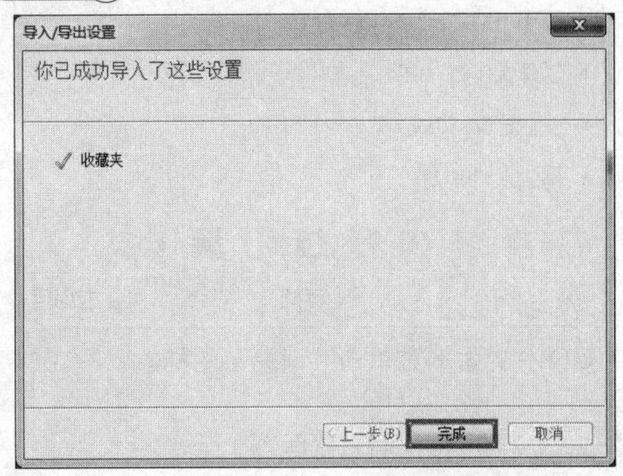

单击“完成”按钮即可成功还原 IE 浏览器的收藏夹。

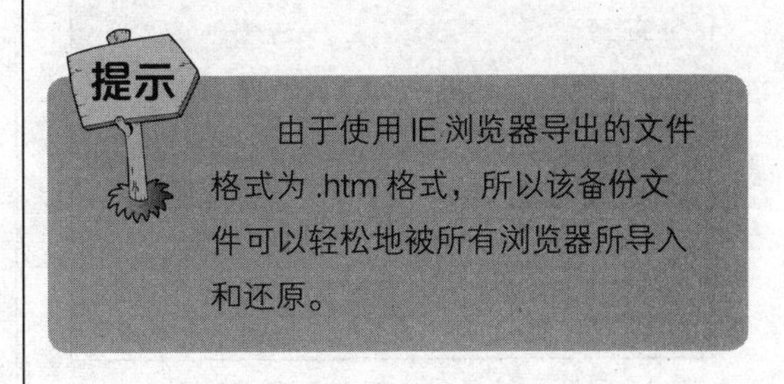

提示

由于使用 IE 浏览器导出的文件格式为 .htm 格式，所以该备份文件可以轻松地被所有浏览器所导入和还原。

5.2.3 备份和还原 QQ 聊天记录

说起 QQ 聊天软件，想必大家都不会陌生。而在使用 QQ 聊天软件进行聊天时，会产生大量的聊天记录。虽然 QQ 软件自带了在线备份和随时查阅全部的消息记录的功能，但这需要用户购买 QQ 会员才能实现。其实用户在不购买 QQ 会员的情况下依然可以对聊天记录进行备份与还原。

1. 备份 QQ 聊天记录

接下来就为用户详细介绍一下备份 QQ 聊天记录的具体操作方法和步骤。

步骤 1 登录 QQ

老乡 [7/15]
网友 [5/11]
同事 [4/8]
工作伙伴 [7/12]
企业好友 [0/0]
陌生人 [0/75]

在 QQ 主界面下方单击“消息”图标。

步骤 2 打开“消息管理器”

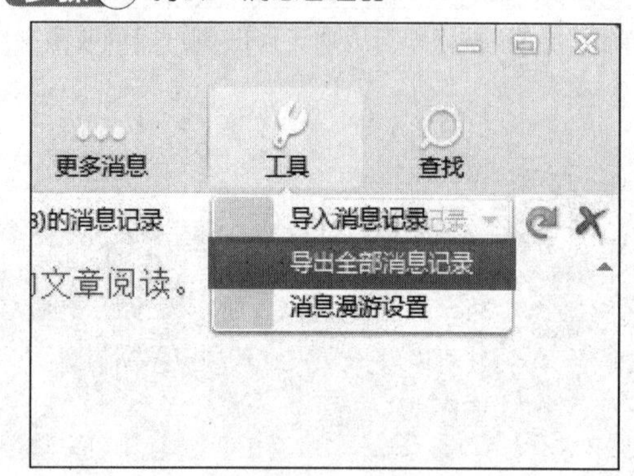

选择“工具”→“导出全部消息记录”命令。

步骤 3 选择保存文件位置

❶ 输入保存名称。

❷ 单击“保存”按钮。

步骤 4 导出消息记录

查看导出消息记录进度条，进度条结束时将会完成导出。

2. 还原 QQ 聊天记录

QQ 聊天记录可以从 QQ 聊天软件中备份出来，也同样可以还原到 QQ 聊天软件中。接下来就为大家介绍一下还原 QQ 聊天记录的具体操作方法和步骤。

步骤 1 登录 QQ

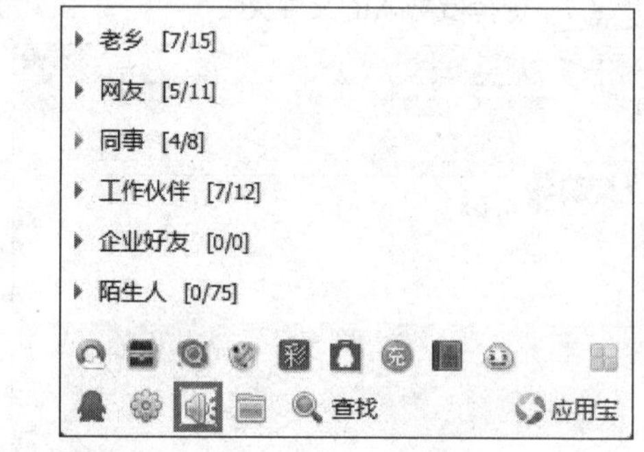

在 QQ 主界面下方单击“消息”图标。

步骤 2 打开“消息管理器”

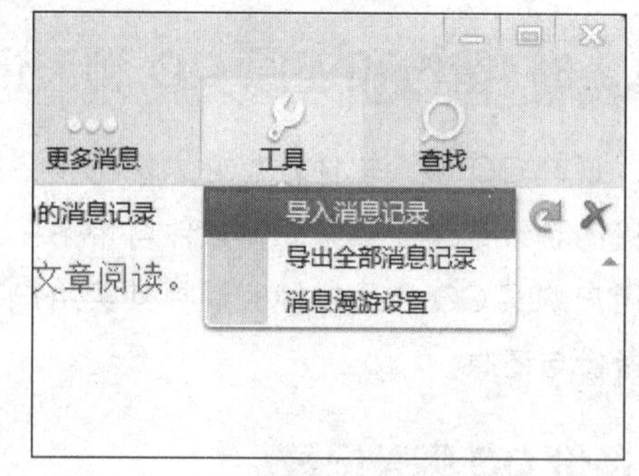

选择“工具”→“导入消息记录”命令。

步骤 3 选择导入内容

❶ 选中要导入的内容复选框。

❷ 单击“下一步”按钮。

步骤 4 选择导入方式

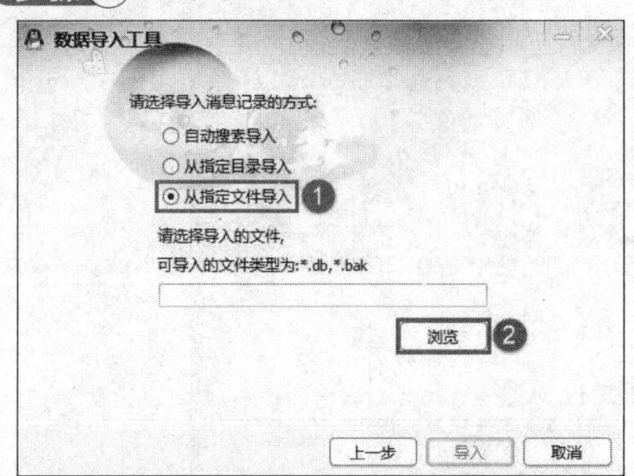

❶ 选中一个文件导入方式。

❷ 单击“浏览”按钮。

步骤 5 选择 QQ 消息记录备份文件

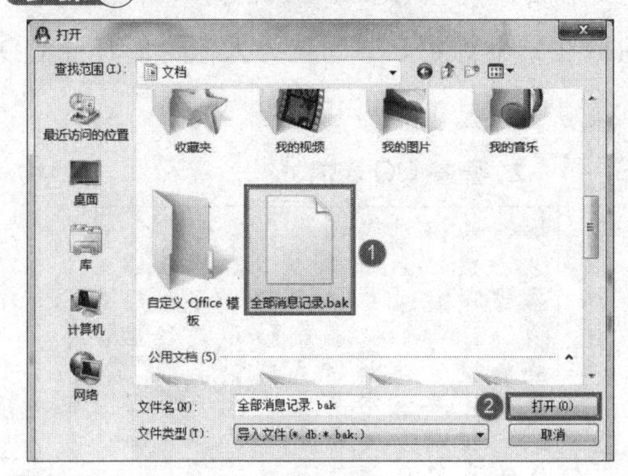

❶ 选中 QQ 消息记录备份文件。

❷ 单击“打开”按钮。

步骤 6 完成备份文件选择

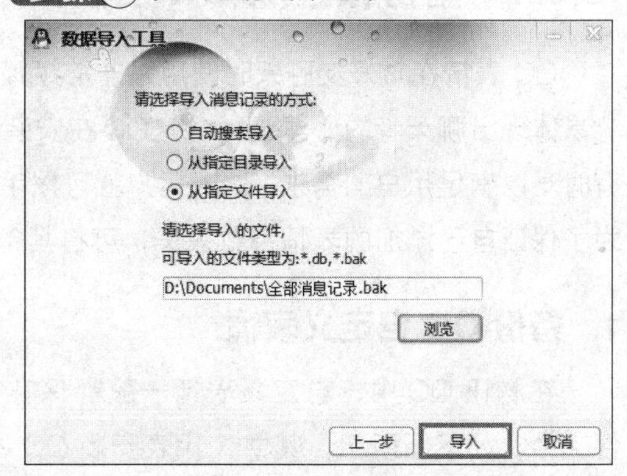

单击“导入”按钮。

步骤 7 正在导入消息记录

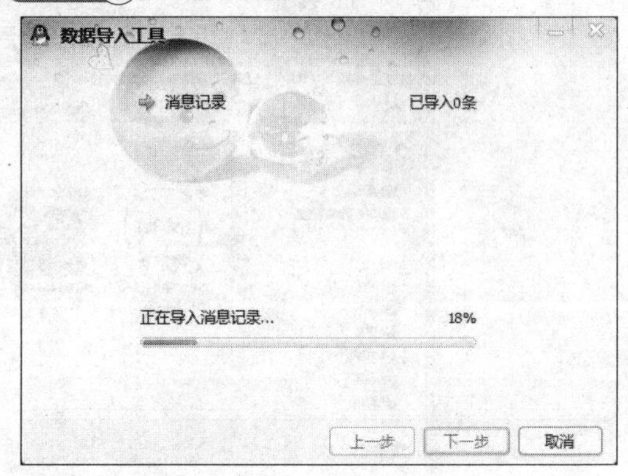

查看导入消息记录进度条。

步骤 8 消息记录导入成功

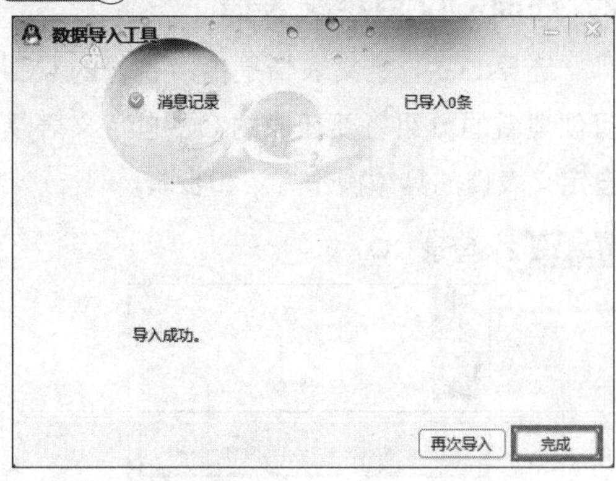

单击“完成”按钮。

5.2.4 备份和还原 QQ 自定义表情

QQ 表情在与好友聊天时使用是非常频繁的，有时候一个表情能够比文字更有表达力，更容易体现出聊天者的心情、看法等。QQ 在安装时往往会自带一些表情，但是这些表情比较单一，有时难以满足用户的需求，这时用户就可以手动添加一些自己喜欢的表情到个人 QQ 账号中。为了保证自己添加的表情不致丢失，可将其备份，在必要时再进行还原。

1. 备份 QQ 自定义表情

在腾讯 QQ 中，自定义表情一般都保存在 X:\Documents\Tencent Files*********\Image 文件夹中，如下图所示，其中 X 代表安装 QQ 的磁盘。备份 QQ 自定义表情就是将 Image 文件夹复制并粘贴到除系统分区外的其他分区中，并且要为备份的 QQ 自定义表情重命名，最好突出一些，以免要使用时难以辨别。

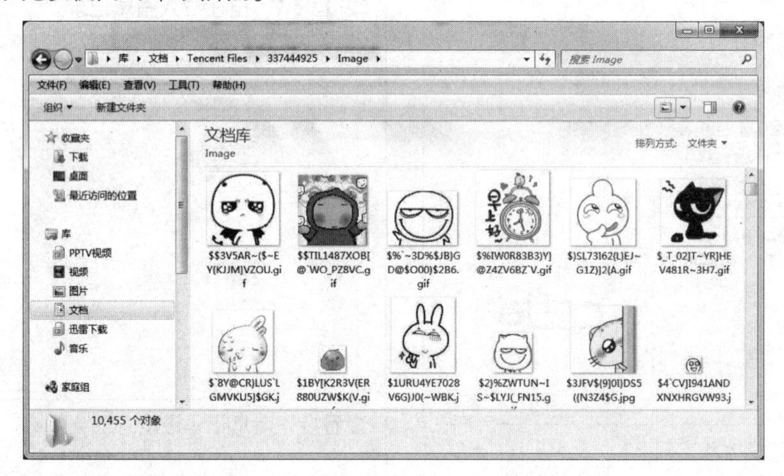

2. 还原 QQ 自定义表情

还原 QQ 自定义表情是指将备份的 QQ 自定义表情添加到 QQ 表情中。在还原时，用户可创建新的分组将要还原的 QQ 自定义表情单独放在一个组中。下面就为大家介绍还原 QQ 自定义表情的具体操作方法和步骤。

步骤 1 登录 QQ

在 QQ 主界面双击一个 QQ 好友图标。

步骤 2 查看 QQ 表情

❶ 打开聊天窗口，单击“表情”图标，在打开的表情框中单击右下角的“设置”图标。

❷ 在弹出的快捷菜单中选择“添加表情”命令。

步骤 3 选择备份的自定义表情

❶ 按 <Ctrl+A> 组合键可一次性全选所有表情。

❷ 单击“打开”按钮。

步骤 4 选择要添加的表情分组

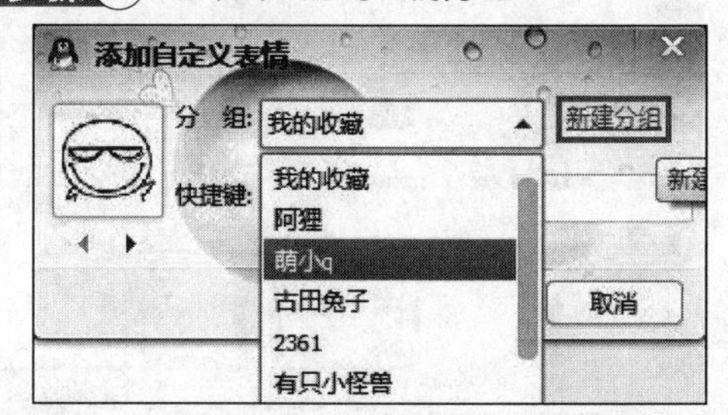

可选择将这些自定义表情加入已有的分组中或者新建分组，此处单击“新建分组”链接。

步骤 5 新建分组

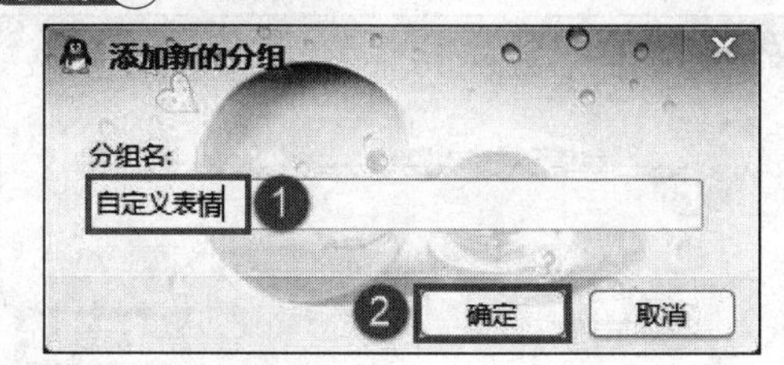

❶ 输入“分组名”。

❷ 单击“确定”按钮。

步骤 6 查看自定义表情

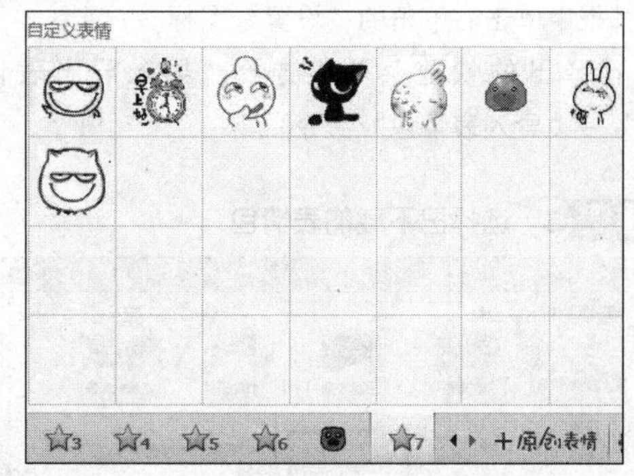

在表情框中可查看到添加的自定义表情。

对于一些经常需要使用表情的用户来说，可到网上下载新出的一些表情包，然后载入到 QQ 表情框中。接下来就为大家介绍一下导入 / 导出表情包的具体操作方法和步骤。

步骤 1 进入 QQ 表情包网站

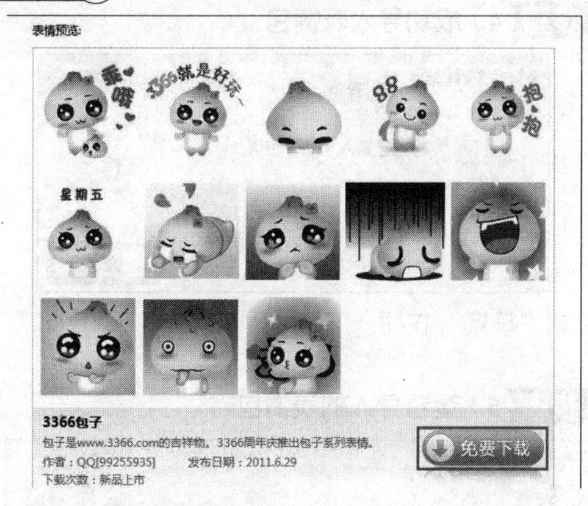

单击“免费下载”按钮下载自己喜欢的表情包。

步骤 2 打开 QQ 表情框

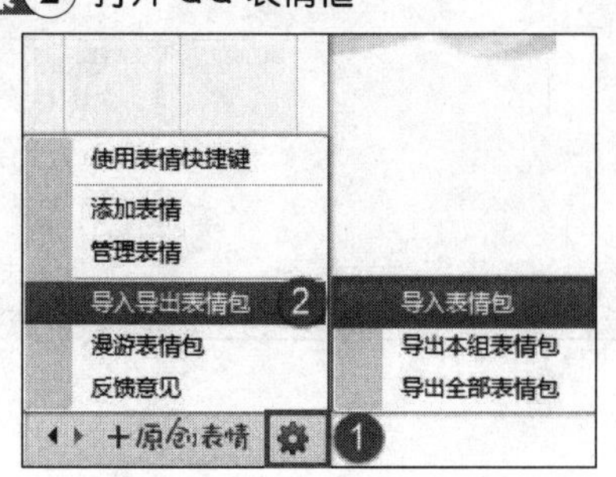

❶ 打开聊天窗口，单击“表情”图标，在打开的表情框中单击右下角的“设置”图标。

❷ 在弹出的快捷菜单中选择“导入导出表情包”→“导入表情包”命令。

步骤 3 选择已下载的表情包

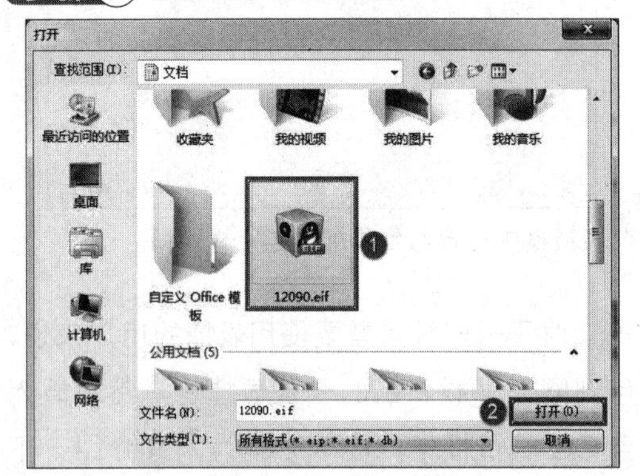

❶ 选中下载的表情包。

❷ 单击“打开”按钮。

步骤 4 成功导入表情包

单击“确定”按钮。

步骤 5 查看导入的表情包

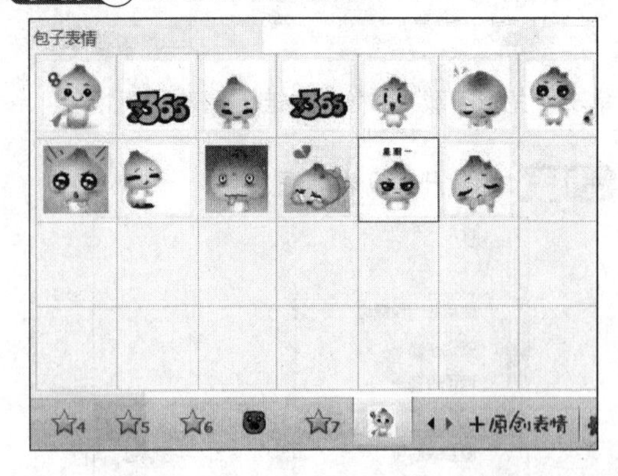

步骤 6 导出表情

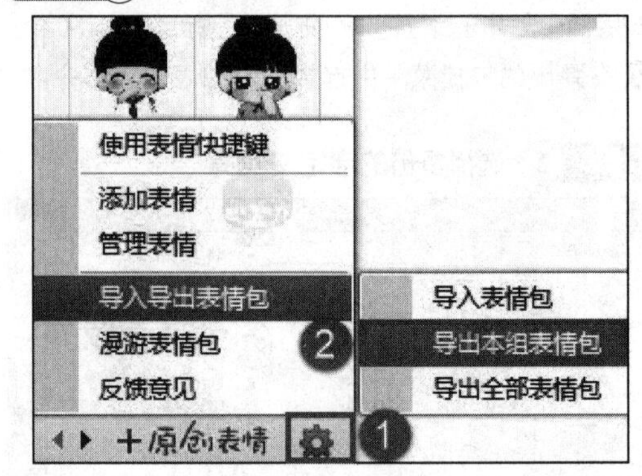

❶ 打开聊天窗口，单击“表情”图标，在打开的表情框中单击右下角的“设置”图标。

❷ 在弹出的快捷菜单中选择“导入导出表情包”→“导出本组表情包”命令。

步骤 7 选择要导出的表情包的保存位置

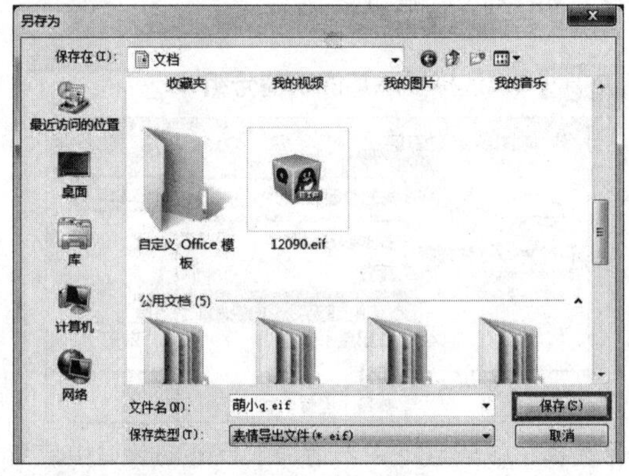

选定保存位置后单击“保存”按钮。

步骤 8 成功导出表情

单击“确定”按钮。

步骤 9 查看导出的表情包

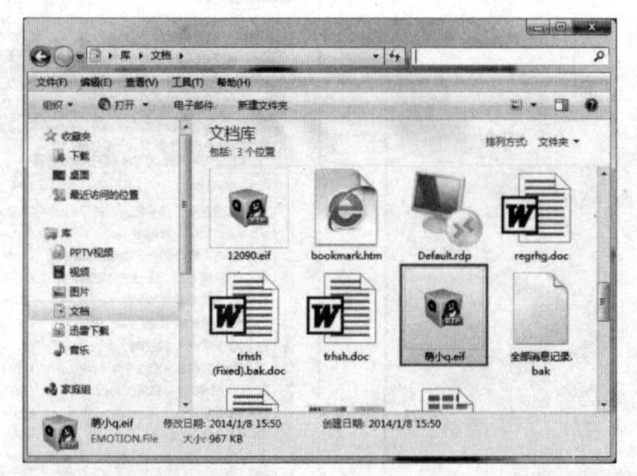

在所选择的存储位置即可看到导出的表情包。

5.3 使用恢复工具恢复误删除的数据

5.3.1 使用 Recuva 恢复数据

Recuva 是一个由 Piriform 开发的可以恢复被误删除的任意格式文件的恢复工具。Recuva 能直接恢复硬盘、闪存盘、存储卡（如 SD 卡，MMC 卡等）中的文件，只要没有被重复写入数据，无论被格式化还是删除均可直接恢复。

1．通过向导恢复数据

Recuva 向导可直接选定要恢复的文件类型，从而进行有针对性的文件恢复。下面我们以恢复音乐文件为例，为大家详细介绍一下通过 Recuva 向导恢复数据的具体操作方法和步骤。

步骤 1 启动 Recuva 数据恢复软件

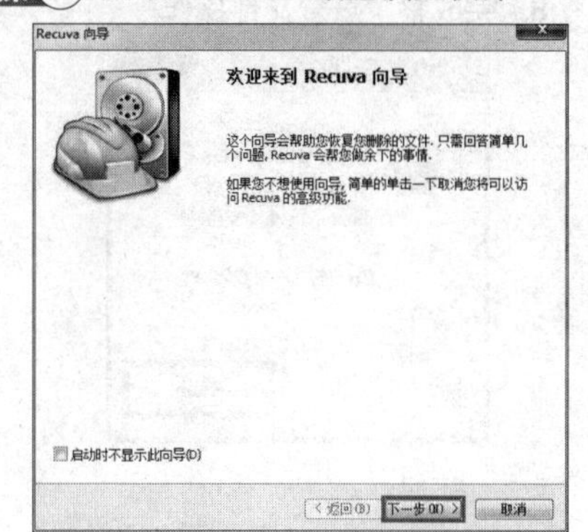

在“欢迎来到 Recuva 向导”界面单击“下一步”按钮。

步骤 2 选择文件类型

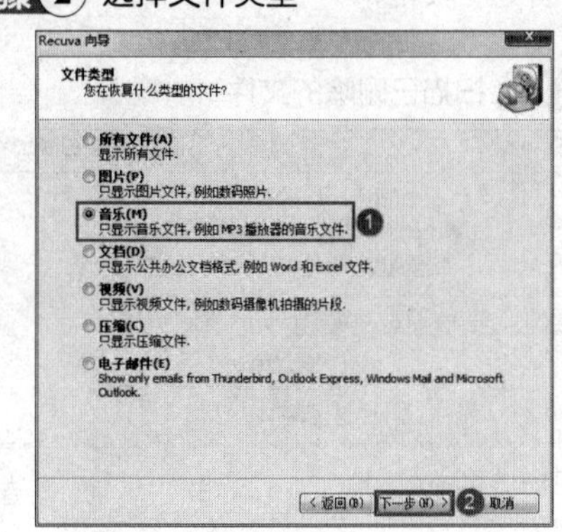

❶ 选中“音乐”单选按钮。

❷ 单击“下一步”按钮。

步骤 3 选择文件位置

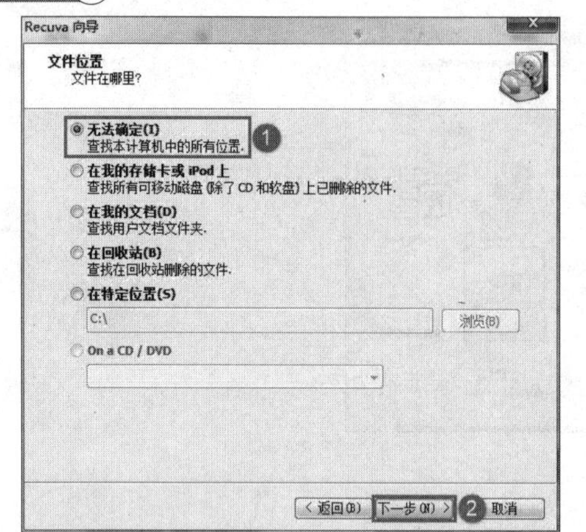

❶ 无法确定存放位置时选中“无法确定”单选按钮。

❷ 单击“下一步”按钮。

步骤 4 准备查找文件

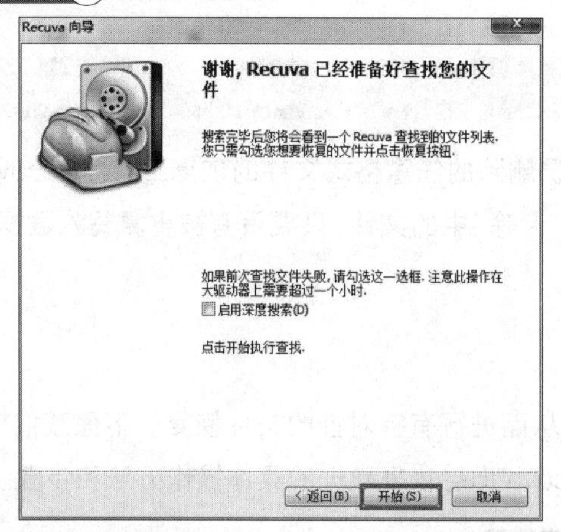

单击“开始”按钮。

步骤 5 扫描已删除的文件

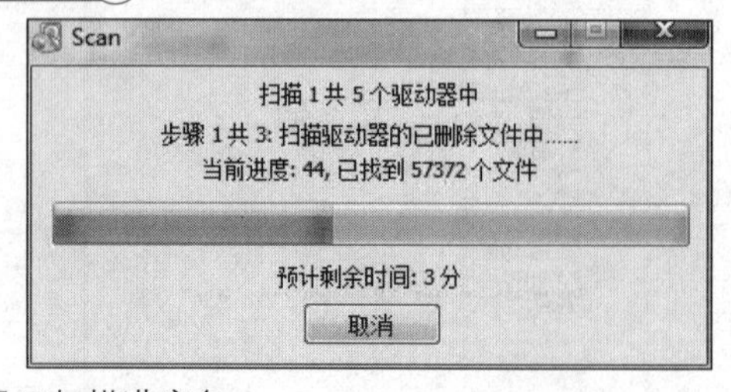

显示扫描进度条。

步骤 6 扫描到的音乐文件

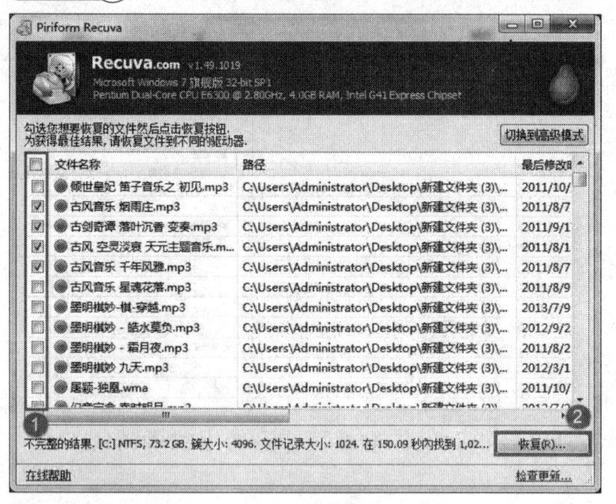

❶ 选中需要恢复的音乐文件复选框。

❷ 单击“恢复”按钮。

步骤 7 选择恢复的音乐文件存储位置

❶ 选定存储位置。

❷ 单击“确定”按钮。

步骤 8 完成整个恢复文件操作

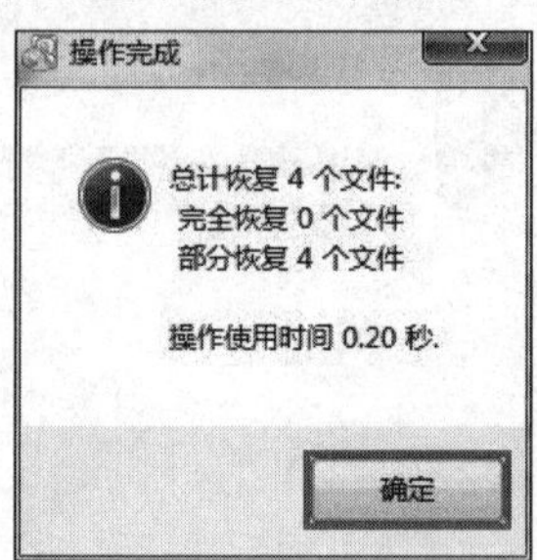

单击“确定”按钮。

步骤 9 查看已恢复的音乐文件

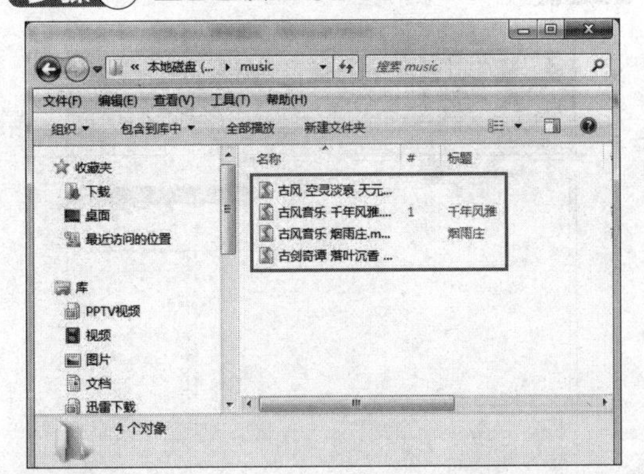

在选择的恢复文件存储位置可查看到已经恢复的音乐文件。

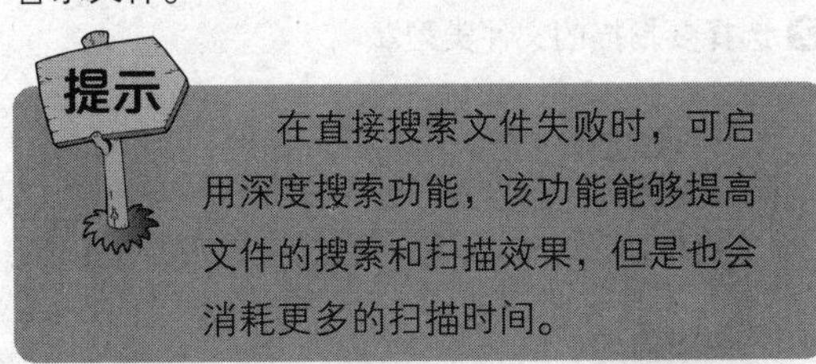

提示 在直接搜索文件失败时，可启用深度搜索功能，该功能能够提高文件的搜索和扫描效果，但是也会消耗更多的扫描时间。

2. 通过扫描特定磁盘位置恢复数据

Recuva 数据恢复软件还可以直接扫描特定的磁盘位置来恢复文件，这样可以大大地节省扫描时间，提高文件恢复效率。

步骤 1 启动 Recuva 数据恢复软件

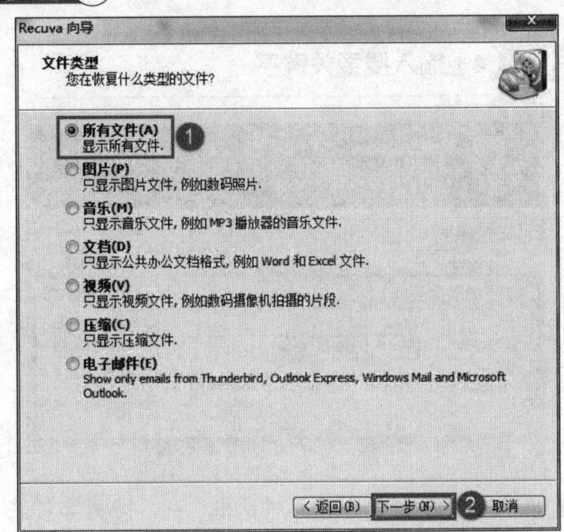

❶ 在“文件类型”页面中选中“所有文件”单选按钮。

❷ 单击“下一步”按钮。

步骤 2 选择文件位置

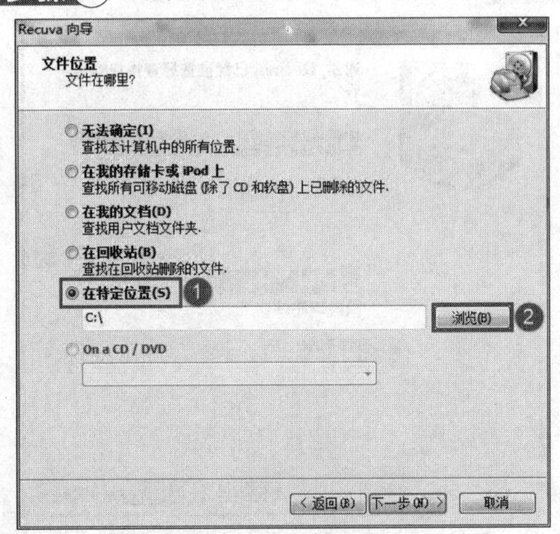

❶ 选中“在特定位置”单选按钮。

❷ 单击“浏览”按钮。

步骤 3 选择要恢复的文件夹

❶ 选中要恢复的文件夹。

❷ 单击“确定”按钮。

步骤 4 查看已选择的文件位置

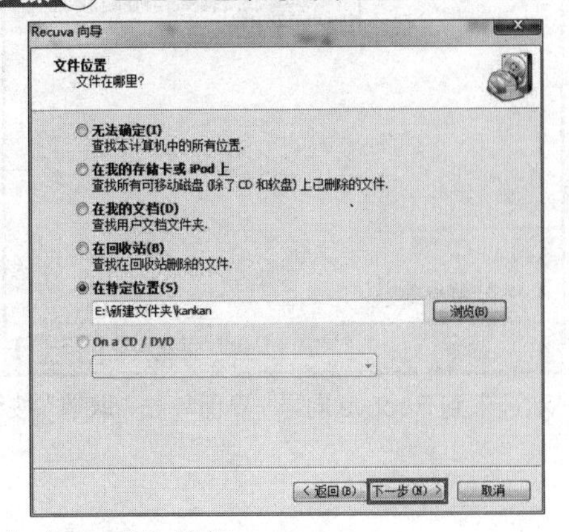

单击“下一步”按钮。

步骤 5 准备查找文件

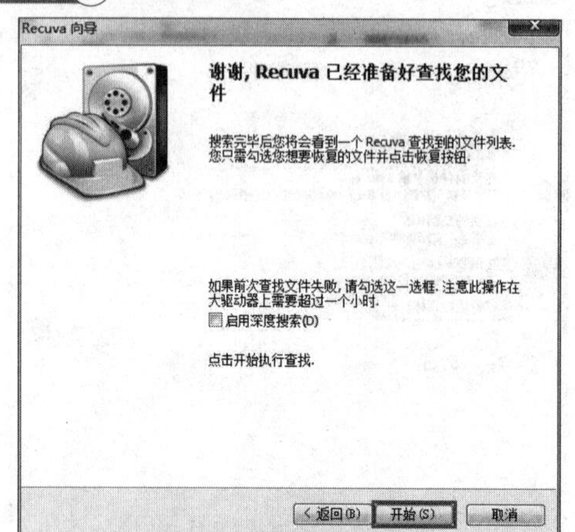

单击“开始”按钮，即可开始扫描。接下来的步骤与“1.通过向导恢复数据”中的步骤5 ~ 步骤9相同。

3. 通过扫描内容恢复数据

当具体的某个文件出现问题时，用户可选择通过扫描内容的方式来恢复文件数据。现在就为大家详细介绍一下使用Recuva数据恢复软件通过扫描内容恢复数据的具体操作方法和步骤。

步骤 1 启动Recuva数据恢复软件

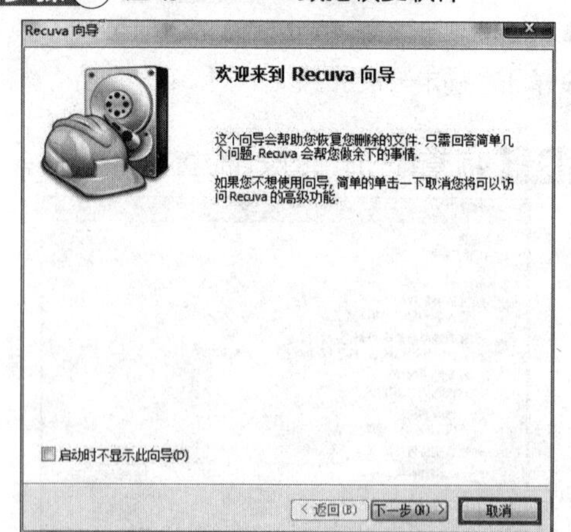

在“欢迎来到Recuva向导”界面单击“取消”按钮。

步骤 2 打开数据恢复软件主界面

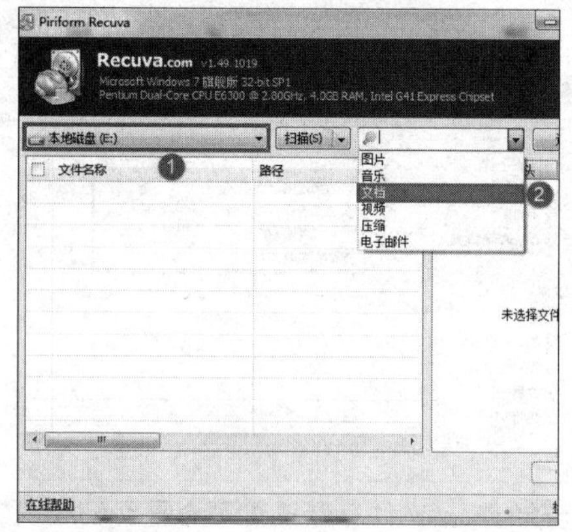

❶ 选择要扫描的磁盘。

❷ 选择要扫描的文件类型。

步骤 3 选择“扫描内容”命令

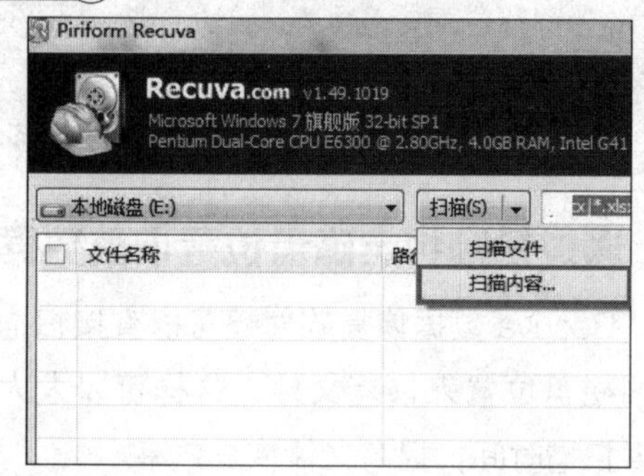

设置完成后单击“扫描”按钮右侧的下三角按钮，在展开的列表中选择“扫描内容”命令。

步骤 4 输入搜索关键字

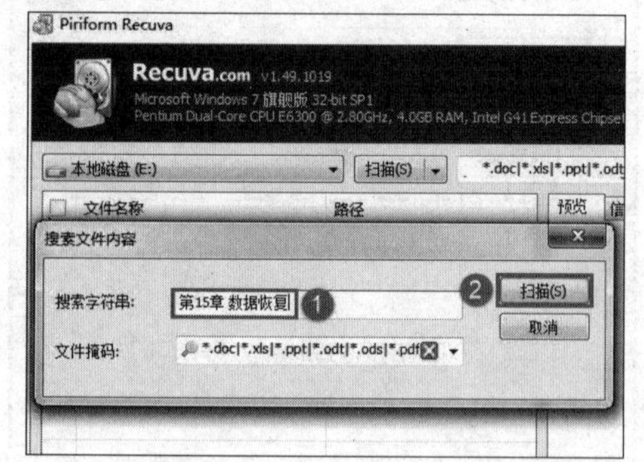

❶ 弹出“搜索文件内容”对话框，在“搜索字符串”文本框中输入搜索关键字。

❷ 单击“扫描”按钮。

步骤 5 开始扫描

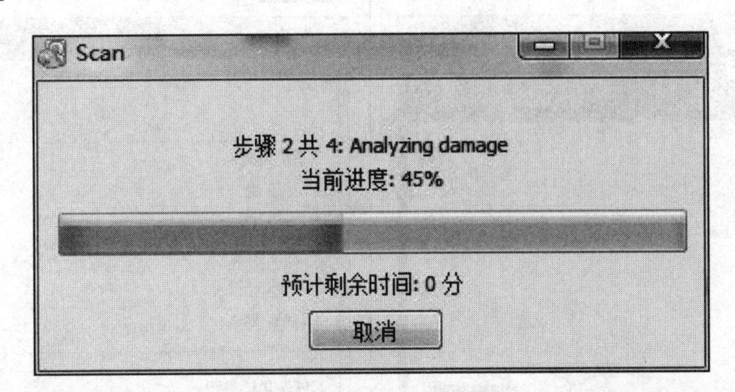

查看扫描进度；扫描完成后，用户可按照“1. 通过向导恢复数据”的步骤 6~ 步骤 9 进行操作。

5.3.2 使用 FinalData 恢复数据

FinalData 具有强大的数据恢复功能，并且使用非常简单。它可以轻松恢复误删数据、误格式化硬盘文件，甚至恢复 U 盘、手机卡、相机卡等移动存储设备的误删文件。

1. 使用 FinalData 恢复误删文件

当用户在计算机中误删了一个重要的文件时，可立即停止操作并通过 FinalData 来恢复该误删文件。接下来就向用户详细介绍使用 FinalData 恢复误删文件的具体操作方法和步骤。

步骤 1 运行 FinalData

单击主界面上的“误删除文件”图标。

步骤 2 选择要恢复的文件和目录所在的位置

❶ 选择要恢复的文件和目录所在的位置。

❷ 单击“下一步”按钮。

步骤 3 查找已删除的文件

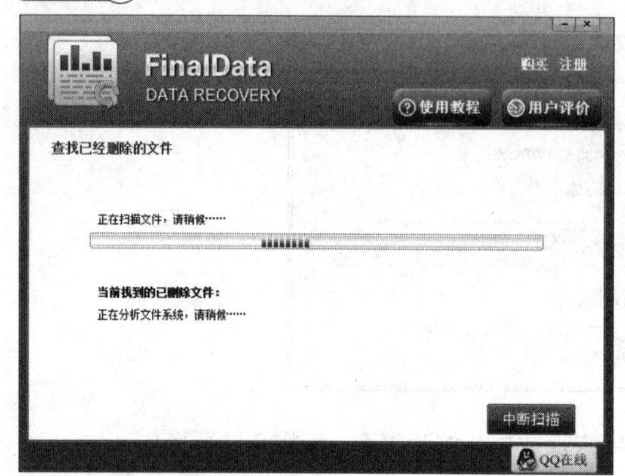

可查看正在扫描文件的进度条。

步骤 4 查看扫描到的文件

❶ 选中需要恢复的文件夹复选框。

❷ 单击“下一步”按钮。

步骤 5 选择恢复路径

单击“浏览”按钮。

步骤 6 设置要恢复的文件存储位置

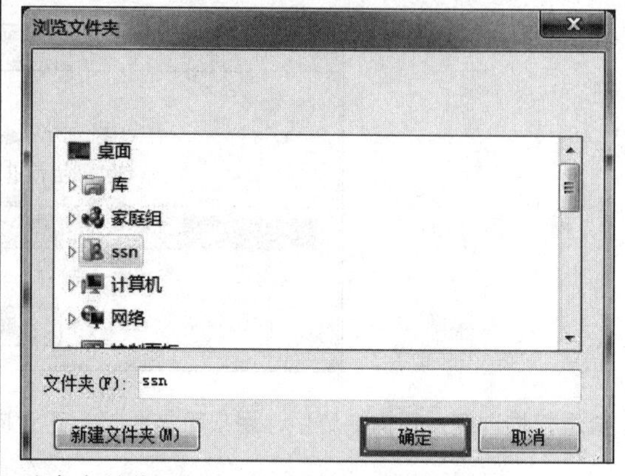

选定存储位置后单击“确定”按钮。

步骤 7 返回“选择恢复路径”页面

❶ 查看已选择的恢复路径。

❷ 单击“下一步”按钮，即可对文件进行恢复。

2. 使用 FinalData 恢复误格式化硬盘文件

当用户不小心将硬盘格式化后忽然发现硬盘中还有重要数据时，不用惊慌，此时完全可以使用 FinalData 来恢复误格式化硬盘文件。接下来就向用户详细介绍一下使用 FinalData 恢复误格式化硬盘文件的具体操作方法和步骤。

步骤 1 打开 FinalData 主界面

单击“误格式化硬盘”图标。

步骤 2 选择要恢复的分区

❶ 选中要恢复的分区。

❷ 单击“下一步”按钮。

步骤 3 查找分区格式化前的文件

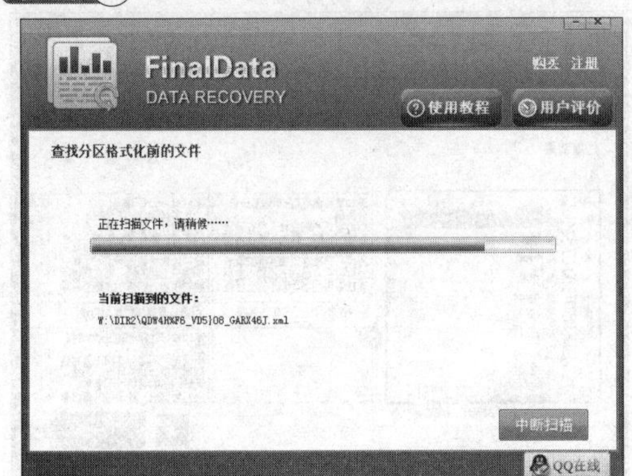

查看扫描进度条。

步骤 4 查看扫描到的可恢复的文件或文件夹

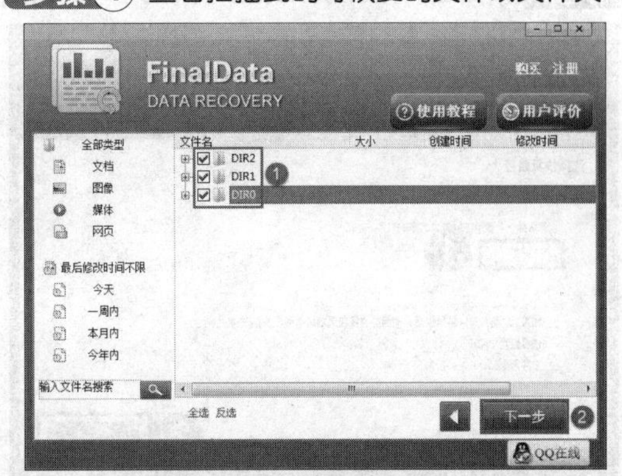

❶ 选中需要恢复的文件夹复选框。

❷ 单击“下一步”按钮。

步骤 5 选择恢复路径

单击“浏览”按钮。

步骤 6 设置要恢复的文件存储位置

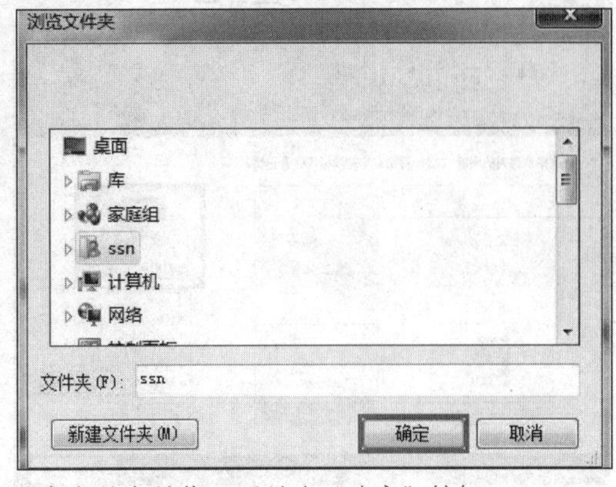

选定文件存储位置后单击“确定”按钮。

步骤 7 返回“选择恢复路径”页面

❶ 查看已选择的文件恢复路径。

❷ 单击“下一步”按钮，即可对文件进行恢复。

3. 使用 FinalData 恢复 U 盘、手机卡、相机卡误删除的文件

U 盘、手机卡、相机卡是一种和普通硬盘的存储介质完全不同的数据存储设备，在此类存储设备中数据被删除后并不会被转移到回收站中，而是直接被彻底删除。但是通过 FinalData 却可以恢复这些设备误删除的文件，接下来就向用户详细介绍一下使用 FinalData 恢复 U 盘、手机卡、相机卡误删除的文件的具体操作方法和步骤。

步骤 1 打开 FinalData 主界面

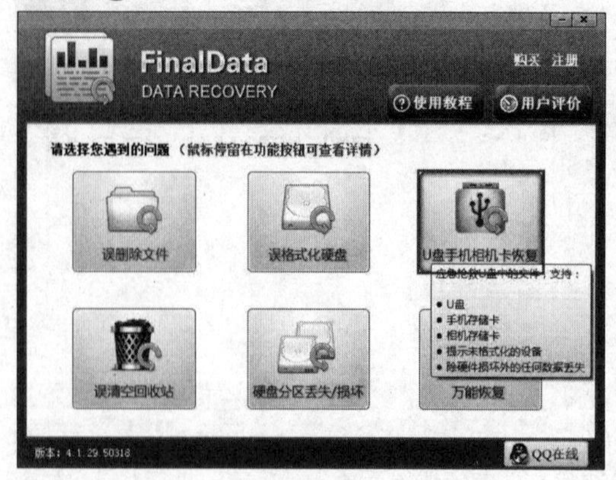

单击“U 盘手机卡相机卡恢复”图标。

步骤 2 选择要恢复的移动存储设备

❶ 选中要恢复的移动存储设备。

❷ 单击“下一步”按钮。

步骤 3 搜索移动存储设备中的丢失文件

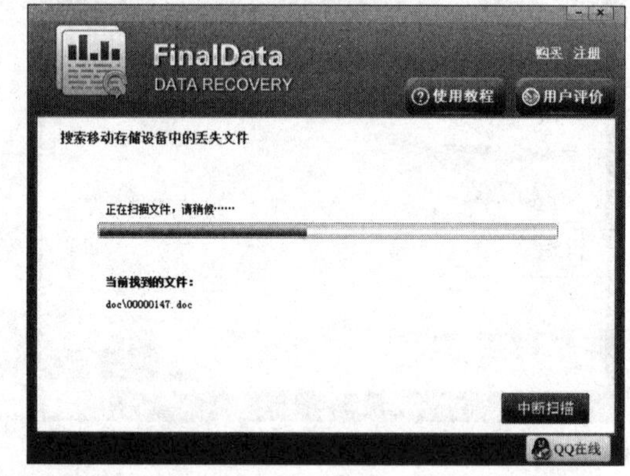

查看搜索进度。

步骤 4 查看搜索到的内容

❶ 选中需要恢复的文件格式复选框。

❷ 单击“下一步”按钮。

步骤 5 选择文件恢复路径

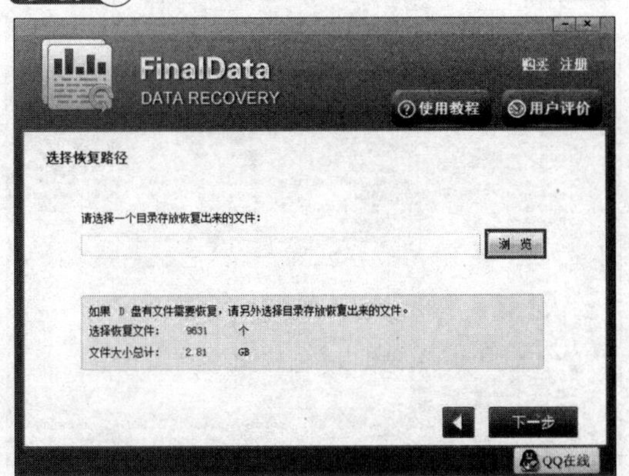

单击“浏览”按钮。

步骤 6 设置要恢复的文件存储位置

选中文件存储位置后单击“确定”按钮。

步骤 7 返回“选择恢复路径”页面

❶ 查看已选择的文件路径。

❷ 单击“下一步”按钮，即可对文件进行恢复。

5.3.3 使用 FinalRecovery 恢复数据

FinalRecovery 是一款功能强大而且非常容易使用的数据恢复工具，它可以帮助用户快速找回被误删除的文件或者文件夹，支持硬盘、数码相机存储卡、记忆棒等存储介质的数据恢复，可以恢复在命令行模式、资源管理器或其他应用程序中被删除或者格式化的数据，即使已清空了回收站，它也可以帮用户安全并完整地将数据找回来。

1. 标准恢复

在“标准恢复”模式下，FinalRecovery 可对所选磁盘进行快速扫描，并恢复该磁盘下的大部分文件。接下来就向用户详细介绍一下使用 FinalRecovery 进行标准恢复的具体操作方法和步骤。

步骤 1 启动 FinalRecovery 数据恢复工具

在 FinalRecovery 主界面单击“标准恢复”图标。

步骤 2 选择要扫描的磁盘

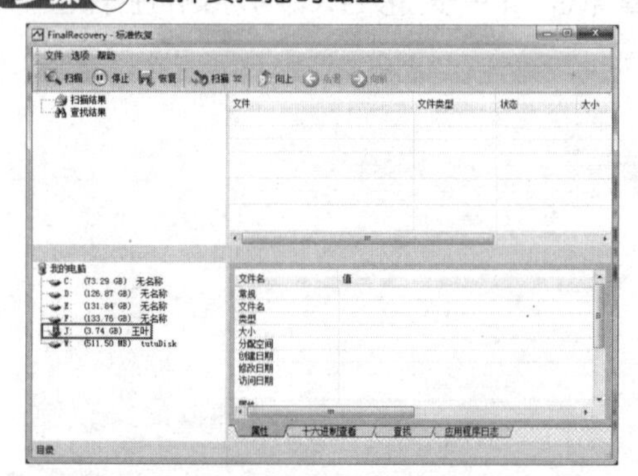

单击要扫描的磁盘后会直接开始扫描。

步骤 3 查看扫描结果

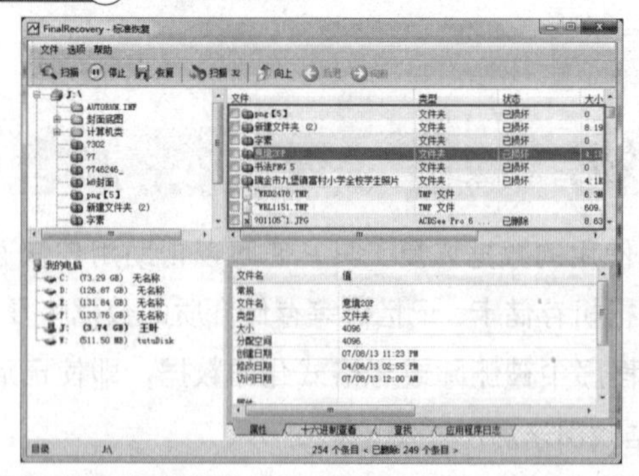

根据磁盘大小扫描时间会有所不同，扫描完成后即可显示扫描结果。

步骤 4 选中需要恢复的文件夹复选框

❶ 选中需要恢复的文件夹复选框。

❷ 单击“恢复”按钮。

步骤 5 选择目录

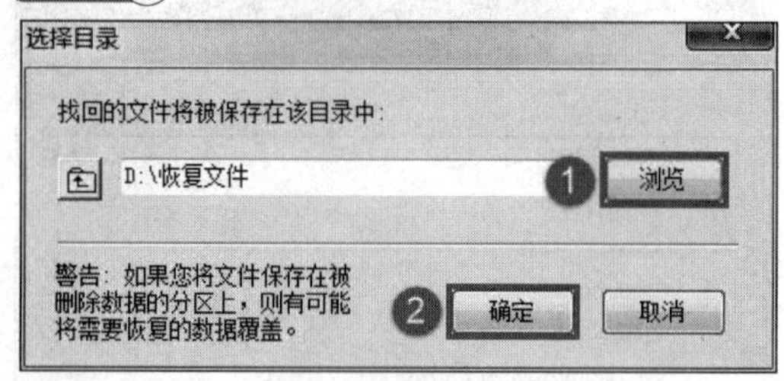

❶ 单击“浏览”按钮选择恢复文件的存储位置。

❷ 单击“确定”按钮。

步骤 6 查看已恢复的文件

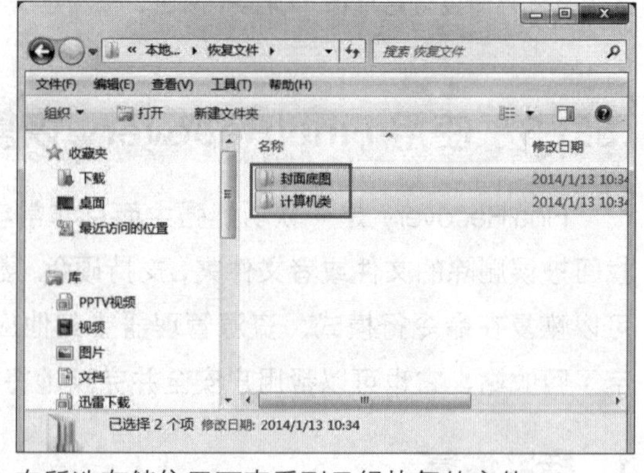

在所选存储位置可查看到已经恢复的文件。

2. 高级恢复

接下来就向用户详细介绍一下使用 FinalRecovery 进行高级恢复的具体操作方法和步骤（在按钮下面有该恢复类型的说明，用户可根据自己的需要来选择标准还是高级恢复）。

步骤 1 打开 FinalRecovery 主界面

单击“高级恢复”图标。

步骤 2 选择要扫描的磁盘

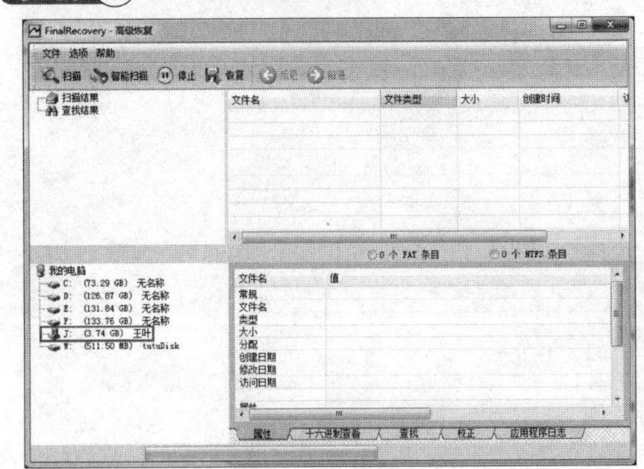

单击要扫描的磁盘后会直接开始扫描。

步骤 3 查看扫描结果

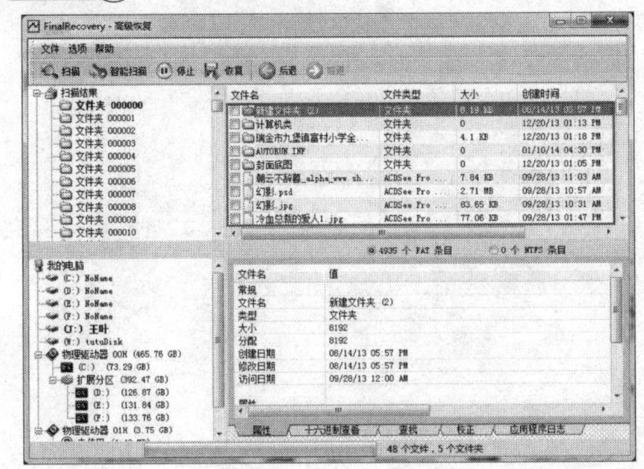

根据磁盘大小扫描时间会有所不同，扫描完成后即可显示扫描结果。

步骤 4 选择要恢复的文件夹复选框

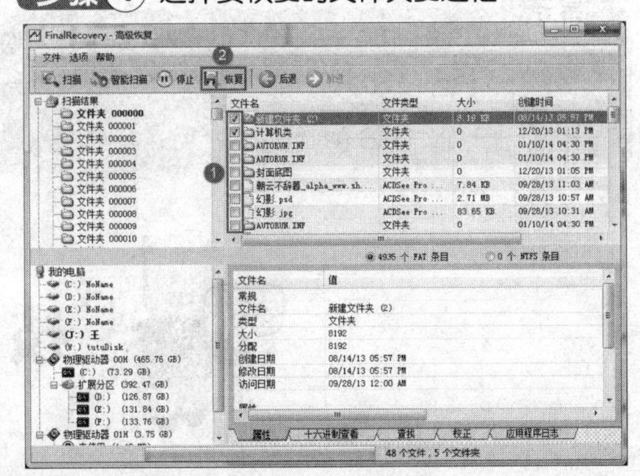

❶ 选中需要恢复的文件夹复选框。

❷ 单击“恢复”按钮。

步骤 5 选择目录

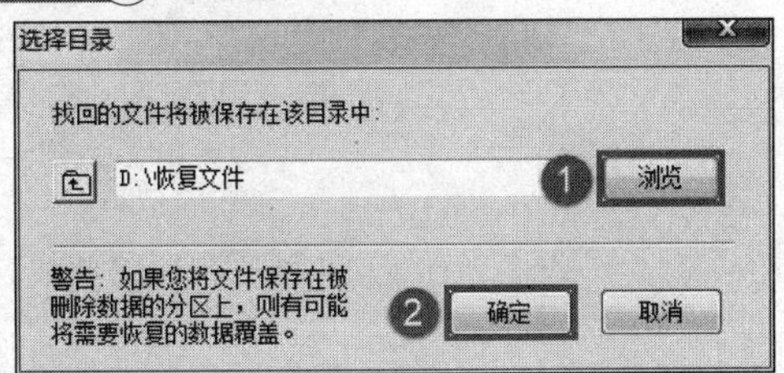

❶ 单击“浏览”按钮选定恢复文件的存储位置。

❷ 单击“确定”按钮即可对所选文件夹的文件进行恢复。

步骤 6 查看已恢复的文件

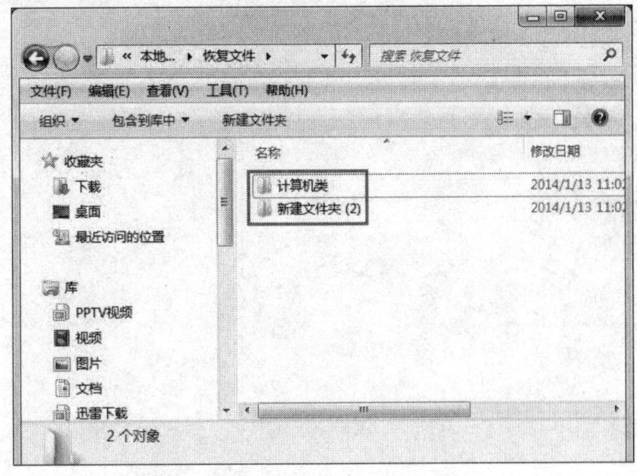

在所选存储位置可查看到已经恢复的文件。

使用 FinalRecovery 恢复文件时，切勿一次性恢复大于 512MB 的文件，否则可能导致 FinalRecovery 自动退出或者内存出错。在这种情况下建议分多次进行恢复，一般恢复一个 60GB 的硬盘得花费 3~4 天时间。

1. 对数据进行备份有何必要性?
2. 目前被采用最多的备份策略主要有哪几种?
3. 系统恢复和文件备份有什么差别？

第6章 计算机与网络控制命令

Windows 操作系统可视化的发展方向决定了普通用户距离命令操作的方式越来越远。但对于相对高级一些的计算机安全、计算机深度应用等领域，是离不开命令操作的，并且合理地使用命令操作，能够提升工作效率。

6.1 在 Windows 系统中执行 DOS 命令

由于 Windows 系统彻底脱离了 DOS 操作系统，所以无法直接进入 DOS 环境，只能通过第三方软件来进行，如一键 GHOST 硬盘版等。但 Windows 系统提供了一个“命令提示符”附件，可以提供基于字符的应用程序运行环境。通过使用类似 MS-DOS 命令解释程序中的各个字符，命令提示符执行程序并在屏幕上显示输出。Windows 命令提示符使用命令解释程序 cmd，将用户输入转化为操作系统可理解的形式。

6.1.1 用菜单的形式进入 DOS 窗口

Windows 的图形化界面缩短了人与机器之间的距离，通过鼠标单击拖曳即可实现想要的功能。

Windows 是基于 OS/2、NT 构件的独立操作系统，除可以使用命令进入 DOS 环境外，还可以使用菜单方式打开“DOS 命令提示符”窗口。在 Windows 7 系统中选择“开始”→“所有程序”→“附件”→“命令提示符”菜单项，即可打开“命令提示符”窗口，如下图所示。

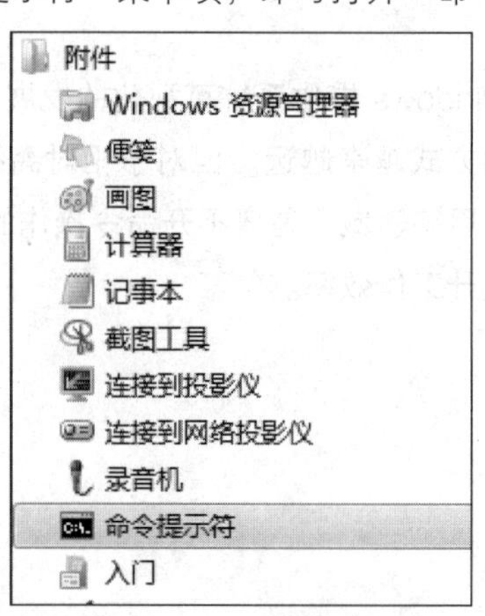

6.1.2 通过 IE 浏览器访问 DOS 窗口

用户可以直接在 IE 浏览器中调用可执行文件。对于不同阶段的操作系统，其通过 IE 浏览器访问 DOS 窗口的方法有所不同。

- 在 Windows 2000 操作系统中访问 DOS 窗口，只需在 IE 浏览器地址栏中输入“c:\winnt\system\cmd.exe”命令。
- 在 Windows XP/Windows 7 操作系统中访问 DOS 窗口，只需在 IE 浏览器地址栏中输入“c:\Windows\system32\cmd.exe”命令，即可打开 DOS 运行窗口，如下图所示。

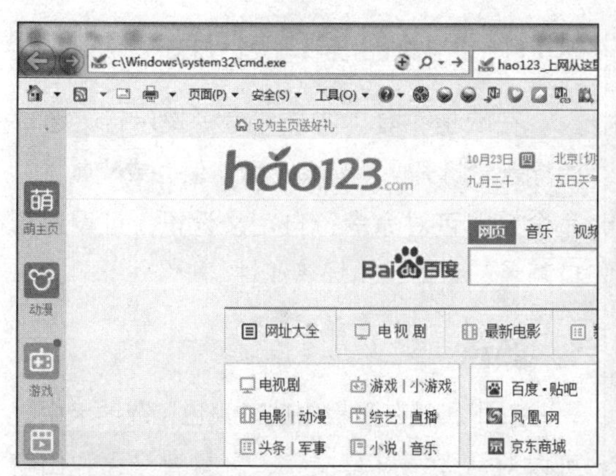

这里一定要输入全路径，否则 Windows 就无法打开“命令提示符”窗口。使用 IE 浏览器访问 DOS 环境，可以针对一些加密工具而又无法访问开始菜单时，通过不受限制的 IE 浏览器来轻松地进入 DOS 窗口。

6.1.3 复制、粘贴命令行

当在 Windows 7 中启动命令行时，就会弹出相应的命令行窗口，在其中显示当前的操作系统的版本号，并把当前用户默认为当前提示符。在使用命令行时可以对命令行进行复制、粘贴等操作，这是 DOS 平台下不具备的功能。

复制、粘贴命令行的具体操作步骤如下。

步骤 1 打开“命令提示符”窗口

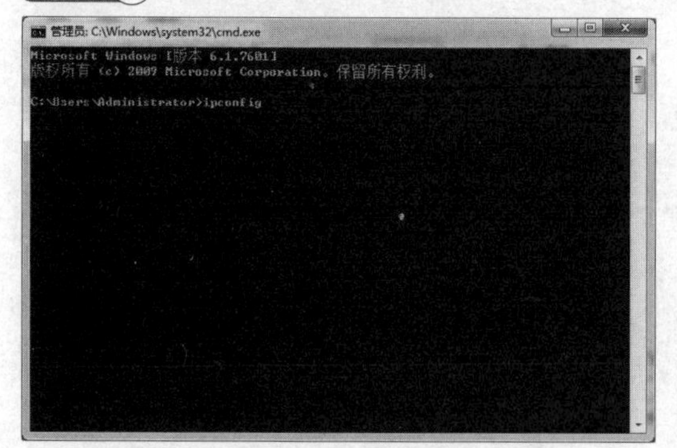

输入一条查询系统网络信息的命令，这里以“ipconfig”为例，输入完成以后按 <Enter> 键。

步骤 2 查看命令执行后的输出结果

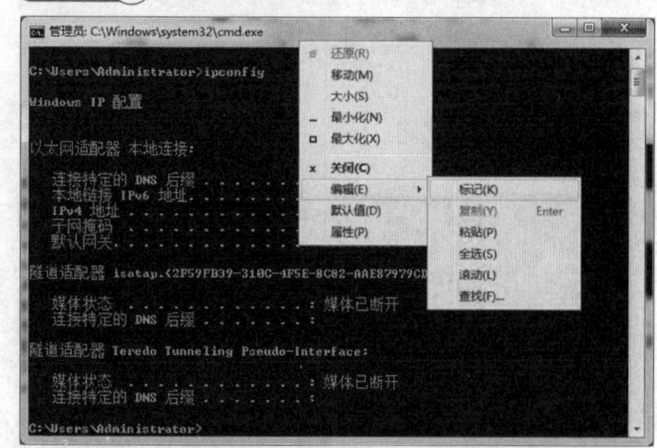

如果要复制输出结果中的一部分信息，右击“命令提示符”窗口的标题栏，选择“编辑”→“标记”命令。

步骤 3 选择要复制的内容

按住鼠标左键不动，拖曳鼠标标记想要复制的内容。标记完成以后按键盘上的 <Enter> 键，这样就把内容复制下来了。

步骤 4 继续输入命令

在需要粘贴该命令行的位置右击，在弹出的快捷菜单中选择“粘贴”命令。

步骤 5 粘贴成功

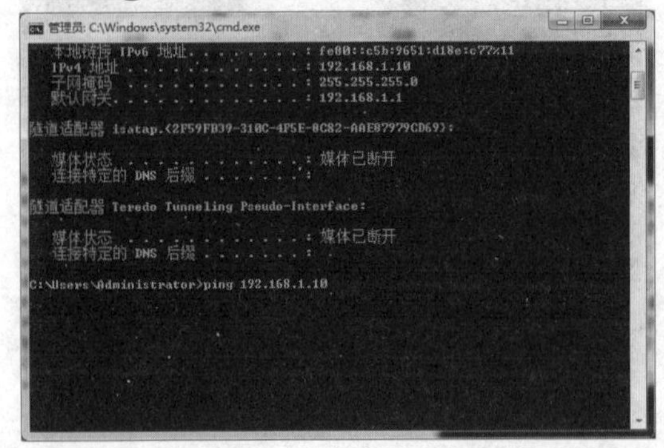

查看已粘贴的命令。

6.1.4 设置窗口风格

在快捷菜单（右击“命令提示符”窗口的标题栏打开）中选择“默认值”或“属性”命令，即可对命令行自定义设置，可设置窗口颜色、字体、布局等属性。

1. 颜色

在“属性”面板中的“颜色”选项卡中，可以对命令行屏幕文字、屏幕背景、弹出窗口背景颜色等进行设置。

具体的操作步骤如下。

步骤 1 打开“命令提示符”窗口

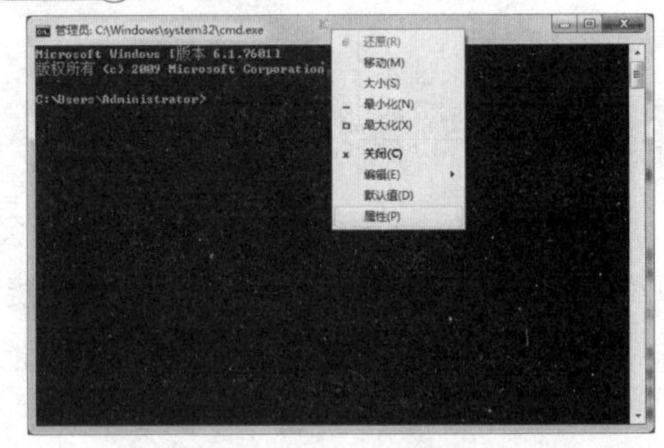

右击“命令提示符”窗口的标题栏，在弹出的快捷菜单中选择“属性”命令。

步骤 2 打开“命令提示符属性”对话框

切换到“颜色”选项卡后，即可选择各个选项并对其进行颜色设置。

步骤 3 选择“屏幕文字”单选按钮

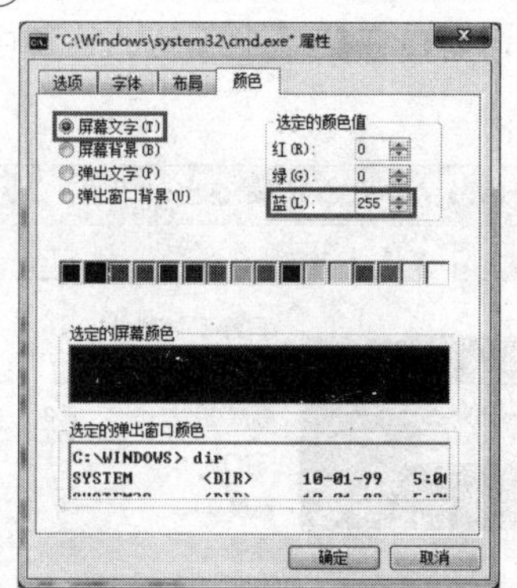

单击“选定的颜色值”栏中的蓝色并设置颜色值为255。

步骤 4 选择“屏幕背景”单选按钮

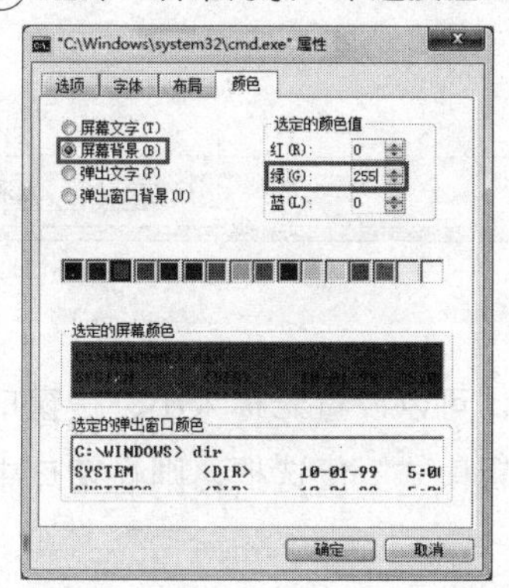

单击“选定的颜色值”栏中的绿色并设置颜色值为255。

步骤 5 选择“弹出文字”单选按钮

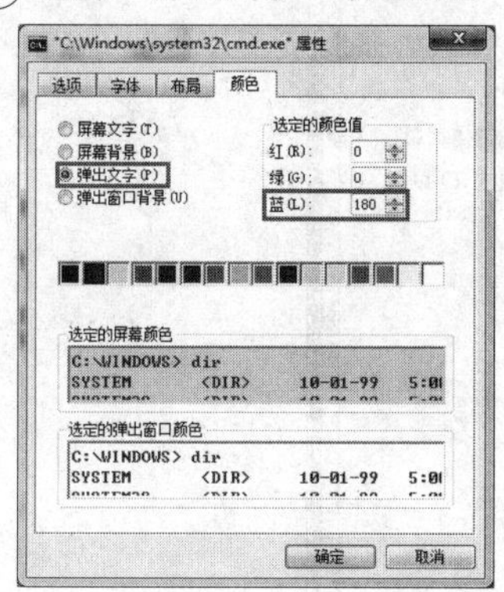

单击“选定的颜色值”栏中的蓝色并设置颜色值为180。

步骤 6 选择“弹出窗口背景” 单选按钮

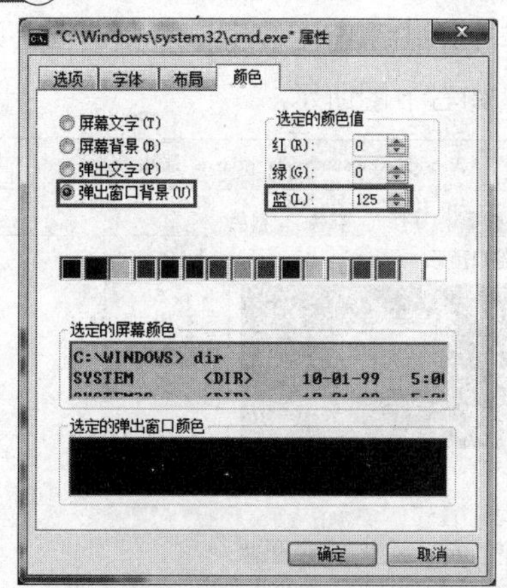

单击“选定的颜色值”栏中的蓝色并设置颜色值为125。设置完毕之后，单击“确定”按钮。

设置后的窗口焕然一新。

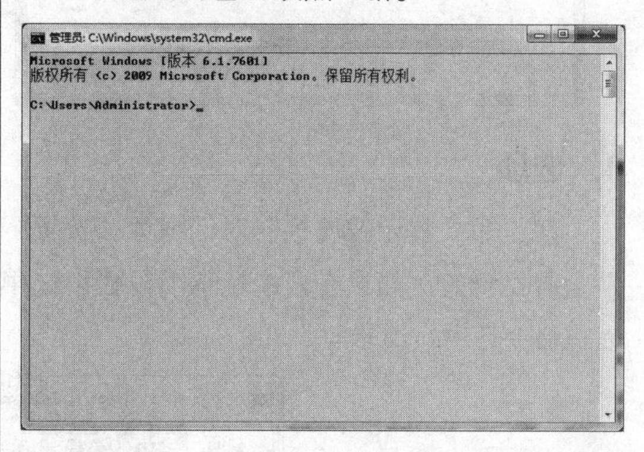

2. 字体

在“命令提示符属性”对话框的“字体”选项卡中，可以设置字体的样式（这里只提供了点阵字体和新宋体两种字体样式），可以选择一种自己喜欢的字体风格。在这里也可以选择窗口的大小，一般窗口大小为8*16，如左下图所示。

3. 布局

在“命令提示符属性”对话框的“布局”选项卡中，可以对窗口的整体布局进行设置。

可以具体设置窗口的大小、在屏幕中所处的位置，以及屏幕缓冲区大小。在设置窗口位置时，如果选中“由系统定位窗口”复选框，则在启动 DOS 时，窗口在屏幕中所处的位置由系统来决定，如右下图所示。

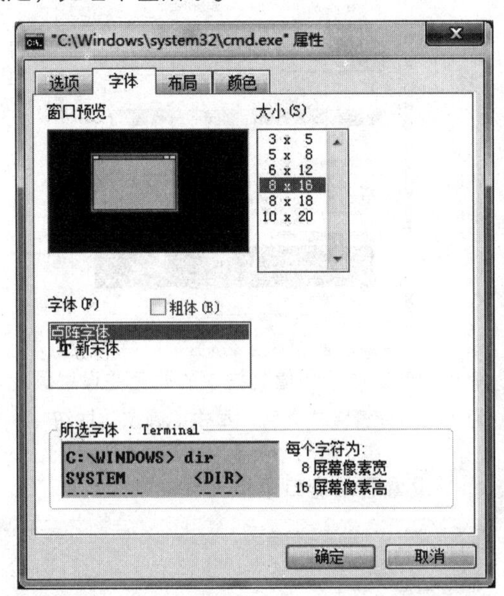

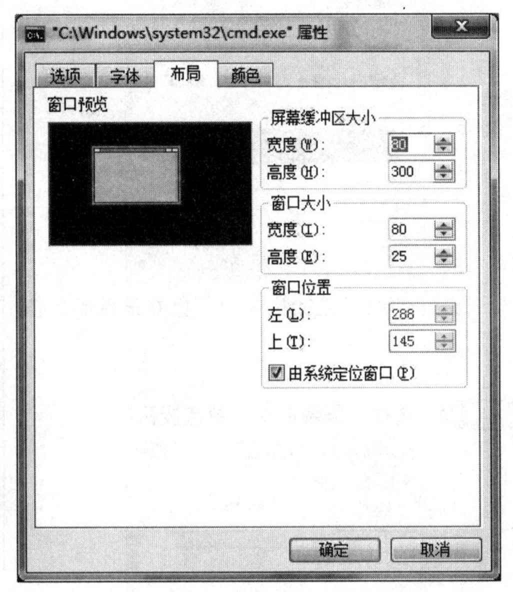

4. 选项

在“命令提示符属性”对话框的“选项”选项卡中，可以设置光标大小、是窗口显示还是全屏显示等。如果在“编辑选项”栏中选中“快速编辑模式”复选框，则在窗口中随时可以对命令行进行编辑。

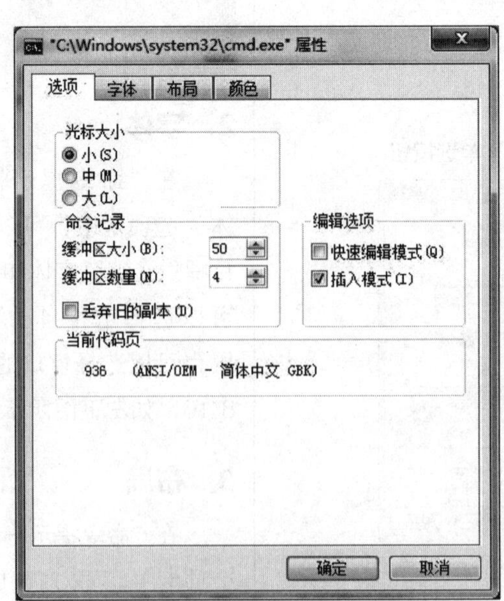

6.1.5 Windows 系统命令行

Windows 操作系统中的命令行很多，下面简单介绍最常用的一些功能与其所对应的命令。

- 远程协助：通过 Internet 接收朋友的帮助（或向其提供帮助）。

命令：X:\Windows\System32\msra.exe

- 计算机管理：查看和配置系统设置和组件。

命令：X:\Windows\System32\compmgmt.msc

- 系统还原：将计算机系统还原到先前状态。

命令：X:\Windows\System32\rstrui.exe

- 系统属性：查看有关计算机的系统设置的基本信息。

命令：X:\Windows\System32\control.exe system

- 系统信息：查看有关硬件设置和软件设置的高级信息。

命令：X:\Windows\System32\msinfo32.exe

- 程序：启动、添加或删除程序和 Windows 组件。

命令：X:\Windows\System32\appwiz.cpl

- 禁用 UAC：禁用用户账户控制（需要重新启动）。

命令：X:\Windows\System32\cmd.exe/k%windir%\system32\reg.exe ADD HKLM\SOFTWARE\Microsoft\windows\CurrentVersion\Policies\System/vEnableLUA/t REG_DWORD/d 0 /f

- 注册表编辑器：更改 Windows 注册表。

命令：X:\Windows\System32\reg.exe

- 性能监视器：监视本地或远程计算机的可靠性和性能。

命令：X:\Windows\System32\perfmon.exe

- 安全中心：查看和配置计算机的安全基础。

命令：X:\Windows\System32\wscui.cpl

- 命令提示符：打开“命令提示符”窗口。

命令：X:\Windows\System32\cmd.exe

- 启用 UAC：启用用户账户控制（需要重新启动）。

命令：X:\Windows\System32\cmd.exe/k%windir%\system32\reg.exe ADDHKLM\SOFTWARE\Microsoft\windows\CurrentVersion policies\System/v EnableLUA/t REG_DORD/d 1/f

- 关于 Windows：显示 Windows 版本信息。

命令：X:\Windows\System32\winver.exe

- 任务管理器：显示有关计算机运行的程序和进程的详细信息。

命令：X:\Windows\System32\taskmgr.exe

- 事件查看器：查看监视消息和疑难解答信息。

命令：X:\Windows\System32\eventvwr.exe

- Internet 选项：查看 Internet explorer 设置。

命令：X:\Windows\System32\inetcpl.cpl

- Internet 协议配置：查看和配置网络地址设置。

命令：X:\Windows\System32\cmd.exe /k%windir%\system32\ipconfig.exe

6.2 全面认识 DOS 系统

在使用 DOS 时，还会经常听到 MS-DOS 与 PC-DOS，对初学者来说，二者可以认为没有区别。事实上，MS-DOS 由 Microsoft（微软公司）出品，而 PC-DOS 则由 IBM 对 MS-DOS 略加改动而推出。由于微软公司在计算机业界的垄断性地位，其产品 MS-DOS 成为主流操作系统。DOS 主要由 MSDOS.SYS、IO.SYS 和 COMMAND.COM 等 3 个基本文件和一些外部命令组成。

6.2.1 DOS 系统的功能

DOS 实际上是一组控制计算机工作的程序，专门用来管理计算机中的各种软、硬件资源，负责监视和控制计算机的全部工作过程。不仅向用户提供了一整套使用计算机系统的命令和方法，还向用户提供了一套组织和应用磁盘上信息的方法。

DOS 的功能主要体现在如下 5 个方面。

1. 执行命令和程序（处理器管理）

DOS 能够执行 DOS 命令和运行可执行的程序。在 DOS 环境下（即在 DOS 提示符下），当用户输入合法命令和文件名后，DOS 就根据文件的存储地址到内存或外存上查找用户所需的程序，并根据用户的要求使 CPU 运行；若未找到所需文件，则出现出错信息。在这里，DOS 正是扮演了使用者、计算机、应用程序三者之间的“中间人”的角色。

2. 内存管理

分配内存空间，保护内存，使任何一个程序所占的内存空间不遭破坏，同硬件相配合，可以设置一个最佳的操作环境。

3. 设备管理

为用户提供使用各种输入 / 输出设备（如键盘、磁盘、打印机和显示器等）的操作方法。通过 DOS 可以方便地实现内存和外存之间的数据传送和存取。

4. 文件管理

为用户提供一种简便的存取和管理信息方法。通过 DOS 管理文件目录，为文件分配磁盘存储空间，建立、复制、删除、读 / 写和检索各类文件等。

5. 作业管理

作业是指用户提交给计算机系统的一个独立的计算任务，包括源程序、数据和相关命令。作业管理是对用户提交的诸多作业进行管理，包括作业的组织、控制和调度等。

6.2.2 文件与目录

文件是存储于外存储器中具有名字的一组相关信息集合，在 DOS 下所有的程序和数据均以文件形式存入磁盘。自己编制的程序存入磁盘是文件，DOS 提供的各种外部命令程序也是文件，执行 DOS 外部命令就是调用此命令文件的过程。

如果想查看计算机中的文件与目录（即 Windows 系统下的文件夹），只需在“命令提示符”窗口中运行 dir 命令，即可看到相应的文件和目录。后面带有 <DIR> 的是目录（文件夹），没有的是文件。还可以在文件和目录名前面看到文件和目录的创建时间，以及本盘符的使用空间和剩余空间。

```
管理员: C:\Windows\system32\cmd.exe
Microsoft Windows [版本 6.1.7601]
版权所有 (c) 2009 Microsoft Corporation。保留所有权利。

C:\Users\Administrator>cd\

C:\>dir
 驱动器 C 中的卷没有标签。
 卷的序列号是 9071-C280

 C:\ 的目录

2013/10/25  17:19             1,024 .rnd
2013/12/31  10:24    <DIR>          5f9e5459ac59a2f88d3118e21926d4cf
2009/06/11  05:42                24 autoexec.bat
2014/09/17  10:02    <DIR>          bangbangcs
2013/12/20  11:43                56 bdkv_install.log
2014/09/18  17:08             3,984 bootsqm.dat
2014/07/16  09:09    <DIR>          c03744e220e115957c
2009/06/11  05:42                10 config.sys
2014/03/07  08:26    <DIR>          ftc2010
2014/03/05  08:21           415,859 ieno2.lib
2013/12/16  10:55    <DIR>          inetpub
2012/06/13  17:14    <DIR>          Intel
2014/03/24  09:11    <DIR>          kfsensor
2014/03/24  08:49                 5 out_ff1
2014/02/11  09:33       150,994,944 Photoshop Temp1127165868
2014/02/28  14:02       218,628,096 Photoshop Temp2287336460
```

MS-DOS 规定文件名由 4 个部分组成：[< 盘符 >][< 路径 >]< 文件名 >[<.. 扩展名 >]。文件由文件名和文件内容组成。文件名由用户命名或系统指定，用于唯一标识一个文件。

DOS 文件名由 1~8 个字符组成，构成文件名的字符分为如下 3 类。

- 26 个英文字母：a~z 或 A~Z。
- 10 个阿拉伯数字：0~9。

- 一些专用字符：$ 、# 、&、@、!、%、()、{}、-、－。

在文件名中不能使用“<” “>” “\” “//” “[ ]” “:” “!” “+” “=”，以及小于 20H 的 ASCII 字符。另外，可根据需要自行命名文件，但不可与 DOS 命令文件同名。

6.2.3 文件类型与属性

文件类型是文件根据其用途和内容分为不同的类型，分别用不同的扩展名表示。文件扩展名由 1~3 个 ASCII 字符组成，文件扩展名有些是系统在一定条件下自动形成的，也有一些是用户自己定义的，它和文件名之间用“.”分隔，如下表所示。

常见文件类型及文件类型扩展名

文件类型扩展名	文件类型
.com	系统命令文件
.exe	可执行文件
.bat	可执行的批处理文件
.sys	系统专用文件
.bak	后备文件
.dat	数据库文件
.txt	正文文件
.htm	超文本文件
.obj	目标文件
.tmp	临时文件
.ovl	覆盖文件
.asm	汇编语言源程序文件
.prg	FoxBase 源程序文件
.bas	Basic 源程序文件
.pas	Pascal 语言源程序文件
.C	C 语言源程序文件
.cpp	C++ 语言源程序文件
.cob	COBOL 语言源程序文件
.img	图像文件

文件属性是DOS系统下的所有磁盘文件，根据其特点和性质分为系统、隐含、只读和存档4种不同的属性。

这4种属性的作用如下。

1. 系统属性（S）

系统属性用于表示文件是系统文件还是非系统文件。具有系统属性的文件，是属于某些专用系统的文件（如DOS的系统文件io.sys和msdos.sys）。其特点是文件本身被隐藏起来，不能用DOS系统命令列出目录清单（DIR不加选择项 / a时），也不能被删除、复制和更名。如果可执行文件被设置为具有系统属性，则不能执行。

2. 隐含属性（H）

隐含属性用于阻止文件在列表时显示出来。具有隐含属性的文件，其特点是文件本身被隐藏起来，不能用DOS系统命令列出目录清单（DIR不加选择项 /a时），也不能被删除、复制和更名。可执行文件被设置为具有隐含属性后，并不影响其正常执行。使用这种属性可以对文件进行保密。

3. 只读属性（R）

只读属性用于保护文件不被修改和删除。具有只读属性的文件，其特点是能读入内存，也能被复制，但不能用DOS系统命令修改，也不能被删除。可执行文件被设置为具有只读属性后，并不影响其正常执行。对于一些重要的文件，可设置为具有只读属性，以防止文件被误删。

4. 存档属性（A）

存档属性用于表示文件被写入时是否关闭。如果文件具有这种属性，则表明文件写入时被关闭。各种文件生成时，DOS系统均自动将其设置为存档属性。改动了的文件也会被自动设置为存档属性。只有具有存档属性的文件，才可以进行列目录清单、删除、修改、更名、复制等操作。

为便于管理和使用计算机系统的资源，DOS把计算机的一些常用外部设备也当作文件来处理，这些特殊的文件称为设备文件。设备文件的文件名是DOS为设备命名的专用文件名（又称设备保留名），因此，用户在给磁盘文件起名时，应避免使用与DOS保留设备文件名相同的名字。

DOS 系统中的保留设备文件名和设置

保留设备文件名	设　　备
con	控制台，输入时，指键盘；输出时，指显示器
Lptl 或 prn	指连接在并行通信口 1 上的打印机
Lpt2 或 lpt3	指分别连接在并行通信口 2 和 3 上的打印机
Com1 或 aux	串行通信口 1
Com2	串行通信口 2
nul	虚拟设备或空

当然，在给文件名命名时，一定要注意如下几个方面。

- 设备名不能用作文件名。
- 当使用一个设备时，用户必须保证这个设备实际存在。
- 设备文件名可以出现在 DOS 命令中，用以代替文件名。
- 使用的设备文件名后面可加上“：”，其效果与不加冒号的文件名一定是一个设备，例如，“A：”“B：”“C：”“CON：”等。

6.2.4 目录与磁盘

在 DOS 系统中，当前目录就是提示符所显示的目录，如提示符是“C:\”，当前目录即 C 盘的根目录，这个 \（反斜杠）就表示根目录。如果要更改当前目录，则可以用 cd 命令，如输入“cd Windows”，则目录为 Windows 目录，提示符变成了“C：\Windows”，就表示当前目录变成了 C 盘的 Windows 目录，如左下图所示。

在输入“dir”命令之后，就可以显示 Windows 目录中的文件了，这就说明 dir 命令列出的是当前目录中的内容，如右下图所示。此外，在输入可执行文件名时，DOS 会在当前目录中寻找该文件，如果没有该文件，则会提示错误信息。

在 DOS 系统中目录采用树形结构，下面是一个目录结构的示意图，这个“C：”表示最上面的一层目录，如 DOS、Windows、Tools 等；而 DOS、Windows 目录也有子目录，像 DOS 下的 TEMP 目录，Windows 目录也有子目录，像 Windows 下的 system 目录。

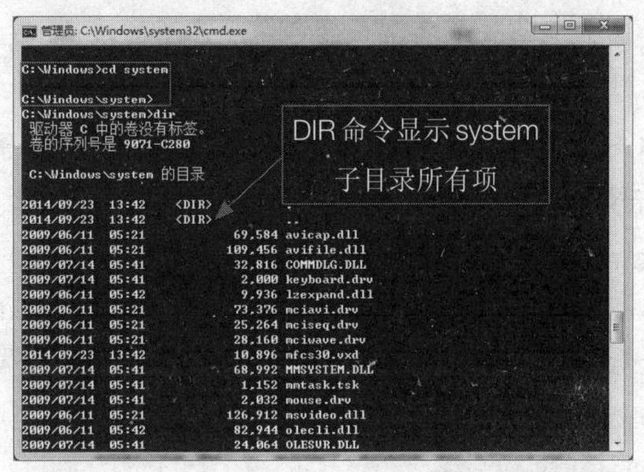

因此，可以用CD命令来改变当前目录，输入“CD Windows”，当前目录就变成Windows了，改变当前目录为一个子目录叫作进入该子目录，如果想进入 system 子目录，只要输入“cd system”命令就可以了，也可以输入“cd c:\Windows\system”。如果要退出 system 子目录，则只要输入“CD..”就可以了。

在 DOS 中，这两点就表示当前目录的上一层目录，一个点就表示当前目录，这时上一级目录为父目录，再输入“CD..”，就返回到 C 盘的根目录。有时，为了不必多次输入“CD..”来完成，可以直接输入“CD\”命令，“\”就表示根目录。在子目录中用 dir 命令列文件列表时，就可以发现“.”和“..”都算作文件数目，但大小为 0。

如果要更换当前目录到硬盘的其他分区，则可以输入盘符，如要到 D 盘，那么就需要输入“D”命令，现在提示符就变成了“D:\>”，如左下图所示。再输入“dir”命令，就可以看到 D 盘的文件的列表，如右下图所示。

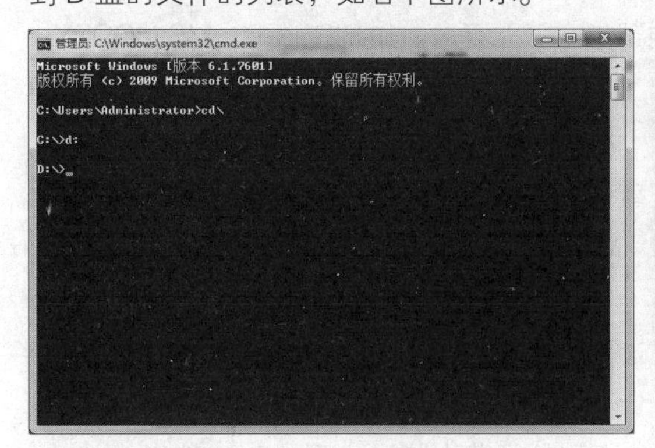

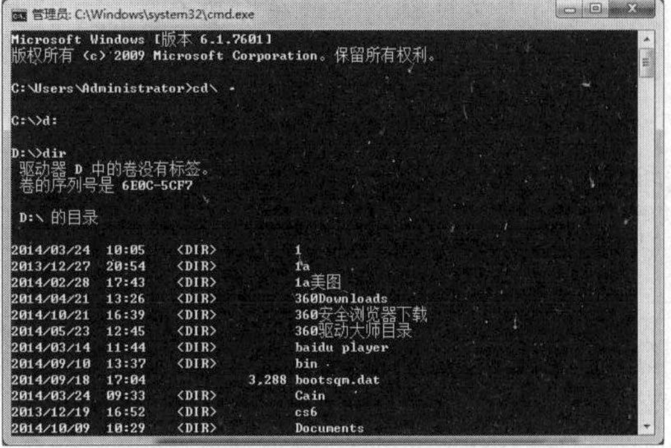

6.2.5 命令分类与命令格式

DOS 的命令格式为：[< 盘符 >][< 路径 >]< 命令名 >[/< 开关 >][< 参数 >]。

- 盘符：就是 DOS 命令所在的盘符，在 DOS 中一般省略 DOS 所在的盘符。
- 路径：就是 DOS 命令所在的具体位置（也就是对应的目录下），在 DOS 中一般省略 DOS 所在的路径。
- 命令名：每一条命令都有一个名字。命令名决定所要执行的功能。命令名是 MS-DOS 命令中不可缺少的部分。
- 参数：在 MS-DOS 命令中通常需要指定操作的具体对象，即需要在命令名中使用一个或多个参数。例如，显示文件内容的命令 TYPE 就要求有一个文件名。如“TYPE readme.txt”中 TYPE 是命令名，readme.txt 是参数。

有些命令则需要多个参数。例如，在用于更改文件名的 RENAME（REN）命令中，就必须包括原来的文件名和新文件名，所以需要两个参数。如“C:\>REN old_zk.dos new_zk.dos”，这条命令中有两个参数，即 old_zk.dos 和 new_zk.dos。执行该命令后，即可将原来的文件名 old_zk.dos 改变成新文件名 new_zk.dos。

还有一些命令（如 DIR）可以使用参数，也可以不使用参数。而像 CLS（清除屏幕）这样的命令则不需要使用任何参数。

- 开关：通常是一个字母或数字，用来进一步指定一条命令实施操作的方式。开关之前要使用一个斜杠“/”。例如，在 DIR 命令中可使用开头“/P”命令来分屏显示文件列表。

内部命令与外部命令在调用格式上没有区别，不同之处在于：前者的 <命令名> 是系统规定的保留字，而后者的 <命令名> 是省略了扩展名的命令文件名。一些常用的指令都归属为内部命令，较少用的指令则大都属于外部命令。DOS 之所以要把指令分成外部与内部命令，主要是为了节省内存。若将一些不常用的命令也都存储在内存中，则会降低内存的使用效率。

内部命令隐藏在 DOS 的 io.sys 和 msdos.sys 两个文件中，当以 DOS 方式启动计算机时，这两个文件就加载并常驻内存中，使得内部指令随时可用。如 DIR、CD、MD、COPY、REN、TYPE 等。

外部命令则以档案的方式存放在磁盘上，调用时才从磁盘上将该文件加载至内存中。换言之，外部命令不是随时可用，而是要看该文件是否存在于磁盘中，如 FORMAT、UNFORMAT、SYS、DELETREE、UNDETREE、MOVE、XCOPY、DISKCOPY 等。

当使用者输入一个 DOS 命令之后，该指令先交由 command.com 分析。所以 command.com 被称为命令处理器，其功能就是判断使用者所输入的指令是内部命令还是外部命令。倘若是内部命令，随即交给 io.sys 或 msdos.sys 处理；若是外部命令，则到磁盘上找寻该档案，即执行该指令。如果找不到，屏幕上将会出现“Bad Command or filename”这样的错误信息。

6.3 网络安全命令实战

6.3.1 测试物理网络的 Ping 命令

通过发送 Internet 控制消息协议（ICMP）并接收其应答，测试验证与另一台 TCP/IP 计算机的 IP 的连通性。对应的应答消息的接收情况将和往返过程的时间一起显示出来。Ping 是用于检测网络连接性、可到达性和名称解析的疑难问题。如果不带参数，Ping 将显示帮助。通过在命令提示符下输入“ping /?”命令，即可查看 Ping 命令的详细说明，如下图所示。

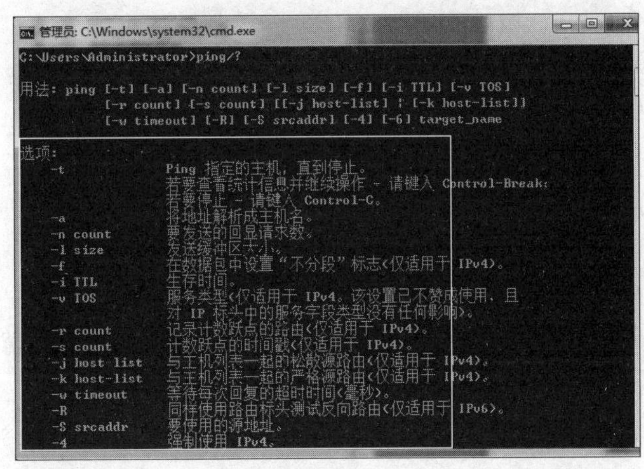

1．语法

```
Ping [-t] [-a] [-n count] [-l size] [-f] [-i TTL] [-v TOS] [-r count]
[-s count]{-j host-list|-k host-list}] [-w timeout] [target-name]
```

2．参数说明

- –t：指定在中断前 Ping 可以持续发送回响请求信息到目的地。要中断并显示统计信息，可按 <Ctrl+Break> 组合键。要中断并退出 Ping，可按 <Ctrl+C> 组合键。
- –a：指定对目的 IP 地址进行反向名称解析。若解析成功，Ping 将显示相应的主机名。
- –n：发送指定个数的数据包。通过这个命令可以自己定义发送的个数，对衡量网络速度有很大帮助。能够测试发送数据包的返回平均时间及时间快慢程度（默认值为 4）。选购服务器（虚拟主机）前可以把这个作为参考。
- –l：发送指定大小的数据包。默认为 32B，最大值是 65 500B。
- –f：在数据包中发送“不要分段”标志，数据包就不会被路由上的网关分段。默认发送的数据包都通过路由分段再发送给对方，加上此参数后路由就不会再分段处理了。

- –i：将“生存时间”字段设置为 TTL 指定的值。指定 TTL 值在对方系统中停留的时间，同时检查网络的运转情况。
- –v：将“服务类型”字段设置为 TOS（Type Of Server）指定的值。
- –r：在“记录路由”字段中记录传出和返回数据包的路由。通常情况下，发送的数据包通过一系列路由才到达目标地址，通过此参数可设定想探测经过路由的个数，限定能跟踪到 9 个路由。
- –s：指定 count 的跃点数的时间戳。与参数 -r 差不多，但此参数不记录数据包返回经过的路由，最多只记录 4 个。
- –j：利用 host-list 指定的计算机列表路由数据包。连续计算机可以被中间网关分隔（路由稀疏源），IP 允许的最大数量为 9。
- –k：利用 host-list 指定的计算机列表路由数据包。连续计算机不能被中间网关分隔（路由严格源），IP 允许的最大数量为 9。
- –w：timeout 指定超时间隔，单位为 ms。
- target_name：指定要 Ping 的远程计算机名。

3. 典型示例

利用 Ping 命令可以快速查找局域网故障、快速搜索最快的 QQ 服务器，防止入侵者利用 Ping 进行攻击。

❶ 如果想要 Ping 自己的机器，例如，输入“Ping 192.168.1.10”命令，如左下图所示。

❷ 如果在命令提示符下输入“Ping www.baidu.com”命令，右下图中的运行结果，表示连接正常，所有发送的包均被成功接收，丢包率为 0。

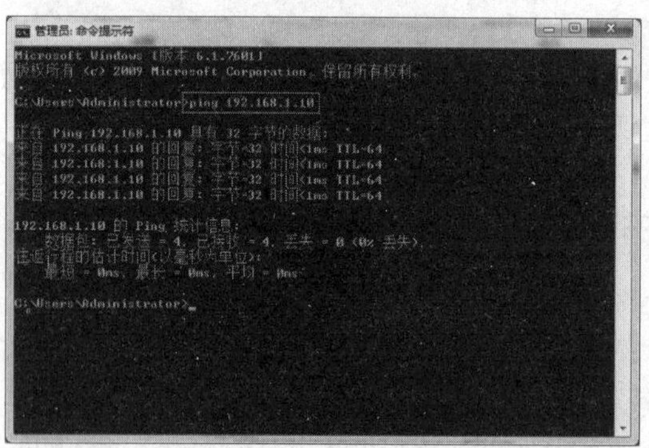

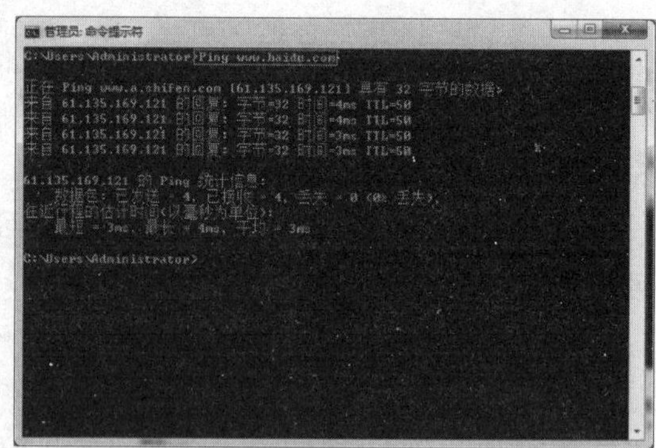

❸ 若想验证目的地“211.84.112.29”并记录 4 个跃点的路由，则应在命令提示符下输入“Ping –r 4 211.84.112.29”命令，以检测该网络内路由器工作是否正常，如左下图所示。

❹ 测试到网站“www.baidu.com”的连通性及所经过的路由器和网关，并只发送一个测试数据包。在命令提示符下输入“Ping www.baidu.com –n 1 –r 9”命令，如右下图所示。

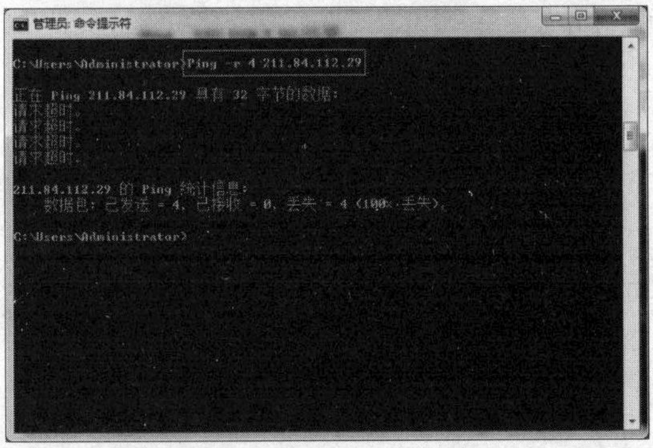

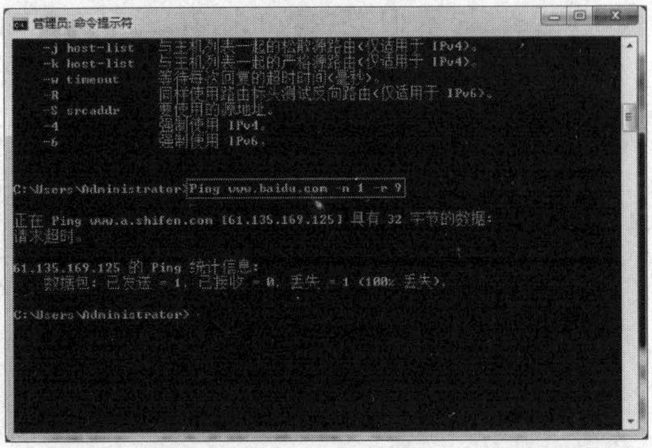

6.3.2 查看网络连接的 Netstat

Netstat 是一个监控 TCP/IP 网络的非常有用的工具，可以显示路由表、实际的网络连接，以及每一个网络接口设备的状态信息，可以让用户得知目前都有哪些网络连接正在运作。Netstat 用于显示与 IP、TCP、UDP 和 ICMP 协议相关的统计数据，一般用于检验本机各端口的网络连接情况。

如果计算机接收到的数据报导致出错数据或故障，不必感到奇怪，TCP/IP 可以容许这些类型的错误并自动重发数据报。但如果累计出错情况数目占到所接收 IP 数据报相当大的百分比，或者它的数目正迅速增加，就应该使用 Netstat 查一查为什么会出现这些情况了。

一般用“netstat -na”命令来显示所有连接的端口并用数字表示。

1. 语法

```
netstat[-a][-e][-n][-o][-p Protocol][-r][-s][Interval]
```

2. 参数说明

- -a：显示所有活动的 TCP 连接及计算机侦听的 TCP 和 UDP 端口。
- -e：显示以太网统计信息，如发送和接收的字节数、数据包数。
- –n：显示活动的 TCP 连接，但只以数字形式表现地址和端口号，却不尝试确定名称。
- –o：显示活动的 TCP 连接并包括每个连接的进程 ID（PID）。可在 Windows 任务管理器“进程”选项卡中找到基于 PID 的应用程序。该参数可以与 -a、-n 和 -p 结合使用。
- -p Protocol：显示 Protocol 所指定的协议的连接。在这种情况下，Protocol 可以是 TCP、UDP、TCPv6 或 UDPv6。
- -s：按协议显示统计信息。默认情况下，显示 TCP、UDP、ICMP 和 IP 协议的统计信息。如果安装了 Windows XP 的 IPv6 协议，则显示有关 IPv6 上的 TCP、IPv6 上的 UDP、ICMPv6 和 IPv6 协议统计信息。可以使用 -p 参数指定协议集。

● -r：显示 IP 路由表的内容。该参数与 route print 命令等价。

● Interval：每隔 Interval 秒重新显示一次选定的信息。按 <Ctrl+C> 组合键停止重新显示统计信息。如果省略该参数，netstat 将只打印一次选定的信息。

3. Netstat 命令使用详解

在使用 Netstat 命令时还可以实现如下几个功能。

①与该命令一起使用的参数必须以连字符（-）而不是以斜杠（/）作为前缀。

② Netstat 提供下列统计信息。

● Proto：协议的名称（TCP 或 UDP）。

● Local Address：本地计算机的 IP 地址和正在使用的端口号码。如果不指定 -n 参数，则显示与 IP 地址和端口对应的名称。如果端口尚未建立，端口以星号（*）显示。

● Foreign Address：连接该插槽的远程计算机的 IP 地址和端口号码。如果不指定 -n 参数，就显示与 IP 地址和端口对应的名称。如果端口尚未建立，端口以星号（*）显示。

● （state）：表明 TCP 连接的状态。其中，LISTEN 表示监听来自远方 TCP 端口的连接请求；SYN-SENT 表示在发送连接请求后等待匹配的连接请求；SYN-RECEIVED 表示在收到和发送一个连接请求后，等待对方对连接请求的确认；ESTABLISHED 表示一个打开的连接；FIN-WAIT-1 表示等待远程 TCP 连接中断请求，或先前连接中断请求的确认；FIN-WAIT-2 表示从远程 TCP 等待连接中断请求；CLOSE-WAIT 表示等待从本地用户发来的连接中断请求；CLOSING 表示等待远程 TCP 对连接中断的确认；LAST-ACK 表示等待原来发向远程 TCP 连接中断请求的确认；TIME-WAIT 表示等待足够时间以确保远程 TCP 接收到连接中断请求的确认；CLOSED 表示没有任何连接状态。

③只有当网际协议（TCP/IP）网络连接中安装为网络适配器属性的组件时，该命令才可用。

④如下为 Netstat 的一些常用选项。

● netstat –s：本选项能够按照各个协议分别显示其统计数据。如果应用程序（如 Web 浏览器）运行速度比较慢，或不能显示 Web 页之类的数据，就可以用本选项来查看一下所显示的信息。需要仔细查看统计数据的各行，找到出错的关键字，进而确定问题所在。

● netstat –e：本选项用于显示关于以太网的统计数据。它列出的项目包括传送数据报的总字节数、错误数、删除数、数据报数量和广播数量。这些统计数据既有发送的数据报数量，也有接收的数据报数量（这个选项可以用来统计一些基本的网络流量）。

● netstat –r：可以显示关于路由表的信息。除显示有效路由外，还显示当前有效的连接。

● netstat –a：本选项显示一个有效连接信息列表，包括已建立的连接（ESTABLISHED），也包括监听连接请求（LISTENING）的那些连接。

● bnetstat –n：显示所有已建立的有效连接。

4. 典型示例

Netstat 命令可显示活动的 TCP 连接、计算机监听的端口、以太网统计信息、IP 路由表、IPv4 统计信息（对于 IP、ICMP、TCP 和 UDP 协议）及 IPv6 统计信息（对于 IPv6、ICMPv6、通过 IPv6 的 TCP 及通过 IPv6 的 UDP 协议）。使用时如果不带参数，Netstat 将显示活动的 TCP 连接。

下面再介绍 Netstat 命令的应用实例，具体如下。

①若想显示本机所有活动的 TCP 连接，以及计算机侦听的 TCP 和 UDP 端口，则应输入“netstat –a”命令，如左下图所示。

②显示服务器活动的TCP/IP连接，则应输入“netstat –n”命令或“netstat(不带任何参数)”命令，如右下图所示。

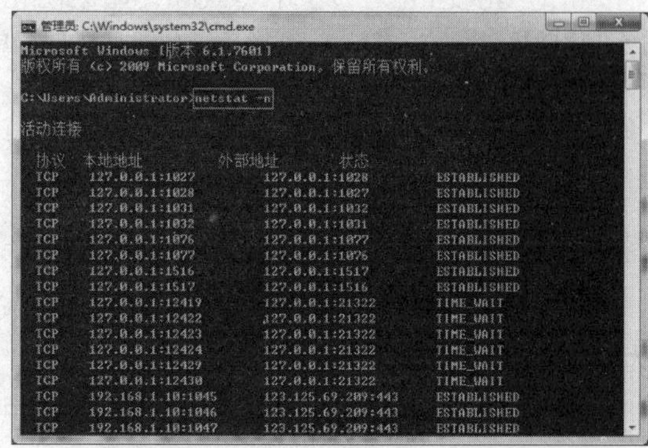

③显示以太网统计信息和所有协议的统计信息，则应输入“netstat –s –e”命令，如左下图所示。

④检查路由表确定路由配置情况，则应输入“netstat –rn”命令，如右下图所示。

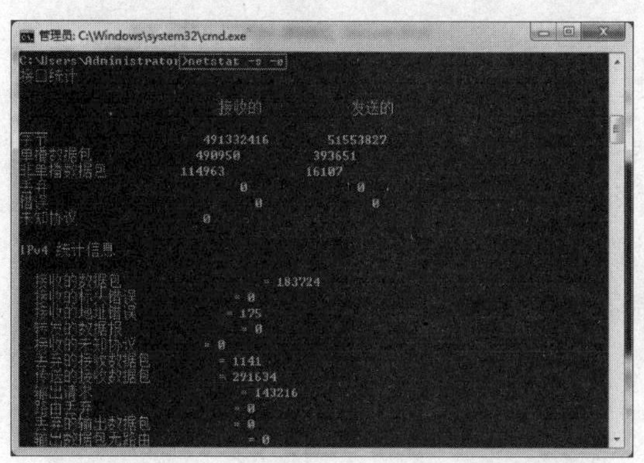

6.3.3 工作组和域的 Net 命令

许多 Windows 网络命令以 Net 开始。这些 Net 命令有一些公共属性：通过输入“Net/?”

可查阅所有可用的 Net 命令。通过输入“Net help”命令，可在命令行中获得 Net 命令的语法帮助。

在工作组中用户的一切设置在本机上进行，密码放在本机的数据库中验证。如果用户的计算机加入域，则各种策略由域控制器统一设定，用户名和密码也需到域控制器去验证，也即用户的账号和密码可在同一域中任何一台计算机上登录，这样做主要是为了便于管理。

下面来介绍几个常用的 Net 子命令。

1. net accounts

作用：更新用户账号数据库、更改密码及所有账号的登录要求。必须要在更改账号参数的计算机上运行网络登录服务。命令格式如下。

```
net accounts[/forcelogoff:{minutes | no}][/minpwlen:length]
[/maxpwage:{days| unlimited}][/minpwage:days][/uniquepw:number]
[/domain] 或 net accounts[/sync][/domain]
```

- 不带参数的 net accounts 命令，用于显示当前密码设置、登录时限及域信息。
- /forcelogoff:{minutes | no} 设置当用户账号或有效登录时间过期时，结束用户和服务器会话前的等待时间。no 选项禁止强行注销（该参数的默认设置为 no）。
- /minpwlen:length 设置用户账号密码的最少字符数。允许范围为 0 ~ 14，默认值为 6。
- /maxpwage:{days | unlimited} 设置用户账号密码有效的最大天数。unlimited 不设置最大天数。/maxpwage 选项的天数必须大于 /minpwage。允许范围是 1 ~ 49 710 天（unlimited），默认值为 90 天。
- /minpwage:days 设置用户必须保持原密码的最小天数。0 值不设置最小时间。允许范围为 0 ~ 49 710 天，默认值为 0 天。
- /uniquepw:number 要求用户更改密码时，必须在经过 number 次后，才能重复使用与之相同的密码。允许范围为 0 ~ 8，默认值为 5。
- /domain: 在当前域的主域控制器上执行该操作，否则只在本地计算机执行操作。
- /sync: 当用于主域控制器时，该命令使域中所有备份域控制器同步；当用于备份域控制器时，该命令仅使该备份域控制器与主域控制器同步，仅适用于 Windows NT Server 域成员的计算机。

2. net file

作用：用于关闭一个共享的文件并且删除文件锁。命令格式如下。

```
net file [id [/close]]
```

- id：指文件的标识号。
- /close：关闭一个打开的文件且删除文件上的锁。可在文件共享服务器上输入该命令。

3. net config

作用：显示运行的可配置服务，或显示并更改某项服务的设置。命令格式如下。

```
net config[service[options]]
```

- 不带参数的 net config 命令，用于显示可配置服务的列表。
- service：通过 net config 命令进行配置的服务（server 或 workstation）。
- options：为服务的特定选项。

4. net computer

作用：从域数据库中添加或删除计算机。命令格式如下。

```
net computer\\computername{/add|/del}
```

- \\computername：指定要添加到域或从域中删除的计算机。
- /add：将指定计算机添加到域。
- /del：将指定计算机从域中删除。

5. net continue

作用：重新激活挂起的服务。命令格式如下。

```
net continue server
```

6. net view

作用：显示域列表，计算机列表或指定计算机的共享资源列表。命令格式如下。

```
net view [\\computername|/domain[omainname]]
```

- 不带参数的 net view 命令，用于显示当前域的计算机列表。
- \\computername：指定要查看其共享资源的计算机名称。
- /domain[omainname]：指定要查看其可用计算机的域。

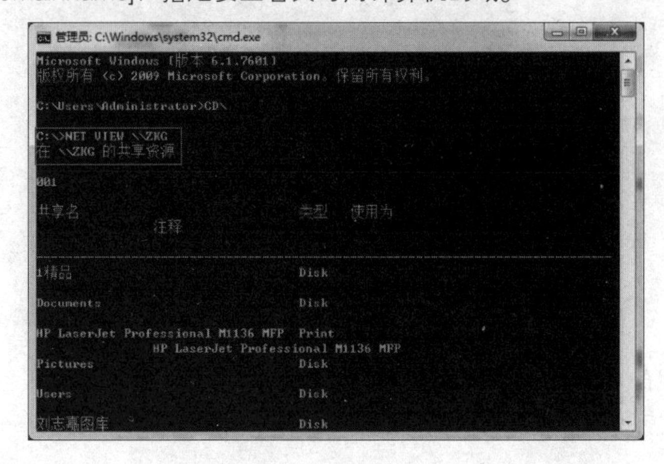

7. net user

作用：添加或更改用户账号或显示用户账号信息。该命令也可以写为 net users。命令格式如下。

```
net user[username[password | *][options]][/domain]
```

- 不带参数的 net user 命令，用于查看计算机上的用户账号列表，如下图所示。

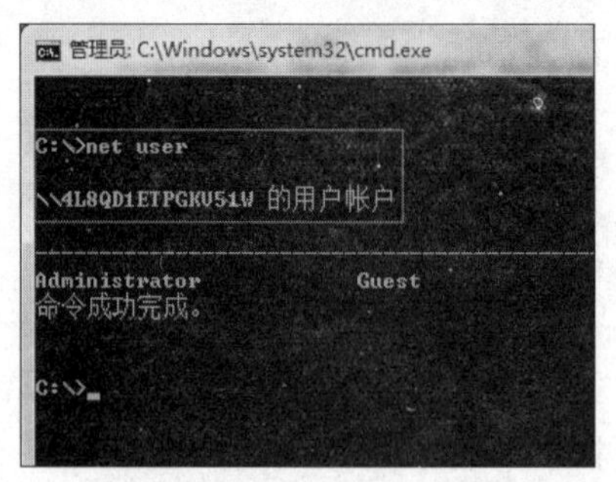

- username: 添加、删除、更改或查看用户账号名。
- password: 为用户账号分配或更改密码。密码必须满足 net accounts 命令的 /minpwlen 选项要求的密码最小长度，最多可以有 127 个字符。
- /domain: 在计算机主域的主域控制器中执行操作。

8. net use

作用：连接计算机或断开计算机与共享资源的连接，或显示计算机的连接信息。命令格式如下。

```
net use [devicename | *][\\computername\sharename[\volume]]
[password | *] [/user: [domainname\]username][/delete]|[/persistent:
{yes | no}]
```

参数介绍：不带参数的 net use 命令，可列出网络连接，如下图所示。

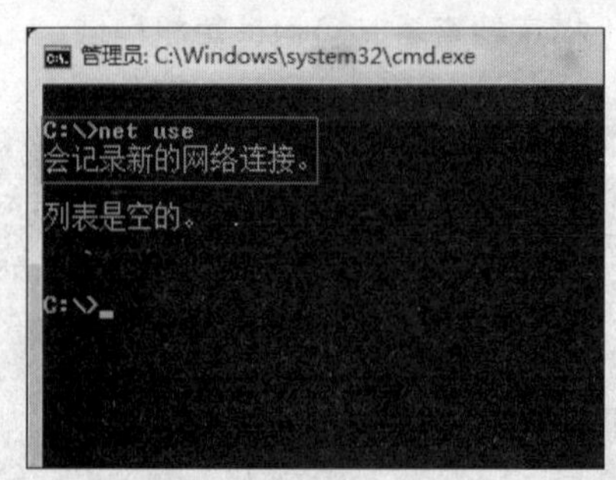

9. net start

作用：启动服务或显示已启动服务的列表。不带参数则显示已打开服务。在需要启动一个服务时，只需在后边加上服务名称就可以了。命令格式如下。

```
net start server
```

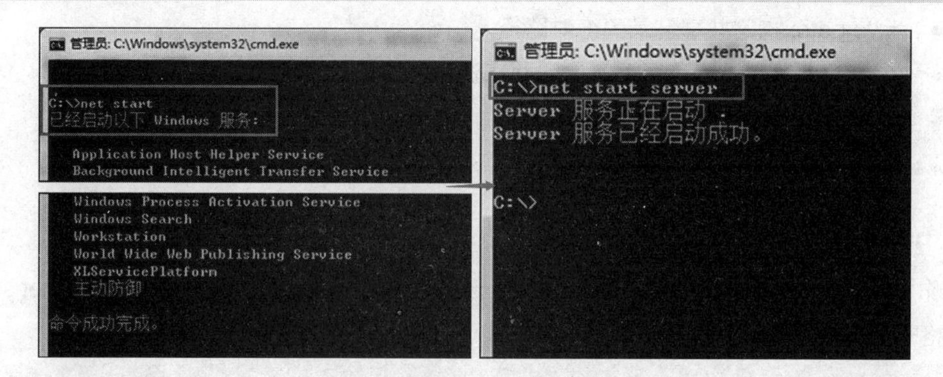

10. net pause

作用：暂停正在运行的服务。命令格式如下。

```
net pause server
```

11. net stop

作用：停止 Windows NT 网络服务。命令格式如下。

```
net stop server
```

与 net stop 命令相反的命令是 net start，net stop 命令用于停止 Windows NT 网络服务，net start 命令用于启动 Windows NT 网络服务。

12. net share

作用：创建、删除或显示共享资源。命令格式如下。

```
net share sharename=drive:path[/users:number | /unlimited]
[/remark:"text"]
```

- 不带任何参数的 net share 命令，可用于显示本地计算机上所有共享资源的信息，如下图所示。

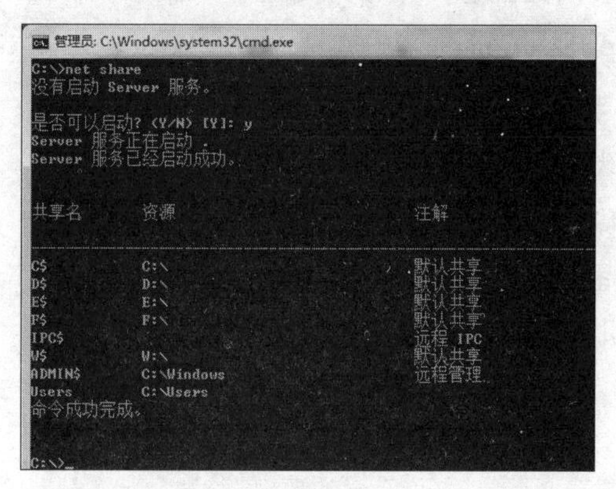

- sharename: 共享资源的网络名称。
- drive:path: 指定共享目录的绝对路径。
- /user:number: 设置可以同时访问共享资源的最大用户数。
- /unlimited: 不限制同时访问共享资源的用户数。
- /remark:" text" : 添加关于资源的注释，注释文字用引号引注。

13. net session

作用：列出或断开本地计算机和与其相连接的客户端，也可写为 net sessions 或 net sess。命令格式如下。

```
net session [\\computername][/delete]
```

- 不带参数的 net session 命令，可显示所有与本地计算机的会话信息。
- \\computername 标识用于列出或断开会话的计算机。
- /delete 结束与 \\computername 计算机会话，并关闭本次会话期间计算机的所有连接。

14. net send

作用：向网络的其他用户、计算机或通信名发送消息。如用 "Net send /users server will shutdown in 10 minutes" 命令给所有连接到服务器的用户发送消息。命令格式如下。

```
net send {name |*|/domain[:name]|/users}message
```

- name: 要接收发送消息的用户名、计算机名或通信名。
- *: 将消息发送到组中的所有名称。
- /domain[:name]: 将消息发送到计算机域中的所有名称。
- /users: 将消息发送到与服务器连接的所有用户。
- message: 作为消息发送的文本。

15. net print

作用：显示或控制打印作业及打印队列。命令格式如下。

```
net print[\computername]job#[/hold|/release|/delete]
```

- computername: 共享打印机队列的计算机名。
- job# : 在打印机队列中分配给打印作业的标识号。
- /hold : 使用 job# 时，在打印机队列中使打印作业等待。
- /release: 释放保留的打印作业。
- /delete: 从打印机队列中删除打印作业。

16. net name

作用：添加或删除消息名或显示计算机接收消息的名称列表。命令格式如下。

```
net name[name[/add|/delete]]
```

- 不带参数的 net name 命令，用于列出当前使用的名称。
- name: 指定接收消息的名称。
- /add: 将名称添加到计算机中。
- /delete: 从计算机中删除名称。

6.3.4 23 端口登录的 Telnet 命令

Telnet 是传输控制协议 / 互联网协议（TCP/IP）网络（如 Internet）的登录和仿真程序，主要用于 Internet 会话。基本功能是允许用户登录进入远程主机系统。

命令格式：telnet+ 空格 +IP 地址 / 主机名称

例如：“telnet 192.168.1.103 80”命令如果执行成功，则将从 IP 地址为 192.168.0.9 的远程计算机上得到 Login：提示符。

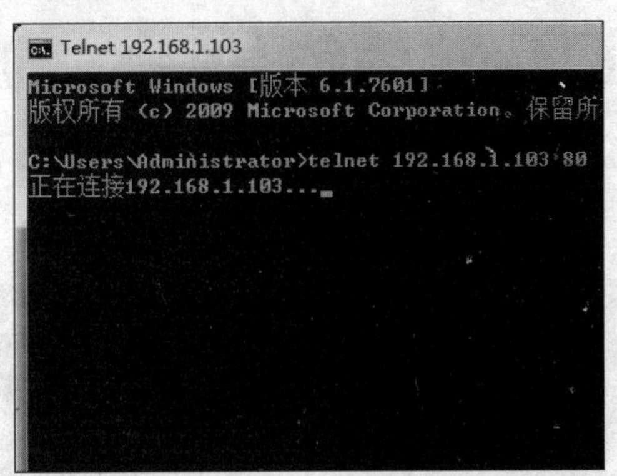

当 Telnet 成功连接到远程系统上时，将显示登录信息并提示用户输入用户名和口令。如果用户名和口令输入正确，则成功登录并在远程系统上工作。在 Telnet 提示符后可输入很多命令用来控制 Telnet 会话过程。在 Telnet 提示下输入“？”，屏幕显示 Telnet 命令的帮助信息。

6.3.5 传输协议 FTP 命令

FTP 命令是 Internet 用户使用最频繁的命令之一，通过 FTP 命令可将文件传送到正在运行 FTP 服务的远程计算机上，或从正在运行 FTP 服务的远程计算机上下载文件。在“命令提示符”窗口中运行“ftp”命令，即可进入 FTP 子环境窗口。或在“运行”对话框中运行“ftp”命令，也可进入 FTP 子环境窗口。

命令格式如下。

```
ftp -v -n -d -g[主机名]
```

- -v：显示远程服务器的所有响应信息。
- -n：限制 FTP 的自动登录，即不使用。
- -d：使用调试方式。
- -g：取消全局文件名。

6.3.6 查看网络配置的 IPConfig 命令

IPConfig 是调试计算机网络的常用命令，通常大家使用它显示计算机中网络适配器的 IP 地址、子网掩码及默认网关，这是 IPConfig 的不带参数用法。常见的用法还有 IPConfig/all。

在“命令提示符”窗口中运行 Ipconfig 命令，查看当前计算机的 IPv4、IPv6 地址、子网掩码及默认关等信息。

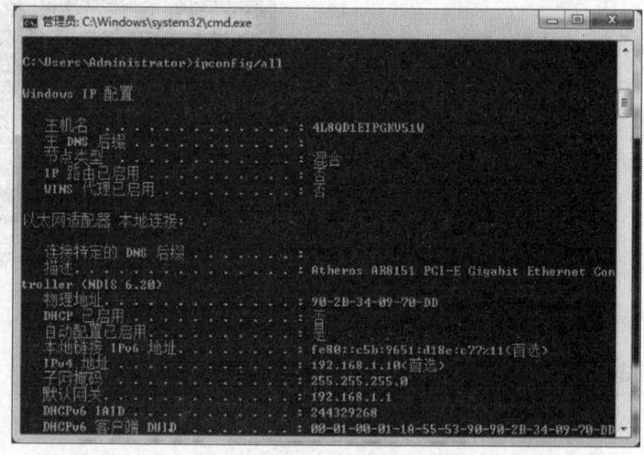

在“命令提示符”窗口中运行 Ipconfig/all 命令，查看当前计算机的 IP 地址、子网掩码、DNS 后缀和 DHCP 等信息。

6.4 其他重要命令

任何一个网络管理员，都必须掌握网络管理构成中经常用到的一些管理命令和工具。网络管理是任何一个网络得以正常运行的保障，依据规模大小、重要性、复杂程度不同，网络管理的重要性也会有所差异，同时对网络管理人员的技术水平要求也会有所不同。但任何一个网络管理员，都必须掌握网络管理构成中经常用到的一些管理命令和工具。

6.4.1 Tracert 命令

Tracert（跟踪路由）是路由跟踪实用程序，用于确定 IP 数据报访问目标所采取的路径。Tracert 命令用 IP 生存时间（TTL）字段和 ICMP 错误消息，来确定从一个主机到网络上其他主机的路由。命令格式如下。

```
tracert[-d][-h MaximumHops][-j Hostlist][-w Timeout][TargetName]
```

- -d：防止 Tracert 试图将中间路由器的 IP 地址解析为它们的名称。这样可加速显示 Tracert 的结果。
- -h MaximumHops：在搜索目标（目的）路径中指定跃点最大数。默认值为 30 个跃点。
- -j Hostlist：指定“回响请求”消息对于在主机列表中指定的中间目标集使用 IP 报头中的“松散源路由”选项。可以由一个或多个具有松散源路由的路由器分隔连续的中间目的地。主机列表中的地址或名称的最大数为 9，主机列表是一系列由空格分开的 IP 地址（用带点的十进制符号表示）。
- -w Timeout：指定等待“ICMP 已超时”或“回响答复”消息（对应于要接收的给定“回响请求”消息）的时间（以 ms 为单位）。如果超时时间内未收到消息，则显示一个星号（*）。默认的超时时间为 4 000ms（4s）。
- TargetName：指定目标，可以是 IP 地址或主机名。

Tracert 诊断工具通过向目标发送具有变化的“生存时间（TTL）”值的“ICMP 回响请求”消息，来确定到达目标的路径。要求路径上每个路由器在转发数据包之前，至少将 IP 数据报中的 TTL 递减 1。这样，TTL 就成为最大链路计数器，数据包上的 TTL 到达 0 时，路由器应将“ICMP 已超时”的消息发送回源计算机。

Tracert 发送 TTL 为 1 的第一条“回响请求”消息，并在随后的每次发送过程将 TTL 递增 1，直到目标响应或跃点达到最大值，从而确定路径，在默认情况下，跃点的最大数量是 30，可使用 -h 参数指定。

检查中间路由器返回的“ICMP 超时”消息，与目标返回的“回响答复”消息可确定路径。但某些路由器不会为其 TTL 值已过期的数据包返回“已超时”消息，而且这些路由器对于 Tracert 命令不可见。在这种情况下，将为该跃点显示一行星号（*）。

要跟踪路径并为路径中的每个路由器、链路提供网络延迟、数据包丢失信息，请使用 pathping 命令。只有当“Internet 协议（TCP/IP）”在“网络连接”中安装为网络适配器属性的组件时，该 Tracert 命令才可用。

如果要追踪到腾讯网（www.qq.com）的路由，证明局域网络和 Internet 连接是否正常，则应输入命令“tracert www.qq.com”，命令执行完成后的结果，如左下图所示。从运行结果可知，局域网可以正常连接至 Internet，实现对腾讯网的访问。同时，可以显示该链路中所有经过的路由器设备的 IP 地址。

若想要追踪到清华大学（www.tsinghua.edu.cn）路由，判断故障所在。应在命令提示符下输入“tracert www.tsinghua.edu.cn”命令，命令执行后的结果如右下图所示。

```
命令提示符 - tracert www.qq.com
Microsoft Windows [版本 6.4.9879]
(c) 2014 Microsoft Corporation. All rights reserved.

C:\Users\wangye>tracert www.qq.com

通过最多 30 个跃点跟踪
到 www.qq.com [61.135.157.156] 的路由:

  1     1 ms     1 ms     2 ms  1.15.184.1
  2     3 ms     2 ms     1 ms  1.15.184.1
  3     1 ms     1 ms     1 ms  59.108.0.225
  4     2 ms     2 ms     2 ms  192.168.4.10
  5     1 ms     1 ms     1 ms  59.108.2.110
  6     2 ms     2 ms     3 ms  192.168.60.25
  7     *        *        *     请求超时。
  8    29 ms     5 ms     5 ms  192.168.201.1
  9     5 ms     5 ms     9 ms  111.206.190.172
 10     6 ms     5 ms     6 ms
```

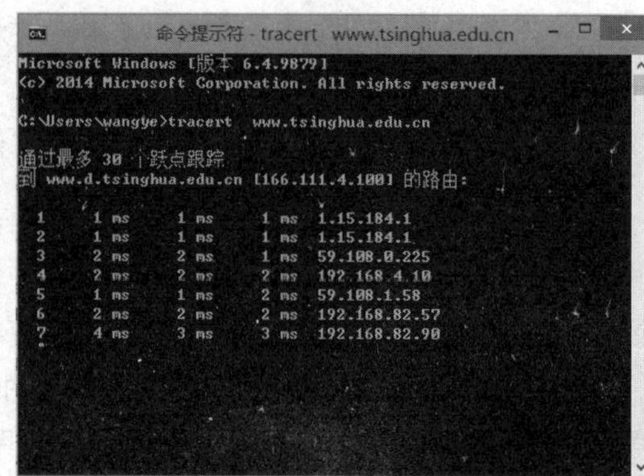

6.4.2 Route 命令

Route 命令的作用是手动配置路由表，在本地 IP 路由表中显示和修改条目。它是网络管理工作中应用较多的工具，使用不带参数的 Route 命令可以显示其帮助信息。命令格式如下。

```
route [-f][-p][Command[Destination][mask Netmask][Gateway]
[metric Metric][if Interface]]
```

● -f：清除所有不是主路由（子网掩码为 255.255.255.255 的路由）、环回网络路由（目标为 127.0.0.0，子网掩码为 255.255.255.0 的路由）或多播路由（目标为 224.0.0.0，子网掩码为 240.0.0.0 的路由）的条目的路由表。如果它与 Add、Change 或 Delete 命令结合使用，路由表会在运行命令之前清除。

● -p：与 Add 命令共同使用时，指定路由被添加到注册表并在启动 TCP/IP 协议时初始化 IP 路由表。默认情况下，启动 TCP/IP 协议时不会保存添加的路由。与 Print 命令一起使用时，则显示永久路由列表。所有其他命令都忽略此参数。永久路由存储在注册表中的位置是 HKLM\\ SYSTEM\CurrentControlSet\Services\Tcpip\Parameters\PersistentRoutes。

● Command：指定要运行的命令。

  ◇ Add：添加路由。

◇ Change：更改现存路由。

◇ Delete：删除路由。

◇ Print：打印路由。

- Destination：指定路由的网络目标地址。目标地址可以是一个 IP 网络地址（其中网络地址的主机地址位设置为 0），对于主机路由是 IP 地址，对于默认路由是 0.0.0.0。

- mask Netmask：指定与网络目标地址相关联的子网掩码。子网掩码对于 IP 网络地址可以是一适当的子网掩码，对于主机路由是 255.255.255.255，对于默认路由是 0.0.0.0。如果忽略，则使用子网掩码 255.255.255.255。定义路由时由于目标地址和子网掩码之间的关系，目标地址不能比它对应的子网掩码更为详细。换句话说，如果子网掩码的一位是 0，则目标地址中的对应位就不能设置为 1。

- Gateway：指定超过由网络目标和子网掩码定义的可达到的地址集的前一个或下一个跃点 IP 地址。对于本地连接的子网路由，网关地址是分配给连接子网接口的 IP 地址。对于要经过一个或多个路由器才可用到的远程路由，网关地址是一个分配给相邻路由器的、可直接达到的 IP 地址。

- metric Metric：为路由指定所需跃点数的整数值（范围为 1~9 999），它用来在路由表里的多个路由中选择与转发包中的目标地址最为匹配的路由。所选的路由具有最少的跃点数。跃点数能够反映跃点的数量、路径的速度、路径可靠性、路径吞吐量及管理属性。

- If Interface：指定目标可以到达的接口的接口索引。使用 Route print 命令可以显示接口及其对应接口索引的列表。对于接口索引可以使用十进制或十六进制的值。对于十六进制的值，要在十六进制数的前面加上 0x。忽略 if 参数时，接口由网关地址确定。

如果是 Print 或 Delete 命令，可以忽略 Gateway 参数，使用通配符来表示目标和网关。Destination 的值可以是由星号 (*) 指定的通配符。如果指定目标含有一个星号 (*) 或问号 (?)，它被看作是通配符，只打印或删除匹配的目标路由。星号代表任意一字符序列，问号代表任意一字符。例如，10.*.1、192.168.*、127.* 和 *224* 都是星号通配符的有效使用。只有当网际协议（TCP/IP）在网络连接中安装为网络适配器属性的组件时，该命令才可用。

如果要显示路由表中的当前项目，则应在命令提示符下输入“route print”命令，执行结果如左下图所示。由于用 IP 地址配置了网卡，因此所有这些项目都是自动添加的。

如果想要显示 IP 路由表中以 192 开始的路由，则应在命令提示符下输入“route print 192.*”命令，运行结果如右下图所示。

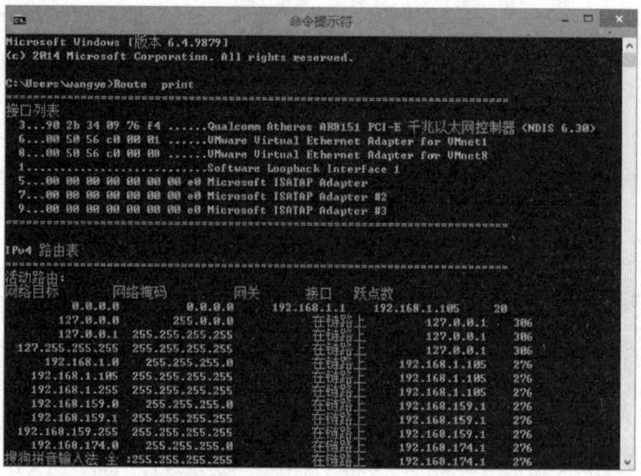

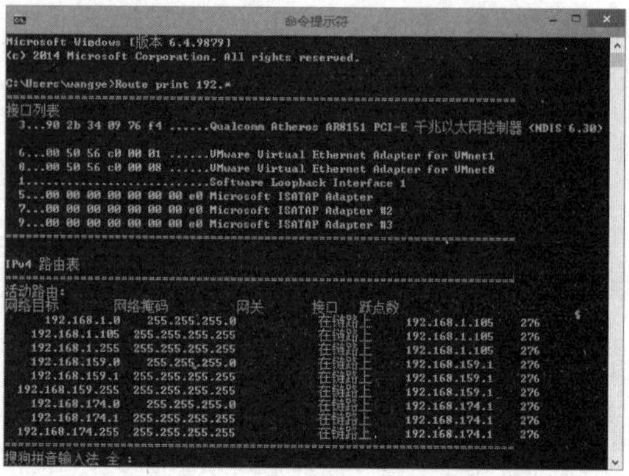

如果想要删除目标为 192.168.0.0、子网掩码为 255.255.0.0 的路由，则应输入“route delete 192.168.0.0 mask 255.255.0.0”命令。

如果想要删除 IP 路由表中以 10 开始的所有路由，则应输入“route delete 192.*”命令。

6.4.3 Netsh 命令

Netsh 是本地或远程计算 Windows 2000 网络组件的命令行和脚本实用程序。为了存档或配置其他服务器，Netsh 实用程序也可将配置脚本保存在文本文件中。Netsh 实用程序是一个外壳，通过附加的“Netsh 帮助 DLL”可支持多个 Windows 2000 组件。

有两种方式可以运行 Netsh 命令，具体内容介绍如下。

1. 从 cmd.exe 命令提示符运行 Netsh 命令

从 cmd.exe 命令提示符可以运行 Netsh 命令。若想在远程 Windows 2000/Server 2003 上运行这些 Netsh 命令，必须先使用“远程桌面连接”连接到运行终端服务器的 Windows 2000/Server 2003，Windows 2000 和 Windows Server 2003 中 Netsh 上下文命令间存在一些功能上的差异。

Netsh 是一个命令行脚本实用程序，可让用户从本地或远程显示或修改当前运行的计算机的网络配置。使用不带参数的 Netsh 可以打开 netsh.exe 命令提示符（即 netsh>）。命令格式如下。

```
    netsh[-a aliasfile][-c context][-r remotecomputer][{netshcommand|
-f scriptfile}]
```

- -a：运行 aliasfile 后返回到 Netsh 提示符。
- aliasfile：指定包含一个或多个 Netsh 命令的文本文件的名称。
- -c：更改到指定的 Netsh 上下文。
- context：指定 Netsh 上下文。

- -r：配置远程计算机。
- remotecomputer：指定要配置的远程计算机。
- netshcommand：指定要运行的 Netsh 命令。
- -f：运行脚本后退出 netsh.exe。
- scriptfile：指定要运行的脚本。

如果指定 -r 后跟另一个命令，则 Netsh 将在远程计算机上执行该命令，再返回到 cmd.exe 命令提示符。如果指定 -r 后不跟其他命令，则 Netsh 将以远程模式打开，该过程类似于在 Netsh 命令提示符下使用 set machine 命令。使用 -r 时，仅为 Netsh 的当前示例设置目标计算机。在退出并重新输入 Netsh 之后，目标计算机将被重置为本地计算机。可通过指定存储在 WINS 中的计算机名称、UNC 名称和一个由 DNS 服务器解析的 Internet 名或数字 IP 地址，在远程计算机上运行 Netsh 命令。

2. 从 netsh.exe 命令提示符运行 Netsh 命令

用户可以从 netsh.exe 命令提示符（即 netsh>）运行这些命令。常见的命令的含义如下。

- ..：到上一级的上下文。
- abort：脱机模式下进行的所有更改。abort 在联机模式中不起作用。
- add helper：装入 Netsh 中的帮助程序 DLL。
- alias：添加由用户定义的字符串组成的别名，Netsh 将用户定义的字符串与其他字符串同等处理。使用没有参数的 alias 可以显示所有可用的别名。
- bye：退出 netsh.exe 命令窗口。
- commit：脱机模式下所作的全部更改提交到路由器。commit 在联机模式下无效。
- delete helper：Netsh 命令中删除帮助程序 DLL。
- dump：建一个包含当前配置的脚本。如果将该脚本保存到文件中，则可使用该文件恢复已更改的配置。
- exec：载入脚本文件并执行其中的命令。
- exit：退出 netsh.exe 命令返回至 CMD 命令行提示符。
- popd：与 pushd 一起使用时，popd 使用户能够更改上下文，在新的上下文中运行命令，再返回到先前的上下文。

① Netsh 命令设置了两个脚本 netsh 别名（shaddr 和 shp），在退出 InterfaceIP 上下文时，在 Netsh 命令提示符下可输入“alias shaddr show interface ip addr”命令和“Alias shp helpers”命令，执行结果如左下图所示。当以后再在 Netsh 命令提示符下输入“shaddr”命令，netsh.exe 会将其解释为命令 show interface ip addr。如果在 Netsh 命令提示符下输入“shp”命令，则 netsh.exe 会将其解释为命令 show helpers。如果想要退出 netsh.exe 返回至 CMD 命令行提示符，则可输入“exit”命令，执行结果如右下图所示。

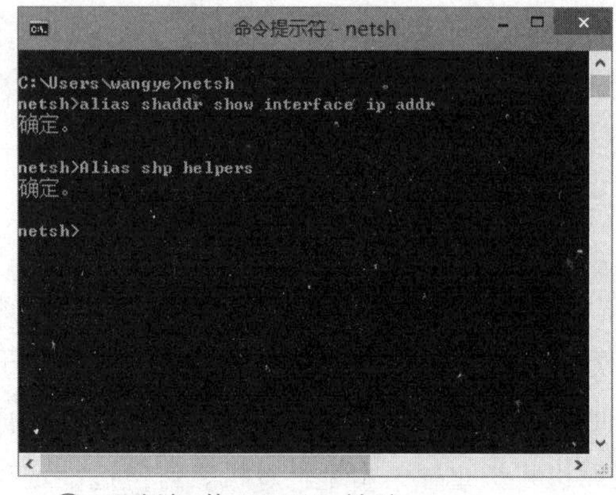

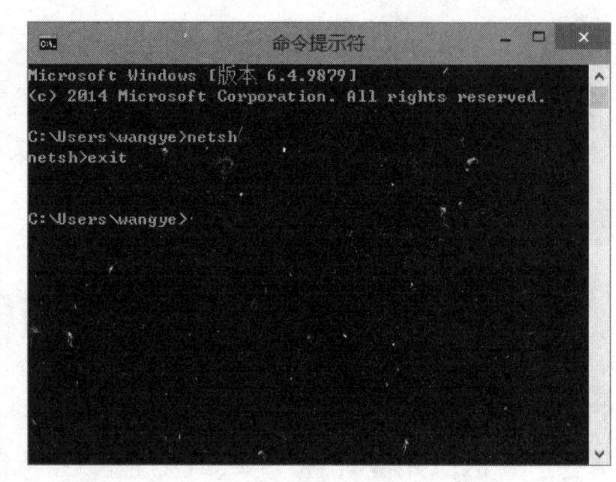

② 强制卸载 TCP/IP 协议。

对于很多网络故障而言，卸载并重新安装 TCP/IP 协议是一种非常有效的解决办法，此时可借助 Windows 系统的 Netsh 命令，将 TCP/IP 协议的工作状态恢复到操作系统安装时的原始状态，也相当于把当前的 TCP/IP 协议卸载掉，并重新安装新的 TCP/IP 协议。

在“命令提示符”窗口中输入“netsh”命令之后，再输入“int ip reset new.txt”命令，即可自动重新安装 TCP/IP 协议并将操作的记录保存在当前目录的“new.txt”日志文件中。再重新打开 TCP/IP 协议的属性设置窗口之后，检查其中的各项网络参数，查看是否已经被恢复到原始状态，并对 TCP/IP 协议的各项参数进行重新设置。

6.4.4 Arp 命令

按照默认设置，Arp 高速缓存中的项目是动态的，每当发送一个指定地点的数据包且高速缓存中不存在当前项目时，Arp 便会自动添加该项目。一旦高速缓存的项目被输入，就已经开始走向失效状态。因此，如果 Arp 高速缓存中项目很少或根本没有时，请通过另一台计算机或路由器的 Ping 命令添加。需要通过 Arp 命令查看高速缓存中的内容时，最好先 Ping 此台计算机。命令格式如下。

```
    arp[-a[InetAddr][-N IfaceAddr]][-g [InetAddr][-N IfaceAddr]]
[-d InetAddr[IfaceAddr]][-s InetAddr EtherAddr[IfaceAddr]]
```

- -a[InetAddr] [-N IfaceAddr]：显示所有接口的当前 ARP 缓存表。要显示特定 IP 地址的 ARP 缓存项，请使用带有 InetAddr 参数的 arp -a，此处的 InetAddr 代表 IP 地址。如果未指定 InetAddr，则使用第一个适用的接口。要显示特定接口的 Arp 缓存表，请将 -N IfaceAddr 参数与 -a 参数一起使用，此处的 IfaceAddr 代表指派给该接口的 IP 地址。-N 参数区分大小写。
- -g[InetAddr] [-N IfaceAddr]：与 -a 相同。
- -d InetAddr [IfaceAddr]：删除指定的 IP 地址项，此处的 InetAddr 代表 IP 地址。对于指定的接口，要删除表中的某项，请使用 IfaceAddr 参数，此处的 IfaceAddr 代表指派给该接口的 IP 地址。要删除所有项，请使用星号（*）通配符代替 InetAddr。

- -s InetAddr EtherAddr [IfaceAddr]：向 ARP 缓存添加可将 IP 地址 InetAddr 解析成物理地址 EtherAddr 的静态项。要向指定接口的表添加静态 Arp 缓存项，请使用 IfaceAddr 参数，此处的 IfaceAddr 代表指派给该接口的 IP 地址。

如果想要显示所有接口的 Arp 缓存表，则应输入“arp -a”命令，运行结果如左下图所示。如果想要添加将 IP 地址 192.168.0.0 解析成物理地址 00-AA-00-4F-2A-9C 的静态 ARP 缓存项，则应输入“arp –s 192.168.0.0-AA-00-4F-2A-9C”命令，运行结果如右下图所示。

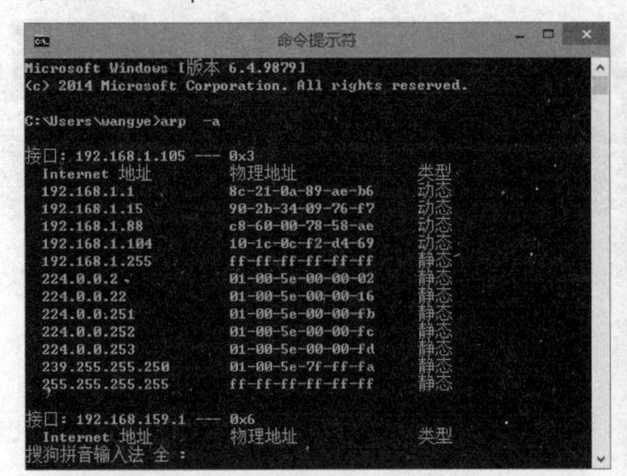

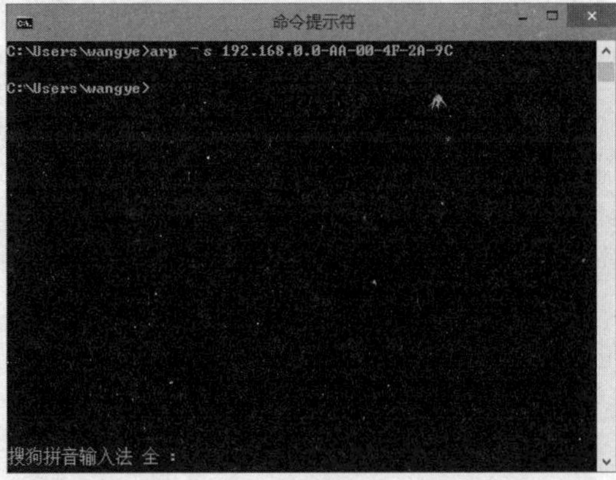

InetAddr 和 IfaceAddr 的 IP 地址用带圆点的十进制记数法表示。EtherAddr 的物理地址由 6 个字节组成，这些字节用十六进制记数法表示且用连字符隔开（比如，00-AA-00-4F-2A-9C）。通过 -s 参数添加的绑定项属于静态项，它们不会造成 Arp 缓存超时而消失，只有终止 TCP/IP 后再启动，这些项才会被删除。要创建永久的静态 Arp 缓存项，在批处理文件中使用 Arp 命令创建，并通过“计划任务程序”在启动时运行该批处理文件。只有将 TCP/IP 安装为网卡的属性组件时，该 Arp 命令才可以使用。

1. Windows 系统进入 DOS 窗口有哪几种常用方法?
2. 如果计算机无法连接网络，你应该怎么查找问题?
3. DOS 系统与 Windows 系统有什么不同?

第7章 扫描与嗅探：确定目标与探索网络资源

网络不法分子在确定攻击目标时，通常会使用一些专门的扫描工具对某个IP地址段范围内的计算机进行扫描，查找在线的计算机，并分析这些计算机的弱点，从而确定攻击目标和攻击手段。而对于普通用户来说，学习扫描知识，则可以有效地应对不法分子的扫描，做好安全防御工作。

与扫描类似，嗅探主要用于监视网络流量、分析数据包、监视网络资源利用、执行网络安全操作规则、鉴定分析网络数据及诊断并修复网络问题等。正因为如此，黑客常用它作为攻击武器。

7.1 确定扫描目标

通过踩点与侦察，可以锁定一些大致的目标范围，要想具体到某台远程主机，还需要经过一番操作才能确定扫描目标。

7.1.1 确定目标主机 IP 地址

只有设置好网关的 IP 地址，TCP/IP 协议才能实现不同网络之间的相互通信。网关 IP 地址是具有路由功能的设备IP地址，具有路由功能的设备有路由器、启用了路由协议的服务器(实质上相当于一台路由器)、代理服务器(也相当于一台路由器)。

1. 获取本机 IP 地址

只要计算机连接到互联网上，就会有一个 IP 地址，查询本机 IP 地址的方法如下。

步骤 1 在计算机左下角单击“开始”按钮

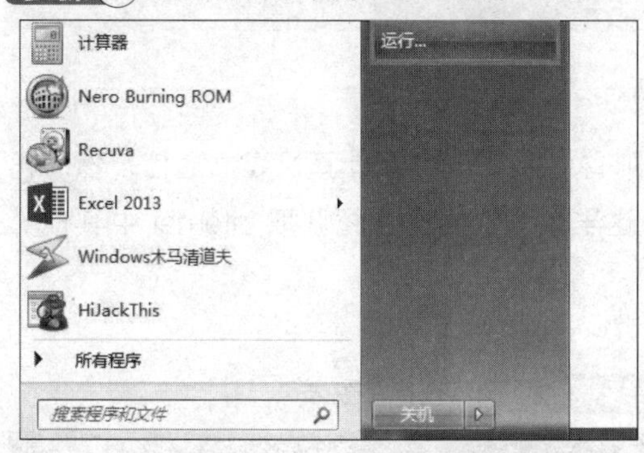

单击“运行”按钮。

步骤 2 输入“cmd”命令

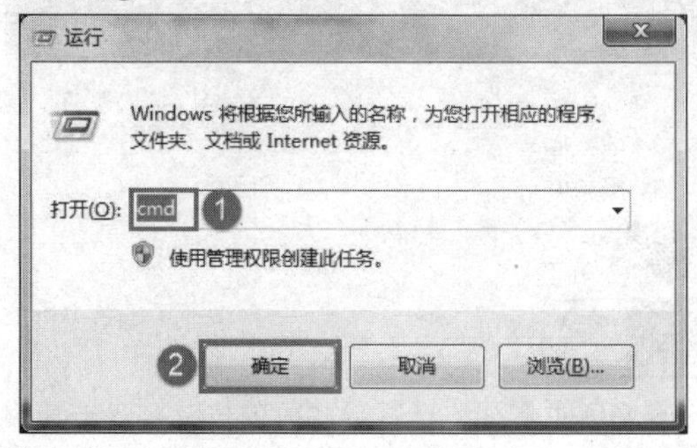

❶ 在文本框中输入“cmd”命令。

❷ 单击“确定”按钮。

步骤 3 打开“命令提示符”窗口

运行“ipconfig”命令，在运行结果中可以看到本机 IP 地址、网关地址等信息。

步骤 4 运行“netstat –n”命令

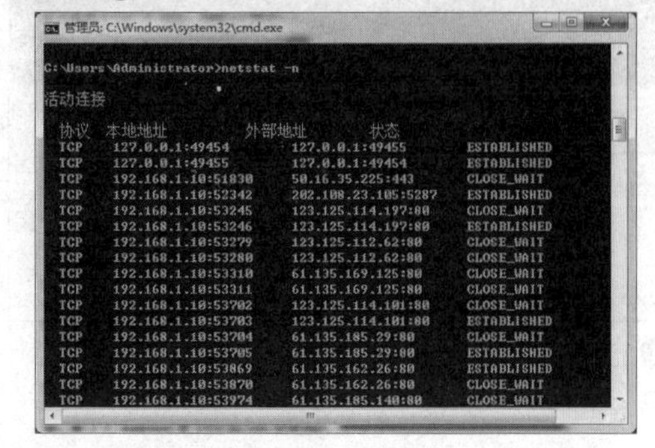

可查看本机的 IP 地址。

步骤 5 使用 Ping 命令查看网站的 IP 地址信息

```
管理员: C:\Windows\system32\cmd.exe
C:\Users\Administrator>ping www.baidu.com

正在 Ping www.a.shifen.com [61.135.169.125] 具有 32 字节的数据:
来自 61.135.169.125 的回复: 字节=32 时间=3ms TTL=57
来自 61.135.169.125 的回复: 字节=32 时间=3ms TTL=57
来自 61.135.169.125 的回复: 字节=32 时间=2ms TTL=57
来自 61.135.169.125 的回复: 字节=32 时间=3ms TTL=57

61.135.169.125 的 Ping 统计信息:
    数据包: 已发送 = 4，已接收 = 4，丢失 = 0 (0% 丢失)，
往返行程的估计时间(以毫秒为单位):
    最短 = 2ms，最长 = 3ms，平均 = 2ms

C:\Users\Administrator>
```

在“命令提示符”窗口中运行“ping www.baidu.com”命令，即可查看百度网站对应的 IP 地址。

步骤 6 使用 Nslookup 命令查看网站的详细信息

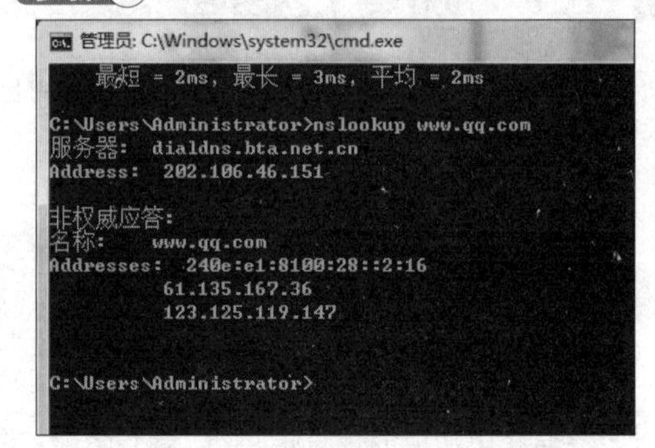

在“命令提示符”窗口中运行“nslookup www.qq.com”命令，即可查看腾讯网详细信息。

Nslookup 命令查看网站的详细信息时，第 1 个 Address 中 IP 地址是本机所在域的 DNS 服务器，第 2 个 Addresses 是 www.qq.com 所使用的 Web 服务器群的 IP 地址。

2. 获取 Internet 中其他计算机的 IP 地址

若要获取 Internet 中其他计算机的 IP 地址，则首先需要与目标计算机建立通信，然后再利用 Netstat -n 命令查看目标计算机的 IP 地址。这里以 QQ 为例介绍获取 Internet 中其他计算机 IP 地址的操作方法。

步骤 1 输入 QQ 账号和密码

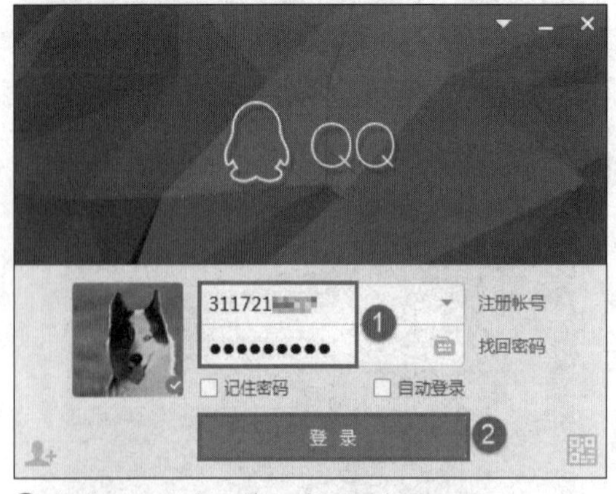

❶ 启动 QQ 程序，输入账号和密码。

❷ 单击“登录”按钮。

步骤 2 选择通信的好友

打开 QQ 主界面，选择要聊天的好友，双击其头像图标。

步骤 3 与对方进行交流

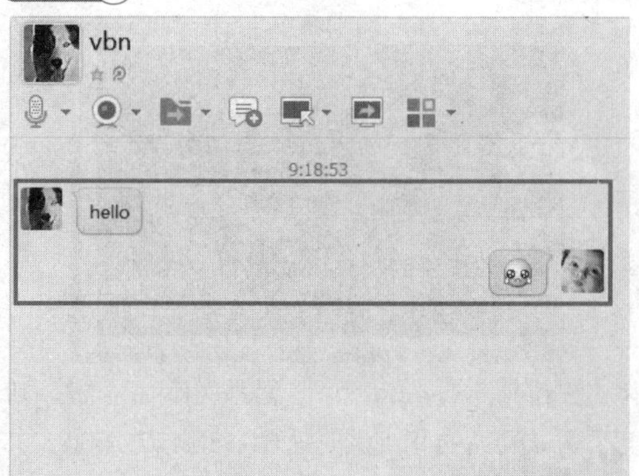

步骤 4 输入“cmd”命令

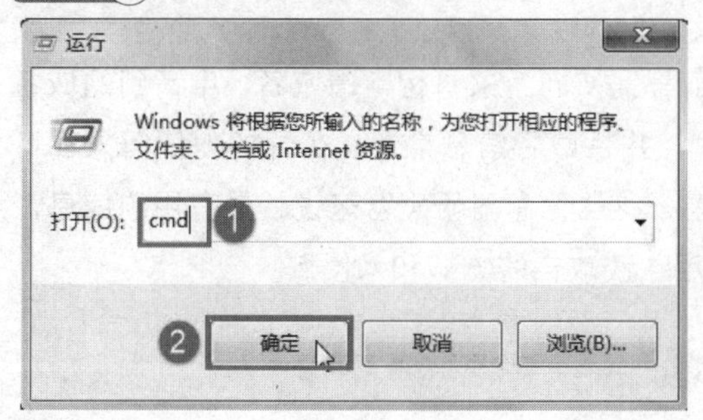

❶ 按〈WIN+R〉组合键打开“运行”对话框，输入“cmd”命令。

❷ 单击“确定”按钮。

在聊天窗口中与对方进行通信交流，直到对方回复消息即可。

对方必须在计算机上登录 QQ。在使用 QQ 与对方通话时，最好选择利用计算机登录的 QQ，尽量不要选择利用手机或平板电脑登录的 QQ，以便于入侵攻击。

步骤 5 查看对方的 IP 地址

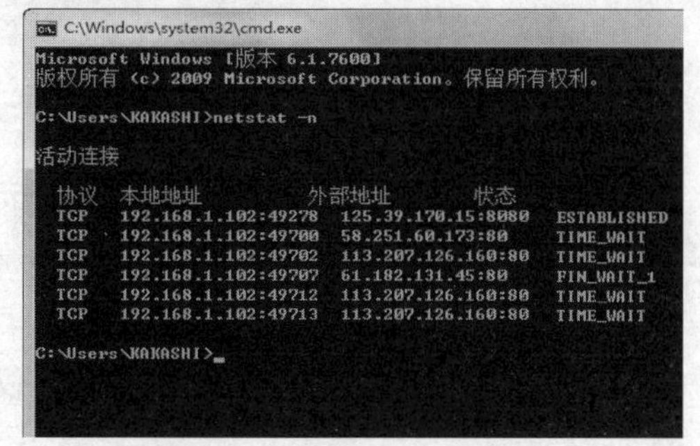

输入“netstat -n”后按〈Enter〉键，可查看 ESTABLISHED 状态对应的外部 IP 地址，该地址为目标主机的 IP 地址。

当计算机中拥有多个处于 ESTABLISHED 状态的连接时，则需要学会利用端口查看目标主机的 IP 地址，由于 QQ 通信通常是采用 80 或者 8080 号端口进行通信，当“外部地址”一栏中显示了 80 或者 8080 字样时，则该地址就是查找的目标 IP 地址。

3. 获取指定网站的 IP 地址

获取指定网站 IP 地址的方法比较简单，只需使用“PING+ 网站网址”命令即可实现，但是在使用该命令之前，必须确保计算机已成功连接 Internet。这里以 EPUBHOME 网站（www.epubhome.com）为例介绍获取该网站 IP 地址的操作方法。

步骤 1 输入“cmd”命令

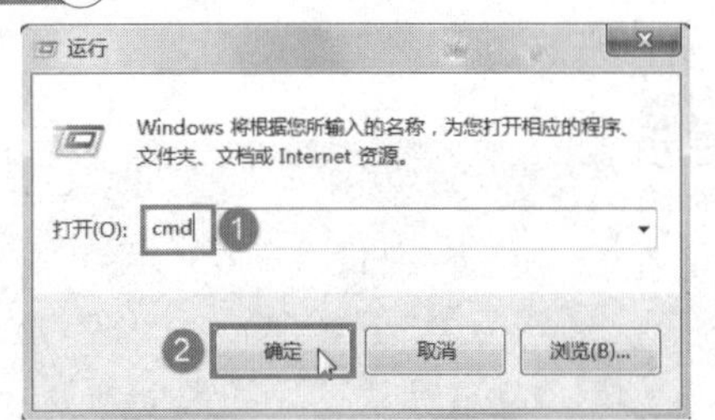

❶ 按〈WIN+R〉组合键打开“运行”对话框，输入“cmd”命令。

❷ 单击“确定”按钮。

步骤 2 查看指定网站的 IP 地址

输入“ping www.qq.com”后按〈Enter〉键，则可看见该网站的 IP 地址——61.135.157.156。

7.1.2 了解网站备案信息

在 Internet 中，任何一个网站在正式发布之前都需要向有关机构申请域名，申请到的域名信息将会保存在域名管理机构的数据库服务器中，并且域名信息常常是公开的，任何人都可以对其进行查询，这些信息统称为网站的备案信息。这些信息对于黑客来说就是有用的信息，利用这些信息可以了解该网站的相关信息，以确定入侵攻击的方式和入侵点。

步骤 1 打开新浪首页

启动 IE 浏览器，在地址栏中输入“http://www.sina.com.cn/”后按〈Enter〉键，打开新浪首页。

步骤 2 选择经营性网站备案信息

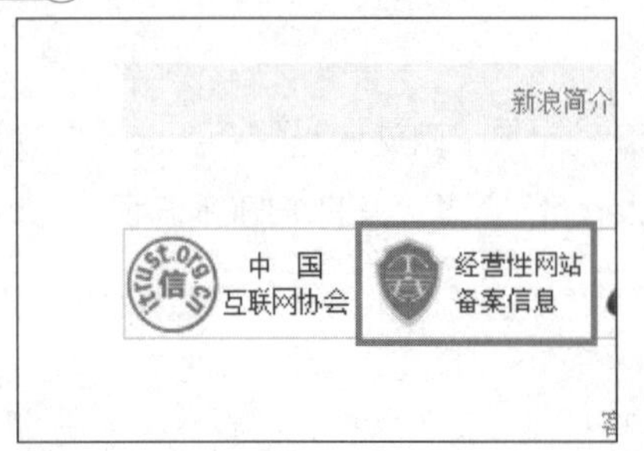

在页面最底部单击“经营性网站备案信息”链接。

步骤 3 查看网站备案信息

网站基本情况

网站名称1：	新浪网
域名1：	www.sina.com.cn
客户服务电话：	4006900000
客户服务E-mail：	webmastercn@staff.sina.com.cn
网站办公地址：	北京市海淀区北四环西路58号理想国际大厦

网站所有者情况

网站注册标号：	0102000102300001
注册号：	110108000924323
名称：	北京新浪互联信息服务有限公司
住所：	北京市海淀区北四环西路58号理想国际大厦
注册资本：	12000万元
企业类型：	有限责任公司（自然人投资或控股）

跳转至新的页面，此时可看见新浪网站的基本情况和网站所有者信息。

在新浪网所有者信息中，除注册标号、注册号、名称和住所外，还包括注册资本、企业类型、经营范围和法定代表人姓名。

7.1.3 确定可能开放的端口和服务

在默认情况下，有很多不安全或没有作用的端口是开启的，如 Telnet 服务的 23 端口、FTP 服务的 21 端口、SMTP 服务的 25 端口等。攻击者可以使用扫描工具对目标主机进行扫描，可以获得目标计算机打开的端口情况，还可了解目标计算机提供了哪些服务。

1．查看本机开启的端口

在“命令提示符”窗口中输入“netstat -a -n”命令，即可查看本机开启的端口，在运行结果中可以看到以数字形式显示的 TCP 和 UDP 连接的端口号及其状态，如下图所示。

2．查看指定 IP 开启的端口

nmap 是一款非常流行的端口扫描软件。下面以 For Windows 版本为例讲述 nmap 是如何扫描端口的。

从网上下载“nmap-6.40-setup.exe”，双击“nmap-6.40-setup.exe”应用程序图标进行安装。安装完成后，双击桌面上的“Nmap - Zenmap GUI”图标，即可进入“Zenmap”主窗口，如下图所示。

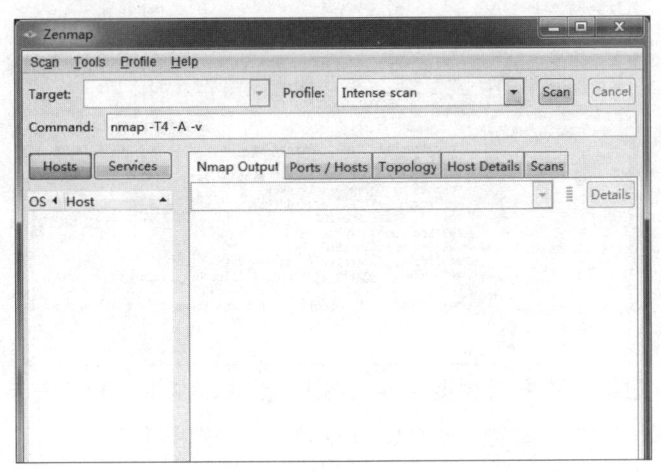

Zenmap 为 nmap 提供了更加简单的操作方式。它是用 Python 语言编写而成的开源免费的图形界面，能够运行在不同操作系统平台上（Windows/Linux/UNIX/Mac OS 等）。

Nmap 是基于命令格式的扫描软件，可使用 nmap 命令进行端口扫描。Nmap 对端口的扫描有 3 种方式。

- TCP connect() 端口扫描。即全连接扫描，使用了“-sT”参数，在“Zenmap”主窗口的“Command”栏中输入“nmap –sT 192.168.1.100”命令，即可看到 TCP 全连接扫描的端口，如下图所示。

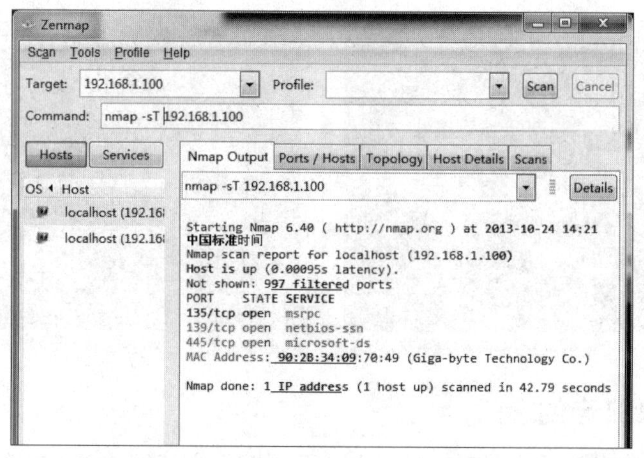

- TCP 同步端口扫描。该方式为半连接扫描，也叫隐蔽扫描。采用了“-sS”参数，在命令提示符下输入“nmap –sS 192.168.1.100”命令，即可看到 TCP 半连接扫描的端口，如下图所示。

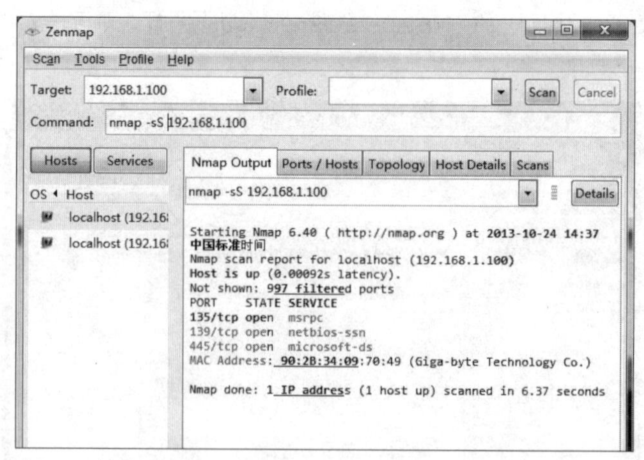

- UDP 端口扫描。该方式主要采用“-sU”参数，在命令提示符下输入“nmap –sU 192.168.1.100”命令，即可看到扫描的 UDP 端口，如下图所示。

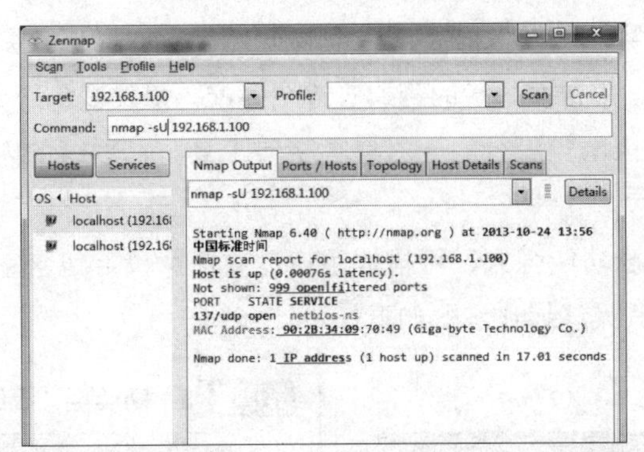

Nmap 还支持丰富、灵活的命令参数，比如要扫描一个 IP 地址段的 UDP 端口，还可以在命令提示符下输入“nmap –sU 192.168.1.1-255”命令，如下图所示。

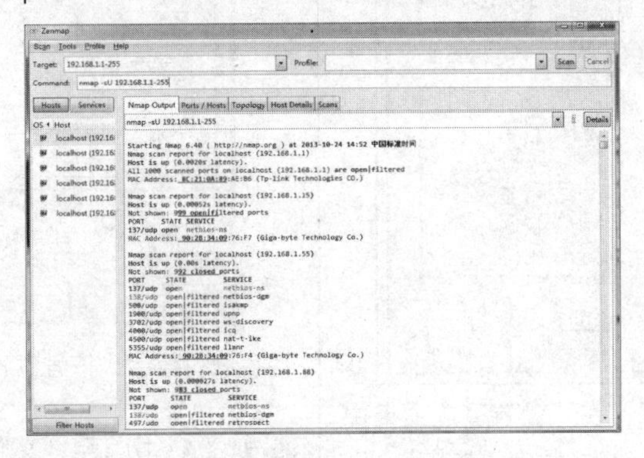

7.2 扫描的实施与防范

黑客在确定攻击目标时，通常会使用一些专门的扫描工具对目标计算机或某个 IP 范围内的计算机进行扫描，从扫描结果中分析这些计算机的弱点，从而确定攻击目标和攻击手段。

7.2.1 扫描服务与端口

黑客通过端口扫描器可在系统中寻找开放的端口和正在运行的服务，从而知道目标主机的操作系统的详细信息。目前网络中大量主机 / 服务器的口令为空或口令过于简单，黑客只需利用专用扫描器，即可轻松控制存在这种弱口令的主机。

1. 小榕黑客字典

所谓黑客字典，是指装有各种密码的文档，如 TXT、DOC 等。制作黑客字典之前，用户需要先根据自己的认知和实际情况，判断将要破解对象的密码会是什么。例如，你要破解某个 QQ 号的密码，那就应该知道 QQ 密码通常是由 6 位以上的字母和数字的组合形式，那你就要在字典生成工具内设定，最终生成大量的符合上述条件的密码，并保存在 TXT 或是 DOC

文档中。这便为后续的实际破解做好了准备。在开始破解时，你需要使用另外的破解工具，导入准备好的黑客字典，用里面大量的密码去逐个匹配，最终找到正确的密码。

小榕黑客字典是当前比较流行的一款黑客字典工具，在后续的内容中，我们将详细介绍这款工具的使用方法。

小榕黑客字典是一款功能强大，可根据用户需要任意设定包含字符、字符串的长度等内容的黑客字典生成器。其具体操作步骤如下。

步骤 1 运行“UltraDict.exe”

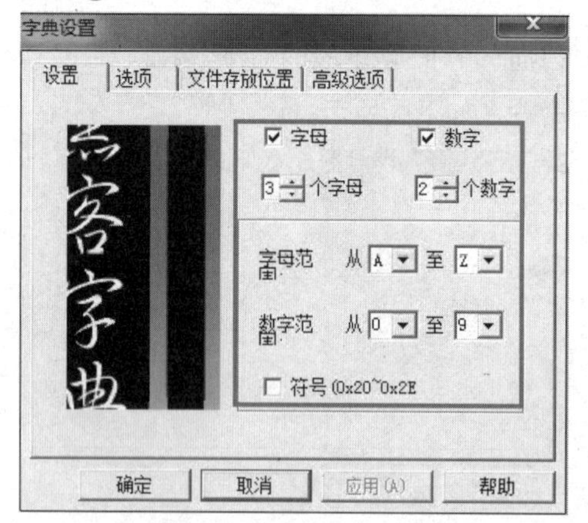

弹出“字典设置”对话框，在“设置”选项卡中可选择生成字符串包含的字母或数字及其范围。

步骤 2 切换到“选项”选项卡

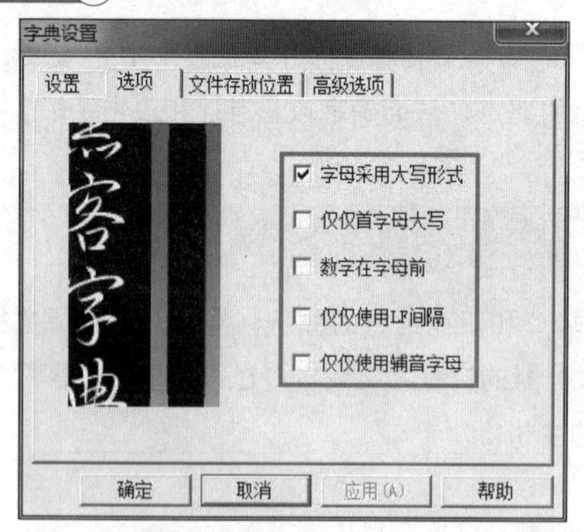

根据特殊需要选中相应复选框。

步骤 3 切换至“高级选项”选项卡

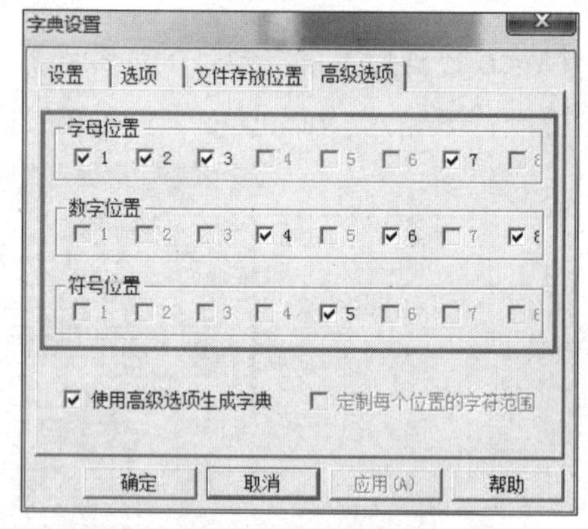

将字母、数字或符号位置进行固定。

步骤 4 切换至“文件存放位置”选项卡

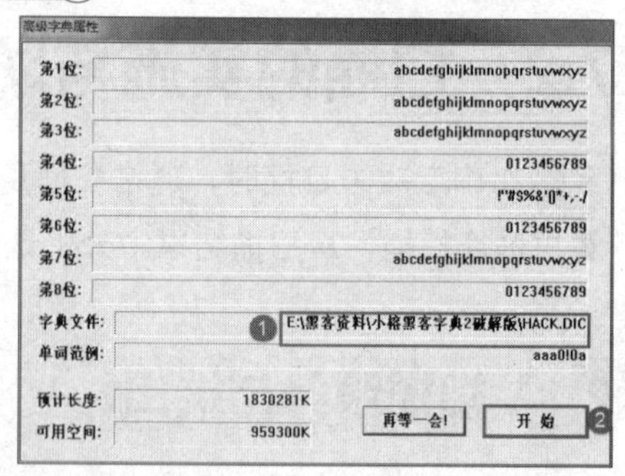

❶ 指定字典文件保存位置之后，单击“确定”按钮，会显示所设置的字典文件属性。

❷ 单击“开始”按钮。

步骤 5 生成字典

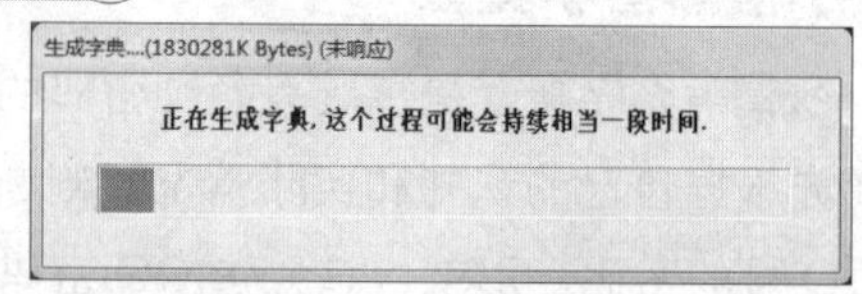

系统开始生成字典，可查看生成字典的进度。

2. 弱口令扫描器 Tomcat

当字典文件创建好以后，就可以使用弱口令扫描器，加载自己编辑的字典文件进行弱口令扫描了。Tomcat 可以根据需要加载用户名称字典、密码字典，对一定 IP 范围内的主机进行弱口令扫描。具体的操作步骤如下。

步骤 1 运行“Apache Tomcat.exe”

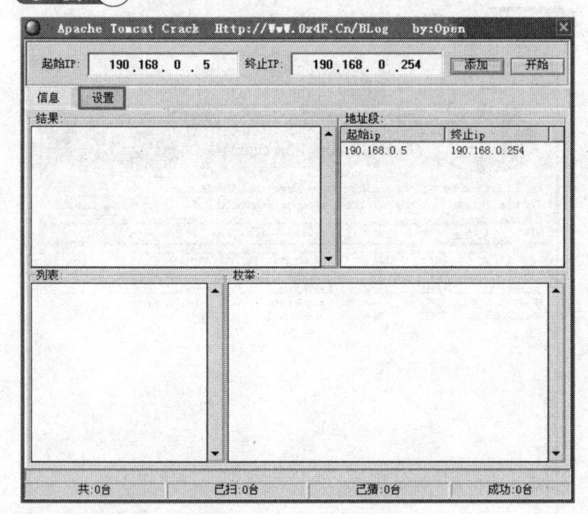

打开操作界面，单击“设置”按钮。

步骤 2 导入黑客字典

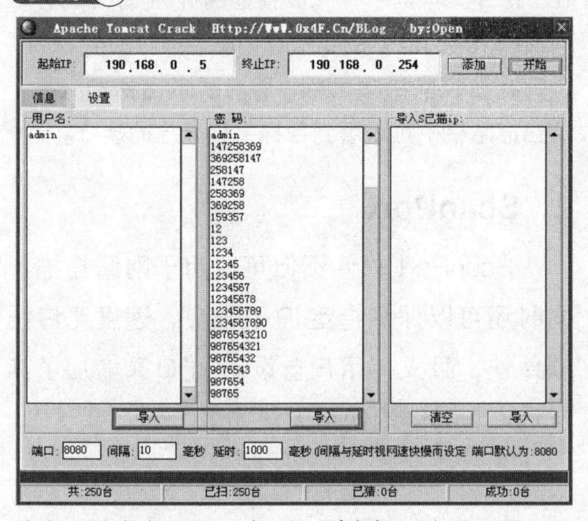

单击“用户名”和“密码”列表框下方的“导入”按钮，可导入编辑好的黑客字典。

步骤 3 开始扫描

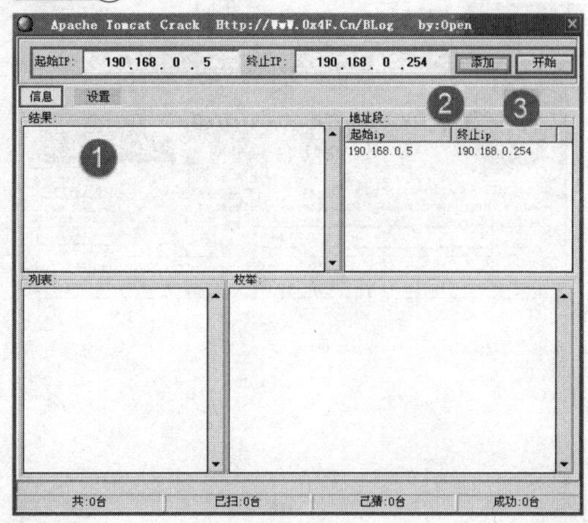

❶ 单击“信息”按钮，输入需要扫描的 IP 地址范围。
❷ 单击“添加”按钮，即可将其添加到地址列表中。
❸ 单击“开始”按钮，即可开始扫描。若发现活动主机，即可对主机的用户名和密码进行破解。

7.2.2 Free Port Scanner 与 ScanPort 等常见扫描工具

入侵者常常利用一些专门的扫描工具对目标主机的端口进行扫描，目前可以用来扫描端口的扫描工具很多，下面就介绍两种常见的扫描工具。

1. Free Port Scanner

Free Port Scanner 是一款端口扫描工具，用户可以快速扫描全部端口，也可以制定扫描范围。使用 Free Port Scanner 进行端口扫描的具体操作步骤如下。

步骤 1 运行“Free Port Scanner”

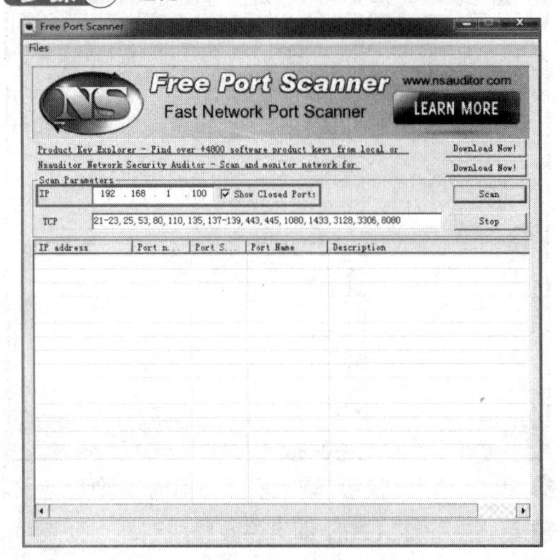

在“IP”文本框中输入目标主机的 IP 地址，再选中“Show Closed Ports”复选框。

步骤 2 开始扫描

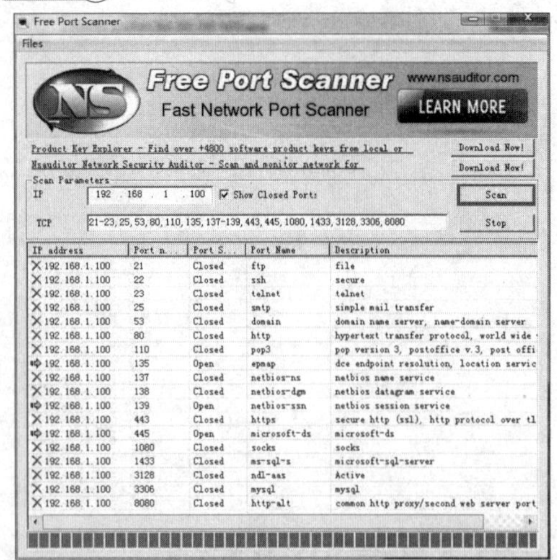

单击“Scan”按钮，即可扫描到目标主机的全部端口，其中绿色标记是开放的端口。

步骤 3 只对目标主机开启的端口进行扫描

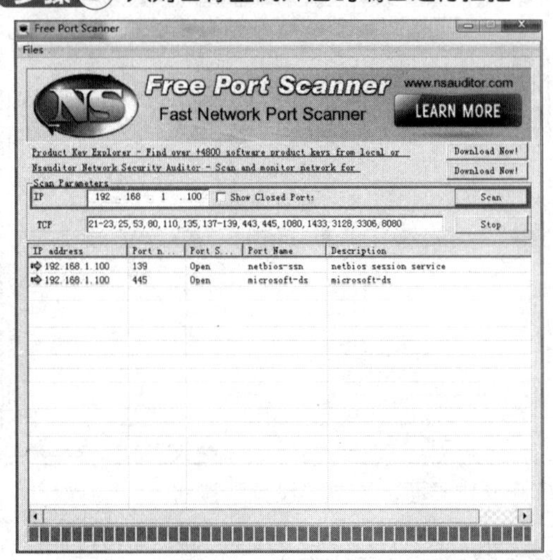

在“IP”文本框中输入要扫描的 IP 地址之后，取消选中“Show Closed Ports”复选框，单击“Scan”按钮，在扫描完毕之后，即可显示出扫描结果，从扫描结果中可以看到目标主机开启的端口。

2. ScanPort

ScanPort 软件不但可以用于网络扫描，同时还可以探测指定 IP 及端口，速度比传统软件快，且支持用户自设 IP 端口又增加了其灵活性。具体的使用方法如下。

步骤 1 运行“ScanPort”主程序

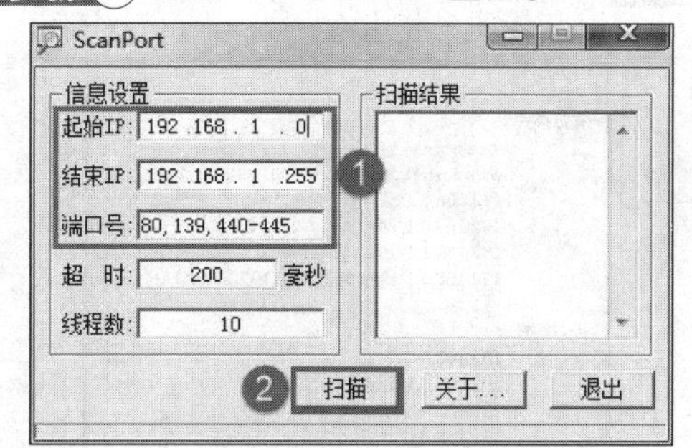

❶ 打开“ScanPort”主窗口，设置起始 IP 地址、结束 IP 地址及要扫描的端口号。

❷ 单击“扫描”按钮。

步骤 2 查看扫描结果

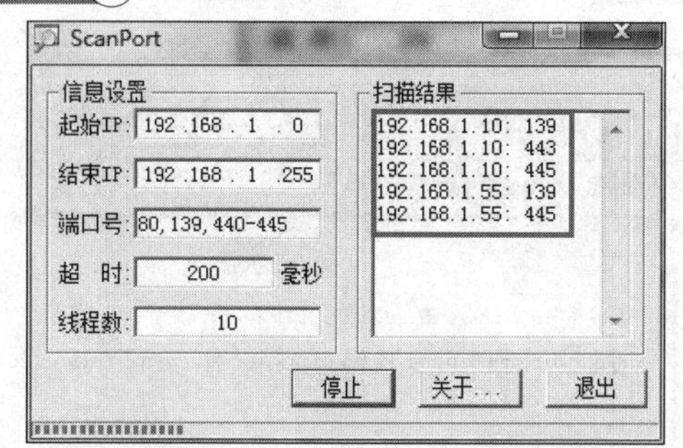

开始进行扫描，从扫描结果中可以看出 IP 地址段中计算机开启的端口。

7.2.3 X-Scan 用扫描器查看本机隐患

X-Scan 是由安全焦点开发的一个功能强大的扫描工具。它采用多线程方式对指定 IP 地址段（或单机）进行安全漏洞检测，支持插件功能。

1. 用 X-Scan 查看本机 IP 地址

利用 X-Scan 扫描器来查看本机的 IP 地址的方法很简单，需要先指定扫描的 IP 范围。由于是本机探测，只需要在“命令提示符”窗口中命令提示符下输入“ipconfig”命令，即可查知本机的当前 IP 地址，如下图所示。

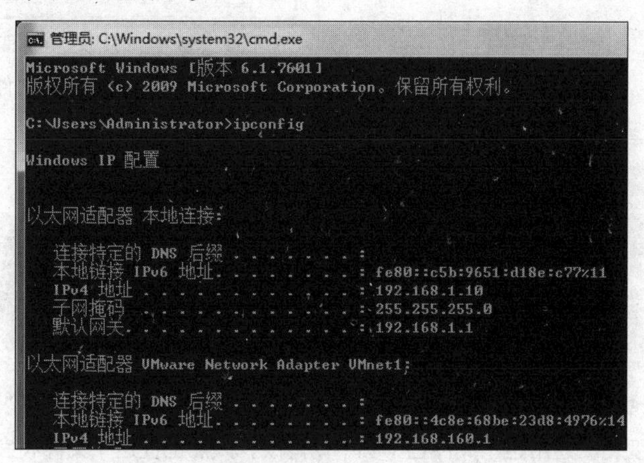

2. 添加 IP 地址

在得到本机的 IP 地址后，则需要将 IP 地址添加到 X-Scan 扫描器中，具体操作步骤如下。

步骤 1 打开“X-Scan”主窗口

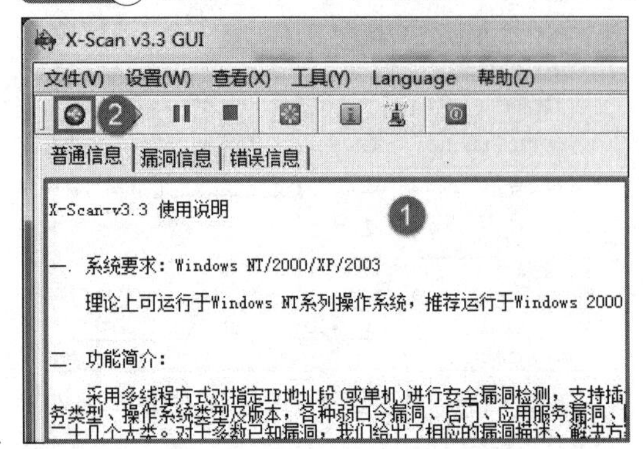

❶ 浏览此软件的功能简介、常见问题解答等信息。

❷ 选择“设置”→“扫描参数”命令或单击工具栏上的“扫描参数”按钮。

步骤 2 单击“检测范围”选项

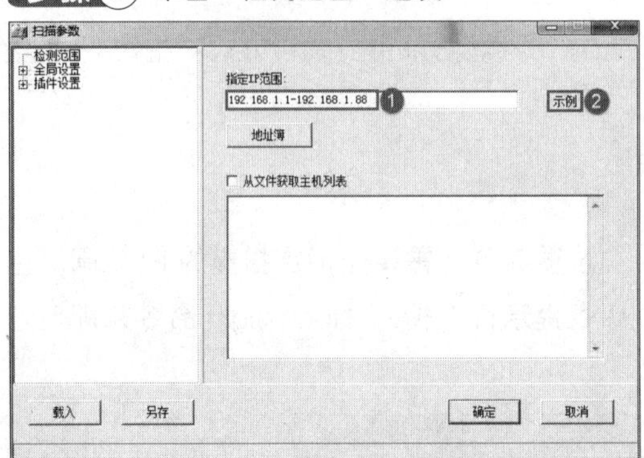

❶ 输入需要扫描的 IP 地址、IP 地址段。

❷ 若不知道输入的格式，可以单击“示例”按钮。

步骤 3 查看示例格式

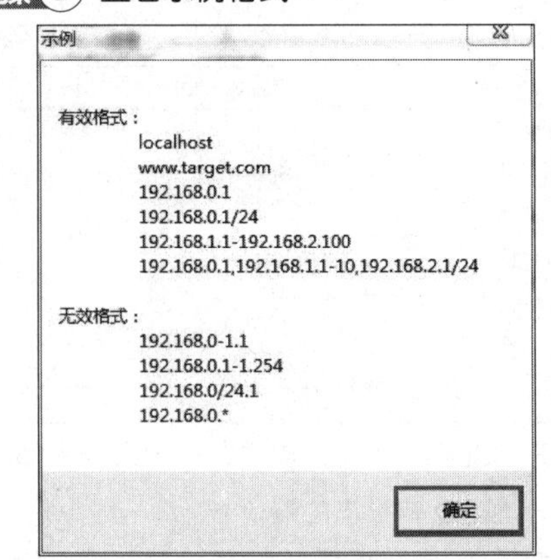

了解有效输入格式后单击“确定”按钮。

步骤 4 返回“扫描参数”对话框

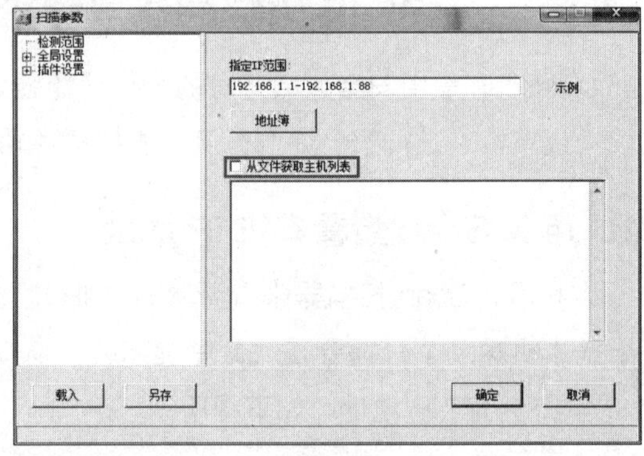

还可通过选中“从文件获取主机列表”复选框，从存储有 IP 地址的文本文件中读取待检测的主机地址。

读取 IP 地址的文本文件中，每一行可包含独立 IP 或域名，也可以包含以“-”和“,”分隔的 IP 范围。

步骤 5 在 IP 地址输入完毕后，可以发现扫描结束后自动生成的“报告文件”项中的文件名也在发生相应的变化。通常这个文件名不必手动修改，只需记住这个文件将会保存在 X-Scan 目录的 LOG 目录下。设置完毕后单击“确定”按钮，即可关闭对话框

3. 开始扫描

在设置好扫描参数之后，就可以开始扫描了。单击“X-Scan”工具栏上的“开始扫描”按钮，如左下图所示。即可按设置条件进行扫描，同时显示扫描进程和扫描所得到的信息（可

通过单击左下方窗格中的“普通信息”“漏洞信息”及“错误信息”选项卡，查看所得到的相关信息）。在扫描完成后将自动生成扫描报告并显示出来，其中显示了活动主机 IP 地址、存在的系统漏洞和其他安全隐患，同时还提出了安全隐患的解决方案，如右下图所示。

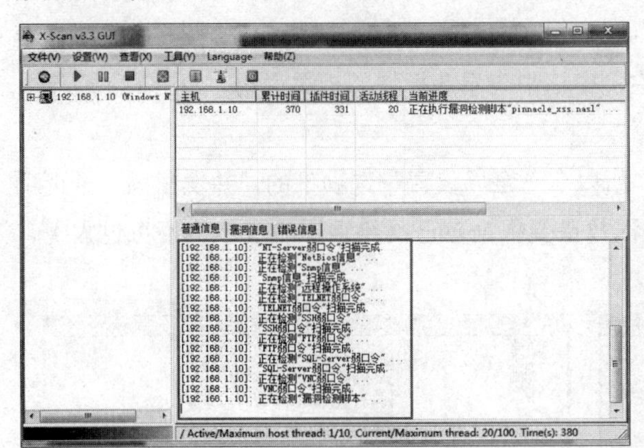

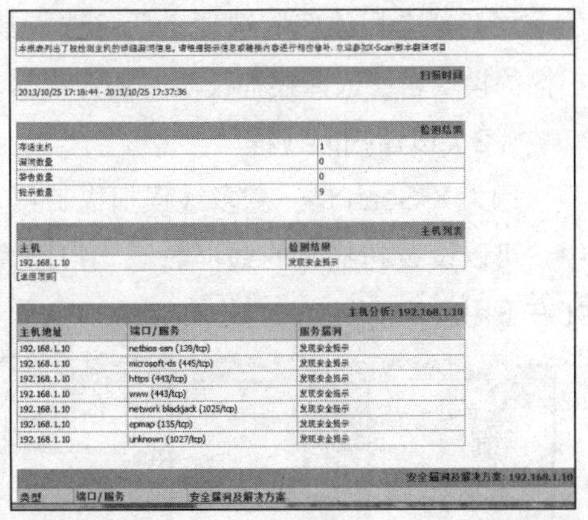

X-Scan 扫描工具不仅可扫描目标计算机的开放端口及存在的安全隐患，而且还具有目标计算机物理地址查询、检测本地计算机网络信息和 Ping 目标计算机等功能，如下图所示。

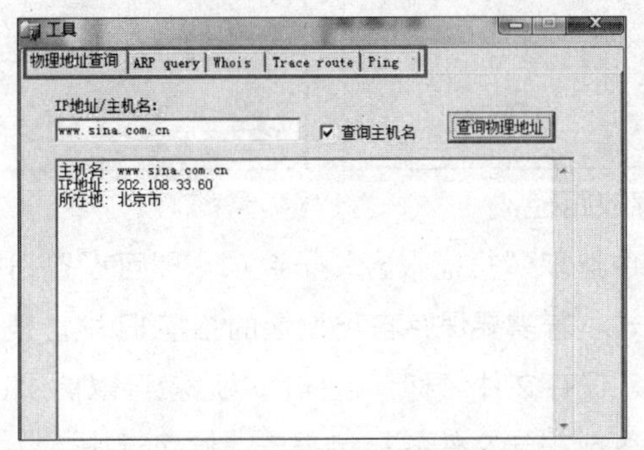

当所有选项都设置完毕之后，如果想将来还使用相同的设置进行扫描，则可以对这次的设置进行保存。在“扫描参数”对话框中单击“另存”按钮，如下图所示，可将自己的设置保存到系统中。当再次使用时只需单击“载入”按钮，选择已保存的文件即可。

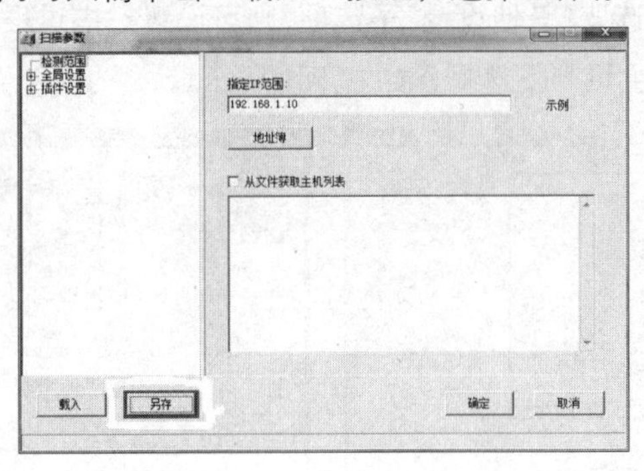

4. 高级设置

X-Scan 在默认状态下效果却往往不会发挥到最佳状态，这个时候就需要进行一些高级设置来让 X-Scan 变得强大起来。高级设置需要根据实际情况来做出相应的设定，否则 X-Scan 也许会因为一些高级设置而变得脆弱不堪。

（1）设置扫描模块

展开“全局设置”选项之后，选取其中的“扫描模块”选项，则可选择扫描过程中需要扫描的模块，在选择扫描模块时还可在其右侧窗格中查看该模块的相关说明，如左下图所示。

（2）设置扫描线程

因为 X-Scan 是一款多线程扫描工具，所以在“全局设置”选项下的“并发扫描”子选项中，可以设置扫描时的线程数量（扫描线程数量要根据自己网络情况来设置，不可过大），如右下图所示。

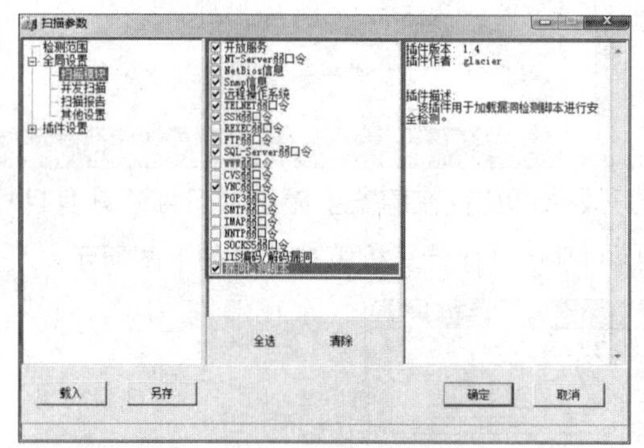

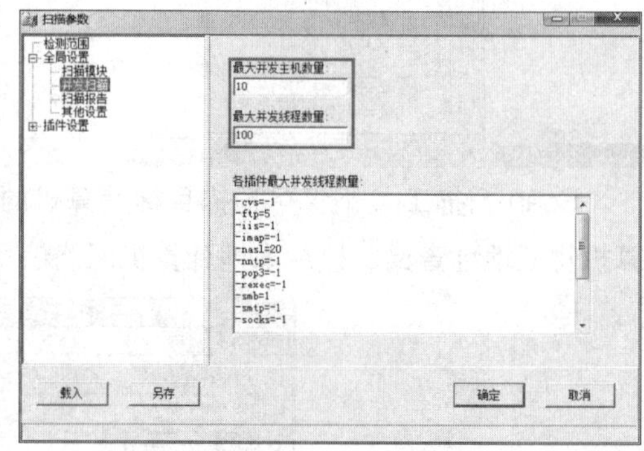

（3）设置扫描报告存放路径

在“全局设置”选项中选取“扫描报告”子选项，即可设置扫描报告存放的路径，并选择报告文件保存的文件格式。若需要保存自己设置的扫描 IP 地址范围，则可在选中“保存主机列表”复选框之后，输入保存文件名称，这样，以后就可以调用这些 IP 地址范围了。若用户需要在扫描结束时自动生成报告文件并显示报告，则可选中“扫描完成后自动生成并显示报告”复选框，如左下图所示。

（4）设置其他扫描选项

在“全局设置”选项中选取“其他设置”子选项，则可设置扫描过程中的其他选项，如选中“跳过没有检测到开放端口的主机”复选框，如右下图所示。

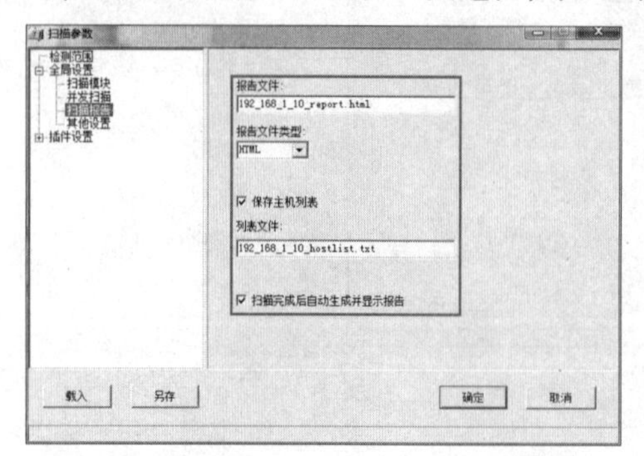

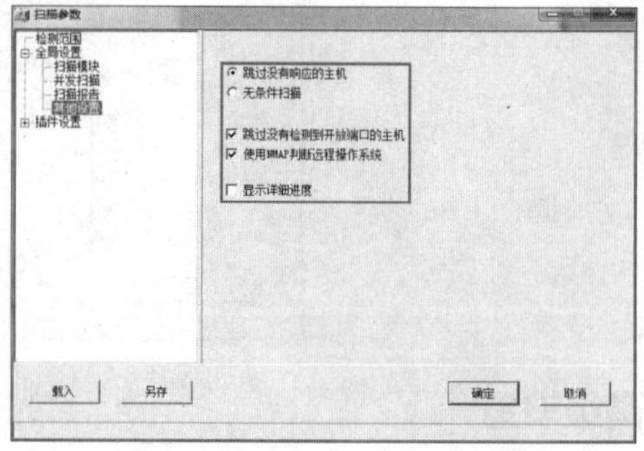

（5）设置扫描端口

展开“插件设置”选项并选取“端口相关设置”子选项，即可扫描端口范围及检测方式。若要扫描某主机的所有端口，则可在“待检测端口”文本框中输入“1～65535”，如左下图所示。

（6）设置 SNMP 扫描

在“插件设置”选项中选取“SNMP 相关设置”子选项，用户可以选取在扫描时获取 SNMP 信息的内容，如右下图所示。

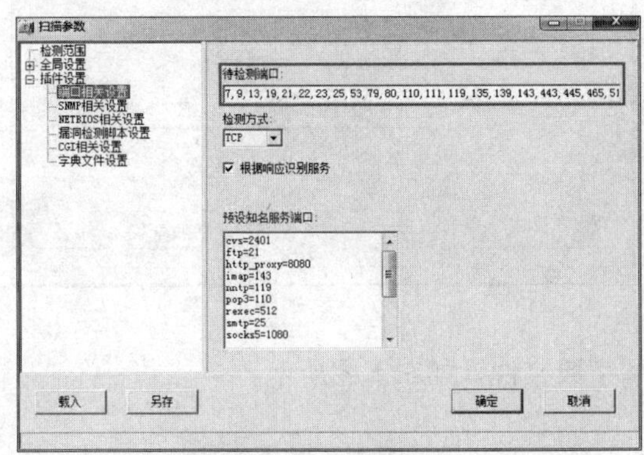

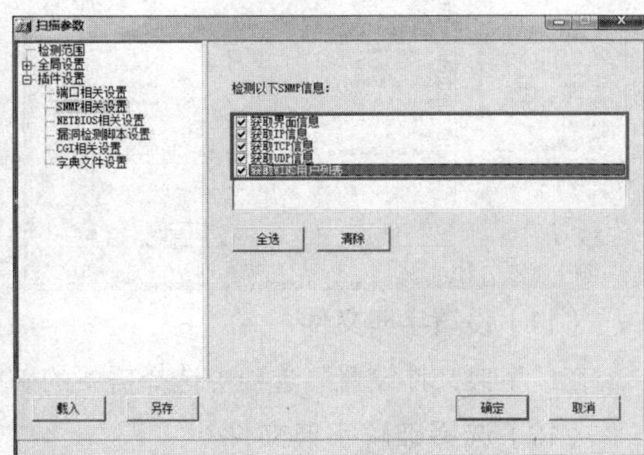

（7）设置 NETBIOS 扫描

选取“插件设置”选项下的“NETBIOS 相关设置”子选项，用户可以选择需要获取的 NETBIOS 信息，如左下图所示。

（8）设置漏洞检测脚本

选取“插件设置”选项下的“漏洞检测脚本设置”子选项，在显示窗口中取消选中“全选”复选框，单击“选择脚本”按钮，即可选择扫描时需要加载的漏洞检测脚本，如右下图所示。

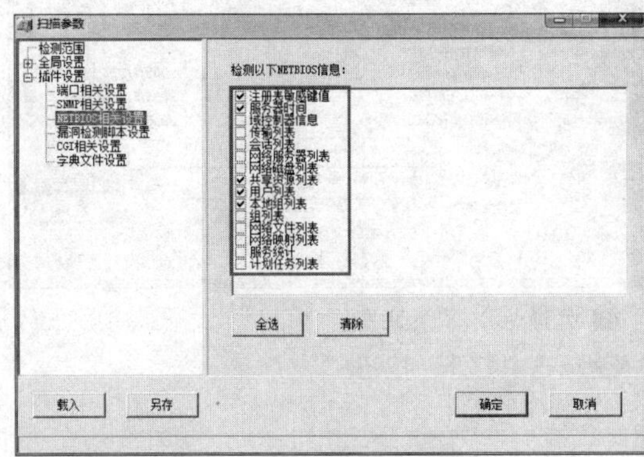

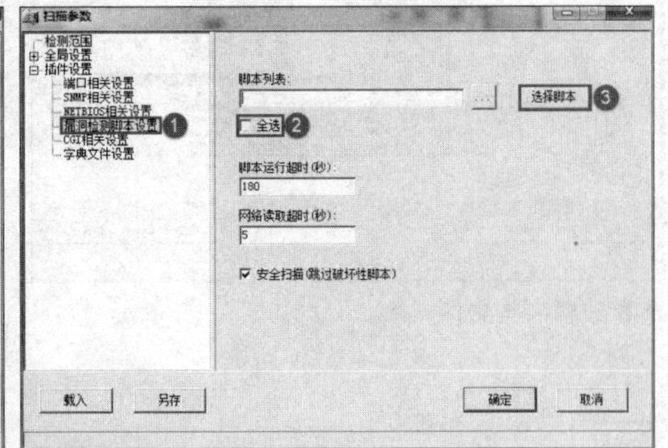

选取需要获取的 NETBIOS 信息。

❶ 选择“漏洞检测脚本设置”子选项。 ❷ 取消选中“全选”复选框。 ❸ 单击“选择脚本”按钮。

（9）选择脚本

选择扫描时需要加载的漏洞检测脚本，如左下图所示。

（10）设置 CGI 插件扫描

在“插件设置”选项下选择“CGI 相关设置”子选项，即可选择扫描时需要使用的 CGI 选项，如右下图所示。

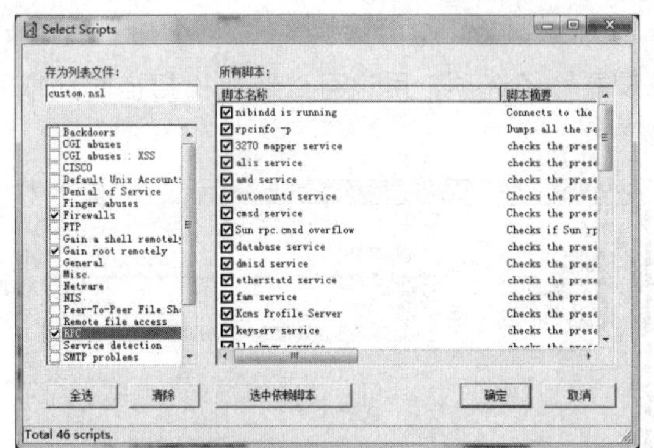

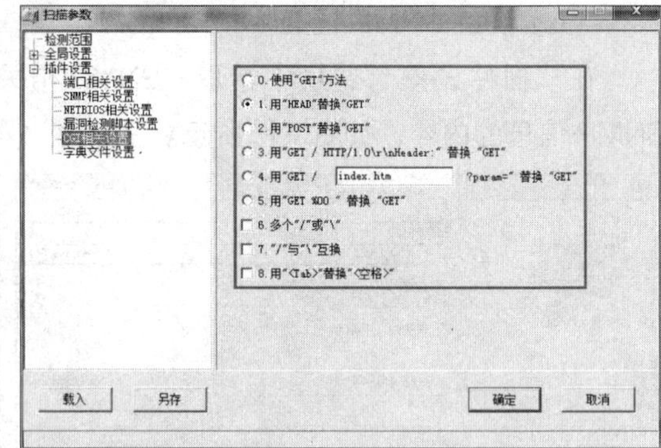

（11）设置字典文件

在“字典文件设置”选项中选择需要的破解字典文件，如左下图所示。

（12）选择破解字典文件

双击即可打开文件列表。选择破解字典文件，单击“打开”按钮。在设置好所有选项之后，单击“确定”按钮，即可完成扫描参数的设置，如右下图所示。

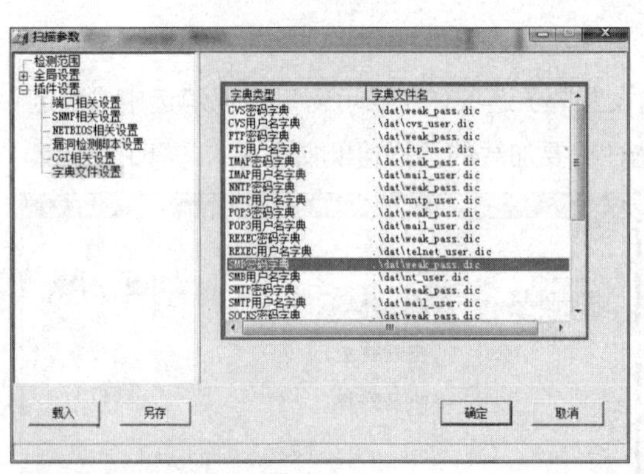

选择破解字典文件。

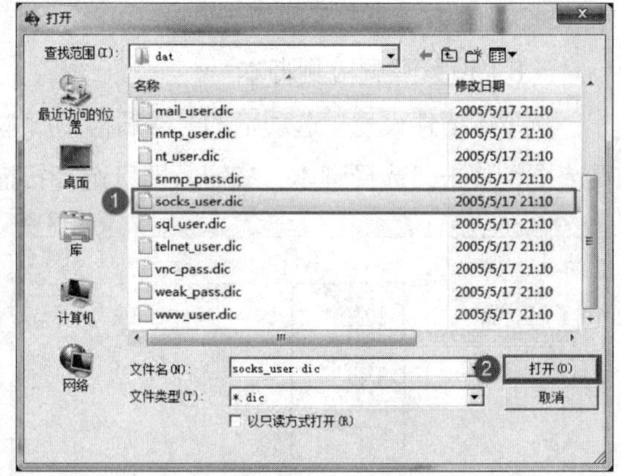

❶ 选择破解字典文件。

❷ 单击“打开”按钮。

7.2.4 用 SSS 扫描器实施扫描

SSS（Shadow Security Scanner）是一款著名的系统漏洞扫描器，可对很大范围内的系统漏洞进行安全、高效、可靠的安全检测。

利用 SSS 扫描器对系统漏洞进行扫描的具体操作步骤如下。

步骤 1 运行SSS扫描器

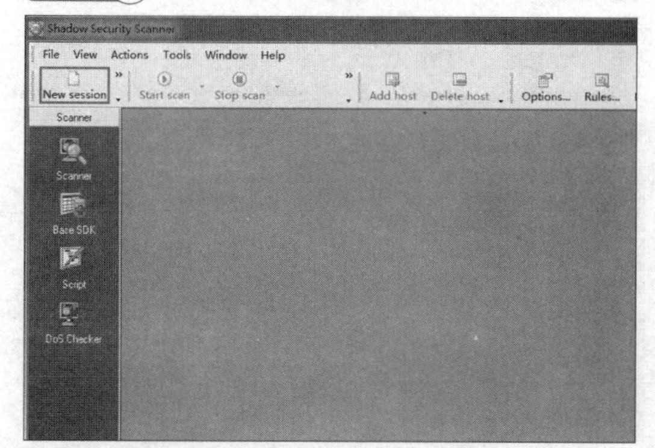

单击工具栏上的“New session”按钮。

步骤 2 设置扫描规则

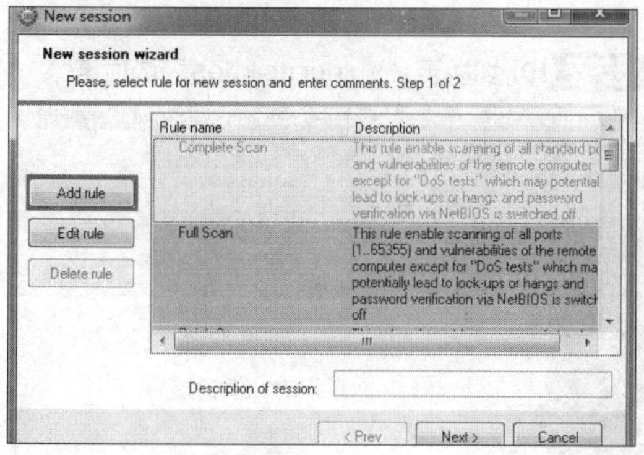

用户可以选择预设的扫描规则，也可单击“Add rule”按钮添加新的规则。

步骤 3 创建新的扫描规则

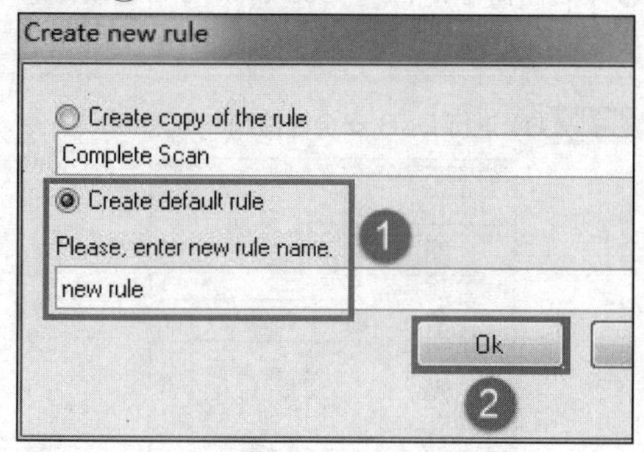

❶ 创建新的扫描规则，根据提示输入信息。

❷ 单击“OK”按钮。

步骤 4 设置扫描选项

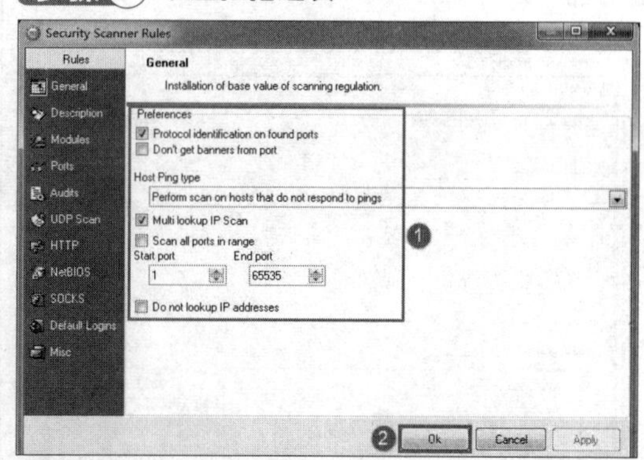

❶ 选中扫描规则。

❷ 单击“OK”按钮。

步骤 5 返回设置扫描项目的窗口

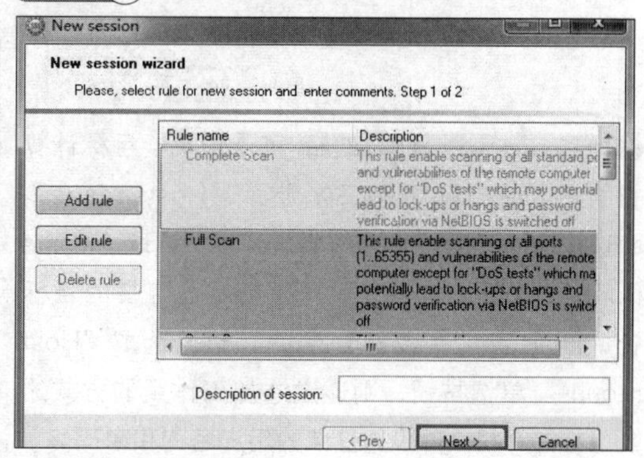

单击“Next”按钮。

步骤 6 添加扫描的目标计算机

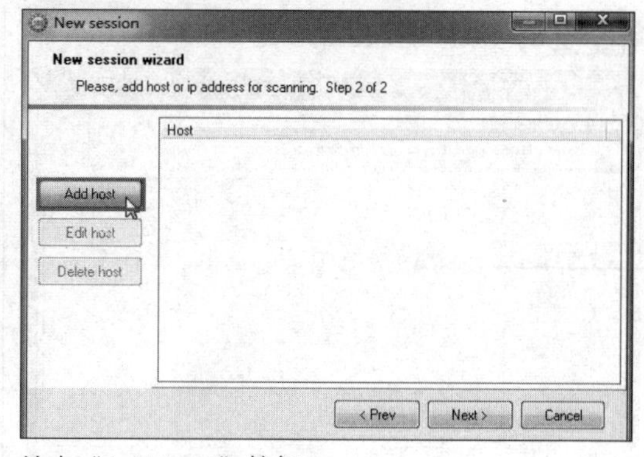

单击“Add host”按钮。

步骤 7 添加目标计算机

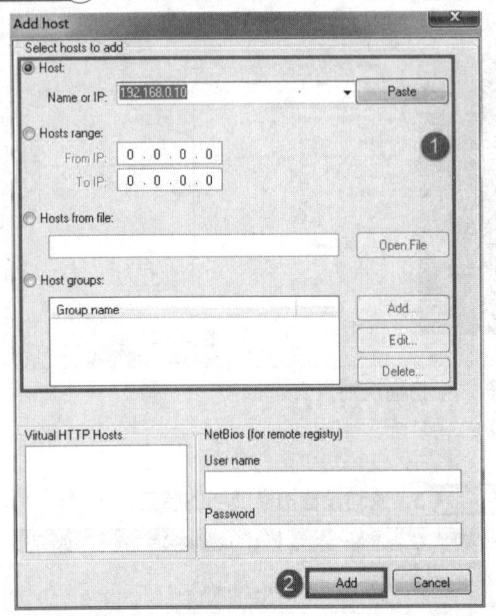

❶ 选取“Host”单选按钮，可添加单一目标计算机的 IP 地址或计算机名称；选取“Hosts range”单选按钮，可添加一个 IP 地址范围；选取“Hosts from file”单选按钮，可通过指定已存在的目标计算机列表文件添加目标计算机；选取“Host groups”单选按钮，则通过添加工作组的方式添加目标计算机，并设置登录的用户名称和密码。

❷ 在添加好目标计算机之后，单击“Add”按钮，即可完成目标计算机的添加。

步骤 8 完成扫描项目的创建

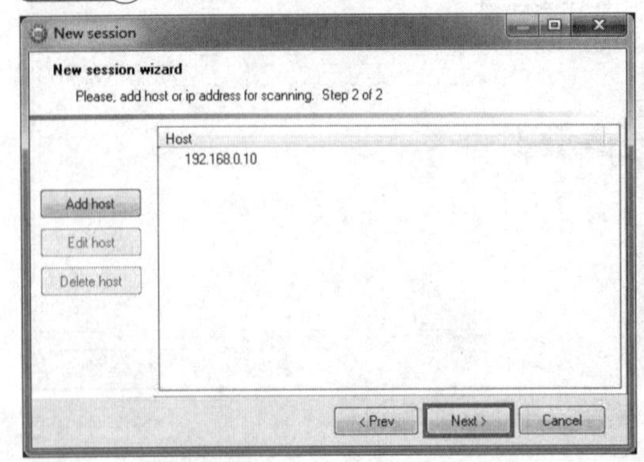

单击“Next”按钮。

步骤 9 返回 SSS 主界面

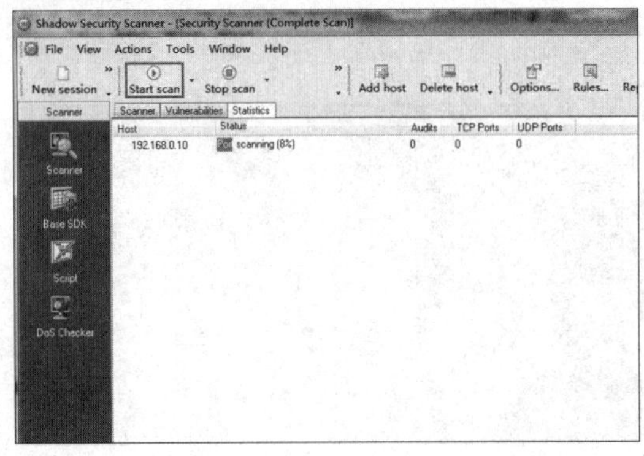

单击工具栏上的“Start scan”按钮，开始对目标计算机进行扫描，并可在“Statistics”选项卡中查看扫描进程。

步骤 10 切换至“Vulnerabilities”选项卡

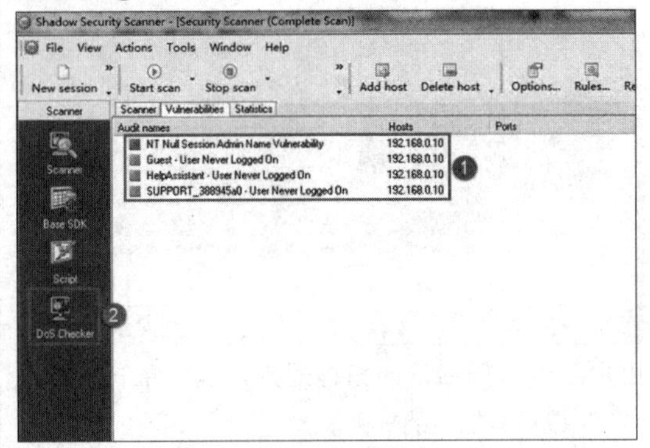

❶ 查看扫描结果，给出了危险程序、补救措施等内容。

❷ 单击左侧窗口中的“DoS Checker”选项，选择检测的项目。

步骤 11 进行 DoS 安全性检测

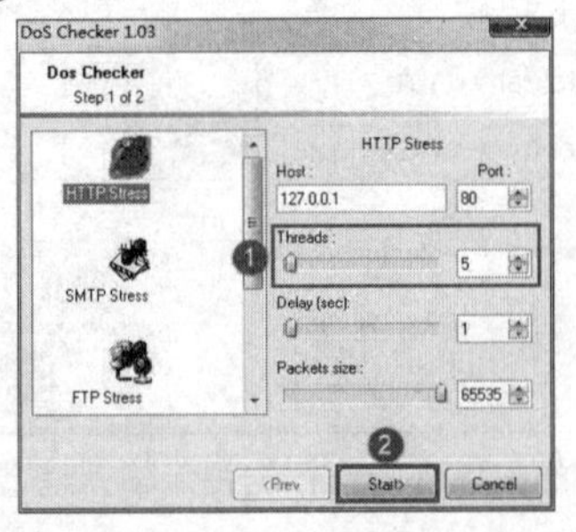

设置扫描的线程数（Threads）之后，单击“Start”按钮。

步骤 12 开始 DoS 检测

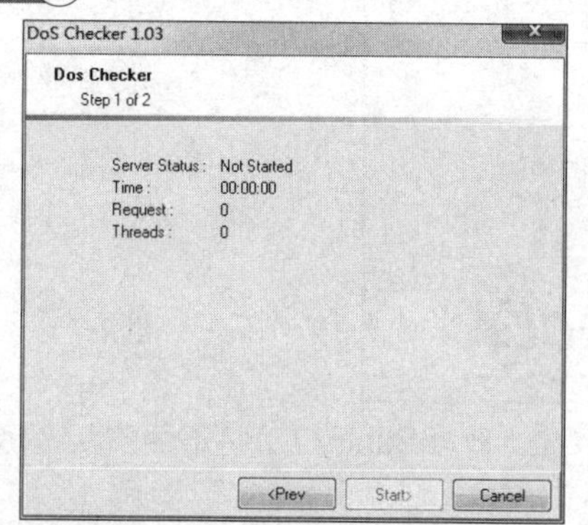

查看检测结果。

步骤 13 返回主界面

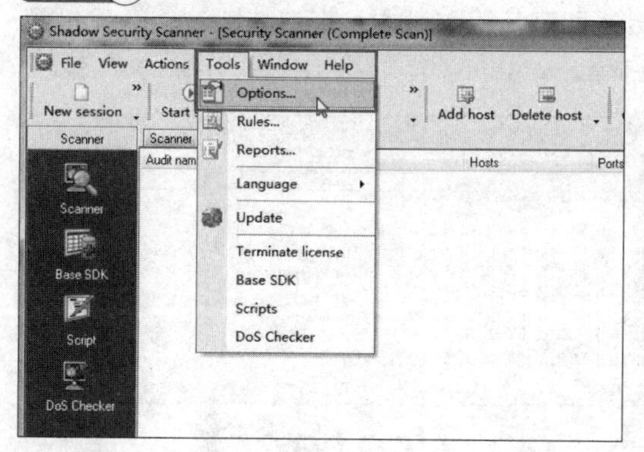

选择“Tools”→“Options”命令。

步骤 14 SSS 选项设置

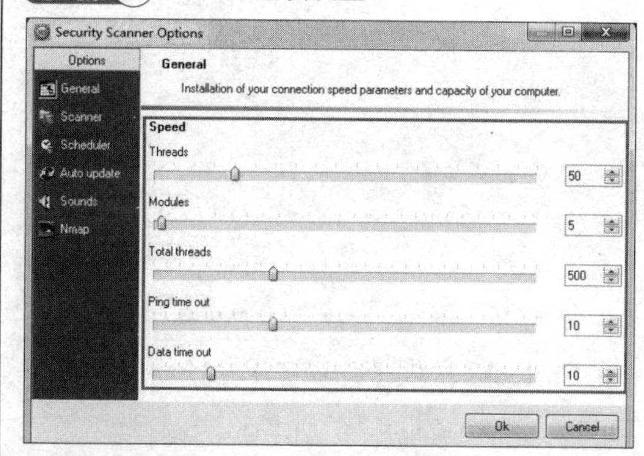

设置常规选项。

步骤 15 切换至“Scanner”选项卡

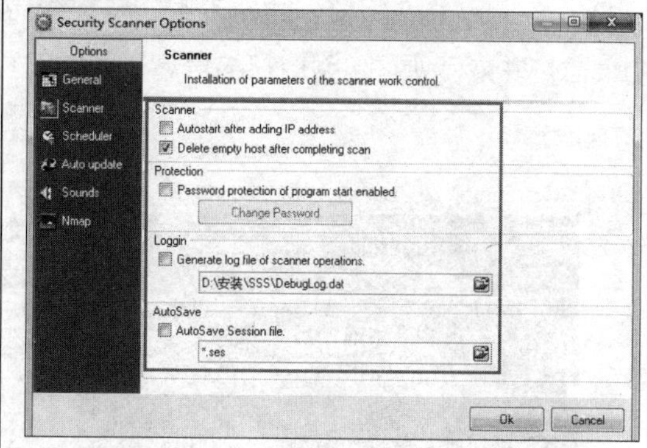

设置扫描选项。

7.2.5 用 ProtectX 实现扫描的反击与追踪

ProtectX 是一款在用户连接网络时保护计算机的工具，可以同时监视 20 个端口，还可以帮助追踪攻击者的来源。一旦有人尝试入侵连接到用户的计算机，即可发出声音警告并将入侵者的 IP 地址记录下来，可以防止黑客入侵。

1. ProtectX 实用组件概述

ProtectX 安装过程与一般软件安装过程类似，这里不再赘述。在安装完毕 ProtectX 后重启系统，即可在 Windows 系统的通知栏中看到显示的 ProtectX 按钮，双击即可显示其操作界面，窗口中间显示的是当前本机状态信息，如下图所示。

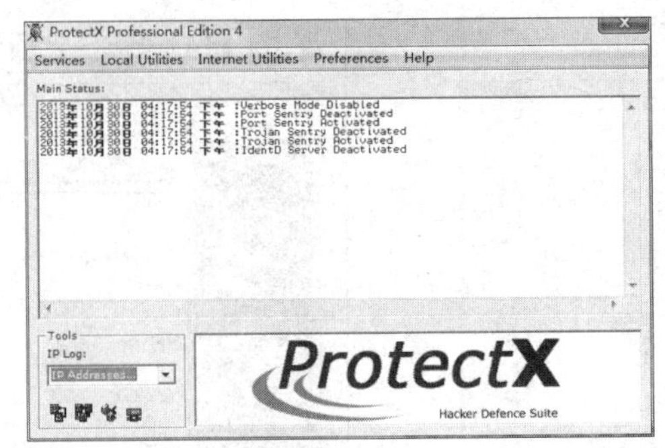

ProtectX 提供了几项实用功能组件，依次是端口安全（Port Sentry）、特洛伊安全（Trojan Sentry）和 IdentD 服务（IdentD Server）等。

（1）端口安全（Port Sentry）

端口安全就是端口扫描监视器，在 TCP 端口 1 上监听，如果有扫描活动触发到 1 号端口，则 Port Sentry 将会报警，如左下图所示。ProtectX 即可反跟踪对方，查询其域名、追溯起路由信息，并显示所截击到的扫描信息，如右下图所示。

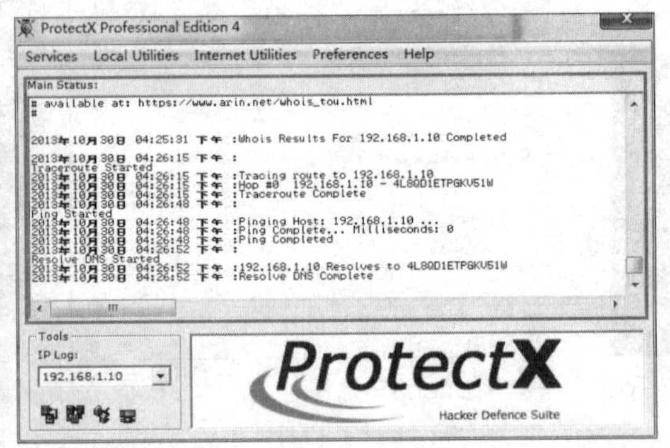

（2）特洛伊安全（Trojan Sentry）

特洛伊安全是指在一些木马常用端口上进行监听，一旦发现有人试图连接这些端口，即可报警。

（3）IdentD 服务（IdentD Server）

IdentD 服务可在计算机上打开一个安全 IdentD 服务，IdentD 开启后，会允许远程设备为了识别目的查询 TCP 端口，是一个不安全的协议，初级用户最好不要打开这个服务。

2. 防御扫描器入侵

有了 ProtectX 的保护，对于一般的扫描攻击，大家就可以不用担心了。不过仅仅依靠这个工具，还远远谈不上高枕无忧，还需要提前做好防御扫描入侵的准备。

①对于 Windows 用户，要修改注册表，禁止匿名用户对 IPC$ 的访问。首先单击“开始”按钮，在弹出的“开始”菜单中选择“运行”命令，如左下图所示。这时会弹出“运行”对话框，在其中输入“regedit”命令后单击“确定”按钮，如右下图所示。即可打开注册表编辑器。

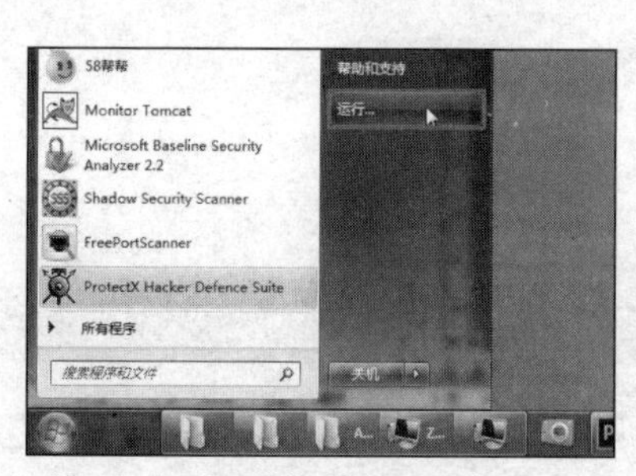

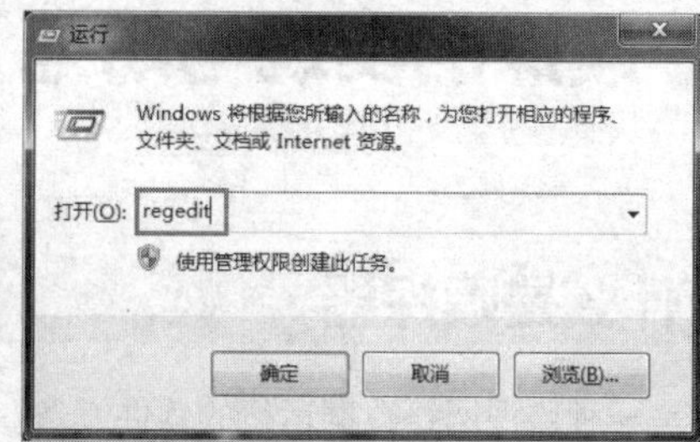

修改方法是在注册表编辑器中展开 HKEY_LOCAL_MACHINE\SYSTEM\CurrentControl Set\Control\Lsa 分支，找到 restrictanonymous 键值并将其值改为 1。

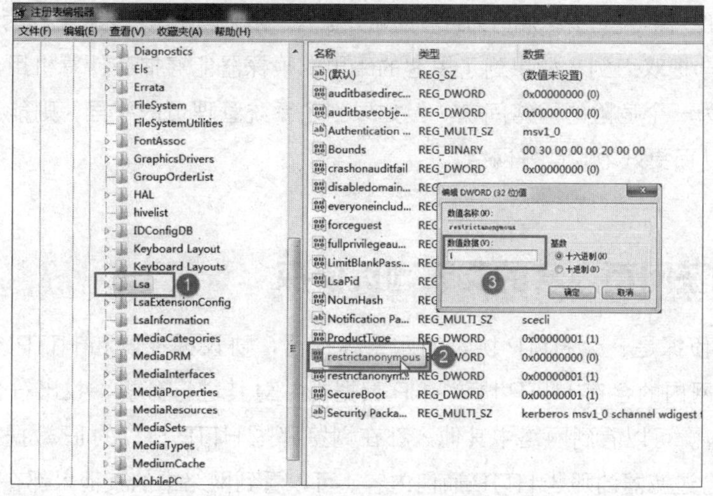

②修改注册表，禁止自动管理共享。在注册表编辑器中展开 HKEY_LOCAL_MACHINE\SYSTEM\CurrentControl Set\Services\LanmanServer\Parameters 分支，找到 AutoShareServer 键值并将其改为 0，同时找到 AutoShareWKs 键值并将其改为 0。

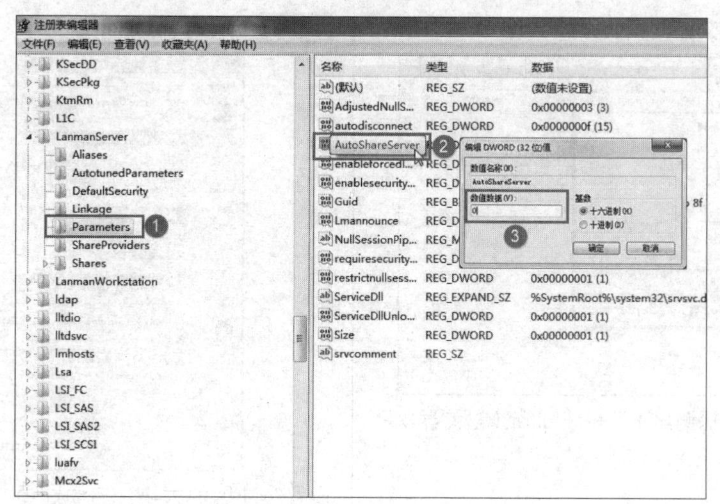

③及时更新操作系统。

7.3 嗅探的实现与防范

7.3.1 什么是嗅探器

嗅探器是一种监视网络数据运行的软件设备。嗅探器既能用于合法网络管理，也能用于窃取网络信息。网络运作和维护都可以采用嗅探器，如监视网络流量、分析数据包、监视网络资源利用、执行网络安全操作规则、鉴定分析网络数据及诊断并修复网络问题等。非法嗅探器严重威胁网络安全性，这是因为它不但能进行探测行为且容易随处插入，所以网络黑客常将它作为攻击武器。

嗅探器是一把双刃剑，如果到了黑客的手里，嗅探器能够捕获计算机用户因为疏忽而带来的漏洞，成为一个危险的网络间谍。但如果到了系统管理员的手里，则能帮助用户监控异常网络流量，从而更好地管理好网络。

7.3.2 捕获网页内容的艾菲网页侦探

艾菲网页侦探是一个 HTTP 协议的网络嗅探器，协议捕捉器和 HTTP 文件重建工具。可以捕捉局域网内的含有 HTTP 协议的 IP 数据报并对其进行分析，找出符合过滤器的那些 HTTP 通信内容。可以看到网络中其他人都在浏览哪些 HTTP 协议的 IP 数据报，并对其进行分析，找出符合过滤器的那些 HTTP 通信内容。可以看到网络中的其他人都在浏览哪些网页，这些网页的内容是什么。特别适合用于企业主管对公司员工的上网情况进行监控。

使用艾菲网页侦探对网页内容进行捕获的具体操作步骤如下。

步骤 1 运行艾菲网页侦探

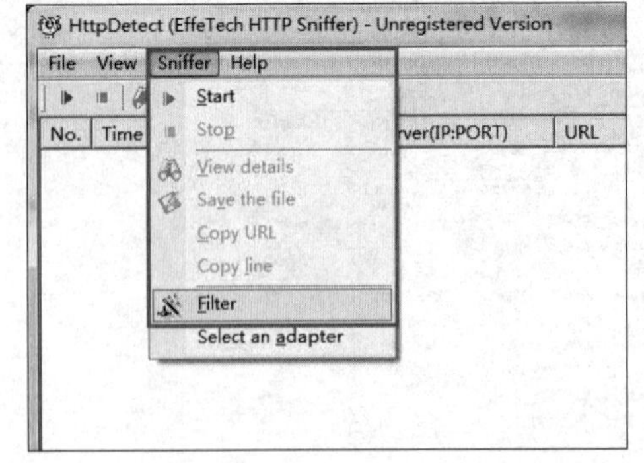

选择“Sniffer（探测器）”→“Filter（过滤器）”命令。

步骤 2 设置相关属性

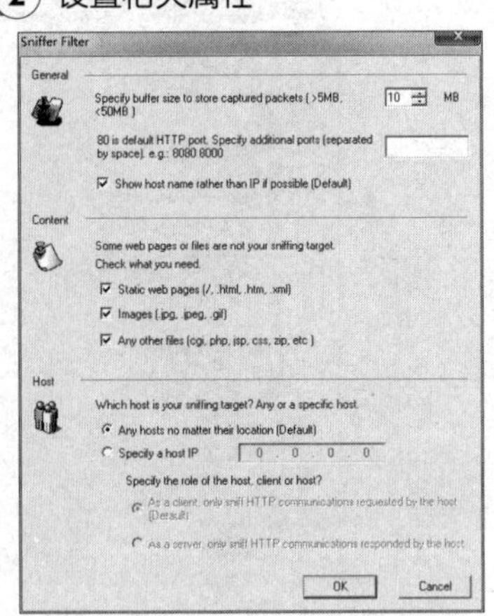

设置缓冲区的大小、启动选项、探测文件目标、探测的计算机对象等属性。

步骤 3 返回主界面

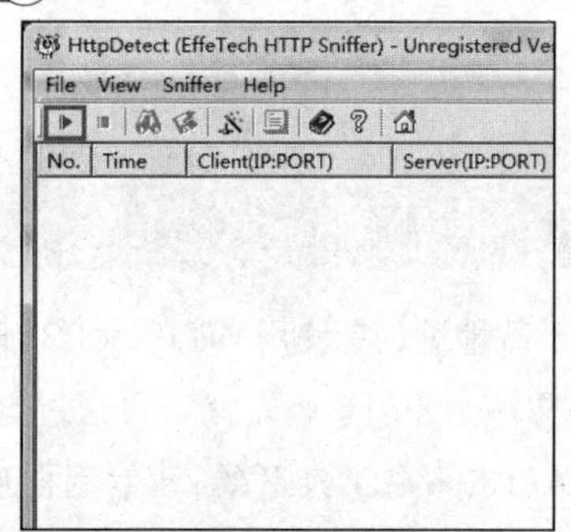

单击工具栏上的“开始”按钮▶。

步骤 4 捕获目标计算机浏览网页的信息

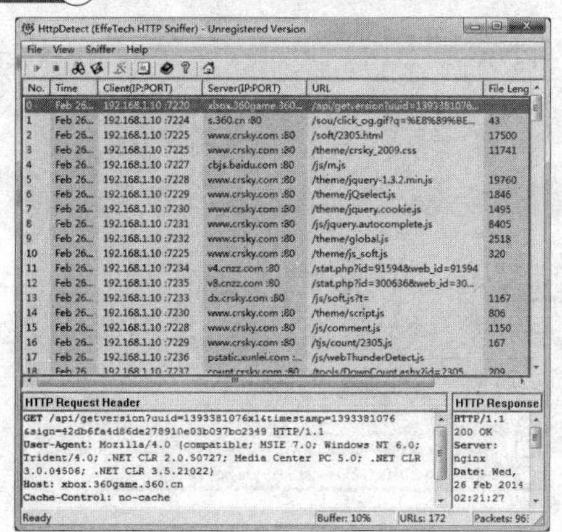

查看捕获到的信息。

步骤 5 打开主界面

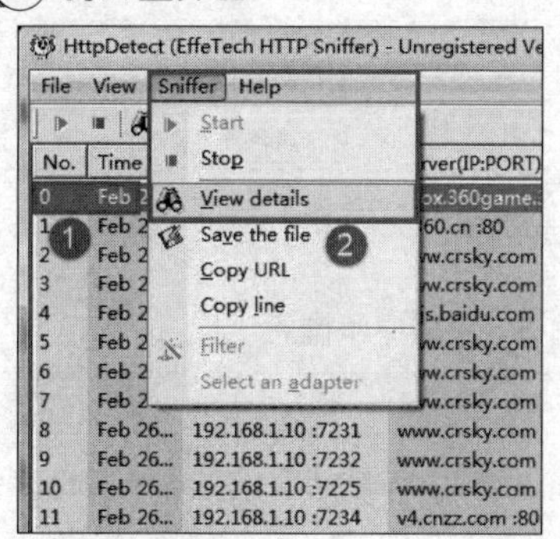

❶ 选中需要查看的捕获记录，则可查看其 HTTP 请求命令和应答信息。

❷ 选择“Sniffer（探测器）”→“View details（查看详情）”命令。

步骤 6 查看 HTTP 通信详细资料

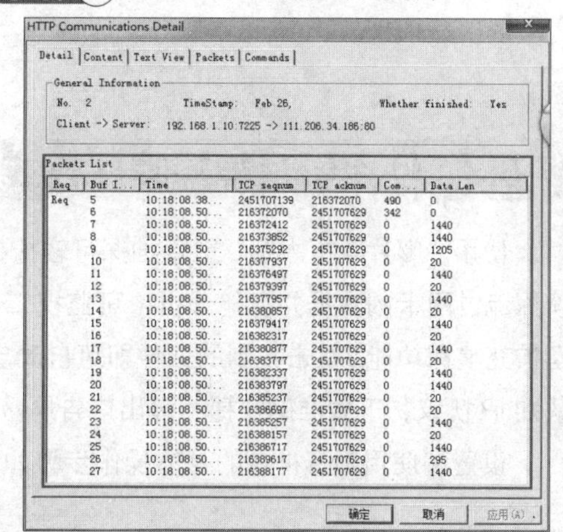

查看所选记录条的详细信息。

步骤 7 查看 HTTP 请求头

HTTP Request Header
GET /media/id=rHmYrjRvn10&gp=404&time=nHndn1R
HTTP/1.1
Host: drmcmm.baidu.com
Connection: keep-alive
User-Agent: Mozilla/5.0 (Windows NT 6.1) Appl
(KHTML, like Gecko) Chrome/21.0.1180.89 Safar
Accept: */*

查看捕获到的软件下载地址，将该地址直接添加到 FlashGet 等下载工具的网址栏中，即可下载相应程序。

步骤 8 保存文件

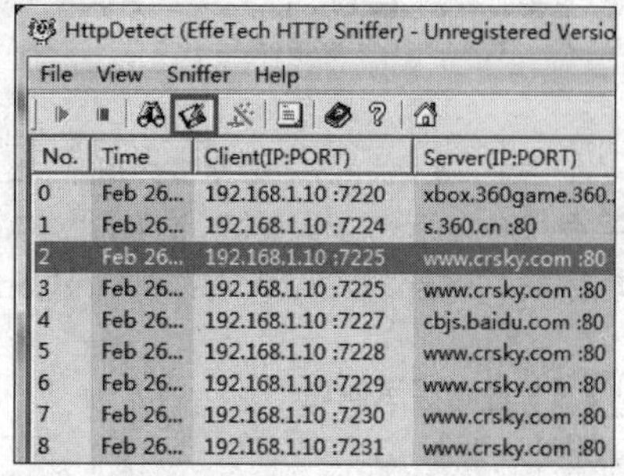

选中需要保存的记录条，单击“保存来自选定链接的文件”按钮，可将所选记录保存到磁盘中，可通过记事本打开该文件，并浏览其中的详细信息。

在使用艾菲网页侦探捕获下载地址时，不仅可以捕获到其引用页地址，还可以捕获到其真实的下载地址。

7.3.3 使用影音神探嗅探在线视频地址

使用“影片嗅探大师”影音神探可轻松找到电影的下载地址，它使用WinPcap23开发包，嗅探流过网卡的数据并智能分析，可监视二十余种网络文件；还可自行定义，可通过自定义类型扩充嗅探功能；双击找到的文件即可自动启动事先设置好的下载工具下载；查看远程IP连接，获知IP协议，下载准确快捷；弹出广告屏蔽模块可让用户上网不再受弹出广告之苦。

设置和使用影音神探的具体操作步骤如下。

步骤 1 启动影音神探

弹出“Error”提示框，提示“请安装WinPcap后再启动程序”信息，单击“OK”按钮。

步骤 2 安装WinPcap

一直单击“Next”按钮，将开始安装WinPcap，待安装成功后单击“Finish”按钮，即可完成WinPcap安装。

步骤 3 查看提示信息

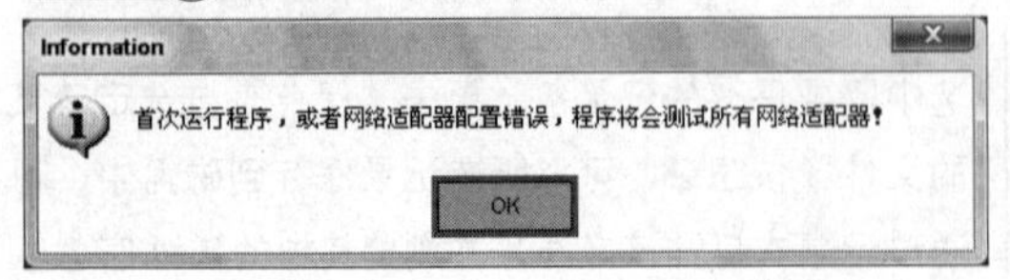

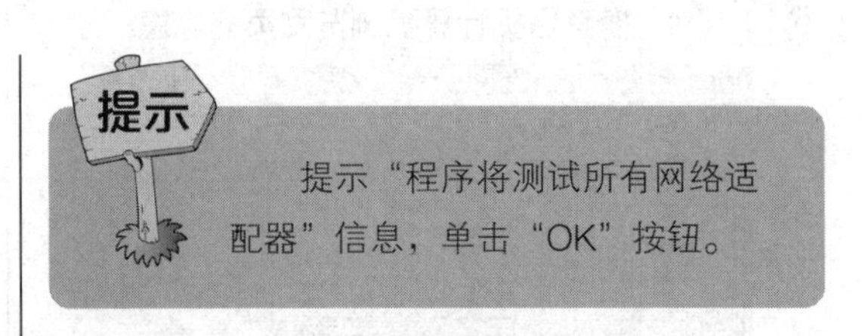

步骤 4 打开“设置”对话框

测试网络配置是否可用。

步骤 5 查看提示信息

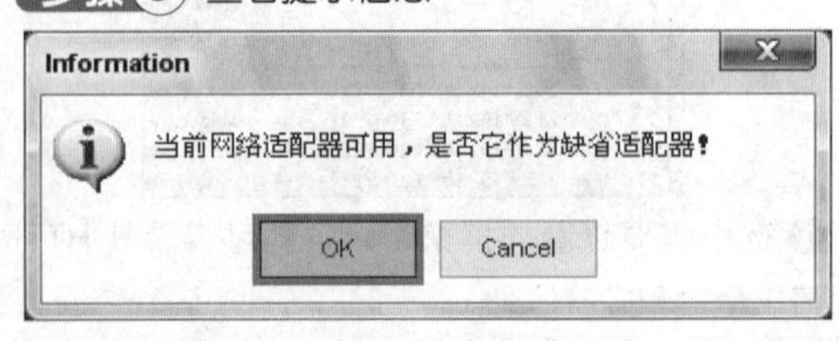

如果本机的网络适配器符合测试要求，即可看到该提示信息，单击“OK”按钮。

步骤6 返回“设置”对话框

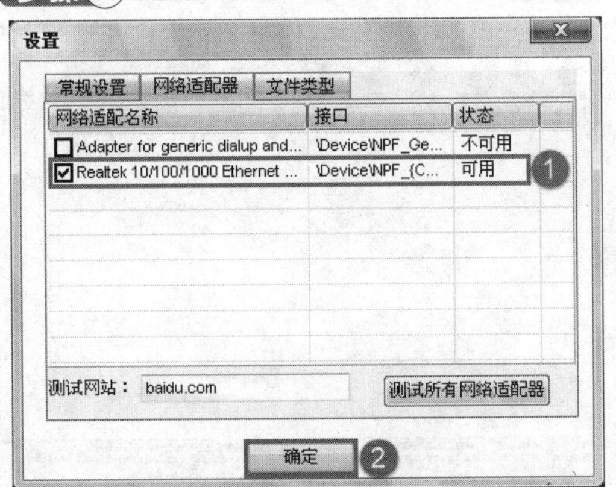

❶ 可看到可用的网路适配器已经被选中。

❷ 单击“确定”按钮，即可完成对网络适配器的设置。

步骤7 返回“影音神探”主窗口

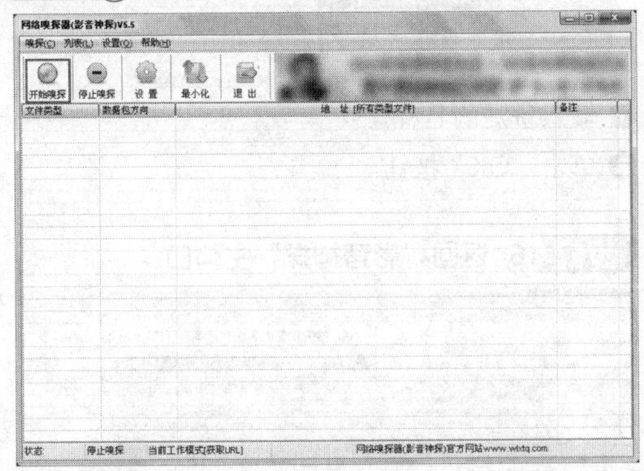

选择“嗅探”→“开始嗅探”命令或单击工具栏上的“开始嗅探”按钮。

步骤8 开始进行嗅探

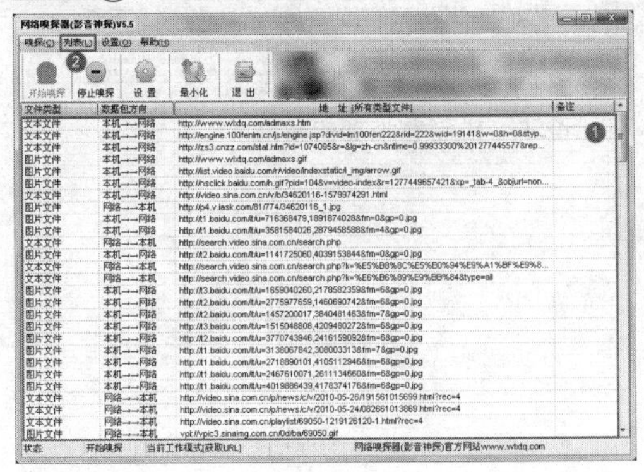

❶ 查看嗅探到的信息。在“文件类型”列表中右击要下载的文件，从弹出的快捷菜单中选择“复制地址”命令，即可复制所选中文件的下载地址。

❷ 选择“列表”→“用网际快车下载”命令。

步骤9 新建任务

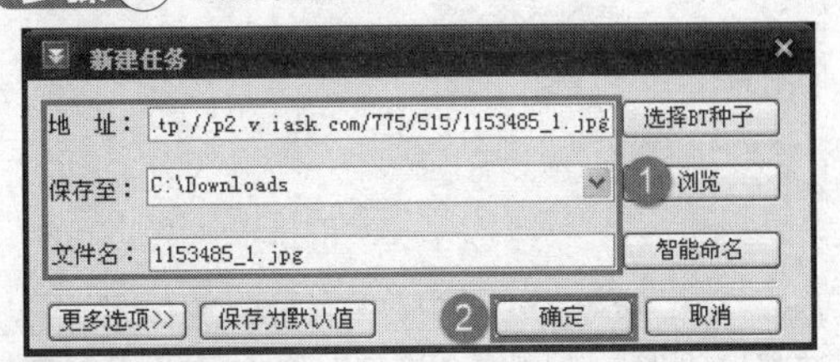

❶ 设置保存路径与文件名，并将刚复制的地址粘贴到“地址”栏中。

❷ 单击“确定”按钮。

步骤10 用网际快车下载

开始进行下载，待下载完成后可在“文件名”后面看到有个对号。

提示

如果选择“影音传送带下载”选项或者“网际快车”选项，则先要安装“影音传送带”或“网际快车”软件，才能使用软件中对应的操作方法。因为只是调用这两个软件来下载文件的。

步骤 11 返回“影音神探”主窗口

选择“设置”→“综合设置”命令或单击工具栏上的“设置”按钮。

步骤 12 “自动开启嗅探”等设置

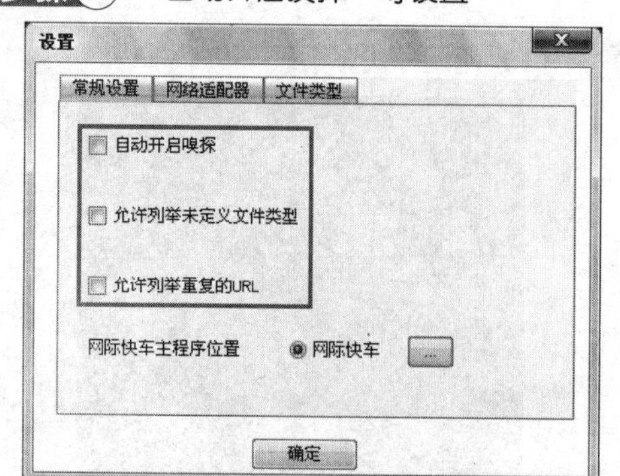

根据需要在“常规设置”选项卡中选中相应复选框。

步骤 13 切换至“文件类型”选项卡

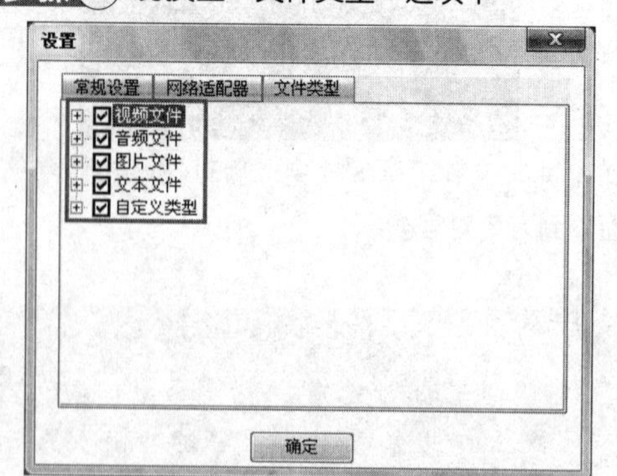

设置要下载文件的类型，这里选中所有的复选框。

步骤 14 给嗅探的数据包添加备注信息

选择“列表”→“增加备注”命令。

步骤 15 编辑备注

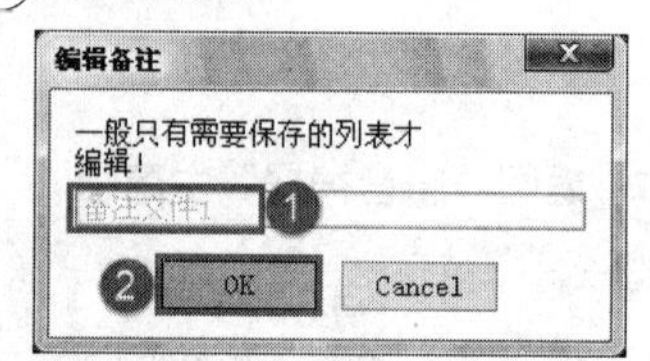

❶ 输入备注的名称。

❷ 单击“OK”按钮。

步骤 16 返回“影音神探”主窗口

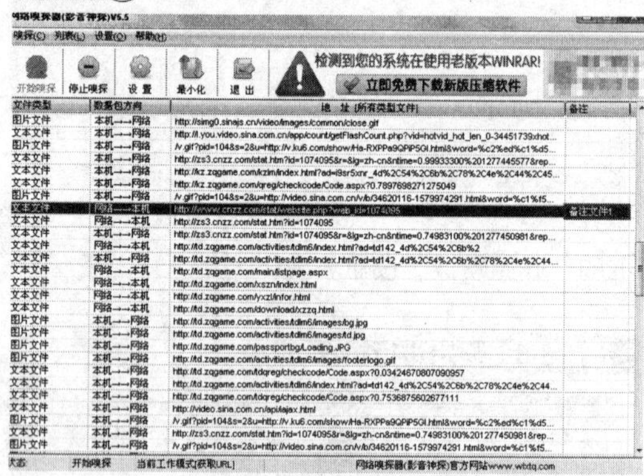

在“备注”栏查看添加的备注。

步骤17 分类显示嗅探出的数据包

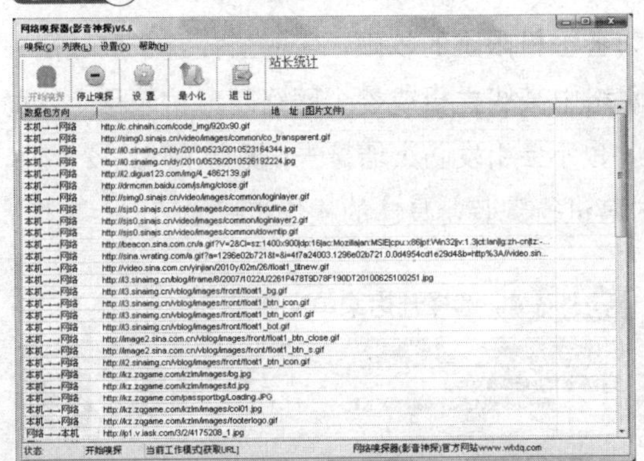

在“数据包”列表中右击，在弹出的快捷菜单中选择“分类查看”→“图片文件”命令，即可显示图片形式的数据包。

如果选择“分类查看”→“文本文件”命令，即可显示文本文件形式的数据包。

步骤18 返回“影音神探”主窗口

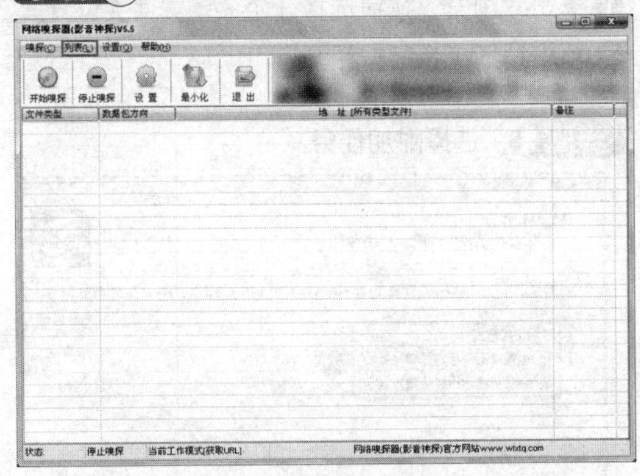

选择“列表”→“保存列表”命令。

步骤19 保存文件

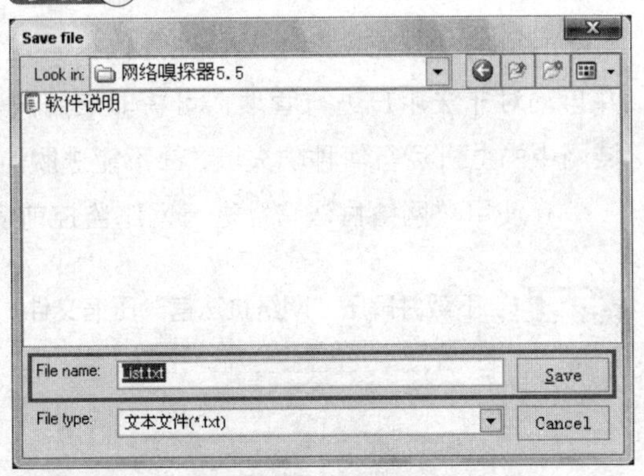

选择保存位置，然后单击“Save”按钮。

步骤20 选择保存文件方式

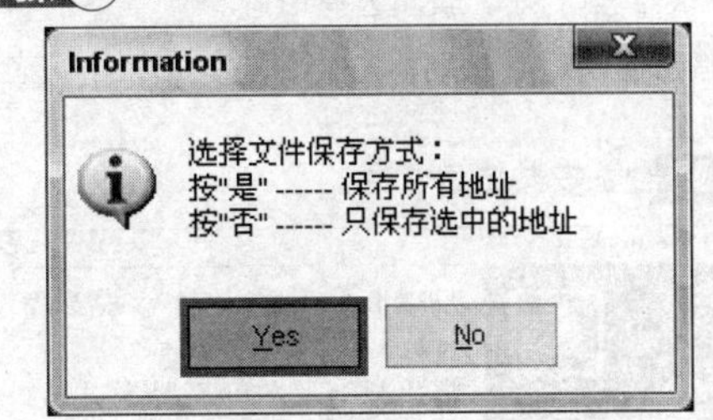

单击“Yes”按钮保存全部的地址。

步骤21 保存完毕

文件保存完毕，单击“OK”按钮。

7.4 运用工具实现网络监控

7.4.1 运用网络执法官实现网络监控

“网络执法官”是一款局域网管理辅助软件，采用网络底层协议，能穿透各客户端防火墙对网络中的每一台主机（这里的主机是指各种计算机、交换机等配有 IP 的网络设备）进行监控；采用网卡号（MAC 地址）识别用户等。

1. 安装网络执法官

“网络执法官”的主要功能是依据管理员为各主机限定的权限，实时监控整个局域网，并自动对非法用户进行管理，可将非法用户与网络中某些主机或整个网络隔离，而且无论局域网中的主机运行何种防火墙，都不能逃脱监控，也不会引发防火墙警告，提高了网络安全性。

在使用“网络执法官”进行网络监控前应对其进行安装，具体的操作步骤如下。

步骤1 下载并解压“网络执法官”压缩文件

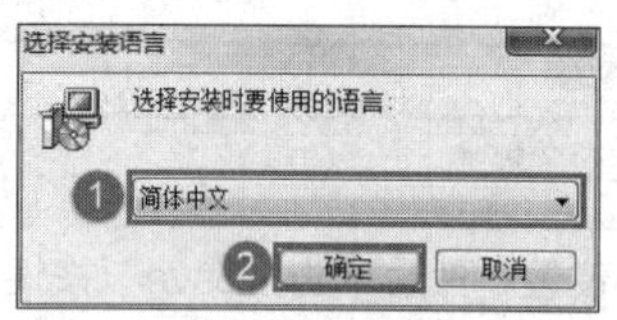

❶ 双击“网络执法官”安装程序图标，打开“选择安装语言”对话框，选择语言。

❷ 单击“确定”按钮。

步骤2 安装向导

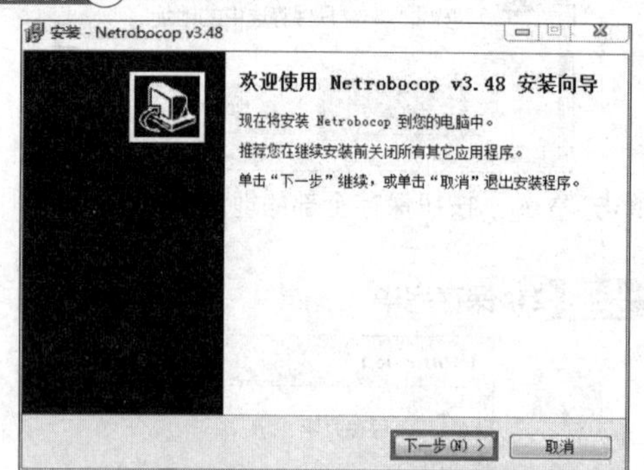

单击“下一步”按钮。

步骤3 选择目标位置

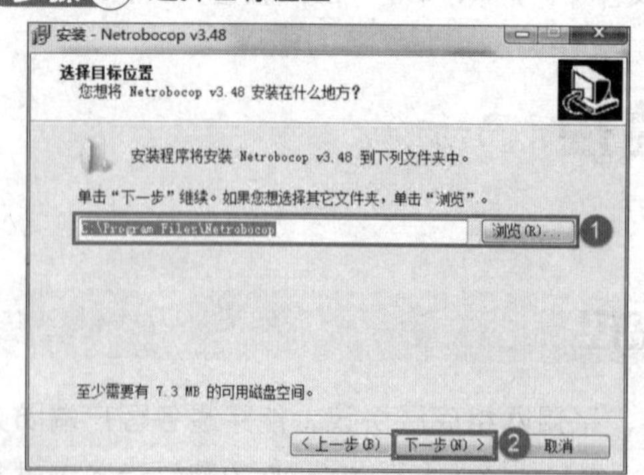

❶ 单击“浏览”按钮选择安装目标位置。

❷ 单击“下一步”按钮。

步骤4 选择开始菜单文件夹

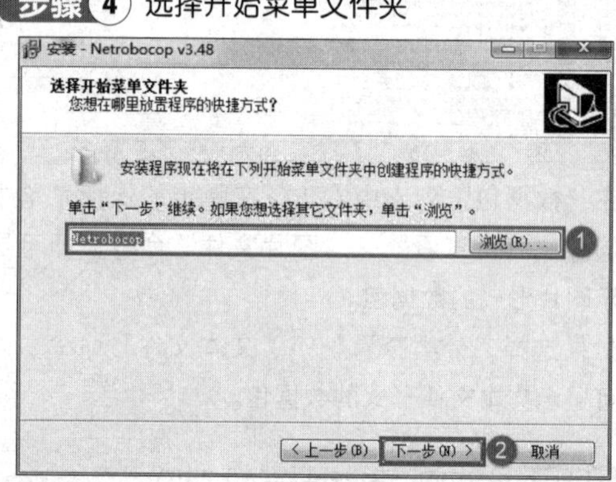

❶ 单击“浏览”按钮选择开始菜单文件夹位置。

❷ 单击“下一步”按钮。

步骤5 选择附加任务

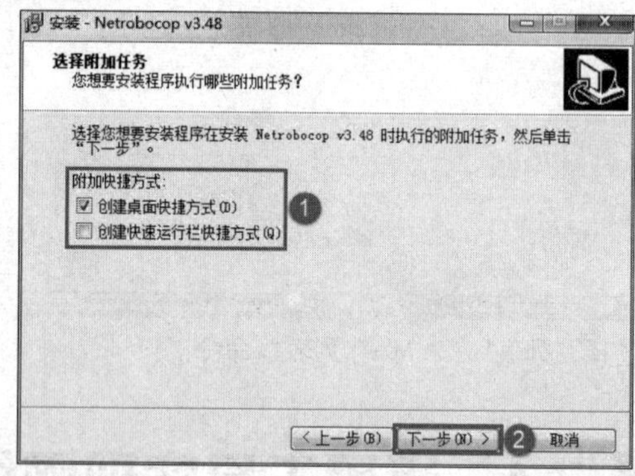

❶ 根据需要选中需要创建快捷方式的位置复选框。

❷ 单击“下一步”按钮。

步骤 6 准备安装

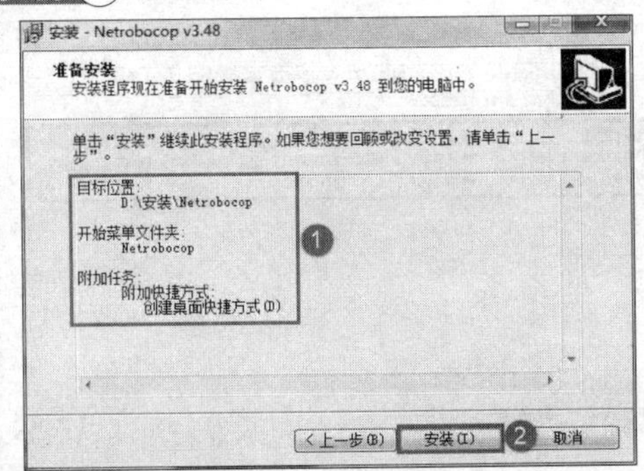

❶ 确认安装信息。

❷ 单击“安装”按钮。

步骤 7 安装向导完成

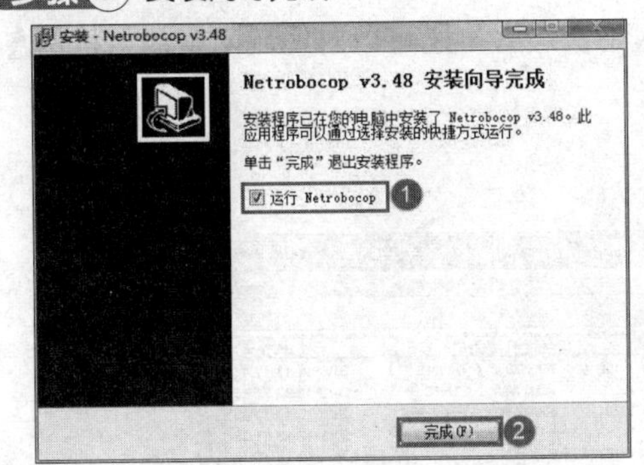

❶ 选中“运行 Netrobocop”复选框。

❷ 单击“完成”按钮。

步骤 8 设置监控范围

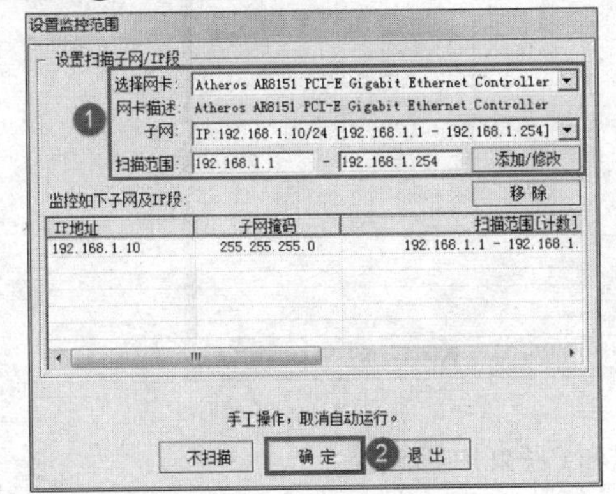

❶ 指定监测的硬件对象和网段范围，然后单击“添加 / 修改”按钮。

❷ 单击“确定”按钮。

步骤 9 打开“网络执法官”操作窗口

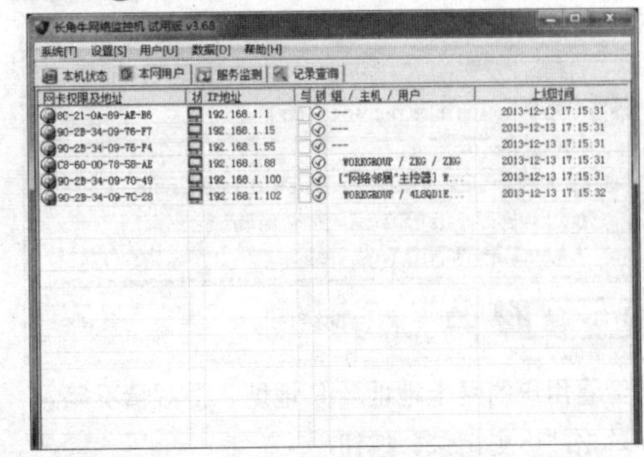

界面中显示了在同一个局域网下的所有用户，可查看其状态、流量、IP 地址、是否锁定、最后上线时间、下线时间、网卡注释等信息。

“网卡 MAC 地址”是网卡的物理地址，也称硬件地址或链路地址，是网卡自身的唯一标识，一般不能随意改变。无论把这个网卡接入网络的什么地方，MAC 地址都不变。其长度为 48 位二进制数，由 12 个 00 ~ 0FFH 的十六进制数组成，每个十六进制数之间用“-”隔开，如“00-0C-76-9F-BC-02”。

2. 查看目标计算机属性

使用“网络执法官”可收集处于同一局域网内所有主机的相关网络信息。具体的操作步骤如下。

步骤 1 打开“网络执法官”操作窗口

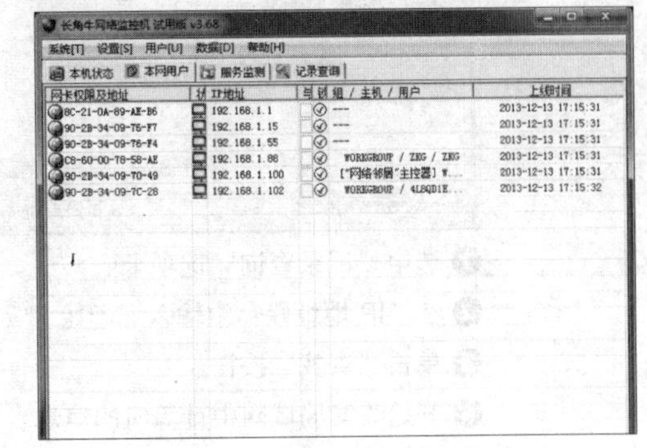

双击“用户列表”中需要查看的对象。

步骤 2 查看用户属性

❶ 查看用户的网卡地址、IP 地址、上线情况等。

❷ 单击“历史记录”按钮。

步骤 3 查看在线记录

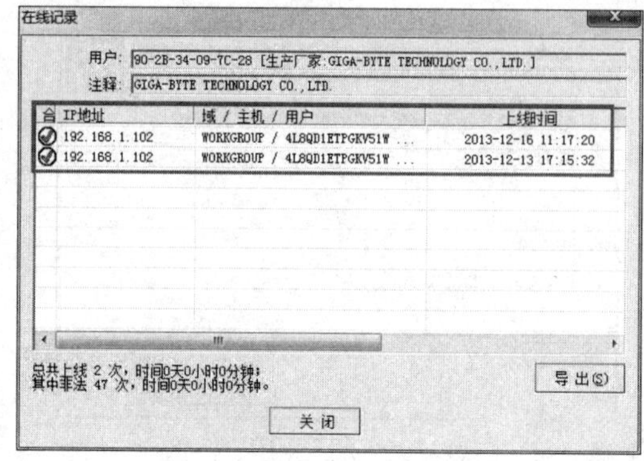

查看该计算机上线的情况。

3. 批量保存目标主机信息

除收集局域网内各个计算机的信息之外，“网络执法官”还可以对局域网中的主机信息进行批量保存。具体的操作步骤如下。

步骤 1 打开“网络执法官”操作窗口

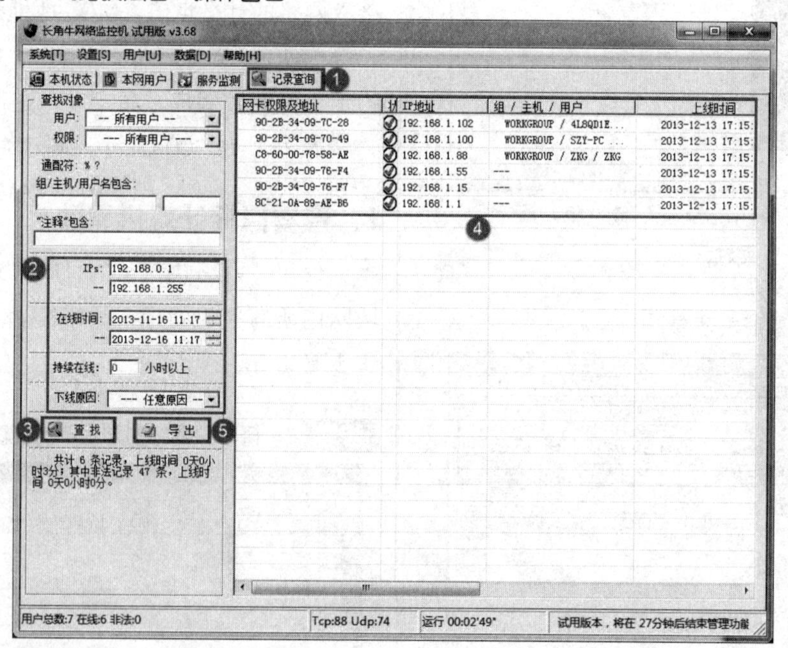

❶ 选中“记录查询”选项卡。

❷ 在“IP 地址段”中输入“起始 IP”地址和“结束 IP”地址。

❸ 单击“查找”按钮。

❹ 开始收集局域网中计算机的信息。

❺ 单击“导出”按钮。

步骤 2 查看导出信息

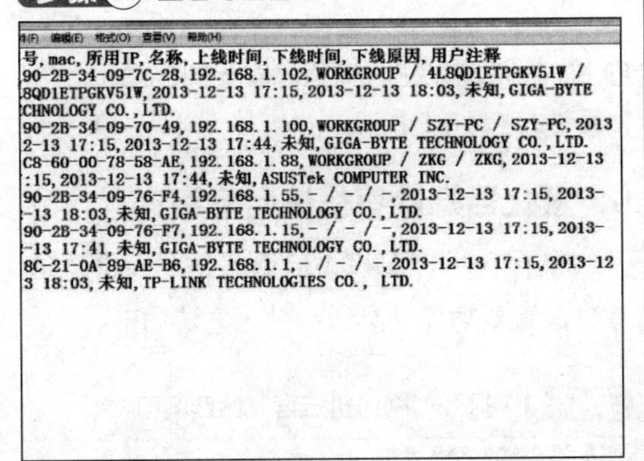
件(F) 编辑(E) 格式(O) 查看(V) 帮助(H)
号,mac,所用IP,名称,上线时间,下线时间,下线原因,用户注释
90-2B-34-09-7C-28,192.168.1.102,WORKGROUP / 4L8QD1ETPGKV51W /
8QD1ETPGKV51W,2013-12-13 17:15,2013-12-13 18:03,未知,GIGA-BYTE
CHNOLOGY CO.,LTD.
90-2B-34-09-70-49,192.168.1.100,WORKGROUP / SZY-PC / SZY-PC,2013
2-13 17:15,2013-12-13 17:44,未知,GIGA-BYTE TECHNOLOGY CO.,LTD.
C8-60-00-78-58-AE,192.168.1.88,WORKGROUP / ZKG / ZKG,2013-12-13
:15,2013-12-13 17:44,未知,ASUSTek COMPUTER INC.
90-2B-34-09-76-F4,192.168.1.55,- / - / -,2013-12-13 17:15,2013-
-13 18:03,未知,GIGA-BYTE TECHNOLOGY CO.,LTD.
90-2B-34-09-76-F7,192.168.1.15,- / - / -,2013-12-13 17:15,2013-
-13 17:41,未知,GIGA-BYTE TECHNOLOGY CO.,LTD.
8C-21-0A-89-AE-B6,192.168.1.1,- / - / -,2013-12-13 17:15,2013-12
3 18:03,未知,TP-LINK TECHNOLOGIES CO., LTD.

所有信息导出为文本文件，可在记事本中查看导出信息。

4. 设置关键主机

“关键主机”是由管理员指定的IP地址，可以是网关、其他计算机或服务器等。管理员将指定的IP存入“关键主机”之后，即可令非法用户仅断开与“关键主机”的连接，而不断开与其他计算机的连接。

设置“关键主机组”的具体操作方法如下。

步骤 1 打开“网络执法官”操作窗口

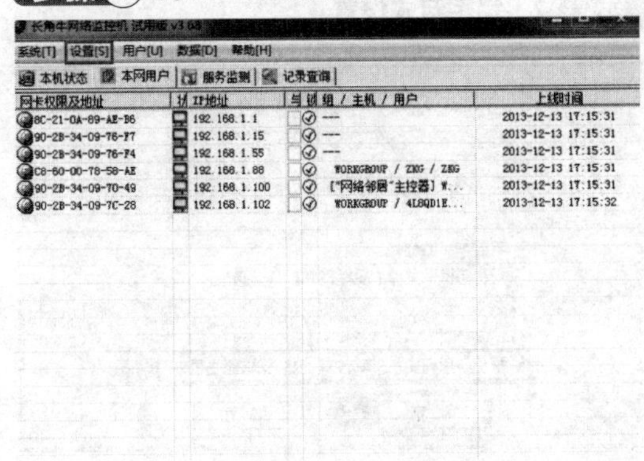

选择“设置”→“关键主机组”命令。

步骤 2 关键主机组设置

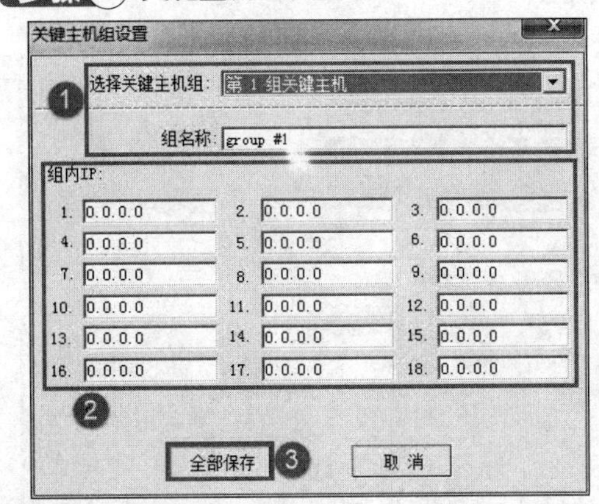

❶ 在“选择关键主机组”下拉列表框中选择关键主机组的名称。

❷ 设定组内IP。

❸ 单击“全部保存”按钮，将关键主机的修改即时生效并进行保存。

5. 设置默认权限

“网络执法官”还可以对局域网中的计算机进行网络管理。它并不要求安装在服务器中，而是可以安装在局域网内的任意一台计算机上，即可对整个局域网内的计算机进行管理。

设置用户权限的具体操作如下。

步骤 1 打开“网络执法官”操作窗口

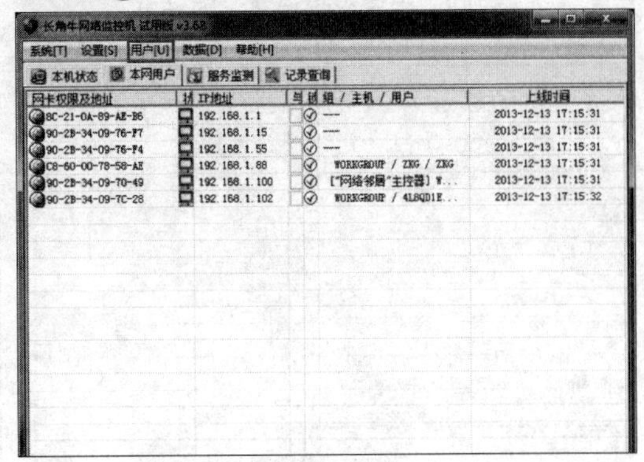

选择“用户”→“权限设置”命令并选择一个网卡权限。

步骤 2 用户权限设置

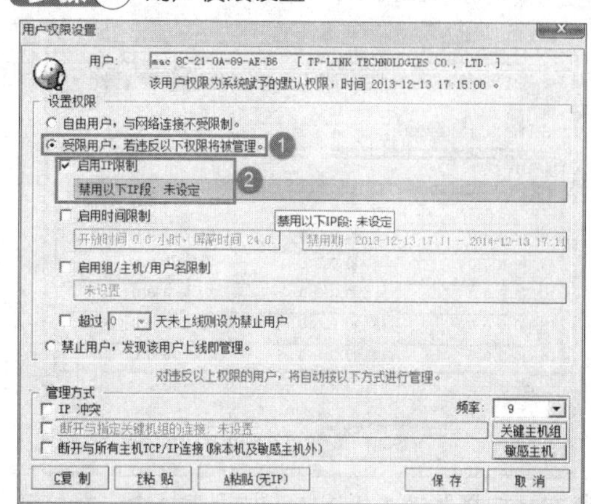

❶ 选择“受限用户，若违反以下权限将被管理”单选按钮。

❷ 若需要可选中“启用 IP 限制”复选框，并单击“禁用以下 IP 段：未设定”按钮。

步骤 3 “IP 限制”设置

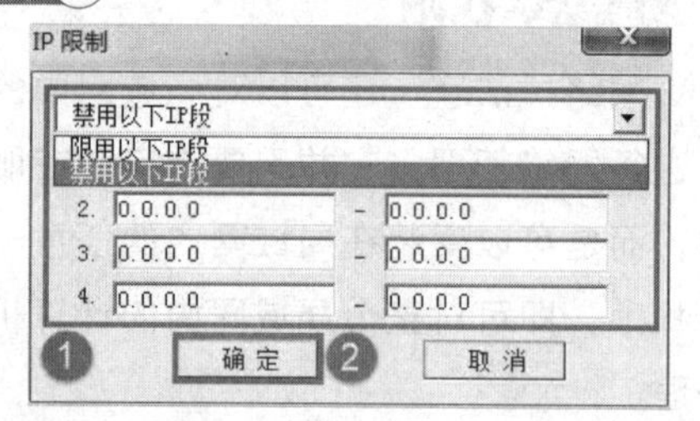

❶ 对 IP 进行设置。

❷ 单击“确定”按钮。

步骤 4 返回“用户权限设置”对话框

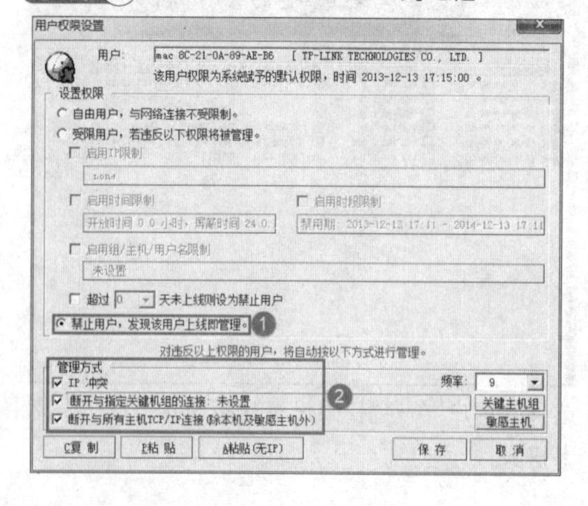

❶ 也可选择“禁止用户，发现该用户上线即管理”单选按钮。

❷ 在“管理方式”栏中根据需要选中相应复选框，然后单击“保存”按钮。

6. 禁止目标计算机访问网络

禁止目标计算机访问网络是“网络执法官”的重要功能，具体的禁止方法如下。

步骤 1 打开“网络执法官”操作窗口

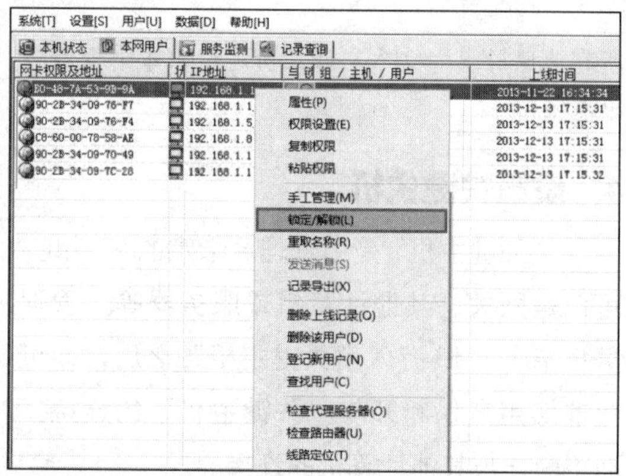

右击“用户列表”中的任意一个对象，在弹出的快捷菜单中选择“锁定 / 解锁”命令。

步骤 2 锁定方式设置

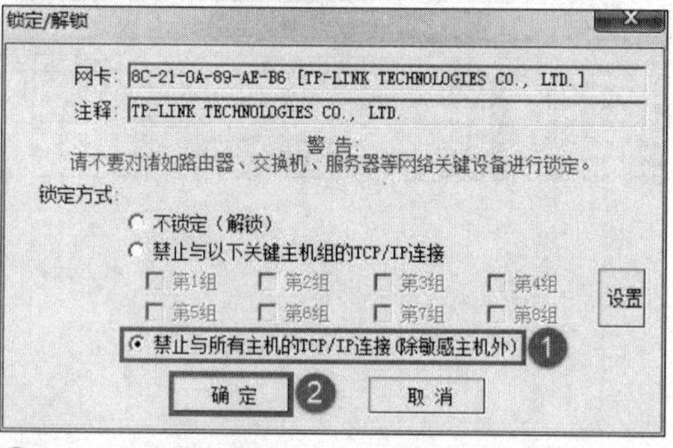

❶ 选择“禁止与所有主机的 TCP/IP 连接（除敏感主机外）”单按钮。

❷ 单击“确定”按钮，即可实现“禁止目标计算机访问网络”这项功能。

7.4.2 运用 Real Spy Monitor 监控网络

Real Spy Monitor 是一个监测互联网和个人计算机，以保障其安全的软件。包括键盘敲击、网页站点、视窗开关、程序执行、屏幕扫描及文件的出入等都是其监控的对象。

1. 添加使用密码

在使用 Real Spy Monitor 对系统进行监控之前，要进行一些设置，具体的操作步骤如下。

步骤 1 启动“Real Spy Monitor”

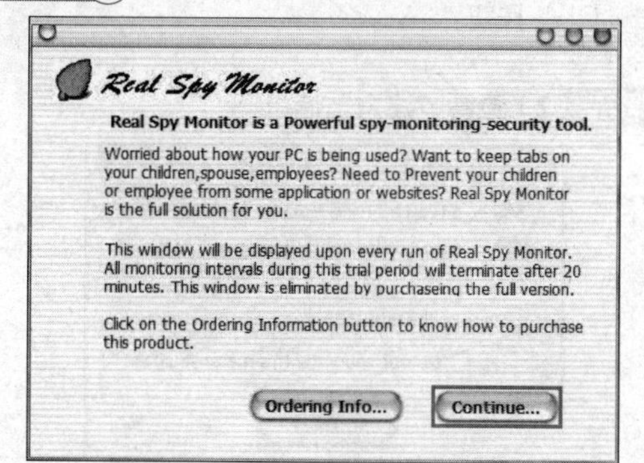

打开“注册”页面，阅读注册信息后，单击“Continue”按钮。

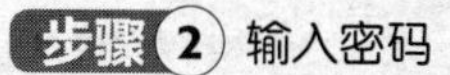

步骤 2 输入密码

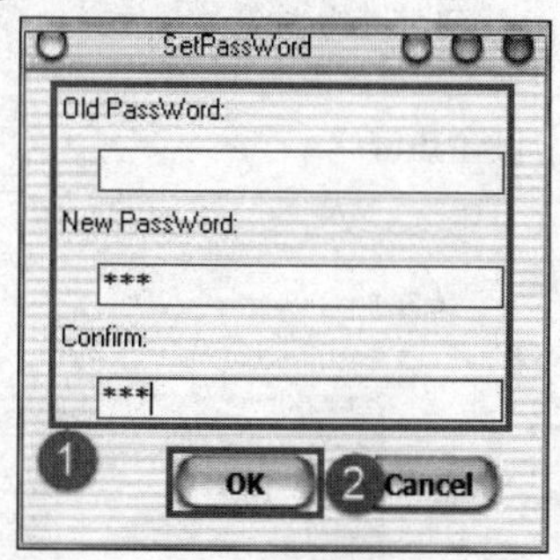

❶ 第一次使用，没有旧密码可更改，只需在“New PassWord”和“Confirm”文本框中输入相同的密码。
❷ 单击“OK”按钮。

在“SetPassWord”对话框中所填写的新密码，将会在 Real Spy Monitor 中处处要用，所以千万不能忘记密码。

2. 设置弹出热键

之所以需要设置弹出热键，是因为 Real Spy Monitor 运行时会较彻底地将自己隐藏，用户在“任务管理器”等处看不到该程序的运行。要将运行时的 Real Spy Monitor 调出就要使用热键才行，否则即使单击“开始”菜单中的“Real Spy Monitor”命令也不会将其调出。

设置热键的具体操作步骤如下。

步骤 1 返回“Real Spy Monitor”主窗口

单击“Hotkey Choice”按钮。

步骤 2 设置热键

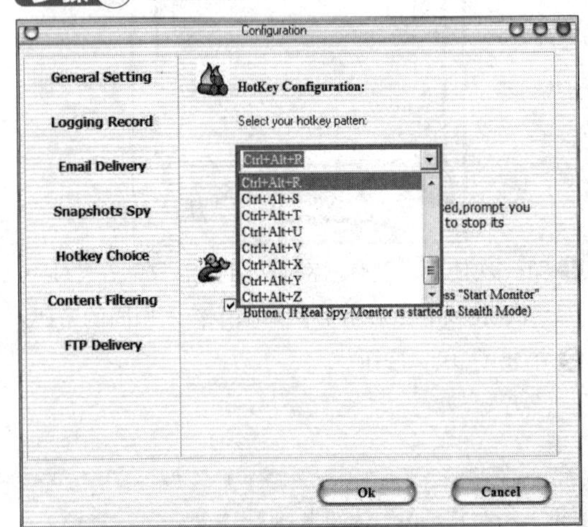

在“Select your hotkey patten”下拉列表框中选择所需热键（也可自定义）。

3. 监控浏览过的网站

在完成了最基本的设置后，就可以使用Real Spy Monitor进行系统监控了。下面讲述Real Spy Monitor如何对一些最常使用的程序进行监控。监控浏览过的网站的具体操作步骤如下。

步骤 1 单击主窗口中的“Start Monitor”按钮

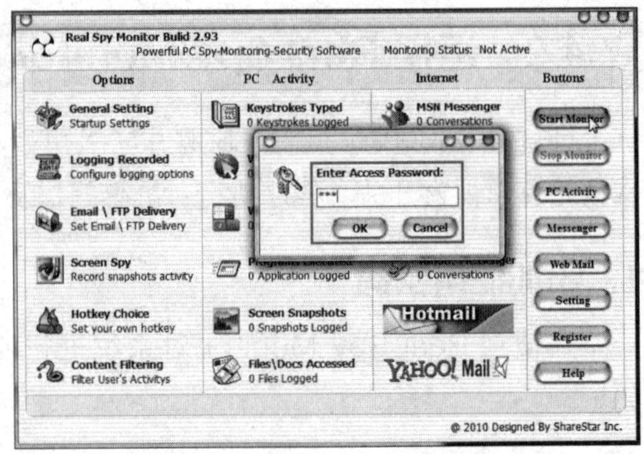

弹出“密码输入”对话框，输入正确的密码，单击“OK”按钮。

步骤 2 查看“注意”信息

在认真阅读“注意”信息后，单击“OK”按钮。

步骤 3 使用IE浏览器随便浏览一些网站

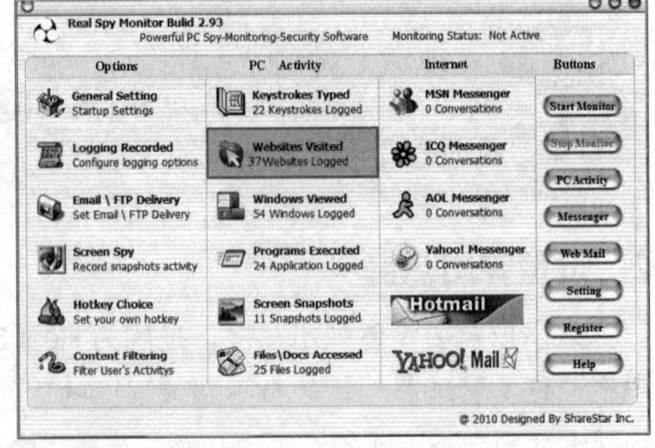

按〈Ctrl+Alt+R〉组合键，在“密码输入”对话框中输入所设置的密码，才能调出“Real Spy Monitor”主窗口，可以发现其中“Websites Visited”选项下已有了计数。

此处计数的数字为37，这表示共打开了37个网页，然后单击“Websites Visited”选项。

步骤 4 打开“Report”窗口

可看到列表里的 37 个网址。这显然就是刚刚 Real Spy Monitor 监控到使用 IE 浏览器打开的网页。

如果想要深入查看相应网页是什么内容，只需要双击列表中的网址，即可自动打开 IE 浏览器访问相应的网页。

4. 键盘输入内容监控

对键盘输入的内容进行监控通常是木马做的事，但 Real Spy Monitor 为了让自身的监控功能变得更加强大却也提供了此功能。其针对键盘输入内容进行监控的具体操作步骤如下。

步骤 1 使用键盘输入一些信息

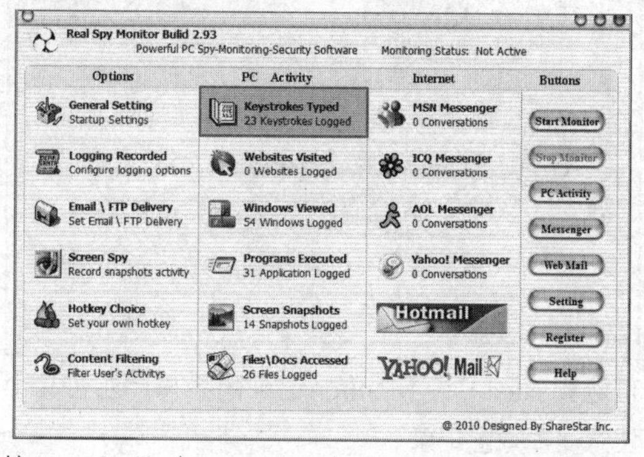

按下所设的〈Ctrl+Alt+R〉组合键，在“密码输入”对话框中输入所设置的密码调出“Real Spy Monitor”主窗口，此时可以发现“Keystrokes Typed”选项下已经有了计数。

可以看出计数的数字为 23，这表示有和计数数字相同的 23 条记录，然后单击“Keystrokes Typed”选项。

步骤 2 查看记录信息

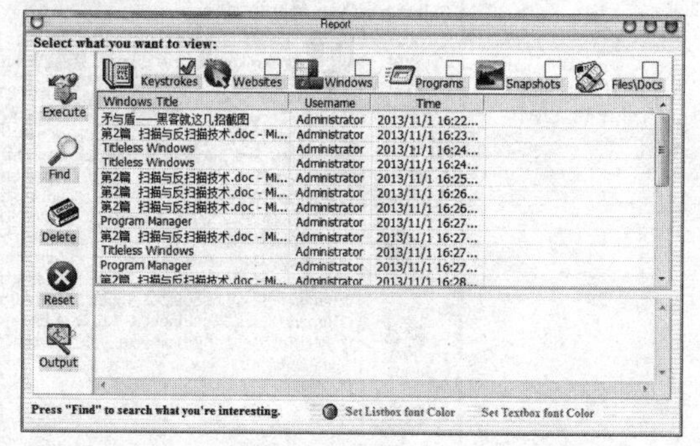

双击其中任意一条记录。

步骤 3 打开记事本窗口

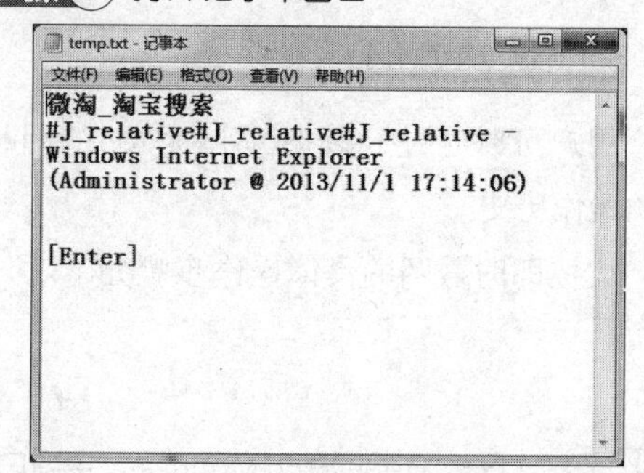

可以看出用户 Administrator 在某点某时某分输入的信息。

步骤 4 捕获〈Ctrl〉类的快捷键

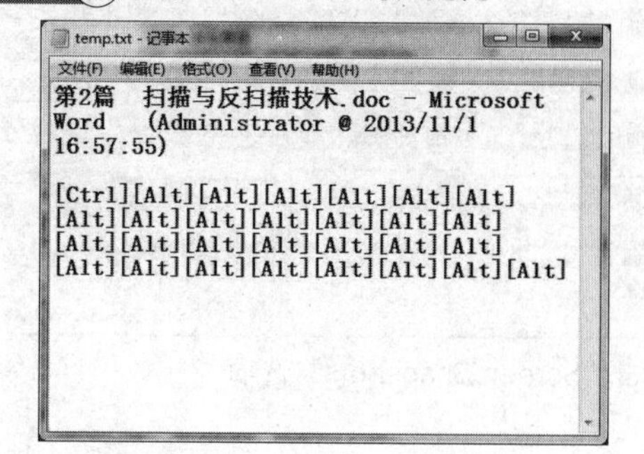

如果用户输入了〈Ctrl〉类的快捷键，则 Real Spy Monitor 同样也可以捕获到。

5. 程序执行情况监控

如果想知道用户都在计算机中运行哪些程序，只需在“Real Spy Monitor”主窗口中单击“Programs Executed”图标，在弹出的“Report”对话框中即可看到运行的程序名和路径。

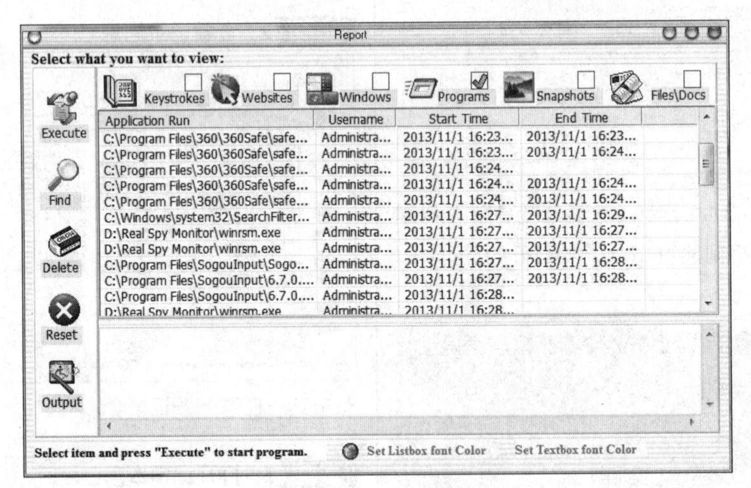

6. 即时截图监控

用户可以通过 Real Spy Monitor 的即时截图监控功能（默认为 1min 截一次图）来查知用户的操作历史。

监控即时截图的具体操作步骤如下。

步骤 1 打开“Real Spy Monitor”主窗口

单击“Screen Snapshots”选项。

步骤 2 查看记录的操作

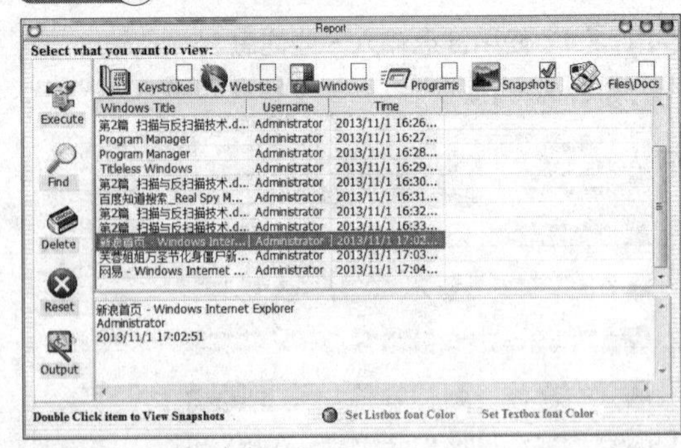

可看到 Real Spy Monitor 记录的操作，双击其中任意一项截图记录。

步骤 3 以 Windows 图片和传真查看器查看所截的图

显然，Real Spy Monitor 的功能是极其强大的。使用它对系统进行监控，网络管理员将会轻松很多。它在一定程度上将会给网络管理员监控系统中是否有黑客的入侵带来极大方便。

1. 如何获取指定网站的 IP 地址？
2. 扫描可以做什么？为什么要扫描？
3. 当今最为流行的扫描器的特点和性能是什么？
4. 如何窃听网络上的信息？
5. 嗅探可以做什么？为什么需要嗅探？
6. 如何才能检测网内是否存在有嗅探程序？

第8章 木马防范技术

木马的危害并不在于对计算机产生强大的破坏能力，重点是在于不法分子利用木马获取的信息和资源。本章主要介绍木马的伪装手段，以及捆绑木马、反弹端口木马等的攻击方式，并介绍木马程序的免杀及木马清除工具的使用，有效帮助用户避免自己的计算机中木马病毒，从而保护系统的安全。

8.1 何谓木马

利用计算机程序漏洞侵入后窃取文件的程序被称为木马。它是一种具有隐藏性的、自发性的可被用来进行恶意行为的程序，大多不会直接对计算机产生危害，而是以控制为主。

8.1.1 木马的起源与发展

“木马”（Trojan）一词来源于古希腊传说“荷马史诗中木马计”的故事。木马程序技术发展可谓非常迅速，主要是有些人出于好奇或急于显示自己实力，不断改进木马程序的编写。至今木马程序已经经历了六代的改进。

第一代：这是最原始的木马程序。主要是简单的密码窃取，通过电子邮件发送信息等，具备了木马最基本的功能。

第二代：在技术上有了很大的进步，冰河是中国木马的典型代表之一。

第三代：主要改进在数据传递技术方面，出现了 ICMP 等类型的木马，利用畸形报文传递数据，增加了杀毒软件查杀识别的难度。

第四代：在进程隐藏方面有了很大改动，采用了内核插入式的嵌入方式，利用远程插入线程技术，嵌入 DLL 线程。或者挂接 PSAPI，实现木马程序的隐藏，甚至在 Windows NT/2000 下，都达到了良好的隐藏效果。灰鸽子和蜜蜂大盗是比较出名的 DLL 木马。

第五代：驱动级木马。驱动级木马多数都使用了大量的 Rootkit 技术来达到深度隐藏的效果，并深入内核空间，感染后针对杀毒软件和网络防火墙进行攻击，可将系统 SSDT 初始化，导致杀毒防火墙失去效应。有的驱动级木马可驻留 BIOS，并且很难查杀。

第六代：随着身份认证 UsbKey 和杀毒软件主动防御的兴起，黏虫技术类型和特殊反显技术类型木马逐渐开始系统化。前者主要以盗取和篡改用户敏感信息为主，后者以动态口令和硬证书攻击为主。PassCopy 和暗黑蜘蛛侠是这类木马的代表。

8.1.2 木马的机体构造

一个完整的木马由 3 部分组成：硬件部分、软件部分和具体连接部分。这 3 部分分别有着不同的功能。

1. 硬件部分

硬件部分是指建立木马连接必需的硬件实体，包括控制端、服务端和 Internet 共 3 部分。

控制端：对服务端进行远程控制的一端。

服务端：被控制端远程控制的一端。

Internet：数据传输的网络载体，控制端通过 Internet 远程控制服务端。

2. 软件部分

软件部分是指实现远程控制所必需的软件程序，主要包括控制端程序、服务端程序、木马配置程序 3 部分。

控制端程序：控制端用于远程控制服务端的程序。

服务端程序：又称为木马程序。它潜藏在服务端内部，向指定地点发送数据，如网络游戏的密码、即时通信软件密码和用户上网密码等。

木马配置程序：设置木马程序的端口号、触发条件、木马名称等属性，使其在服务端隐藏得更隐蔽。

3. 具体连接部分

具体连接部分是指通过 Internet 在服务端和控制端之间建立一条木马通道所必须的元素，包括控制端 / 服务端 IP 和控制端 / 服务端端口两部分。

控制端 / 服务端 IP：木马控制端和服务端的网络地址，是木马传输数据的目的地。

控制端 / 服务端端口：木马控制端和服务端的数据入口，通过这个入口，数据可以直达控制端程序或服务端程序。

8.1.3 木马的分类

随着计算机技术的发展，木马程序技术也发展迅速。现在的木马已经不仅仅具有单一的功能，而是集多种功能于一体。根据木马功能的不同，我们将其划分为破坏型木马、远程访问型木马、密码发送型木马、键盘记录木马、DOS 攻击木马等。

1. 破坏型木马

这种木马的唯一功能就是破坏并且删除计算机中的文件，非常危险，一旦被感染就会严重威胁到计算机的安全。不过像这种恶意破坏的木马，黑客也不会随意传播。

2. 远程访问型木马

这种木马是一种使用很广泛并且危害很大的木马程序。它可以远程访问并且直接控制被入侵的计算机，从而任意访问该计算机中的文件，获取计算机用户的私人信息，如银行账号、密码等。

3. 密码发送型木马

这是一种专门用于盗取目标计算机中密码的木马文件。有些用户为了方便，使用

Windows 的密码记忆功能进行登录，从而不必每次都输入密码；有些用户喜欢将一些密码信息以文本文件的形式存放于计算机中。这样确实为用户带来了一些方便，但是却正好为密码发送型木马提供了可乘之机，它会在用户未曾发觉的情况下，搜集密码发送到指定的邮箱，从而达到盗取密码的目的。

4. 键盘记录木马

这种木马非常简单，通常只做一件事，就是记录目标计算机键盘敲击的按键信息，并且在日志文件中查找密码。该木马可以随着 Windows 的启动而启动，并且有“在线记录”和“离线记录”两个选项，从而记录用户在在线和离线状态下敲击键盘的按键情况，进而从中提取密码等有效信息。当然这种木马也有邮件发送功能，需要将信息发送到指定的邮箱中。

5. DOS 攻击木马

随着 DOS 攻击的广泛使用，DOS 攻击木马使用得也越来越多。黑客入侵一台计算机后，在该计算机上植入 DOS 攻击木马，那么以后这台计算机也会成为黑客攻击的帮手。黑客通过扩充控制“肉鸡”的数量来提高 DOS 攻击取得的成功率。所以这种木马不是致力于感染一台计算机，而是通过它攻击一台又一台计算机，从而造成很大的网络伤害并且带来损失。

8.2 揭秘木马的生成与伪装

黑客们往往会使用多种方法来伪装木马，降低用户的警惕性，从而实现欺骗用户。为了让用户执行木马程序，黑客需通过各种方式对木马进行伪装，如伪装成网页、图片、电子书等。了解黑客伪装木马的各种方式，可以让用户在最大限度上避免上当受骗。

8.2.1 曝光木马的伪装手段

越来越多的人对木马的了解和防范意识的加强，对木马传播起到了一定的抑制作用，为此，木马设计者们就开发了多种功能来伪装木马，以达到降低用户警觉，欺骗用户的目的。

下面曝光木马的常用伪装方法。

1. 修改图标

现在已经有木马可以将木马服务端程序的图标，改成 HTML、TXT、ZIP 等各种文件的图标，这就具备了相当大的迷惑性。不过，目前提供这种功能的木马还很少见，并且这种伪装也极易识破，所以完全不必担心。

2．冒充图片文件

这是黑客常用来欺骗用户执行木马的方法，就是将木马伪装成图像文件，如照片等，应该说这样是最不符合逻辑的，但却有很多用户中招。只要入侵者扮成美眉及更改服务端程序的文件名为“类似”图像文件的名称，再假装传送照片给受害者，受害者就会立刻执行它。

3．文件捆绑

恶意捆绑文件的伪装手段是将木马捆绑到一个安装程序上，当安装程序运行时，木马在用户毫无察觉的情况下，偷偷地进入了系统。被捆绑的文件一般是可执行文件（即 EXE、COM 文件）。这样做对一般用户的迷惑性很大，而且即使用户以后重装系统了，如果系统中还保存了那个“游戏”，就有可能再次中招。

4．出错信息显示

众所周知，当在打开一个文件时如果没有任何反应，则很可能就是一个木马程序。为规避这一缺陷，已有黑客为木马提供了一个出错显示功能。该功能允许在服务端用户打开木马程序时，弹出一个假的出错信息提示框（内容可自由定义），多是一些诸如“文件已破坏，无法打开！”信息，当服务端用户信以为真时，木马已经悄悄侵入了系统。

5．把木马伪装成文件夹

把木马文件伪装成文件夹图标后，放在一个文件夹中，然后在外面再套三四个空文件夹，很多人出于连续单击的习惯，当单击到那个伪装成文件夹的木马时，木马就成功运行了。识别方法：只要识别隐藏系统中已知文件类型的扩展名即可。

6．给木马服务端程序更名

木马服务端程序的命名有很大的学问。如果不做任何修改，就使用原来的名称，谁不知道这是个木马程序呢？所以木马的命名也是千奇百怪。不过大多是改为和系统文件名差不多的名称，如果用户对系统文件不够了解，可就危险了。例如，有的木马把名称改为 window.exe，还有的就是更改一些后缀名，如把 dll 改为 d11（注意看此处是数字“11”而非英文字母“ll”）等。

7．自我销毁

由于在服务端用户打开含有木马的文件后，木马会将自己复制到 Windows 的系统文件夹中（一般位于 C：\Windows\system）；一般来说，源木马文件和系统文件夹中的木马文件大小一样（捆绑文件的木马除外），只要在近来收到的信件和下载的软件中找到源木马文件，再根据源木马的大小去系统文件夹中查找相同大小的文件，判断一下哪个是木马即可。

8.2.2 曝光木马捆绑技术

黑客可以使用木马捆绑技术将一个正常的可执行文件和木马捆绑在一起。一旦用户运行这个包含有木马的可执行文件，黑客就可以通过木马控制或攻击用户的计算机，下面主要以EXE 捆绑机为例来讲解黑客是如何将木马伪装成可执行文件的。

EXE 捆绑机可以将两个可执行文件（EXE 文件）捆绑成一个文件，运行捆绑后的文件等于同时运行了两个文件。它会自动更改图标，使捆绑后的文件与捆绑前的文件图标一样。具体的操作步骤如下。

步骤 1 双击 ExeBinder.exe 文件

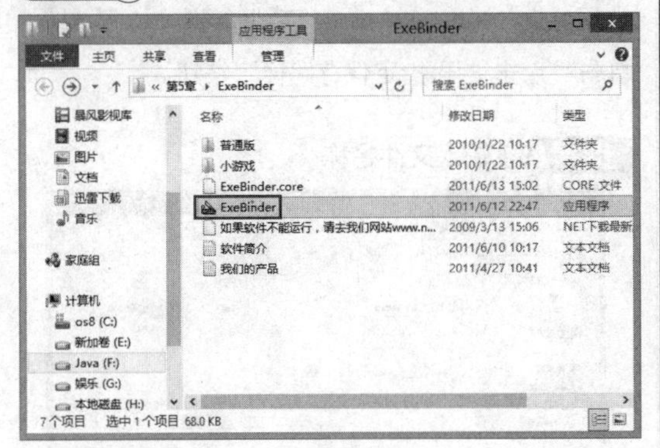

下载并解压 EXE 文件捆绑机，打开相应文件夹后双击 ExeBinder.exe 文件。

步骤 2 指定第一个可执行文件

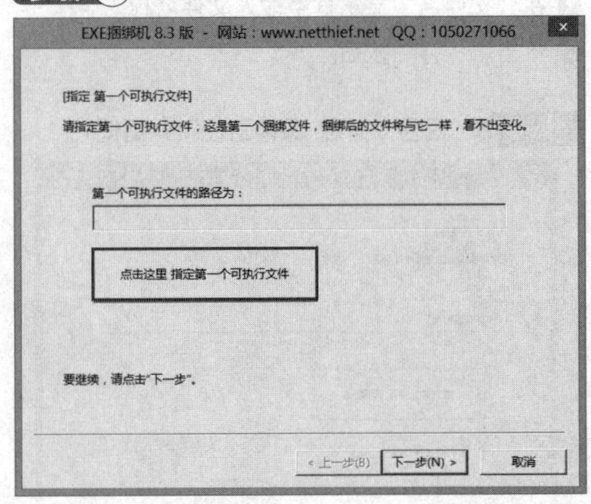

启动 EXE 捆绑机后单击“点击这里 指定第一个可执行文件”按钮。

步骤 3 选择需要执行的文件

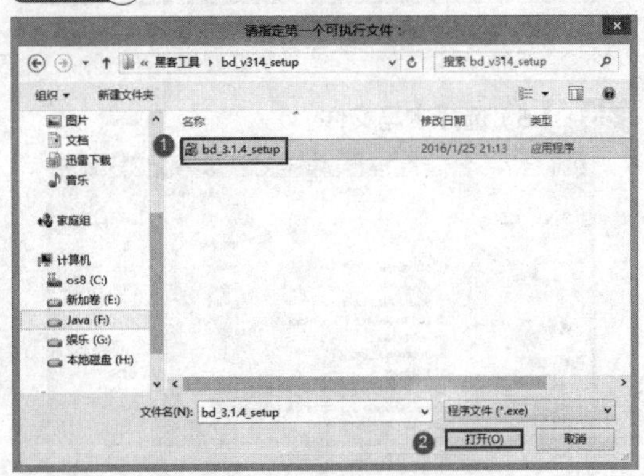

❶ 打开“请指定第一个可执行文件”对话框后，选择需要执行的文件。

❷ 单击“打开”按钮。

步骤 4 查看生成的文件路径

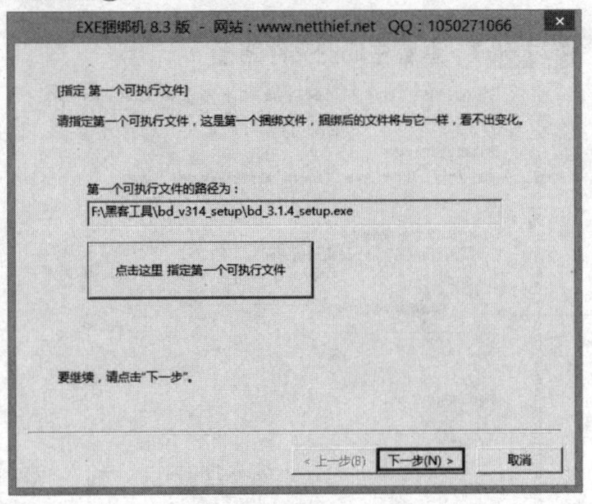

可以看到指定的文件路径出现在文本框中，单击“下一步”按钮。

步骤 5 指定第二个可执行文件

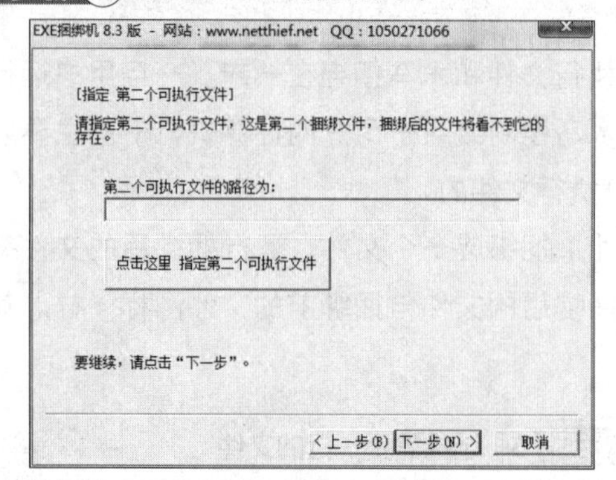

单击“点击这里 指定第二个可执行文件”按钮。

步骤 6 选择木马文件

❶ 打开“请指定第二个可执行文件”对话框后，选择木马文件。

❷ 单击“打开”按钮。

步骤 7 查看生成的文件路径

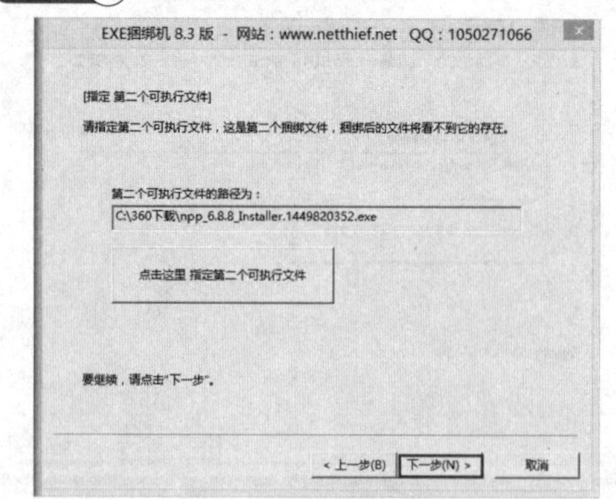

可以看到指定的文件路径出现在文本框中，单击“下一步”按钮。

步骤 8 指定保存路径

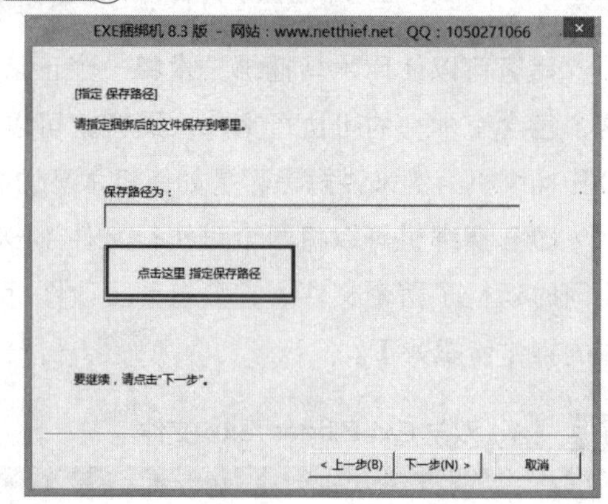

单击“点击这里 指定保存路径”按钮。

步骤 9 输入文件名称

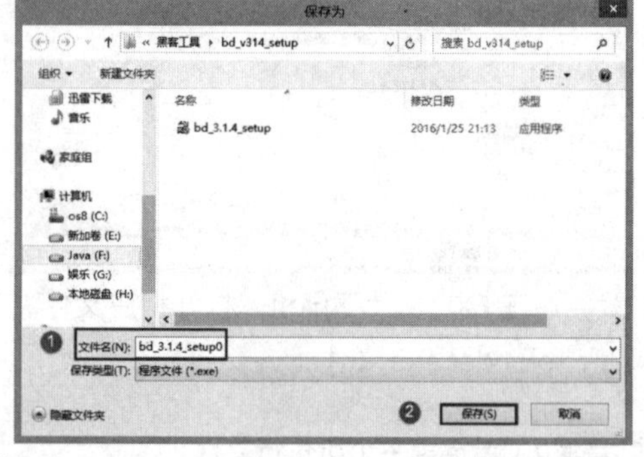

❶ 在“文件名”文本框中输入文件名称。

❷ 单击“保存”按钮。

步骤 10 返回“指定 保存路径”对话框

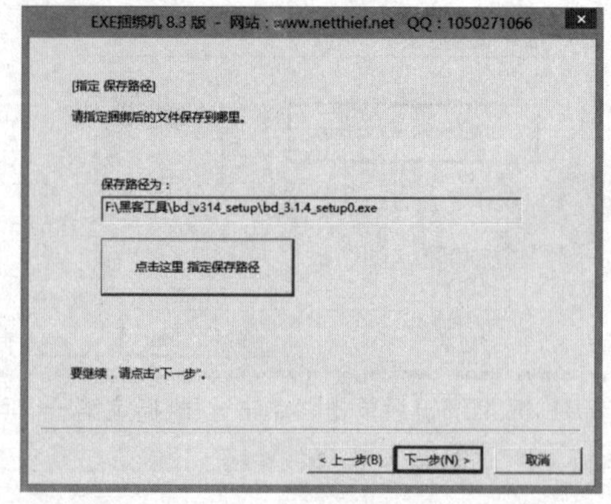

可以看到指定的文件路径出现在文本框中，然后单击“下一步”按钮。

步骤 11 选择版本

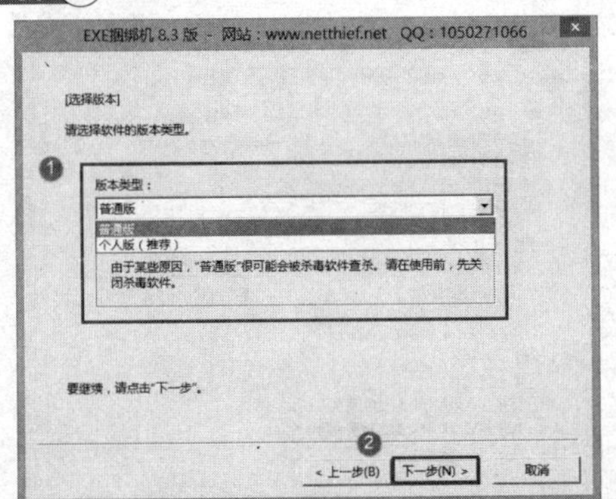

❶ 在“版本类型”下拉列表中，选择“普通版”或“个人版”。

❷ 单击“下一步”按钮。

步骤 12 捆绑文件

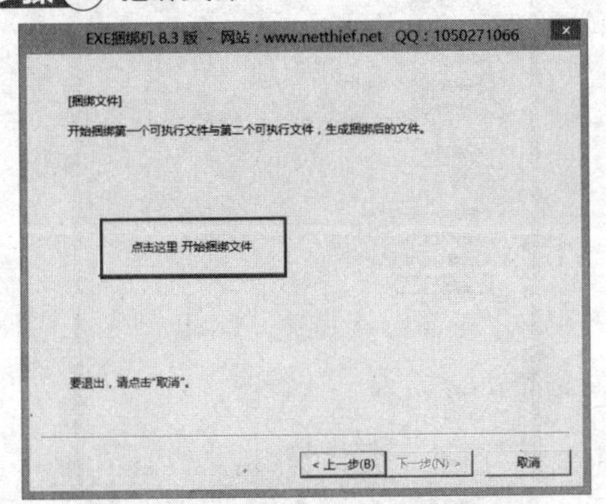

单击“点击这里 开始捆绑文件”按钮。

步骤 13 关闭杀毒软件提示

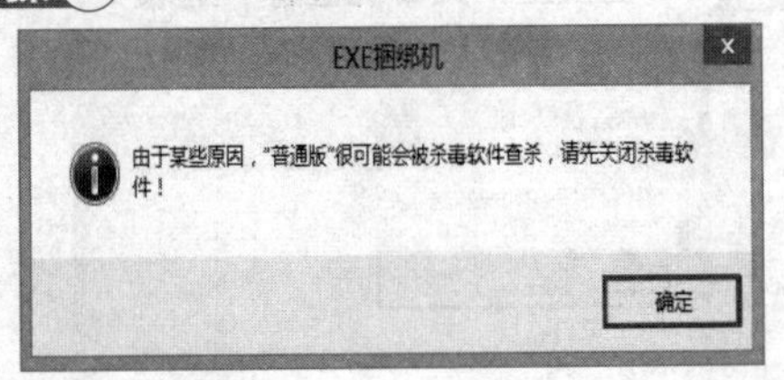

单击“确定”按钮。

步骤 14 捆绑文件成功提示

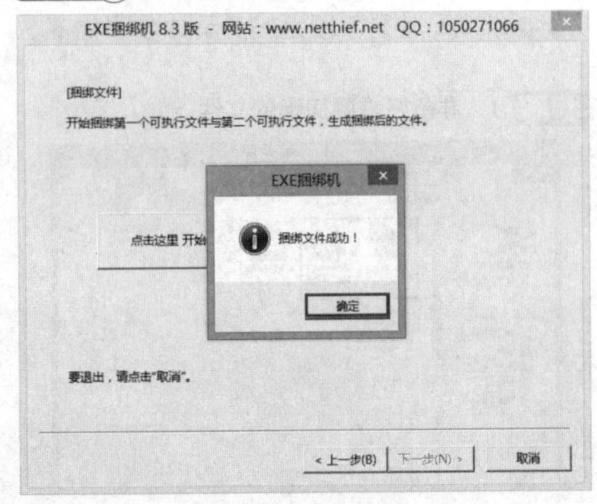

单击“确定”按钮。

步骤 15 查看捆绑成功的文件

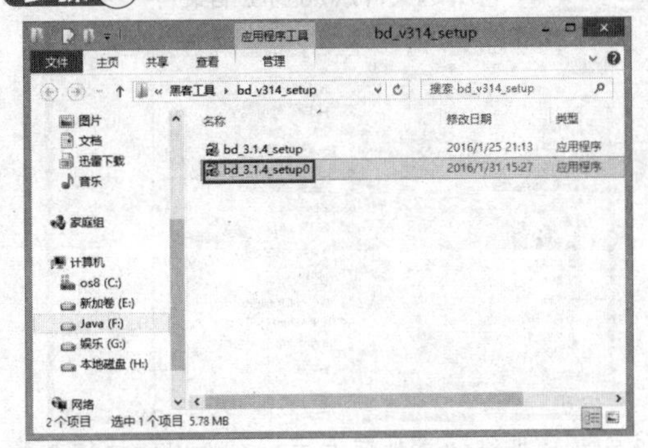

捆绑成功的文件。

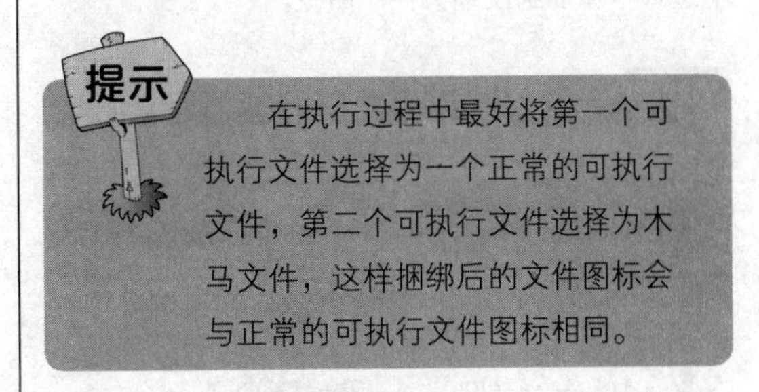

提示

在执行过程中最好将第一个可执行文件选择为一个正常的可执行文件，第二个可执行文件选择为木马文件，这样捆绑后的文件图标会与正常的可执行文件图标相同。

8.2.3 曝光自解压捆绑木马

随着网络安全水平的提高，木马很容易就被查杀出来，因此木马种植者就会想出各种办法伪装和隐藏自己的行为，利用 WinRAR 自解压功能捆绑木马就是手段之一。具体步骤如下。

步骤 1 准备好需要捆绑的文件

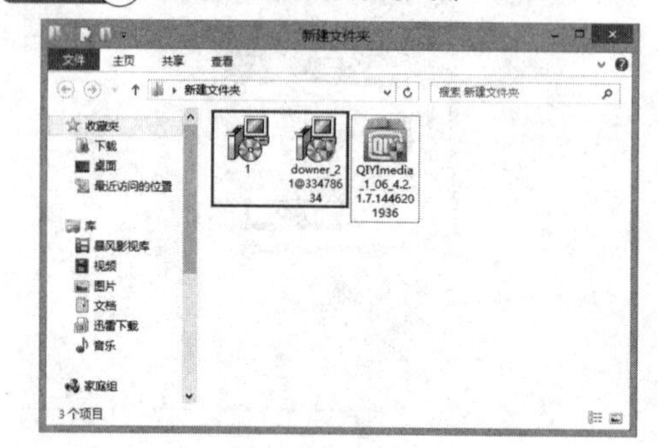

将要捆绑的文件放在同一个文件夹内。

步骤 2 将所选文件添加到压缩文件

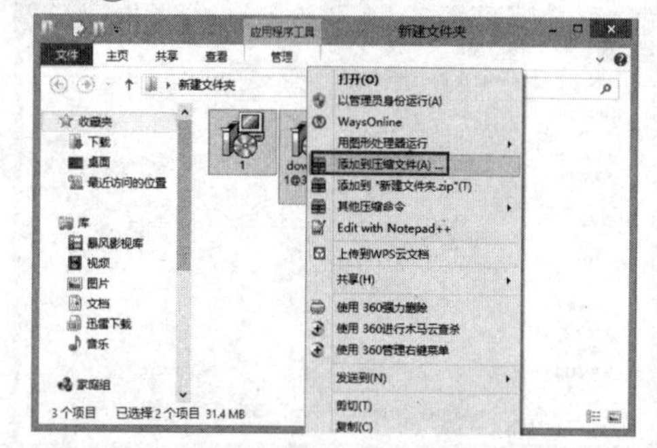

选定需要捆绑的文件后右击，在弹出的快捷菜单中选择“添加到压缩文件”命令。

步骤 3 设置压缩参数

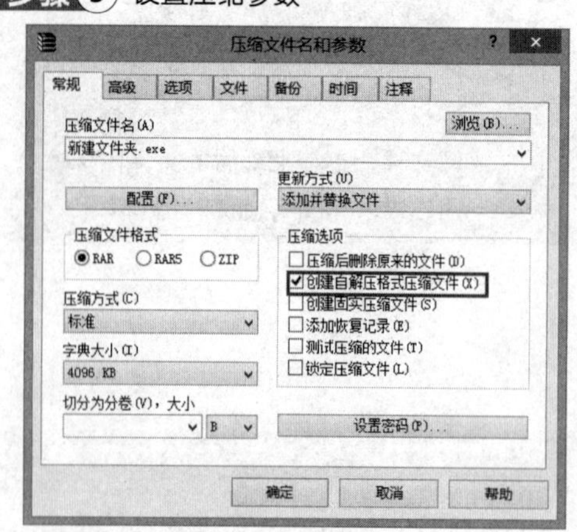

选中“创建自解压格式压缩文件”复选框。

步骤 4 切换至“高级”选项卡

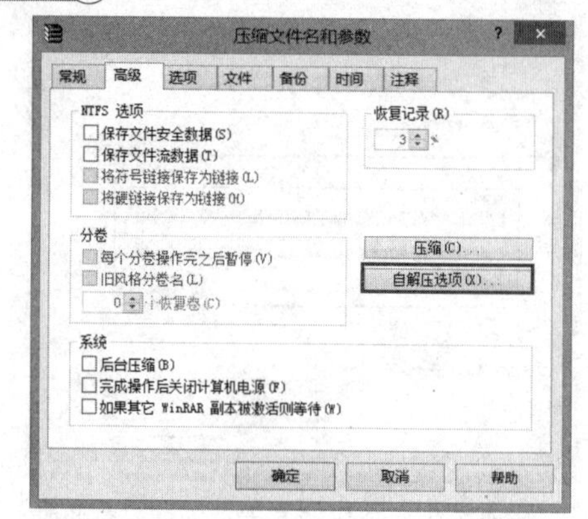

单击“自解压选项”按钮。

步骤 5 设置安静模式

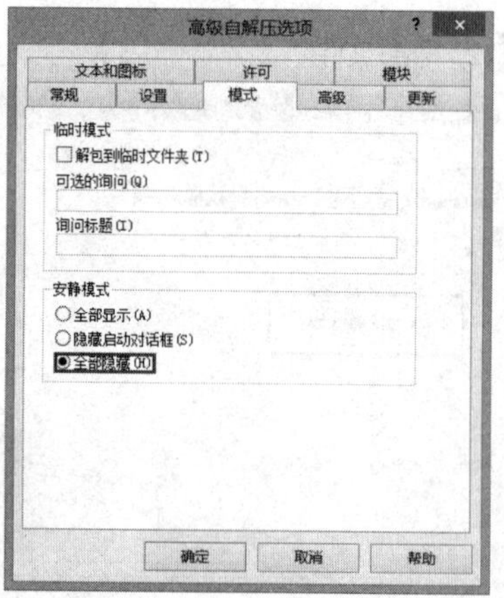

选中“全部隐藏”单选按钮。

步骤 6 切换至“文本和图标”选项卡

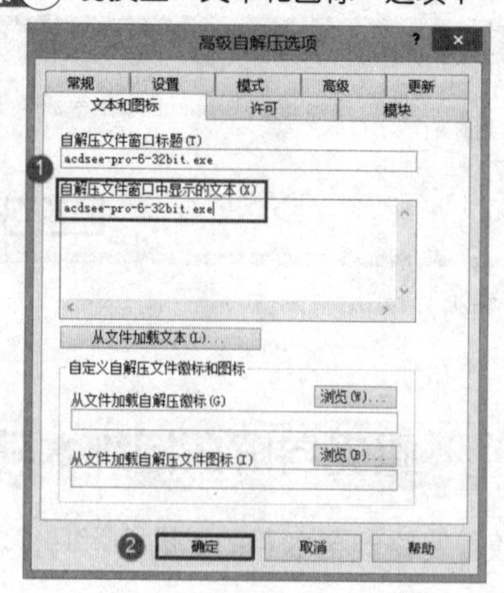

❶ 填写“自解压文件窗口标题”文本框及“自解压文件窗口中显示的文本”栏。

❷ 单击“确定”按钮。

步骤 7 查看注释内容

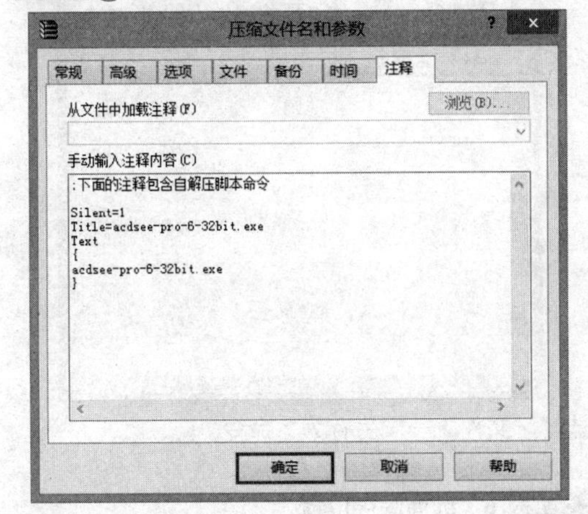

单击“确定”按钮。

步骤 8 查看生成的自解压的压缩文件

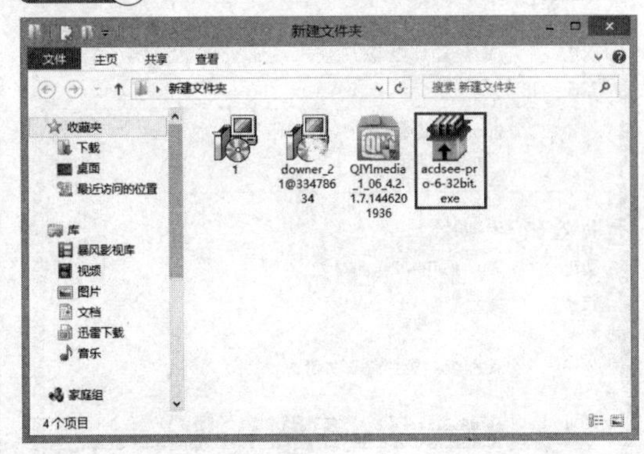

查看自解压的压缩文件。

8.2.4 曝光 CHM 木马

CHM 木马的制作就是将一个网页木马添加到 CHM 电子书中，用户在运行该电子书时，木马也会随之运行。在制作 CHM 木马前，需要准备 3 个软件，QuickCHM 软件、木马程序及 CHM 电子书。准备好之后，便可通过反编译和编译操作将木马添加到 CHM 电子书中。

下面曝光 CHM 木马的生成过程。

步骤 1 准备好 3 个必备软件

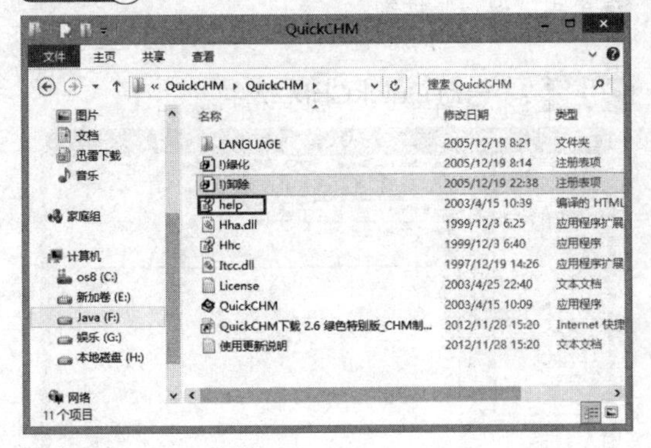

双击 help.chm 文档。

步骤 2 打开 CHM 电子书

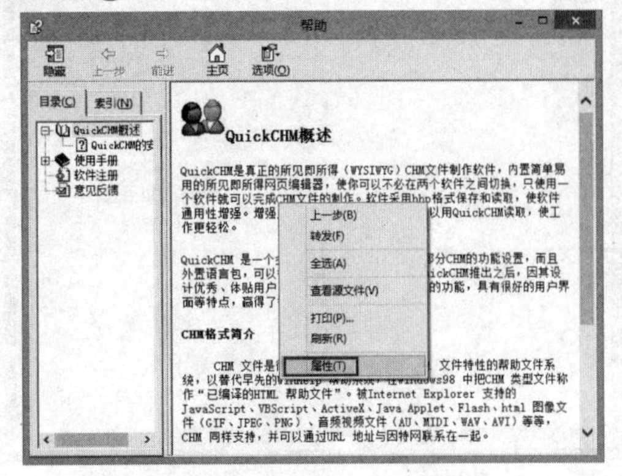

右击界面任意位置，在弹出的快捷菜单中选择“属性”命令。

步骤 3 查看页面默认地址

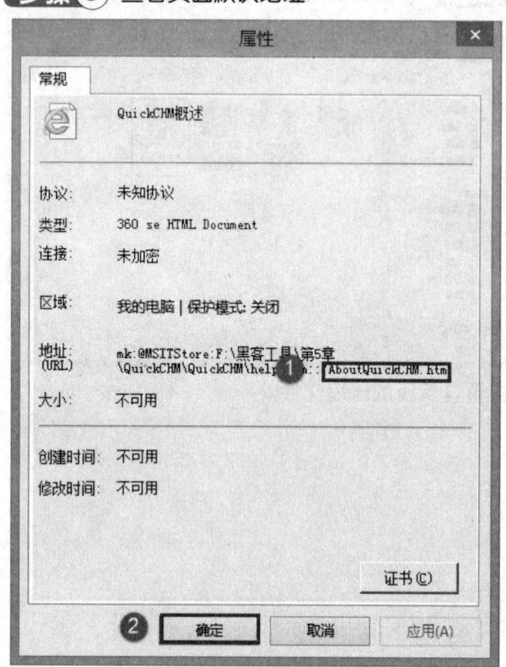

❶ 记录当前页面的默认地址。

❷ 单击“确定”按钮。

步骤 4 编写网页代码

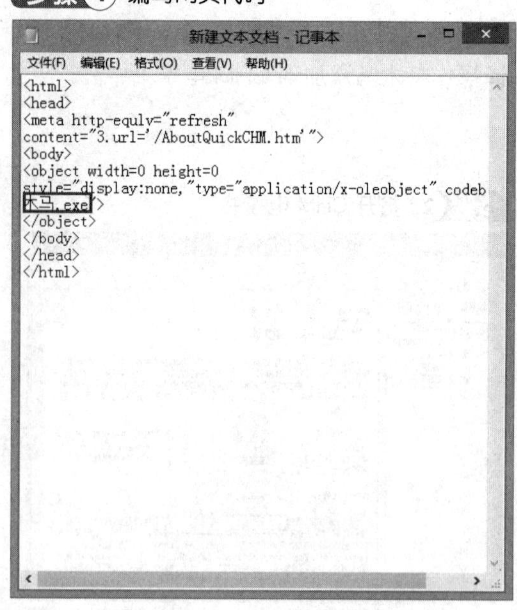

在记事本中编写网页代码，并将步骤 3 中记录的地址和木马程序名称添加到代码中。

步骤 5 保存网页代码

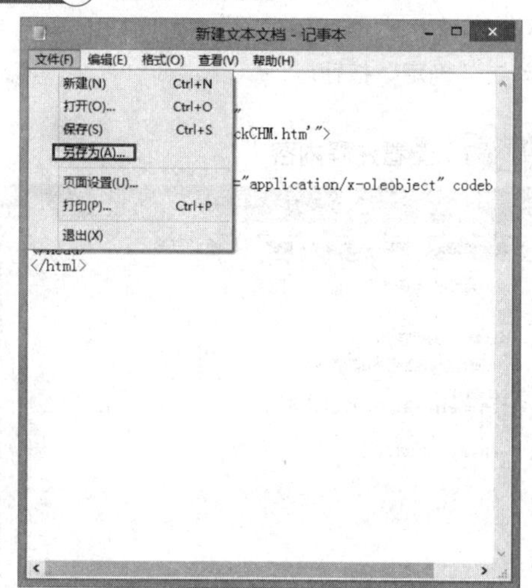

选择“文件”→“另存为”命令。

步骤 6 选择保存位置

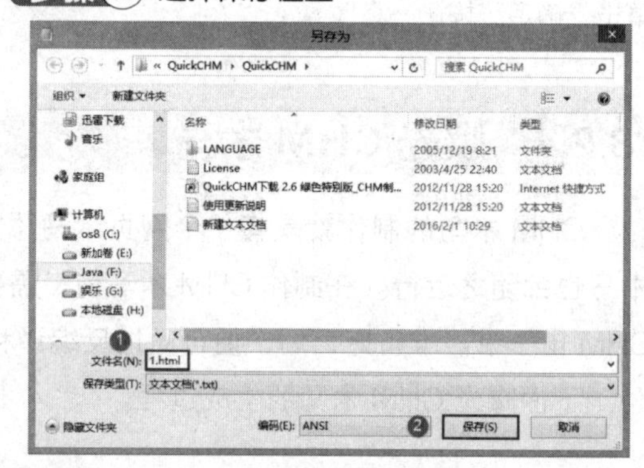

❶ 填写文件名，注意后缀 .html。

❷ 单击“保存”按钮。

步骤 7 启动 QuickCHM 软件

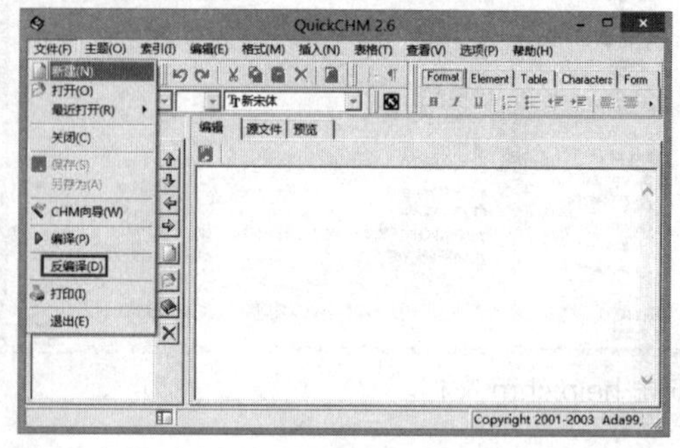

选择“文件”→“反编译”命令。

步骤 8 对文件进行反编译

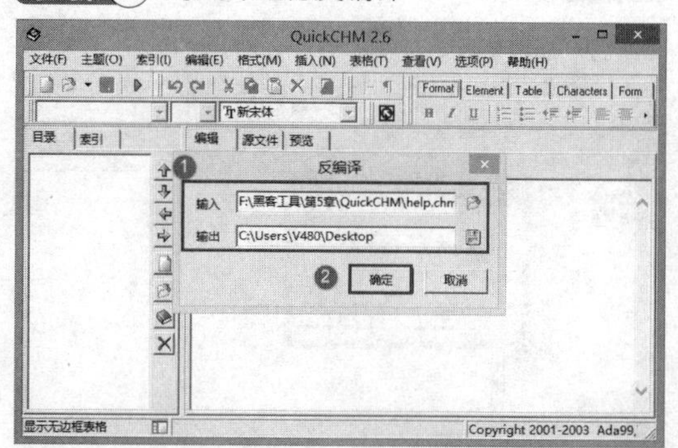

❶ 选择电子书路径及反编译后的文件存储路径。

❷ 单击“确定”按钮。

步骤 9 查看反编译后的文件

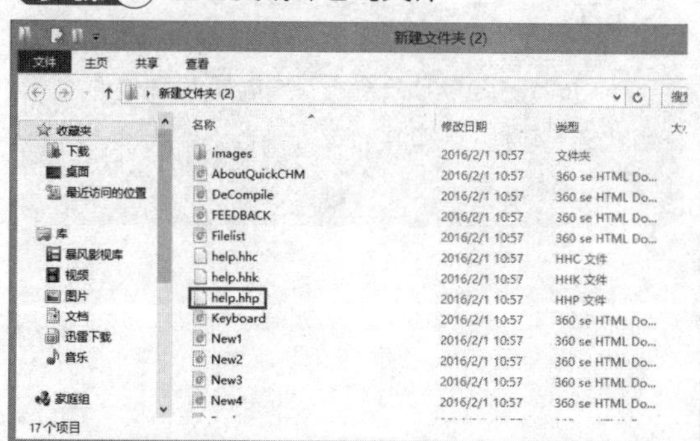

在所有文件中找到后缀为 .hhp 的文件。

步骤 10 用记事本打开 .hhp 文件

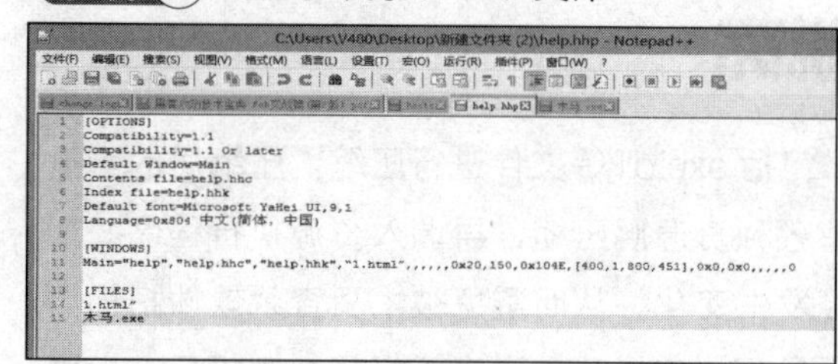

查看 .hhp 文件对应的代码。

步骤 11 修改 .hhp 文件代码

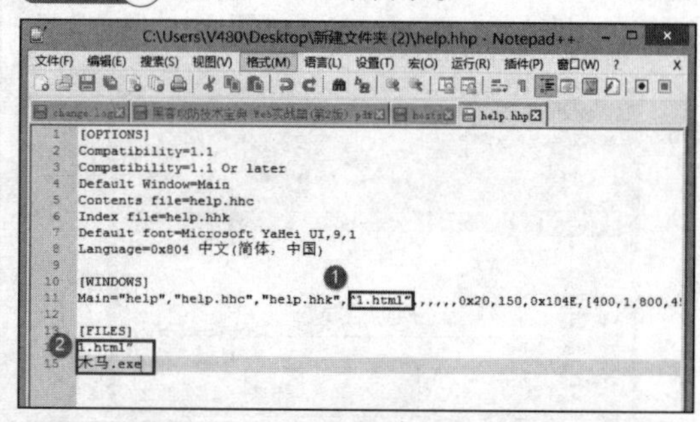

在代码中添加之前编写的网页文件名及木马名。

步骤 12 改变网页文件及木马文件位置

将前面编写的网页文件（1.html）和木马文件（木马 .exe）复制到反编译后的文件夹中。

步骤 13 重新运行 QuickCHM 软件

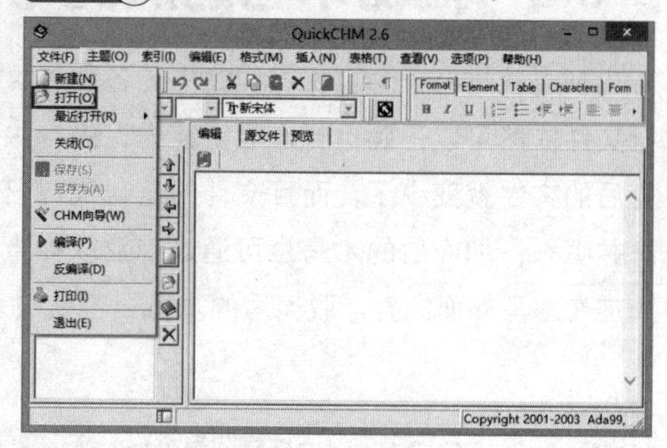

选择“文件”→“打开”命令。

步骤 14 选择要打开的文件

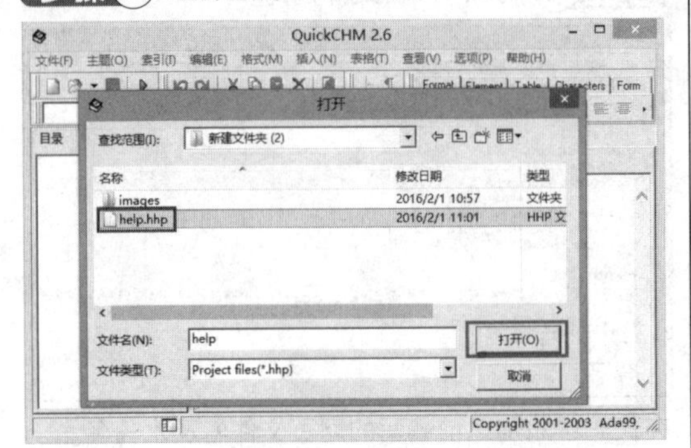

选定刚才修改过的 help.hhp 文件，并单击“打开”按钮。

步骤 15 返回 QuickCHM 软件主界面

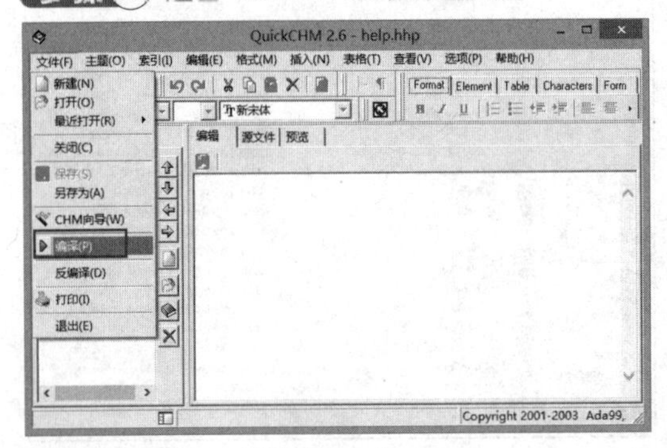

选择“文件”→“编译”命令。

步骤 16 编译完成

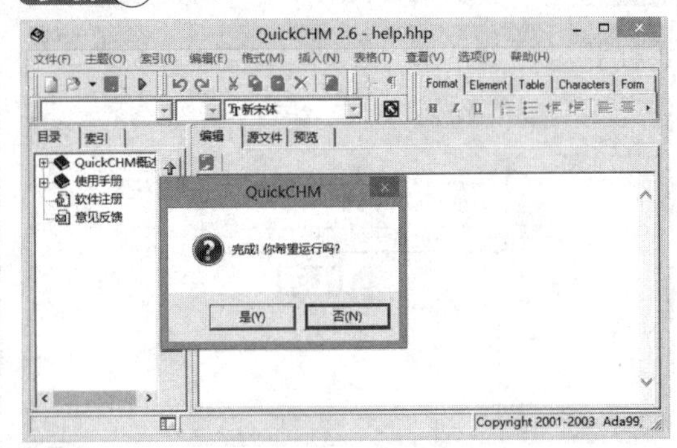

单击“否”按钮。此时 CHM 电子书木马已经制作完成，生成的电子书保存在反编译文件夹内。

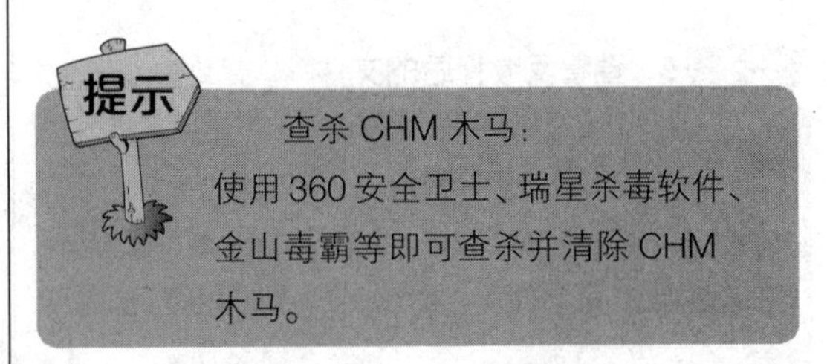

提示

查杀 CHM 木马：
使用 360 安全卫士、瑞星杀毒软件、金山毒霸等即可查杀并清除 CHM 木马。

8.3 揭秘木马的加壳与脱壳

加壳就是将一个可执行程序中的各种资源，包括 exe.dll 等文件进行压缩。压缩后的可执行文件依然可以正确运行，运行前先在内存中将各种资源解压缩，再调入资源执行程序。加壳后的文件就变小了，而且文件的运行代码已经发生变化，从而避免被木马查杀软件扫描出来并查杀；加壳后的木马也可通过专业软件查看是否加壳成功。脱壳正好与加壳相反，指脱掉加在木马外面的壳，脱壳后的木马很容易被杀毒软件扫描并查杀。

8.3.1 ASPack 加壳曝光

ASPack 是一款非常好的 32 位 PE 格式可执行文件压缩软件，通常是将文件夹进行压缩，用来缩小其储存空间，但压缩后就不能再运行了，如果想运行必须解压缩。ASPack 是专门对

WIN32可执行程序进行压缩的工具，压缩后程序能正常运行，丝毫不会受到任何影响。而且即使已经将ASPack从系统中删除，曾经压缩过的文件仍可正常使用。

利用ASPack对木马进行加壳的具体操作步骤如下。

步骤1 运行ASPack

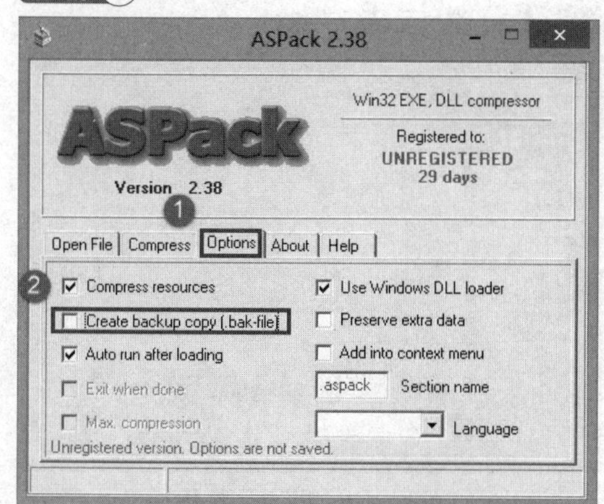

❶ 切换至"Options（选项）"选项卡。

❷ 设置不创建备份文件。

步骤2 切换至"Open File（打开文件）"选项卡

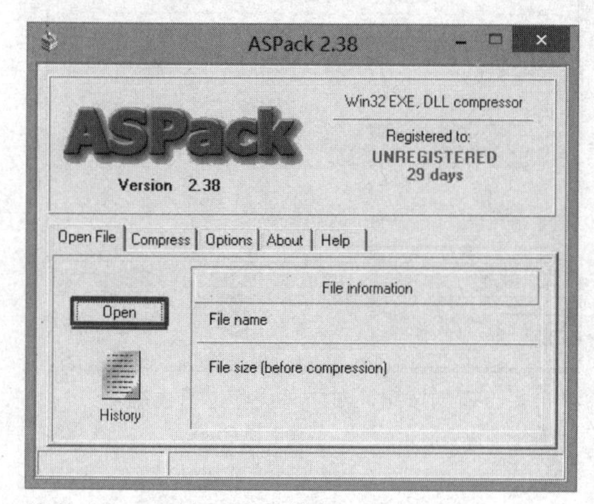

单击"Open（打开）"按钮。

步骤3 选择要加壳的文件

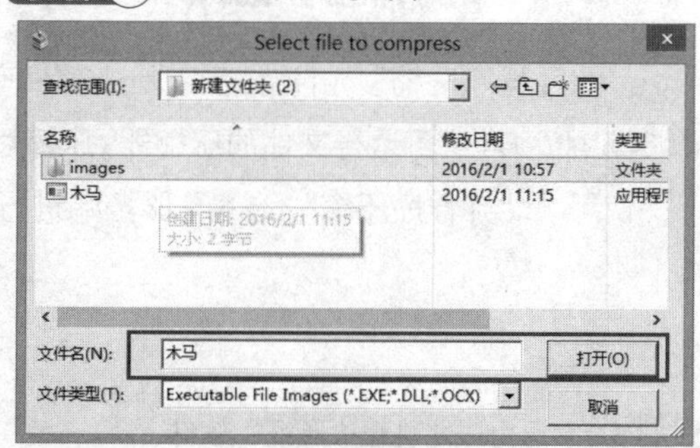

选定要加壳的木马程序后单击"打开"按钮。

步骤4 开始压缩

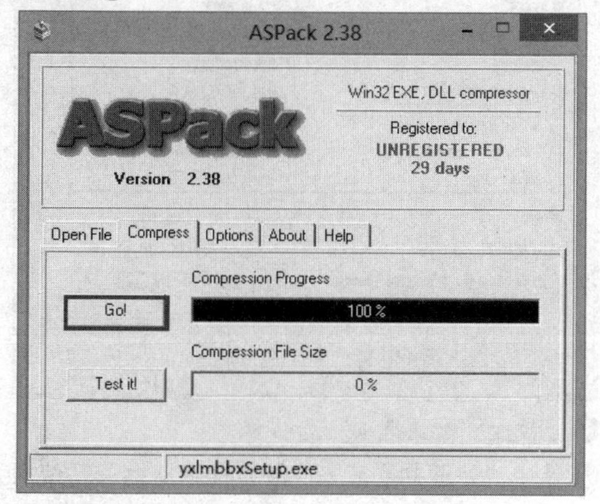

单击"Go！（开始）"按钮进行压缩。

步骤5 完成加壳

切换至"Open File（打开文件）"选项卡可以看到木马程序压缩前和压缩后的文件大小。

8.3.2 “北斗程序压缩”多次加壳曝光

“北斗程序压缩”（Nspack）是一款拥有自主知识产权的压缩软件，是一个 exe/dll/ocx/scr 等 32 位、64 位可运行文件的压缩器。压缩后的程序在网络上可减少程序的加载和下载时间。

使用“北斗程序压缩”给木马服务端进行多次加壳的具体操作步骤如下。

步骤 1 运行“北斗程序压缩”软件

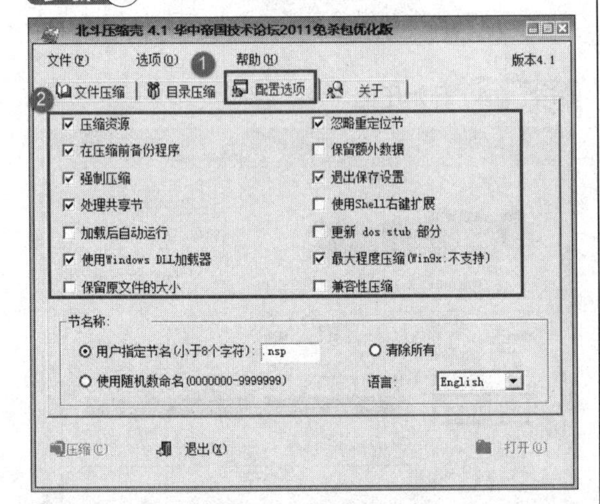

❶ 切换至“配置选项”选项卡。

❷ 选中“处理共享节”“最大程度压缩”“使用 Windows DLL 加载器”等重要参数。

步骤 2 切换至“文件压缩”选项卡

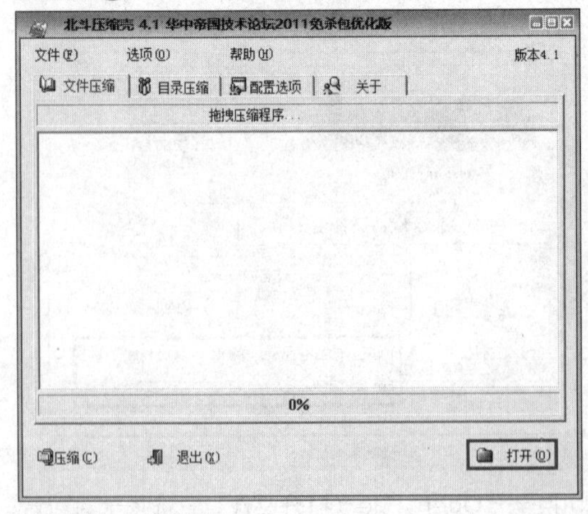

单击“打开”按钮。

步骤 3 选择可执行文件

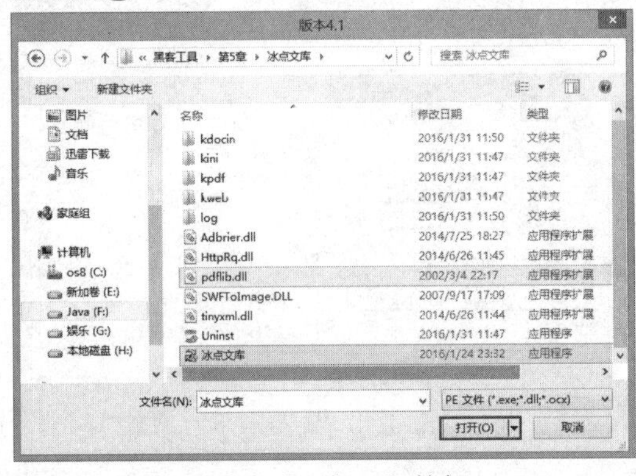

选定可执行文件后单击“打开”按钮。

步骤 4 开始压缩

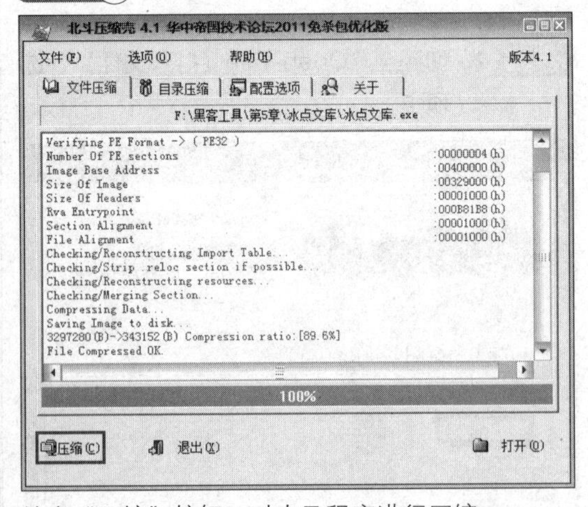

单击“压缩”按钮，对木马程序进行压缩。

1）当有大量的木马程序需要进行压缩加壳时，可以使用“北斗程序压缩”的“目录”压缩功能，进行批量压缩加壳。

2）经过“北斗程序压缩”加壳的木马程序，可以使用 ASPack 等加壳工具进行再次加壳，这样就有了两层壳的保护。

8.3.3 使用 PE-Scan 检测木马是否加过壳

PE-Scan 是一个类似 FileInfo 和 PE iDentifier 的工具，可以检测出加壳时使用了哪种技术，给脱壳 / 汉化 / 破解带来了极大的便利。PE-Scan 还可检测出一些壳的入口点（OEP），方便手动脱壳，对加壳软件的识别能力完全超过 FileInfo 和 PE iDentifier，能识别出绝大多数壳的类型。另外，还具备高级扫描器，具备重建脱壳后文件的资源表功能。

具体的使用步骤如下。

步骤 1 运行 PE-Scan

单击“选项”按钮。

步骤 2 设置相关选项

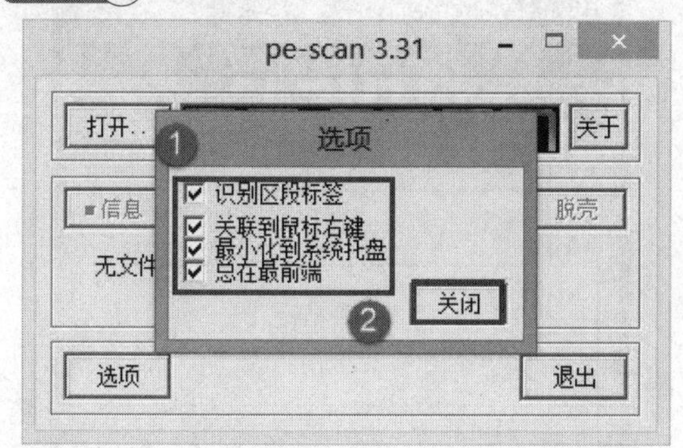

❶ 根据提示信息选中复选框。

❷ 单击“关闭”按钮。

步骤 3 返回主界面

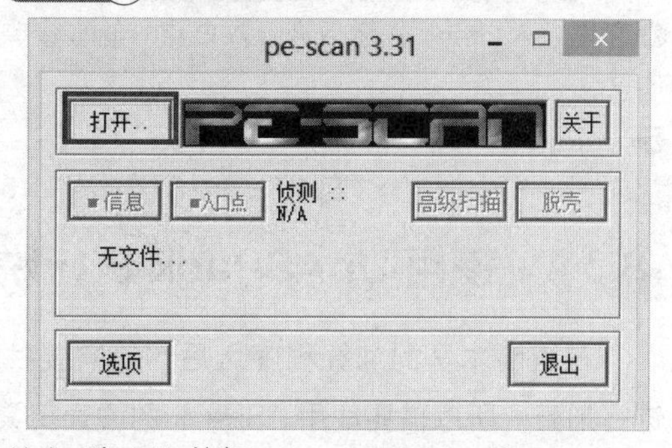

单击“打开”按钮。

步骤 4 选择要分析的文件

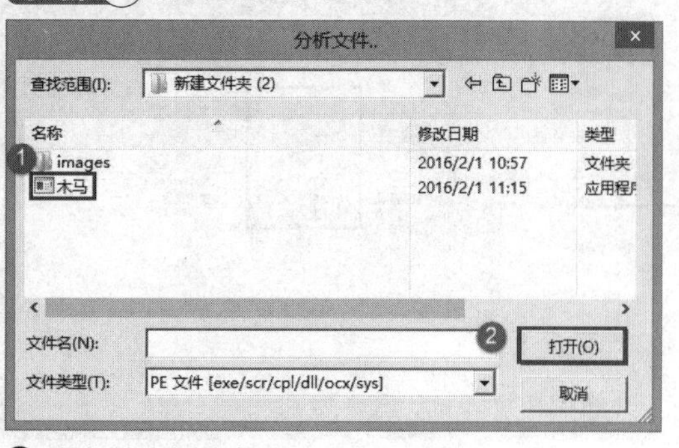

❶ 选中要分析的文件。

❷ 单击“打开”按钮。

步骤 5 查看文件加壳信息

文件经过“aspack 2.28”加壳。

步骤 6 查看入口点、偏移量等信息

❶ 单击“入口点”按钮后查看入口点、偏移量等信息。

❷ 单击“高级扫描”按钮。

步骤 7 查看最接近的匹配信息

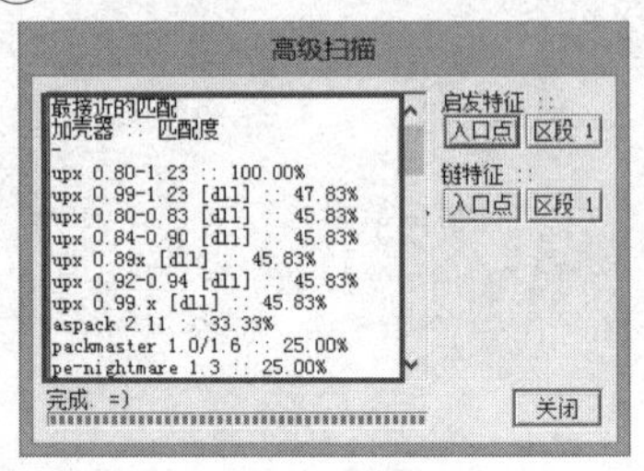

单击“启发特征”栏下的“入口点”按钮后查看最接近的匹配信息。

步骤 8 查看最长的链等信息

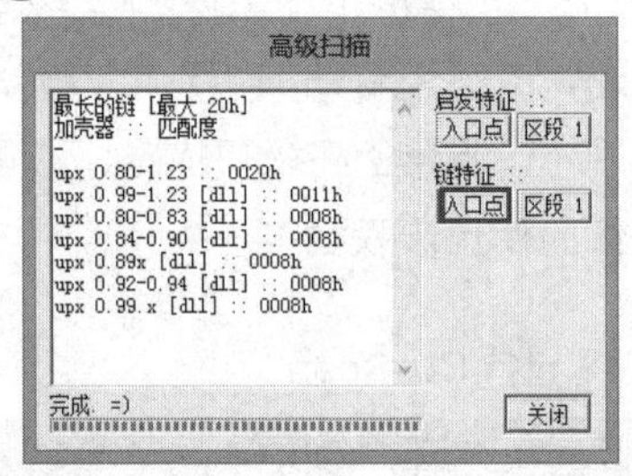

单击“链特征”栏下的“入口点”按钮后查看最长的链等信息。

8.3.4 使用 UnASPack 进行脱壳

在查出木马的加壳程序之后，就需要找到原加壳程序进行脱壳，上述木马使用 ASPack 进行加壳，所以需要使用 ASPack 的脱壳工具 UnASPack 进行脱壳。具体的操作步骤如下。

步骤 1 启动 UnASPack

下载 UnASPack 并解压到本地计算机，双击 UnASPack 快捷图标。

步骤 2 打开 UnASPack 界面

单击“文件”按钮。

步骤 3 选择要脱壳的文件

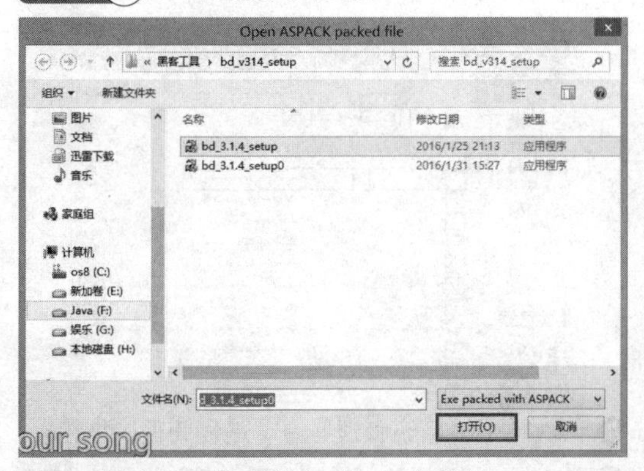

选中要脱壳的文件后单击“打开”按钮。

步骤 4 开始脱壳

❶ 查看生成的文件路径。

❷ 单击“脱壳”按钮即可成功脱壳。

提示

使用 UnASPack 进行脱壳时要注意，UnASPack 的版本要与加壳时的 ASPack 一致，才能够成功为木马脱壳。

8.4 清除木马

8.4.1 通过木马清除专家清除木马

木马清除专家 2014 是一款专业防杀木马软件，可以彻底查杀各种流行 QQ 盗号木马、网游盗号木马、黑客后门等上万种木马间谍程序。具体的操作步骤如下。

步骤 1 启动木马清除专家 2014

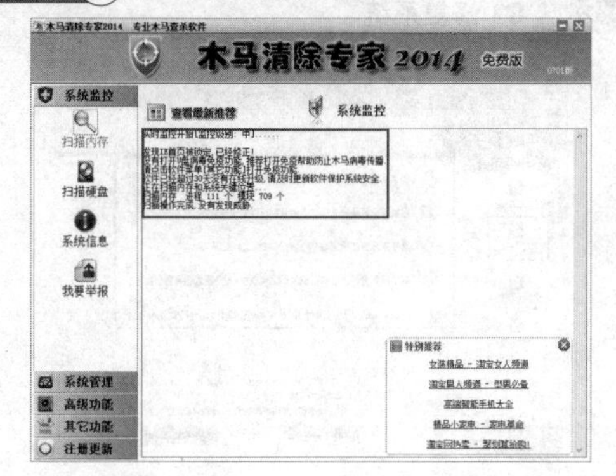

打开木马清除专家 2014 主界面，并单击页面左侧的“扫描内存”按钮。

步骤 2 查看扫描结果

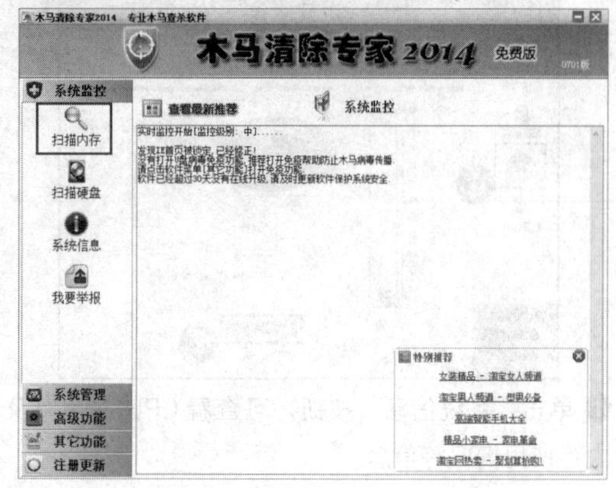

扫描完成后可直接在页面中查看到扫描结果。

步骤 3 扫描硬盘

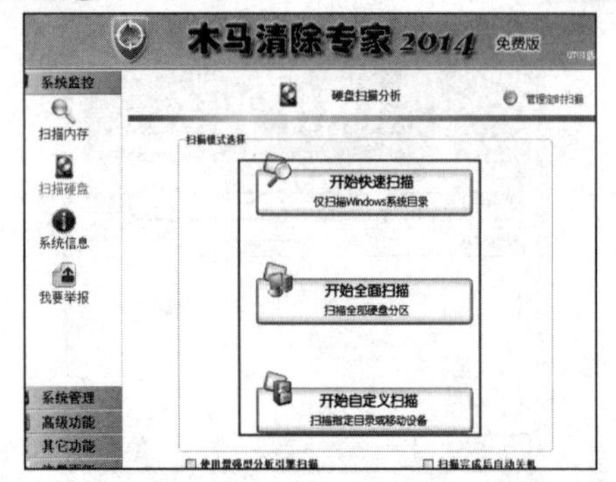

单击“扫描硬盘”按钮，有“开始快速扫描”“开始全面扫描”“开始自定义扫描”3 种扫描方式，可根据需要单击其中一个按钮。

步骤 4 开始扫描

开始扫描后，可以随时单击“停止扫描”按钮终止扫描。

步骤 5 查看系统信息

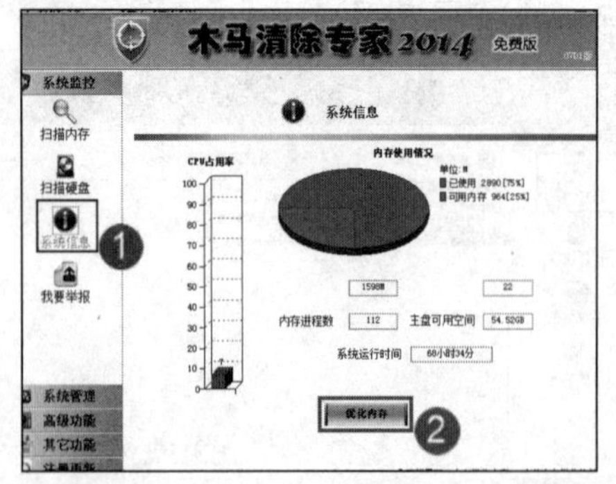

❶ 单击“系统信息”按钮，可查看 CPU 占用率及内存使用情况等信息。

❷ 单击“优化内存”按钮可优化系统内存。

步骤 6 查看进程信息

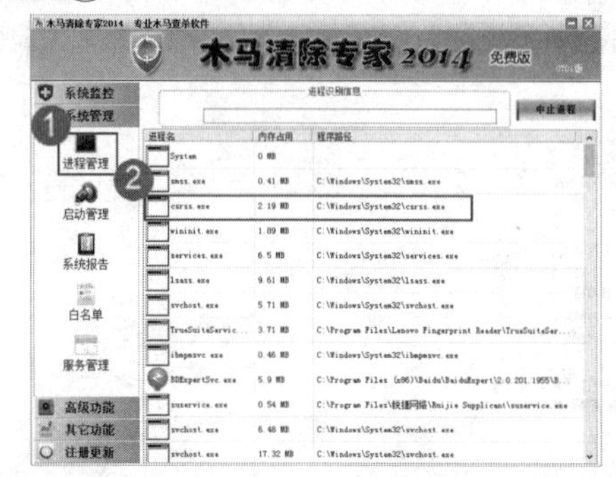

❶ 依次单击“系统管理”→“进程管理”按钮。

❷ 单击任一进程，在“进程识别信息”文本框中查看该进程的信息，遇到可疑进程单击“中止进程”按钮即可。

步骤 7 查看启动项目

❶ 单击“启动管理”按钮。

❷ 查看启动项目详细信息，发现可疑木马单击“删除项目”按钮删除该木马。

步骤 8 修复系统

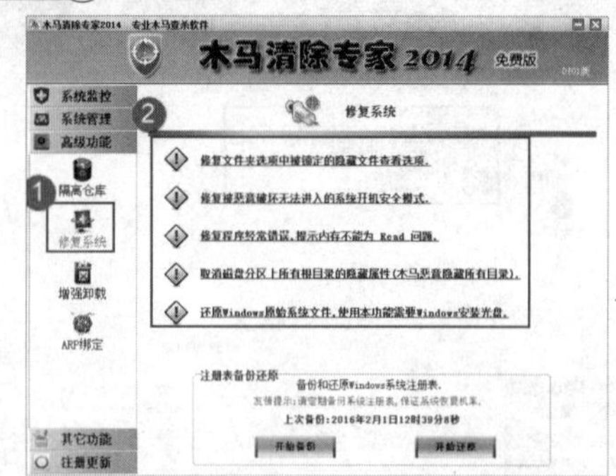

❶ 单击“修复系统”按钮。

❷ 根据提示信息单击页面中的修复链接对系统进行修复。

步骤 9 绑定网关IP与网关MAC

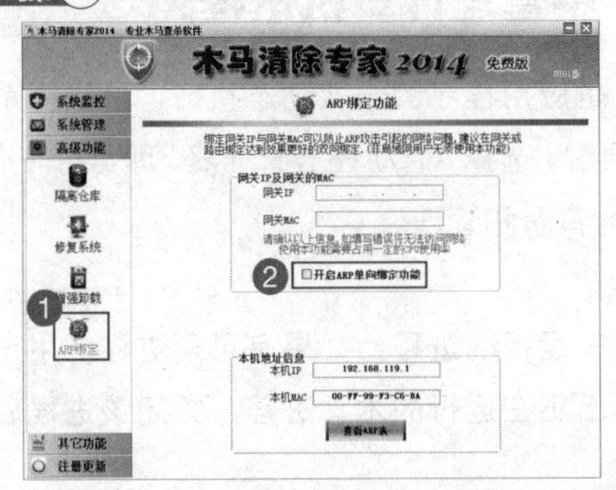

❶ 单击“ARP 绑定”按钮。

❷ 在网关 IP 及网关的 MAC 选项组中输入 IP 地址和 MAC 地址，并选中“开启 ARP 单向绑定功能”复选框。

步骤 10 IE 浏览器修复

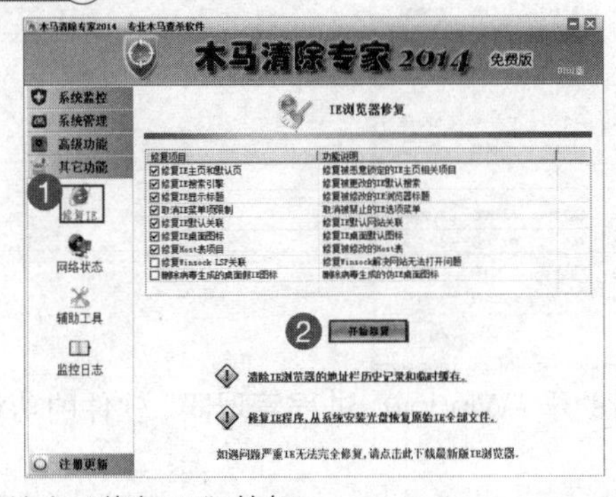

❶ 单击“修复 IE”按钮。

❷ 选中需要修复选项的复选框并单击“开始修复”按钮。

步骤 11 查看网络状态

❶ 单击“网络状态”按钮。

❷ 查看进程、端口、远程地址、状态等信息。

步骤 12 删除顽固木马

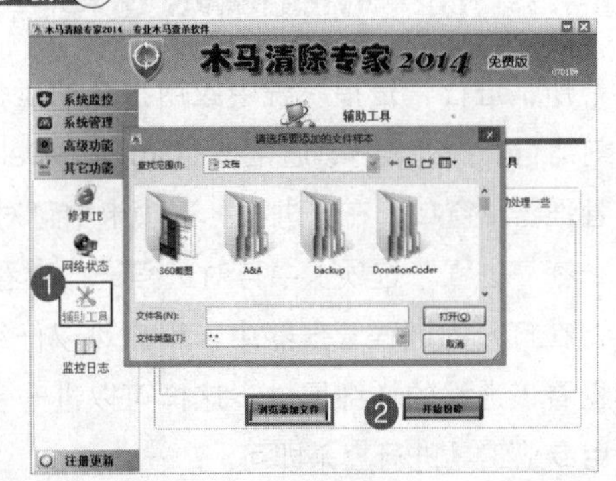

❶ 单击“辅助工具”按钮。

❷ 单击“浏览添加文件”按钮添加文件，然后单击“开始粉碎”按钮以删除无法删除的顽固木马。

步骤 13 多种辅助工具

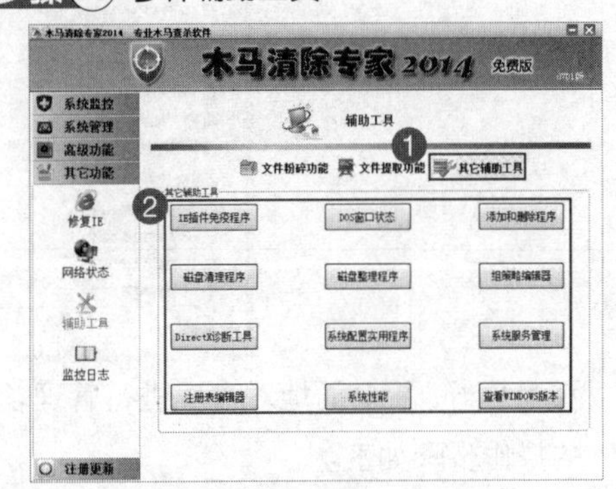

❶ 单击“其他辅助工具”按钮。

❷ 可根据功能有针对性地使用各种工具。

步骤 14 查看监控日志

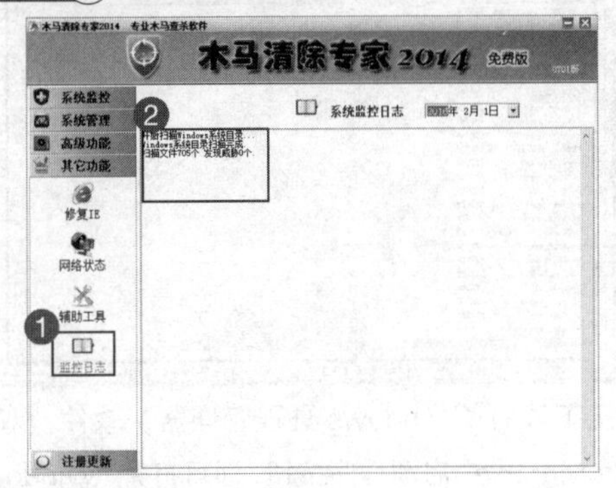

❶ 单击“监控日志”按钮。

❷ 定期查看监控日志，寻找黑客入侵痕迹。

8.4.2 在“Windows 进程管理器”中管理计算机进程

所谓进程，是指系统中应用程序的运行实例，是应用程序的一次动态执行，是操作系统当前运行的执行程序。通常按〈Ctrl+Alt+Delete〉组合键，选择“启动任务管理器”即可打开“任务管理器”窗口，在“进程”选项卡中可对进程进行查看和管理。

在“进程”选项卡中可对进程进行查看和管理。

在打开的进程管理器中，用户可以仔细查看正在运行的进程，如果有可疑进程，用户可以查看该进程的详细属性。这样可以进一步的筛选出正在运行的木马进程，关闭该进程后，再用专业工具进行查杀即可。

要想更好、更全面地对进程进行管理，还需要借助于“Windows 进程管理器”软件的功能，具体的操作步骤如下。

步骤 1 启动“Windows 进程管理器”

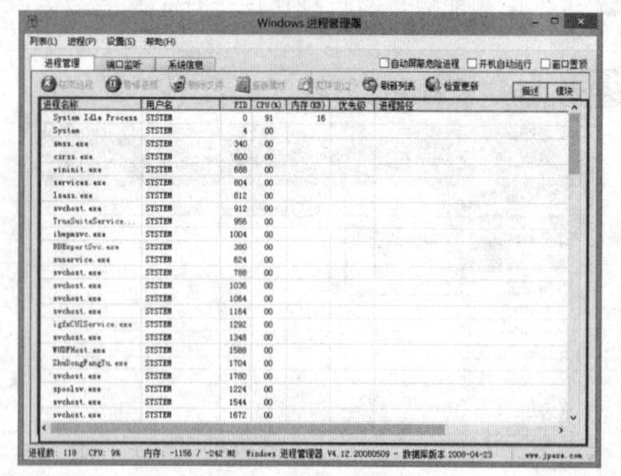

解压下载的“Windows 进程管理器”软件，双击“PrcMgr.exe”启动程序按钮，即可打开“Windows 进程管理器”窗口，查看系统当前正在运行的所有进程。

步骤 2 查看进程描述信息

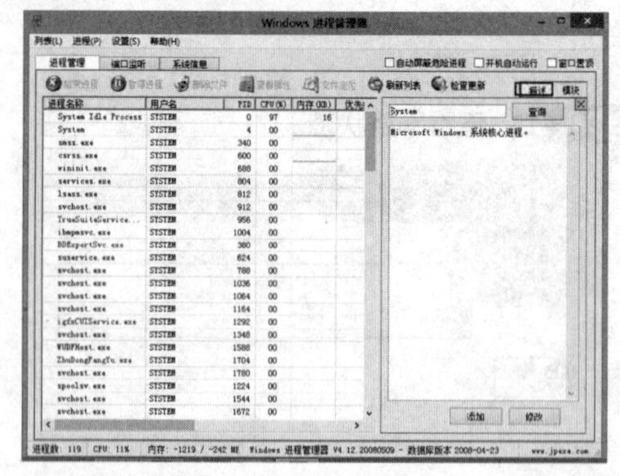

选择列表中的其中一个进程选项之后，单击“描述”按钮，即可对其相关信息进行查看。

步骤 3 查看进程模块

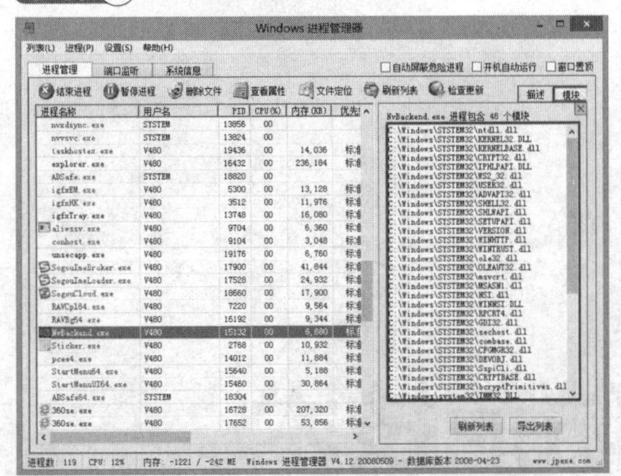

单击“模块”按钮，即可查看该进程的进程模块。

步骤 4 操作进程选项

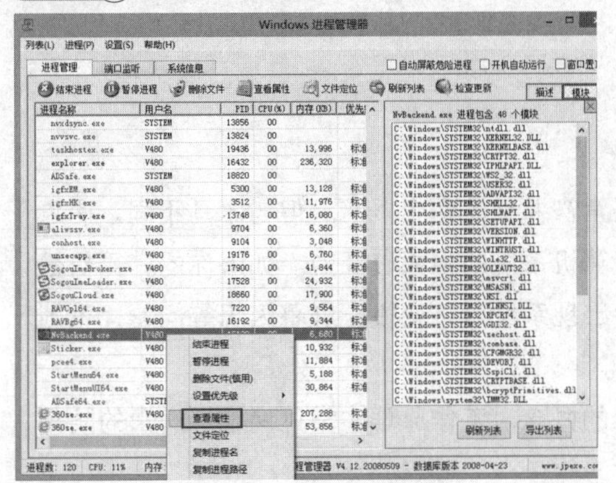

在进程选项上右击，在弹出的快捷菜单中可以进行一系列操作，选择“查看属性”命令。

步骤 5 查看属性

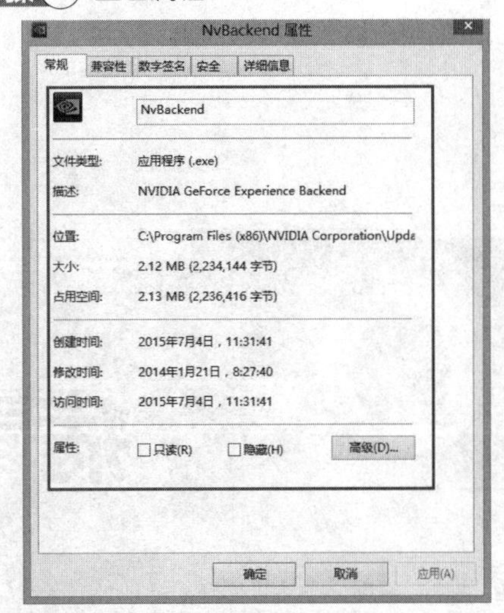

查看属性信息。

步骤 6 系统信息设置

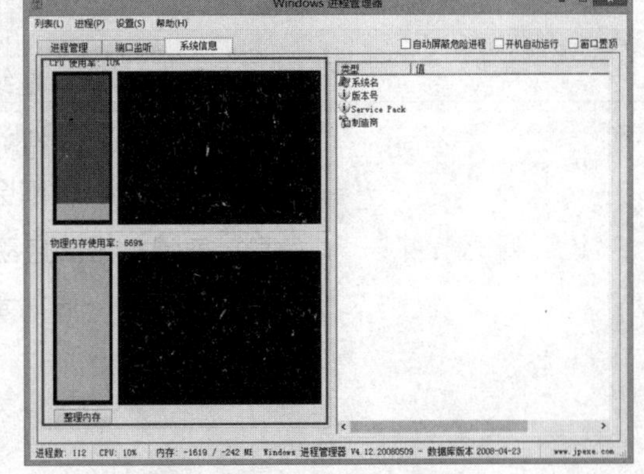

在“系统信息”选项卡中可查看系统的有关信息，并可以监视内存和 CPU 的使用情况。

1. 木马是怎样隐藏的？
2. 感染木马后的状况是怎样的？
3. 怎样查杀木马？

第9章 病毒防范技术

病毒与木马，是经常被并称的两个概念。但与木马不同，病毒最直接的危害在于对计算机系统的强大破坏力。如果你的计算机被病毒感染，那么轻则会出现系统运行变慢、屏幕闪烁等问题，重则会直接崩溃，无法启动。

本章介绍一般病毒的概念、工作原理、常见病毒及病毒的防范等知识。

9.1 何谓病毒

目前计算机病毒在形式上越来越难以辨别，造成的危害也日益严重，下面我们介绍计算机病毒的一些特点、结构和工作流程，让用户在了解这些知识之后，可以做出有效的防范措施。

9.1.1 计算机病毒的特点

一般计算机病毒具有如下几个共同的特点。

1）程序性（可执行性）：计算机病毒与其他合法程序一样，是一段可执行程序，但它不是一个完整的程序，而是寄生在其他可执行程序上，所以它享有该程序所能得到的权力。

2）传染性：传染性是病毒的基本特征，计算机病毒会通过各种渠道从已被感染的计算机扩散到未被感染的计算机。病毒程序代码一旦进入计算机并被执行，就会自动搜寻其他符合其传染条件的程序或存储介质，确定目标后再将自身代码插入其中，实现自我繁殖。

3）潜伏性：一个编制精巧的计算机病毒程序，进入系统之后一般不会马上发作，可以在很长一段时间内隐藏在合法文件中，对其他系统进行传染，而不被人发现。

4）可触发性：可触发性是指病毒因某个事件或数值的出现，诱使病毒实施感染或进行攻击的特性。

5）破坏性：系统被病毒感染后，病毒一般不会立刻发作，而是潜藏在系统中，等条件成熟后便会发作，给系统带来严重的破坏。

6）主动性：病毒对系统的攻击是主动的，计算机系统无论采取多么严密的保护措施，都不可能彻底地排除病毒对系统的攻击，而保护措施只是一种预防的手段。

7）针对性：计算机病毒是针对特定的计算机和特定的操作系统的。

9.1.2 病毒的3个基本结构

计算机病毒本身的特点是由其结构决定的，所以计算机病毒在其结构上有其共同性。计算机病毒一般包括引导模块、传染模块和表现（破坏）模块3大功能模块，但不是任何病毒都包含这3个模块。传染模块负责病毒的传染和扩散，而表现（破坏）模块则负责病毒的破坏工作，这两个模块各包含一段触发条件检查代码，当各段代码分别检查出传染和表现或破坏触发条件时，病毒就会进行传染和表现或破坏。触发条件一般由日期、时间、某个特定程序、传染次数等多种形式组成。

1）对于寄生在磁盘引导扇区的病毒，病毒引导程序占有了原系统引导程序的位置，并把原系统引导程序搬移到一个特定的地方。系统一启动，病毒引导模块就会自动地载入内存并获得执行权，该引导程序负责将病毒程序的传染模块和表现模块装入内存的适当位置，并采取常驻内存技术以保证这两个模块不会被覆盖，再对这两个模块设定某种激活方式，使之在适当时获得执行权。处理完这些工作后，病毒引导模块将系统引导模块装入内存，使系统在带病毒状态下运行。

对于寄生在可执行文件中的病毒，病毒程序一般通过修改原有可执行文件，使该文件在执行时先转入病毒程序引导模块，该引导模块也可完成把病毒程序的其他两个模块驻留内存及初始化的工作，把执行权交给执行文件，使系统及执行文件在带毒的状态下运行。

2）对于病毒的被动传染而言，是随着复制磁盘或文件工作的进行而进行传染的。而对于计算机病毒的主动传染而言，其传染过程是：在系统运行时，病毒通过病毒载体，即系统的外存储器进入系统的内存储器、常驻内存，并在系统内存中监视系统的运行。

在病毒引导模块将病毒传染模块驻留内存的过程中，通常还要修改系统中断向量入口地址（例如 INT 13H 或 INT 21H），使该中断向量指向病毒程序传染模块。这样，一旦系统执行磁盘读 / 写操作或系统功能调用，病毒传染模块就被激活，传染模块在判断传染条件满足的条件下，利用系统 INT 13H 读 / 写磁盘中断把病毒自身传染给被读 / 写的磁盘或被加载的程序，也就是实施病毒的传染，再转移到原中断服务程序执行原有的操作。

3）计算机病毒的破坏行为体现了病毒的杀伤力。病毒破坏行为的激烈程度，取决于病毒制作者的主观愿望和其所具有的技术能量。

数以万计、不断发展扩张的病毒，其破坏行为千奇百怪，不可能穷举其破坏行为，难以做全面的描述。病毒破坏目标和攻击部位主要有系统数据区、文件、内存、系统运行、运行速度、磁盘、屏幕显示、键盘、扬声器、打印机、CMOS、主板等。

9.1.3 病毒的工作流程

计算机系统的内存是一个非常重要的资源，所有的工作都需要在内存中运行。病毒一般都是通过各种方式把自己植入内存，获取系统最高控制权，感染在内存中运行的程序。

计算机病毒的完整工作过程应包括如下几个环节。

1）传染源：病毒总是依附于某些存储介质，如软盘、硬盘等构成传染源。

2）传染媒介：病毒传染的媒介由其工作的环境来决定，可能是计算机网络，也可能是可移动的存储介质，如 U 盘等。

3）病毒激活：病毒激活是指将病毒装入内存，并设置触发条件。一旦触发条件成熟，病毒就开始自我复制到传染对象中，进行各种破坏活动等。

4）病毒触发：计算机病毒一旦被激活，立刻就会发生作用，触发的条件是多样化的，可以是内部时钟、系统的日期、用户标识符，也可能是系统一次通信等。

5）病毒表现：表现是病毒的主要目的之一，有时在屏幕显示出来，有时则表现为破坏系统数据。凡是软件技术能够触发到的地方，都在其表现范围内。

6）传染：病毒的传染是病毒性能的一个重要标志。在传染环节中，病毒复制一个自身副本到传染对象中去。计算机病毒的传染是以计算机系统的运行及读 / 写磁盘为基础的。没有这样的条件，计算机病毒是不会传染的。只要计算机运行就会有磁盘读 / 写动作， 病毒传染的两个先决条件就很容易得到满足。系统运行为病毒驻留内存创造了条件， 病毒传染的第一步是驻留内存；进入内存之后，就会寻找传染机会，寻找可攻击的对象，判断条件是否满足，决定是否可传染；当条件满足时进行传染，将病毒写入磁盘系统。

9.2 Restart 病毒与 U 盘病毒曝光

9.2.1 曝光 Restart 病毒

Restart 病毒是一种能够让计算机重新启动的病毒，该病毒主要通过 DOS 命令 shutdown/r 命令来实现。下面曝光 Restart 病毒的制作步骤。

步骤 1 新建一个文本文档

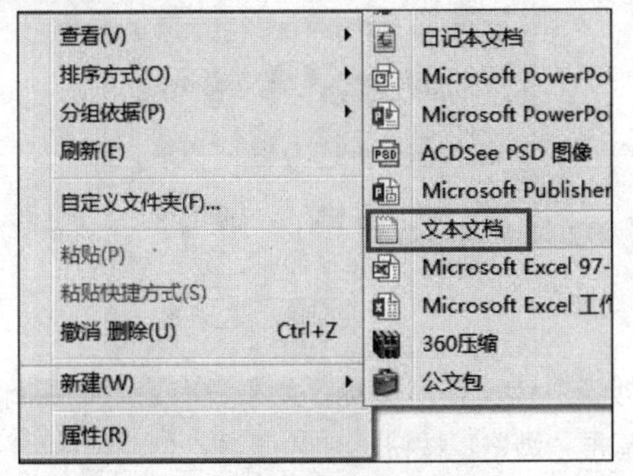

在桌面空白处单击鼠标右键，在弹出的快捷菜单中选择“新建”→“文本文档”命令。

步骤 2 打开新建的记事本

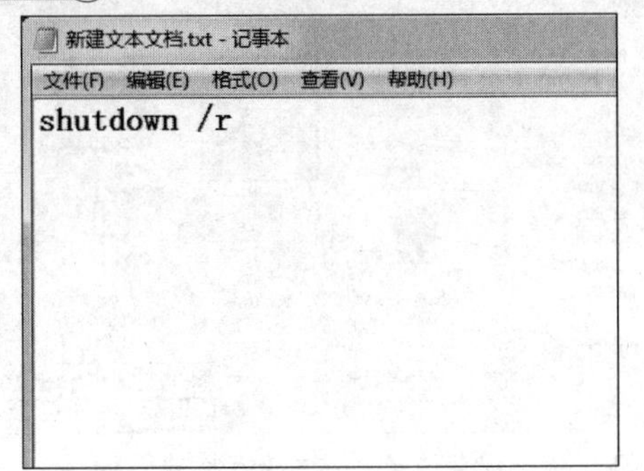

输入“shutdown /r”命令，即自动重启本地计算机。

步骤 3 保存文件

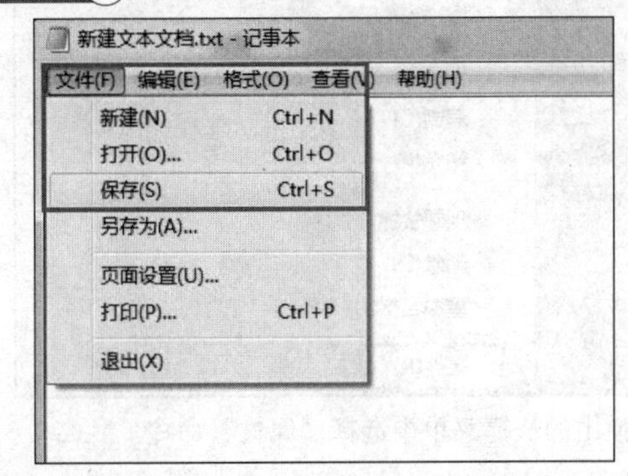

选择“文件”→“保存”命令。

步骤 4 重命名文本文档为“腾讯 QQ.bat”

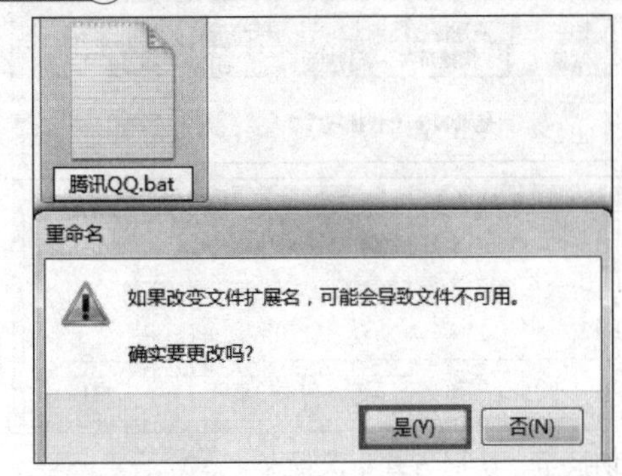

在弹出的“重命名”对话框中单击“是”按钮。

步骤 5 右击“腾讯 QQ.bat”按钮

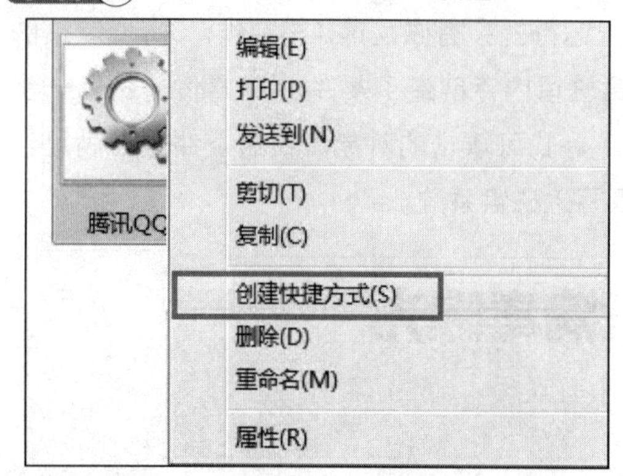

在弹出的快捷菜单中选择“创建快捷方式”命令。

步骤 6 右击“腾讯 QQ.bat－快捷方式”按钮

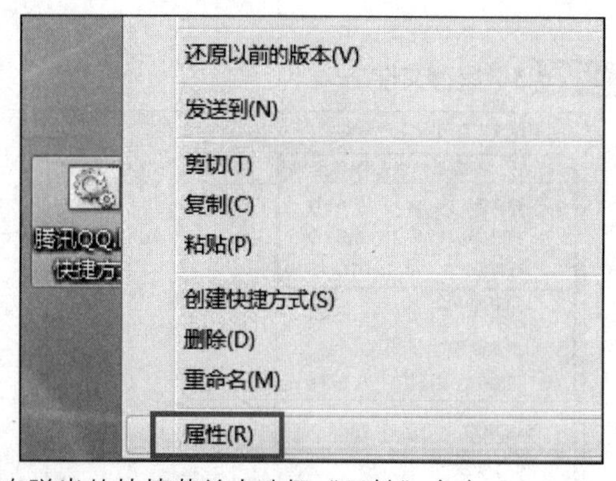

在弹出的快捷菜单中选择“属性”命令。

步骤 7 更改图标

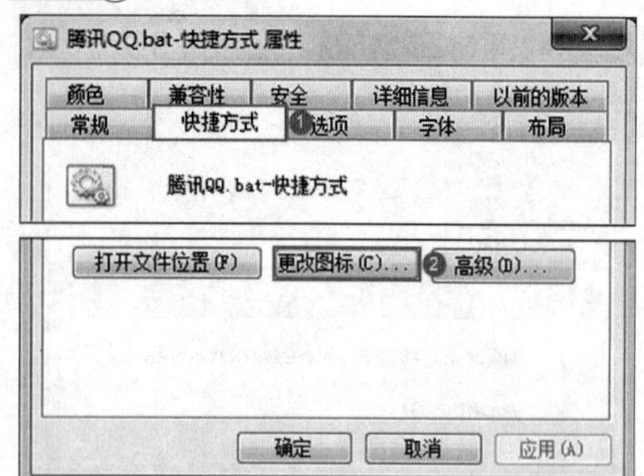

❶ 切换至“快捷方式”选项卡。

❷ 单击“更改图标”按钮。

步骤 8 查看提示信息

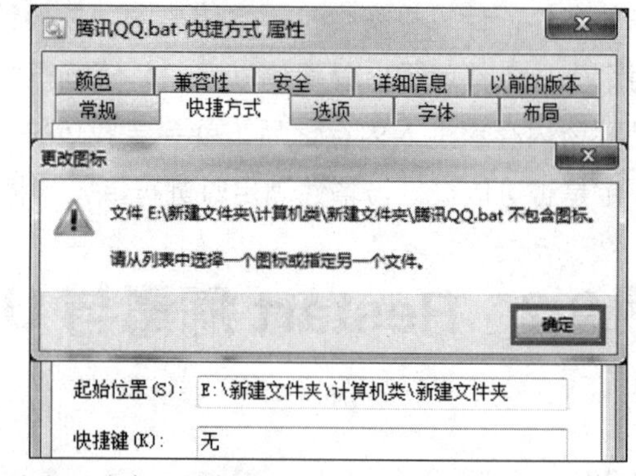

单击“确定”按钮。

步骤 9 选择图标

在列表中选择程序图标，如果没有合适的图标，则单击“浏览”按钮。

步骤 10 选择 ico 格式的图标

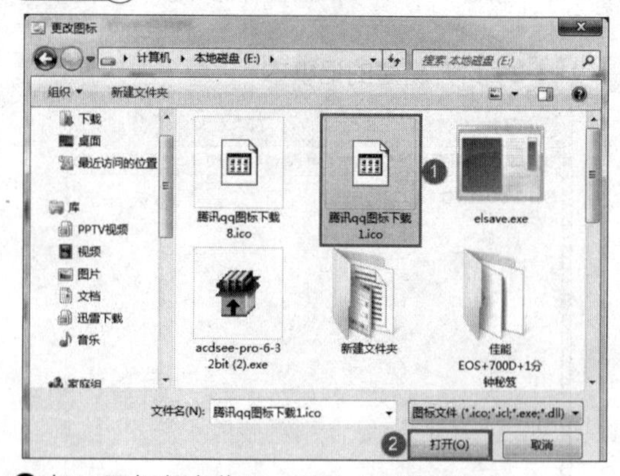

❶ 打开图标保存位置，选中 ico 格式图标。

❷ 单击“打开”按钮。

步骤 11 查看已选的 ico 图标

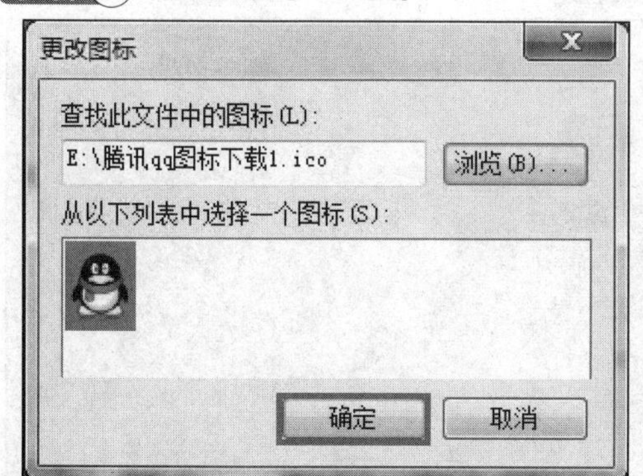

单击“确定”按钮。

步骤 12 查看生成的“腾讯 QQ.bat”图标

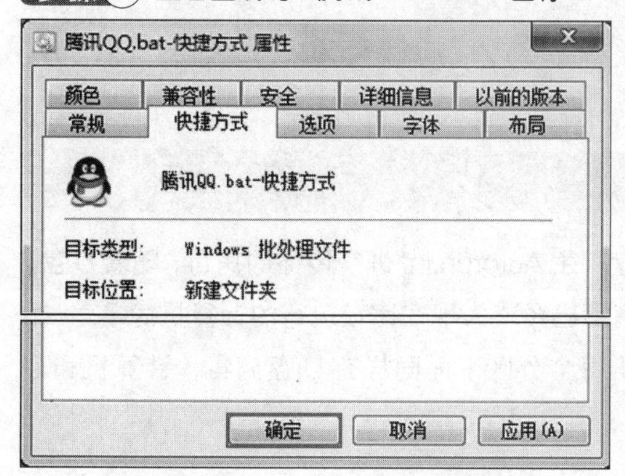

单击“确定”按钮。

步骤 13 查看修改图标后的快捷图标

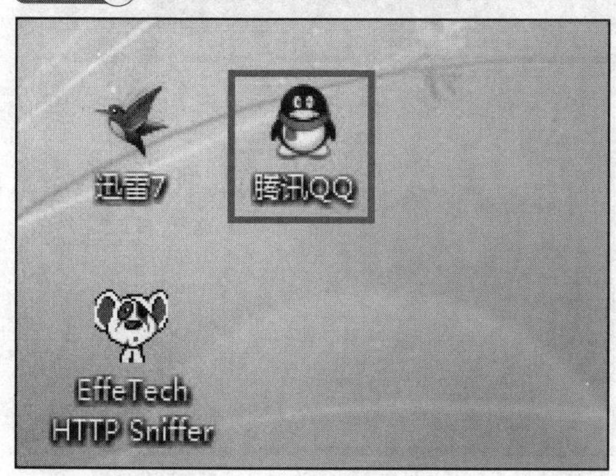

在桌面上查看修改图标后的快捷图标，将其名称改为“腾讯 QQ”。

步骤 14 右击“腾讯 QQ.bat”快捷图标

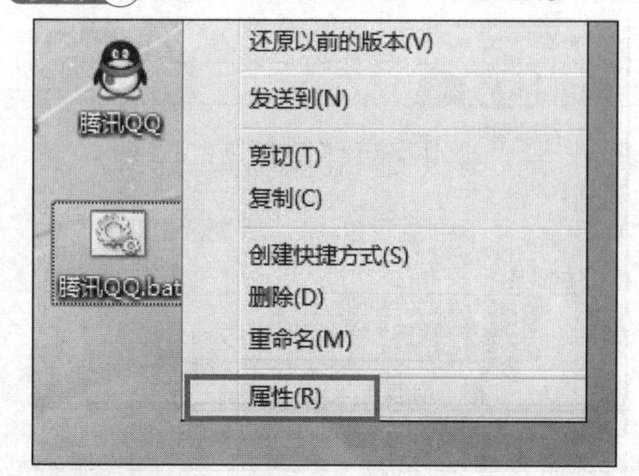

在弹出的快捷菜单中选择“属性”命令。

步骤 15 将文件设置为隐藏

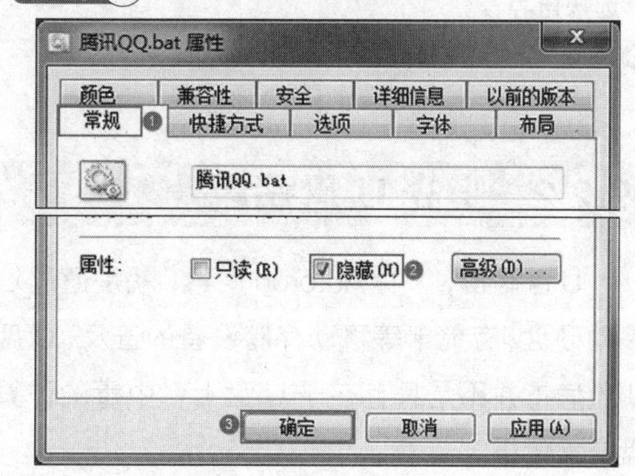

❶ 切换至“常规“选项卡。

❷ 选中“隐藏”复选框。

❸ 单击“确定”按钮。

步骤 16 打开“文件夹选项”

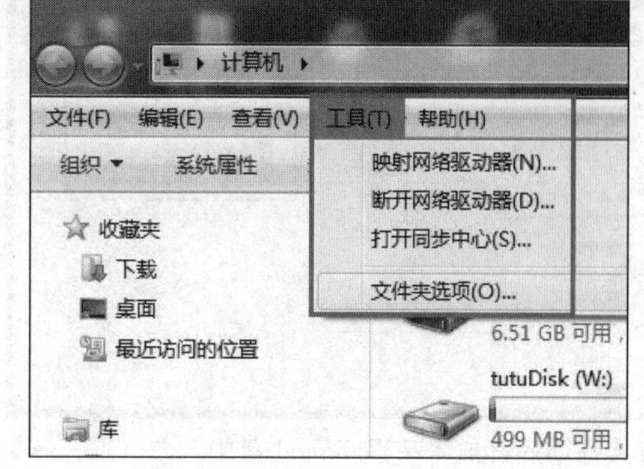

在桌面上双击“计算机”图标，然后选择“工具”→“文件夹选项”命令。

步骤 17 设置不显示隐藏的文件

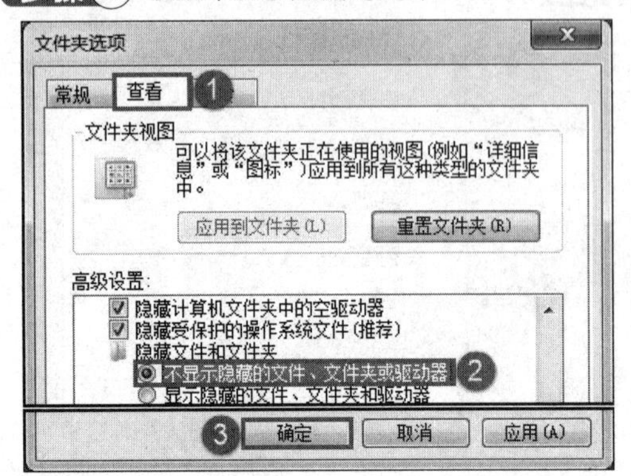

❶ 切换至“查看”选项卡。

❷ 选中“不显示隐藏的文件、文件夹或驱动器”单选按钮。

❸ 单击“确定”按钮。

步骤 18 设置后在桌面上查看快捷图标

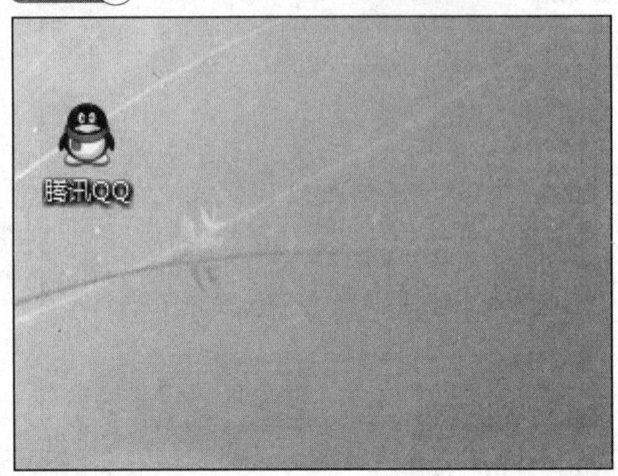

可看到桌面上未显示“腾讯 QQ.bat”图标，只显示了腾讯 QQ 图标，用户一旦双击该图标计算机便会重启。

9.2.2 曝光 U 盘病毒

U 盘病毒，又称 Autorun 病毒，就是通过 U 盘产生 Autorun.inf 进行传播的病毒，随着 U 盘、移动硬盘、存储卡等移动存储设备的普及，U 盘病毒已经成为现在比较流行的计算机病毒之一。U 盘病毒并不是只存在于 U 盘上，中毒的计算机每个分区下面同样有 U 盘病毒，计算机和 U 盘交叉传播。

下面揭露制作简单的 U 盘病毒的操作步骤。

步骤 1 将病毒或木马复制到 U 盘中

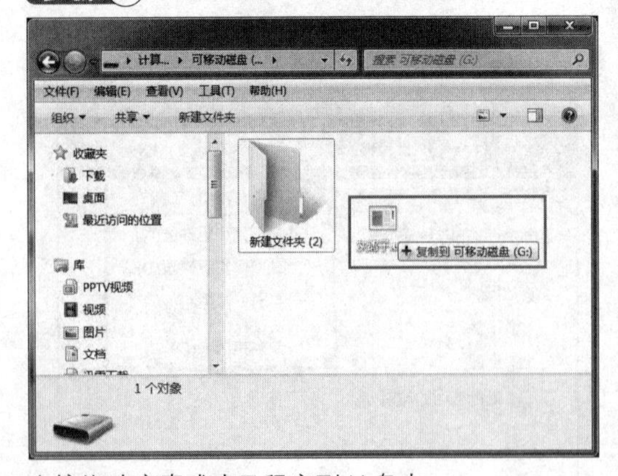

直接拖动病毒或木马程序到 U 盘中。

步骤 2 在 U 盘中新建文本文档

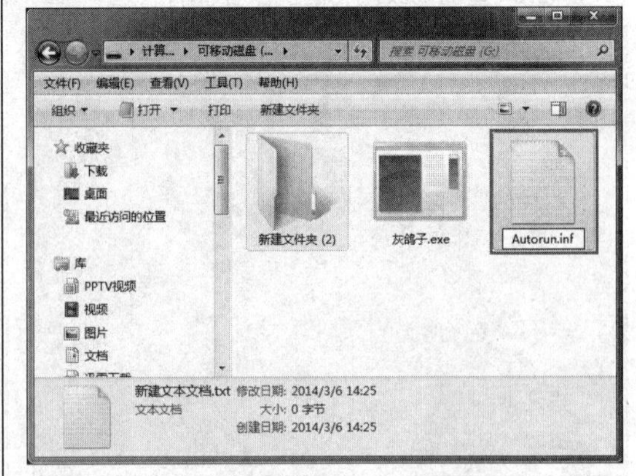

将新建的文本文档重命名为 Autorun.inf。

步骤 3 查看提示信息

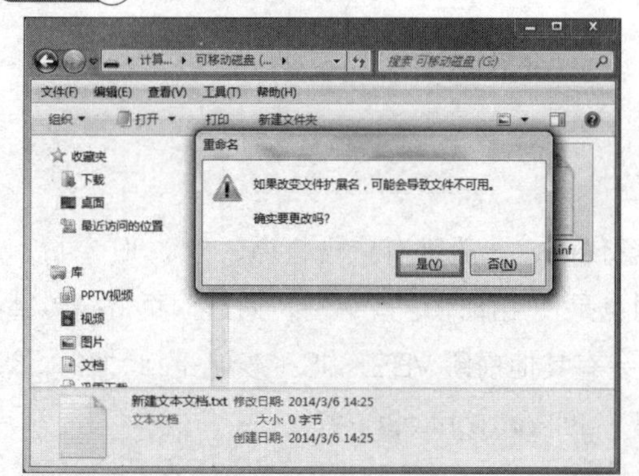

单击“是”按钮。

步骤 4 编写 Autorun.inf 文件代码

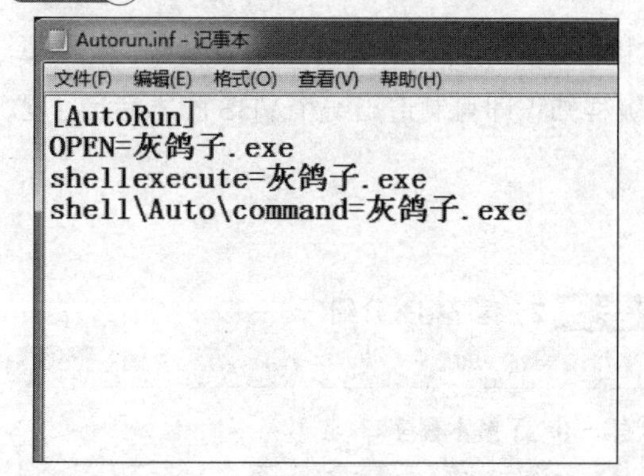

双击 Autorun.inf 文件打开记事本窗口，编辑文件代码，然后双击 U 盘图标后运行指定木马程序。

步骤 5 查看属性

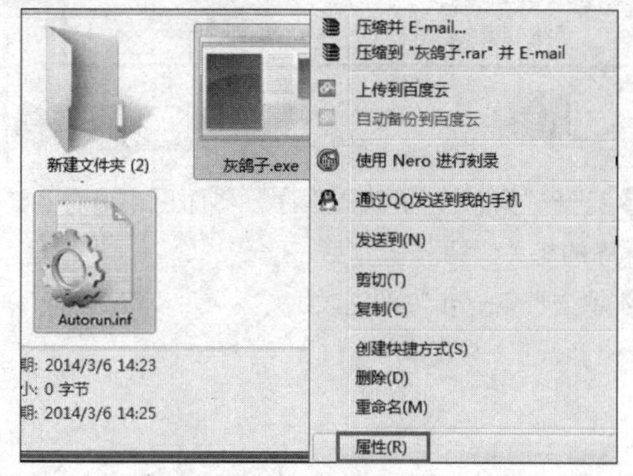

按住〈Ctrl〉键将木马程序和 Autorun.inf 文件一起选中然后右击任意文件，在弹出的快捷菜单中选择“属性”命令。

步骤 6 将文件属性设置为“隐藏”

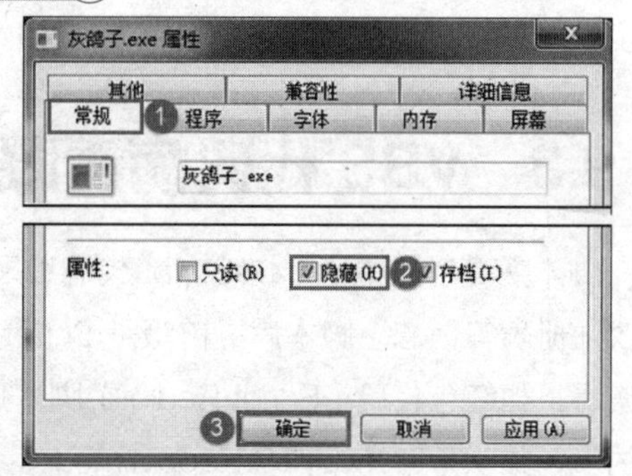

❶ 切换至“常规”选项卡。

❷ 选中“隐藏”复选框。

❸ 单击“确定”按钮。

步骤 7 打开“文件夹选项”

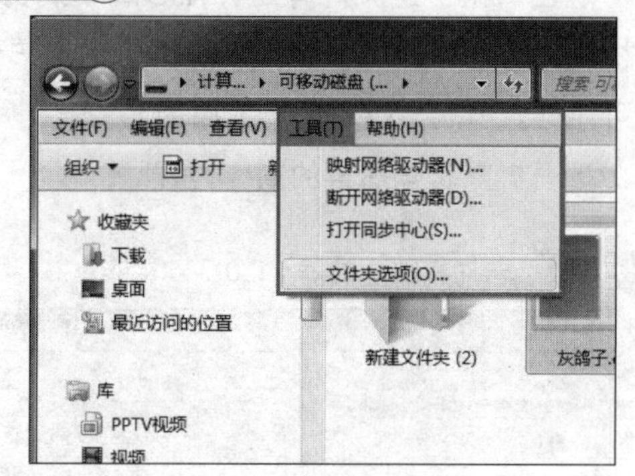

在 U 盘窗口中选择“工具”→“文件夹选项”命令。

步骤 8 设置不显示隐藏的文件

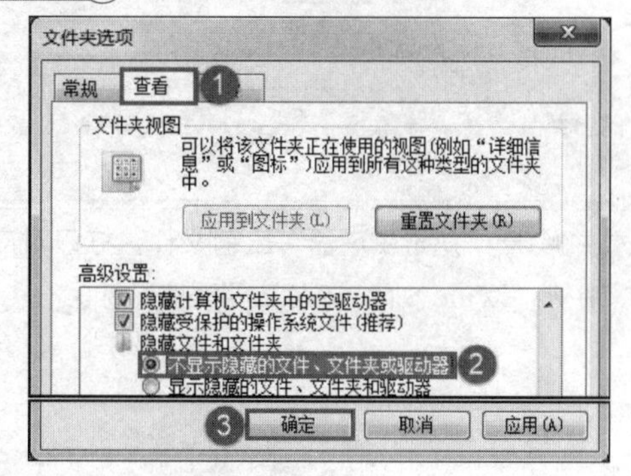

❶ 切换至“查看”选项卡。

❷ 选中“不显示隐藏的文件、文件夹或驱动器”单选按钮。

❸ 单击“确定”按钮。

将U盘接入计算机中，右击U盘对应的图标，在弹出的快捷菜单中会看到Auto命令，表示设置成功。

9.3 VBS代码病毒曝光

脚本病毒通常是由JavaScript代码编写的恶意代码，一般带有广告性质、修改IE首页、修改注册表等信息。脚本病毒前缀是Script，共同点是使用脚本语言编写，通过网页进行传播的病毒，如红色代码（Script.Redlof）脚本病毒还会有其他前缀VBS、JS（表明是何种脚本编写的），如欢乐时光（VBS.Happytime）、十四日（Js.Fortnight.c.s）等。

9.3.1 曝光VBS脚本病毒生成机

现在网络中还流行有如“VBS脚本病毒生成机”这样的自动生成脚本语言软件，无须掌握枯燥的语言，即可自制脚本病毒，让用户无须编程知识即可制造出一个VBS脚本病毒。这也可能是当前病毒肆虐的一个原因。

下面揭露脚本病毒的制作过程。

步骤1 启动病毒生成器v1.0

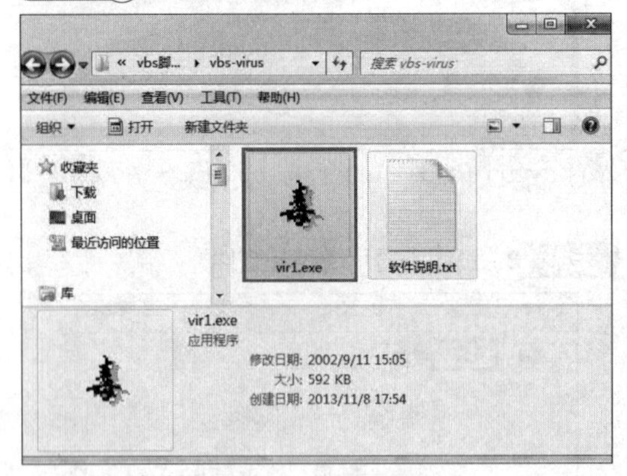

下载并解压 “病毒生成器”压缩文件，打开对应的文件夹，双击“vir1.exe”应用程序图标。

步骤2 程序相关介绍

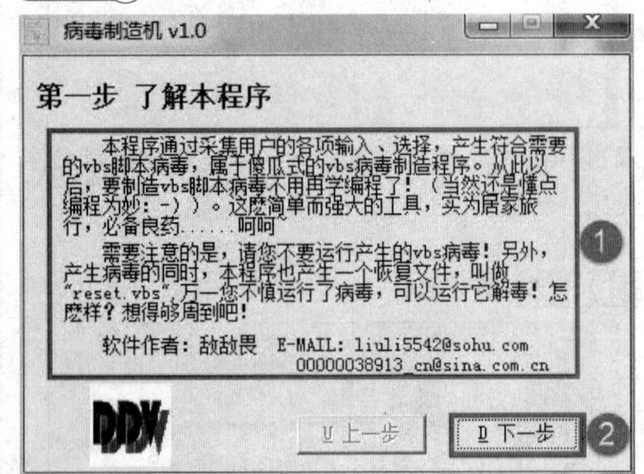

❶ 打开“第一步 了解本程序”界面后，可看到该程序的相关介绍。

❷ 单击“下一步”按钮。

步骤 3 设置"病毒复制选项"

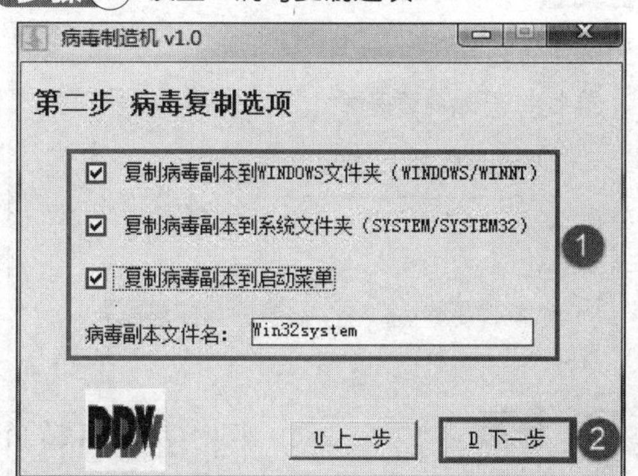

❶ 选中病毒要复制到的文件夹复选框并填写病毒副本文件名。

❷ 单击"下一步"按钮。

步骤 4 设置"禁止功能选项"

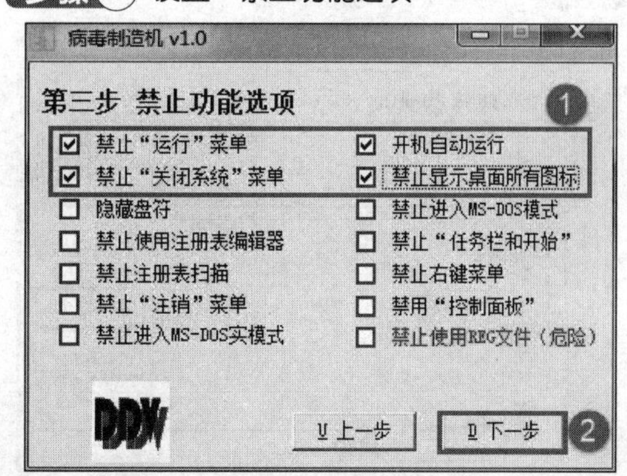

❶ 根据所要制作的病毒功能选中要禁止的功能复选框。

❷ 单击"下一步"按钮。

小技巧

若勾选"开机自动运行"复选框，病毒将自身加入注册表中，伴随系统启动悄悄运行；如果只是想搞点恶作剧作弄下别人，可选中"禁止'运行'菜单""禁止'关闭系统'菜单""禁止'任务栏和开始'"及"禁止显示桌面所有图标"等复选框，让中毒者的计算机出现些莫名其妙的错误。如果想让对方开机后找不到硬盘分区、无法运行注册表编辑器、无法打开控制面板等，则需要选中"隐藏盘符""禁止使用注册表扫描""禁用'控制面板'"等复选框。

步骤 5 设置"病毒提示"

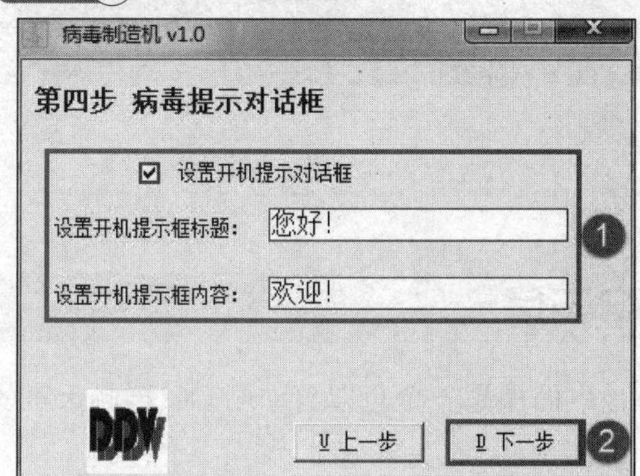

❶ 选中"设置开机提示对话框"复选框，并填写开机提示框标题及内容信息。

❷ 单击"下一步"按钮。

步骤 6 设置"病毒传播选项"

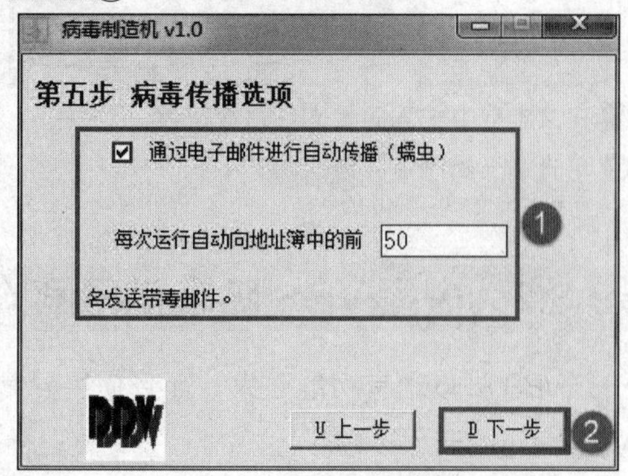

❶ 选中"通过电子邮件进行自动传播（蠕虫）"复选框，并填写发送带病毒邮件的地址数量。

❷ 单击"下一步"按钮。

步骤 7 设置“IE 修改选项”

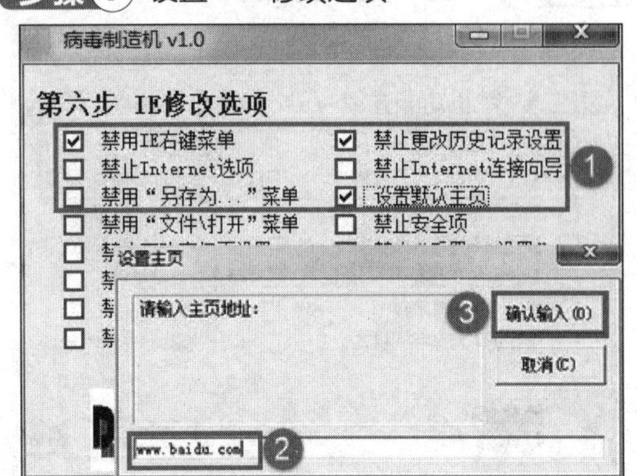

❶ 选中要禁用的 IE 功能复选框，然后单击“下一步”按钮。

❷ 在打开的“设置主页”对话框中填写主页地址

❸ 单击“确认输入”按钮。

步骤 8 开始制造病毒

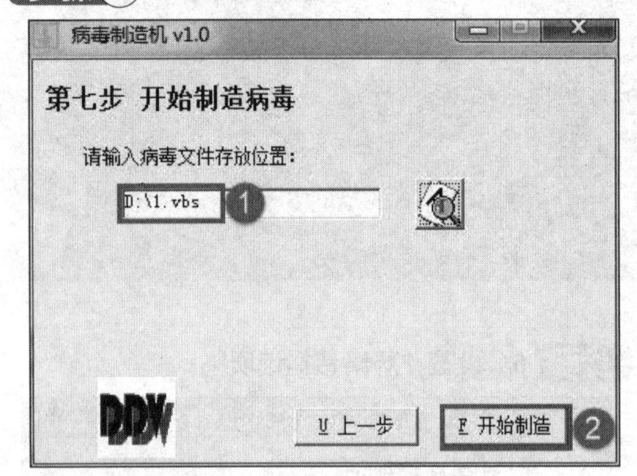

❶ 在文本框中输入病毒文件存放位置。

❷ 单击“开始制造”按钮。

步骤 9 病毒正在生成

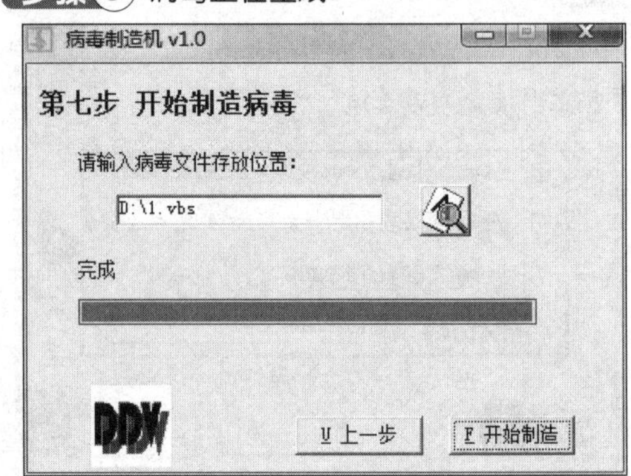

在“开始制造病毒”界面中出现病毒生成进度条，进度条完成后可在文件存储位置查看已经生成的病毒。

小技巧

1）在病毒生成之后，如何让病毒在对方的计算机上运行呢？有许多种方法，比如修改文件名，使用双后缀的文件名，如“病毒 .txt.vbs”等，再通过邮件附件发送出去。

2）在用此软件制造生成病毒的同时，会产生一个名为“reset.vbs”的恢复文件，如果不小心运行了病毒，系统将不能正常工作，则可以运行它来解救。

9.3.2 揭露 VBS 脚本病毒刷 QQ 聊天屏

VBS 脚本语言功能强大，而且使用异常简单，下面揭露一个可以自动刷 QQ 群聊天室的 VBS 病毒的制作过程。

（1）生成 VBS 脚本

要新建一个记事本，如左下图所示。并在空白的文本框中输入如下代码。

```
Set WshShell= WScript.CreateObject("WScript.Shell")
WshShell.AppActivate " 这个群真好玩 "
for i=1 to 10
```

```
WScript.Sleep 500
WshShell.SendKeys "^v"
WshShell.SendKeys i
WshShell.SendKeys "%s"
Next
```

其中“for i=1 to 10”语句是用来控制发送次数的，表示发送 10 次，可以改为更大的数字。其中很重要的一句是“WshShell.AppActivate "这个群真好玩"”，该语句指定了要刷的 QQ 群名称，可以根据需要修改。在输入完毕后，将文件保存为以 .vbs 为后缀的任意文件名，如“qq.vbs”。

（2）刷 QQ 群聊天屏

打开一个群聊天窗口并复制要发送的内容到剪贴板上，如复制了一条“什么？”，双击刚才生成的“qq.vbs”文件切换到群聊天窗口中，在其中可看到已自动刷屏了，如右下图所示。

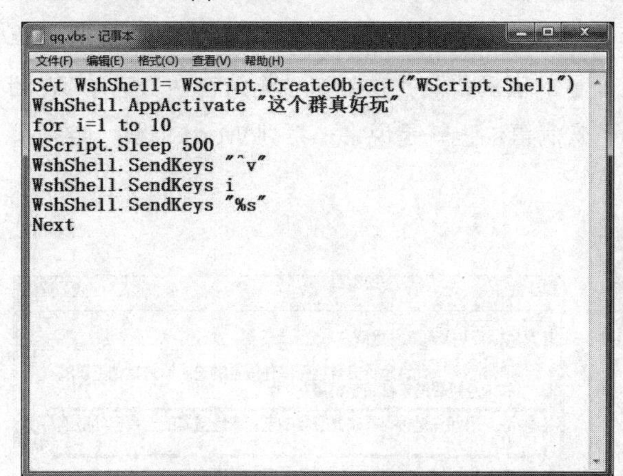

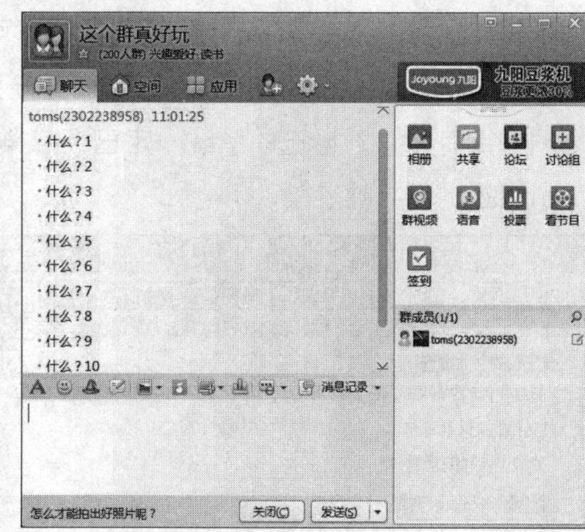

在刷屏成功后，每一条信息下面会显示信息发送的条数，当发送完指定的条数后，便会自动停止。

9.4 宏病毒与邮件病毒防范

宏病毒与邮件病毒是广大用户经常遇到的病毒，如果中了这些病毒就可能会给自己造成重大损失，所以有必要了解一些这方面的防范知识。

9.4.1 宏病毒的判断方法

虽然不是所有包含宏的文档都包含了宏病毒，但当有下列情况之一时，则可以百分之百地断定该 Office 文档或 Office 系统中有宏病毒。

1）在打开“宏病毒防护功能”的情况下，当打开一个自己编辑的文档时，系统会弹出相应的警告框。而自己清楚自己并没有在其中使用宏或并不知道宏到底怎么用，那么就可以完全肯定该文档已经感染了宏病毒。

2）在打开“宏病毒防护功能”的情况下，自己的 Office 文档中一系列的文件都在打开时给出宏警告。由于在一般情况下用户很少使用到宏，所以当自己看到成串的文档有宏警告时，就可以肯定这些文档中有宏病毒。

3）有的软件中关于宏病毒防护选项启用后，不能在下次开机时依然保存。Word 中提供了对宏病毒的防护功能，依次打开“工具”→“选项”→“安全性”选项卡，单击“宏安全性”按钮，如左下图所示。可对安全级别进行设定，如右下图所示。但有些宏病毒为了对付 Office 中提供的宏警告功能，它在感染系统（这通常只有在用户关闭了宏病毒防护选项或者出现宏警告后不留神选取了“启用宏”才有可能）后，会在用户每次退出 Office 时自动屏蔽掉宏病毒防护选项。因此，用户一旦发现自己设置的宏病毒防护功能选项无法在两次启动 Word 之间保持有效，则自己的系统一定已经感染了宏病毒。也就是说，一系列 Word 模板、特别是 normal.dot 已经被感染。

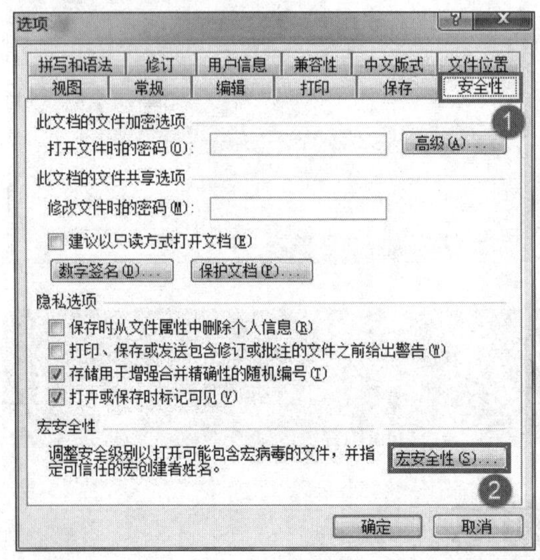

❶ 依次打开“工具”→“选项”→“安全性”选项卡。 ❷ 单击“宏安全性”按钮。

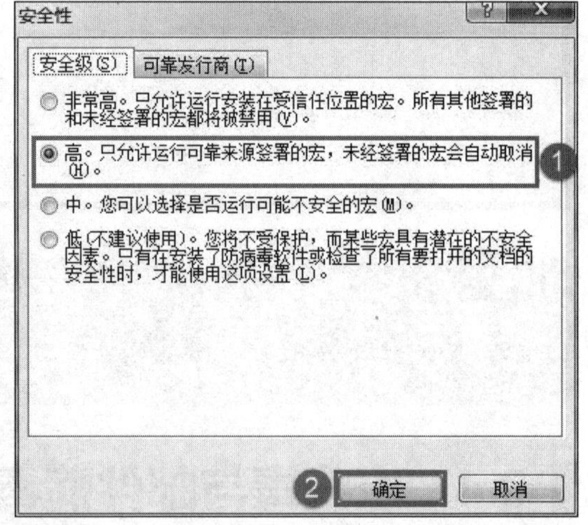

❶ 在“安全性”对话框中选定安全级别。 ❷ 单击“确定”按钮。

提示

鉴于绝大多数人都不需要或者不会使用“宏”功能，所以可以得出一个相当重要的结论：如果 Office 文档在打开时，系统给出一个宏病毒警告框，就应该对这个文档保持高度警惕，它已被感染的概率极大。

9.4.2 防范与清除宏病毒

针对宏病毒的预防和清除操作方法很多，下面就首选方法和应急处理两种方式进行介绍。

（1）首选方法

使用反病毒软件是一种高效、安全和方便的清除方法，也是一般计算机用户的首选方法。但宏病毒并不像某些厂商或麻痹大意的人那样有所谓“广谱”的查杀软件，这方面的突出例子就是 ETHAN 宏病毒。ETHAN 宏病毒相当隐蔽，比如用户使用反病毒软件（应该算比较新的版本）都无法查出它。此外，这个宏病毒能够悄悄取消 Word 中的宏病毒防护选项，并且某些情况下会把被感染的文档置为只读属性，从而更好地保存了自己。

因此，对付宏病毒应该和对付其他种类的病毒一样，也要尽量使用最新版的查杀病毒软件。无论用户使用的是何种反病毒软件，及时升级是非常重要的。

（2）应急处理方法

用写字板或 Word 文档作为清除宏病毒的桥梁。如果用户的 Word 系统没有感染宏病毒，但需要打开某个外来的、已查出感染有宏病毒的文档，而手头现有的反病毒软件又无法查杀它们，就可以试验用来查杀文档中的宏病毒：打开感染了宏病毒的文档（当然是启用 Word 中的宏病毒防护功能并在宏警告出现时选择“取消宏”），选择“文件”→“另存为”命令，将此文档改存成写字板（RTF）格式或 Word 格式。

在上述方法中，存成写字板格式是利用 RTF 文档格式没有宏，存成 Word 格式则是利用了 Word 文档在转换格式时会失去宏的特点。写字板所用的 RTF 格式适用于文档中的内容限于文字和图片的情况，如果文档内容中除了文字、图片外还有图形或表格，按 Word 格式保存一般不会失去这些内容。存盘后应该检查一下文档的完整性，如果文档内容没有任何丢失，并且在重新打开此文档时不再出现宏警告，则大功告成。

9.4.3 全面防御邮件病毒

邮件病毒是通过电子邮件方式进行传播的病毒的总称。电子邮件传播病毒通常是把自己作为附件发送给被攻击者，如果接收该邮件的用户不小心打开了附件，病毒就会感染本地计算机。另外，由于电子邮件客户端程序的一些 Bug，也可能被攻击者利用传播电子邮件病毒，微软的 Outlook Express 曾经就因为两个漏洞可以被攻击者编制特制的代码，使接收邮件的用户不需要打开附件，即可自动运行病毒文件。

在了解了邮件病毒的传染方式后，用户就可以根据其特性制定出相应的防范措施。

1）安装防病毒程序。防御病毒感染的最佳方法就是安装防病毒扫描程序并及时更新。防病毒程序可以扫描传入的电子邮件中的已知病毒，并帮助防止这些病毒感染计算机。新病毒几乎每天都会出现，因此需要确保及时更新防病毒程序。多数防病毒程序都可以设置为定期自动更新，以具备需要与最新病毒进行斗争的信息。

2）打开电子邮件附件时要非常小心。电子邮件附件是主要的病毒感染源。例如，用户可能会收到一封带有附件的电子邮件（甚至发送者是自己认识的人），该附件被伪装为文档、照片或程序，但实际上是病毒。如果打开该文件，病毒就会感染计算机。如果收到意外的电子邮件附件，请考虑在打开附件之前先答复发件人，问清是否确实发送了这些附件。

3）使用防病毒程序检查压缩文件内容。病毒编写者用于将恶意文件潜入到计算机中的一种方法是使用压缩文件格式（如 .zip 或 .rar 格式）将文件作为附件发送。多数防病毒程序会在接收到附件时进行扫描，但为了安全起见，应该将压缩的附件保存到计算机的一个文件夹中，在打开其中所包含的任何文件之前先使用防病毒程序进行扫描。

4）单击邮件中的链接时需谨慎。电子邮件中的欺骗性链接通常作为仿冒和间谍软件骗局的一部分使用，但也会用来传输病毒。单击欺骗性链接会打开一个网页，该网页将试图向计算机下载恶意软件。在决定是否单击邮件中的链接时要小心，尤其是邮件正文看上去含混不清，如邮件上写着“查看我们的假期图片”，但没有标识用户或发件人的个人信息。

9.5 网络蠕虫防范

与传统的病毒不同，蠕虫病毒以计算机为载体，以网络为攻击对象；网络蠕虫病毒可分为利用系统级别漏洞（主动传播）和利用社会工程学（欺骗传播）两种。在宽带网络迅速普及的今天，蠕虫病毒在技术上已经能够成熟地利用各种网络资源进行传播。

9.5.1 网络蠕虫病毒实例分析

目前，产生严重影响的蠕虫病毒有很多，如“莫里斯蠕虫”“美丽杀手”“爱虫病毒”“红色代码”“尼姆亚”“求职信”和“蠕虫王”等，都给人们留下了深刻的印象。

1. Guapim 蠕虫病毒

Guapim（Worm.Guapim）蠕虫病毒是，通过即时聊天工具和文件共享网络传播的蠕虫病毒。发作症状：病毒在系统目录下释放病毒文件：System32%\pkguar d32.exe，并在注册表中添加特定键值以实现自启动。该病毒会给 MSN、QQ 等聊天工具的好友发送诱惑性消息：“Hehe.takea look at this funny game http://****//Monkye.exe”，同时假借 HowtoHack.exe、HalfLife2FULL.exe、WindowsXP.exe、VisualStudio2005.exe 等文件名复制自身到文件共享网络，并试图在 Internet 网络上下载执行另一蠕虫病毒，直接降低系统安全设置，给用户正常操作带来极大的隐患。

2. “安莱普”蠕虫病毒

“安莱普”(Worm.Anap.b)蠕虫病毒通过电子邮件传播，利用用户对知名品牌的信任心理，伪装某些知名 IT 厂商（如微软、IBM 等）而给用户狂发带毒邮件，诱骗用户打开附件以致中毒，病毒运行后会弹出一个窗口，内容提示为“这是一个蠕虫病毒”。同时，该病毒会在系统临时文件和个人文件夹中大量收集邮件地址，并循环发送邮件。

针对这种典型的邮件传播病毒，大家在查看自己的电子邮件时，一定要确定发件人自己是否熟悉之后再打开。

虽然利用邮件进行传播一直是病毒传播的主要途径，但随着网络威胁种类的增多，和病毒传播途径的多样化，某些蠕虫病毒往往还携带着“间谍软件”和“网络钓鱼”等不安全因素。因此，一定要注意即时升级自己的杀毒软件到最新版本，注意打开邮件监控程序，让自己的上网环境安全。

9.5.2 网络蠕虫病毒的全面防范

在对网络蠕虫病毒有了一定的了解之后，下面主要讲述一下应该如何从企业和个人的两种角度做好安全防范。

（1）企业用户对网络蠕虫的防范

企业在充分地利用网络进行业务处理时，不得不考虑企业的病毒防范问题，以保证关系企业命运的业务数据完整不被破坏。企业防治蠕虫病毒时需要考虑几个问题：病毒的查杀能力、病毒的监控能力、新病毒的反应能力。

推荐的企业防范蠕虫病毒的策略如下。

① 加强安全管理，提高安全意识。由于蠕虫病毒是利用 Windows 系统漏洞进行攻击的，因此，就要求网络管理员尽力在第一时间内，保持系统和应用软件的安全性，保持各种操作系统和应用软件的及时更新。随着 Windows 系统各种漏洞的不断涌现，要想一劳永逸地获得一个安全的系统环境，已几乎不再可能。而作为系统负载重要数据的企业用户，其所面临攻击的危险也将越来越大，这就要求企业的管理水平和安全意识也必须越来越高。

② 建立病毒检测系统。能够在第一时间内检测到网络异常和病毒攻击。

③ 建立应急响应系统，尽量降低风险。

由于蠕虫病毒爆发的突然性，可能在被发现时已蔓延整个网络，建立一个紧急响应系统就显得非常必要，能够在病毒爆发的第一时间提供解决方案。

④ 建立灾难备份系统。对于数据库和数据系统，必须采用定期备份、多机备份措施，防止意外灾难下的数据丢失。

⑤ 对于局域网而言，可安装防火墙式防杀计算机病毒产品，将病毒隔离在局域网之外；或对邮件服务器实施监控，切断带毒邮件的传播途径；或对局域网管理员和用户进行安全培训；建立局域网内部的升级系统，包括各种操作系统的补丁升级，各种常用的应用软件升级，各种杀毒软件病毒库的升级等。

（2）个人用户对网络蠕虫的防范

对个人用户而言，威胁大的蠕虫病毒采取的传播方式一般为电子邮件（Email）及恶意网页等。下面介绍一下个人应该如何防范网络蠕虫病毒。

① 安装合适的杀毒软件。网络蠕虫病毒的发展已经使传统的杀毒软件的“文件级实时监控系统”落伍，杀毒软件必须向内存实时监控和邮件实时监控发展；网页病毒也使用户对杀毒软件的要求越来越高。

② 经常升级病毒库。杀毒软件对病毒的查杀是以病毒的特征码为依据的，而病毒每天都层出不穷，尤其是在网络时代，蠕虫病毒的传播速度快、变种多，所以必须随时更新病毒库，以便能够查杀最新的病毒。

③ 提高防杀毒意识。不要轻易去单击陌生的站点，有可能里面就含有恶意代码。当运行IE时，在“Internet 区域的安全级别”选项中把安全级别由“中”改为“高”，因为这一类网页主要是含有恶意代码的ActiveX或Applet、JavaScript的网页文件，在IE设置中将ActiveX插件和控件、Java脚本等全部禁止，以大大减少被网页恶意代码感染的概率。不过这样做以后在浏览网页过程中，有可能会使一些正常应用ActiveX的网站无法浏览。

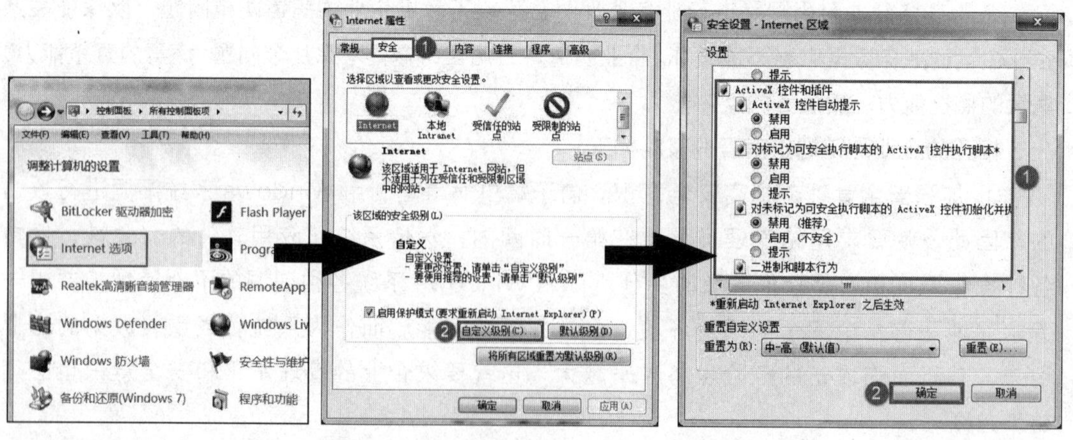

单击“控制面板”窗口中的“Internet 选项”图标。

❶ 切换到“安全”选项卡。
❷ 单击“自定义级别”按钮。

❶ 把“ActiveX 控件和插件”中的一切选项都设为禁用。
❷ 单击“确定”按钮。

④不随意查看陌生邮件。一定不要打开扩展名为VBS、SHS或PIF的邮件附件。这些扩展名从未在正常附件中使用过，但它们经常被病毒和蠕虫使用。

9.6 杀毒软件的使用

杀毒软件也是病毒防范必不可少的工具，随着人们对病毒危害的认识，杀毒软件也被逐渐重视起来，各式各样的杀毒软件如雨后春笋般出现在市场中。

9.6.1 用NOD32查杀病毒

NOD32是近几年中迅速崛起的一款杀毒软件。以轻巧易用、惊人的检测速度及卓越的性能深受用户青睐，成为许多用户和IT专家的首选。并且经多家检测权威确认，NOD32在速度、精确度和各项表现上已拥有多项的全球记录。

在使用NOD32进行查杀病毒之前，最好先升级一下病毒库，这样才能保证杀毒软件对新型病毒的查杀效果。更新病毒库之后，就可以对计算机进行最常用的查杀病毒操作了。

具体的操作步骤如下。

步骤1 运行“ESET NOD32 Antivirus”

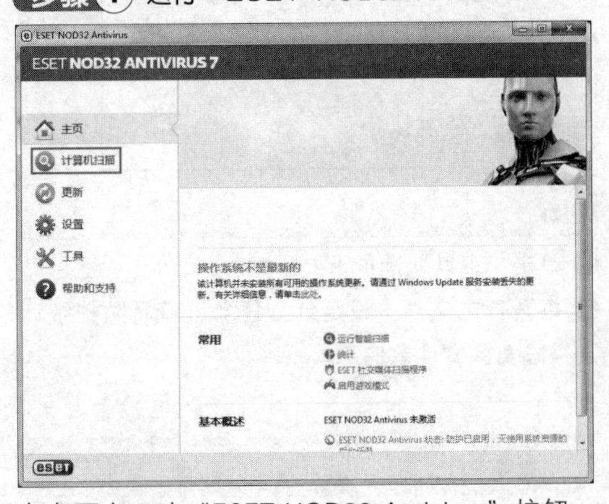

在桌面上双击“ESET NOD32 Antivirus”按钮，打开“ESET NOD32 Antivirus”主界面，单击“计算机扫描”选项卡。

步骤2 对计算机进行扫描

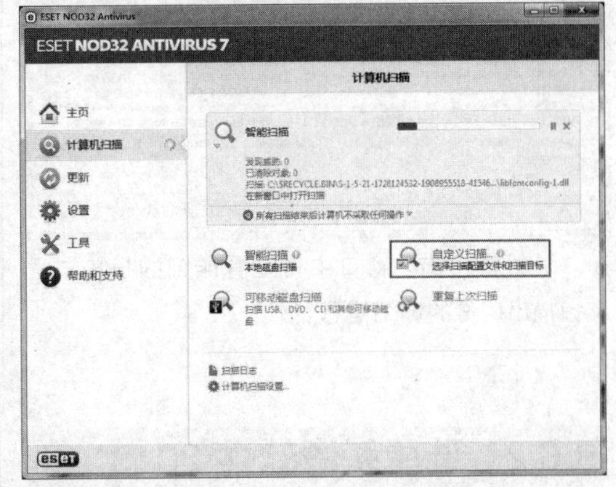

默认进行智能扫描，也可单击“自定义扫描”链接，任意选取扫描的目标范围。

步骤 3 查看扫描结果

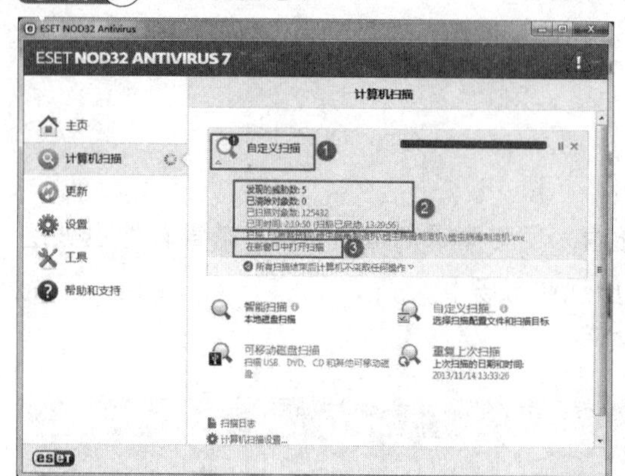

❶ 单击"自定义扫描"选项。

❷ 显示扫描结果。

❸ 单击"在新窗口中打开扫描"链接。

步骤 4 查看病毒详细信息

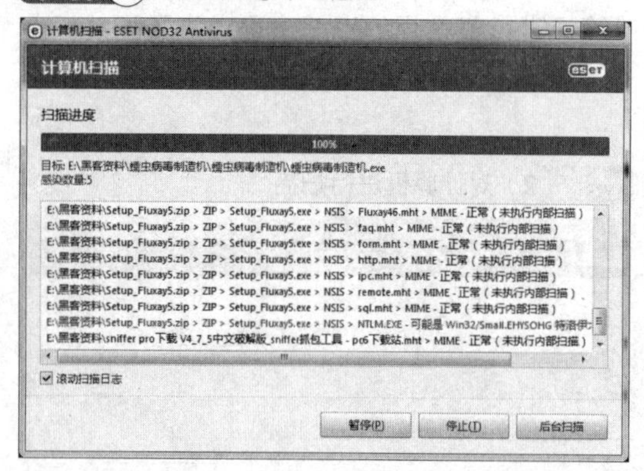

在"计算机扫描"窗口中可查看详细的扫描过程及扫描出病毒的详细信息。

步骤 5 启用防护

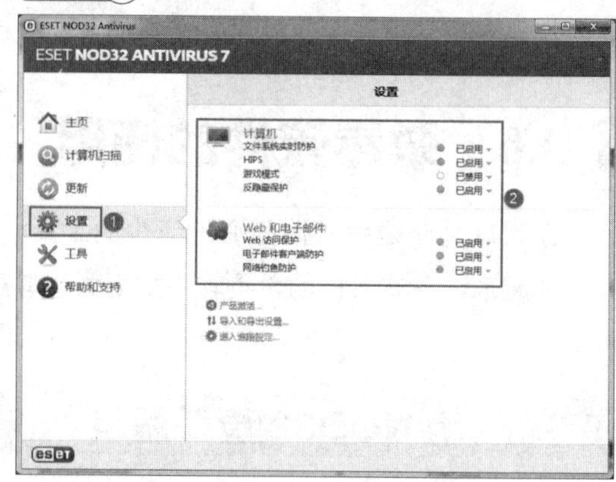

❶ 单击"设置"选项卡。

❷ 根据提示启用防护。

步骤 6 查看日志文件等信息

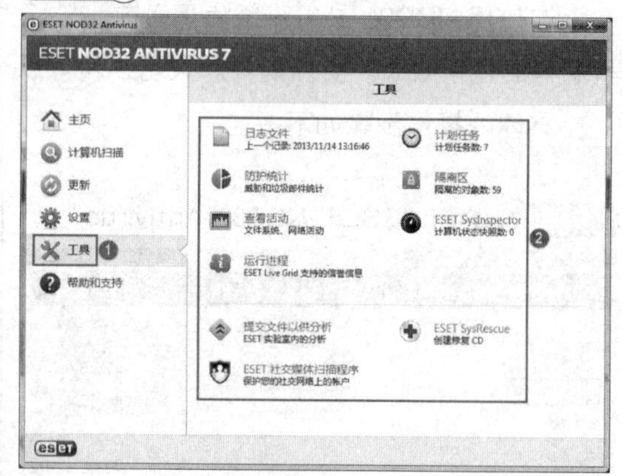

❶ 单击"工具"选项卡。

❷ 查看日志文件、设定计划任务、查看防护统计及被隔离的文件等信息。

9.6.2 瑞星杀毒软件 2013

瑞星全功能安全软件 2013 是基于"云安全"系统设计的新一代互联网安全产品，将杀毒软件与防火墙无缝集成、整体联动，极大地降低了计算机资源占用，集"拦截、防御、查杀、保护"四重防护功能于一身。

将瑞星杀毒 2013 安装完毕之后，就可以利用它进行病毒的防范和查杀了。

使用瑞星杀毒软件进行杀毒的具体操作步骤如下。

步骤 1 启动瑞星杀毒软件

双击桌面上的“瑞星杀毒软件”图标，进入瑞星杀毒软件主界面。

步骤 2 检测更新

在主界面下方单击“检测更新”链接。

步骤 3 正在更新

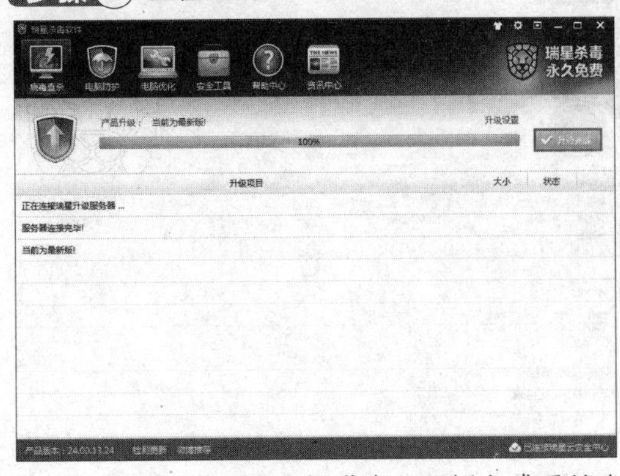

可以从进度条中看到更新进度，更新完成后单击“升级完成”按钮。

步骤 4 选择快速查杀

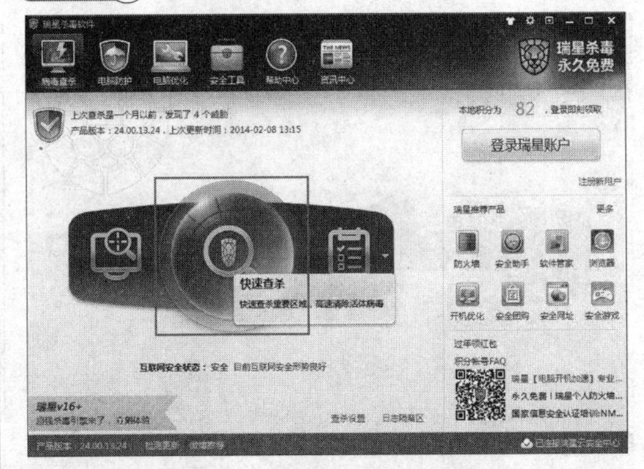

返回主界面后单击“快速查杀”按钮。

步骤 5 正在快速查杀

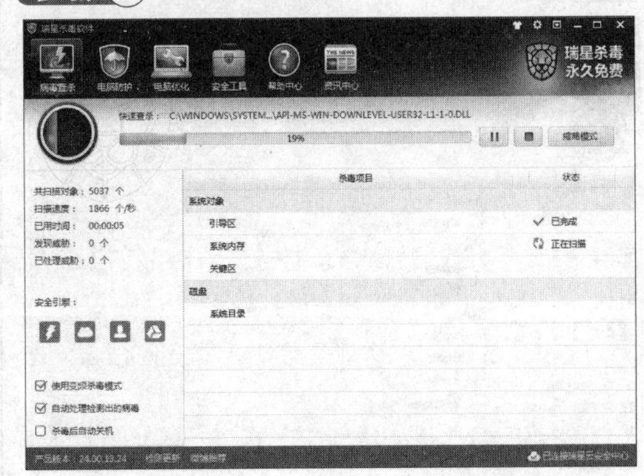

快速查杀能够在短时间内对系统关键位置比如系统内存等进行查杀，几分钟内即可完成。

步骤 6 显示查杀结果

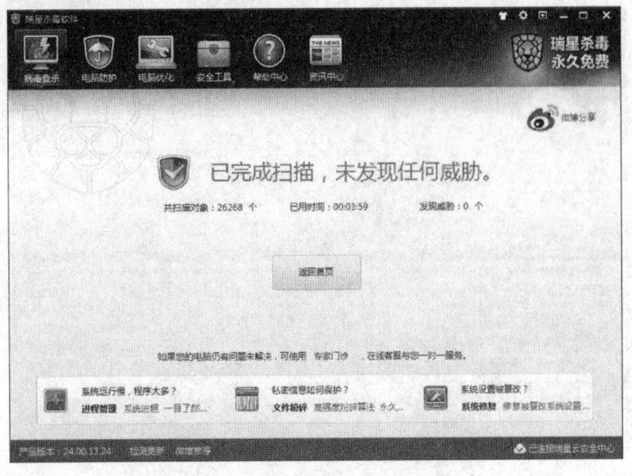

扫描完成后软件会自动处理安全威胁，并显示提示信息。

步骤 7 选择全盘查杀

返回主界面后单击“全盘查杀”按钮。

步骤 8 正在全盘查杀

全盘查杀会对所有的系统对象及磁盘分区进行查杀，扫描时间较长，短则几十分钟，长则几个小时。

步骤 9 查看查杀结果

对系统进行更为全面的查杀后，软件将会自动处理查杀到的安全威胁。

步骤 10 选择自定义查杀

返回主界面后单击“自定义查杀”按钮。

步骤 11 选择查杀目录

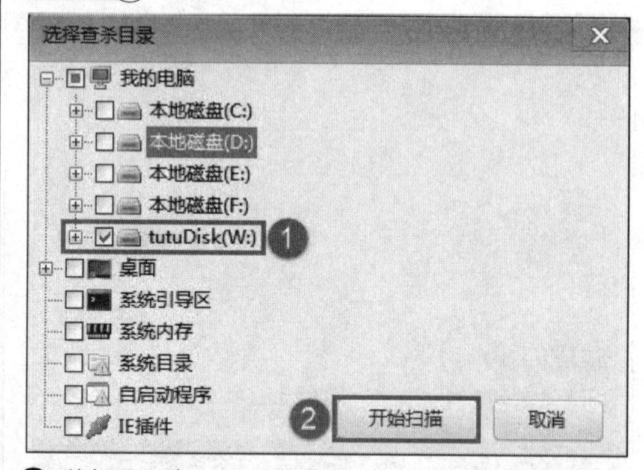

❶ 选中需要查杀的具体位置，进行有针对性的查杀。
❷ 单击“开始扫描”按钮。

步骤 12 正在查杀

扫描过程中共扫描对象、已用时间及发现的威胁等信息会在页面左侧显示。

步骤 13 查看查杀结果

扫描完成后软件会自动处理安全威胁并显示提示信息。

9.6.3 免费的专业防火墙 ZoneAlarm

ZoneAlarm 强大的双向防火墙能够监控个人计算机和互联网传入和传出的流量，能够阻止黑客进入一台 PC 发动攻击并窃取信息。同时，ZoneAlarm 的强大的反病毒引擎可检测和阻止病毒、间谍软件、特洛伊木马、蠕虫、僵尸和 rootkit。

下面介绍 Zone Alarm 的使用，具体操作步骤如下。

步骤 1 运行 ZoneAlarm 主程序

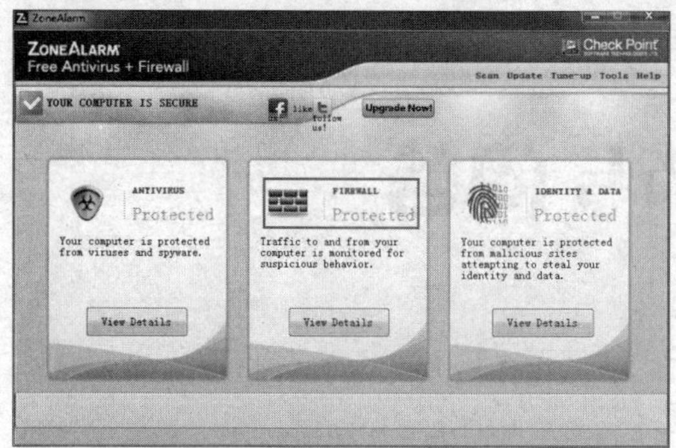

单击“FIREWALL（防火墙）”图标。

步骤 2 打开防火墙界面

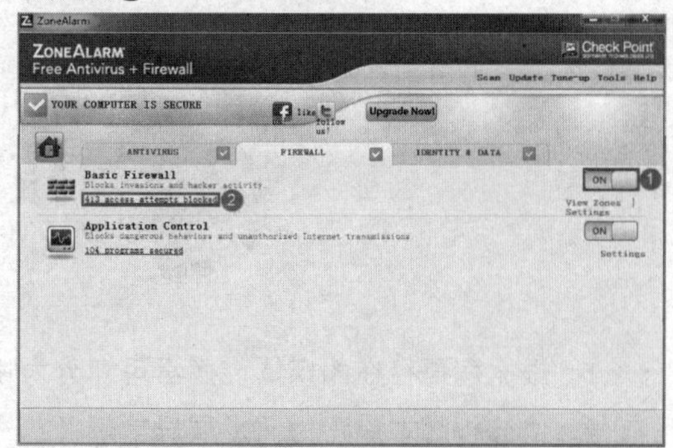

❶ 单击“ON”按钮开启防火墙功能。

❷ 单击“access attempts blocked”链接。

步骤 3 防火墙设置

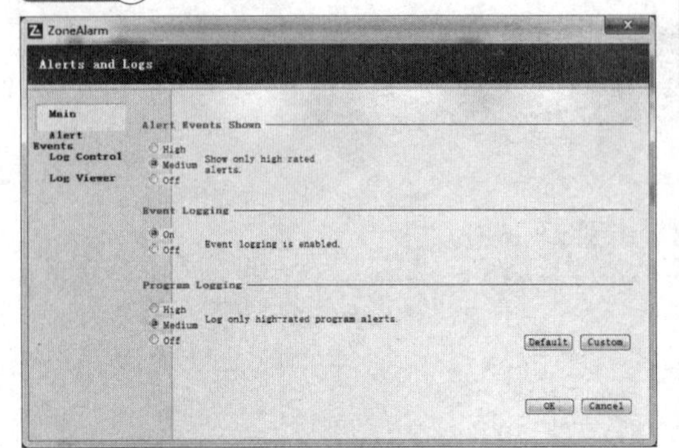

设定警报级别、是否开启事件日志及程序警报日志级别。

步骤 4 返回主界面

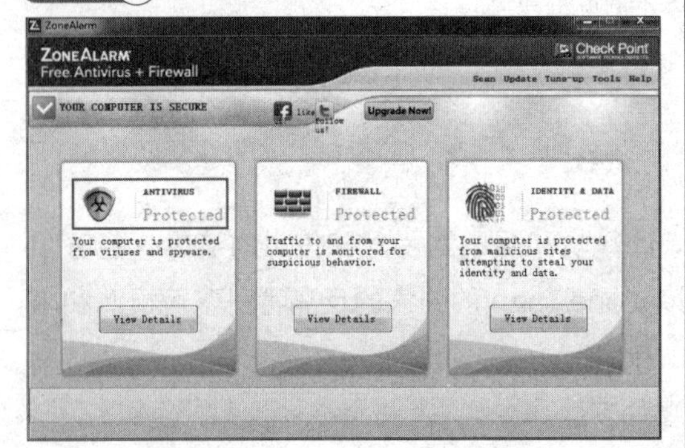

单击“ANTIVIRUS（病毒防护）”图标。

步骤 5 病毒防护设置

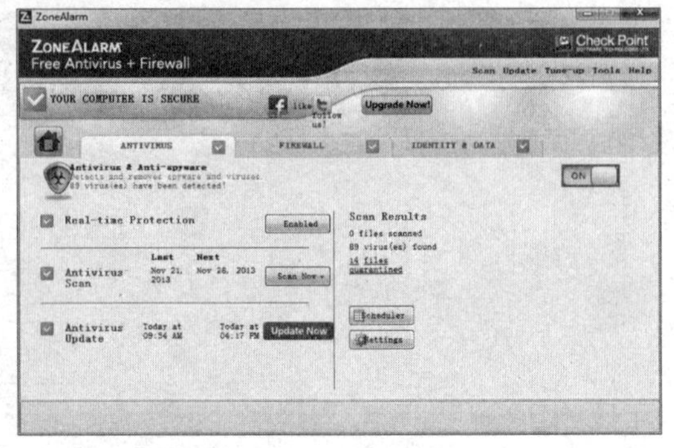

选择开启病毒防护功能。

1. 根据病毒存在的媒体，病毒可划分为哪几种？根据传染方式又可以划分为几种？
2. 请分析脚本病毒为何发展异常迅猛？
3. 怎么防止U盘中病毒？中毒后怎么处理？

第10章 Windows 系统漏洞攻防技术

几乎所有操作系统的默认安装（Default Installations）都没有被配置成最理想的安全状态，即出现了漏洞。漏洞是指应用软件或操作系统软件在逻辑设计上的缺陷，或在编写时产生的错误，某个程序（包括操作系统）在设计时未考虑周全，则这个缺陷或错误将可以被不法者或黑客利用，通过植入木马、病毒等方式攻击或控制整个计算机，从而窃取计算机中的重要资料和信息，甚至破坏系统。

其实在我们发现漏洞时，微软往往已经发布了漏洞补丁，让用户可以尽快地修补计算机的安全隐患。也就是说，用户很难找到尚未被公开和弥补的系统漏洞。本章主要介绍计算机系统漏洞的基础知识、检测和修复方法。

10.1 系统漏洞基础知识

10.1.1 系统漏洞概述

漏洞是硬件、软件、协议的具体实现或系统安全策略上存在的缺陷，从而可以使攻击者能够在未授权的情况下访问或破坏系统。漏洞会影响到很大范围的软硬件设备，包括系统本身及支撑软件、网络用户和服务器软件、网络路由器和安全防火墙等。换言之，在这些不同的软硬件设备中，都可能存在不同的安全漏洞问题。

在不同种类的软硬件设备及设备的不同版本之间，由不同设备构成的不同系统之间，及同种系统在不同的设置条件下，都会存在各自不同的安全漏洞问题。系统漏洞又称安全缺陷，可对用户造成不良后果。如漏洞被恶意用户利用会造成信息泄露；黑客攻击网站即利用网络服务器操作系统的漏洞，对用户操作造成不便，如不明原因的死机和丢失文件等。

10.1.2 Windows 系统常见漏洞

1. Windows XP 系统常见漏洞

Windows XP 系统常见的漏洞有 UPnP 服务漏洞、升级程序漏洞、帮助和支持中心漏洞、压缩文件夹漏洞、服务拒绝漏洞、Windows Media Player 漏洞、RDP 漏洞、VM 漏洞、热键漏洞、账号快速切换漏洞等。

（1）UPnP 服务漏洞

漏洞描述：允许攻击者执行任意指令。

Windows XP 默认启动的 UPnP 服务存在严重的安全漏洞。UPnP（Universal Plug and Play）体系面向无线设备、PC 和智能应用，提供普遍的对等网络连接，在家用信息设备、办公用网络设备间提供 TCP/IP 连接和 Web 访问功能，该服务可用于检测和集成 UPnP 硬件。

UPnP 协议存在安全漏洞，使攻击者可非法获取任何 Windows XP 的系统级访问，进行攻击，还可通过控制多台 XP 机器发起分布式的攻击。

防御策略：禁用 UPnP 服务后下载并安装对应的补丁程序。

（2）升级程序漏洞

漏洞描述：如将 Windows XP 升级至 Windows XP Pro，IE 会重新安装，以前打的补丁程序将被全部清除。

Windows XP 的升级程序不仅会删除 IE 的补丁文件，还会导致微软的升级服务器无法正确识别 IE 是否存在缺陷，即 Windows XP Pro 系统存在两个潜在威胁。

① 某些网页或 HTML 邮件的脚本可自动调用 Windows 的程序。

② 可通过 IE 漏洞窥视用户的计算机文件。

防御策略：如果 IE 浏览器未下载升级补丁，可至微软网站下载最新补丁程序。

（3）帮助和支持中心漏洞

漏洞描述：删除用户系统的文件。

帮助和支持中心提供集成工具，用户可获取针对各种主题的帮助和支持。在 Windows XP 帮助和支持中心存在漏洞，可使攻击者跳过特殊网页（在打开该网页时调用错误的函数，并将存在的文件或文件夹名字作为参数传送）使上传文件或文件夹的操作失败，随后该网页可在网站上公布，以攻击访问该网站的用户或被作为邮件传播来攻击。该漏洞除使攻击者可删除文件外不会赋予其他权利，攻击者既无法获取系统管理员的权限，也无法读取或修改文件。

防御策略：安装 Windows XP 的 Service Pack 3。

（4）压缩文件夹漏洞

漏洞描述：Windows XP 压缩文件夹可按攻击者的选择运行代码。

在安装有“Plus”包的 Windows XP 系统中，压缩文件夹功能允许将 ZIP 文件作为普通文件夹处理。压缩文件夹功能存在两个漏洞，如下所述。

① 在解压缩 ZIP 文件时会有未经检查的缓冲存在于程序中以存放被解压文件，因此很可能导致浏览器崩溃或攻击者的代码被运行。

② 解压缩功能在非用户指定目录中放置文件，可使攻击者在用户系统的已知位置中放置文件。

防御策略：不接收不信任的邮件附件，也不下载不信任的文件。

（5）服务拒绝漏洞

漏洞描述：服务拒绝。

Windows XP 支持点对点的协议（PPTP）作为远程访问服务实现的虚拟专用网技术。由于在其控制用于建立、维护和拆开 PPTP 连接的代码段中存在未经检查的缓存，导致 Windows XP 的实现中存在漏洞。通过向一台存在该漏洞的服务器发送不正确的 PPTP 控制数据，攻击者可损坏核心内存并导致系统失效，中断所有系统中正在运行的进程。该漏洞可攻击任何一台提供 PPTP 服务的服务器，对于 PPTP 客户端的工作站，攻击者只需激活 PPTP 会话即可进行攻击。对任何遭到攻击的系统，可通过重启来恢复正常操作。

防御策略：关闭 PPTP 服务。

（6）Windows Media Player 漏洞

漏洞描述：可能导致用户信息的泄露；脚本调用；缓存路径泄露。

Windows Media Player 漏洞主要产生两个问题：一是信息泄露漏洞，它给攻击者提供了一种可在用户系统上运行代码的方法，微软对其定义的严重级别为“严重”；二是脚本执行漏洞，当用户选择播放一个特殊的媒体文件，接着又浏览一个特殊建造的网页后，攻击者就可利用该漏洞运行脚本。由于该漏洞有特别的时序要求，因此利用该漏洞进行攻击相对就比较困难，它的严重级别也就比较低。

防御策略：将要播放的文件先下载到本地再播放，即可不受利用此漏洞进行的攻击。

（7）RDP 漏洞

漏洞描述：信息泄露并拒绝服务。

Windows 操作系统通过 RDP（Remote Data Protocol）为客户端提供远程终端会话。RDP 协议将终端会话的相关硬件信息传送至远程客户端，其漏洞如下所述。

1）与某些 RDP 版本的会话加密实现有关的漏洞。

所有 RDP 实现均允许对 RDP 会话中的数据进行加密，在 Windows 2000 和 Windows XP 版本中，纯文本会话数据的校验在发送前并未经过加密，窃听并记录 RDP 会话的攻击者，可对该校验密码分析攻击并覆盖该会话传输。

2）与 Windows XP 中的 RDP 实现对某些不正确的数据包处理方法有关的漏洞。

当接收这些数据包时，远程桌面服务将会失效，同时也会导致操作系统失效。攻击者向一个已受影响的系统发送这类数据包时，并不需经过系统验证。

防御策略：Windows XP 默认并未启动它的远程桌面服务。即使远程桌面服务启动，只需在防火墙中屏蔽 3389 端口，即可避免该攻击。

（8）VM 漏洞

漏洞描述：可能造成信息泄露，并执行攻击者的代码。

攻击者可通过向 JDBC 类传送无效的参数使宿主应用程序崩溃，攻击者需在网站上拥有恶意的 Java Applet 并引诱用户访问该站点。恶意用户可在用户机器上安装任意 DLL，并执行任意的本机代码，潜在地破坏或读取内存数据。

防御策略：经常进行相关软件的安全更新。

（9）热键漏洞

漏洞描述：设置热键后，由于 Windows XP 的自注销功能，可使系统“假注销”，其他用户即可通过热键调用程序。

热键功能是系统提供的服务，当用户离开计算机后，该计算机即处于未保护情况下，此时 Windows XP 会自动实施“自注销”，虽然无法进入桌面，但由于热键服务还未停止，仍可使用热键启动应用程序。

防御策略：

① 由于该漏洞被利用的前提为热键可用，因此需检查可能会带来危害的程序和服务的热键；

② 启动屏幕保护程序，并设置密码；

③ 在离开计算机时锁定计算机。

（10）账号快速切换漏洞

漏洞描述：Windows XP 快速账号切换功能存在问题，可造成账号锁定，使所有非管理员账号均无法登录。

Windows XP 系统设计了账号快速切换功能，使用户可快速地在不同的账号间切换，但其设计存在问题，可被用于造成账号锁定，使所有非管理员账号均无法登录。配合账号锁定功能，用户可利用账号快速切换功能，快速重试登录另一个用户名，系统则会判别为暴力破解，从而导致非管理员账号锁定。

2. Windows 7 系统常见漏洞

与 Windows XP 相比，Windows 7 系统中的漏洞就少了很多，Windows 7 系统中常见的漏洞有快捷方式漏洞与 SMB 协议漏洞。

（1）快捷方式漏洞

漏洞描述：快捷方式漏洞是 Windows Shell 框架中存在的一个危急安全漏洞，在 Shell32.dll 的解析过程中，会通过“快捷方式”的文件格式去逐个解析——首先找到快捷方式所指向的文件路径，其次找到快捷方式依赖的图标资源。这样，Windows 桌面和“开始”菜单上就可以看到各种漂亮的图标，用户单击这些快捷方式时，就会执行相应的应用程序。

微软 Lnk 漏洞就是利用了系统解析的机制，攻击者恶意构造一个特殊的 Lnk（快捷方式）文件，精心构造一串程序代码来骗过操作系统。当 Shell32.dll 解析到这串编码时，会认为这个“快捷方式”依赖一个系统控件（dll 文件），于是将这个“系统控件”加载到内存中执行。如果这个“系统控件”是病毒，那么 Windows 在解析这个 Lnk（快捷方式）文件时，就把病毒激活了。该病毒很可能通过 USB 存储器进行传播。

防御策略：禁用 USB 存储器的自动运行功能，并且手动检查 USB 存储器的根文件夹。

（2）SMB 协议漏洞

SMB 协议主要是作为 Microsoft 网络的通信协议，用于在计算机间共享文件、打印机、串口等。当用户执行 SMB 协议时系统将会受到网络攻击，从而导致系统崩溃或重启。因此，只要故意发送一个错误的网络协议请求，Windows 7 系统就会出现页面错误，从而导致蓝屏或死机。

防御策略：关闭 SMB 服务。

10.2 Windows 服务器系统

Windows 服务器系统包括一个全面、集成的基础结构，旨在满足开发人员和信息技术（IT）专业人员的要求。此系统设计用于运行特定的程序和解决方案，借助这些程序和解决方案，信息工作人员可以快速便捷地获取、分析和共享信息。入侵者对 Windows 服务器系统的攻击主要是针对 IIS 服务器和组网协议的攻击。

10.2.1 曝光入侵 Windows 服务器的流程

一般情况下，黑客往往喜欢通过如下图所示中的流程对 Windows 服务器进行攻击，从而提高入侵服务器的效率。

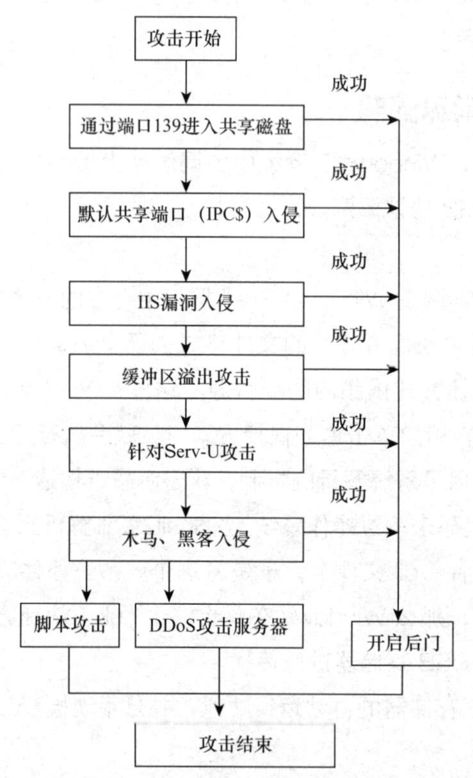

- 通过端口 139 进入共享磁盘。139 端口是为 NetBIOS Session Service 提供的，主要用于提供 Windows 文件和打印机共享。开启 139 端口虽然可以提供共享服务，但常常被攻击者所利用进行攻击；如使用流光、SuperScan 等端口扫描工具可以扫描目标计算机的 139 端口，如果发现有漏洞可以试图获取用户名和密码，这是非常危险的。

- 默认共享漏洞（IPC$）入侵。IPC$ 是 Windows 系统特有的一项管理功能，是微软公司为方便用户使用计算机而设计的，主要用来远程管理计算机。但事实上，使用这个功能最多的人不是网络管理员而是“入侵者”，他们通过建立 IPC$ 连接与远程主机实现通信和控制。通过 IPC$ 连接的建立，入侵者能够做到建立、复制、删除远程计算机文件，也可以在远程计算机上执行命令。

- IIS 漏洞入侵。IIS（Internet Information Server）服务为 Web 服务器提供了强大的 Internet 和 Intranet 服务功能。主要通过端口 80 来完成操作，因为作为 Web 服务器，80 端口总要打开，具有很大的威胁性。长期以来，攻击 IIS 服务是黑客惯用的手段，这种情况多是由企业管理者或网络管理员对安全问题关注不够造成的。

- 缓冲区溢出攻击。缓冲区溢出是病毒编写者和特洛伊木马编写者偏爱使用的一种攻击方法。攻击者或病毒善于在系统当中发现容易产生缓冲区溢出之处，运行特别程序获得优先级，指示计算机破坏文件、改变数据、泄露敏感信息、产生后门访问点、感染或攻击其他计算机等。缓冲区溢出是目前导致“黑客”型病毒横行的主要原因。
- Serv-U 攻击。Serv-U FTP Server 是一款在 Windows 平台下使用非常广泛的 FTP 服务器软件，目前在全世界广为使用，但前不久它一个又一个的漏洞被发现，许多服务器因此而惨遭黑客入侵。在得到目标计算机的信息之后，入侵者就可以使用木马或黑客工具进行攻击了，但这种攻击必须绕过防火墙才可以成功。
- 脚本攻击。脚本（Script）是使用一种特定的描述性语言，依据一定格式编写的可执行文件，又称作宏或批处理文件。脚本通常可以由应用程序临时调用并执行。正是因为脚本的这些特点，往往被一些别有用心的人所利用。在脚本中加入一些破坏计算机系统的命令，当用户浏览网页时，一旦调用这类脚本，便会使用户的系统受到攻击，从而造成严重损失。
- DDoS（Distributed Denial of Service，分布式拒绝服务）攻击。凡是能导致合法用户不能访问正常网络服务的行为都是拒绝服务攻击。也就是说，拒绝服务攻击的目的非常明确，就是要阻止合法用户对正常网络资源的访问，从而达成攻击者不可告人的目的。
- 后门程序。一般是指那些绕过安全性控制而获取对程序或系统访问权的程序方法。在软件的开发阶段，程序员常常会在软件内创建后门程序以便可以修改程序设计中的缺陷。但如果这些后门被其他人知道或在发布软件之前没有删除后门程序，它就成了安全风险，容易被黑客当成漏洞进行攻击。

10.2.2 NetBIOS 漏洞

NetBIOS（Network Basic Input Output System，网络基本输入输出系统）是一种应用程序接口（API），系统可以利用 WINS 服务、广播及 Lmhost 文件等多种模式，将 NetBIOS 名解析为相应 IP 地址，实现信息通信。因此，在局域网内部使用 NetBIOS 协议可以方便地实现消息通信及资源的共享。因为它占用系统资源少、传输效率高，尤为适于由 20~200 台计算机组成的小型局域网。所以微软的客户机 / 服务器网络系统都是基于 NetBIOS 的。

当安装 TCP/IP 协议时，NetBIOS 也被 Windows 作为默认设置载入，此时计算机也具有了 NetBIOS 本身的开放性，139 端口被打开。某些别有用心的人就利用这个功能来攻击服务器，使管理员不能放心使用文件和打印机共享。

使用 NetBrute Scanner 可以扫描到目标计算机上的共享资源，它主要包括如下 3 部分。

1）NetBrute：可用于扫描单台机器或多个 IP 地址的 Windows 文件 / 打印共享资源。虽然这已经是众所周知的漏洞，但作为一款继续更新中的经典工具，对于网络新手及初级网络管理员仍是增强内网安全性的得力助手。

2）PortScan：用于扫描目标机器的可用网络服务。帮助用户确定哪些 TCP 端口应该通过防火墙设置屏蔽掉，或哪些服务并不需要，应该关闭。

3）WebBrute：可以用来扫描网页目录，检查 HTTP 身份认证的安全性、测试用户密码。这对于新网站在起步阶段，不至于因为初级错误导致网站被轻易入侵，仍然非常有用。

下面以使用 NetBrute Scanner 软件为例来介绍扫描计算机中共享资源的具体操作步骤。

步骤 1 运行 NetBrute Scanner

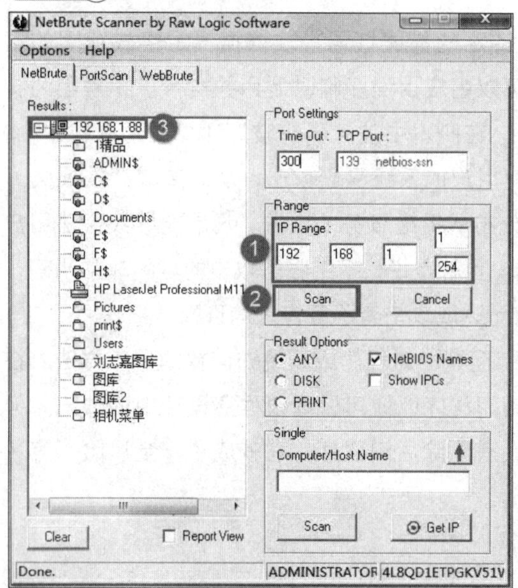

❶ 设置扫描的 IP 地址范围。

❷ 单击“Scan”按钮。

❸ 双击扫描到的计算机 IP 地址。

步骤 2 选择要打开的文件

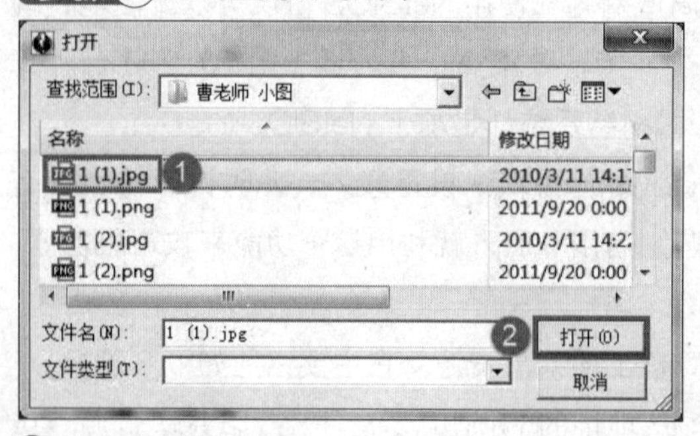

❶ 选中要打开的文件。

❷ 单击“打开”按钮。

双击扫描到的共享文件夹，如果没有密码便可直接打开。当然，也可以在 IE 的地址栏中直接输入扫描到的共享文件夹 IP 地址，如“\\192.168.1.88”（或带 C $、D $ 等查看默认共享）。如果设有共享密码，则会要求输入共享用户名和密码，这时利用破解网络邻居密码的工具软件(如 Pqwak)破解之后，才可以进入相应文件夹。如果发现自己的计算机中有 NetBIOS 漏洞，要想预防入侵者利用该漏洞进行攻击，则需关闭 NetBIOS 漏洞，其关闭的方法有很多种。

（1）解开文件和打印机共享绑定

步骤 1 打开“控制面板”窗口

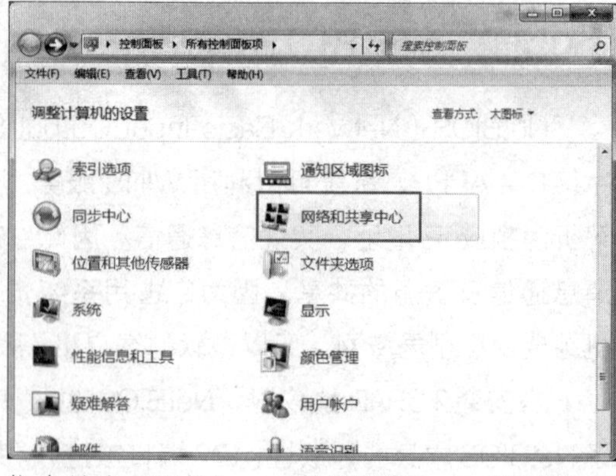

依次单击“开始”→“控制面板”→“网络和共享中心”链接。

步骤 2 打开“网络和共享中心”窗口

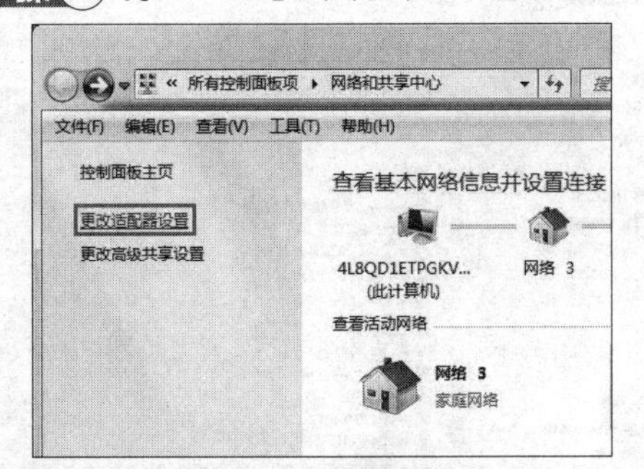

在页面左侧单击“更改适配器设置”链接。

步骤 3 查看网络连接

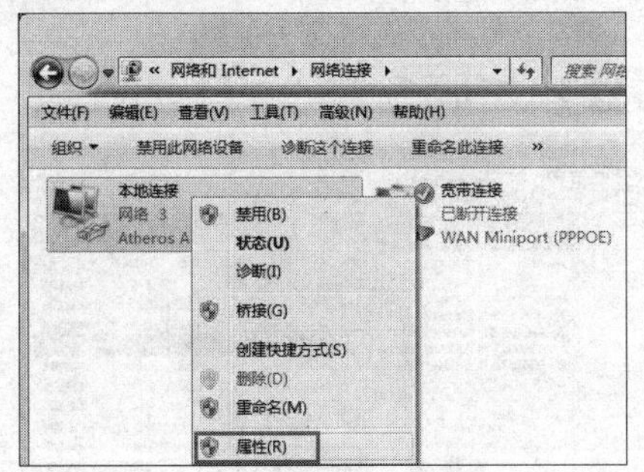

右击“本地连接”，在弹出的快捷菜单中选择“属性”命令。

步骤 4 更改本地连接属性

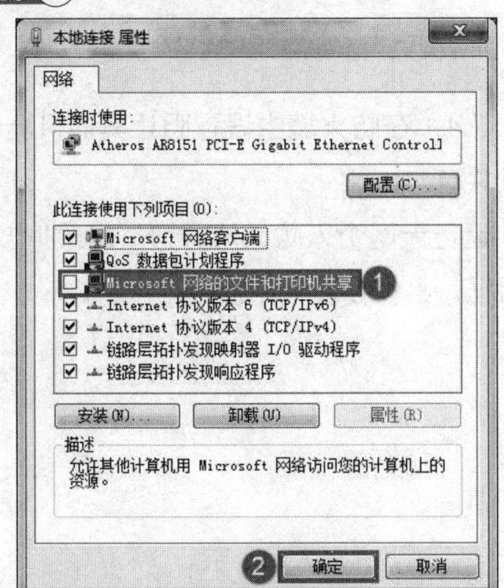

❶ 取消选中“Microsoft 网络的文件和打印机共享”复选框，解开文件和打印机共享绑定。

❷ 单击“确定”按钮。

这样，就可以禁止所有从端口 139 和 445 来的请求，别人也就看不到本机的共享了。

（2）使用 IPSec 安全策略阻止对端口 139 和 445 的访问

步骤 1 打开“控制面板”窗口

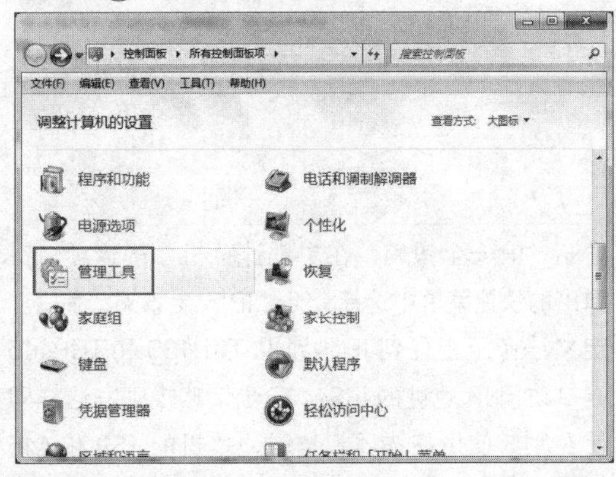

依次单击“开始”→“控制面板”→“管理工具”链接。

步骤 2 查看各种工具

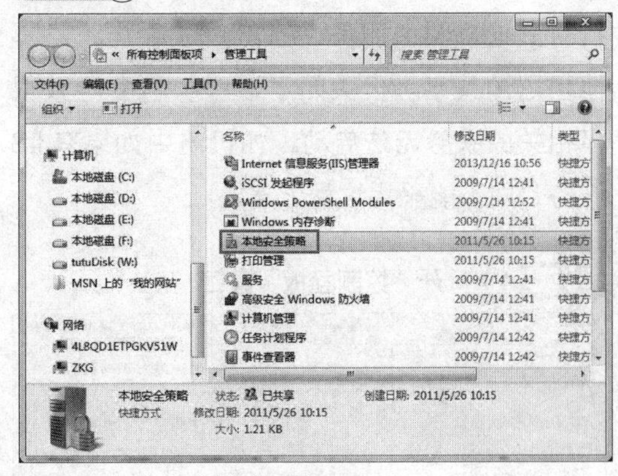

双击“本地安全策略”选项。

步骤 3 创建 IP 安全策略

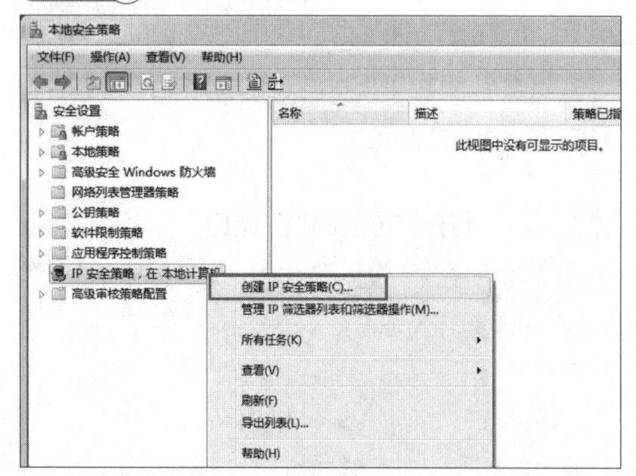

右击“IP 安全策略，在本地计算机”子选项，在弹出的快捷菜单中选择“创建 IP 安全策略”命令。定义一条阻止任何 IP 地址从 TCP139 和 TCP445 端口访问 IP 地址的 IPSec 安全策略规则，这样即使在别人使用扫描器扫描时，本机的 139 和 445 两个端口也不会给予任何回应。

（3）关闭 Server 服务

这样虽然不会关闭端口，但可以中止本机对其他机器的服务，当然也就中止了对其他机器的共享。但关闭了该服务将会导致很多相关的服务无法启动，如机器中如果有 IIS 服务，则不能采用这种方法。

步骤 1 打开“控制面板”窗口

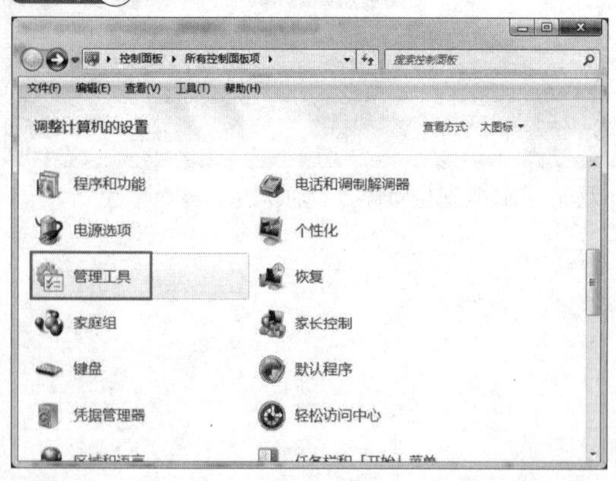

依次单击“开始”→“控制面板”→“管理工具”链接。

步骤 2 查看各种工具

双击“服务”选项。

步骤 3 关闭服务

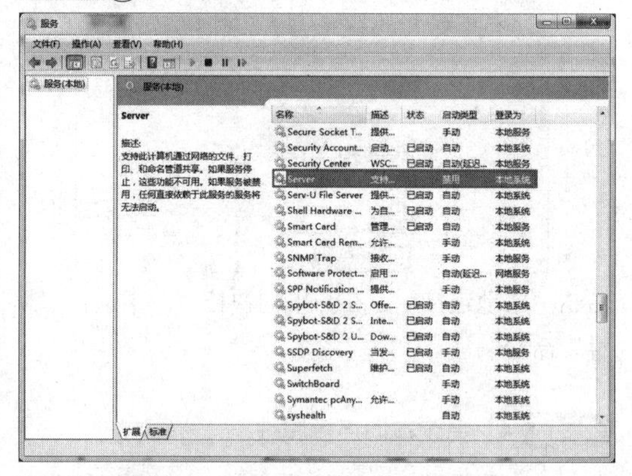

在页面右侧关闭 Server 服务。

（4）在防火墙中设置阻止其他机器使用本机共享

运行天网个人防火墙，打开“修改 IP 规则”对话框，具体步骤如下。

步骤 1 修改 IP 规则

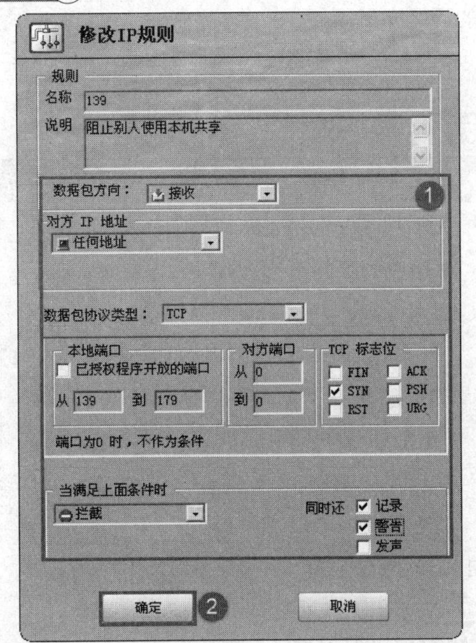

❶ 选择一条空规则之后，设置数据包方向为“接收”，对方 IP 地址选“任何地址”，协议类型设置为“TCP”，本地端口设置为“139 到 179”，对方端口设置为“0 到 0”，设置 TCP 标志位为“SYN”，动作设置为“拦截”。

❷ 单击“确定”按钮。

步骤 2 应用规则

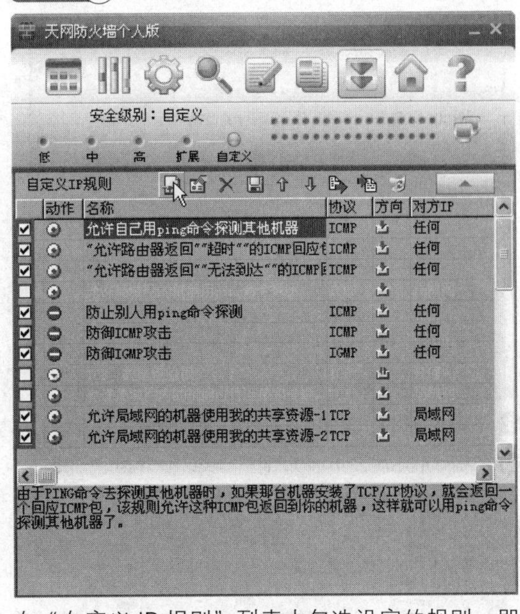

在“自定义 IP 规则”列表中勾选设定的规则，即可启动拦截 139 端口攻击。

10.3 使用 MBSA 检测系统漏洞

Microsoft 基准安全分析器（Microsoft Baseline Security Analyzer，MBSA）工具允许用户扫描一台或多台基于 Windows 的计算机，以发现常见的安全方面的配置错误。MBSA 将扫描基于 Windows 的计算机并检查操作系统和已安装的其他组件（如 IIS 和 SQL Server），以发现安全方面的配置错误，并及时通过推荐的安全更新进行修补。

10.3.1 MBSA 的安装设置

MBSA 可以执行对 Windows 系统的本地和远程扫描，可以扫描错过的安全升级补丁已经在 Microsoft Update 上发布的服务包。使用 MBSA V2.2 对系统漏洞进行安全分析之前，先要对 MBSA 进行安装设置，具体的操作步骤如下。

步骤 1 安装向导

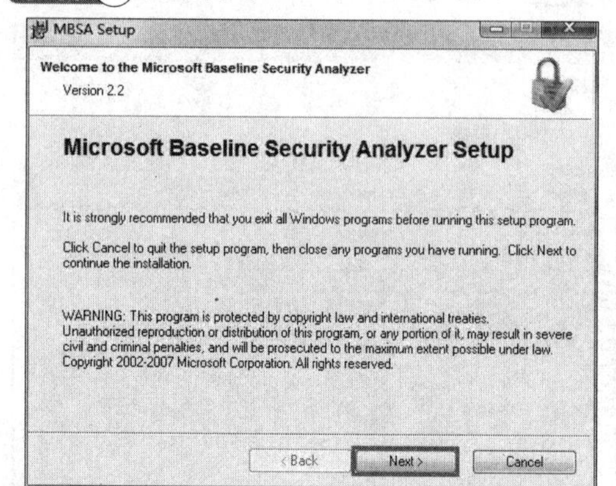

❶ 下载并双击“MBSA V2.2”安装程序图标。

❷ 打开 MBSA Setup 对话框，单击“Next”按钮。

步骤 2 查看安装许可协议

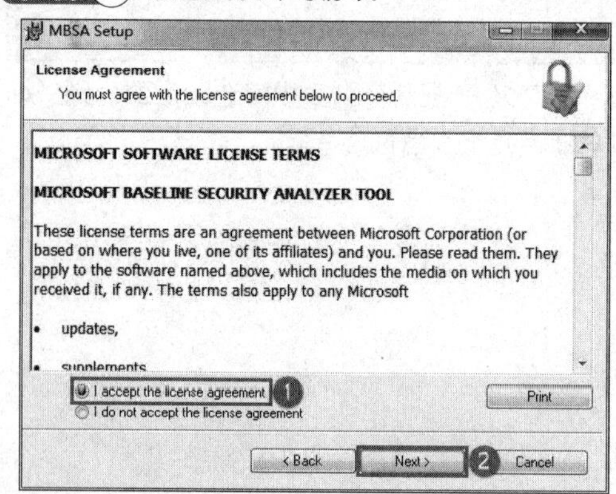

❶ 阅读安装信息并选中该单选按钮。

❷ 单击“Next”按钮。

步骤 3 选择安装位置

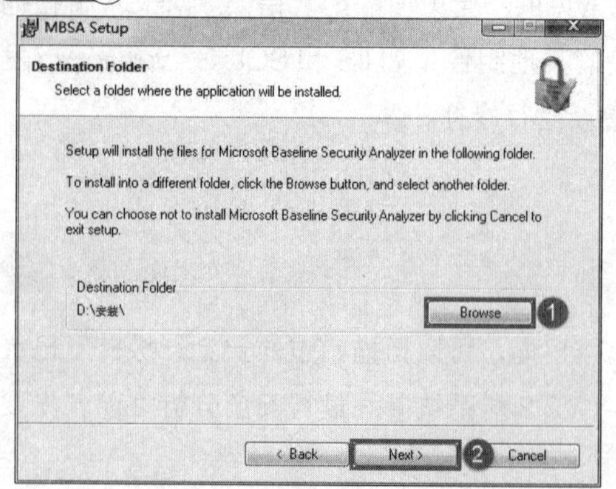

❶ 单击“Browse”按钮，在其中根据需要选择安装的目标位置。

❷ 单击“Next”按钮。

步骤 4 开始安装

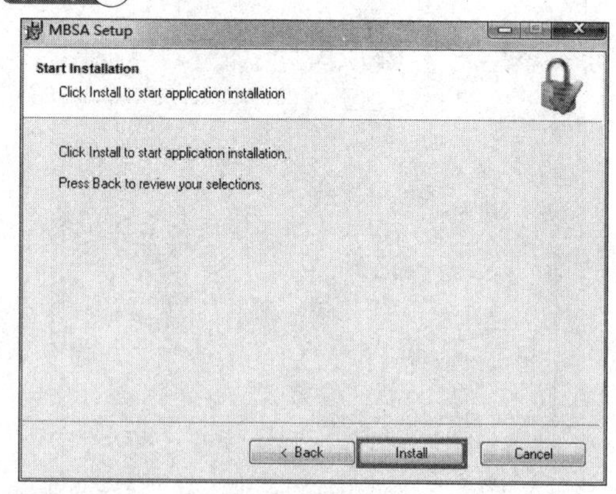

单击“Install”按钮。

步骤 5 正在安装

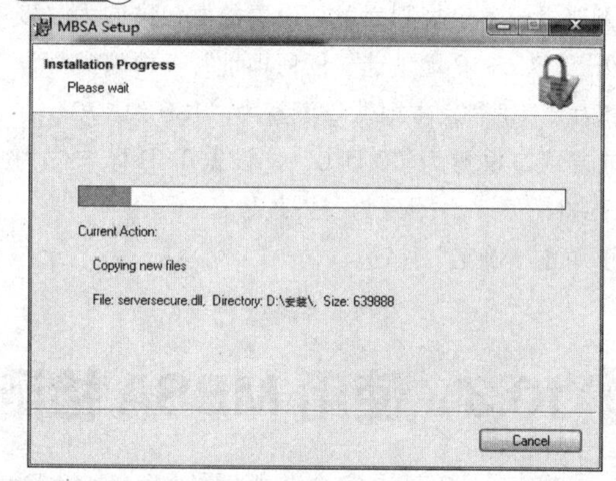

程序开始安装并显示安装的进度条。

步骤 6 MBSA 安装

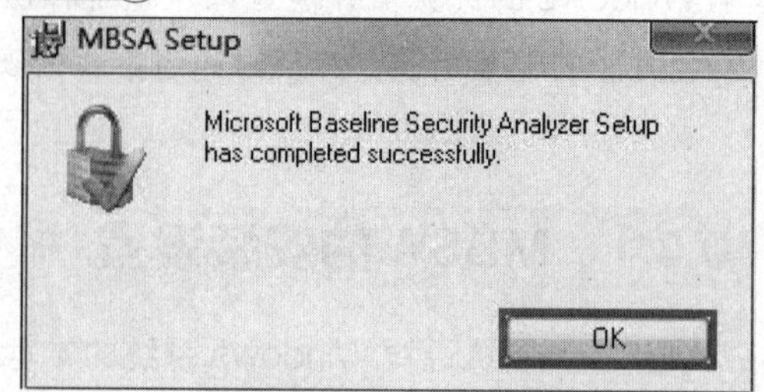

单击“OK”按钮，将完成整个安装过程。

10.3.2 检测单台计算机

单台计算机模式最典型的情况是“自扫描”，也就是扫描本地计算机。

扫描单台计算机的具体操作步骤如下。

步骤 1 运行“MBSA V2.2”

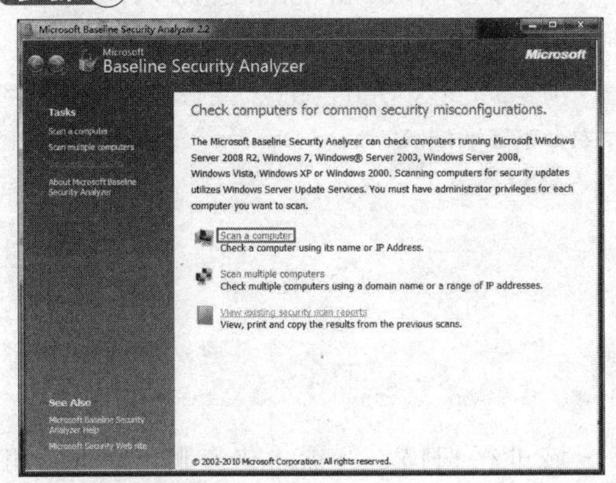

单击“Scan a computer”按钮。

步骤 2 输入检测的计算机 IP 地址

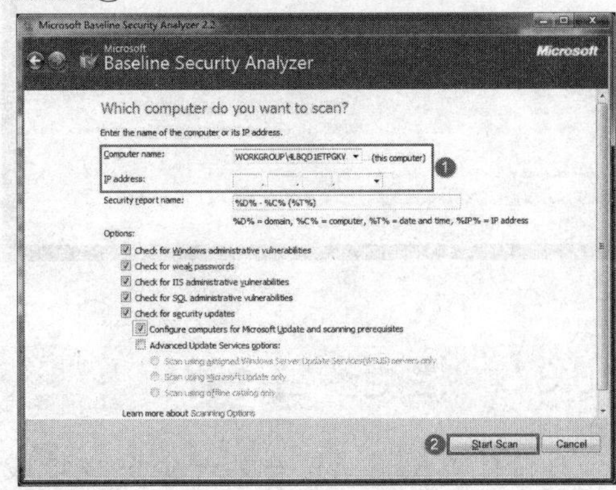

❶ 选择默认的当前计算机名并且输入需要检测的其他计算机 IP 地址。

❷ 单击“Start Scan”按钮。

提示

要想扫描一台计算机，必须具有该计算机的管理员访问权限才行。在“Which computer do you want to scan?”对话框中有许多复选框。其中涉及选择要扫描检测的项目，包括 Windows 系统本身、IIS 和 SQL 等相关选项，也即 MBSA 的 3 大主要功能。根据所检测的计算机系统中所安装的程序系统和实际需求来确定。如果要形成检测结果报告文件，则在“Security report name”栏中输入报告文件名称。

步骤 3 开始检测

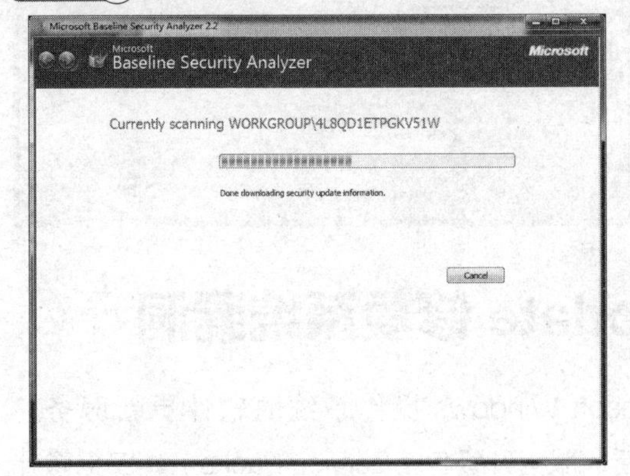

自动开始检测已选择项目并显示检测进度条。

步骤 4 检测完成

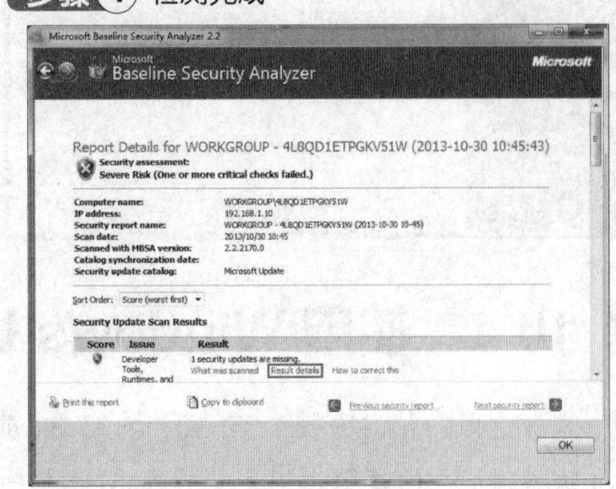

单击“Result”栏下方的“Result details”链接，即可查看扫描后的安全报告内容。

步骤 5 查看安全报告内容

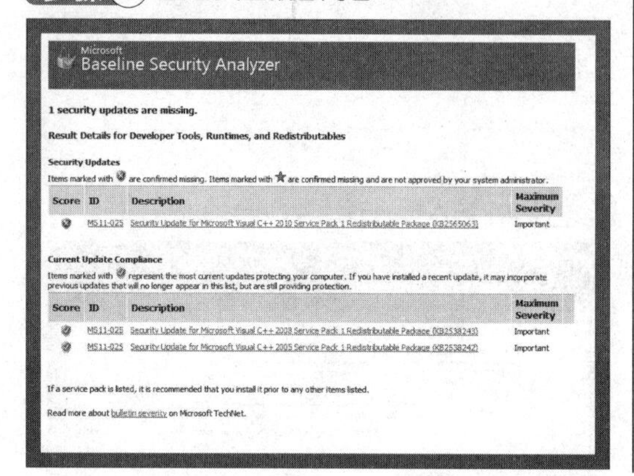

在报告中凡检测到存在严重安全隐患的则以红色“×”显示，中等级别的则以黄色“×”显示。用户还可单击“How to correct this”链接得知如何配置才能纠正这些不正确设置。在检测结果中，第一项（Security Updates）严重隐患是说用户存在安全更新的问题。

10.3.3 检测多台计算机

多台计算机模式是对某一个 IP 地址段或整个域进行扫描。只需单击左侧“Microsoft Baseline Security Analyzer”栏下方的“Scan multiple computers”选项，如左下图所示，即可指定要扫描检测的多台计算机。所扫描的多台计算机范围可通过在“Domain name”文本框中输入这些计算机所在域来确定。这样，则检测相应域中所有计算机，也可通过在“IP address range”栏中输入 IP 地址段中的起始 IP 地址和终止 IP 地址来确定，这样只检测 IP 地址范围内的计算机。单击“Start Scan”按钮，同样可以开始检测，如右下图所示。

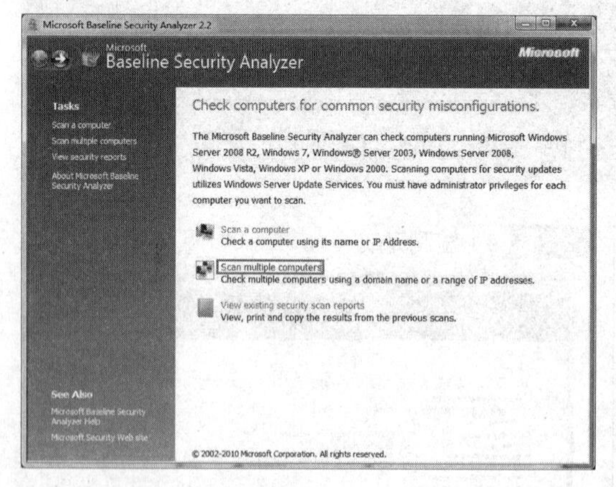

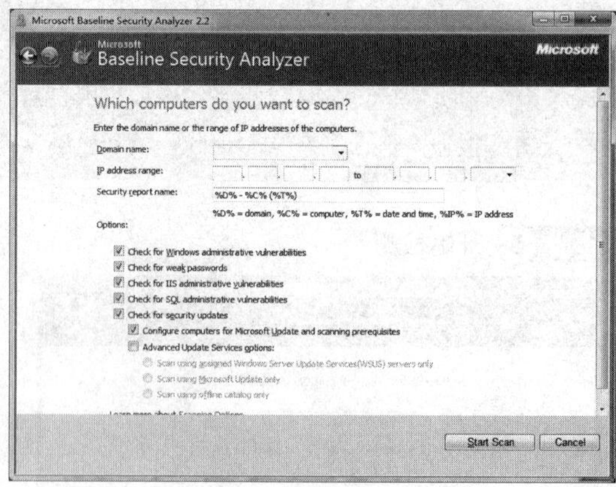

10.4 使用 Windows Update 修复系统漏洞

Windows Update 是一个基于网络的 Microsoft Windows 操作系统的软件更新服务。Windows Update 能够提供下载紧急系统组件更新、服务升级包（Service Packs）、安全修补程序（Security Fixes）、补丁及选定的 Windows 组件免费更新，保证系统更加安全、稳定。

下面介绍使用 Windows Update 修复系统漏洞的具体步骤。

步骤 1 打开“控制面板”窗口

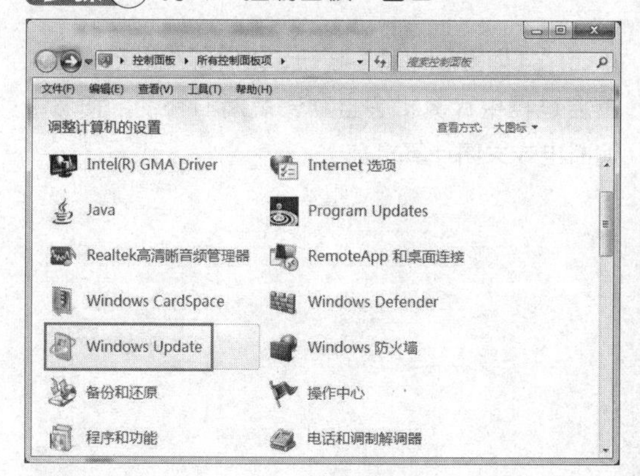

单击“Windows Update”链接。

步骤 2 Windows 更新

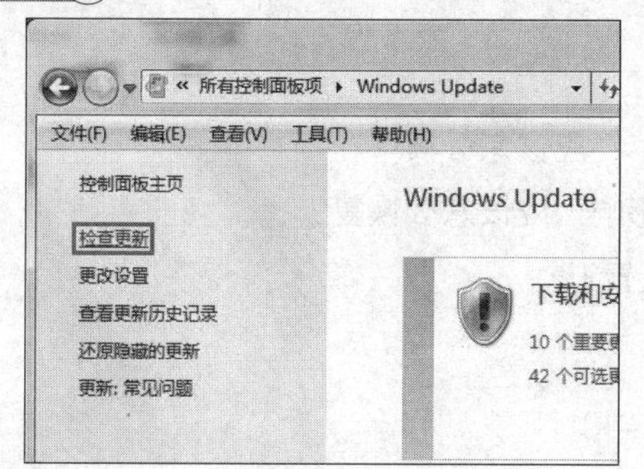

单击页面左侧的“检查更新”链接。

步骤 3 选择重要更新补丁

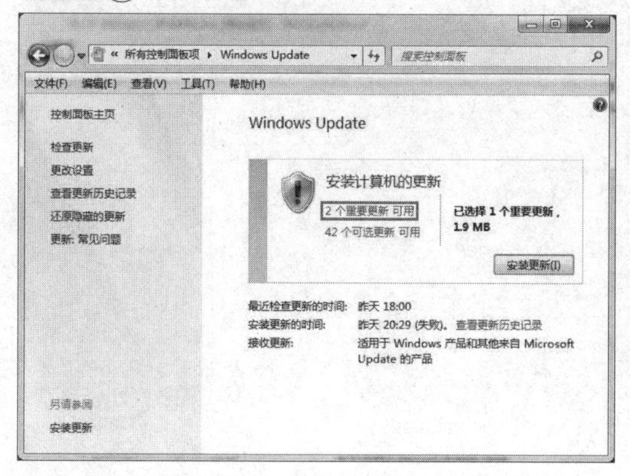

单击“2 个重要更新 可用”链接。

步骤 4 选择要安装的补丁

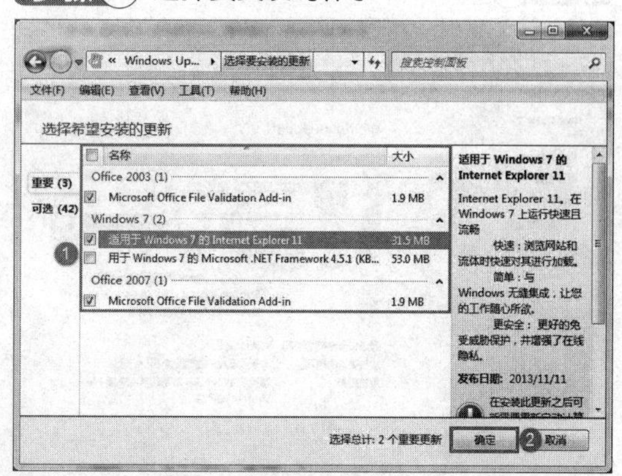

❶ 选择需要安装的更新。

❷ 单击“确定”按钮。

步骤 5 开始安装更新

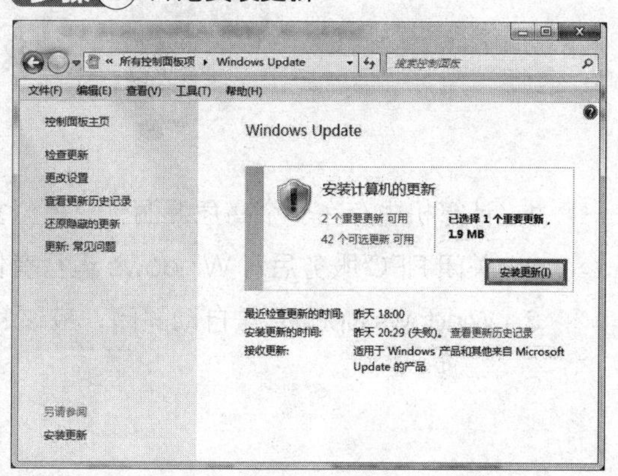

返回上一界面，单击“安装更新”按钮。

步骤 6 正在下载更新

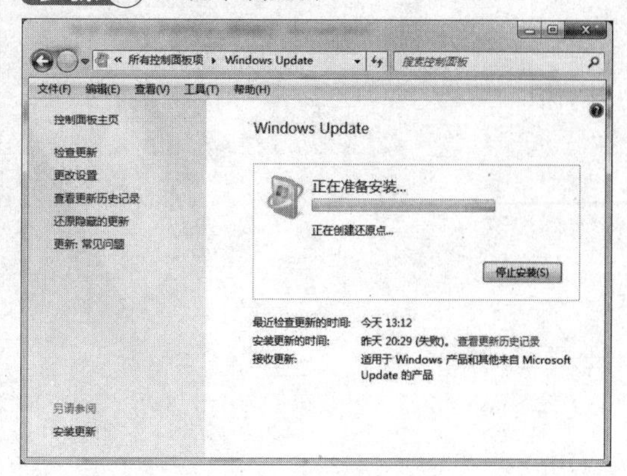

此时界面中出现补丁下载进度条，耐心等待即可。

步骤 7 重启计算机

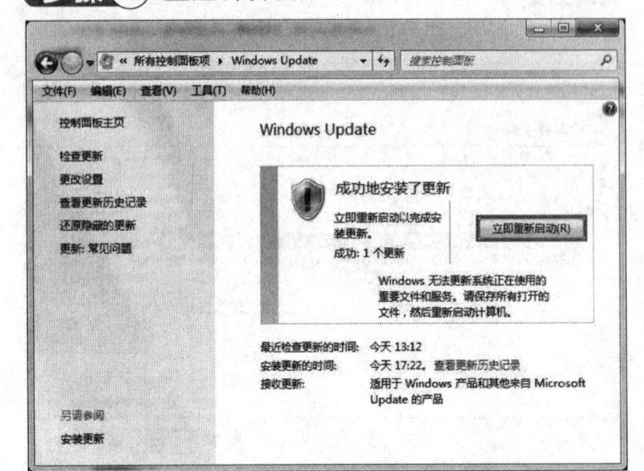

单击“立即重新启动”按钮，对计算机进行重启。重启过程中计算机会自动安装漏洞补丁，切勿中途断电或关闭计算机。

1. 计算机中存在一个高危漏洞，总是修复不了，应该怎么操作?
2. 关闭 RPC 服务后对 Windows 运行有什么影响？应该怎么恢复?
3. Windows Update 总自动关闭，应该怎样设置?

第11章 计算机后门技术

黑客通过木马、病毒或远程控制等手段，破解远程计算机内的一个或多个系统账号，还可能会利用获得的权限新建立一个或多个你不知道的账号，从而逐步控制这个系统，这便是一种计算机后门技术。本章主要介绍计算机后门的有关知识，可以让读者了解到后门的危害，并做出有效的防范措施。

11.1 认识后门

11.1.1 后门的发展历史

任何事物都是不断发展的，后门也不例外，后门的发展主要体现在如下两个方面。

（1）功能上的发展

最原始的后门只有一个 cmdshell 功能，随着黑客对后门的要求不断提高，其功能也逐渐强大起来。winshell 后门增加了很多实用功能，如列举进行、结束进程等。winshell 之后的后门在功能上已经是趋于完善，拥有开启远程终端、克隆用户等功能，甚至有些后门还具有替换桌面的功能。

（2）隐蔽性上的发展

在后门功能发展的同时，黑客还需要考虑其生存能力。如果一个后门生存能力不强，很容易被管理员发现，拥有多强大的功能也没用，所以后门的隐蔽性非常重要。后门程序的隐蔽性主要体现在自启动、连接、进程等方面。

① 自启动的隐蔽性。在自启动方面，最初是利用注册表中的 RUN 项来实现的，但这种启动方法在“系统配置实用程序”中会很容易被发现，而且在没有用户登录的情况下是不会启动的。随后又出现服务启动，在用户没有登录的情况下也可以启动，这样隐蔽性就提高了。现在又相继出现 ActiveX 启动、SVChost.exe 加载启动及感染系统文件启动，还有 API HOOK 技术，可以实现在用户模式下无进程、无启动项、无文件启动。

② 连接上的隐蔽性。在连接上，最初是正向连接后门。后门监听一个端口，远程计算机对其进行连接。只要查看端口和程序的对应关系就可以很容易发现后门，所以这样后门的隐蔽性是非常弱的。在这种情况下，反向连接后门应运而生了，这类后门可以突破一些防火墙。

③ 进程上的隐蔽性。当遇到对进程进行过滤的防火墙时，反向连接后门需要用到远程线程技术。在进程方面应用最多的是远程线程技术，先把后门写成一个 .dll 文件，通过远程线程函数注入其他进程，从而实现无进程。所以通过远程插入线程可突破对进程进行过滤的防火墙。另外，还有其他隐藏方法，如利用原始套接字的嗅探后门等。

11.1.2 后门的分类

后门可以按照很多方式来分类，标准不同自然分类就不同，为了便于理解，这里从技术方面可以将后门分为如下几种。

1. 网页后门

此类后门程序一般都是通过服务器上正常的 Web 服务来构造自己的连接方式，如现在非常流行的 ASP、CGI 脚本后门等。现在国内入侵的主流趋势是先利用某种脚本漏洞上传脚本后门，浏览服务器内安装和程序，找到提升权限的突破口，进而拿到服务器的系统权限。

2. 线程插入后门

这种后门在运行时没有进程，所有网络操作均在其他应用程序的进程中完成。即使客户端安装的防火墙拥有“应用程序访问权限”的功能，也不能对这样的后门进行有效的警告和拦截。

3. 扩展后门

扩展后门就是将非常多的功能集成到了后门里，让后门本身就可以实现多种功能，从而方便直接控制“肉鸡”或服务器。这类后门非常受初学者的喜爱，通常集成了文件上传 / 下载、系统用户检测、HTTP 访问、终端安装、端口开放、启动 / 停止服务等功能。所以其本身就是个小的工具包，功能强大。

4. C/S 后门

传统的木马程序常常使用 C/S 构架，这样的构架很方便控制，也在一定程度上避免了“万能密码”的情况出现。而 C/S 后门采取和传统的木马程序类似的控制方法，即采用“客户端 / 服务端”的控制方式，通过某种特定的访问方式来启动后门，进而控制服务器。

5. root kit

很多人都认为 root kit 是获得系统 root 访问权限的工具，而实际上是黑客用来隐蔽自己的踪迹和保留 root 访问权限的工具。通常，攻击者通过远程攻击获得 root 访问权限，进入系统后，攻击者会在侵入的主机中安装 root kit，然后他将经常通过 root kit 的后门检查系统是否有其他的用户登录，如果只有自己，攻击者就开始着手清理日志中的有关信息。如果存在其他用户，则通过 root kit 的嗅探器获得其他系统的用户和密码后，攻击者就会利用这些信息侵入其他计算机。

11.2 揭秘账号后门技术

账号后门是黑客在第一次入侵成功后，在远程主机内部建立的一个备用管理员账号，以便用管理员权限再次进入该系统，而这个账号在一般系统管理员看来，只拥有 User 组的权限。

克隆账号就是把系统中存在的某一个账号，设置为拥有系统管理员权限的账号，克隆出来的账号无法用“账号管理”来查出该账号的真实权限。因此，克隆账号常被入侵者作为“后门账号”。

11.2.1 使用软件克隆账号

Internet 中提供了大量克隆账号的专业小软件，其中以小榕推出的 CA.exe 最为出名。用户启动该软件后，只需使用简单的命令便可完成克隆操作。

CA.exe 是一个远程克隆账号工具，其命令格式为：ca.exe \\IP<账号><密码><克隆账号><密码>，各参数的含义如下。

- <账号>：被克隆的账号（拥有管理员权限）。
- <密码>：被克隆账号的密码。
- <克隆账号>：克隆的账号（该账号在克隆前必须存在）。
- <密码>：设置克隆账号的密码。

步骤 1 将 CA.exe 保存在根目录下方

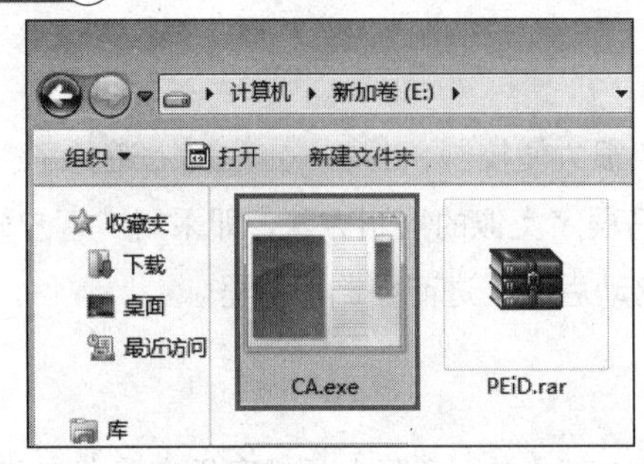

下载 CA.exe 后将其解压到除系统分区外的其他分区根目录下，例如解压到 E 盘。

步骤 2 选择“运行”命令

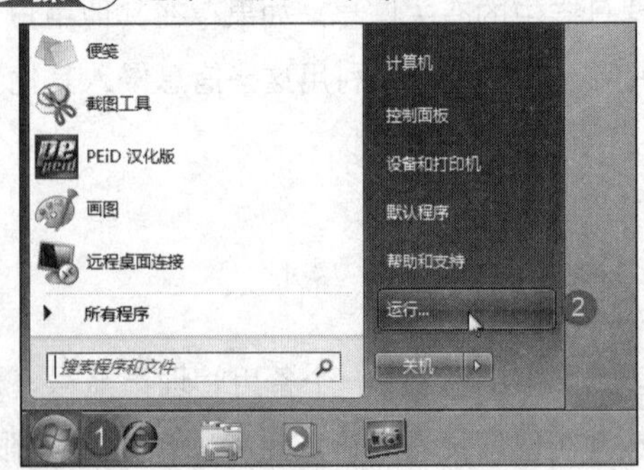

❶ 单击桌面左下角的“开始”按钮。

❷ 在弹出的“开始”菜单中选择“运行”命令。

步骤 3 输入“cmd”命令

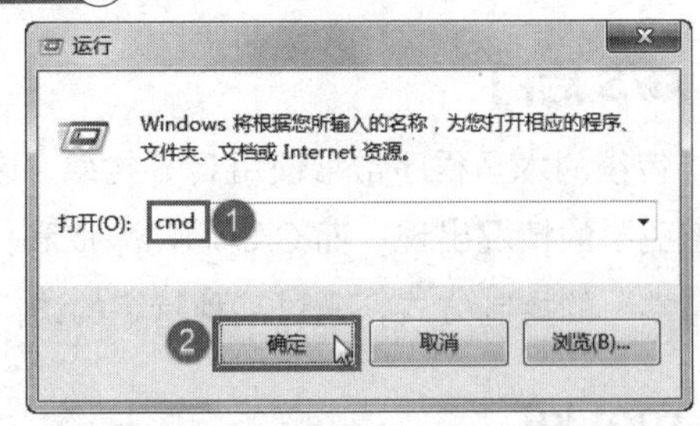

❶ 弹出“运行”对话框，在“打开”文本框中输入“cmd”命令。

❷ 输入完毕后单击“确定”按钮。

步骤 4 查看 CA.exe 的语法功能

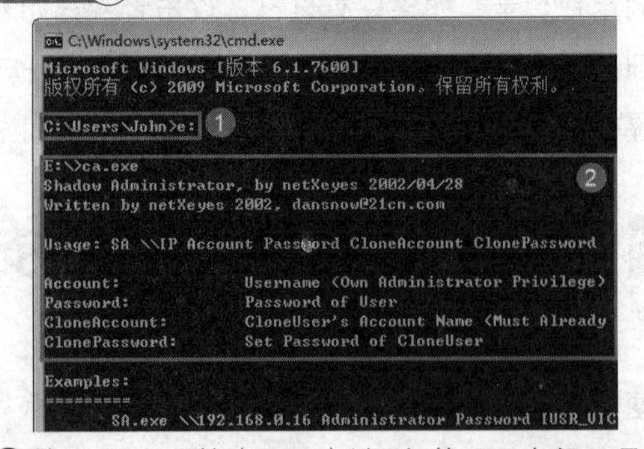

❶ 输入“e:”后按〈Enter〉键，切换至 E 盘根目录。

❷ 输入“ca.exe”后按〈Enter〉键，查看其语法功能。

步骤 5 克隆账号

```
      SA.exe \\192.168.0.16 Administrator Password

      Clone Privillege of Administrator to IUSR_VIC
      And Set IUSR_VICTIM Password to "SetNewPass"

E:\>ca.exe \\192.168.59.128 Administrator 123 Guest
Shadow Administrator, by netXeyes 2002/04/28
Written by netXeyes 2002, dansnow@21cn.com

Connect 192.168.59.128 ....OK
Get SID of Guest ....OK
Prepairing ....OK
Processing ....ERROR
Clean Up ....ERROR

E:\>
```

输入“ca.exe \\192.168.59.128 Administrator 123 Guest”后按〈Enter〉键，即可完成账号的复制。

提示

“ca.exe \\192.168.59.128 Administrator 123 Guest”的含义：在步骤 5 中，“ca.exe \\192.168.59.128 Administrator 123 Guest”命令的含义是指将目标计算机中密码为 123 的 Administrator 账户权限克隆给 Guest 账户，即使得 Guest 拥有与 Administrator 一样的管理员账户权限。

11.2.2 手动克隆账号

在 Windows 系统中，SAM 是用于管理系统用户账户的数据库，它保存系统中所有账户的配置文件路径、账户权限和密码等。而 SID 则是用户账户的唯一身份编号，它用于确定当前账户是否属于管理员账户。

Windows 系统注册表中有两处保存了用户账户的 SID：“SAM\Domains\Account\Users”分支下的子键名和在 F 子键的值。登录 Windows 系统时，读取的信息是所对应 F 子键的值，而查询账户信息时读取的是 Users 分支下的子键名，因此当用 Administrator 子键的 F 子键覆盖其他账号的 F 子键之后，就造成了账号是管理员权限但查询还是原来状态的情况，从而达到克隆账号的目的。

步骤 1 新建记事本

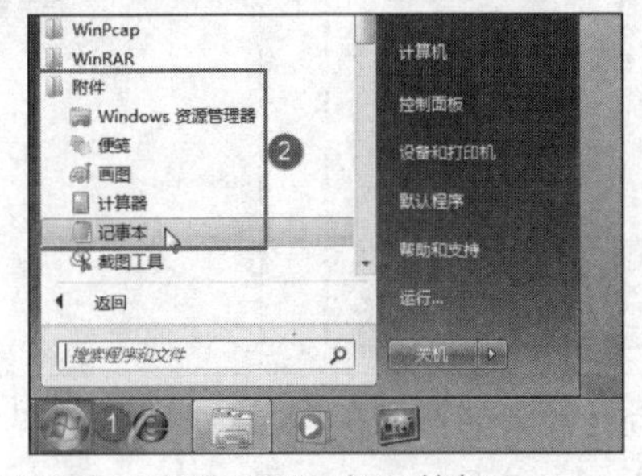

❶ 在桌面左下角单击“开始”按钮。

❷ 在弹出的“开始”菜单中选择“所有程序”→“附件”→“记事本”命令。

步骤 2 输入提升 SYSTEM 权限的代码

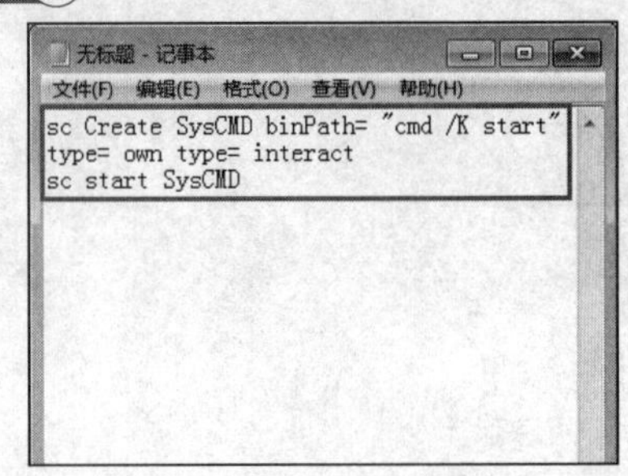

在“记事本”窗口的编辑区中输入如上图所示的代码，用以将当前用户权限提升至 SYSTEM 权限。

步骤 3 保存编辑的代码

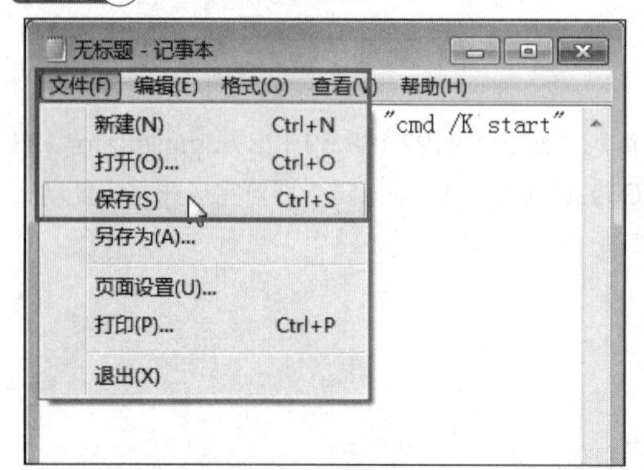

输入完毕后在菜单栏中选择“文件”→“保存”命令。

步骤 4 设置保存位置和文件名

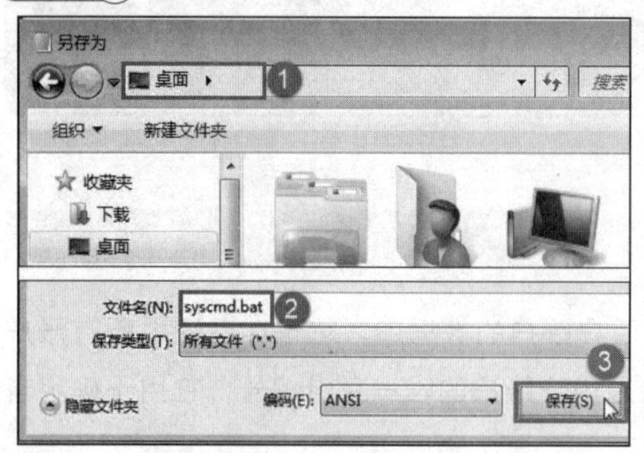

❶ 在地址栏中选择该文本文档的保存位置。

❷ 设置文件名为“syscmd.bat”。

❸ 单击“保存”按钮。

步骤 5 运行批处理文件

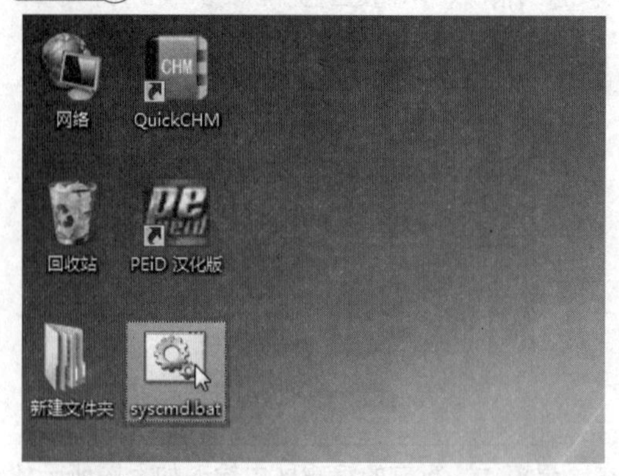

双击刚刚创建的 syscmd.bat 文件快捷图标，运行该批处理文件。

步骤 6 选择查看消息

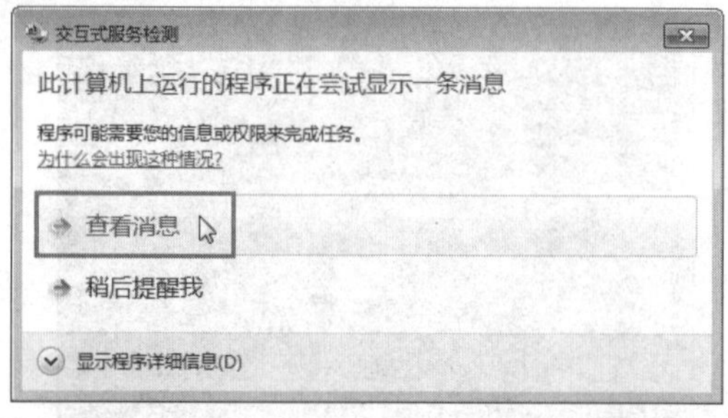

弹出“交互式服务检测”对话框，单击“查看消息”按钮。

步骤 7 输入“regedit”命令

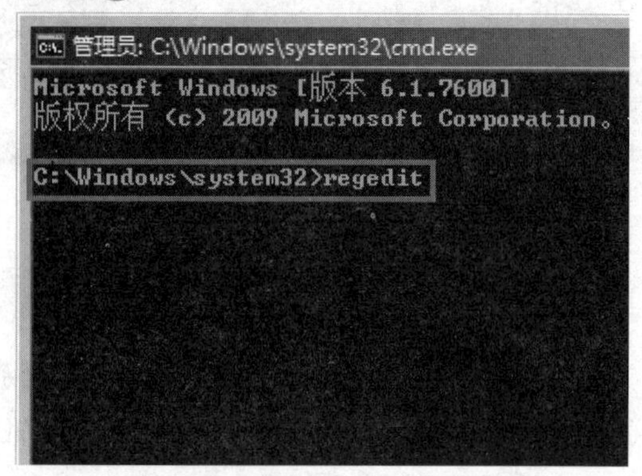

在打开的“命令提示符”窗口中输入“regedit”命令，用以打开注册表编辑器。

步骤 8 双击管理员账户下的 F 子键

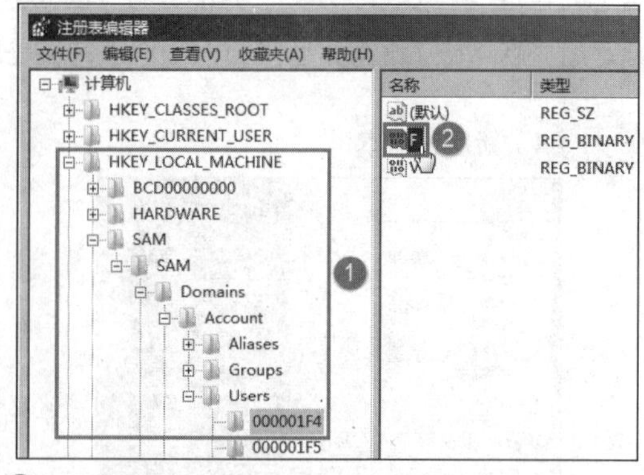

❶ 展开“HKEY\SAM\SAM\Domains\Account\Users\000001F4”分支。

❷ 在窗口右侧双击 F 子键。

提示

更改 SAM 的权限：如果在“HKEY\SAM\SAM\Domains\Account\Users”下无法看见 000001F4 键值，则选中 HKLM 下的 SAM 选项，在菜单栏中选择“编辑”→“权限”命令，如左下图所示，弹出“SAM 的权限”对话框，在列表框中选中 SYSTEM 选项，如右下图所示，单击“确定”按钮即可更改 SAM 的权限为 SYSTEM，可查看 HKEY\SAM\SAM\Domains\Account\Users 下的 000001F4 和 000001F5 键值。

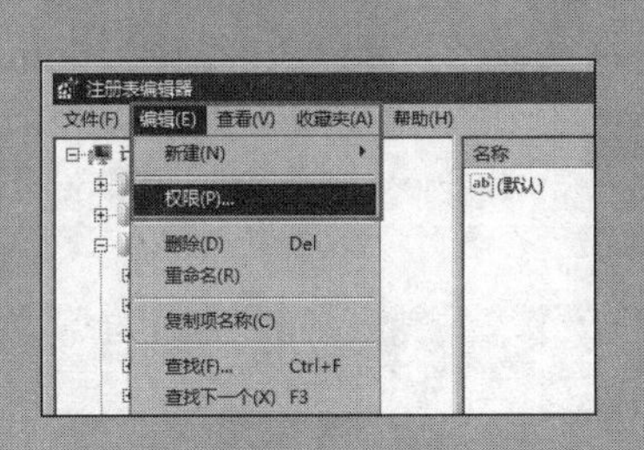

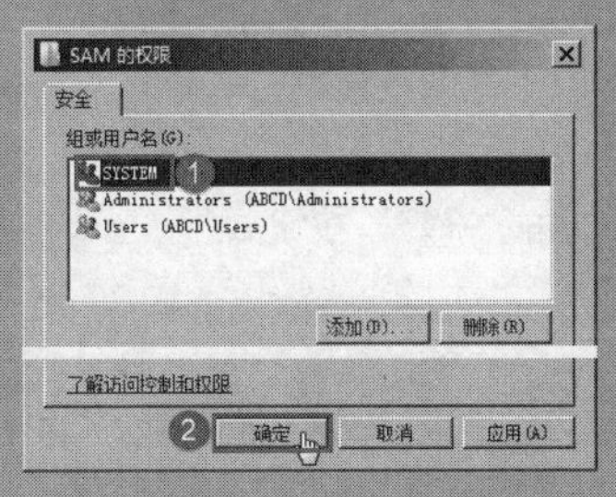

步骤 9 复制 F 键值的数值数据

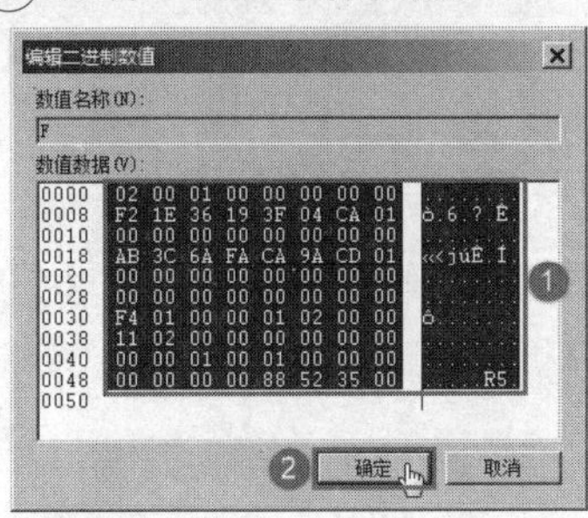

❶ 选中数值数据，按〈Ctrl+C〉组合键。

❷ 单击“确定”按钮。

步骤 10 双击来宾账户下的 F 子键

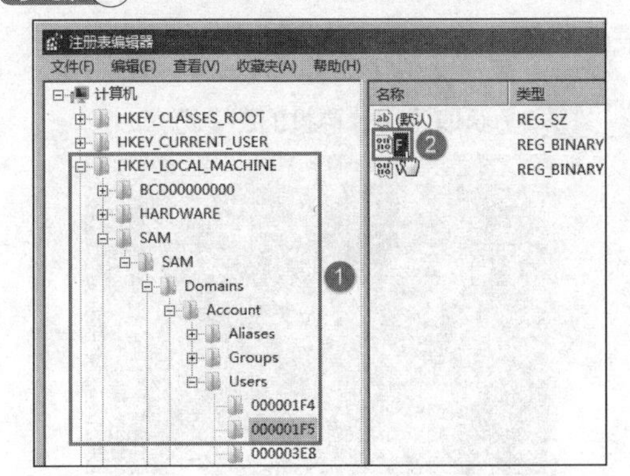

❶ 展开“HKEY\SAM\SAM\Domains\Account\Users\000001F5”分支。

❷ 在窗口右侧双击 F 子键。

步骤 11 粘贴 F 键值的数值数据

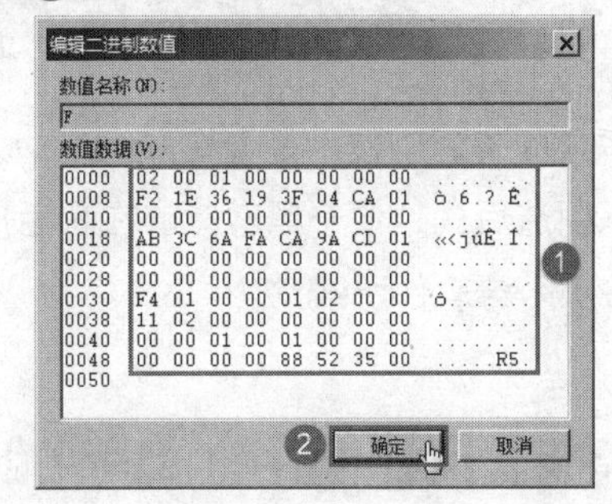

❶ 选中数值数据，按〈Ctrl+V〉组合键。

❷ 单击“确定”按钮。

步骤 12 返回 Windows 桌面

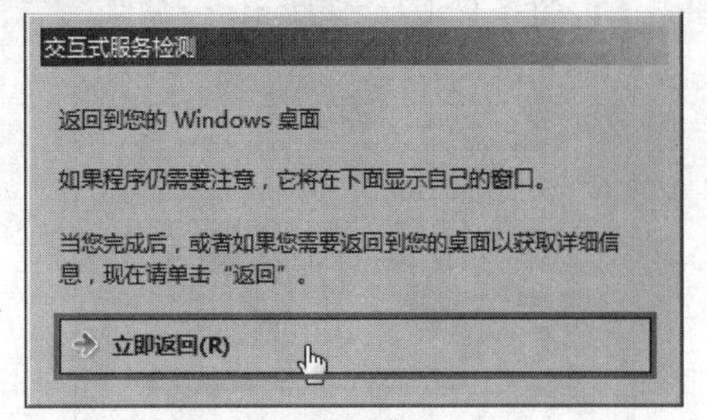

在“交互式服务检测”对话框中单击“立即返回”按钮。

步骤 13 输入“cmd”命令

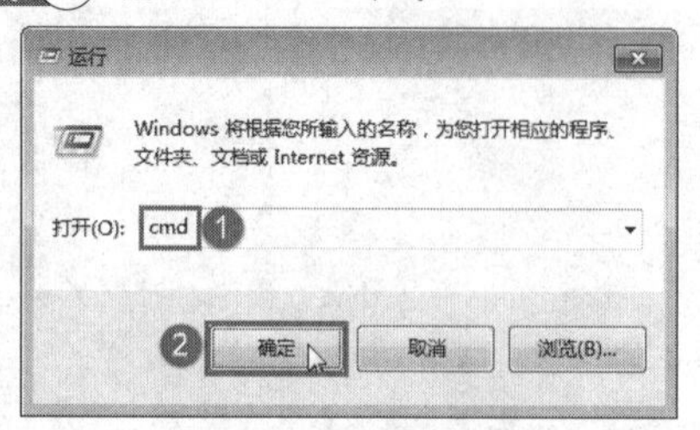

❶ 按〈WIN+R〉组合键，弹出“运行”对话框，输入“cmd”命令。

❷ 输入完毕后单击“确定”按钮。

步骤 14 查看 Guest 账户信息

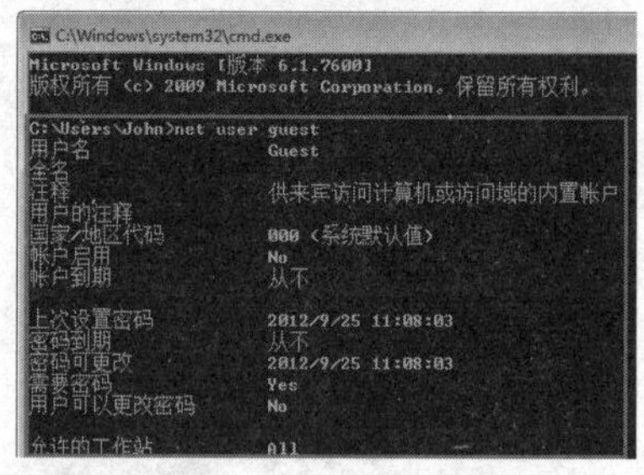

输入“net user guest”命令后按〈Enter〉键，可查看 Guest 账号属性，该账号已被禁用且密码不过期。

提示

利用命令启用 / 禁用 Guest 账户：当黑客成功控制一台目标计算机时，便可利用命令实现 Guest 账户的启用与禁用，当输入“net user guest/active:no”时，则表示禁用 Guest 账户；当输入“net user guest/active:yes”时，则表示启用 Guest 账户。

11.3 系统服务后门技术

系统服务后门技术是指在黑客成功入侵目标计算机后，通过修改 Windows 系统中的服务程序来制造后门，便于黑客能够在日后成功登录目标计算机。通过修改 Windows 系统中的服务不会被杀毒软件所察觉。

11.3.1 揭秘使用 Instsrv 创建系统服务后门

Instsrv 是一款可以自由安装 / 卸载 Windows 系统服务的小工具，它具有自由指定服务名称和服务所执行程序的功能，而实现这些功能只需使用简单的命令即可完成。

步骤 1 准备 PsExec 和 instsrv 软件

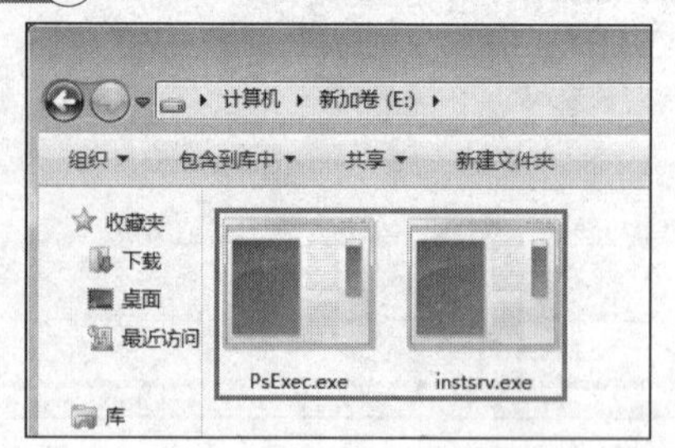

下载 PsExec 和 instsrv 后，将 PsExec.exe 和 instsrv.exe 置于 E 盘根目录下。

步骤 2 获取远程计算机的命令行

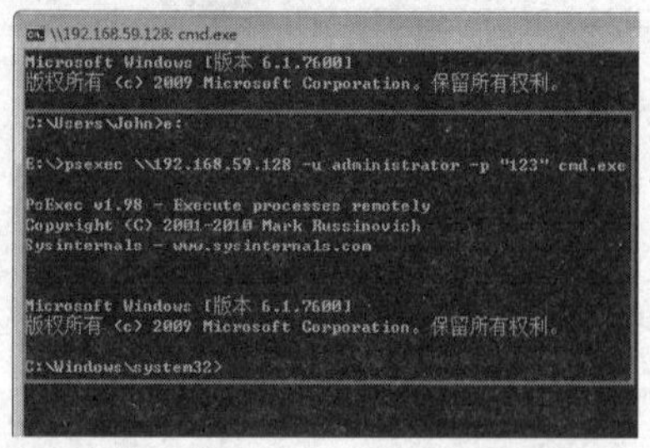

输入“e:”后按〈Enter〉键，接着输入获取远程计算机命令行的命令。

步骤 3 复制 tlntsvr 文件

将本地计算机的 tlntsvr 复制到目标计算机中“C:\Windows\System32”路径下。

步骤 4 添加 Syshell 服务

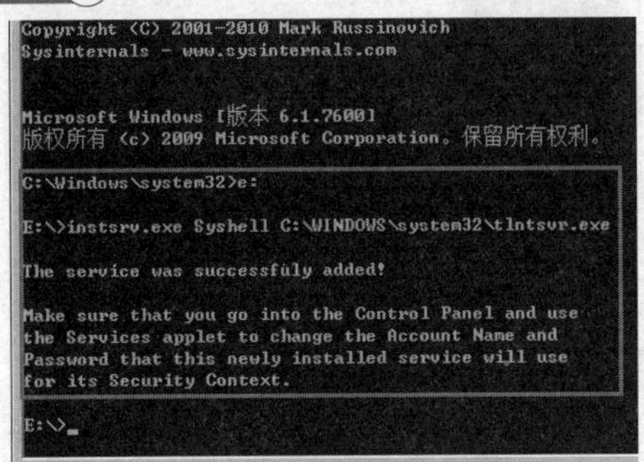

输入“e:”后按〈Enter〉键，接着输入添加 Syshell 服务的命令。

步骤 5 输入“services.msc”命令

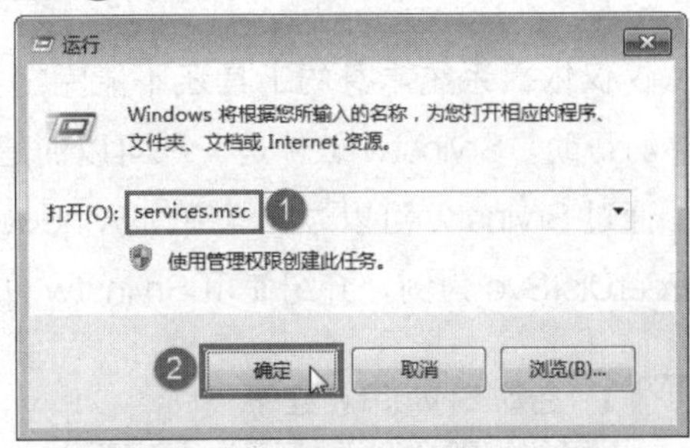

❶ 打开“运行”对话框，输入“services.msc”。

❷ 单击“确定”按钮。

步骤 6 查看添加的服务

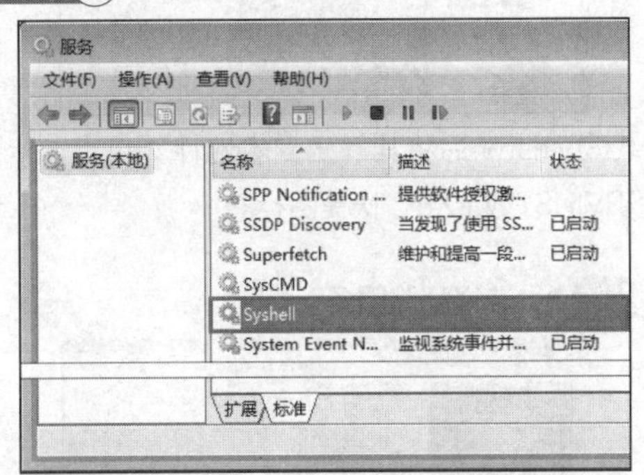

在窗口中可看见 Syshell 服务，黑客可通过该服务远程登录目标计算机。

删除 Windows 系统中的服务：若要删除 Windows 系统中的服务，则可以使用 sc 命令来实现，打开“命令提示符”窗口，输入“sc delete+ 服务名称”即可，例如输入“sc delete Syshell”，如左下图所示，后按〈Enter〉键，便可将 Syshell 服务从 Windows 系统中删除，如右下图所示。

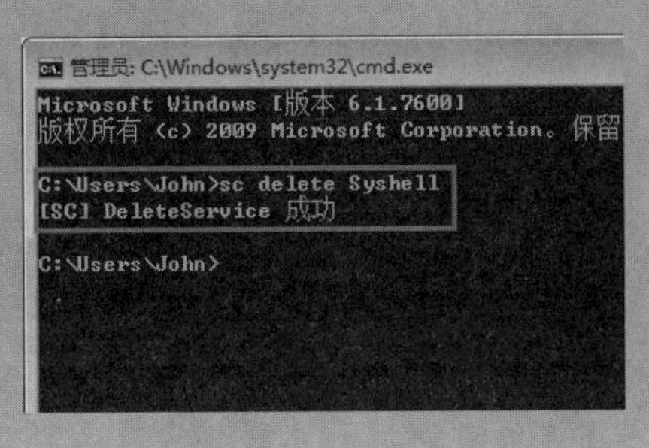

11.3.2 揭秘使用 Srvinstw 创建系统服务后门

仅仅依靠系统本身的工具还不能完全实现系统服务后门的制作，还需要借助于 Srvinstw 软件的帮助，Srvinstw 软件是一款可以创建和添加系统服务的图形化工具。

通过 Srvinstw 可以添加程序为 Windows 系统服务，从而实现系统服务后门的制作。这里以 PeerDistSvc 为例，介绍使用 Srvinstw 创建系统服务后门的操作方法。

步骤 1 启动 Srvinstw 程序

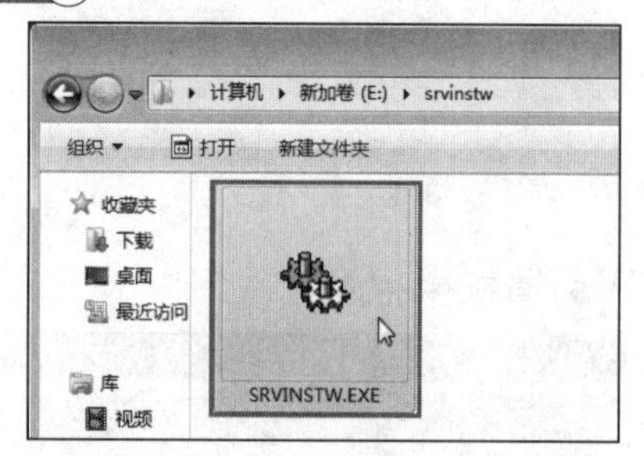

下载 Srvinstw 后将其解压到本地计算机中，双击“SRVINSTW.EXE”快捷图标。

步骤 2 选择移除服务

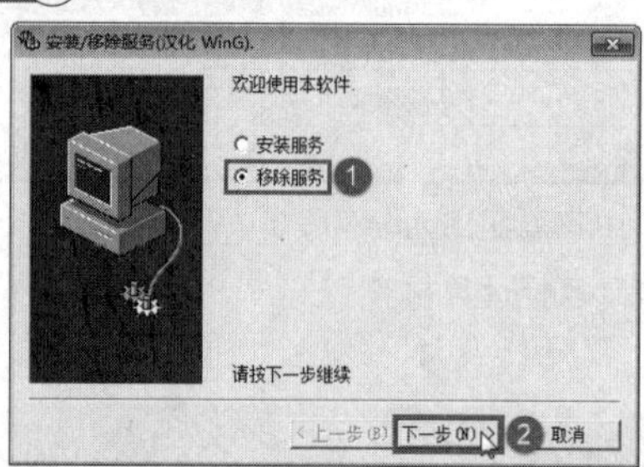

❶ 在弹出的对话框中选择“移除服务”单选按钮。

❷ 单击“下一步”按钮。

步骤 3 选择本地计算机

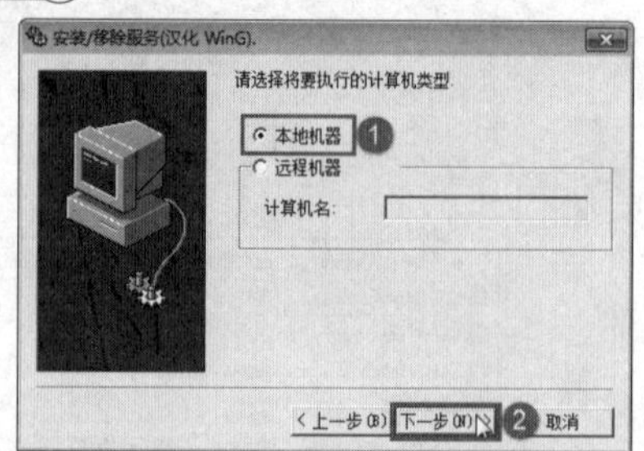

❶ 切换至新的界面，选择“本地机器”单选按钮。

❷ 单击“下一步”按钮。

步骤 4 选择要删除的服务

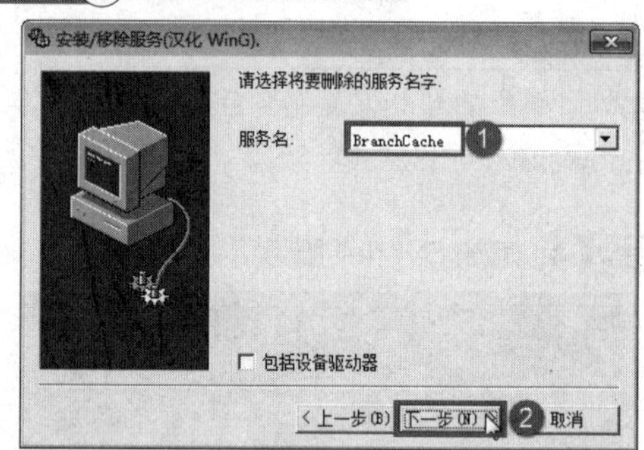

❶ 切换至新的界面，选择要删除的服务。

❷ 单击“下一步”按钮。

步骤 5 单击“完成”按钮

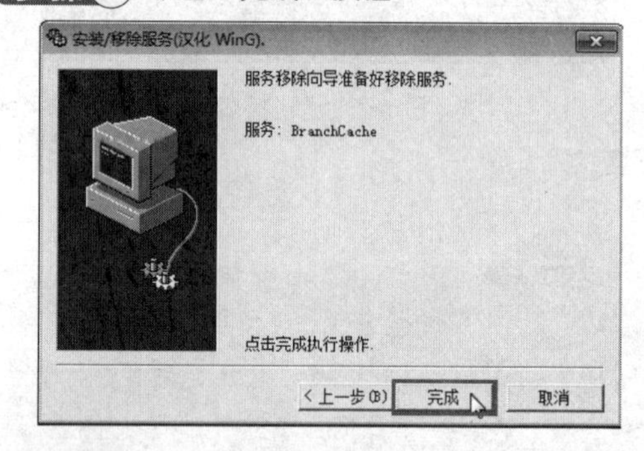

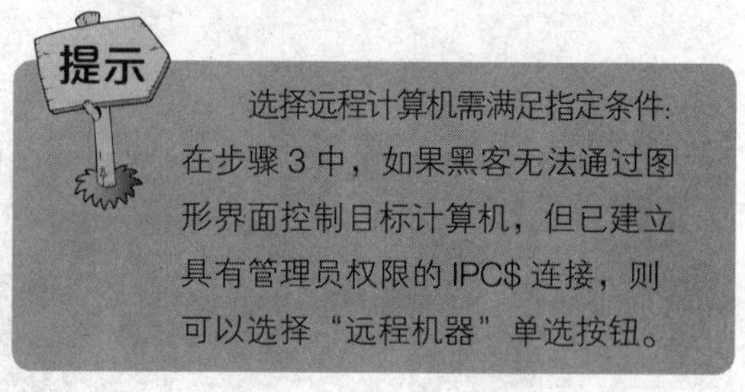

选择远程计算机需满足指定条件：在步骤 3 中，如果黑客无法通过图形界面控制目标计算机，但已建立具有管理员权限的 IPC$ 连接，则可以选择“远程机器”单选按钮。

切换至新的界面，确认所选的服务，无误后单击“完成”按钮。

步骤 6 服务成功移除

步骤 7 再次启动 Srvinstw 程序

打开“SRVINSTW.EXE”快捷图标所在的文件夹窗口，双击该图标。

步骤 8 选择“安装服务”

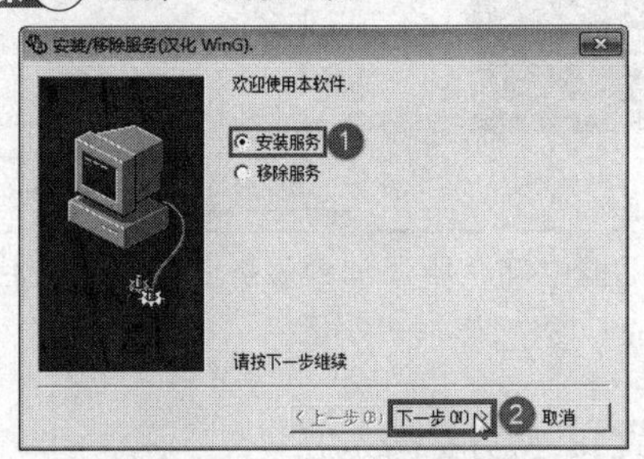

❶ 在弹出的对话框中选择“安装服务”单选按钮。

❷ 单击“下一步”按钮。

步骤 9 选择执行的计算机类

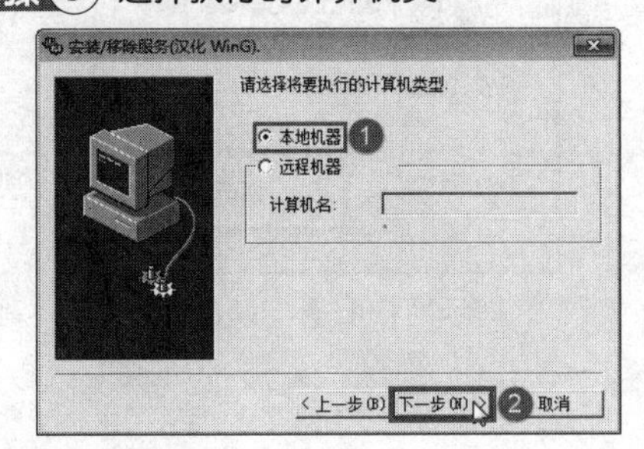

❶ 切换至新的界面，选择“本地机器”单选按钮。

❷ 单击“下一步”按钮。

步骤 10 输入服务名称

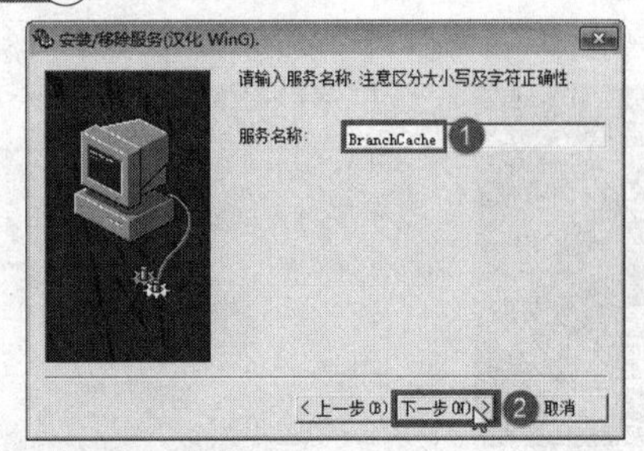

❶ 切换至新的界面，输入服务的名称。

❷ 单击“下一步”按钮。

步骤 11 单击“浏览”按钮

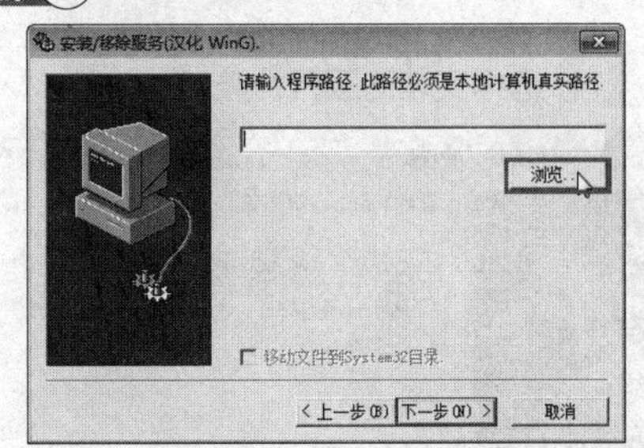

切换至新的界面，在界面中单击“浏览”按钮。

步骤 12 选择 tlntsvr 文件

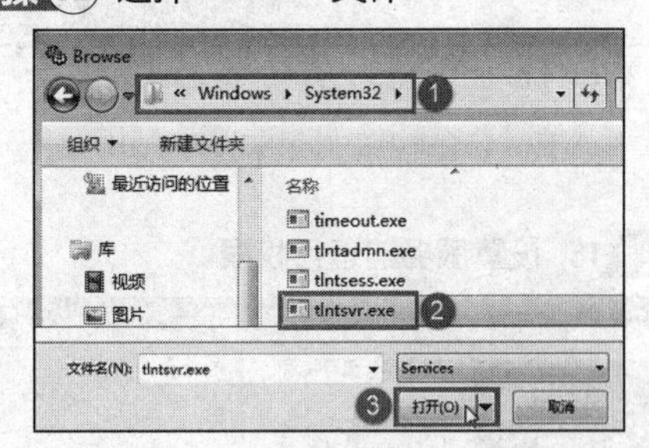

❶ 在地址栏中选择系统分区中的“System32”文件夹。

❷ 选中“tlntsvr.exe”文件。

❸ 单击“打开”按钮。

步骤 13 确认所选择的程序

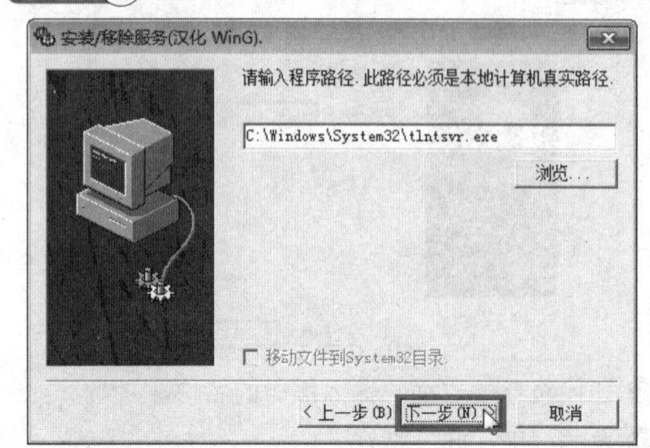

在对话框中确认所选择的程序路径，无误后单击“下一步”按钮。

步骤 14 选择安装的服务种类

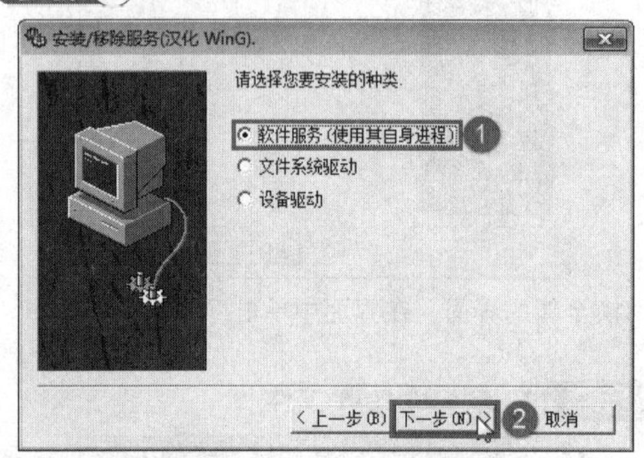

❶ 选择安装的服务种类为“软件服务”。
❷ 单击“下一步”按钮。

步骤 15 设置服务的运行权限

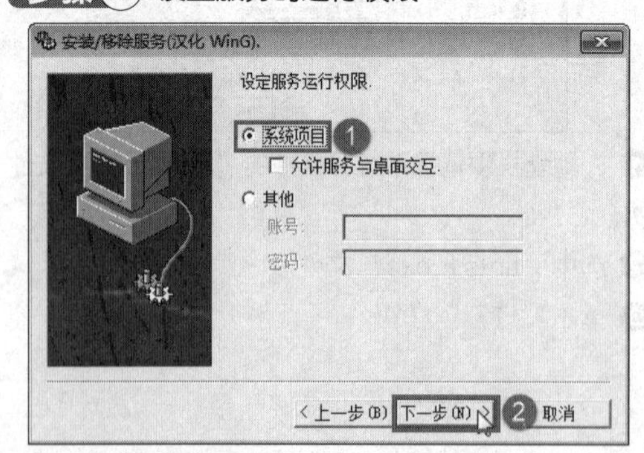

❶ 设定服务的运行权限为“系统项目”。
❷ 单击“下一步”按钮。

步骤 16 选择服务的启动类型

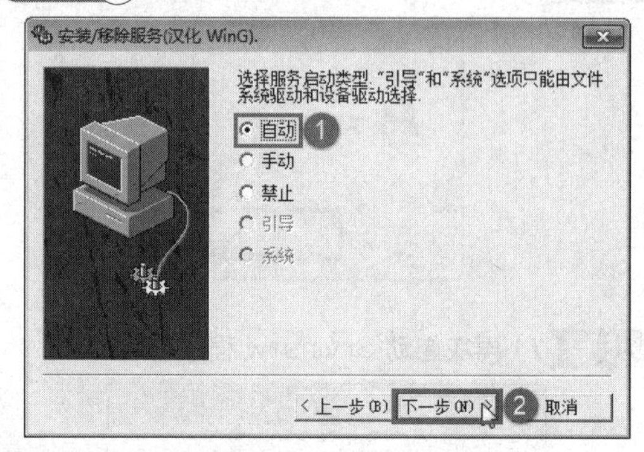

❶ 选择服务启动类型为“自动”。
❷ 单击“下一步”按钮。

步骤 17 确认所添加的服务

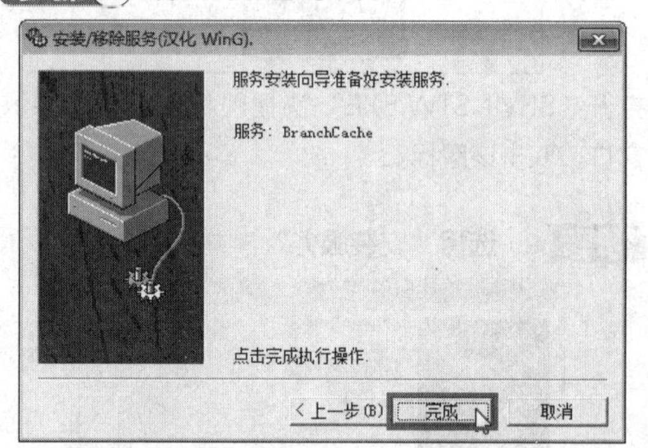

在对话框中确认所添加的服务名称，无误后单击“完成”按钮。

步骤 18 服务安装成功

弹出对话框，提示用户服务安装成功，单击“确定”按钮。

步骤 19 添加服务描述信息

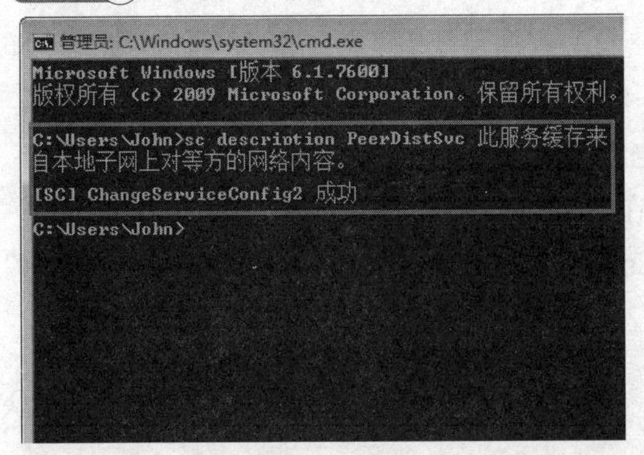

在“命令提示符”窗口中输入“sc description + 服务名称 + 服务描述信息”后按〈Enter〉键，为该服务添加描述信息。

提示

注意区分 Windows 系统服务的服务名称和显示名称：在 Windows 系统中，系统服务通常有两个名称，即服务名称和显示名称，“服务”窗口中显示的名称为显示名称，而若要查看其服务名称，需要在“服务”窗口中双击对应的服务选项，在弹出对话框的“常规”选项卡下可看见该服务的服务名称，同时也可看见其显示名称。

步骤 20 双击“BranchCache”服务选项

打开“服务”窗口，在界面中双击“BranchCache”服务选项。

步骤 21 查看可执行文件路径和描述

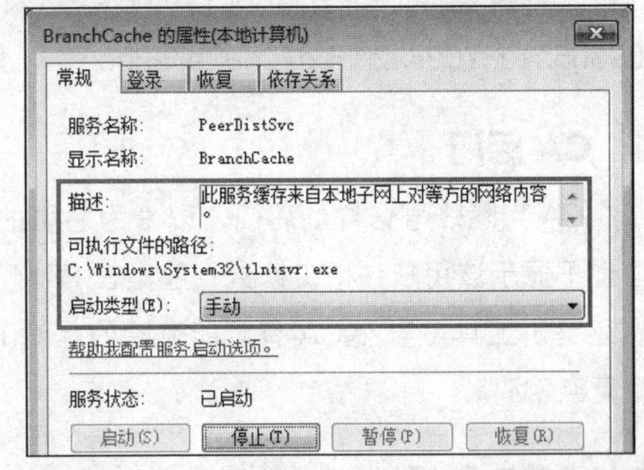

在弹出的对话框中可查看该服务的描述信息和可执行文件路径，只要该服务运行，黑客就能远程登录该计算机。

11.4 检测系统中的后门程序

后门是在黑客已成功入侵目标计算机之后在其系统中创建的。因此，用户若要检测系统中是否存在后门系统，则需要检测系统中的进程、系统的启动信息及系统开放的端口等信息。

1. 简单手工检测法

凡是后门必然需要隐蔽的藏身之所，要找到这些程序那就需要仔细查找系统中每个可能存在的可疑之处，如自启动项。据不完全统计，自启动项目有 80 多种。

用 AutoRuns 检查系统启动项。观察可疑启动服务、可疑启动程序路径，如一些常见系统路径一般在 system32 下，如果执行路径总在非系统的 system32 目录下发现 notepad、System、smss.exe、csrss.exe、winlogon.exe、services.exe、lsass.exe、spoolsv.exe 这类进程出现两个，那你的计算机很可能已经中毒了。

如果是网页后门程序，一般是检查最近被修改过的文件，当然目前一些高级 webshell 后门已经支持更改自身创建修改时间来迷惑管理员了。

2. 拥有反向连接的后门检测

这类后门一般会监听某个指定断口，要检查这类后门需要用到 DOS 命令在没有打开任何网络链接页面和防火墙的情况下输入“netstat –an”监听本地开放端口，看是否有本地 IP 连接外网 IP。

3. 无连接的系统后门

如 shift、放大镜、屏保后门，这类后门一般都是修改了系统文件，所以检测这类后门的方法就是对照它们的 MD5 值，如 sethc.exe（shift 后门）正常用加密工具检测的数值是“MD5：f09365c4d87098a209bd10d92e7a2bed”，如果数值不等于这个就说明被篡改过了。

4. CA 后门

CA 克隆账号这样的后门，以 $ 为后缀的超级管理员在 DOS 下是无法查看的，用户组管理也不显示该用户，手工检查一般是在 SAM 中删除该账号键值。当然要小心，没有经验的建议还是用工具。当然 CA 有可能克隆的是 Guest 用户，所以建议服务器最好把 Guest 设置一个复杂密码。

5. ICMP 后门

这种后门比较罕见，如果真要预防只有在默认 Windows 防火墙中设置只允许 ICMP 传入的回显请求了。

6. Rootkit 后门

这类后门隐藏比较深，从一篇安全焦点的文献我们可以了解到它的历史也非常长，1989 年发现首例在 UNIX 上可以过滤自己进程被 ps -aux 命令查看的 Rootkit 雏形。此后这类高级隐藏工具不断发展完整，并在 1994 年成功运用到了高级后门上并开始流行，一直保持着后门的领先地位，包括最新出现的 Boot Root 也是该后门的一个高级变种。为了抵御这类高级后门国外也相继出现了这类查杀工具。例如：荷兰的反 Rootkit 的工具 Gmer、Rootkit Unhooker 和 RKU 都可以检测并清除这些包括变种的 Rootkit。

1. 如何快速检测计算机中是否存在后门程序？
2. 现在很多黑客都通过克隆账号获得其他人的操作权限，如何设置一个隐藏账户？
3. 如何删除隐藏账户？

第12章 程序的加密与解密技术

加密是指对明文进行翻译，使用不同的算法对明文以代码形式实施加密，加密后的内容会成为一段不可读的代码，通常成为“密文”。简单来说，就是可读懂或可以直接查看的信息，经过加密后需要输入密码才可以查看。对于其他用户，即使获得了已加密的信息数据，也会因为没有密码而无法打开并查看信息内容。因此，使得数据信息得以保护，不被其他用户非法窃取、阅读。

解密是加密的逆过程，即将已加密的信息转换为明文，使得信息数据可以直接阅读的过程。

如果明文作为加密输入的原始信息，用 M 表示；密文为加密后明文的变换结果，用 C 表示。那么加密的通信模型就可以用下图形式表示。

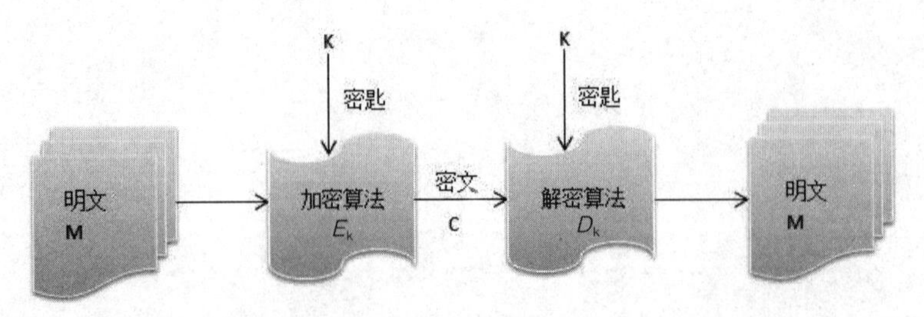

12.1 常见的各类文件的加密方法

12.1.1 在 WPS 中对 Word 文件进行加密

Word 是最常用的文字处理软件，为 Word 文档加密的具体操作方法如下。

步骤 1 选择“文件加密”

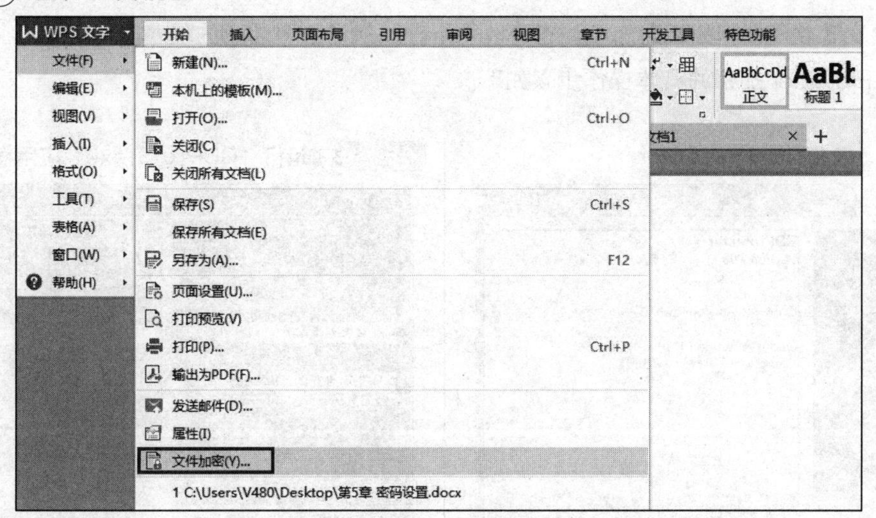

启动 WPS，在左上方选择单击“WPS”文字，在弹出的下拉菜单中选择“文件加密”命令。

步骤 2 输入文档密码

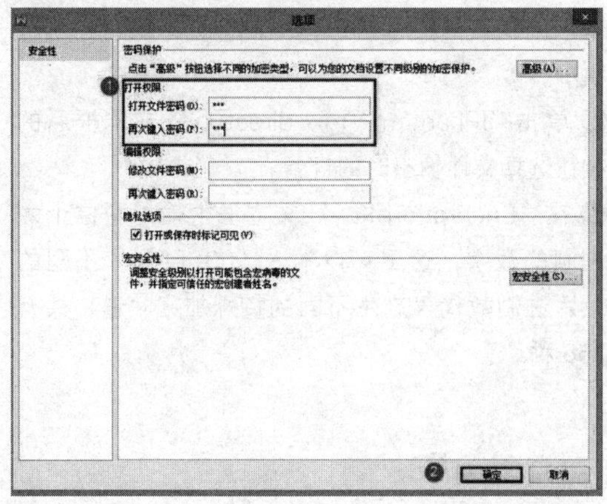

❶ 弹出“选项”对话框，在“打开权限”栏的文本框中输入密码。

❷ 单击“确定”按钮。

步骤 3 打开加密文档

❶ 在文本框中输入密码。

❷ 单击“确定”按钮。

12.1.2 使用 CD-Protector 软件给光盘加密

按照传统的方式将资料刻录在光盘上，备份一些普通的资料还可以，而对于备份一些重要数据就存在危险了，里面的资料很有可能被其他人非法获取。由于光盘存取数据和材料的特殊性，对光盘进行加密也成了一个问题。

CD-Protector 是一个简单易用的光盘加密软件，它能做到的并不全是令别人不能复制光盘，被它加密以后尽管你把所有文件复制到硬盘上，但还是不能使用。也就是说，别人最多只能做这加了密的光盘的副本，不能修改也不能把文件复制到别处单独使用。这种方法非常适合对要安装才能使用的光盘加密，也可以用于直接从光盘中运行的程序。

CD-Protector 加密的具体操作步骤如下。

步骤 1 安装 CD-Protector

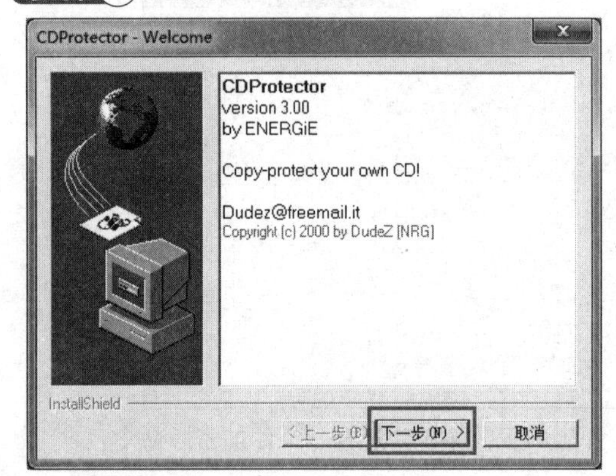

单击 CDProtector.exe 图标安装软件。
单击“下一步”按钮。

步骤 2 设置安装路径

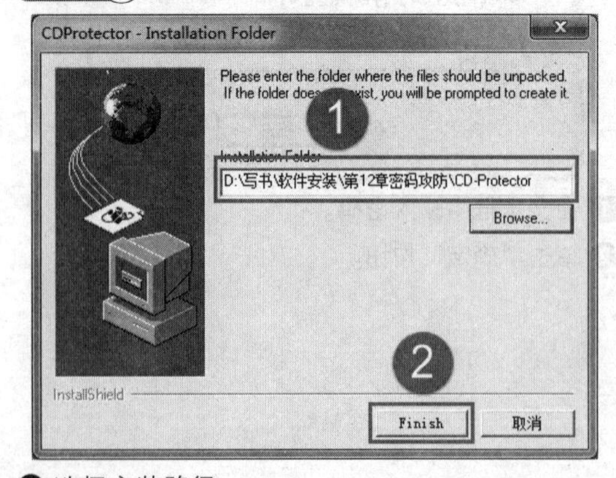

❶ 选择安装路径。
❷ 单击“Finish”按钮完成安装。

步骤 3 运行“CDProt3.exe”应用程序

❶ 单击“File to encrypt”文本框后的按钮，选择要加密的文件；在“Custom Message”文本框中输入出错时的提示信息（可自行选择填写也可不填）。
❷ 单击“IPhantom Trax' directory”文本框后的按钮选择文件输出时的目录。
❸ 在“Encryption Key”文本框中输入两位十六进制的数字，这里可以输入“00–FF”。不同的十六进制数代表产生不同的特殊加密轨道，共有 256 种。

步骤 4 开始加密文件

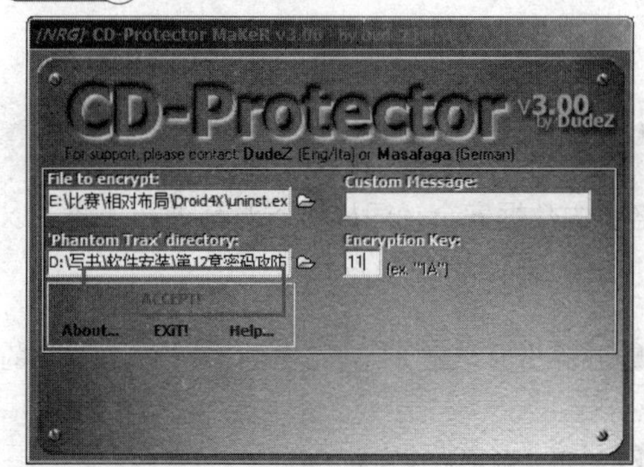

在设置完成之后，可看到“ACCEPT”按钮变成了红色。单击红色的“ACCEPT”按钮，即可开始加密文件。

步骤 5 加密完成

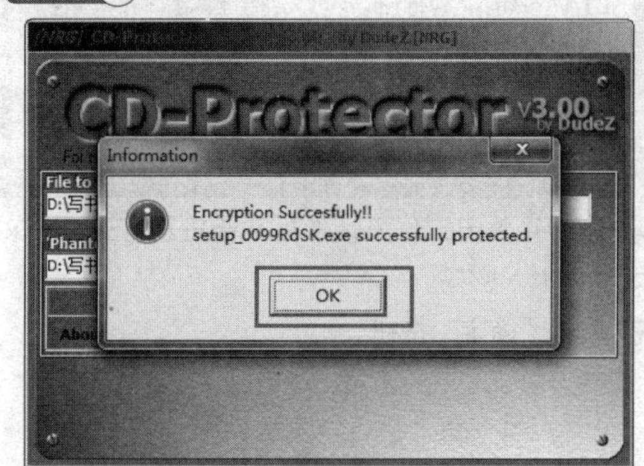

在弹出的对话框中单击“OK”按钮完成加密。

步骤 6 运行“Nero”主程序

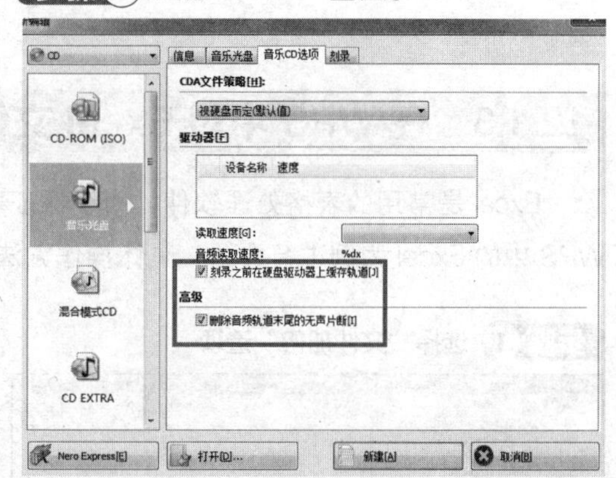

选择“音乐光盘”，在“音乐 CD 选项”选项卡中选中“刻录之前在硬盘驱动器上缓存轨道”和“删除音频轨道末尾的无声片段”复选框。

步骤 7 刻录设置

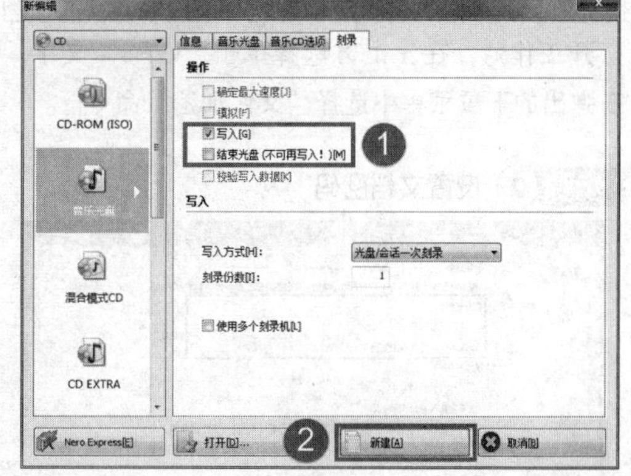

❶ 在“刻录”选项卡中选中“写入”复选框，取消勾选“结束光盘”复选框。

❷ 单击“新建”按钮，新建音乐光盘刻录任务。

把用 CD-Protector 加密过的音频文件，拖到刻录音轨的窗口并刻录完成后，还需要再执行一遍刻录设置，主要是为了用这个方法对同一个音频文件刻录两次。在 Nero 中再新建一个只读光盘的任务，在“多记录”选项卡中勾选“开记多记录光碟”复选框，其他选项可根据需要进行相应设置。完成上述设置之后，单击“新建”按钮，把用 CD-Protector 加密的（除音频文件外）文件都拖到数据刻录的窗口并开始刻录，刻录的选项和刻录音轨相同。

此时，就可以看到同一个音频文件再次刻录的结果是不同的。使用 CD-Protector 加密过的光盘放进光驱里，看到文件是可运行的，但复制到自己的硬盘时就不能运行了。CD-Protector 加密的光盘是由两条音轨和一条数据轨道共同组成的，数据轨道中被加密的可执行文件，在运行时将会读取光盘上的音轨，只有相对应才会继续运行。

12.1.3 在 WPS 中对 Excel 文件进行加密

Excel 是常用的表格处理软件，为了保证表格中的数据安全，同样可以对其进行加密。以 WPS 中的 Excel 为例进行介绍，具体操作方法如下。

步骤 1 选择“文件加密”选项

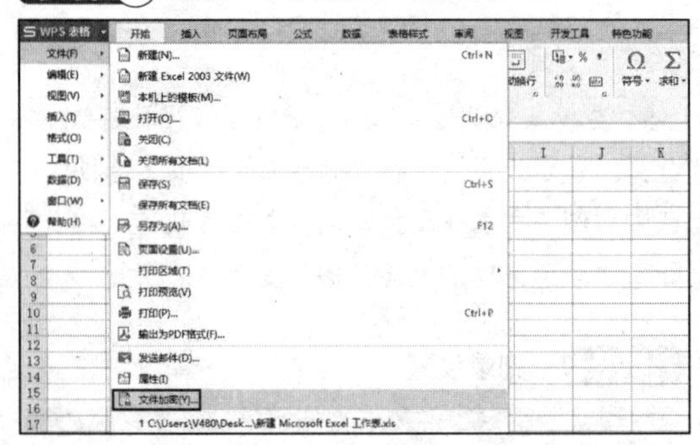

打开工作簿，在左上方选择单击“WPS”文字，在弹出的下拉菜单中选择“文件加密”命令。

步骤 2 设置文档密码

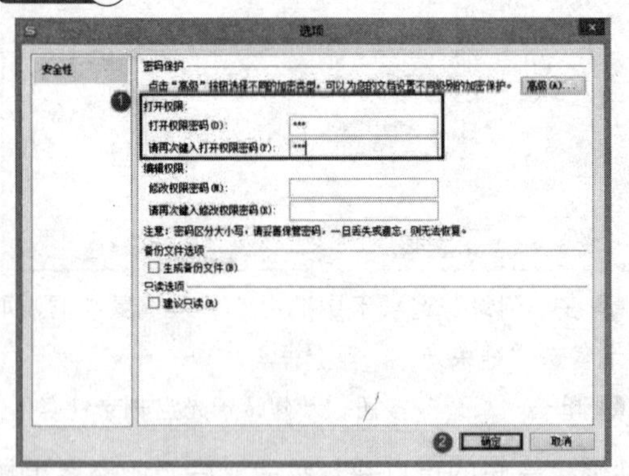

❶ 在弹出的“选项”对话框中，先输入该文档的密码。

❷ 单击“确定”按钮。

步骤 3 打开加密工作簿

❶ 保存并关闭工作簿，然后重新将其打开，在文本框中输入密码。

❷ 单击“确定”按钮。

12.1.4 使用 WinRAR 加密压缩文件

压缩文件也是在日常操作中使用非常多的，将所制作的文档通过压缩软件来实施加密，不仅可以减小磁盘空间，还可以更好地保护自己的文档。

WinRAR 是一款较 WinZip 出版晚一点的高效压缩软件，其不但压缩比、操作方法都较 WinZip 优越，而且能兼容 ZIP 压缩文件，可以支持 RAR、ZIP、ARJ、CAB 等多种压缩格式，并且可以在压缩文件时设置密码。具体的操作步骤如下。

步骤 1 准备要压缩的文件

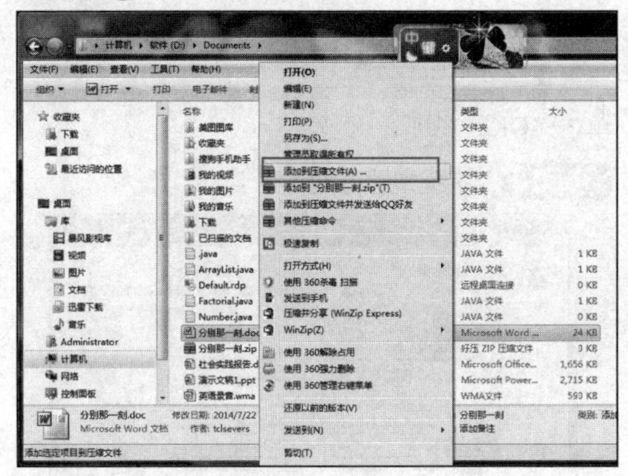

右击需要压缩并加密的文件，在弹出的快捷菜单中选取“添加到压缩文件”命令。

步骤 2 压缩文件名和参数常规设置

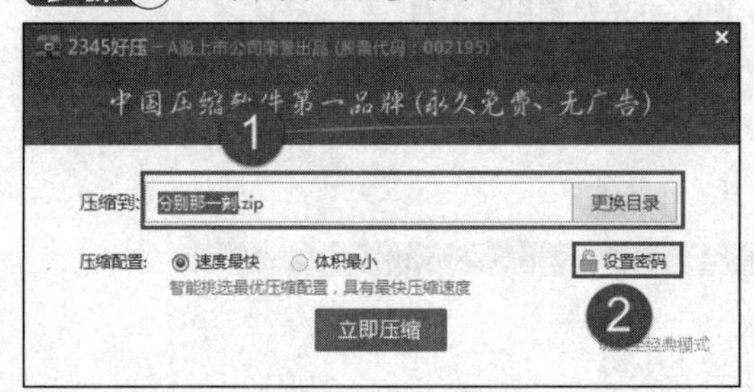

❶ 设置压缩文件的名称及压缩格式。

❷ 单击“设置密码”按钮。

步骤 3 输入密码

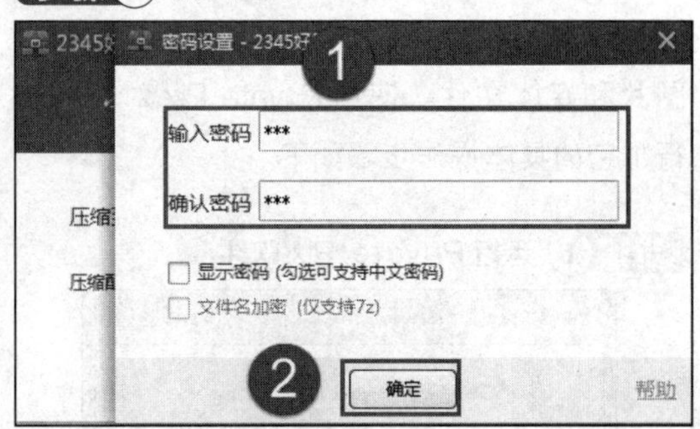

❶ 输入密码及确认密码。

❷ 单击“确定”按钮。

步骤 4 生成加密的 ZIP 文件

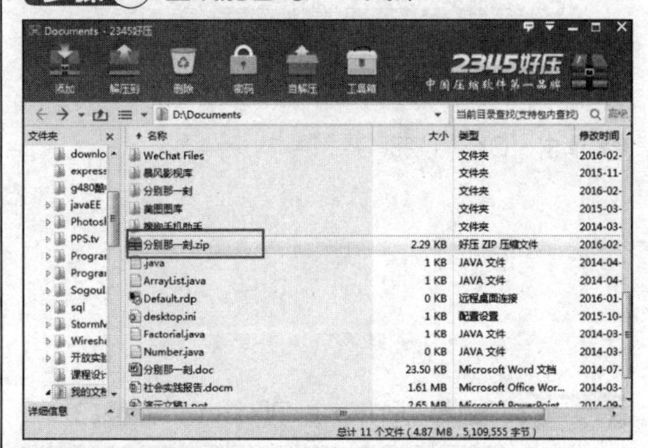

查看生成的压缩文件。

步骤 5 输入解压缩密码

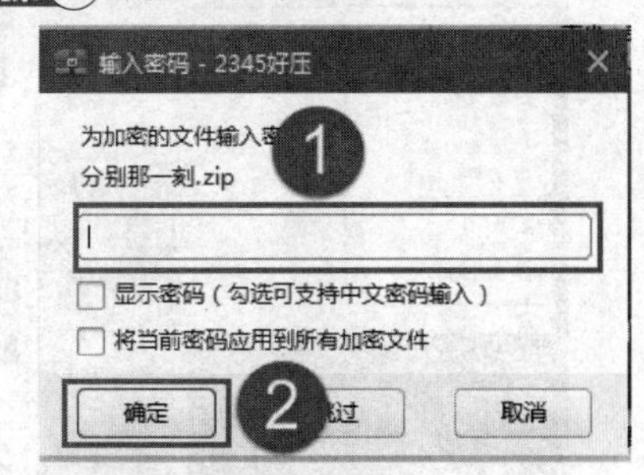

❶ 输入解压缩密码。

❷ 单击“确定”按钮。

12.1.5 使用 Private Pix 软件对多媒体文件加密

Private Pix 让用户在查看图片文件的同时加密图片，支持两种类型的加密方式。支持的图片格式有：JPEG，BMP，GIF，AVI，MOV，MPG，MP3 和 WAV，帮助用户管理自己的图片和媒体文件。使用 Private Pix 对文件进行加密的具体操作步骤如下。

步骤 1 运行 Private Pix 软件

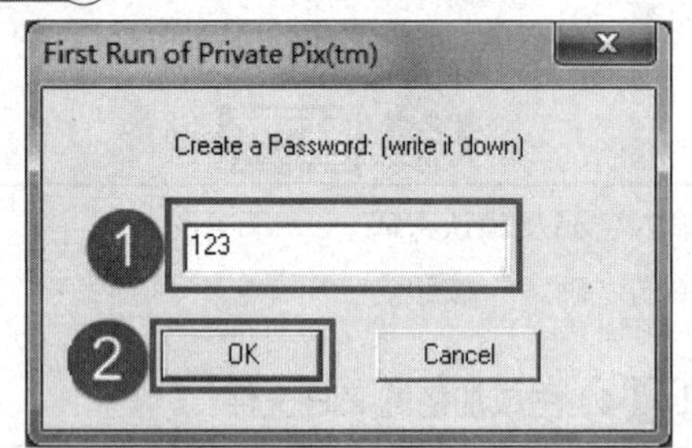

❶ 在文本框中输入口令。由于是第一次使用，所以要创建一个口令。
❷ 单击“OK”按钮。

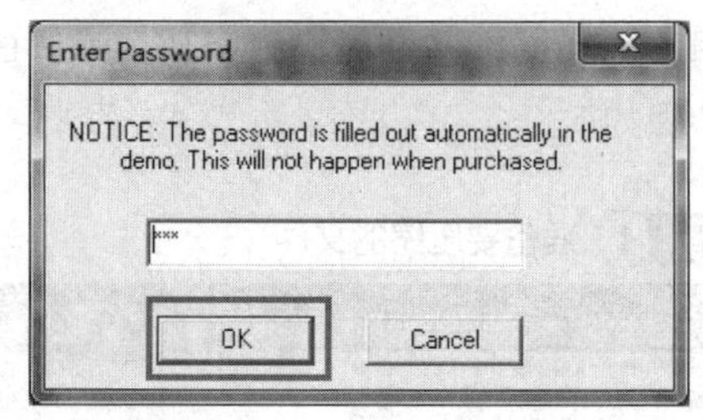

单击“OK”按钮

步骤 2 选择是否注册

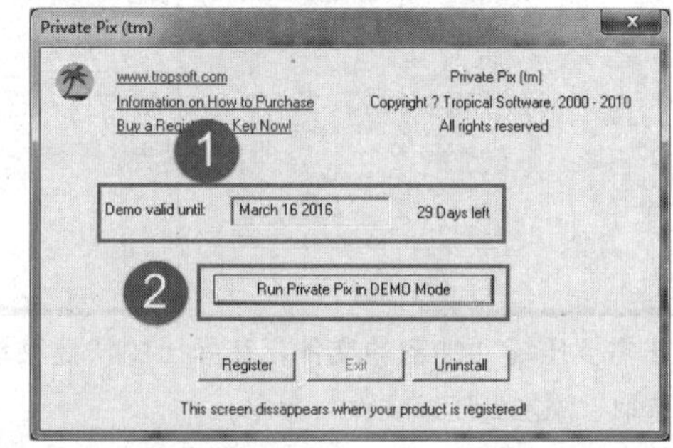

❶ 查看软件信息并填写注册内容。不能完成注册时，可免费试用一个月。
❷ 单击“Run Private Pix in DEMO Mode”按钮。

步骤 3 进入“Private Pix(tm)”主窗口

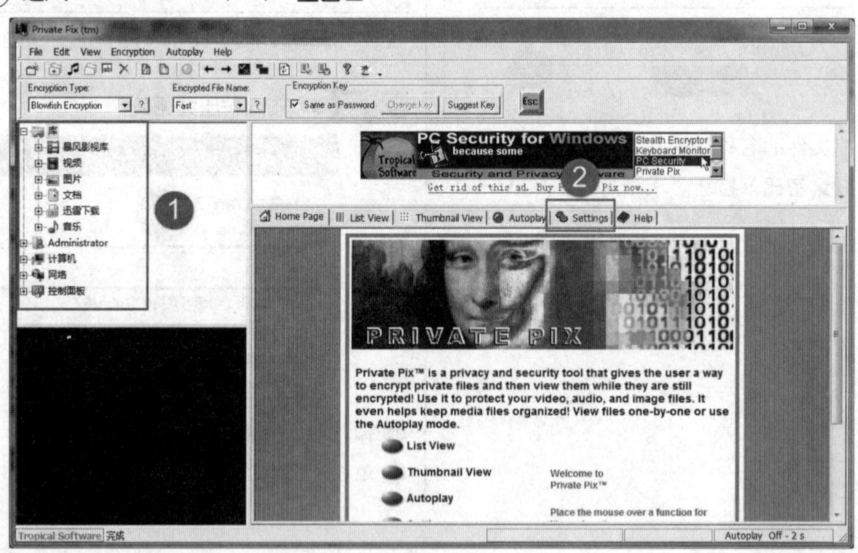

❶Private Pix 加密工具主要由显示窗口和控制窗口两部分组成，在左边显示窗口的资源管理器中选择要加密的多媒体文件。
❷ 设置密钥，选择“Settings”选项卡。如果不设置密钥，则使用默认密钥。

步骤 4 打开“Settings”选项卡

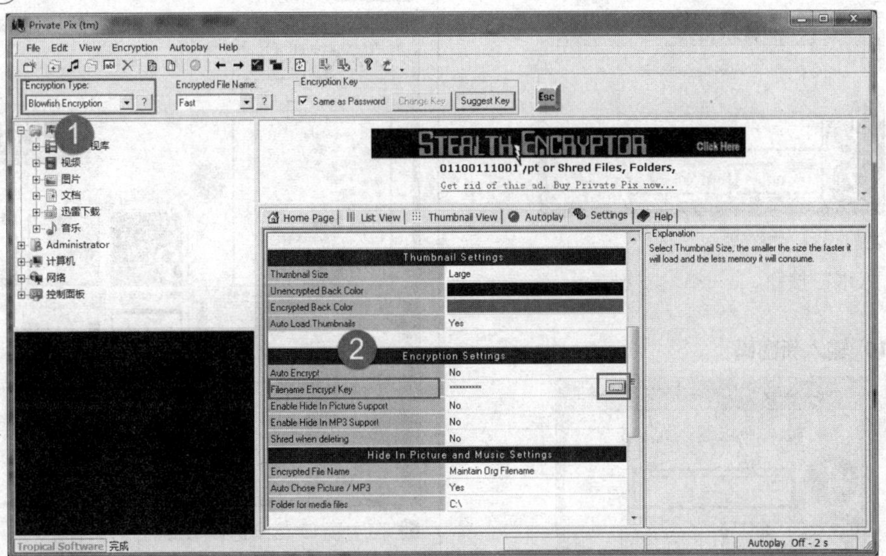

❶ 从“Encryption Type”下拉列表中选择一种文件加密的类型。

❷ 单击“Filename Encrypt Key”选项右侧的密码处，会出现一个 按钮，单击此按钮。

步骤 5 输入密码

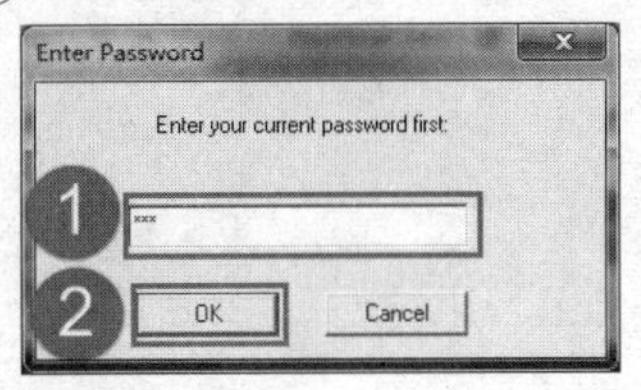

❶ 输入之前设定的密码。

❷ 单击“OK”按钮。

步骤 6 修改密码

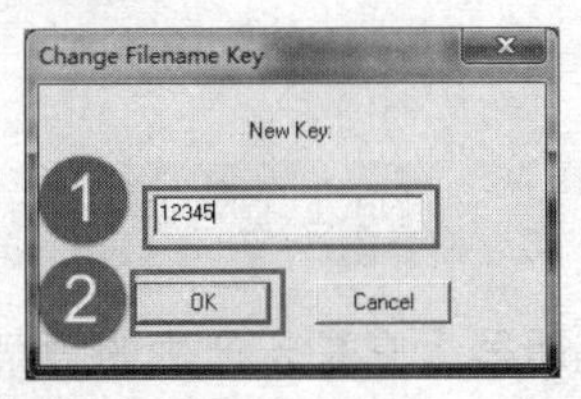

❶ 输入新密码。

❷ 单击“OK”按钮。

步骤 7 密码修改成功

单击“确定”按钮。

步骤 8 改变管理密码

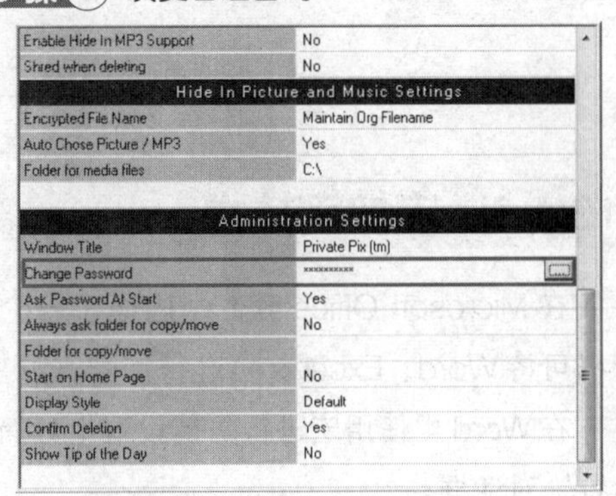

在“Administration Settings”栏中单击“Change Password”选项右侧的密码处，会出现一个 按钮，单击此按钮。

步骤 9 输入密码

❶ 输入之前设定的密码。

❷ 单击"OK"按钮。

步骤 10 输入新密码

❶ 输入新密码。

❷ 单击"OK"按钮。

步骤 11 密码修改成功

单击"确定"按钮。

步骤 12 返回"Private Pix"主窗口

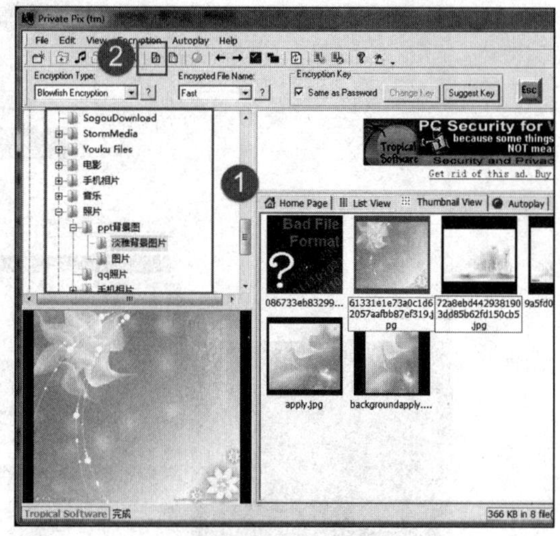

❶ 在主窗口左侧选择要加密的文件。

❷ 单击工具栏中的"加密"按钮。

操作完成后，加密后的文件会由原来的绿色变成红色。

12.1.6 宏加密技术

在 Microsoft Office 套件中内嵌了一个 Visual Basic 编辑器，它是宏产生的源泉。使用宏同样可将 Word、Excel 文档进行加密。对 Word 文档而言，最大的敌人当然就是宏病毒了。

在 Word 里使用宏进行防范设置十分简单，选择"工具"→"宏"→"安全性"命令，打开"安全性"对话框。

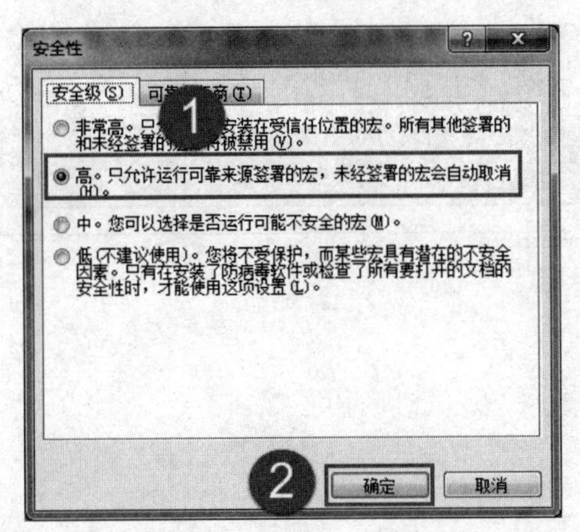

❶ 勾选“安全级”选项卡里的“高”单选按钮。
❷ 单击“确定”按钮。

另外，为阻止宏病毒在打开文件时自动运行并产生危害，可以在打开一个 Office 文件时，很容易地阻止一个用 VBA 写成的在打开文件时自动运行的宏。

选择“文件”→“打开”命令，在“打开”对话框中选择所要打开的文件，在单击“打开”按钮时按住 <Shift> 键，Office 将在不运行 VBA 过程的情况下，打开该文件。按住 <Shift> 键阻止宏运行的方法，同样适用于选择“文件”菜单底部的文件（最近打开的几个文件）。

同样，在关闭一个 Office 文件时，也可以很容易地阻止一个用 VBA 写成、将会在关闭文件时自动运行的宏。选择“文件”→“关闭”命令，在单击“关闭”按钮时按住 <Shift> 键，Office 将在不运行 VBA 过程的情况下关闭这个文件（按住 <Shift> 键同样适用于单击窗口右上角的“×”按钮关闭文件时阻止宏的运行）。

其实，还可以利用宏来自动加密文档，选择“工具”→“宏”→“宏”命令，即可打开“宏”对话框。

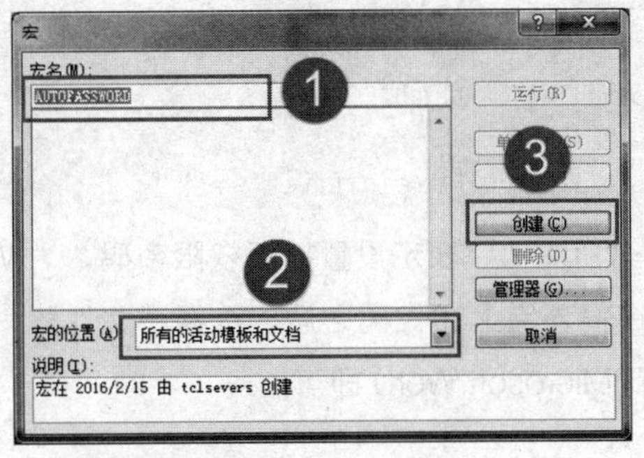

❶ 在“宏名”文本框中输入“AUTOPASSWORD”。
❷ 在“宏的位置”下拉列表框中选择“所有的活动模板和文档”选项。
❸ 单击“创建”按钮。

显示“Microsoft Visual Basic”窗口。在“End Sub”语句的上方插入如下代码。

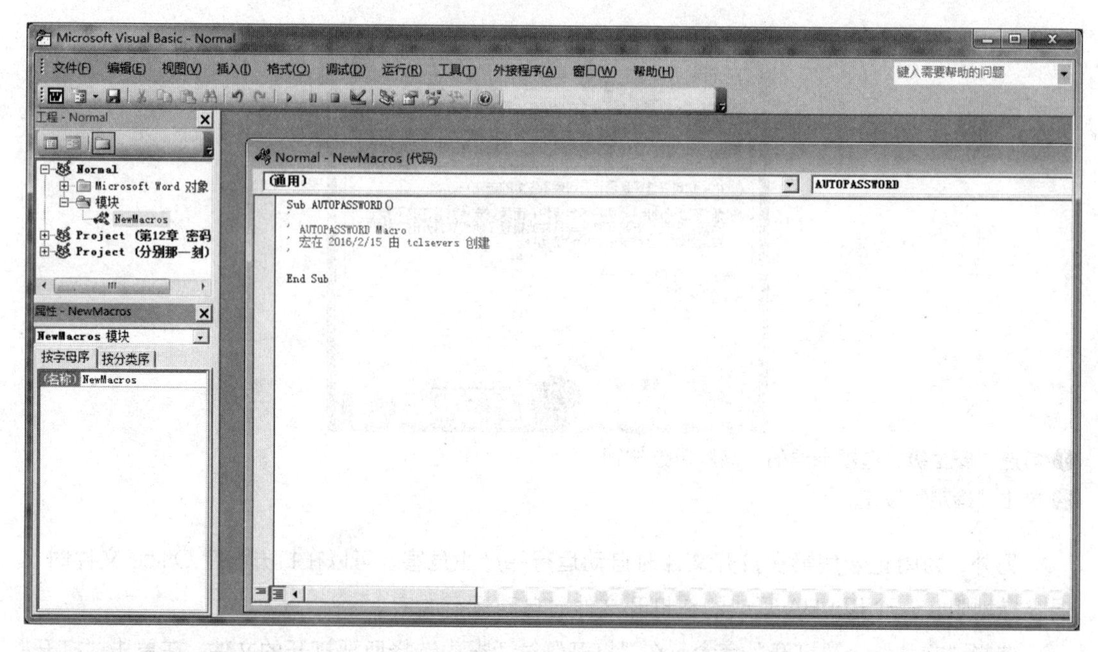


```
With Options
    .AllowFastSave = True
    .BackgroundSave = True
    .CreateBackup = False
    .SavePropertiesPrompt = False
    .SaveInterval = 10
    .SaveNormalPrompt = False
    End With
    With ActiveDocument
    .ReadOnlyRecommended = False
    .EmbedTrueTypeFonts = False
    .SaveFormsData = False
    .SaveSubsetFonts = False
    .Password = "2014"
    .WritePassword = "2014"
    End With
    Application.DefaultSaveFormat = ""
```

其中的“.Password = "2014"”表示设置打开权限密码，“.WritePassword = "2014"”表示设置修改权限密码。在输入完上述代码之后，选择“文件”→“保存 Normal”命令，再执行“关闭”命令并返回到 Microsoft Word 即可。

12.1.7 NTFS 文件系统加密数据

Windows 7 提供了内置的加密文件系统（Encrypting Files System，EFS）。EFS 文件系

统不仅可以阻止入侵者对文件或文件夹对象的访问，而且还保持了操作的简捷性。加密文件系统通过为指定 NTFS 文件与文件夹加密数据，从而确保用户在本地计算机中安全存储重要数据。由于 EFS 与文件集成，因此对计算机中重要数据的安全保护十分有益。

利用 Windows 7 资源管理器选中待设置加密属性的文件或文件夹（如文件夹为“新建文件夹”）。对该文件进行加密的具体操作步骤如下。

步骤 1 选择要加密的文件夹

右击要加密的文件夹，在弹出的快捷菜单中选择“属性”命令。

步骤 2 查看新建文件夹 属性

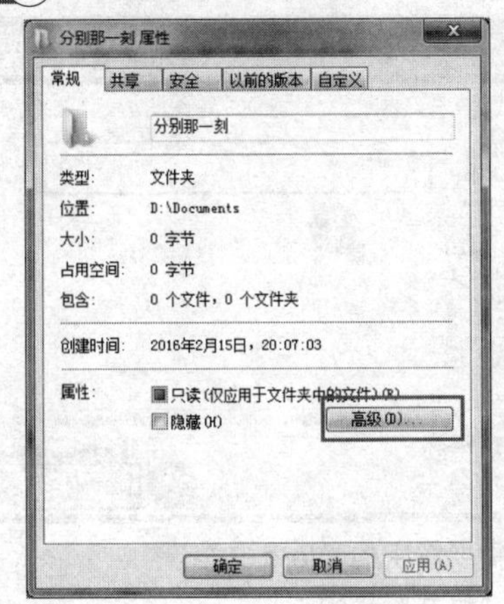

单击“常规”选项卡中的“高级”按钮。

步骤 3 查看高级属性

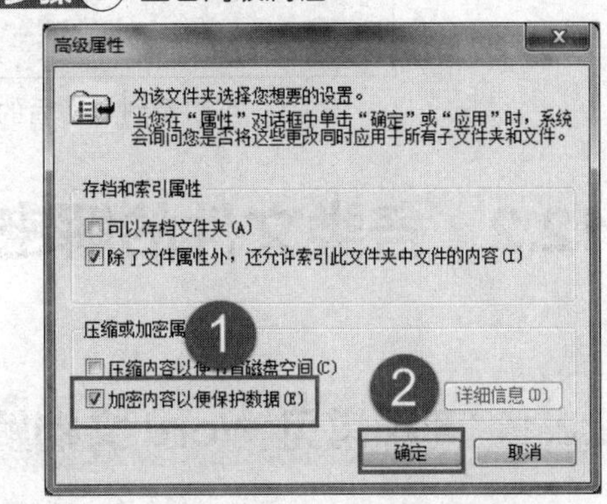

❶ 选中“加密内容以便保护数据”复选框。

❷ 单击“确定”按钮，即可完成文件或文件夹的加密。

步骤 4 返回“新建文件夹 属性”对话框

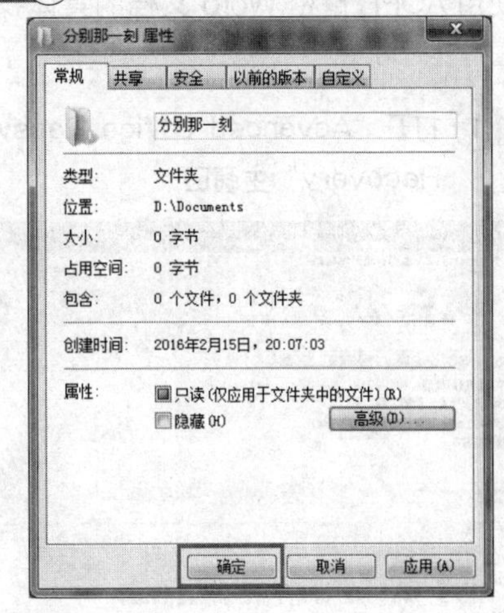

单击“确定”按钮。

步骤 5 查看已加密的文件夹

名称	修改日期	类型	大小
png	2016/1/9 19:24	文件夹	
Snagit	2016/1/6 22:13	文件夹	
SQL Server Management Studio	2015/5/26 19:55	文件夹	
SQL Server Management Studio Expr...	2015/4/13 20:18	文件夹	
Tencent Files	2016/2/15 18:29	文件夹	
Visual Studio 2005	2015/4/13 20:18	文件夹	
Visual Studio 2008	2015/8/12 12:35	文件夹	
Visual Studio 2010	2016/1/9 23:57	文件夹	
WeChat Files	2016/2/15 18:37	文件夹	
暴风影视库	2015/11/16 18:20	文件夹	
分别那一刻	2016/2/15 20:27	文件夹	
美图图库	2015/3/19 13:38	文件夹	
收藏夹	2016/2/15 19:12	文件夹	
搜狗手机助手	2014/3/22 22:25	文件夹	
我的视频	2015/10/19 12:16	文件夹	
我的图片	2015/10/19 12:16	文件夹	
我的音乐	2015/10/19 12:16	文件夹	
下载	2016/1/10 0:04	文件夹	

可以看到加密后的文件夹字体变为绿色。

12.2 各类文件的解密方法

12.2.1 两种常见 Word 文档解密方法

1. 使用 AOPR 解密 Word 文档

Advanced Office Password Recovery（AOPR）是一个密码恢复软件，利用该工具可以恢复 Microsoft Office 2010 文档的密码，而且还支持非英文字符。

使用 AOPR 解密 Word 文档的具体操作步骤如下。

步骤 1 打开“Advanced Office Password Recovery”主窗口

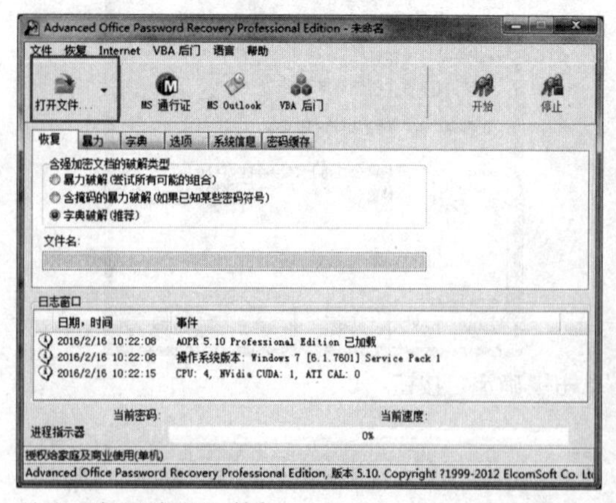

单击“打开文件”按钮。

步骤 2 打开文件

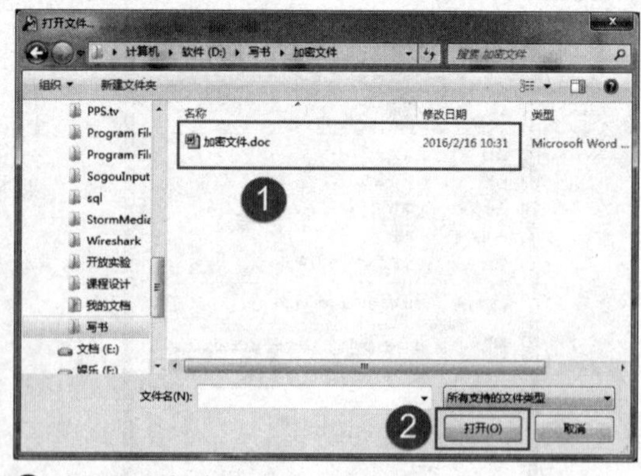

❶ 选取需要解密的 Word 文档。

❷ 单击“打开”按钮。

步骤 3 预备破解

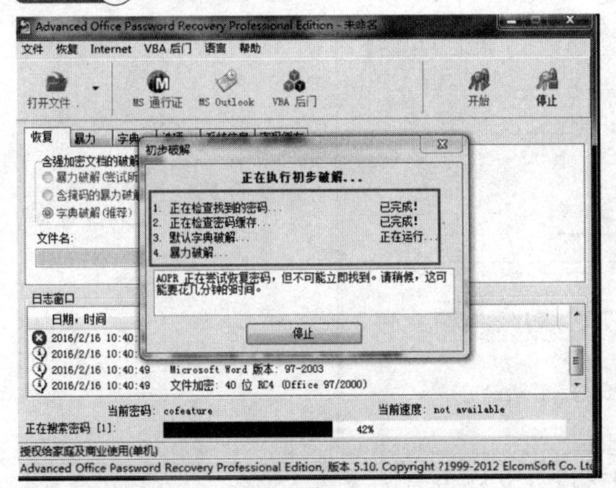

查看破解进度。

步骤 4 解密完成

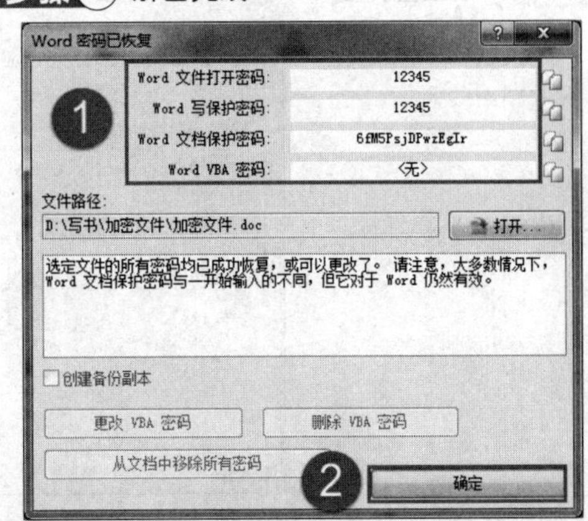

❶ 查看解密出的各种密码。

❷ 单击“确定”按钮返回主页。

2. 使用 Word Password Recovery 解密 Word 文档

Word Password Recovery 是一款专门用于对 Word 文档进行解密的工具，在该软件中用户可设置不同解密方式，从而提高解密的针对性，加快解密速度。

具体的操作步骤如下。

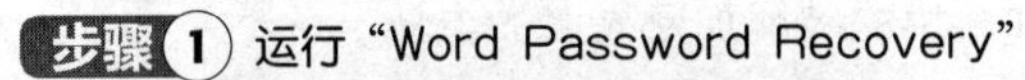

步骤 1 运行“Word Password Recovery”

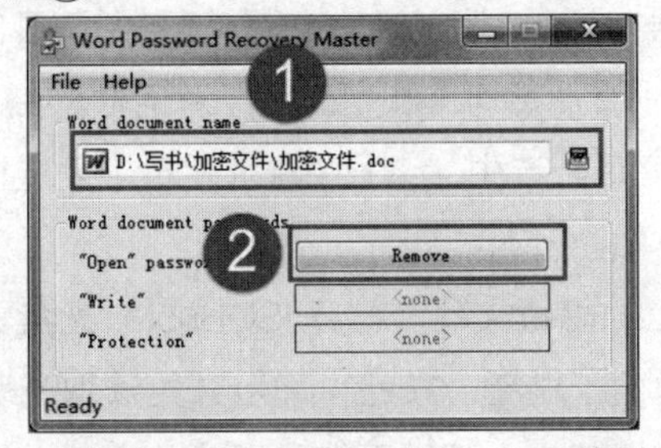

❶ 单击按钮，选择需要解密的 Word 文档。

❷ 单击“Remove”按钮。

步骤 2 查看提示信息

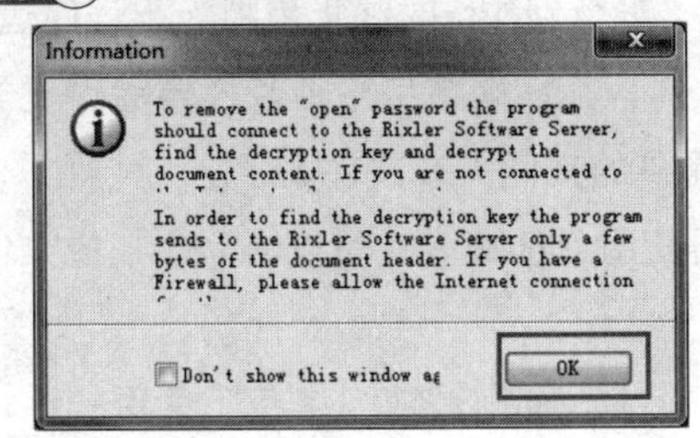

单击“OK”按钮。

步骤 3 正在解密

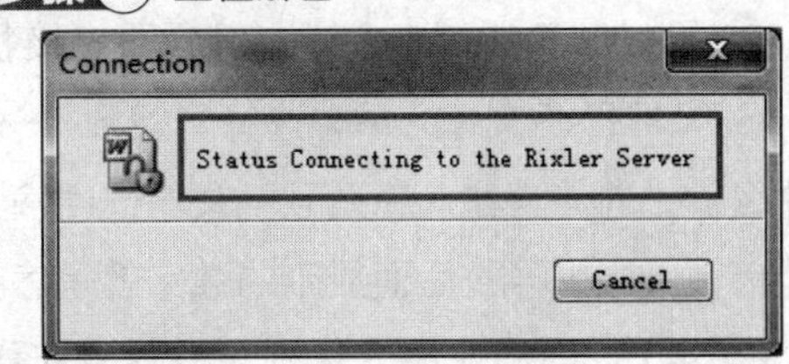

提示正在解密中。

步骤 4 成功解密

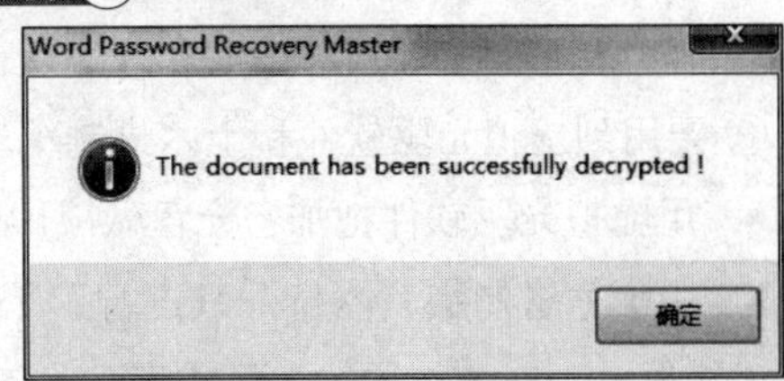

单击“确定”按钮。

步骤 5 返回主界面

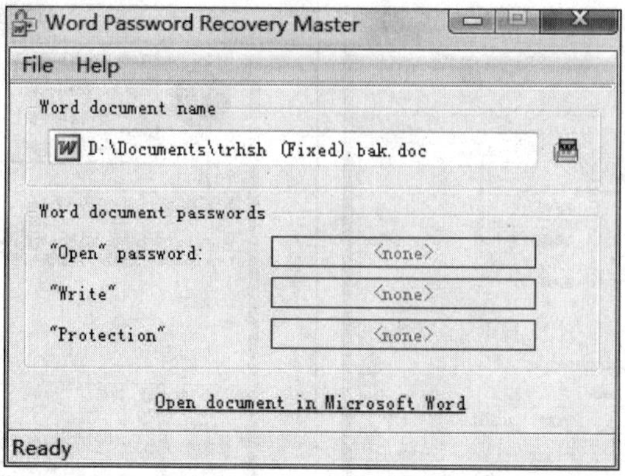

出现已经解密的文档链接，单击此链接，即可打开文档查看内容。

12.2.2 光盘解密方法

如今市面上有很多加密光盘是以特殊形式刻录的，将它放入光驱后，就会出现一个软件的安装画面将要求输入序列号，如果序列号正确就会出现一个文件浏览窗口，错误则跳回桌面。如果用户从资源浏览器中所观看的光盘文件就是图片之类的文件，想找的文件却怎么也看不到。这时就需要对光盘进行解密了，下面介绍几种常用的破解加密光盘的方法。

① 用 UltraEdit 等十六进制编辑器直接找到序列号。运行 UltraEdit 编辑器打开光盘根目录下的 SETUP.EXE 文件之后，选择“搜索”→“查找”命令，即可弹出“查找”对话框。在“查找什么”栏的“请输入序列号”文本框中输入序列号之后，选中“查找 ASCII 字符”复选框，在“请输入序列号”后面显示的数字就是序列号了。

② 用 ISOBuster 等光盘刻录软件直接浏览光盘上的隐藏文件。打开 ISOBuster 光盘刻录软件之后，选择加密盘所在的光驱，单击选择栏旁边的“刷新”按钮，即可开始读取光驱中的文件，这时会发现在左边的文件浏览框中多了一个文件夹，那里面就是要找的文件，可以直接运行和复制这些文件。

③ 要用到虚拟光驱软件和十六进制编辑器。

- 用虚拟光驱软件把加密光盘做成虚拟光盘文件，进行到 1% 时终止虚拟光驱程序运行。
- 用十六进制编辑器打开只进行了 1% 的光盘文件，在编辑窗口中查找任意看得见的文件夹或文件名，在该位置的上面或下面，就可以看到隐藏的文件夹或文件名了。
- 在 MS-DOS 模式下使用 CD 命令查看目录，再使用 DIR 命令就可以看到想找的文件，并对其进行运行和复制了。

④ 利用 File Monitor 在对隐藏目录的加密光盘。File Monitor 是纯“绿色”免费软件，可监视系统中指定文件的运行状况，如指定文件打开了哪个文件，关闭了哪个文件，对哪个文

件进行了数据读取等。监控的文件有任何读、写、打开其他文件的操作都能被它监视下来，并提供完整的报告信息。使用它的这个功能可以来监视加密光盘中的文件运行情况，从而得到想要的东西。

12.2.3 Excel 文件解密方法

用户使用 Microsoft Office 的应用程序为文件加密时，却经常把密码给忘记。“办公文件密码恢复程序”是一款国产密码恢复软件，它可以恢复 Microsoft Office 应用程序加密的文件，如 Word、Excel 等文档的密码。如果没有进行注册，则只能破解 4 位密码。

使用该工具恢复 Excel 文档的具体操作步骤如下。

步骤 1 打开“办公文件密码恢复程序”主窗口

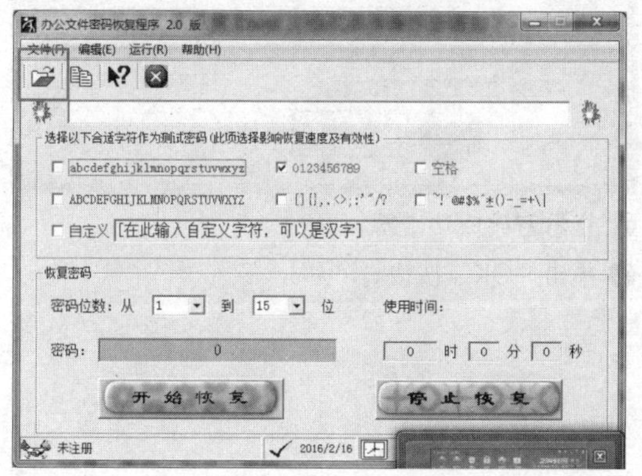

在工具栏中单击“打开”按钮，在“打开”对话框中选择需要破解的 Excel 工作薄，单击“打开”按钮。

步骤 2 成功添加 Excel 文件

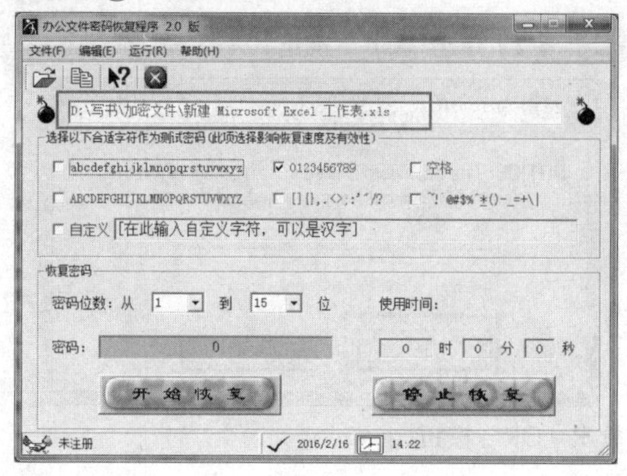

查看已添加的 Excel 文件。

步骤 3 开始恢复

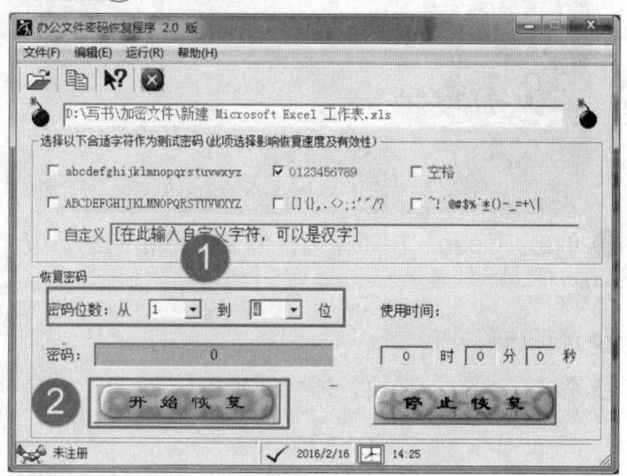

❶ 设置密码组合的字符、密码长度。
❷ 单击“开始恢复”按钮。

步骤 4 密码恢复成功

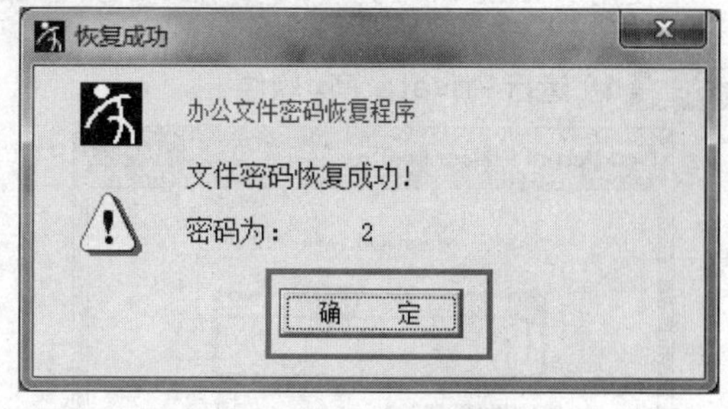

如果可以找到密码，即可看到“恢复成功”对话框，在其中可以看到该 Excel 文档的密码。

12.2.4 使用 RAR Password Recovery 软件解密压缩文件

RAR Password Recovery 是一款 RAR/WinRAR 压缩包解压缩工具，它可以帮助用户快速地找回丢失或者忘记的密码，程序支持暴力破解，基于字典的破解和非常独特的“增强”破解方式，并可以随时恢复上次意外中止的工作！类似于断点续传功能，非常实用。

其操作步骤如下。

步骤 1 运行 RAR Password Recovery 软件

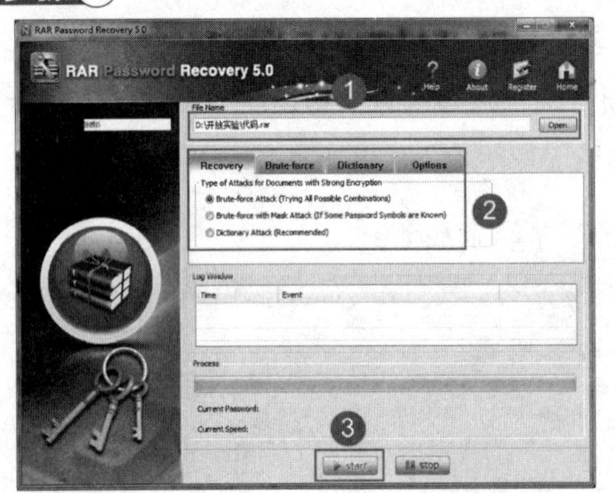

❶ 单击“Open”按钮，选择需要解除密码的 RAR 文件。

❷ 选择破解方式。

❸ 单击“start”按钮，即可开始破解。

步骤 2 解密成功

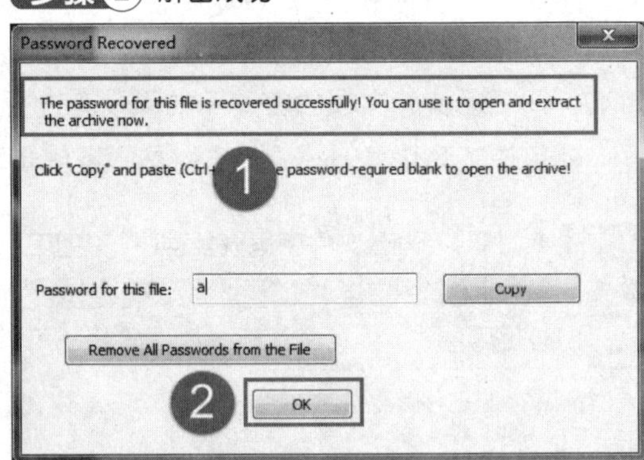

❶ 查看密码成功破解。

❷ 单击“OK”按钮。

12.2.5 解密多媒体文件

Private Pix 让用户在查看图片文件的同时加密图片，同时也可方便地解密图片。

使用 Private Pix 对文件进行加密的具体操作步骤如下。

步骤 1 运行 Private Pix 软件

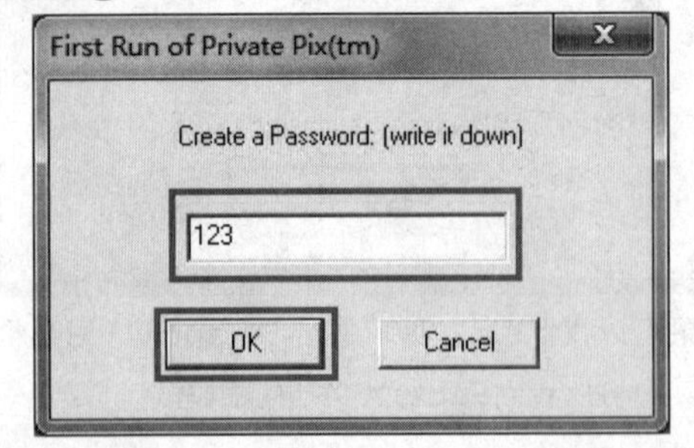

在文本框中输入口令。由于是第一次使用，所以要创建一个口令。

步骤 2 单击“OK”按钮。

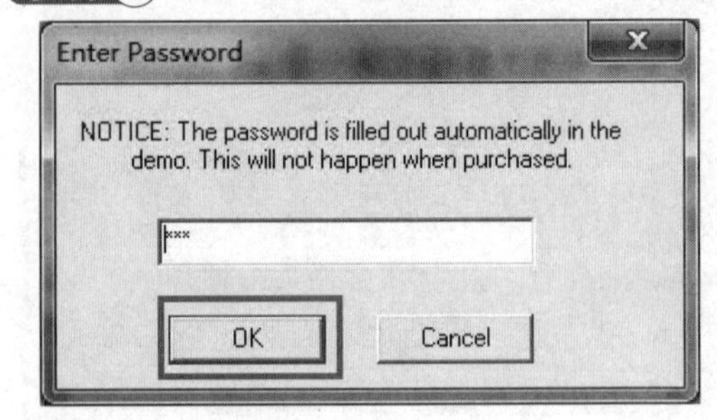

单击“OK”按钮。

步骤 3 选择是否注册

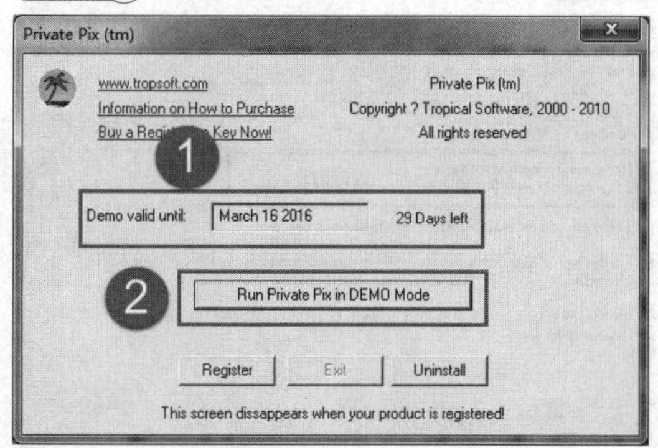

❶ 查看软件信息并填写注册内容。不能完成注册时，可免费试用一个月。

❷ 单击“Run Private Pix in DEMO Mode”按钮。

步骤 4 进入“Private Pix(tm)”主窗口

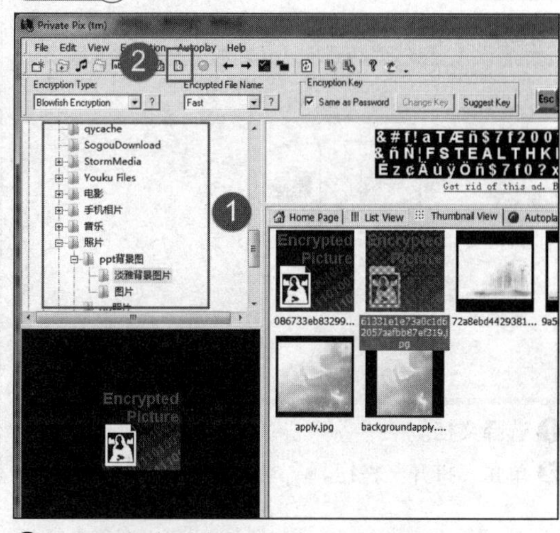

❶ 选择要解密的文件。

❷ 单击工具栏上的“解密”按钮，这样，被加密的文件就可以被恢复原状了。

12.2.6 解除宏密码

VBA Key 是由 Passware 制作的系列密码恢复软件之一，它可以迅速恢复由 Visual Basic 制作的软件的密码，VBA 是 Microsoft Office Excel、Word 的组件之一。

使用 VBA Key 解除宏密码的具体操作步骤如下。

步骤 1 安装完毕

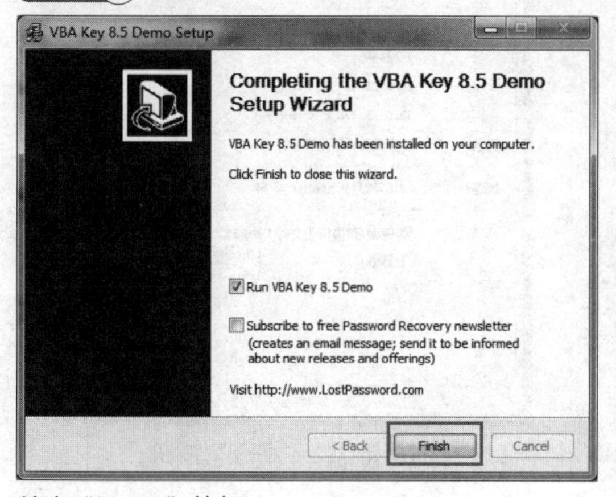

单击“Finish”按钮

步骤 2 运行 VBA Key

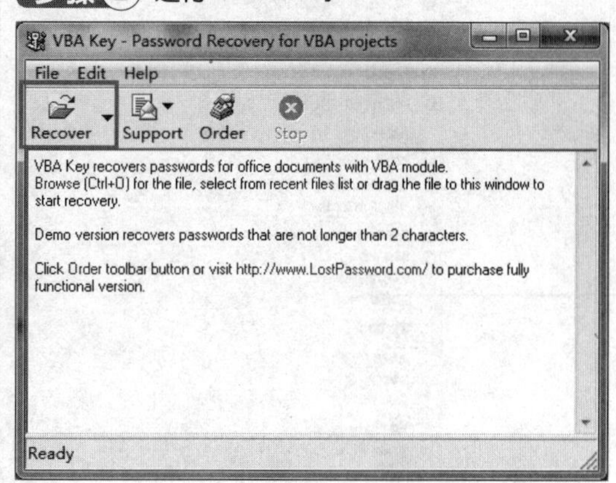

单击“Recover”按钮选择需要解密的文件。

步骤 3 选择解密文件

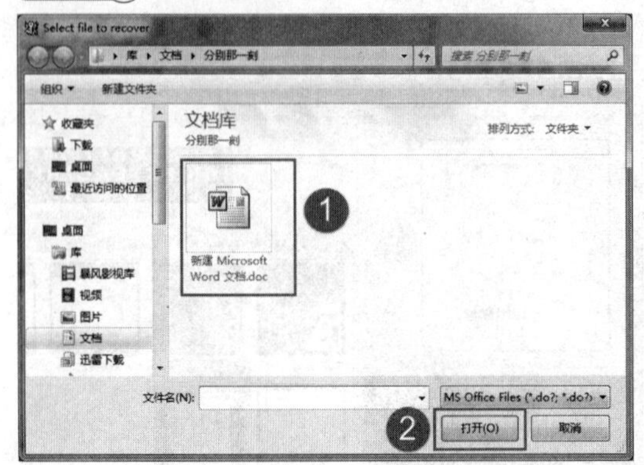

❶ 选择文档。

❷ 单击“打开”按钮。

步骤 4 解密完成

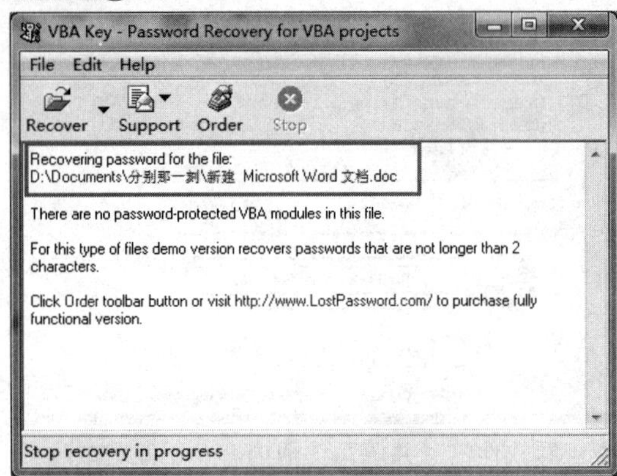

解密完成，单击蓝色链接打开文件。

12.2.7 NTFS 文件系统解密数据

1. 解密文件

利用 Windows 7 资源管理器选中待设置加密属性的文件或文件夹（仍然以刚才加密的文件夹为例）。具体的操作步骤如下。

步骤 1 选择已加密的文件夹

右击已加密的文件夹，从弹出的快捷菜单中选择“属性”命令。

步骤 2 查看加密文件夹属性

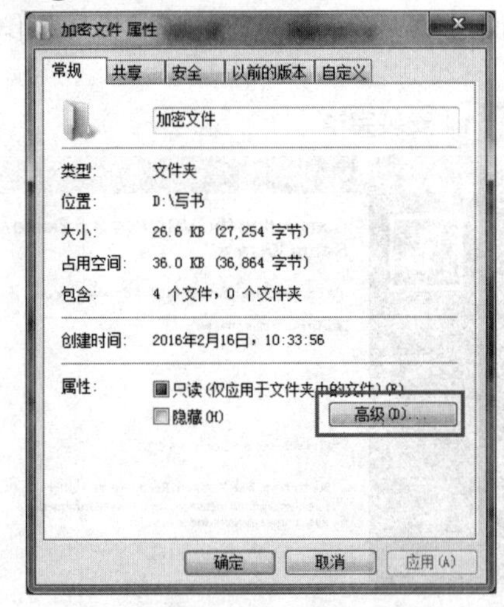

单击“常规”选项卡中的“高级”按钮。

步骤 3 查看高级属性

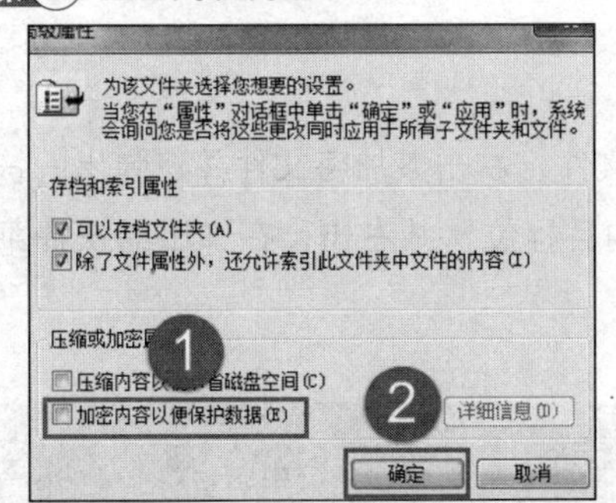

❶ 取消选中“加密内容以便保护数据”复选框。

❷ 单击“确定”按钮。

步骤 4 返回“加密文件夹 属性”对话框

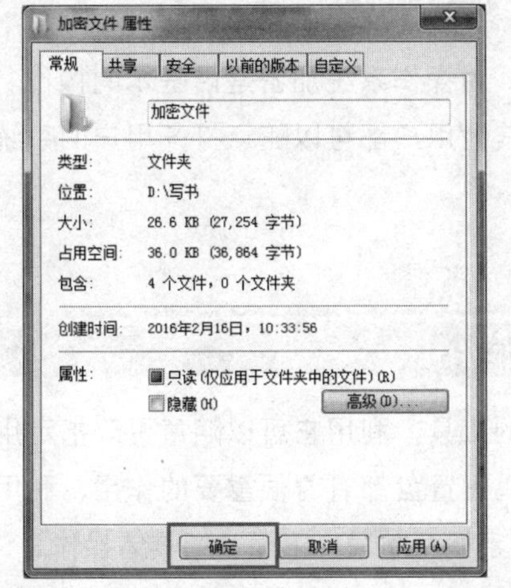

单击“确定”按钮。

步骤 5 打开“确认属性更改”对话框

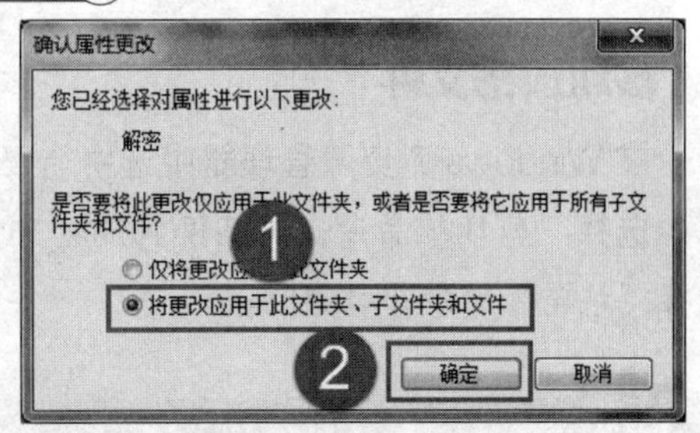

❶ 选择解密应用范围。

❷ 单击“确定”按钮。

步骤 6 查看已解密的文件夹

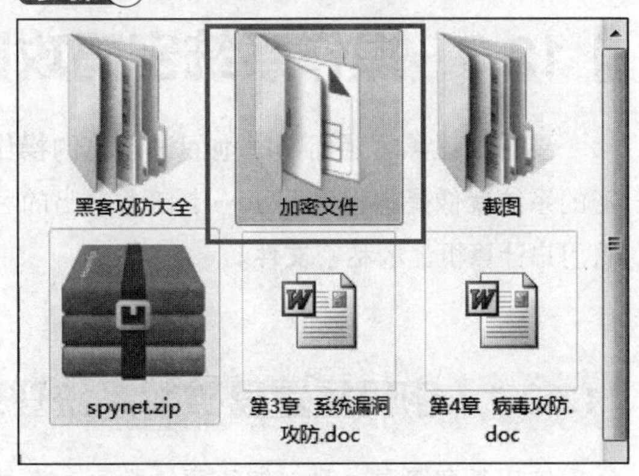

已解密的文件夹字体重新变回黑色。

提示

此方法不能加密或解密 FAT 文件系统中的文件与文件夹，而只能在 NTFS 格式的磁盘分区上进行此操作。

加密数据只有存储在本地磁盘中才会被加密，而当其在网络上传输时，则不会加密。已经加密的文件与普通文件相同，也可以进行复制、移动及重命名等操作，但是其操作方式可能会影响加密文件的加密状态。

2. 复制加密文件

在 Windows 7 资源管理器中选中待复制的加密文件，右击该加密文件并在弹出的快捷菜单中选择“复制”命令。切换到加密文件复制的目标位置并右击，在弹出的快捷菜单中选择“粘贴”命令，即可完成操作。可以看出，复制加密文件同复制普通文件并没有不同，只是进行复制的操作者必须是被授权用户。别外，加密文件被复制后的副本文件也是被加密的。

3. 移动加密文件

在 Windows 7 资源管理器中选中待复制的加密文件，右击该加密文件并在弹出的快捷菜单中选择“剪切”命令，再切换到加密文件待移动的目标位置并右击，在弹出的快捷菜单中选择“粘贴”命令即可完成。

对加密文件进行复制或移动时，如果复制或移动到 FAT 文件系统中时，文件自动解密，所以建议对加密文件进行复制或移动后重新进行加密。

12.3 操作系统密码攻防方法揭秘

要想不让黑客轻而易举地闯进自己的操作系统，为操作系统加密是最基本的操作。不加密的系统就像是自己家开了一个任人进出的后门，其他用户都可以随意打开用户的系统，查看用户计算机上的私密文件。

12.3.1 密码重置盘破解系统登录密码

密码重置盘是一种能够不限次数更改登录密码的工具，利用它可以随意更改指定用户账户的登录密码。无论是对于黑客还是用户自己，密码重置盘都有着很重要的作用，利用密码重置盘破解系统登录密码包括创建密码重置盘和修改密码两阶段，下面介绍具体操作。

步骤 1 选择用户账户

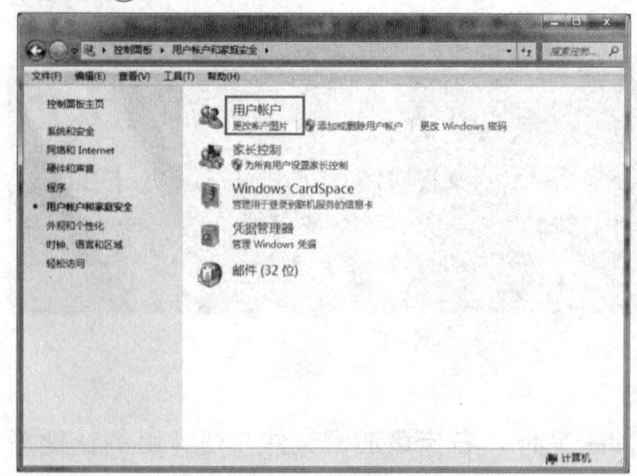

依次单击“开始”→“控制面板”→“用户账户和家庭安全”→“用户账户”。

步骤 2 选择创建密码重置盘

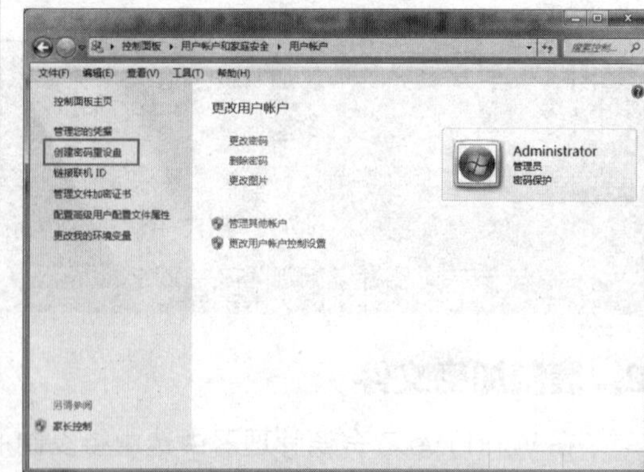

单击“创建密码重设盘”链接。

步骤 3 打开“欢迎使用忘记密码向导”对话框

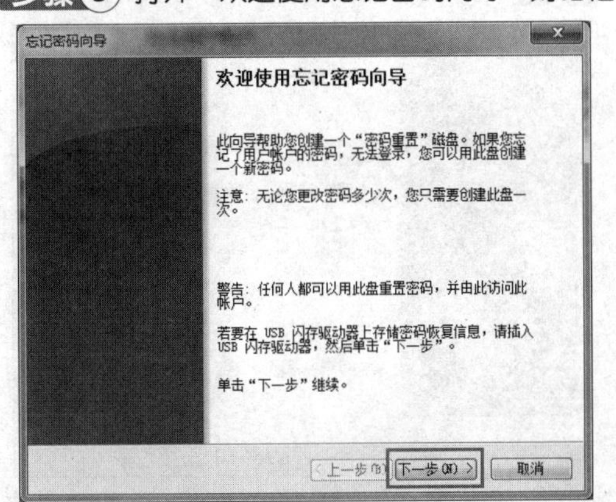

单击“下一步”按钮。

步骤 4 选择创建密钥盘的驱动器

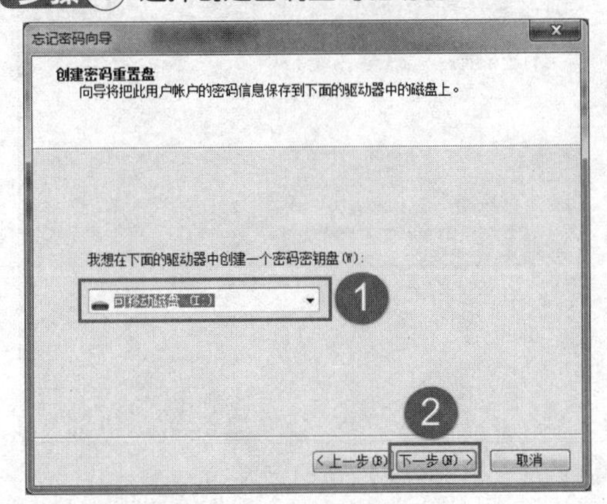

❶ 选择将密钥盘安装在 L 盘中。

❷ 单击“下一步”按钮。

步骤 5 输入当前用户账户的密码

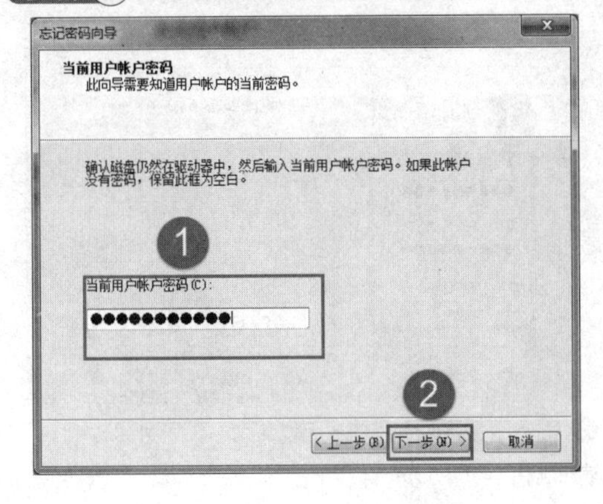

❶ 输入当前账户的登录密码。

❷ 单击“下一步”按钮。

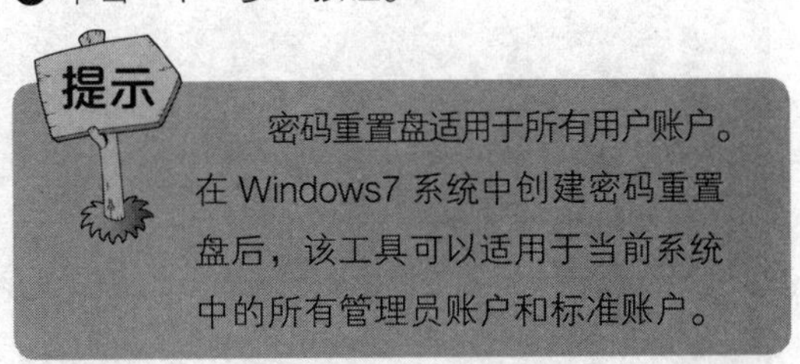

提示

密码重置盘适用于所有用户账户。在 Windows7 系统中创建密码重置盘后，该工具可以适用于当前系统中的所有管理员账户和标准账户。

步骤 6 正在创建密码重置盘

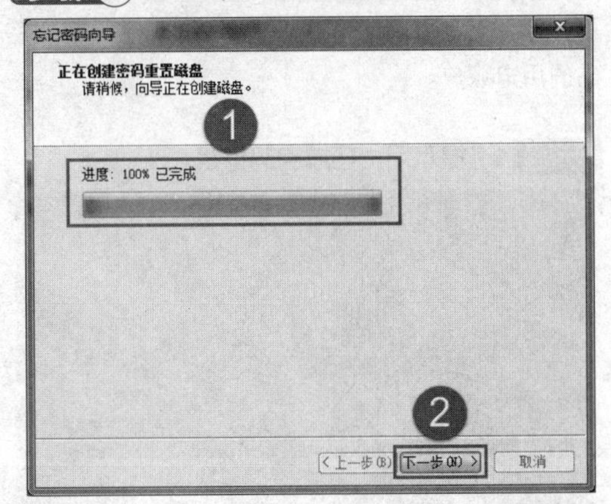

❶ 查看进度，当进度达到 100% 时表示创建完成。

❷ 单击“下一步”按钮。

步骤 7 完成创建

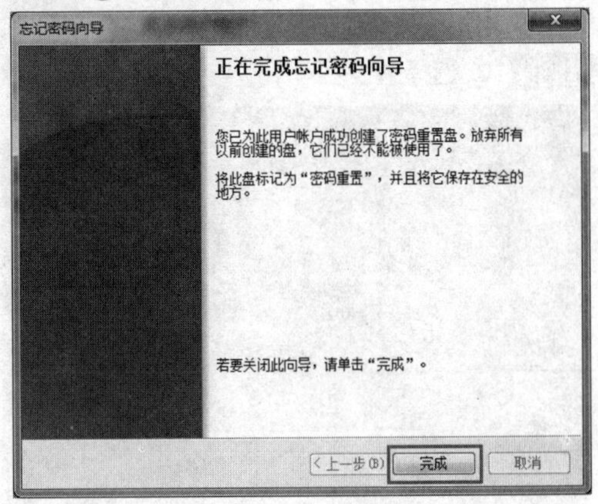

单击“完成”按钮，完成密码重置盘的创建。

步骤 8 选择要重置密码的账户

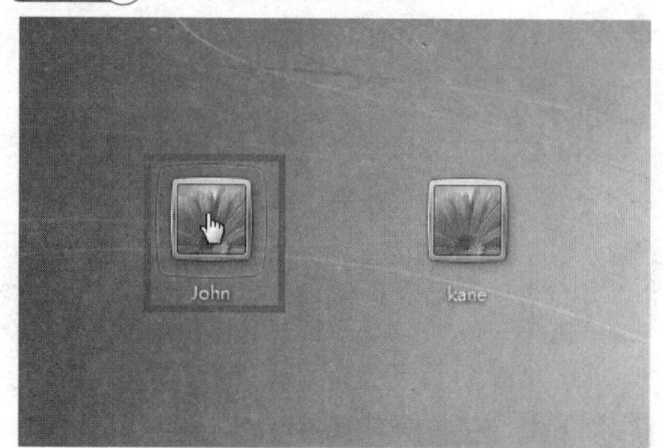

重新启动计算机，在系统登录界面选择要重置密码的用户账户。

步骤 9 提示用户名或密码错误

如果输入错误的密码，则会提示“用户名或密码不正确”，单击“确定”按钮。

步骤 10 选择重设密码

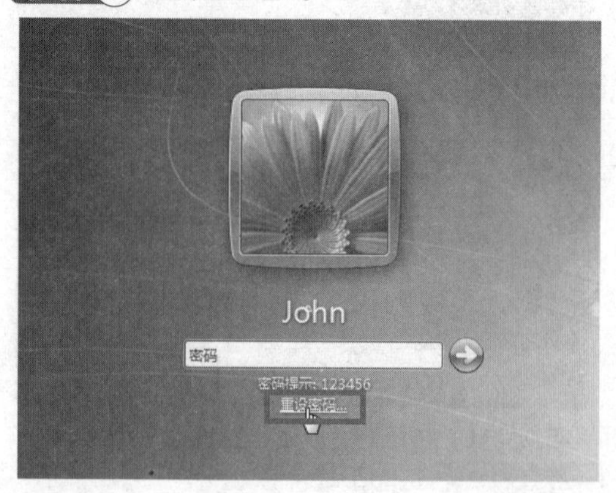

在界面中单击“重设密码”按钮，选择重新设置登录密码。

步骤 11 打开“重置密码向导”对话框

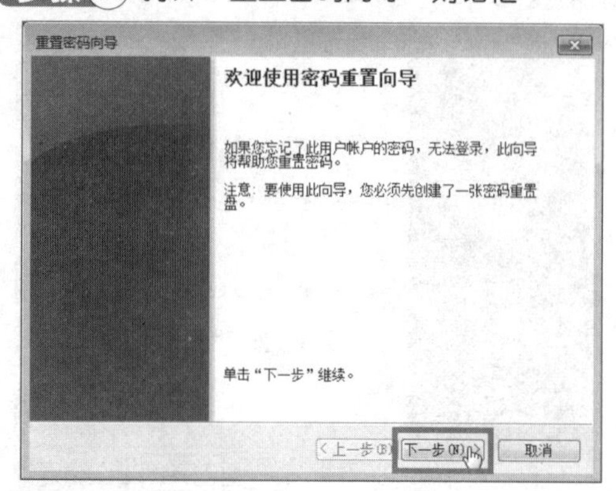

弹出“重置密码向导”对话框，单击“下一步”按钮。

步骤 12 选择密钥盘所在位置

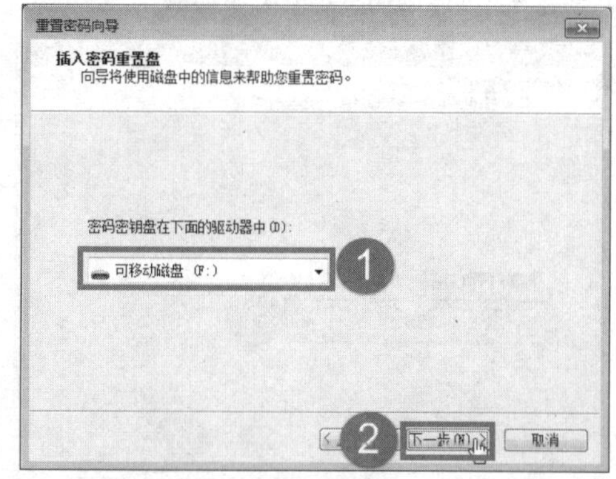

❶ 选择密码密钥盘所在的位置。

❷ 单击“下一步”按钮。

步骤 13 设置新密码

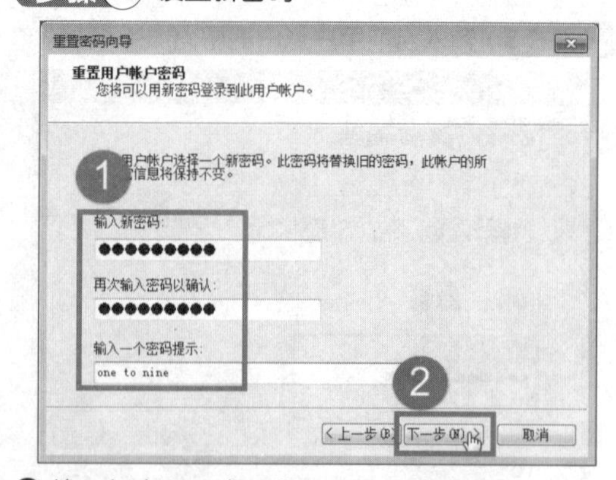

❶ 输入新密码及密码提示。

❷ 单击“下一步”按钮。

步骤 14 完成密码重置

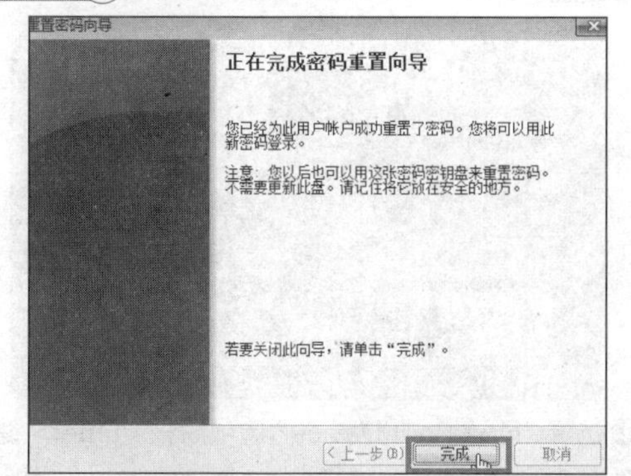

至此，完成密码重置的操作，单击“完成”按钮。

步骤 15 输入新密码

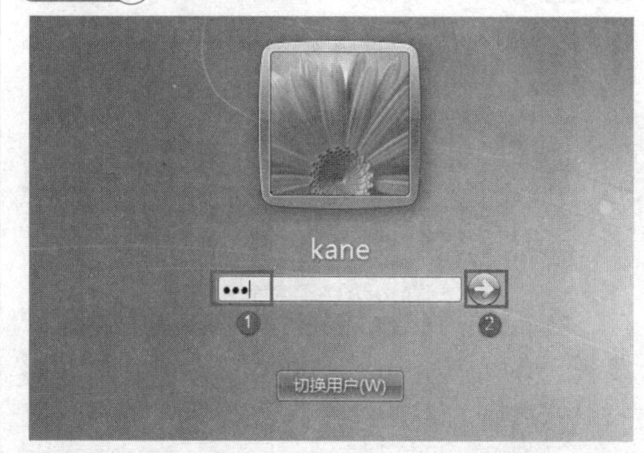

❶ 输入新密码。

❷ 单击“登录”按钮即可进入系统桌面。

12.3.2 Windows 7 PE 破解系统登录密码

Windows 7 PE 是一款可安装在硬盘、U 盘、光盘中使用的 Windows PE 工具集合，Windows 7 PE 可以快速实现一个独立于本地操作系统的临时 Windows 7 操作系统，含有 GHOST、硬盘分区、密码破解、数据恢复、修复引导等工具。其完全在内存中运行的特性可以帮助用户以极高的权限访问硬盘。

下面介绍利用 Windows 7 PE 破解系统登录密码的操作方法。

步骤 1 选择进入 BIOS

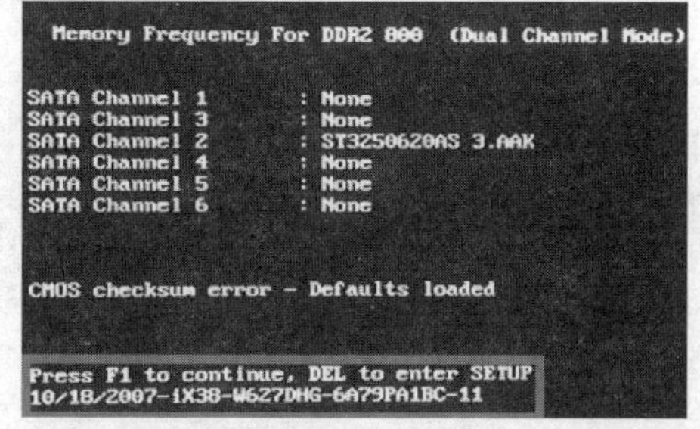

重新启动计算机，当显示自检界面时，按 <Del> 键，选择进入 BIOS。

步骤 2 选择“Advanced BIOS Features”

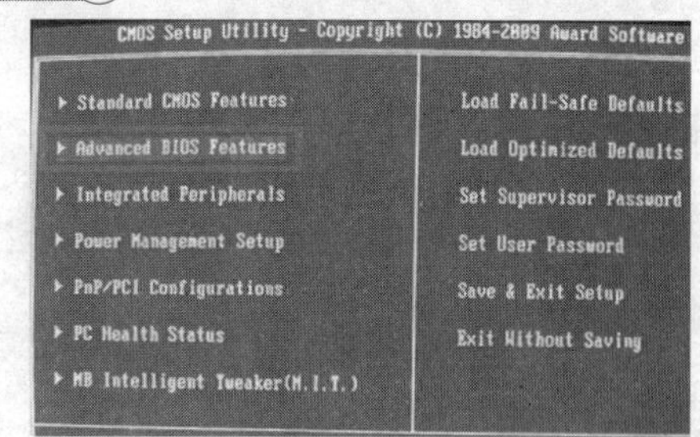

打开 BIOS 界面，利用方向键选择“Advanced BIOS Features”，然后按 <Enter> 键。

提示

其他进入 BIOS 的方法：目前市场上常见的 BIOS 并非只有一种，有些计算机在开机自检界面中会显示进入 BIOS 所需按的热键，而有些则不显示进入方法。对于不显示进入方法的计算机，可在主板说明书中查看进入 BIOS 的方法，进入 BIOS 的方法都是通过按键盘上的某一个功能键实现的，常用的按键主要有 <F2> 键、<Del> 键、<Esc> 键等。

步骤 3 选择“Hard Disk Boot Priority”

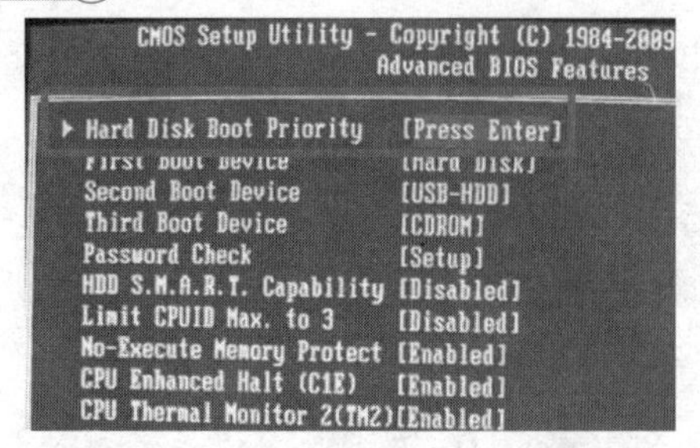

选择“Hard Disk Boot Priority”选项，然后按 <Enter> 键。

步骤 4 选择“USB-HDD”选项

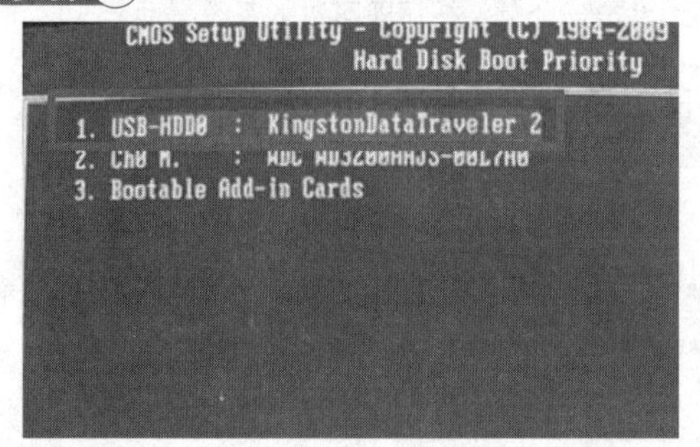

选择“USB-HDD”选项，然后按【+】号，将其移至最顶端。

步骤 5 设置从硬盘启动

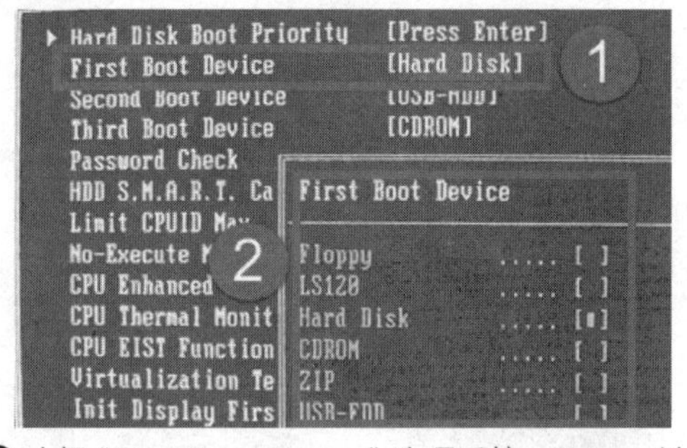

❶ 选择“First Boot Device”选项后按 <Enter> 键。

❷ 选择“Hard Disk 选项”，然后按 <Enter> 键。

步骤 6 选择 PE 工具箱

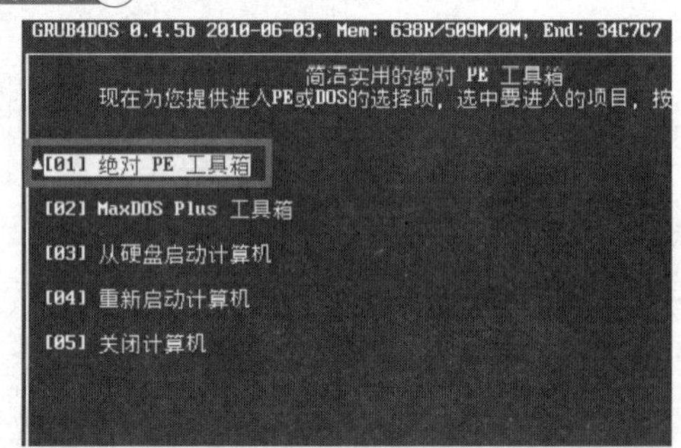

保存 BIOS 设置后重新启动计算机，计算机自动从 U 盘启动，在界面中选择“绝对 PE 工具箱”，按 <Enter> 键。

> **提示**
>
> 保存对 BIOS 设置所做的更改：当在 BIOS 中完成从 U 盘启动的设置后，可按 <F10> 键，然后在弹出的对话框中输入“Y”后按 <Enter> 键，计算机将保存对 BIOS 所做的设置并自动重新启动。

步骤 7 双击“计算机”图标

打开 Windows 7 PE 系统桌面，双击“计算机”图标。

步骤 8 更改“Narrator”文件名

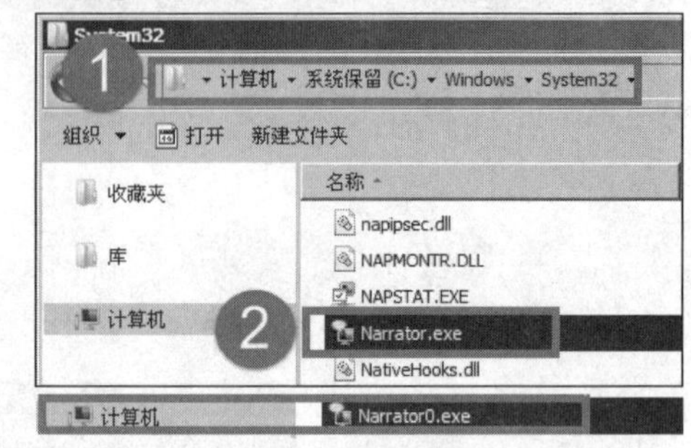

❶ 打开“System32”文件夹窗口。

❷ 将“Narrator”文件名改为“Narrator0”。

更改文件名的常用方法：更改文件名的常用方法主要有两种。第一种是右击待更改的文件选项，在弹出的快捷菜单中选择“重命名”命令后输入新的文件名，然后按 <Enter> 键；第二种是选中待更改的文件选项，按 <F2> 键后输入新的文件名，然后按 <Enter> 键。

步骤 9 更改“cmd”文件名

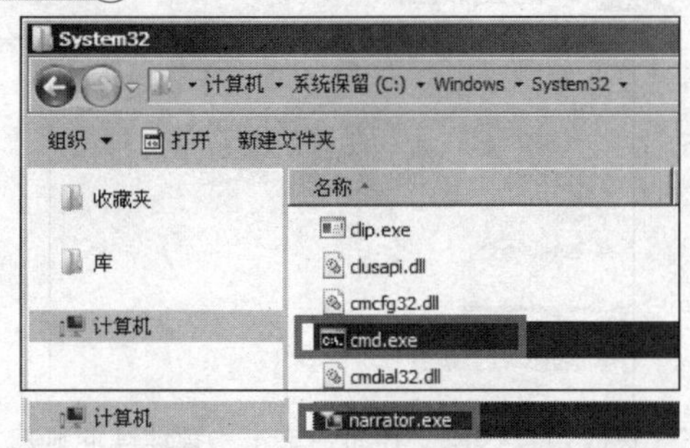

使用相同的方法将“cmd”文件的名称更改为“narrator”。

步骤 10 单击“轻松访问”按钮

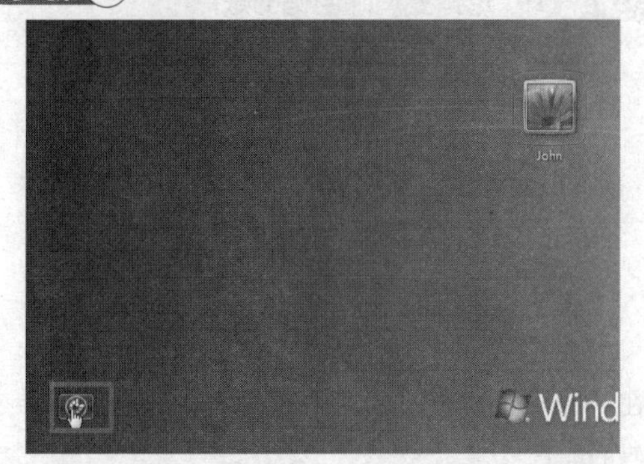

拔下 U 盘后重启计算机，在系统登录界面中单击左下角的“轻松访问”按钮。

步骤 11 选择讲述人

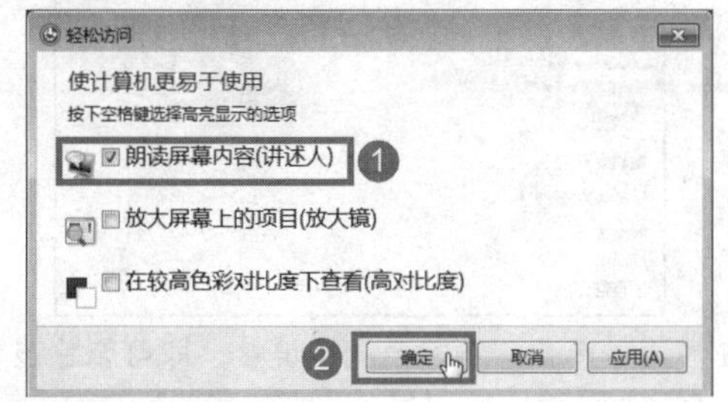

❶ 选中“朗读屏幕内容（讲述人）”复选框。
❷ 单击“确定”按钮。

步骤 12 利用 DOS 命令添加账户

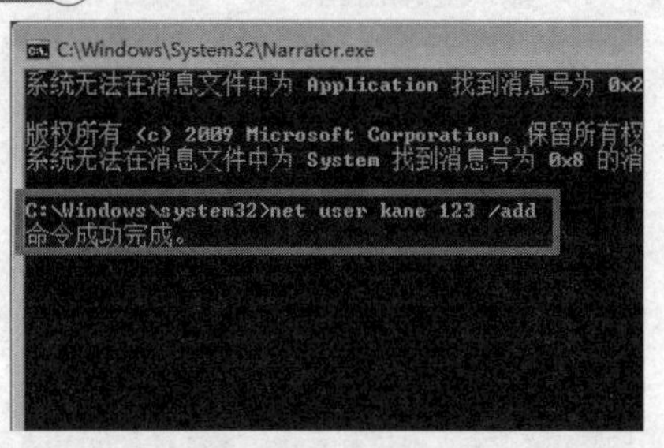

输入“net user kane 123 /add”后按 <Enter> 键，添加密码为“123”的账户。

步骤 13 为新账户赋予管理员权限

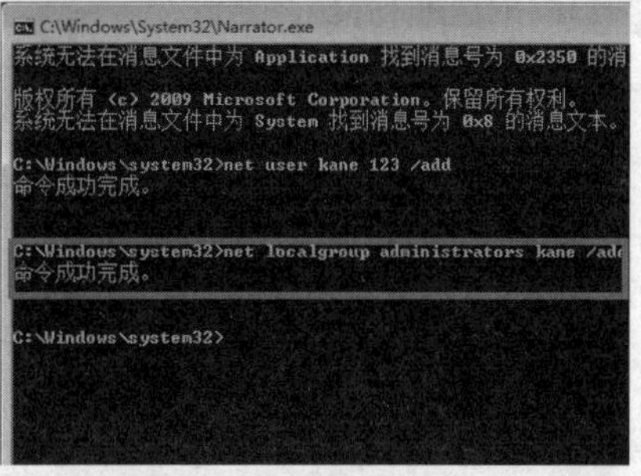

输入“net localgroup administrators kane /add”后按 <Enter> 键。

步骤 14 选择新创建的账户

再次重启计算机，可看见创建的 kane 账户，单击该账户对应的图片即可。

“net localgroup administrators kane /add”的含义：“net localgroup administrators kane /add”是指将名称为 kane 的账户添加到 Administrators 组中，让其成为管理员账户。这样一来，就可以直接进入操作系统，并清除其他账户的登录密码。

步骤 15 输入登录密码

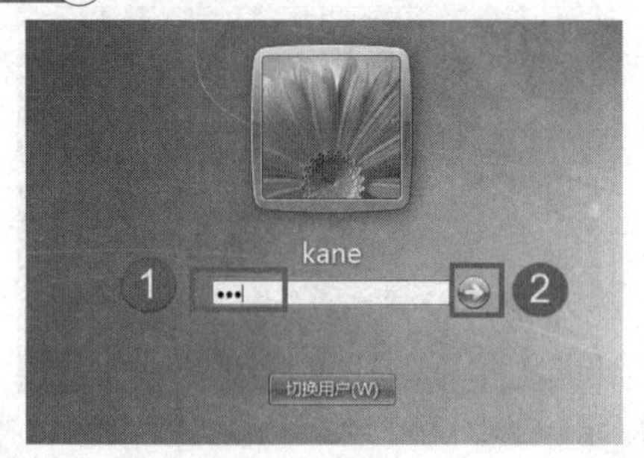

❶ 输入该账户的登录密码“123”。

❷ 单击“登录”按钮。

步骤 16 成功进入系统

成功进入系统桌面。至此，可以说是成功绕过登录密码进入操作系统。

步骤 17 选择用户账户

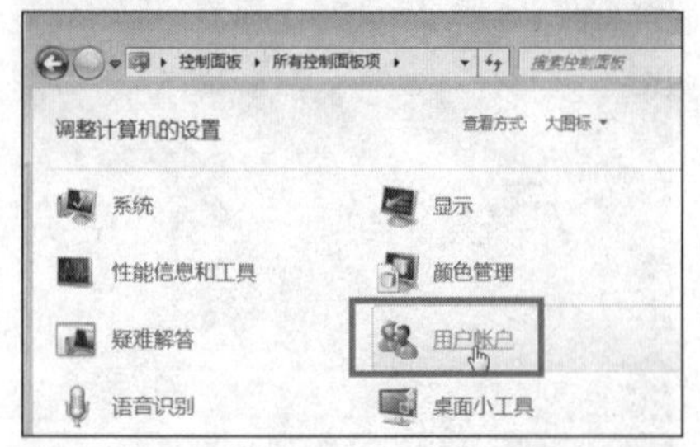

若要清除指定账户的密码，则在“控制面板”窗口中单击“用户账户”链接。

步骤 18 管理其他账户

在“更改用户账户”界面中单击“管理其他账户”链接。

步骤 19 选择要清除密码的账户

在“选择希望更改的账户”界面中选择要清除密码的账户。

步骤 20 删除登录密码

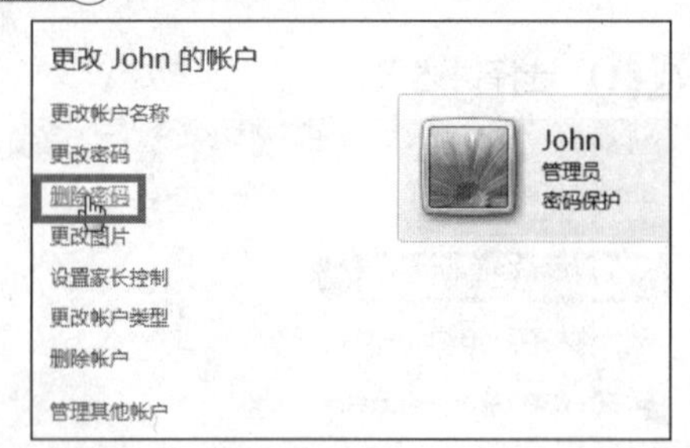

在界面中单击“删除密码”链接，即可删除该账户的登录密码。

12.3.3 SecureIt Pro 设置系统桌面超级锁

SecureIt Pro 是一个五星级的桌面密码锁，每当要离开计算机之前，用户可以开启这个应用程序，设定密码将计算机上锁，以防止任何人在未经用户同意下任意使用你的计算机。

1. 生成后门口令

在开始使用 SecureIt Pro 前，因为软件为了防止用户忘记设置的进入口令，需要先填一些基本信息，并会根据这些信息自动生成一个后门口令，用于万不得以时登录使用。

具体的操作步骤如下。

步骤 1 双击桌面上的“SecureIt Pro”应用程序图标

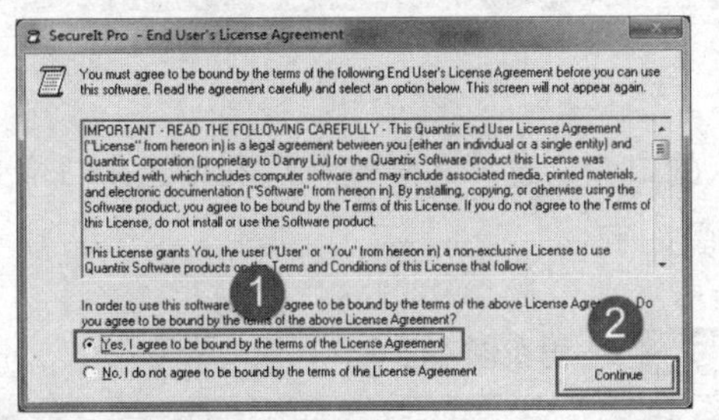

❶ 选择“yes”选项

❷ 单击“Continue”按钮

步骤 2 查看首次初始化的基本信息

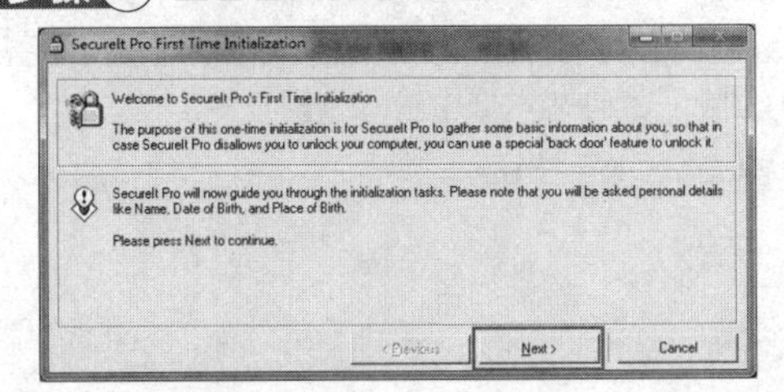

单击“Next”按钮。

步骤 3 填写注册信息

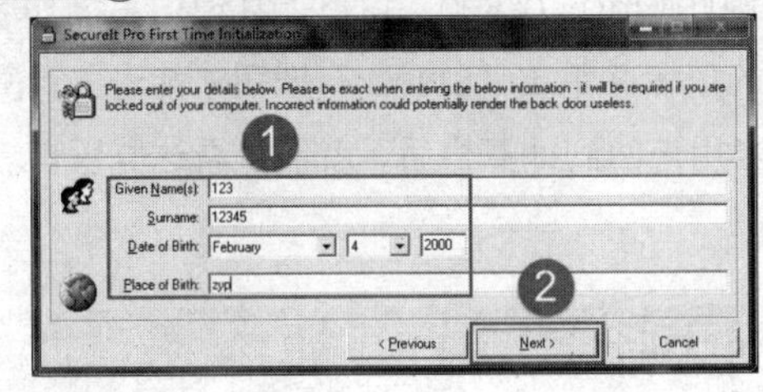

❶ 根据提示完善信息。

❷ 单击“Next”按钮。

步骤 4 查看自动生成的后门口令

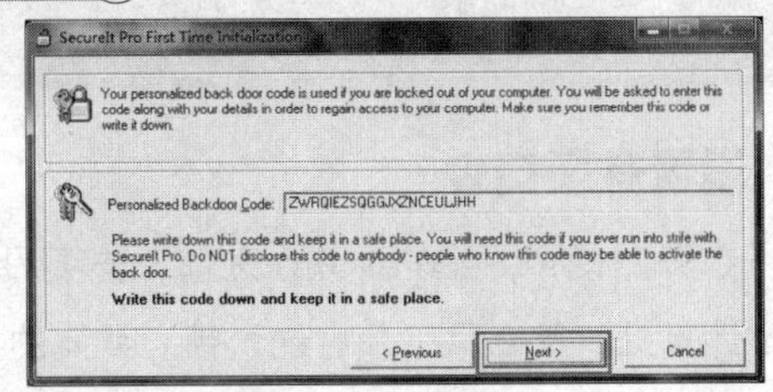

单击“Next”按钮。

步骤 5 填写前面自动生成的后门口令

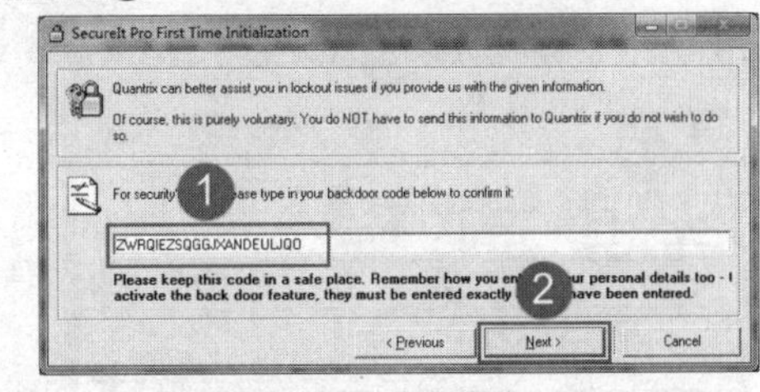

❶ 在文本框中输入步骤 4 中生成的后门口令。

❷ 单击“Next”按钮。

步骤 6 初始化完成

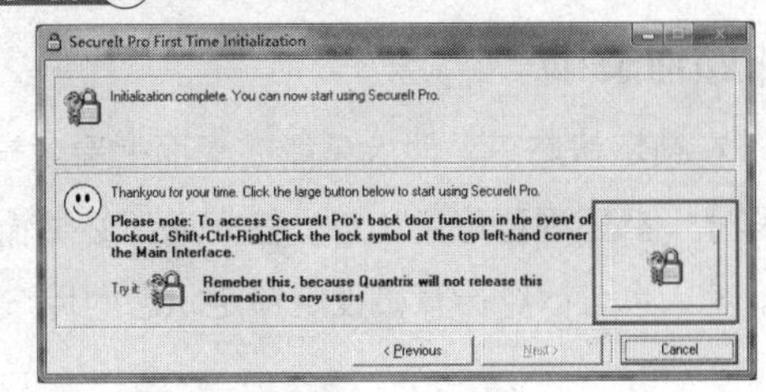

单击右下角的按钮。

步骤 7 查看提示信息

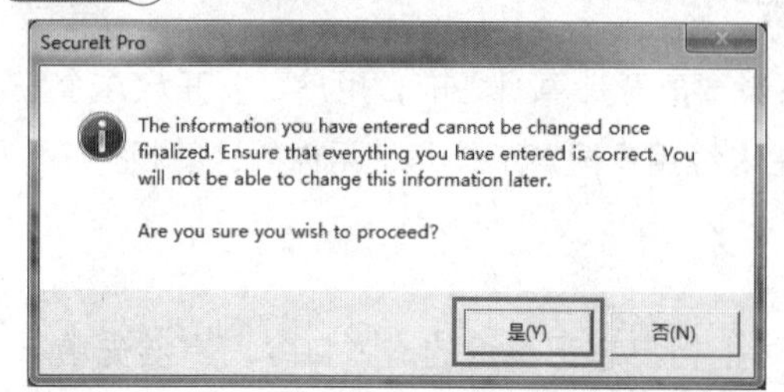

提示“已输入的信息不能更改，是否继续？”，单击“是”按钮，即可完成整个初始化操作。

在因遗忘密码而被锁定时，如果想使用后门口令，请使用 <Shift+Ctrl> 组合键并右击“SecureIt Pro”程序主界面左上角的“锁定”按钮。

2. 设置登录口令

在开始使用 SecureIt Pro 之前，先要设置进入的口令。这样才能在以后利用这个口令来锁定计算机，反之用来开启这个锁。具体的操作步骤如下。

步骤 1 再次双击桌面上的“SecureIt Pro”应用程序图标

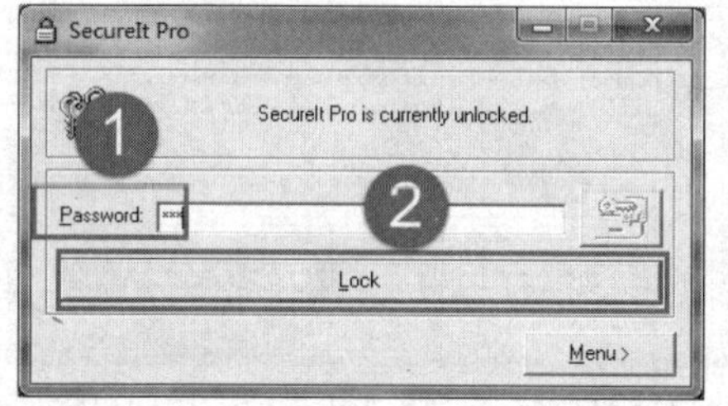

❶ 弹出“SecureIt Pro”窗口，在“密码”右侧的文本框中输入口令。
❷ 单击“Lock”按钮。

步骤 2 再次输入口令

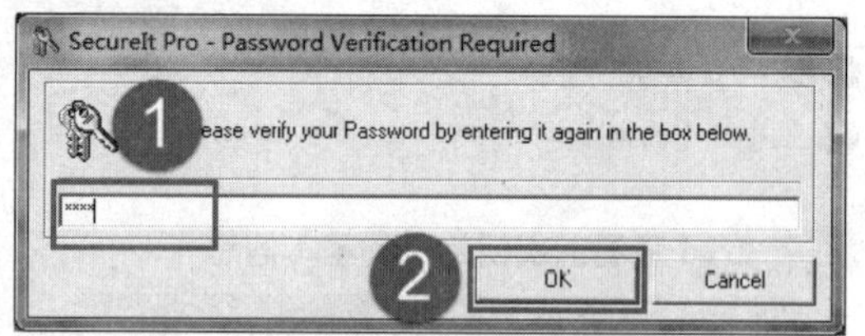

❶ 在验证密码文本框中输入相同口令。
❷ 单击“OK”按钮。

3. 如何解锁

在锁定状态下，他人只能在桌面上看到一个“SecureIt Pro-Locked”窗口，其他信息（如原有程序）都呈现不可见状态。任何人都必须输入正确的口令并单击“Unlock”按钮才能进入计算机。他人也可以给计算机设定锁定状态的用户留言，当用户回到计算机后，就能查看这些留言。

12.3.4 PC Security（系统全面加密大师）

系统级的加密工具 PC Security 可以帮助大家锁定因特网、任何文件与目录、任何磁盘分区、系统等，试想，如此完善的加密管理还有什么理由能让大家不心动呢?

1. 锁定驱动器

使用 PC Security 锁定驱动器是很简单的事情；以锁定存储有重要文件的 D 盘为例，在 PC Security 安装完毕后，在“我的电脑”窗口中右击 D 盘盘符，在弹出的快捷菜单中选择“PC Security”→“Lock”命令，即可完成对 D 盘的锁定操作。

2. 锁定系统

PC Security 可以完成多种方式的系统锁定，下面逐一进行介绍。

(1) 即时锁定系统

具体的操作步骤如下。

步骤 1 运行“PC Security”软件

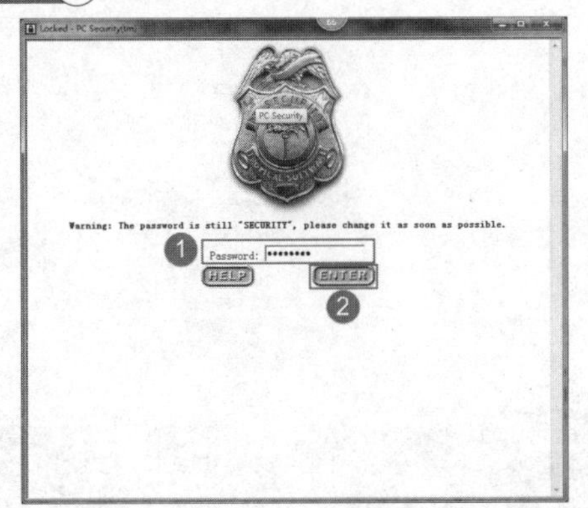

❶ 在“Password”文本框中输入正确的登录密码（默认为 Security）。

❷ 单击“Enter”按钮。

步骤 2 “PC Security”操作管理

单击“System Lock（系统锁定）”链接。

步骤 3 系统锁定

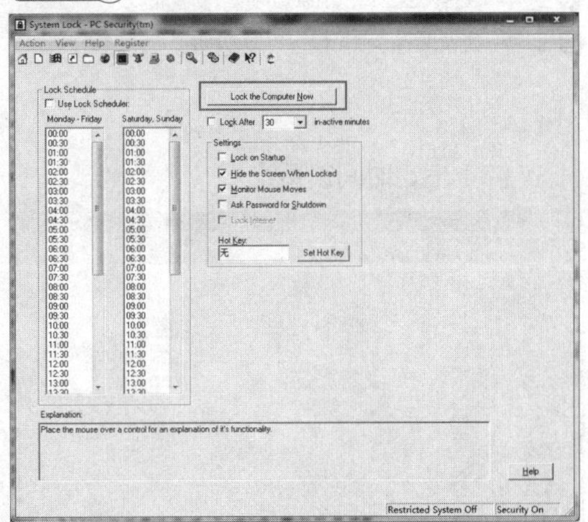

单击“Lock the Computer Now”按钮，当前系统将自动切换到类似屏幕保护的状态，在屏幕窗口中有一个“密码输入”对话框，只有输入了 PC Security 的登录密码才能恢复系统的正常使用状态。

（2）启动时锁定系统

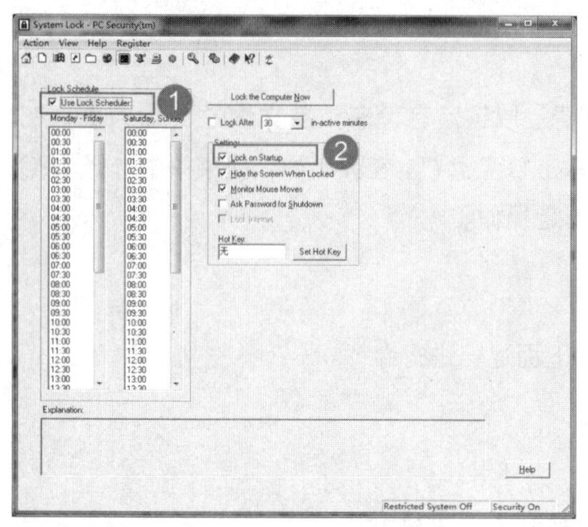

❶ 选中“Use Lock Scheduler”复选框。

❷ 选中“Lock on Startup”复选框。

提示

采用启动时锁定系统功能，可彻底解决 Windows 7 系统不需密码就登录系统的安全隐患。在功能启用后，当用户登录 Windows 7 系统时，在“登录”对话框中单击“确定”按钮，将会自动进入类似屏幕保护状态的 PC Security 登录状态。使用方法很简单，只需选中“系统锁定”界面中的“Lock on Startup”复选框即可。

（3）指定时间锁系统

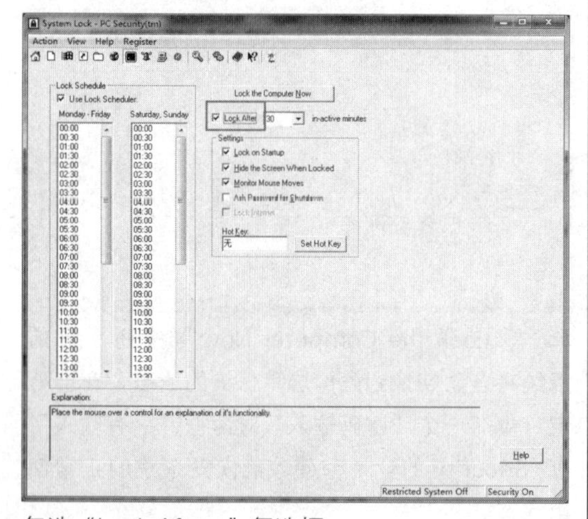

勾选“Lock After ”复选框。

提示

若选中“Lock Afterin-active minutes”复选框，在文本框中输入所需的数字后，PC Security 就会自动在指定的时间无法活动后将系统锁定。

（4）锁定活动窗口

如果大家在运行程序时有朋友要借用一下计算机，这个时候往往不方便将正在运行的程序关闭，但又不想让朋友打开正在运行的程序。这个看起来很麻烦的问题，通过 PC Security 将会很容易地被解决。具体的操作步骤如下。

步骤 1 返回“PC Security”操作管理界面

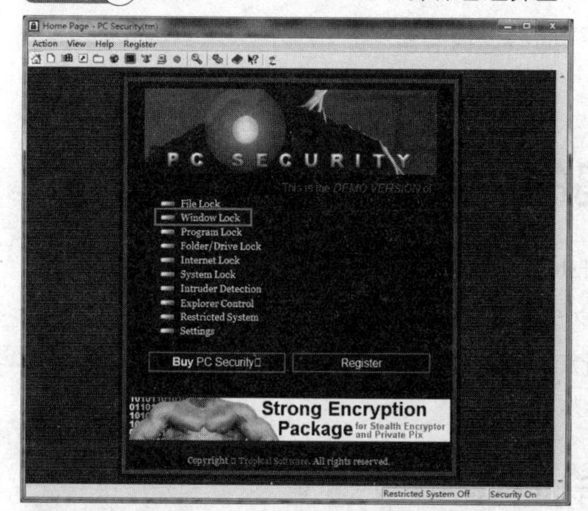

单击“Windows Lock（窗口锁定）”链接项。

步骤 2 打开“窗口锁定”设置界面

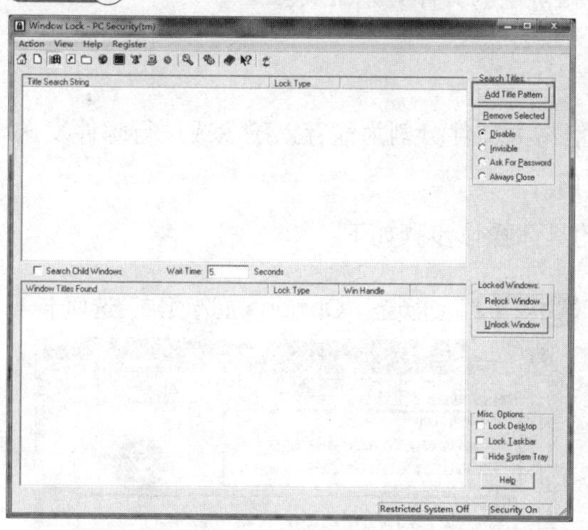

单击“Add Title Pattern”按钮。

步骤 3 选择锁定程序

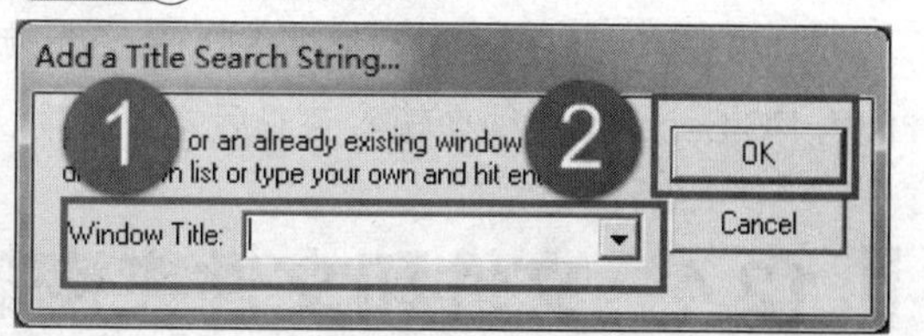

❶ 单击“Window Title”文本框右下侧的三角按钮，在当前运行程序列表中选择要锁定的程序。

❷ 单击“OK”按钮。

步骤 4 返回“窗口锁定”设置界面

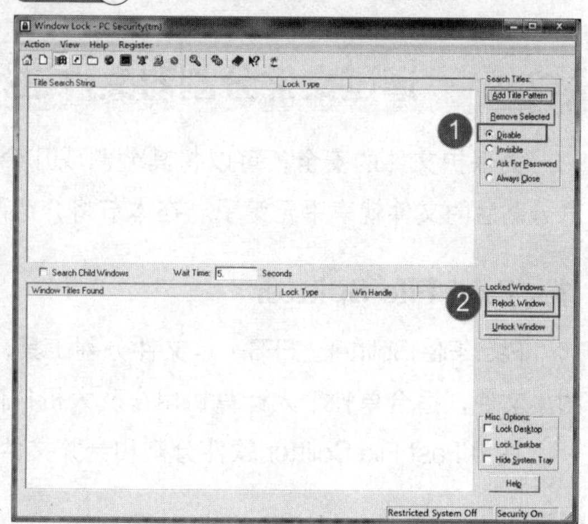

❶ 选择“Disable（禁用）”单选按钮。

❷ 单击“Relock Window”按钮，可看到选中的程序列表，以及当前程序为禁止使用状态。

（5）锁定程序

如果系统中有一些很重要的程序不方便被其他人使用，也可以使用 PC Security 来完成程序的锁定。在“PC Securitg”操作管理界面中单击“Program Lock（程序锁定）”链接项，即可打开“程序锁定”设置界面。通过展开目录法选中需锁定的程序，单击中间的锁定方式（只读或完全），单击“Lock”按钮，即可锁定程序。

3. 验证加密效果

究竟锁定目录对于非法用户有没有访问约束力呢？这里通过实例介绍一下，先使用 PC Security 将服务器的 D 盘下的 IMA 目录锁定，通过局域网中另一台计算机对服务器进行木马控制，此时大家会发现远程控制对于服务器中锁定的 IMA 目录无法读取。

如果恶意用户想通过网络将 PC Security 卸载后进行信息窃取，则他们可能会非常失望，因为 PC Security 必须在输入密码后才可卸载。

12.4 文件和文件夹密码的攻防方法揭秘

文件和文件夹是用户为了分类储存电子文件而在计算机磁盘空间建立的独立路径的目录，“文件夹”就是一个目录名称。文件夹不但可以包含文件，而且可包含下一级文件夹。为了保护文件夹的安全，还需要给文件或文件夹进行加密。

12.4.1 通过文件分割对文件进行加密

为保护文件的安全，可以将其分割成几个文件，并在分割的过程中进行加密，这样黑客对分割后的文件就束手无策了。在本节将介绍两款常见的文件分割工具。

1．Fast File Splitter

Fast File Splitter（FFS）是文件分割工具，能将大文件分割为能存入磁盘或进行邮件发送的小文件，适合单独个人计算机用户及大机构使用。

使用 Fast File Splitter 软件分割和合并文件的具体操作步骤如下。

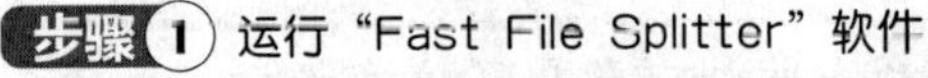

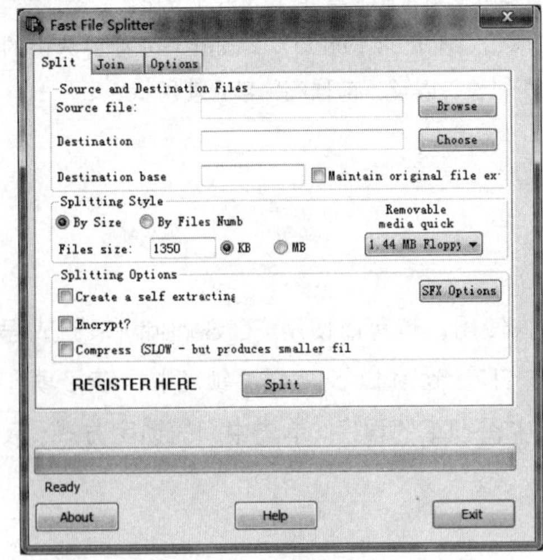

打开“Fast File Splitter”主界面。

步骤 2 切换至“Options（选项）”选项卡

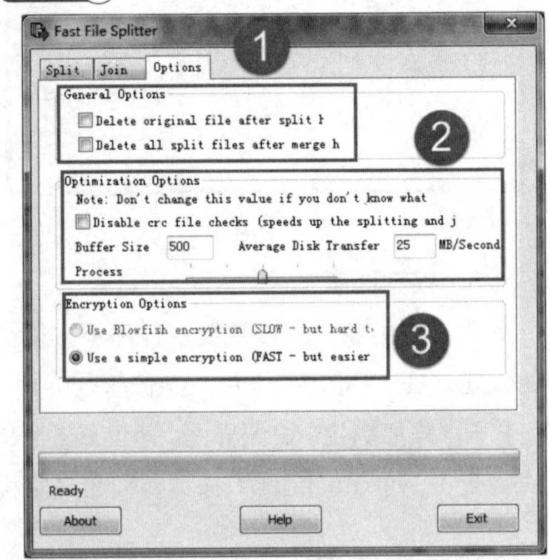

❶ 设置“General Options（常规选项）”。

❷ 设置“Optimization Options（优化选项）”。

❸ 设置“Encryption Options（加密选项）”。

步骤 3 切换至“Split（分割）”选项卡

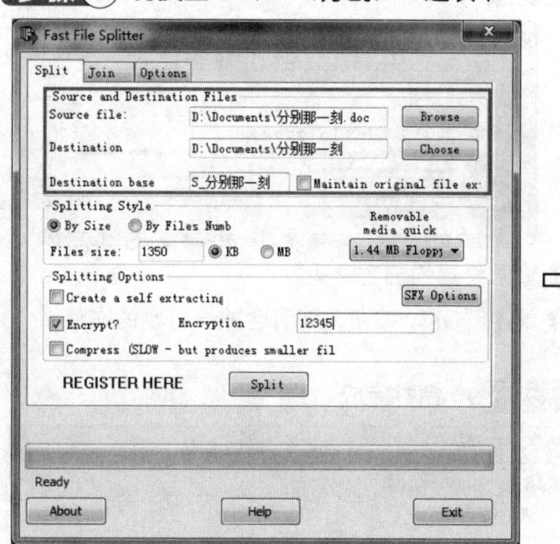

设置“Source file（来源文件）”“Destination（目标文件夹）”“Destination base（目标基准并称）”。

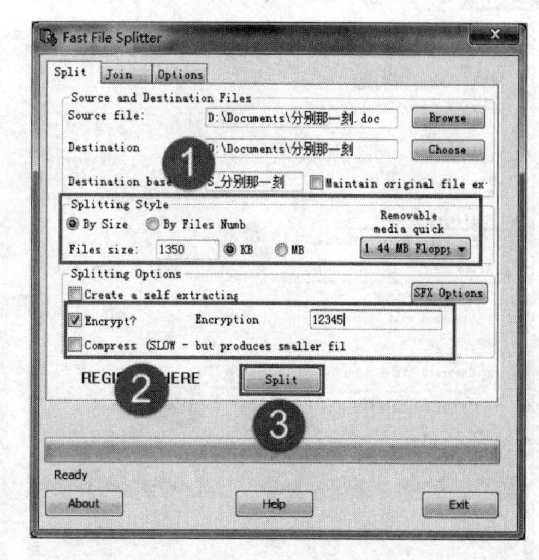

❶ 设置“Splitting Style（分割类型）”。
❷ 在“Splitting Options（分割选项）”栏中选中“Encrypt（加密）”复选框，在“Encryption（加密密码）”文本框中输入相应的密码。
❸ 单击“Split（分割）”按钮。

步骤 4 分割成功

在弹出的“Success（成功）”对话框中单击“确定”按钮。

步骤 5 查看分割后的文件

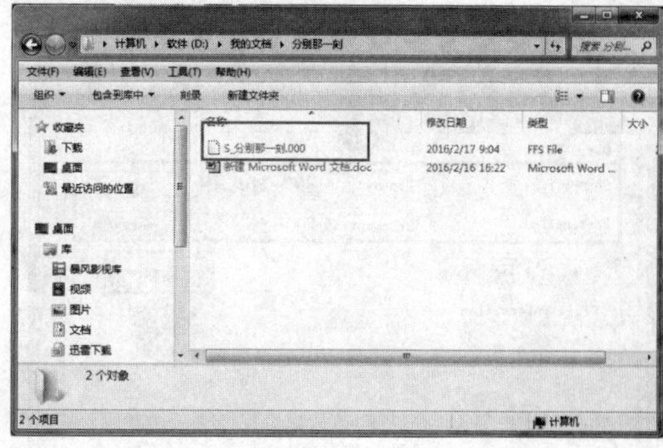

打开设置的目标文件夹，在其中可看到分割后的文件。

步骤 6 返回“Split（分割）”选项卡

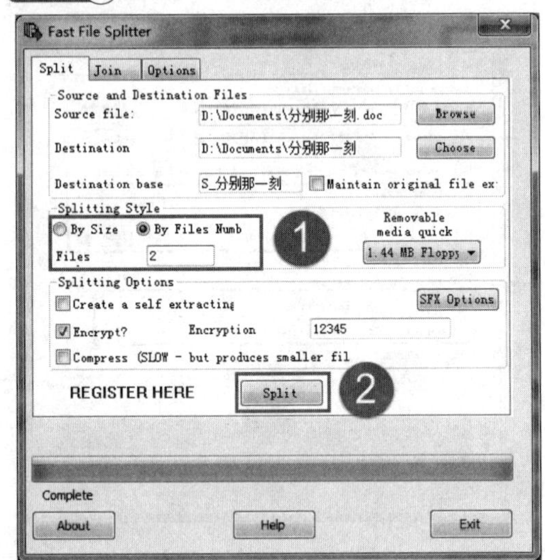

❶ 在“Splitting Style（分割类型）”栏中选择“By Files Numb（按文件数量）”单选按钮，在“Files（文件数量）”文本框中输入每个分割文件包含的文件数目。

❷ 单击“Split（分割）”按钮，可按文件的数量进行分割。

步骤 7 切换至“Join（合并）”选项卡

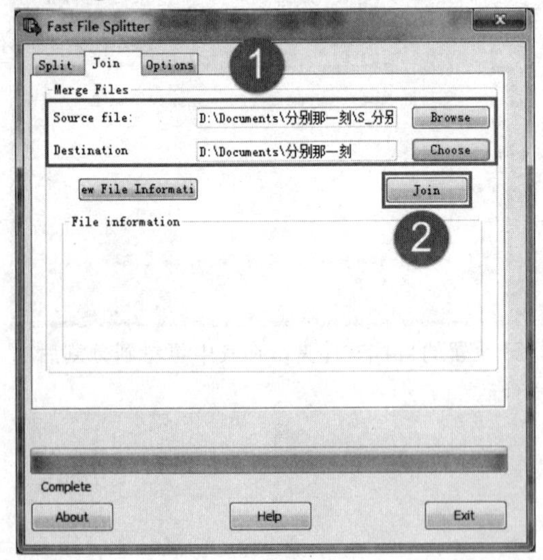

❶ 设置“Source file（来源文件）”“Destination（目标文件夹）”。

❷ 单击“Join（合并）”按钮。

步骤 8 输入密码

❶ 输入设置的加密密码。

❷ 单击“OK”按钮，即可合并已分割的文件。

步骤 9 合并完成

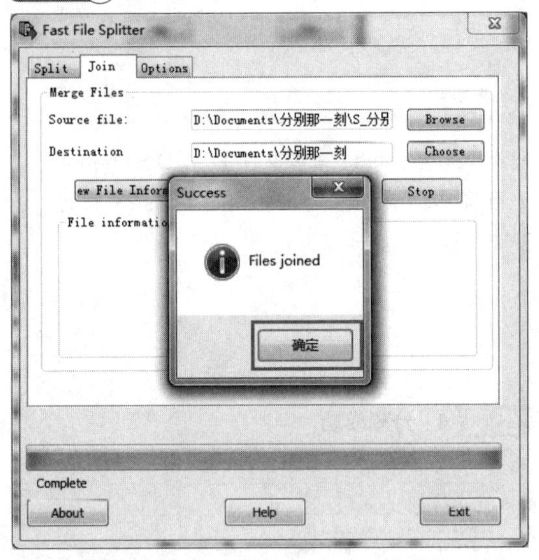

在弹出的“Success”对话框中单击“确定”按钮。

2. Chop 分割工具

Chop 是一款文件分割软件，用于分割大文件。使用普通窗口或向导界面，Chop 能够按照用户想要的文件数量、最大文件大小分割文件，用户也可以使用预设的用于电子邮件、软盘、Zip 盘、CD 等的通用大小分割文件。Chop 能以向导或普通界面劈分和合并文件，并支持保留文件时间和属性、CRC、命令行操作甚至简单加密。此外，如果大小是绝对优先的并且用户不需要任何 Chop 的更多高级特性，则可以转而设置 Chop 创建一个非常小的BAT文件，它无须Chop就能重建文件。

使用Chop分割和合并文件的具体操作步骤如下。

步骤 1 运行"Chop"软件

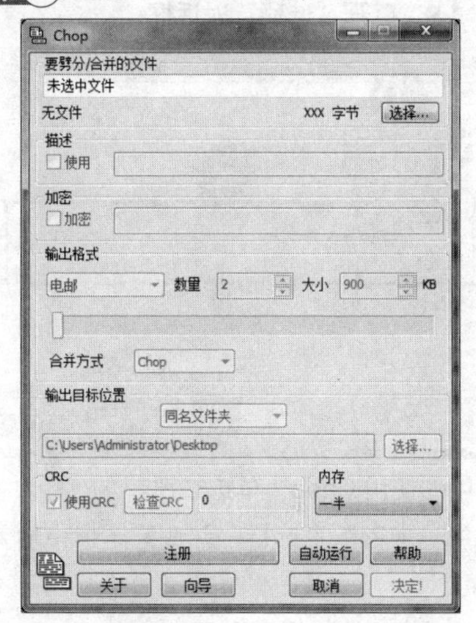

"Chop"主界面。

步骤 2 加密文件

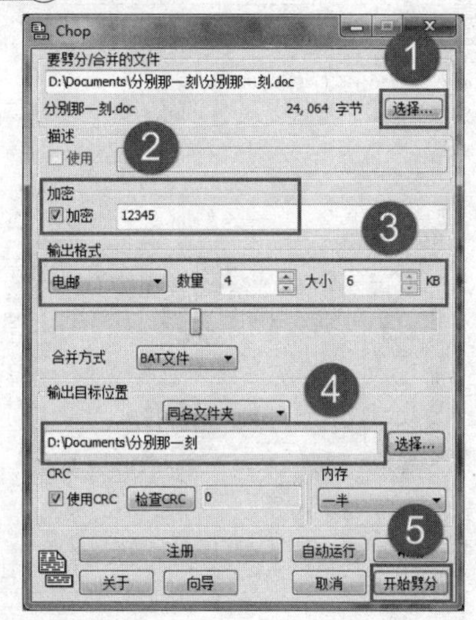

❶ 选择要劈分/合并的文件。
❷ 选中"加密"复选框，并设置加密密码。
❸ 设置文件的输出格式。
❹ 设置输出的目标位置。
❺ 单击"开始劈分"按钮。

步骤 3 分割完成

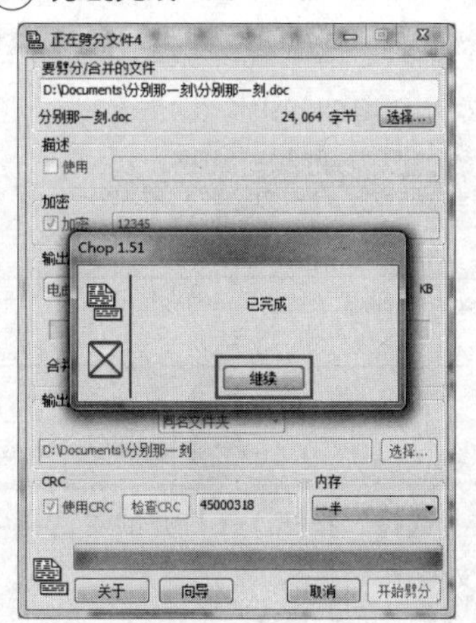

单击"继续"按钮，即可返回主界面。

步骤 4 打开输出文件夹

查看劈分后的 4 个文件。

步骤 5 使用向导劈分文件

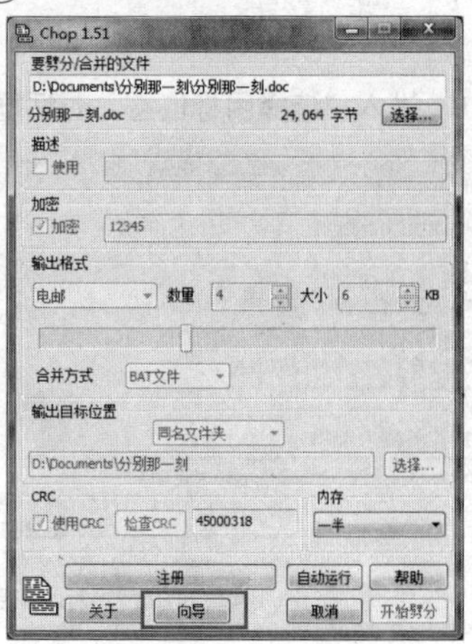

在"Chop"主界面中单击"向导"按钮。

步骤 6 打开“选择文件”对话框

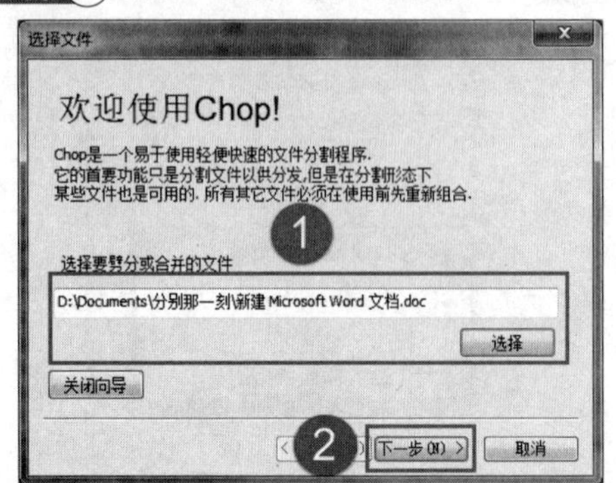

❶ 单击“选择”按钮，在打开的对话框中选择要劈分的文件。

❷ 单击“下一步”按钮。

步骤 7 进入“劈分模式”对话框

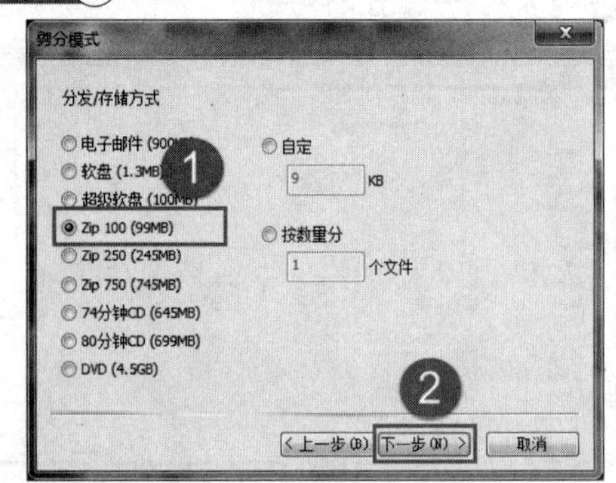

❶ 设置分发/存储方式，此处选择“Zip100（99MB）”单选按钮。

❷ 单击“下一步”按钮。

步骤 8 进入“选择目标位置”对话框

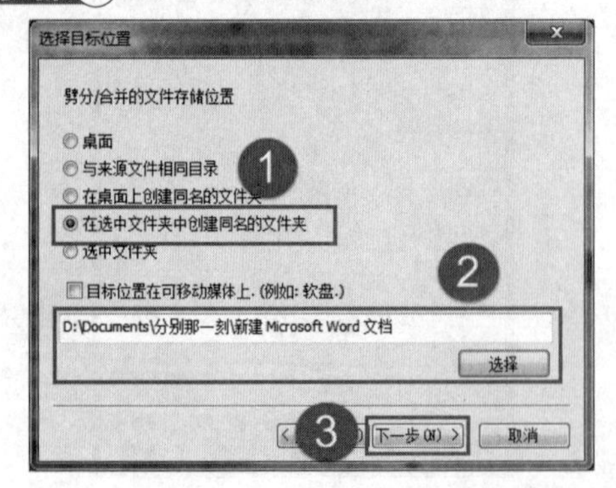

❶ 选中“在选中文件夹中创建同名的文件夹”单选按钮。

❷ 单击“选择”按钮，设置劈分文件的存储位置。

❸ 单击“下一步”按钮。

步骤 9 打开“选项”对话框

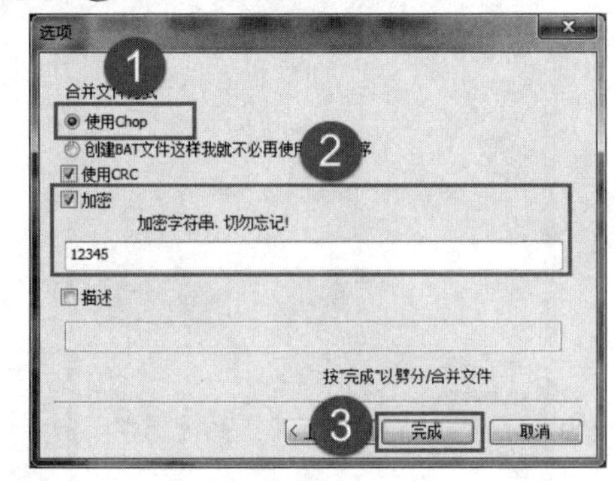

❶ 选中“使用 Chop”单选按钮。

❷ 选中“加密”复选框，并在文本框中输入加密密码。

❸ 单击“完成”按钮。

步骤 10 劈分文件完成

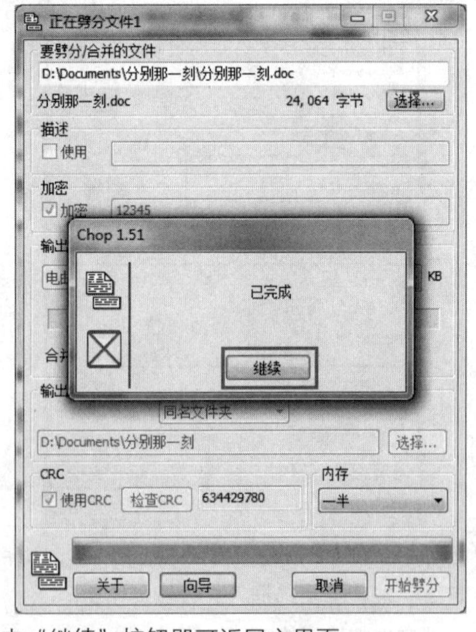

单击“继续”按钮即可返回主界面。

步骤 11 合并劈分后的文件

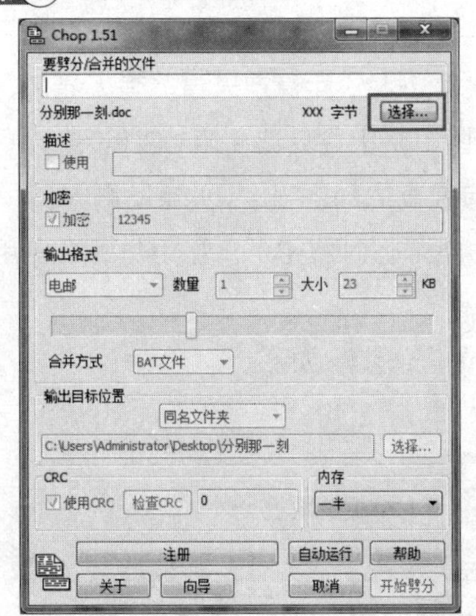

在“Chop”窗口中单击“选择”按钮。

步骤 12 选择要合并的文件

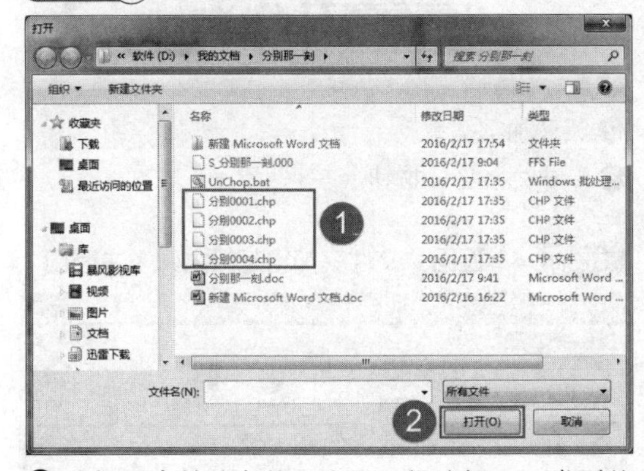

❶ 选择要合并的文件，这里必须选择 chp 类型的文件。

❷ 单击“打开”按钮。

步骤 13 返回“Chop”窗口

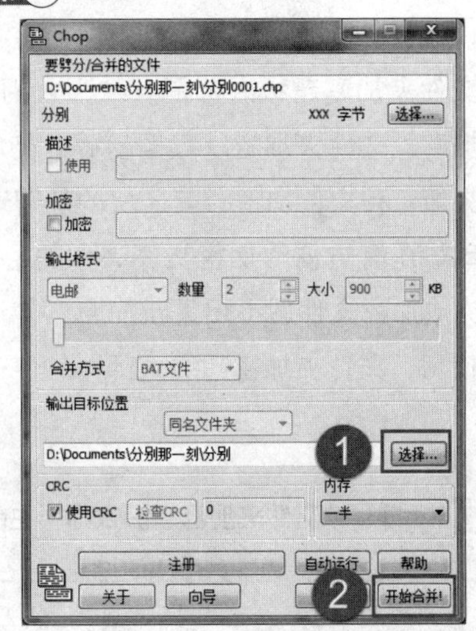

❶ 单击“选择”按钮，设置合并后文件的存储位置。

❷ 单击“开始合并”按钮。

步骤 14 合并完成

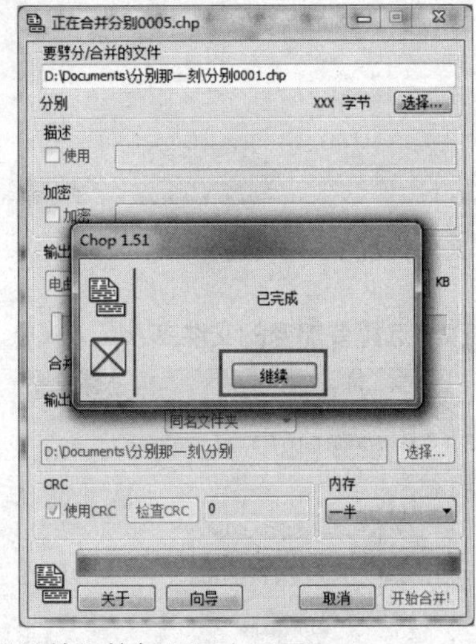

单击“继续”按钮返回主界面。

12.4.2 给文件夹上一把放心锁

个人计算机往往都有些个人隐私，为了保护这些个人隐私，通常是将其设置隐藏属性或采用加密软件对文件进行加密处理，除给计算机中的文件进行加密外，还需要为文件夹加密。使用 Windows 系统中自带的加密功能可以对文件夹及子文件进行加密，还可以使用专门的工具对文件夹进行加密。使用 Windows 系统自带的加密功能对文件进行加密，在前面已有详细介绍，本节主要介绍使用文件夹加密超级大师进行加密。

文件夹加密超级大师是一款强大的文件夹加密软件。本软件稳定无错，强大易用，具有文件加密、文件夹加密、数据粉碎、彻底隐藏硬盘分区、禁止或只读使用 USB 设备等功能。文件夹加密和文件加密时有最快的加密速度，加密后有最高的加密强度，并且防删除、防复制、防移动。还有方便的加密文件夹和加密文件的打开功能（临时解密），让用户每次使用加密文件夹或加密文件后不用重新加密。

使用“文件夹加密超级大师”软件进行加密的具体操作步骤如下。

步骤 1 打开“文件夹加密超级大师”主窗口

单击“文件夹加密”按钮。

步骤 2 选择要加密的文件夹

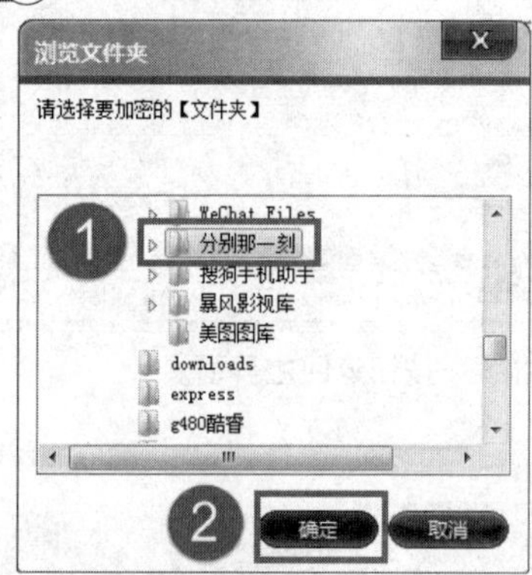

❶ 选中要加密的文件夹。
❷ 单击“确定”按钮。

步骤 3 设定加密密码

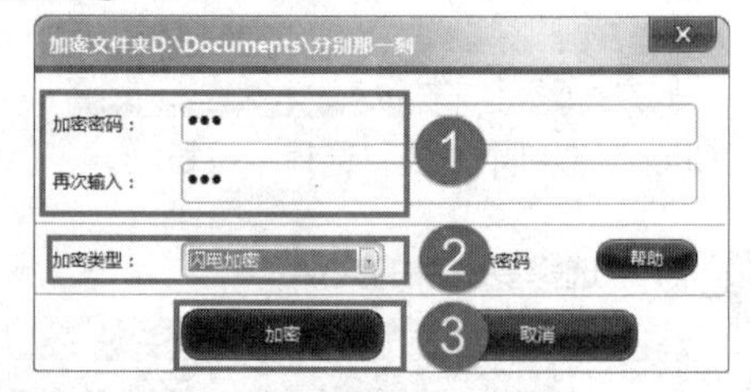

❶ 输入设置的加密密码。
❷ 设置加密类型。
❸ 单击“加密”按钮。

步骤 4 返回“文件夹加密超级大师”主窗口

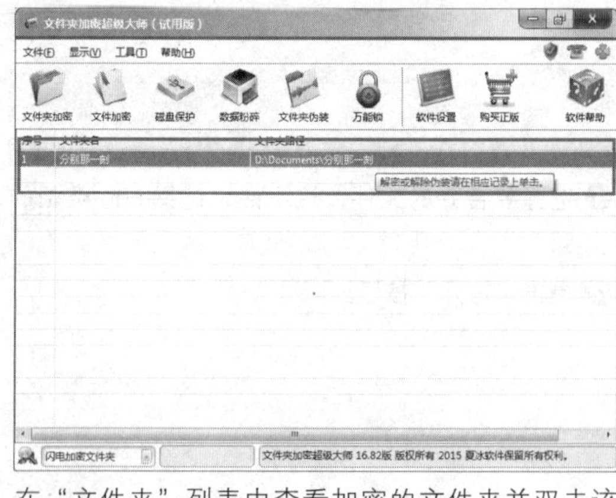

在“文件夹”列表中查看加密的文件夹并双击该文件夹。

步骤 5 查看加密文件

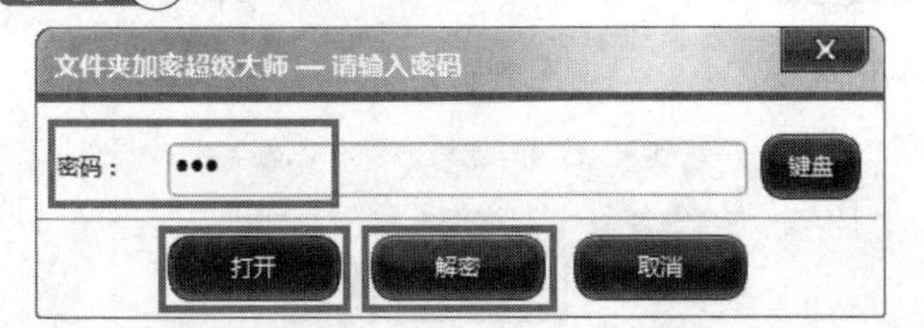

输入设置的密码，单击“打开”按钮可临时解密并打开该文件夹。单击“解密”按钮，则可进行文件夹解密操作。

步骤 6 对单个文件进行加密

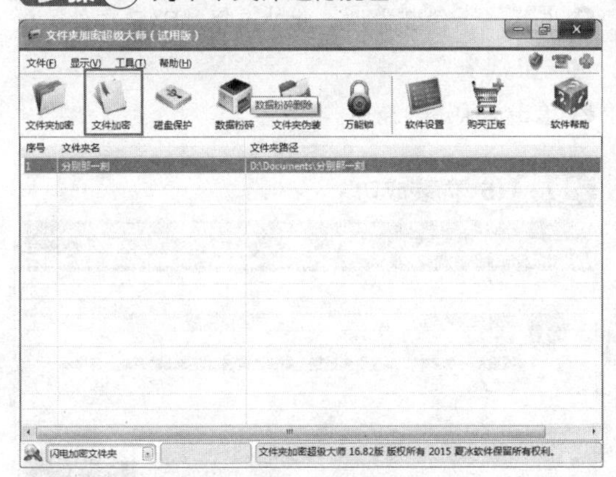

单击“文件加密”按钮。

步骤 7 选择要加密的文件

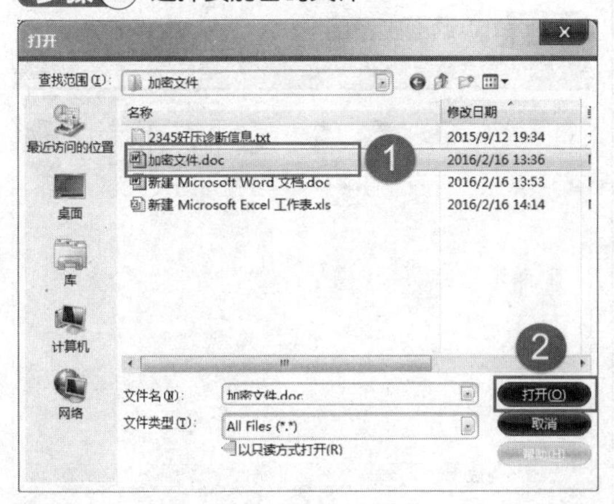

❶ 选中要加密的文件。

❷ 单击“打开”按钮。

步骤 8 设置加密密码

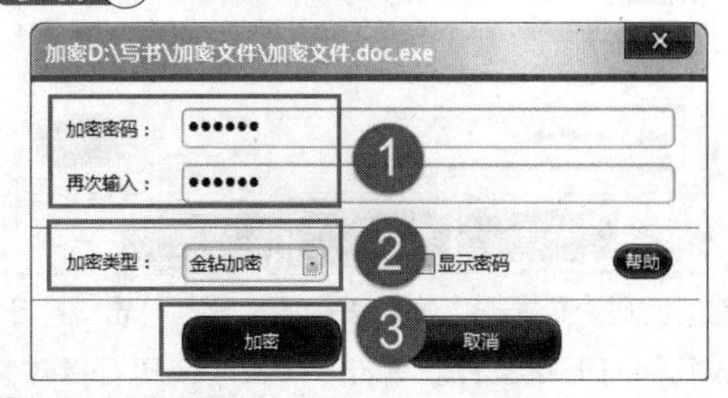

❶ 输入加密密码。

❷ 选择加密类型。

❸ 单击“加密”按钮。

步骤 9 正在加密

查看加密进度，单击“取消”按钮可中途终止加密。

步骤 10 加密完成

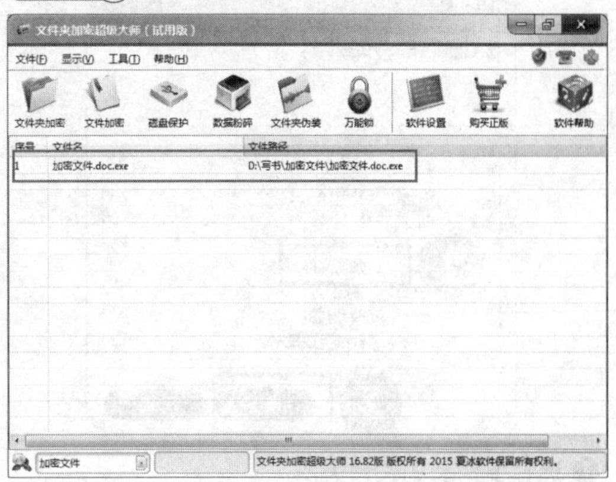

在“文件夹加密超级大师”主窗口中的“文件”列表中可看到成功加密的文件，单击该文件。

步骤 11 查看已加密文件

在“密码”文本框中输入正确的密码，单击“打开”按钮可打开该文件。单击“解密”按钮可以对文件夹进行解密，单击“取消”按钮回到主页面。

步骤 12 将文件夹伪装成特定的图标

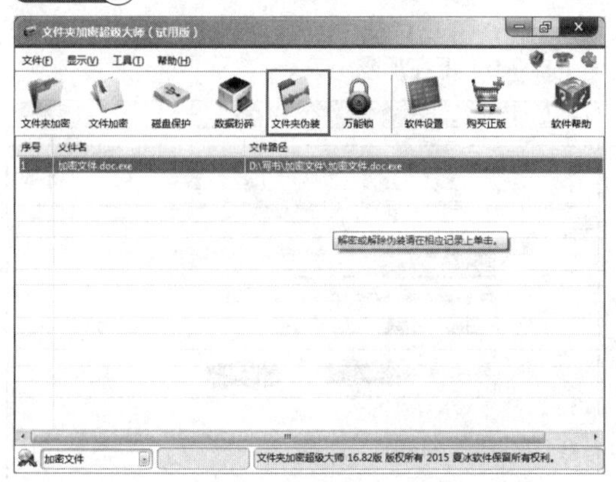

在“文件夹加密超级大师”主窗口中单击“文件夹伪装”按钮。

步骤 13 选择要伪装的文件夹

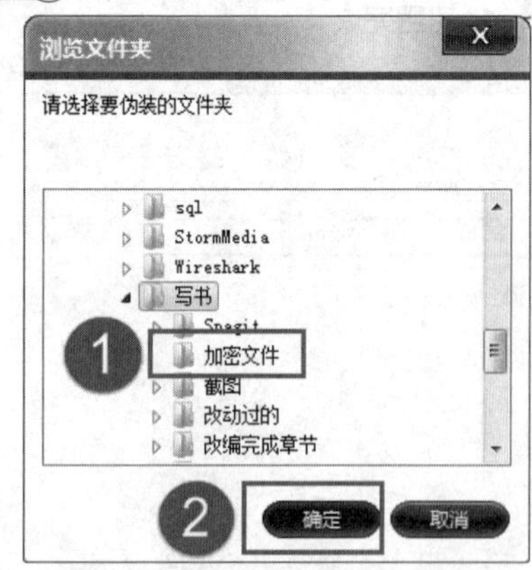

❶ 选择要伪装的文件夹。

❷ 单击“确定”按钮。

步骤 14 打开“请选择伪装类型”对话框

❶ 选择一个伪装类型，此处选择“CAB 文件”单选按钮。

❷ 单击“确定”按钮。

步骤 15 伪装成功

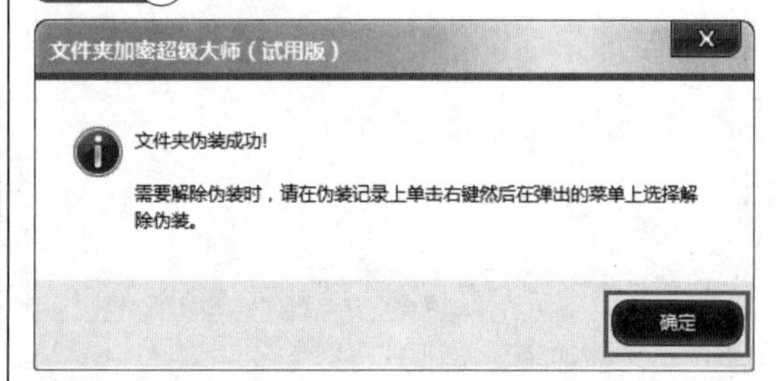

单击“确定”按钮。

步骤 16 返回主窗口

单击“软件设置”按钮。

步骤 17 对软件进行设置

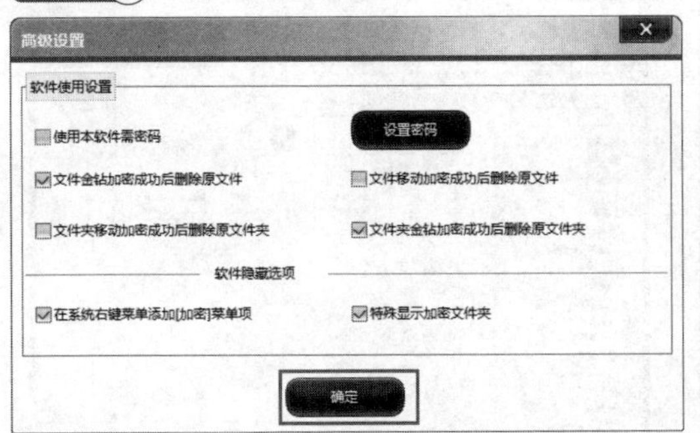

为该软件设置密码及其他属性，设置完成后单击“确定”按钮。

12.4.3 使用 WinGuard 给应用程序加密和解密

WinGuard Pro 是一款能用密码保护程序、窗口和网页的窗口锁定软件，利用 WinGuard Pro 可以加密私人文件和文件夹。WinGuard Pro 为计算机提供了多合一的安全解决方案，能够锁住桌面、启动键、任务键、禁止软件安装和 Internet 接入等。WinGuard Pro 可以锁定指定程序窗口，如“控制面板”“我的电脑”“资源管理器”等，只有输入正确的密码才可访问，才能打开这些锁住的窗口。

使用 WinGuard Pro 加密和解密应用程序的具体操作步骤如下。

步骤 1 运行“WinGuard Pro”软件

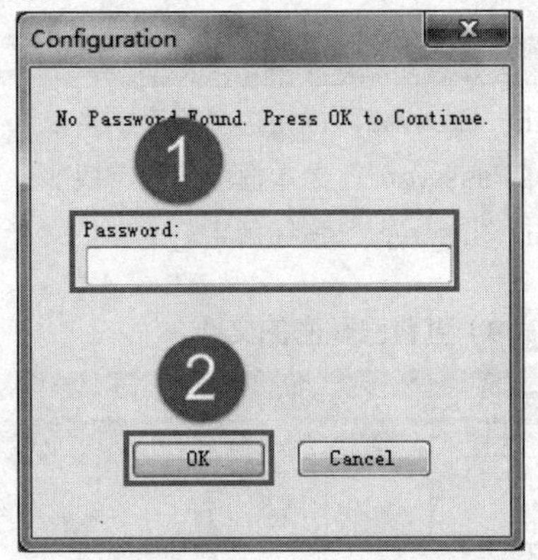

❶ 程序初始化密码不用输入，登录后在“Password”文本框中按照提示重新设置登录密码即可。
❷ 单击“OK”按钮

步骤 2 打开“WinGuard Pro”主窗口

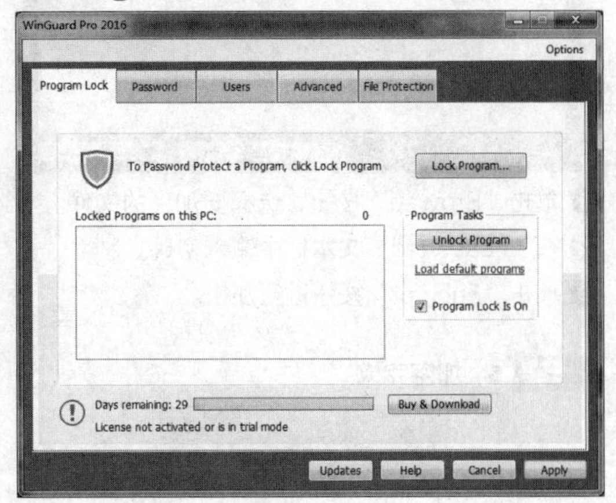

查看 WinGuard 各项功能。

步骤 3 切换至“Password（密码）”选项卡

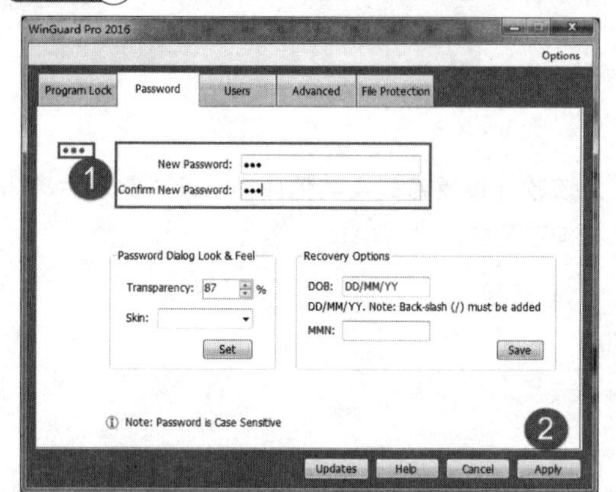

❶ 根据提示在文本框中输入要设置的密码。

❷ 单击“Apply”按钮。

步骤 4 切换至“File Encryption”选项卡

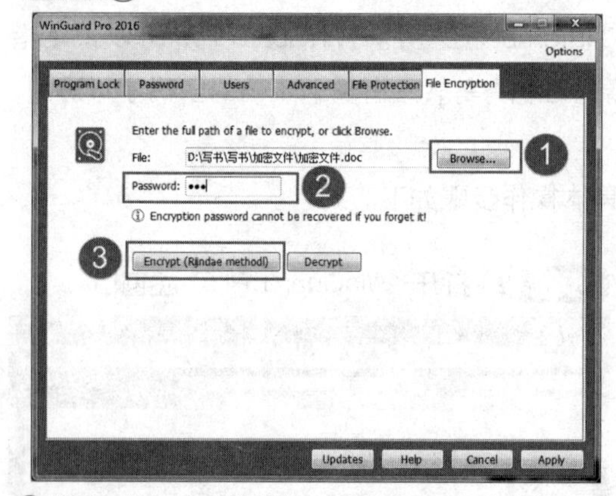

❶ 单击“Browse”按钮，选择要加密的文件。

❷ 在“Password”文本框中输入密码。

❸ 单击“Encrypt”按钮进行加密。

步骤 5 加密完成

单击“确定”按钮。

步骤 6 查看已加密的文件

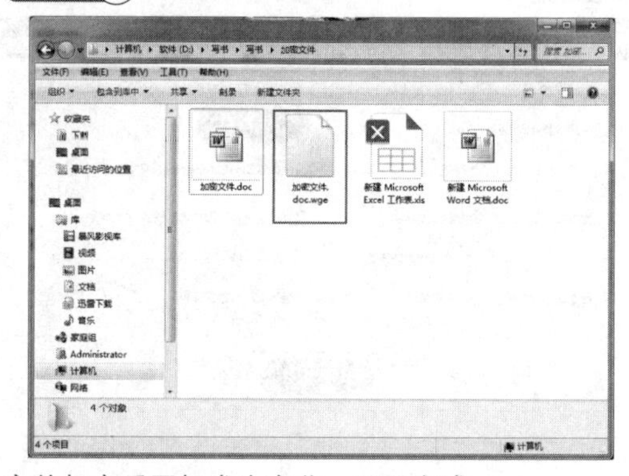

文件加密后图标发生变化，后缀变成 .wge。

步骤 7 解密文件

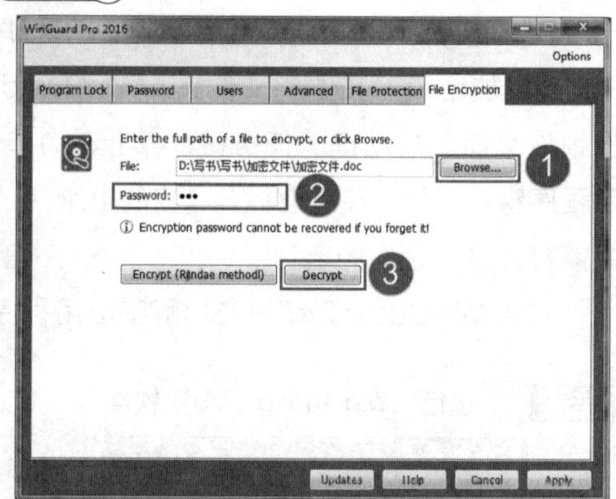

❶ 单击“Browse”按钮选择解密文件。

❷ 在“Password”文本框中输入密码。

❸ 单击“Decrypt”按钮解密。

步骤 8 查看已解密的文件

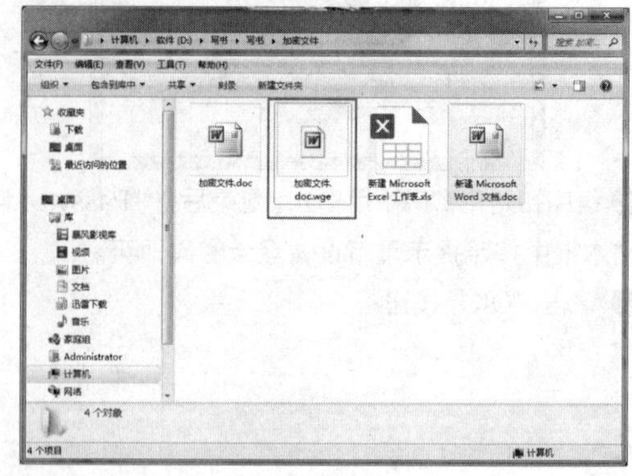

已解密的文件的图标恢复。

12.5 黑客常用加密解密工具

除了上述方法外，用户还可以利用专门的加密软件对文本、文件和文件夹、程序等进行加密，下面进行详细介绍。

12.5.1 文本文件专用加密器

文本文件专用加密器可以应用于各种文本文件的保护，如源代码、电子书、资料等，其主要具有以下特点。

① 可以控制是否允许用户打印文档。

② 可以控制是否允许客户复制文字，并可以精确控制允许复制的字符数。

③ 可以指定产品编号，以便用户管理多个文件，以免混乱。

④ 可以设置提示语，以便告知用户通过何种途径与用户联系获得阅读密码。

⑤ 可以定制多个文件共享一个播放途径，同台机器只需要输入一次播放密码。

⑥ 加密时可以选择是否不同机器阅读需要不同的阅读密码，可以为不同用户设置不同的阅读密码，密码与用户的计算机硬件绑定，用户无法传播自己的文件。

⑦ 本系统也可以结合网络应用，通过网络向客户发放阅读密码、会员验证等方式。

利用文本文件专用加密器对文本进行加密的具体操作方法如下。

步骤 1 运行“文本文件专用加密器”

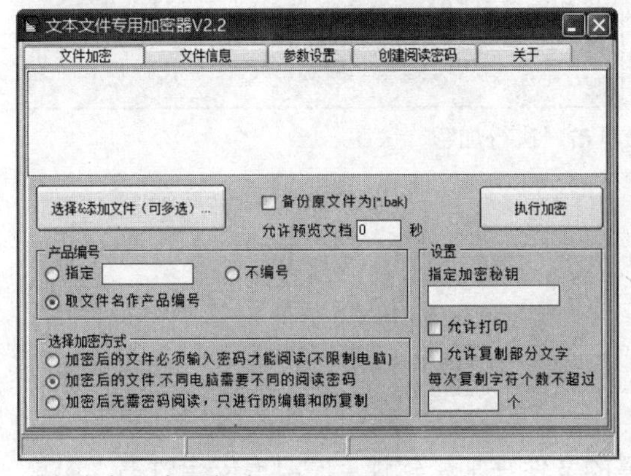

“文本文件专用加密器”主界面。

步骤 2 输入提示信息

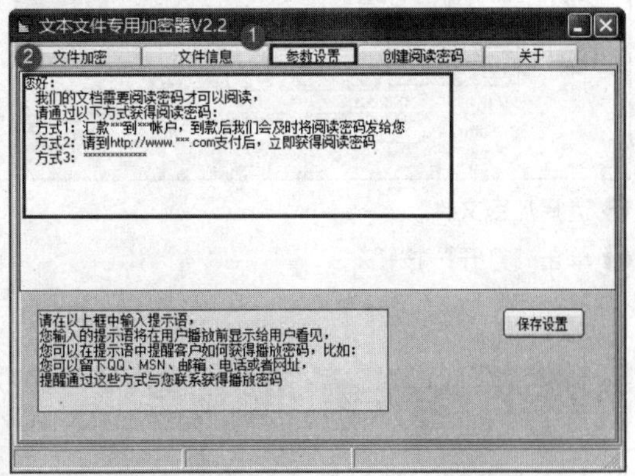

❶ 选择“参数设置”选项卡。

❷ 查看提示信息。

步骤 3 获得阅读密码

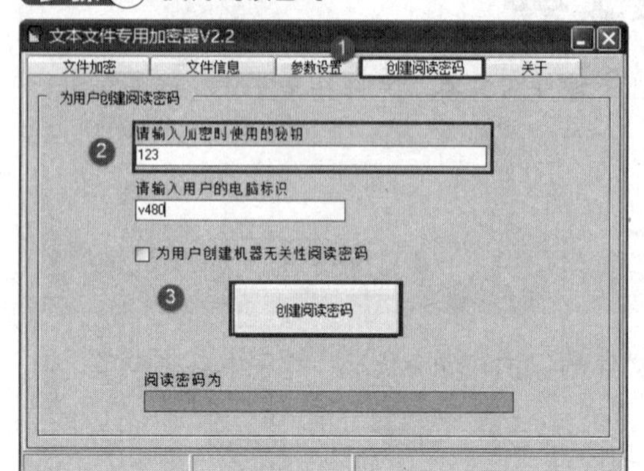

❶ 选择“创建阅读密码”选项卡。

❷ 在文本框中输入密码。

❸ 单击“创建阅读密码”按钮。

步骤 4 选择要加密的文件

❶ 选择加密文件。

❷ 单击“打开”按钮。

步骤 5 指定加密秘钥

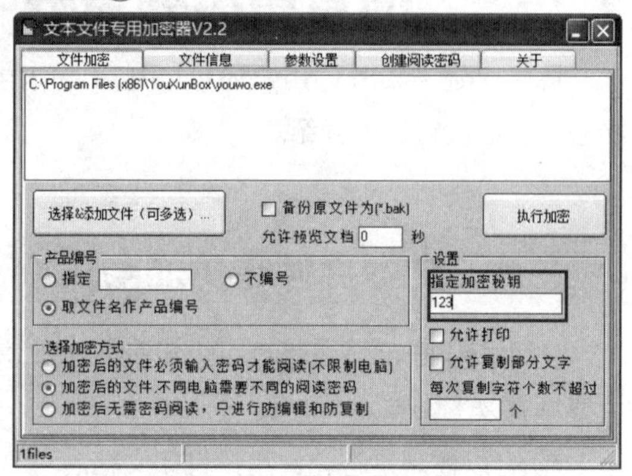

返回主窗口后可以看到刚添加的文件，然后在“设置”栏的“指定加密秘钥”文本框中输入秘钥。

步骤 6 执行加密操作

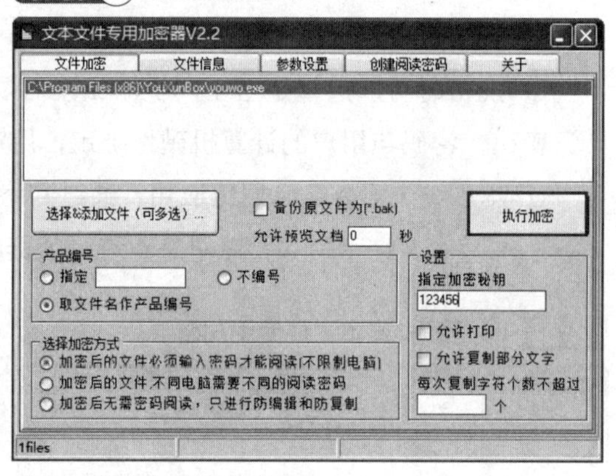

单击“执行加密”按钮。

12.5.2 文件夹加密精灵

文件夹加密精灵是一款使用方便、安全可靠的文件夹加密软件；它具有安全性高、简单易用、界面美观的特点，可在 Windows 等操作系统中使用。文件夹加密精灵的主要功能包括快速加密 / 解密、安全加密 / 解密、移动加密 / 解密、伪装 / 还原文件夹、文件夹粉碎等。

文件夹加密精灵使用起来非常简单，利用它对文件夹进行加密和解密的具体操作方法如下。

步骤 1 运行“文件夹加密精灵”

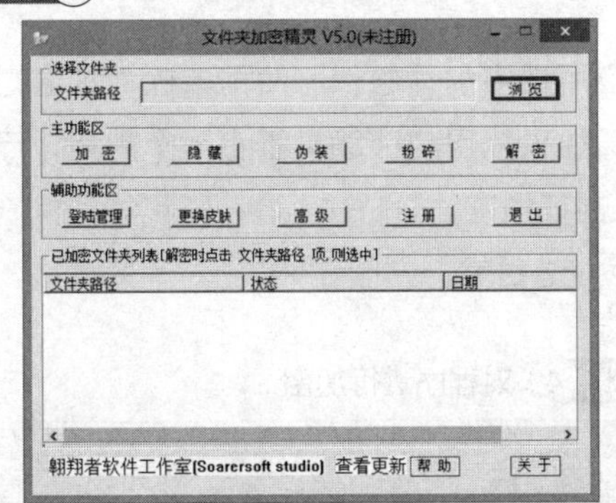

安装好“文件夹加密精灵”后，双击其运行程序图标，即可打开其工作窗口，单击“浏览”按钮。

步骤 2 选择要加密的文件夹

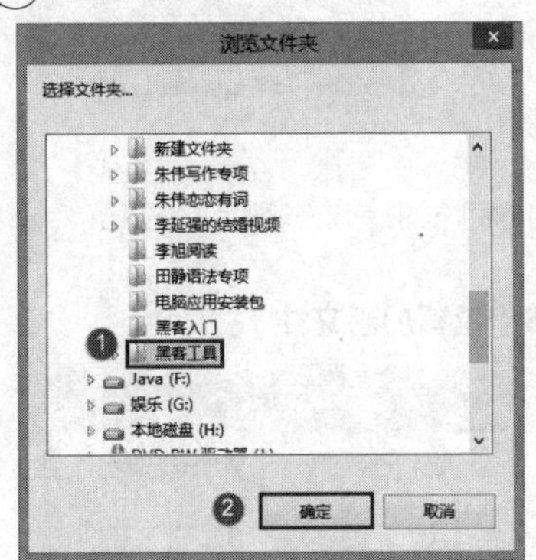

❶ 选择加密文件。

❷ 单击“确定”按钮。

步骤 3 设置快速加密

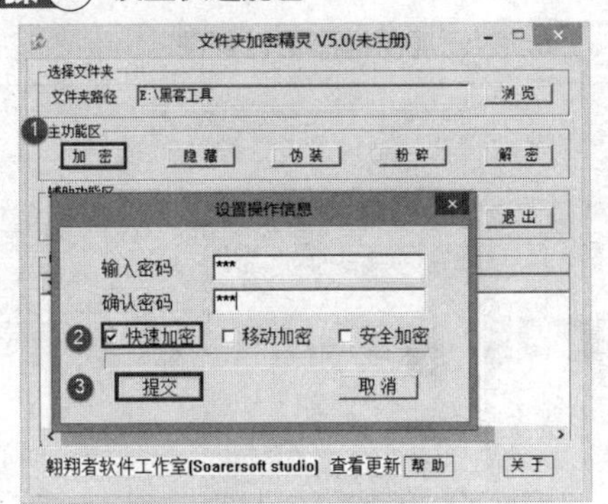

❶ 单击“加密”按钮。

❷ 选中“快速加密”复选框。

❸ 单击“提交”按钮。

步骤 4 查看加密文件夹

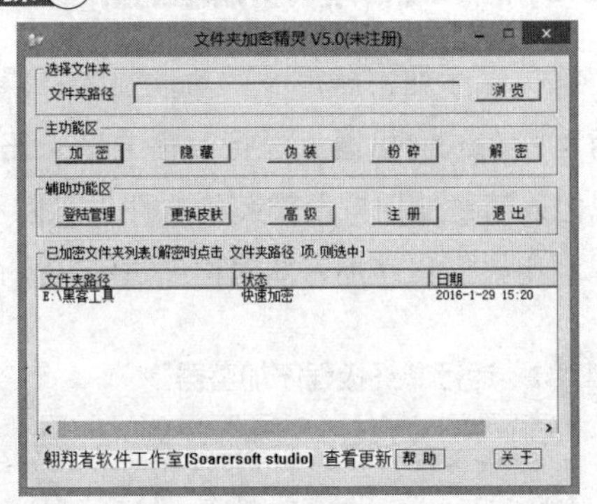

此时，即可在下方的已加密文件夹列表中看到刚刚加密的文件夹。

步骤 5 隐藏所选文件夹

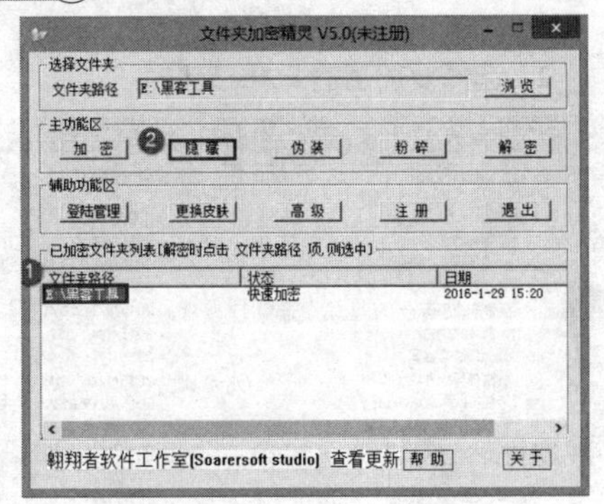

❶ 选中刚刚加密的文件夹。

❷ 单击“隐藏”按钮。

步骤 6 解密文件夹

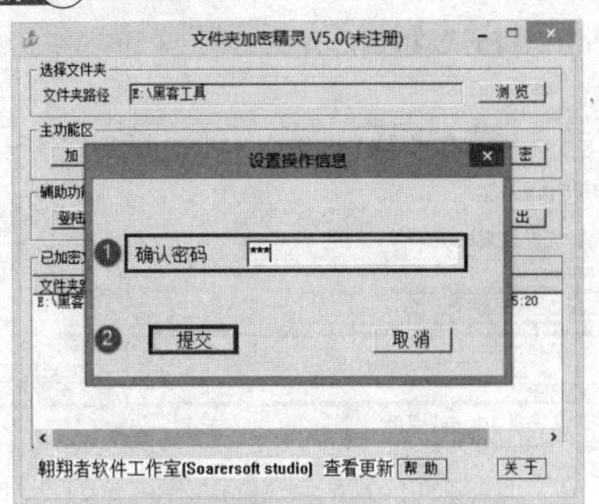

❶ 在文本框中输入密码。

❷ 单击“提交”按钮。

12.5.3 终极程序加密器

终极程序加密器是一款功能强大、操作简便的应用程序加锁软件。使用该软件加密过的应用程序在任何机器上运行都需要输入正确的密码。如果使用的计算机不止一个人用，而又不想他人随意使用自己安装的软件，可以利用该软件进行加密。

利用终极程序加密器对程序进行加密的具体操作方法如下。

步骤 1 运行“终极程序加密器”

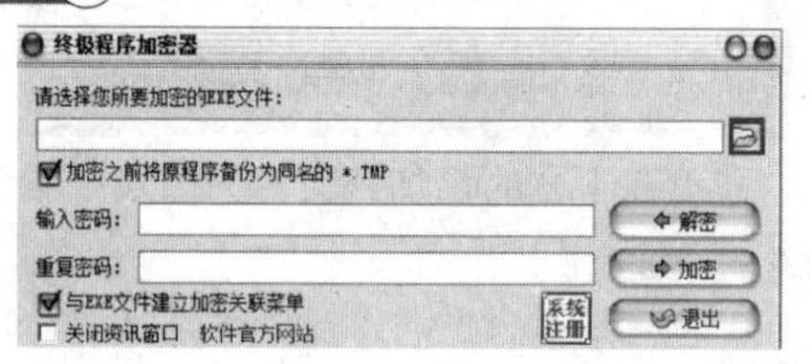

单击“打开文件”按钮。

步骤 2 选择要加密的 EXE 文件

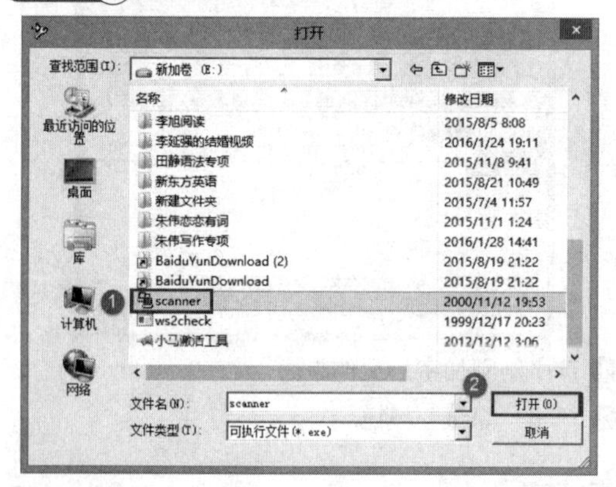

❶ 选择要加密的文件。

❷ 单击“打开”按钮。

步骤 3 输入密码

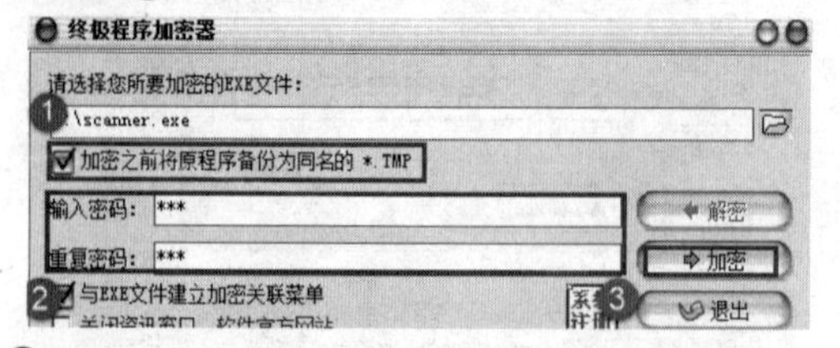

❶ 选中“加密之前将原程序备份为同名的 *.TMP”复选框。

❷ 输入密码。

❸ 单击“加密”按钮。

步骤 4 对程序进行加密

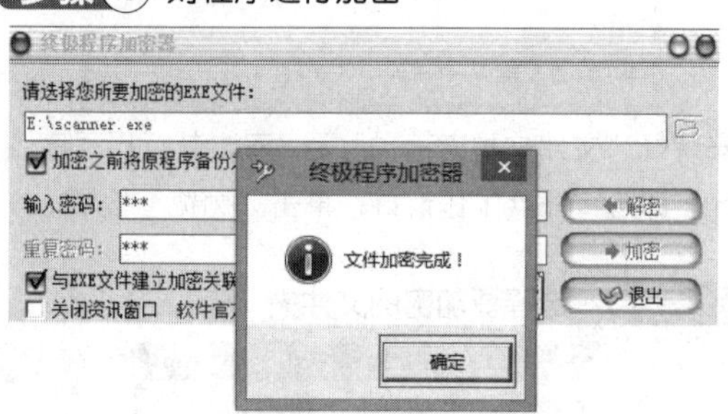

在弹出的对话框中单击“确定”按钮。

步骤 5 查看加密文件

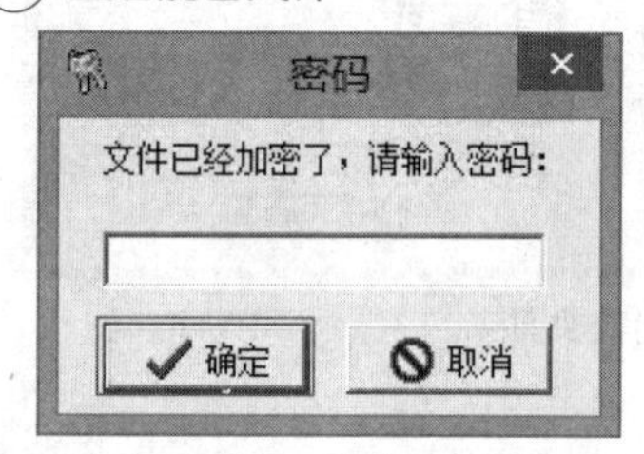

输入密码后单击“确定”按钮即可查看加密文件。

步骤 6 对已加密程序进行解密

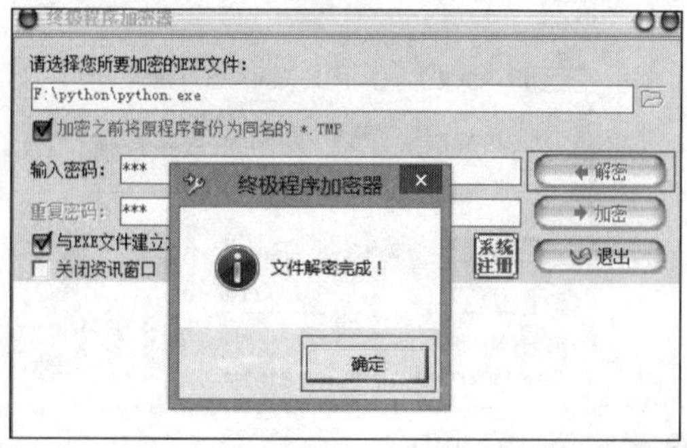

在“终极程序加密器”窗口中单击“解密”按钮，可以对已加密程序进行解密。

1. 当今主流的两大数据加密技术是什么？简述其加密原理。
2. 用户基于 NTFS 对文件加密，重装系统后加密文件无法被访问，应该怎么解决？
3. 忘记计算机登录密码怎么办？

第13章 局域网安全防范技术

利用局域网可以连接大量的计算机终端，最终接入互联网，这可以提高网络的使用效率。但是，也会存在一些明显的弊端。举一个最简单的例子来说，局域网内的一台计算机感染了病毒，那么其他计算机也更容易被攻陷。本章介绍局域网安全防范的有关知识。

13.1 局域网基础知识

目前越来越多的企业建立自己的局域网以实现企业信息资源共享或者在局域网上运行各类业务系统。随着企业局域网应用范围的扩大，保存和传输的关键数据增多，局域网的安全性问题显得日益突出。

13.1.1 局域网简介

局域网（Local Area Network，LAN）是指在某一区域内由多台计算机互联成的计算机组，局域网把个人计算机、工作站和服务器连在一起，在局域网中可以进行管理文件、共享应用软件、共享打印机、安排工作组内的日程、发送电子邮件和传真通信服务等操作。局域网是封闭型的，可以由办公室内的两台计算机组成，也可以由一个公司内的数百台计算机组成。由于距离较近，传输速率较快，从 10Mbit/s 到 1000Mbit/s 不等。局域网常见的分类方法有以下几种。

①按采用技术可分为不同种类，如 Ether Net（以太网）、FDDI、Token Ring（令牌环）等。

②按联网的主机间的关系，又可分为两类：对等网和 C/S（客户 / 服务器）网。

③按使用的操作系统不同又可分为许多种，如 Windows 网和 Novell 网。

④按使用的传输介质又可分为细缆（同轴）网、双绞线网和光纤网等。

局域网最主要的特点是：网络为一个单位所拥有，且地理范围和站点数目均有限。局域网具有如下优点。

①网内主机主要为个人计算机，是专门适于微机的网络系统。

②覆盖范围较小，一般在几千米之内，适于单位内部联网。

③传输速率高，误码率低，可采用较低廉的传输介质。

④系统扩展和使用方便，可共享昂贵的外部设备和软件、数据。

⑤可靠性较高，适于数据处理和办公自动化。

13.1.2 局域网安全隐患

网络使用户以最快速度获取信息，但是非公开性信息的被盗用和破坏，是目前局域网面临的主要问题。

1. 局域网病毒

在局域网中，网络病毒除了具有可传播性、可执行性、破坏性、隐蔽性等计算机病毒的共同特点外，还具有如下几个新特点。

①传染速度快：在局域网中，由于通过服务器连接每一台计算机，这不仅给病毒传播提供了有效的通道，而且病毒传播速度很快。在正常情况下，只要网络中有一台计算机存在病毒，在很短的时间内，将会导致局域网内计算机相互感染繁殖。

②对网络破坏程度大：如果局域网感染病毒，将直接影响到整个网络系统的工作，轻则降低速度，重则破坏服务器重要数据信息，甚至导致整个网络系统崩溃。

③病毒不易清除：清除局域网中的计算机病毒，要比清除单机病毒复杂得多。局域网中只要有一台计算机未能完全消除病毒，就可能使整个网络重新被病毒感染，即使刚刚完成清除工作的计算机，也很有可能立即被局域网中的另一台带病毒计算机所感染。

2. ARP 攻击

ARP 攻击主要存在于局域网网络中，对网络安全危害极大。ARP 攻击就是通过伪造的 IP 地址和 MAC 地址，实现 ARP 欺骗，可在网络中产生大量的 ARP 通信数据，使网络系统传输发生阻塞。如果攻击者持续不断地发出伪造的 ARP 响应包，就能更改目标主机 ARP 缓存中的 IP-MAC 地址，造成网络遭受攻击或中断。

3. Ping 洪水攻击

Windows 提供了一个 Ping 程序，使用它可以测试网络是否连接，Ping 洪水攻击也称为 ICMP 入侵；它是利用 Windows 系统的漏洞来入侵的。在工作中的命令行状态运行如下命令：“ping -1 65500 -t 192.168.0.1”，“192.168.0.1”是局域网服务器的 IP 地址，这样就会不断地向服务器发送大量的数据请求，如果局域网内的计算机很多，且同时都运行了命令：“ping -l 65500 -t 192.168.0.1”，服务器将会因 CPU 使用率居高不下而崩溃；这种攻击方式也称为 DoS 攻击（拒绝服务攻击），即在一个时段内连续向服务器发出大量请求，服务器来不及回应而死机。

4. 嗅探

局域网是黑客进行监听嗅探的主要场所。黑客在局域网内的一个主机、网关上安装监听程序，就可以监听出整个局域网的网络状态、数据流动、传输数据等信息。因为一般情况下，用户的所有信息，如账号和密码，都是以明文的形式在网络上传输的。目前，可以在局域网中进行嗅探的工具很多，如 Sniffer 等。

13.2 常见的几种局域网攻击类型

13.2.1 ARP 欺骗攻击

ARP（Address Resolution Protocol）是地址解析协议，是一种将 IP 地址转化成物理地址的协议。从 IP 地址到物理地址的映射有两种方式：表格方式和非表格方式。ARP 具体说来就是将网络层（也就是相当于OSI的第三层）地址解析为数据链路层（也就是相当于OSI的第二层）的物理地址（注：此处物理地址并不一定指 MAC 地址）。

ARP 欺骗是黑客常用的攻击手段之一。ARP 欺骗分为两种，一种是对路由器 ARP 表的欺骗；另一种是对内网 PC 的网关欺骗。

第一种ARP欺骗的原理是——截获网关数据。它通知路由器一系列错误的内网MAC地址，并按照一定的频率不断进行，使真实的地址信息无法通过更新保存在路由器中，结果路由器的所有数据只能发送给错误的 MAC 地址，造成正常 PC 无法收到信息。

第二种 ARP 欺骗的原理是——伪造网关。它的原理是建立假网关，让被它欺骗的 PC 向假网关发数据，而不是通过正常的路由器途径上网。在 PC 看来，就是上不了网了，"网络掉线了"。

一般来说，ARP 欺骗攻击的后果非常严重，大多数情况下会造成大面积掉线。有些网络管理员对此不甚了解，出现故障时，认为 PC 没有问题，交换机没掉线的"本事"，电信也不承认宽带故障。而且如果第一种 ARP 欺骗发生时，只要重启路由器，网络就能全面恢复，那问题一定是在路由器了。为此，宽带路由器背了不少"黑锅"。

13.2.2 IP 地址欺骗攻击

IP 地址欺骗是指行动产生的 IP 数据报为伪造的源 IP 地址，以便冒充其他系统或发件人的身份。这是一种黑客的攻击形式，黑客使用一台计算机上网，而借用另外一台计算机的 IP 地址，从而冒充另外一台计算机与服务器打交道。

IP 欺骗由若干步骤组成，下面是它的详细步骤。

（1）使被信任主机失去工作能力

为了伪装成被信任主机而不露馅，需要使其完全失去工作能力。由于攻击者将要代替真正的被信任主机，他必须确保真正的被信任主机不能收到任何有效的网络数据，否则将会被揭穿。有许多方法可以达到这个目的（如 SYN 洪水攻击、TTN、Land 等攻击）。现假设黑客已经使用某种方法使得被信任的主机完全失去了工作能力。

（2）序列号取样和猜测

对目标主机进行攻击，必须知道目标主机的数据包序列号。通常如何进行预测呢？往往先与被攻击主机的一个端口（如：25）建立起正常连接。通常，这个过程被重复 *N* 次，并将目标主机最后所发送的 ISN 存储起来。然后还需要估计攻击者的主机与被信任主机之间的往返时间，这个时间是通过多次统计平均计算出来的。往返连接增加 64 000，现在就可以估计出 ISN 的大小是 128 000 乘以往返时间的一半，如果此时目标主机刚刚建立过一个连接，那么再加上 64 000。

一旦估计出ISN的大小，就开始着手进行攻击，当然你的虚假TCP数据包进入目标主机时，如果刚才估计的序列号是准确的，进入的数据将被放置在目标主机的缓冲区中。但是在实际攻击过程中往往没这么幸运，如果估计的序列号小于正确值，那么将被放弃。而如果估计的序列号大于正确值，并且在缓冲区的大小之内，那么该数据被认为是一个未来的数据，TCP 模块将等待其他缺少的数据。如果估计的序列号大于期待的数值且不在缓冲区之内，TCP 将会放弃它并返回一个期望获得的数据序列号。

（3）伪装成被信任的主机 IP

此时该主机仍然处在瘫痪状态，然后向目标主机的 513 端口（Rlogin）发送连接请求。目标主机立刻对连接请求做出反应，发更新 SYN+ACK 确认包给被信任主机，因为此时被信任主机仍然处于瘫痪状态，它当然无法收到这个包，紧接着攻击者向目标主机发送 ACK 数据包，该包使用前面估计的序列号加 1。如果攻击者估计正确的话，目标主机将会接收该 ACK 数据包。连接就正式建立起了，可以开始数据传输了。这时就可以将“cat '++'>>~/.rhosts”命令发送过去，这样完成本次攻击后就可以不用口令直接登录到目标主机上了。如果达到这一步，一次完整的 IP 欺骗就算完成了，黑客已经在目标主机上得到了一个 Shell 权限，接下来就是利用系统的溢出或错误配置扩大权限，当然黑客的最终目的还是获得服务器的 Root 权限。

13.3 局域网攻击工具

黑客可以利用专门的工具来攻击整个局域网，如使局域网中两台计算机的 IP 地址发生冲突，从而导致其中的一台计算机无法上网。所以了解黑客攻击局域网的方式，提前做好预防工作很有必要。

13.3.1 “网络剪刀手”Netcut

利用 ARP 协议，“网络剪刀手”可以切断局域网里任何主机和网关之间的连接，使其断开与 Internet 的连接，同时也可以看到局域网内所有主机的 IP 地址和 MAC 地址。

该工具的具体使用操作步骤如下。

步骤 1 打开“Netcut”主窗口

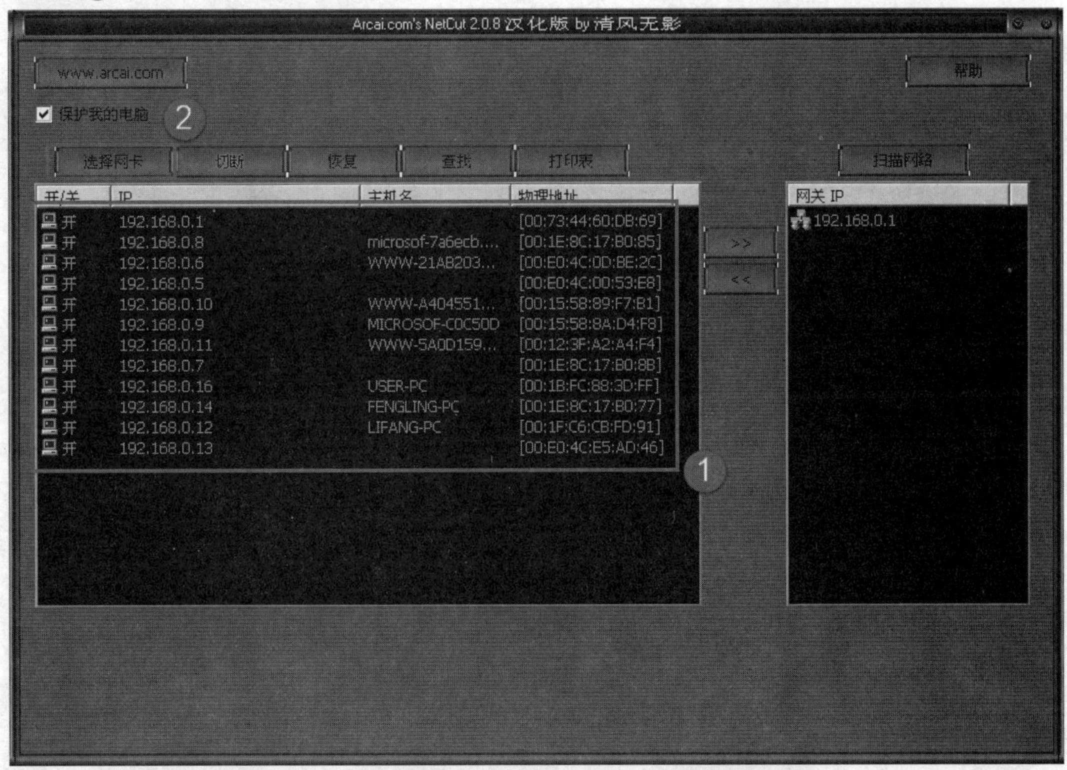

❶ 自动搜索当前网段内的所有主机的 IP 地址、计算机名及各自对应的 MAC 地址。

❷ 单击“选择网卡”按钮。

步骤 2 选择网卡

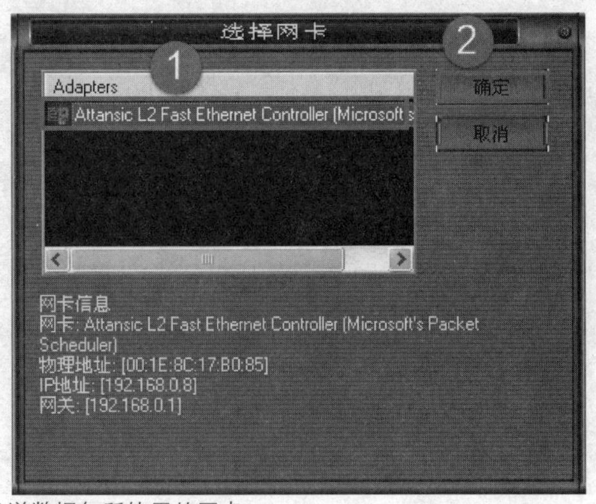

❶ 选择搜索计算机及发送数据包所使用的网卡。

❷ 单击“确定”按钮。

步骤 3 关闭局域网内任意主机对网关的访问

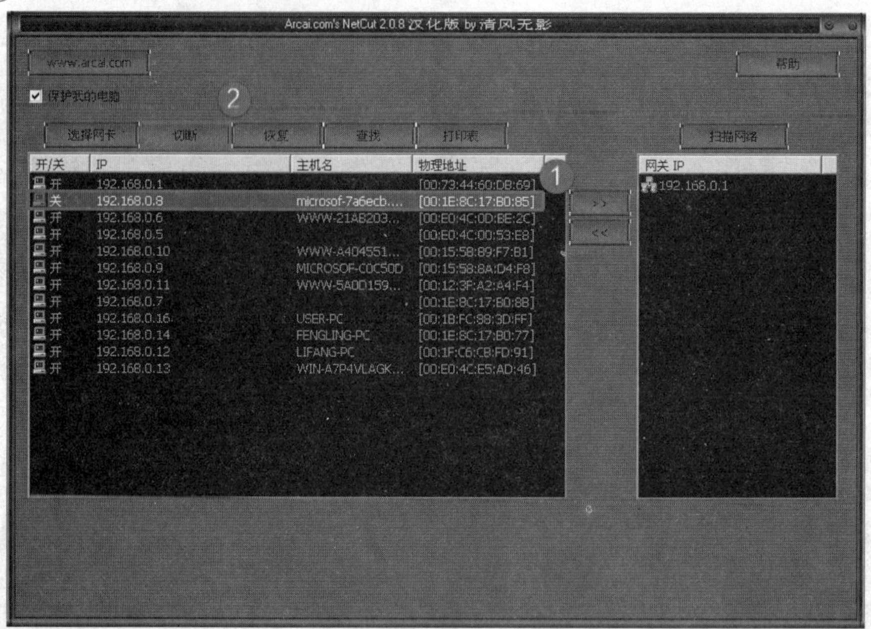

在主窗口扫描出的主机列表中选中 IP 地址为 192.168.0.8 的主机后，单击“切断”按钮，即可看到该主机的“开 / 关”状态已经变为“关”，此时该主机不能访问网关也不能打开网页。

步骤 4 开启局域网内任意主机对网关的访问

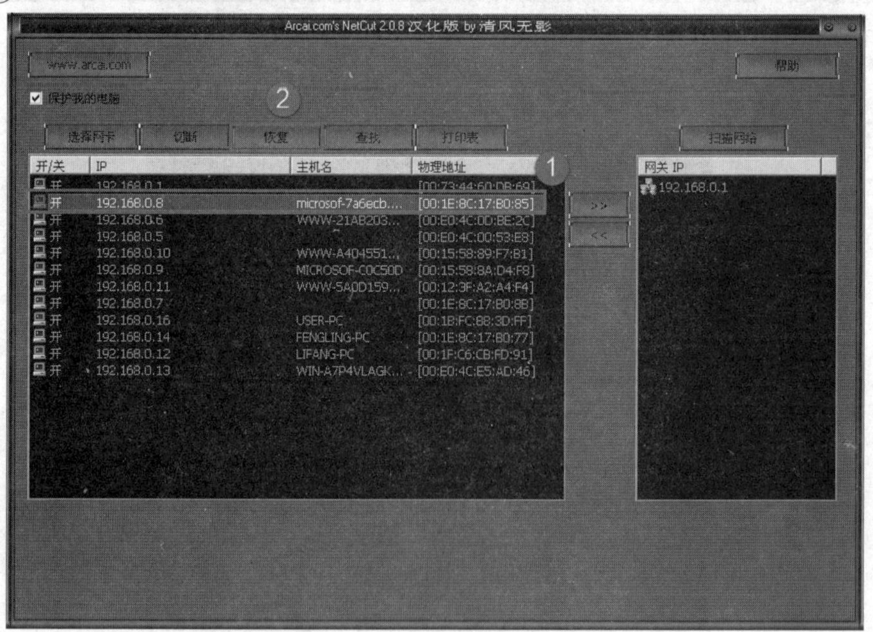

再次选中 IP 地址为 192.168.0.8 的主机后，单击“恢复”按钮，即可看到该主机的“开 / 关”状态又重新变为“开”，此时该主机可以访问 Internet 网络。

步骤 5 使用查找功能快速查看主机信息

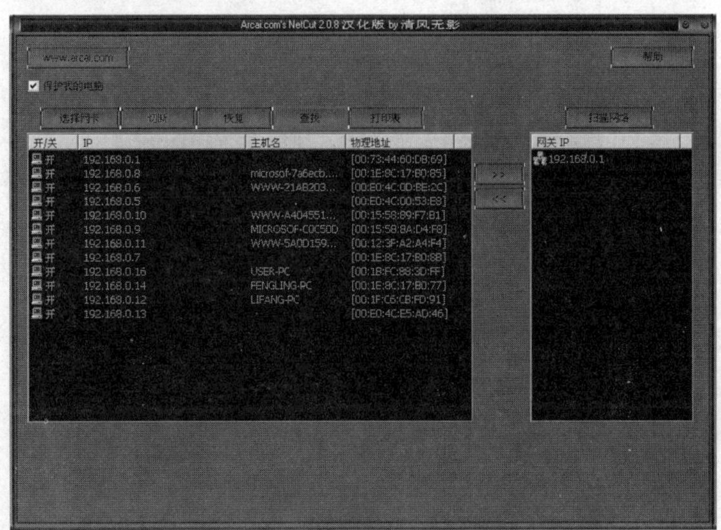

在“Netcut”主窗口中单击“查找”按钮。

步骤 6 打开“Find By（查找）”对话框

在文本框中输入要查找主机的某个信息，这里输入 IP 地址，单击“查找”按钮。

步骤 7 返回主窗口

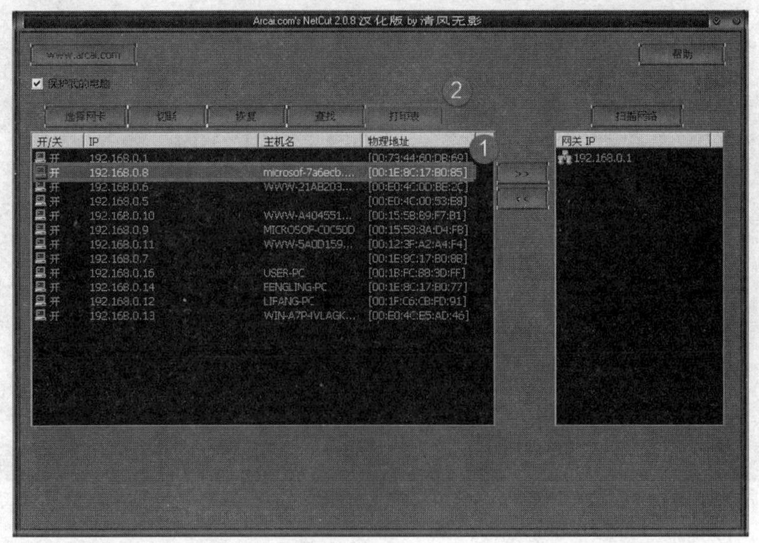

❶ 查看查找到的 IP 地址为 192.168.0.8 的主机信息。

❷ 单击“打印表”按钮。

步骤 8 查看局域网中所有主机的信息

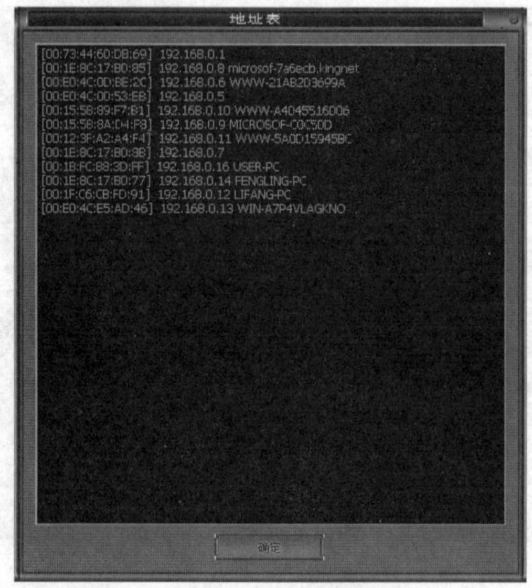

查看所在局域网中所有主机的 MAC 地址、IP 地址、用户名等信息。

步骤 9 返回主界面

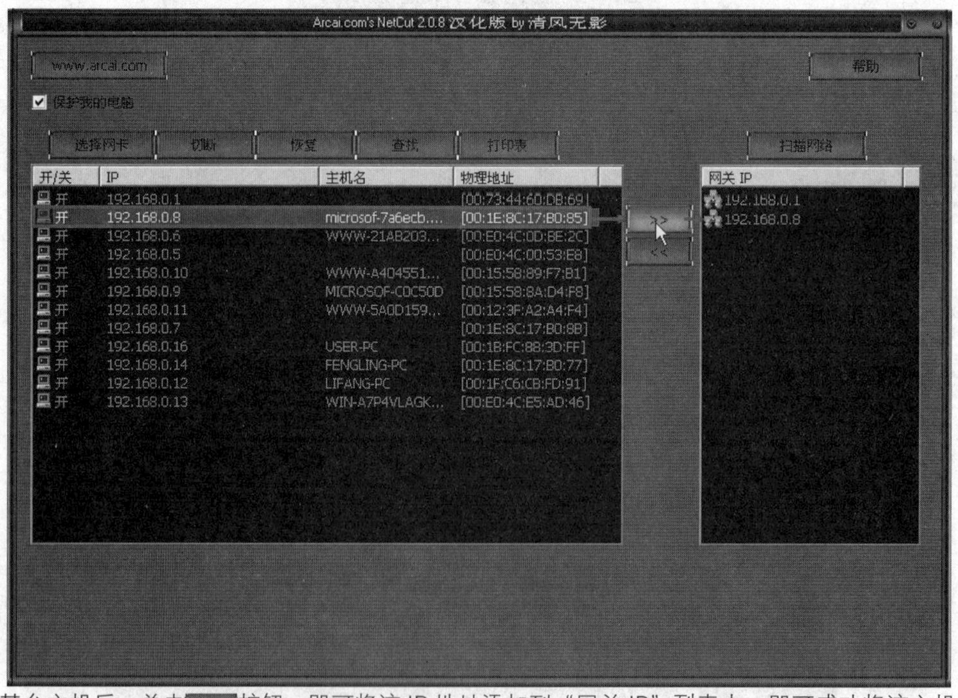

选择某台主机后，单击 >> 按钮，即可将该 IP 地址添加到“网关 IP”列表中，即可成功将该主机的 IP 地址设置成网关 IP 地址。

13.3.2 WinArpAttacker 工具

WinArpAttacker 是一款在网络中进行 ARP 欺骗攻击的工具，并使被攻击的主机无法正常与网络进行连接。此外，它还是一款网络嗅探（监听）工具，可嗅探网络中的主机、网关等对象，也可进行反监听，扫描局域网中是否存在监听。具体的操作步骤如下。

步骤 1 安装并运行“WinArpAttacker”

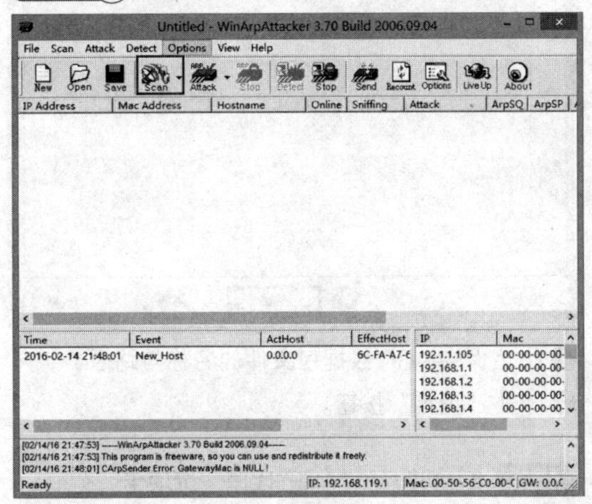

单击工具栏上的“Scan（扫描）”按钮，可扫描出局域网中的所有主机。此处依次单击“Scan”→“Advanced（高级）”选项。

步骤 2 打开“扫描”对话框

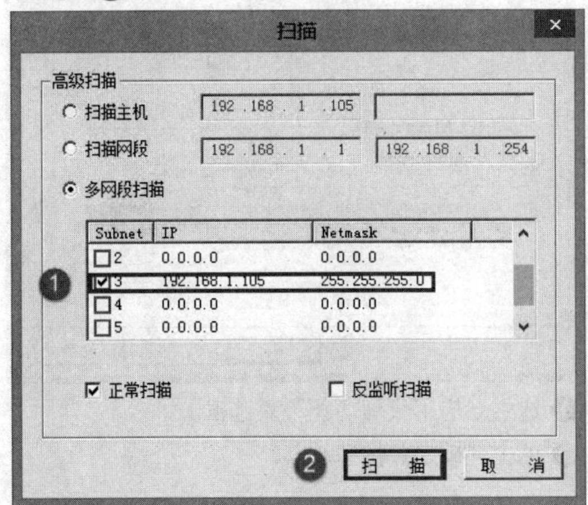

❶ 设置扫描范围并勾选要扫描的 IP 地址。

❷ 单击“扫描”按钮。

步骤 3 选择绑定的网卡和 IP 地址

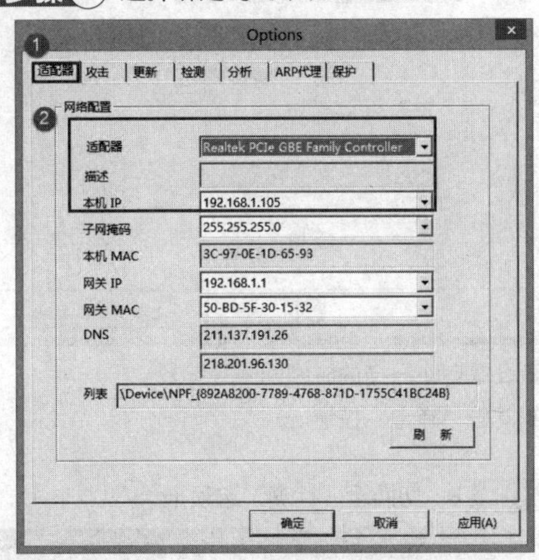

❶ 在主界面选择“Options”→“Adapter”命令。

❷ 如果本地主机安装有多块网卡，则可在“适配器”选项卡中选择绑定的网卡和 IP 地址。

步骤 4 设置网络攻击时的各选项

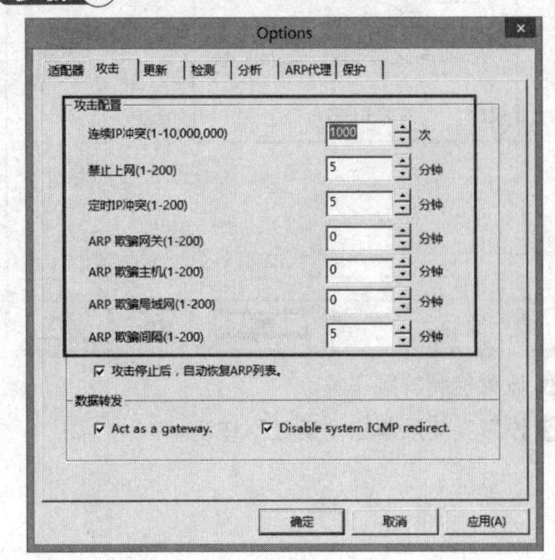

除“连续 IP 冲突”是次数外，其他都是持续时间，如果是 0 则不停止。

步骤 5 切换至“更新”选项卡

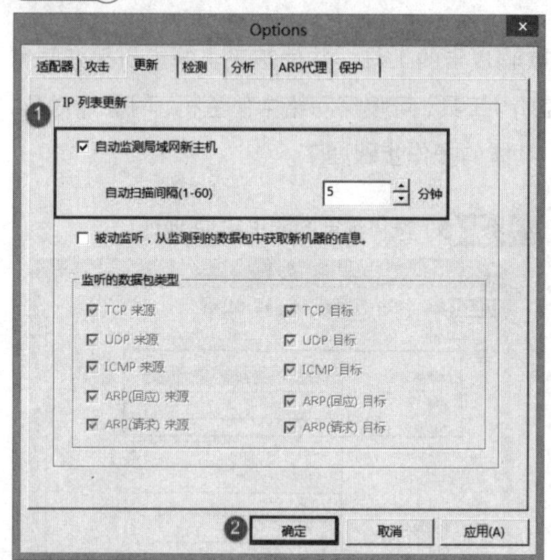

❶ 设置自动扫描的时间间隔等参数。

❷ 单击“确定”按钮。

步骤 6 切换至“检测”选项卡

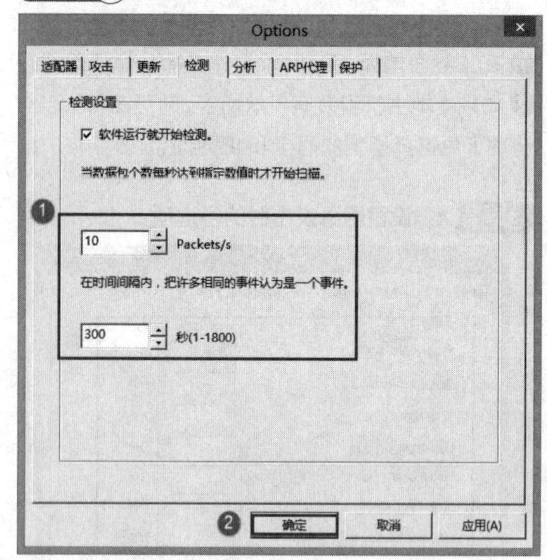

❶ 设置检测的频率等。

❷ 设置完成后单击“确定”按钮。

步骤 7 切换至“分析”选项卡

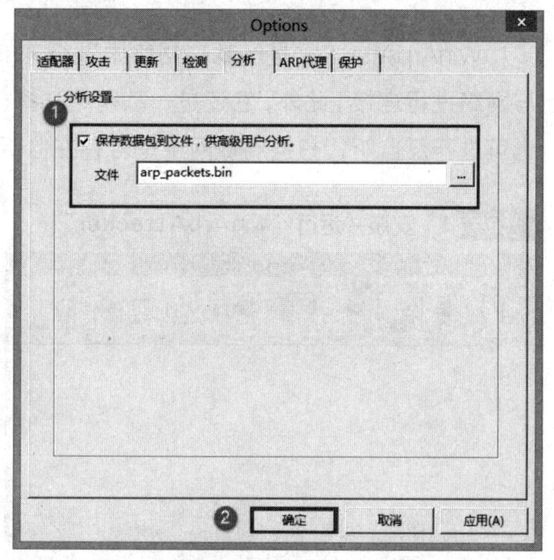

❶ 指定保存 ARP 数据包文件的名称与路径。

❷ 单击“确定”按钮。

步骤 8 切换至“ARP 代理”选项卡

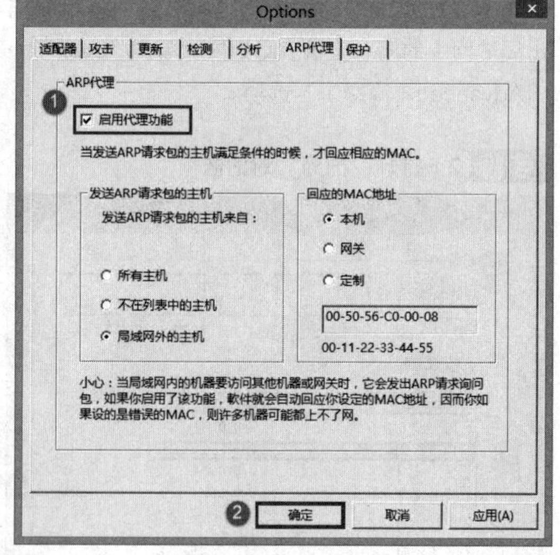

❶ 选中“启用代理功能”复选框。

❷ 单击“确定”按钮。

步骤 9 切换至“保护”选项卡

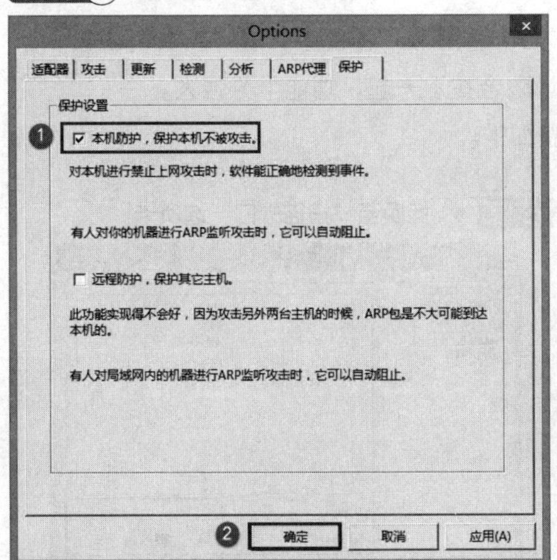

❶ 选中“本机防护，保护本机不被攻击。”复选框，避免自己的主机受到 ARP 欺骗攻击。

❷ 单击“确定”按钮。

步骤 10 返回主界面

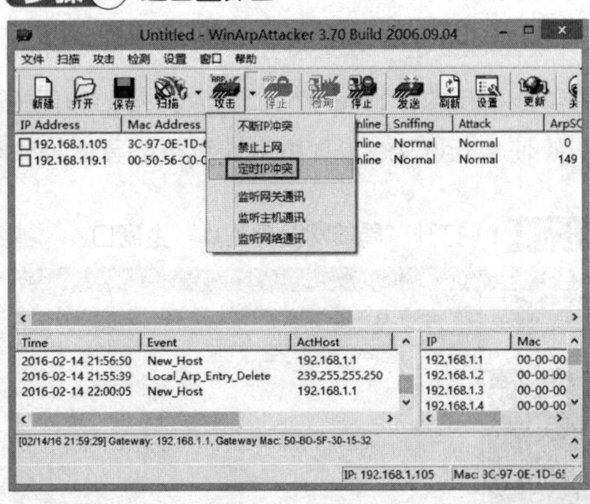

选取需要攻击的主机后，单击“攻击”按钮右侧下三角按钮，选择攻击方式。受到攻击的主机将不能正常与 Internet 网络进行连接，单击“停止”按钮，则被攻击的主机恢复正常连接状态。

如果使用了嗅探攻击，则可单击“Detect”按钮开始嗅探。单击“Save”按钮，可将主机列表保存下来，最后再单击“Open”按钮，即可打开主机列表。如果用户对 ARP 包的结构比较熟悉，了解 ARP 攻击原理，则可自己动手制作攻击包，单击“Send”按钮进行攻击。

ArpSQ 是该机器的发送 ARP 请求包个数；ArpSP 是该机器的发送回应包个数；ArpRQ 是该机器的接收请求包个数；ArpRP 是该机器的接收回应包个数。

13.4 局域网监控工具

利用专门的局域网监控工具可查看局域网中各个主机的信息。在本节将介绍两款非常方便实用的局域网查看工具。

13.4.1 LanSee 工具

针对机房中的用户经常误设工作组、随意更改计算机名、IP 地址和共享文件夹等情况，可以使用“局域网查看工具”LanSee 非常方便地完成监控，既可以迅速排除故障，又可以解决一些潜在的安全隐患。

1. 搜索计算机

LanSee 是一款主要用于对局域网（Internet 上也适用）上各种信息进行查看的工具，采用多线程技术，将局域网上比较实用的功能完美地融合在了一起，功能十分强大。

使用 LanSee 工具搜索计算机的具体操作步骤如下。

步骤 1 打开“局域网查看工具”主窗口

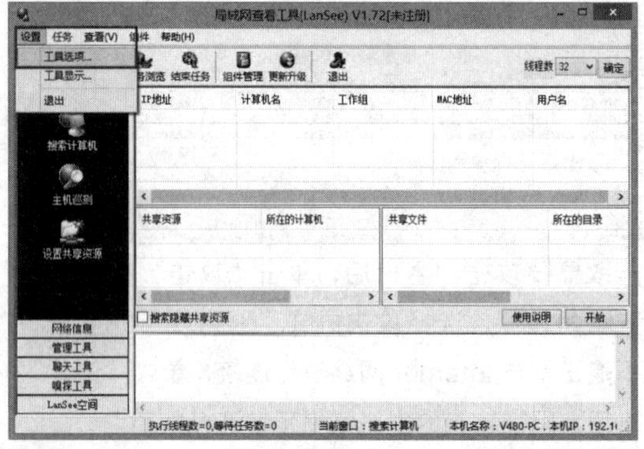

选择“设置”→“工具选项”命令。

步骤 2 选择搜索范围

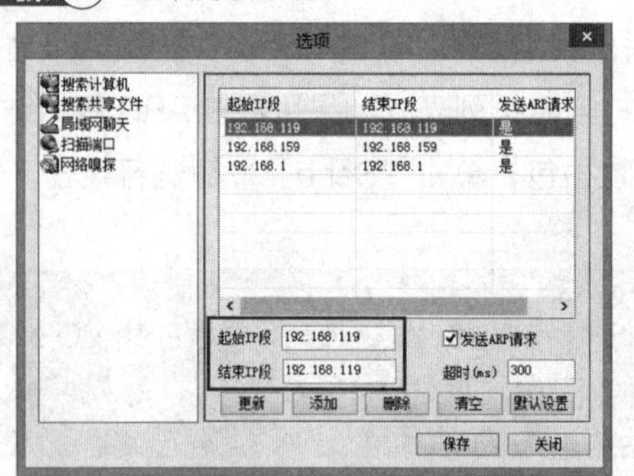

在“搜索计算机”选项卡中选择在局域网内搜索计算机的搜索范围。

步骤 3 切换至“搜索共享文件”选项卡

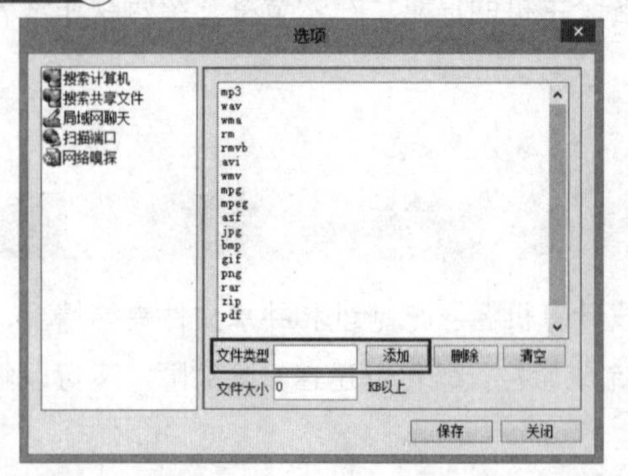

输入文件类型并单击“添加”按钮，添加新的文件格式。

步骤 4 切换至“扫描端口”选项卡

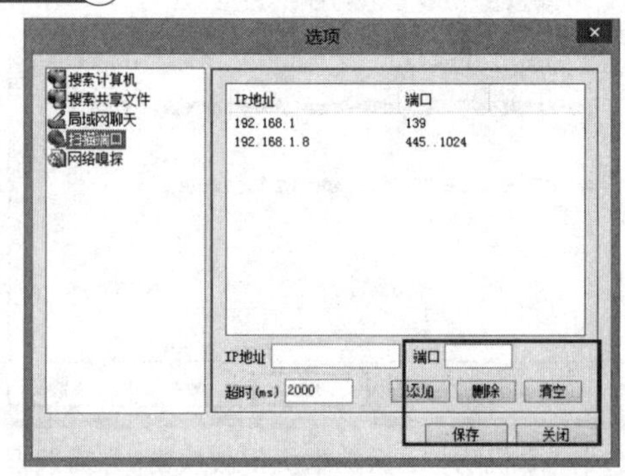

添加所要扫描的端口，添加完成后单击“保存”按钮。

步骤 5 返回“局域网查看工具”主窗口

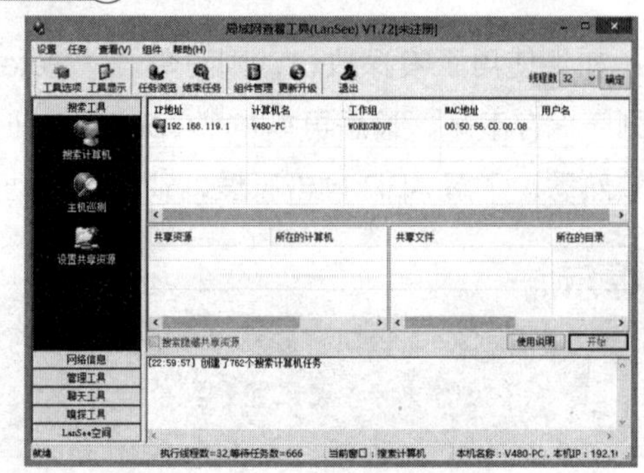

单击“开始”按钮，即可开始搜索。

步骤 6 打开搜索的计算机并与其进行连接

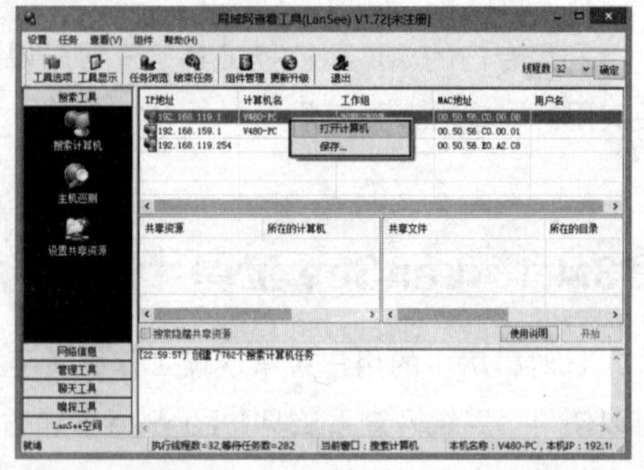

在选定的 IP 地址上右击，在弹出的快捷菜单中选择“打开计算机”命令。

步骤 7 输入用户名和密码

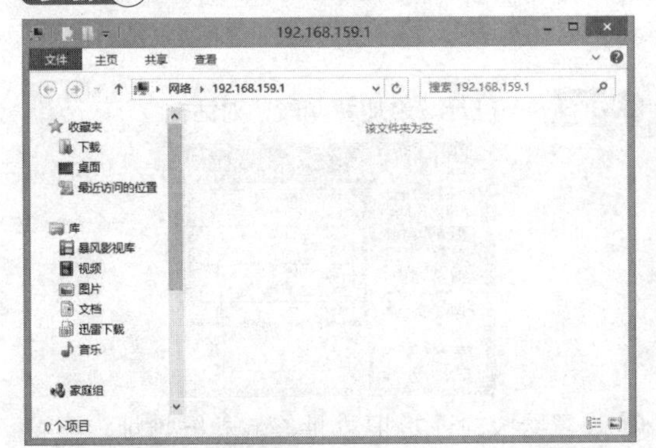

输入用户名和密码，然后单击“确定”按钮，即可与此计算机建立连接。

2. 搜索共享资源

共享资源往往是局域网数据泄密的“罪魁祸首”，网络管理员要经常检查局域网中是否存在一些不必要开放的共享资源，在查看到不安全因素后，要及时通知开放共享的用户将其关闭。

在“局域网查看工具”主窗口中单击“开始”按钮（见下图），搜索出 IP 地址后，紧接着会搜索共享资源，在“共享资源列表”框中可看到每台计算机开放的共享资源。

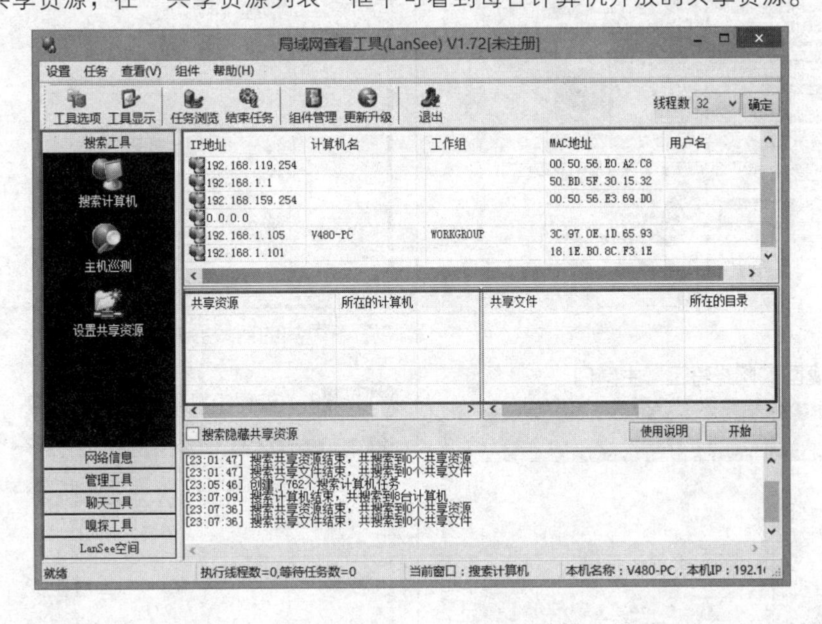

13.4.2 网络特工

网络特工可以监视与主机相连 HUB 上所有机器收发的数据包；还可以监视所有局域网内的机器上网情况，以对非法用户进行管理，并使其登录指定的 IP 网址。

使用网络特工的具体操作步骤如下。

步骤 1 打开“网络特工”主窗口

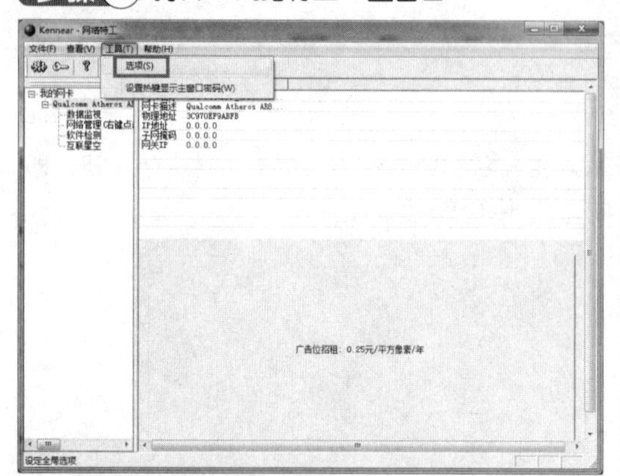

依次单击“工具”→“选项”菜单项。

步骤 2 打开“选项”对话框

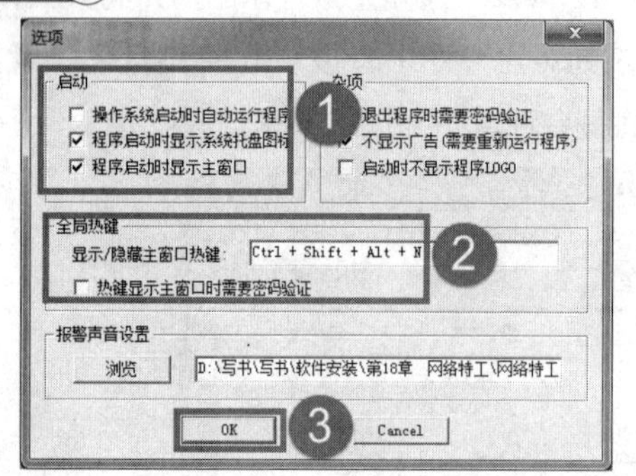

设置“启动”“全局热键”等属性，然后单击“OK”按钮。

步骤 3 返回“网络特工”主窗口

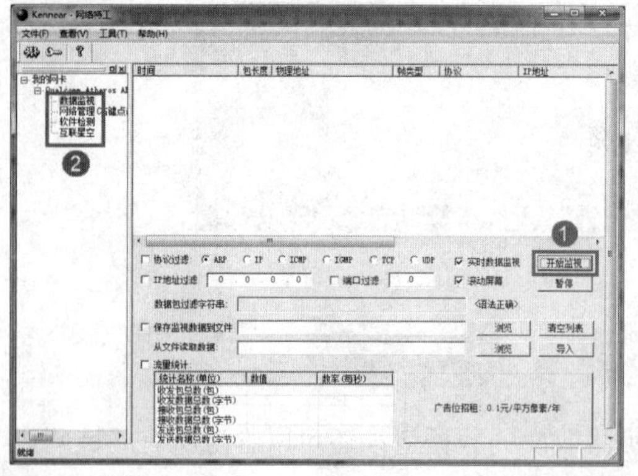

❶在左侧列表中单击“数据监视”，打开“数据监视”窗口。设置要监视的内容，单击“开始监视”按钮，即可进行监视。

❷在左侧列表中右击“网络管理”，在弹出的快捷菜单中选择“添加新网段”命令。

步骤 4 打开“添加新网段”对话框

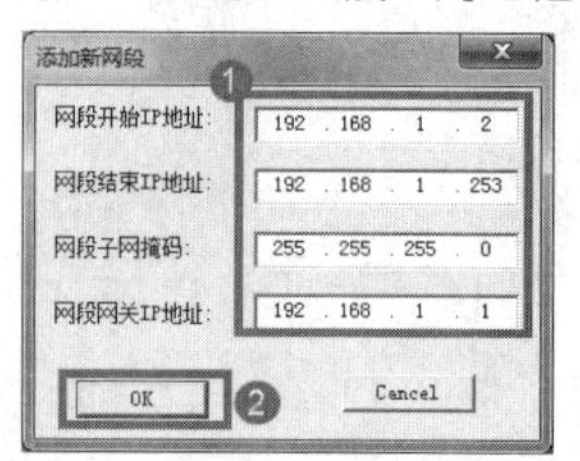

❶设置网段的开始 IP 地址、结束 IP 地址、子网掩码、网关 IP 地址。

❷单击“OK”按钮。

步骤 5 返回“网络特工”主窗口

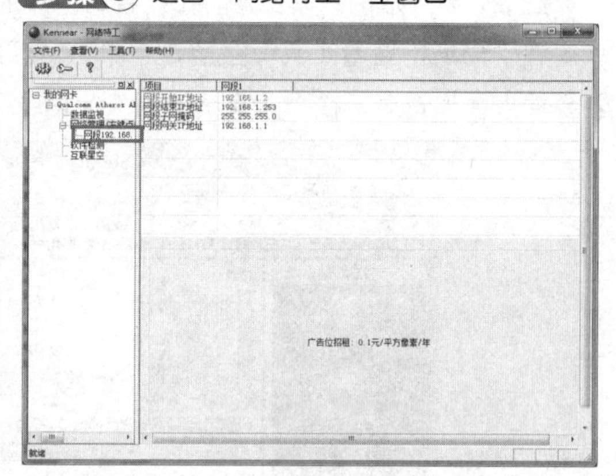

查看新添加的网段并双击该网段。

步骤 6 查看设置网段的所有信息

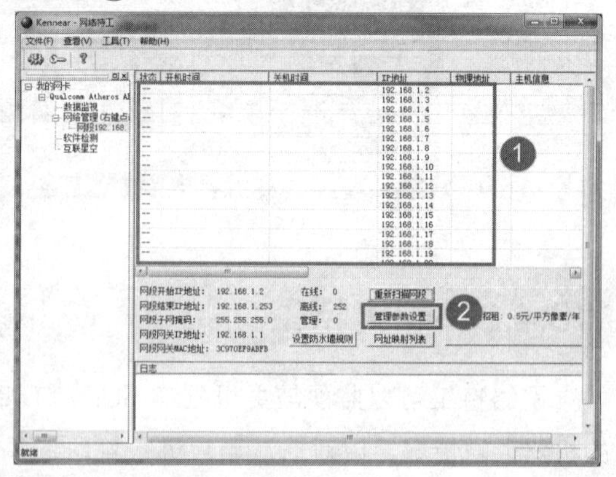

❶查看设置网段的所有信息。

❷单击“管理参数设置”按钮。

步骤 7 打开“网段参数设置”对话框

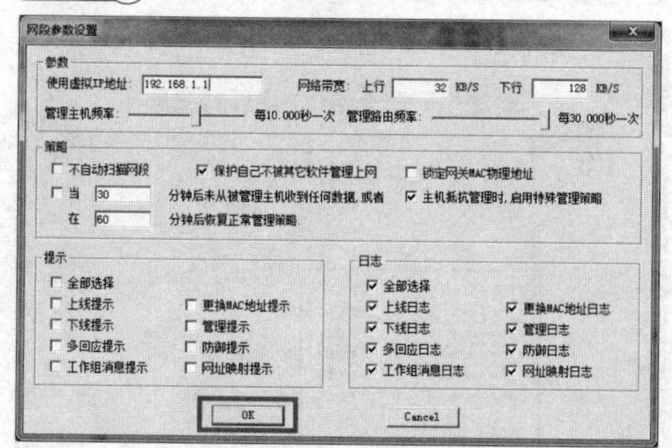

对各个网段参数进行设置。设置完成后单击“OK”按钮。

步骤 8 返回 **步骤 6** 窗口

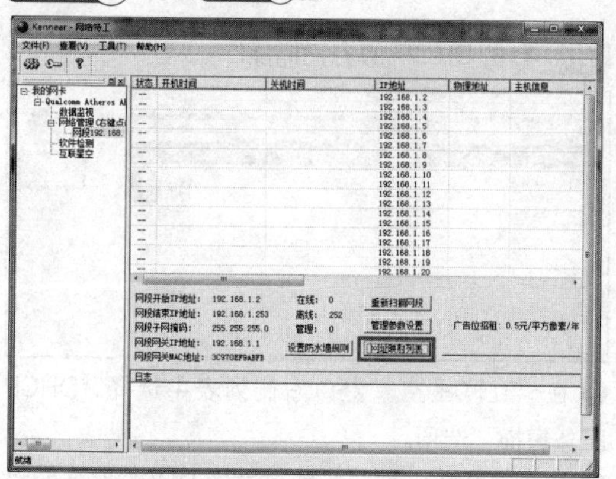

单击“网址映射列表”按钮。

步骤 9 打开“网址映射列表”对话框

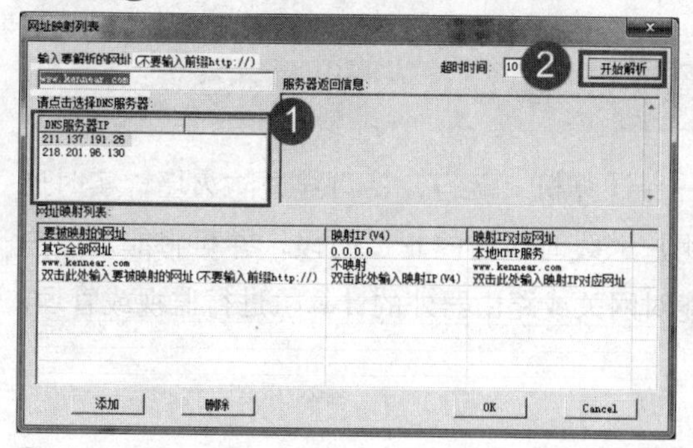

❶ 在“DNS 服务器 IP”文本区域中选中要解析的 DNS 服务器。

❷ 单击“开始解析”按钮。

步骤 10 对选中的 DNS 服务器进行解析

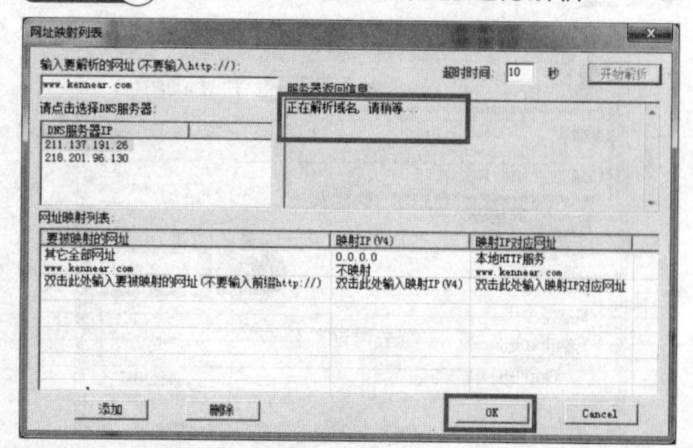

待解析完毕后，可看到该域名对应的主机地址等属性，然后单击“OK”按钮。

步骤 11 返回“网络特工”主窗口

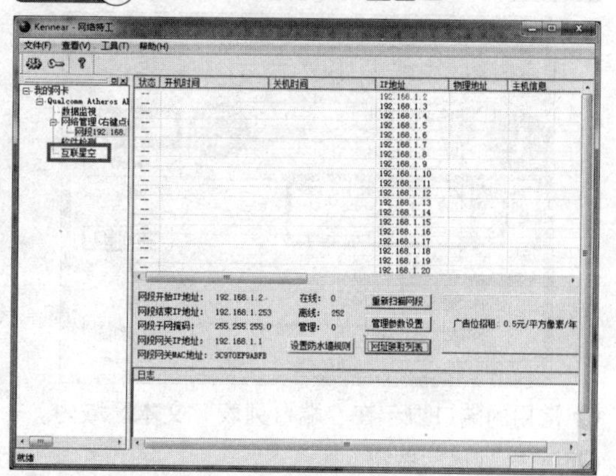

在左侧列表中单击“互联星空”选项。

步骤 12 打开“互联情况”窗口

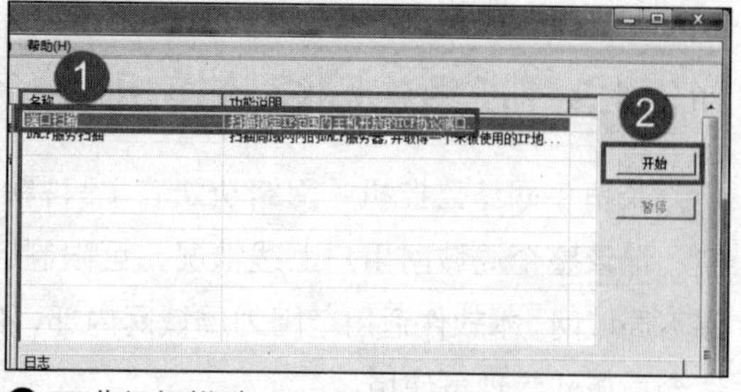

❶ 可进行扫描端口和 DHCP 服务操作。在列表中选择“端口扫描”选项。

❷ 单击“开始”按钮。

步骤 13 打开“端口扫描参数设置”对话框

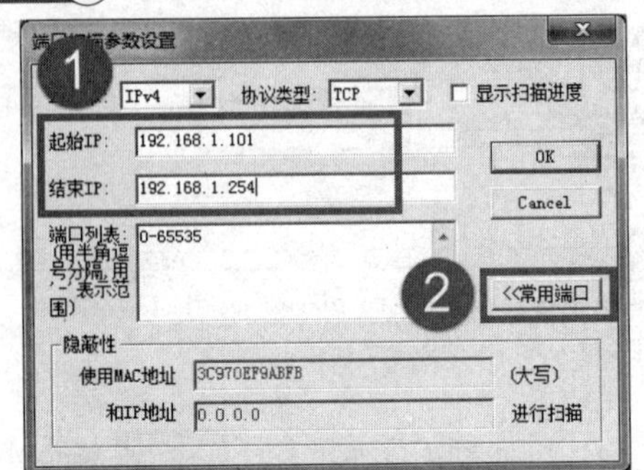

❶ 设置起始 IP 和结束 IP。

❷ 单击“常用端口”按钮。

步骤 14 查看常用的端口

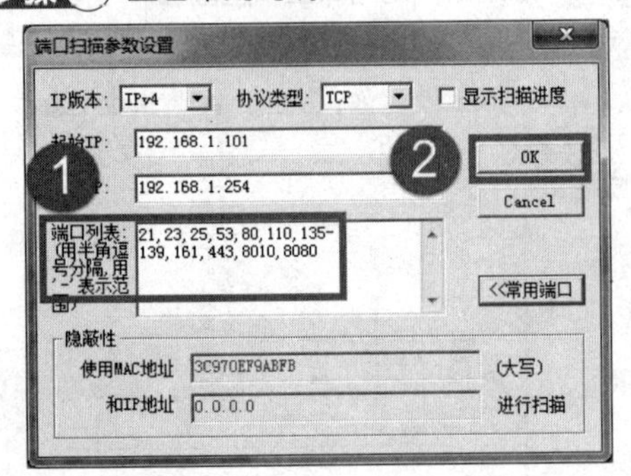

❶ 常用的端口显示在“端口列表”文本区域内。

❷ 单击“OK”按钮。

步骤 15 进行扫描端口操作

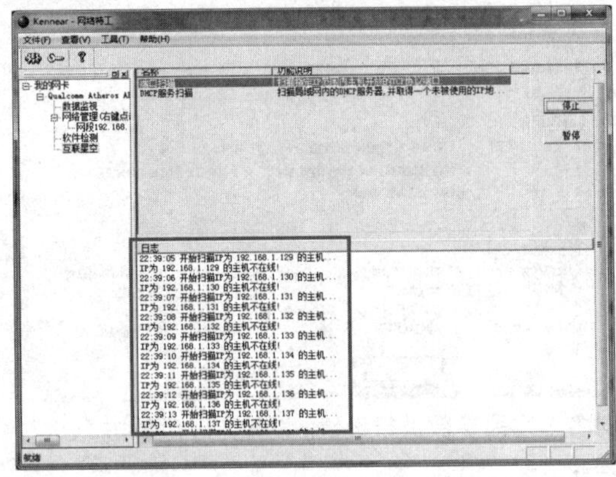

在扫描的同时，扫描结果显示在“日志”列表中，在其中即可看到各个主机开启的端口。

步骤 16 DHCP 服务扫描操作

❶ 在“互联星空”窗口右侧列表中选择“DHCP 服务扫描”选项。

❷ 单击“开始”按钮，即可进行 DHCP 服务扫描操作。

13.4.3 长角牛网络监控机

长角牛网络监控机（网络执法官）只需在一台计算机上运行，就可穿透防火墙，实时监控、记录整个局域网用户上线情况，可限制各用户上线时所用的 IP、时段，并可将非法用户踢下局域网。本软件适用范围为局域网内部，不能对网关或路由器外的计算机进行监视或管理，适合局域网管理员使用。

1. 安装长角牛网络监控机

长角牛网络监控机的主要功能是依据管理员为各主机限定的权限，实时监控整个局域网，并自动对非法用户进行管理，可将非法用户与网络中某些主机或整个网络隔离，而且无论局域网中的主机运行何种防火墙，都不能逃脱监控，也不会引发防火墙警告，提高了网络安全性。

步骤 1 双击“长角牛网络监控机”安装程序图标

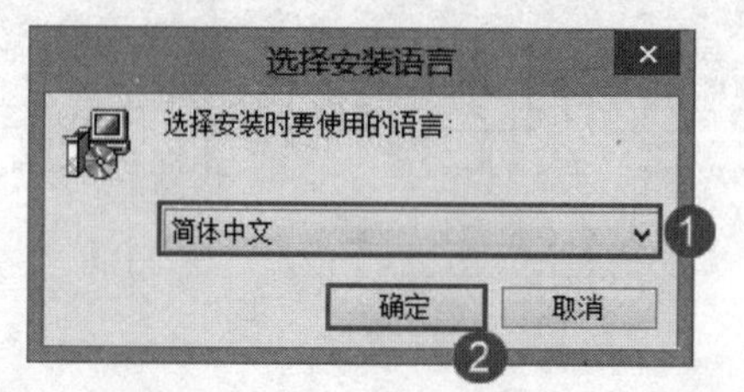

❶ 弹出“选择安装语言”对话框，在其中选择需要使用的语言。

❷ 单击“确定”按钮。

步骤 2 安装向导

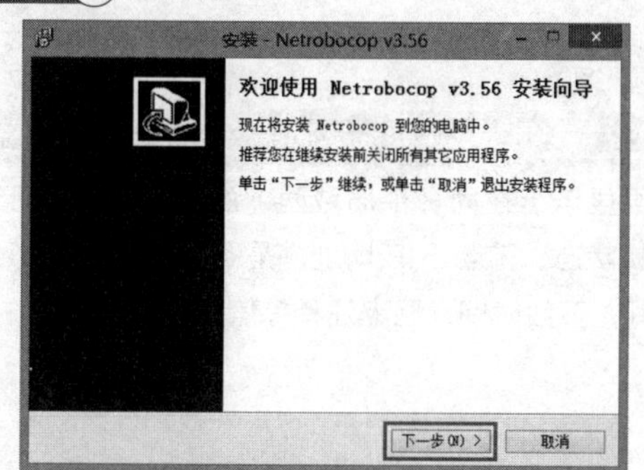

单击“下一步”按钮。

步骤 3 选择目标位置

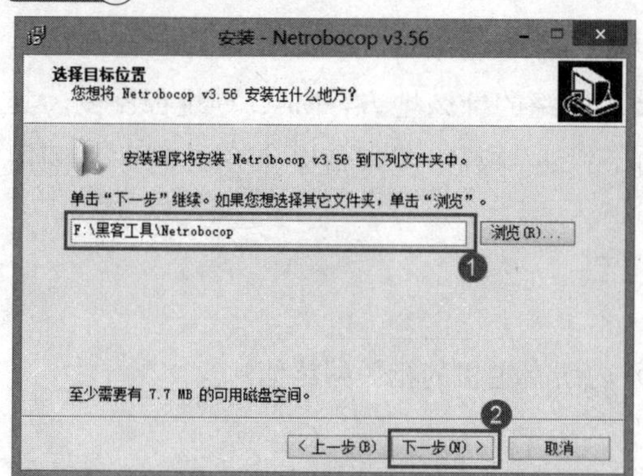

❶ 选择“Netrobocop v3.56”安装目标位置。

❷ 单击“下一步”按钮。

步骤 4 选择放置程序快捷方式位置

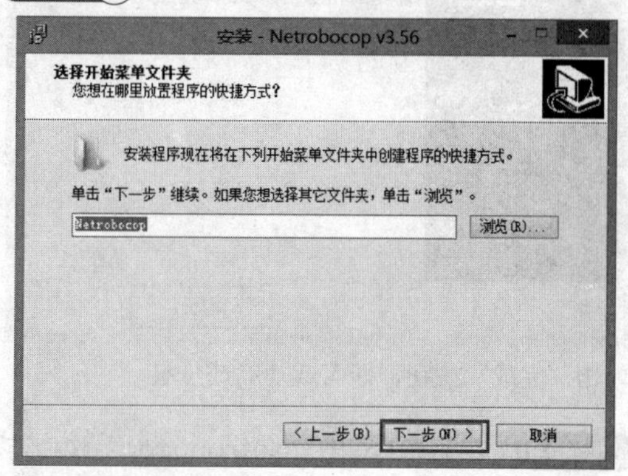

单击“下一步”按钮。

步骤 5 选择附加任务

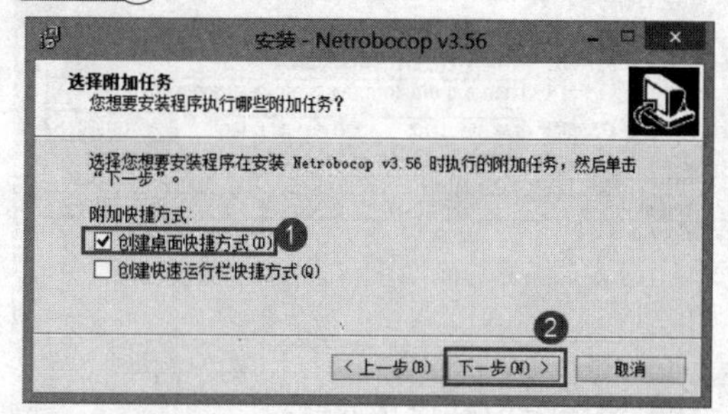

❶ 选择安装“Netrobocop v3.56”时要执行的附加任务。

❷ 单击“下一步”按钮。

步骤 6 准备安装

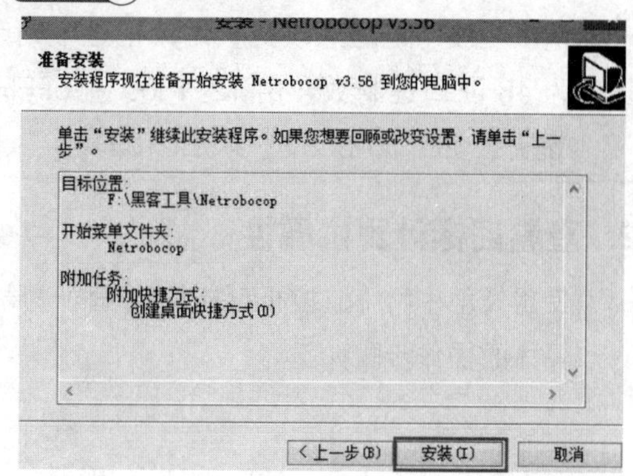

单击“安装”按钮，开始安装并显示安装进度。

步骤 7 完成安装

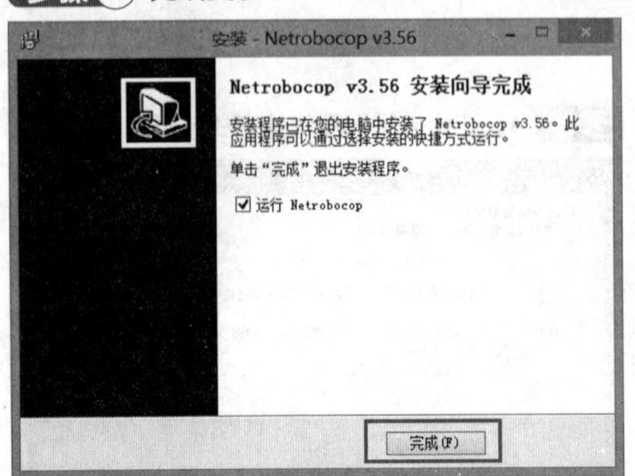

单击“完成”按钮，即可成功完成安装。

步骤 8 在桌面上双击“Netrobocop”快捷方式图标

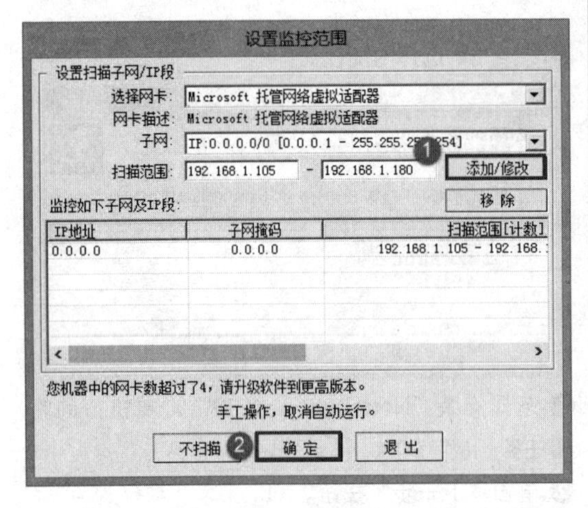

❶ 弹出“设置监控范围”对话框，指定监测的硬件对象和网段范围，单击“添加/修改”按钮。
❷ 单击“确定”按钮。

步骤 9 进入“长角牛网络监控机”操作窗口

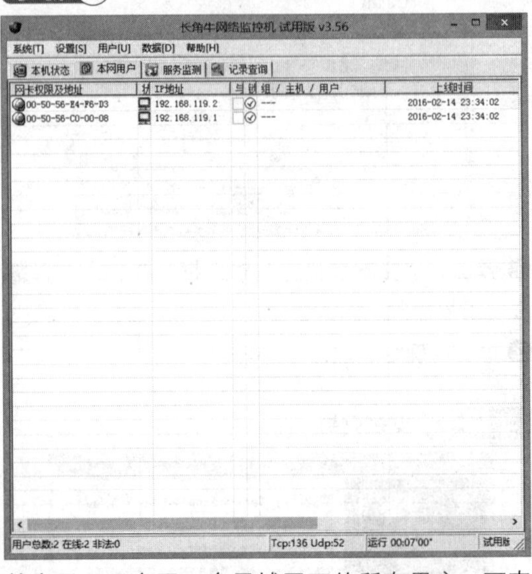

其中显示了在同一个局域网下的所有用户，可查看其状态、流量、IP 地址、是否锁定、最后上线时间、下线时间、网卡注释等信息。

“网卡 MAC 地址”是网卡的物理地址，也称硬件地址或链路地址，是网卡自身的唯一标识，一般不能随意改变。无论把这个网卡接入网络的什么地方，MAC 地址都不变。其长度为 48 位二进制数，由 12 个 00 ~ 0FFH 的十六进制数组成，每个十六进制数之间用“-”隔开，如“00-0C-76-9F-BC-02”。

2. 查看目标计算机属性

使用长角牛网络监控机可搜集处于同一局域网内所有主机的相关网络信息。

具体的操作步骤如下。

步骤 1 打开“长角牛网络监控机”操作窗口

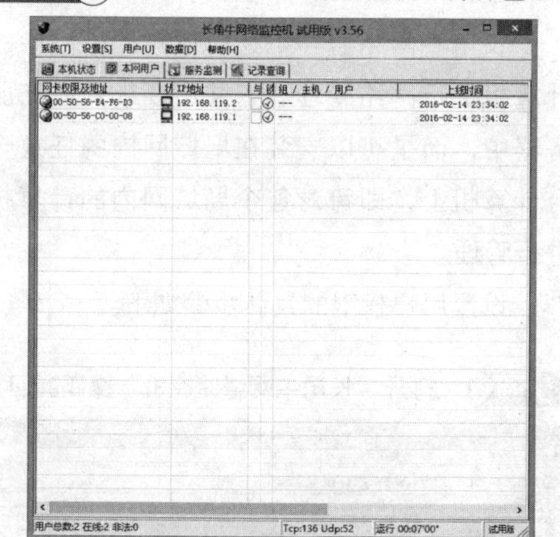

双击“用户列表”中需要查看的对象。

步骤 2 查看用户属性

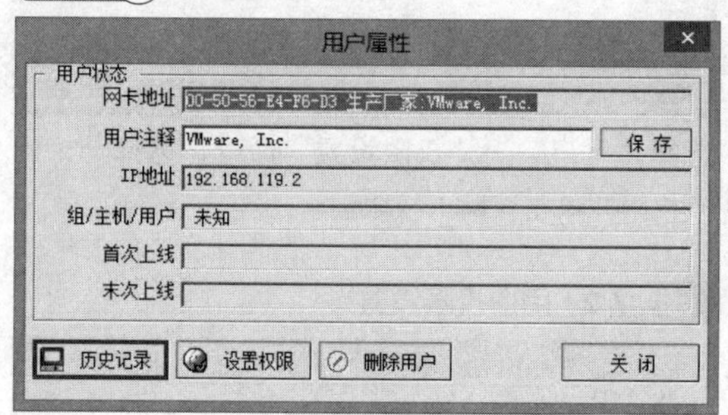

查看用户的网卡地址、IP 地址、上线情况等。单击“历史记录”按钮。

步骤 3 打开“在线记录”对话框

查看该计算机上线的情况。

3. 批量保存目标主机信息

除搜集局域网内各个计算机的信息之外，“网络执法官”还可以对局域网中的主机信息进行批量保存。具体的操作步骤如下。

步骤 1 打开“长角牛网络监控机”操作窗口

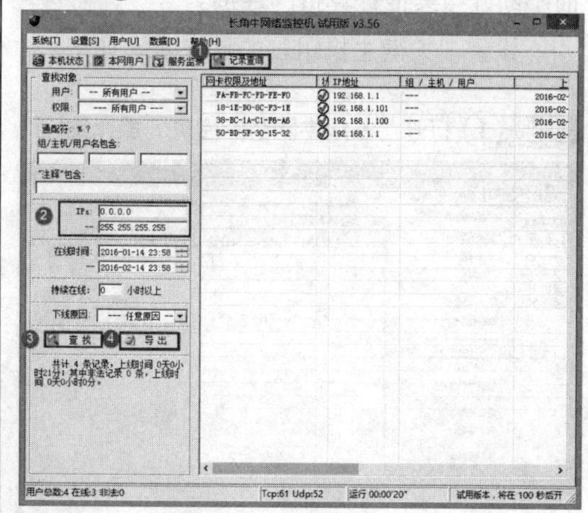

❶ 单击“记录查询”按钮。

❷ 在“IP 地址段”中输入“起始 IP”地址和“结束 IP”地址。

❸ 单击“查找”按钮，即可开始搜集局域网中计算机的信息。

❹ 单击“导出”按钮，将所有信息导出为文本文件。

步骤 2 查看导出的文本文件

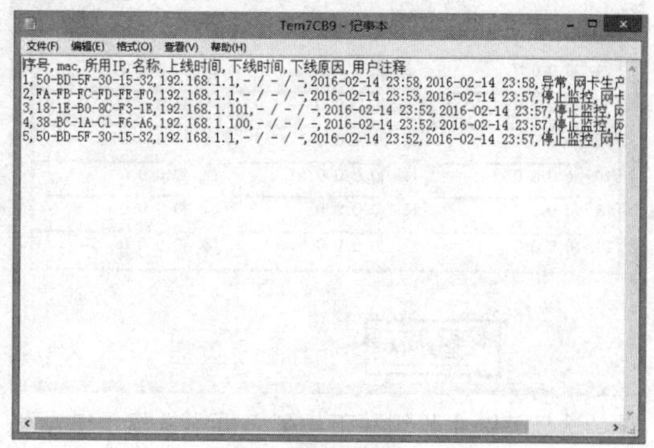

查看文本文件中所记录的信息。

4. 设置关键主机

“关键主机”是由管理员指定的 IP 地址，可以是网关、其他计算机或服务器等。管理员将指定的 IP 存入“关键主机”之后，即可令非法用户仅断开与“关键主机”的连接，而不断开与其他计算机的连接。

设置“关键主机组”的具体步骤如下。

步骤 1 打开“长角牛网络监控机”操作窗口

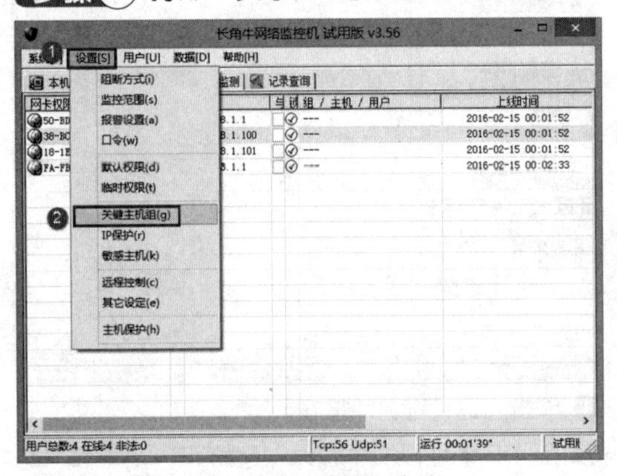

选择“设置”→“关键主机组”命令。

步骤 2 关键主机组设置

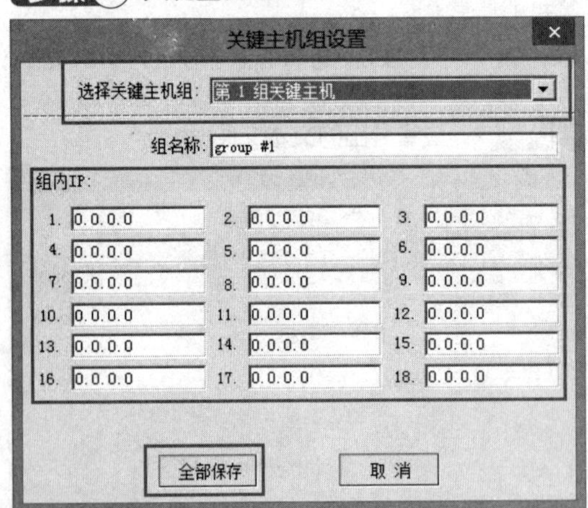

在“选择关键主机组”下拉列表框中选择关键主机组的名称。在设定“组内 IP”之后，单击“全部保存”按钮，将关键主机的修改即时生效并进行保存。

5. 设置默认权限

长角牛网络监控机还可以对局域网中的计算机进行网络管理。它并不要求安装在服务器中，而是可以安装在局域网内的任意一台计算机上，即可对整个局域网内的计算机进行管理。

设置用户权限的具体步骤如下。

步骤 1 打开“长角牛网络监控机”操作窗口

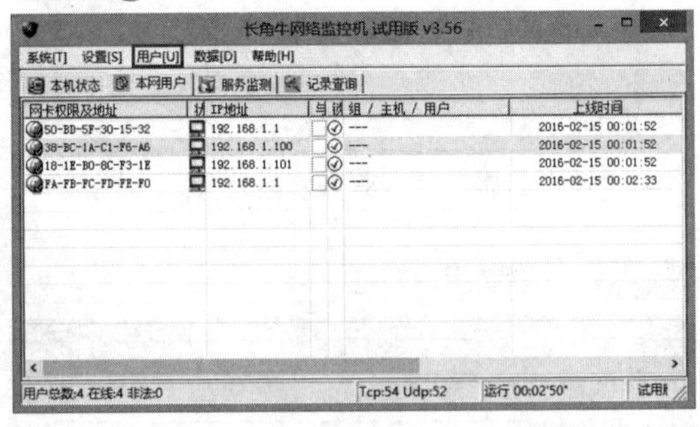

选择“用户”→“权限设置”命令，选择一个网卡权限并单击该网卡权限。

步骤 2 用户权限设置

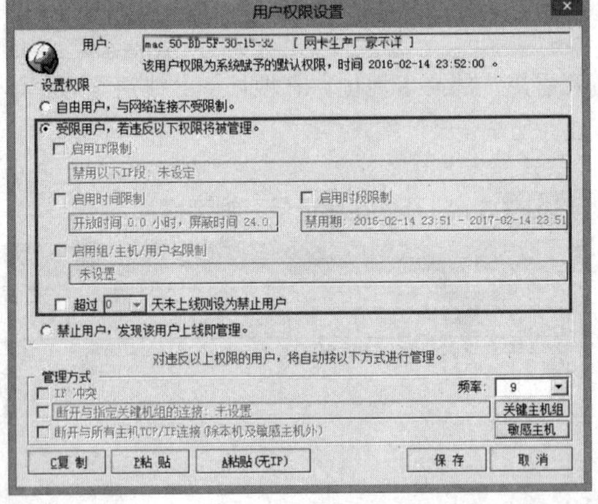

选择“受限用户，若违反以下权限将被管理”单选按钮之后，如果需要对 IP 进行限制，则可选中“启用 IP 限制”复选框，并单击“禁用以下 IP 段：未设定”按钮。

步骤 3 打开“IP 限制”对话框

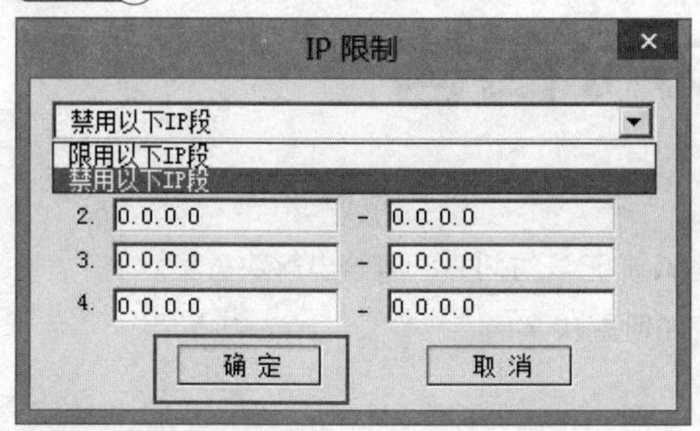

对 IP 进行设置，然后单击“确定”按钮。

步骤 4 返回“用户权限设置”窗口

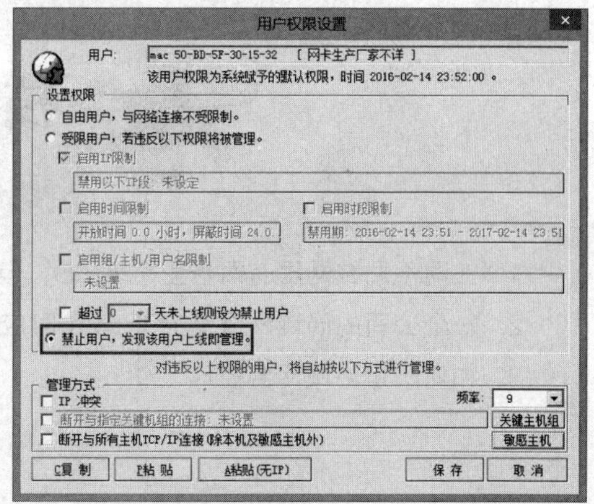

选择“禁止用户，发现该用户上线即管理”单选按钮，即可在“管理方式”栏中设置管理方式，当目标计算机连入局域网时，“网络执法官”即按照设定的项对该计算机进行管理。

6. 禁止目标计算机访问网络

禁止目标计算机访问网络是“网络执法官”的重要功能，具体的禁止方法如下。

步骤 1 打开“长角牛网络监控机”操作窗口

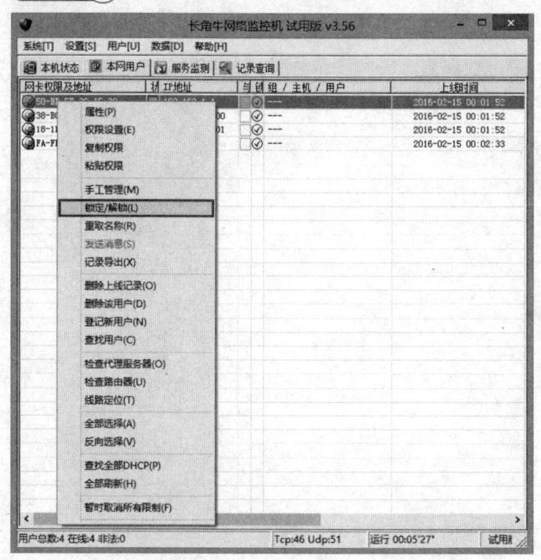

右击“用户列表”中的任意一个对象，在弹出的快捷菜单中选择“锁定 / 解锁”命令。

步骤 2 打开“锁定 / 解锁”对话框

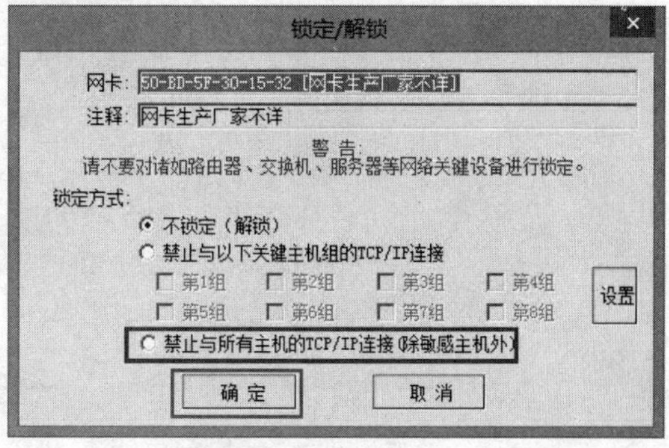

选中“禁止与所有主机的 TCP/IP 连接（除敏感主机外）”单选按钮，再单击“确定”按钮，即可实现禁止目标计算机访问网络这项功能。

1. 在同一局域网里有两台主机 A、B，但是 A 却无法访问 B，请给出解决方案。
2. 一个公司的局域网遭受 ARP 攻击时应该如何解决？
3. 如何防止局域网监控?

第14章 计算机远程控制技术

在计算机安全领域，远程控制是必须掌握的一门基础技术。本章曝光了多种远程控制的攻击实例，用户在了解到这些远程控制技术后，可以大致了解远程控制技术的基本原理和实际操作技巧，并据此做出有针对性的设置，做好防御工作。

14.1 远程控制概述

这里的远程不是指字面意思上的远距离，而是指通过网络控制远端计算机。早期的远程控制往往指在局域网中的远程控制而言，随着互联网和技术革新，就如同坐在被控端计算机的屏幕前一样，可以启动被控端计算机的应用程序，可以使用或窃取被控端计算机的文件资料，甚至可以利用被控端计算机的外部打印设备（打印机）和通信设备（调制解调器或者专线等）来进行打印和访问外网和内网，就像利用遥控器遥控电视的音量、变换频道或者开关电视机一样。不过，有一个概念需要明确，那就是主控端计算机只是将键盘和鼠标的指令传送给远程计算机，同时将被控端计算机的屏幕画面通过通信线路回传过来。也就是说，控制被控端计算机进行操作似乎是在眼前的计算机上进行的，实质是在远程的计算机中实现的，无论打开文件，还是上网浏览、下载等都是存储在远程的被控端计算机中的。

远程控制必须通过网络才能进行。位于本地的计算机是操纵指令的发出端，称为主控端或客户端，非本地的被控计算机称为被控端或服务器端。“远程”不等同于远距离，主控端和被控端可以是位于同一局域网的同一房间中，也可以是连入 Internet 的处在任何位置的两台或多台计算机。

早期的远程控制大部分指的是计算机桌面控制，而后的远程控制可以使用手机和计算机控制马路上的灯、联网的窗帘、电视机、DVD、摄像机、投影机、指挥中心、大型会议室等。

14.1.1 远程控制的技术原理

远程控制是在网络上由一台计算机（主控端 Remote/ 客户端）远距离去控制另一台计算机（被控端 Host/ 服务器端）的技术，主要通过远程控制软件实现。

远程控制软件一般分为两个部分。一部分是客户端程序 Client，另一部分是服务器端程序 Server（或 Systry），在使用前需要将客户端程序安装到主控端计算机上，将服务器端程序安装到被控端计算机上。使用时客户端程序向被控端计算机中的服务器端程序发出信号，建立一个特殊的远程服务，然后通过这个远程服务，使用各种远程控制功能发送远程控制命令，控制被控端计算机中的各种应用程序运行。较为好用和方便的远程控制软件国内以网络人远程控制软件、国外以 Rsupport 远程控制软件为代表。

14.1.2 基于两种协议的远程控制

1. TCP 协议

主要有 Windows 系统自带的远程桌面等，网上 98% 的远程控制软件都使用 TCP 协议来实现远程控制，使用 TCP 协议的远程控制软件的优势是稳定、连接成功率高；缺陷是双方必须有一方具有公网 IP（或在同一个内网中），否则就需要在路由器上做端口映射。这意味着你只能用这些软件控制拥有公网 IP 的计算机，或者只能控制同一个内网中的计算机（如控制该公司里其他的计算机）。你不可能使用 TCP 协议的软件从某一家公司的计算机，控制另外一家公司的内部计算机，或者从网吧、宾馆里控制你办公室的计算机，因为它们处于不同的内网中。80% 以上的计算机都处于内网中（使用路由器共享上网的方式即为内网），TCP 软件不能穿透内网的缺陷，使得该类软件使用率大打折扣。但是很多远程控制软件支持从被控端主动连接到控制端，可以一定程度上弥补该缺陷。

2. UDP 协议

与 TCP 协议远程控制不同，UDP 传送数据前并不与对方建立连接，发送数据前后也不进行数据确认，从理论上说速度会比 TCP 快（实际上会受网络质量影响）。最关键的是：使用 UDP 协议可以利用 UDP 的打洞原理（UDP Hole Punching 技术）穿透内网，从而解决了 TCP 协议远程控制软件需要做端口映射的难题。这样，即使双方都在不同的局域网内，也可以实现远程连接和控制。QQ、远程控制、网络人的远程控制功能都是基于 UDP 协议的。你会发现使用穿透内网的远程控制软件无须做端口映射即可实现连接，这类软件都需要一台服务器协助程序进行通信以便实现内网的穿透。由于 IP 资源日益稀缺，越来越多的用户会在内网中上网，因此能穿透内网的远程控制软件，将是今后远程控制发展的主流方向。

14.1.3 远程控制的应用

随着远程控制技术的不断发展，远程控制也被应用到教学和生活当中。下面来看一下远程控制的几个常见应用方向。

1. 远程医疗

远程医疗（Telemedicine）从广义上讲：使用远程通信技术、全息影像技术、新电子技术和计算机多媒体技术发挥大型医学中心医疗技术和设备优势对医疗卫生条件较差的及特殊环境提供远距离医学信息和服务。它包括远程诊断、远程会诊及护理、远程教育、远程医疗信息服务等所有医学活动。从狭义上讲：是指远程医疗，包括远程影像学、远程诊断及会诊、远程护理等医疗活动。国外这一领域的发展已有近 40 年的历史，在我国起步较晚。

远程医疗包括远程医疗会诊、远程医学教育、建立多媒体医疗保健咨询系统等。远程医疗会诊在医学专家和患者之间建立起全新的联系，使患者在原地、原医院即可接受异地专家的会诊并在其指导下进行治疗和护理，可以节约医生和患者大量的时间和金钱。远程医疗运用计算机、通信、医疗技术与设备，通过数据、文字、语音和图像资料的远距离传送，实现专家与患者、专家与医务人员之间异地“面对面”的会诊。

2. 远程办公

远程办公的方式不仅大大缓解了城市交通状况，减少了环境污染，还免去了人们上下班路上奔波的辛劳，更可以提高企业员工的工作效率和工作兴趣。

3. 远程教育

利用远程技术，商业公司可以实现和用户的远程交流，采用交互式的教学模式，通过实际操作来培训用户，使用户从技术支持专业人员那里学习示例知识变得十分容易。而教师和学生之间也可以利用这种远程控制技术实现教学问题的交流，学生可以不用见到老师，就得到老师手把手的辅导和讲授。学生还可以直接在计算机中进行习题的演算和求解，在此过程中，教师能够轻松地看到学生的解题思路和步骤，并加以实时的指导。

4. 远程技术支持

通常，远距离的技术支持必须依赖技术人员和用户之间的电话交流来进行，这种交流既耗时又容易出错。许多用户对计算机知道得很少，他们必须向无法看到计算机屏幕的技术人员描述问题的症状，并且严格遵守技术人员的指示精确地描述屏幕上的内容，但是由于他们的计算机专业知识非常少，描述往往不得要领，说不到点子上，这就给技术人员判断故障制造了非常大的障碍。有了远程控制技术，技术人员就可以远程控制用户的计算机，就像直接操作本地计算机一样，只需要用户的简单帮助就可以得到该机器存在问题的第一手资料，很快就可以找到问题的所在，并加以解决。

5. 远程维护

计算机系统技术服务工程师或管理人员通过远程控制目标维护计算机或所需要维护管理的网络系统，进行配置、安装、维护、监控与管理，解决以往服务工程师必须亲临现场才能解决的问题；大大降低了计算机应用系统的维护成本，最大限度减少用户损失，实现高效率、低成本。

14.2 利用“远程控制任我行”软件进行远程控制

“远程控制任我行”是一款免费、绿色、小巧且拥有“正向连接”和“反向连接”功能的远程控制软件，能够让用户得心应手地控制远程主机，就像控制自己的计算机一样。该软件主要有远程屏幕监控、远程语音视频、远程文件管理、远程注册表操作、远程键盘记录、主机上线通知、远程命令控制和远程信息发送等作用。

14.2.1 配置服务端

远程控制软件一般分为客户端程序（Client）和服务器端程序（Server）两部分，将服务器端程序安装到被控计算机上，将客户端程序安装到主控计算机上。注意在运行时关闭主机的杀毒软件。

配置服务端的具体操作步骤如下。

步骤 1 下载并安装“远程控制任我行”软件，安装完成后，双击 netsys.exe 图标打开该软件

步骤 2 运行“远程控制任我行”软件

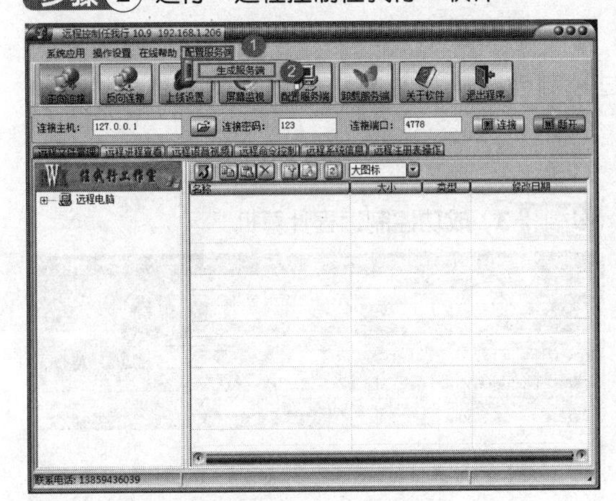

❶ 在控制界面上方单击“配置服务端”按钮。
❷ 选择弹出的“生成服务端”选项。

步骤 3 选择配置类型

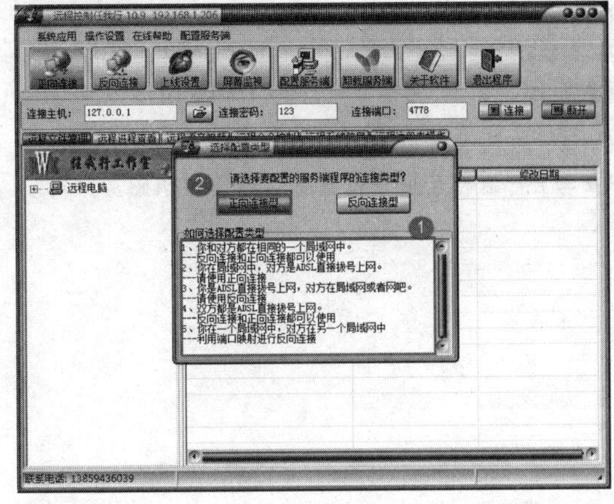

❶ 注意查看下方信息，根据实际情况选取连接方式。
❷ 单击“正向连接型”按钮。

步骤 4 配置正向连接

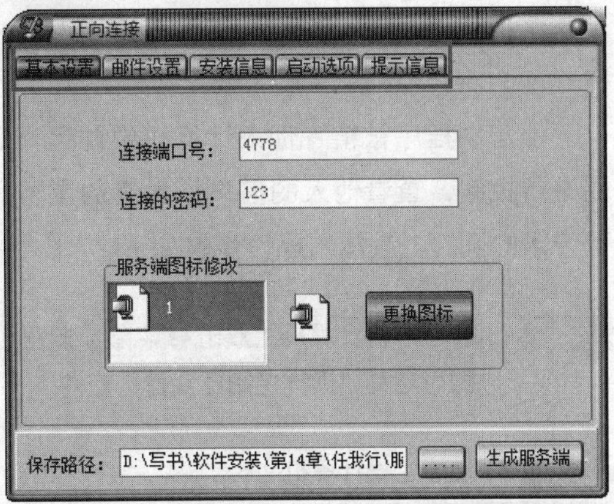

对服务器程序的图标、邮件设置、安装信息、启动选项等信息进行配置，也可使用软件默认值。

步骤 5 安装信息设置

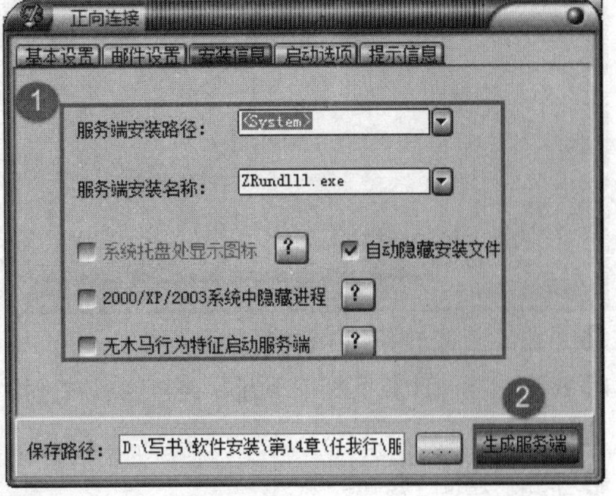

❶ 设置服务端的安装路径、安装名称及显示状态等信息。
❷ 单击“生成服务端”按钮。

步骤 6 生成服务端程序

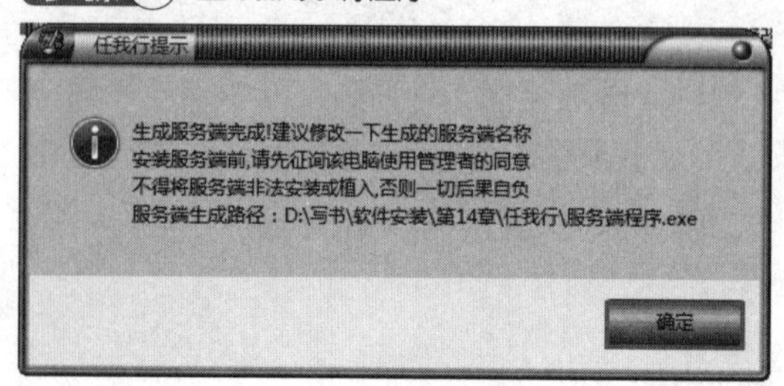

单击“确定”按钮，服务端程序生成。

将生成的服务端程序植入到被控制的计算机中并运行，可以通过QQ发送给对方，或者采用其他方法发送，只要对方运行了服务端程序，“服务器端程序.exe”就会自动删除，只在系统中保留“ZRundlll. exe”这个进程，达到了隐藏的效果，并在每次开机时自动启动，保障客户端能够时刻监控服务器端。

14.2.2 通过服务端程序进行远程控制

服务端程序被植入他人计算机中并运行后，即可在自己的计算机中运行客户端并对服务端进行控制，查看他人的信息；大量的黑客通过控制他人的计算机进行违法的操作，达到不可告人的目的，具体的操作步骤如下。

步骤 1 在客户端计算机上双击 netsys.exe 按钮，即可启动“远程控制任我行”软件

步骤 2 连接远程计算机

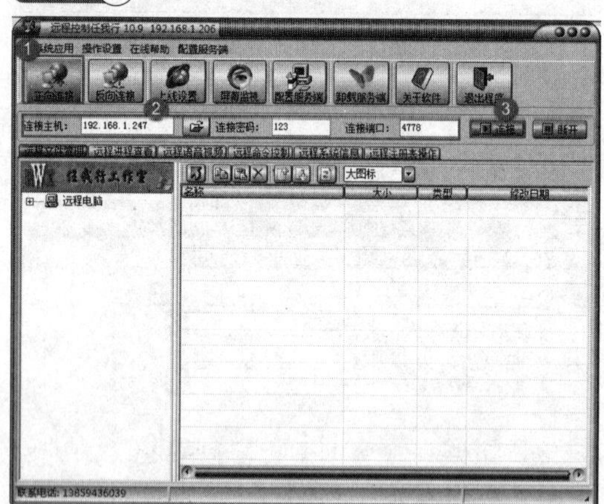

❶ 单击“正向连接”按钮。

❷ 输入被控制计算机的IP地址、连接密码和连接端口。

❸ 单击“连接”按钮。

步骤 3 成功控制远程计算机

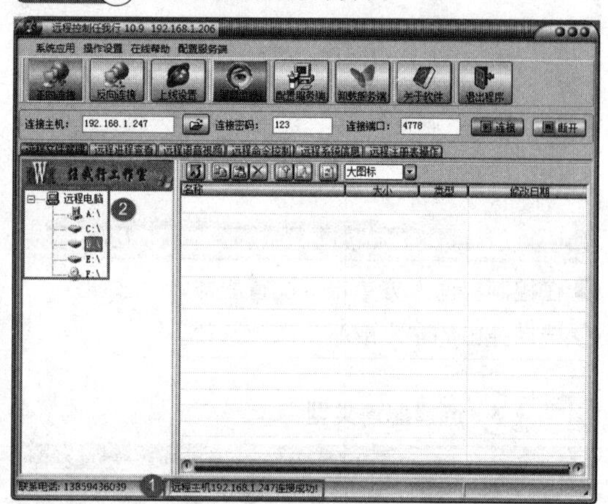

❶ 显示“远程主机192.168.1.247连接成功”，则表示主机成功连接。

❷ 单击“远程电脑”查看服务器端主机磁盘文件。

步骤 4 建立屏幕监控

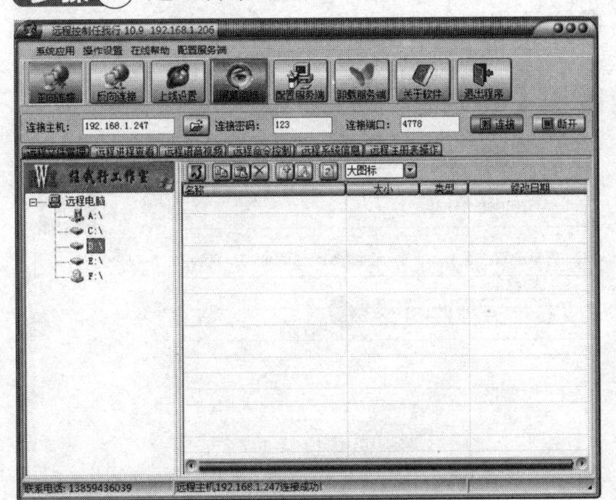

单击“屏幕监视”按钮，启动屏幕监视功能。

步骤 5 屏幕监控实现

❶ 单击“连接”按钮，受控计算机的屏幕便显示在该窗口中。

❷ 单击“键盘”“鼠标”按钮，可以使用键盘和鼠标来对受控计算机上的程序进行操作。

步骤 6 远程命令控制

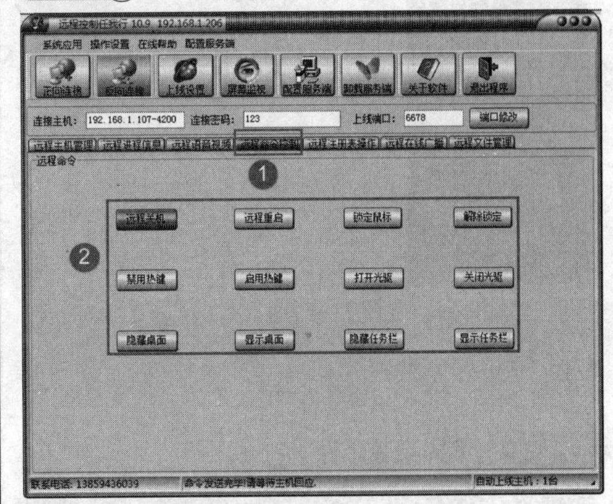

❶ 单击“远程命令控制”按钮。

❷ 可在远程桌面项勾选各项功能，并在“远程命令”选项组中单击各个按钮进行操作。

14.3 用 QuickIP 进行多点控制

QuickIP 是基于 TCP/IP 协议的计算机远程控制软件；使用 QuickIP 可以通过局域网、因特网全权控制远程的计算机。服务器可以同时被多个客户机控制，一个客户机也可以同时控制多个服务器。此软件具有 FTP 功能，可以上传、下载远程文件，以树的形式展示远程计算机所有磁盘驱动器的内容；可以对远程屏幕进行录像及对录像文件进行播放；可以控制远程计算机的鼠标、键盘，就像操作本地的计算机一样；可以控制远程的录音、放音设备，具备网络电话功能，在拨号网络上也能达到很好的效果；可以控制远程计算机的所有进程、装载模块、窗口、服务程序，控制远程计算机重新启动、关机、登录等。

14.3.1 安装 QuickIP

QuickIP 安装较为简洁方便，具体操作步骤如下。

步骤 1 双击“QuickIP.exe”文件

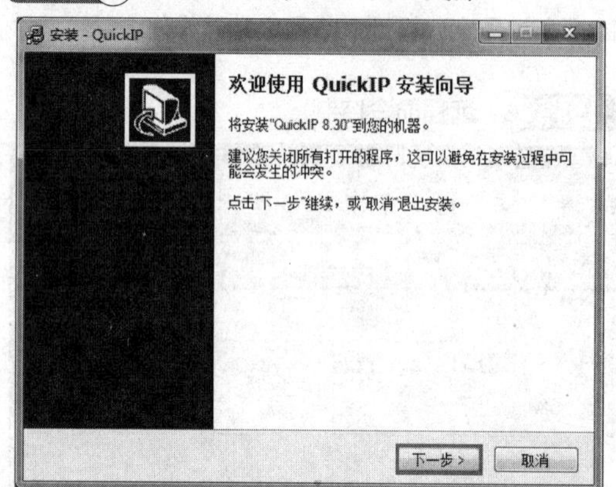

单击“下一步”按钮。

步骤 2 选择安装路径

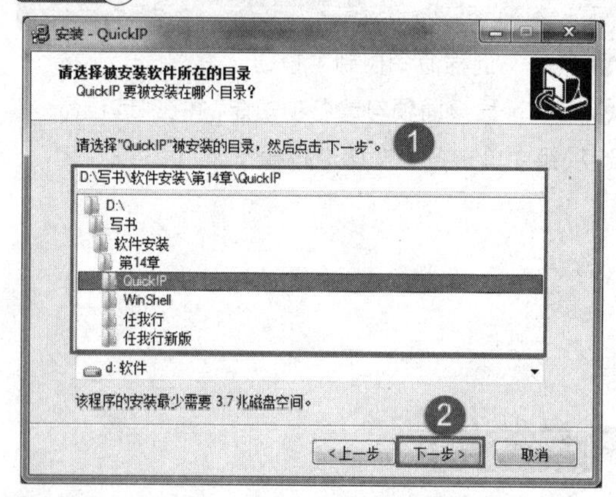

❶ 选择安装路径。

❷ 单击“下一步”按钮。

步骤 3 选择快捷方式存储位置

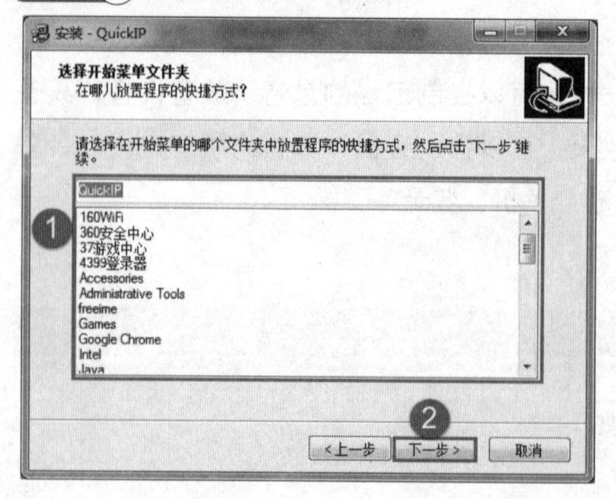

❶ 选择快捷方式安装路径。

❷ 单击“下一步”按钮。

步骤 4 创建快捷方式

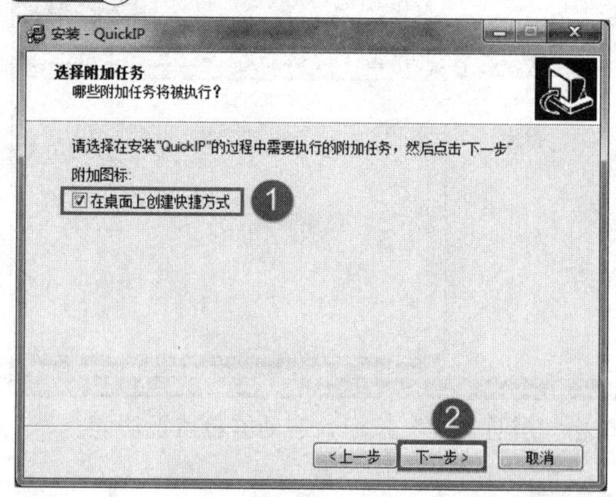

❶ 选中“在桌面上创建快捷方式”复选框。

❷ 单击“下一步”按钮。

步骤 5 安装软件

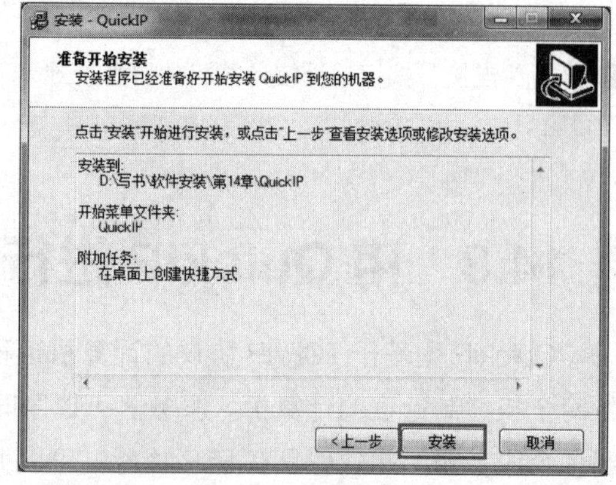

单击“安装”按钮。

14.3.2 设置 QuickIP 服务器端

由于 QuickIP 是将服务器端与客户端合并在一起的，因此无论在哪台计算机中都是一起安装服务器端和客户端，这也是实现一台服务器可以同时被多个客户机控制、一个客户机也可以同时控制多个服务器的前提条件。配置 QuickIP 服务器端的具体操作步骤如下。

步骤 1 运行 QuickIP 服务器

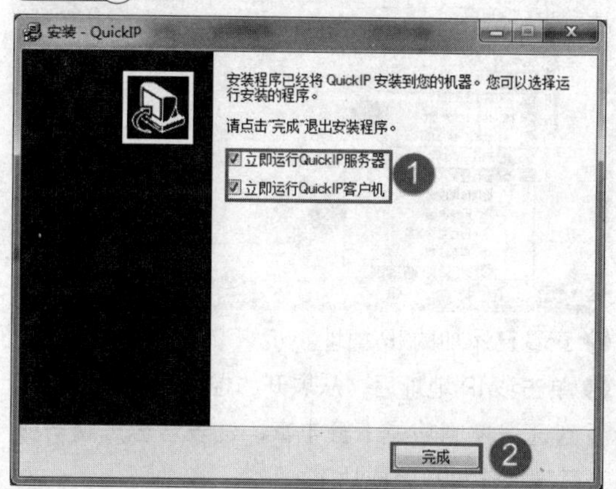

❶ 选中“立即运行 QuickIP 服务器”复选框和“立即运行 QuickIP 客户机”复选框。

❷ 单击“完成”按钮继续。

步骤 2 设定登录密码提示信息

单击“确定”按钮。

步骤 3 设置密码

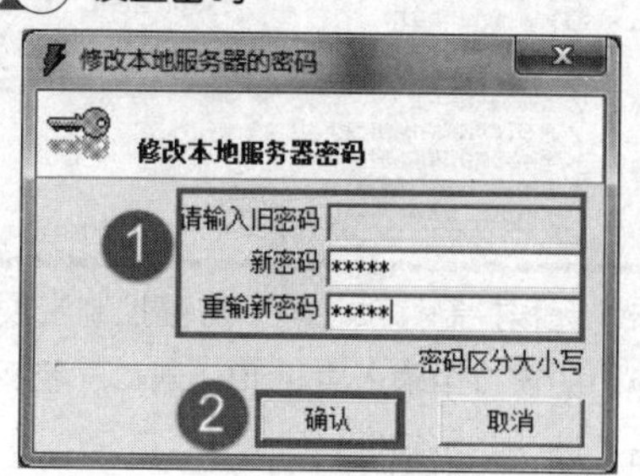

❶ 在文本框中输入新密码并确认。

❷ 单击“确定”按钮。

步骤 4 密码设置成功

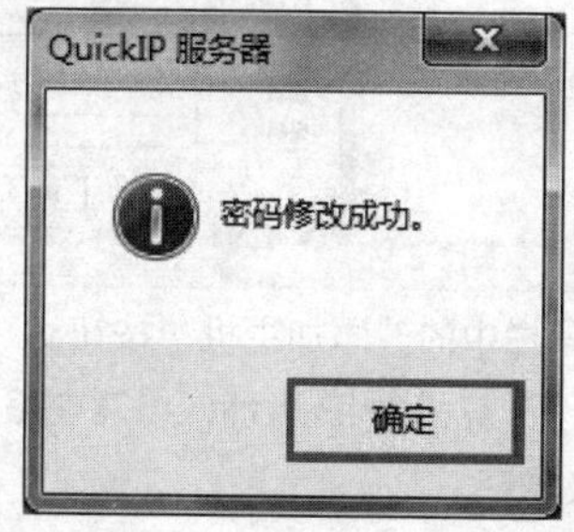

单击“确定”按钮。

步骤 5 “QuickIP 服务器管理”窗口

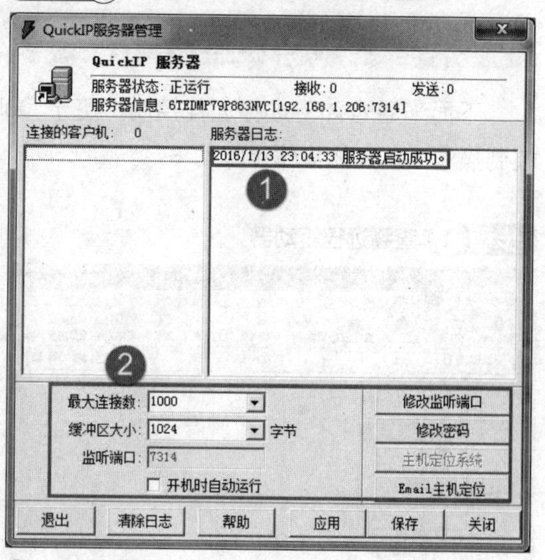

❶ 从右侧提示信息中可以看到“服务器启动成功”的字样。

❷ 查看方框内容，根据需要改动。

14.3.3 设置 QuickIP 客户端

客户端的设置就相对简单了，主要是添加服务器端的操作。具体的操作步骤如下。

步骤 1 添加服务器

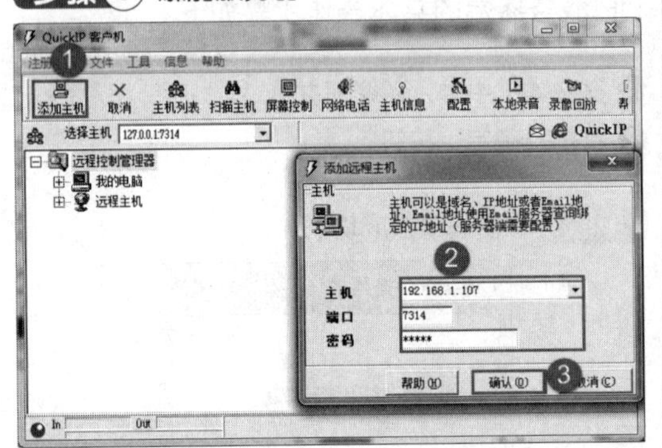

❶ 单击工具栏中的“添加主机”按钮。

❷ 输入远程计算机的 IP 地址，以及在服务器端设置的端口及密码。

❸ 单击“确认”按钮。

步骤 2 查看已经添加的 IP 地址

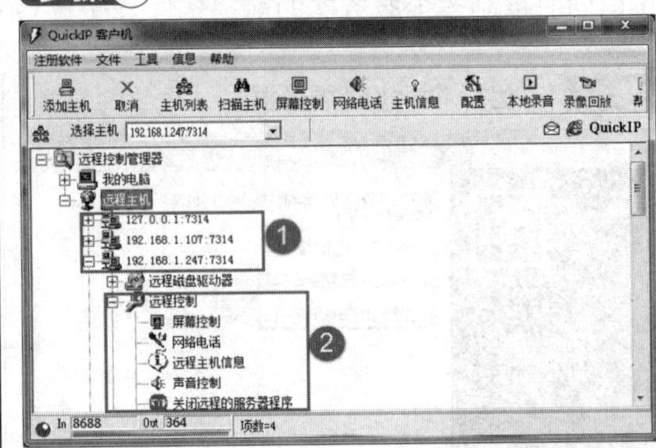

❶ 查看已添加的 IP 地址。

❷ 单击该 IP 地址后，从展开的控制功能列表中可看到远程控制功能十分丰富，这表示客户端与服务器端的连接已经成功了。

14.3.4 实现远程控制

下面来看看如何进行远程控制（鉴于 QuickIP 的功能非常强大，只介绍几个比较常用的控制操作），具体操作步骤如下。

步骤 1 查看远程驱动器

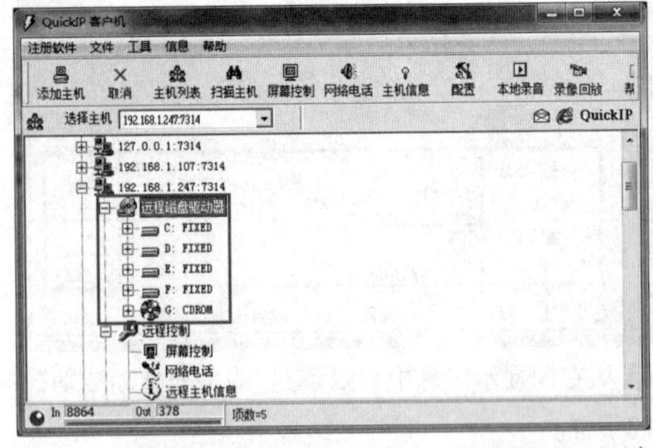

单击“远程磁盘驱动器”选项，即可看到远程计算机中的所有驱动器。

步骤 2 远程屏幕控制连接

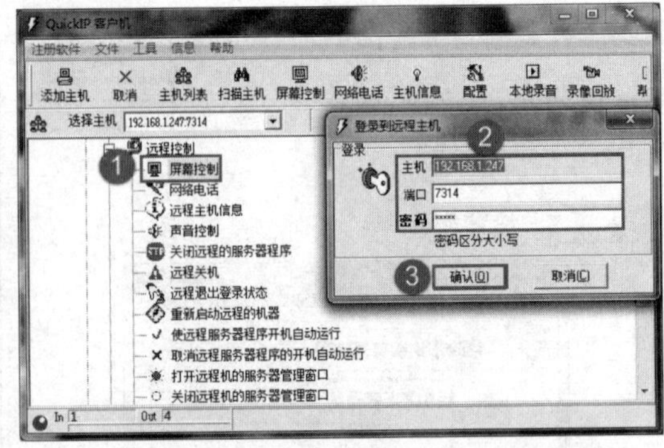

❶ 单击“远程控制”项下的“屏幕控制”项。

❷ 在弹出的窗口中输入主机 IP、端口、密码。

❸ 单击“确认”按钮。

步骤 3 远程屏幕

在上方操作栏中可以单击“全屏”“模拟”“自动”“录像”按钮，进行相应的操作。

步骤 4 网络电话控制

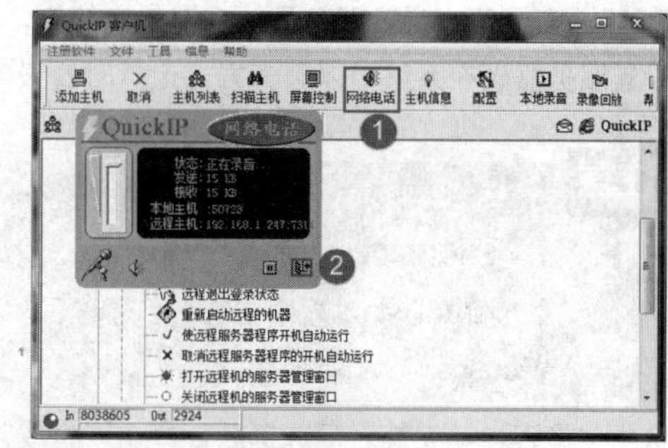

❶ 单击“网络电话”按钮。

❷ 单击框中按钮即可停止。

14.4 用 WinShell 实现远程控制

WinShell 是一个运行在 Windows 平台上的 Telnet 服务器软件，主程序是一个仅仅 6KB 大小的 exe 文件，可完全独立执行而不依赖于任何系统动态链接库。尽管它体积小，却功能不凡：支持定制端口、密码保护、多用户登录、NT 服务方式、远程文件下载、信息自定义及独特的反 DDOS 功能等。

该软件有许多优点：支持 Windows 9X/ME/NT/2000/XP；支持所有标准 Telnet 客户端软件；多线程设计支持无限用户同时登录；可自定义监听端口，默认是 5277；后台方式运行，无影无踪；支持 NT 下以服务方式运行，且可自定义服务信息。

14.4.1 配置 WinShell

默认状态下，定制 WinShell 的主程序会生成一个压缩过的体积很小的 WinShell 服务器端，当然也可以不选择，而使用其他压缩或保护程序对生成的 WinShell 服务器端进行处理。

具体操作步骤如下。

步骤 1 安装并运行“WinShell”

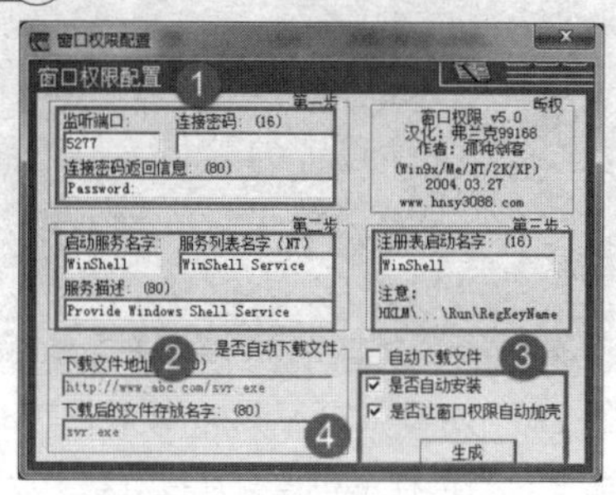

❶ 在“监听端口”文本框中设置即将生成的服务器端运行后的端口号，默认为 5277。再设置登录服务器端时需要的密码，默认为无密码。

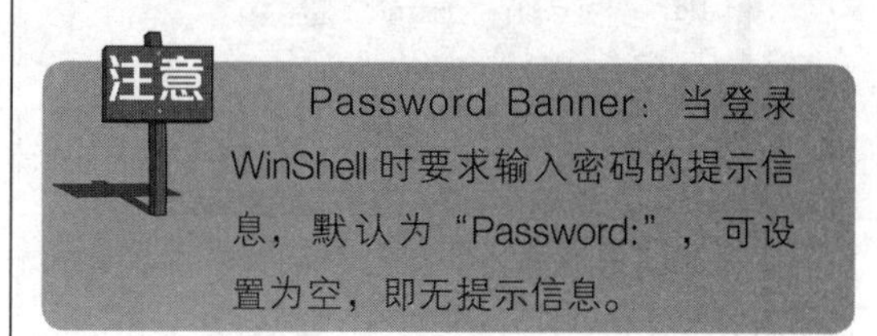

注意 Password Banner：当登录 WinShell 时要求输入密码的提示信息，默认为“Password:”，可设置为空，即无提示信息。

❷ 在“服务列表名字”文本框中选择默认值“WinShell Service”之后，下方的“服务描述”项是指显示在 NT 服务列表中说明服务具体功能的字符串，默认为“Provide Windows Shell Service”。
❸ 设置服务器端在系统中以服务方式运行时的服务名字，默认为“WinShell”。

“注册表启动名字”项是指在安装 WinShell 时，为了在系统启动后能自动运行，WinShell 在注册表路径“HKEY_LOCAL_MACHINE\SOFTWARE\ Microsoft\Windows\CurrentVersion \Run”处的字符串名，默认为“WinShell”，其值也为字符串类型，如“D:\Winshell \ winshell.exe”。

❹ 选中“是否自动安装”复选框后，单击“生成”按钮。

步骤 2 查看生成的服务器端的配置信息

```
WinShell Configuration File

WinShell Server Path : D:\写书\软件安装\第14章\WinShell
\server.exe
WinShell Server Size : 5920 Bytes

Port                 : [5277]
Password             : []
Password Banner      : [Password:]
Registry KeyName     : [WinShell]
Service Name         : [WinShell]
Service DisplayName  : [WinShell Service]
Service Description  : [Provide Windows Shell Service]
DownExec Flag        : [No]
Url Address          : []
Destination Filename : []
AutoInstall Flag     : [Yes]
```

从弹出的文本文件中可以看到生成的服务器端的配置信息。

步骤 3 查看生成的 WinShell 服务器端信息

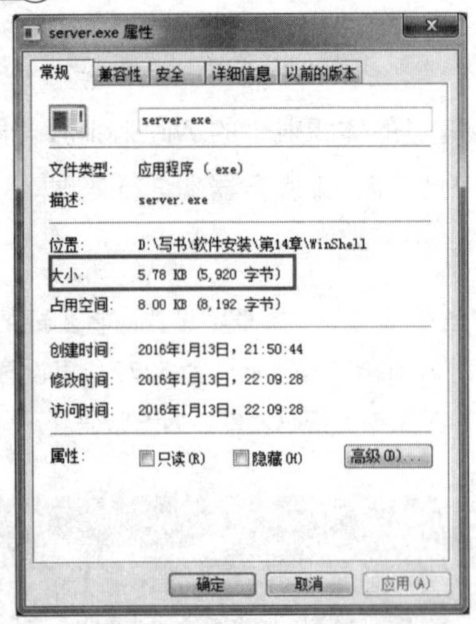

查看生成的服务器端文件大小，会发现服务器端程序大小只有 5.78KB。

步骤 4 查看 WinShell 进程

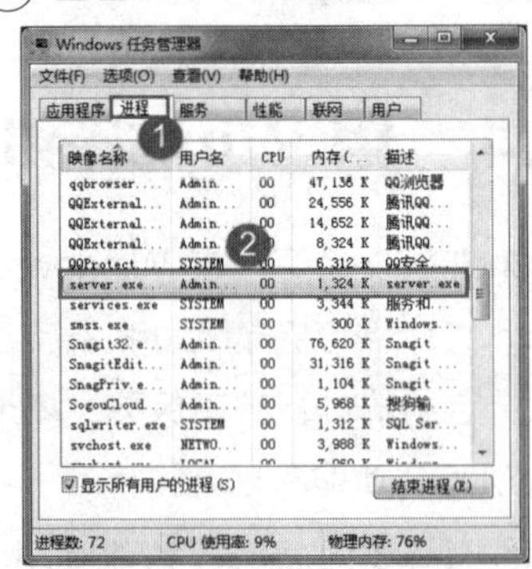

❶ 单击“进程”选项卡。
❷ 在下方窗口中可以找到 server.exe 进程。

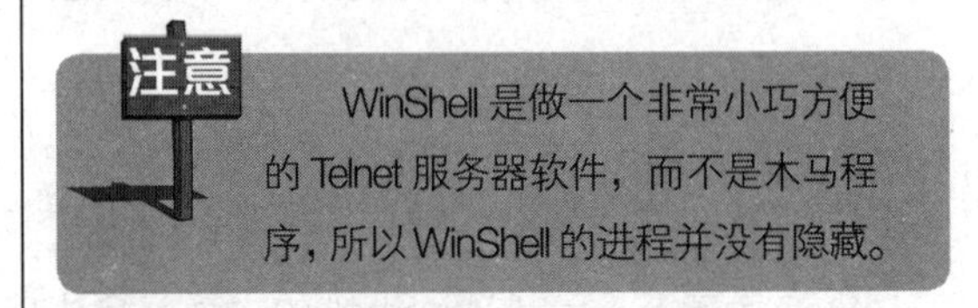

WinShell 是做一个非常小巧方便的 Telnet 服务器软件，而不是木马程序，所以 WinShell 的进程并没有隐藏。

步骤 5 与远程计算机建立连接

在“命令控制”窗口中输入“telnet 192.168.1.102 5277”命令，与远程主机建立连接。

步骤 6 查看显示的反馈信息

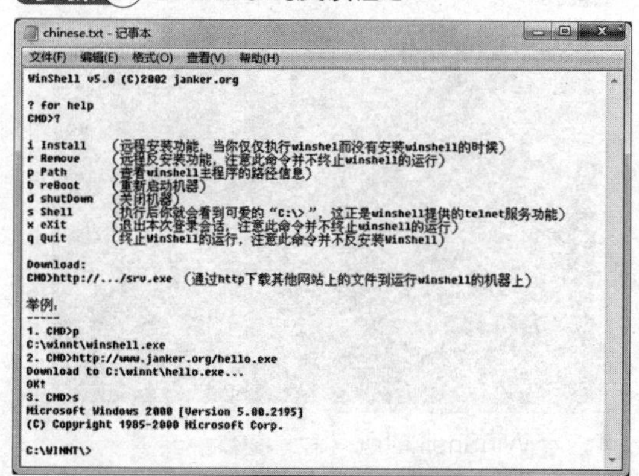

登录后，需要在命令行中输入"?"并按 <Enter> 键查看可以操作的命令，通过反馈信息得知可以使用哪些命令。

显然，服务器端的制作是十分方便的，而对系统资源的占用却是很小的，加之操作命令并不复杂，因此，需要进行远程管理的朋友可尝试使用 WinShell 来完成任务。

14.4.2 实现远程控制

当配置好 WinShell 服务器并在被控端计算机中运行后，用户可在主控端计算机中利用"命令提示符"窗口输入有关 Telnet 命令与远程计算机建立连接，并进行控制。

具体的操作方法如下。

步骤 1 开启 ipc$ 共享

① 打开"REGEDIT"窗口。

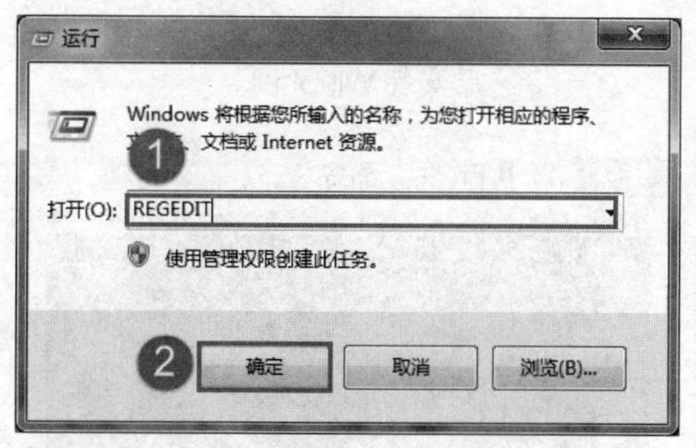

❶ 在"打开"文本框中输入"REGEDIT"。
❷ 单击"确定"按钮。

② 配置 Parameters。

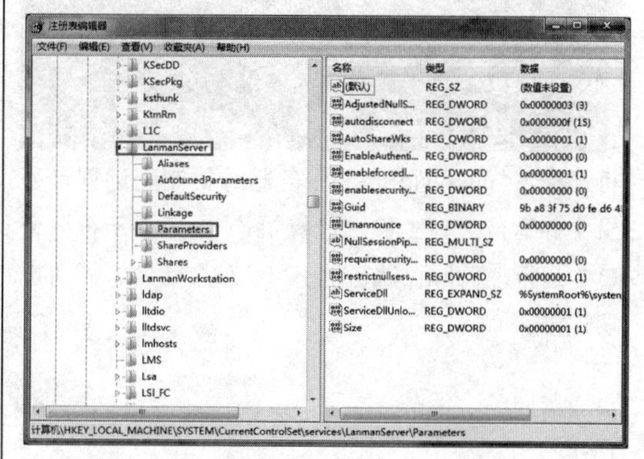

依次单击"REGEDIT"→"HKEY_LOCAL_MACHINE"→"SYSTEM"→"CurrentControlSet"→"services"→"LanmanServer"→"Parameters"。

③ 设置打开磁盘共享。

在右侧窗格的任意空白区域中右击，在弹出的快捷菜单中选择“新建”→“DWORO 值”命令，双击该键值，在弹出的数值文本框中输入 1，单击“确定”按钮。

步骤 2 成功连接

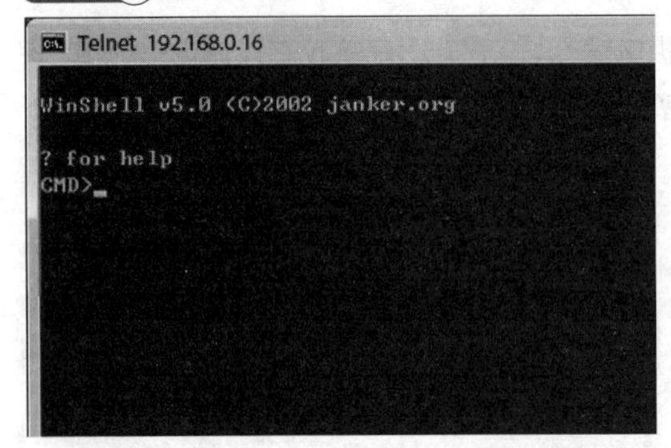

将已配置好的 WinShell 服务器端复制到远程计算机中并运行。在主控端计算机“命令提示符”窗口中运行“Telnet 服务器 IP 5277”命令，即可成功连接。

步骤 3 执行“?”命令

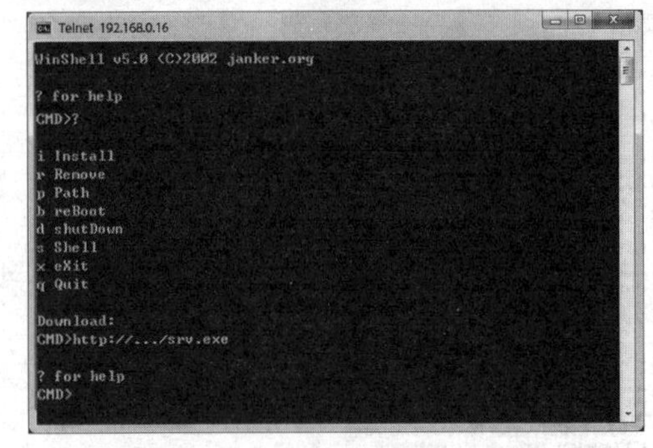

可查看 WinShell 的所有命令参数。

WinShell 命令参数及其功能如下。

- i Install：远程安装功能。
- r Remove：远程反安装功能，此命令并不终止 WinShell 的运行。
- p Path：查看 WinShell 主程序的路径信息。
- b reBoot：重新启动远程计算机。
- d shutDown：关闭远程计算机。
- s Shell：WinShell 提供的 Telnet 服务功能。
- x exit：退出本次登录会话。但此命令不终止 WinShell 的运行。
- q quit：终止 WinShell 的运行。此命令不反安装 WinShell。

步骤 4 执行“s”命令

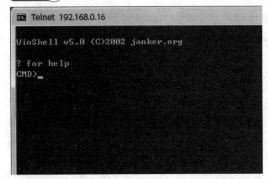

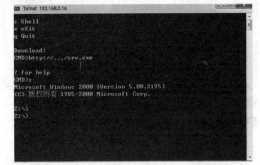

显示远程计算机的盘符信息。此时主控端就可以控制远程计算机了。

14.5 远程桌面连接与协助

远程桌面采用了一种类似 Telnet 的技术，用户只需通过简单设置即可开启 Windows XP、Windows 7 和 Windows 8 系统下的远程桌面连接功能。

当某台计算机开启了远程桌面连接功能后，其他用户就可以在网络的另一端控制这台计算机了，可以在该计算机中安装软件、运行程序，所有的一切都好像是直接在该计算机上操作一样。通过该功能网络管理员可以在家中安全地控制单位的服务器，而且由于该功能是系统内置的，所以比其他第三方远程控制工具使用更方便、更灵活。

14.5.1 Windows 系统的远程桌面连接

远程桌面连接组件是从 Windows 2000 Server 开始由微软公司提供的，在 Windows 2000 Server 中它不是默认安装的。该组件一经推出就受到了很多用户的欢迎，所以在 Windows XP 和 2003 中微软公司将该组件的启用方法进行了改革，通过简单的勾选就可以完成在 XP 和 2003 下远程桌面连接功能的开启。

远程桌面可让用户可靠地使用远程计算机上的所有的应用程序、文件和网络资源，就如同用户本人坐在远程计算机的面前一样，不仅如此，本地（办公室）运行的任何应用程序在用户使用远程桌面（家、会议室、途中）连接后仍会运行。

在 Windows 7 系统中保留了远程桌面连接功能，以实现由专家远程控制、帮助用户解决计算机的问题。如果需要实现远程桌面连接功能，可按以下操作进行设置。

步骤 1 单击“开始”

选择“开始”→“控制面板”命令。

步骤 2 打开“控制面板”窗口

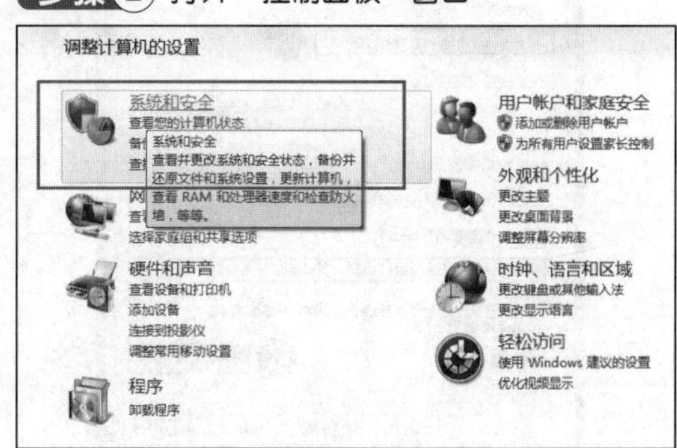

单击“系统和安全”菜单项。

步骤 3 打开“系统”窗口

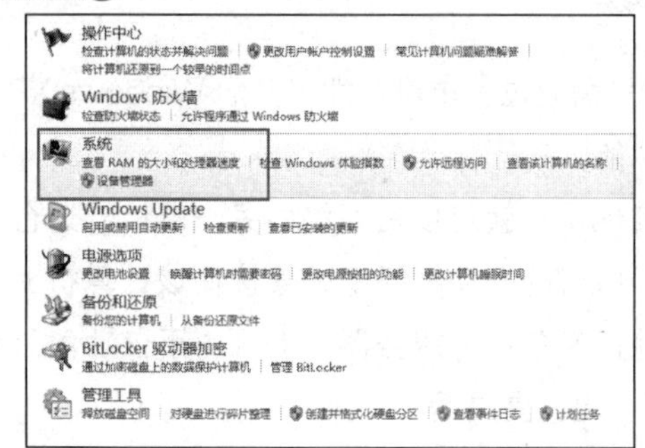

单击“系统”菜单项。

步骤 4 打开“远程设置”窗口

单击页面左侧的“远程设置”链接。

步骤 5 系统属性设置

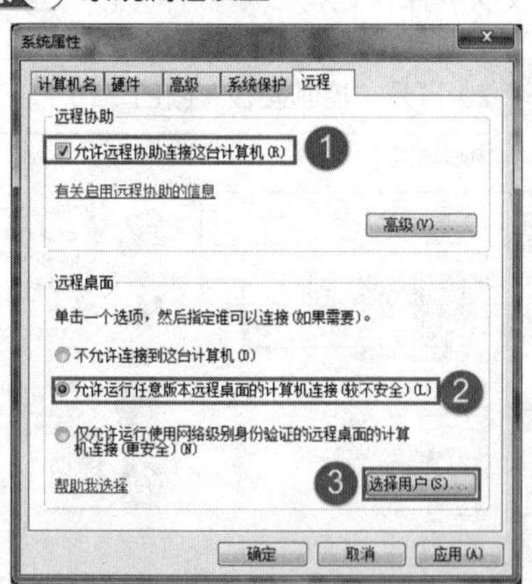

❶ 选中“允许远程协助连接这台计算机”复选框。

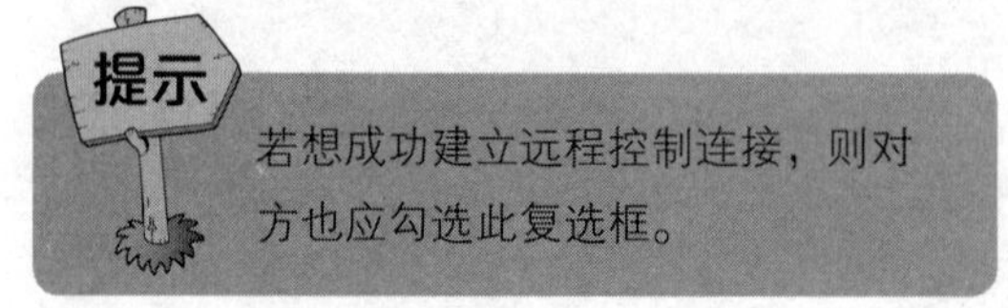

若想成功建立远程控制连接，则对方也应勾选此复选框。

❷ 选择“允许运行任意版本远程桌面的计算机连接”单选按钮。

❸ 单击“选择用户”按钮，添加那些需要进行远程连接但还不在本地管理员安全组内的用户。

步骤 6 添加远程桌面用户

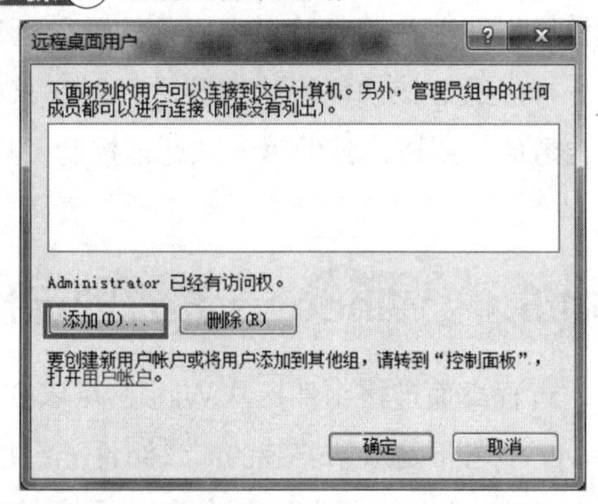

单击“添加”按钮。

步骤 7 选择用户

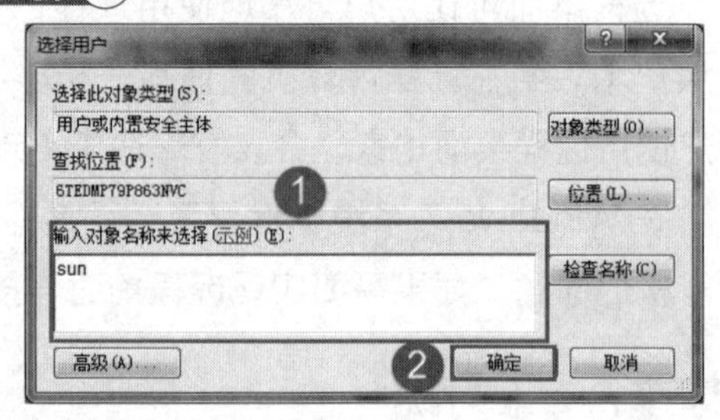

❶ 在文本框中输入对象名称。

❷ 单击“确定”按钮。

步骤 8 返回“远程桌面用户”对话框

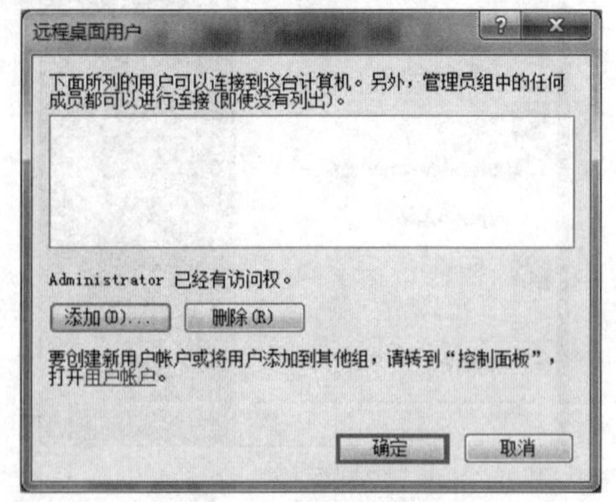

单击“确定”按钮。

步骤 9 返回“系统属性”对话框

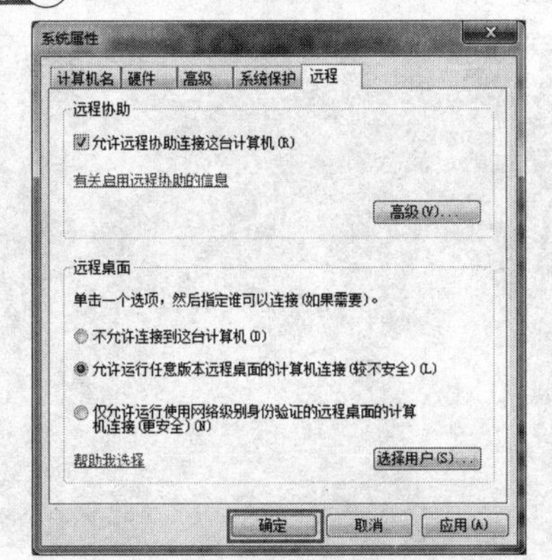

单击“确定”按钮。

步骤 10 远程桌面连接

❶ 选择“开始”→“所有程序”→“附件”→“远程桌面连接”命令。

❷ 在弹出的“远程桌面连接”对话框中单击“选项”按钮。

步骤 11 常规设置

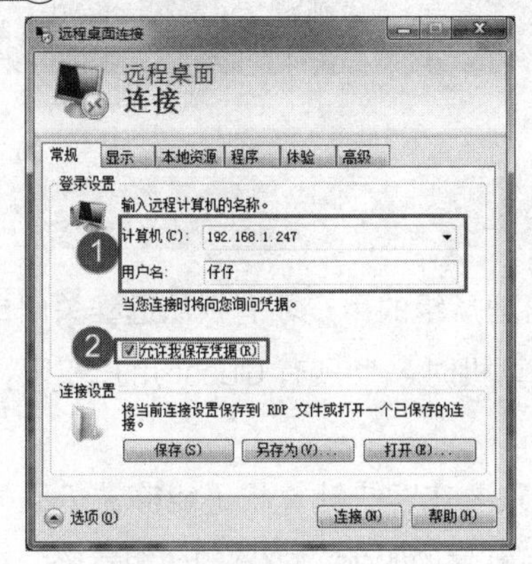

❶ 输入计算机 IP 及用户名。

❷ 若用户要保存凭据，可选中“允许我保存凭据”复选框。

步骤 12 显示设置

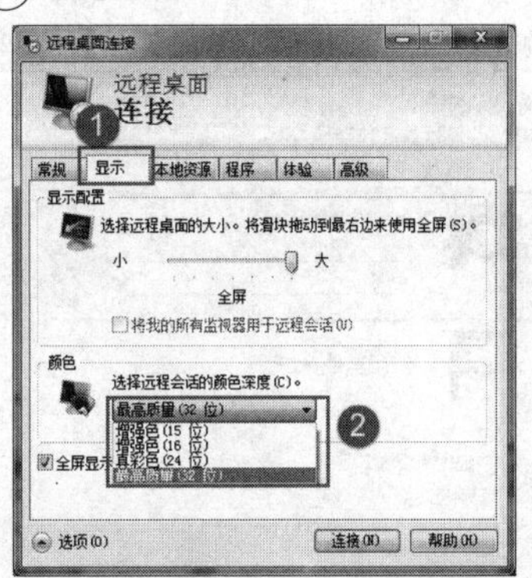

❶ 单击“显示”选项卡。

❷ 设置会话颜色深度。

步骤 13 本地资源设置

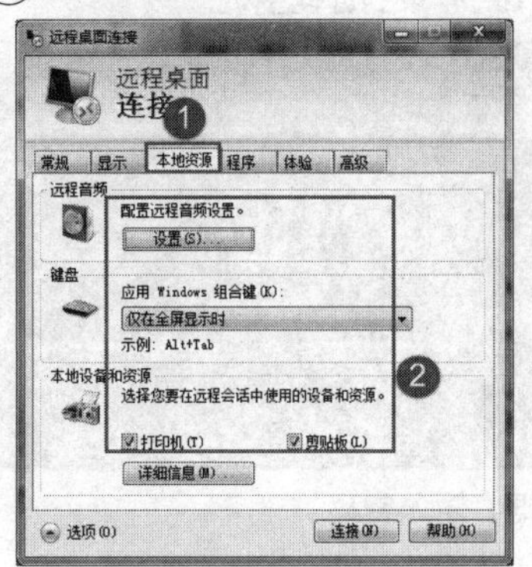

❶ 单击“本地资源”选项卡。

❷ 设置远程计算机的声音及会话中使用的设备和资源。

步骤 14 选择连接速度

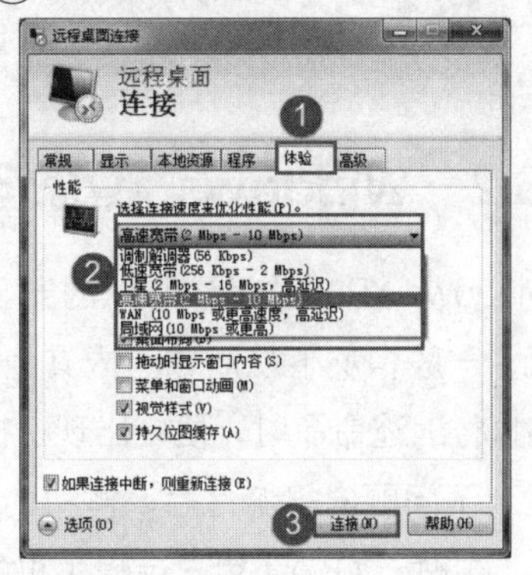

❶ 单击“体验”选项卡。

❷ 选择远程连接的速度。

❸ 单击“连接”按钮，进行远程桌面连接。

步骤 15 登录到 Windows

❶ 输入用户名和登录密码。

❷ 单击“确定”按钮。

步骤 16 登录到远程主机

在文本框中输入密码。

步骤 17 对远程桌面进行操作，查看内容

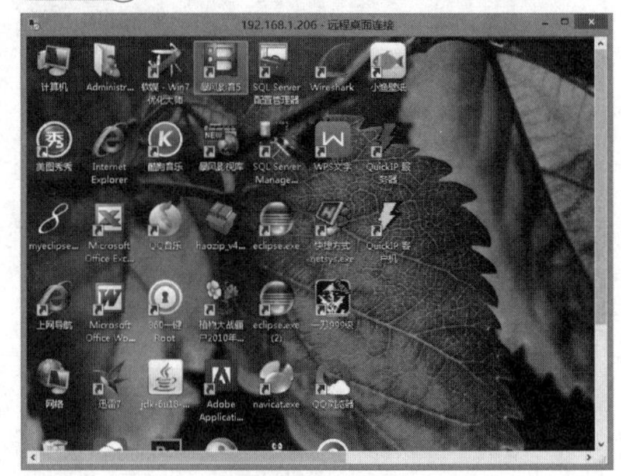

步骤 18 断开远程桌面连接

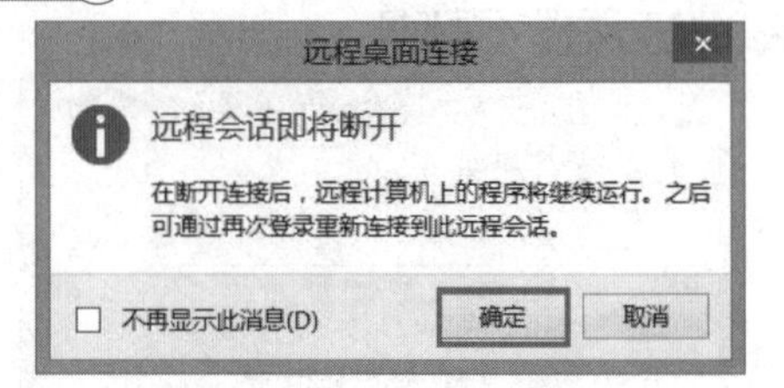

❶ 在本地计算机中单击“远程桌面连接”窗口中的“关闭”按钮。

❷ 在弹出的对话框中单击“确定”按钮。

登录远程计算机的用户必须设置密码，否则将不能正常使用远程桌面连接功能。另外，进行远程桌面连接时远程计算机用户将不能登录，若登录则断开远程桌面连接。

14.5.2 Windows 系统远程关机

Windows XP 操作系统默认的安全策略中，只有管理员组的用户才有权从远程关闭或重启计算机，一般情况下从局域网内其他计算机访问该计算机时，都只有 Guest 用户权限，所以当我们执行上述命令时，便会出现“拒绝访问”的情况。

找到了问题的根源之后，解决的办法也很简单，只要在客户计算机（能够被远程关闭的计算机）中赋予 Guest 用户远程关机的权限即可。这可利用 Windows XP 的“组策略”或“管理工具”中的“本地安全策略”来实现。下面以“组策略”为例进行介绍，具体的操作方法如下。

步骤 1 打开“运行”对话框

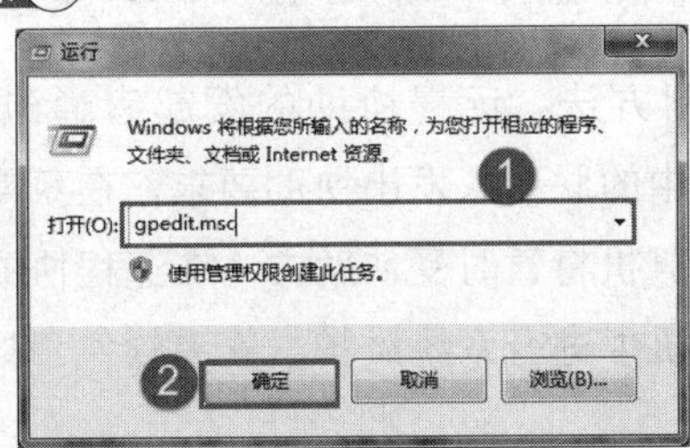

❶ 选择“开始”→“运行”命令。在弹出的“运行”对话框的“打开”文本框中输入“gpedit.msc”命令。❷ 单击“确定”按钮。

步骤 2 打开“本地组策略编辑器”窗口

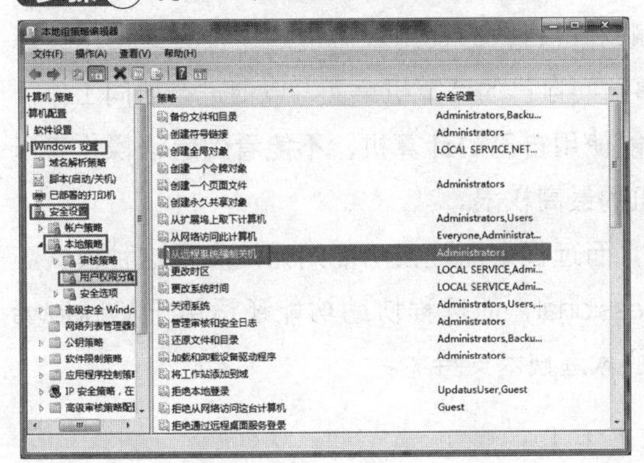

❶ 展开“计算机配置”→“Windows 设置”→“安全设置”→“本地策略”→“用户权限分配”节点。❷ 双击“从远程系统强制关机”选项。

步骤 3 添加 Guest 用户

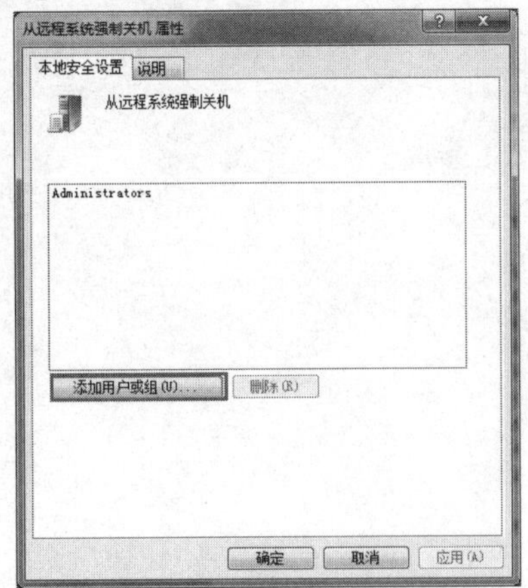

将 Guest 用户添加到用户或组列表框中。

步骤 4 添加用户名称

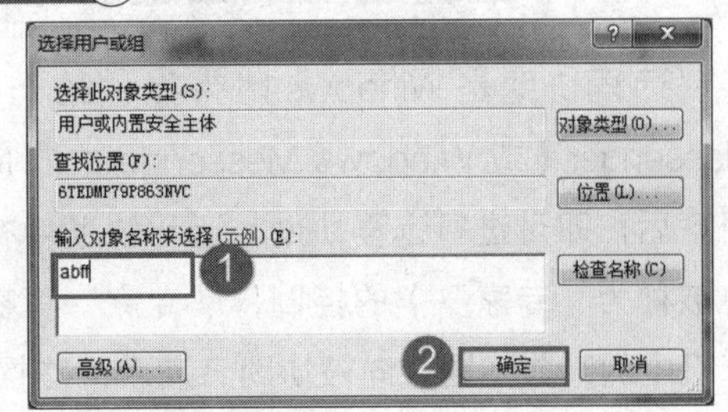

❶ 在文本框中输入用户名称。

❷ 单击“确定”按钮。

步骤 5 输入“cmd”命令

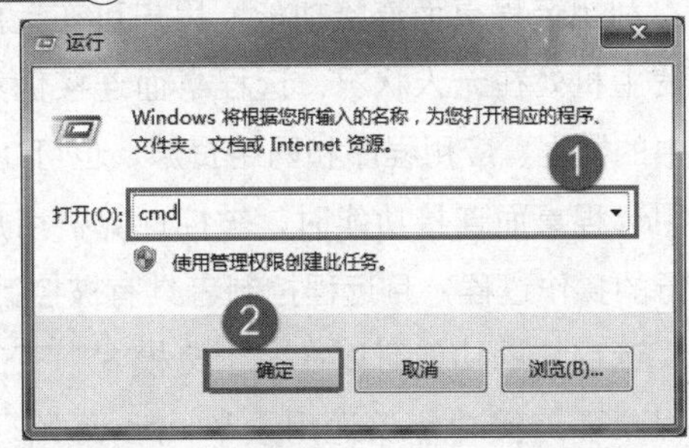

❶ 在“打开”文本框中输入“cmd”命令。

❷ 单击“确定”按钮。

步骤 6 打开“命令提示符”窗口

输入“shutdown –s – m \\ 远程计算机名 –t 30”命令，其中 30 为关闭延迟时间。

步骤 7 被关闭的计算机屏幕上将显示“系统关机”对话框，被关闭计算机操作员可输入“shutdown –a”命令中止关机任务

14.5.3 区别远程桌面连接与远程协助

远程协助是 Windows 附带提供的一种远程控制方法。远程协助的发起者通过 MSN Messenger（或 Windows Messenger）向 Messenger 中的联系人发出协助要求，在获得对方同意后，即可进行远程协助，远程协助中被协助方计算机将暂时受协助方（在远程协助程序中被称为“专家”）的控制，“专家”可在被控计算机中进行系统维护、安装软件、处理计算机中的某些问题或向被协助者演示某些操作。

使用远程协助时还可以通过向邀请方发送电子邮件等方式进行，且通过“帮助和支持”窗口能够查看到邀请与被邀请的有关资料。使用远程协助进行远程控制时，必须由主控双方协同才能够进行，所以 Windows 7 中又提供了“远程桌面连接”控制方式。

利用远程桌面连接功能，用户可在远离办公室的地方通过网络对计算机进行远程控制，即使主机处在无人状况，远程桌面连接仍然可顺利进行，远程用户可通过这种方式使用计算机中的数据、应用程序和网络资源，也可让同事访问自己的计算机桌面，以便进行协同工作。使用远程桌面连接功能时，被控计算机用户不能使用自己的计算机，不能看到远程操作者所进行的操作过程，且远程控制者具有被控计算机的最高权限。

远程协助功能可以在“浏览模式”下工作，而远程桌面连接功能则无法应用这种模式。远程桌面连接功能仅适用于 Windows XP Professional，而远程协助功能还适用于 Windows XP Home Edition（可以用以实现针对亲朋好友的家庭技术支持）。

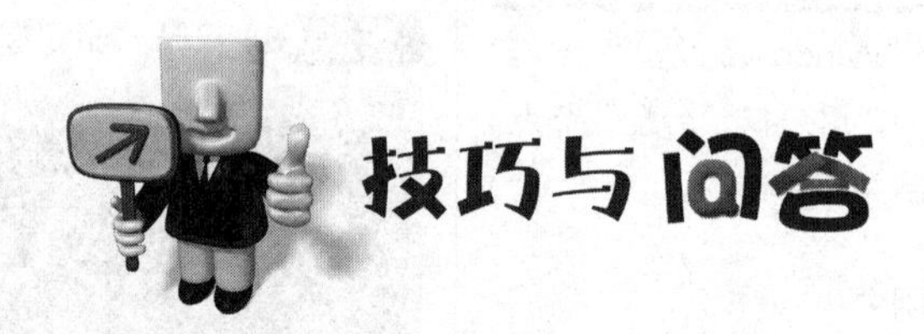

1. 基于 TCP 协议的远程控制有什么优点和缺陷?
2. 怎么使用 QQ 进行远程控制?
3. 简述 mstsc 命令远程控制桌面的使用方法。

第15章 Web 站点安全防范技术

当网站完全建立后，如果服务器与用户有大量的交互程序，而程序员又没有足够的安全意识，网站的程序漏洞就会很多，这将给网站带来不少安全隐患。各种各样的代码漏洞，会让网站程序面临巨大的安全隐患，所以网站管理者一定要注意做好防范工作。

15.1 曝光 SQL 注入攻击

由于程序员的水平及经验参差不齐，其中相当大一部分在编写网站代码时没有对用户输入数据的合法性进行判断，因此可能会使网站存在不少安全隐患。用户可提交一段数据库查询代码，根据程序返回的结果，就可获得某些想知道的数据（所谓的 SQL Injection，即 SQL 注入）。

SQL 注入攻击一般有查找可攻击的网站、判断后台数据库类型、确定 XP_CMDSHELL 可执行情况、发现 Web 虚拟目录、上传 ASP 木马及得到管理员权限等几个步骤。

目前，国内的网站用 ASP+Access 或 SQLServer 的占 70% 以上，PHP+MySQL 占 20%，其他的不足 10%、SQL 注入攻击按网站类型主要分为 ASP 注入攻击和 PHP 注入攻击两种，另外，还有 JSP、CGI 注入攻击等。

15.1.1 Domain（明小子）注入工具曝光

旁注 Web 综合检测程序（Domain）是一款功能强大的 SQL 注入工具，集 WHOIS 查询、上传页面批量检测、Shell 上传、数据库浏览及加密解密等于一体，可以帮助用户很方便地进行旁注检测、综合上传、SQL 注入检测、数据库管理。而虚拟主机域名查询、二级域名查询、整合读取、修改 Cookies 等功能更方便初入黑客的读者。

1. 曝光使用 Domain 实现注入

Domain 主要包括旁注检测、综合上传、SQL 注入检测、数据库管理、破解工具及辅助工具 6 个模块，其每个模块都由许多小功能组成，每个检测功能都采用多线程技术。

下面曝光使用 Domain 实现注入的具体操作步骤。

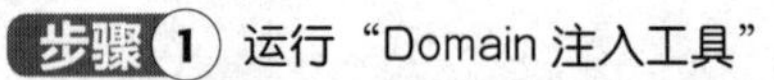

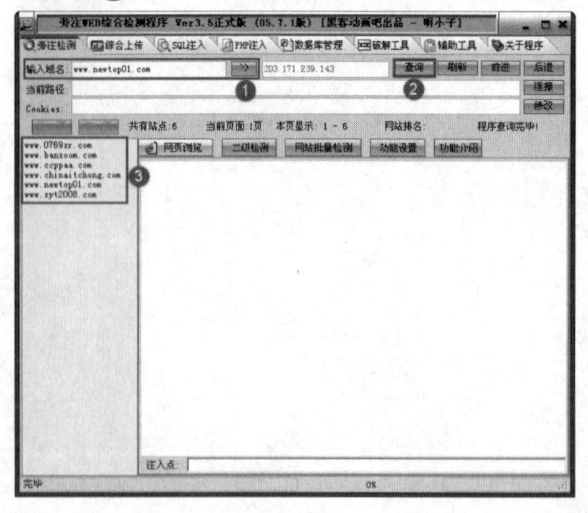

❶ 输入域名并单击 >> 按钮检测该网站域名所对应的 IP 地址。

❷ 单击“查询”按钮。

❸ 在窗口左侧列表中查看列出的 6 个相关站点。

步骤 2 网页浏览

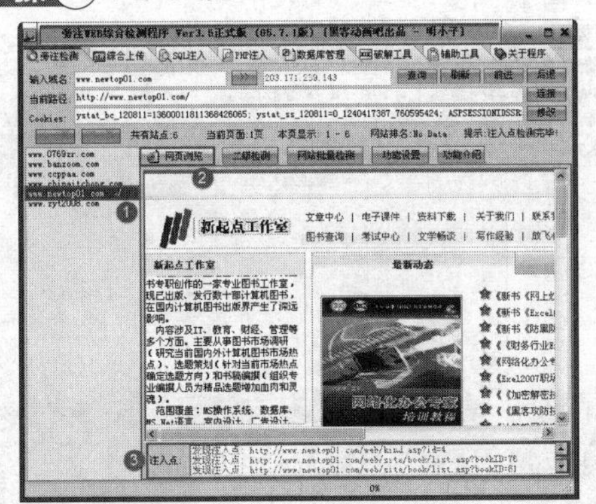

❶ 选择列表中的任意一个网址。

❷ 单击“网页浏览”按钮，可打开“网页浏览”页面。

❸ 在“注入点”列表中查看所有刚发现的注入点。

步骤 3 二级检测

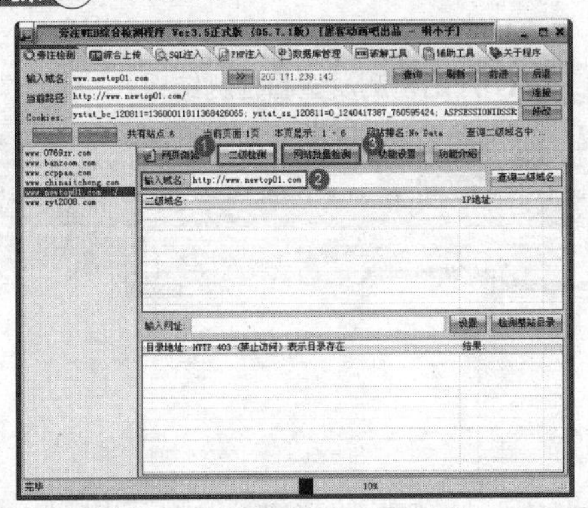

❶ 单击“二级检测”按钮。

❷ 输入域名和网址，查询二级域名及检测整站目录。

❸ 单击“网站批量检测”按钮。

步骤 4 网站批量检测

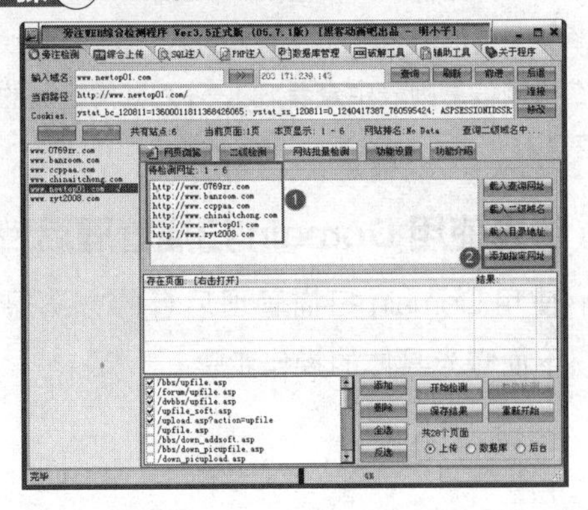

❶ 查看待检测的几个网址。

❷ 单击“添加指定网址”按钮。

步骤 5 添加网址

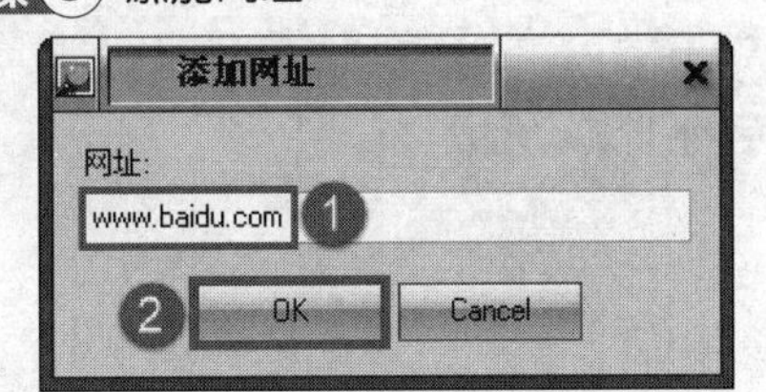

❶ 输入想要添加的网址。

❷ 单击“OK”按钮。

步骤 6 返回“网站批量检测”页面

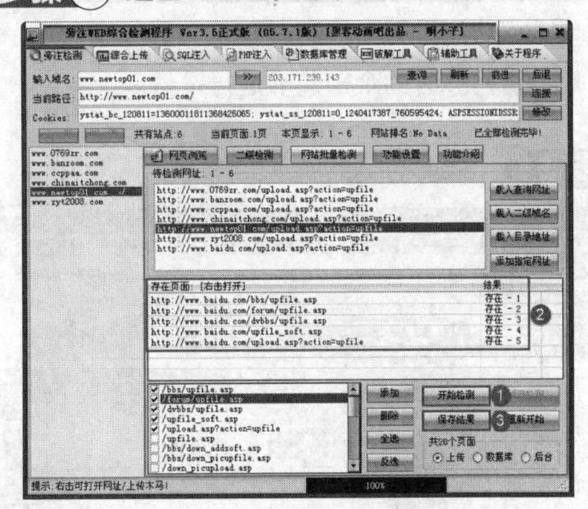

❶ 单击页面最下方的“开始检测”按钮。

❷ 查看分析出该网站中所包含的页面。

❸ 单击“保存结果”按钮。

步骤 7 选择保存位置

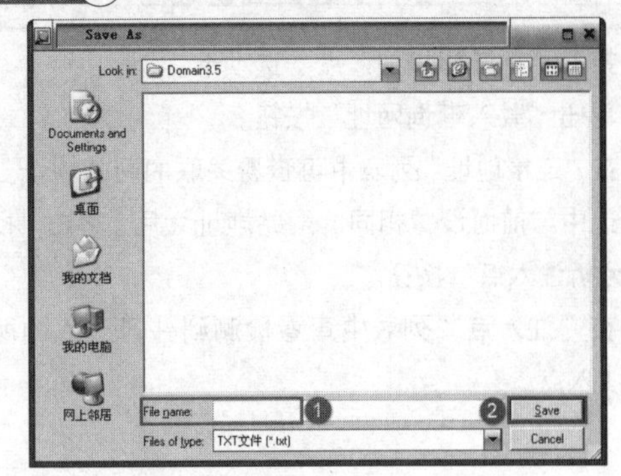

❶ 输入想要保存的名称。

❷ 单击“Save”按钮，可将分析结果保存至目标位置。

步骤 8 功能设置

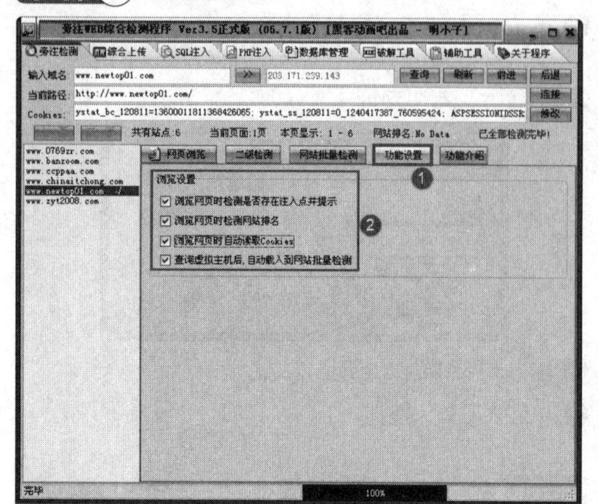

❶ 单击“功能设置”按钮。

❷ 对浏览网页时的个别选项进行设置。

步骤 9 SQL 注入

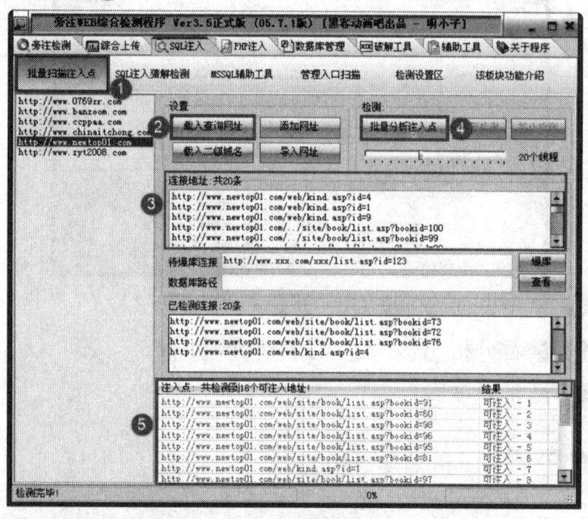

❶ 打开“批量扫描注入点”选项卡。

❷ 单击“载入查询网址”按钮。

❸ 在“连接地址”列表中可查看关联的网站地址。

❹ 选中与前面设置相同的网站地址之后，单击“批量分析注入点”按钮。

❺ 在“注入点”列表中查看检测到并可注入的所有注入点。

步骤 10 SQL 注入猜解检测

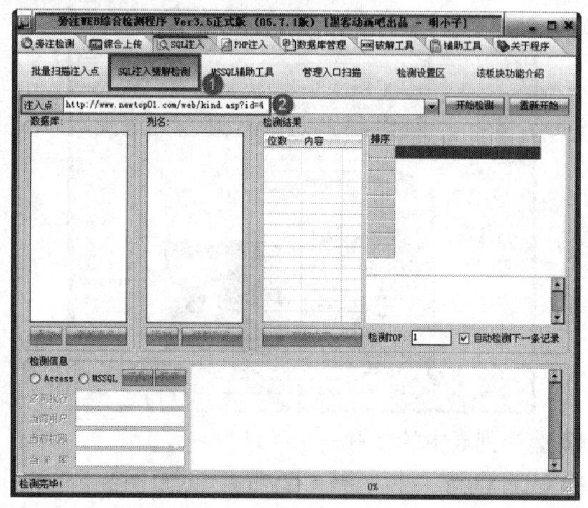

❶ 单击“SQL 注入猜解检测”按钮。

❷ 在“注入点”地址栏中输入上面检测到的任意一条注入点。

步骤 11 开始检测及查看检测结果

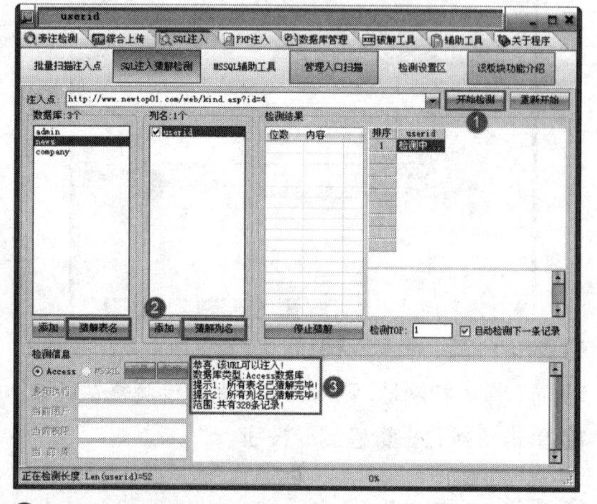

❶ 单击“开始检测”按钮。

❷ 单击“猜解表名”和“猜解列名”按钮。

❸ 在检测信息列表中查看 SQL 注入猜解检测的所有信息。

2. 曝光使用 Domain 扫描管理后台

使用 Domain 扫描管理后台的方法很简单，下面曝光具体的操作步骤。

步骤 1 打开“Domain 注入工具”主窗口

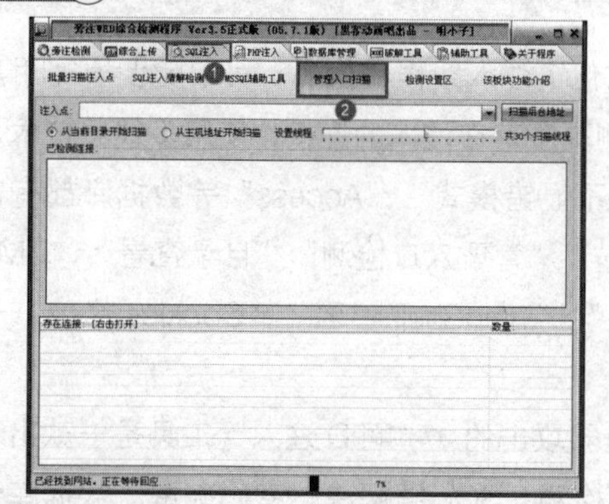

❶ 在主窗口中选择“SQL 注入”选项卡。

❷ 单击“管理入口扫描”按钮。

步骤 2 管理入口扫描

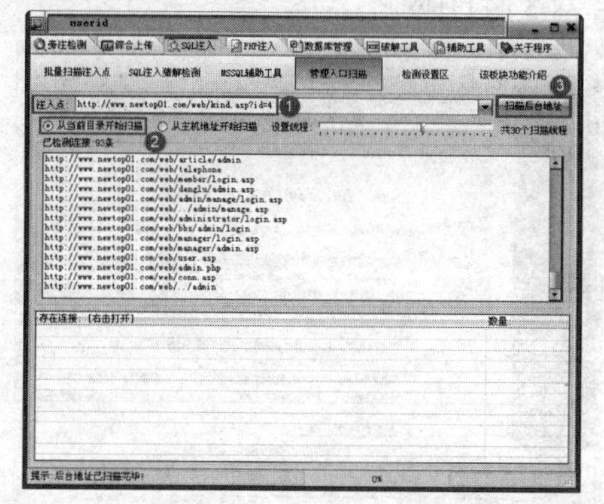

❶ 在“注入点”地址栏中输入前面扫描到的注入地址。

❷ 根据需要选择“从当前目录开始扫描”单选按钮。

❸ 单击“扫描后台地址“按钮。

步骤 3 设置表名、字段及后台地址

❶ 查看“设置表名”“设置字段”和“后台地址”3 个列表的详细内容。

❷ 通过单击“添加”“删除”等按钮，可以分别对 3 个列表的内容进行相应操作。

3. 曝光使用 Domain 上传 WebShell

使用 Domain 上传 WebShell 的方法很简单，打开“Domain 注入工具”主窗口后，操作如下所示。

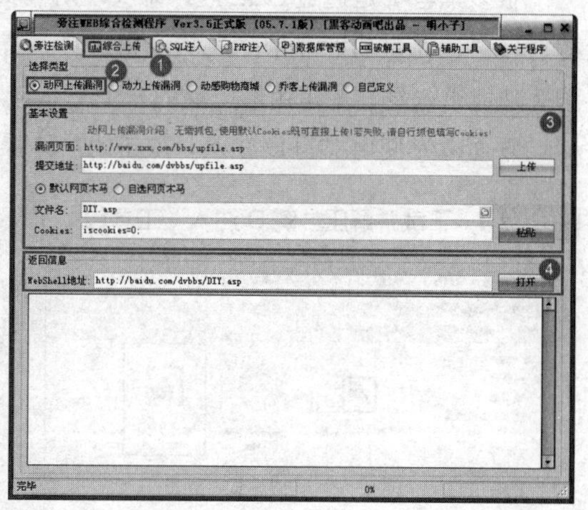

❶ 选择“综合上传”选项卡。

❷ 根据需要选择上传的类型，这里选择类型为“动网上传漏洞”。

❸ 在“基本设置”栏中填写检测出的任意一个漏洞页面地址，选择“默认网页木马”单选按钮，在“文件名”和“Cookies”文本框中输入相应内容，单击“上传”按钮。

❹ 在“返回信息”栏中查看需上传的 WebShell 地址，单击“打开”按钮，即可根据上传的 WebShell 地址打开对应的页面。

15.1.2 “啊 D 注入”工具曝光

“啊 D 注入”是一款超级经典的注射工具，优化了注入线程和代码。可以随便填写用户账号，无任何限制，并具有自创的注入引擎，能检测更多存在注入的连接，使用多线程技术，检测速度飞快。对“MSSQL 显错模式”“MSSQL 不显错模式”“Access”等数据库都有很好的注入检测能力，内集“跨库查询”“注入点扫描”“管理入口检测”“目录查看”“CMD 命令”“木马上传”“注册表读取”“旁注 / 上传”“WebShell 管理”“Cookies 修改”于一身的综合注入工具包。

很多黑客都是通过 SQL 注入来实现对网页服务器攻击的；“啊 D 注入”工具是一款出现相对较早，而且功能非常强大的注射工具，集旁注检测、SQL 猜解决、密码破解、数据库管理等功能于一身，是运用最广泛的一个工具。

下面曝光使用“啊 D 注入”攻击的具体操作步骤。

步骤 1 下载并解压“啊 D 注入”工具包

双击“啊 D 注入工具”应用程序图标。

步骤 2 输入注入网址

❶ 单击“注入检测”栏中的“扫描注入点”按钮。
❷ 在“注入连接”地址栏中输入注入的网站地址并单击“检测”按钮。

步骤 3 打开网站

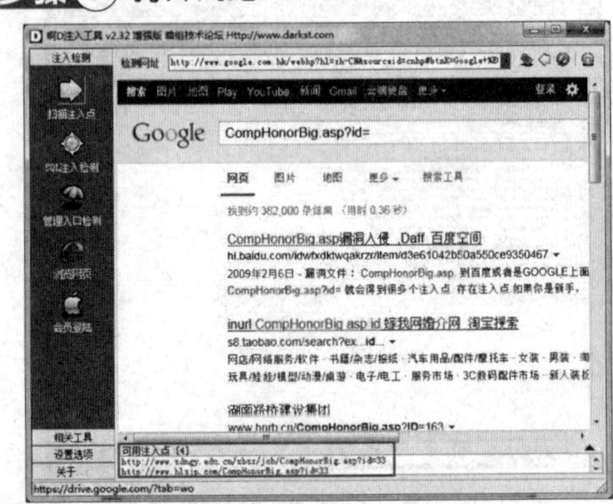

查看网站及扫描到的注入点。

步骤 4 修改 Cookies

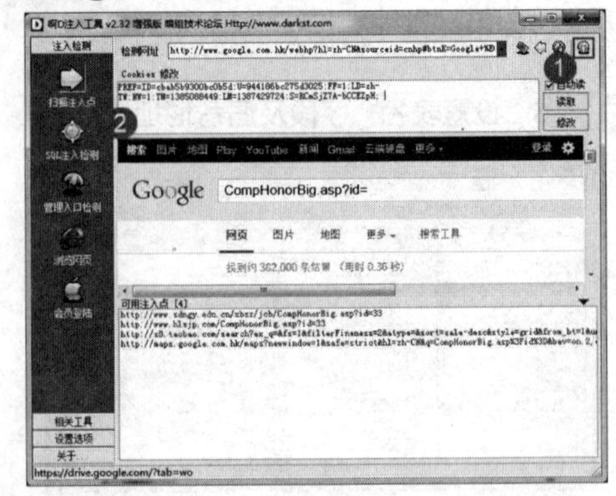

❶ 单击“注入连接”右侧的按钮，可对 Cookies 进行修改。
❷ 选中一个注入点单击“SQL 注入检测”按钮。

步骤 5 检测表段及字段

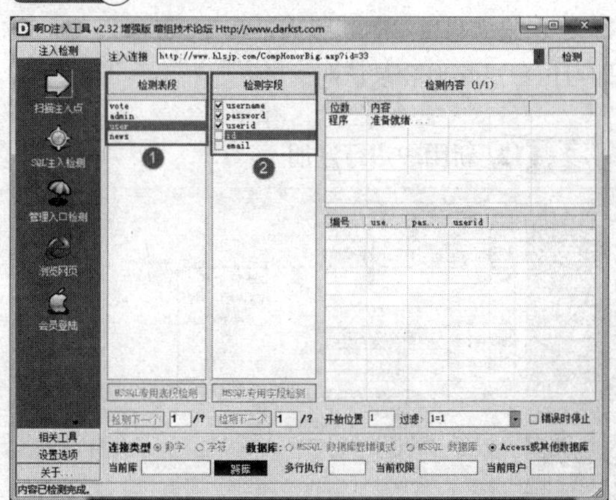

❶ 单击"检测"按钮，等待检测完成后，继续单击"检测表段"按钮，可检测出相应的表段。

❷ 任意选中其中的一个表段，单击"检测字段"按钮，可检测出该表对应的相应字段。

步骤 6 查看检测内容

❶ 根据需要选择该表中的字段，单击"检测内容"按钮，可开始检测内容。

❷ 在"检测内容"下方的列表框中查看详细的检测内容。

步骤 7 返回主界面

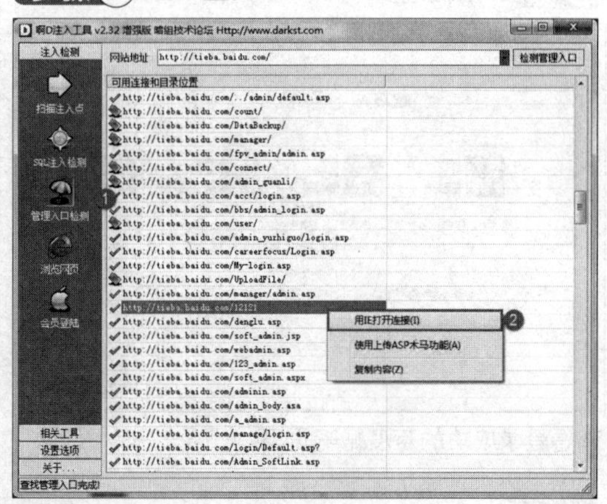

❶ 单击"管理入口检测"按钮。

❷ 在列表中右击一个该网站的登录入口点，从快捷菜单中选择"用 IE 打开链接"命令。

步骤 8 打开链接网页

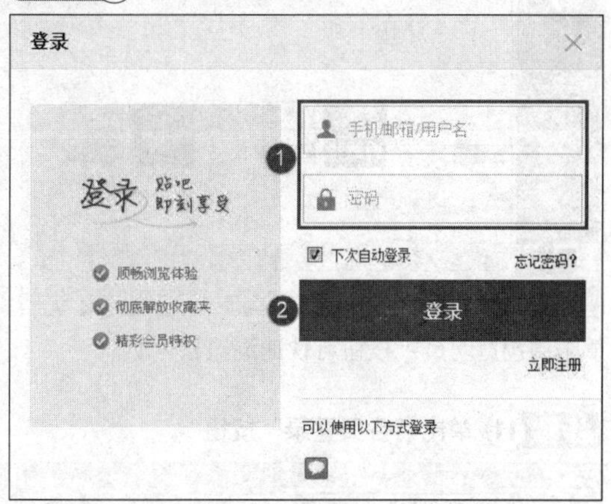

❶ 在"登录"页面中输入登录的用户名和密码。

❷ 单击"登录"按钮。

步骤 9 成功登录

查看登录成功的百度贴吧页面。

步骤 10 返回主界面

单击“浏览网页”按钮可快速浏览该网页。

步骤 11 单击“会员登录”按钮

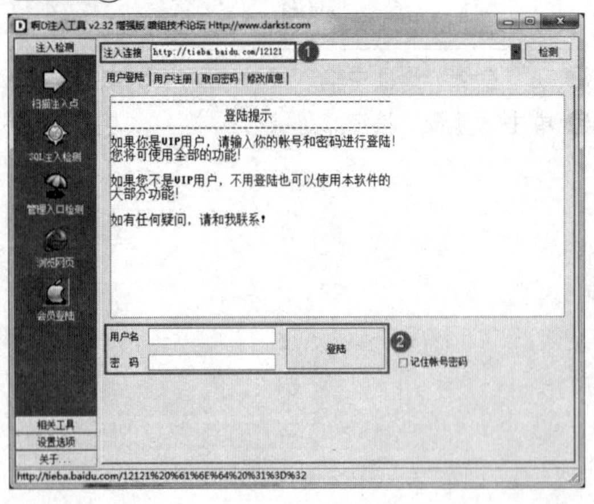

❶ 在“注入链接”地址栏中输入需登录网站的地址。

❷ 输入登录的用户名和密码，单击“登录”按钮，即可以会员身份登录该网站。

步骤 12 新用户进行注册

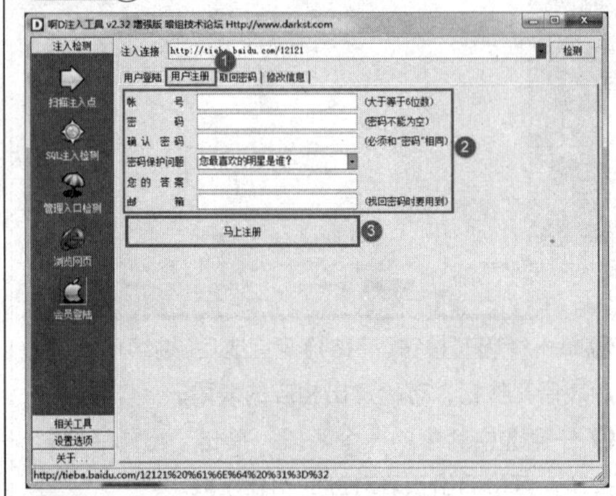

❶ 单击“用户注册”选项卡。

❷ 填写注册信息。

❸ 单击“马上注册”按钮，即可注册成功。

步骤 13 返回主界面

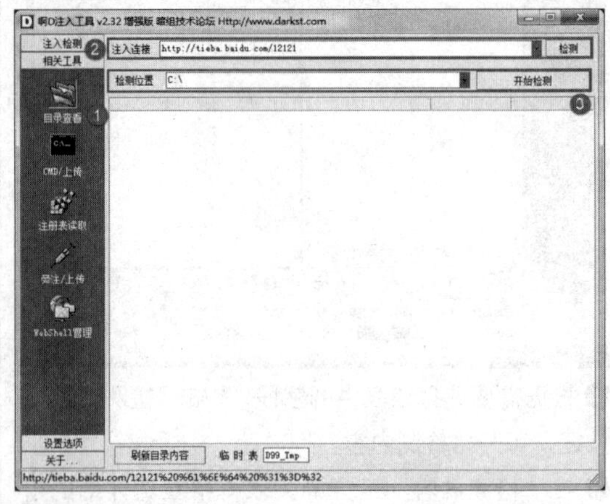

❶ 单击“相关工具”栏中的“目录查看”按钮。

❷ 输入要注入的网站地址并单击“检测”按钮。

❸ 选择要进行检测的目标磁盘并单击“开始检测”按钮，即可查看网站的物理目录（只有 MSSQL 数据库才能查看）。

步骤 14 执行 CMD 命令

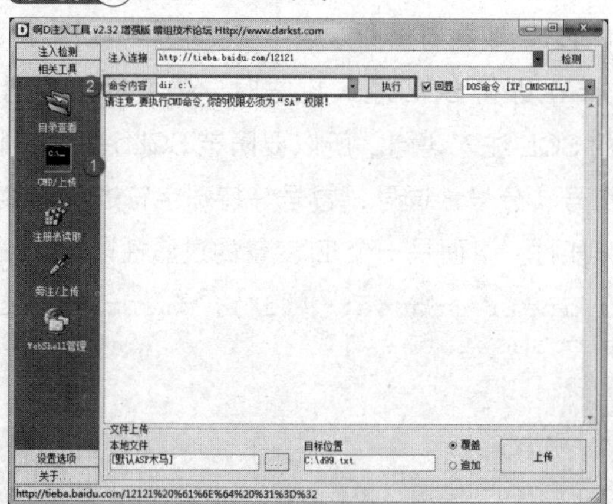

❶ 单击“CMD/ 上传”按钮。

❷ 用户若拥有一个 SA 权限的数据库，就可以在这里执行 CMD 命令，或上传一些脚本等小文件。

步骤 15 单击“读取”按钮

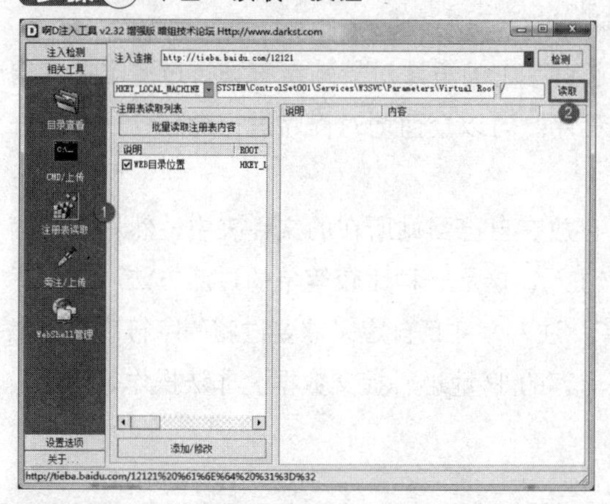

❶ 单击“注册表读取”按钮。

❷ 单击“读取”按钮，即可读取注册表的键值来确定物理目录等信息。

步骤 16 进入“设置”页面

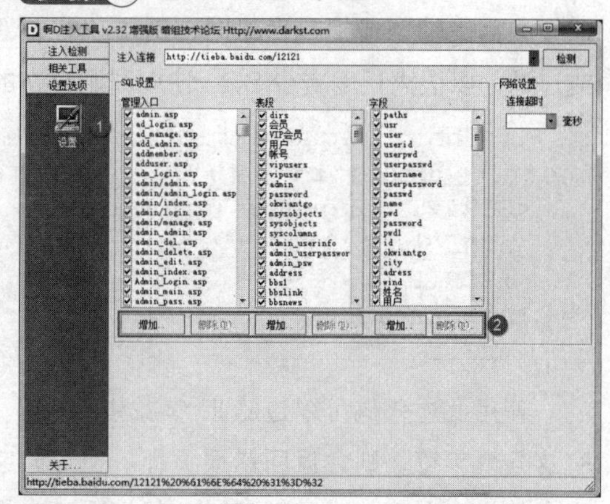

❶ 单击“设置选项”栏中的“设置”按钮。

❷ 对 SQL 的管理入口、表段、字段等内容进行设置，也可添加一些自己要检测的内容。因为有些需要猜解的表名或字段里面是没有的，只能通过这里才能自己添加。

15.1.3 对 SQL 注入漏洞的防御

SQL 注入攻击的危害性比较大，现在已经严重影响到程序的安全，所以必须从网站设计开始来防御 SQL 注入漏洞的存在。在防御 SQL 注入攻击时，程序员必须要注意可能出现安全漏洞的地方，其关键所在就是用户数据输入处。

1. 对用户输入的数据进行过滤

目前引起 SQL 注入的原因是程序员在编写网站程序时对特殊字符不完全过滤。发生这种现象还是因为程序员对脚本安全没有足够的意识，或者考虑不周导致的。常见的过滤方法有基础过滤、二次过滤及SQL通用防注入程序等多种方式。

1）基础过滤与二次过滤。在SQL注入入侵前，需要在可修改参数中提交“'”“and”等特殊字符来判断是否存在SQL注入漏洞；而在进行SQL注入攻击时，需要提交包含“;”“--”“update”“select”等特殊字符的SQL注入语句。所以要防范SQL注入，则需要在用户输入或提交变量时，对单引号、双引号、分号、逗号、冒号等特殊字符进行转换或过滤，以很大程度减少SQL注入漏洞存在的可能性。下面是一个ID变量的过滤性语句。

```
    if instr(request("id"),",")>0 or instr(request("id"),"insert")>or
instr(request("id"),";")>0 then response.write
    <SCRIPT language=javascript>
    javaScript:history.go(-1);
    </SCRIPT>
    response.end
    end if
```

使用上述代码可以过滤ID参数中的“;”“,”和“insert”字符。如果在ID参数中包含有这几个字符，则会返回错误页面。但危险字符远不止这几个，要过滤其他字符，只需将危害字符加入上面的代码即可。一般情况下，在获得用户提交的参数时，首先要进行一些基础性的过滤，然后再根据程序相应的功能及用户输入进行二次过滤。

2）使用SQL通用防注入程序进行过滤。通过手工的方法对特殊字符进行过滤难免会留下过滤不严的漏洞。而使用“SQL通用防注入程序”可以全面地对程序进行过滤，从而很好地阻止SQL脚本注入漏洞的产生。

将从网上下载的“SQL通用防注入程序”存放在自己网站所在的文件夹中，然后进行简单的设置就可以很轻松地帮助程序员防御SQL注入，这是一种比较简单的过滤方法。该程序全面处理通过POST和GET两种方式提交的SQL注入，并且自定义需要过滤的字符串。当黑客提交SQL注入危险信息时，它就会自动记录黑客的IP地址、提交数据、非法操作等信息。其使用步骤如下。

步骤1 将下载的“SQL通用防注入程序”压缩包解压后，可以看到该程序主要包含“Neeao_Sqlln.Asp”“Neeao_sqi_admin.asp”和“Sql.mdb”3个文件

步骤2 将其复制到网站所在的文件夹中，在需要防注入的页面头部加入“"<!--#include file="Neeao_Sqlln.Asp"-->"”代码，即可在该页面防御SQL注入。除对用户提交的参数和变量进行过滤外，也可以直接限制用户可输入的参数，因为只允许提交有限的字符远比过滤特定的字符更为安全

如果要想使整个网站都可以防注入，则可在数据文件（一般为conn.asp）中加入“"<!--#include file="Neeao_Sqlln.Asp"-->"”代码，即可在任意页面中调用防注入程序。

3）在 PHP 中对参数进行过滤。使用 PHP 建立网站的文件中有个配置文件“php.ini”，在该文件中可对 PHP 进行安全设置。打开“php.ini”文件的安全模式，分别设置“safe_mode=On”和“display_errors=off”。因为，如果显示 PHP 执行错误信息的“display_errors”属性打开的话，就会返回很多可用信息，这样黑客就可以利用这些信息进行攻击。

另外，该文件还有一个重要的属性“magic_quotes_gpc”，如果将其设置为“On”，PHP 程序就会自动将用户提交含有“'”“"”“\”等特殊字符的数据，转换为含有反斜杠的转义字符。该属性与 ASP 中参数的过滤有点类似，它可以防御大部分字符型注入攻击。

2. 使用专业的漏洞扫描工具

企业应当投资于一些专业的漏洞扫描工具，如 Acunetix 的 Web 漏洞扫描程序等。一个完善的漏洞扫描程序可以专门查找网站上的 SQL 注入式漏洞；而程序员应当使用漏洞扫描工具和站点监视工具对网站进行测试。

3. 对重要数据进行加密

采用加密技术对一些重要的数据进行加密，比如用 MD5 加密，MD5 没有反向算法，也不能解密，就可以防范对网站的危害了。

15.2 曝光 PHP 注入利器 ZBSI

ZBSI 是一款 PHP 注入辅助工具。使用该工具可检测 PHP 网站中是否存在注入漏洞和字段数目，还可将其作为一个浏览器来打开指定的网页。

下面曝光使用 ZBSI 检测注入点的具体操作步骤。

步骤 1 打开百度搜索

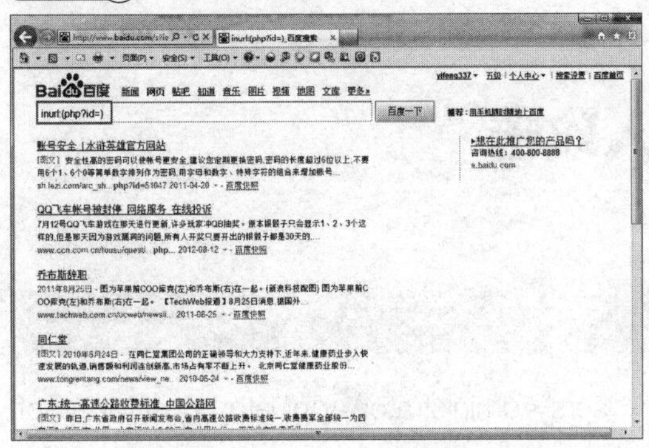

搜索网址中含有“php？ id=”字符的网页。

步骤 2 下载并运行“ZBSI V1.0”

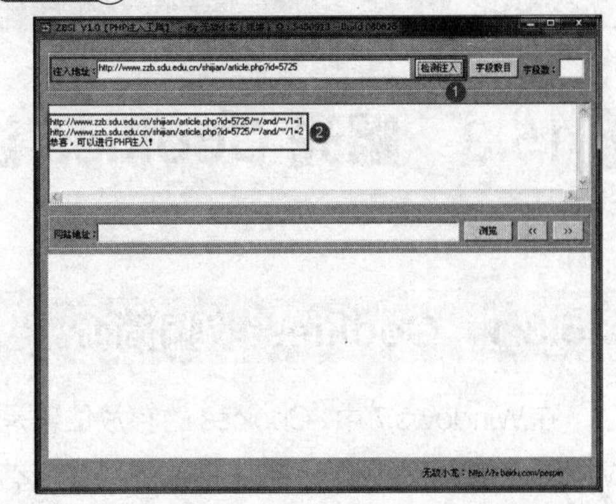

❶ 在“注入地址”文本框中输入搜索到的网址，单击“检测注入”按钮。

❷ 查看该网站是否可以进行 PHP 注入。

步骤 3 查看猜解到的字段

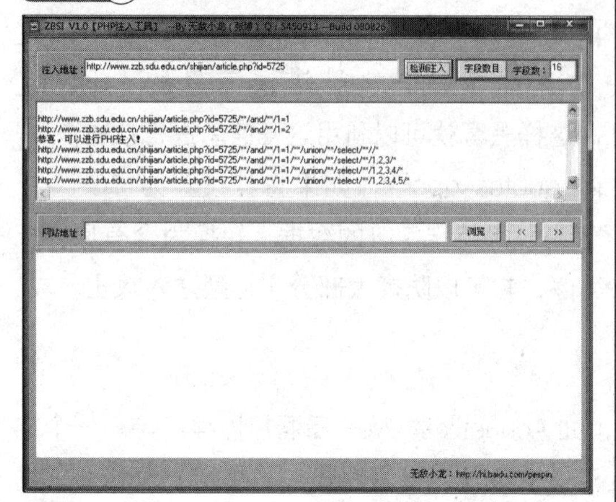

单击“字段数目”按钮，可看到猜解得到的字段数目。

步骤 4 查看含有猜解到字段的网址

❶ 将一个可注入的网址复制到下方“网站地址”一栏。

❷ 单击“浏览”按钮，可看到含有猜解到字段的网址。

步骤 5 查看其他网址

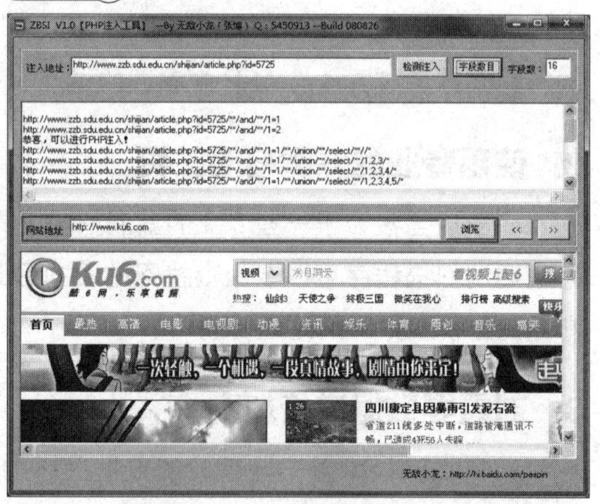

也可在“网站地址”文本框中输入要浏览的网页地址后，单击“浏览”按钮，浏览相应的网页。

在各种黑客横行时期，如何实现自己PHP代码安全，并保证程序和服务器的安全，是一个很重要的问题。在编写PHP代码时，对变量进行初始化和过滤，可以有效防御PHP注入。

15.3 曝光 Cookies 注入攻击

15.3.1 Cookies 欺骗简介

在Windows 7中，Cookies的存放位置是“C:\Users\Administrator\AppData\Local\Microsoft\Windows\Temporary Internet Files\”。黑客不需要知道这些字符串的含义，只要把别人的Cookies信息向服务器提交，通过验证就可以冒充别人来登录论坛或网站，这就是Cookies欺骗的基本原理。

IECookiesView 是一款可以搜寻并显示出本地计算机中所有 Cookies 档案的数据，包括哪一个网站写入 Cookies、写入的时间日期及此 Cookies 的有效期限等信息。通过该软件，黑客可以很轻松地读出目标用户最近访问过哪些网站、甚至可以任意修改该用户在该网站上的注册信息。但此软件只对 IE 浏览器的 Cookies 有效。使用 IECookiesView 的具体步骤如下。

步骤 1 运行“IECookiesView”

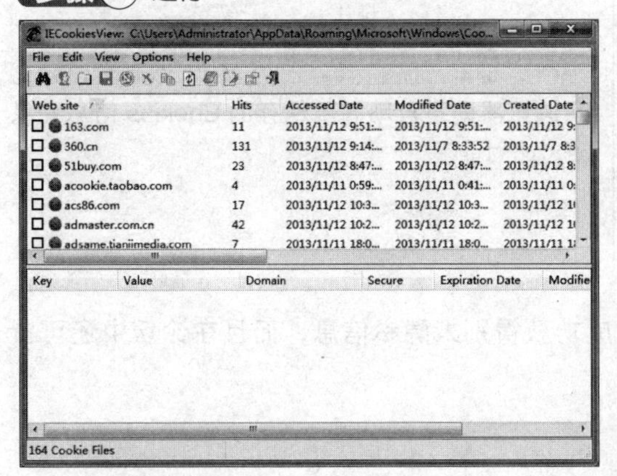

自动扫描驻留在本地计算机 IE 浏览器中的 Cookies 文件。

步骤 2 查看 Cookies 信息

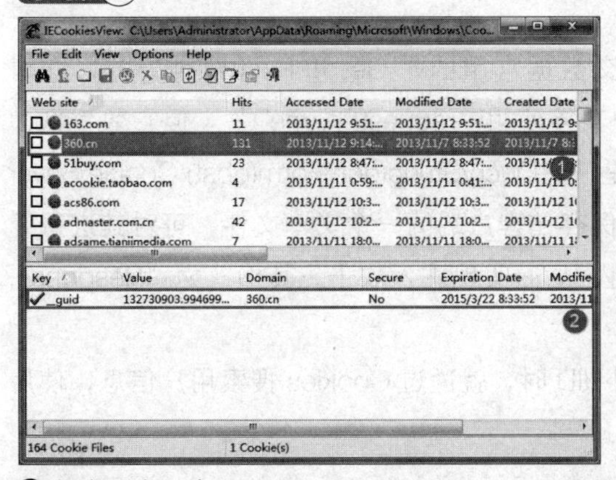

❶ 任意选中一个 Cookie。

❷ 查看其地址、参数及过期时间等信息。绿色对勾表示该 Cookie 可用，红色的叉号表示该 Cookie 已经过期，无法使用。

步骤 3 对 Cookies 中的密钥值进行编辑

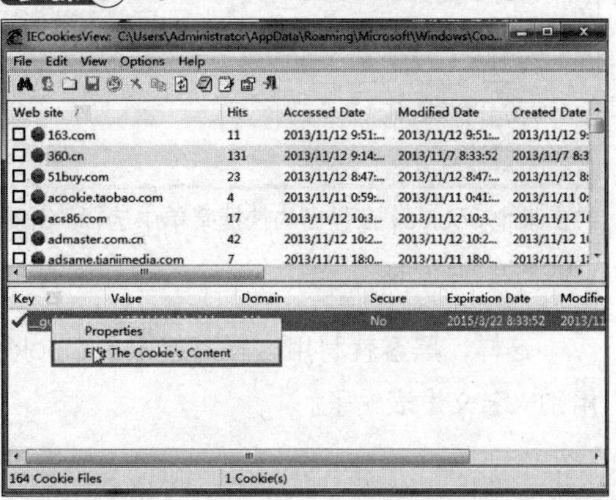

在“Key Value”列表中右击某个键值，在弹出的快捷菜单中选择“Edit The Cookie's Content”命令。

步骤 4 编辑 Cookies 属性

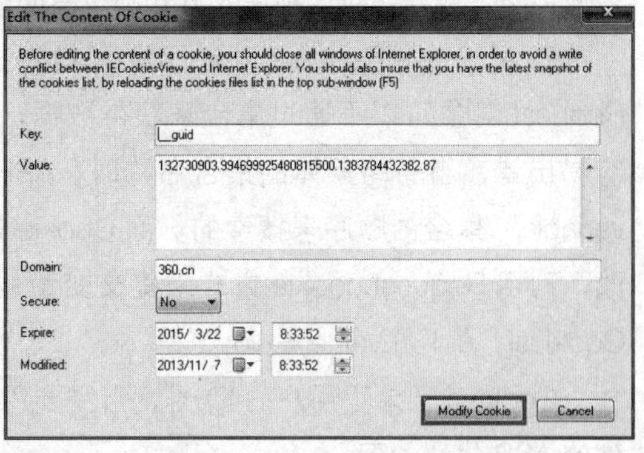

对该 Cookie 各个属性进行重新设置并单击“Modify Cookie”按钮。

步骤 5 返回主界面

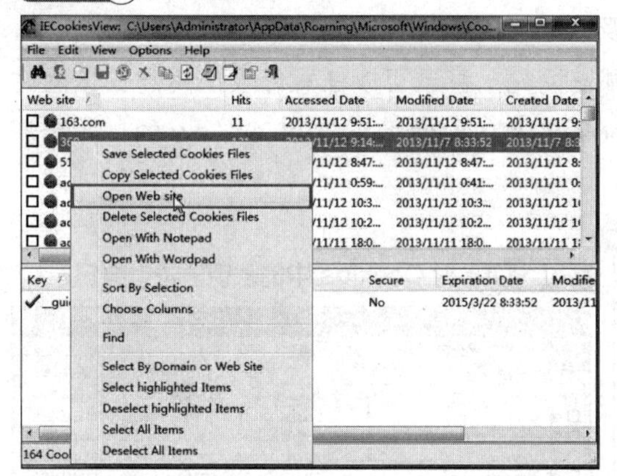

右击某个 Cookie，在弹出的快捷菜单中选择“Open Web site”命令。

步骤 6 登录 Cookies 对应网址

IE 浏览器即可自动利用保存的 Cookies 信息登录相应的网址。

这样，黑客就利用这些不起眼的 Cookies 成功获得别人隐私信息，而且在论坛中还可冒用别人名义发表帖子。

15.3.2 曝光 Cookies 注入工具

现在很多网站都采用了通用防注入程序，对于这种网站可采用 Cookie 注入的方法，而很多通用防注入程序对这种注入方式都没有防备。

在 ASP 中，Request 对象获取客户端提交数据常用的是 Get 和 Post 两种方式，同时 Request 对象可以不通过集合来获得数据，即直接使用“request("name")”。但它效率低、容易出错，当省略具体的集合名称时，ASP 是按“QueryString(get),Form(post),Cookie,Sever variable”集合的顺序来搜索的。而 Cookie 是保存在客户端的一个文本文件，可对其进行修改，利用 Request.cookie 方式来提交变量的值，从而实现注入攻击。其格式为“Response. Cookies[“uid”].Value = uid;”。

Cookies 记录了用户的 ID 号，当需要用到 UID 时，就通过 Cookies 搜索用户信息，使用到的 ASP 代码如下。

```
if(Request.Cookies["uid"]!=null)
{
uid=Request.Cookies["uid"].value;
string str="select * from userTable where id="+uid;
}
```

只要通过专门的 Cookies 修改工具（如 IECookiesView）把“Cookies["uid"]”的值改成“40 or 1=1”或其他注入代码，就可以实现 Cookies 注入攻击了。另外，还可通过 Cookies 注入工具直接注入，Cookies 注入器就是其中最常见的一款。

Cookies 注入器可以快速生成注入的 ASP 脚本，下面曝光具体内容。

下载并运行“Cookies 注入器”。

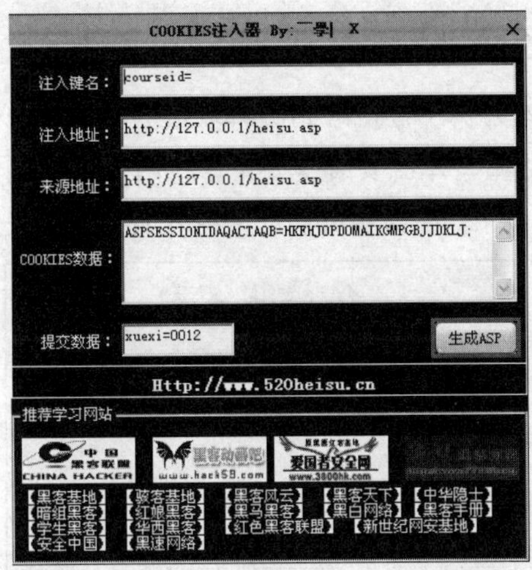

设置各个属性之后，单击“生成 ASP”按钮，会弹出“文件成功生成”提示框，单击“确定”按钮，即可快速生成注入文件。

如要预防 Cookie 注入的发生，只要在获得参数 UID 后对其进行过滤，通过创建一个类来判断数字参数是否为数字，其代码如下。

```
if(Request.Cookies["uid"]!=null)
{
    uid=Request.Cookies["uid"].value;
    isnumeric cooidesID = new isnumeric();
    if (cooidesID.reIsnumeric(ruid))
        {
            string str="select * from userTable where id="+uid;
        }
}
```

其中“isnumeric cooidesID = new isnumeric();”语句的作用是创建一个类，再使用一个判断语句“if (cooidesID.reIsnumeric(ruid))”来判断数字参数是否为数字，如果是数字则执行“string str="select * from userTable where id="+uid;”代码行对获得的参数进行过滤。

15.4 曝光跨站脚本攻击

跨站攻击是指入侵者在远程 Web 页面的 HTML 代码中插入具有恶意目的的数据，使得用户认为该页面是可信赖的，但是当浏览器下载该页面，嵌入其中的脚本将被解释执行。正是这种被称为“鸡尾酒钓鱼术”的手段使商务网站的可信度大大降低，因为用户访问的是真正的商务站点，即使再细心也很难想到真实网站也会暗藏杀机。本节揭秘跨站脚本攻击的过程，并以一个留言本的漏洞来讲述如何利用与防御跨站脚本漏洞。

15.4.1 简单留言本的跨站漏洞

本小节将以迷你留言本为例子进行跨站脚本攻击的曝光。这个留言本的体积很小，代码不多，适合用来分析。迷你留言本的安装很简单，从网上下载迷你留言本的压缩包后直接解压到 IIS 的目录中就可以使用了，安装完成后的运行界面如下图所示。

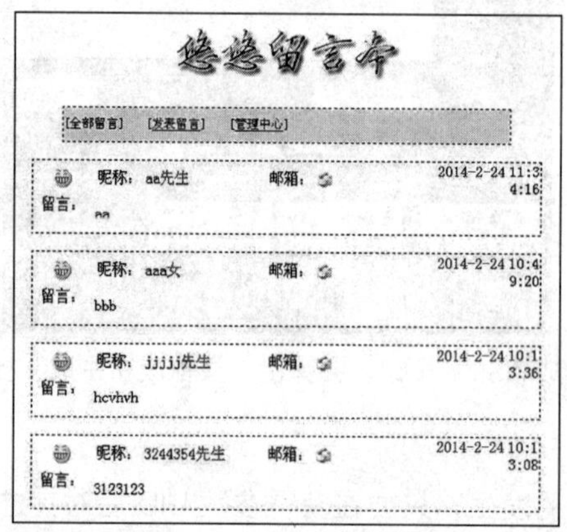

下面看看这个留言本是如何显示留言的，用记事本打开 index.asp 页面的代码显示如下。

```
    <table  border="0" cellpadding="0" cellspacing="1" width="64%"
height="51" style="word-break: break-all; border: 1pt dotted black">
        <tr>
          <td align=center>
             <img border=0 src=images/face/face<%=rs("face")%>.gif>
          </td>
          <td width="10%" height="14" align="center" bgcolor="#FFFFFF">
             <font color="#000000">昵称：</font>
          </td>
          <td width="24%" height="14">
            <font color="#000000" ><%=rs("name")%></font>
            <font color="red"><% =rs("sex") %></font>
          </td>
          <td width="10%" height="14" align="center" bgcolor="#FFFFFF">
             <font color="#000000">邮箱：</font>
          </td>
          <td width="20%" height="14">
             <font color="#000000">
                 <a href=mailto:<%=rs("Email")%>><img border=0 src=img/mail.gif>
             </font>
          </td>
          <td width="25%" height="14" bgcolor="#ffffff">
```

```
        <p align="right"><font color="#000000">
         <%=rs("time")%>
         </font>
      </td>
    </tr>
    <tr>
      <td width="12%" height="16" align="center" bgcolor="#FFFFFF">
        <font color="#000000">留言：</font>
      </td>
    </center>
      <td width="88%" height="1" colspan="2" rowspan="2">
        <p align="left"><font color="#000000">
        <% =rs("body") %>
        </font>
      </td>
    </tr>
    <center>
    <tr>
      <td width="12%" height="1" align="left" bgcolor="#FFFFFF"></td>
    </tr>
</table>
```

提示

以上代码中专门加粗的那两句代码，它们是直接从数据库中读取字符串，并放在HTML代码中。关键是在这个过程中代码没有对读取的字符串进行任何处理。如果在数据库里的字符串是HTML代码，毫无疑问，留言内容会按照HTML的语法解析显示；再则，如果是JavaScript，则照样会作为JavaScript去执行。

接下来攻击者就开始想办法将恶意代码插入到数据库中去，让页面被访问时执行代码。其实，插入数据库的方法很简单，发布留言时留言的内容会被插入到数据库中。单击“发表留言”链接按钮，进入签写留言的页面，这个页面有几个输入文本的地方，但为了避免麻烦，用户通常只需要在该页面中输入昵称和留言内容即可。具体的操作步骤如下。

步骤 1 插入 HTML 代码

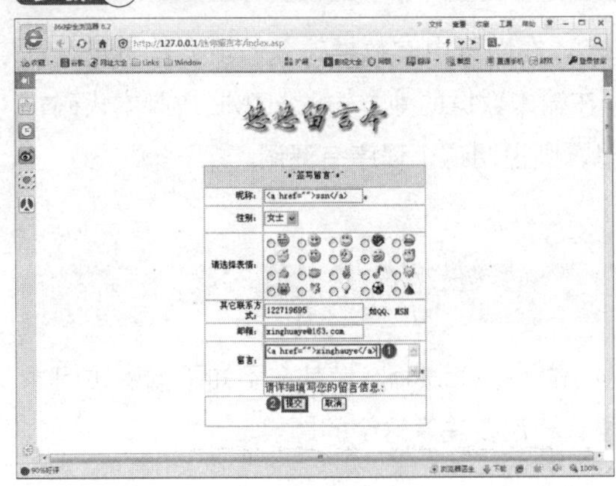

❶ 输入一个简单的 HTML 超链接标签“<a>”。

❷ 单击“提交”按钮，在其中输入的数据就被插入数据库里。

步骤 2 访问“index.asp”主页面

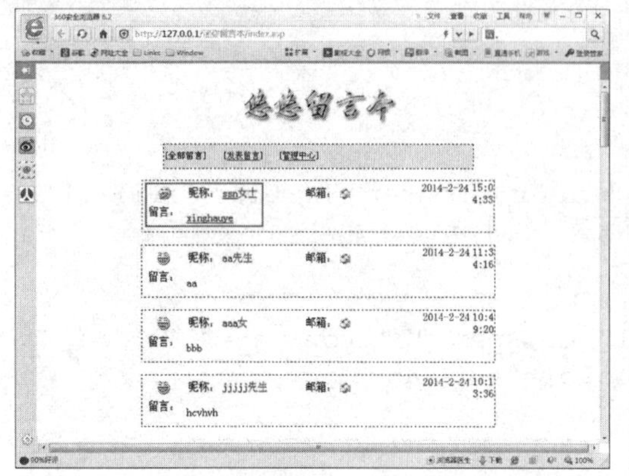

显示的“ssn”和“xinghauye”都附有超链接，说明写进去的 HTML 代码从数据库中读出后被解析执行了。既然能解析执行 HTML 代码，也就说明该页面有漏洞了。

步骤 3 测试向数据库里插入 JavaScript

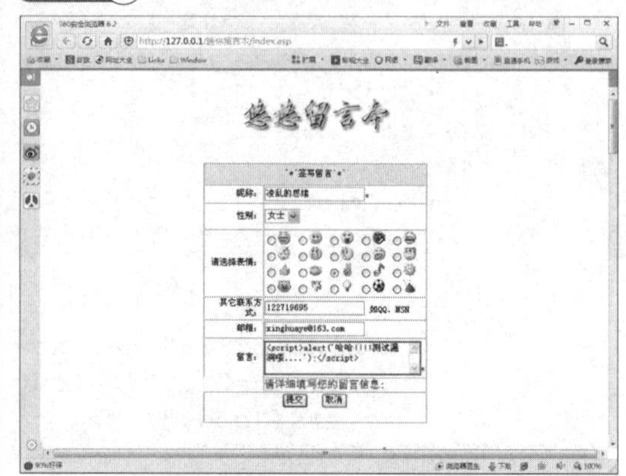

进入发表留言页面，然后在其中输入“<script>alert('哈哈 !!!! 测试漏洞喽…');</script>”代码。由于昵称和留言这两个选项里都存在漏洞，所以 JavaScript 代码可放在其中任意一项中。

步骤 4 单击“提交”按钮，再访问“index.asp”页面，即可发现跟预想的一样，果然弹出了“Microsoft Internet Explorer”对话框，提示相应的测试信息

提示

在发表留言页面中输入的“<script>alert('哈哈 !!!! 测试漏洞喽……');</script>”代码，它的功能是弹出一个对话框，显示“测试漏洞”字符串。

提示

如果能弹出“Microsoft Internet Explorer”对话框，则说明脚本代码被执行了。原来那些所谓的“高手”也只是通过这个小小的手段做到的，并不是控制了服务器而修改了文件。

这样的漏洞普遍存在，并不一定是留言本才有，在网页中有数据输入的地方就有可能存在跨站脚本漏洞，检测的方法跟前面介绍的一样，在输入数据的地方输入 HTML 或脚本代码，查看在显示数据时它们能否被解析执行。如果可以，则说明这个程序有漏洞。

15.4.2 跨站漏洞

攻击者可以利用跨站脚本漏洞得到浏览该网页用户的 Cookie，使其在不知不觉中访问木马网页，并且可以让网页无法正常访问。网站管理者一定要注意这个问题。

1. 死循环

在网页中插入死循环语句，这是一种低劣的恶意攻击手法。写一段条件永远为真的循环语句，让页面执行到这段代码时就一直执行这段代码而不能继续显示后面的内容，从而使网页不能正常地显示，陷入死循环状态。更有甚者，在死循环语句中加入弹出对话框的代码，从而使浏览者的浏览器不停地弹出对话框，且始终无法关闭，必须结束浏览器进程才行。

下面曝光具体的操作步骤。

步骤 1 访问“index.asp”主页

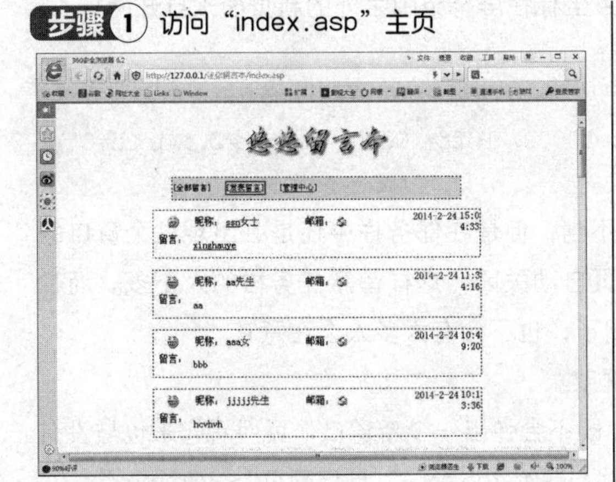

单击“发表留言”链接。

步骤 2 进入“发表留言”页面

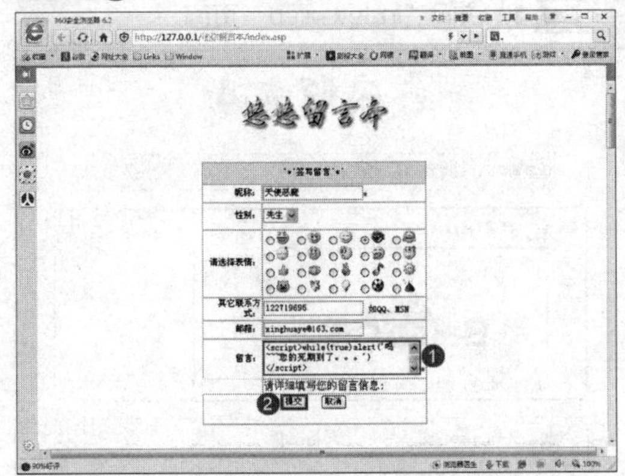

❶ 在留言内容中写入“<script>while(true)alert('呜 ~~~ 您的死期到了。。。')</script>”代码。❷ 单击“提交”按钮。

步骤 3 再访问“index.asp”页面，即可弹出“Microsoft Internet Explorer”对话框，在其中提示相应的留言信息

步骤 4 单击“确定”按钮，即可弹出“Microsoft Internet Explorer”对话框，如此反复，只有结束 IE 的进程才能停止。无论是谁遇到这种问题后短时间内都不会再访问这个网站了，这对于网站来说无疑是一个巨大的损失

2. 隐藏访问

隐藏访问指使用户在访问一个网页时不知不觉之中访问另外一个网页。这样做，可以用来增加其他网站的访问量，也可以用来放置网页木马进行网络“钓鱼”。

攻击者可以在有跨站漏洞的页面中插入代码，让所有访问这个页面的用户打开这个页面的同时，隐藏访问攻击者的网站，从而帮助攻击者增加访问量。网上有跨站漏洞的页面也不少，只要攻击者多找几个有漏洞的网站把代码插进去，网站访问量就非常可观了。

这样的危害还不算大，仅仅是给攻击者的网站增加了些访问量而已，对于漏洞页面来说，最多也只是因为多加载一个页面而稍微影响一点速度。如果攻击者让用户隐藏访问的页面是一个木马网页，那问题就严重了。在访问时，用户的计算机在不知不觉中下载并安装了一个病毒或者木马程序，这样计算机的控制权就完全掌握在攻击者的手里了。

往一个知名网站的页面里插入木马网页

让人不知不觉地中招，比在 QQ 群里发消息骗人单击木马的效率要高很多。要让用户访问页面的方法很多，如插入如下代码可以直接从当前网页跳转到目标页面。

```
<Script>
    window.location.href=" 目标页面 ";
</Script>
```

这样直接跳转过去的隐蔽性不高，明眼人一看就知道有问题。所以更多选择用隐藏访问的方法来达到目的。实现隐藏访问有两种方法。

① 让页面弹出一个高度和宽度都为 0 ，而且坐标在屏幕范围之外的新页面来打开网页其代码显示如下。

```
<script>
    window.open(' 目标页面 ', '', 'top=10000, left=10000, height=0, width=0');
</script>
```

这种方法在弹出一个窗口后，虽然用户看不到，但是在任务栏中还是会出现这个窗口的标题按钮。不过攻击者可以加入代码让木马网页自动关闭，这样留意任务栏的人不多。而且木马网页的标题一闪而过，刚开完马上就被关闭了，也不会有太多人去在意它。

②在页面中插入一个高度和宽度都为 0 的框架。

其内容是攻击者想要用户访问的网页地址，既不会弹出一个新窗口，页面看起来也与没有插入代码一样，隐蔽性十分高。插入框架的代码为“<iframe src=”目标网页 "></iframe>”。

下面曝光具体的操作步骤。

步骤 1 用一幅图片来测试代码效果

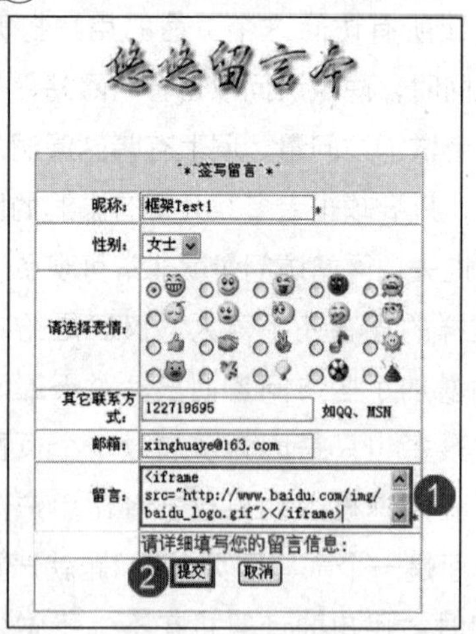

❶在“发表留言”页面里的留言内容中写入“<iframe src="http://www.baidu.com/img/baidu_logo.gif"></iframe>”代码。

❷单击“提交”按钮。

步骤 2 访问“index.asp”页面

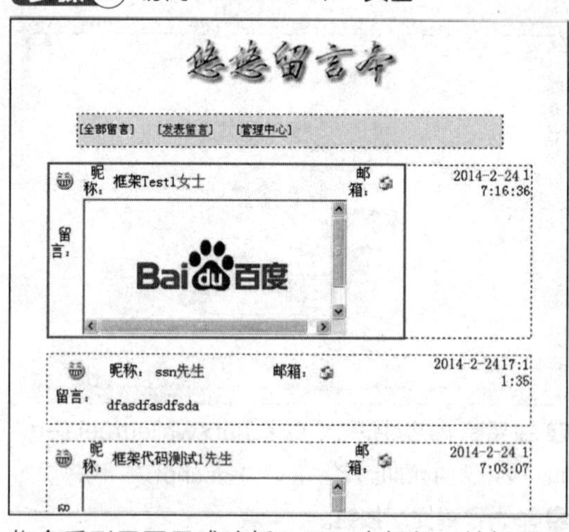

将会看到网页里成功插入了一个框架，并把图片也显示了出来。

“<iframe src=” http://www.baidu.com/img/baidu_logo.gif” ></iframe>” 这段代码的作用是在网页中插入一个框架，其中的内容是显示百度网站的 Logo.gif 图片。

步骤 3 设置框架的高度和宽度为 0

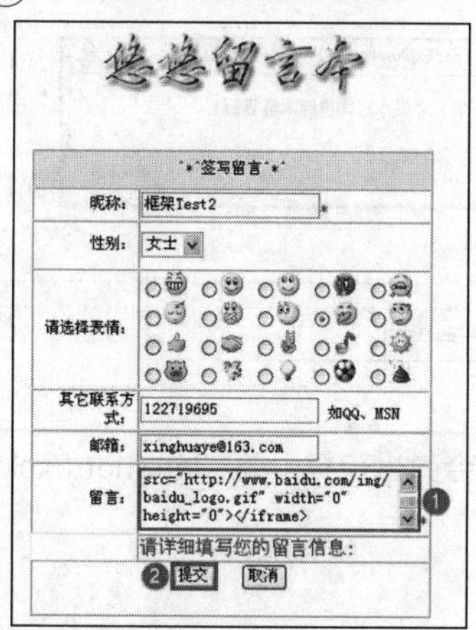

❶在“发表留言”页面里的留言内容中写入“<iframe src="http://www.baidu.com/img/baidu_logo.gif" width="0" height="0"></iframe>” 代码。

❷ 单击“提交”按钮。

步骤 4 再访问“index.asp”页面

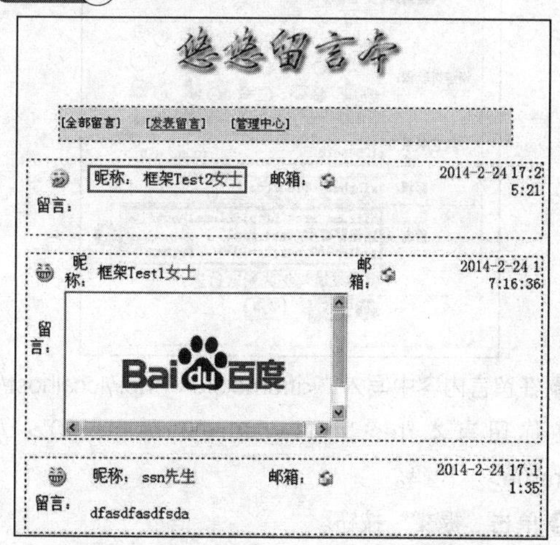

为了和前面的留言进行区别，这次的昵称改为“框架 Test2”，可发现此时框架已经被彻底的隐藏起来了，在页面中已经看不到了。

有些人会说，也有可能是代码没有被执行起来，所以才会看不到。下面不妨通过一个实验来验证一下。先来做一个“test.html”文件，将其放在迷你留言本网站的根目录下来作为木马网页，其功能只是弹出一个对话框说明已经隐藏访问木马页面。其代码如下。

```
<html>
   <head></head>
   <body>
      <script>alert('小心噢！您现在正在访问木马页面！ ')</script>
   </body>
</html>
```

再来发布一个跨站留言，让用户隐藏访问“test.html”，留言的内容为如下代码。

```
   <iframe src="http://localhost/迷你留言本/test.html" width="0"
height="0"></iframe>
```

在实际利用漏洞时，攻击者会把木马页面放在自己的网站空间中。上述代码使用完整的路径来表示木马页面的地址，为了模拟得真实一些，这里使用“test.html”的完整路径“http://localhost/迷你留言本/test.html”。为了以示区别，后面都用 localhost 来表示攻击者的网站，用 127.0.0.1 表示漏洞网站。下面曝光具体的操作步骤。

步骤 5 打开“发表留言”页面

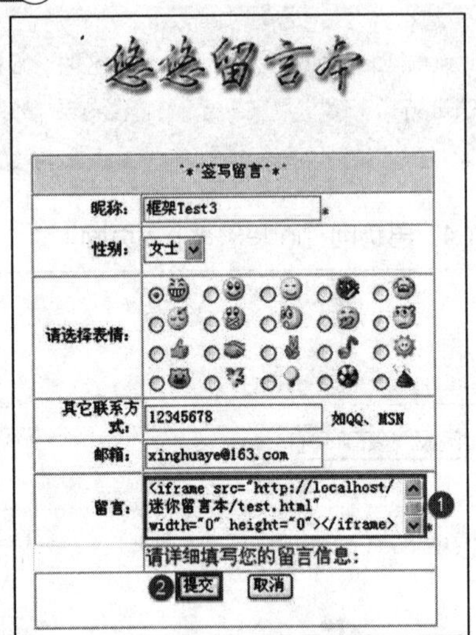

❶ 在留言内容中写入“<iframe src="http://localhost/迷你留言本/test.html" width="0" height="0"></iframe>”代码。

❷ 单击“提交”按钮。

步骤 6 访问留言主页“index.asp”

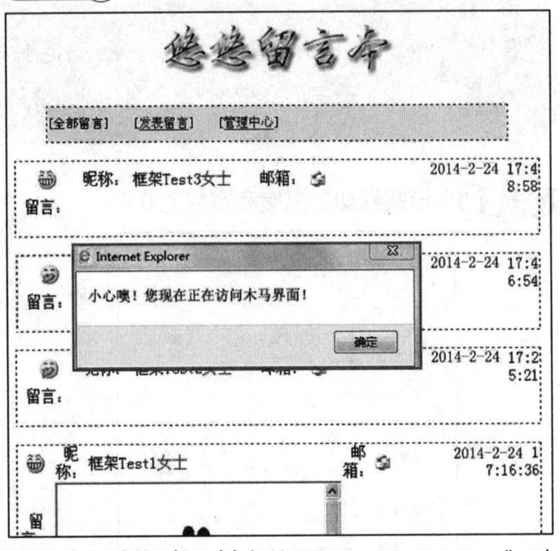

页面中将会弹出预料中的“Internet Explorer”对话框。

以上操作证明页面中代码被成功攻击了，用户已经访问了木马页面。这个对话框是专门为了证明漏洞而加上去的，如果没有加这句代码，网页浏览者根本不知道已经访问了木马页面，在不知不觉中木马就被下载到浏览者的计算机上运行了，这无疑是件非常可怕的事情。

3. 获取浏览者 Cookie 信息

一般论坛和留言本为了节省服务器的资源，通常都把用户的登录信息保存在用户计算机的 Cookie 中，通过一些特殊的代码可以把用户的 Cookie 提取出来，再配合隐藏访问的方法将其发送给攻击者。下面曝光具体的操作步骤。

1）由于插入到页面的代码会被程序认为是网站自身的代码，所以在代码中可以直接取得用户在本网站的 Cookie，取得 Cookie 的代码为：“<script> document.cookie; </script>”。

2）在“发表留言”页面的留言内容中写入“<script> alert(document.cookie); </script>”代码。

3）单击“提交”按钮，再访问留言主页“index.asp”，即可弹出“Microsoft Internet Explorer”对话框，在其中提示浏览者在本站的 Cookie 内容。

悠悠留言本

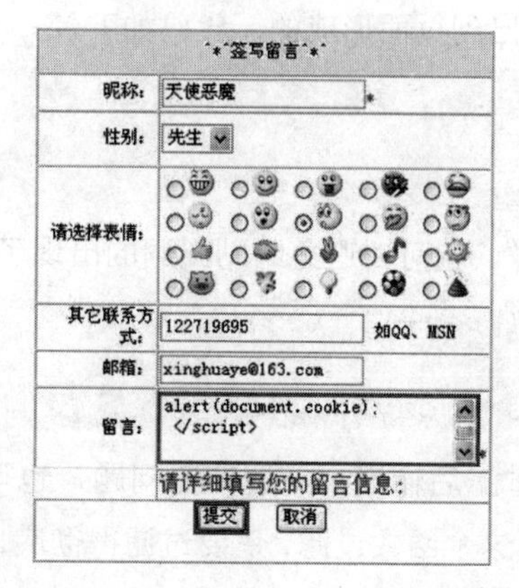

从该过程中可以看出跨站漏洞的危害很大，攻击者可以通过一些方法取得浏览者的Cookie，从而得到所需的敏感信息。

15.4.3 对跨站漏洞的预防措施

dvHTMLEncode() 函数是作者从 ubbcode 中提取的用于处理特殊字符串的函数。它能把一些特殊的字符（如尖括号之类）替换成 HTML 特殊字符集中的字符。

HTML 语言是标签语言，所有的代码都是用标签括起才有用，而所有标签用尖括号括起，尖括号不能发挥原来的作用之后，攻击者插入的代码便失去了作用。

dvHTMLEncode() 函数的完整代码如下。

```
function dvHTMLEncode(byval fString)
if isnull(fString) or trim(fString)="" then
    dvHTMLEncode=""
    exit function
end if
    fString = replace(fString,  ">", "&gt;")
    fString = replace(fString,  "<", "&lt;")
    fString = Replace(fString,  CHR(32), " ")
    fString = Replace(fString,  CHR(9), " ")
    fString = Replace(fString,  CHR(34), "&quot;")
    fString = Replace(fString,  CHR(39), "&#39;")
    fString = Replace(fString,  CHR(13), "")
    fString = Replace(fString,  CHR(10) & CHR(10), "</P><P> ")
    fString = Replace(fString,  CHR(10), "<BR> ")
    dvHTMLEncode = fString
    end function
```

这个函数的语法很简单，就是使用 replace( ) 函数替换字符串中的一些特殊字符，如果需要过滤其他特殊字符，可以试着添加上去。用 dvHTMLEncode( ) 函数把所有输入及输出的字符串过滤处理一遍，即可杜绝大部分跨站漏洞的出现。如简单留言本的漏洞是因为 name 中的 body 没有经过过滤而直接输出到页面形成的，代码如下。

```
<%=rs("name")%>
……
<%=rs("body")%>
```

如果把代码修改成下面这样，就可以避免跨站漏洞的出现了。

```
<%=dvHTMLEncode( rs("name") )%>
……
<%= dvHTMLEncode( rs("body") )%>
```

用 dvHTMLEncode() 函数过滤后输出，不会存在问题，也可以在用户提交时过滤后写到数据库中，在其他地方也可以用这个函数过滤，只要过滤得彻底，就不用担心有跨站漏洞出现。当然，用户也不能被动地期望网站的管理员去修补漏洞。如果网站的管理员因为不在意这方面而被人挂了木马，而用户访问了这个网页中的木马，最终吃亏的还是用户。

这里建议用户关闭 IE 解析 JavaScript 的功能。具体的操作步骤如下。

步骤 1 打开 IE 浏览器

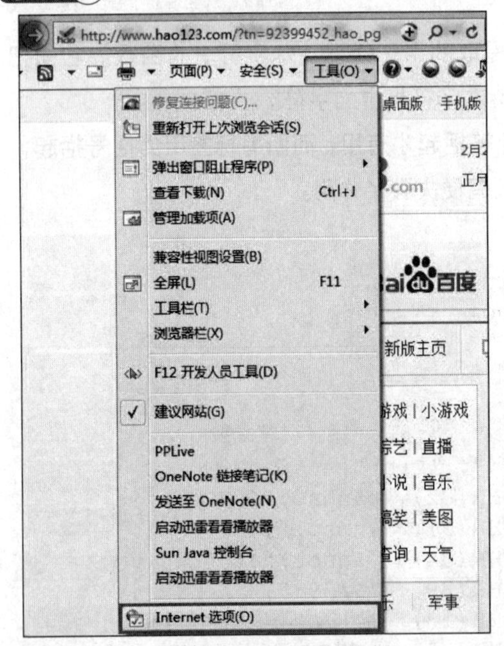

选择“工具”→“Internet 选项”命令。

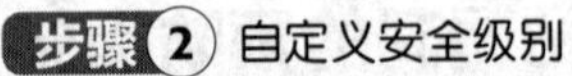

步骤 2 自定义安全级别

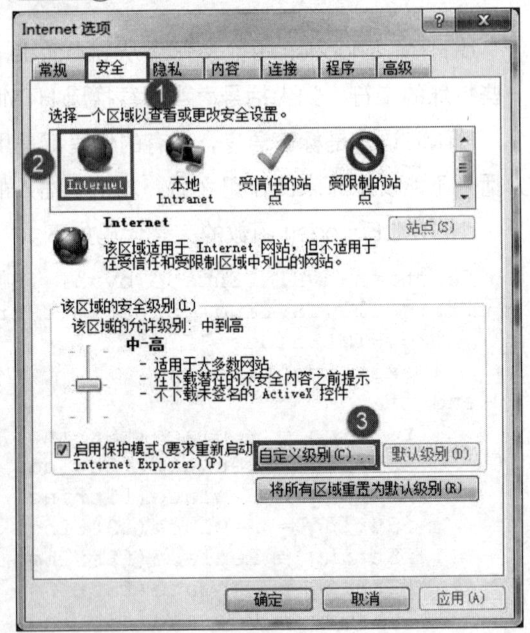

❶ 选择“安全”选项卡。
❷ 选中“Internet”图标。
❸ 单击“自定义级别”按钮。

步骤 3 安全设置

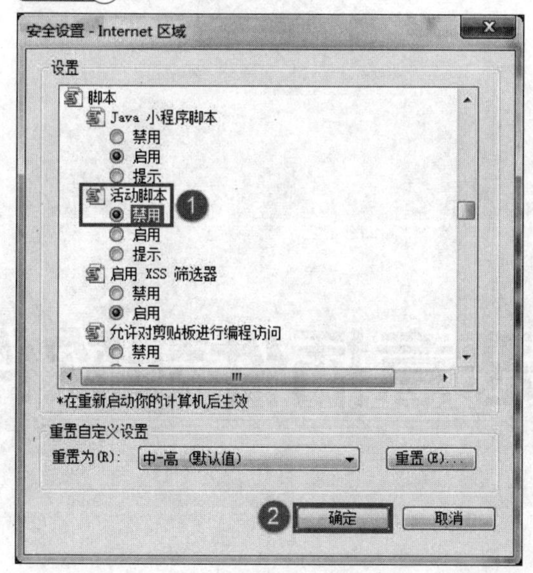

❶ 找到“脚本”部分，把“活动脚本”设置成“禁用”状态。

❷ 单击“确定”按钮。

另外，尽量不要访问安全性不高的网站，上网时打开杀毒软件的脚本监控功能，这样可以避免被恶意攻击者利用跨站脚本漏洞攻击。

1. Web 脚本攻击有什么特点？
2. 简单模拟 SQL 注入攻击。
3. 如何防止跨站脚本攻击？

第16章 清理恶意插件和软件

在上网时你可能会发现浏览器无法正常工作，或是频繁弹窗，对你造成极大的干扰；另外一些时候，有些莫名其妙的软件会出现在你的计算机内，并且无法删除和卸载。这说明你的计算机已经被偷偷加载了恶评插件，或是安装了流氓软件。

本章将介绍恶评插件、流氓软件及间谍软件方面的知识，让用户在掌握了这些知识后可以有针对性地做出预防，并可以适当解决部分已产生的问题。

16.1 浏览器与恶意插件

浏览器就是一款软件，可以让你在其中打开网页的软件。在浏览器中打开某个网址，可以看到网站内的文字、图像、声音及视频等信息。

互联网上的信息，大多是存储在服务器上的，服务器可能是在你所在的城市，也可能是在国外。你在自己的计算机上打开浏览器，输入网址，就是向服务器发送了指令，让服务器给你发送你需要的网页信息，浏览器就是起到了一个转换的作用（解析）。

16.1.1 为什么有些网页游戏玩不了

网页中的文字可以直接显示，而视频、图片、声音等则无法直接显示，需要一些小程序来辅助，才能正确、流畅地显示出来，这类小程序通常称为插件。

常见的插件有 Flash 插件、RealPlayer 插件、MMS 插件、MIDI 五线谱插件、ActiveX 插件等。例如：Flash 插件用于辅助显示网页中的小动画或是动画图片，如果你没有安装这个插件，那么网页小游戏基本就不能玩了；RealPlayer 插件主要用于辅助显示网页中的视频。

16.1.2 不请自来的浏览器恶评插件

一般我们把影响用户正常使用浏览器看网页的插件称为恶性插件，也称为恶评插件。它们之所以能够被计算机允许自行安装，通常是因为这类插件是披着合法外衣的，就如同一头披着羊皮的狼。

如果你的计算机有以下表现的话，那你就要小心了，可能浏览器被别有用心的人偷偷安装了恶评插件：打开网页的速度变慢了，或者是正在看网页时卡死；或者是你在读新闻时计算机突然自动弹出一些广告；还有可能会让浏览器自动关闭、无法使用；此外，还有些间谍型插件会搜集用户的个人信息并向外发送，严重侵犯了用户的个人隐私权，或造成计算机经常不稳定甚至无法使用等。

16.2 恶评插件及流氓软件的清除

一些流氓软件会通过捆绑共享软件、采用一些特殊手段频繁弹出广告窗口、窃取用户隐私，严重干扰用户正常使用计算机，真可谓是“彻头彻尾的流氓软件”。根据不同的特征和危害，困扰广大计算机用户的流氓软件主要分为广告软件、间谍软件、浏览器支持、行为记录软件和恶意共享软件 5 类。

16.2.1 清理浏览器插件

现在有很多与网络有关的工具，如下载工具、搜索引擎工具条等都可能在安装时在浏览器中安装插件，这些插件有时并无用处，还可能是流氓软件，所以有必要将其清除。

ActiveX 技术是一种共享程序数据和功能的技术。一般软件需要用户单独下载然后执行安装，而 ActiveX 插件只要用户浏览到特定的网页，IE 浏览器就会自动下载并提示用户安装。目前很多软件都采取这种安装方式，如播放 Flash 动画的播放插件。

当然，很多流氓软件也利用浏览器这一特点，并不进行提示直接下载安装，甚至有些恶意插件还会更改系统配置，严重影响了系统运行的稳定性。

（1）使用 Windows 7 插件管理功能

如果用户使用的系统是 Windows 7 及其以上版本，则在 IE 浏览器的“工具”菜单中将出现一个“管理加载项”命令。通过该命令，用户可以对已经安装的 IE 插件进行管理。具体的操作方法如下。

步骤 1 打开 IE 浏览器

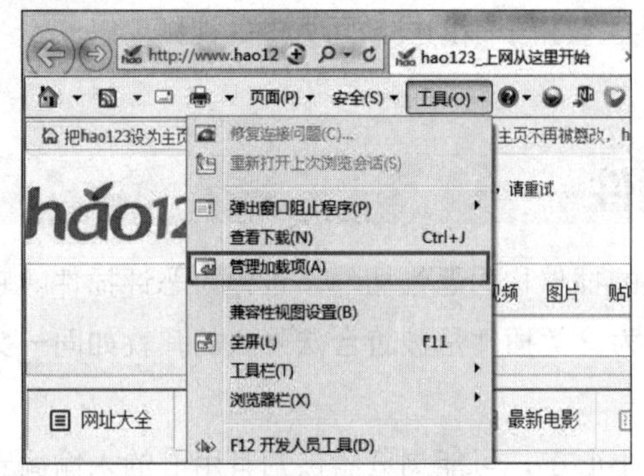

选择“工具”→“管理加载项”命令。

步骤 2 打开“管理加载项”对话框

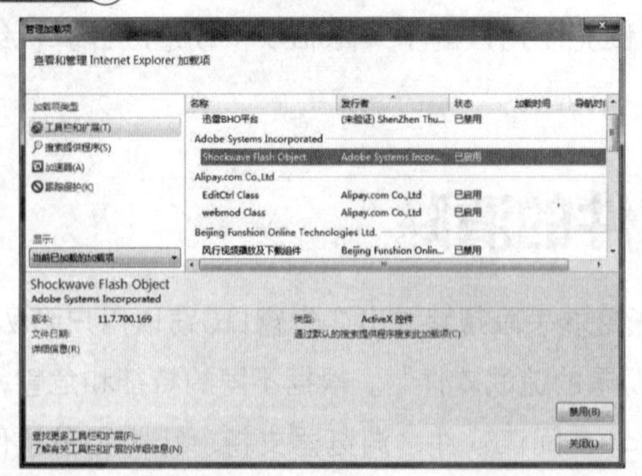

可查看已运行的加载项列表，列表中详细显示了加载项的名称、发行者、状态等信息。

步骤 3 屏蔽插件

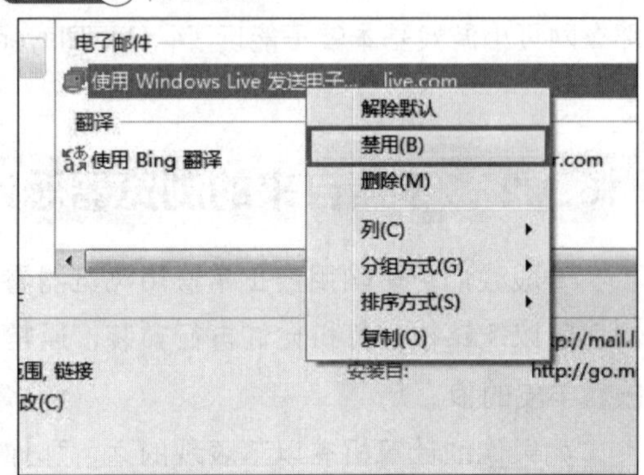

插件“类型”包括工具栏、第三方按钮、ActiveX 控件、浏览器扩展等。用户可以根据需要右击某个插件，在弹出的快捷菜单中选择“禁用”命令，将其屏蔽。

（2）使用 IE 插件管理专家

“IE 插件管理专家”（Upiea）的 IE 插件屏蔽功能突破了传统的插件屏蔽软件思维模式，它不仅能够屏蔽插件，还可以识别当前已安装的插件，并可卸载插件。具体操作方法如下。

步骤 1 运行“IE 插件管理专家”

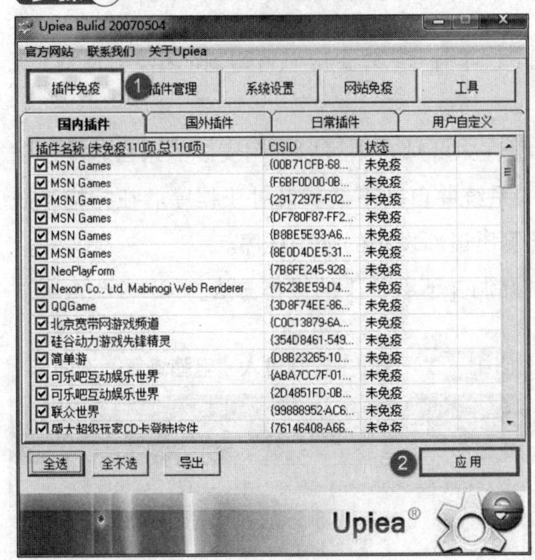

❶ 选择“插件免疫”选项卡。

❷ 在页面中选择需要免疫的插件名称，单击“应用”按钮，即可完成该插件的免疫操作。插件免疫后，系统将不能再安装相应的插件。

步骤 2 切换至“插件管理”选项卡

❶ 切换到“插件管理”选项卡。

❷ 查看已加载的插件，右击某个插件，可在弹出的快捷菜单中选择“查看详细信息”选项查看插件的详细信息。

❸ 选取某个插件，单击下方的“启用”或“禁用”按钮将其设置为启用或禁用状态，还可单击“删除”按钮将所选插件删除。

步骤 3 切换至“系统设置”选项卡

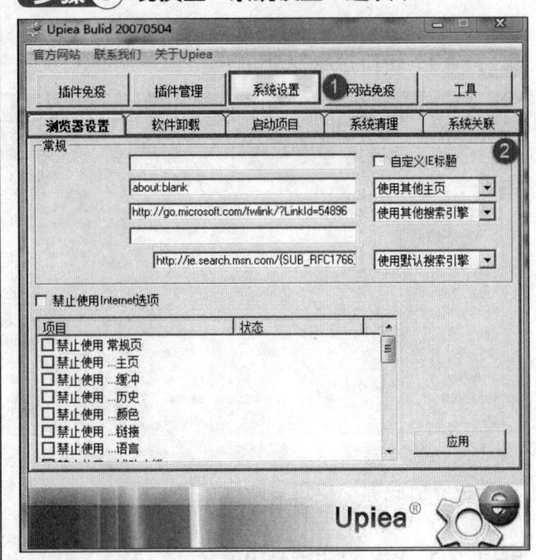

❶ 切换到“系统设置”选项卡。

❷ 在该页面可进行“浏览器设置”“软件卸载”“启动项目”及“系统清理”等操作。

16.2.2 流氓软件的防范

除在遭受流氓软件“骚扰”和“入侵”后进行“亡羊补牢”外更应做好事前防范，打造对“流氓软件”具有免疫功能的计算机系统。

1）及时更新补丁程序。如果觉得下载补丁程序太麻烦，则可以利用安装的杀毒软件、防火墙等安全工具中的漏洞扫描功能，扫描自己的系统并自动下载安装补丁程序。在扫描系统漏洞前，应先升级到最新版本，否则可能无法检测出最新发布的补丁程序。

下面以瑞星安全助手为例，介绍其扫描系统漏洞并下载补丁的操作方法。

步骤 1 运行瑞星安全助手

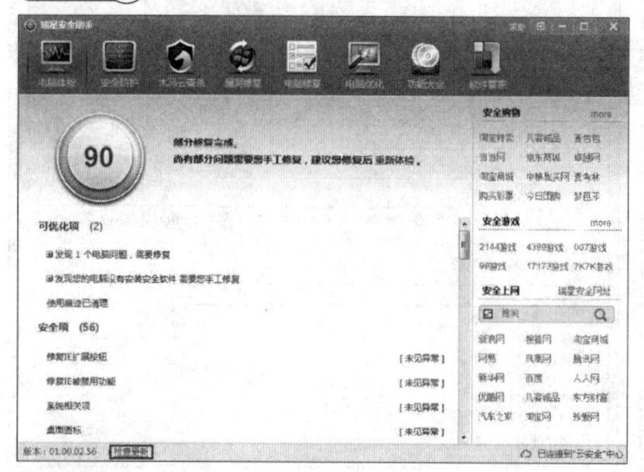

单击主界面底部“检查更新”链接。

步骤 2 对软件进行升级

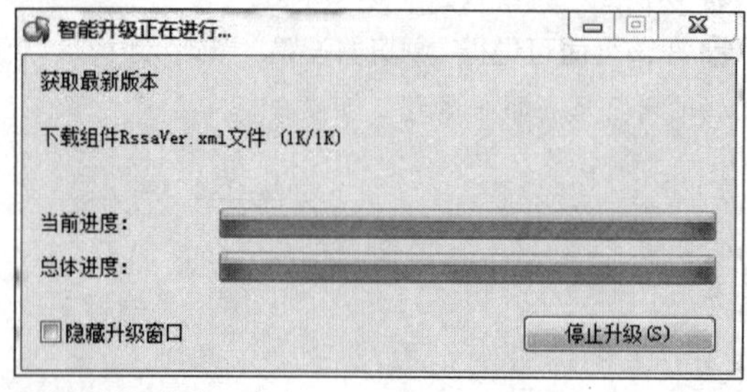

显示升级进度。

步骤 3 返回主界面进入“电脑修复”选项卡

程序自动进行扫描。扫描完成后即可看到系统中的所有插件，程序自动选择对系统有威胁的插件，单击“立刻修复”按钮即可对系统进行修复。

步骤 4 重新扫描

修复完成后可选择“重新扫描”对系统再次扫描，若显示“没有发现危险项”，则表示流氓软件清理成功。

提示

开启安全防护：用户也可使用瑞星安全助手的安全防护功能对系统安全体系和系统漏洞进行实时监控，保证系统处于相对安全的环境。将“系统安全体系监控”和“系统漏洞监控”选择开启。同时也可开启“恶意网站访问监控”“恶意文件实时监控”和“U盘病毒免疫监控”，只是要开启“恶意网站访问监控”需要安装瑞星个人防火墙。

2）禁用 ActiveX 脚本。禁用 ActiveX 脚本可以阻止恶意 IE 插件的安装，但也会造成某些使用 ActiveX 技术的网页无法正常显示。禁用 ActiveX 脚本的具体操作方法如下。

步骤 1 打开“Internet 选项”对话框

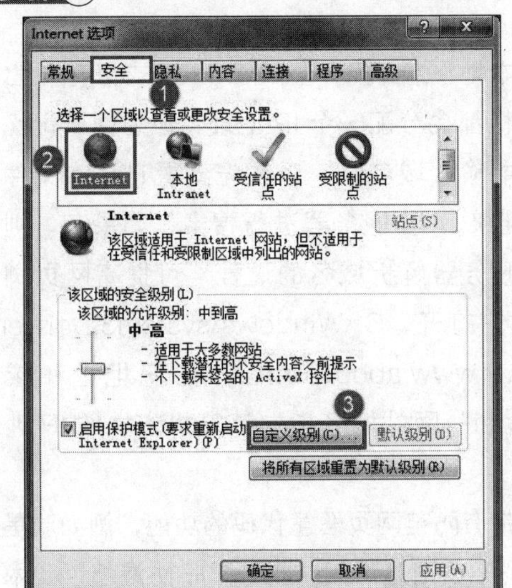

❶ 右击桌面上的“Internet”图标，在弹出的快捷菜单中选择“选项”命令，打开“Internet 选项”对话框，切换到“安全”选项卡。

❷ 选择“Internet 图标”。

❸ 单击“自定义级别”按钮。

步骤 2 切换至“安全设置”对话框

❶ 禁用所有 ActiveX 控件和插件选项。

❷ 单击“确定”按钮。

3）加入受限站点。把含有恶意插件的网页加入受限站点，使IE浏览器不能打开该网页。

具体的操作方法如下。

步骤 1 返回“Internet 选项”对话框

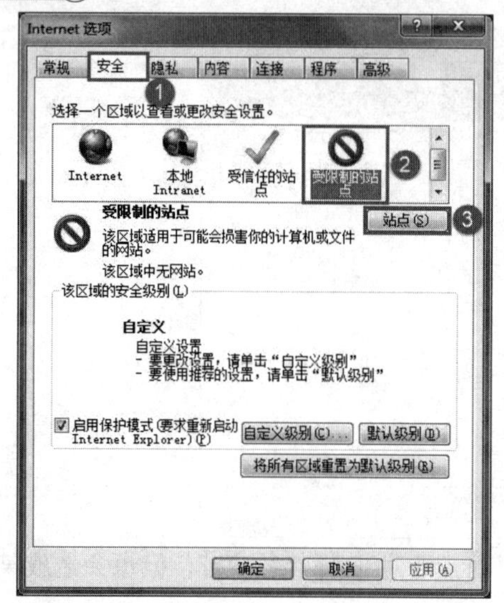

❶ 切换至“安全”选项卡。
❷ 单击“受限制的站点”图标。
❸ 单击“站点”按钮。

步骤 2 打开“受限站点”对话框

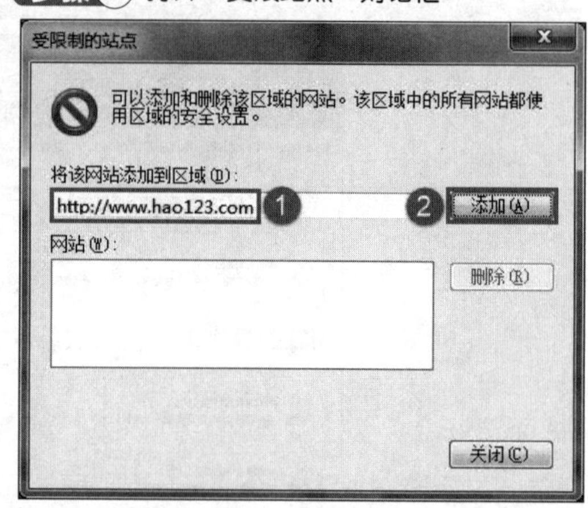

❶ 输入需要限制登录的网页地址。
❷ 单击“添加”按钮，即可将其添加进去。

4）修改Hosts文件。Hosts文件又称域名本地解析系统，以ASCII格式保存。为了在互联网中不产生冲突，每一台连接网络的计算机都会分配一个IP地址，但为便于记忆，又引入了域名的概念，所以当用户在IE地址栏中输入域名时，系统先查看Hosts文件中是否有与此域名相对应的IP地址，如果没有就连接DNS服务器进行搜索；如果有，则会直接登录该网站。Hosts文件省略了通过DNS服务器解析域名的过程，可提高网页浏览的速度。在Windows 7系统中可使用“记事本”打开“C:\Windows\system32\drivers\etc\ hosts”文件，在此文件中输入“127.0.0.1 www.abcd.com”，在IP地址和域名间用空格分开且保存后退出，将“www.abcd.com”网站域名指向计算机本地的IP地址“127.0.0.1”，从而避免下载插件。

5）设置网页安全扫描。一般反病毒软件中都带有防范网页恶意代码的功能，例如瑞星卡卡上网安全助手中的“上网防护”功能，就具有“不良网站访问防护”“IE防漏墙”“木马下载拦截”等功能，如下图所示。启用这些功能，用户访问具有恶意代码的网页时，就会主动进行提示和拦截，防止恶意代码利用ActiveX进行下载和执行危险的命令。

6）使用专用工具进行防疫。现在网络上有很多专门用于对付流氓软件和间谍软件的工具，而且这些工具一般都具有免疫功能，即针对已知的流氓软件和间谍软件修改注册表相应项，使相应的流氓软件和间谍软件不能自动下载和安装，从而保证用户系统的安全、稳定。

16.2.3 使用金山系统清理专家清除恶意软件

金山清理专家是一款上网安全辅助软件，对流行木马、恶意插件尤为有效，可解决普通杀毒软件不能解决的安全问题。其特点有：永久免费；免费病毒木马查杀；健康指数综合评分系统；查杀恶意软件 + 超强抢杀技术（Bootclean）；互联网可信认证；防网页挂马功能等。

具体的操作方法如下。

步骤 1 运行“金山清理专家”

单击“实时保护”按钮。

步骤 2 启用“U 盘防火墙”等功能

可启用或关闭“U 盘防火墙”“漏洞防火墙”“网页防火墙”“系统防火墙”等功能。

步骤 3 查看健康指数

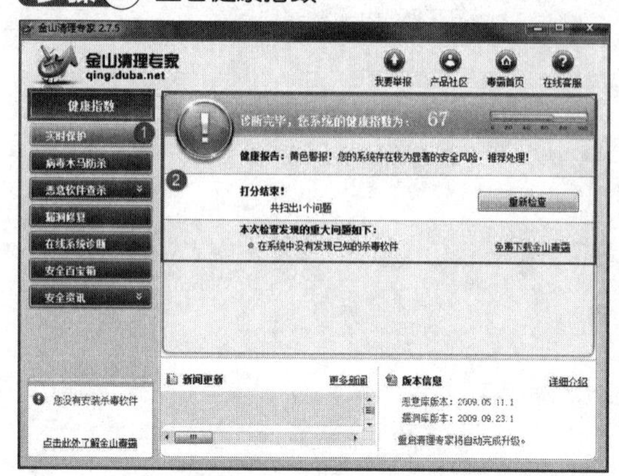

❶ 切换到“健康指数”选项卡。

❷ 单击“为系统打分”按钮，开始全面扫描系统，并给出健康指数，指出问题所在。

步骤 4 恶意软件查杀

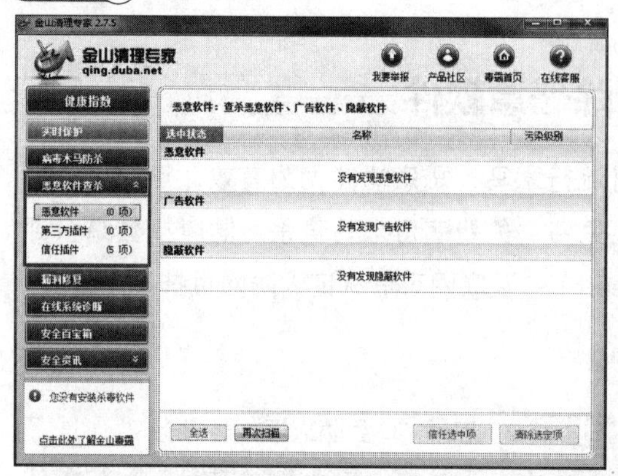

切换到“恶意软件查杀”选项卡，可以看到已经查到的恶意软件分类及其数量。

步骤 5 漏洞修复

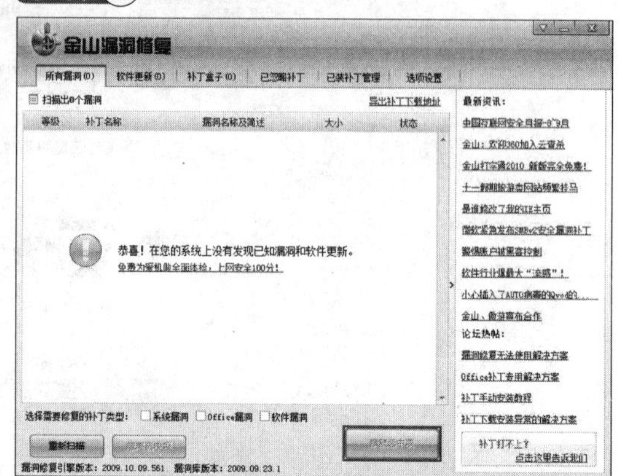

开始扫描系统所存在的漏洞，并给出漏洞补丁列表。如果有需要修复的漏洞，则选择要修复的漏洞，单击“修复选中项”按钮，即可开始下载系统补丁并自动安装。

步骤 6 打开“金山安全百宝箱”窗口

❶ 在“金山清理专家”主界面中单击“安全百宝箱”按钮，打开“金山安全百宝箱”窗口。

❷ 可进行历史痕迹清理、垃圾文件清理、浏览器修复、启动项管理等操作。

16.3 间谍软件防护实战

间谍软件的主要危害是严重干扰用户使用各种互联网，如推广弹出式广告、影响用户网上购物、干扰在线聊天、欺骗用户浏览搜索引擎引导网站等，同时还有可能导致机器速度变慢，突然网络断开等情况出现，这主要是因为间谍软件会占去系统大量资源。

16.3.1 间谍软件防护概述

间谍软件主要攻击微软操作系统，通过 Internet Explorer 漏洞进入并隐藏在 Windows 的薄弱之处。有些间谍软件（尤其是恶意 Cookie 文件）可以在任何浏览器之内发生作用，但这只是间谍软件中很小的一部分。微软的一些软件产品，如 Internet Explorer、Word、Outlook 和 Media Player 等，一旦下载就将自动执行，从而使间谍软件很容易乘虚而入。

如果出现如下情况，则用户的机器可能已经存在有间谍软件或其他有害软件。

- 用户没有浏览网页也会看见弹出式广告。
- 用户的 Web 浏览器先打开页面（主页）或浏览器，搜索设置已在用户不知情的情况下被更改。
- 发现浏览器中有一个用户不需要的新工具栏，并且很难将其删除。
- 计算机完成某些任务所需的时间比以往要长。
- 计算机崩溃的次数突然上升。

间谍软件通常和显示广告软件(称为“广告软件”)、跟踪个人、敏感信息等软件联系在一起，但并不意味着所有提供广告或跟踪用户在线活动的软件都是恶意软件。如用户可能要注册免费音乐服务，但代价是要同意接收目标广告。如果同意了该条款，则表示已确定这是一桩公平交易。用户也可能同意让该公司跟踪自己的在线活动，以确定要显示的广告。

其他有害软件则会做出一些令人烦恼的更改，而且可能会导致计算机变慢或崩溃。这些程序能够更改 Web 浏览器的主页或搜索页，或在浏览器中添加用户不需要的附加组件，还可能会使用户很难将自己的设置恢复为原始设置。一切的关键在于用户（或其他使用自己计算机的人）是否了解软件要执行的操作，以及是否已同意将软件安装在自己的计算机上。

间谍软件或其他有害软件有多种方法可以侵入用户的系统，常见伎俩是在用户安装需要的其他软件（如音乐或视频文件共享程序）时，偷偷地安装该软件。有时在特定软件安装中已经记录了包括有害软件的信息，但此信息可能出现在许可协议或隐私声明的结尾。

16.3.2 用 SpySweeper 清除间谍软件

当大家安装了某些免费的软件或浏览某个网站时，都可能使用间谍软件潜入。黑客除监视用户的上网习惯（如上网时间、经常浏览的网站及购买了什么商品等）外，还有可能记录用户的信用卡账号和密码，这给用户安全带来了重大隐患。SpySweeper 是一款五星级的间谍软件清理工具，还提供主页保护和 Cookies 保护等功能。具体的操作步骤如下。

步骤 1 运行“Webroot AntiVirus”

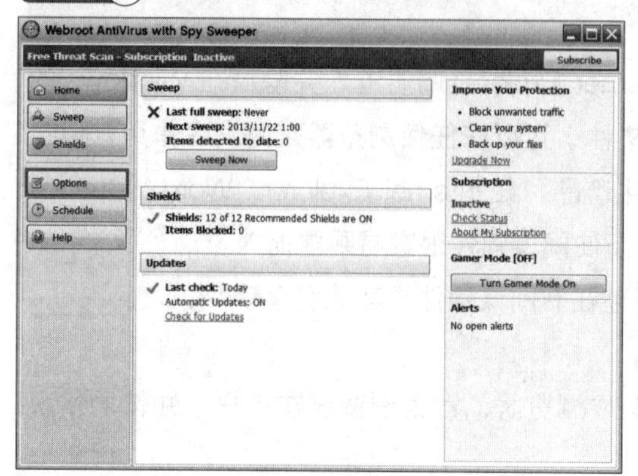

切换到“Options”选项卡。

步骤 2 切换至“Sweep”选项卡

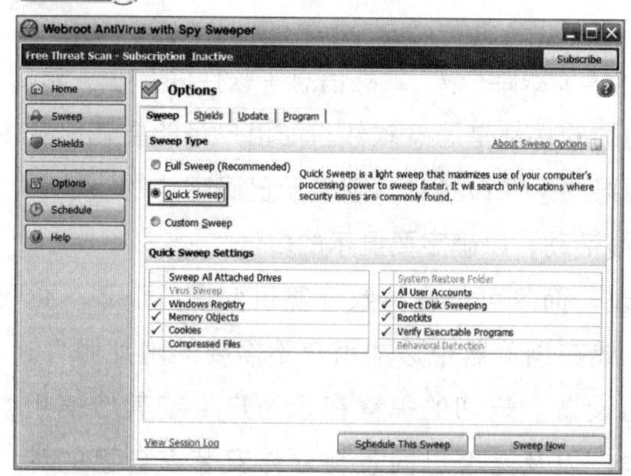

设置扫描方式，这里选中“Quick Sweep（快速扫描）”方式。

步骤 3 自定义扫描方式

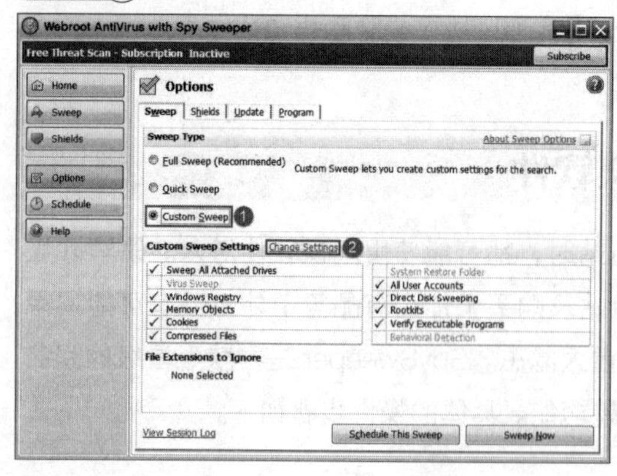

❶ 选择“Custom Sweep(自定义扫描)”单选按钮，用户可以在下方列表中选择需要扫描的对象。

❷ 单击“Change Settings”超链接。

步骤 4 打开“Where to Sweep”对话框

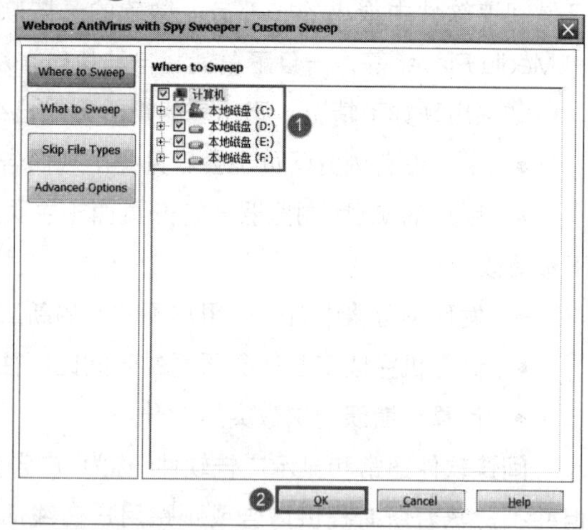

❶ 设置扫描的对象。

❷ 单击“OK”按钮。

步骤 5 返回主界面

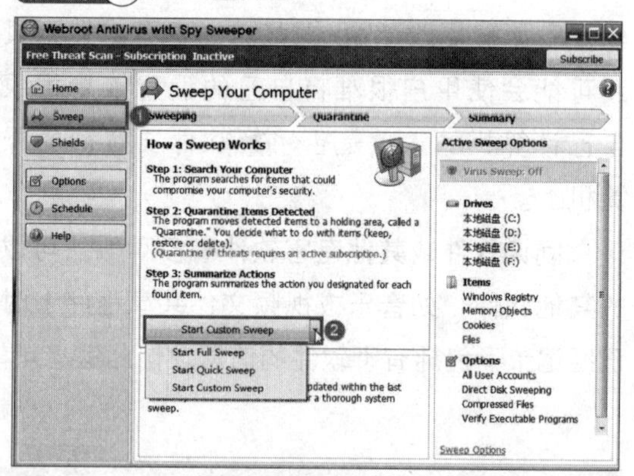

❶ 切换到“Sweep”选项卡。

❷ 在下拉列表中选择“Start Custom Sweep”命令。

步骤 6 开始扫描

显示扫描进度及扫描结果。

步骤 7 扫描完成

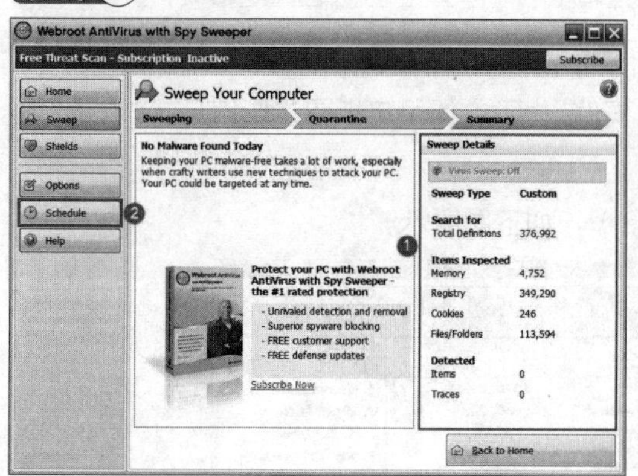

❶ 显示需要清除的对象。

❷ 切换到“Schedule”选项卡。

步骤 8 打开“Schedule”页面

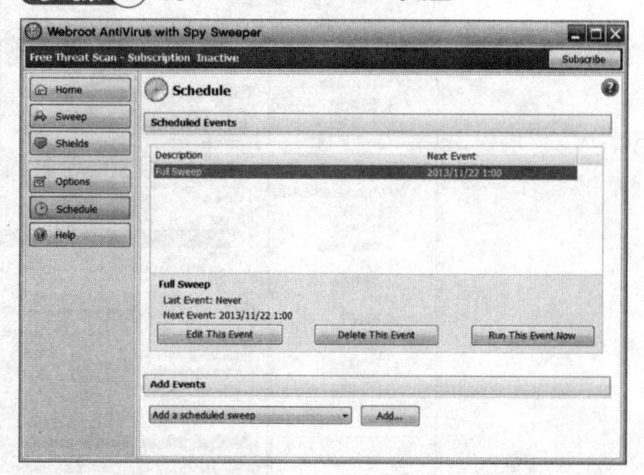

可创建定时扫描任务，其中包括扫描事件、开始扫描时间等。

步骤 9 设置各种对象的防御选项等

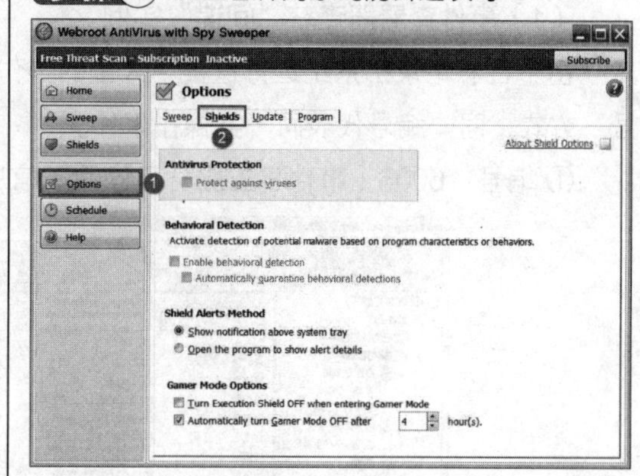

❶ 切换到“Options”选项卡。

❷ 选择“Shields”选项卡，在其中设置各种对象的防御选项，使用户在上网过程中及时保护系统。

16.3.3 通过事件查看器抓住间谍

如果用户关心系统的安全，并且想快捷地查找出系统的安全隐患或发生的安全问题的原因，可通过Windows系统中的“事件查看器”发现一些安全问题的苗头及已植入系统的“间谍”所在。在 Windows 7 系统中打开“事件查看器”的方法为：右击桌面上的计算机图标，在弹出的快捷菜单中选择“管理”命令，在打开的“计算机管理”界面，单击“系统工具”下的“事件查看器”选项即可打开“事件查看器”窗口，如下图所示。

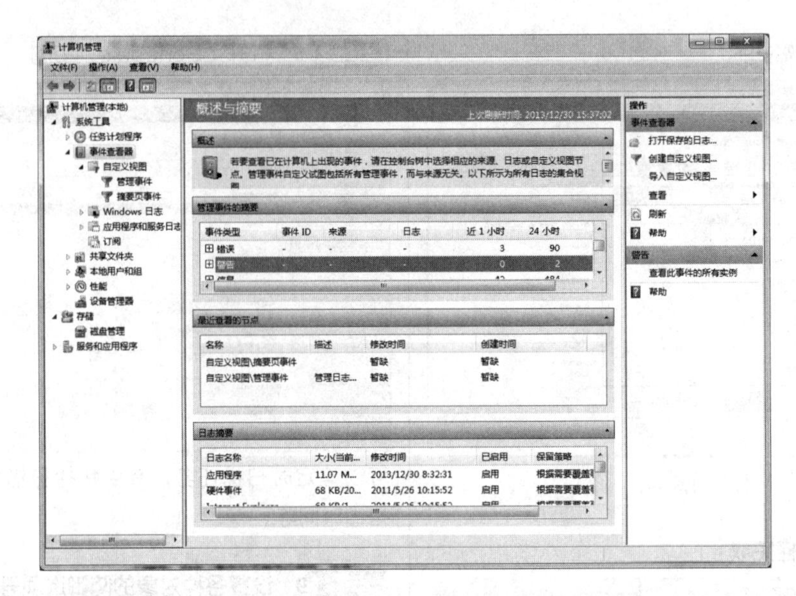

（1）事件查看器查获“间谍”实例

由于日志记录了系统运行过程中大量的操作事件，为了方便用户查阅这些信息，采取了“编号”方式，同一编号代表同一类操作事件。

① 编号：6006（事件日志服务已停用，信息），如下图所示。

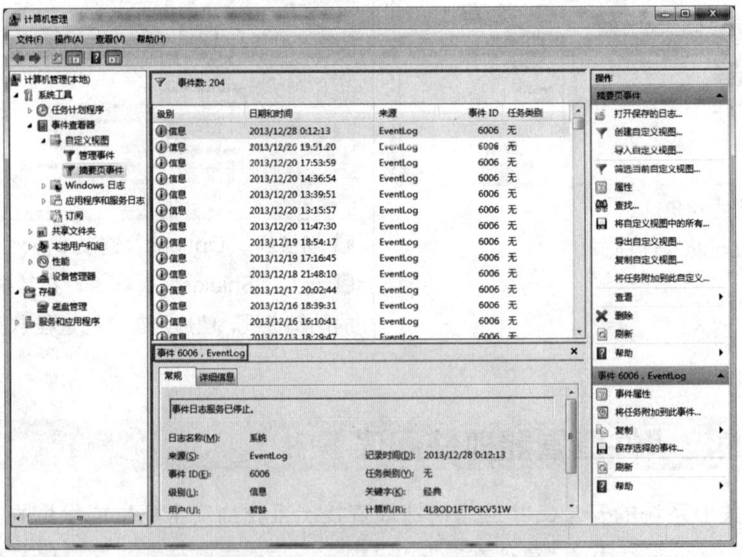

原因：系统因关机、重启、崩溃等原因导致日志服务被迫中止。

作用：如果用户的服务器正常是不关机的，但却出现这个事件记录，那么就应该检查是否曾被恶意用户在本地或远程执行了重启操作。但对于个人用户来说出现这个信息则很正常，因为正常关机操作也会出现这个信息。

② 编号：7001（服务被禁止，错误），如下图所示。

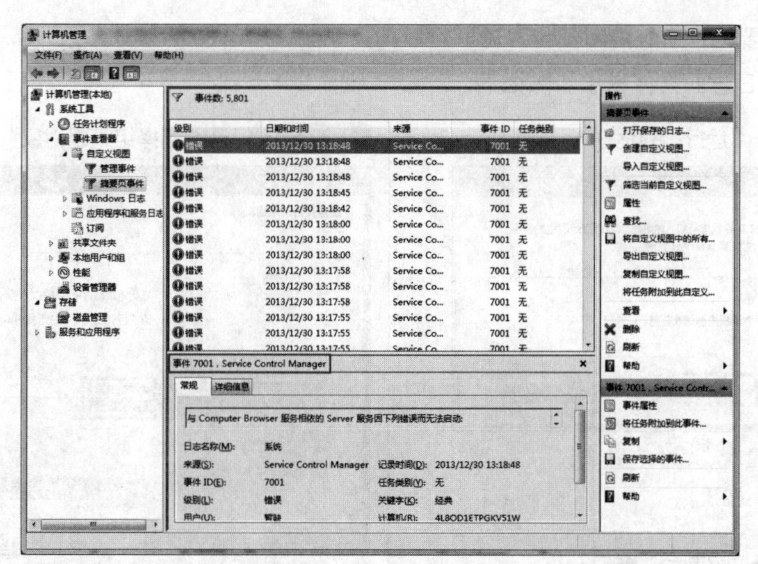

原因：与 Computer Browser 服务相依的 Server 服务因一些错误而无法启动。原因可能是已被禁用或与其相关联的设备没有启动。

作用：应检查系统“服务”中的 Server 等服务是否被关闭，例如有的单机用户为了彻底杜绝默认共享的问题，而将 Server 服务关闭。随后当该机进行组建局域网、访问共享资源等操作时，就会因 Server 服务关闭而出现这类错误。

③ 编号：6005（事件日志服务已启动，信息），如下图所示。

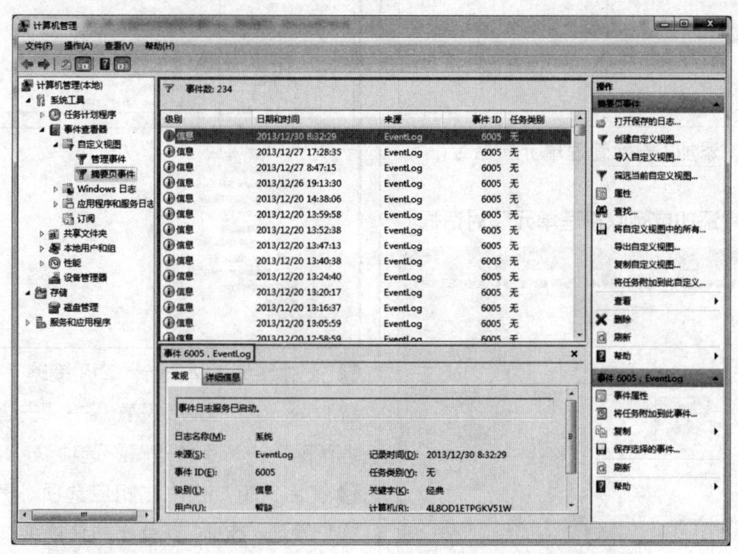

原因：每次系统启动后，日志服务均会自动启动并记载指定事件。

作用：得知日志服务工作正常与否。

（2）安全日志的启用

安全日志在默认情况下是停用的，但作为维护系统安全中最重要的措施之一，将其开启显然是非常必要的，通过查阅安全日志，可以得知系统是否有恶意入侵的行为等。

启用安全日志的具体操作步骤如下。

步骤 1 打开“运行”对话框

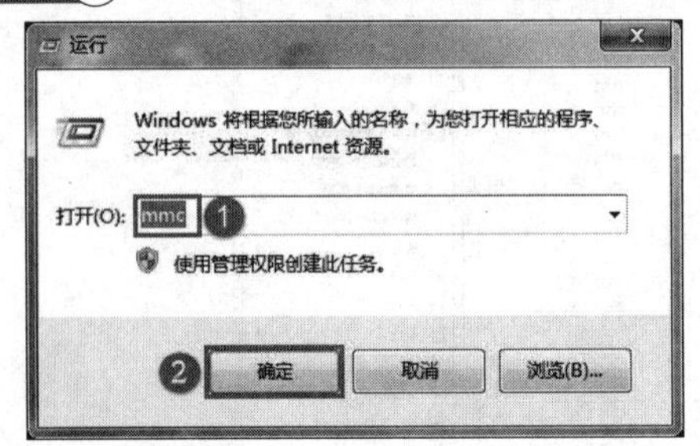

❶ 在文本框中输入“mmc”命令。

❷ 单击“确定”按钮。

步骤 2 打开“控制台”窗口

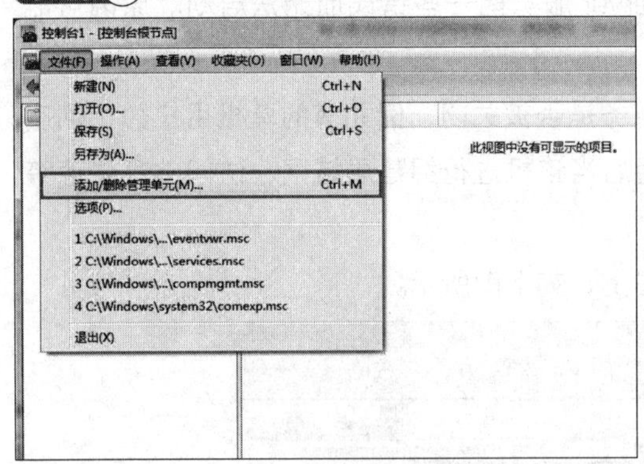

选择“文件”→“添加 / 删除管理单元”命令。

步骤 3 打开“添加或删除管理单元”对话框

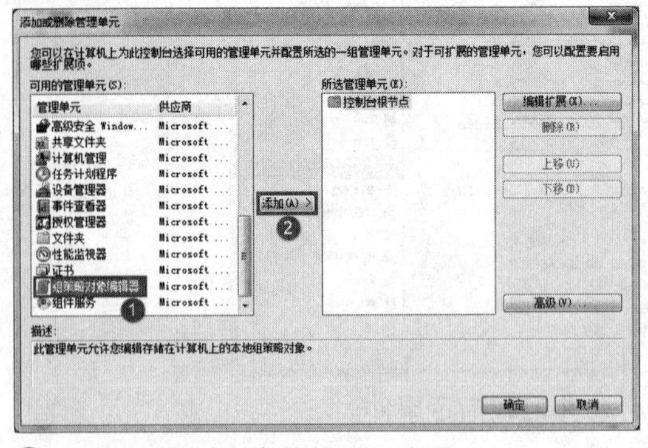

❶ 选择“组策略对象编辑器”选项。

❷ 单击“添加”按钮。

步骤 4 打开“选择组策略对象”对话框

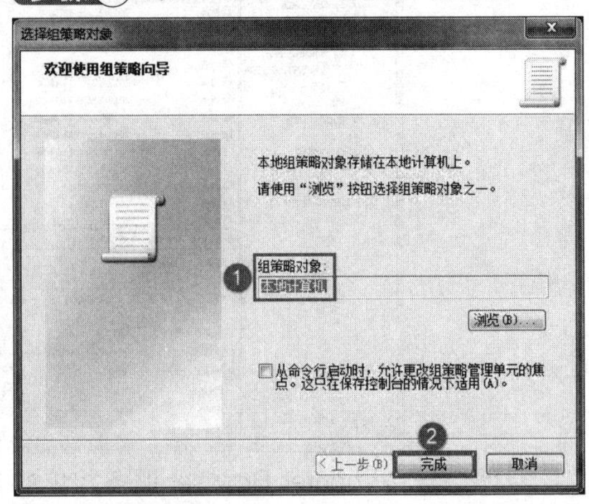

❶ 选择“本地计算机”选项。

❷ 单击“完成”按钮，即可完成添加操作。

步骤 5 返回“控制台”窗口

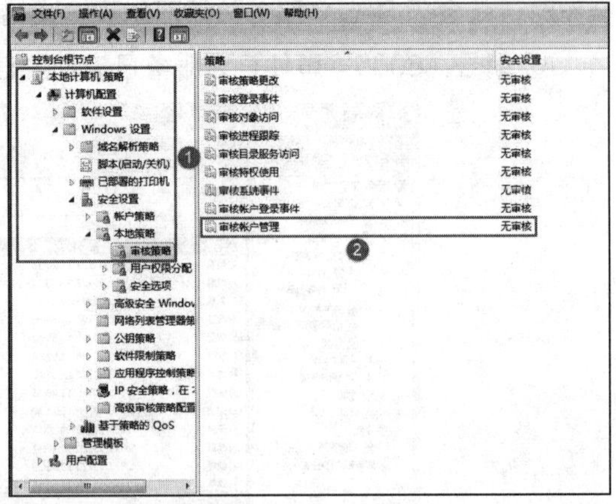

❶ 依次展开“本地计算机策略”→“计算机配置”→“Windows 设置”→“安全设置”→“本地策略”→“审核策略”选项。

❷ 在右侧窗口中右击相应选项，例如右击“审核账户管理”选项，在弹出的快捷菜单中选择“属性”选项。

步骤 6 打开“审核账户管理 属性”对话框

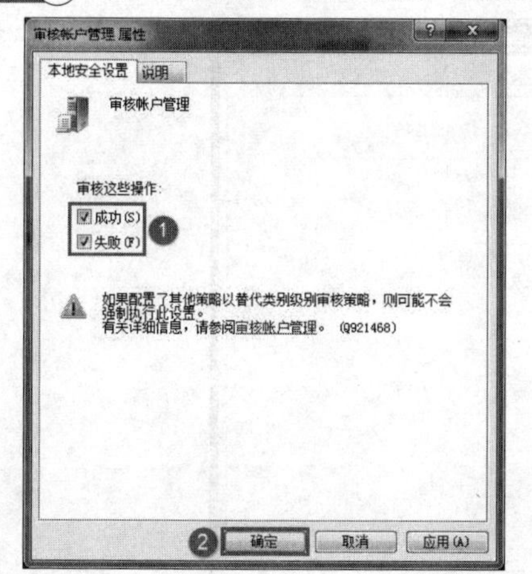

❶ 在“本地安全设置”选项卡中勾选“成功”和“失败”复选框。

❷ 单击“确定”按钮，即可完成操作，此后安全日志将记录该项目的审核结果。

（3）事件查看器的管理

由于日志记录了大量的系统信息，需要占用一定的磁盘空间，如果是个人计算机，则可经常清除日志以减少磁盘占用量。如果觉得日志内容比较重要，还可将其保存到安全的地方。

1）清除日志方法一。

步骤 1 打开“事件查看器”窗口

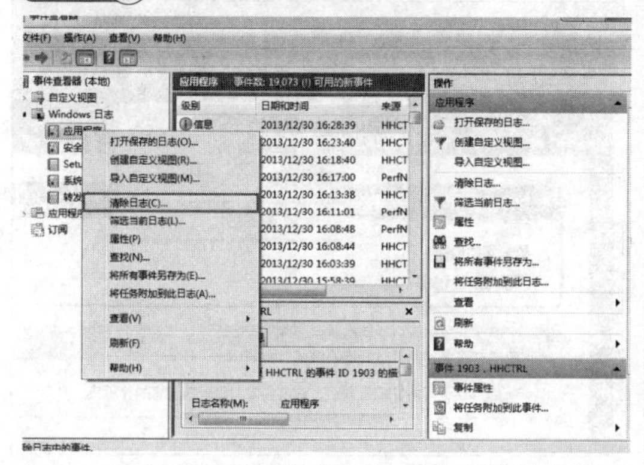

在窗口中右击需要清除的日志，在弹出的快捷菜单中选择“清除日志”命令。

步骤 2 查看提示信息

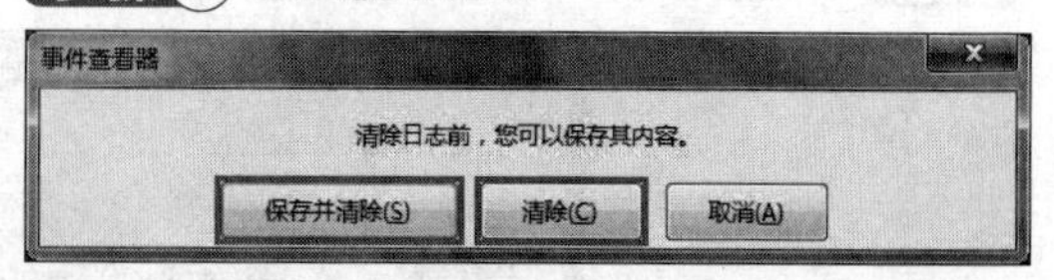

单击“保存并清除”按钮或者“清除”按钮皆可。

2）清除日志方法二。

步骤 1 保存日志文件

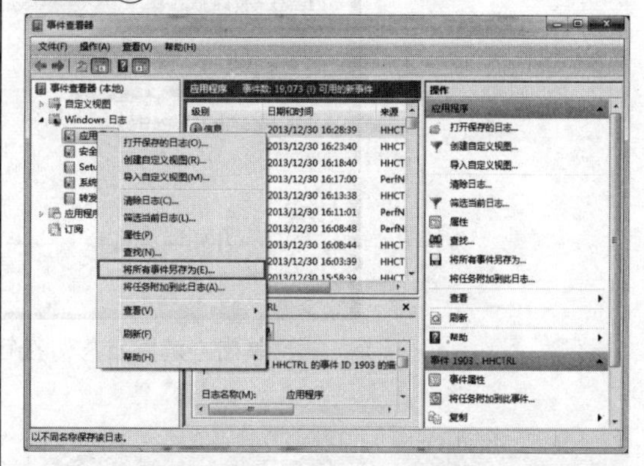

打开“事件查看器”窗口，在窗口中右击需要清除的日志，在弹出的快捷菜单中选择“将所有事件另存为”命令，在删除前将日志记录保存下来。

步骤 2 查看日志属性

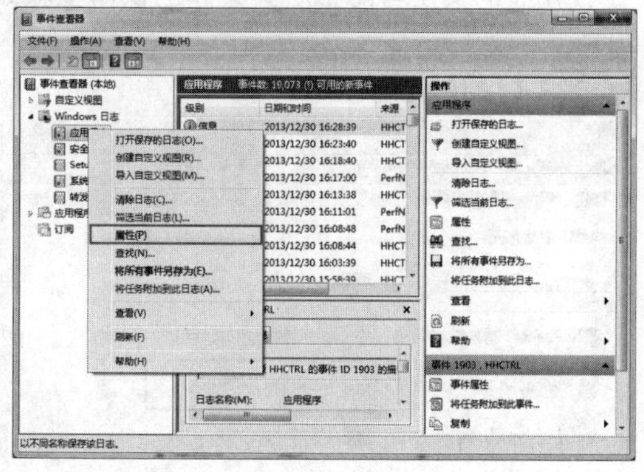

在快捷菜单中选择“属性”命令。

步骤 3 清除日志

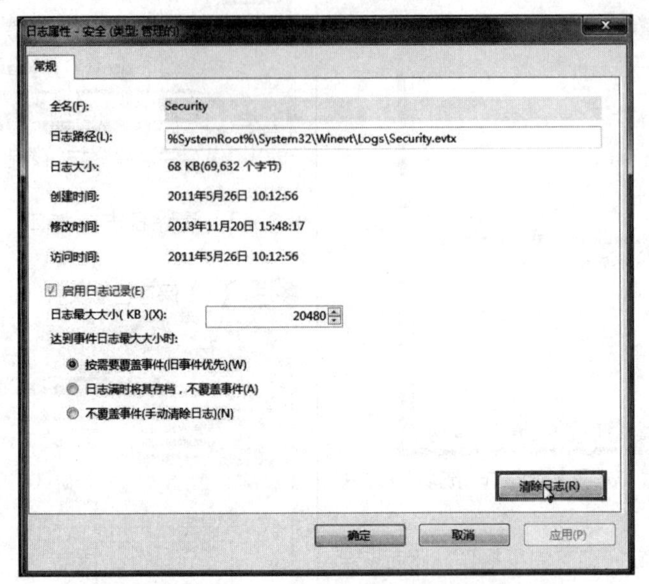

单击“清除日志”按钮，将该日志记录删除。

16.3.4 微软反间谍专家 Windows Defender 的使用流程

Windows Defender 是一款免费反间谍软件。它可以帮用户检测及清除一些潜藏在操作系统里的间谍软件及广告软件，保护用户计算机不受一些间谍软件的安全威胁及控制，也保障了使用者的安全与隐私。其具体的操作步骤如下。

步骤 1 打开“控制面板”窗口

选择“开始”→“控制面板”→“Windows Defender”命令。

步骤 2 打开“Windows Defender”窗口

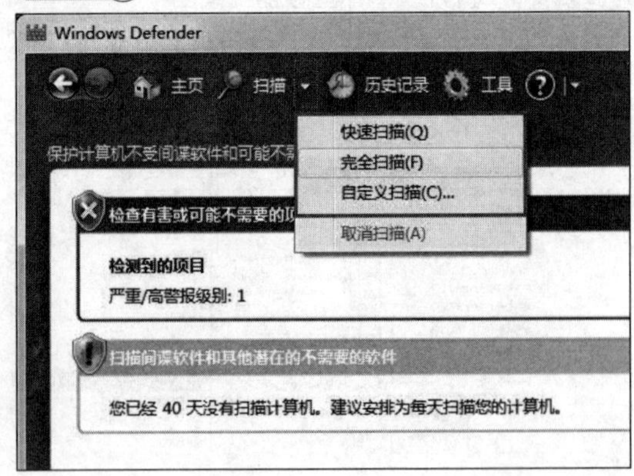

单击“扫描”右侧的下三角按钮，在弹出的菜单中可选择对系统进行“快速扫描”“完全扫描”或“自定义扫描”。

步骤 3 正在扫描

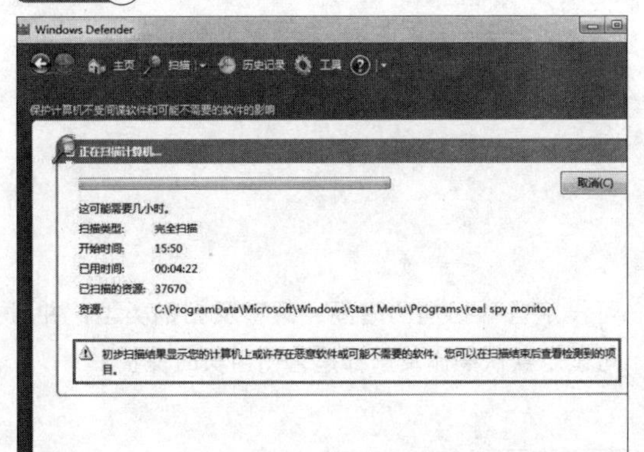

扫描过程可能需要一段时间，耐心等待，扫描过程中如果系统中存在恶意软件，则会出现提示信息。

步骤 4 返回主界面

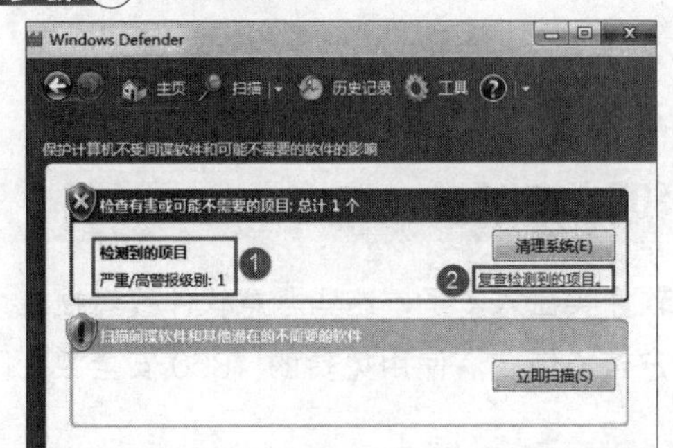

❶ 检测完成后返回主界面，可以看到检测到的有害项目。

❷ 单击“复查检测到的项目”链接。

步骤 5 打开“Windows Defender 警报”对话框

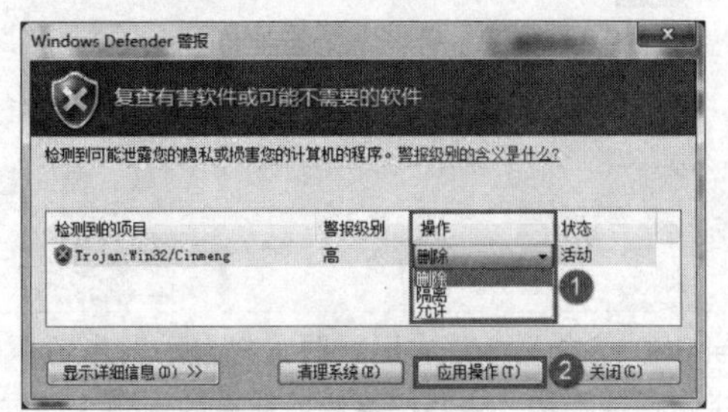

❶ 可看到检测到的项目的具体内容，以及可选择对其进行删除、隔离或允许操作。

❷ 单击“应用操作”按钮。

步骤 6 删除成功

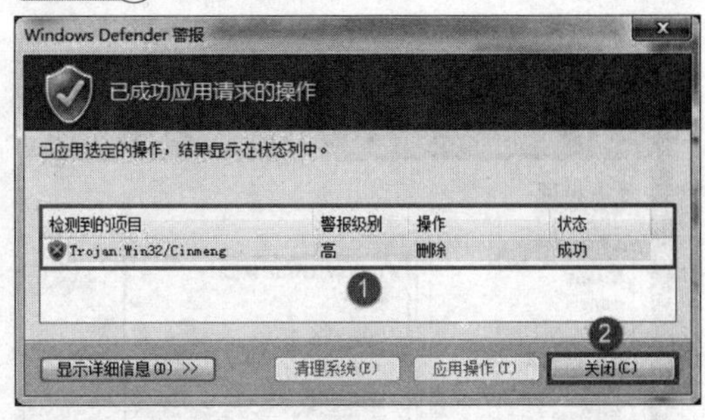

❶ 执行完成后会显示“已成功应用请求的操作”。

❷ 单击“关闭”按钮关闭对话框即可。

步骤 7 返回主界面

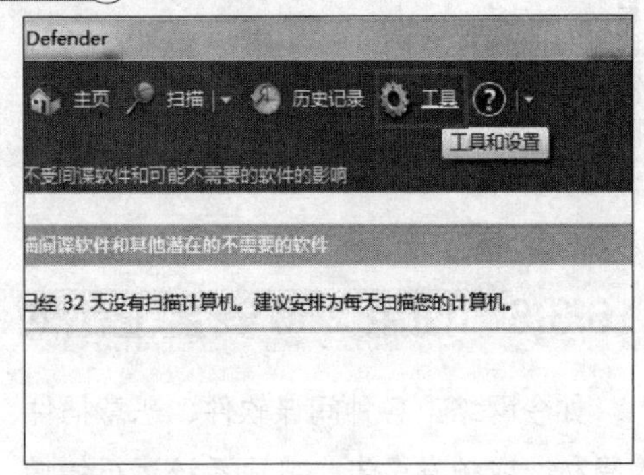

单击页面顶部的“工具”链接。

步骤 8 打开“工具和设置”页面

单击“选项”链接。

步骤 9 打开"选项"页面

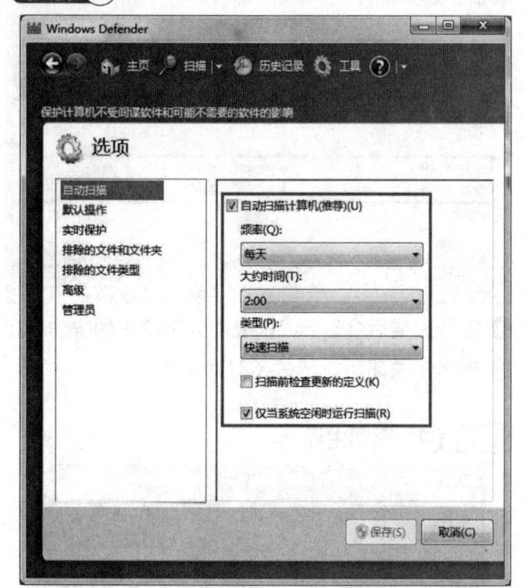

可设定自动扫描的时间、频率及扫描类型，并且可设定默认操作及选择是否使用实时保护。

16.3.5 使用 360 安全卫士对计算机进行防护

如今网络上各种间谍软件、恶意插件、流氓软件实在太多了，这些恶意软件或者搜集个人隐私，或频发广告，或让系统运行缓慢，让用户苦不堪言。使用免费的"360 安全卫士"则可轻松地解决这个问题。具体的操作步骤如下。

步骤 1 运行"360 安全卫士"

下载并安装好360安全卫士后，双击桌面上的"360 安全卫士"图标，即可进入其操作界面。

步骤 2 对计算机进行体检

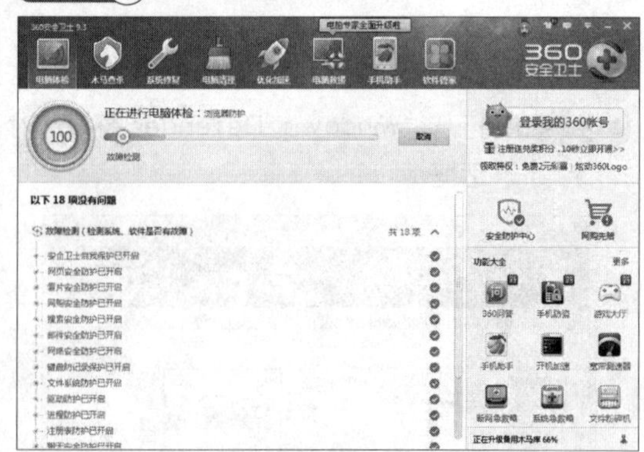

当 360 安全卫士首次运行时，将自动对当前系统进行快速扫描，查找出系统所存在的问题。

步骤 3 木马查杀

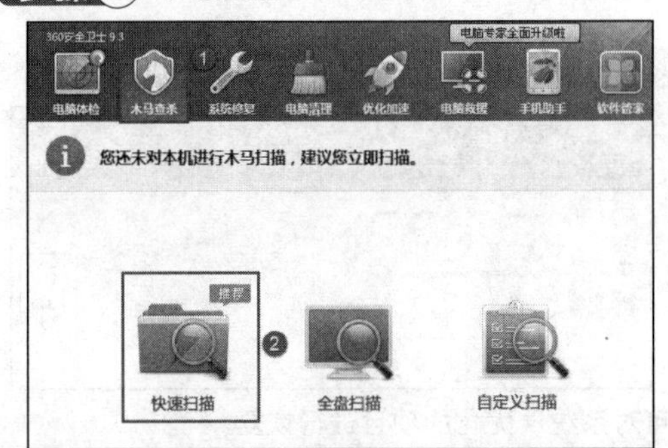

❶ 切换到“木马查杀”选项卡。

❷ 有“快速扫描”“全盘扫描”“自定义扫描”3种扫描方式可供选择。这里单击“快速扫描”按钮。

步骤 4 扫描完成

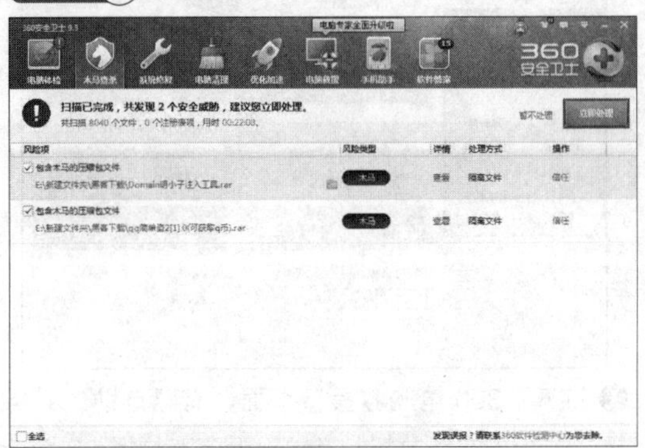

扫描结束后，可针对问题进行处理。

步骤 5 系统修复

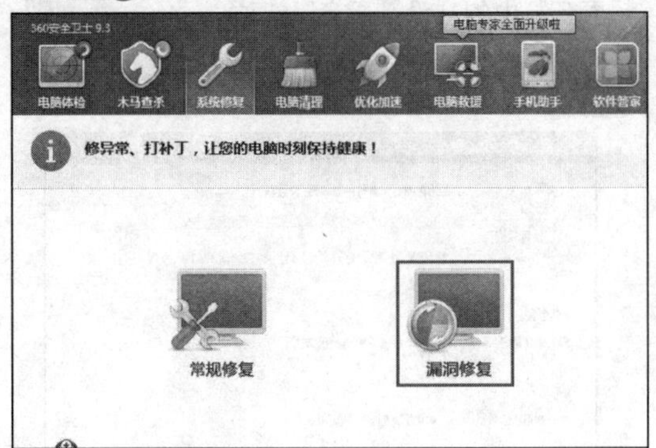

❶ 选择“系统修复”选项卡。

❷“常规修复”可对一些恶意插件、广告等进行检测及修复，而“漏洞修复”可专门检测并修复系统漏洞。这里单击“漏洞修复”按钮。

步骤 6 漏洞检测完成

单击“立即修复”按钮对漏洞进行修复。

步骤 7 计算机清理

切换到“电脑清理”选项卡，可对计算机中的Cookie、垃圾及上网痕迹等进行检测并清理。

步骤 8 垃圾扫描完成

单击“一键清理”按钮对扫描出的垃圾等进行清理。

步骤 9 优化加速

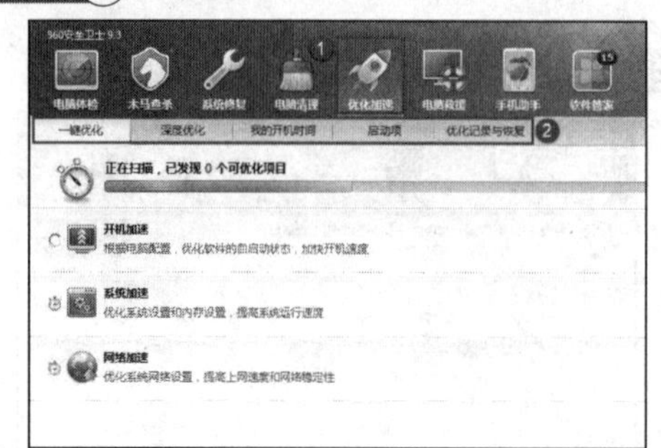

❶ 选择“优化加速”选项卡。

❷ 有“一键优化”“深度优化”“我的开机时间”“启动项”和“优化记录与恢复”5 个选项可供选择。

步骤 10 我的开机时间

❶ 切换到“我的开机时间”选项卡。

❷ 显示所有开机项目所占用的开机时间，并且可手动禁止不必要的开机启动项目。

步骤 11 启动项

❶ 切换到“启动项”选项卡。

❷ 单击“设置启动方式”右侧的按钮，在弹出的菜单中可专门针对开机启动项进行“禁止启动”“恢复启动”“延迟至系统空闲时启动”等操作。

步骤 12 打开“优化记录与恢复”选项卡

可对系统误优化的项目进行恢复。

步骤 13 选择“电脑救援”选项卡

❶ 打开“360 电脑救援”页面，有“自助工具救援”“人工在线救援”及“附近商家救援”3 个选项可供选择。

❷ 以视频播放时没有声音为例，在这里单击“视频声音”中的“没有声音”选项。

步骤 14 进入修复界面

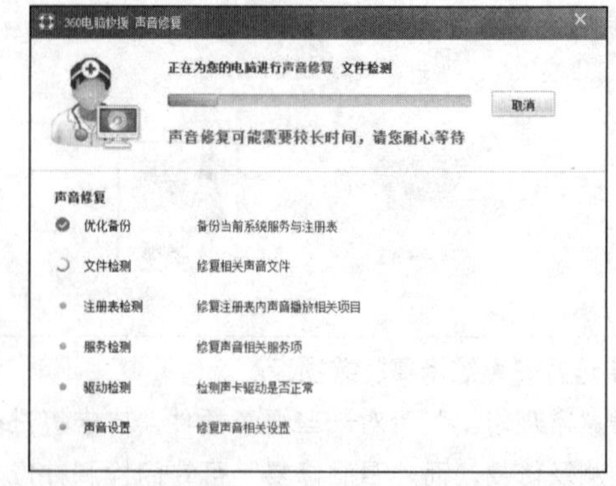

单击“立即修复”按钮，即可对问题进行修复。

步骤 15 选择“软件管家”选项卡

打开“软件大全”页面，用户可进行软件下载、安装、升级、卸载等操作，非常方便。

16.4 常见的网络安全防护工具

网络这个先进工具给人们带来了无尽便捷，但在便捷的同时也存在着安全隐患。因此，为了将安全隐患降到最低点，最便捷有效的做法就是做好网络的安全防御工作。

16.4.1 AD-Aware 让间谍程序消失无踪

系统安全工具 AD-Aware 可以扫描用户计算机中网站所发送进来的广告跟踪文件和相关文件，且能安全地将它们删除掉，使用户不会为此而泄露自己的隐私和数据。能够搜索并删除的广告服务程序包括：Web 3000、Gator、Cydoor、Radiate/Aureate、Flyswat、Conducent/TimeSink 和 CometCursor 等。该软件的扫描速度相当快，可生成详细的报告并在眨眼间将其都删除掉。

具体的操作步骤如下。

步骤 1 运行“AD–Aware”

进入“AD–Aware”主窗口并单击“扫描系统”按钮。

步骤 2 进入“扫描”操作窗口

❶ 可选择“快速扫描”“完全扫描”“概要扫描”3

种扫描方式，这里选择“快速扫描”方式。

❷ 选择好扫描方式之后，单击窗口下方的“现在扫描”按钮。

步骤 3 正在扫描

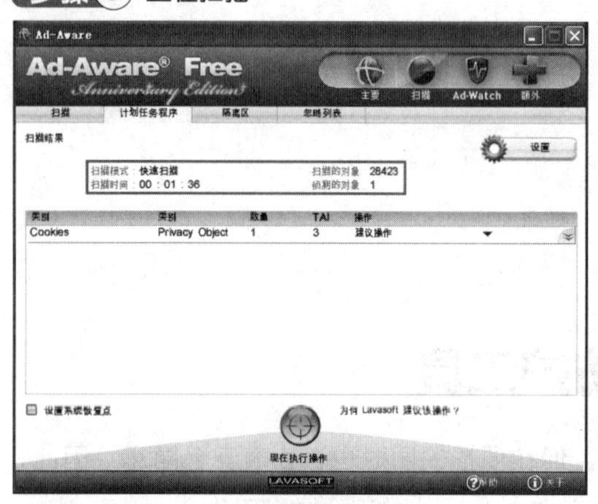

显示扫描时间、扫描的对象等信息。

步骤 4 查看扫描结果

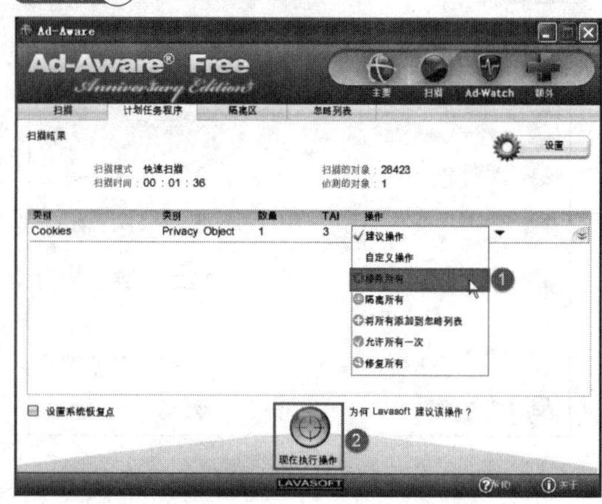

❶ 若要清除所有扫描出的对象，则需要在“操作”栏选择“移除所有”命令。

❷ 单击“现在执行操作”按钮，即可成功清除所有对象。

提示

为了维持计算机系统的安全及稳定性，移除间谍软件及广告软件应该是一项持续并经常进行的工作，因此，用户最好能够定期对系统进行扫描。

步骤 5 返回“扫描”窗口

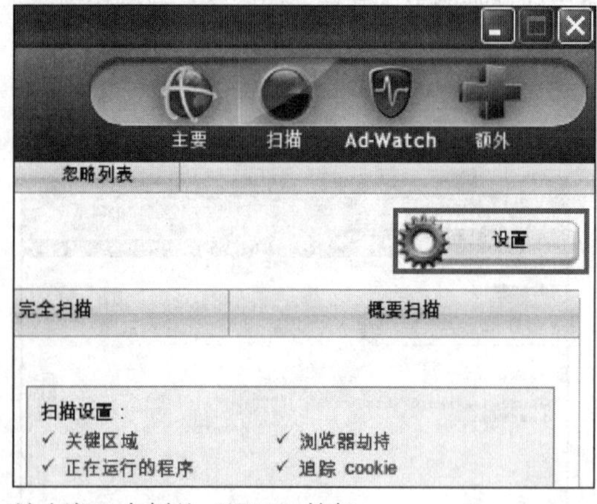

单击窗口右侧的“设置”按钮。

步骤 6 进入“更新”选项卡

❶ 在“更新”选项卡中可进行“软件和定义文件更新”“信息更新”等更新设置。

❷ 单击“确定”按钮。

步骤 7 切换到“扫描”选项卡

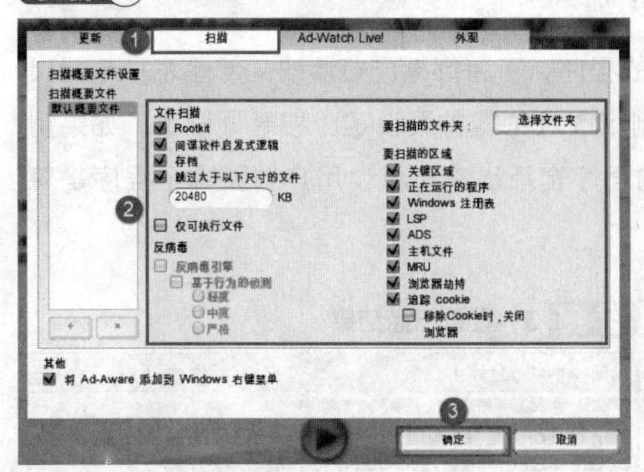

❶ 切换到“扫描”选项卡。

❷ 选中要扫描的文件及文件夹。

❸ 单击“确定”按钮。

步骤 8 切换到“Ad-Watch Live!”选项卡

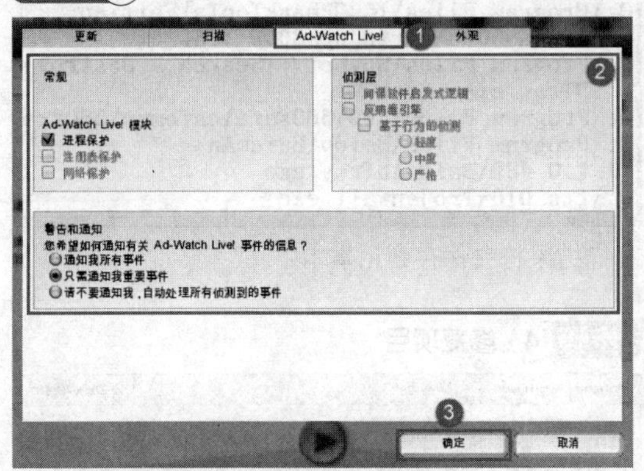

❶ 切换到“Ad-Watch Live!”选项卡。

❷ 对“常规”“侦测层”及“警告和通知”项进行设置。

❸ 单击“确定”按钮。

步骤 9 切换到“外观”选项卡

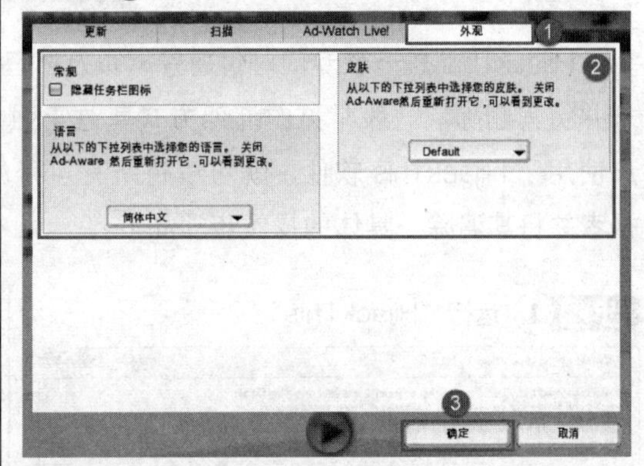

❶ 切换到“外观”选项卡。

❷ 对“常规”“语言”“皮肤”项进行设置。

❸ 单击“确定”按钮。

在使用步骤上，Ad-Aware 跟一般的病毒清除软件没有太大区别，主要都包括扫描及清除两大部分。不论间谍软件或广告软件，都会高度危害计算机系统的安全性及稳定性，所以都有移除的必要。由于不同的间谍软件或广告软件设定也各不相同，移除间谍软件或广告软件并不是一项容易的工作，即使利用反间谍软件或反广告软件，也不代表能完全将其成功移除。

有时，可能会因为该间谍软件或广告软件被部分终止，而令系统在启动时出现错误信息。此时，用户就必须要进行手动清除的相关操作。比如，在利用 Ad-Aware 移除一个名为“BookedSpace”的广告后，就发现系统在每次启动时，都会提示找不到“bs3.dll”及“bsxx5.dll”的信息。这样，就必须手动移除 Ad-Aware 未能完全清除的设定，问题才能得以解决。由于手动移除步骤都会较为复杂，因此，用户在进行时一定要谨慎。

16.4.2 浏览器绑架克星 HijackThis

HijackThis 是一款专门对付恶意网页及木马的程序，可将绑架浏览器的全部恶意程序找出来并将其删除。一般常见的绑架方式莫过于强制窜改浏览器首页设定、搜寻页设定。如果用户使用了 HijackThis 软件，就可以将所有可疑的程序全抓出来，再让用户判断哪个程序是肇祸者并将其清除。具体的操作步骤如下。

步骤 1 运行“HijackThis”

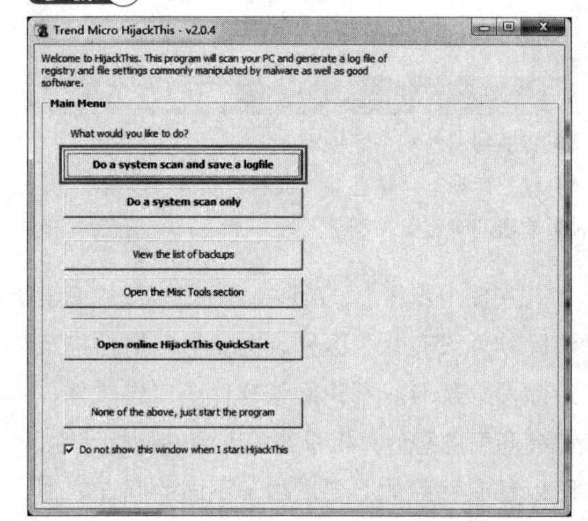

在“HijackThis”主菜单窗口单击“Do a system scan and save a logfile（扫描系统并保存日志文件）”按钮。

步骤 2 开始扫描系统

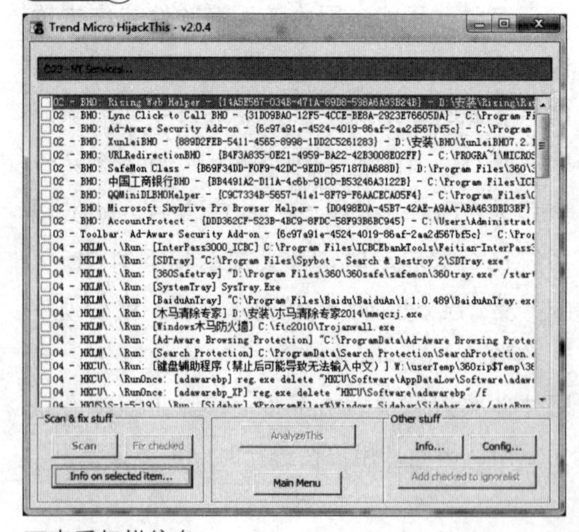

可查看扫描信息。

步骤 3 查看扫描结果

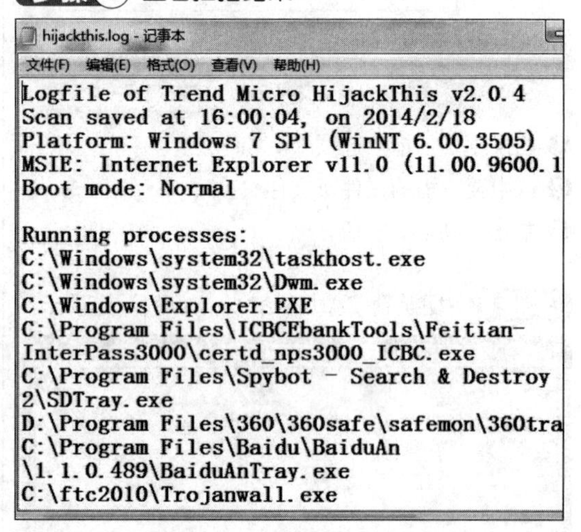

扫描结果将会保存到记事本中。

步骤 4 修复项目

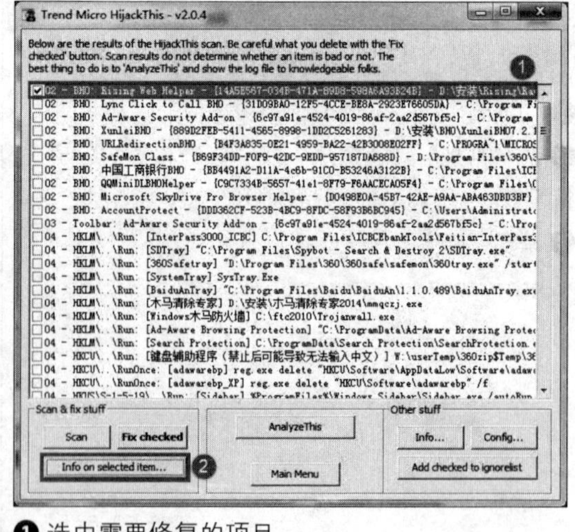

❶ 选中需要修复的项目。

❷ 单击“Info on selected item（所选项目信息）”按钮。

步骤 5 查看说明信息

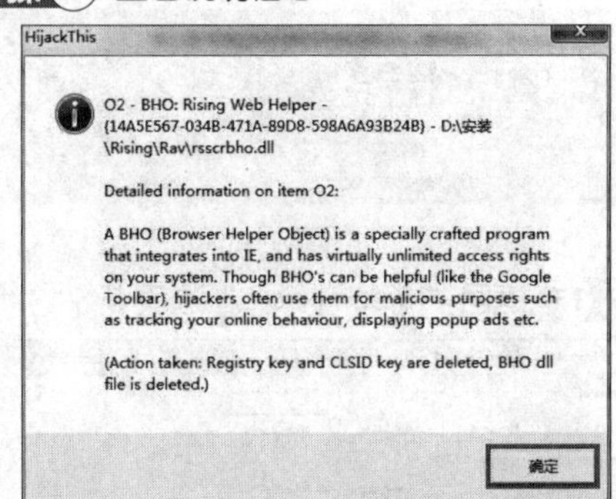

单击“确定”按钮。

步骤 6 返回“扫描”窗口

单击“Fix Checked（修复选项）”按钮。

步骤 7 查看提示信息

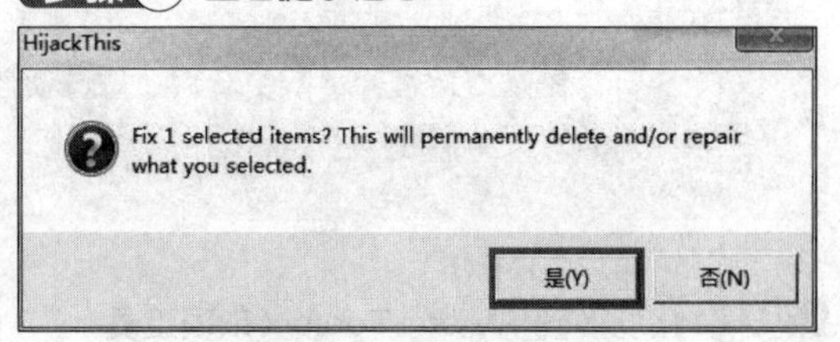

单击“是”按钮对所选项目进行修复。

步骤 8 返回“扫描”窗口

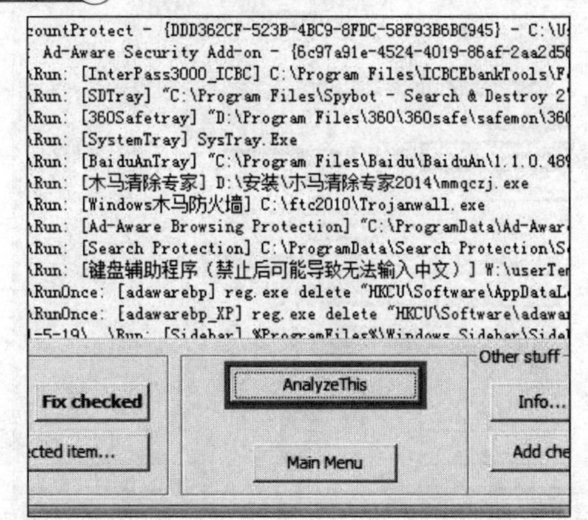

如果用户不了解某些可疑项目是否需要修复，单击“Analyze This（分析）”按钮，将扫描到的可疑内容发送到网站，让其帮助分析。

步骤 9 返回“扫描”窗口

单击“Configure（配置）”按钮。

步骤 10 打开“Configuration（配置）”窗口

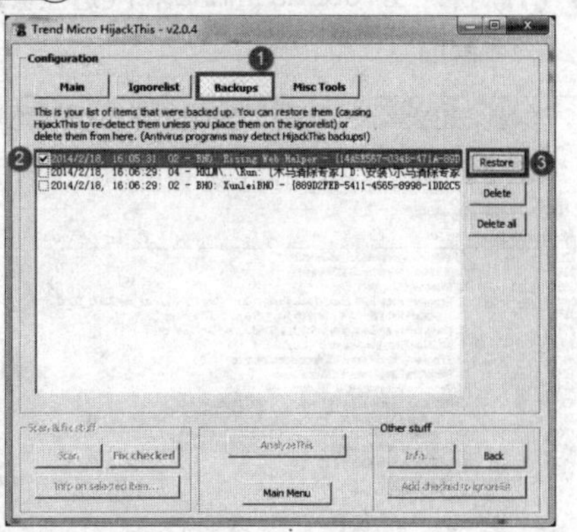

❶ 切换到“Backups（备份项目）”选项卡，可以看到修复的项目列表。

❷ 选择需要恢复的项目。

❸ 单击“Restore（恢复）”按钮即可将其恢复到原来的状态。

在修复之后暂时不要清除“备份项目”列表中的内容，待系统重启且运行正常后再清除，以免造成不必要的麻烦。

步骤 11 切换到“Misc Tools（杂项工具）”选项卡

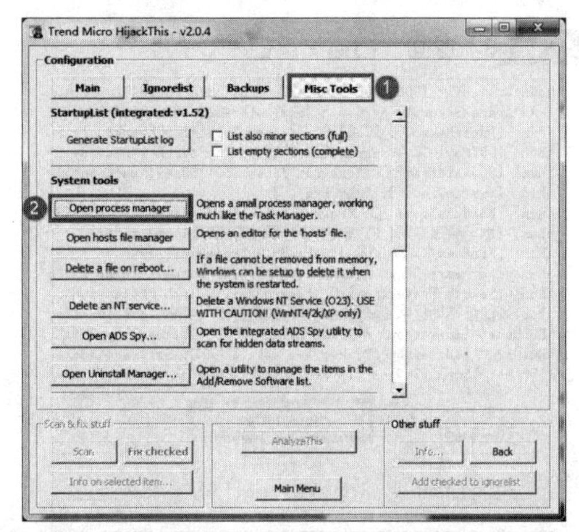

❶ 切换到“Misc Tools”选项卡，用户可以使用进程管理、服务管理、程序管理等多种工具。
❷ 单击“Open process manager（打开进程管理器）”按钮。

步骤 12 打开“Process manager（进程管理）”窗口

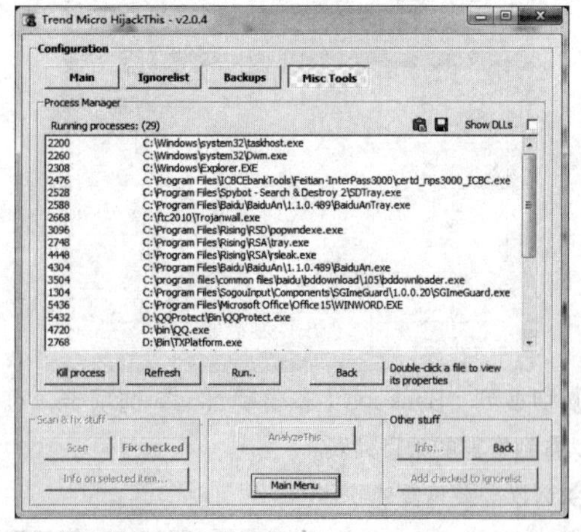

对当前运行的进程进行管理。

步骤 13 返回“Misc Tools”选项卡

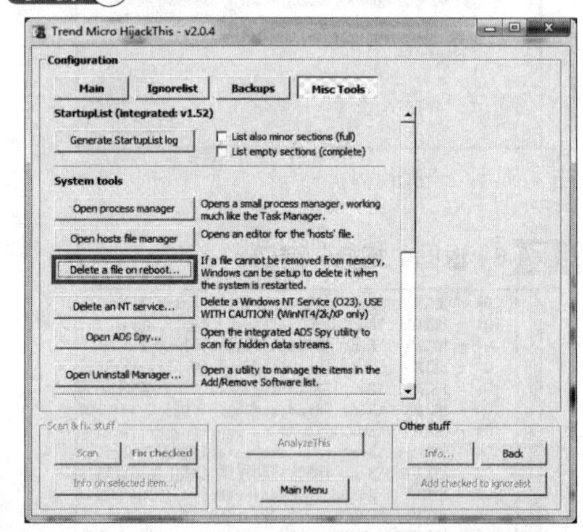

单击“Delete a file on reboot（重启后删除文件）”按钮。

步骤 14 选择需要删除的文件

选择需要删除的文件，单击“打开”按钮，则可在系统重启时将其删除。

步骤 15 返回“Misc Tools”选项卡

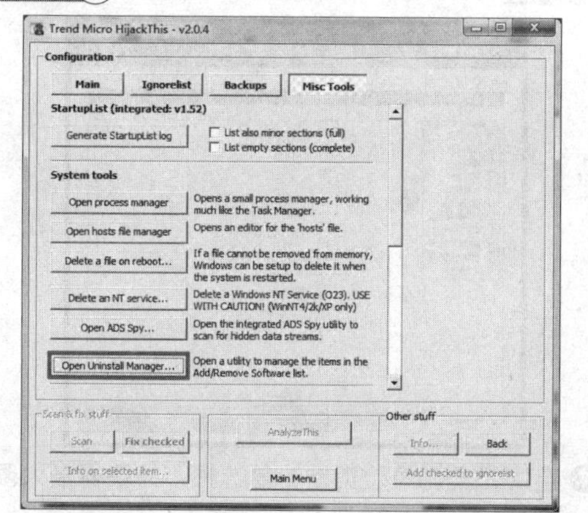

单击“Open Uninstall Manager（打开卸载管理器）”按钮。

步骤 16 打开“Add/Remove Programs Manager（添加 / 移除程序管理器）”窗口

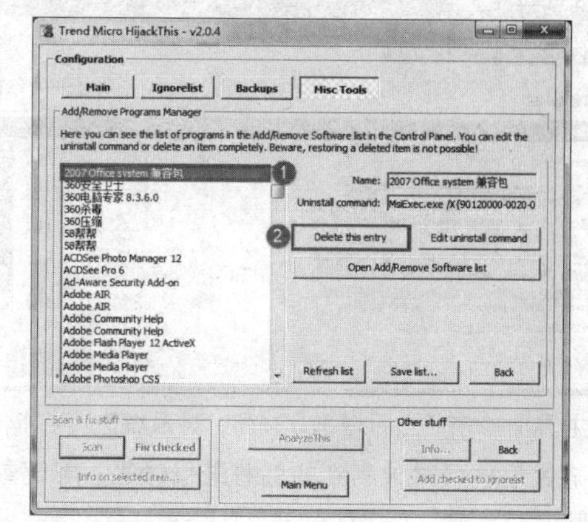

❶ 选中一个项目。

❷ 单击“Delete this entry（删除该项目）”按钮即可将该项目删除。

16.4.3 诺顿网络安全特警

“诺顿网络安全特警 2013”简体中文版是 Windows XP/Windows 2003/Windows Vista/Windows 7/Windows 8 操作系统提供的安全防护，提供主动式行为防护，甚至可以在传统以特征为基础的病毒库辨认出之前，早一步监测到新型的间谍程序及病毒。每隔 5 ~ 15min 提供一次更新，以检测和删除最新威胁。

1. 配置网络安全特警

当“诺顿网络安全特警 2013”软件安装完毕之后，就可以通过配置运行此软件，从中领略其新颖的特性。具体的操作步骤如下。

步骤 1 运行“诺顿网络安全特警 2013”

❶ 在主窗口左侧查看计算机的安全状态。

❷ 单击“LiveUpdate”按钮。

步骤 2 软件更新

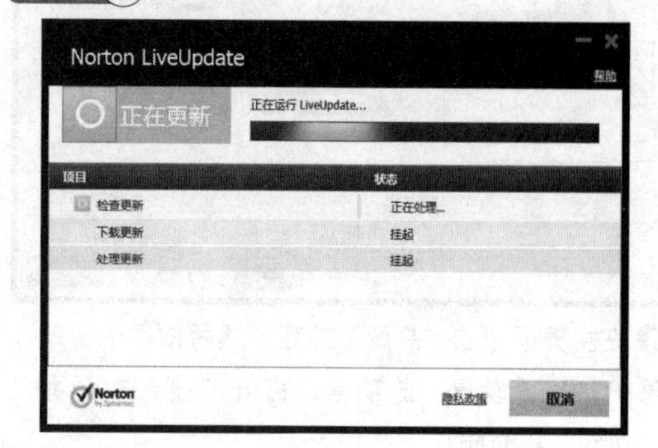

软件正在更新。

步骤 3 对系统进行扫描

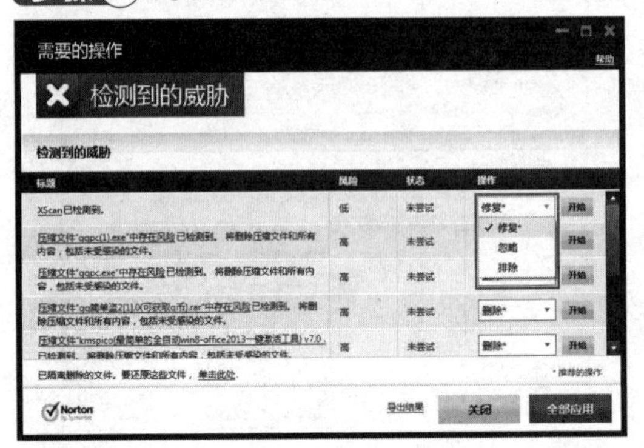

在主界面单击“立即扫描”按钮，对系统进行扫描。扫描完成后可对检测到的威胁进行修复、忽略或排除。

步骤 4 打开“安全请求”对话框

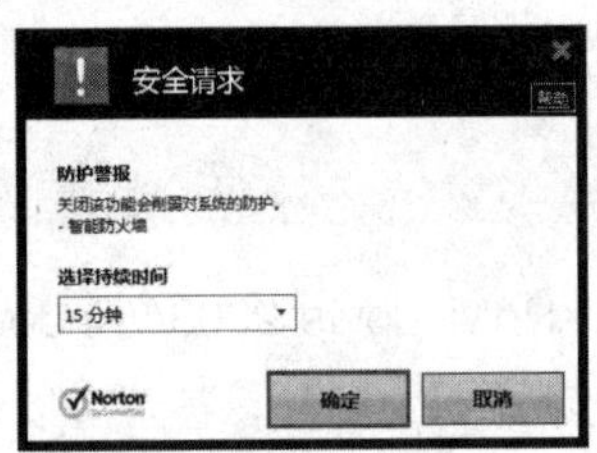

在主界面单击“高级”按钮，可选择开启相应防护。例如，单击开启“智能防火墙”，可查看其功能，单击“确定”按钮即可开启。

步骤 5 打开“设置”窗口

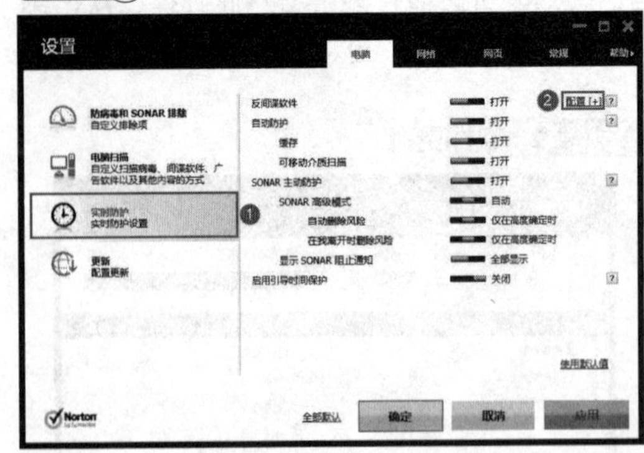

❶ 在主界面单击“高级”按钮，然后依次单击“计算机”→“设置”选项卡，打开“设置”页面，切换到“实时防护”选项卡。

❷ 单击“反间谍软件”右侧的“配置”链接。

步骤 6 打开“反间谍软件”对话框

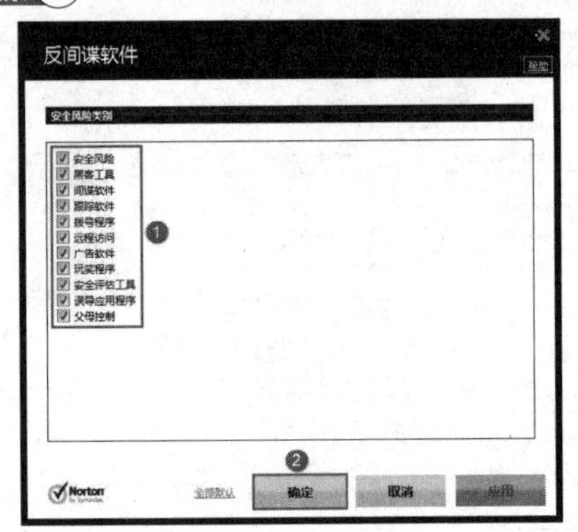

❶ 选中“安全风险类别”复选框，为获得最大限度防护，最好勾选所有选项。

❷ 单击“确定”按钮。

步骤 7 切换至“网络”选项卡

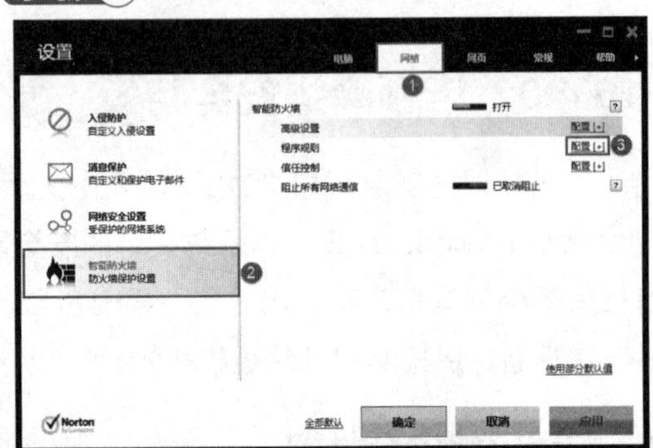

❶ 切换至“网络”选项卡。

❷ 切换到“智能防火墙”选项卡。

❸ 单击“程序规则”右侧的“配置”链接。

步骤 8 打开“程序规则”对话框

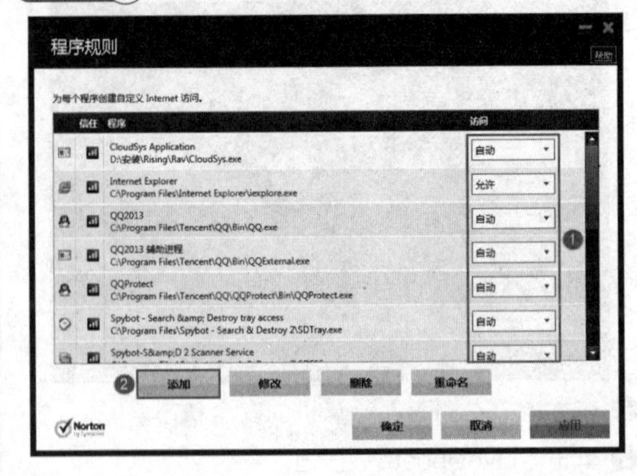

❶ 在“程序”列表中可修改每个程序的 Internet 访问方式。

❷ 单击“添加”按钮添加其他程序控制。

步骤 9 打开“选择应用程序”对话框

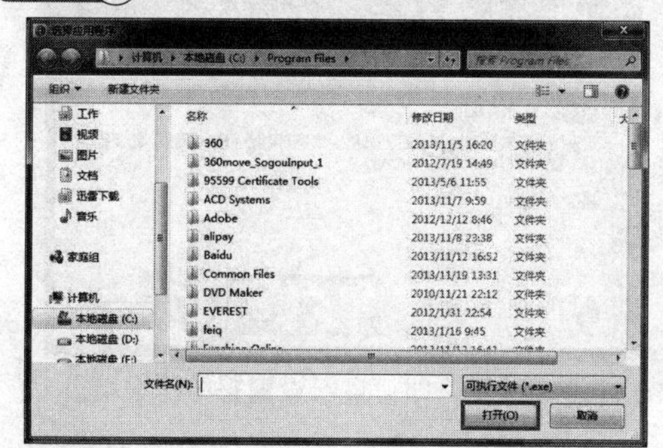

选择要添加的程序，单击“打开”按钮。

步骤 10 打开“规则”对话框

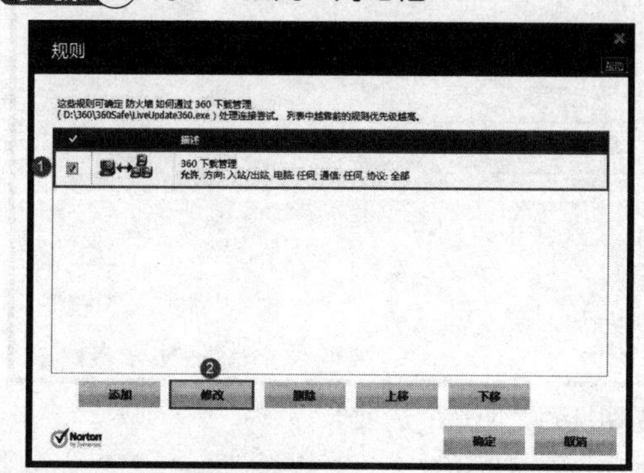

❶ 选中需要修改的程序。

❷ 单击“修改”按钮。

步骤 11 打开“修改规则”对话框

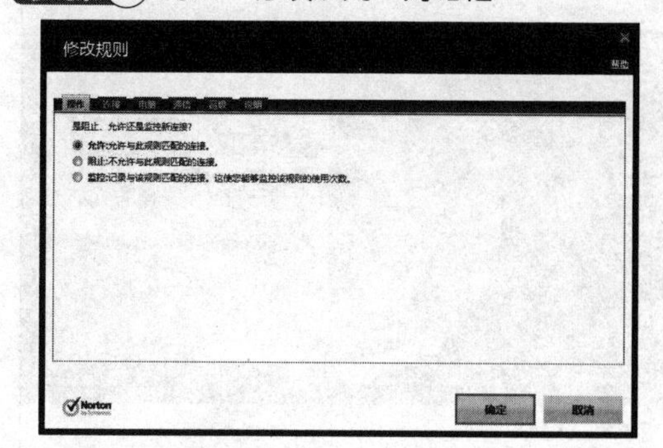

根据提示信息修改规则，修改完成后单击“确定”按钮。

步骤 12 返回“规则”对话框

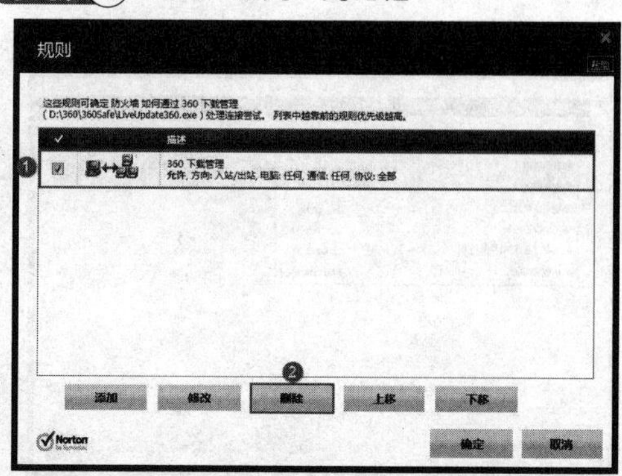

❶ 如果要删除某程序控制，那么选择需要删除的程序。

❷ 单击“删除”按钮。

步骤 13 确认信息

单击“是”按钮，即可完成删除操作。

步骤 14 打开“设置”窗口中的“网络”选项卡

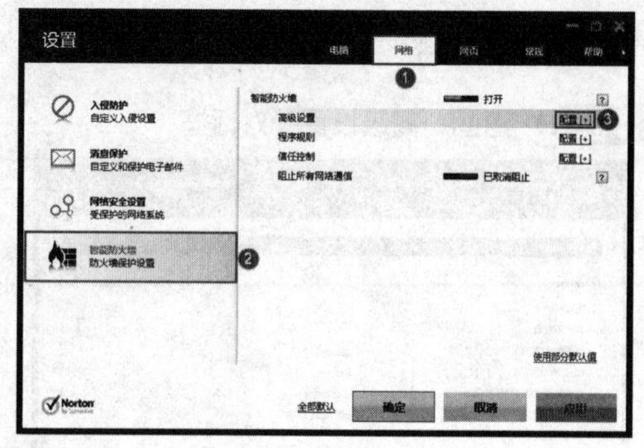

❶ 切换到“网络”选项卡。

❷ 切换到“智能防火墙”选项卡。

❸ 单击“高级设置”右侧的“配置”链接。

步骤 15 打开“高级设置”对话框

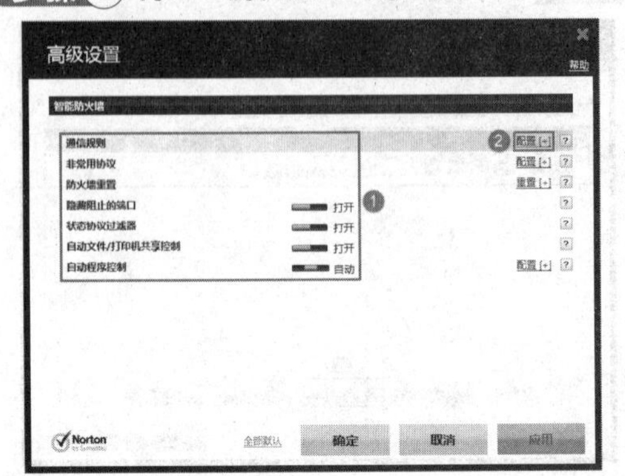

❶ 激活高级防护功能，自定义计算机用于查看网页的端口。

❷ 单击“通信规则”右侧的“配置”链接。

步骤 16 打开“通信规则”对话框

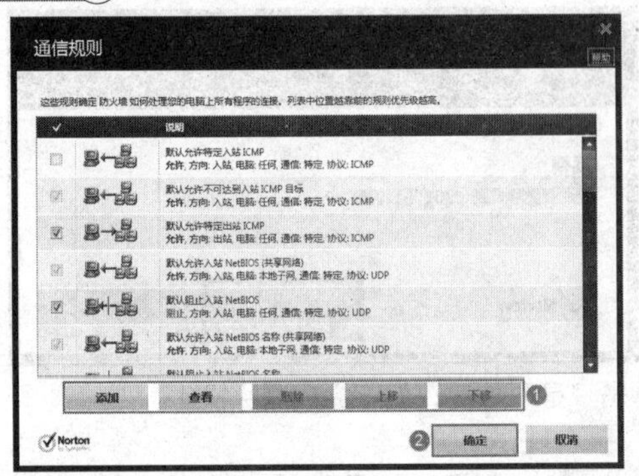

❶ 可分别对规则进行添加、修改、删除、上移和下移操作。

❷ 单击“确定”按钮。

步骤 17 返回“高级设置”对话框

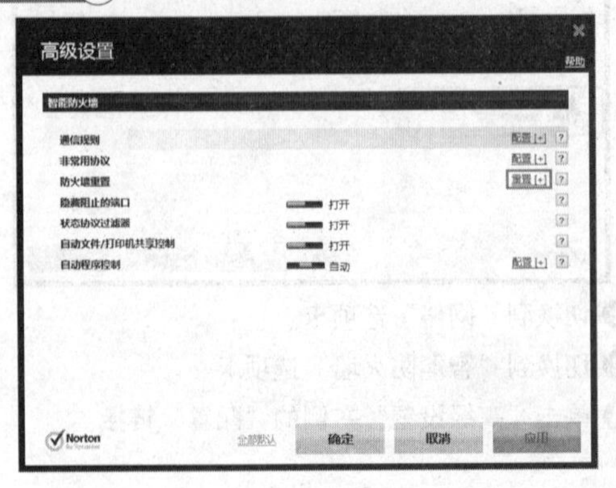

如果要对防火墙进行重新设置，单击“防火墙重置”右侧的“重置”链接即可。

步骤 18 打开“防火墙重置”信息提示框

单击“是”按钮，即可重新设置整个防火墙。

步骤 19 返回“设置”对话框

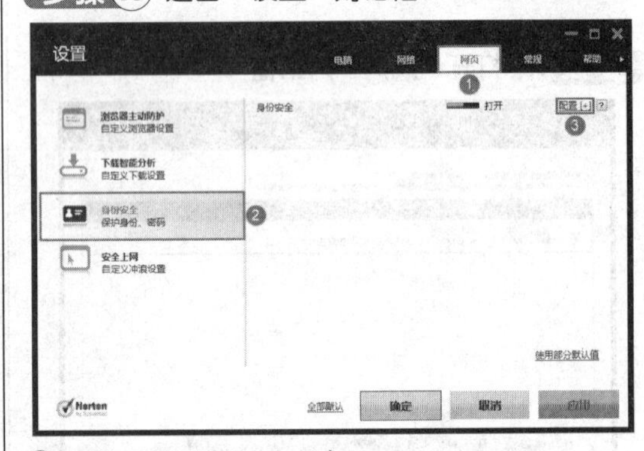

❶ 切换到“网页”选项卡。

❷ 切换到“身份安全”选项卡。

❸ 单击“身份安全”右侧的“配置”链接。

步骤 20 设置 Norton 身份安全

对 Norton 身份进行安全设置。

步骤 21 切换至“常规”选项卡

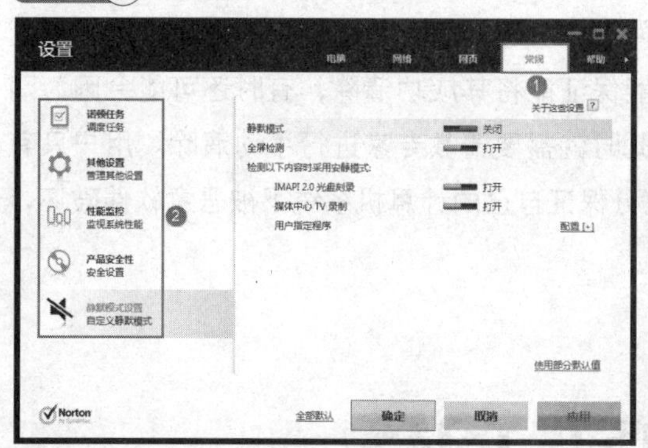

❶ 切换到“常规”选项卡。

❷ 可进行“诺顿任务”“性能监控”“产品安全性”等设置。

2. 用网络安全特警扫描程序

在所有设置完毕之后，就可以运用设置好的方式实施扫描程序，具体的操作步骤如下。

步骤 1 打开“诺顿网络安全特警 2013”主窗口

在主窗口中单击“立即扫描”按钮。

步骤 2 选择扫描方式

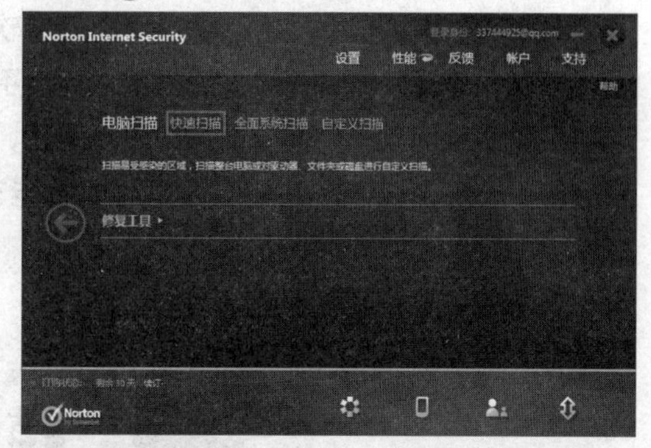

根据实际需要从3种扫描方式中选择，这里选择“快速扫描”方式。

步骤 3 进行快速扫描

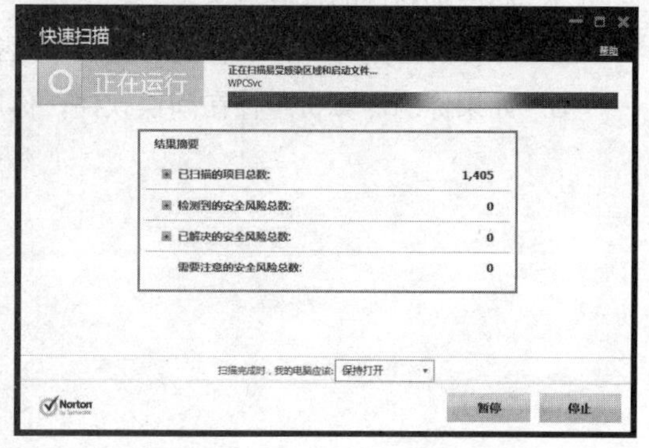

显示扫描信息。

步骤 4 查看处理结果

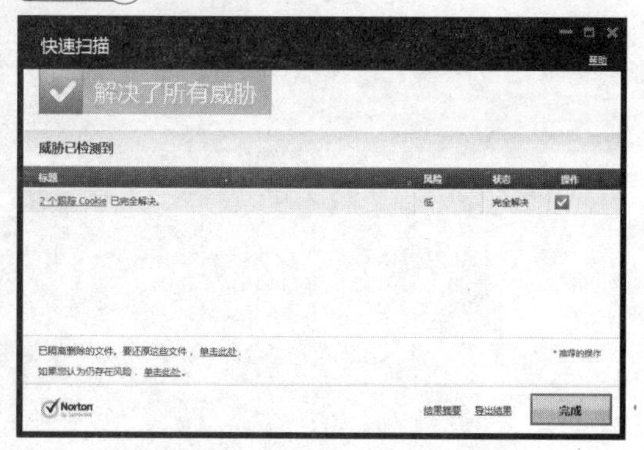

系统自动对威胁进行处理，可查看结果摘要并可导出扫描结果，操作完成后单击“完成”按钮。

其实无论是流氓软件还是间谍软件，都高度危害计算机系统的安全性和稳定性，非常有必要将其清除。由于不同的间谍软件和流氓软件设定各不相同，且防删除的方法也越来越复杂，即使利用反间谍软件或反流氓软件，也不能保证能将其成功清除，有时还可能会因为清除流氓软件和间谍软件而导致系统出现问题，此时就需要请教专家进行手动清除。用户只有学会了流氓软件与间谍软件的清除方法，才能充分保证自己的计算机系统不被恶意软件破坏，以减少黑客入侵带来的损失。

1. 怎样加强你的计算机安全性?
2. 怎样防止间谍软件在你的计算机中运行?
3. 如果你的计算机中存在间谍软件，你应该怎么删除?

第17章 网游与网吧安全防范技术

从用户的角度来看，我国的网游行业一直存在非常大的安全问题。本章将从盗号木马、充值欺骗、账号破解和局域网监听等几个方面来介绍有关网游账号安全的问题。

另外，本章还将介绍网吧安全管理方面的知识。由于网吧是面向社会公众开放的营利性上网服务场所，用户可利用网吧进行网页浏览、网游、聊天、听音乐或其他活动，针对网吧的这一特点，一些黑客在网吧计算机中植入木马，以等待并窃取下一位使用该计算机的用户的账号和密码等相关信息。

17.1 网游盗号木马

功能强大的网游盗号木马可以盗取多款网络游戏的账号密码信息，这类病毒文件运行后会衍生相关文件至系统目录下，并修改注册表生成启动项，通过注入进程可以设置消息监视，截获用户的账号资料并发送到木马种植者指定的位置，更有一些盗号木马会把游戏账号里的装备记录下来一起发送给木马种植者。

17.1.1 哪些程序容易被捆绑盗号木马

在网络游戏中，一些游戏外挂、游戏插件和游戏客户端软件多被盗号木马捆绑在一起。使用这些程序的人多数是玩网络游戏的人，要想盗取网络游戏的账号和密码信息最好的途径就是在这些程序中捆绑盗号木马。图片和 Flash 文件也经常被捆绑木马，因为图片和 Flash 文件不需要用户另外执行，只要打开就可以运行，一旦用户浏览了被捆绑木马的图片和 Flash 文件，系统就会中毒。网络上存在很多捆绑工具，如永不查杀的捆绑机。

下面介绍如何使用“永不查杀的捆绑机”工具进行文件的捆绑，具体的操作步骤如下。

步骤 1 打开“永不查杀的捆绑机”主窗口

步骤 2 打开“增加要捆绑的文件”对话框

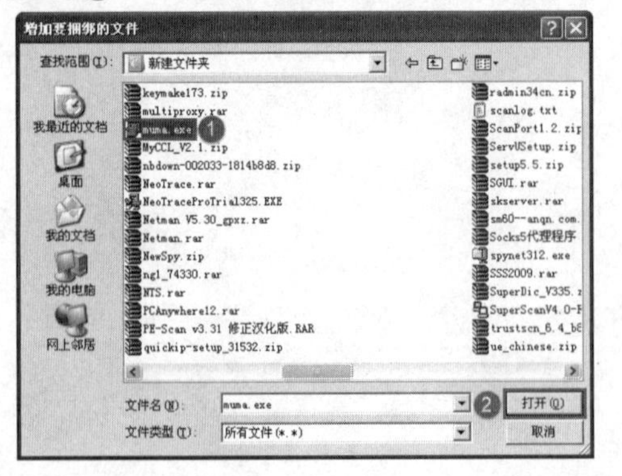

❶ 选择要捆绑的文件，此捆绑程序支持各种类型的文件格式。

❷ 单击“打开”按钮。

步骤 3 返回主窗口

查看已添加的应用程序。

步骤 4 重复步骤 1 和步骤 2 再添加一个应用程序

❶ 在“安装首次运行”下拉列表中选择“Strom2009.exe”选项。

❷ 在“当首次结束再运行”下拉列表中选择“muma.exe”选项。

步骤 5 为捆绑文件选择图标

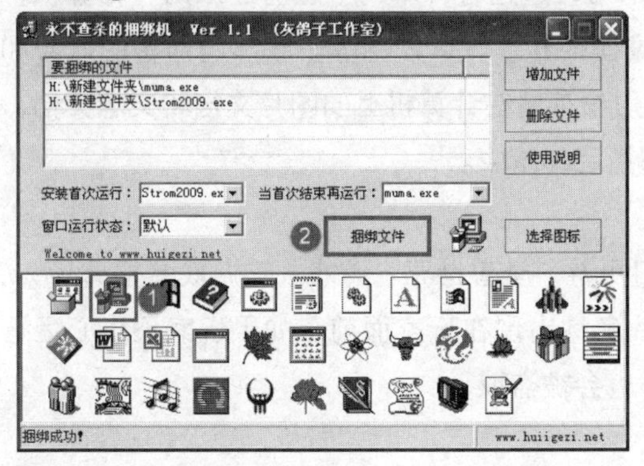

❶ 选中一个图标。

❷ 单击“捆绑文件”按钮。

步骤 6 保存捆绑文件

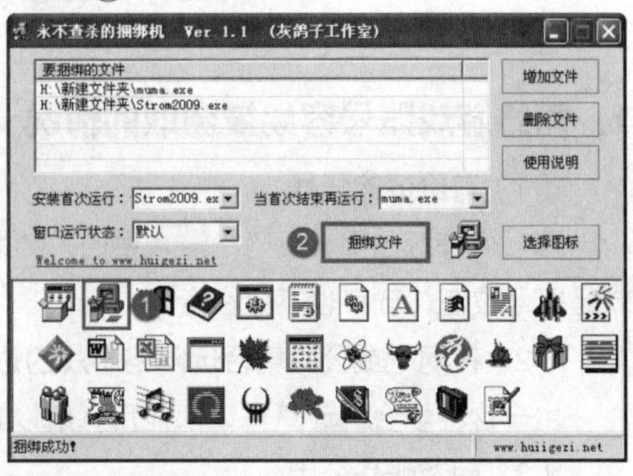

❶ 选择保存位置，并设置文件名。

❷ 单击“捆绑文件”按钮，即可进行文件捆绑。

步骤 7 捆绑完成

待捆绑结束后，可打开“捆绑完成”提示框，单击“确定”按钮，即可完成文件的捆绑操作。

“永不查杀的捆绑机”除了支持常见的图标图片文件（*.IOC,*.BMP）外，还支持从可执行文件（*.EXE）和动态链接库（*.DLL）中提取相关的图标。由于该工具是利用模拟 IE 程序来支持多个不同类型的文件捆绑成一个可执行程序，所以一般的杀毒工具都不会报警，从而避免被杀毒软件查杀。

17.1.2 哪些网游账号容易被盗

目前网络游戏已经成为很多人另外一个生活的世界，网络游戏中的很多装备甚至级别高的账号本身也成为了玩家的财产，在现实世界中也可以用现金来进行交易。于是，一些不法之徒已经开始盯上了网络游戏，通过盗取网络游戏的账号来牟取不当之财。

1. 网络游戏账号容易被盗取的情况

（1）有价值的账号

账号的等级越高，或网络游戏中的人物装备越好，其价值就越高。如果是新申请的账号，就是账号被盗，玩家也不会在意。

（2）在网吧或公共场合玩网络游戏的账号

由于这种场合的计算机谁都能用，所以直接为盗号者提供了方便。

（3）网游账号公用

很多玩网游的人喜欢几个人玩一个号，升级比较快，但是这样一来就增加了账号被盗的可能性，只要这些人中有一个人的计算机中了盗号木马，则游戏账号就很有可能被盗。

2. 常见的网游盗号木马

（1）NRD 系列网游窃贼

NRD 系列网游窃贼是一款典型的网游盗号木马，通过各种木马下载器进入用户计算机，利用“键盘钩子”等技术盗取地下城与勇士、魔兽世界、传奇世界等多款热门网游的账号和密码，还可对受害用户的计算机屏幕截图、窃取用户存储在计算机上的图片文档和文本文档，以此破解游戏密保卡，并将这些敏感信息发送到指定邮箱中。

（2）魔兽密保克星

该盗号木马是将自己伪装为游戏，针对热门网游“魔兽世界”游戏。该游戏会把真 wow.exe 改名后设置为隐藏文件，木马却以 wow.exe 名称出现在玩家面前。如果玩家不小心运行了木马，即使账号绑定了密码保护卡，游戏账号也会被盗取。

（3）密保卡盗窃器

“密保卡盗窃器”是一款针对网游密保卡的盗号木马。它会尝试搜寻并盗取用户存放于计算机中的网游密保卡，一旦成功，将最终导致游戏账号被盗。

（4）下载狗变种

“下载狗变种”是一个木马下载器。利用该工具可以下载一些网游盗号木马和广告程序，从而给用户造成虚拟财产的损失及频繁的弹窗骚扰。

17.2 解读网站充值欺骗术

在玩网络游戏过程中，有的玩家需要用金钱来买更精良的装备，就需要在相应充值功能区使用现实金钱换取游戏中的点数。针对这种情况，一些黑客就模拟游戏厂商界面或在游戏界面中添加一些具有诱惑性的广告信息，以诱惑用户前往充值，从而骗取钱财。

17.2.1 欺骗原理

游戏网站充值欺骗术其原理和骗取网上银行账号密码信息的原理比较相似，都是使用钓鱼网站、虚假广告等欺骗手段。前段时间出现用于欺骗广大用户的非法网站“http://www.pay163.com”和真实的网易点数卡充值查询中心的网址“http://pay.163.com”非常相似，不细心的玩家就很容易上当受骗。

还有一些黑客伪造网游的官方网站，且各个链接也都能链接到正确的网页中，但是，会在主页的页面中添加一些虚假的有奖信息，提示玩家已经中了大奖，让玩家通过登录网址了解相关的具体细节及领取方式。待玩家打开相应网址后，会提示输入账号、密码、角色等级等信息，一旦输入这些资料后，玩家的账号信息就会被黑客盗取，然后直接登录该账号，并转移此账号中的贵重物品。

17.2.2 常见的欺骗方式

网络骗术层出不穷，让人防不胜防，尤其是在网络游戏中，一不小心就栽入了盗号者布下的陷阱。所以不要随意轻信任何非官方网站的表单提交程序，一定要通过正确的方式进入网游公司的正式页面才能确保账号安全。黑客常用的欺骗方式有如下几种。

1. 冒充系统管理员或网易工作人员骗取账号密码

这种方法比较常见，盗号者一般是申请“网易发奖员”“点卡验证员”等名字，然后发送一些虚假的中奖信息。针对这种情况，可以采取如下几种防范措施。

1）一般在游戏中只有一个名字叫“游戏管理员”，其他任何的管理员都是假冒的，而且“游戏管理员”在游戏中一般是不会向用户索取账号和密码的。

2）“游戏管理员”如果有必要索取用户的账号、密码查询时，也只会让用户通过客服专区或邮件的形式提交。

3）游戏官方只会在主页上以公告的形式向用户公布任何与中奖有关的信息，而不会在游戏中公布。

4）如果在游戏的过程中发现有人发送类似骗取账号密码的信息，可以马上向在线的“游戏管理员”报告，或者通过客服专区提交。

2. 利用账号买卖等形式骗取账号和密码

这种方法是利用虚假的交易账号来骗取玩家的账号。盗号者通常以卖号为名，把号卖给用户，但是在得到钱过几天后就通过安全码把账号找回去；或假装想购买用户的账号，以先看号为名骗取账号。其防范方法如下。

1）拒绝虚拟财产交易，尤其是拒绝账号交易。

2）不要将自己的账号、安全码或密码轻易告诉不信任的玩家。

3. 发送虚假修改安全码修改信息欺骗用户

盗号者通常会通过游戏频道向他人发送类似“告诉大家一个好消息，网易账号系统已经被破解了，可以通过登录‘http://xy2on**.****.com’页面修改安全码！”的通知。用户一旦登录该页面并输入自己的账号密码等信息，该用户的这些信息就会被盗号者窃取。

该欺骗方式的防范方法如下。

1）不要轻信这些骗人的信息。

2）如果要修改安全码，则一定要到游戏开发公司的官方网站上修改。

4. 冒充朋友，在游戏中索要用户账号、点卡等信息

该盗号方式的特点是：盗号者自称是游戏中用户的朋友或某朋友的小号，然后便称想要看用户的极品装备，或帮用户练级、充值点卡等，从而向其索要账号、密码；而当用户将账号、密码发给对方后，其账号就会立刻被下线，当再次尝试登录时将会提示密码错误。其防范方法是不要轻易将自己的游戏账号和密码随意告诉他人。

17.2.3 提高防范意识

网络游戏玩家提高安全防范意识是保证账号密码不被盗取的关键因素，除上述介绍的防范措施外，游戏玩家还要注意防范本机中的网络安全，防范木马病毒的攻击。

主要表现在如下几个方面。

1）在 IE 浏览器页面中选择“工具”→“Internet 选项”命令，即可打开“Internet 选项”对话框，如左下图所示。在“安全”选项卡中单击“自定义级别”按钮，在弹出的“安全设置”对话框中的“重置为”下拉列表中选择“高”选项，如右下图所示。单击“确定”按钮，即可将 Internet 的级别设置为高。

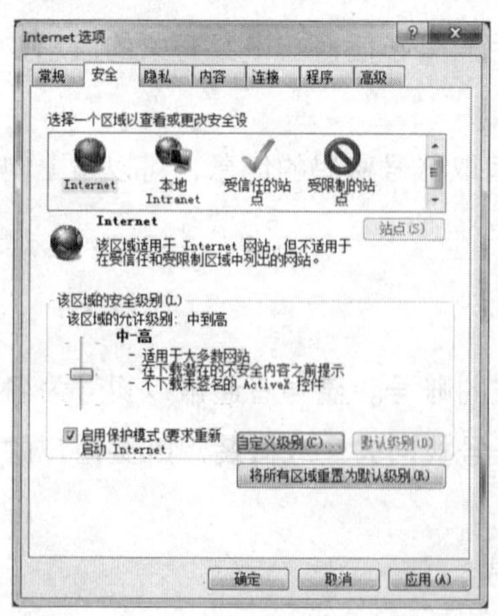

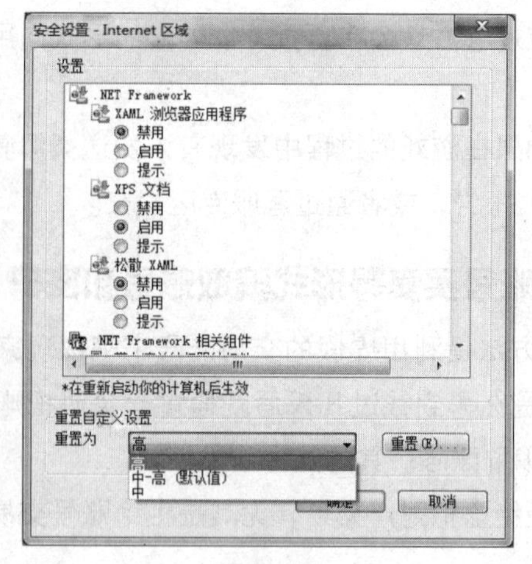

2）如果在网吧中登录自己的游戏账号，一定要小心网吧的计算机上是否安装有记录键盘操作的软件或被安装了木马。在使用网吧计算机时打开“Windows 任务管理器”窗口，在其中查看是否有来历不明的程序正在运行，如下图所示。如有则立即将该程序结束任务。最好在上机前先使用木马检查工具扫描一下机器，看是否存在木马程序，并且重启计算机。

3）不要安装和下载一些来历不明的软件，特别是外挂程序。同时不要随便打开来历不明信件的附件。

4）在输入游戏账号和密码时，最好不要用 <Enter> 键和 <Tab> 键，要使用错位输入法或使用“小键盘”和“密码保护”功能，可以防止计算机中的盗号木马的监视。

5）在使用聊天软件时，不要随意接收不明程序，如果确实需要，要立即进行查毒再运行。

6）启动 Windows 的自动更新程序，以确保所使用的操作系统具备防御最新木马的能力。

17.3 防范游戏账号破解

使用暴力破解网游账号和密码主要是利用专门暴力破解密码工具进行破解，这些工具主要采用穷举法逐个尝试并破解网游的账号和密码，且破解过程非常慢。如果游戏玩家没有采取保护自己的账号和密码的措施，还是可以轻松地被破解的。

17.3.1 勿用“自动记住密码”

一般的游戏登录界面都会为用户提供“自动记住密码”功能，该功能为用户以后的登录提供了方便，但同时也方便了黑客破解账号和密码。如果用户登录网络游戏时使用该功能，计算机就会自动将其账号和密码保存在一个文件中，这样就可以使用暴力破解工具瞬间盗取其账号和密码。目前这类破解工具很多，如 Cain & Abel 工具。

Cain & Abel 是一个可以破解屏保、PWL 密码、共享密码、缓存口令、远程共享口令、SMB 口令等的综合工具。利用该工具可以查看使用“自动记住密码”功能登录的本地账户及密码。下面通过 Cain & Abel 软件来具体介绍使用“自动记住密码”功能给用户带来的危害性。具体的操作步骤如下。

步骤 1 查看“Cain”主窗口

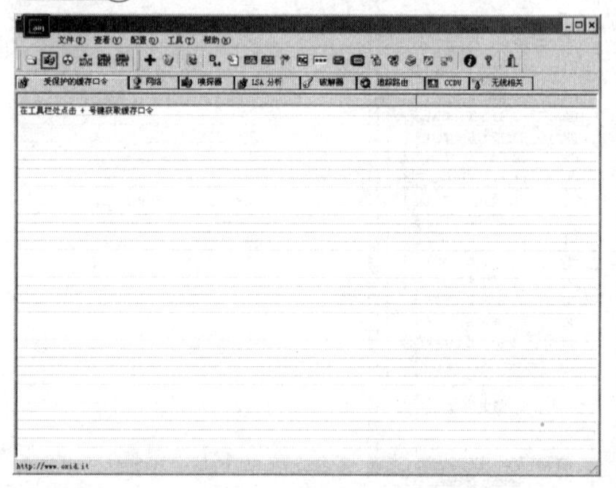

打开“Cain”主窗口，单击菜单栏中的“配置”按钮。

步骤 2 打开“配置对话框”对话框

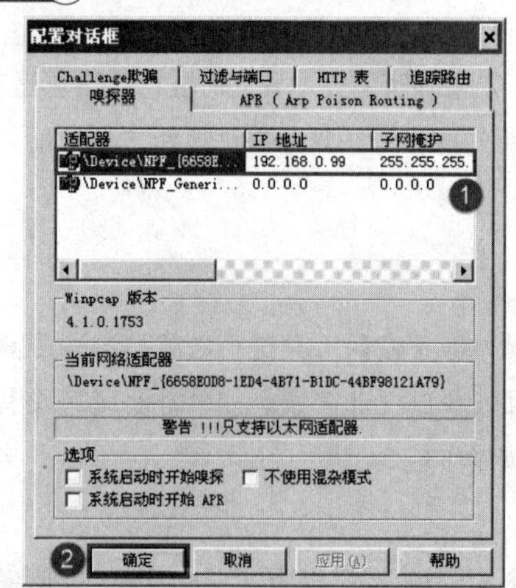

❶ 选择本机的 IP 和适配器。

❷ 单击“确定”按钮。

步骤 3 返回“Cain”主窗口

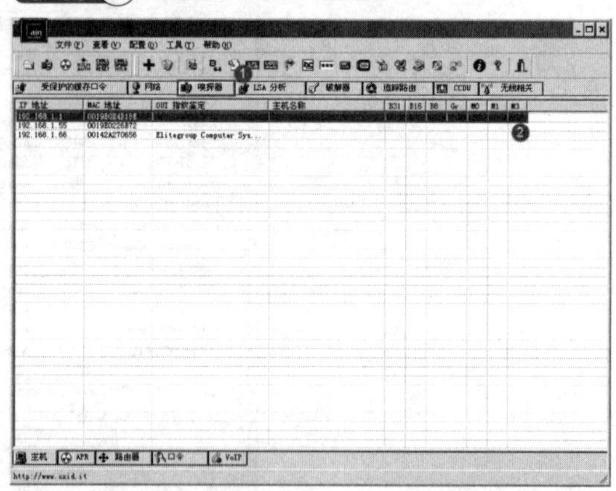

❶ 单击“嗅探器”按钮，查看本地网络中的主机。

❷ 在窗口下方的列表中右击，在弹出的快捷菜单中选择“扫描 MAC 地址”命令。

步骤 4 打开“MAC 地址扫描”对话框

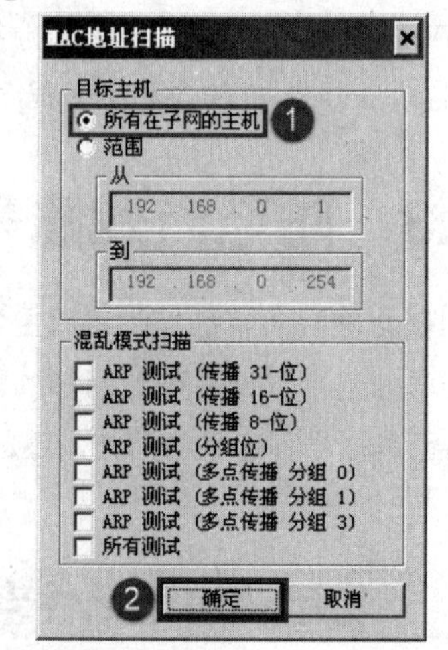

❶ 选择扫描的目标主机。

❷ 单击“确定”按钮即可开始扫描。

步骤 5 单击“嗅探器”按钮

文件(F) 查看(V) 配置(C) 工具(T) 帮助(H)

受保护的缓存口令 | 网络 | 嗅探器 | LSA 分析 | 破解器 | 追踪路由 | CCDU | 无线相关

地址	MAC 地址	OUI 指纹鉴定	主机名称	B31	B16	B8	Gr	M0	M1	M3
168.1.1	0019E0E4B18E									
168.1.55	0019E0226B72									
168.1.66	00142A270656	Elitegroup Computer Sys...								
168.0.1	00734460DB69									
168.0.5	00155889F7B1	FOXCONN								
168.0.6	001E8C17B08B									
168.0.7	00123FA2A4F4	Dell Inc								
168.0.8	001BFC883DFF									
168.0.9	00E04C0053E8	REALTEK SEMICONDUCTOR C...								
168.0.10	00E04C0DBE2C	REALTEK SEMICONDUCTOR C...								
168.0.13	0015588AD4F8	FOXCONN								
168.0.14	001E8C17B077									
168.0.52	001FC6CBFD91									

主机 | APR | 路由器 | 口令 | VoIP

查看整个局域网内的所有主机的信息。

步骤 6 查看已经存在的 ARP 欺骗

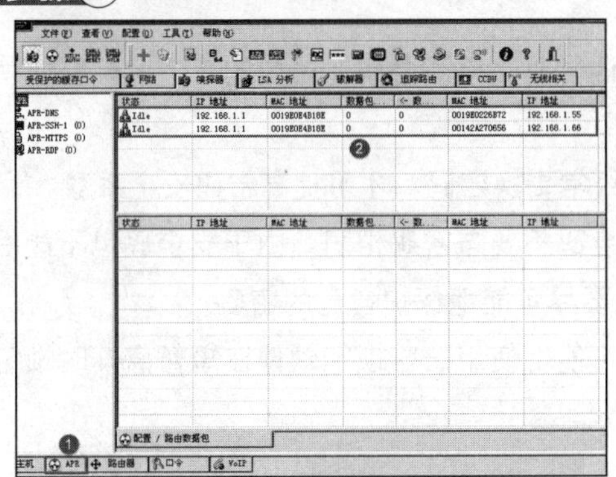

❶ 在“Cain”主窗口底部单击“APR”按钮。
❷ 在其列表中可看到已经存在的 ARP 欺骗。在空白处单击，并在工具栏中单击“添加到列表”按钮。

步骤 7 打开“新建 ARP 欺骗”对话框

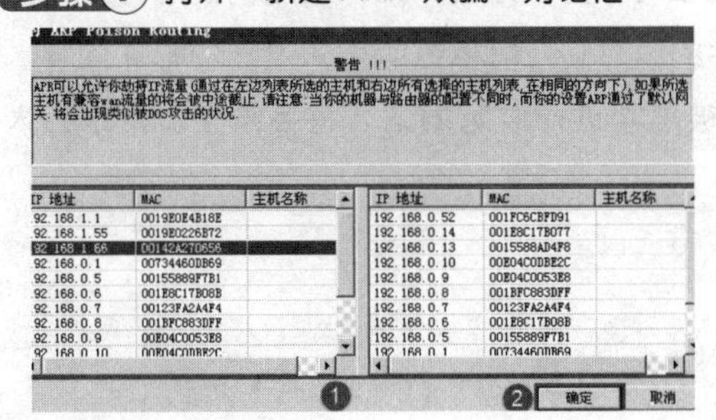

❶ 在左侧列表中选择网关，在右侧列表中选择被欺骗的 IP 地址。
❷ 单击“确定”按钮。

步骤 8 返回“APR”选项卡

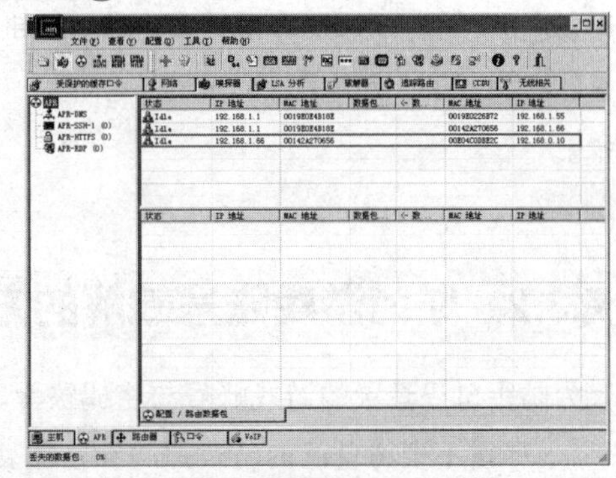

查看刚添加的 ARP 欺骗信息。

步骤 9 打开网站地址栏

❶ 输入“http://popkart.tiancity.com/homepage/”，打开跑跑卡丁车游戏登录界面。
❷ 输入用户名、密码和验证码，并单击“确定”按钮，即可成功登录到网络游戏页面。

步骤 10 返回“Cain”主窗口

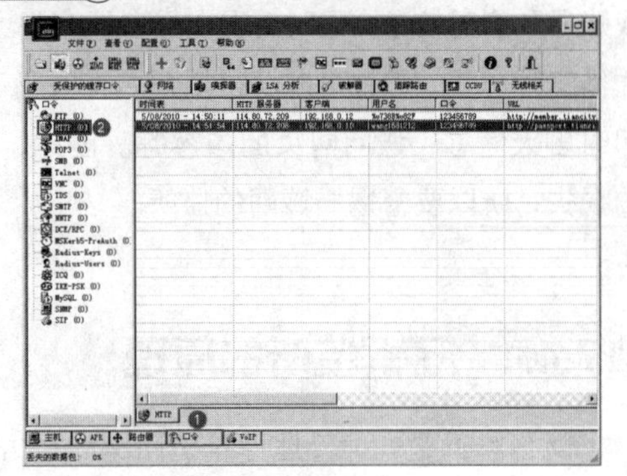

❶ 单击“口令”按钮。
❷ 单击“HTTP”选项，则右侧列表中即可看到目标主机游戏登录的用户名和密码。

使用 Cain 软件可以很轻松地窃取目标主机登录的网络游戏账号和密码。除此之外，利用该工具还可以暴力破解账号密码，同时该工具的嗅探功能也很强大，几乎可以捕获到 FTP、HTTP、IMAP、POP3、SMB、TELNET、VNC、TDS、SMTP 等多种账号的口令。

17.3.2 防范游戏账号破解的方法

为防止自己登录的游戏账号与密码被黑客暴力破解，一般需采取如下几种防御措施。

1）尽量不要将自己的游戏账号和密码暴露在公共场合和其他网站，更不要使用“自动记住密码”功能登录游戏。

2）尽可能将密码设置得复杂一些，位数最少在 8 位以上，且需要数字、字母和其他字符混合使用。

3）不要使用关于自己的信息，如生日、身份证号码、电话号码、居住的街道名称、门牌号码等，作为游戏的密码。

4）由于再复杂的密码也可被黑客破解，只有经常更换密码，才可提高密码安全系数。

5）要申请密码保护，即设置安全码，而且安全码不要与密码相同。由于安全码也不能保证密码不被破解，所以用户在设置好安全码后，还要尽可能地保护自己的密码。

6）完善用户登录权限和软件安装权限，并尽可能地使用一些锁定软件在短暂离开时锁定计算机，避免其他人非法使用自己的计算机。

17.4 警惕局域网监听

目前，局域网中多数采用的是广播方式，在广播域中可以监听到所有的信息包。这样在局域网中进行网络游戏，黑客就可以通过对信息包进行分析，来窃取局域网上传输的一些游戏账号和密码信息。同时，现在很多黑客都会把局域网扫描与监听作为入侵之前的准备工作。凭借这种方式，黑客可以获得用户名、密码等重要的信息，还可以监听别人发送的邮件内容、即时聊天信息、访问网页的内容等。因此，如果被黑客进行监听的话，将会给企业带来巨大的损失，所以要警惕局域网的监听。

17.4.1 了解监听的原理

网络监听是一种管理计算机网络安全方面的技术，其主要的使用对象是网络安全管理人员。他们可以该项技术来监视网络的状态、数据流动情况及网络上传输的信息等。当信息以明文的形式在网络上传输时，使用监听技术接收网络上传输的信息并不是一件难事，只要将网络接口设置成监听模式，即可将网上传输的信息截获。

现在普遍使用的以太网协议，其工作方式是将要发送的数据包发往连接在一起的所有主机，且数据包中包含着应该接收数据包主机的目标地址，只有与数据包中目标地址一致的那台主机才能接收。当主机工作在监听模式下，无论数据包中的目标地址是什么，主机都将接收，并一律上交给上层协议软件处理，这也就意味着在同一条物理信道上传输的所有信息都可以被接收到。如果被接收到的信息是以明文发送的，则其中所有的信息都将展现在接收者面前，而且现在网络上的信息大多是以明文发送的。如果用户的账户名和口令等信息也以明文的方式在网上传输，而此时黑客或网络攻击者正在进行网络监听，这就是目前网上交易的账号密码丢失、QQ 号丢失的原因所在。

目前对网络游戏进行监听的工具主要有联众密码监听器和边锋密码监听器，这两个工具是专门用来监视局域网内部联众和边锋网络游戏登录，同时记录整个局域网内部的联众网页登录、边锋网页登录等包括账户和密码在内的所有敏感信息。对于登录到游戏大厅的用户可以记录账号和密码，而对于登录到游戏网页的用户，则可以记录用户在网页中输入的所有以 POST 方式提交的表单中的全部内容，而且只要有一个客户端运行了此类工具，整个网吧或局域网就都在其监控之下。

17.4.2 防范局域网监听的方法

对于黑客来说，可以利用网络监听技术很容易地获得用户账号和密码等关键信息；而对于入侵检测和追踪者来说，网络监听技术又能够在与黑客的斗争中发挥重要的作用。因此，目前在局域网中还没有很好的方法来防御此类监听，但也并不是对恶意的网络监听攻击无任何防范措施。下面将介绍几种防范网络监听的方法。

1. 使用专门的密码防盗工具

在网吧为了保护计算机的基本设置，一般都将 <Ctrl+Alt+Del> 等组合键进行限制，使用户根本无法知道是否有网络监听工具在运行，不过用户可以下载专门的密码保护软件来保护自己的游戏账号和密码等隐私信息。常用的工具有传奇密码防盗专家、网吧密码防盗专家等。使用网吧密码防盗专家来保护网络游戏账号信息的具体操作步骤如下。

步骤 1 打开“网吧密码防盗专家 网络版”主窗口

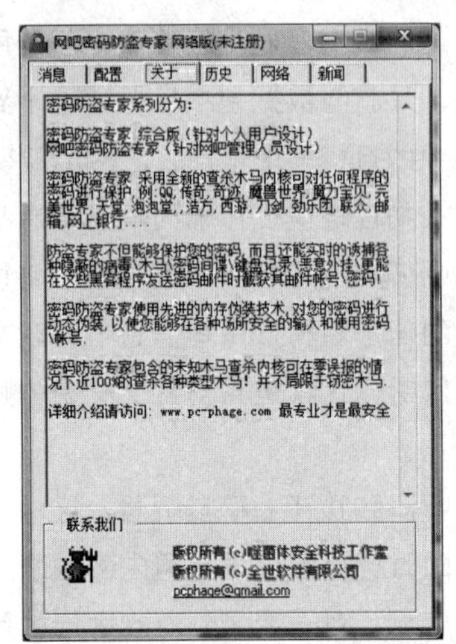

在“关于”选项卡中可看到该软件的相关信息，例如使用先进的内存伪装技术，可对密码进行动态伪装等。

步骤 2 切换至“消息”选项卡

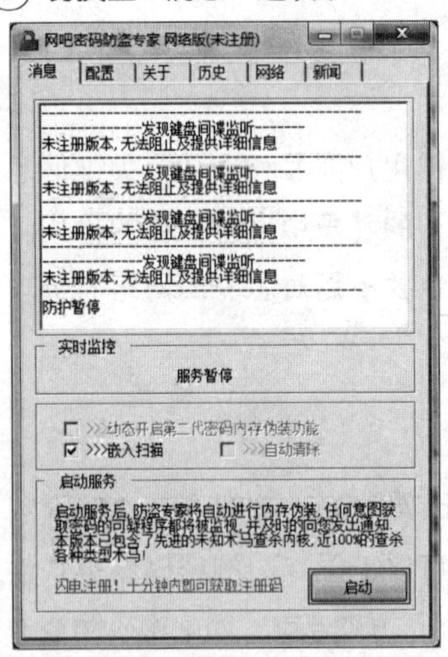

单击“启动”按钮，程序即可自动对账号进行密码保护，并实时捕获各种隐患的病毒、木马、密码间谍、键盘记录、恶意外挂等，还能在黑客发送密码邮件时截获其邮件账号和密码。

步骤 3 切换至“配置”选项卡

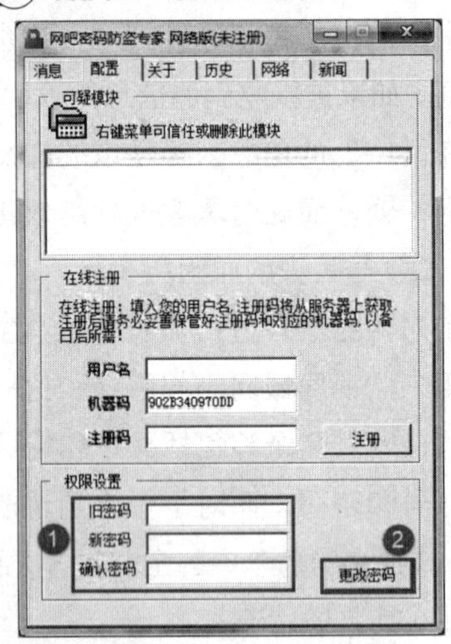

❶ 在“权限设置”栏中输入密码。

❷ 单击“更改密码”按钮。

步骤 4 密码更改成功

单击“OK”按钮，即可完成设置权限操作。

密码防盗专家系列分为：“密码防盗专家　综合版”（主要针对个人用户设计）和“网吧密码防盗专家　网络版”（主要针对网吧管理人员设计）。这里使用的是“网吧密码防盗专家　网络版”，如果是普通用户，则使用“密码防盗专家　综合版”。

步骤 5 切换至“历史”选项卡

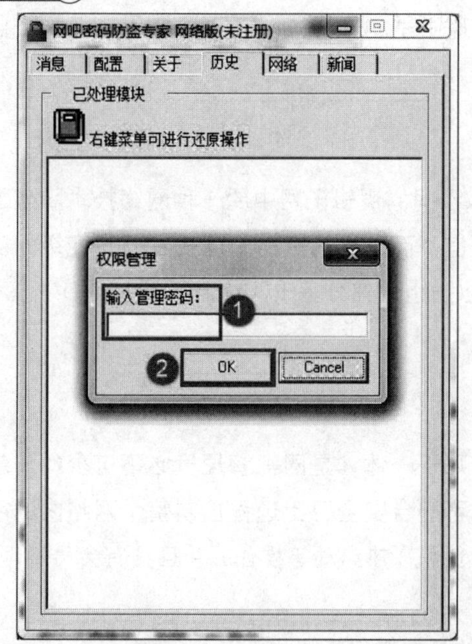

❶ 弹出“权限管理”对话框，在“输入管理密码”文本框中输入设置的管理密码。

❷ 单击“OK”按钮。

步骤 6 打开“历史”选项卡

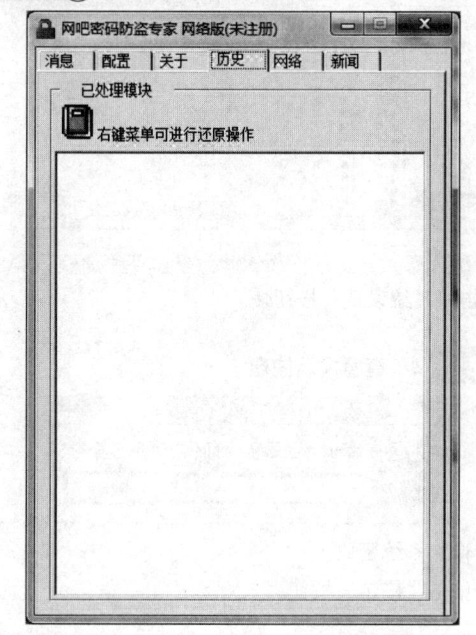

可查看已处理的模块，还可以进行还原操作。

步骤 7 切换至“网络”选项卡

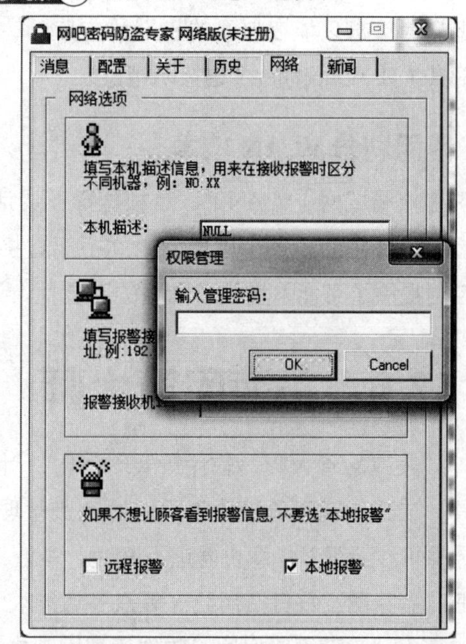

在“权限管理”对话框中输入设置的管理密码，即可打开“网络”选项卡，在其中可对“网络选项”“报警信息”等属性进行设置。

密码防盗专家还可以查杀的恶意软件有很多，如冰河木马、QQ 密码侦探、广外幽灵、边锋盗号机、传奇击键、OICQ 密码监听记录工具、QEyes 潜伏猎手、密码专家、传奇游戏在线击键记录、超级密码记录木马、联众木马监听器、按键记录器等。

2. 使用加密技术

如果局域网中的数据包经过加密后再传输，通过监听得到的信息就会是乱码，可以保护账号密码，但是使用加密技术影响数据传输速率，用户要谨慎使用该防范措施。

3. 网络分段

网络分段是将一个物理网络划分为多个逻辑子网的技术。网络分段的作用是将非法用户与敏感的网络资源相互隔离，从而防止可能的非法监听。一个子网段是一个小的局域网，监听的计算机只能在自己的小网段内监听，而不会监听别的子网段。还可以使用专门的反监听工具（如 AntiSniffer）进行防范。

4. 使用划分 VLAN 技术

虚拟局域网（VLAN），是根据需要灵活地加入不同的逻辑子网中的一种网络技术。建立了虚拟局域网后，各个虚拟网之间不能直接进行通信，而必须通过路由器转发，为高级的安全控制提供了可能，增强了网络的安全性，这样可以防止大部分基于网络监听的入侵。

17.5 美萍网管大师

“美萍网管大师”软件集实时计时、计费、计账于一体，是网吧管理员必不可少的一款工具。该工具既可单独作为网吧的计费管理机，也可配合安全卫士远程控制整个网络内的所有计算机，还可对任意机器进行开通、停止、限时、关机、热启动等操作，并且具有会员管理、网吧商品管理、每日费用统计等众多功能。

使用“美萍网管大师”软件管理网吧中计算机的具体操作步骤如下。

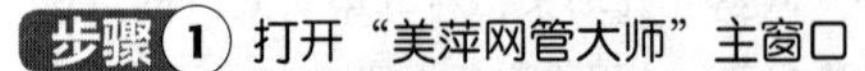

❶ 选择一台计算机（这里选择 1 号计算机）。

❷ 单击工具栏中的“远程关机”按钮。

步骤 2 查看确认信息

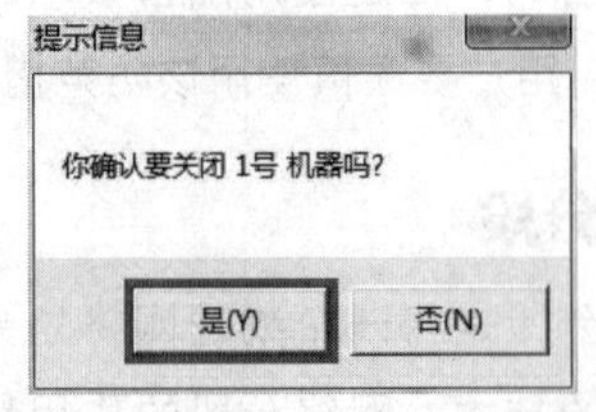

单击“是”按钮，即可关闭 1 号计算机。

步骤 3 返回主窗口

单击“系统设置”按钮。

步骤 4 查看提示信息

❶ 输入系统密码。

❷ 单击“确定”按钮。

步骤 5 打开“美萍软件设置”对话框

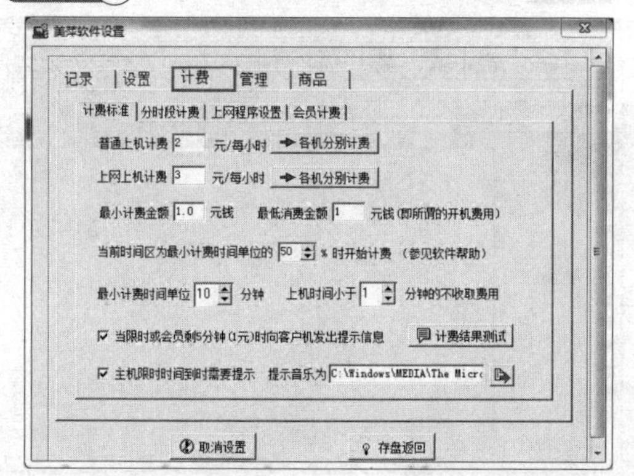

在“计费”选项卡中可对“计费标准”“分时段计费”“上网程序设置”“会员计费”等属性进行设置。

步骤 6 切换至“设置”选项卡

可对密码和系统设置的各个属性进行设置。

步骤 7 切换至“记录”选项卡

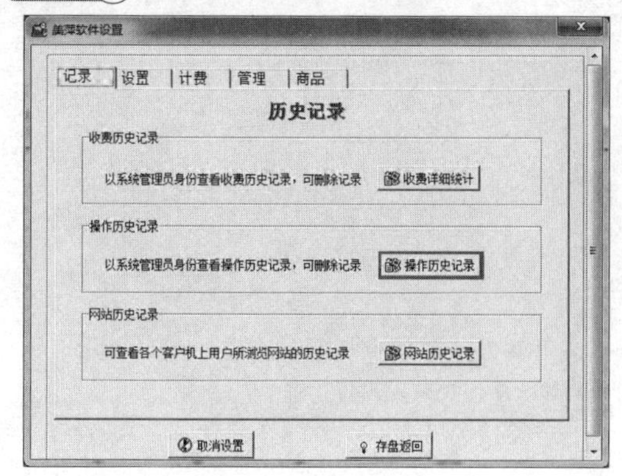

单击“操作历史记录”按钮。

步骤 8 打开“历史操作记录”对话框

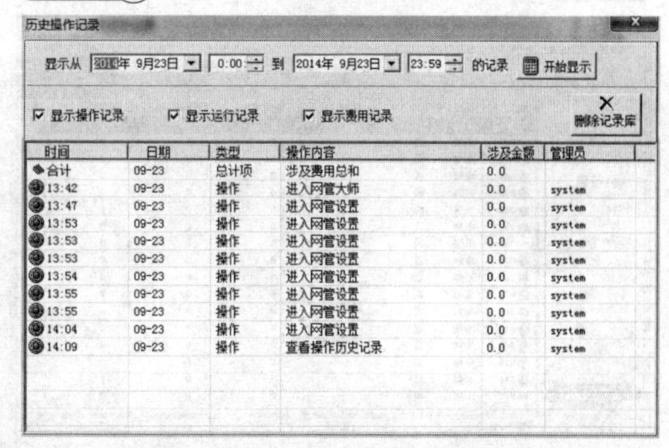

查看主要操作记录并可以管理员身份删除记录。

步骤 9 返回“记录”选项卡

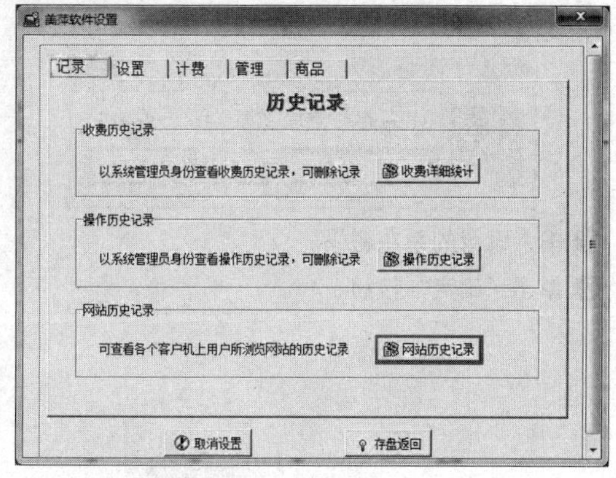

单击“网站历史记录”按钮。

步骤 10 打开“客户机网站历史记录统计”对话框

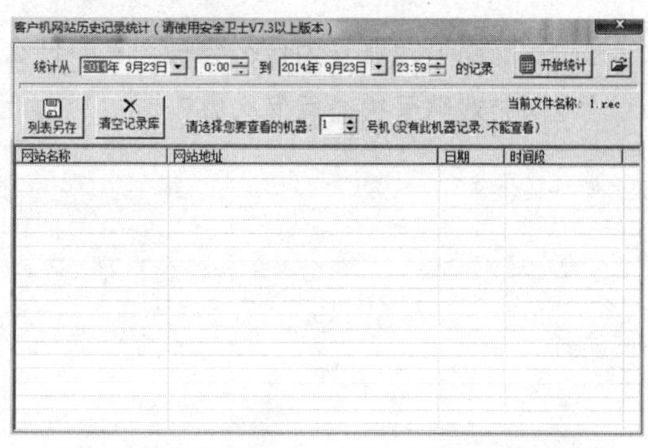

查看某台客户机浏览的网站，从中可以判断用户是否进行了下载操作。

步骤 11 返回主窗口

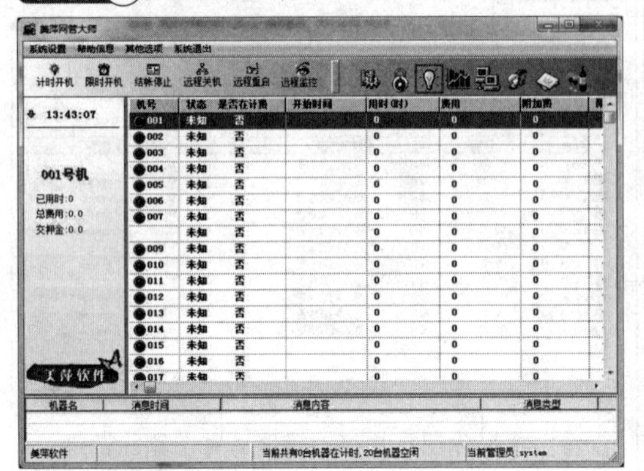

单击“会员管理”按钮。

步骤 12 打开“信息”提示框

❶ 输入设置的系统密码。

❷ 单击“确定”按钮。

步骤 13 打开“会员制管理”对话框

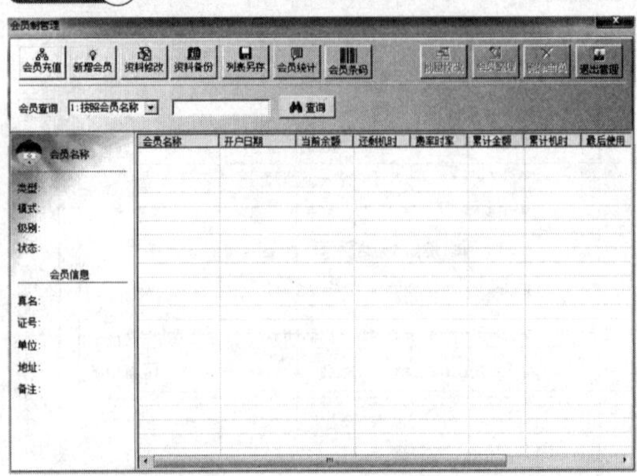

在其中可对本网吧的会员进行会员充值、新增会员、资料修改、资料备份、会员统计等各种管理。

1. 网络游戏账号为什么会被盗？有什么应对办法？
2. 游戏账号被盗后怎么办？

第18章 网络账号反黑实战

当前，腾讯 QQ、新浪博客、微博、微信、豆瓣、QQ 空间、百度官方贴吧、论坛 /BBS、电子邮件等网络沟通和交流平台对我们来说变得越来越重要，借助于这些途径，用户可以更加高效和便捷地进行沟通和交流，并且这些网络应用里面会包含用户大量的隐私和重要数据，一旦被不法分子盗取则后果不堪设想。为了保护我们的隐私不被侵犯，也为了保护我们的重要数据不被盗取，本章我们就来了解 QQ、微信等主要网络账号的反黑技巧。

18.1 QQ 账号及密码攻防常用工具

目前常见的黑客工具类型有通过木马盗取 QQ 账号和密码，通过监听用户键盘输入获取 QQ 账号和密码，通过暴力破解来获取他人的 QQ 账号和密码等，本节就以“啊拉 QQ 大盗”“雨辰 QQ 密码查看器”和“QQExplorer”为例介绍一下黑客软件的使用方法和预防手段。

18.1.1 “啊拉 QQ 大盗”的使用与防范

“啊拉 QQ 大盗”（下面简称“大盗”）是一款绿色软件，无须手动安装，打开压缩包后可双击 .exe 格式文件运行程序。

1. “啊拉 QQ 大盗”软件的使用

步骤 1 运行“啊拉 QQ 大盗”

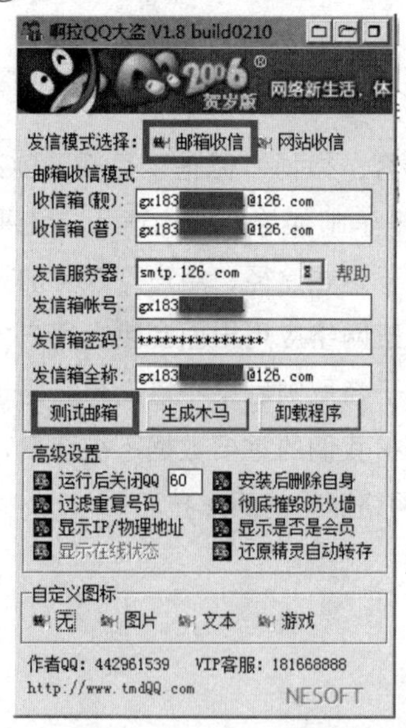

双击“.exe 文件”运行软件→发信模式选择“邮箱收信”→根据提示完善邮箱信息→单击“测试邮箱”按钮。

步骤 2 测试当前设置邮箱

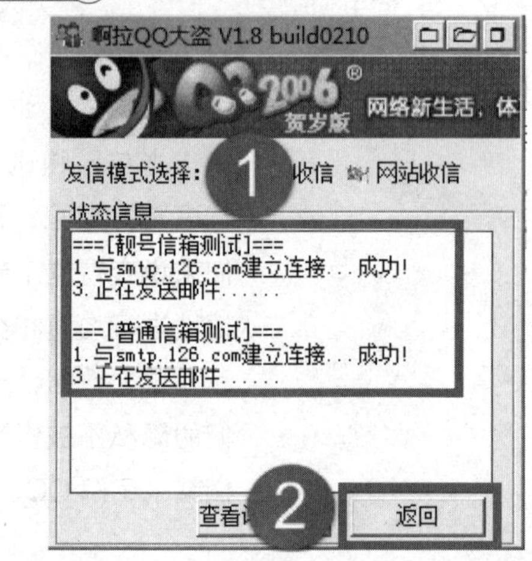

❶ 测试邮箱时先将设置好的邮箱与 126 邮箱服务器建立连接，连接建立成功后向服务器发送邮件。❷ 单击“返回”按钮返回主界面继续配置。

步骤 3 生成木马

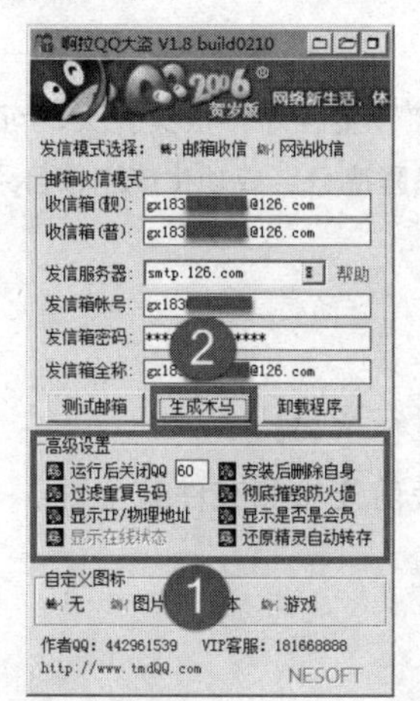

❶ 在“高级设置”栏中选择“运行后关闭 QQ”选项，在文本框中输入时间“60”。

❷ 单击“生成木马”按钮。

步骤 4 保存生成的木马文件

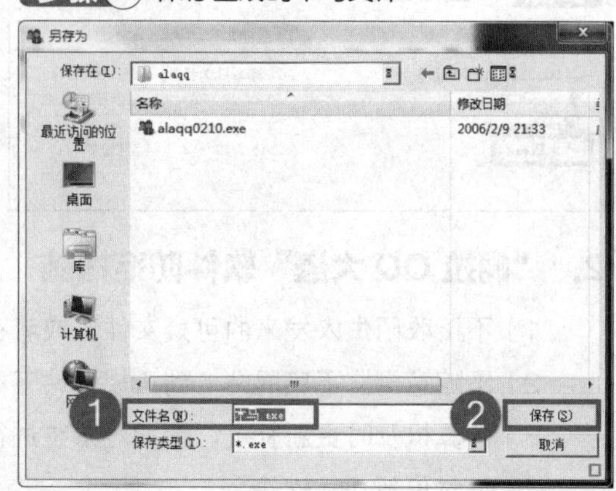

❶ 在“文件名”后的文本框中定义木马名称。

❷ 单击“保存”按钮。

提示

选择“运行后关闭 QQ”选项，并在后面的文本框中填写关闭 QQ 的时间，默认值为 60，单位是 s。用户一旦运行“大盗”生成的木马程序，QQ 将在 60s 后自动关闭，当用户再次登录 QQ 时，其 QQ 号码和密码会被木马拦截并发送到预先设定的收信邮箱中。如果希望该木马被用于网吧环境，可以选择“还原精灵自动转存”选项，以便系统重启后仍能运行木马。

单击“生成木马”按钮后默认将木马程序保存到“大盗”主程序存放的路径下。

步骤 5 “提示”界面

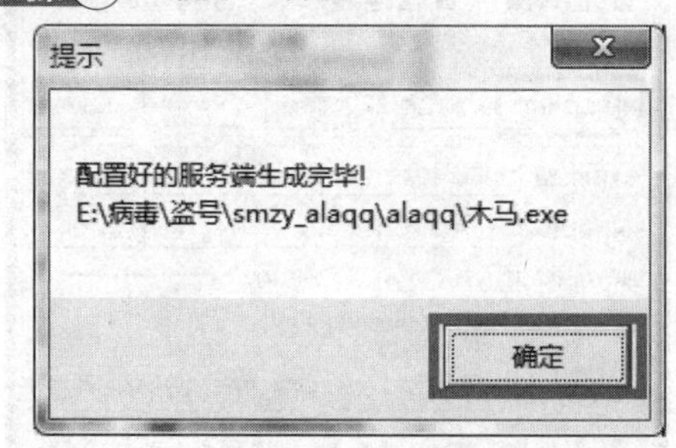

单击“确定”按钮。

步骤 6 “软件使用约定！”界面

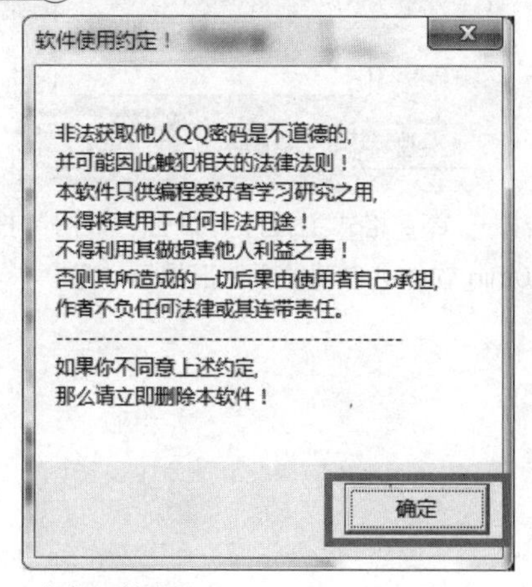

单击“确定”按钮。

步骤 7 查看生成的木马程序

名称	修改日期	类型
060211alaqq0210.jpg	2006/2/11 1:42	JPEG 图像
alaqq0210.exe	2006/2/9 21:33	应用程序
tmdqq.asp	2005/7/26 16:31	Active Server Do...
木马.exe	2016/2/23 9:44	应用程序

打开“大盗”主程序存放文件夹，可以看到刚才生成的木马程序已经成功生成到该目录下。

2. “啊拉 QQ 大盗”软件防范措施

1）不接收陌生人发来的可疑文件，或者在打开前先进行杀毒。

2）不随意浏览不良网站，到正规网站下载文件，安装前先检测文件安全性。

3）计算机及时更新补丁，定期对系统进行升级、杀毒。

4）及时更新 QQ 软件。

5）将 QQ 的安全防范级别设置为“最高”。

18.1.2 “雨辰 QQ 密码查看器”的使用与防范

“雨辰 QQ 密码查看器”是由雨辰工作室研发并提供维护的一款共享软件，可有效监控及查阅本机登录过的 QQ 的密码信息，无须安装，纯绿色，内容可自动发到指定邮箱，界面美观、简洁。

1. “雨辰 QQ 密码查看器”软件的使用

步骤 1 运行软件

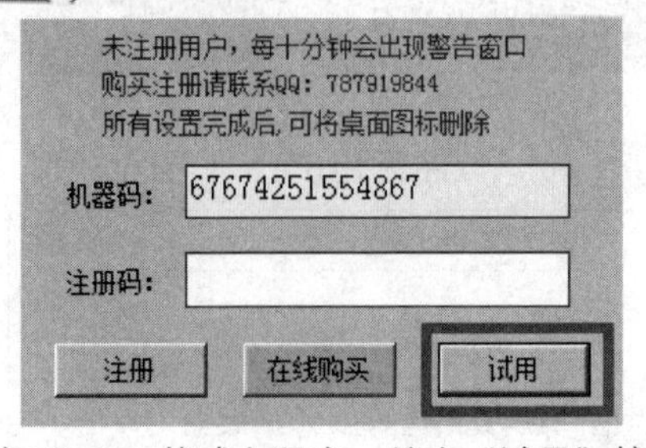

双击打开 .exe 格式主程序。单击“试用”按钮，每 10min 软件会自动给予注册提示消息。

步骤 2 配置软件功能

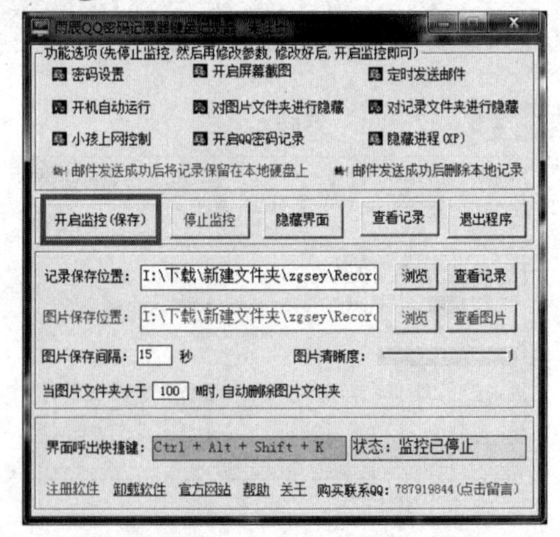

进入主界面后可通过“功能选项”内容来配置软件的功能。单击“开启监控（保存）”按钮，程序自动开始监控用户的键盘输入，并将键盘输入的记录默认保存到该软件安装文件夹的“RecordFiles”子文件夹中。

步骤 3 登录 QQ

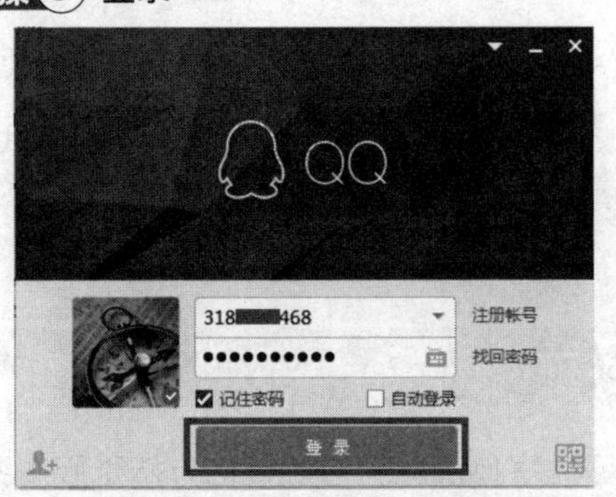

在 QQ 登录界面的文本框中输入账号及密码后单击“登录”按钮。

步骤 4 打开聊天界面

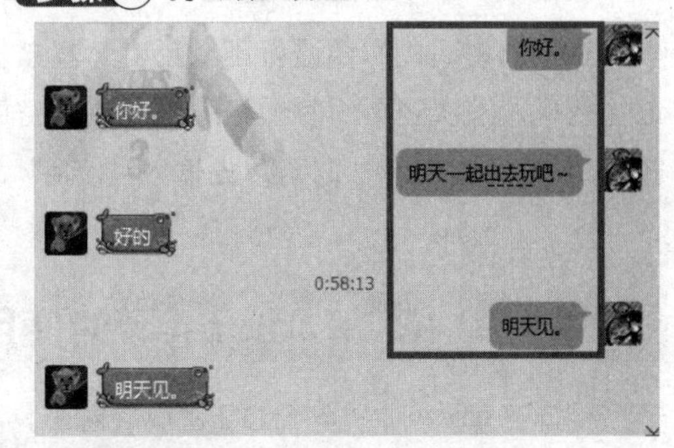

打开好友聊天窗口与好友聊天。

步骤 5 打开“RecordFiles”文件夹

名称	修改日期	类型
RecordFiles	2016/2/25 0:50	文件夹
ChangeState.Dll	2010/5/5 14:20	应用程序扩展
GlobalHook.dll	2013/8/31 16:06	应用程序扩展
HardwareID.dll	2009/8/5 11:26	应用程序扩展
HookKey.dll	2013/3/29 10:01	应用程序扩展
PICCLP32.OCX	1998/6/24 0:00	ActiveX 控件
QQ聊天记录查看器_聊天记录查看器_Q...	2014/3/2 17:47	Internet 快捷方式
SysDemon.exe	2014/3/3 14:14	应用程序
Uninstall.exe	2016/2/25 0:44	应用程序
Uninstall.ini	2016/2/25 0:44	配置设置
UserDataInfo.ini	2016/2/25 0:50	配置设置
使用说明.txt	2014/3/2 17:45	文本文档

名称	修改日期	类型
2016-02-25.txt	2016/2/25 1:33	文本文档

聊天结束后打开“RecordFiles”文件夹，里面有一个 .txt 的文本文件，这里面保存了 QQ 密码查看器记录的用户键盘输入内容。

步骤 6 打开 .txt 文本文件

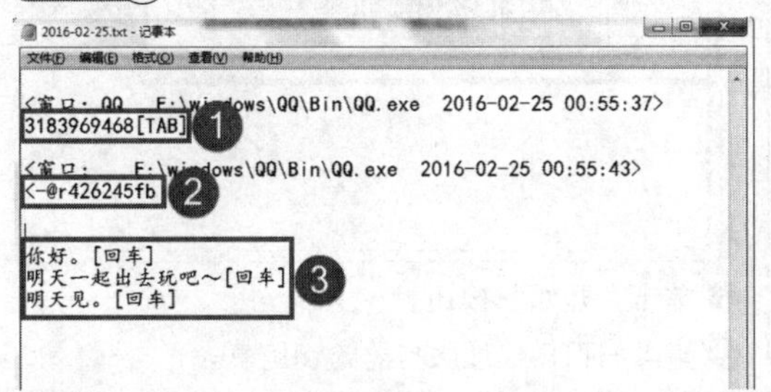

❶ 双击打开 .txt 文本文件，从文本文件中我们可以看到用户输入的 QQ 账号。

❷QQ 密码，密码已经通过加密算法加密。

❸ 用户在聊天中输入的聊天内容，包括按 <Enter> 键发送消息也都记录在内。

步骤 7 提示注册使用

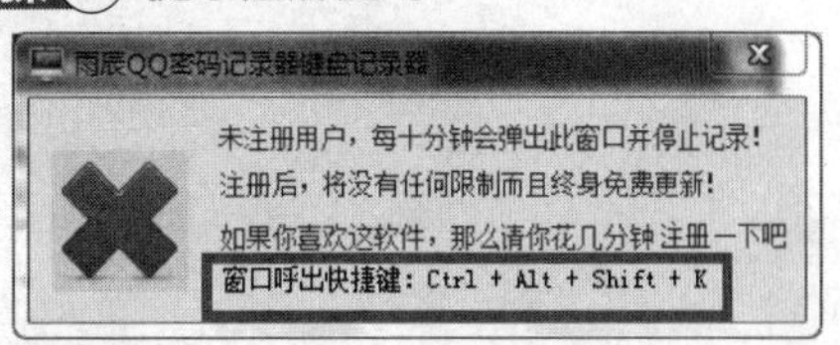

使用 <Ctrl+Alt+Shift+K> 组合键弹出“系统登录”窗口。

步骤 8 “系统登录”界面

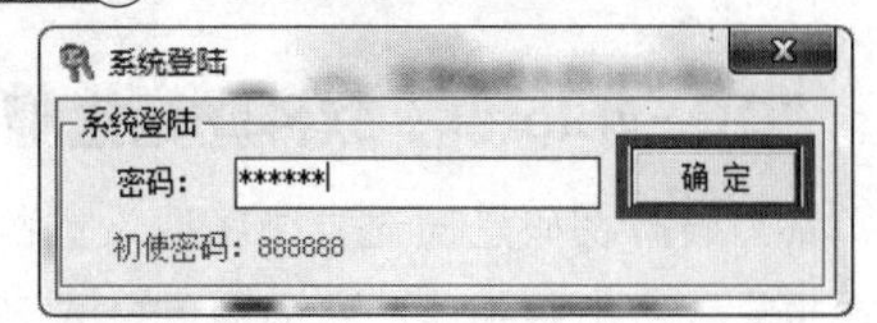

输入密码后单击“确定”按钮。此时将回到软件主界面。

2．“雨辰 QQ 密码查看器”软件防范措施

在输入密码的时候最好不要用键盘直接输入全部的密码，可以在首次输入密码后让程序记住密码，下次登录的时候程序自动填充密码，或者在输入密码的时候将输入顺序打乱，如密码为“6382hsie@”时可以先输入“hsie”，再移动光标输入“6382”，最后输入“@”。

18.1.3　“QQExplorer”的使用与防范

“QQExplorer”是一个 QQ 密码破解工具，通过密码字典加服务器验证的方法来破解密码，可以帮用户找回丢失的 QQ 密码。该软件支持无限个 HTTP 代理，并且可以智能筛选代理服务器，删除不可使用或者速度慢的代理服务器。可自动根据需要重新载入服务器列表。

1．“QQExplorer”软件的使用

步骤 1 运行“QQExplorer”软件

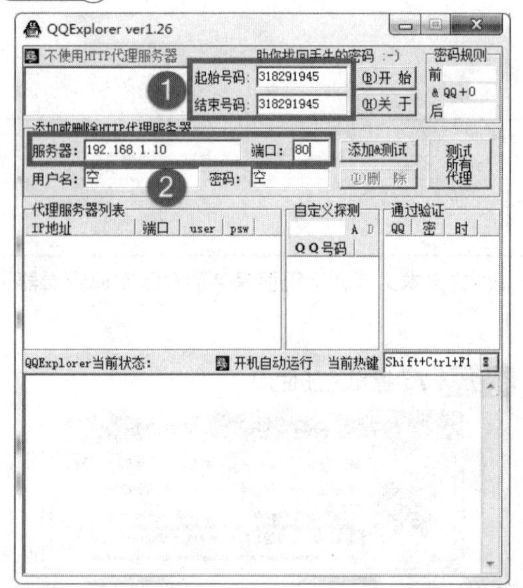

❶ 双击“.exe 文件”打开软件，设置要破解 QQ 号码的范围。

❷ 添加 HTTP 服务器的 IP 地址和端口号。

步骤 2 破解 QQ 号码

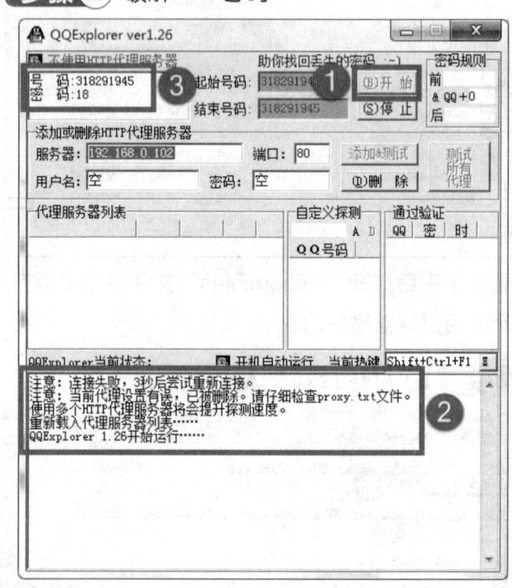

❶ 单击“开始”按钮。

❷ 查看 HTTP 代理服务器检测信息。

❸ 查看破解的号码和密码。

2．“QQExplorer”软件防范措施

暴力破解密码是通过尝试密码设置的所有可能性来实现的，因此设置的密码长度越长，内容越复杂，破解需要花费的时间就越长，被破解的概率也就越小。在设置密码时尽量设置得长一点儿，字母、数字混合使用比较安全。

18.2 增强 QQ 安全性的方法

增强 QQ 的安全性可以从两方面入手：一是培养自己的安全意识，注意自己的行为习惯；二是通过 QQ 软件自带的安全机制来增强 QQ 的安全性。

18.2.1 定期更换密码

更换密码的具体操作步骤如下。

步骤 1 登录 QQ 主界面

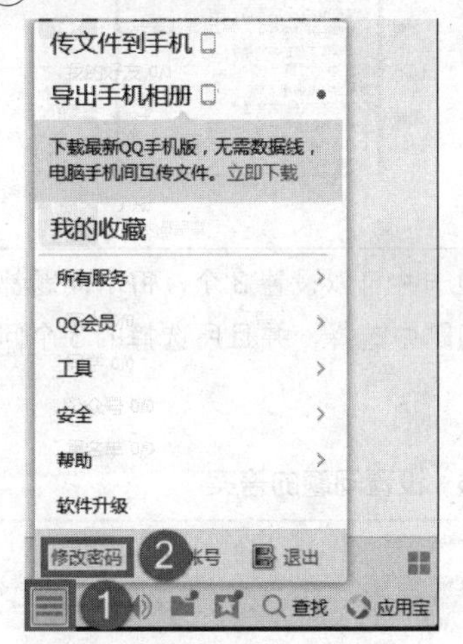

❶ 单击 QQ 主界面左下角的“主菜单”按钮。

❷ 单击“修改密码”按钮。

步骤 2 “修改密码”界面

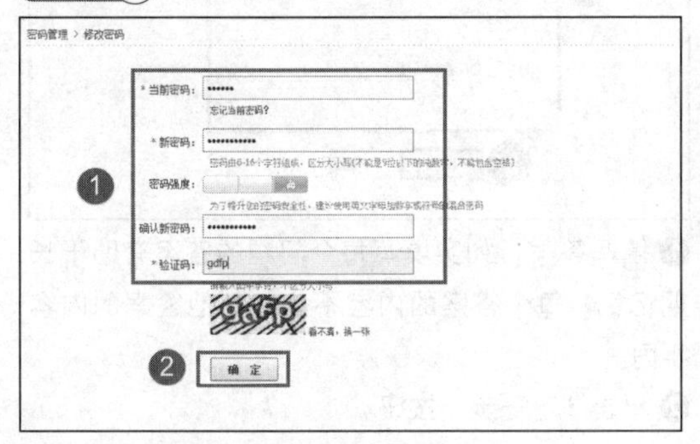

❶ 根据提示在文本框中填写完整的信息。

❷ 单击“确定”按钮。

步骤 3 “密码修改成功”界面

密码修改成功后 QQ 安全中心提示：“恭喜您，QQ 密码修改成功！”

步骤 4 重新登录 QQ

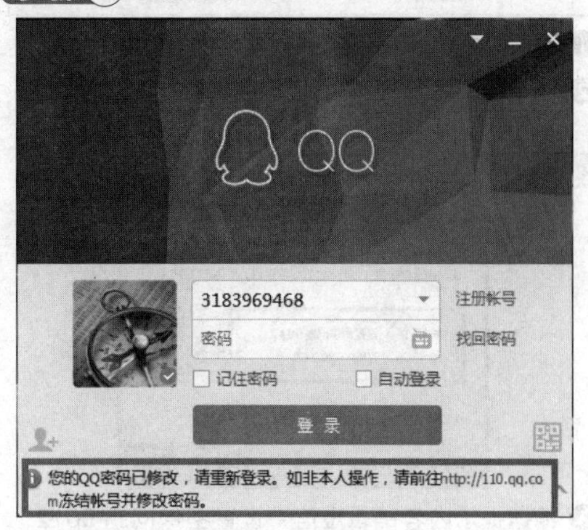

密码修改成功后，需要使用新密码重新登录 QQ。

18.2.2 申请 QQ 密保

“申请 QQ 密保”的具体操作步骤如下。

步骤 1 登录 QQ 主界面

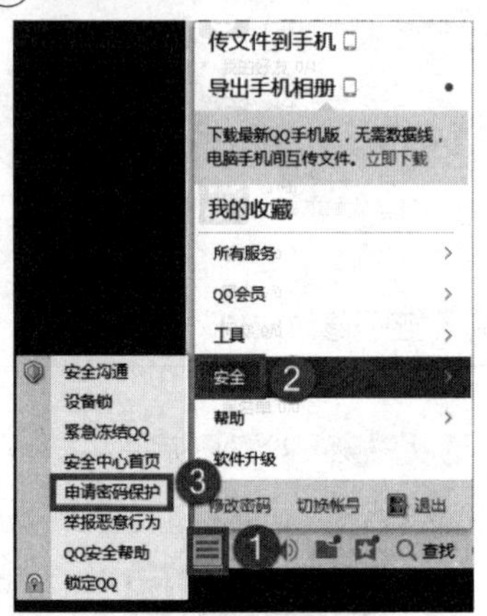

❶ 单击 QQ 主界面左下角的“主菜单”按钮。
❷ 选择“安全”选项。
❸ 单击“申请密码保护”选项卡

步骤 2 进入“安全中心”界面

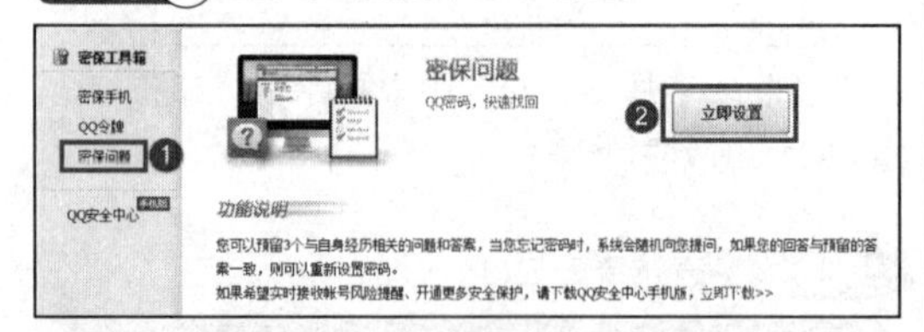

❶ 单击页面左侧的“密保问题”选项卡。
❷ 单击页面右侧的“立即设置”按钮。

步骤 3 短信验证

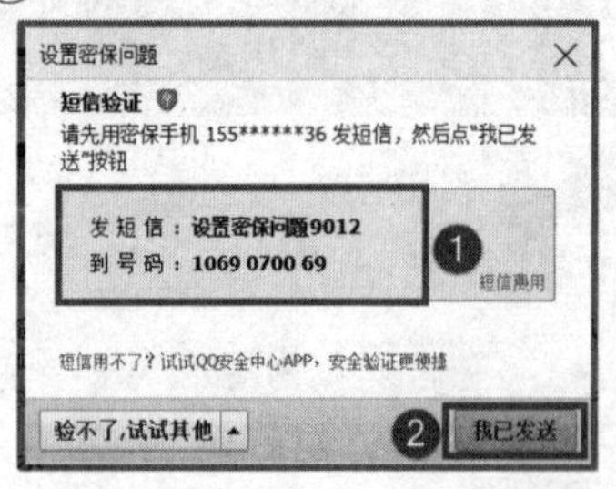

❶ 根据提示内容编辑短信“设置密保问题 9012”发送到“1069070069”。
❷ 单击“我已发送”按钮。

步骤 4 设置密保问题

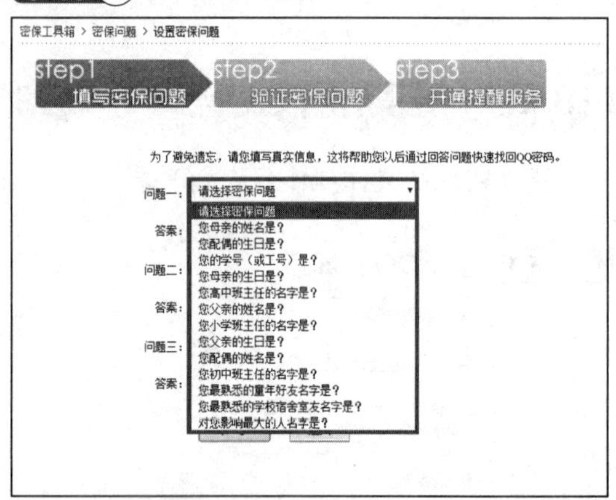

密保问题一共可以设置 3 个，每个问题都从系统给定的问题中选择，并且所选择的 3 个问题不能重复。

步骤 5 设置问题的答案

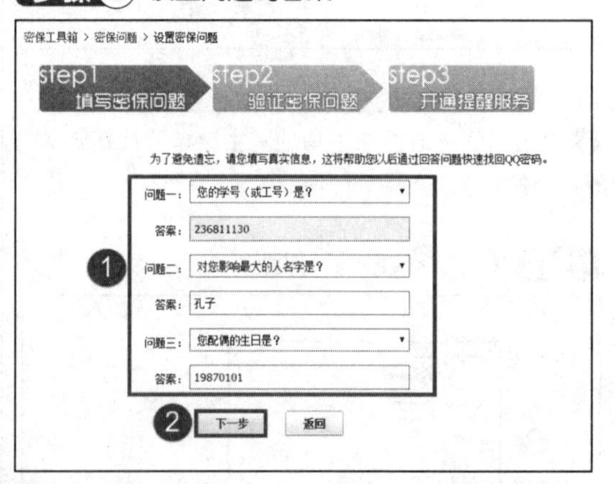

❶ 填写答案，如实填写每个问题的答案有助于长期记忆，每个答案的内容不能与其他答案的内容相同。
❷ 单击“下一步”按钮。

步骤 6 确认信息

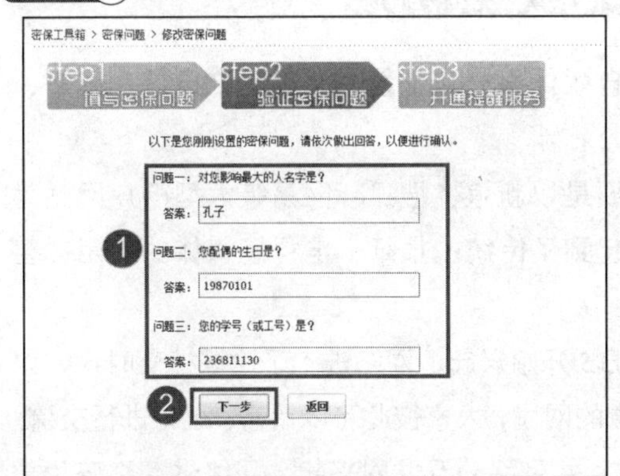

❶ 正确填写上一步设置的答案。
❷ 单击“下一步”按钮。

步骤 7 开通提醒服务

密保问题设置完成后可以选择开通安全提醒服务。如果暂时不需要安全提醒服务，单击“暂不开通”按钮。如果想要开通安全提醒服务，可以使用手机扫描二维码开通，然后单击“我已开通”按钮。

18.2.3 加密聊天记录

“加密聊天记录”的具体操作步骤如下。

步骤 1 登录 QQ 主界面

单击 QQ 主界面下方的“设置”按钮。

步骤 2 进入“系统设置”界面

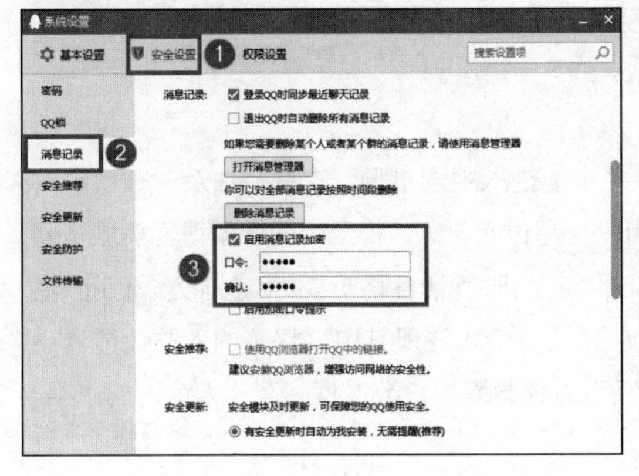

❶ 单击“安全设置”选项卡。
❷ 单击“消息记录”选项卡。
❸ 选中“启用消息记录加密”复选框开启消息加密功能。在“口令”文本框中输入加密口令，在“确认”文本框中对加密口令进行确认。

步骤 3 重新登录 QQ

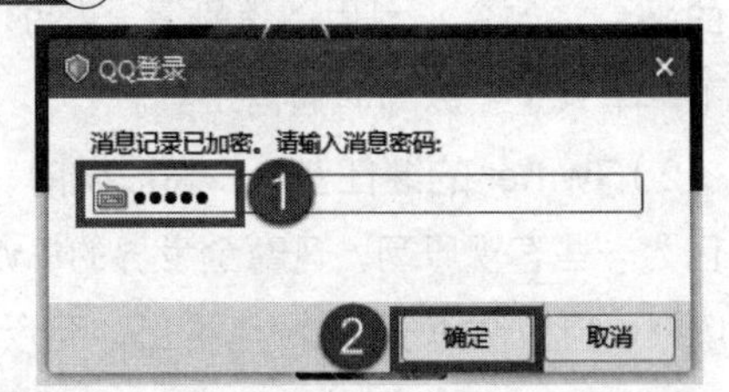

设置消息记录加密后，登录 QQ 时会提示输入消息密码。
❶ 将设置的加密口令输入到文本框中。
❷ 单击“确定”按钮。

18.3 微博等自媒体账号的安全防范

自媒体又称“公民媒体”或“个人媒体”，自媒体平台包括博客、微博、微信、豆瓣、QQ 空间、百度官方贴吧、论坛 /BBS 等。

在互联网刚兴起时，我们所接触的网络，主要是以新浪、搜狐、网易等大型门户网站为代表的“资讯时代”，主要的形式是：门户网站起到了传统的报纸、电视等媒体的作用，整合新闻和故事，网民可以在这些网站阅读和浏览。

随着互联网的不断发展，各种形式的论坛和 BBS 开始兴起，网络进入了论坛社交时代，以猫扑、天涯、人人网等为代表的网络平台聚集了大量的网民，大家彼此可以留言、跟帖进行交流。

而在 2009 年以后，随着互联网的进一步发展，并且移动互联网兴起，网络进入了碎片化阅读时代。传统的门户网站已经不再一家独大，以微博、微信、豆瓣等网站为代表的自媒体平台兴起，网民在这类平台上可以随意发表观点，网络的形态是“我们说，我们听，人人能够参与”，这是一个个人化的自媒体的时代。

18.3.1 当前主要的自媒体平台

（1）异军突起的黑马——微信

微信是一个不被看好的产品，这话在如今微信火遍大江南北甚至远销海外的环境下显得不可思议，但事实是，微信刚推出时，既面临自家龙头产品 QQ 的竞争，同时还有早在 2006 年就火了一把余温尚在的飞信虎视眈眈，更别说纷繁杂乱的陌陌、米聊等，然而，时至今日，微信用户将突破 10 亿！这个腾讯家的“二孩儿”给世界巨头 Google、Facebook 都带来了巨大的压力，和 QQ 一样，腾讯聪明地将 QQ 积累下来的巨大的用户群粘连至微信，相辅相成，在 QQ 垄断国内即时通信软件的宏伟布局后，微信成为这个移动时代腾讯的声音，一个巨大的、精彩的平台。如今，利用微信别具一格的朋友圈等功能，机会正在被源源不断地发掘，微信已经不单单只是一款即时通信工具。

（2）Twitter 的继任者——新浪微博

因为一些客观原因，风靡全世界的 Twitter 等并未能进入中国市场，这块空白及时被敏锐的新浪填补，新浪微博于 2009 年推出，至今注册用户已超过 5.3 亿，稳坐中国微型博客类服务网站的头把交椅。新浪微博类似 Twitter 建立公共社交平台，同时邀请各路明星、名人加入，制造“名人效应”，引起巨大关注，大量政府机构、官员、企业、个人注册其中，权威的入驻让微博平台引起“群益效应”，草根发声越发有力，这样的吸引力将微博用户数量推高至让人惊讶的水平。

（3）中国版的 Facebook——人人网

Twitter 没能进入中国市场，Facebook 自然也没能幸免，在这个角度看来，人人网比新浪微博更有远见，它的前身是中国最早的校园 SNS 社区，成立于 2005 年 12 月，校内网的创立为当时论坛云集的中国互联网注入一股新鲜血液，同时，因为其精准定位受众群体为在校学生，一经推出便几乎垄断了中国大学生校园网站的市场。至 2009 年，迫于新浪微博的压力，校内网正式更名为人人网，改名的同时改变自己“学生社交网站”的形象，扩展新用户，然而一系列不成功的策略使人人网走向下坡路。如今，人人网的主要用户依然集中在学生群体，虽然影响力已远远不如最大的对手新浪微博，但其校园 SNS 的老本行依然具有竞争力。

（4）文艺青年的乐园——豆瓣

“爱电影、爱音乐、爱旅行、爱生活的一切、爱一切的美好”，这是豆瓣的主题，这个依靠书、影音起家的网络服务网站，在中国中产阶级崛起的大环境下快速成长，许多受过良好教育的年轻群体将豆瓣看作生活的必要补充和调剂，这样的定位本是小众，但是在中国，十几亿人的小众也是庞大的数字，这给豆瓣带来了巨大的成功，从一个分享图书的小站点到如今几乎渗透大部分文化领域并依然蓬勃发展的流量大户，借着高速发展的中国的文化产业大潮，豆瓣的未来让人充满期待和想象。

（5）QQ 的个人花园——QQ 空间

倚仗用户超多，QQ 空间没费多大力就拥有了巨大的用户群体，2005 年是一个空白的充满机会的年代，QQ 空间是那个年代重要的成功的典型范例，比起同期的校内网，QQ 空间通过大量用户对 QQ 的黏性，弥补 QQ 的不足，给予 QQ 用户一个个性空间，同时，因为 QQ 用户的广泛性，QQ 空间的用户定位尺度也非常宽广，基于如此大的用户基数，任何 QQ 空间的衍生产品都能找到目标用户，这使其红极一时，然而，发展至今，QQ 空间也面临很多问题、过度依赖 QQ 引流，用户质量高低不一，目标功能杂乱等，亟待解决。虽如此，QQ 空间在腾讯这棵大树下，还是有着不可忽视的地位。

（6）理性集散地——知乎

知乎，类似于百度知道，但要更为严谨一些，是一个真实的网络问答社区，社区氛围友好与理性，连接各行各业的精英。用户分享着彼此的专业知识、经验和见解，为中文互联网源源不断地提供高质量的信息。知乎网站 2010 年 12 月开放，3 个月后获得了李开复的投资，一年后获得启明创投的近千万美元。知乎过去采用邀请制注册方式。2013 年 3 月，知乎向公众开放注册。不到一年时间，注册用户迅速由 40 万攀升至 400 万。

（7）呼朋唤友——百度贴吧

百度贴吧是百度旗下独立品牌，贴吧的使命是让志同道合的人相聚。贴吧的组建依靠搜索引擎关键词，无论是大众话题还是小众话题，都能精准地聚集大批同好网友，展示自我风采，结交知音，搭建别具特色的“兴趣主题“互动平台。贴吧目录涵盖社会、地区、生活、教育、娱乐明星、游戏、体育、企业等方方面面，是全球最大的中文交流平台，它为人们提供了一个表达和交流思想的自由网络空间，并以此汇集志同道合的网友。

贴吧与 QQ 群、微信群、豆瓣小组等不同，此社群媒体采用开放的形式，将内容呈现给更多的普通网友。

18.3.2 个人网络自媒体账号被盗取的途径

（1）在外面连接免费 Wi-Fi

我们之前曾经介绍过，外出时千万不能贪图便宜，使用一些免费的 Wi-Fi，否则黑客利用建立的 Wi-Fi 轻易就可以获取你使用的各种网络账号和密码。一旦用户连上他们建立的 Wi-Fi，打开网站输入自己的账号密码，数据马上就能在黑客的后台同步显示出来，盗取银行密码只需 1s。外出切勿乱用免费 Wi-Fi，更不要用免费 Wi-Fi 进行网银和支付宝交易。

（2）图新鲜，乱扫二维码

近年来微信官方极力推荐二维码的普及，商家也利用二维码来推广和营销自己的产品，这会给许多手机用户以错误的信号，认为二维码是个好玩的东西，可以随便玩，于是扫描了植有病毒或木马的二维码，这样不法分子就可以轻易获取你的网络账号和密码。

（3）使用公用电脑不注意

当前计算机网络的普及程度非常高，我们去一些酒店或是娱乐场所，商家都备有一些公用电脑，供消费者免费使用。在使用这些电脑上网时，一定要注意聊天软件、微博等自媒体账号的安全防护。最好的办法是打开软件提供的软键盘登录，或者是利用输入法自带的软键盘登录，这样不会被键盘类木马记录。

此外，用完公用电脑之后，一定要退出自己的网络账号。

（4）换手机号后，没有解除与网络账号的绑定

许多人更换手机号码是常有的事，但如果有些自媒体账号绑定了原来的手机号，后来手机弃用注销，但没有解除和原账号的绑定，就很可能遭遇风险。结果弃用的手机号码被重新激活后，新号码的使用者可以在注册网络账号时，通过找回密码掌握你的账号。

（5）一个密码治百病

一个用户可能有非常多的网络账号，有些人怕记错或是记混淆，所以往往给所有网络账号都设定同样的密码，这样是不可取的。一旦你某个账号和密码被盗，相应的可能是你大量的网络账号密码同时出问题，当前的不法分子是非常聪明的，他们一旦盗窃了你的某个账号，就会用同一个密码去试你不同平台的账号。

（6）设定的密码过于简单

许多用户为了便于记忆，给账号设定的密码非常简单，这样就很容被黑客破解。对于大多数的网络平台来说，设置密码时一般要用字母与数字混编的形式，并且密码的长度不宜少于 8 位，这样可以提高账号的安全性。

18.3.3 正确使用自媒体平台

目前，以微博、微信、QQ 空间等为代表的自媒体平台已经成为主流的信息传播渠道，已

成为放大信息、聚集意愿的重要平台。这些自媒体平台以读取方便、发布快捷及时而受到广大网友的欢迎。中国有数亿的用户在使用这些平台，而且这一数量还在快速增长。但是，自媒体平台在快速传播信息的同时，也带来一些副作用。例如，虚假不实的谣言、恶意炒作，大量随意的、偏颇的甚至是完全错误的信息使人难辨真伪。

作为新时代的网络用户，应该正确、健康地使用自媒体平台，具体应该注意以下事项。

（1）守住两个底线，严格文明自律

青少年网民，应该自觉以国家法律约束自己，以中华民族的道德标准约束自己，要守住法律和道德这两个底线，坚持以健康心态对待微博、微信等自媒体平台，以文明语言，以实事求是的态度写作和分享健康的内容。

（2）增强责任意识，不要盲目跟风

网络自媒体账号，是当前信息的传播来源，每一条信息发布后就可能在网上形成快速传播，因此，作为信息的发布者就要勇于担负起责任，对别人发布的信息要加以分析，辨明信息的真伪善恶，不盲目信从，不盲目转发，不盲目跟风，要传播具有正能量的内容，抵制不健康的内容和谣言。

（3）拒绝商业利益，抵制恶意炒作

对于当前自媒体平台上的一些以商业推销为目的行为要抵制，特别是要自觉抵制网上的恶意炒作，做到不参与、不围观、不转帖，让别有用心的不法分子无技可施。

18.4 微信等手机自媒体账号的安全防范

18.4.1 微信号被盗的后果

用户的微信账号被盗，最直接的后果就是用户的个人隐私会大量泄露。因为在开通微信时，你可能会填写大量的个人信息进行注册，这部分信息只有一部分是公开的，而不公开的部分随着账号被盗，也就被不法分子掌握了。

你的微信账号被盗后，不法分子大多会仿冒你的身份，向你微信的大量好友发送借钱的信息，由于很多好友与你的关系亲近，对你的一些要求尽量满足，这样不法分子的诈骗行为就更容易得手了。

此外，不法分子盗窃你的微信之后，还可能会发送一些广告或是营销信息，引起微信好友的反感。

微信账号被盗，会破坏用户与微信好友的关系。不法分子冒用你的身份去借钱、诈骗或是发送广告信息之后，会影响你的名誉，破坏你在好友心目中的可信赖程度，还有可能破坏你与好友的关系。

18.4.2 怎样安全使用微信

1. LBS 类功能开关要适度

LBS 意思是基于位置的服务，是指通过无线电通信网络或外部定位方式，获取移动终端用户的位置信息，为用户提供相应服务的一种增值业务。用通俗的话来说，就是利用卫星定位，获取用户手机所在的位置，然后在微信中可以与特定位置的用户进行交流。

例如，“附近的人”功能是指微信用户通过定位服务搜到你附近的大量微信用户，然后彼此可以进行交流；“摇一摇”功能则是利用定位功能搜到其他正在使用此功能的用户；还有漂流瓶等功能。

用户利用“摇一摇”“附近的人”等功能，可以在某些特定的位置快速增加自己的微信好友，并与他们沟通和交流。但是应注意，这类功能在方便你就近与其他微信用户交流的同时，也有一定的安全隐患。以“附近的人”为例，使用该功能时，系统会获取你的位置信息，并保留一段时间。也就是说，你的居住地、微信号、爱好习惯等是在网上公开一段时间的，任何在你附近使用“附近的人”功能的用户都可以搜索到你，这是有很大安全隐患的，所以建议用户在使用 LBS 类功能完毕后及时清除位置信息，在公共场合更要关闭这种定位功能。

2. 安全使用微信的 4 条法则

（1）密码设定及保护

很多用户使用同样的账号（如邮箱等）注册多种自媒体的账号，如微博、微信、豆瓣等，并且设置相同的密码，这就有可能一旦密码被盗，多个网站的账号都会被盗。比如QQ号被盗了，微信号也就跟着被盗。所以用户尽量不要在多个网站或自媒体平台使用同样的密码。

另外，为了保护用户的微信，建议用户将微信绑定手机号码，这样可以更加有效地保护账号安全；即便账号出问题了，也可以第一时间将密码找回。

（2）加陌生好友要谨慎

很多时候会有陌生的微信用户加你好友，如果这类用户没有使用真实名字，而个人资料又显得很诡异，建议不要加他们为好友；此外许多陌生微信用户会用养眼的网络图片包装自己，头像、相册均为美女帅哥，这类用户也要谨慎添加。

（3）不要轻易打开链接

在微信上，并不算熟悉的好友给你发送信息，内有网页链接，一定不要打开。如果不小心打开了，网页上要求输入账号和密码时，应立即关闭。

即便是熟人发送的网页链接，也要谨慎，如果不是特别感兴趣的话题，不要打开；此外也要提前判断该链接是否有问题，在确认没问题后再打开。

（4）坚决抵制不良信息

微信聊天过程中，如果聊天的内容涉及金钱、见面等敏感字眼儿时，用户就要小心了，类似这种见面约会的案例有很多，被骗财、骗色的案例更是数不胜数。你可以这样认为，在微信中，凡是脱离“社交”本质的话题，用户都应该谨慎处理。

此外，如果在聊天过程中你发现有些用户涉嫌诈骗、发布色情信息，可以立即对其进行举报。在经过微信官方核实后，该类账号会被处理，情节严重的会被永久封号，这样可以还给大家一个更为健康的环境。

18.4.3 个人微信账号被盗的应对措施

用户的微信账号被盗之后，应该第一时间设定冻结账号，找回密码之后，再解冻账号。正常登录微信后，要及时向你的好友解释你账号被盗的情况，并向被打扰的好友道歉。

下面介绍个人微信账号冻结及解冻的操作方法。

1. 绑定了 QQ 号的微信账号

① 微信号被盗后，应该先通过计算机登录“110.qq.com”网站，申请冻结微信账号，以保证账号信息的安全，并尽量避免盗号者利用账号进行欺诈。

② 微信账号冻结后，先通过计算机登录“aq.qq.com”，修改你的 QQ 密码（“密码管理”→“修改密码”）。如果不小心忘记了密保问题，可以通过账号申诉来找回密码（“密码管理”→“找回密码”）。

③ 修改 QQ 密码后，通过计算机登录“110.qq.com”，单击“解冻账号”即可解除微信账号的冻结，然后微信号可正常登录。而在你再次登录微信账号时，微信官方还会发送一条验证码信息到你此前绑定的手机。

2. 没有绑定 QQ 账号的微信账号

① 冻结微信账号：因为你的账号没有绑定 QQ，所以需要你拨打微信客服热线 0755-83767777 申请冻结微信账号。

② 对账号安全信息进行修改：电话或是在网站联系微信客服，修改你微信号绑定的手机和邮箱等信息。

③ 解冻账号：在处理好账号的安全信息之后，联系微信客服申请解除账号冻结，开启账号保护并清除非本人的登录手机信息，保障账号的使用安全（如开启设备保护、清除常用手机信息）。

18.5 邮箱账户密码的攻防

伪造电子邮件的攻击手段很多，一旦受到攻击用户的重要信息就会泄露，将面临着巨大的损失。所以我们应该掌握必要的防范措施来保护电子邮件安全。

18.5.1 隐藏邮箱账户

伪造邮件攻击通常跟钓鱼攻击一起使用。黑客伪造可信的发件人账户，在邮件正文编辑诱骗信息，包括钓鱼网站链接，诱骗用户单击。用户收到伪造的邮件后不经仔细审查很难发现邮件的伪造，用户一旦单击进入钓鱼链接，输入的账号和密码直接就被黑客获取。

有时伪造邮箱账户也是会带来很多好处的，这就像一把枪，在战士手里就是保家卫国的武器，在劫匪手里就是一把凶器。在有必须要输入电子邮箱地址却又对自己毫无作用的情况下，如在各大论坛注册时、申请某种网络服务时等。这个时候就可以通过伪造或隐藏邮箱账户的方法巧妙地达到“欺骗”的效果。

隐藏自己的电子邮件地址有如下两种方法。

- 使用假邮箱地址，在各大论坛等需要在注册时填写邮箱的地方使用。
- 使用小技巧，如将“ssn@public.sq.js.cn”在输入时改成“ssn public.sq.js.cn”，大家都会知道这个实际上就是邮箱，但一些邮箱自动搜索软件却无法识别这样的“邮箱”了。

18.5.2 追踪伪造邮箱账户的发件人

绝大多数接收的邮件都有源 IP 地址内嵌在完整的地址标题中，以帮助标识电子邮件的发送者并跟踪到发送者的服务提供商。

具体操作步骤如下。

步骤 1 进入 QQ 邮箱主界面

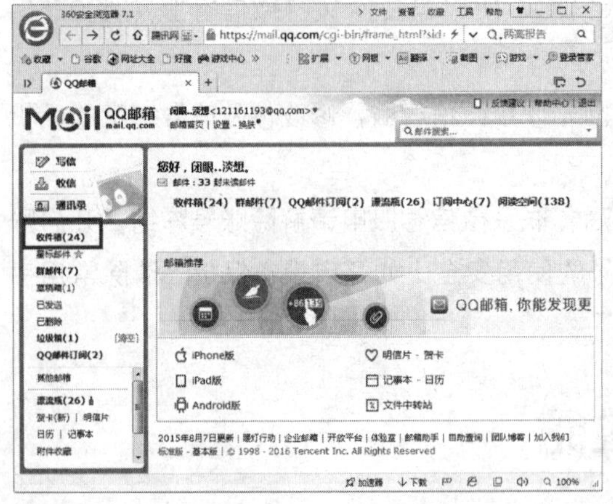

单击“收件箱”选项卡。

步骤 2 进入收件箱

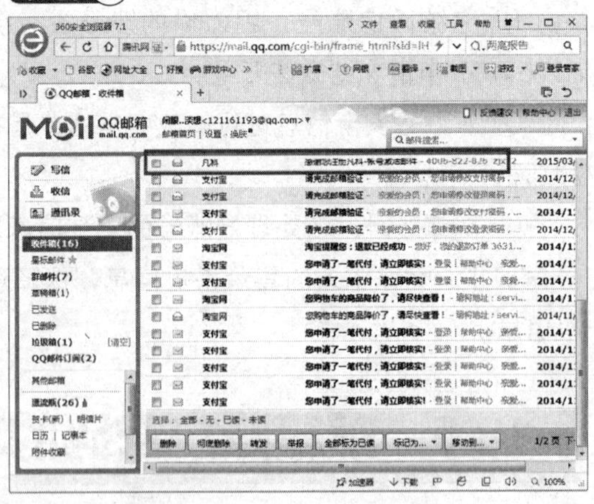

双击打开邮件。

步骤 3 查看邮件

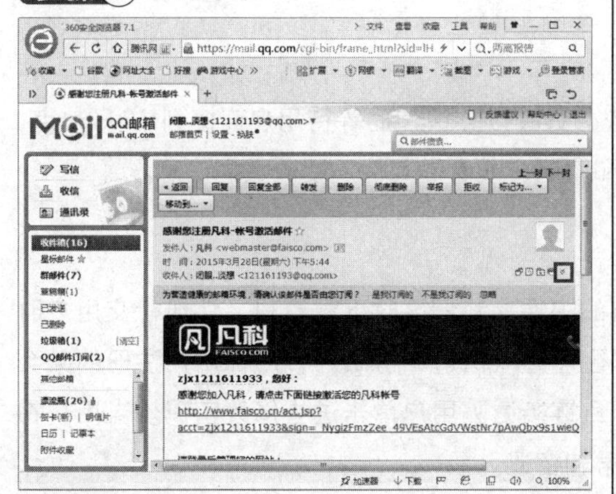

单击下拉符号。

步骤 4 查看源文件

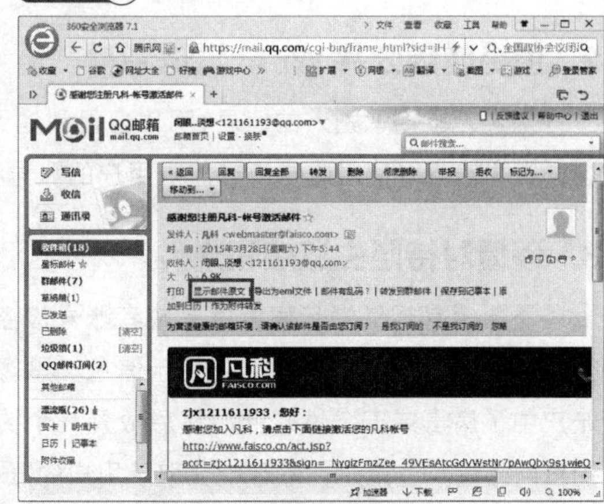

单击“显示邮件原文”选项。

步骤 5 查看 IP 地址

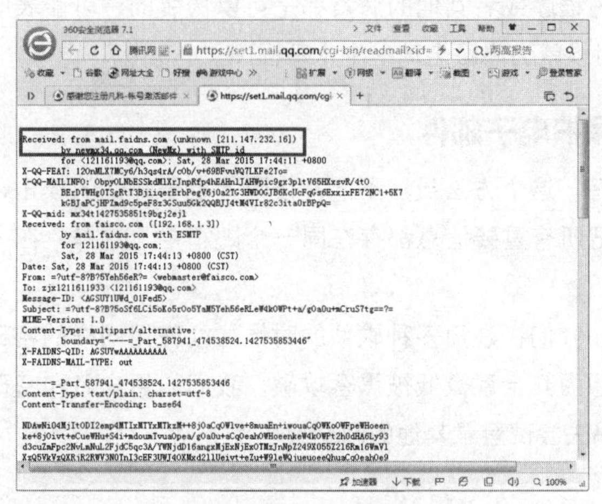

可以从源文件中查看发送方的 IP 地址。

18.5.3 电子邮件攻击防范措施

电子邮件攻击手段很多，一旦受到攻击我们的重要信息就会泄露，将面临着巨大的损失。所以我们应该掌握必要的防范措施来保护电子邮件安全。

1. 用软件过滤垃圾邮件

防止黑客利用大量垃圾邮件来攻击邮箱，我们可以下载垃圾邮件过滤软件来过滤垃圾邮件。如 MailWasher 在下载邮件前会对将要接收的邮件进行检查并过滤垃圾邮件，它将邮件分为合法邮件、病毒邮件、可能带病毒的邮件、垃圾邮件、可能的垃圾邮件等几个类别，可以对邮件进行直接删除、黑名单编辑、过滤名单编辑等处理。

2. 避免使用公共 Wi-Fi 发送邮件

黑客为了窃取别人的信息，可以自己创建公共Wi-Fi热点，然后等待用户连接到Wi-Fi热点，这样黑客就可以使用监听工具监听用户的账号和密码，或者是其他重要的数据信息。

3. 谨慎对待陌生链接和附件

不要轻易相信提示病毒信息或者账号被盗的邮件。我们平时下载资料，注册社交用户时往往需要绑定邮箱，以便接收提示信息。黑客往往喜欢伪造一份邮件，声称用户注册的某个账户中了病毒或安全性较低，然后放置一个钓鱼链接诱骗用户单击进去修改密码。当用户在钓鱼网站重新登录时，黑客就获取了用户的账号和密码。

不随意打开陌生邮件中的附件。当我们收到陌生人发来的带有附件的邮件时，不要随意打开邮件中的附件。这些附件可能看上去没有什么特别之处，就像平时接收的附件一样。但是，我们需要注意的是木马程序或者其他的病毒都是可以伪装的，可能表明上看附件内容是一张图片，但当打开它的时候就会隐藏启动一个木马程序。

4. 通过日常行为保护电子邮件

申请多个电子邮箱。这个方法虽然不能直接阻止电子邮件的攻击，但是却可以让我们的损失尽量减小。不要把所有重要信息都存在同一个邮箱中，这样，在一个邮箱受到攻击时对我们来说影响并不大。

设置密码多样化。我们在注册多种软件的时候往往使用同样的密码，这样非常的危险。因为一旦某一个网站因为安全系数低被黑客攻破，我们的用户名和密码就会被窃取，黑客会利用这些用户名和密码去尝试登录其他的网站或应用。

18.6 使用密码监听器

密码监听器用于监听基于网页的邮箱密码、POP3 收信密码、FPT 登录密码、网络游戏密码等。在某台计算机上运行该软件，可以监听局域网中任意一台计算机登录网页邮箱、使用 POP3 收信、FPT 登录等的用户名和密码，并对密码进行显示、保存或发送到用户指定的邮箱。

18.6.1 密码监听器的使用方法

使用“密码监听器”的具体操作步骤如下。

步骤 1 运行软件

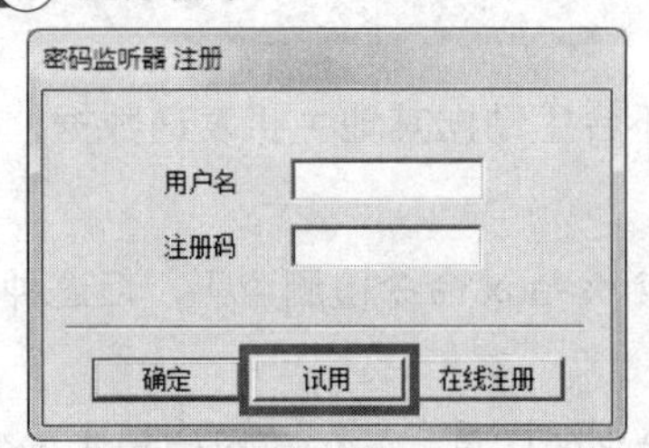

双击“.exe”文件打开软件。

单击“试用”按钮。

步骤 2 进入“密码监听器”主界面

进入“密码监听器”主界面后，软件自动开启监听功能，并将监听到的用户名、密码等信息显示在下方的文本框中。

步骤 3 开启 ARP 欺骗功能

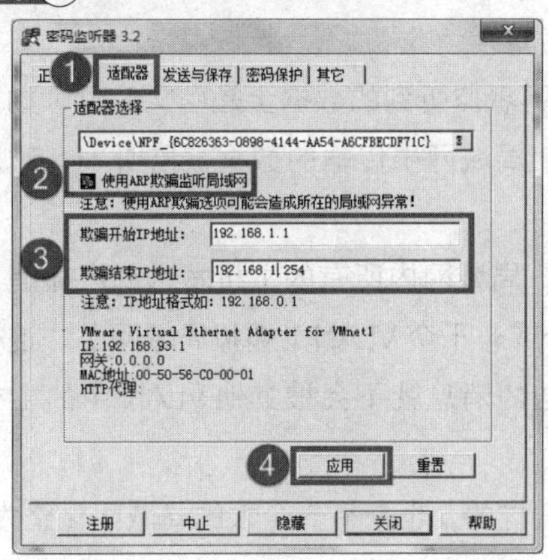

❶ 单击“适配器”选项卡。

❷ 单击选中“使用 ARP 欺骗监听局域网”前的复选框，开启 ARP 欺骗功能。

❸ 设置欺骗的 IP 地址范围。

❹ 单击“应用”按钮。

步骤 4 配置“发送与保存”信息

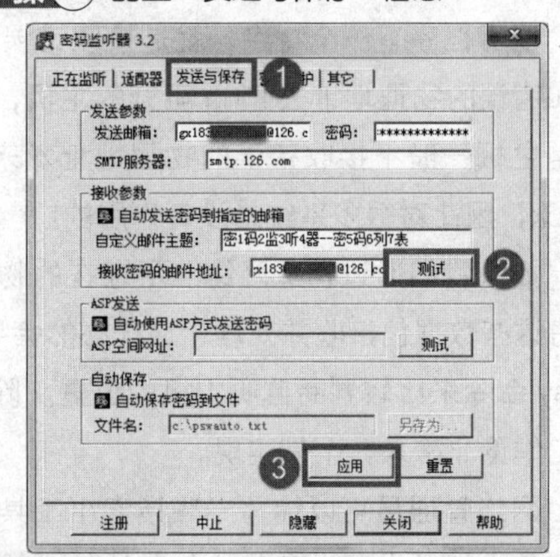

❶ 单击“发送与保存”选项卡，完善“发送参数”“接收参数”信息。

❷ 单击“测试”按钮。

❸ 单击“应用”按钮。

步骤 5 设置密码

❶ 单击“密码保护”选项卡。

❷ 填写新密码并确认新密码。

❸ 单击“应用”按钮。

18.6.2 查找监听者

网络监听主要是被动接收网络中传输的数据，它不会主动向其他主机发送数据，这使得检测监听十分困难。

在监听者未修改 ps 命令的情况下可以使用 ps-ef 或 ps-aux 命令检测监听，但这种方式成功的概率非常小。

监听程序有一个特点，就是接收错误的物理地址发来的信息。我们可以使用正确的 IP 地址和错误的物理地址去 Ping 可疑的主机，如果这台主机正在运行监听程序就会有所回应，而正常主机一般不接收错误的物理地址发来的 Ping 消息。这种方法的弊端在于依赖系统的 IP Stack，因此对很多系统是没有作用的。

如果我们通过构造网络上不存在的物理地址来向网络上发送大量的数据包，监听程序就会将这些数据包接收并处理，这样必然会导致计算机性能下降，然后我们可以使用 icmp echo delay 命令来比较判断监听主机的位置。除此之外，还可以搜索局域网内所有运行的程序，但是工作量非常大，不易实现。

网络管理员可以编写一些搜索小工具搜索局域网中的监听程序，这是因为用于网络监听的程序大都是在网上下载的免费软件，并不是专业的监听，管理员可以通过搜索监听程序的方式查找监听者。

18.6.3 防止网络监听

我们可以从两个方面考虑防止局域网内的监听，一是监听者虽然可以监听到局域网中的数据，但是识别不出数据中的含义；二是可以考虑将局域网细化，把局域网化整为零，便于管理，同时也可以减小被监听的可能性。基于以上的考虑，可以使用以下两种方式来防止监听。

1）数据加密。将传输的数据进行加密处理，监听者监听到的数据全是密文信息，如果不能正确解密，就无法获取有用信息。这样一来，即使局域网中传输的数据被监听到，对监听者来说也毫无意义。

2）划分 VLAN。每一个局域网都是一个广播域，局域网内所有的主机发送的广播消息都可以被其他主机监听到。我们可以将整个局域网划分成若干个 VLAN（虚拟局域网），这样每个 VLAN 内成了一个小的广播域，某个 VLAN 中发送的消息就不会被其他 VLAN 中的主机监听到。

3）网络分段。网络分段跟划分 VLAN 的思想是一样的，也是将一个大的局域网化整为零。我们知道，每一个网段的所有主机处在同一个局域网中，网段越大所包含的主机就越多，这样就更容易被监听。如果将一个大网段继续划分成若干个小网段，那么局域网的范围就会随之减小。在不影响正常使用的情况下，某个局域网中的主机数量越少就越容易避免被监听。

1. 如何加强网络账号的安全性?
2. 如何防范 QQ 盗号?
3. 如果你的 QQ 号被盗，应该采取什么方法追回?

第19章 网络支付工具的安全

在我国，民众购物消费的支付环节已经由现金支付形式往线上支付转型，并且线上支付已经占据了非常大的比重，但线上支付却存在着较大的安全隐患。

本章将以市场占有率较高的支付宝、财付通等第三方支付工具的安全设定为例，介绍网络支付工具的安全知识。

19.1 加强支付宝的安全防护

支付宝作为一款网络支付工具已经被广泛接受，那么对于经常使用支付宝的用户来说，其账户及账户内资金的安全也成为用户比较担心的问题。本章就从这两点出发，向用户介绍如何使自己的支付宝账户及账户内资金更加安全，防御系数更高。

19.1.1 加强支付宝账户的安全防护

加强支付宝账户的安全防护主要有以下 3 个方法：① 定期修改登录密码；② 绑定手机；③ 设置安全保护问题。

1. 定期修改登录密码

使用支付宝前首先要通过登录密码进行登录，密码登录错误将无法进行后续操作，其重要性不言而喻。由于长时间使用单一密码很容易导致密码泄露或被黑客破译，因此定期修改密码非常重要。下面来介绍修改支付宝登录密码的具体操作步骤。

步骤 1 进入支付宝首页

在 IE 浏览器地址栏中输入“www.alipay.com”后按 <Enter> 键。

步骤 2 登录支付宝

❶ 输入用户名和密码。

❷ 单击“登录”按钮。

步骤 3 打开新的页面

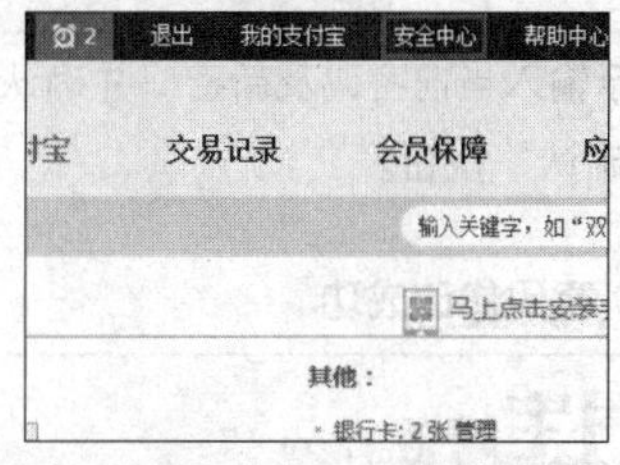

单击页面顶部的“安全中心”链接。

步骤 4 打开“安全管家”页面

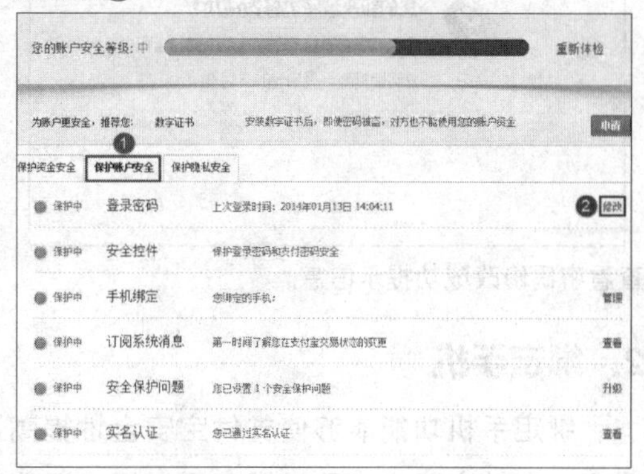

❶ 切换到“保护账户安全”选项卡。

❷ 在“登录密码”右侧单击“修改”链接。

步骤 5 第二种修改登录密码的方式

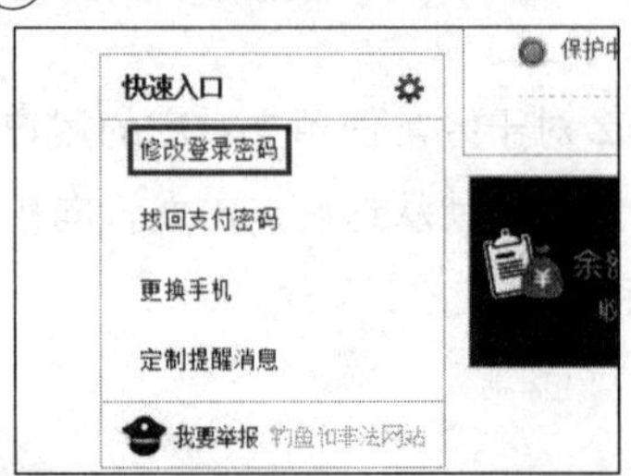

在“安全管家”页面左下角单击“修改登录密码”。

步骤 6 修改密码

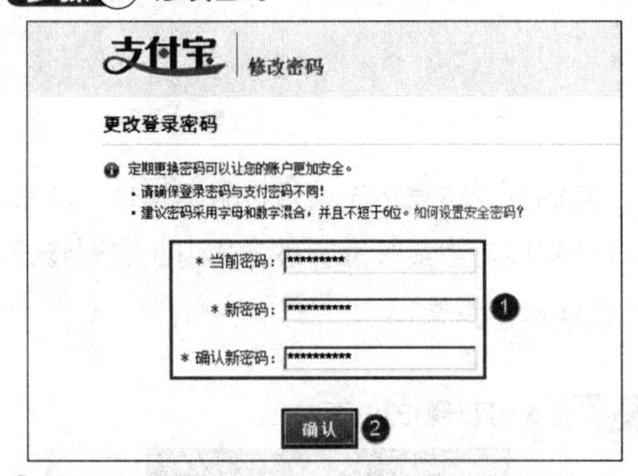

❶ 根据提示输入当前密码及新密码并确认新密码。

❷ 单击“确认”按钮。

步骤 7 密码修改成功

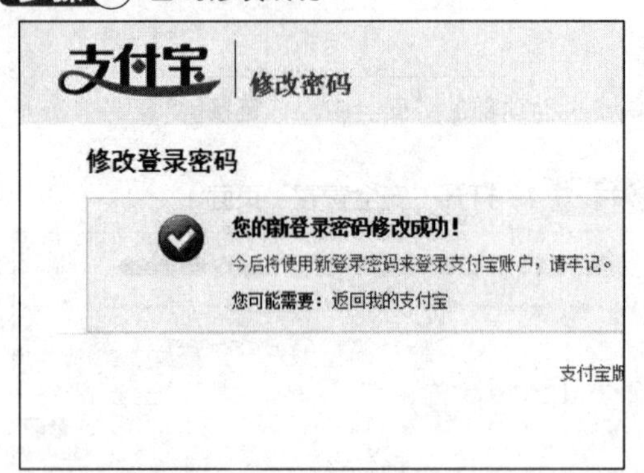

查看密码修改成功提示信息。

2. 绑定手机

绑定手机功能能够使支付宝安全性提高很多。支付宝账户与手机绑定后，用户还能够随时随地修改密码，保证账户安全。下面来介绍绑定手机的具体操作步骤。

步骤 1 打开的“安全管家”页面

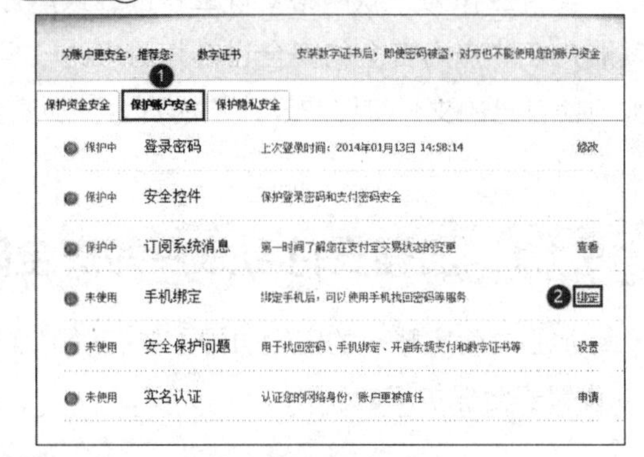

❶ 切换至“保护账户安全”选项卡。

❷ 单击“手机绑定”右侧的“绑定”链接。

步骤 2 选择绑定方式

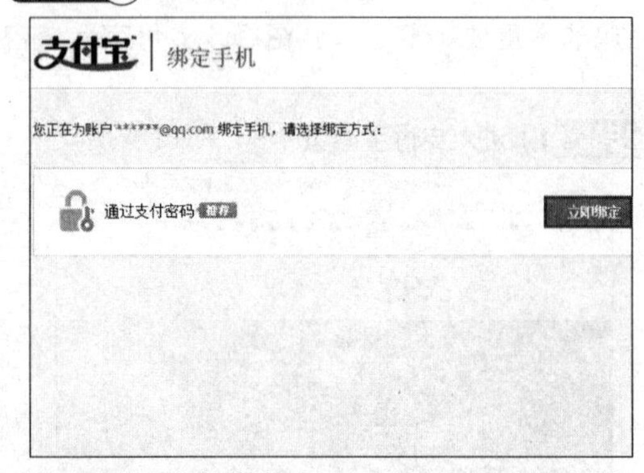

选择“通过支付密码”绑定，然后单击“立即绑定”按钮。

步骤 3 输入支付密码

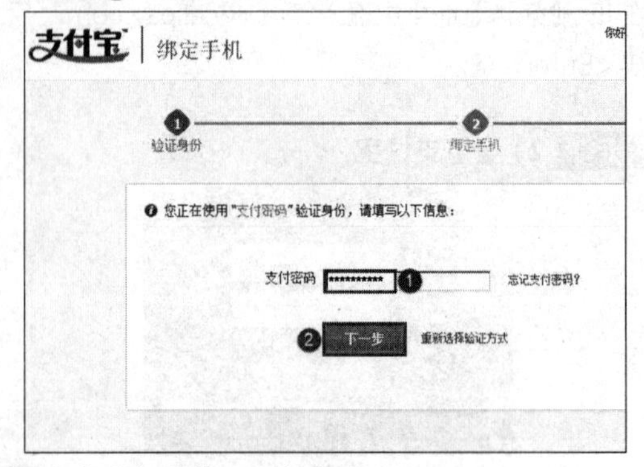

❶ 在文本框中输入支付密码。

❷ 单击“下一步”按钮。

步骤 4 填写手机号码及校验码

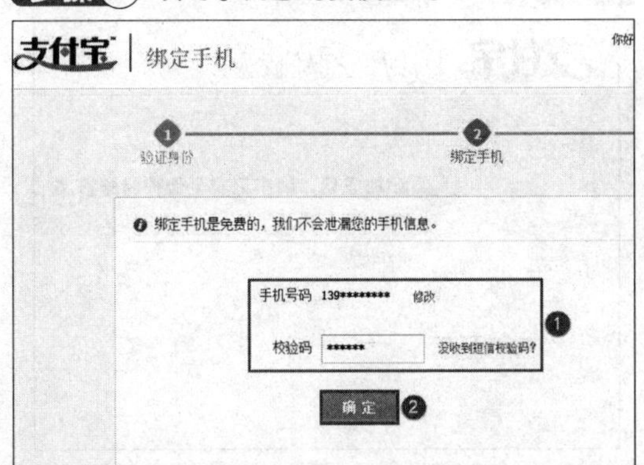

❶ 在文本框中输入手机号码后，根据发送到手机上的信息填写校验码。

❷ 单击“确定”按钮。

步骤 5 手机绑定成功

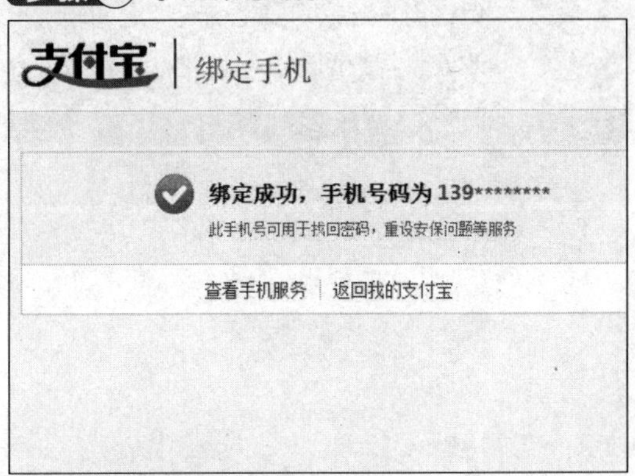

查看手机绑定成功提示信息。

3. 设置安全保护问题

设置安全保护问题，使支付宝账户更加安全。下面来介绍设置安全保护问题的具体操作步骤。

步骤 1 打开“安全管家”页面

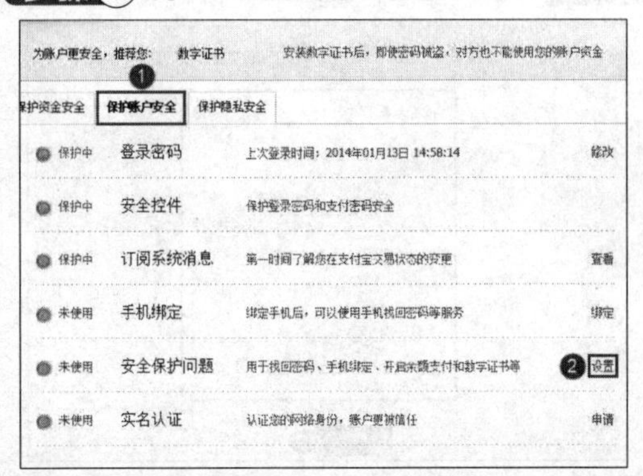

❶ 切换至“保护账户安全”选项卡。

❷ 在“安全保护问题”右侧单击“设置”链接。

步骤 2 添加安保问题

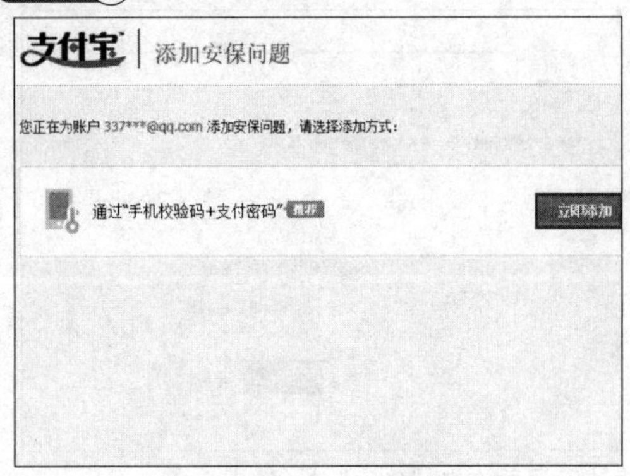

提示通过“手机校验码 + 支付密码”的方式进行添加，单击“立即添加”按钮。

步骤 3 验证身份

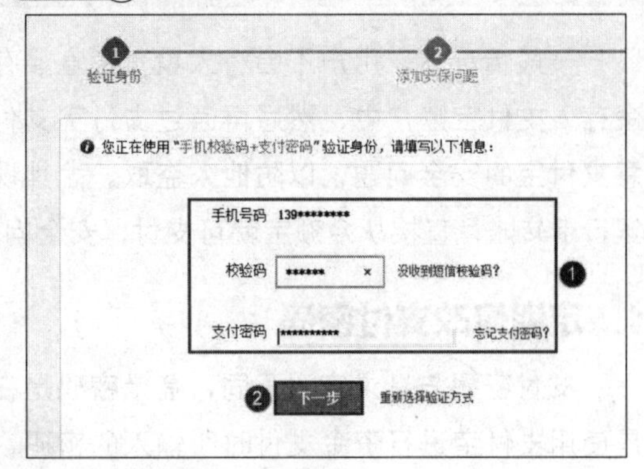

❶ 输入校验码及支付密码。

❷ 单击“下一步”按钮。

步骤 4 填写安全保护问题及答案

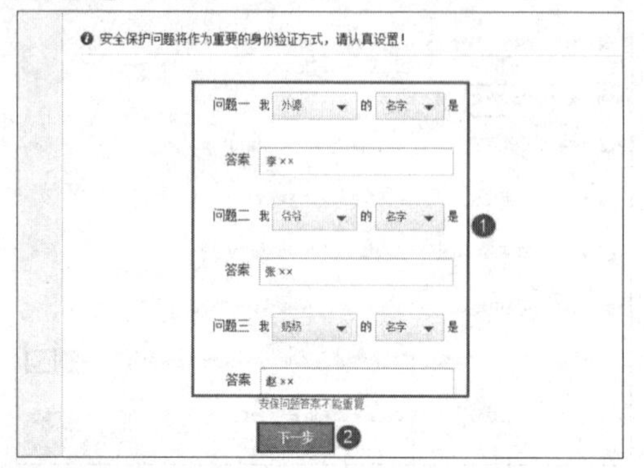

❶ 填写问题一、问题二、问题三及答案。

❷ 单击“下一步”按钮。

步骤 5 确认安全保护问题及答案信息

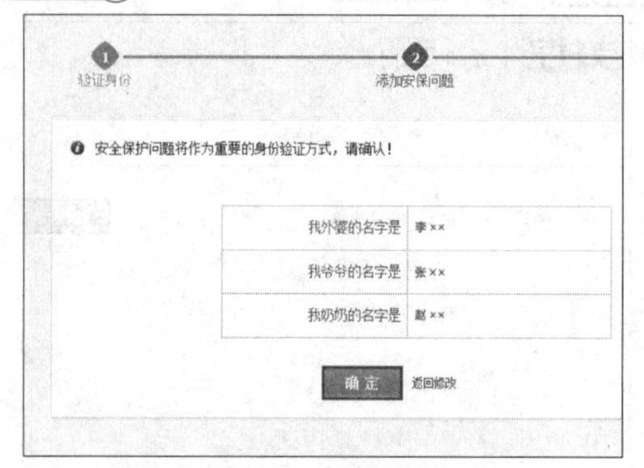

确认无误后单击“确定”按钮。

步骤 6 安保问题添加成功

查看提示信息。

安全保护问题虽然不经常使用，但是仍存在泄露的危险，为了保证用户的账户安全，建议定期修改安全保护问题，可以 3 个月修改一次。

19.1.2 加强支付宝内资金的安全防护

一般情况下，用户不会将大量资金直接存在支付宝内，而是在使用时先通过银行卡将资金存入支付宝账户中，然后再通过支付宝支付。但当支付宝中存有一定量的资金时，就要注意支付宝的安全问题，以防他人盗取。尤其现在很多用户开通了余额宝功能，不再需要通过银行卡转账，直接从余额宝就可支付，安全问题就更应该注意。

1. 定期修改支付密码

支付密码与登录密码不同，登录密码是在登录支付宝账户时所输入的密码，而支付密码是使用支付宝进行资金支付时所输入的密码，一旦密码被他人知晓，账户里的资金将会被他人盗取。下面来介绍修改支付宝支付密码的具体操作步骤。

步骤 1 登录支付宝账户

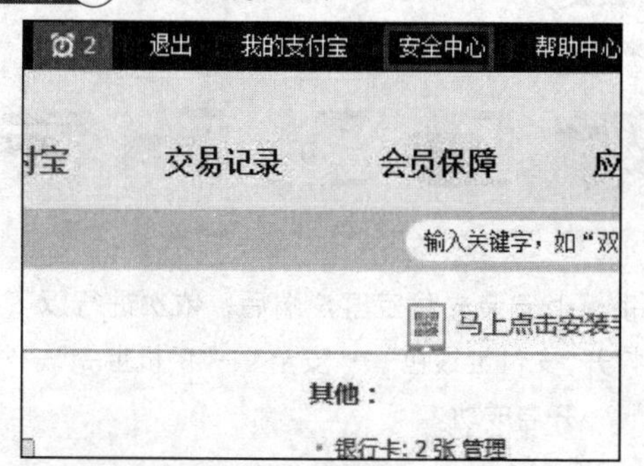

在支付宝首页顶部单击“安全中心”链接。

步骤 2 打开“安全管家”页面

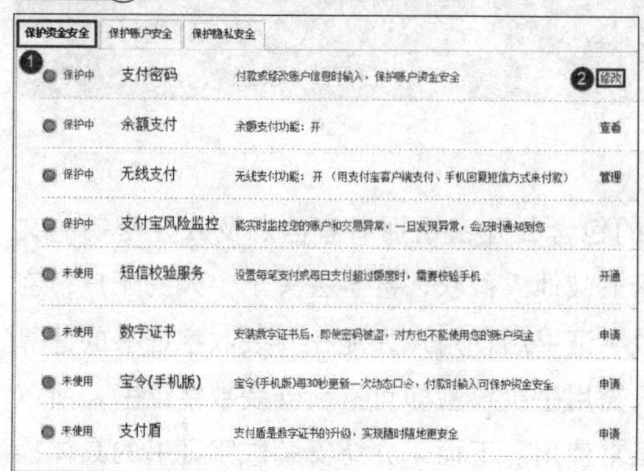

❶ 切换至“保护资金安全”选项卡。

❷ 在“支付密码”右侧单击“修改”链接。

步骤 3 更改支付密码

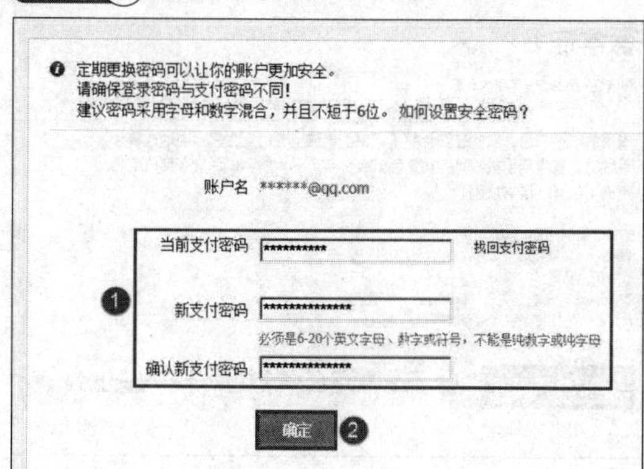

❶ 输入当前支付密码及新支付密码。

❷ 单击“确定”按钮。

步骤 4 支付密码修改成功

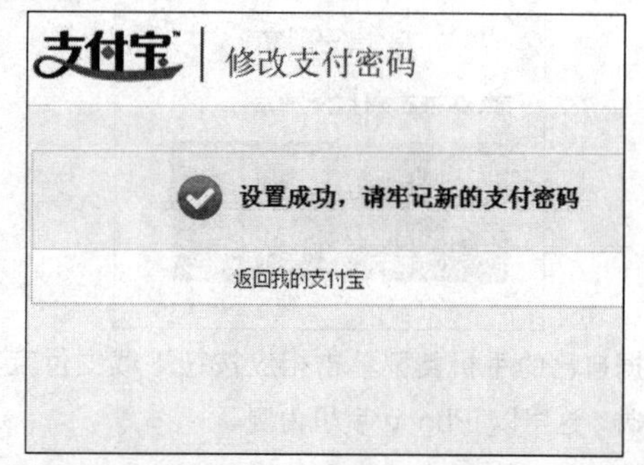

查看设置成功提示信息，并且也会向用户所填写的邮箱发送支付宝支付密码修改报告。

2. 开通宝令（手机版）

宝令（手机版）是由支付宝推出的，免费安装在手机客户端上的基于动态口令的安全认证产品。申请成功后，在用户进行付款、确认收货等关键操作时显示 6 位动态密码，安全方便，确保用户的账户资金更加安全。下面来介绍开通宝令（手机版）的具体操作步骤。

步骤 1 打开“安全管家”页面

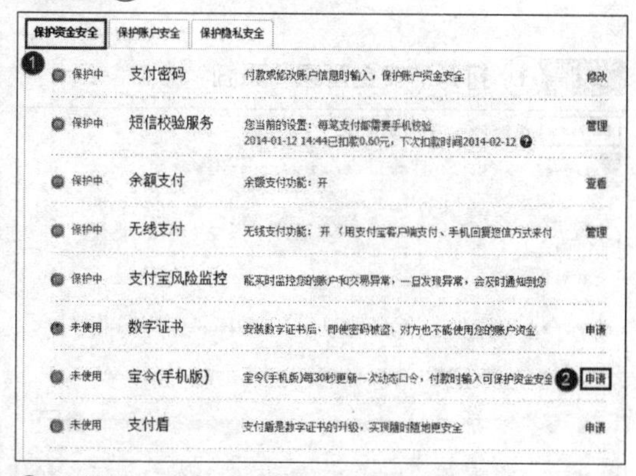

❶ 切换至“保护资金安全”选项卡。

❷ 单击“宝令（手机版）”右侧的“申请”链接。

步骤 2 下载支付宝客户端

根据自己的手机类型单击相应按钮下载支付宝客户端，这里以 iPhone 手机为例。

步骤 3 开启手机宝令

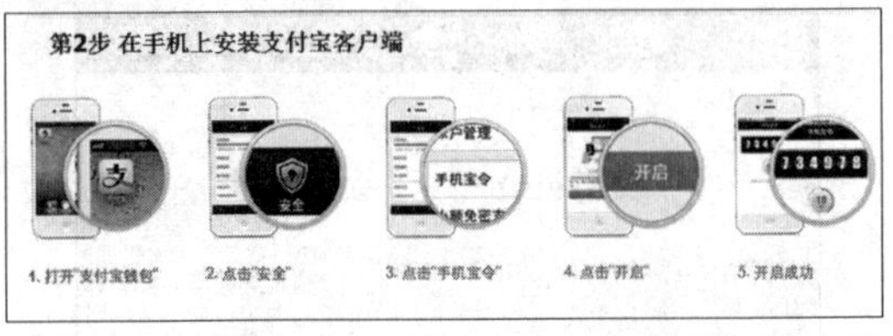

在手机上安装支付宝客户端后，依次进行以下操作打开“支付宝钱包”→“安全”→“手机宝令”→“开启”→开启成功。

手机宝令开启成功后，在计算机上付款时，手机宝令上会显示动态口令，按口令输入方可付款成功，保证支付宝内资金更加安全。

3. 安装数字证书

数字证书是一个经证书授权中心数字签名的包含公开密钥拥有者信息及公开密钥的文件。使用了数字证书，即使用户发送的信息在网上被他人截获，甚至丢失了个人的账户、密码等信息，仍可以保证账户、资金安全。申请数字证书后，用户只能在安装数字证书的计算机上支付。当用户更换计算机或重装系统后，只需用手机校验即可重新安装数字证书，所以使用数字证书要确保在支付宝绑定的手机可以正常使用。下面来介绍安装数字证书的具体操作步骤。

步骤 1 打开“安全管家”页面

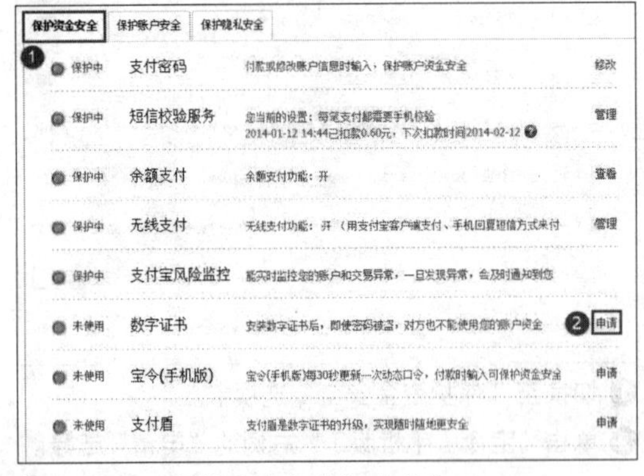

❶ 切换至“保护资金安全”选项卡。

❷ 在“数字证书”右侧单击“申请”链接。

步骤 2 申请数字证书

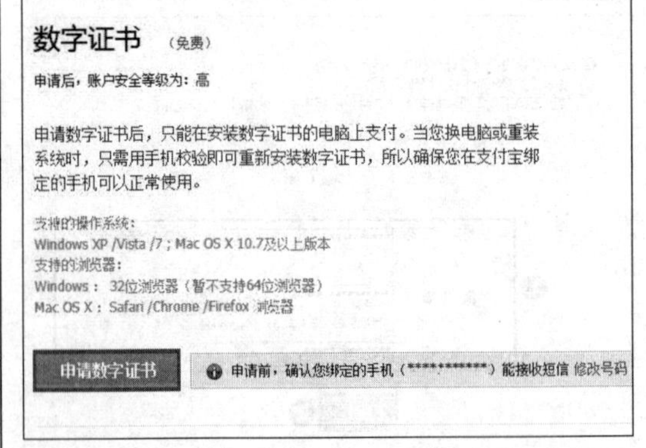

查看数字证书相关介绍，单击“申请数字证书”按钮。

步骤 3 填写身份证号等信息

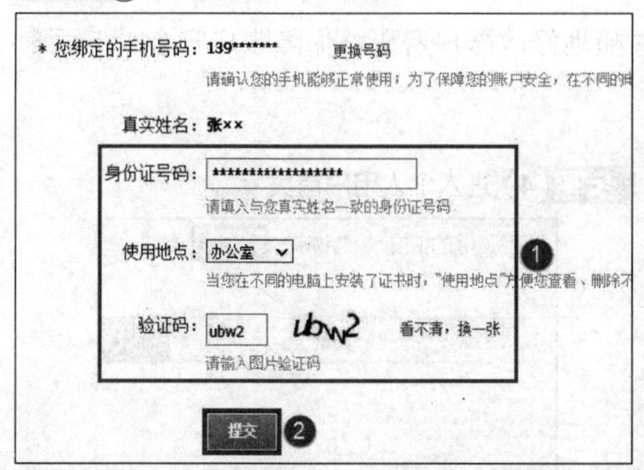

❶ 填写身份证号、使用地点、验证码等相关信息。

❷ 单击“提交”按钮。

步骤 4 进行手机验证

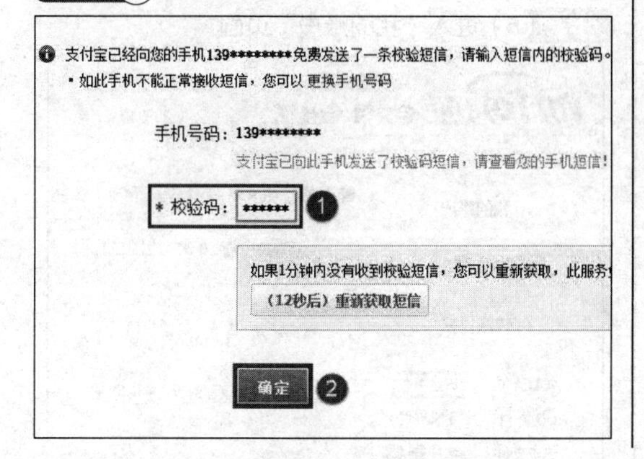

❶ 填写手机上接收到的校验码。

❷ 单击“确定”按钮。

步骤 5 安装证书控件

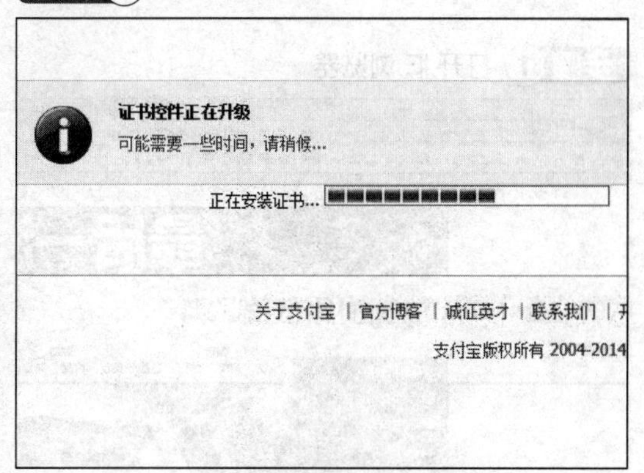

可看到安装进度，安装完成后即可使用其功能。

19.2 加强财付通的安全防护

财付通是腾讯公司推出的专业在线支付平台，其核心业务是帮助在互联网上进行交易的双方完成支付和收款。个人用户注册财付通后，可在拍拍网及 20 多万家购物网站进行购物。财付通支持全国各大银行的网银支付，用户也可以先充值到财付通，享受更加便捷的财付通余额支付体验。

19.2.1 加强财付通账户的安全防护

使用财付通和支付宝一样，保障安全是非常重要的。常用的财付通账户安全防护方法有以下几种：① 绑定手机；② 设置二次登录密码；③ 启用实名认证。

1. 绑定手机

使用财付通绑定手机功能后，用户可以随时随地修改账户密码，保障账户安全。下面来介绍绑定手机的具体操作步骤。

步骤 1 打开 IE 浏览器

在 IE 浏览器地址栏中输入“www.paipai.com”后在键盘上按 <Enter> 键。

步骤 2 进入拍拍网首页

在拍拍网首页顶部单击“我的拍拍”链接。

步骤 3 账号登录

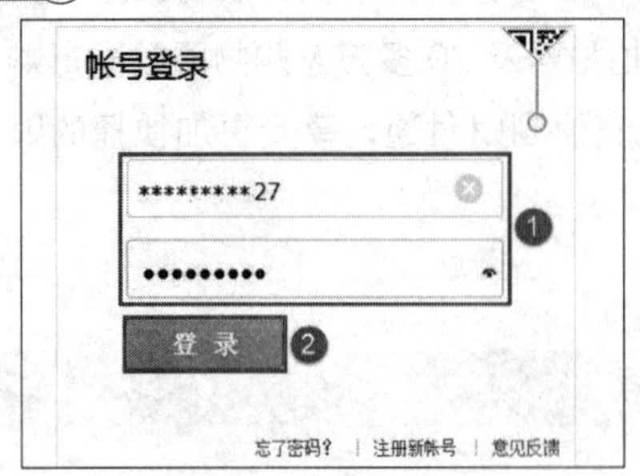

❶ 在文本框中输入 QQ 号和密码。

❷ 单击“登录”按钮。

步骤 4 进入个人用户首页

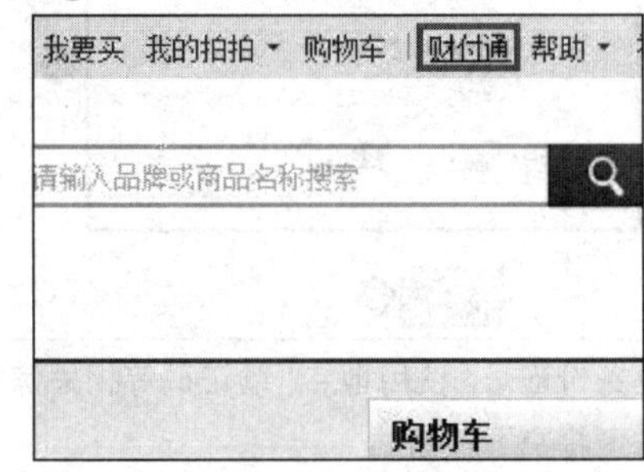

在页面顶部单击“财付通”链接。

步骤 5 进入“我的账户”页面

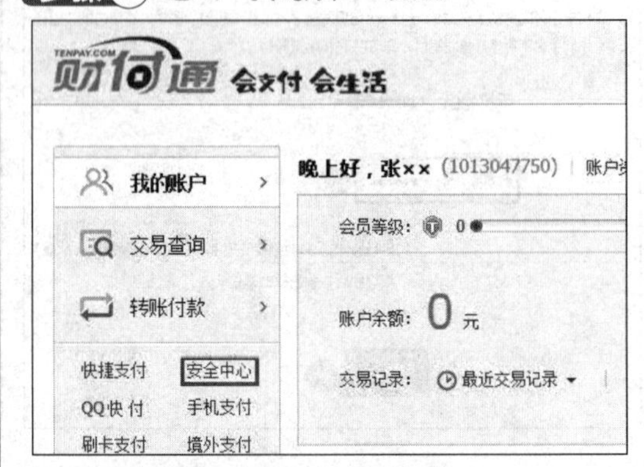

在页面左侧单击“安全中心”选项。

步骤 6 查看“未启用的保护”列表

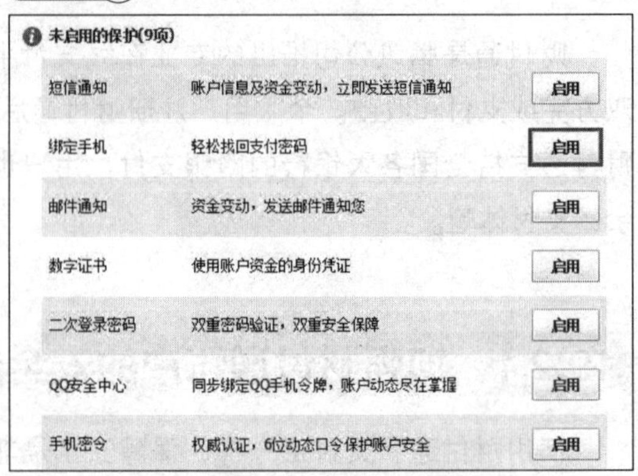

单击“绑定手机”右侧的“启用”按钮。

步骤 7 绑定手机

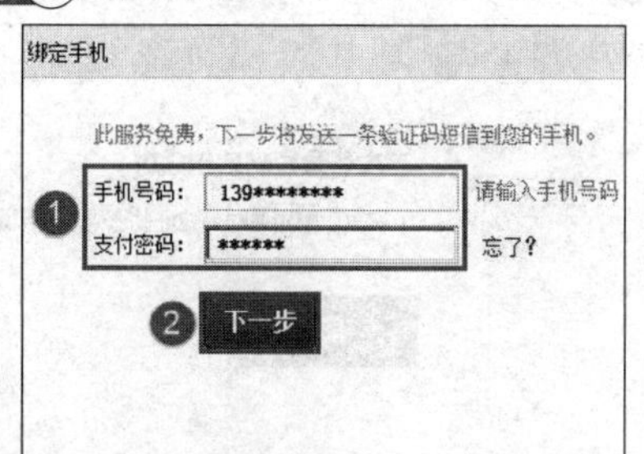

❶ 根据提示填写手机号码及支付密码。

❷ 单击“下一步”按钮。

步骤 8 填写验证码

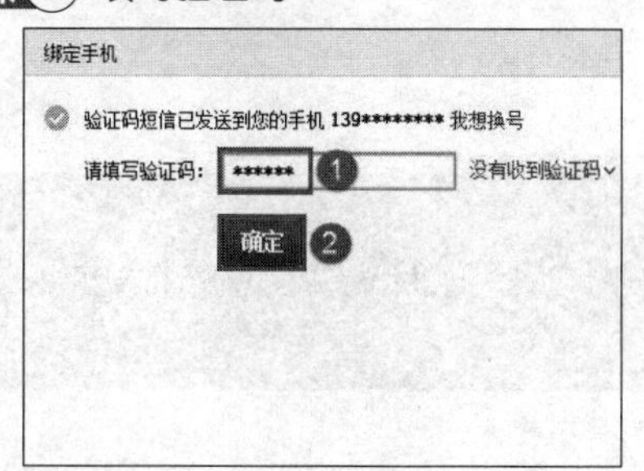

❶ 填写手机上接收到的验证码。

❷ 单击“确定”按钮。

步骤 9 成功绑定手机

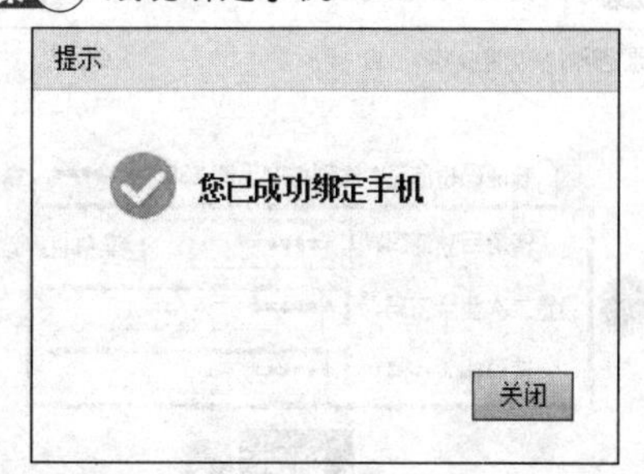

查看提示信息。

步骤 10 返回查看“已启用的保护”列表

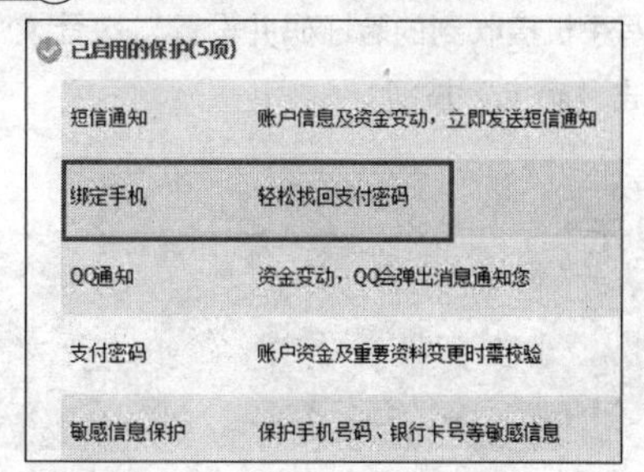

可以看到该列表中已包含“绑定手机”选项。

2. 设置二次登录密码

在财付通中，可设置二次登录密码加强财付通账户的安全性。设置了二次登录密码，在登录财付通时就需要输入登录密码和二次登录密码两个密码，有效保障账户的安全。下面来介绍设置二次登录密码的具体操作步骤。

步骤 1 查看“未启用的保护”列表

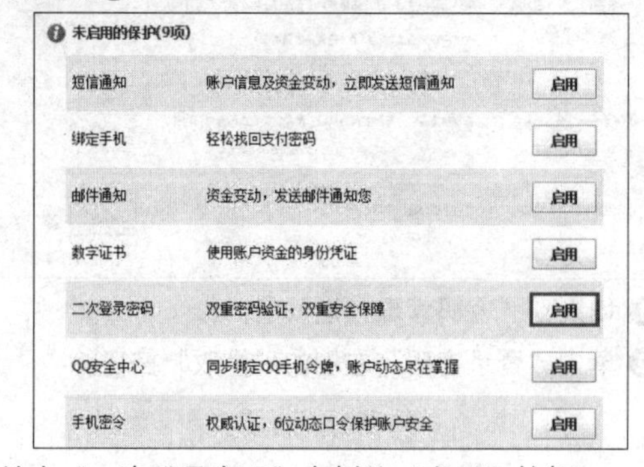

单击“二次登录密码”右侧的“启用”按钮。

步骤 2 启用二次登录密码

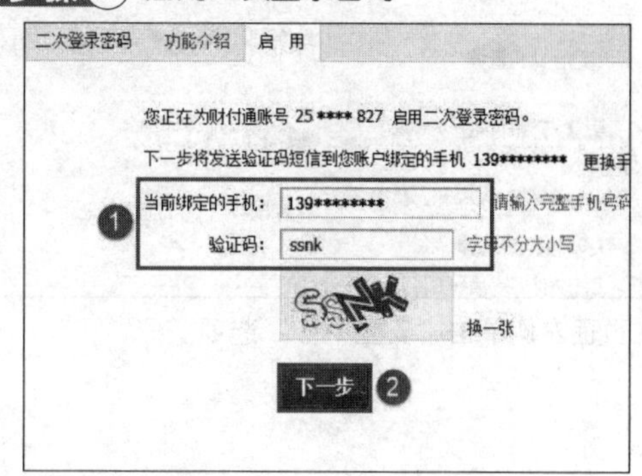

❶ 填写当前绑定的手机及验证码。

❷ 单击“下一步”按钮。

步骤 3 填写验证码

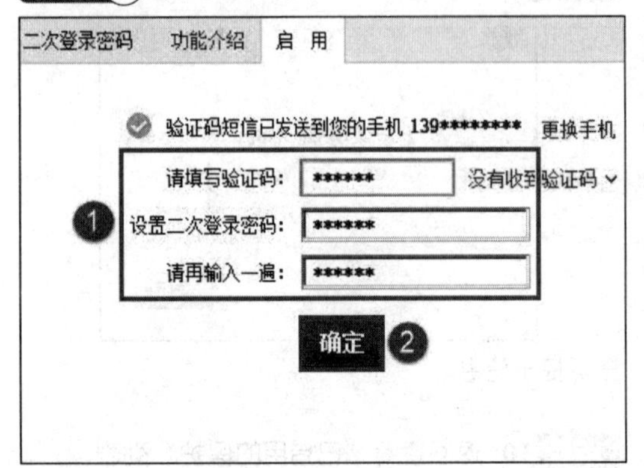

❶填写手机接收到的验证码并设置二次登录密码。
❷单击“确定”按钮。

步骤 4 二次登录密码启用成功

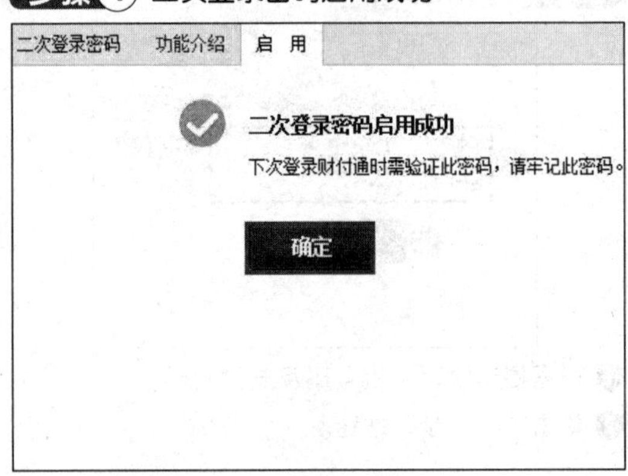

查看提示信息并单击“确定”按钮。

设置二次登录密码时尽量要与登录密码有所不同，防止财付通账户被轻易破解。

3. 定期修改登录密码

登录密码长时间使用后就会有丢失或者被破解的风险，因此定期修改登录密码非常必要。下面来介绍修改密码的具体操作步骤。

步骤 1 打开财付通账户首页

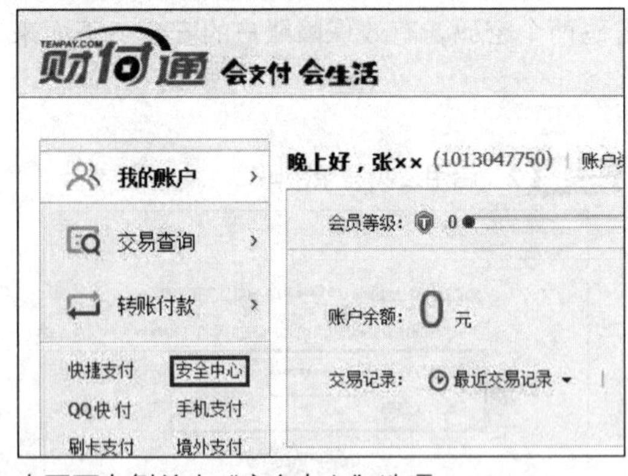

在页面左侧单击“安全中心”选项。

步骤 2 切换至“密码管理”选项卡

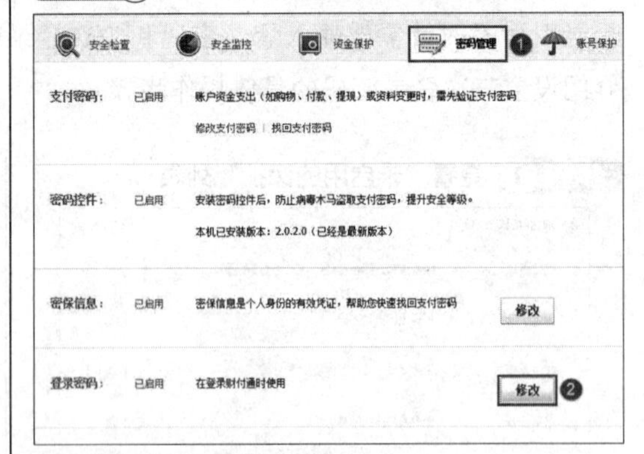

❶切换到“密码管理”选项卡。
❷单击“登录密码”右侧的“修改”按钮。

步骤 3 跳转至 QQ 安全中心“密码管理”界面

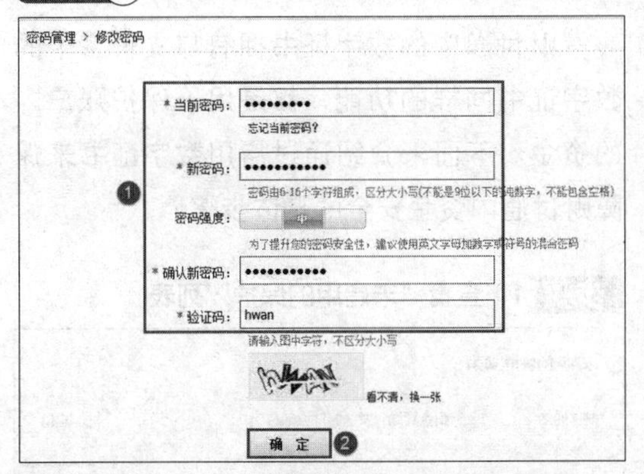

❶ 根据提示填写当前密码、新密码及验证码。

❷ 单击“确定”按钮。

步骤 4 QQ 密码修改成功

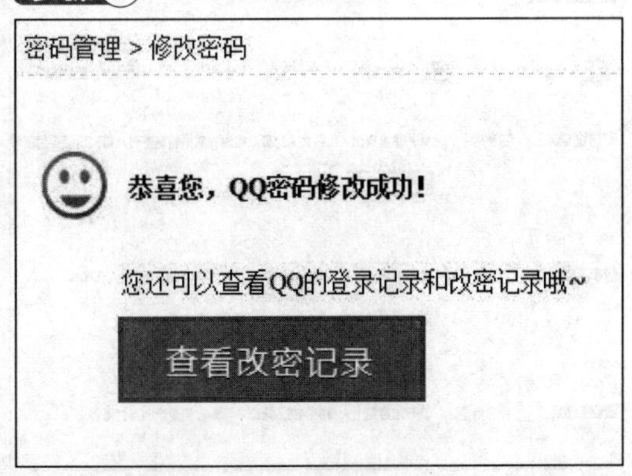

查看提示信息，单击“查看改密记录”按钮可查看 QQ 密码修改记录。

19.2.2 加强财付通内资金的安全防护

当财付通中存有一定量的资金时，就要注意账户内资金的安全问题，以防他人盗取。常用的防护措施有以下几点：① 定期修改支付密码；② 启用数字证书。

1. 定期修改支付密码

使用财付通进行充值、支付、提现操作时，就需要输入支付密码；下面来介绍通过修改支付密码来保障财付通内资金安全的具体步骤。

步骤 1 打开财付通首页

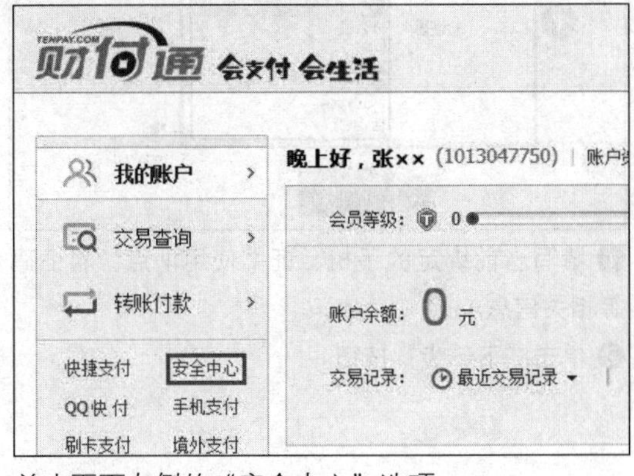

单击页面左侧的“安全中心”选项。

步骤 2 查看“已启用的保护”列表

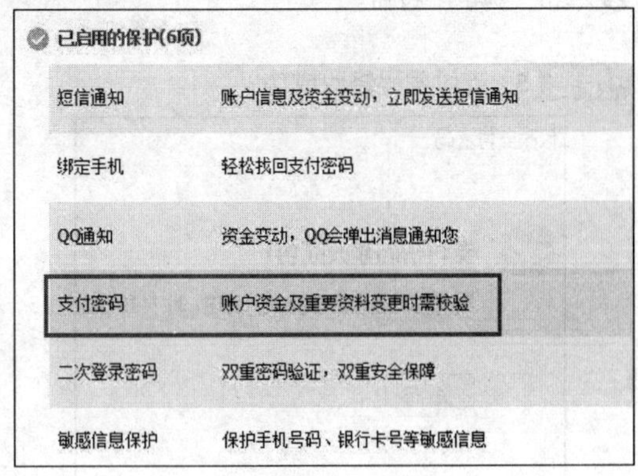

单击“支付密码”选项。

步骤 3 进入“密码管理”界面

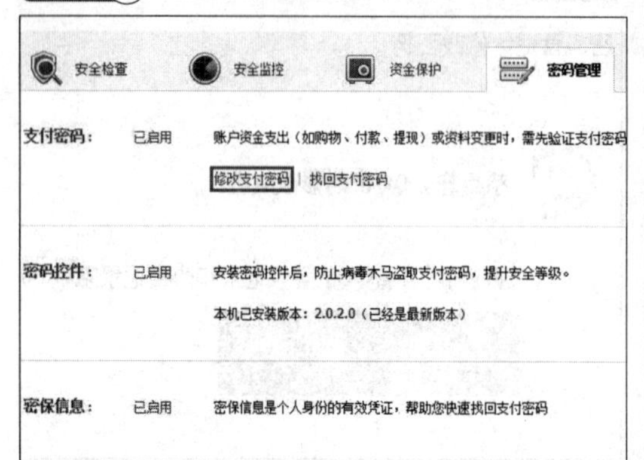

单击“修改支付密码”链接。

步骤 4 修改支付密码

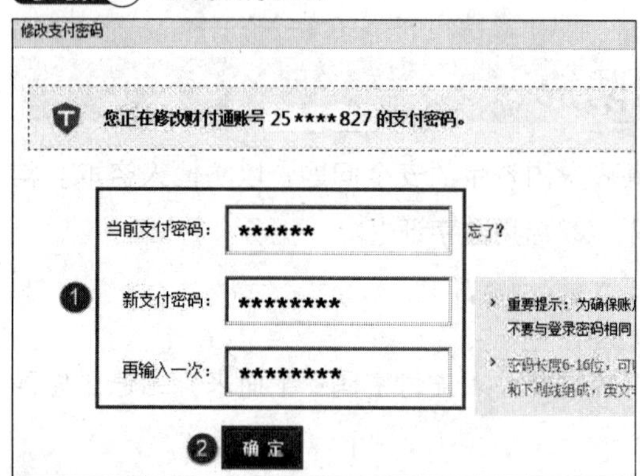

❶ 填写当前支付密码、新支付密码。

❷ 单击“确定”按钮。

步骤 5 支付密码修改成功

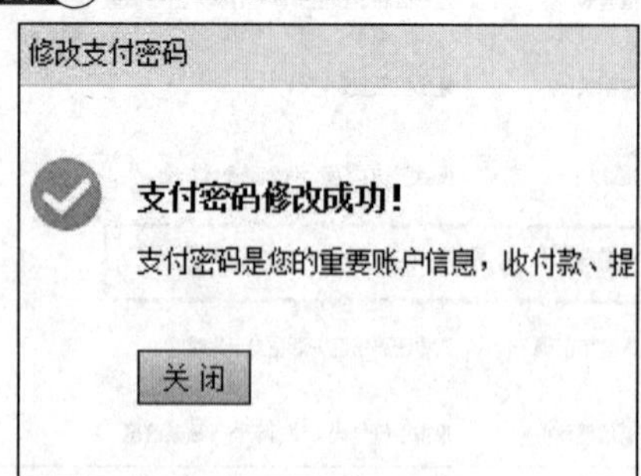

查看提示信息。

2. 启用数字证书

财付通中的数字证书拥有与支付宝中的数字证书同样的功能，都是用于保护账户内的资金。下面来介绍通过启用数字证书来保障财付通内资金安全的具体步骤。

步骤 1 查看“未启用的保护”列表

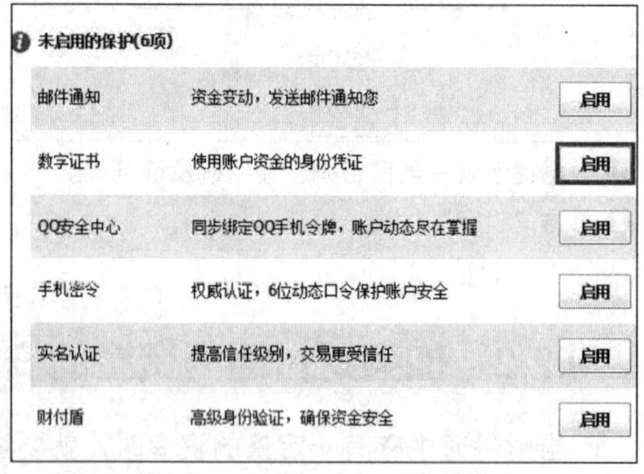

单击“数字证书”右侧的“启用”按钮。

步骤 2 管理数字证书

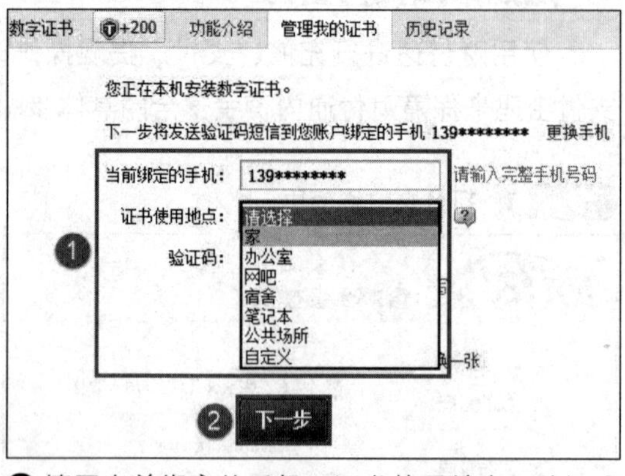

❶ 填写当前绑定的手机、证书使用地点、验证码等相关信息。

❷ 单击“下一步”按钮。

步骤 3 填写验证码

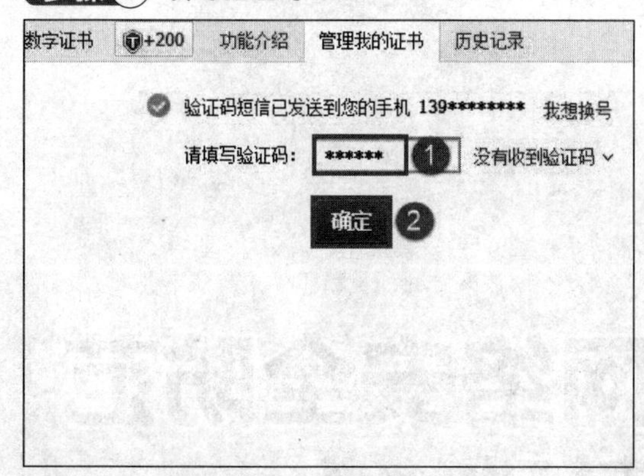

❶ 填写手机接收到的验证码。

❷ 单击“确定”按钮。

步骤 4 数字证书安装成功

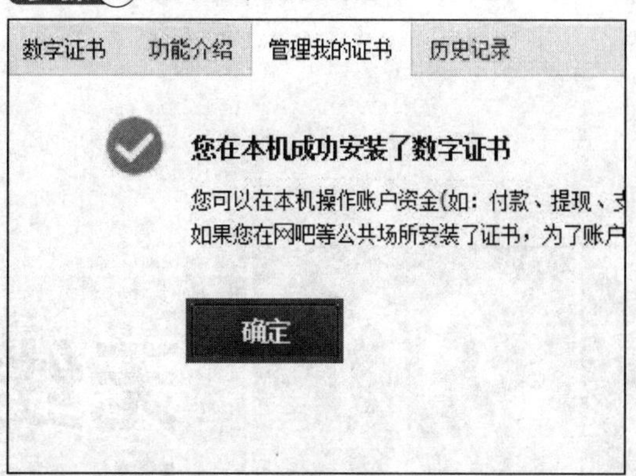

查看提示信息并单击“确定”按钮。

1. 如何有效预防网上诈骗?
2. 为了保障您的网银安全，您在使用网上银行时应注意什么?
3. 忘记支付密码怎么找回?

第20章 无线网络安全防范技术基础

相比有线局域网来说，无线局域网更加方便、灵活，更适合移动终端的特点，因此无线网络越来越受到广大用户的青睐。无线路由器在无线网络的搭建过程中起着重要的作用，本章我们重点介绍无线路由器、无线路由器的简单配置及如何防范路由器被攻击。

20.1 无线路由器基本配置

无线路由器已经越来越普及，大多数用笔记本电脑或者只能用手机的人，都希望能直接用 Wi-Fi 连接上网，不仅方便，而且省流量。但是，很多刚接触无线路由器的人，都不知道无线路由器怎么设置。下面我们以较为普遍的 TP Link 无线路由器为例来介绍怎么设置无线路由器。

20.1.1 了解无线路由器各种端口

先来了解一下无线路由器的各个接口，除了 Reset 按钮的位置可能不一致外，基本上无线路由器都大同小异，如下图所示。

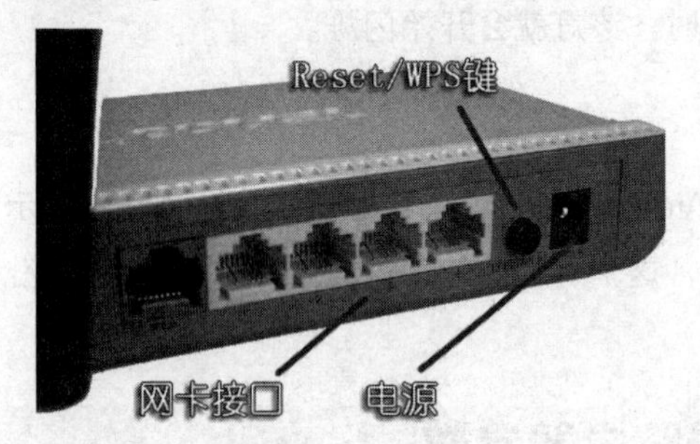

WAN 端口：连接网线。

LAN 端口：连接计算机（任选一个端口就行）。

Reset 按钮：将路由器恢复到出厂默认设置。

20.1.2 了解无线路由器的指示灯

无线路由器指示灯及其含义如下图所示。

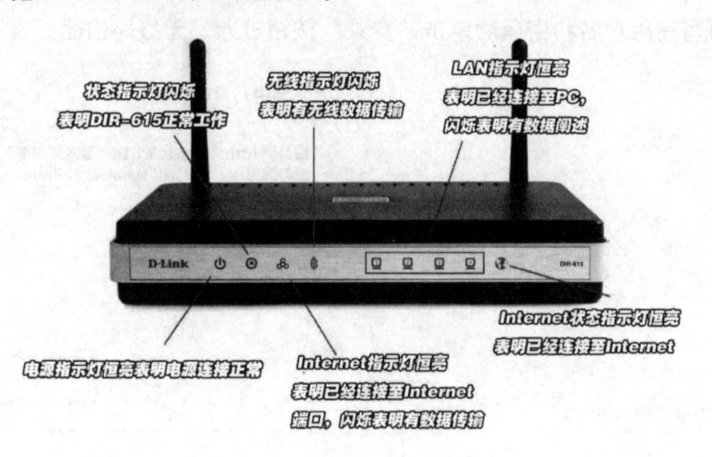

1. pwr

pwr 的全称为 Power，是电源指示灯。当指示灯在路由器接上电的时候就一直亮着，正常情况不闪烁。

2. sys

sys 的全称为 System，它是系统运行状态指示灯。系统运行状态指示灯告知用户设备的运行情况，如果处在故障或重启中，会闪烁得和平常不一样。

3. wlan

wlan 的全称是 Wireless Local Area Network，即无线局域网，也就是无线的指示灯。当有无线网卡连接在路由器时，该灯就会开始闪烁。

4. wan

wan 的全称为 Wide Area Network，即广域网，就是外网的指示灯。当有流量访问外网时，就会闪烁，如果外网断线，这个灯会均匀闪烁或熄掉，或者变颜色。

20.1.3 配置无线路由器参数

无线路由器接通电源后用网线将计算机与无线路由器的 LAN 端口连接，WAN 端口与宽带接入端口相连。打开计算机的浏览器，在地址栏输入 IP 地址“192.168.1.1”登录无线路由器配置界面，其中“192.168.1.1”是默认的登录 IP 地址，不同厂家的默认登录 IP 地址可能有所不同，可以从无线路由器说明书或者无线路由器的标签上找到该无线路由器默认的登录 IP 地址。输入登录 IP 地址后单击 <Enter> 键。

进入无线路由器管理登录界面后，填写初始用户名和密码，通常初始用户名和密码都为“admin”。填写完用户名和密码后单击“登录”按钮进入“无线路由器配置”界面。

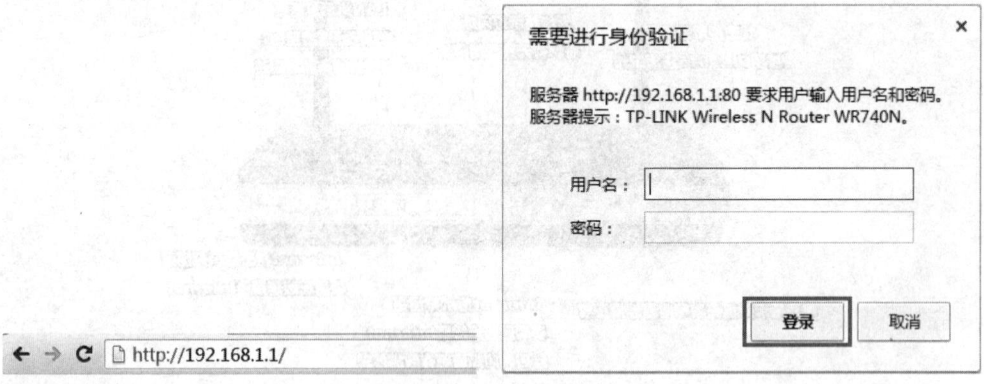

进入“无线路由器配置”界面，单击“基本设置”选项卡，右侧会显示基本配置的相关内容。在“SSID 号”文本框中填写 Wi-Fi 名称，用户通过 SSID 识别无线网络，无线网络名称根据用户个人喜好设置即可。选择“开启无线功能”和“开启 SSID 广播”。开启无线功能是为了使无线路由器可以进行无线通信。广播（SSID）的作用为对覆盖范围内的所有无线设备可见；开启了 SSID 广播后，无线信号覆盖范围内的无线设备可以搜索到该无线网络。单击“保存”按钮保存当前基本配置，如下图所示。

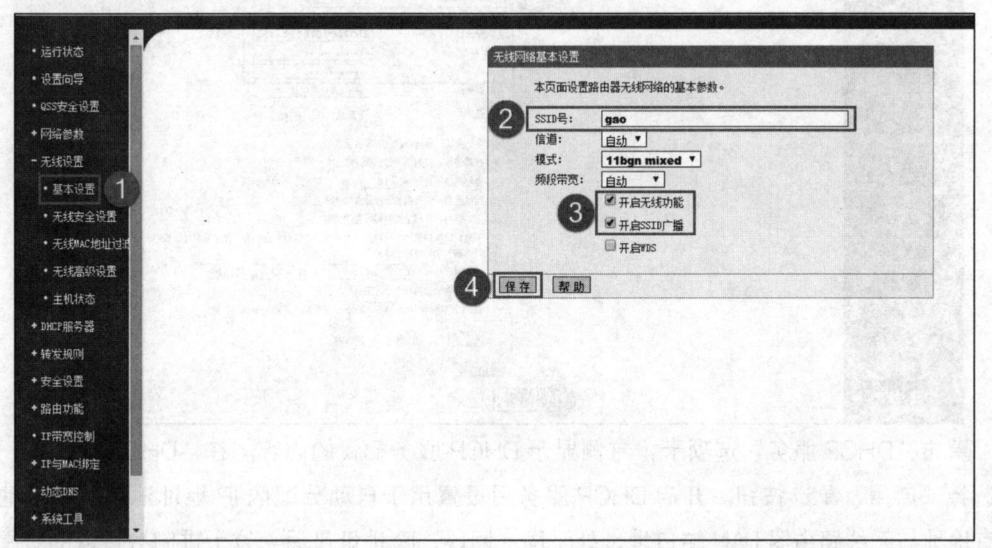

单击“LAN 端口设置”选项卡，右侧显示 LAN 端口设置的内容。设置 LAN 端口 IP 地址和相应的子网掩码，如 IP 地址为“192.168.1.1”，子网掩码为“255.255.255.0”。设置完 LAN 端口 IP 地址和子网掩码后如需再次进入“无线路由器配置”界面，输入的 IP 地址为 192.168.1.1，端口号默认为 80，即 192.1698.1.1:80。配置完成后单击“保存”按钮保存当前配置，如下图所示。

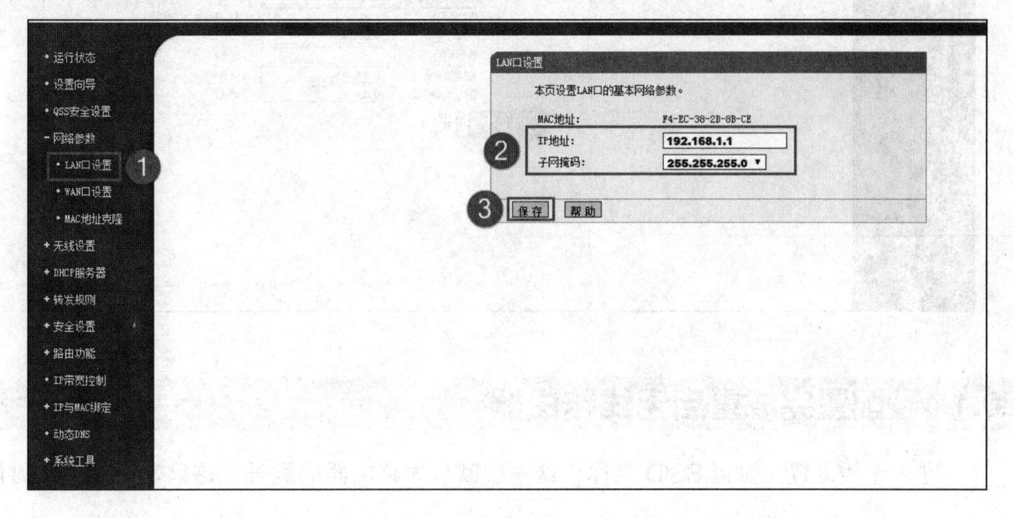

单击“WAN 设置”选项卡，右侧显示 WAN 端口配置的内容。“WAN 口连接类型”选择 PPPoE 类型，PPPoE 是以太网上的点对点协议，宽带接入方式 ADSL 就使用了 PPPoE 协议。上网账号和上网口令均为运营商提供，每个账号对应一个运营商分配的私网 IP 地址。填写准确无误后单击“保存”按钮保存当前配置，如下图所示。

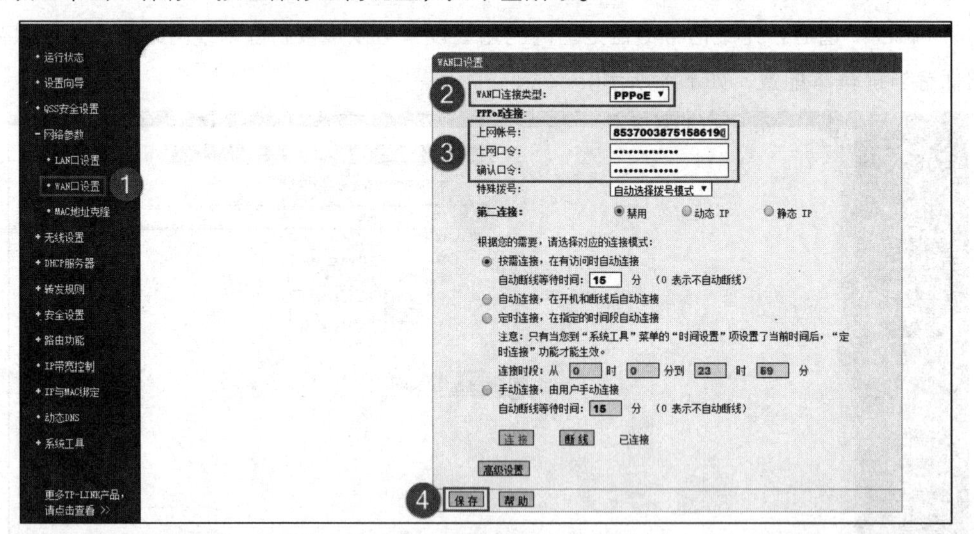

单击“DHCP 服务”选项卡，右侧显示 DHCP 服务配置的内容。在“DHCP 服务器”一栏选择“启用”单选按钮。开启 DHCP 服务后设置用于自动分配的 IP 地址池，IP 地址池的所有地址与无线路由器 LAN 端口地址处于同一网段，IP 地址最后一位十进制数可取的范围为 1 ~ 254。单击“保存”按钮保存当前配置，如下图所示。

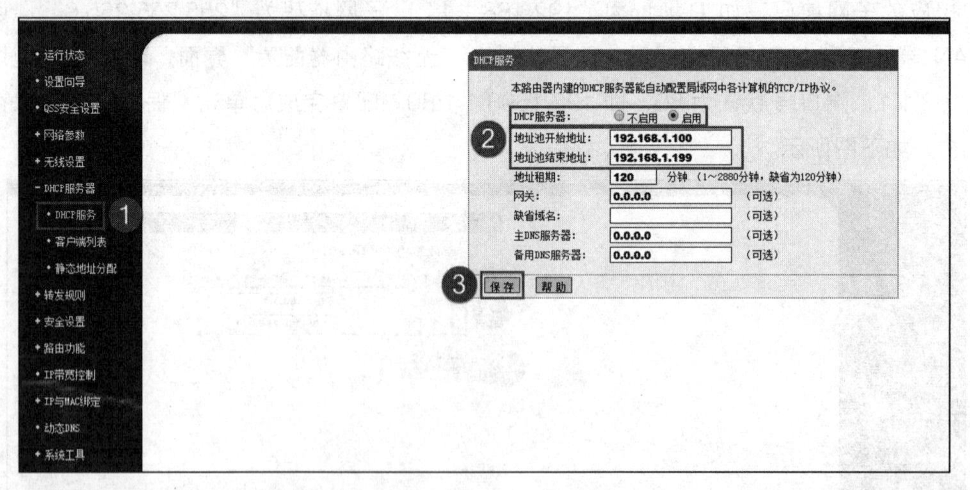

20.1.4 配置完成重启无线路由器

1）进入无线设置，设置 SSID 名称，这一项默认为路由器的型号，这只是在搜索的时候显示的设备名称，可以根据你自己的喜好更改，方便搜索使用。其余设置选项可以根据系统默认，无须更改，但是在网络安全设置项必须设置密码，防止被蹭网。设置完成后单击“下一步”按钮。

设置一个 SSID 大的名字，可以让手机、笔记本等快速找到自家的 Wi-Fi 信号。无线 Wi-Fi 密码，必须是选择 “WPA-PSK/WPA2-PSK” 模式，密码可以用手机号等，总之，密码越长越好。

2）无线路由器的设置大功告成，重新启动路由器。一般来说，只要熟悉了上述的步骤，已经可以说是懂得了无线路由器怎么用了。至此，无线路由器的设置已经完毕，接下来开启无线设备，搜索 Wi-Fi 信号直接连接就可以无线上网了。

20.1.5 搜索无线信号连接上网

步骤 1 搜索网络

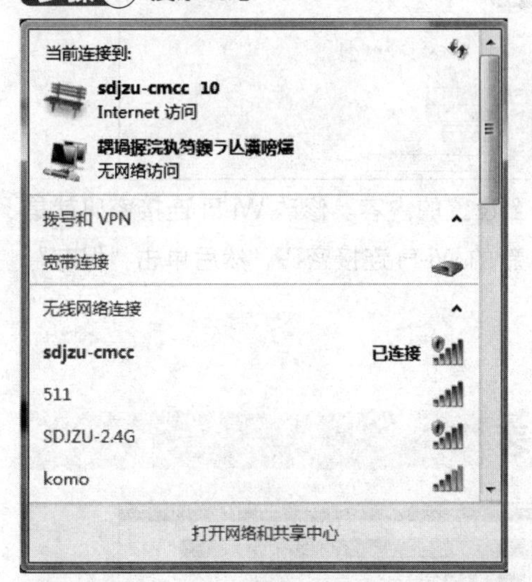

启用无线网卡，搜索 Wi-Fi 信号，找到无线路由器的 SSID 名称，双击连接。

步骤 2 获取 Wi-Fi 信息

正在获取 Wi-Fi 信息，连接无线路由器。

步骤 3 输入密码

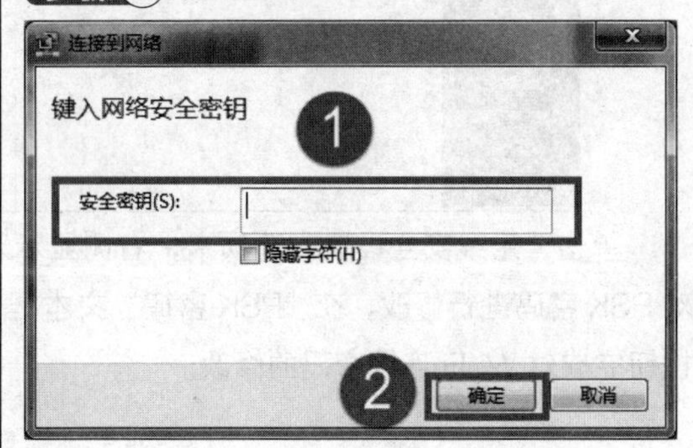

❶ 输入密码。

❷ 单击“确定”按钮。

步骤 4 连接网络

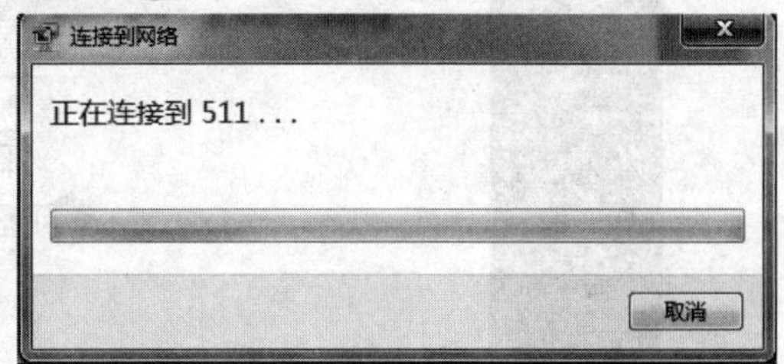

路由器的设置还远不止这些简单的内容，登录路由器设置页面之后还有更多的设置选项；设置其他选项，例如绑定 MAC 地址、过滤 IP、防火墙设置等，可以让你的无线网络更加安全，防止被蹭网。

20.2 无线路由安全设置

20.2.1 修改 Wi-Fi 密码

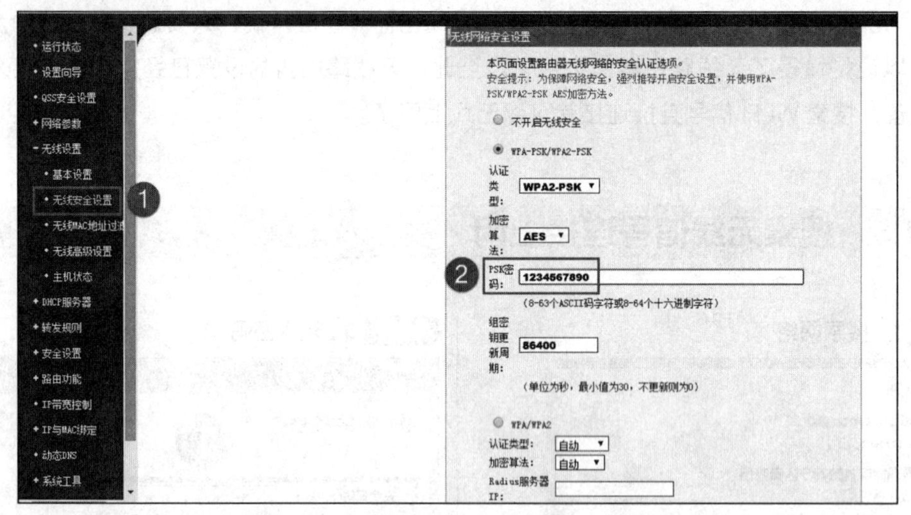

单击“无线安全设置”选项卡，右侧显示无线安全设置的内容。修改 Wi-Fi 连接密码就是对 PSK 密码进行修改，在“PSK 密码”文本框中输入新的 Wi-Fi 连接密码，然后单击“保存”按钮完成对 Wi-Fi 连接密码的修改。

20.2.2 设置 IP 过滤和 MAC 地址列表

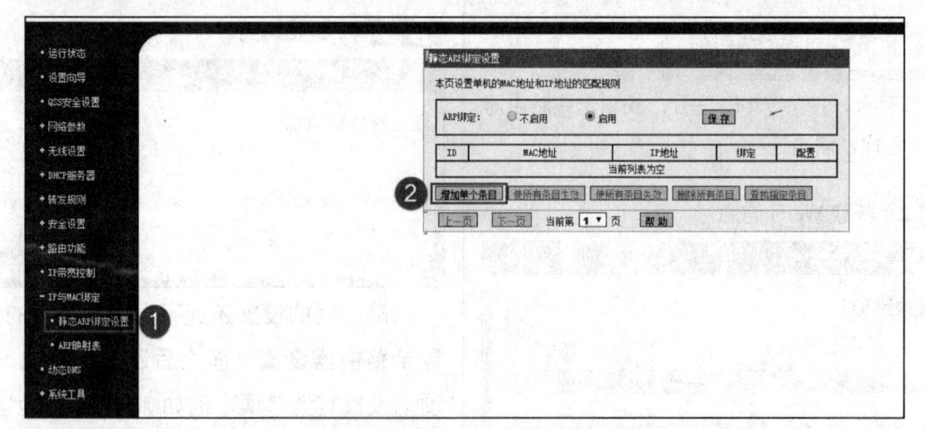

单击“静态 ARP 绑定设置”选项卡，右侧显示静态 ARP 绑定设置的内容。单击“增加单个条目”按钮新增一条绑定记录。

单击“增加单个条目”按钮后增加 MAC 地址与 IP 地址的绑定内容。单击“绑定”标签前的选框选中绑定功能。MAC 地址为无线设备的物理地址，IP 地址为要跟 MAC 地址绑定的地址。填写完成后单击“保存”按钮完成配置。

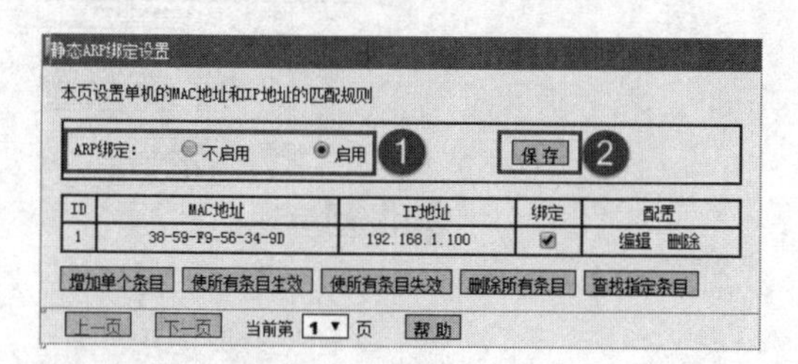

配置完要绑定的MAC地址与IP地址后，在“ARP绑定”一栏选中“启用”单选按钮，单击“保存”按钮后 MAC 地址与 IP 地址绑定生效并且启用。

20.2.3 关闭 SSID 广播

单击“基本设置”选项卡，右侧显示基本设置的内容。取消对“开启 SSID 广播”复选框的选择，无线设备再次扫描周围网络时将不会搜索到该无线网络，要想连接该无线网络需要手动输入无线网络的 SSID。虽然操作复杂，但是提高了无线网络的安全性。单击“保存”按钮完成配置，如下图所示。

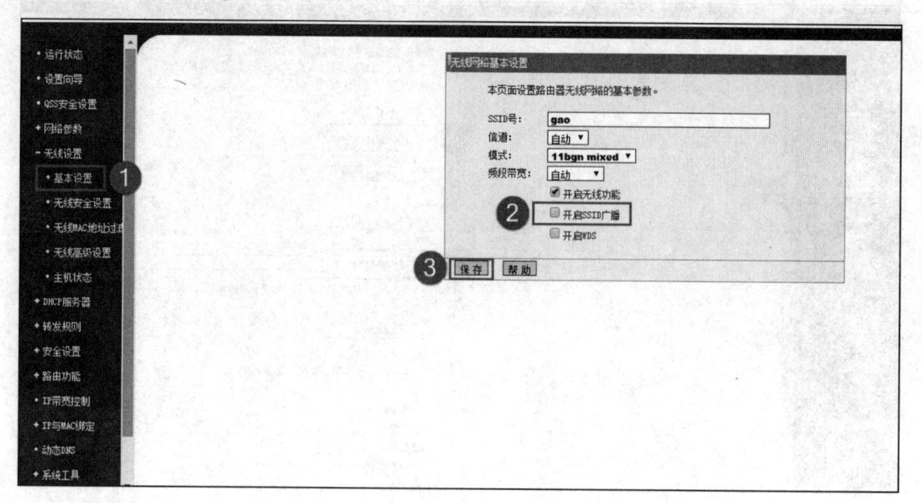

20.2.4 禁用 DHCP 功能

单击“DHCP 服务”选项卡，右侧显示 DHCP 服务设置的内容。选择“不启用”单选按钮，此时即关闭了 DHCP 服务器。无线设备再次连接该无线网络时无线路由器将不会自动分配 IP 地址，用户需要手动配置，这样做不仅操作麻烦，而且容易产生 IP 地址冲突，所以非特殊需要尽量不要关闭 DHCP 功能。单击“保存”按钮使设置生效，如下图所示。

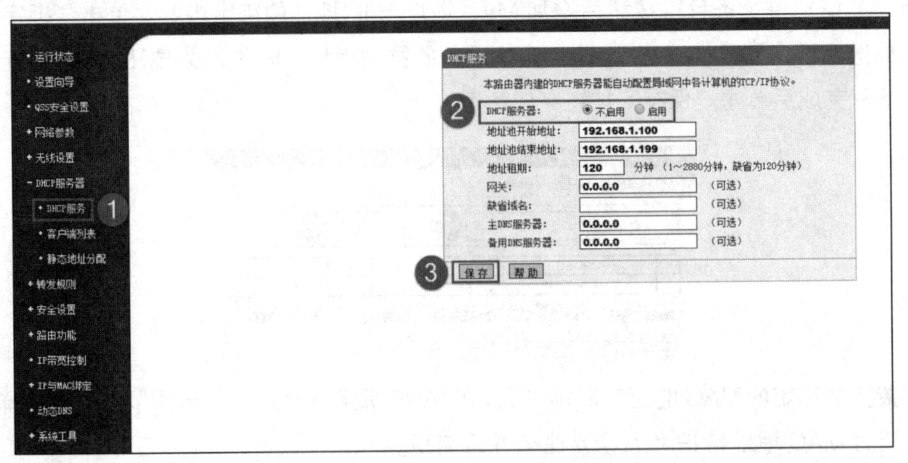

20.2.5 无线加密

单击“无线安全设置”选项卡，右侧显示无线安全设置的内容。路由器无线网络的安全认证类型选择“WPA-PSK/WPA2-PSK”，在“PSK 密码”文本框中填写无线网络的密码。无线设备连接网络时需要填写PSK密码进行身份认证，认证成功才可以连接该无线网络。单击“保存”按钮保存当前配置，如下图所示。

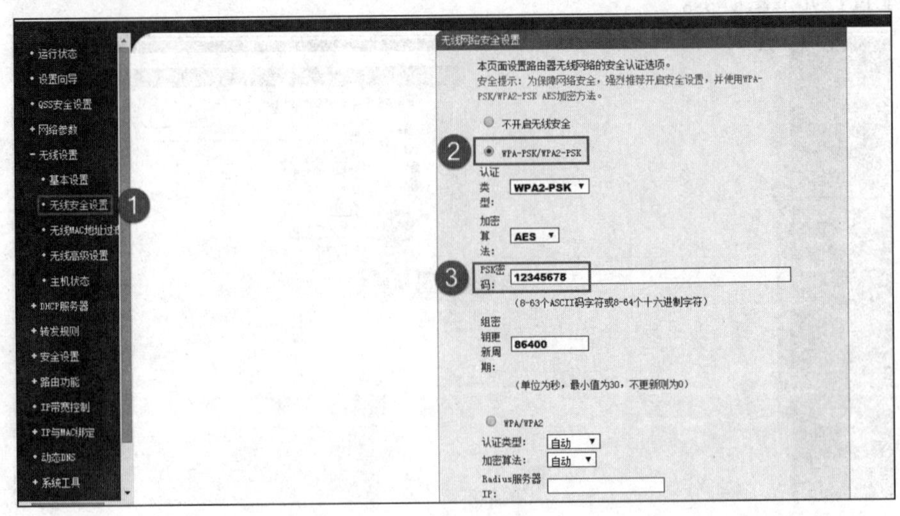

1. 怎么有效防止别人蹭网?
2. 怎么比较无线路由器的性能?
3. 路由器无法进行拨号后该采取什么措施?

第21章 Wi-Fi 安全防范技术

Wi-Fi 在我们日常生活中扮演着越来越重要的角色，无论是在咖啡厅、餐厅，还是在家、办公室，都能很方便地通过 Wi-Fi 连接互联网，浏览网页、玩游戏、聊天，无所不能。

本章将介绍有关于Wi-Fi安全防范方面的基础技术及知识要点。

21.1 Wi-Fi 基础知识简介

Wi-Fi 本质上是一种高频无线电信号，它摆脱了传统网线的局限，可以将智能手机、平板电脑等终端设备以无线的方式相互连接，连接方式变得更加灵活。

Wi-Fi 刚刚推出市场的时候并没有受到运营商的热捧，而是由许多独立厂商开始建设 Wi-Fi 无线网络热点。但是因为独立运营的回传成本太高，用户端定价不合理等因素，使得独立厂商纷纷破产。在以后的几年内，出现了以批发方式为主的 Wi-Fi 无线网络，服务提供商通过与其他服务提供商和场地运营商签订协议实现更大范围的热点使用。

在 Wi-Fi 的发展阶段，运营商开始投入到 Wi-Fi 无线网络的建设中来，最具代表性的是以固定业务为主的电信运营商。电信运营商通过将 Wi-Fi 与固定宽带捆绑融合，增强固网用户在 Wi-Fi 无线网络覆盖区域内的移动体验。运营商们除了自己投资建设和合作建设外，具有鲜明互联网精神的社群建设模式也开始流行起来。

现阶段 Wi-Fi 技术已经成熟，3G 的高速发展带来的问题为 Wi-Fi 应用提供了机会。在 3G 快速发展的背景下，运营商也越来越重视允许 Wi-Fi 无线网络访问其 PS 域数据业务的服务，这样可以缓解蜂窝网络数据流量压力。

21.1.1 Wi-Fi 的通信原理

Wi-Fi 遵循了“802.11 标准”，该标准最早应用在军方无线通信技术中。Wi-Fi 通信的过程采用了展频技术，具有很好的抗干扰能力，能够实现反跟踪、反窃听等功能，因此 Wi-Fi 技术提供的网络服务比较稳定。Wi-Fi 技术在基站与终端点对点之间采用 2.4GHz 频段通信，链路层将以太网协议作为核心，实现信息传输的寻址和校验。

Wi-Fi 通信时需要组建无线网络，基本配置就需要无线网卡及一台 AP（Access Point，无线访问接入点）。将 AP 与有线网络连接，AP 与无线网卡之间通过电磁波传递信息。如果需要组建由几台计算机组成的对等网络，可以直接为计算机安装无线网卡来实现，而不需要使用 AP。

21.1.2 Wi-Fi 的主要功能

1. 车载 Wi-Fi

智能交通的应用越来越广泛，作为智能交通应用重要组成部分的车载 Wi-Fi 也受到了更多人的喜爱。有了车载 Wi-Fi，我们的出行就不会太过单调。公交车、私家车、客车等交通工具都可以通过车载 Wi-Fi 将乘客的 Wi-Fi 终端设备连接到互联网上，方便乘客及时获得办公信息，为乘客提供丰富的娱乐内容。车载 Wi-Fi 设备本质上就是装载在车上的无线路由器，能够通过 3G/4G/5G to Wi-Fi、无线射频等技术提供 3G Wi-Fi 热点。车载 Wi-Fi 系统具有以下特点。

（1）Wi-Fi 热点接入

Wi-Fi 热点接入可支持移动终端设备（如智能手机、笔记本电脑、Pad 等）接入车载 Wi-Fi 设备，实现免流量上网，方便快捷。车载 Wi-Fi 设备最多可支持 60 个客户端的接入。

（2）离线存储

用户可使用移动终端设备接入车载 Wi-Fi 多媒体终端，这样就可以直接使用车载 Wi-Fi 多媒体终端设备存储的视频、音乐、游戏等资讯服务。

（3）部署方便

车载 Wi-Fi 系统支持车载、公共场所等有需要的地方，能够与云广告平台结合，具有架构简单运营便利的特点。系统还将移动互联网传媒服务集成存储在终端设备中，为系统部署提供方便。

（4）3G/4G 无线上网接入

车载 Wi-Fi 系统能够支持 3G/4G 无线接入技术，与移动、联通和电信这三大运营商结合，实现在任意时间、任意地点无缝地接入网络。

（5）视频监控、云平台管理

车载 Wi-Fi 系统支持视频监控、GPS/ 北斗定位、延迟开关机等车辆运营监管功能，可以通过网络实现车载设备与云平台的对接，进而实现远程管理和升级维护的功能。

2. 室内定位

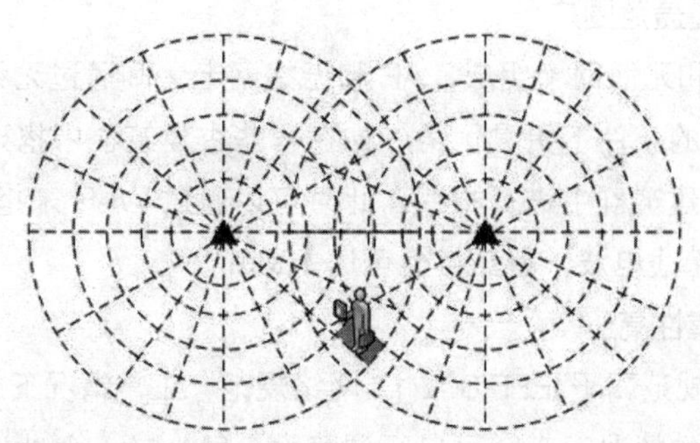

Wi-Fi 室内定位技术是指在室内环境下通过 Wi-Fi 将室内各物体在某一时刻、某一参考系中的坐标发送到接受终端。室内定位技术多用于仓库、超市、机场、图书馆等复杂的室内环境中。Wi-Fi 室内定位系统采用了经验测试和信号传播模型相结合的方式，采用相同的底层无线网络结构，AP 数量要求较少，但总体精度高、成本较低。使用 Wi-Fi 技术室内定位也有一定的局限性，在传输的过程中容易受到干扰，自身也存在着损耗，这些因素都会影响定位的精度。

3. 离线下载

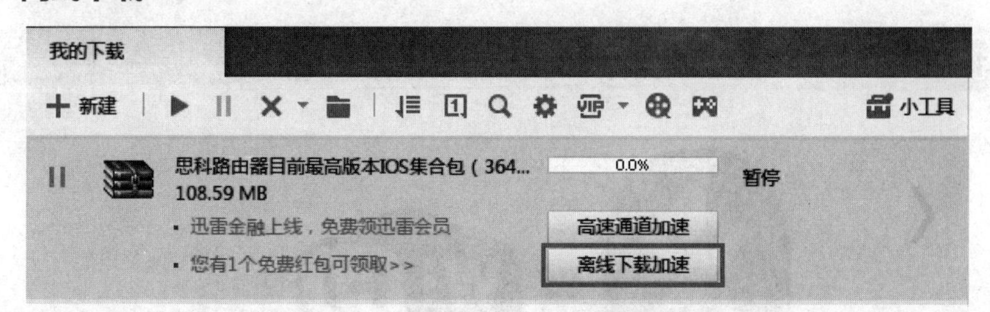

当我们在网上看电影的时候经常会遇到视频卡顿需要加载的情况，同样在下载较大的软件时，由于网速较慢往往需要保持计算机开机一直等待资源下载完成。针对以上这些情况，迅雷下载为会员提供了一个“离线下载”的业务，离线下载简单来说就是下载软件的服务器代替用户的计算机下载所需的资源，下载完成后用户再下载到自己的计算机上。这种业务主要是针对一些冷门资源，用户直接下载冷门资源速度会非常慢，所以可以通过下载软件的服务器高速下载下来，然后用户再从该服务器上高速下载资源。在服务器下载的过程中用户的计算机可以处于离线状态。

除了利用下载软件中的“离线下载”业务外，还可以在自己的 Wi-Fi 设备中加入存储模块来实现上述功能。在我们确定了需要下载的资源后选择 Wi-Fi 下载，Wi-Fi 存储设备就会利用网络空闲时间将我们所选择的资源下载下来。我们还可以通过 Wi-Fi 来进行远程账号控制，可以将某一处下载的资源提前转移到另一处，跨地域传输到其他 Wi-Fi 存储器中。

21.1.3 Wi-Fi 的优势

（1）无须布线，覆盖范围广

无线局域网由 AP 和无线网卡组成，AP 和无线网卡之间通过无线电波传递信息，不需要布线。在一些布线受限的条件下更具优势，如在一些古建筑群中搭建局域网，为了不使古建筑受到破坏，不宜在古建筑群中进行布线，此时可以通过 Wi-Fi 来搭建无线局域网。Wi-Fi 技术使用 2.4GHz 频段的无线电波，覆盖半径可达 100m。

（2）速度快，可靠性高

802.11b 无线网络规范属于 IEEE 802.11 网络规范，正常情况下最高带宽可达 11Mbit/s，在信号较弱或者有干扰的情况下带宽可自行调整为 5.5Mbit/s、2Mbit/s 和 1Mbit/s，从而使得无线网络更加稳定可靠。

（3）对人体无害

手机的发射功率为 200mW ~ 1W，手持式对讲机发射功率为 4 ~ 5W，而 Wi-Fi 采用 IEEE 802.11 标准，要求发射功率不得超过 100mW，实际发射功率在 60 ~ 70mW 之间。由此可以看出 Wi-Fi 发射的功率较小，而且不与人体直接接触，对人体无害。

21.1.4 Wi-Fi 与蓝牙互补

通过对本章前面内容的学习我们知道了 Wi-Fi 具有传输速度快、覆盖范围广的特点，网速最高可达 11Mbit/s，覆盖半径可达 100m。基于以上特点，我们家庭所使用的电视盒子、音响及一些照明系统、插座等都采用了 Wi-Fi 连接方式。我们可以通过 Wi-Fi 实现对家电的远程控制，比如远程开关电灯、开关窗帘、调节空调温度等。当然，Wi-Fi 也有自身的缺陷。由于 Wi-Fi 采用了射频识别技术，通过无线电波传输数据，使得所有使用 Wi-Fi 技术发送的数据都是通过空气传输的。在空气中传输的数据是可以被检测和接收的，即使是加了密，黑客也可以通过收集大量数据包来破解传输内容。Wi-Fi 在给网络连接带来便利的同时，也是存在着安全隐患的。

蓝牙作为一种短距离传输通信的技术，虽然远没有 Wi-Fi 应用得广泛，但依旧是手机之间传输文件的主要方式。蓝牙是一种点对点的通信方式，数据传输速度快，几乎不受环境的影响。再加上蓝牙设备体积较小的特点，所以很适合智能手环、智能手表等私人使用设备。蓝牙的局限性在于它的传输距离较短，不适合组建大规模的网络。

Wi-Fi 和蓝牙技术都在不断地发展，在发展过程中并没有出现一方被另一方完全取代的局面，两者的关系逐渐从竞争走向互补共赢。蓝牙使用范围较小，可以应用到可穿戴设备上，比如智能手环。手环随身携带，不能保证时刻处于 Wi-Fi 组建的局域网中，这时候就可以使用蓝牙技术来同步数据。而在数据传输容量较大或者传输距离较远时就可以发挥 Wi-Fi 通信的优势了，快速高效地将数据传输出去，从而实现 Wi-Fi 与蓝牙的互补。

21.2 智能手机 Wi-Fi 连接

智能手机 Wi-Fi 连接方式十分简单，大体分为以下几个步骤：开启 Wi-Fi 功能、扫描周围网络、选择一个网络连接、输入密码认证、连接成功。本节我们分别以 Android 手机和 iPhone 手机为例进行 Wi-Fi 连接操作。

21.2.1 Android 手机 Wi-Fi 连接

步骤 1 进入设置界面

单击桌面上的“设置”图标，进入设置界面。

步骤 2 打开“WLAN”开关

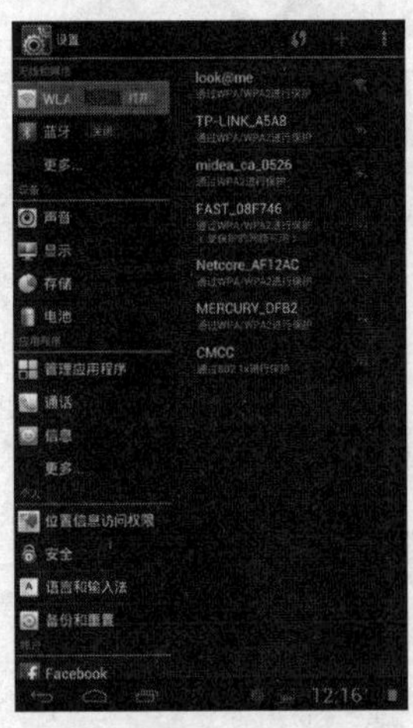

单击左侧 WLAN 的开关按钮，打开 WLAN 设置。WLAN 开启后手机会自动扫描周围的无线网络，并且将扫描到的无线网络的名称与基本信息显示出来，如信号强度、加密方式等。信号越强的无线网络在列表中的顺序越靠前。

步骤 3 连接无线网络

单击想要连接的无线网络名称，在使用了加密的情况下首次连接系统会提示输入密码，将密码输入完成后单击“连接”，手机系统自动发出连接请求。

无线路由器收到手机发出的连接请求后根据所填密码对该手机进行身份认证，认证成功后为手机分配一个 IP 地址，并且在无线网络名称下方提示已连接。此时手机就已成功地连接无线网了。

21.2.2 iPhone 手机 Wi-Fi 连接

步骤 1 进入设置界面

单击桌面上的“设置”图标，进入设置界面。

步骤 2 无线局域网配置界面

单击“无线局域网”选项进入无线局域网配置界面。

步骤 3 打开“无线局域网”

单击无线局域网开关，当开关显示为绿色时表示无线局域网功能开启，手机自动搜索周围的无线局域网，并将无线局域网的名称和一些基本信息显示出来。信号越强的无线网络在列表中的顺序越靠前。

步骤 4 连接无线局域网

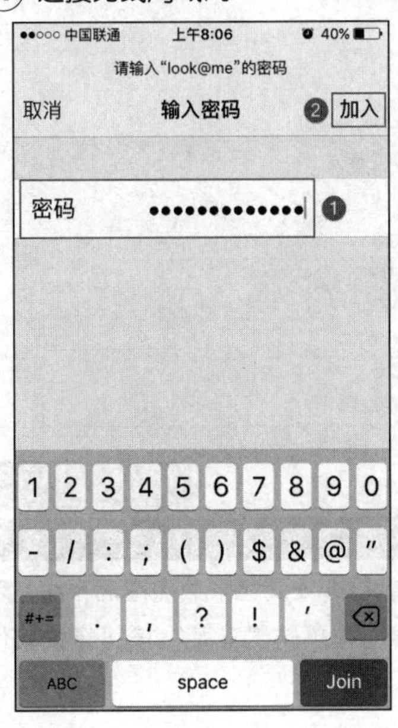

❶ 单击想要连接的无线局域网，如果该局域网络采用了加密技术，首次连接需要填写密码进行身份认证。

❷ 填写完密码后单击“加入”按钮，手机系统自动向无线路由器发送连接请求。

步骤 5 成功连接无线局域网

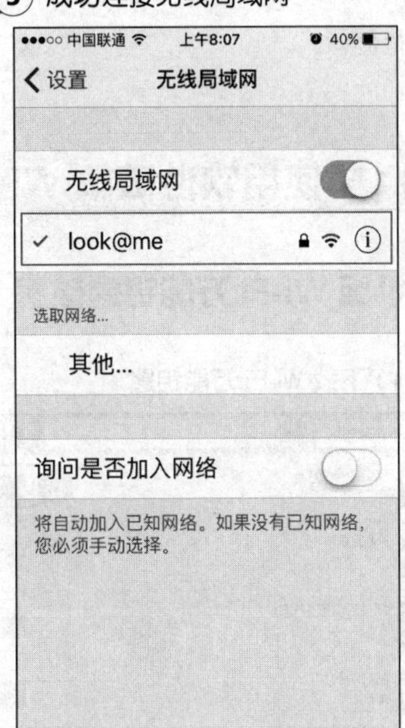

无线路由器接收到手机发送的连接请求后会根据请求中的密码信息对手机进行身份认证，身份认证成功后无线路由器向手机分配 IP 地址，这样手机就接入无线局域网了。

21.3 Wi-Fi 密码破解及防范

为了保障无线网络的安全，管理员通常会对网络进行加密，用户连接无线网络需要输入密码进行身份认证，只有输入正确的密码才可以成功连接到无线局域网中。为了破解 Wi-Fi 密码，市面上出现了许多密码破解软件。除了利用软件破解，还可以利用抓包工具监听数据流量来破解 Wi-Fi 密码。本节我们就来了解一下软件破解和抓包工具破解 Wi-Fi 密码的一些方法及防范措施。

21.3.1 使用软件破解 Wi-Fi 密码及防范措施

1. 手机版 Wi-Fi 万能钥匙破解 Wi-Fi 密码

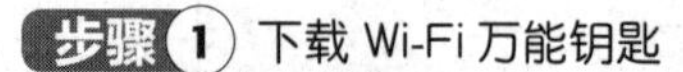

❶ 在搜索栏中输入关键词“Wi-Fi 万能钥匙”。

❷ 单击“搜索”按钮搜索相关 APP。

❸ 搜索完成后在 APP 列表中选择合适的 APP，单击“下载”按钮将安装包下载到手机上。

步骤 2 安装 Wi-Fi 万能钥匙

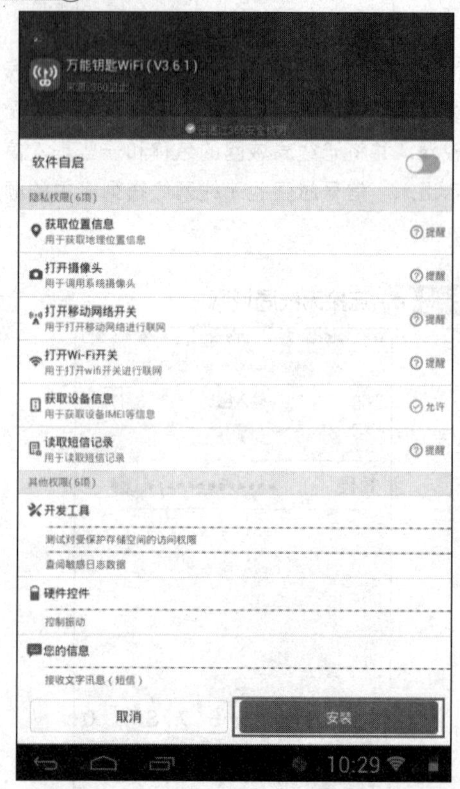

Wi-Fi 万能钥匙安装包下载完成后系统自动弹出安装提示界面，单击“安装”按钮将该软件安装到手机上。

步骤 3 开启 Wi-Fi

打开 Wi-Fi 万能钥匙进入主界面，单击“开启 Wi-Fi”按钮打开 Wi-Fi。

步骤 4 查看热点

扫描的热点名称显示到“免费 Wi-Fi”和“附近的 Wi-Fi”列表中。

步骤 5 破解密码

单击“试试手气”选项破解密码。

步骤 6 破解过程

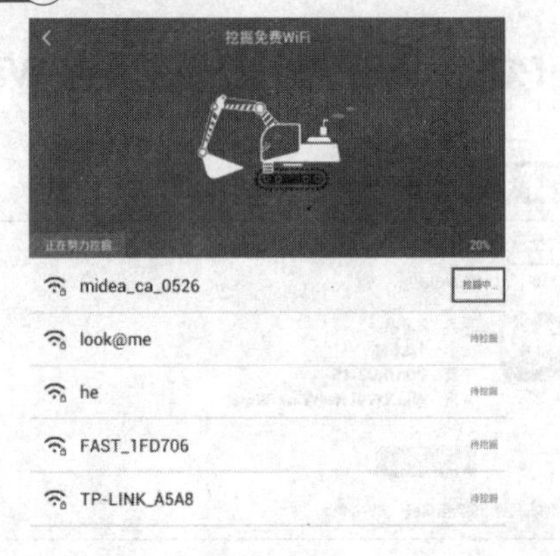

正在破解的热点会提示“挖掘中……”，这时 Wi-Fi 万能钥匙会通过自己设定的算法对 Wi-Fi 密码进行破解。

步骤 7 破解成功

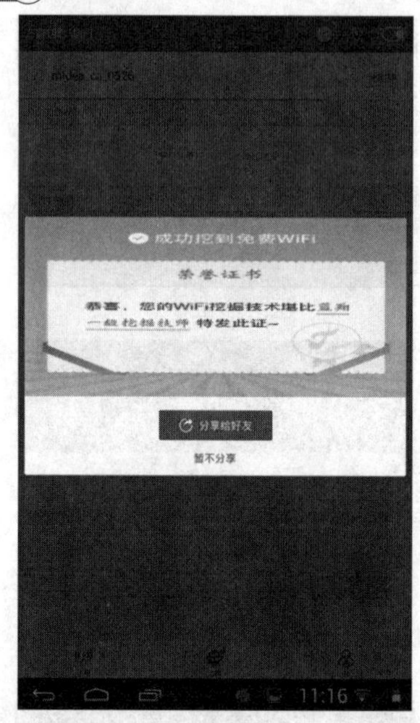

Wi-Fi 万能钥匙将 Wi-Fi 密码破解成功后会提示破解成功。

步骤 8 连接 Wi-Fi

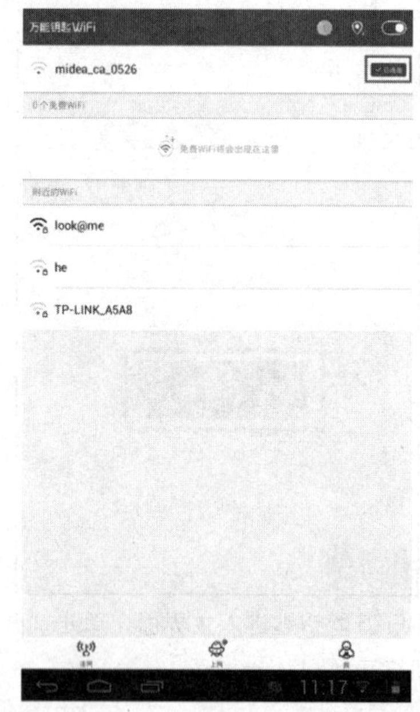

获取 Wi-Fi 密码后 Wi-Fi 万能钥匙自动向该热点发送连接请求，等待连接身份认证，认证成功后手机就与该热点建立了连接。

2. PC 版 Wi-Fi 万能钥匙破解 Wi-Fi 密码

步骤 1 下载“Wi-Fi 万能钥匙”PC 版

通过百度搜索“Wi-Fi 万能钥匙”，选择官方版安装包下载到计算机中。

步骤 2 运行软件

双击 Wi-Fi 万能钥匙图标打开 Wi-Fi 万能钥匙进入主界面，Wi-Fi 万能钥匙会自动搜索周围热点，并且将热点基本信息显示出来。同时通过云端查询用户当前 Wi-Fi 列表中是否有用户分享过的热点，其中蓝色钥匙表示可以解锁的热点。

步骤 3 自动连接

单击可以解锁的热点会出现“自动连接”按钮；单击“自动连接”按钮，Wi-Fi 万能钥匙会自动连接热点。

步骤 4 Wi-Fi 万能钥匙自动连接界面

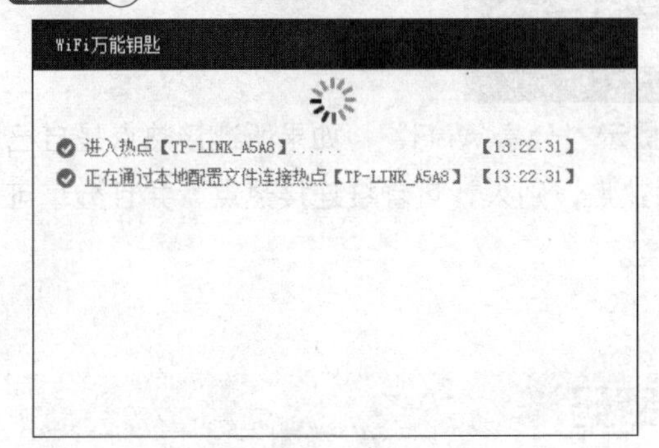

查看 Wi-Fi 万能钥匙自动连接时的每一步的操作。

步骤 5 连接成功

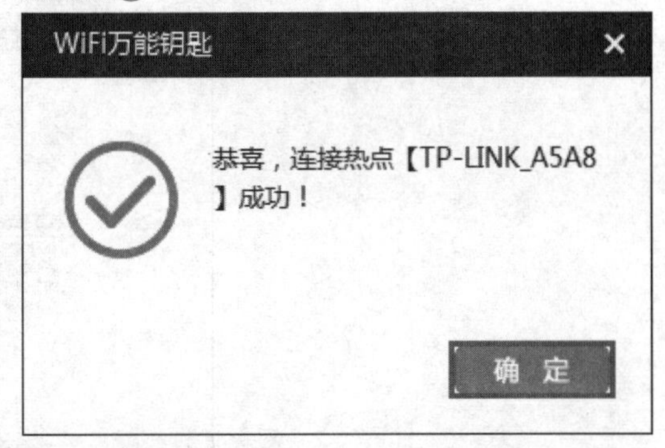

单击“确定”按钮。

步骤 6 返回主界面

Wi-Fi 万能钥匙自动连接完成后，Wi-Fi 列表中对应热点显示“已连接”。

3. 防止 Wi-Fi 万能钥匙破解密码

Wi-Fi 万能钥匙破解密码是可以防范的，在这里我们给出几种有效防止 Wi-Fi 密码被 Wi-Fi 万能钥匙破解的方法。

① 将无线加密方式设置为“WPA2-PSK”。WPA2-PSK 加密方式目前来说比较安全，不易被破解。

② 设置复杂的 Wi-Fi 密码。破解软件通常使用字典来破解 Wi-Fi 密码，密码设置得越简单就越容易被破解。在设置密码时最好是将字母和数字组合使用，密码长度也不要太短，复杂的密码可以有效提高 Wi-Fi 的安全度，防止被他人破解。

③ 隐藏网络“SSID”号。隐藏了 SSID 周围的无线设备就无法扫描到热点，从源头上降低了被攻击的可能性。除非黑客是通过其他方式获取了热点的 SSID，并手动输入 SSID 后对热点进行攻击。

④ 在使用 Wi-Fi 万能钥匙连接自己创建的热点时，不将个人热点分享。

当手机连接到一个热点后 Wi-Fi 万能钥匙会提示“分享 Wi-Fi”，如果所连接热点是自己创建的就不要将该热点分享。一旦分享了自己的热点，别人就可直接连接热点，并且分享可以扩散，被分享的次数越多自己的热点就越不安全。

21.3.2 使用抓包工具破解 Wi-Fi 密码

1. 利用 CDlinux.iso 镜像创建虚拟机

步骤 1 下载安装 VMware Workstation

在百度搜索框中搜索“VMware Workstation”，选择合适的安装包下载。下载完成后安装到计算机上。

步骤 2 下载镜像文件

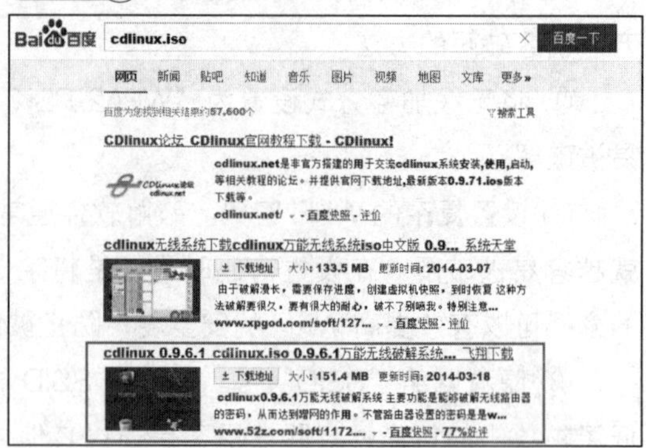

通过百度搜索关键字“CDlinux.iso”，选择合适的镜像下载。

步骤 3 打开虚拟机

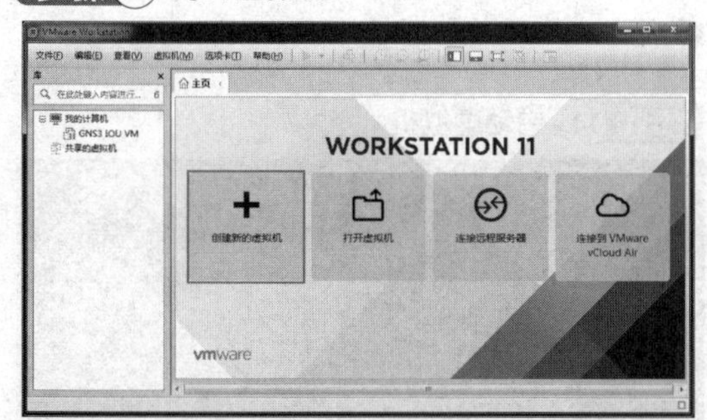

单击“创建新的虚拟机”按钮。

步骤 4 选择配置类型

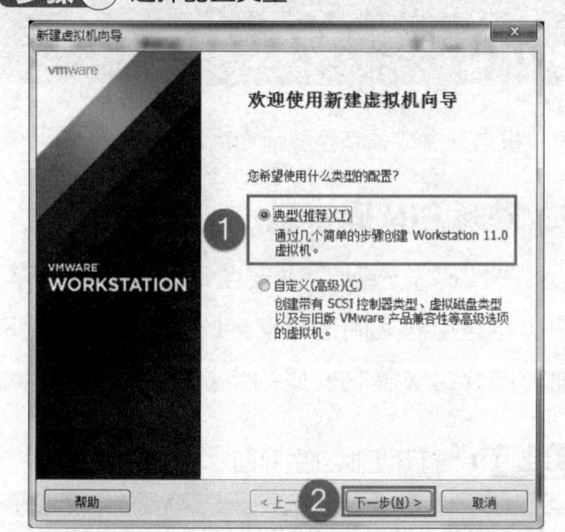

❶ 新建虚拟机的配置类型选择“典型(推荐)”类型。

❷ 单击“下一步”按钮。

步骤 5 安装客户机操作系统

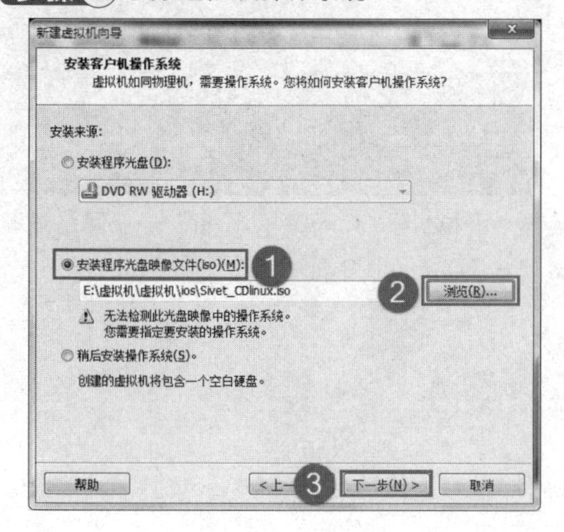

❶ 选择“安装程序光盘映像文件”单选按钮。

❷ 单击“浏览”按钮存放选择目录。

❸ 单击“下一步”按钮。

步骤 6 选择客户操作系统

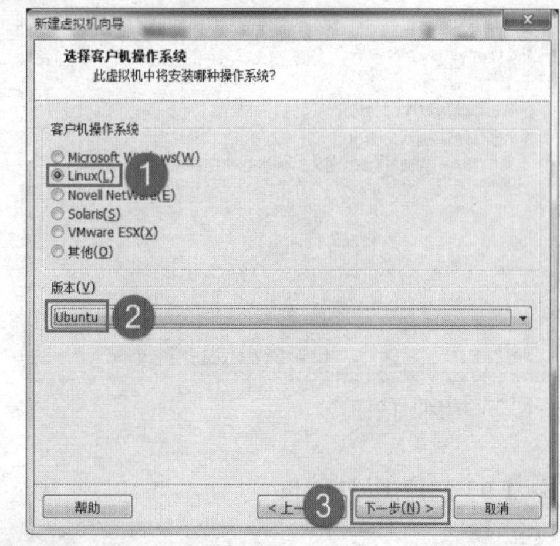

❶ 客户机操作系统选择“Linux”。

❷ 版本选择“Ubuntu”。

❸ 单击“下一步”按钮。

步骤 7 命名虚拟机

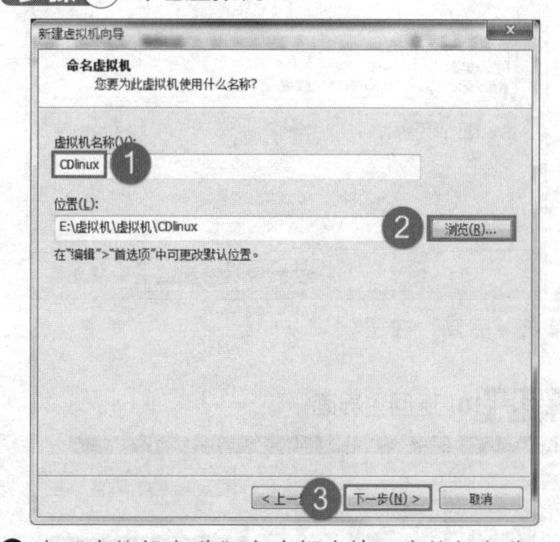

❶ 在“虚拟机名称”文本框中输入虚拟机名称。

❷ 单击“浏览”按钮选择存放路径。

❸ 单击“下一步”按钮。

步骤 8 指定磁盘容量

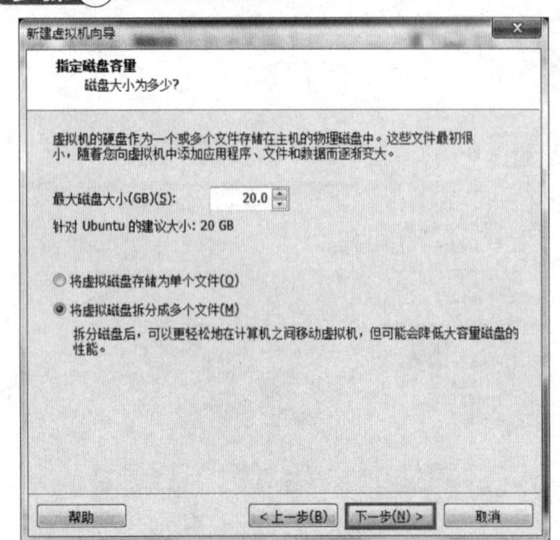

单击“下一步”按钮。

步骤 9 创建虚拟机

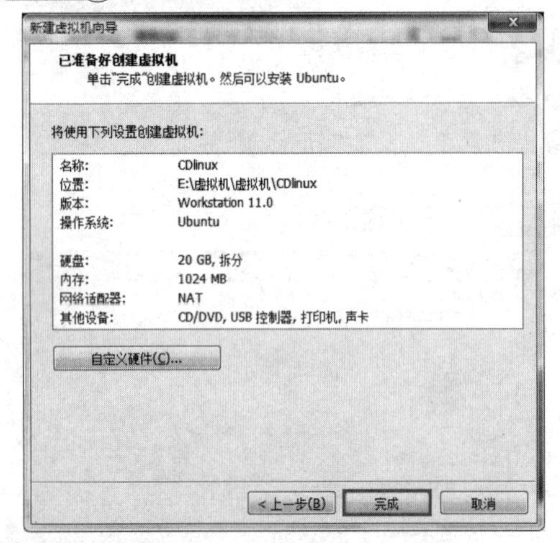

单击“完成”按钮。

步骤 10 返回主界面

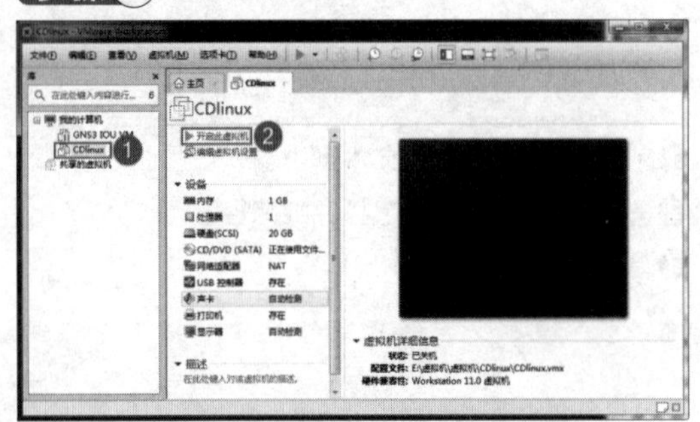

❶ 单击选择虚拟机“CDlinux”。

❷ 单击“开启此虚拟机”按钮。

步骤 11 启动虚拟机

虚拟机启动完成，系统界面如上图所示。

2. 破解 PIN 码

PIN 码是一种个人安全码，用于实现客户端与路由器之间进行安全的 Wi-Fi 连接。下面详细介绍破解 PIN 码的步骤。

步骤 1 打开虚拟机主界面

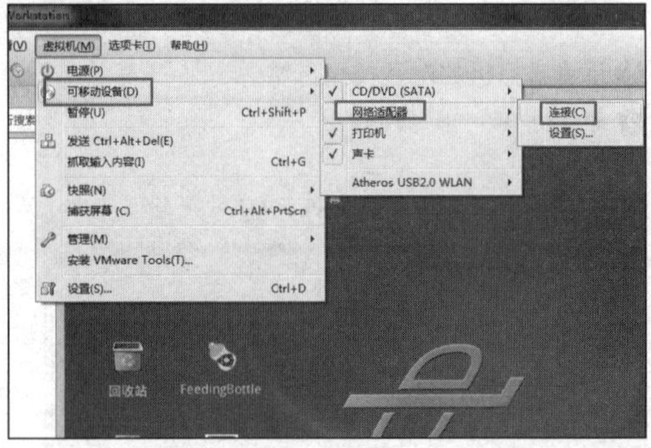

选择“虚拟机”→“可移动设备”→“网络适配器”→“连接”命令。

步骤 2 连接网络

网络已连接。

步骤 3 双击桌面上的"minidwep-gtk"程序

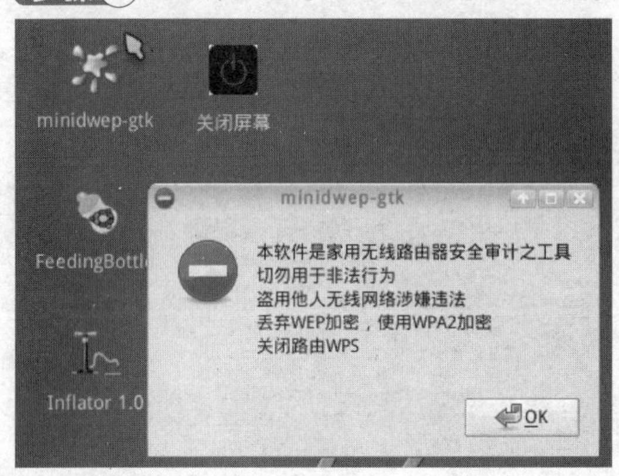

在弹出的"警告"窗口中单击"OK"按钮。

步骤 4 选择"加密方式"

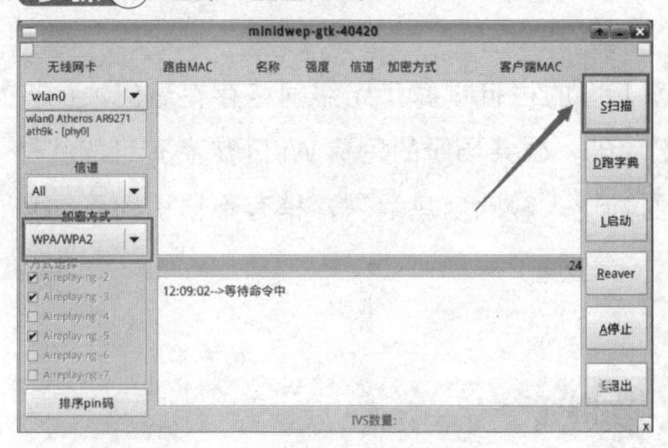

此处根据路由器 Wi-Fi 加密类型来选择，选择"WPA/WPA2"，然后单击"扫描"按钮。

步骤 5 搜索并列出周围所有的热点

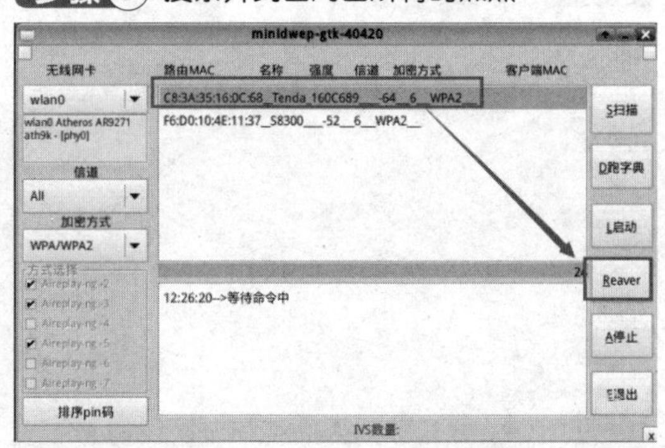

我们需要找到含有"WPS"的无线网络，因为只有这类网络才可以破解，如果看不到含有"WPS"字样的无线网络，则单击"Reaver"按钮。

步骤 6 弹出新的窗口

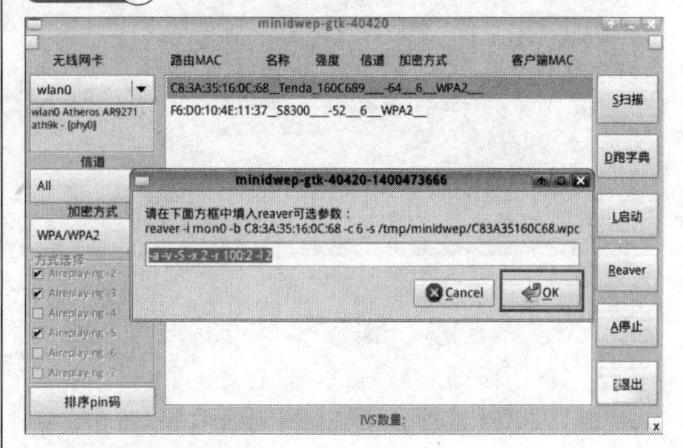

单击"OK"按钮。

步骤 7 查看弹出的数据

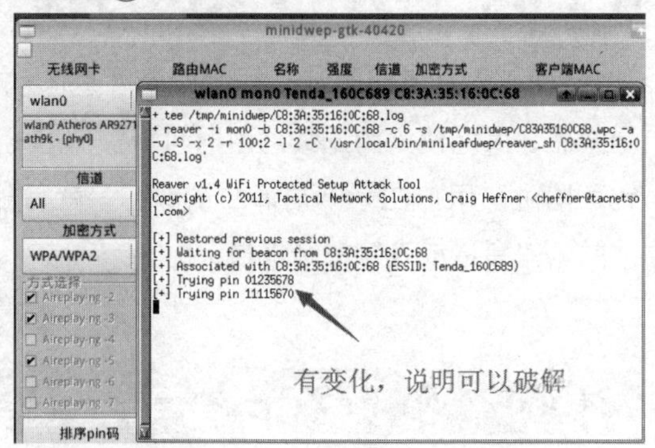

当数据有变化时，表明是 WPS 加密方式，可实现破解。

步骤 8 选中一个“WPS”无线网络

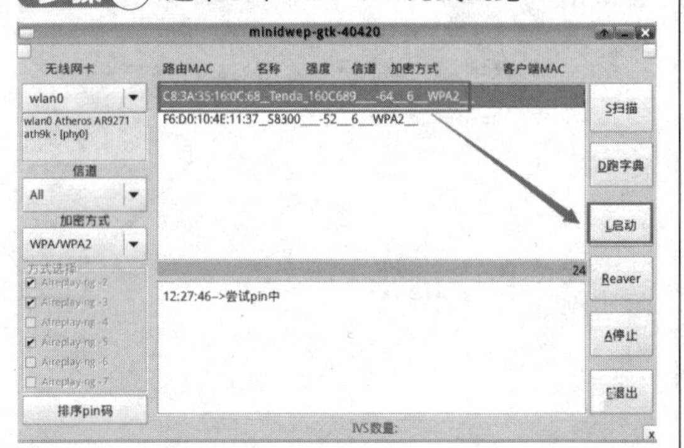

单击“启动”按钮正式进入破解过程。

步骤 9 已获得“握手包”

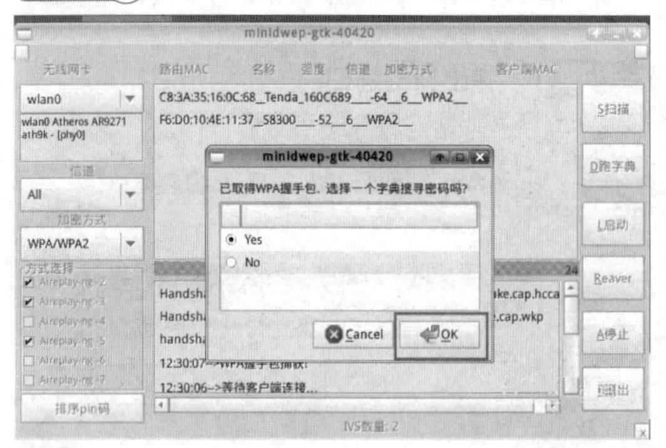

单击“OK”按钮。

步骤 10 选择一个字典

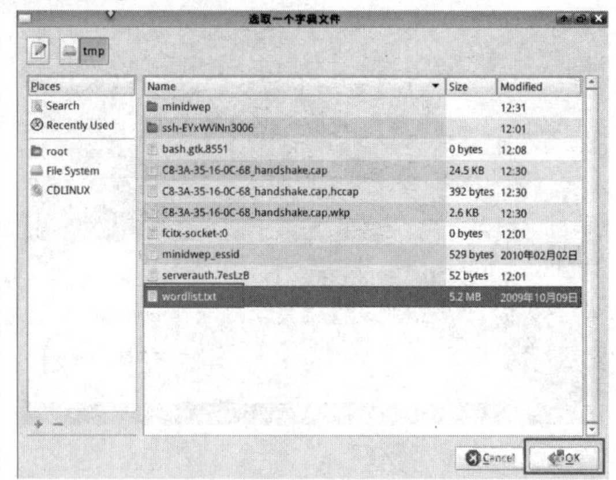

单击“OK”按钮。

步骤 11 耐心等待破解

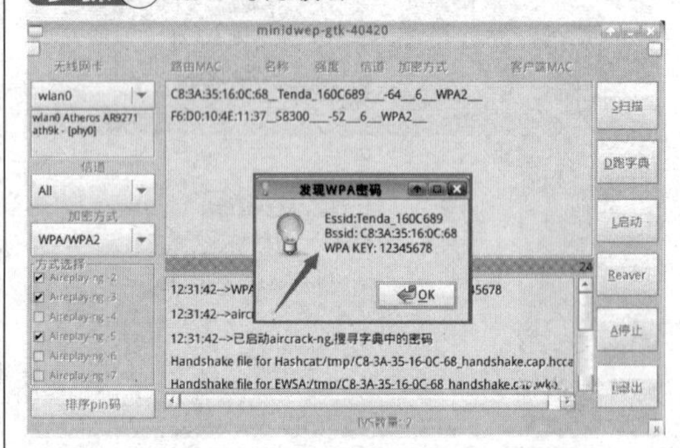

可以看到已破解的密码，单击“OK”按钮即可。

21.4 Wi-Fi 攻击方式

2014 年 6 月，央视一档主题为“危险的 Wi-Fi”的栏目揭露了无线网络存在着巨大的安全隐患，家庭使用的无线路由器可以被黑客轻松攻破，公共场所的免费 Wi-Fi 热点有可能就是钓鱼陷阱。用户在毫不知情的情况下，就可能面临个人敏感信息泄露，稍有不慎访问了钓鱼网站，就会造成直接的经济损失。

21.4.1 Wi-Fi 攻击之一——钓鱼陷阱

许多消费场所为了迎合消费者的需求，提供更加高质量的服务，都会为消费者提供免费的 Wi-Fi 接入服务。在进入一家餐馆或者咖啡厅时，我们往往会搜索一下周围开放的 Wi-Fi 热点，然后找服务员索要连接密码。这种习惯为黑客提供了可乘之机，黑客会提供一个名字和商家类似的免费 Wi-Fi 接入点，诱惑用户接入。用户如果不仔细确认，就很容易连接到黑客设定的 Wi-Fi 热点，这样用户上网的所有数据包都会经过黑客设备转发。黑客会将用户的信息截留下来分析，从而可以直接查看一些没有加密的通信导致用户信息泄露。

21.4.2 Wi-Fi 攻击之二——陷阱接入点

黑客不仅可以提供一个和正常 Wi-Fi 接入点类似的 Wi-Fi 陷阱，还可以创建一个和正常 Wi-Fi 名称完全一样的接入点，使用户仅通过 Wi-Fi 名称无法识别真伪。例如，当你在咖啡厅喝咖啡时，由于咖啡厅遮挡物较多、空间较大等因素导致无线路由器的信号覆盖不够稳定，手机可能会自动断开与 Wi-Fi 热点的连接。此时黑客创建一个和正常 Wi-Fi 名称完全一样的接入点，且该接入点的信号较强，你的手机就会自动连接到攻击者创建的 Wi-Fi 热点。就这样在你完全没有察觉的情况下，就已经掉入了黑客设置好的陷阱。

此类攻击主要是利用手机“自动连接”的这个设置项来实施的，我们可以通过将手机设置成“不自动连接”来防护。

21.4.3 Wi-Fi 攻击之三——攻击无线路由器

黑客对无线路由器的攻击需要分步进行，首先，黑客会扫描周围的无线网络，在扫描到的无线网络中选择攻击对象，然后使用黑客工具攻击正在提供服务的无线路由器。其主要做法是干扰移动设备与无线路由器的连接，抗攻击能力较弱的网络连接就可能因此而断线，继而连接到黑客预先设置好的无线接入点上。

黑客攻击家用路由器时，首先，使用黑客工具破解家用无线路由器的连接密码，如果破解成功，黑客就可以利用密码成功连接到家用路由器，这样就可以免费上网。黑客不仅可以免费享用网络带宽，还可以尝试登录到无线路由器管理后台。登录无线路由器管理后台同样需要密码，但大多数用户安全意识比较薄弱，会使用默认密码或者使用与连接无线路由器相同的密码，这样就很容易被猜测到。

21.4.4 Wi-Fi 攻击之四——内网监听

黑客在连接到一个无线局域网后，就可以很容易地对局域网内的信息进行监听，包括聊天内容、浏览网页记录等。

实现内网监听有两种方式，一种方式是 ARP 攻击，几年前只有 1Mb、2Mb 宽带的时候这种攻击方式比较常见，在网上搜索 p2p 限速软件下载，这种软件就是用的 ARP 攻击。它在你的手机 / 计算机和路由器之间伪造成中转站，不但可以对经过的流量进行监听，还能对流量进行限速。

另外一种方式是利用无线网卡的混杂模式监听，它可以收到局域网内所有的广播流量。这种攻击方式要求局域网内要有正在进行广播的设备，如 HUB。在公司或网吧我们经常可以看到 HUB，这是一种“一条网线进，几十条网线出”的扩充设备。

应对以上两种攻击的方法已经很成熟，应对 ARP 攻击可以通过配置 ARP 防火墙来防范。应对混杂模式监听可以买一个 SSL VPN 对流量进行加密。

21.4.5 Wi-Fi 攻击之五——劫机

2015 年 4 月 14 日美国有线电视新闻网（CNN）报道称，美国政府问责办公室（GAO）发布的一份最新报告显示，如今数百架执行商业飞行任务的飞机或将容易遭受黑客攻击。因为通过使用其为乘客提供的 Wi-Fi，黑客就能侵入机载计算机并远程接管飞机，甚至地面上的黑客也能做到这一点。

该报告的作者之一杰拉德 • 迪林汉对 CNN 表示，这些飞机包括波音 787、空客 A350 和 A380 等机型，它们的共同点在于都拥有先进的驾驶舱，并与乘客使用的 Wi-Fi 系统相连。“包括 IP 连接在内的现代通信技术，正被日益应用于飞机系统，导致出现个人擅自进入并破坏机载航空电子系统的可能性。”

虽然在报告中并没有具体说明实施攻击的方法和细节，但是报告中明确表示必须绕过使 Wi-Fi 与飞机其他电子系统隔离的防火墙。GAO 的调查人员与 4 名了解防火墙弱点的网络安全专家进行了交谈。“他们 4 人都表示，由于防火墙是软件的组成部分，同任何其他软件一样也能被侵入或绕过。”专家们告诉调查人员，“若客舱系统与驾驶舱的航空电子系统相连并使用同一个网络平台，网络用户就有可能破坏防火墙并从驾驶舱侵入航空电子系统”。

在这份报告中还提出了黑客侵入飞机计算机的另外一种方式，就是通过插入乘客座椅的 USB 等物理连接实施入侵。若这些设施与飞机的航空电子设备以任何方式相连，就有可能导致飞机遭受攻击。

网络安全专家表示，这些弱点和场景都有可能存在。但尚不清楚 GAO 已对此类场景进行过何种程度的测试。在该报告中，GAO 并未指出这是基于实际测试或仅是理论模型。

21.5 Wi-Fi 安全防范措施

Wi-Fi 虽然存在着许多风险，但是它给我们带来的利明显是大于弊的，我们不能盲目地否定 Wi-Fi，面对 Wi-Fi 存在的风险是可以有效防范的。金山毒霸安全工程师为此提供了五大安全使用建议。

① 谨慎使用公共场所的 Wi-Fi 热点。官方机构提供的而且有验证机制的 Wi-Fi，可以找工作人员确认后连接使用。其他可以直接连接且不需要验证或密码的公共 Wi-Fi 风险较高，背后有可能是钓鱼陷阱，尽量不使用。

② 使用公共场合的 Wi-Fi 热点时，尽量不要进行网络购物和使用网银的操作，以避免重要的个人敏感信息遭到泄露，甚至被黑客银行转账。

③ 养成良好的 Wi-Fi 使用习惯。手机会把使用过的 Wi-Fi 热点都记录下来，如果 Wi-Fi 开关处于打开状态，手机就会不断向周边进行搜寻，一旦遇到同名的热点就会自动连接，这样存在被钓鱼的风险。因此进入公共区域后，尽量不要打开 Wi-Fi 开关，或者把 Wi-Fi 调成锁屏后不再自动连接，以避免在自己不知道的情况下自动连接上恶意 Wi-Fi。

④ 家里路由器管理后台的登录账户、密码，不要使用默认的 admin，可改为字母加数字的高破解难度密码；设置的 Wi-Fi 密码选择 WPA2 加密认证方式，相对复杂的密码可大大提高黑客破解的难度。

⑤ 不管在手机端还是计算机端都应安装安全软件。对于黑客常用的钓鱼网站等攻击手法，安全软件可以及时拦截提醒。

1. 连接 Wi-Fi 提示 Windows 找不到证书登录到网络，该如何解决？
2. 比较蓝牙与 Wi-Fi 的异同。
3. 如何检测 Wi-Fi 是否被人偷用？

第22章 蓝牙安全防范技术

蓝牙技术已经成为全球通信的一种无线标准，定义了便携式设备之间无线通信的物理媒介和电子通信协议。蓝牙不仅仅是一种简单的无线连接，更是一整套关于在特定范围内、不同便携式设备之间互连并识别的协议。

在早期，蓝牙常常被用于手机、笔记本电脑等移动设备的短距离传输中，但在蓝牙网络中存在一定的局限性，如蓝牙网络节点最多只有256个。随着蓝牙技术的发展，新版的蓝牙在连接速度、安全、联网3个方面取得了较大的进步，为Bluetooth Smart带来全新的特性与优势。

22.1 蓝牙基础知识简介

22.1.1 认识蓝牙

“蓝牙”取自10世纪丹麦国王哈拉尔德的别名。蓝牙技术是一种短距离通信的无线连接技术，主要用于替代便携或固定电子设备上使用的电缆或连线。正如爱立信蓝牙组负责人所说，设计蓝牙的最初想法是“结束线缆噩梦”。摆脱了电缆和连线的限制，人们在办公室、家庭和旅途中能够更加方便地接入网络，无须在任何电子设备间布设专用线缆和连接器。通过蓝牙遥控装置可以形成一点到多点的连接，这样的一个遥控装置和多点接入设备共同组成了一个“微网”，网内任何蓝牙收发器都可与该装置互通信号。这种连接的一大特点就是不需要安装复杂的软件，可以通过蓝牙设备直接相互连接、相互通信。蓝牙收发器的一般有效通信范围为10m，强的可以达到100m左右。

22.1.2 蓝牙的起源与发展

蓝牙技术是在1998年5月，由爱立信、诺基亚、东芝、IBM和英特尔公司5家著名厂商在联合开展短程无线通信技术的标准化活动时提出的，蓝牙技术形成的主要目的是提供一种短距离、低成本的无线传输应用技术。为了更好地发展蓝牙技术，爱立信、诺基亚、东芝等5家厂商还成立了蓝牙特别兴趣组，以使蓝牙技术能够成为未来的无线通信标准。在蓝牙技术研发过程中，5家厂商就各自的优势进行了详细的分工：芯片霸主Intel公司负责半导体芯片和传输软件的开发，爱立信负责无线射频和移动电话软件的开发，IBM和东芝负责笔记本电脑接口规格的开发。1999年下半年，在微软、摩托罗拉、三康、朗讯与蓝牙特别小组的5家公司的共同努力下，全球范围内掀起了一股“蓝牙”热潮。

具体发展过程如下。

1994年爱立信公司开始研发工作。

1997年爱立信联系其他设备生产商共同致力于蓝牙技术的研发。

1998年2月，诺基亚、苹果、三星组成了一个特殊兴趣小组SIG（Special Interest Group）。

1998年5月，爱立信、诺基亚、东芝、IBM和英特尔公司5家著名厂商，联合开发。

1999年下半年，微软、摩托罗拉、三星、朗讯等主流设备商广泛推广蓝牙技术应用。

2006年10月13日，Bluetooth SIG（蓝牙技术联盟）宣布联想公司取代IBM在该组织中的创始成员位置，并立即生效。

2008年，蓝牙技术联盟准备新设立一个“初级应用成员公司”的会员级别，如果是年营业额小于300万美元的中小企业，入会费为0，认证两款蓝牙产品的费用降至2500美元。

2010年6月，蓝牙技术联盟推出蓝牙核心规格4.0，它包括经典蓝牙、高速蓝牙和蓝牙低功耗协议。

22.1.3 蓝牙的工作原理

蓝牙技术实现了短距离通信的无线连接，一度引发“蓝牙”热潮。要想更好地认识蓝牙技术，我们必须了解蓝牙的工作原理，知晓蓝牙技术工作的具体细节。本小节将从以下3个方面介绍蓝牙的工作原理。

（1）蓝牙通信的主从关系

蓝牙的主从关系是指两台设备通过蓝牙通信时的两个不同角色，即主角色和从角色。两台设备开启蓝牙功能后必须首先指定主端设备和从端设备，查找由主端设备开始，并且发起配对，建链成功后两台设备才可以相互交换数据。理论上，一个蓝牙主端设备可同时与7个蓝牙从端设备进行通信。蓝牙设备的主从关系是相对的而不是绝对的，同一台设备可以在两个角色间转换。例如，一部具有蓝牙功能的手机，平时工作在从模式，等待其他主设备的连接，接受主设备发来的数据。但是当这部手机需要给其他主机发送数据时，就会转换成从模式，主动与其他开启蓝牙功能的设备建立连接并且发送数据。

（2）蓝牙的呼叫过程

蓝牙主端设备发起呼叫，首先是查找，找出周围处于可被查找状态的蓝牙设备。主端设备找到从端蓝牙设备后，与从端蓝牙设备进行配对，此时需要输入从端设备的PIN码，也有设备不需要输入PIN码。配对完成后，从端蓝牙设备会记录主端设备的信任信息，此时主端即可向从端设备发起呼叫，已配对的设备在下次呼叫时，不再需要重新配对。已配对的设备，作为从端的蓝牙耳机也可以发起建链请求，但作为数据通信的蓝牙模块一般不发起呼叫。链路建立成功后，主从两端之间即可进行双向的数据或语音通信。在通信状态下，主端和从端设备都可以发起断链，以断开蓝牙链路。

（3）蓝牙的数据传输

蓝牙数据传输应用中，一对一串口数据通信是最常见的应用之一。蓝牙设备在出厂前即提前设好两个蓝牙设备之间的配对信息，主端预存有从端设备的PIN码、地址等，两端设备加电即自动建链，透明串口传输，无须外围电路干预。一对一应用中从端设备可以设为两种类型，一是静默状态，即只能与指定的主端通信，不被别的蓝牙设备查找；二是开发状态，既可被指定主端查找，也可以被别的蓝牙设备查找建链。

22.1.4 蓝牙的体系结构

蓝牙协议体系结构按照从底层到高层可分为底层硬件模块、中间协议层和高端应用层3

大部分。这 3 个部分的具体功能如下。

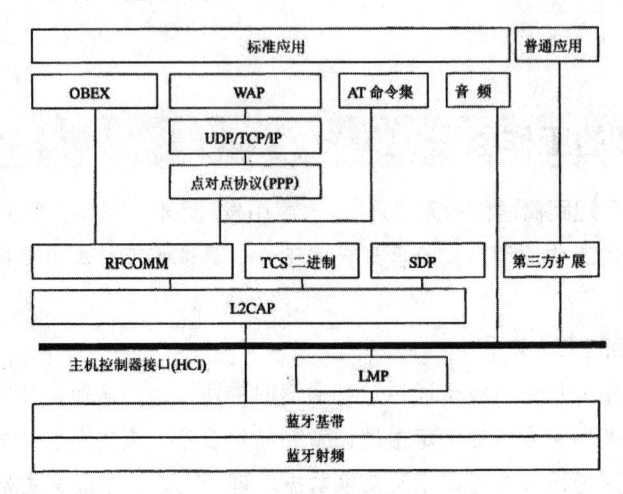

底层硬件模块包括链路管理层（Link Management Protocol，LMP）、基带层（BB）和射频（RF）。RF 通过 2.4GHz 频段传输数据，该频段属于无须授权的 ISM 频段，实现数据位流的过滤和传输，它主要定义了蓝牙收发器应该满足的要求。BB 层负责跳频和蓝牙数据及信息帧的传输。LMP 层负责连接的建立和拆除及链路的安全和控制，它们为上层软件模块提供了不同的访问入口，但是两个模块接口之间的消息和数据传递必须通过蓝牙主机控制器接口（HCI）的解释才能进行。

中间协议层包括逻辑链路控制与适配协议（L2CAP）、服务发现协议（SDP）、串口仿真协议（RFCOMM）和电话控制协议规范（TCS）。L2CAP 的功能包括完成数据拆装、服务质量控制、协议复用和组提取等，其作为蓝牙协议栈的核心成分，是其他上层协议实现的基础。SDP 为上层应用程序提供了一种机制来发现网络中可用的服务及其特性。RFCOMM 依据 ETSI 标准 TS07.10 在 L2CAP 上仿真 9 针 RS-232 串口的功能。TCS 提供蓝牙设备间话音和数据的呼叫控制信令。

高端应用层对应于各种应用模型的剖面（Profile），是剖面（Profile）的一部分。蓝牙 1.1 定义的 Profile 有 13 个。SIG 认为蓝牙设备有 4 个最基本的 Profile。

普通接入剖面（General Access Profile，GAP）：定义两个蓝牙单元如何发现对方并建立连接，保证任意生产厂商及进行任意应用的两个蓝牙单元都可以通过蓝牙交换信息。因此，所有蓝牙单元都必须支持 GAP 以保证基本的互操作性和共存性。

业务发现应用剖面（Service Discovery Application Profile，SDAP）：定义如何发现蓝牙单元支持的业务。该剖面的作用在于搜索已知的特定业务和进行普通业务浏览搜索。

串行端口剖面（Serial Port Profile，SPP）：定义如何在两个设备之间建立虚拟串行端口，并用蓝牙将其连接。采用串行端口剖面可在蓝牙单元上仿真基于 RS-232 控制信令的串行线缆，该剖面可保证高达 128Kbit/s 的数据传输速率。

普通对象交换剖面（General Object Exchange Profile，GOEP）：定义处理对象交换的应用需采用的协议和程序，基于GOEP的应用模型（如文件传输、同步等）假定链路和信道已经建立如GAP所述，GOEP描述和规定了两个单元间如何Push或Pull数据。

22.1.5 蓝牙的相关术语

① 即时网络：一种通常以自发方式创建的网络。即时网络不要求架构，受时空限制。

② 活动从设备广播（ASB）：ASB逻辑传输可用于向微微网中的所有活动设备传输L2CAP用户通信。

③ 信标列：基础或适应型微微网物理信道中的保留时隙的一种模式。这些时隙中发起的传输用于同步休眠的设备。

④ Bluetooth无线技术：Bluetooth无线技术是一种无线通信链路，通过调频收发器在无须申请许可的2.4GHz ISM波段上工作。它支持在Bluetooth主机间进行实时AV和数据通信，链路协议基于时隙。

⑤ Bluetooth基带：Bluebooth系统中用于指定或实施媒体接入及物理层程序，以支持在Bluetooth设备间进行实时语音、数据信息流交换及建立即时网络的部分。

⑥ Bluetooth设备地址：用于识别每个Bluetooth设备的48位地址。这在技术规格中通常被称为BD_ADDR。

⑦ 信道：可以是物理信道或是L2CAP信道，具体取决于上下文。

⑧ 连接：建立至某项服务的连接。如果尚未建立，这还包括建立物理链路、逻辑传输、逻辑链路及L2CAP信道。

⑨ 可连接设备：位于可发现范围内的Bluetooth设备，定期监听其寻呼扫描物理信道并响应该信道上的寻呼。

⑩ 设备发现：从可发现设备上检索Bluetooth设备地址、时钟、设备类别字段及使用的寻呼扫描模式的程序。

22.1.6 蓝牙4.2的新特征

蓝牙4.2于2014年12月发布。它作为一次硬件更新，为IOT推出了一些关键性能。同时，一些旧有蓝牙硬件也能够获得蓝牙4.2的一些功能，如通过固件实现隐私保护更新。蓝牙4.2版本的主要改进之处如下。

① 低功耗数据包长度延展。

② 低功耗安全连接。

③ 链路层隐私权限。

④ 链路层延展的扫描过滤策略。

Bluetooth Smart 设备可通过网络协议支持配置文件（Internet Protocol Support Profile，简称 IPSP）实现 IP 连接。IPSP 为 Bluetooth Smart 添加了一个 IPv6 连接选项，是互联家庭和物联网应用的理想选择。蓝牙 4.2 通过提高 Bluetooth Smart 的封包容量，让数据传输更快速。业界领先的隐私设置让 Bluetooth Smart 更智能，不仅功耗降低了，而且窃听者将难以通过蓝牙联机追踪设备。消费者可以更放心不会被 Beacon 和其他设备追踪。

这一核心版本的优势如下。

① 实现物联网：支持灵活的互联网连接选项（IPv6/6LoWPAN 或 Bluetooth Smart 网关）。

② Bluetooth Smart 更智能：业界领先的隐私权限、节能效益和堪称业界标准的安全性能。

③ 让 Bluetooth Smart 更快速：吞吐量速度和封包容量提升。

22.1.7　蓝牙 4.2 的发展前景

蓝牙无线通信技术的出现引起了企业界如此广泛的关注，它的出现为其他领域的技术发展注入了鲜活的生命力。同时，蓝牙无线接入技术如主干网络的神经末梢将通信技术渗透各行各业。

① 三合一电话。通过蓝牙技术拓展手机功能，使手机在不同的条件下都能满足人们的需求。比如当你在办公室时，你的电话可以当作对讲机（Intercom）使用，无须支付任何电话费；在家时，你的电话可以当作无线电话（Cordless Phone）使用，只须支付有线电话的费用；而当你出差旅游时，你的电话就可以当作行动电话使用，此时你才需要支付行动电话的费用。蓝牙应用的是低功率电磁波，不会像传统手机一样产生高功率电磁波对人体造成伤害。

② 交互式会议。连接每一位参与者做实时数据交换。在会议中，你能立即和其他参与者共同分享信息，也能以无线的方式操作投影机，这比传统的会议记录更加灵活。

③ 手表可自动校对时间，无线下载 MP3。只要将来手表有内建蓝牙且有 MP3 播放功能，这样一来可自动将时间设定为标准时间，且可很方便地随时从计算机传输歌曲。

④ 网际网络桥接。漫游网际网络时不需要考虑连接的方式。在任何地方，当你使用笔记本电脑漫游 Internet 时，你不需要考虑是要通过以行动电话无线的方式连接或是以有线的方式（像是 PSTN、ISDN、LAN）连接。

22.2　蓝牙设备的配对

目前几乎所有的移动通信设备都具有蓝牙功能，不同的设备之间可以通过蓝牙来实现数据的传输，十分方便。本节通过一个实例具体来介绍蓝牙设备通信的过程，实例中的两部手机分别为 OPPO 手机与华为手机，两部手机均为 Android 操作系统。

22.2.1 启动蓝牙适配器

1. 开启华为手机蓝牙功能

点击“设置”图标即可进入华为手机设置界面，如左下图所示。

点击左侧蓝牙开关按钮打开蓝牙，并且设置成“让附近所有的蓝牙设备均可检测到”。有时开启蓝牙后当前设置为“仅让已配对的设备检测到”，这时只能让之前已经相互配对的设备检测到，而新设备检测不到。用户在使用的时候需要注意这两种设置的区别，如右下图所示。

2. 打开 OPPO 手机蓝牙功能

手指轻按手机屏幕上方向下拉，可以看到如图所示手机快捷设置菜单，其中包括用户常用的一些设置，如 GPS 定位、一键锁屏、WLAN 热点等。这时选中蓝牙图标，轻轻按 2s 后系统会自动转到蓝牙配置界面，如左下图所示。

点击蓝牙开关按钮打开手机蓝牙功能，开关按钮变成绿色时蓝牙功能开启成功。在下方设置成“让附近所有的蓝牙设备均可检测到”，这时系统自动倒计时 2min，如果 2min 内没有扫描其他蓝牙设备的操作，或者没有被其他蓝牙设备所扫描，设置自动变为“仅让已配对的设备检测到”，如右下图所示。

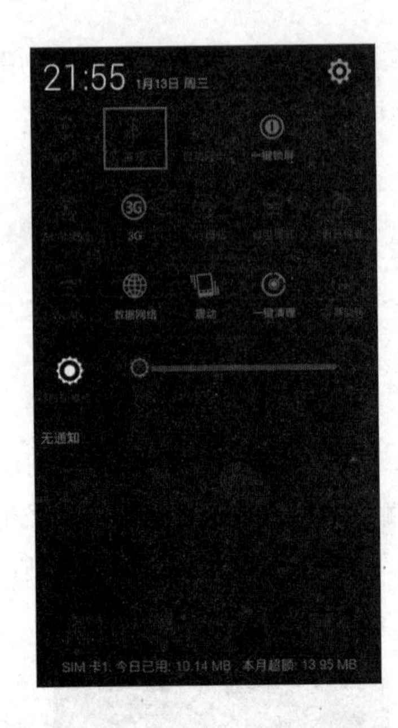

22.2.2 搜索周围开启蓝牙功能的设备

点击手机蓝牙配置界面下方的“扫描”按钮开始扫描周围开启蓝牙的设备，系统会将扫描到的蓝牙设备显示在“可用设备”中，当“可用设备”中出现华为手机的蓝牙名称时证明扫描成功，两台设备能够通过蓝牙相互识别，如下图所示。

22.2.3 使用蓝牙进行设备间的配对

第 1 步：OPPO 手机向华为手机发起配对请求。

点击 OPPO 手机中“可用设备”中的华为手机设备名称，OPPO 手机系统会开始准备配对信息，如下图所示。

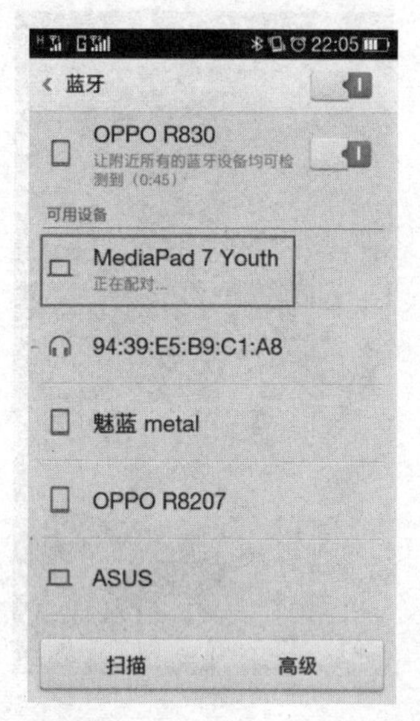

当 OPPO 手机配对准备工作就绪后就会弹出“蓝牙配对请求”对话框，提示用户要配对设备的名称为“MediaPad 7 Youth”和配对时需要的密钥为“096390”。当用户对上述信息确认无误时可以点击“配对”按钮继续配对工作，如果信息有误则可以点击“取消”按钮结束本次配对，如下图所示。

当华为手机收到 OPPO 手机发送的配对请求后系统会自动弹出“蓝牙配对请求”对话框，里面显示了要配对设备的名称为“OPPO R830”，配对密钥为“781897”。用户确认信息无误时点击“配对”接受 OPPO 手机的配对请求。如果信息有误可以点击“取消”结束本次配对，如下图所示。

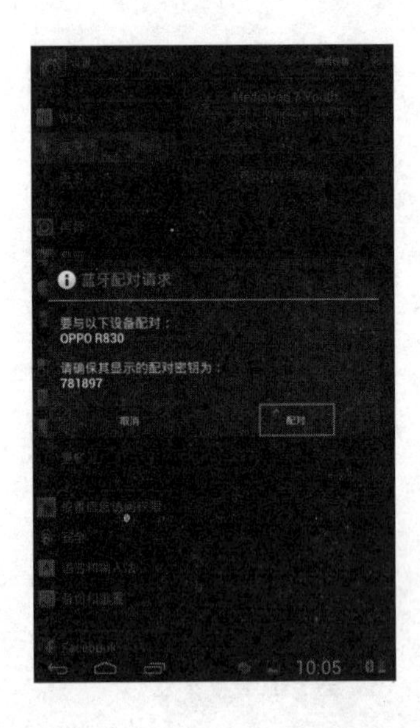

第 2 步：验证配对成功。

当蓝牙设备配对成功时系统会将配对成功的设备名称显示在手机“已配对的设备”栏中。通过上图可以看到 OPPO 手机已经成功地与华为手机配对，如左下图所示。

在华为手机的“已配对的设备”栏中可以看到 OPPO 手机的蓝牙名称，证明华为手机已经通过蓝牙同 OPPO 手机配对成功，如右下图所示。

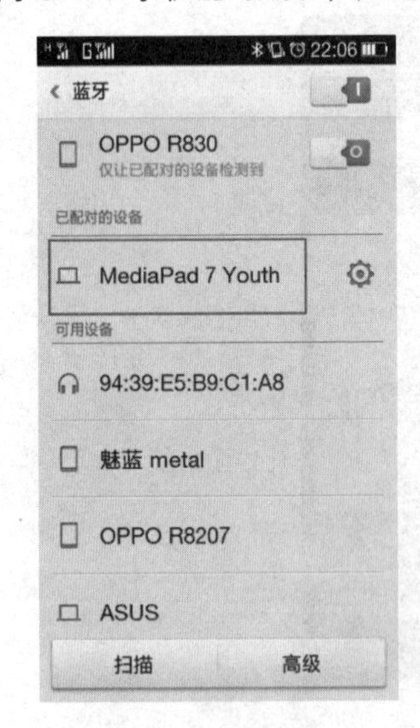

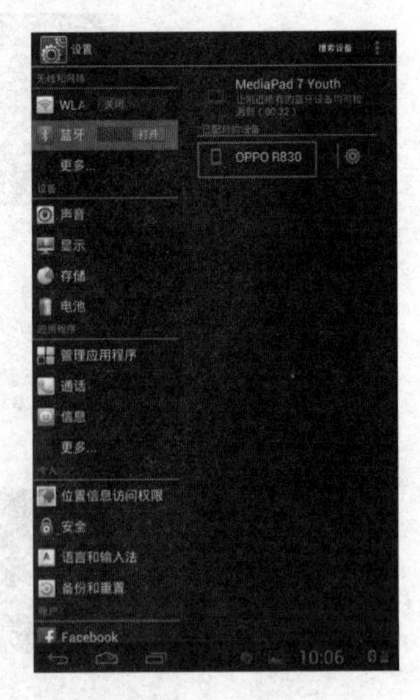

22.2.4 两台设备传递文件测试效果

在华为手机SD卡中创建名为“测试.txt”的文件，测试时将该文件通过蓝牙传输到OPPO手机上，如左下图所示。

轻轻按住“测试.txt”文件2s后，系统自动弹出操作列表，此时可以选择对文件进行上传、分享、剪切、复制等操作，此处点击“分享”，将此文件分享到另一台设备上，如右下图所示。

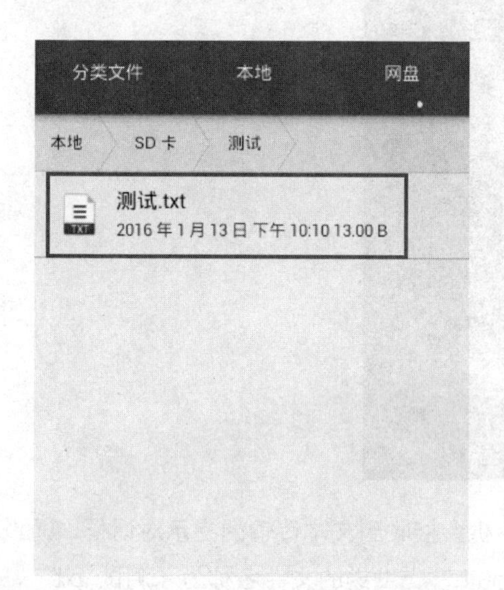

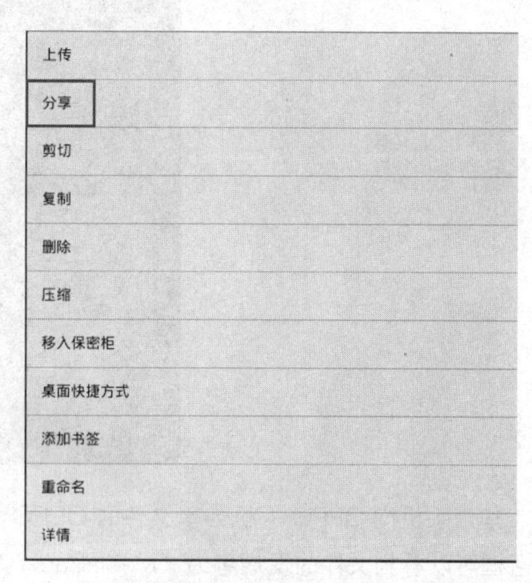

点击“分享”后系统会列出本设备中所有可以用来分享的程序，如通过QQ、微信，还可以保存到应用程序中，如添加到UC收藏中，保存到QQ收藏中。此处点击“蓝牙”即选择通过蓝牙来分享此文件，如下图所示。

点击“蓝牙”后系统会列出已经建立蓝牙连接的所有设备，选择想要分享到的设备点击该设备的蓝牙名称，此处点击名为“OPPO R830”的设备，华为手机便会向该设备分享文件，如下图所示。

华为手机向 OPPO 手机分享文件时 OPPO 手机会接收到文本传输的提示对话框，通过该对话框可以看到文件的发送者为“MediaPad 7 Youth”，发送的文件名称为“测试 .txt”，文件大小为“13.00B”。用户在确认信息无误时可以点击“接受”接收该文件，如果信息有误可以点击“拒绝”拒绝接收该文件，如下图所示。

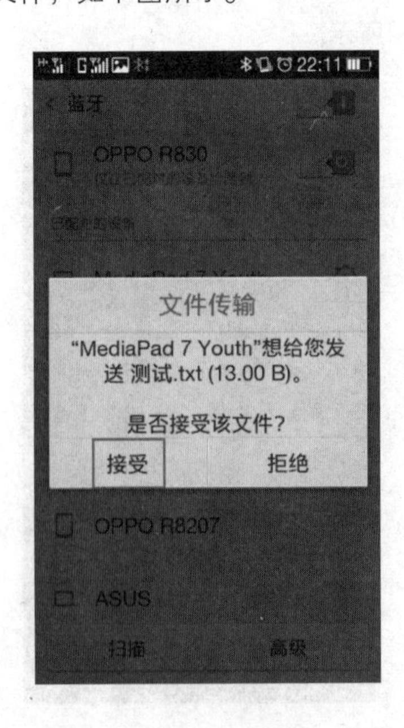

当文本传输完成后华为手机系统会自动弹出已发送提示信息，提示该文件传输方式为蓝牙共享，在已发送的文件中有 1 个文件成功发送，0 个文件传送失败，如下图所示。

点击已发送提示信息，系统自动进入蓝牙的传出历史记录，通过下图可以看出通过蓝牙传出了一个名为“测试 .txt”的文件，发送给了蓝牙名称为“OPPO R830”的设备，文件大小为“13.00B”并且已经成功发送，如下图所示。

当文本传输完成后 OPPO 手机系统会自动弹出已接收信息，通过下图可以看出已接收文件通过蓝牙传输，并且在已接收的文件中有 1 个文件接收成功，0 个文件接收失败，如左下图所示。

点击 OPPO 手机已接收文件提示消息，系统自动进入蓝牙的传入历史记录，通过下图可以看出接收的文件名称为“测试 .txt”，发送者的蓝牙名称为“MediaPad 7 Youth”，文件大小为“13.00B”且全部接收完毕，如右下图所示。

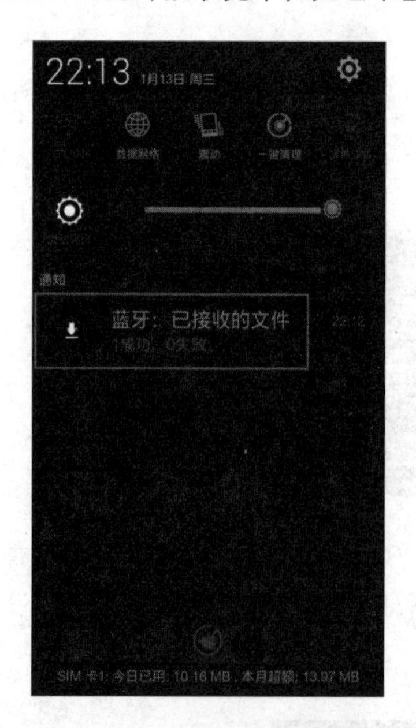

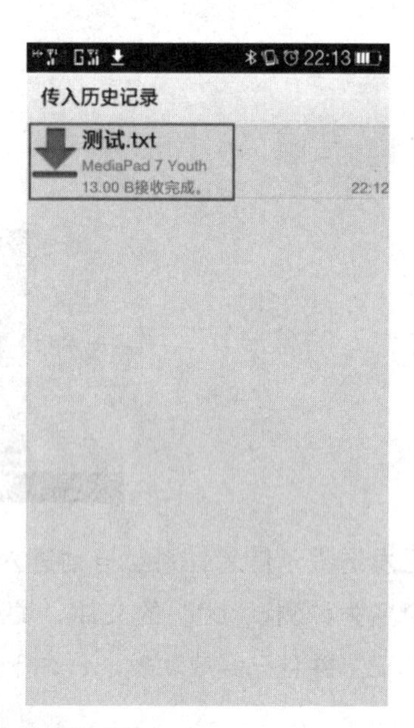

22.3 蓝牙通信技术应用实例

22.3.1 让家居生活更便捷

蓝牙贴纸又叫作 BT-Find，仅有 10 便士硬币一样大小，可发出低能量的蓝牙信号，信号传输范围约为 100 英尺（1 英尺≈ 0.304 8m）。可通过黏合剂粘贴到贵重的物品、宠物或是

小孩子的身上。蓝牙贴纸使用方法十分简单，用户只需将带蓝牙功能的贴纸粘贴在一些贵重物品上，就可以通过智能手机应用定位这些贵重物品的距离，然后用户根据与贵重物品之间的距离来判断贵重物品所在的位置。蓝牙贴片需要跟手机应用一起使用，该手机应用并不采用蜂鸣器装置，仅通过类似雷达的原理实现这一功能，对用户找到自己的东西很有帮助。

蓝牙贴纸可兼容 iOS 系统和 Android 系统相应的应用，这些应用具有以下功能。

该应用的第一个功能便是有一个简单的雷达屏幕，会显示粘上 Stick-N-Find 物体的距离。雷达屏幕并不会指明失物的方向，用户必须先走动再根据雷达显示的距离判断遗失物品的方向。

该应用的第二个功能，被设计者称为"Virtual Leash"。用户可以通过应用设定物体与手机的距离和报警声音，一旦蓝牙贴纸与手机的距离超过设定距离，手机便会发出警报，提醒用户以避免贵重物品丢失。

第三个功能名叫"Find It"。用户可通过该应用设定一定的雷达范围，一旦失物进入该范围，手机便会发出警报，使用户根据线索找出附近的失物。

22.3.2 让驾驶更安全

蓝牙车载电话设计的目的是保障驾乘人员的行车安全和提高驾乘人员的舒适性。使用蓝牙车载电话的一大特点在于驾乘人员不需要线缆或电话托架便可实现与外界通话。

蓝牙车载免提系统由以下模块组成：蓝牙免提控制器、蓝牙手机、蓝牙无线耳麦、显示屏。其功能主要是：自动辨识移动电话，不需要电缆或电话托架便可与手机联机。使用者不需要触碰手机（双手保持在方向盘上）便可控制手机，用语音指令控制接听或拨打电话。使用者可以通过车上的音响或蓝牙无线耳麦进行通话。若选择通过车上的音响进行通话，当有来电或拨打电话时，车上音响会自动静音，通过音响的扬声器 / 麦克风进行话音传输。若选择蓝牙无线耳麦进行通话，只要耳麦处于开机状态，当有来电时按下接听按钮就可以实现通话。蓝牙车载免提系统可以保证良好的通话效果，并支持任何厂家生产的内置蓝牙模块和蓝牙免提 Profile（符合 SIG v1.2 规范）的手机。此外，蓝牙车载免提系统还可以与全球定位系统（GPS）终端捆绑，以降低成本。

22.3.3　增强多媒体系统功能

蓝牙视频播放器使得用户对视频播放的操作更加方便。例如，可以在一台平板上播放视频，在播放过程中用户可以通过自己的手机控制播放器播放的内容。

使用蓝牙视频播放器需要用户的设备都支持蓝牙功能。在播放设备上安装“蓝牙播放器”，在控制设备上安装“蓝牙播放器遥控器”，并且让这两个应用程序同时运行。

22.3.4　提高工作效率

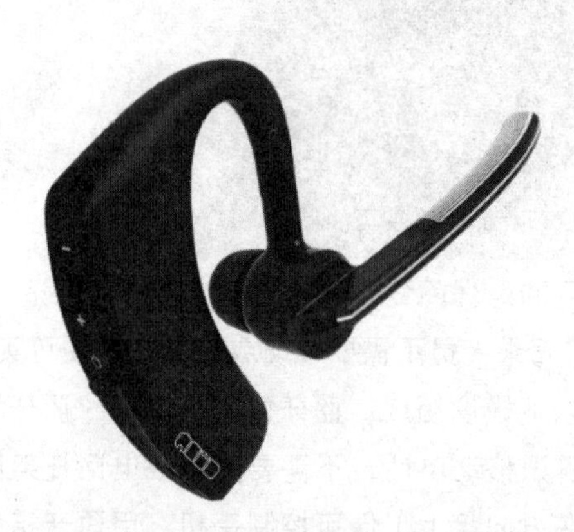

蓝牙耳机就是将蓝牙技术应用在免持耳机上，让使用者可以免除电线的牵绊，自在地以各种方式轻松通话。蓝牙耳机的出现，很快成为行动商务族提升效率的好工具。

蓝牙耳机一般可分为 3 种类型。

① 单耳式蓝牙耳机多为无线小巧样式，可直接佩戴在耳上，主要功能便是接听和挂断通话，可进行调节以控制音量。单耳式蓝牙耳机部分机型还拥有双待、双麦、丽音（也可称为降噪，可实现更优质的通话环境）等技术。

② 立体声蓝牙耳机是基于手机支持 A2DP 蓝牙立体声协议之上的，只有手机支持 A2DP 蓝牙立体声协议，方可连接立体声蓝牙耳机欣赏蓝牙耳机音乐。立体声蓝牙耳机拥有颈挂、耳麦、夹子、眼镜等样式，而其中颈挂与夹子等样式均为有线式蓝牙耳机，主要功能除了接听、挂断通话之外，还可直接欣赏音乐，同时部分立体声蓝牙耳机还具备液晶显示屏，不仅可方便地看到来电号码，还具备显示歌名、歌词等功能。

③ 无线蓝牙耳机与传统蓝牙耳机最大的区别在于采用了Multiplexlink多点无线互联技术。作为一款全新概念的无线蓝牙耳机，实现了左右耳之间的无线连接。该类耳机外部完全摒弃了线材连接的方式，且左右耳塞都能单独工作，免提通话尽在掌握。需要变身双声道立体声时，开启另外一只耳塞，靠近即可自动组成双声道立体声模式。另外，分享音乐时不会被线材牵绊，使用起来也更加便捷。

22.3.5 丰富娱乐生活

益智游戏《2048 蓝牙对战版》不需要网络，不需要 Wi-Fi，只需要打开蓝牙，手机游戏用户就可以和自己的朋友一起 2048。这种游戏方式最多可以支持 5 个人同时进行蓝牙对战。在进行多人游戏时，第一个玩家选择“建立游戏”，其他玩家选择“加入游戏”。加入游戏后点击“准备就绪”按钮，当所有加入的玩家点击“准备就绪”后，建立游戏的玩家点击“开始游戏”，大家就可以痛快地一起 PK 了。

22.4 蓝牙攻击方式与防范措施

蓝牙作为一种便利的通信技术被广泛应用到各类移动设备上，针对蓝牙技术自身和在使用过程中存在的一些漏洞，黑客会采取不同的攻击方式，本节将讲解一些常见的蓝牙攻击方式和安全防护措施。

22.4.1 典型的蓝牙攻击

手机中的蓝牙功能不仅能为我们提供便利，同时也会带来潜在的风险。黑客会利用蓝牙的漏洞来攻击蓝牙手机。在蓝牙的众多漏洞中，有 3 种漏洞是最为常见和容易被利用的，分别是 Bluesnarfing、Bluetracking 及 Bluebugging。其中，Bluesnarfing 能够攻击蓝牙手机，盗取里面的资料，黑客可以轻易地从手机中取得电话本、日历及存储的 SMS 短信内容。Bluetracking 则可以根据使用者的蓝牙设备对其进行跟踪。原理很简单，所有的蓝牙设备都有一个唯一的地址，使用特别的感应器或天线就能跟踪蓝牙设备并记录其行动。Bluebugging 涉及在蓝牙设备上自动执行文件及命令，黑客使用相应的软件就可以秘密地打开被攻击者的手机并神不知鬼不觉地拨打电话。

22.4.2 修改蓝牙设备地址

蓝牙设备地址可以唯一地识别一个蓝牙模块，由 48 位二进制数组成，使用 6 组十六进制数表示，每组两个十六进制数。

蓝牙设备地址可以通过以下两种方式修改。

① 更换手机蓝牙模块。通过更换手机内置的蓝牙模块来改变蓝牙设备的地址是从物理上做改变，直接更换硬件花销较大，但更换蓝牙模块后蓝牙设备的地址依旧为全球唯一的地址。

② 通过软件修改蓝牙设备地址。通过软件修改蓝牙设备地址是从逻辑上改变蓝牙设备地址，这种方式操作简单，但是不同厂家生产的手机所用的软件不同，而且有些型号的手机没有相应的修改软件。除此之外，通过软件修改的蓝牙设备地址可能不是全球唯一的地址，存在蓝牙设备地址冲突的风险。

22.4.3 利用蓝牙进行 DOS 攻击

在随机 L2CAP 层信令数据分组传送过快的情况下，手机就会因为计算能力有限而出现死机，如果停止分组的传送，手机就会恢复正常。这就是手机蓝牙存在的计算资源耗尽的隐患，这种隐患将导致 DOS 漏洞的产生。

在上述情形中，并不是所有的信令分组都会造成目标蓝牙手机的死机。正常的信令不会造成 DOS 漏洞的产生，造成 DOS 漏洞产生的信令是一些畸形的分组，这种分组不符合蓝牙协议的规范。当手机中的蓝牙模块收到这些畸形分组时，会过分消耗资源来解析这些分组，从而导致资源被大量占用或者被耗尽，影响了正常分组的传输。这就是 DOS 漏洞产生的原因。

22.4.4 蓝牙的安全防护

蓝牙技术规范为了保障蓝牙通信的安全性，定义了 3 种安全模式，包含了设备功能和应用。这 3 种安全模式如下。

① 非安全：不采用信息安全管理和不执行安全保护处理。它不受链路层安全功能鉴权。

② 业务层安全：蓝牙设备采用信息安全管理并执行安全保护和处理，这种安全机制建立在逻辑链路控制和适配协议（L2CAP）及以上协议中。此模式可以为设备和业务定义安全级别。

③ 链路层安全：蓝牙设备采用信息安全管理并执行安全保护和处理，这种安全机制建立在芯片和链路管理协议（LMP）上。

这 3 种安全模式的主要区别在于：非安全模式安全性最低，手机蓝牙设备所有的服务与应用基本不予考虑；在业务层安全模式下，两个蓝牙设备在建立了通信链路以后才开始进行安全防护。这种安全模式实现在高层协议中，应用比较灵活，安全性也比非安全模式要高。链路层安全模式下的蓝牙设备在链路层通信信道建立以前就已经进行了相应的保护过程，安全模式实现在低层协议中，是这 3 种安全模式中安全级别最高的模式。

蓝牙技术规范定义的上述 3 种安全模式，在蓝牙通信过程中起到了安全保护作用。通常在默认状态下，大部分手机蓝牙设备间的通信都处在非安全模式下，即不采用信息安全管理和不执行安全保护处理，处于没有任何保护的状态。链路层安全是在通信链路建立前对所有的服务与应用都进行身份校验和数据加密等保护工作，这样可以提高蓝牙通信安全性。在实际应用中建议使用支持链路层安全模式的蓝牙设备，尽量不要使用仅支持非安全模式的设备。

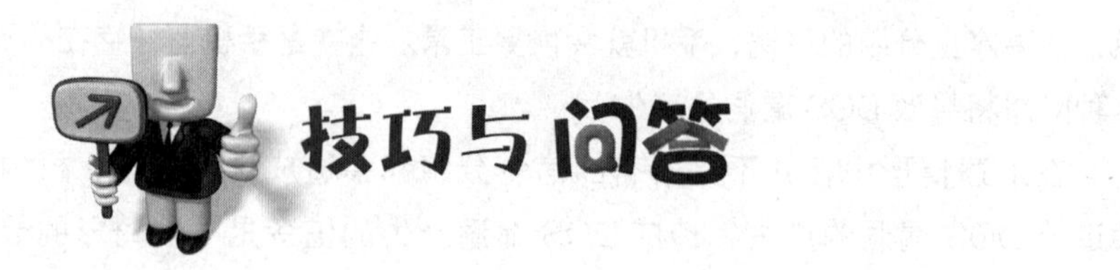

1. 手机蓝牙安全模式怎样分类？
2. 蓝牙窃听的原理是怎样的？
3. 手机蓝牙怎样玩游戏？